Falk Ruppel □ Energie und Entropie

G. Falk W. Ruppel

Die Physik des Naturwissenschaftlers

Energie und Entropie

Eine Einführung in die Thermodynamik

Springer-Verlag
Berlin Heidelberg New York
1976

Professor Dr. GOTTFRIED FALK
Institut für Didaktik der Physik der Universität Karlsruhe, Kaiserstraße 12, 7500 Karlsruhe 1

Professor Dr. WOLFGANG RUPPEL
Institut für Angewandte Physik der Universität Karlsruhe, Kaiserstraße 12, 7500 Karlsruhe 1

Mit 189 Abbildungen

ISBN 3-540-07814-2 Springer-Verlag Berlin Heidelberg New York
ISBN 0-387-07814-2 Springer-Verlag New York Heidelberg Berlin

Library of Congress Cataloging in Publication Data. Falk, Gottfried, 1922–. Energie und Entropie. (Their Die Physik des Naturwissenschaftlers) Bibliography: p. Includes index. 1. Thermodynamics. I. Ruppel, Wolfgang, 1929–. joint author. II. Title. QC3.F24 T. 1 [QC311] 530'.08s [536'.7] 76-21330.

Monophotosatz, Offsetdruck und Bindearbeiten: Universitätsdruckerei H. Stürtz AG, Würzburg.

Vorwort

Dieses Buch setzt die Reihe „Die Physik des Naturwissenschaftlers" nach dem Band „Mechanik-Relativität-Gravitation" mit einer Einführung in die Thermodynamik fort. Es gibt eine in sich geschlossene und unabhängig von dem Band „Mechanik-Relativität-Gravitation" lesbare Darstellung der thermodynamischen Beschreibung physikalischer Vorgänge. Das Buch wendet sich in erster Linie an den angehenden Physiker und Physiko-Chemiker, aber auch an den Ingenieur und jeden Naturwissenschaftler, ob Lehrer oder Forscher, der Interesse hat am Aufbau und der Struktur des anwendungsfähigsten physikalischen Begriffssystems, das wir besitzen.

Obwohl das Wort „Thermodynamik" so viel bedeutet wie „Wärmelehre", handelt es sich doch bei der Thermodynamik um mehr als nur um eine Theorie der Wärme. Die Thermodynamik beschränkt sich weder auf die Wärme, noch überhaupt auf spezielle Objekte oder Vorgänge in der Natur, wie die Mechanik auf die mechanischen, die Optik auf die optischen, die Elektrodynamik auf die elektromagnetischen. Sie handelt vielmehr von Regeln, die auf beliebige Objekte und Vorgänge zutreffen, sie ist ein *allgemeines Verfahren zur Naturbeschreibung*. Diese Allgemeinheit erklärt den Ruf der Thermodynamik als den des abstraktesten Gebietes der Physik, sie zeigt aber gleichzeitig am klarsten, wie die Physik überhaupt vorgeht, wie sich die „Wissenschaft von der Natur", die Physik, abhebt von der Natur selbst. In der thermodynamischen Beschreibung der Natur spielen Begriffe wie „physikalische Größe", „Zustand", „System", „Prozeß" die zentrale Rolle. Daß diese Begriffe die Grundlagen der Physik bilden, hat die Entwicklung der letzten hundert Jahre, beginnend mit der Beherrschung der Phänomene der Wärme, gezeigt.

Daß die auf den Begriffen Größe, Zustand, System, Prozeß beruhende Beschreibung der Natur nicht auf die Thermodynamik im Sinn einer Theorie der Wärme beschränkt ist, spiegelt der vorliegende Band dadurch wider, daß die systematische Behandlung von Temperatur und Entropie erst in der zweiten Hälfte des Buches erfolgt. Die erste Hälfte enthält zahlreiche Beispiele, die nicht zur Thermodynamik im traditionellen Sinn gehören, weil in ihnen Entropie und Temperatur nicht auftreten. Wir beabsichtigen, auf diese Weise die Tragfähigkeit des hier auseinandergesetzten Konzepts für die gesamte Physik zu verdeutlichen. Insbesondere soll hervortreten, daß die Mechanik, so wie wir sie in unserem Band „Mechanik-Relativität-Gravitation" (auf den wir in diesem Buch unter der Abkürzung MRG verweisen) dargestellt haben, sich vollständig in dieses Konzept einordnet. Daß auch die Elektrodynamik und mit ihr die elektrischen und magnetischen Eigenschaften der Materie dieser Behandlung zugänglich sind, wird im einzelnen in §7 gezeigt. Vorbild für die Art der thermodynamischen Begriffsbildungen und ihrer Verwendung sind die beiden Größen *Energie* und *Entropie*. An ihnen und mit ihrem fortschreitenden Verständnis hat sich das für die Thermodynamik charakteristische Beschreibungsverfahren entwickelt. Ziel des Buches ist es, dieses Verfahren auseinanderzusetzen und dabei gleichzeitig ein tieferes Verständnis jener beiden physikalischen Größen Energie und Entropie zu vermitteln, die nicht nur für die Theorie, sondern für unser ganzes technisches Handeln von Bedeutung sind.

Das Schwergewicht des Buches liegt in der Erklärung der physikalischen Begriffsbildungen, die in voller Strenge und Allgemeinheit entwickelt und an konkreten Beispielen erläutert werden. Um die Begriffe der Anschauung näher zu bringen und Verwirrungen, wie sie bei der Beschäftigung mit der Thermodynamik leider nur zu häufig entstehen, zu klären, ist die Darstellung stellenweise — etwa beim Problem von Irreversibilität und Reversibilität — so ausführlich, daß das Buch manchmal den Charakter eines „physikalischen Lesebuchs" annimmt. An mathematischen Kenntnissen wird lediglich Vertrautheit mit den Regeln des partiellen Differenzierens vorausgesetzt, die im übrigen in einem Anhang zusammengestellt sind.

Bei einem klaren Verständnis des Zusammenhangs zwischen den fundamentalen Begriffen *physikalische Größe* und *Zustand* ist alles weitere eine zwangsläufige Folge dieses Zusammenhangs. So ist ein physikalisches System nicht durch seine materielle Bauweise gekennzeichnet, sondern durch seine Zustände, oder anders gewendet, durch die Art und Weise, wie die an ihm auftretenden physikalischen Größen miteinander verknüpft sind. Energie und Entropie sind dabei nicht nur besonders wichtige, sondern am Ende sogar besonders anschauliche Größen. Die zentrale Rolle des Begriffs der physikalischen Größe wird besonders deutlich am Beispiel der Größe Teilchenzahl als Maß für die Menge eines Stoffs. Die konsequente Verwendung dieser Größe zwingt, ihr die Einheit „Teilchen" ebenso zuzubilligen wie die Einheit $\text{Mol} = 6 \cdot 10^{23}$ Teilchen. Das hat zur Folge, daß auch in den am Ende des Buches aufgeführten Naturkonstanten die Einheit „Teilchen" erscheint.

Das Buch schließt mit einer Darstellung der Hauptsätze und der Rolle, die sie in der Physik spielen. Den größten Raum nimmt dabei der zur Absolutbestimmung der Entropie dienende 3. Hauptsatz ein wegen seines Zusammenhangs mit der Stabilität physikalischer Systeme. Die volle Anwendung der hier gewonnenen Einsichten auf chemische Reaktionen und Phasengleichgewichte wird jedoch nicht in diesem, sondern erst in einem folgenden Band behandelt. Wir haben uns deshalb entschlossen, auch erst dort eine Systematik der thermodynamischen Potentiale (Enthalpie, freie Energie, freie Enthalpie) zu geben.

Das abstrahierende Vorgehen der Thermodynamik wird gern als Entfremdung von der Wirklichkeit empfunden. Die Thermodynamik wird dann als „phänomenologisch" etikettiert und ihre Rückkehr zur „eigentlichen Wirklichkeit" in der statistischen Thermodynamik oder statistischen Mechanik gefeiert. Die Neigung, in Mechanik und Elektrodynamik den Kern der Natur zu erkennen und darum in der Rückführung thermodynamischer Gesetzmäßigkeiten auf Mechanik eine „Erklärung" der Thermodynamik zu sehen, ist lange nachwirkendes Pathos des 19. Jahrhunderts und ein spätes Erbe der idealistischen Philosophie. Bis heute wird die Thermodynamik nur als die „makroskopisch summarische" Beschreibung von in Wahrheit „mikroskopisch mechanischen" Vorgängen angesehen. Die Entropie, in der Mechanik nicht zu Hause, ist nach dieser Auffassung zunächst auch nur eine „phänomenologische" Größe, die ihre volle Rechtfertigung erst durch statistische Betrachtungen erfährt. Ihr wird demgemäß auch nicht die gleiche Grundsätzlichkeit zuerkannt wie den als mechanisch deklarierten Größen Energie, Impuls, Drehimpuls. Auch als die klassische Mechanik durch die Quantenmechanik abgelöst wurde, änderte sich nichts an der gewohnten dogmatischen Unterscheidung zwischen „makroskopischer Phänomenologie" auf der einen und der tieferen Wahrheit mikroskopischer Vorgänge auf der anderen Seite. Wir sehen diese Unterscheidung als ein Vorurteil an. Die thermodynamische Beschreibung der Natur kennt keinen qualitativen Unterschied zwischen mikroskopischen und makroskopischen Systemen. Elementarteilchen, Atome und Moleküle sind für sie ebenso viel oder ebenso wenig „phänomenologisch“ wie Gase und feste Körper. Mikro- wie Makrosysteme werden thermodynamisch mit denselben begrifflichen Mitteln beschrieben. Allein der *quantitative* Unterschied, daß die Werte physikalischer Größen einmal diskret und einmal so wenig diskret sind, daß sie als stetig zusammenhängend betrachtet werden können, macht den Unterschied aus zwischen Mikro- und Makrosystemen. In diesem Buch werden die physikalischen Größen als stetig vorausgesetzt, also durch stetige mathematische Variablen beschrieben. Die systematische Behandlung physikalischer Größen mit nicht-stetigem Wertevorrat geschieht in dem erwähnten folgenden Buch. Das bedeutet indessen nicht, daß die statistische Seite der Thermodynamik im vorliegenden Buch überhaupt nicht zur Sprache käme. Sie erfährt nur keine vollständige Behandlung, sondern tritt lediglich in einzelnen Problemstellungen auf (§23 und §24). Die systematische Behandlung der statistischen Thermodynamik erfolgt ebenfalls in dem folgenden Band.

Wir danken Herrn Dr. W. Theiner für die graphische Ausgestaltung der Figuren und Fräulein G. Maisch für ihr unermüdliches Schreiben des Manuskripts. Herrn Kollegen W. Stössel, Karlsruhe, danken wir für die Abbildungen 2.1 und 2.3.

G. Falk
W. Ruppel

Inhaltsverzeichnis

I Die Energie und ihre Bedeutung

§ 1 Energieumsetzungen und ihre Einteilung in Formen 2

Die Mengenartigkeit der Energie 2
Die Formen, in denen Energie ausgetauscht wird 4
Der Wirkungsgrad von Maschinen 6
Energieströme 10
Die räumliche Verteilung der strömenden Energie. Energiestromdichte 13

§ 2 Die Energieumsetzungen auf der Erde 17

Die von der Erdoberfläche aufgenommenen und abgegebenen Energieströme 17
Die Energieströme der Zivilisation 21
Die Energieversorgung aus fossilen Brennstoffen 26
Exponentielles Wachstum 30
Unsere Energieversorgung heute 32
Kernenergie 35
Sonnenenergie 37
Energiespeicherung durch Photosynthese 38
Energieströme in Pflanzen und Tieren 41

II Energieformen

§ 3 Die Energieform Rotationsenergie 43

Die Kennzeichnung von Energieformen durch physikalische Größen 43
Rotationsenergie und Drehimpuls 45
Rotationsenergie-Strom und Drehimpuls-Strom 47
Das Getriebe als Transformator für Rotationsenergie 51
Rotationsenergie und Drehimpuls eines 2-Körper-Systems 53
Änderungen des Trägheitsmoments. Verschiebungsenergie 56
Die Rotation von Molekülen 60

§ 4 Die Energieformen Bewegungsenergie, Kompressionsenergie, Oberflächenenergie, elektrische Energie 63

Bewegungsenergie 63
Kompressionsenergie 66

Oberflächenenergie 72
Elektrische Energie 74
Die mathematische Gestalt von Energieformen 76

§ 5 **Die Energieform chemische Energie** 77

Die Menge eines Stoffs und die Variable „Teilchenzahl" 77
Einheiten der Größe Teilchenzahl 78
Mehrere Teilchenzahl-Variablen 81
Chemische Energie 82
Elektrochemische Energie 85

§ 6 **Die Energieform Wärme** 87

Extensive und intensive Größen 87
Standard-Variablen und Standard-Energieformen 89
Wärmeenergie 91
Wärmestrom und Entropiestrom 93

§ 7 **Die Energieformen von elektromagnetischem Feld und Materie** . . . 95

Das System „Elektromagnetisches Feld" 95
Ladungen und Dipole in der Materie 96
Die Energieform elektrische Energie des elektromagnetischen Feldes 98
Die Energieform Polarisationsenergie eines Körpers 101
Energieaustausch bei Erzeugung und Verschiebung eines elektrischen Dipols 103
Die Energieform magnetische Energie des elektromagnetischen Feldes 105
Die Energieform Magnetisierungsenergie eines Körpers 108
Mit der Erzeugung eines magnetischen Dipols verknüpfter Energieaustausch 110
Die Energieformen des Gesamtsystems „Elektromagnetisches Feld + Materie" 114

III System, Zustand, Prozeß

§ 8 **Die Gibbssche Fundamentalform eines Systems** 117

Ströme mengenartiger Größen und ihre Energieströme 117
Systeme und ihr Energieaustausch 123
Die Gibbssche Fundamentalform 125

§ 9 **Systeme und ihre Gibbs-Funktionen** 127

Was ist ein System? 127
Die Gibbs-Funktion $E = E$(extensive Variablen) eines Systems . . . 131

Standard-Variablen 133
Gewinnung der intensiven Variablen eines Systems aus seiner Gibbs-Funktion 135

§ 10 Zerlegung von Systemen 137

Zerlegung der Energie in Anteile 137
Zerlegung eines Systems in Teilsysteme 139
Die innere Energie als Energieanteil 143
Die Unzerlegbarkeit eines Systems in relativistischen Zuständen . . 144

§ 11 Zustand und Prozeß 146

Was ist ein Zustand? 146
Prozesse als Übergänge zwischen Zuständen 148
Prozesse als Änderungen dynamischer Größen 149
Dynamische und kinematische Größen 151

IV Gleichgewichte

§ 12 Gleichgewicht beim Austausch von Verschiebungsenergie, Bewegungsenergie, Rotationsenergie, Kompressionsenergie, Oberflächenenergie 153

Gleichgewicht beim Austausch von Verschiebungsenergie. Kräftegleichgewicht 156
Minimumprinzip der Energie 159
Gleichgewicht beim Austausch von Bewegungsenergie. Translatives Bremsgleichgewicht 161
Gleichgewicht beim Austausch von Rotationsenergie. Rotatives Bremsgleichgewicht 162
Gleichgewicht beim Austausch von Kompressionsenergie. Druckgleichgewicht 164
Gleichgewicht beim Austausch von Oberflächenenergie. Minimalflächen 167
Die Oberfläche als Grenzfläche zwischen verschiedenen Medien . . 171
Die Grenzfläche zwischen einer flüssigen und einer festen Phase . . 174

§ 13 Gleichgewichte beim Austausch geladener Teilchen 176

Elektronengleichgewicht zwischen Festkörpern. Kontaktspannung . 176
Halbleiterrandschicht 179
Batterien 183
Chemische Gleichgewichte in der Batterie 185
Die EMK der geladenen Batterie 187
Die entladene Batterie 190

§ 14 **Thermisches Gleichgewicht** 192

Gleichgewicht beim Austausch von Wärme 192
Maximumprinzip der Entropie 193
Gleichgewichte und Nicht-Gleichgewichte 194
Allgemeine Bedeutung des Gleichgewichts 196

V Temperatur

§ 15 **Die Messung der Temperatur. Gasthermometer** 199

Empirische Temperaturen 201
Die Gastemperatur 204
Ideale Gase 206
Beweis der Proportionalität zwischen der Gastemperatur eines idealen Gases und der absoluten Temperatur 207
Grenzen des Gasthermometers 208
Die Kelvin-Skala der Temperatur 210

§ 16 **Temperatur und Expansionsprozesse bei Gasen** 212

Die isotherme Expansion eines Gases 212
Realisierungen idealer Gaszustände 213
Die Expansion bei konstanter Energie 216
Experimentelle Realisierung der isoenergetischen Expansion. Freie Expansion 217
Thermodynamische Charakterisierung der isoenergetischen Expansion 219

§ 17 **Temperatur und Kreisprozesse** 221

Kreisprozesse 221
Kreisprozesse zwischen zwei festen Temperaturen 222
Der Carnotsche Kreisprozeß 225
Andere Kreisprozesse zwischen zwei Temperaturen 229

§ 18 **Die Temperatur magnetischer Systeme** 233

Paramagnetische Festkörper 233
Der ideale Paramagnet 236
Die Entropie des idealen Paramagneten 238
Der Paramagnet als Arbeitssystem. Adiabatische Entmagnetisierung 241
Die Messung tiefster Temperaturen 243

VI Entropie

§ 19 **Prozesse und ihre Realisierung** 247

Austausch und Erzeugung von Entropie 247
Realisierungen von Prozessen 248

Adiabatische Prozeßrealisierungen 249
Temperaturausgleich innerhalb eines adiabatisch abgeschlossenen Systems 251
Beim Temperaturausgleich erzeugte Entropie 254

§ 20 Reversibilität und Irreversibilität 256

Der Begriff der Wärme bei CLAUSIUS 257
Der herkömmliche Gebrauch des Wortes „Wärme“. 258
Irreversible und reversible Realisierung des Wärmeaustausches. . . 261
Wärmeaustausch bei kleinen Temperaturdifferenzen 264
Irreversible und reversible Realisierung der isoenergetischen Expansion eines idealen Gases. 266
Irreversible und reversible Realisierung des Mischens idealer Gase . 270
Zustand. Prozeß. Realisierung 273
Die Umkehrbarkeit von Prozessen 274
Arbeitsfähigkeit eines Systems 275
Energiedissipation 277
Die Unmöglichkeit der Entropievernichtung 278
Die Entropie als Maß des „Wertes“ der Energie 281

§ 21 Die Messung der Entropie 282

Entropieänderungen und Prozesse 283
Beispiele der Entropiemessung 284
Die Messung der Entropie bei konstanten Werten der intensiven Variablen 288
Die zur Messung benutzten Prozeßrealisierungen 289
Definition und Messung der Entropie nach CLAUSIUS 291

§ 22 Entropie und Wärmekapazitäten 294

Entropiedifferenzen und Wärmekapazitäten 294
Die historische Wurzel des Begriffs der Wärmekapazität. 297
Die Wärmekapazitäten als Ableitungen physikalischer Größen . . . 299
Die Differenz $C_p - C_V$ 301
Allgemeine Suszeptibilitäten 303
Die Abhängigkeit der Entropie von V und p 304
Die Abhängigkeit der Entropie von N. Größen pro Teilchenzahl . . 306

§ 23 Die Entropie von Gasen. 309

Die Entropie idealer Gase 309
Die Wärmekapazitäten von Gasen 311
Die Messung von $\gamma = c_p/c_v$ 313
Zerlegung eines idealen Gases in elementare ideale Gase 316
Die Wärmekapazität elementarer idealer Gase 318
Die innere Zustandssumme eines idealen Gases 321
Wärmekapazitäten und innere Anregungen der Moleküle eines Gases 322

§ 24 Die Entropie von Festkörpern . . . 329
Die Abhängigkeit der Entropie eines Festkörpers von v und p . . . 329
Gitter- und Elektronen-System als Teilsysteme eines Festkörpers . . 330
Die Teilchenzahl-Variablen eines Festkörpers . . . 332
Die Entropie des Gitter-Systems eines Festkörpers . . . 334
Die Entropie des Elektronen-Systems eines Festkörpers . . . 338
Das Elektronen-System eines Halbleiters . . . 340
Das Elektronen-System eines Metalls . . . 342
Die Entropie eines paramagnetischen Festkörpers . . . 345
Die Rolle von Spin- und Gitter-System eines paramagnetischen Festkörpers bei der adiabatischen Entmagnetisierung . . . 351

VII Die Hauptsätze

§ 25 Der 1. Hauptsatz . . . 354
Die historische Entwicklung des Begriffs der Energie und ihrer Erhaltung . . . 354
Das Wärmeäquivalent . . . 356
Das Problem der Formulierung des 1. Hauptsatzes . . . 359
Die Energie als einseitige und absolute Variable . . . 363

§ 26 Der 2. Hauptsatz . . . 366
Die historischen Formulierungen des 2. Hauptsatzes . . . 366
Die Entropie als einseitige und absolute Variable . . . 369
Der Zusammenhang zwischen Entropie und Temperatur eines Systems . . . 370

§ 27 Systeme mit negativer Temperatur . . . 375
Stabilität und Temperatur . . . 375
Die Grenzen der Wertebereiche von T und $1/T$ . . . 378
2-Zustands-Systeme . . . 379
Die experimentelle Erzeugung negativer Temperaturen . . . 383
Maser und Laser . . . 384

§ 28 Der 3. Hauptsatz. Der Absolutwert der Entropie . . . 388
Das Nernstsche Wärmetheorem . . . 388
Instabilitäten bei $T \to 0$. Mischungsentropie . . . 390
Folgerungen aus dem 3. Hauptsatz . . . 391
Die Absolutbestimmung der Entropie . . . 394
Die chemische Konstante eines idealen Gases . . . 396

Anhang . . . 401
Sachverzeichnis . . . 403
Naturkonstanten
Wichtige Einheiten

I Die Energie und ihre Bedeutung

Die Thermodynamik befaßt sich mit Vorgängen, die wir in der Natur beobachten. Statt von Vorgängen spricht man auch von *Prozessen.* Bei einem Prozeß verändert sich irgend etwas in der Natur, und diese Änderung versucht der Physiker dadurch in den Griff zu bekommen, daß er sie mit Hilfe von Begriffen, nämlich den **physikalischen Größen** beschreibt. Eine der wichtigsten dieser Größen ist die **Energie.** Mit ihr wollen wir uns zuerst vertraut machen.

Was ist Energie und wie äußert sie sich? Der erste Teil dieser Frage ist, als fragte uns jemand: „Was ist Wasser?" Man stelle sich vor, einem Menschen klar machen zu wollen, was Wasser ist, der nicht wie wir gewohnt ist, Wolken, Regen, Flüsse, Bergseen oder das Meer als verschiedene Erscheinungsform ein und desselben Stoffs anzusehen, sondern als Phänomene, die nichts miteinander zu tun haben. Die Erklärung, Wasser sei ein Stoff, eine Flüssigkeit, wird ihm kaum helfen, die verschiedenen Erscheinungen zusammen zu sehen und daraus als das ihnen Gemeinsame den Begriff „Wasser" zu bilden. Die Definition, Wasser sei ein „Stoff", gibt ihm keine Einsicht in die Eigenheiten und Besonderheiten des Begriffs Wasser. Ebenso wenig verhilft ihm die Erklärung, Energie sei eine „physikalische Größe", zu einem Verständnis des Begriffs Energie und ihrer Rolle in der Welt.

Das Beispiel des Begriffs Wasser zeigt, worum es bei der Bildung physikalischer Begriffe geht und worum es nicht geht. Physikalische Begriffe wie die Energie lassen sich nicht durch Definitionen fassen, nämlich nicht dadurch, daß man sie auf andere Begriffe zurückführt. Sie stellen vielmehr Mittel dar, verschiedene, scheinbar unzusammenhängende Phänomene als zusammengehörig, als Einheit zu begreifen und in ihren gegenseitigen Beziehungen zu beschreiben. Infolgedessen werden physikalische Größen nur dadurch begreiflich, daß man klarmacht, welche verschiedenen Phänomene sie zusammenfassen und wie sie das tun. Dabei werden Gemeinsamkeiten und Regeln sichtbar.

Wie äußert sich die Energie, welche Phänomene faßt sie zusammen, und wie lauten die Regeln, die dabei wirksam sind? Ein großer Teil dieses Buches dient der Beantwortung dieser Frage. Die Phänomene, die durch den Begriff Energie zusammengefaßt und als voneinander abhängig erkannt werden, sind jedoch so zahlreich und so verschiedenartig, daß es unmöglich ist, sie einfach aufzuzählen. Es handelt sich nämlich um *alle* Vorgänge, die wir in der Natur beobachten. Die Energie ist ein Band, das eine Abhängigkeit zwischen allen Naturerscheinungen erkennen läßt. Die Größe Energie ist dabei so konzipiert, daß diese Abhängigkeit sich in der **Erhaltung** dieser Größe ausdrückt: *Energie kann weder erzeugt noch vernichtet werden.* Die Energie verhält sich also wie ein unzerstörbarer Stoff, ja sie ist in einem viel strengeren Sinn unzerstörbar als jeder Stoff, den wir kennen. Diese Eigenschaft macht es einfach, mit ihr umzugehen und mit ihrer Hilfe die Vorgänge in der Welt, also die Prozesse, durch Bilanzierung zu ordnen (Abb. 1.1).

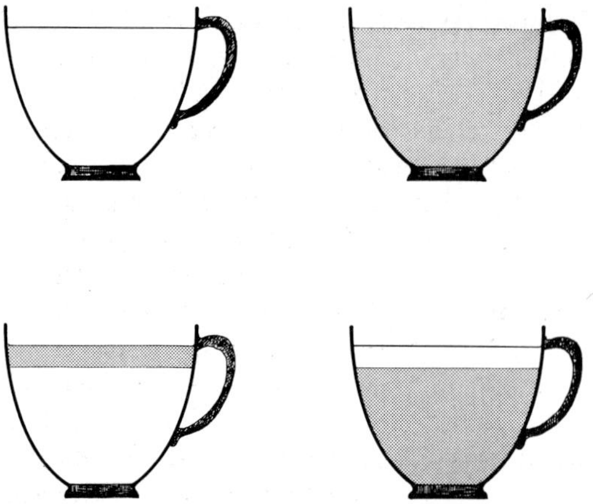

Abb. 1.1

Die gedankliche Kraft des Bilanzierens zeigt die folgende Denkaufgabe: Gegeben seien eine Tasse Milch und eine Tasse Kaffee von gleichem Volumen (Teilbild a). Aus der Milchtasse werde ein Löffel Milch in die Kaffeetasse geschüttet, dann das Kaffee-Milch-Gemisch in der Kaffeetasse gut umgerührt und schließlich ein Löffel des Gemischs in die Milchtasse zurückgebracht. Ist am Ende mehr Milch in der Kaffeetasse oder mehr Kaffee in der Milchtasse?

Die Aufgabenstellung suggeriert einen „kinetischen" Lösungsweg, nämlich die einzelnen Schritte zu verfolgen und durchzurechnen. Das von diesem Lösungsweg aus gesehen durchaus überraschende Ergebnis läßt sich sofort bei Bilanzierung angeben: Man denke sich die Gemische in jeder Tasse entmischt, was ja nichts an den Mengenverhältnissen ändert (Teilbild b). Dann sieht man sofort, daß die Menge Milch, die in der Milchtasse fehlt, in der Kaffeetasse sein muß, und umgekehrt die Menge Kaffee, die in der Kaffeetasse fehlt, in der Milchtasse. Vorausgesetzt, daß am Ende die Flüssigkeiten in beiden Tassen gleiche Volumina einnehmen, ist also genauso viel Milch in der Kaffeetasse wie Kaffee in der Milchtasse, unabhängig davon, wie oft Milch und Kaffee hin und her transportiert und wie gut sie vermischt wurden.

Mit der Energie allein ist es allerdings bei der Beschreibung von Prozessen nicht getan, sondern es tritt noch eine ganze Reihe weiterer Größen auf, die ähnlich fundamental sind. Die Entropie, die Teilchenzahl, die elektrische Ladung, der Impuls, der Drehimpuls sind Beispiele solcher Größen. Sie alle beschreiben allgemeine Abhängigkeiten zwischen den Naturerscheinungen, wobei immer dann, wenn Wärme im Spiel ist, der Begriff der Entropie die entscheidende Rolle spielt. Die Entropie bildet den Schlüssel zum Verständnis der Thermodynamik. Das auseinanderzusetzen, ist ein Ziel dieses Buches.

Für eine kurze Geschichte der Entstehung und Entwicklung des Energiebegriffs vergleiche MRG, §4.

§1 Energieumsetzungen und ihre Einteilung in Formen

Die Mengenartigkeit der Energie

Ebenso wie ein Wasserbehälter eine bestimmte Menge Wasser enthält, also einen bestimmten Wasserinhalt hat, enthält jeder Gegenstand eine bestimmte **Menge Energie,** hat also einen bestimmten *Energieinhalt*. Das trifft für jeden Gegenstand in der Natur zu, jedes Objekt, jedes „physikalische System“. So enthält jede Maschine, jedes Haus, jede Substanzmenge, ob fest, flüssig oder gasförmig, lebend oder tot, ja *jedes* Volumen, das wir uns in Gedanken abgegrenzt denken und das beliebige Substanzen und Gegenstände enthält, in jedem Augenblick eine bestimmte Menge Energie. Wir geben dieser Energiemenge nicht eine nähere Bezeichnung wie die in der Literatur übliche „innere Energie“. Als innere Energie hatten wir vielmehr (MRG, §4) die Ruhenergie eines Körpers bezeichnet, also diejenige Energie, die ein Körper im Zustand der Ruhe (d.h. beim Impuls $\boldsymbol{P}=0$) hat. Wenn man will, kann man die in einem physikalischen System steckende Energie als die „Gesamtenergie“ des Systems bezeichnen. Da dieser Zusatz zwar nicht falsch, aber überflüssig ist, sprechen wir einfach von der Energie eines Systems.

Wenn man von der Energie eines Körpers, eines Gegenstands, allgemein eines Systems spricht, so ist damit immer eine bestimmte Menge Energie, der jeweilige Energieinhalt des Systems gemeint. Diese Energie steckt in dem System (Abb. 1.2). So hat es einen klaren Sinn, von der Energie zu sprechen, die in dem Zimmer enthalten ist, in dem wir uns gerade aufhalten. Natürlich muß dazu festgelegt sein, was alles zum Zimmer zählt, die Luft, die Möbel, die sonstigen beweglichen Gegenstände, wie viel von den Wänden, nämlich welcher Teil einer Wand, die das Zimmer von einem anderen Zimmer trennt, mit zu dem Zimmer gezählt und welcher Teil zum anderen Zimmer gezählt wird. Wenn alles das festgelegt ist, hat das Zimmer in jedem Augenblick auch einen bestimmten Energieinhalt. Natürlich könnte man auch nur Teile des Zimmers als System im Auge haben, etwa die Luft allein, die von den Wänden eingeschlossen wird. Auch diese enthält in jedem Augenblick eine bestimmte Menge Energie. Diese Menge kann sich von Augenblick zu Augenblick ändern, nämlich wenn Energie in die Luft

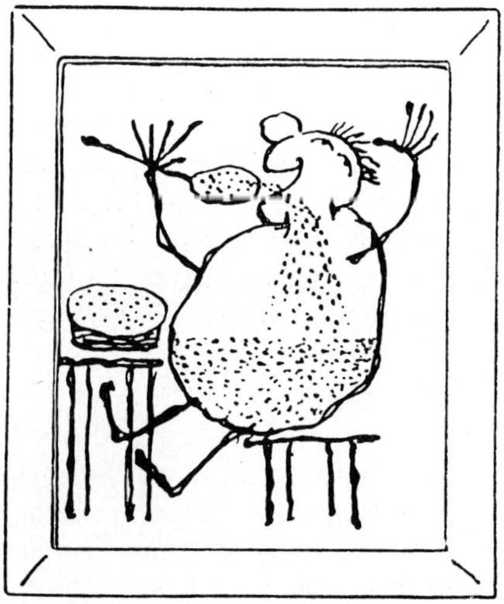

Hier thront der Mann auf seinem Sitze
Und ißt z. B. Hafergrütze.
Der Löffel führt sie in den Mund,
Sie rinnt und rieselt durch den Schlund,
Sie wird, indem sie weiterläuft,
Sichtbar im Bäuchlein angehäuft. —

So blickt man klar, wie selten nur,
Ins innre Walten der Natur. —

Abb. 1.2

Am Essen von Hafergrütze demonstriert Wilhelm Buschs „Maler Klecksel“ schon als Knabe die Mengenartigkeit der Nahrung. Auch macht er sich so klar, daß das System „Mensch“ in jedem Augenblick einen bestimmten Wert der Größe Nahrung enthält, obwohl dieser Wert nicht ohne weiteres zu erkennen ist. Das Bild kann ebenso gut als Darstellung der mit der Nahrung zugeführten Energie angesehen werden; denn die Energie hat dieselbe Eigenschaft der Mengenartigkeit wie die Nahrung.

hineinströmt oder aus ihr hinausströmt, wenn die Luft erwärmt oder abgekühlt wird, aber in jedem Augenblick enthält sie eine bestimmte Menge Energie.

Eine andere Frage ist, ob es uns gelingt, die in dem betrachteten System, also etwa unserem Zimmer gerade enthaltene Energie auch wirklich anzugeben. Wir werden sehen, daß das durchaus nicht einfach ist. Wir befinden uns da in einer Lage, die vergleichbar ist mit der eines Mannes, der nach dem Wasserinhalt eines Sees fragt, den er sieht. Er weiß zwar, daß der See in jedem Augenblick eine bestimmte Menge Wasser enthält, aber es ist nicht einfach für ihn, diese Menge Wasser zahlenmäßig, etwa in Kubikmetern, anzugeben oder auch nur zu schätzen. Denn von dem See sieht er nur die Oberfläche und bestenfalls noch die oberflächlichen Zu- und Abflüsse. Das Tiefenprofil des Sees ist ihm dagegen verborgen. Dennoch wird diese Unkenntnis ihn nicht davon abhalten, von der Wassermenge, die der See in jedem Augenblick enthält, als von etwas ganz Bestimmtem zu sprechen. Im selben Sinn sprechen wir hier zunächst von der in einem Körper, allgemein in einem System enthaltenen Energie. Zwar können wir noch nicht angeben, wie groß die Energiemenge ist, die das System in einem bestimmten Augenblick enthält, aber wir wissen, *daß* es eine bestimmte Menge ist.

Die Formen, in denen Energie ausgetauscht wird

Jede unserer Tätigkeiten, überhaupt jeder Prozeß ist mit **Energieumsetzungen** oder **Energieübertragung** verbunden. Man sagt kurz, der Prozeß erfordere oder koste Energie. Wird ein Gegenstand von einem Ort zu einem anderen transportiert oder angehoben, so kostet das Energie. Der Bau eines Hauses erfordert die Energie, jeden Stein an den Ort zu bringen, den er im Gefüge des Baus einnehmen soll. Aber auch das Herstellen und Anrühren des Mörtels, des Betons, das Zuschneiden des Bauholzes und alle anderen Vorgänge kosten Energie. Die Produktion eines Gebrauchsgegenstands, etwa eines Autos, kostet Energie, einmal zur Gewinnung sowie zum Schmelzen und Formen des Eisens und anderer zum Autobau verwendeter Metalle, dann zur Formung der Einzelteile, etwa des Pressens der Karosserie, zur Herstellung der Reifen, des Glases, jedes auch des kleinsten Teils. Und schließlich kostet der Betrieb des Autos wieder Energie. Doch nicht nur die Herstellung industrieller Güter kostet Energie, auch unsere Versorgung mit den Dingen des täglichen Gebrauchs, Nahrungsmitteln, Wasser, Luft, Wärme. Alle Lebensprozesse auf der Erde mit ihren ungezählten Erscheinungen des Wachsens, des Vermehrens, Veränderns, Produzierens und Verbrauchens sind ein ständiger, ungeheuer verzweigter und verwickelter Energieumsatz, beherrscht von der einfachen Regel, daß Energie nie erzeugt oder vernichtet, sondern nur ausgetauscht, also zwischen einzelnen Objekten hin- und hergeschoben wird.

Wenn Energie weder erzeugt nocht vernichtet, sondern nur umgesetzt und übertragen werden kann, muß jeder Prozeß, bei dem Energie umgesetzt wird, mit **Energieaustausch** verknüpft sein. Energie „kosten“ oder „brauchen“ heißt also, daß man Energie von irgendwoher bekommen muß. Entsprechend bedeutet „verbrauchen“ von Energie, daß man die aufgenommene Energie irgendwohin wieder abgibt. Auch hier bietet sich das Wasser wieder als anschaulicher Vergleich an. Wasser verbrauchen heißt, Wasser umsetzen oder übertragen, insofern nämlich als das Wasser, das durch die Leitung geliefert wird, nach seiner Benutzung zum Trinken, Baden, Waschen, Säubern, Kochen oder Gießen irgendwohin wieder abgegeben wird, entweder als Abwasser oder Ausscheidung oder in seiner verdunsteten Form, als Dampf. Ein Mensch, der nicht wächst oder zunimmt, gibt alles Wasser, das er als Getränk oder in den Speisen zu sich nimmt, auch wieder ab. Sein Körper enthält zwar eine bestimmte Menge Wasser, aber diese verändert sich nicht, solange er seinen Zustand nicht ändert, was hier heißt, solange er sein Gewicht nicht verändert. So ist es auch mit der Energie. Alles, was der Mensch an Energie mit der Nahrung und der Atmungsluft aufnimmt, gibt er, wenn er seinen Zustand nicht ändert, also nicht wächst oder zunimmt, in anderer Form wieder ab, nämlich in Form seiner Muskeltätigkeit bei Bewegungen und körperlicher Arbeit, oder in Form von Wärme, die er an die umgebende Atmosphäre abgibt, oder als Energie, die mit der ausgeatmeten Luft und seinen Ausscheidungen verbunden ist. Und was für den Menschen gilt, trifft für jedes Objekt zu, das Energie aufnimmt und abgibt, für Tiere, Pflanzen, Maschinen, Häuser, ja für jedes beliebige Stück der Erde, Wasser und Luft eingeschlossen.

Wenn Energie umgesetzt oder besser *übertragen*, oder noch besser *ausgetauscht* wird, tritt die Energie stets in einer bestimmten Form auf. Wir sprechen dann von einer **Energieform.** Wohlgemerkt tritt nicht die gespeicherte Energie in Formen auf, sondern nur die in einem Prozeß *ausgetauschte, übertragene Energie.* Bei der Energieform handelt es sich um eine wichtige, für das Verständnis der Thermodynamik ganz fundamentale Begriffsbildung, die wir im folgenden etwas erläutern wollen, obwohl sie uns im ganzen Umfang ihrer Bedeutung erst später klar werden wird.

Man ist gewöhnt, die Energie in der Umgangssprache mit Attributen zu belegen, die ausdrücken, in welchem Zusammenhang man sie gerade sieht. So spricht man von elektrischer Energie, von Wärmeenergie, mechanischer Energie, Atomenergie, Lichtenergie, Bewegungsenergie und manchen anderen Energien. Diese Benennungen gehen uns so leicht von der Zunge, daß ihre Verständlichkeit fast verdächtig wirkt. Was drücken die Namen eigentlich aus, worum handelt es sich z.B. bei elektrischer Energie? Offenbar meint man damit die Energie, die das Elektrizitätswerk uns ins Haus liefert und die wir mit der „Strom"-Rechnung bezahlen. Die Besonderheit der elektrischen Energie ist, daß sie zusammen mit elektrischem Strom, also mit strömender elektrischer Ladung geliefert wird. Diese elektrische Ladung behalten wir nicht, sie fließt durch die Leitungen des Hauses hindurch und verläßt das Haus wieder. Wir bezahlen daher auch nicht den Strom, nämlich die durch das Haus hindurchfließende elektrische Ladung, von der wir ja nichts behalten, sondern die Energie, die mit der elektrischen Ladung geliefert wird. Sie wird von den elektrischen Hausgeräten in andere Formen umgewandelt und weitergegeben. So verwandelt ein Motor die elektrische Energie in mechanische Rotationsenergie, und der Heizkörper verwandelt sie in Wärmeenergie. Im Staubsauger, der ja einen Motor enthält, wird die Energie in Form von Rotationsenergie vom Motor auf den Kompressor, von diesem wieder als Bewegungsenergie auf die Luft übertragen, und schließlich wird sie infolge von Reibung der Luft in Wärmeenergie verwandelt. In dieser Form wird die Energie endlich über die Wände und die Fenster des Hauses an die Außenluft abgegeben. So lassen sich in jedem Einzelfall die Energieumsetzungen verfolgen und die Formen angeben, in denen die Energie von einem Objekt oder, wie wir sagen wollen, von einem System auf ein anderes übertragen wird. In unserem Beispiel wurde die Energie von den Wicklungen des Elektromotors auf die Achse, von dort auf die Schaufeln des Staubsaugerkompressors, dann weiter auf die Innenluft des Hauses übertragen, von dieser auf die Wände und Fenster und von dort schließlich an die Außenluft abgegeben. Damit hat die Energie, die als elektrische Energie ins Haus kam, das Haus zwar wieder verlassen, aber in einer anderen Form, nämlich als Wärme.

Ein Auto fährt dadurch, daß es Benzin verbrennt. Wie sehen in groben Zügen die Energieumsetzungen dabei aus, in welchen Formen tritt die Energie auf? Zunächst strömt die Energie in Form chemischer Energie, nämlich in der Form des gasförmigen

Benzin-Luft-Gemischs in den Motor hinein. Im Motor verbrennt das Gemisch. Es findet eine chemische Reaktion statt, in der Benzin und Sauerstoff verschwinden und dafür Verbrennungsprodukte entstehen, vor allem Kohlendioxid (CO_2) und Wasserdampf (H_2O) hoher Temperatur. Die heißen Verbrennungsprodukte expandieren und geben über den Kolben Energie an die Kurbelwelle ab. Die Verbrennungsprodukte selbst kühlen dabei ab und treten als Abgase aus. Gleichzeitig gibt der Motor Energie in Form von Wärme über den Kühler und die Abgase an die Umgebung ab. Die Kurbelwelle des Motors gibt die Energie in Form von Rotationsenergie ans Getriebe und dieses wiederum als Rotationsenergie an die Räder weiter. Die Räder geben schließlich die Energie als Bewegungsenergie weiter an das Fahrzeug als Ganzes, und dieses wieder gibt die Energie durch „Reibung" an die Umgebung ab, und wenn es bergauf fährt, einen Teil der Energie als Verschiebungsenergie an das Gravitationsfeld der Erde. Ist die Fahrt beendet und steht das Auto wieder an seinem Ausgangsort, so laufen die gesamten Energieumsetzungen, die inzwischen geschehen sind, darauf hinaus, daß die chemische Energie der Verbrennung eines Gases aus Benzin und Sauerstoff zu einem Kohlendioxid-Wasserdampf-Gemisch mit höherer Temperatur am Ende an die Umgebung abgegeben ist und zu einer nur unmerklichen Temperaturerhöhung der Umgebung führt. Dieselbe Gesamtbilanz hätte man auch dadurch erhalten, wenn man die chemische Energie der Verbrennung direkt als Wärme an die Umgebung abgeführt, die Verbrennungsprodukte also einfach abgekühlt hätte.

Auf die Einzelheiten der bei Energieumsetzungen auftretenden Energieformen kommen wir noch ausführlich zu sprechen. Im Augenblick kommt es uns vor allem darauf an, die Aufmerksamkeit auf den fundamentalen Zusammenhang zwischen Energie*form* und Energie*übertragung* oder Energie*austausch* zu richten.

Der Wirkungsgrad von Maschinen

Jedes physikalische System, ja jedes Objekt wie ein Haus oder ein Auto, in dem sich Prozesse abspielen, bei denen Energie aufgenommen und abgegeben, also umgewandelt wird, ist ein **Energiewandler.** Der Energiewandler kann Energie in einer oder mehreren Formen aufnehmen und wird sie im allgemeinen in anderen Formen wieder abgeben. Die Energie, die ein System in einem bestimmten Zeitintervall, etwa der Zeiteinheit, aufnimmt und abgibt, läßt sich in Form eines Diagramms beschreiben. In ihm wird das System durch einen Kasten repräsentiert und jede von ihm aufgenommene oder von ihm abgegebene Energieform durch einen Pfeil dargestellt (Abb. 1.3 und 1.4). Die Kennzeichnung jedes Pfeils stellt die jeweilige Energieform dar, die Stärke des Pfeils den Energiebetrag, der in dieser Form während des betrachteten Zeitintervalls zugeführt oder abgegeben wird. Ist die Summe der Stärken derjenigen Pfeile, die die zugeführten Energieformen repräsentieren, gleich der Summe der Pfeilstärken der abgegebenen Energieformen, so bleibt der Energieinhalt des Systems selbst ungeändert. Ist die Summe der Stärken der in das System hineinweisenden Pfeile größer als die Summe der hinausweisenden, so bleibt pro Zeitintervall der Differenzbetrag der Energie in dem System stecken; die Energie des Systems nimmt bei diesem Prozeß demgemäß zu. Ist umgekehrt die Summe der Stärken der in das System weisenden Pfeile kleiner als die der hinausweisenden, so nimmt die Energie des Systems pro betrachtetem Zeitintervall um den Differenzbetrag ab. Derartige Diagramme bezeichnet man als **Flußdiagramme** der Energie.

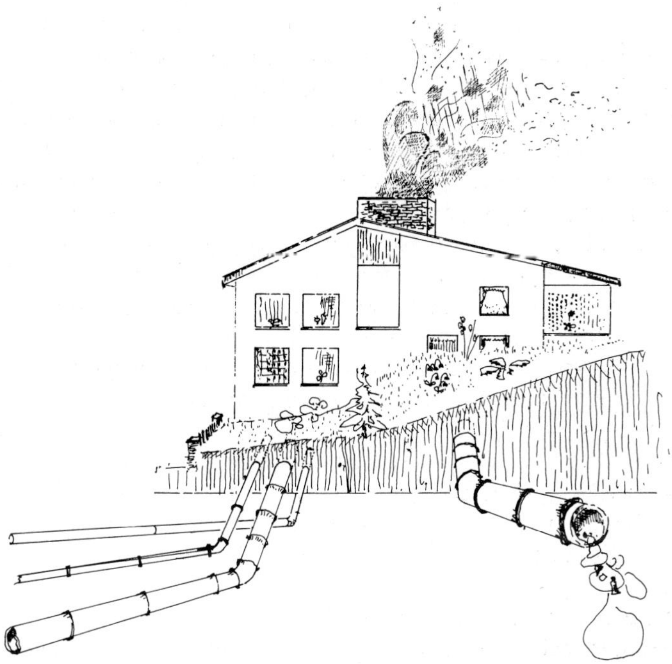

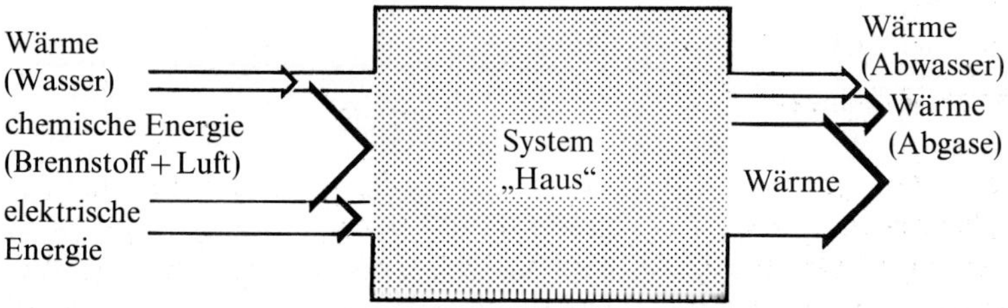

Abb. 1.3
Ein Wohnhaus als Energiewandler. In das Haus (oberes Bild) hinein strömt chemische Energie, getragen von Gas, Öl, Kohle und Sauerstoff, außerdem mit dem Wasser und durch den elektrischen Strom. Die Energie strömt hinaus mit den Abgasen durch den Schornstein, mit dem Abwasser und als Wärme durch die Wände.

Im Energiefluß-Diagramm (unteres Bild) sind die Ströme der einzelnen Energieformen als Pfeile dargestellt. Die Breite jedes Pfeils gibt die Stärke des Stroms an, also die pro Zeitintervall ausgetauschte Energiemenge. Ändert sich die im Haus gespeicherte Energie nicht, ist die Stärke der *insgesamt* aus dem Haus herausfließenden Energieströme gleich der in es hineinfließenden Energieströme.

Besteht die Aufgabe oder die Funktion eines Systems darin, eine bestimmte beabsichtigte Energieumwandlung vorzunehmen, so nennt man dieses System eine **Maschine.** Hat man eine Maschine, deren Aufgabe es ist, Energie in einer bestimmten Energieform zu liefern, also abzugeben, so definiert der **Wirkungsgrad** der Maschine, wie gut die Maschine ihre Funktion erfüllt. Soll die Maschine Energie abgeben, muß ihr natürlich auch Energie zugeführt werden. Der Wirkungsgrad ist dann das Verhältnis des Betrags einer oder mehrerer von der Maschine *abgegebener* Energieformen zu dem Betrag einer oder mehrerer ihr *zugeführter* Energieformen. Bei der Bildung eines Wirkungsgrades finden nicht alle beteiligten Energieformen Verwendung, sondern nur die, auf die es einem ankommt. Deshalb setzt man in den Zähler die Energieform, die man sich von der Maschine als möglichst groß erwünscht, und in den Nenner die Energieform, die

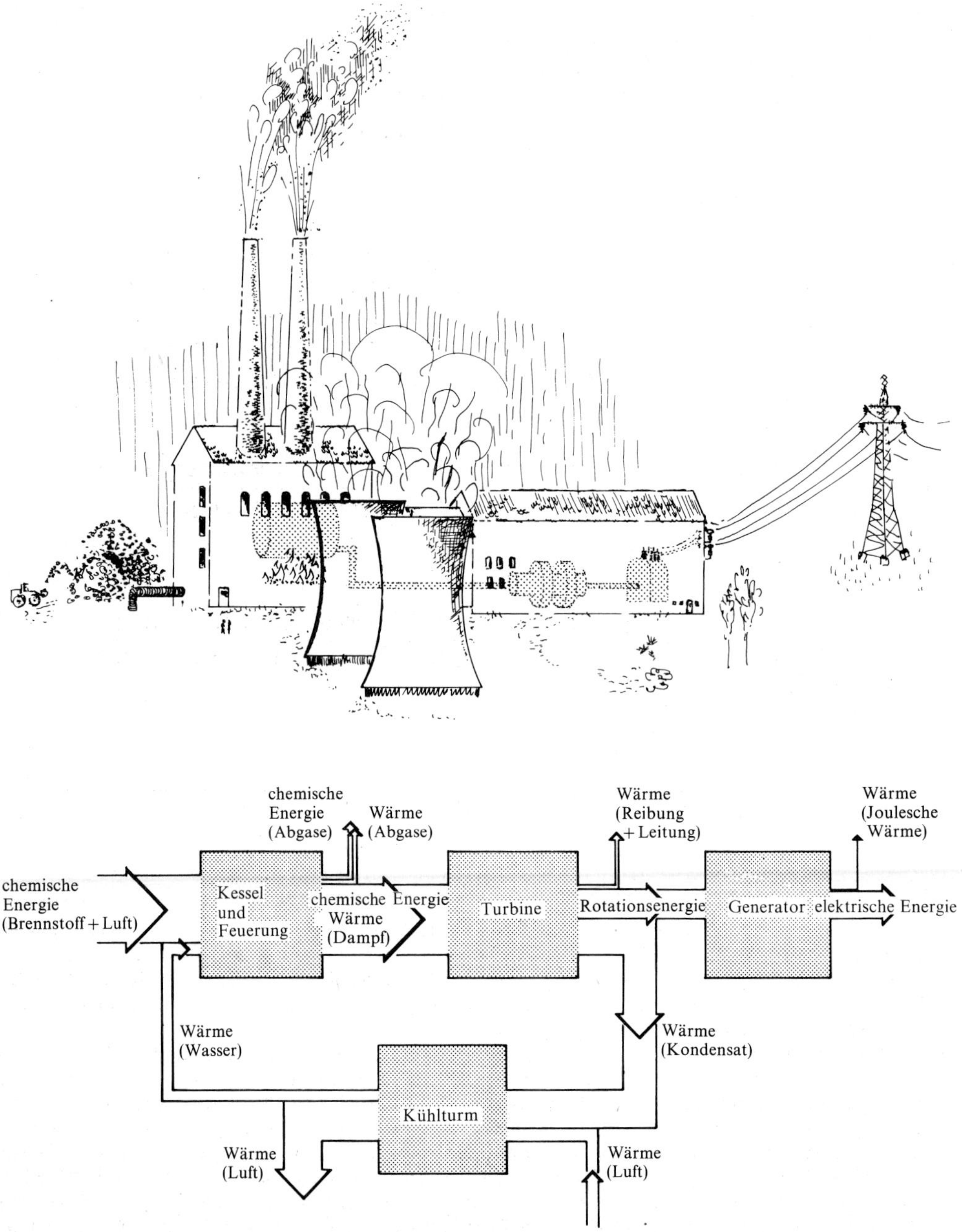

Abb. 1.4

man möglichst klein zu halten sucht. Um bei der Angabe eines Wirkungsgrades einer Maschine, allgemein eines Energie umwandelnden Systems, jedes Mißverständnis zu vermeiden, sollte man also immer vom *Wirkungsgrad hinsichtlich der abgegebenen und der aufgenommenen Energieformen* sprechen, also die den Wirkungsgrad bestimmenden abgegebenen und aufgenommenen Energieformen explizit benennen.

Der Wirkungsgrad ist gleich dem Verhältnis der entsprechenden Pfeilstärken in den Abb. 1.3 und 1.4. So ist der Wirkungsgrad der Kesselanlage eines Kraftwerks das Verhältnis der Stärke des Pfeils, der vom Kessel zur Turbine zeigt, zur Stärke des in den Kessel hineinweisenden Pfeils, symbolisch geschrieben also

$$\left.\begin{matrix}\text{Wirkungsgrad}\\ \text{des Kessels}\end{matrix}\right\} = \frac{\text{vom Kessel an die Turbine abgegebene Energie}}{\text{vom Kessel aufgenommene Wärmeenergie}}. \tag{1.1}$$

Entsprechend sind

$$\left.\begin{matrix}\text{Wirkungsgrad}\\ \text{der Turbine}\end{matrix}\right\} = \frac{\text{von der Turbine abgegebene Rotationsenergie}}{\text{von der Turbine aufgenommene Energie}},$$

$$\left.\begin{matrix}\text{Wirkungsgrad}\\ \text{des Generators}\end{matrix}\right\} = \frac{\text{vom Generator abgegebene elektrische Energie}}{\text{vom Generator aufgenommene Rotationsenergie}},$$

$$\left.\begin{matrix}\text{Wirkungsgrad}\\ \text{des Systems}\\ \text{„Kessel +}\\ \text{Turbine"}\end{matrix}\right\} = \frac{\text{von der Turbine abgegebene Rotationsenergie}}{\text{vom Kessel aufgenommene Wärmeenergie}}, \tag{1.2}$$

$$\left.\begin{matrix}\text{Wirkungsgrad}\\ \text{des Gesamt-}\\ \text{systems}\\ \text{„Kraftwerk"}\end{matrix}\right\} = \frac{\text{vom Generator abgegebene elektrische Energie}}{\text{aus den Brennstoffen aufgenommene chemische Energie}}.$$

◁ Abb. 1.4

Energiefluß-Diagramm eines Dampfkraftwerks.

In der Bundesrepublik ist ein Leitungsnetz installiert für einen elektrischen Energiestrom von $6 \cdot 10^4$ MW. Entnommen wird den Kraftwerken in der Bundesrepublik, von denen etwa 90% Dampfkraftwerke sind, insgesamt ein elektrischer Energiestrom von $3{,}5 \cdot 10^4$ MW. Davon fließen 55% in die Industrie, 35% in die Haushalte und 10% in Verkehrsmittel. Der elektrische Energieverbrauch pro Einwohner beträgt im zeitlichen Mittel $(3{,}5 \cdot 10^7\ \text{MW})/(6 \cdot 10^7\ \text{Einwohner}) = 0{,}6\ \text{kW/Einwohner}$.

Um einen elektrischen Energiestrom (ganz rechts im Diagramm) von 0,6 kW zu erzeugen, muß ein Energiestrom von 1,9 kW in Form von chemischer Energie, getragen von 5 kg Kohle/Tag und der zur Verbrennung benötigten Sauerstoffmenge, der Kesselfeuerung zugeführt werden. Ein Teil dieses Energiestroms (etwa 15%) geht ungenutzt mit 80 m^3 Abgas/Tag und 500 g Asche/Tag direkt von der Feuerung in die Umwelt. Der Hauptteil wird durch den Dampf in die Turbine weitergeleitet. Der nach Austritt aus der Turbine kondensierte Dampf gibt einen Wärmestrom von 1,0 kW im Kühlturm an die Umgebung ab. Der Rest von 0,6 kW verläßt über den Generator das Kraftwerk als elektrische Energie. Definiert man den Wirkungsgrad η eines Kraftwerks als das Verhältnis von abgegebenem elektrischen Energiestrom zu aufgenommenem chemischen Energiestrom, so beträgt er für dieses Kraftwerk $\eta = 0{,}6\ \text{kW}/1{,}9\ \text{kW} = 0{,}32$.

Energieströme

Die Stärke jedes Pfeils in einem Flußdiagramm der Energie gibt die Stärke eines Energieflusses oder eines **Energiestroms** an, d.h. eine Energiemenge, die während eines festgelegten Zeitintervalls von einem System aufgenommen oder abgegeben wird. Gewöhnlich wird als Zeitintervall die Zeiteinheit, also die Sekunde benutzt. Ein Energiestrom hat demnach die Dimension *Energie pro Zeit*. Diese Dimension heißt auch eine *Leistung*.

Trotz des verbreiteten Gebrauchs des Wortes Leistung ziehen wir hier die Bezeichnung Energiestrom vor. Statt also zu sagen, eine Maschine habe eine so und so große Leistung, sagen wir, sie liefert einen so und so großen Energiestrom. Dabei stellt sich wie von selbst die Frage, in welcher Form dieser Energiestrom geliefert wird. Der Gebrauch des Begriffs Energiestrom betont nicht nur das Bild der strömenden Energie, er zwingt auch weit mehr als das neutrale Wort Leistung zu präziserer Ausdrucksweise; er erhöht gleichzeitig Klarheit und Anschauung.

Die Einheit des Energiestroms ist das **Watt,** abgekürzt W (James Watt, 1736–1819). Für viele Zwecke geeigneter ist das **Kilowatt** (kW) $= 10^3$ W oder das **Megawatt** (MW) $= 10^3$ kW $= 10^6$ W. Wie jeder Autofahrer weiß, gibt es für den Energiestrom auch noch die Einheit 1 PS $=$ 735 W. Da ein Energiestrom, der eine bestimmte Zeit fließt, eine bestimmte Energiemenge liefert, ist es sinnvoll, die Einheit der Energie an die Einheit des Energiestroms und die Zeiteinheit zu koppeln. So liefert ein Energiestrom von 1 W, der eine Sekunde lang fließt, eine Energiemenge von einer **Wattsekunde** (Ws). Diese Energiemenge heißt ein **Joule,** abgekürzt J (James Prescott Joule, 1818–1889). Die Einheit 1 Ws $=$ 1 J ist heute gesetzliche Einheit der Energie. Ein Energiestrom von 1 kW $= 10^3$ W, der eine Stunde $= 3{,}6 \cdot 10^3$ s lang fließt, liefert entsprechend eine Energiemenge von 1 **Kilowattstunde** (1 kWh $= 3{,}6 \cdot 10^6$ Ws). Diese Energiemenge ist die übliche Einheit der Energie in der Energiewirtschaft. Die Abb. 1.5 gibt eine Übersicht über Einheiten und Größenordnungen der Energie.

Die Beziehung zwischen Energiestrom und Energie ist die gleiche wie die zwischen elektrischem Strom und elektrischer Ladung. Auch die Einheit der elektrischen Ladung wird dadurch festgelegt, daß ein elektrischer Strom von 1 Ampère, der eine Sekunde lang fließt, eine Ladung von 1 Ampère-Sekunde (1 As) $=$ 1 Coulomb liefert. Eine entsprechende Beziehung existiert zwischen jeder mengenartigen Größe und ihrem Strom.

Energieströme treten immer als Energieformen auf. Das ist plausibel, denn wenn Energie strömt, so geht sie von einem System auf ein anderes über. Wir haben aber gesehen, daß die Energie beim Übergang von einem System auf ein anderes stets in einer *Form* auftritt, wie elektrischer Energie, Rotationsenergie, Bewegungsenergie, Wärme. Den wichtigen Zusammenhang zwischen Energieströmen und Energieformen merken wir uns als *Regel:*

Strömende Energie tritt immer in Energie*formen* auf.

Natürlich kann ein Energiestrom auch aus mehreren Teilströmen zusammengesetzt sein, von denen jeder aus einer anderen Energieform besteht. So strömt durch die Welle einer Turbine nicht nur Rotationsenergie, sondern auch ein kleiner Teil der von der Turbine abgegebenen Wärme. Sie wird zusammen mit der Rotationsenergie vom Generator aufgenommen und von ihm an die Außenluft abgegeben. In praktischen Beispielen strömt die Energie meist gleichzeitig in mehreren Energieformen, aber das hindert uns nicht, begrifflich das Schwergewicht auf die „reinen“ Energieströme zu lenken, in denen die Energie jeweils in nur einer einzigen Energieform strömt.

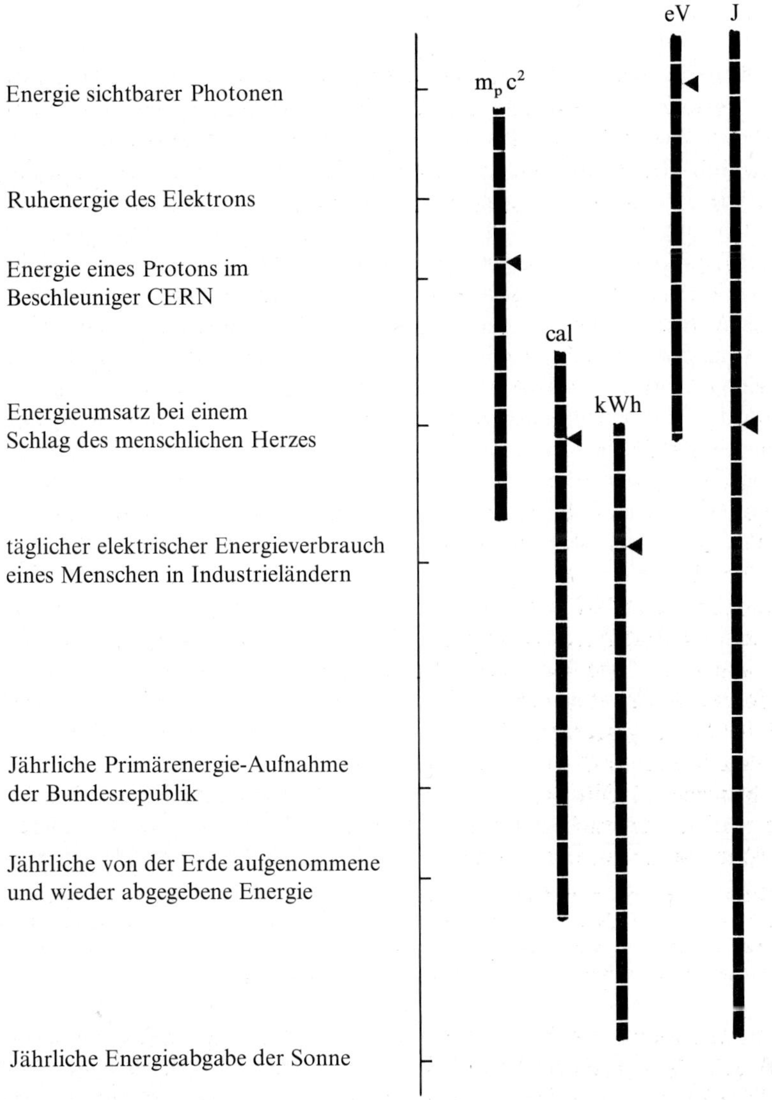

Abb. 1.5

Vergleich verschiedener Energieskalen. Die Skalen sind logarithmisch von oben nach unten zu zählen, wobei jedes Intervall zwei Zehnerpotenzen bedeutet. Der Wert der Energie*einheit* der jeweiligen Skala ist rechts an der Skala markiert.

Gesetzliche Einheit der Energie ist heute $1\,\mathrm{J} = 1\,\mathrm{Ws} = 1\,\mathrm{kg\,m^2/s^2}$, das auf der ganz rechten Seite markiert ist. In der Physik sind außerdem üblich die Einheit $1\,\mathrm{eV} = 1{,}60 \cdot 10^{-19}\,\mathrm{J}$ (obere zweite Skala von rechts) und $1\,m_p c^2 = 1{,}5 \cdot 10^{-10}\,\mathrm{J}$ (ganz linke Skala), wobei $m_p = 1{,}67 \cdot 10^{-27}\,\mathrm{kg}$ die Ruhmasse eines Protons und $c = 3{,}0 \cdot 10^8\,\mathrm{m/s}$ die Lichtgeschwindigkeit im Vakuum bedeutet. In der Elektrizitätswirtschaft ist üblich die Einheit $1\,\mathrm{kWh} = 3{,}6 \cdot 10^6\,\mathrm{J}$ (mittlere Skala) und schließlich wird noch viel die aus der Kalorimetrie stammende Einheit $1\,\mathrm{cal} = 4{,}1\,\mathrm{J}$ benutzt (zweite Skala von links).

Links von den Einheitenskalen sind einige typische Energiewerte vermerkt, deren Beträge in den verschiedenen Einheiten sich aus den rechten Skalen ergeben.

Da Energieströme in den Einheiten Watt, Kilowatt oder Megawatt gemessen werden, müßte mit der Leistungsangabe einer Maschine in Watt, Kilowatt oder Megawatt eigentlich immer auch die Energieform angegeben werden, in der die Maschine den Energiestrom liefert. Tatsächlich geschieht das auch, nämlich dadurch, daß die Art der Maschine bezeichnet wird. Sagt man nämlich, eine Turbine habe eine Leistung von 600 MW, so meint man, daß sie bei geeignetem Betrieb einen stationären Rotationsenergie-Strom von 600 MW abgibt. Wie groß der Energiestrom in Form von Wärme ist, den sie dabei gleichzeitig abgibt, ist in dieser Angabe nicht enthalten. Ebenso bedeutet die Angabe, der Verbrennungsmotor eines Autos habe eine maximale Leistung von 100 kW (=135,9 PS), daß dieser Motor einen Rotationsenergie-Strom von maximal 100 kW liefert. Wieder ist von dem Wärmestrom, den der Motor dabei über das Kühlwasser und die Auspuffgase an die Außenluft abgibt, in dieser Angabe nicht die Rede. Bei einem elektrischen Generator betrifft die Angabe der Leistung entsprechend den Energiestrom in Form elektrischer Energie, den er zu liefern imstande ist. Wir merken uns, daß die Leistungsangabe einer Maschine sich stets auf eine bestimmte Energieform bezieht, nämlich die Energieform, die für die Maschine charakteristisch ist. Man sollte sich ruhig angewöhnen, bei einer Leistungs-, d.h. Energiestrom-Angabe stets auch die Energieform mitanzugeben, in der die Maschine den durch die Leistungsangabe charakterisierten Energiestrom abgibt. So liefert die Turbine, der Elektromotor oder der Verbrennungsmotor von 100 kW einen *Rotationsenergie-Strom* von 100 kW. Ein Raketenmotor von 50 MW liefert entsprechend einen *Bewegungsenergie-Strom* von 50 MW, und ein Heizkörper, der mit einer Leistung von 8 kW betrieben wird, einen *Wärmeenergie-Strom* von 8 kW. Die Zahl solcher Beispiele läßt sich leicht vermehren; das sei dem Leser als Übung empfohlen.

Auch die Wirkungsgrade (1.1) und (1.2) lassen sich mit Hilfe der Energieströme definieren. Man braucht dazu nur den Zähler und den Nenner eines Wirkungsgrads durch das gleiche Zeitintervall, etwa die Zeiteinheit, zu dividieren. Der Wirkungsgrad wird dadurch nicht geändert, es stehen aber jetzt im Zähler und Nenner Energieströme, so daß der Wirkungsgrad nun als Quotient zweier Energiestrom- oder Leistungsangaben erscheint. So ist z.B.

$$(1.3)\quad \begin{aligned} \left.\begin{matrix}\text{Wirkungsgrad}\\ \text{der Turbine}\end{matrix}\right\} &= \frac{\text{von der Turbine abgegebener Rotationsenergie-Strom}}{\text{von der Turbine aufgenommener Energiestrom}},\\[1em] \left.\begin{matrix}\text{Wirkungsgrad}\\ \text{des Generators}\end{matrix}\right\} &= \frac{\text{vom Generator abgegebener elektrischer Energiestrom}}{\text{vom Generator aufgenommener Rotationsenergie-Strom}}.\end{aligned}$$

Für technische Zwecke ist die Definition (1.3) oft sogar vorteilhafter als die Definition (1.2), nämlich dann, wenn der Wirkungsgrad der Maschine vom Betrag des durch sie hindurchfließenden Energiestroms abhängt, wenn also das Verhältnis von abgegebenem Rotationsenergie-Strom zu aufgenommenem Wärmeenergie-Strom eines Motors sich mit der Stärke des Energiestroms ändert. Wie jeder Autofahrer weiß, ist das bei einem Verbrennungsmotor der Fall, denn jeder Verbrennungsmotor hat einen optimalen Drehzahlbereich, in dem das Verhältnis des vom Motor abgegebenen Rotationsenergie-Stroms zu dem von ihm aufgenommenen chemischen Energiestrom, den das Benzin-Luft-Gemisch darstellt, also dem Benzinverbrauch, am größten ist.

Die räumliche Verteilung der strömenden Energie. Energiestromdichte

Für viele Fragen kommt es nicht nur darauf an, daß ein Energiestrom eine bestimmte Mindeststärke hat, sondern auch darauf, daß er räumlich genügend konzentriert ist. Startet man z.B. eine Rakete zum Mond, so braucht man nicht nur einen Bewegungsenergie-Strom vom Betrag einiger tausend MW, der Strom muß auch außerordentlich konzentriert sein, denn er muß durch die Düse des Raketenmotors hindurchströmen. Mit der Angabe des Gesamtstroms ist es daher oft nicht getan, man muß auch wissen, wie der Strom räumlich verteilt ist. Um das zu erfassen, bedient man sich des Begriffs der **Energiestromdichte.**

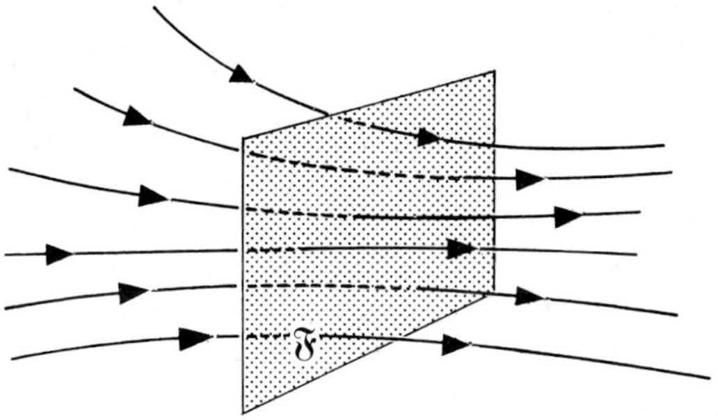

Abb. 1.6

Der Energiestrom dE/dt durch eine Fläche $\mathfrak{F}$ ist die Energiemenge dE, die pro Zeitintervall dt durch $\mathfrak{F}$ hindurchfließt. Die Pfeile, die keineswegs senkrecht durch $\mathfrak{F}$ hindurchtreten müssen, geben die Richtung der Energiestrom*dichte* an.

Wenn Energie im Raum strömt, so wird jedes Flächenstück $\mathfrak{F}$ des Flächeninhalts A pro Zeitintervall von einer bestimmten Energiemenge durchsetzt (Abb. 1.6). Ist das Flächenstück so klein, daß eine Halbierung der Fläche $\mathfrak{F}$, d.h. eine Halbierung ihres Inhalts A jeweils auch eine Halbierung der pro Zeitintervall durch $\mathfrak{F}$ hindurchströmenden Energiemenge zur Folge hat, und wird die Fläche $\mathfrak{F}$ vom Energiestrom *senkrecht* durchsetzt, so ist

$$\text{(1.4)} \qquad \frac{\text{Energiestrom durch } \mathfrak{F}}{\text{Flächeninhalt } A \text{ von } \mathfrak{F}} = \text{Betrag der Energiestromdichte}.$$

Wie die Bedingung, daß die Fläche $\mathfrak{F}$ senkrecht zum Energiestrom zu stellen ist, erkennen läßt, ist die Energiestromdichte ein Vektor $\boldsymbol{j}$. Dieser Vektor hat die Richtung des Energiestroms, steht also senkrecht auf der Fläche $\mathfrak{F}$ und hat den Betrag (1.4). Genau genommen handelt es sich um ein *Vektorfeld* $\boldsymbol{j}(\boldsymbol{r})$, denn jedem Ort $\boldsymbol{r}$ ist ein derartiger Vektor $\boldsymbol{j}$ zugeordnet, dessen Richtung am Ort $\boldsymbol{r}$ durch die dortige Strömungsrichtung der Energie gegeben ist und dessen Länge durch (1.4) definiert ist. Dort, wo keine Energie strömt, ist $\boldsymbol{j}=0$.

Als Beispiel betrachten wir den in Abb. 1.7 dargestellten Energiestrom, den die Sonne als Strahlung in den Raum aussendet. Die Energie strömt radial von der Oberfläche der Sonne weg. Außerdem ist die Energieströmung isotrop, die Energie strömt in alle Richtungen gleich stark. Der Mantel eines Kegels, dessen Spitze im Zentrum der Sonne liegt, wird von Energie nicht durchsetzt, denn an jeder Stelle des Mantels strömt die Energie parallel zum Kegelmantel. Jede der Flächen $\mathfrak{F}_1, \mathfrak{F}_2, \mathfrak{F}_3, \ldots$ aber, die den Kegel wie ein Deckel abschließen, wird von Energie durchsetzt, und zwar jede dieser Flächen pro Zeiteinheit von derselben Energiemenge. Jede der Flächen $\mathfrak{F}_1, \mathfrak{F}_2, \mathfrak{F}_3, \ldots$ wird also von einem Energiestrom desselben Betrags durchsetzt. Da der Flächeninhalt

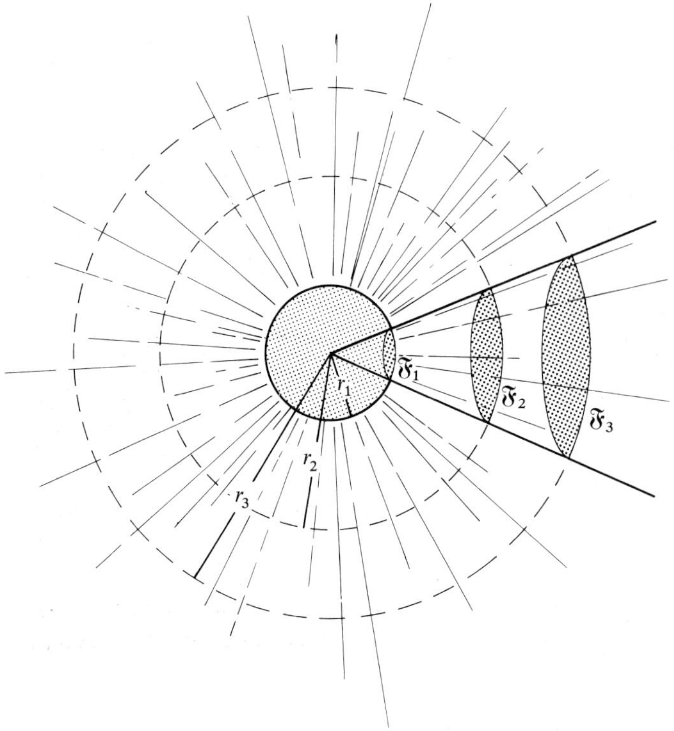

Abb. 1.7

Die Strahlung der Sonne als Beispiel eines radial-isotropen Energiestroms. Durch jede der Kugelkalotten, nämlich die Flächenstücke $\mathfrak{F}_1, \mathfrak{F}_2, \mathfrak{F}_3, \ldots$, tritt derselbe Energiestrom hindurch, so daß die Energiestromdichte quadratisch mit dem Abstand r der Flächen vom Mittelpunkt der Sonne abnimmt.

dieser Flächen mit dem Quadrat ihres Abstands r vom Sonnenzentrum zunimmt, nimmt der Betrag der Energiestrom*dichte* mit $1/r^2$ ab. Die Betrachtung gilt für Kegel beliebig großer Öffnungswinkel, also auch für die ganze Kugel der Oberfläche $= 4\pi r^2$. Die Energiestromdichte eines radial-isotropen Energiestroms ist daher gegeben durch

$$(1.5) \qquad \boldsymbol{j}(\boldsymbol{r}) = \frac{\text{gesamter Energiestrom}}{4\pi r^2} \left(\frac{\boldsymbol{r}}{r}\right).$$

Für jeden Ort $\boldsymbol{r}$ zeigt der Einheitsvektor $\boldsymbol{r}/r$ radial nach außen. Das Vektorfeld $\boldsymbol{j}(\boldsymbol{r})$ der Energiestromdichte (1.5) hat daher die in Abb. 1.8 dargestellte Gestalt: Der an einem beliebigen Punkt mit dem vom Sonnenzentrum aus gezählten Ortsvektor $\boldsymbol{r}$ angeheftete Vektor $\boldsymbol{j}(\boldsymbol{r})$ ist nach außen gerichtet, und seine Länge ist proportional $1/r^2$; $|\boldsymbol{j}|$ ist um so kleiner, je größer $r = |\boldsymbol{r}|$ ist.

Man unterscheide sorgfältig zwischen den Begriffen *Energiestromdichte* und *Energiestrom.* Die Energiestromdichte ist ein Vektorfeld $\boldsymbol{j}(\boldsymbol{r})$, das die räumliche Verteilung und Stärke der strömenden Energie angibt. Der Energiestrom, auch Energiestromstärke genannt, ist dagegen ein *Skalar I*. Er gibt die gesamte pro Zeitintervall durch eine Fläche $\mathfrak{F}$ hindurchströmende Energiemenge an. Genau das sagt auch unsere Definition (1.4), die allerdings auf hinreichend kleine Flächen beschränkt ist. Die allgemeine mathe-

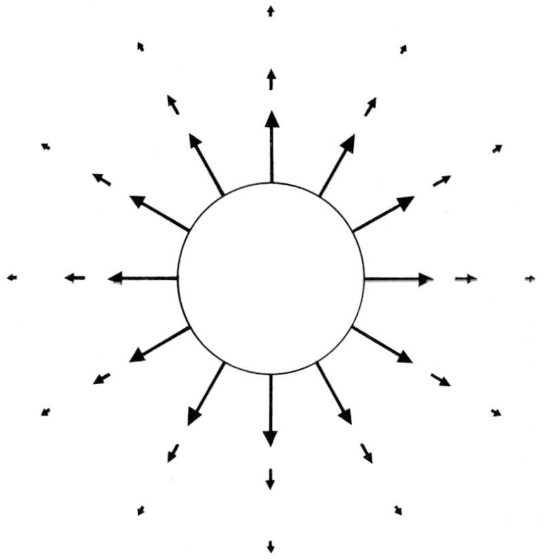

Abb. 1.8

Das Vektorfeld der radial-isotropen Energiestromverteilung der Abb. 1.7. Wie in Abb. 1.6 zeigen die Pfeile die Richtung des Vektorfelds „Energiestromdichte" an. Daß die Energiestromverteilung *radial* ist, zeigt sich darin, daß die Pfeile senkrecht auf Kugelflächen um das Zentrum der Sonne stehen. Die Länge der Pfeile gibt den Betrag der Entropiestromdichte an. Daß die Energiestromdichte *isotrop* ist, zeigt sich darin, daß bei gleichem Abstand r vom Zentrum die Pfeile gleiche Länge haben. Wegen der Erhaltung der Energie nimmt die Energiestrom*dichte*, also die Länge der Pfeile, mit $1/r^2$ ab.

matische Formulierung des Zusammenhangs zwischen der Energiestromdichte $\boldsymbol{j}(\boldsymbol{r})$ und dem zugehörigen Energiestrom bzw. der Energiestromstärke I durch eine beliebige Fläche $\mathfrak{F}$ lautet

(1.6) $$I = \int_{\mathfrak{F}} \boldsymbol{j}(\boldsymbol{r})\, d\boldsymbol{A}.$$

Dabei kennzeichnet $d\boldsymbol{A}$ die Flächenelemente der Fläche $\mathfrak{F}$. Der Vektor $d\boldsymbol{A}$ steht jeweils senkrecht auf dem Flächenelement, und sein Betrag $|d\boldsymbol{A}| = dA$ ist gleich dem Flächeninhalt des Flächenelements (Abb. 1.9). Man kann daher auch schreiben $d\boldsymbol{A} = dA\, \boldsymbol{n}$, wobei $\boldsymbol{n}$ die örtliche *Flächennormale* bezeichnet, nämlich den Einheitsvektor ($|\boldsymbol{n}| = 1$), der an jeder Stelle senkrecht auf der Fläche steht. Durch den Richtungssinn von $d\boldsymbol{A}$ oder, was auf dasselbe hinausläuft, von $\boldsymbol{n}$, ist ferner die Orientierung der Fläche festgelegt. Mit ihr ist erklärt, was vorn und was hinten auf der Fläche bedeutet. Das Skalarprodukt $\boldsymbol{j}\, d\boldsymbol{A}$ zählt nur die Komponente von $\boldsymbol{j}$, die das Flächenelement senkrecht durchsetzt, so daß jeweils nur die zur Fläche senkrechte Komponente der Energiestromdichte $\boldsymbol{j}$ zum Energiestrom I beiträgt. Bei bekannter Energiestromdichte $\boldsymbol{j}(\boldsymbol{r})$ ist daher zwar auch der Energiestrom durch irgendeine beliebige Fläche $\mathfrak{F}$ bestimmt, nicht aber umgekehrt bei bekanntem Energiestrom I durch eine Fläche $\mathfrak{F}$ die zugehörige Energiestromdichte $\boldsymbol{j}(\boldsymbol{r})$. Um $\boldsymbol{j}(\boldsymbol{r})$ zu erhalten, muß $\mathfrak{F}$ infinitesimal gewählt werden, nämlich so klein, daß bei einer Halbierung von $\mathfrak{F}$ auch der Strom durch sie halbiert wird, und außerdem muß die Fläche $\mathfrak{F}$ so gestellt werden, daß der Strom durch sie maximal ist. Dann zeigt die Flächennormale nämlich in die Richtung von $\boldsymbol{j}(\boldsymbol{r})$. Genau das haben wir oben getan.

Der Begriff der Stromdichte ist nicht auf die Energiestromdichte beschränkt, sondern er läßt sich für jede mengenartige Größe bilden, die strömen kann. So gibt jeder Materiestrom Anlaß zu einer *Materiestromdichte*, ein elektrischer Strom zu einer *elektrischen Stromdichte*. Der Zusammenhang zwischen dem Strom I_X einer Größe X durch eine Fläche $\mathfrak{F}$ und der Stromdichte $\boldsymbol{j}_X(\boldsymbol{r})$ der Größe X ist dabei wieder durch die Formel (1.6) gegeben, nämlich durch

(1.7) $$I_X = \int_{\mathfrak{F}} \boldsymbol{j}_X(\boldsymbol{r})\, d\boldsymbol{A}.$$

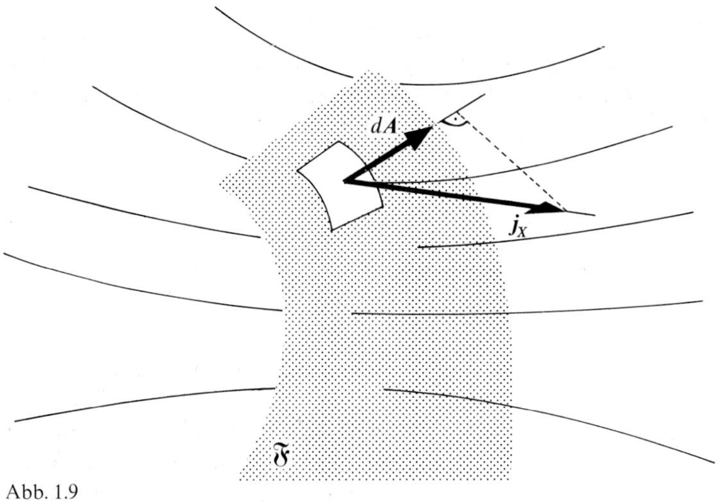

Abb. 1.9

Die Strom*dichte* $\boldsymbol{j}_X$ der Größe X stellt ein Vektorfeld dar, von dem in der Zeichnung die Feldlinien gezeigt sind. Es ist also $\boldsymbol{j}_X = \boldsymbol{j}_X(\boldsymbol{r})$, wobei die Richtung von $\boldsymbol{j}_X$ in jedem Punkt durch die Richtung der Tangente an die Feldlinie gegeben ist. Die Strom*stärke* I_X durch die gerasterte Fläche $\mathfrak{F}$ ist gegeben durch $dX/dt = I_X = \int_{\mathfrak{F}} \boldsymbol{j}_X \, d\boldsymbol{A}$. Die Bildung des Skalarprodukts $\boldsymbol{j}_X \, d\boldsymbol{A}$ besagt, daß zur Bildung von I_X nur die Komponente von $\boldsymbol{j}_X$ in Richtung von $d\boldsymbol{A}$ berücksichtigt wird.

Während $\boldsymbol{j}_X$ eine *lokale* Größe ist, ist I_X eine *globale* oder *integrale* Größe, die der ganzen Fläche $\mathfrak{F}$ zugeordnet ist. I_X ist ein Skalar; man bezeichnet I_X auch als *Fluß von* $\boldsymbol{j}_X$ durch die Fläche $\mathfrak{F}$.

Der Index X bezeichnet hierin die physikalische Größe, um deren Strom es geht. Ist X die Energie, so ist (1.7) identisch mit (1.6). Bezeichnet X die Masse, so beschreibt (1.7) den Zusammenhang zwischen dem Massenstrom durch eine Fläche $\mathfrak{F}$ und der Massenstromdichte. Ist X die elektrische Ladung Q, so beschreibt (1.7) den Zusammenhang zwischen dem elektrischen Strom oder, wie man in diesem Fall gewohnheitsmäßig sagt, der Stromstärke I_Q und der elektrischen Stromdichte.

Der auf die Erde herabrieselnde Regen z.B. läßt sich durch eine Massenstromdichte des Regenwassers beschreiben. Ist ρ die Massendichte des Wassers, so ergibt sich für einen typischen Landregen, der pro Tag eine Niederschlagsmenge von 2 cm Höhe bringt, mit $\rho = 10^3\ \text{kg/m}^3$ ein Betrag der *Massenstromdichte* von

$$\frac{\rho \cdot 2\ \text{cm}}{1\ \text{Tag}} = 2{,}3 \cdot 10^{-4} \frac{\text{kg}}{\text{m}^2\ \text{s}}.$$

Das ist die pro Quadratmeter in der Sekunde strömende Masse des Regenwassers. Diese Zahl gibt den Betrag des Vektors Massenstromdichte an. Der Massenstrom des Regens kann sehr erhebliche Werte annehmen, auch wenn die Massenstromdichte recht klein ist, nämlich dann, wenn der Regen über einer ausgedehnten Fläche $\mathfrak{F}$ fällt. Hat das Regengebiet $\mathfrak{F}$ eine Flächenausdehnung von 4000 km², so beträgt der gesamte Massenstrom des Regens $10^6\ \text{kg/s} = 1000\ \text{t/s}$.

Die Energiestromdichte der Rotationsenergie in der Welle einer Turbine von 800 MW hat, wenn die Welle 1 m Durchmesser hat, den Betrag

$$\frac{800\ \text{MW}}{(0{,}5)^2 \cdot \pi\ \text{m}^2} = 10^6 \frac{\text{kW}}{\text{m}^2}.$$

Diese Energiestromdichte übertrifft z.B. die solare Energiestromdichte auf der Erdoberfläche, die wir im nächsten Paragraphen behandeln werden, dem Betrag nach um das Millionenfache. Dennoch ist der die ganze Erde treffende solare Energiestrom erheblich größer als der gesamte Energiestrom durch die Turbine. Der solare Energiestrom ist über die ganze Erde verteilt, während der Rotationsenergie-Strom der Turbine auf die Welle beschränkt ist. Es ist ähnlich wie beim Regen; obwohl der Betrag der Massenstromdichte in einer Wasserleitung erheblich größer ist als die Massenstromdichte des Regens, ist doch der gesamte als Regen herabkommende Massenstrom um vieles größer als der durch das Leitungswasser dargestellte Massenstrom.

§2 Die Energieumsetzungen auf der Erde

Die von der Erdoberfläche aufgenommenen und abgegebenen Energieströme

Die Sonne gibt Energie in der Form von Wärmeenergie als elektromagnetische Strahlung ab. Die Energiestromdichte dieser Strahlung hat am Ort der Erde, genauer der äußeren Atmosphäre (also nicht an der festen Erdoberfläche), den Wert 1,36 kW/m^2. Wenn man voraussetzt, daß die Sonne Energie isotrop in den Raum ausstrahlt, läßt sich aus dieser Energiestromdichte, dem Sonnenradius R_S und dem mittleren Abstand Erde—Sonne r_{E-S} die **Energiestromdichte der Sonnenstrahlung** an der Oberfläche der Sonne ausrechnen. Nach (1.5) ist nämlich der Betrag j_S der Energiestromdichte an der Sonnenoberfläche

$$j_S = \frac{r_{E-S}^2}{R_S^2} \cdot 1{,}36 \frac{kW}{m^2} = \frac{(1{,}5 \cdot 10^{11}\,m)^2}{(7{,}0 \cdot 10^8\,m)^2} \left(1{,}36 \frac{kW}{m^2}\right) = 6 \cdot 10^4 \cdot \frac{kW}{m^2}. \tag{2.1}$$

Von den auf die Erde auftreffenden 1,36 kW/m^2 werden 30% reflektiert. Dieser von der Erde reflektierte Anteil der elektromagnetischen Strahlung, die sogenannte Albedo der Erde, wird mit der gleichen Frequenz und Wellenlänge zurückgeworfen, mit der er auf die Erde aufgetroffen ist. Da die Sonne etwa die Hälfte ihrer Strahlungsenergie im sichtbaren Teil des elektromagnetischen Spektrums aussendet (Abb. 2.1), sieht ein Astronaut auf dem Mond die Erde durch diesen von der Erde reflektierten Strahlungsanteil, ebenso wie wir die Mondsichel aufgrund des an der Mondoberfläche reflektierten Sonnenlichts sehen. Auch den „dunklen" Teil des Mondes sehen wir, wie ein aufmerksamer Himmelsbeobachter weiß, schwach, und zwar durch das Sonnenlicht, das über die Reflexion an der Erde zum Mond gelangt und dort wieder reflektiert wird.

Berücksichtigt man die Reflexion von 30%, empfängt die Erdoberfläche an einem wolkenlosen Tag von der Sonne eine Energiestromdichte von 1,0 kW/m^2. Diese Zahl, die man sich leicht merkt und merken sollte als die energetische Grundlage unseres ganzen irdischen Daseins, ist bekannt unter der Bezeichnung **Solarkonstante.**

Fragt man nach den **Energieströmen, die die Erdoberfläche treffen,** genauer, die die Erdoberfläche als Trennfläche zwischen dem Erdinnern und dem Weltraum durchsetzen, muß man berücksichtigen, daß auch aus dem heißen Erdinnern Wärmeenergie an die Erdoberfläche abgegeben wird, und zwar einmal durch Wärmeleitung und zum anderen durch Konvektion, also gleichzeitigen Materialtransport in heißen Quellen und Vulkanen. Der Wärmestrom durch Wärmeleitung beträgt $3 \cdot 10^{10}$ kW, der durch Konvektion $3 \cdot 10^8$ kW. Diesen Energiestrom trachtet man übrigens auszunutzen in *geothermalen Kraftwerken*, in Europa vor allem in Italien. Alle diese Kraftwerke zusammen setzen aber keinen größeren Energiestrom um als 10^6 kW; das ist nicht mehr als ein einziger großer Kernreaktor heute.

Schließlich trägt auch der Rotationsenergie-Strom, den die Erde infolge Gezeitenreibung abgibt, zur Aufheizung der Erdoberfläche bei. Dieser Rotationsenergie-Strom beträgt $3 \cdot 10^9$ kW. Auch diesen Energiestrom sucht man nutzbar zu machen, d.h. einen Teil von ihm in einen elektrischen Energiestrom umzuwandeln. Ein Gezeitenkraftwerk in der Bretagne nutzt einen Gezeitenhub von 10 m zur Erzeugung eines elektrischen Energiestroms von $2{,}4 \cdot 10^5$ kW.

Um die Größenordnung des Rotationsenergie-Stroms und des aus dem Erdinnern mit dem von der Sonne kommenden Wärmeenergie-Strom zu vergleichen, müssen wir den Wärmestrom, der von der Sonne auf die gesamte Erde auftrifft, noch ausrechnen. Wegen des Erdradius $R_E = 6{,}37 \cdot 10^6$ m beträgt der Querschnitt (nicht die Oberfläche!) der Erde $1{,}28 \cdot 10^{14}\,\mathrm{m}^2$, der gesamte Energiestrom von der Sonne zur Erde somit

$$\left(1{,}36\,\frac{\mathrm{kW}}{\mathrm{m}^2}\right)(1{,}28 \cdot 10^{14}\,\mathrm{m}^2) = 1{,}73 \cdot 10^{14}\,\mathrm{kW}.$$

Der von der Sonne auf die Erdoberfläche auftreffende Energiestrom liegt also um mehrere Größenordnungen über den aus dem Erdinnern und den Gezeiten herrührenden Strömen. In der Gesamtbilanz sind neben dem Beitrag der Sonne die beiden letzten vernachlässigbar.

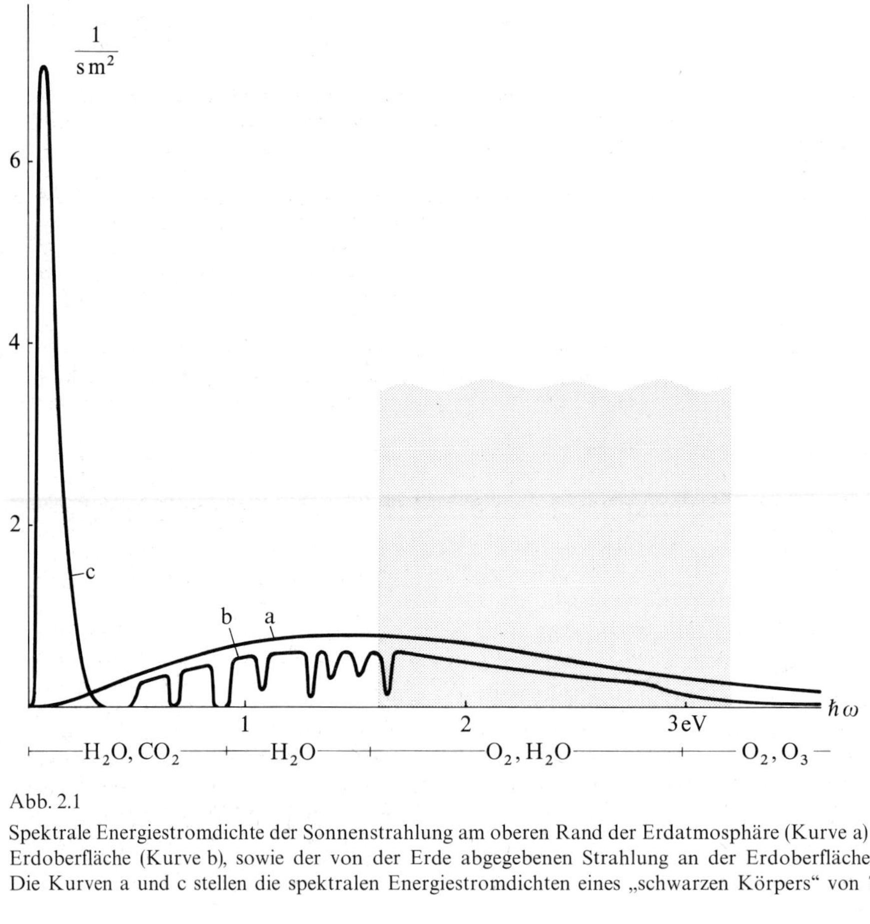

Abb. 2.1

Spektrale Energiestromdichte der Sonnenstrahlung am oberen Rand der Erdatmosphäre (Kurve a) und an der Erdoberfläche (Kurve b), sowie der von der Erde abgegebenen Strahlung an der Erdoberfläche (Kurve c). Die Kurven a und c stellen die spektralen Energiestromdichten eines „schwarzen Körpers" von $T = 5900$ K

Von dem auftreffenden Energiestrom von $1{,}73 \cdot 10^{14}$ kW geht der Erde, wie wir schon sagten, 30% durch Reflexion verloren. Die restlichen 70% strahlt die Erde (allerdings mit gegenüber der Sonnenstrahlung veränderter Frequenzverteilung) zwar auch wieder ab, aber erst nachdem sie einige Umformungen erfahren haben. So werden 47%, also $0{,}81 \cdot 10^{14}$ kW, von Land, Wasser und Atmosphäre absorbiert und erwärmen diese direkt. 23%, also $0{,}40 \cdot 10^{14}$ kW, werden verwendet zur Verdunstung von Wasser (Abb. 2.3) sowie zur Konvektion von Wasser und Luft. Nur 0,02%, also $4 \cdot 10^{10}$ kW und damit nicht mehr als aus dem Erdinnern an Wärme an die Oberfläche strömt, gehen über die Photosynthese in den Aufbau von Pflanzen und damit auch in die Ernährung, also den Energiehaushalt von Tier und Mensch (Abb. 2.2). In Kohle, Öl und Erdgas wird seit $6 \cdot 10^8$ Jahren ein Teil dieses Energiestromanteils gespeichert. In dem winzigen Zeitraum von 1940 bis heute haben die Menschen so viel Kohle verbraucht, diesen Energiespeicher also so weit abgebaut wie in der gesamten Zeit bis 1940. Auch der Verbrauch des Speichers Erdöl verdoppelt sich seit der Jahrhundertwende alle 10 Jahre. Auf das Problem der Zukunft der Energieversorgung der Menschheit werden wir später in diesem Paragraphen noch zurückkommen.

---

und $T = 290$ K dar, wobei die Werte der Kurve a um den Faktor (Abstand Sonne–Erde)^2/(Sonnenradius)^2 abgesenkt sind, da sich die Energiestrom*dichte* bei beiden Kurven auf eine Fläche an der Oberfläche der Erde bezieht.

Die „spektrale Energiestromdichte" ist die Energiestromdichte pro Photonenenergie-Intervall $d(\hbar\omega)$. Gemessen wird nicht ein Ordinatenwert der dargestellten Kurve, sondern ein Energiestrom, nämlich ein von der Kurve begrenztes Flächenstück über einem Energie-Intervall $d(\hbar\omega)$. Die gezeichneten Kurven stellen die durch $d(\hbar\omega)$ dividierten Werte dieser Meßgröße dar.

Weiter verbreitet als die gezeigte Darstellung der Energiestromdichte pro Photonenenergie-Intervall ist die der Energiestromdichte pro Wellenlängen-Intervall $d\lambda$. Beide Darstellungen haben, da aus $\omega = 2\pi c/\lambda$ folgt, daß $d(\hbar\omega)/\hbar\omega = -d\lambda/\lambda$, ihr Maximum bei Werten, die nicht durch $\omega = 2\pi c/\lambda$ miteinander verknüpft sind. So hat die Kurve a ihr Maximum bei $\hbar\omega = 1{,}41$ eV, dem ein $\lambda = 0{,}88$ µm entspricht, das im nahen Ultraroten liegt. Die Energiestromdichte pro Wellenlängen-Intervall dagegen hat ihr Maximum bei 0,49 µm, entsprechend einem $\hbar\omega = 2{,}5$ eV im grünen Teil des sichtbaren Spektrums. Der oft gehörte Satz, „die Sonne emittiere Energie maximal in demjenigen Spektralbereich, in dem die Augenempfindlichkeit am größten ist, nämlich im Grünen", ist also unsinnig, da je nachdem, auf welche Größe die spektrale *Verteilung* der von der Sonne emittierten Energiestromdichte bezogen wird, sich ganz unterschiedliche Werte der Maxima dieser Verteilungsfunktion ergeben.

Das Integral der Kurve a über das gesamte Spektrum, das den sichtbaren (gerastert gezeichneten) Teil einschließt, ergibt 1,36 kW/m^2, den Wert der Solarkonstante oberhalb der Atmosphäre. Durch Absorption in der Atmosphäre gelangt nur der in Kurve b gezeigte Anteil bei Wolkenlosigkeit an die Erdoberfläche. Die Absorption in der Atmosphäre erfolgt durch Stoffe, die für die einzelnen Spektralbereiche unter der Abszisse angegeben sind. Oberhalb 3,6 eV wird die Sonnenstrahlung fast vollständig durch O_2 und O_3 absorbiert. Das Integral der Kurve b über das gesamte Spektrum ergibt 1,0 kW/m^2, den Wert der Solarkonstante an der festen Erdoberfläche.

Da die Kurve c bei dem gewählten Maßstab sehr schmal und steil ist, sind die von der Atmosphäre absorbierten Anteile nicht eingezeichnet. Das Integral über die um die absorbierten Anteile korrigierte Kurve c wäre gleich dem Integral über die Kurve b, da die Erde insgesamt ebensoviel Energie abgibt wie sie empfängt. Der Maßstab ist absichtlich für alle Kurven gleich gewählt, um deutlich zu machen, daß die Erde Strahlung in ganz unterschiedlichen Spektralbereichen empfängt und abgibt. Eine Veränderung der Atmosphäre wird sich also auf die Absorption der ankommenden und abgegebenen Strahlung in verschiedener Weise auswirken. So bewirkt gemäß der Zeichnung eine Erhöhung der Absorption links vom Schnittpunkt der Kurven a und c, also unterhalb einer Photonenenergie $\hbar\omega = 0{,}26$ eV, eine Erhöhung der Erdtemperatur, damit die Erde weiter genauso viel abstrahlt wie sie empfängt. Wie groß dieser Einfluß sein kann, zeigt sich dadurch, daß bei vollständigem Fortfall der atmosphärischen Absorption im fernen Ultraroten die mittlere Temperatur der Erdoberfläche nicht den Wert $T = 290$ K ($= 17$ °C) hätte, sondern nur $T = 255$ K ($= -18$ °C). ◁

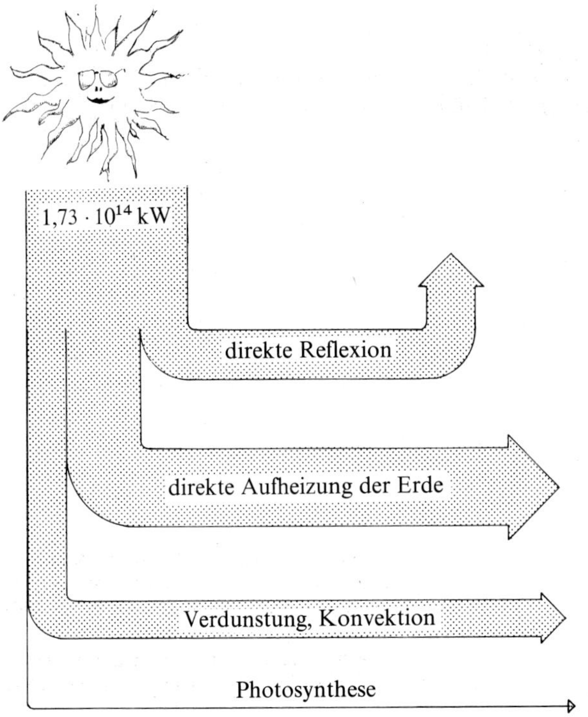

Abb. 2.2
Energiefluß-Diagramm des Energiestroms von der Sonne zur Erde. 30% des Energiestroms werden direkt reflektiert, wobei die Wellenlänge der elektromagnetischen Strahlung durch die Reflexion nicht geändert wird. 47% werden von der Materie absorbiert und zur direkten Aufheizung der Erde verwendet. 23% werden dafür verwendet, die großen Energieströme von Luft und Wasser an der Erdoberfläche in Gang zu halten. Nur $2{,}5 \cdot 10^{-2}\%$ werden zur Photosynthese und damit auch zur Bildung fossiler Brennstoffe wie Kohle und Erdöl verwendet. Der gesamte nicht reflektierte Energiestrom wird als Strahlung längerer Wellenlänge von der Erde wieder emittiert.

Im Zusammenhang mit den Energieströmen, die die Erdoberfläche empfängt und abgibt, spielen vor allem im Hinblick auf die Energieströme, die der Mensch sich zunutze macht, die **Energiespeicher** oder Energie*puffer* eine große Rolle. Der Aufbau von Pflanzen durch die Photosynthese bildet einen derartigen Speicher an der Erdoberfläche. Einen anderen Speicher stellt der Wasser-Kreislauf dar, mit Wolken, Flüssen und Meeren. Beide Speicher nehmen Energie aus dem solaren Energiestrom auf und geben sie mit Verzögerung wieder ab. Solange die in den Speichern enthaltene Energie vermehrt wird, geben die Speicher weniger Energie ab als sie aufnehmen. Die Bilanz des Energiestroms, der auf die Erdoberfläche auftrifft und von ihr wieder ausgeht, ist dann nicht ganz ausgeglichen. Allerdings ist das Defizit gering, da die Energieströme, die zur Vermehrung oder Verminderung der Energie in den Speichern führen, sehr klein sind gegen die die Speicher insgesamt durchsetzenden Energieströme. Ein einziger Speicher auf der Erdoberfläche bildet davon eine Ausnahme, er könnte einen zusätzlichen Energiestrom liefern, der die Größenordnung des solaren Energiestroms an der Erdoberfläche erreicht. Das ist das Deuterium in den Meeren für den Fall der Realisierung der in einem Fusionsreaktor kontrollierten Kernfusion.

Bei der von der Erdoberfläche *abgegebenen* Energie handelt es sich wie bei der von der Sonne aufgenommenen Energie um Wärmeenergie, und zwar um **Wärmestrahlung.** Diese Wärmestrahlung ist bei der abgegebenen Energie auf Erdtemperatur, bei der ankommenden Energie dagegen auf der Temperatur der Sonnenoberfläche. Das zeigt sich darin, daß die Sonnenstrahlung hauptsächlich im sichtbaren Spektralbereich liegt, die Wärmestrahlung der Erde dagegen im Ultraroten (Abb. 2.1). Die Temperatur der Erdoberfläche ist im wesentlichen bestimmt durch den von der Sonne empfangenen Energiestrom. Würde sich dieser Energiestrom um 1% ändern, hätte das eine Änderung

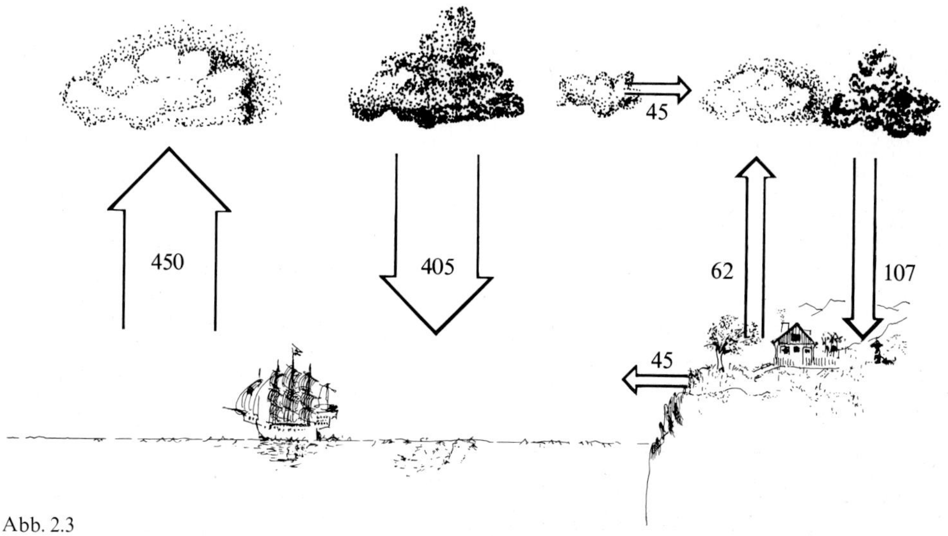

Abb. 2.3

Wasserströme in der Atmosphäre und an der Erdoberfläche in der Einheit 10^{15} kg/Jahr. Während die auf das Meer niedergehende Wasserstrom*stärke* um den Faktor 3,8 größer ist als die auf das Land niedergehende, ist die mittlere Strom*dichte* nur um den Faktor 1,6 größer, da die Meeresoberfläche $360 \cdot 10^6$ km^2 beträgt, die Oberfläche des Landes dagegen nur $150 \cdot 10^6$ km^2.

Überraschen mag, daß nur weniger als die Hälfte des Regens über Land aus vom Meer her zugewehten Wolken besteht, mehr als die Hälfte dagegen aus Verdampfung des Niederschlags über dem Land selbst herrührt.

der mittleren Oberflächentemperatur der Erde, die 14,3 °C beträgt, um etwa 1 °C zur Folge. Das wiederum hätte unabsehbare Auswirkungen auf das Leben auf der Erde.

Die Erde empfängt Energie in Form von Wärme und gibt sie auch wieder als Wärme ab. Sie wandelt die Energie also nicht um, sondern nimmt die Wärme bei hoher Temperatur auf und gibt sie bei tieferer Temperatur ab. Dieses Verhalten bezeichnen wir als das eines *Transformators* in Analogie zu dem des bekannten elektrischen Transformators, der auch *dieselbe* Energieform, nämlich elektrische Energie, aufnimmt und abgibt, aber bei unterschiedlicher elektrischer Spannung.

Die Energieströme der Zivilisation

Die Erde transformiert den einfallenden Wärmeenergie-Strom, der die Temperatur der Sonnenoberfläche hat, in einen Wärmeenergie-Strom, der die Temperatur der Erdoberfläche hat. Entscheidend für alle Vorgänge auf der Erde ist, daß die Erde diese Energietransformation nicht einfach auf dem nächstliegenden Weg bewirkt, wie der Mond, nämlich dadurch, daß sich der Erdboden erwärmt und damit seinerseits zur Quelle der von der Erde ausgehenden Wärmestrahlung wird. Das tut sie zwar unter anderem auch, und ein erheblicher Teil der von ihr bewirkten Energietransformation, nämlich fast 70%, nimmt diesen Weg der direkten Erwärmung, aber dank der Existenz des Wassers und der Atmosphäre nimmt die Energie noch andere, außerordentlich verzweigte Wege, bevor sie als Wärme in den Weltraum wieder abgestrahlt wird. Diese restlichen 30% des aus dem Sonnenlicht absorbierten Energiestroms setzen die großen **Materieströme auf der Erde** in Bewegung, den Kreislauf des Wassers und der Luft sowie die physikalischen und chemischen Prozesse, die Entstehen und Vergehen, Leben und

Tod im Gefolge haben (Abb. 2.2). Daß die Erde kein toter Himmelskörper ist wie vergleichsweise der Mond, liegt an der Existenz dieser Energieströme. Sie haben zur Folge, daß die Erde ihr Gesicht fortwährend verändert, daß ihre Oberfläche vor 4 Milliarden Jahren, als die Erde entstand, anders aussah als vor 500 Millionen Jahren, und damals anders als heute und daß sie in Millionen, ja schon in einigen tausend oder womöglich hundert Jahren wieder anders aussehen wird.

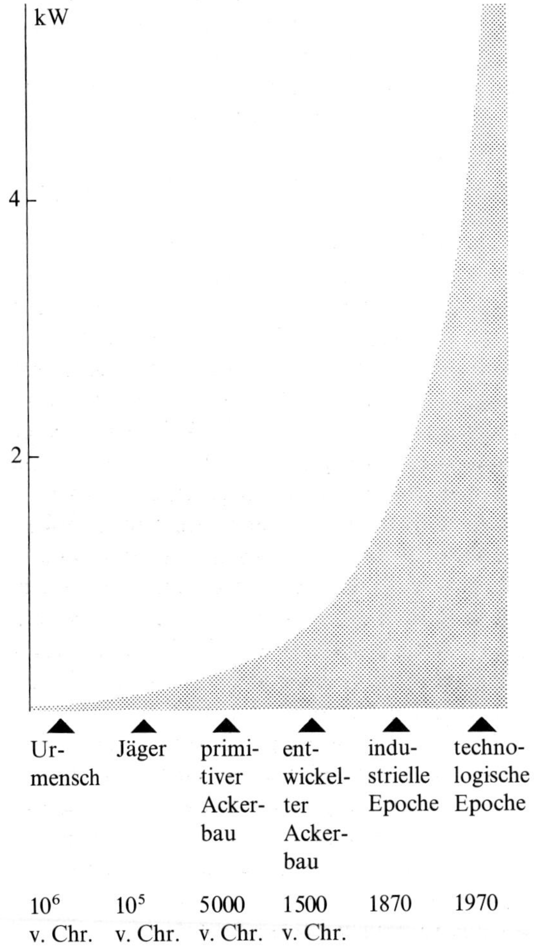

Abb. 2.4
Energiestrom pro Kopf im Laufe verschiedener Epochen der Menschheitsgeschichte. Die Zeitskala der Abszisse ist angenähert logarithmisch.

Da Energie weder erzeugt noch vernichtet werden kann, handelt es sich bei allen Problemen der „Energieerzeugung", des „Energieverbrauchs" oder des „Energiebedarfs" nicht um die Produktion oder die Vernichtung von Energie, sondern darum, die auf der Erde verfügbaren Energieströme in bestimmter Weise zu lenken. Der Mensch versucht, die Energieströme so zu beeinflussen, daß sie seinem persönlichen Wohlbefinden oder dem, was er dafür hält, möglichst dienlich sind. Der Mensch handelt dabei nicht anders als jede Art Leben. Denn jedes Leben sucht, sich auf Kosten seiner Umgebung zu vermehren und seine eigenen Existenzbedingungen zu verbessern. Die Wege, die es dabei einschlägt, haben stets auch die Beeinflussung von Energieströmen zu seinen Gunsten zur Folge.

Der Urmensch setzte nur den Energiestrom um, den er mit der Nahrung zu sich nahm. Das ist ein mittlerer Energiestrom von etwa 100 W, oder in der bei diesen Problemen nach wie vor sehr üblichen Einheit kcal angegeben, 2000 kcal/Tag (Abb. 2.4). Die erste Möglichkeit zu einer spürbaren Beeinflussung der Energieströme auf der Erde schaffte sich der Mensch vermutlich durch seine Fähigkeit, Feuer zu machen, in moderner Sprechweise, die **chemische Reaktion der Verbrennung,** also die *Oxidation von Kohlehydraten* nach seinem Willen in Gang zu setzen. Dadurch konnte er die Umwandlung von chemischer Energie in Wärmeenergie willentlich beeinflussen, er konnte sie stattfinden lassen, wo und wann es ihm beliebte. Diese Fähigkeit setzte ihn auch instand, Metalle zu schmelzen und Geräte daraus zu formen, die wiederum neue Beeinflussungsmöglichkeiten der Energieströme schafften. Ein Beispiel dafür ist der Pflug. Mit ihm konnte die Agrarwirtschaft verbessert werden; denn mit ihm gelang es, einen größeren Teil der von der Sonne der Erde zugesandten Strahlungsenergie in Ströme chemischer Energie, nämlich in Nahrung zu verwandeln.

Ein weiteres, historisch ebenfalls sehr frühes Mittel zur Beeinflussung der Energieströme auf der Erde durch den Menschen bestand darin, daß eine Gruppe oder Klasse von Menschen eine andere Klasse zur Fronarbeit zwang. Der Mensch benutzte so den Menschen als Maschine, um Energieströme zu schaffen, die er für irgendwelche von ihm gesetzten Ziele brauchte. Der Einsatz hinreichend vieler solcher menschlicher Maschinen erlaubte es, Energieströme so zu konzentrieren, daß relativ kleine Gruppen von Menschen weitreichende Herrschaftssysteme errichten konnten. Viele große Baudenkmäler der Vergangenheit, wie die Pyramiden, sind beredte Zeugen von Energieströmen, die auf diese Weise von Menschen und wortwörtlich durch Menschen gesteuert wurden.

Das andere bedeutende Mittel zur Steuerung der Energieströme nach seinem Willen fand der Mensch im Tier. Als Arbeitstier verwendete er es ebenfalls als eine seiner ersten Maschinen. Wie der Mensch selbst, wandelt diese Maschine einen aus chemischer Energie bestehenden Energiestrom, nämlich das Futter um in Wärme und andere Energieformen, die über die körperlichen Bewegungen des Tieres fließen und *Arbeit* genannt werden. Dafür mußte der Mensch das Futter, nämlich den in das Tier hineinfließenden Energiestrom aufbringen. Das zwang ihn wiederum, seine Agrar- und Anbauwirtschaft zu verbessern; denn wenn er den für das Tier notwendigen Strom an chemischer Energie nicht seinem eigenen chemischen Energiestrom, also seiner eigenen Nahrung entziehen wollte, mußte er einen größeren Teil der Energie der Sonne in den für ihn und das Tier erforderlichen Strom chemischer Energie umwandeln. Daneben lernte der Mensch, die mit dem fließenden Wasser und dem Wind verbundenen Energieströme auszunutzen und sie teilweise in Ströme zu lenken, die für ihn vorteilhafter waren. Wasserrad, Windmühle und Segelschiff waren Maschinen, die das leisteten.

Die Verbrennung als Mittel zur Erzeugung intensiver Wärmeströme auf der einen Seite und die menschliche und tierische Arbeitsleistung, sowie Wasser und Wind auf der anderen zur Herstellung von Energieströmen, die von der Wärme verschieden und deshalb von besonderer Verwendungsfähigkeit waren, sind die wesentlichen Mittel der Steuerung der Energieströme in allen Zivilisationen der Vergangenheit gewesen. Erst mit der Erfindung der **Dampfmaschine** (James Watt, 1736–1819) eröffnete sich ein neuer, besonders wirkungsvoller Weg der Beeinflussung der Energieströme auf der Erde. Während bis dahin bei beeinflußbaren Verbrennungsvorgängen chemische Energie immer voll in Wärme umgewandelt wurde, gelang es nun, von dem bei der Verbrennung auftretenden Wärmestrom einen Teil als Arbeitsstrom abzuspalten, nämlich als Strom einer „mechanischen“ Energieform, gewöhnlich als Strom von Rotationsenergie, der sich weit vielfältiger weiterverwenden, d.h. umwandeln läßt als der Wärmestrom. Zwar leisteten die Maschinen Mensch und Tier eine ganz analoge Aufspaltung des als chemische Energie eingespeisten Energiestroms in einen Wärmestrom und einen Strom mechanischer Energie, aber der große Vorteil der Dampfmaschine und ihrer Nachfolger, der Turbine und des Verbrennungsmotors, bestand darin, daß man ihre Konstruktion in der Hand hatte und sie für Energieumsätze bauen konnte, die den Energieumsatz von Mensch und Tier um viele Größenordnungen übertreffen (Abb. 2.5).

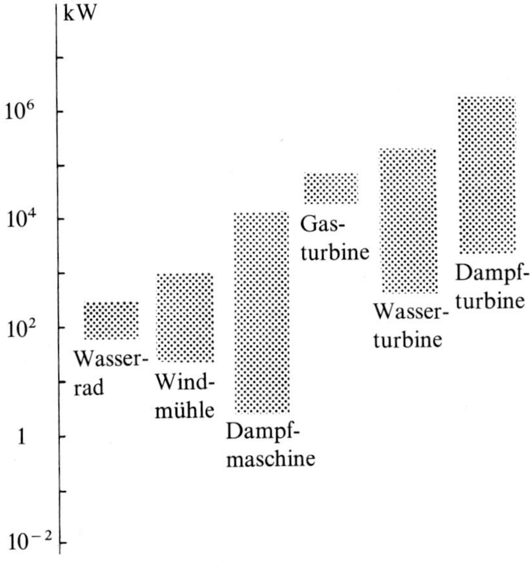

Abb. 2.5
Von verschiedenen Maschinen gelieferte Energieströme in Form von Rotationsenergie. Man beachte die logarithmische Auftragung: Verdopplung der Höhe bedeutet quadratische Steigerung des Energieumsatzes.

Außerdem war der in die Kesselfeuerung hineinströmende chemische Energiestrom viel leichter zu beschaffen als der für die Lebewesen notwendige Energiestrom, denn diese Maschinen konnten mit allem gefüttert werden, was sich verbrennen läßt. Mit einem Schlage wurden damit nicht nur die vorhandenen Wälder als Energiespeicher wichtig, deren Energie sich in vielfältig weiter verwendbare Energieformen verwandeln ließ, sondern es kamen auch noch die wegen zufälligen Luftabschlusses nicht verbrannten, also nicht oxidierten Überreste der Pflanzen und Lebewesen vergangener Jahrmillionen hinzu, die Kohle, das Erdöl und das Erdgas. Die Fähigkeit, einen erheblichen Teil der in diesen Vorräten gespeicherten Energie in andere Energieströme zu lenken als durch bloßes Verbrennen in Wärmeenergie, erlaubte es, die von den Menschen gewünschten Energieströme in einem Ausmaß zu vergrößern, wie man es vorher nicht zu träumen gewagt hatte. Die Energieströme, die der Mensch zu seinem Vorteil umgelenkt oder ausgelöst hat, sind das Resultat der zivilisatorischen Bemühungen des Menschen, und sie bilden ihrerseits die Grundlage der Existenz der heutigen Zivilisation. Die Summe der gegenwärtig durch die Zivilisation auf der Erde bedingten Energieströme beträgt etwa $7 \cdot 10^9$ kW.

Gleichzeitig mit der Vergrößerung des gesamten Energiestroms der Zivilisation und des Energiestroms pro Kopf (Abb. 2.4) änderten sich die Quellen der Energieströme der Zivilisation. Die Anteile der verschiedenen Quellen zeigt die Abb. 2.6. Alle Energieströme der Zivilisation enden in einem Wärmeenergie-Strom. Ehe aber die Energieströme zu Wärme „degradiert" sind, versuchen alle Maschinen, sie mit möglichst hohem Wirkungsgrad vorher erst noch in eine Energieform zu bringen, die für den Menschen nützlich ist.

Der **Wirkungsgrad,** mit dem aus fossilen Brennstoffen irgendwelche gewünschten Energieströme erzeugt werden, ist im großen ganzen seit dem vorigen Jahrhundert um einen Faktor 4 angestiegen. So ist der Wirkungsgrad, mit dem Holz oder Kohle im offenen Kamin verbrannt wird, für die Raumheizung kleiner als 0,2; weniger als 20% der chemischen Energie der Verbrennung strömen also als Wärme in den Raum,

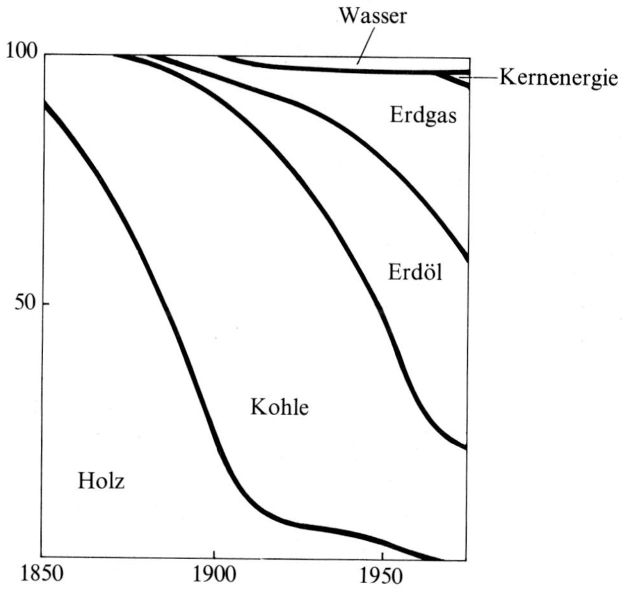

Abb. 2.6
Prozentualer Anteil der Quellen der Energieströme der Zivilisation in den letzten 100 Jahren.

während 80% zum Schornstein hinausgehen. Mit einem Ofen dagegen erreicht man einen Wirkungsgrad bis zu 0,75 für die Raumheizung. Der Wirkungsgrad bei der Umwandlung der chemischen Energie der Kohle in elektrische Energie lag um 1900 noch unter 0,05; heute dagegen erreicht er ungefähr 0,4. Diese ungeheure Steigerung liegt neben dem Bau größerer Generatoren (Abb. 2.7) vor allem an der Erhöhung der Temperatur, mit der der Dampf die Turbine betreibt. Kaum angestiegen in den letzten 50 Jahren ist dagegen der Wirkungsgrad von Automotoren, nämlich nur von 0,22 auf 0,25. Die pro verbrauchter Benzinmenge zurückgelegte Strecke wird sogar kleiner, solange die Autos immer größer, schwerer und für immer größere Geschwindigkeit gebaut werden. Als ein Beispiel eines trotz aller technischen Entwicklungen kleinen Wirkungsgrads sei noch die Umwandlung von elektrischer Energie in Lichtenergie erwähnt. Eine normale 100 W-Glühlampe wandelt nur 5% des aufgenommenen elektrischen Energiestroms in Wärmestrahlung im sichtbaren Spektralbereich, also Licht, um. Eine Leuchtstofflampe erreicht immerhin 20%.

Eine Übersicht über die Wirkungsgrade verschiedener Maschinen, die die Bilanz der Energieströme unserer Zivilisation wesentlich bestimmen, gibt Abb. 2.7.

Wirkungsgrad	Maschine	Energieumwandlung
1,0		
	elektrischer Generator	Rotationsenergie → elektrische Energie
	großer Elektromotor	elektrische Energie → Rotationsenergie
0,9		
	Wasserturbine	Verschiebungsenergie → Rotationsenergie
	Wohnungsheizung mit Gas	chemische Energie → Wärmeenergie
0,8		
0,7		
	Wohnungsheizung mit Öl	chemische Energie → Wärmeenergie
	kleiner Elektromotor	elektrische Energie → Rotationsenergie
0,6		
0,5		
	ölbeheiztes Kraftwerk	chemische Energie → elektrische Energie
0,4		
	Gasturbine	chemische Energie → Rotationsenergie
	Kernkraftwerk	chemische Energie → elektrische Energie (Kernenergie)
0,3		
	Otto-Motor im Auto	chemische Energie → Rotationsenergie
0,2	Leuchtstofflampe	elektrische Energie → Wärmeenergie (Strahlung im sichtbaren Spektralbereich)
0,1		
	Dampflokomotive	chemische Energie → Rotationsenergie
	Glühbirne	elektrische Energie → Wärmeenergie (Strahlung im sichtbaren Spektralbereich)
0		

Abb. 2.7

Wirkungsgrad von Maschinen. Der Wirkungsgrad gibt das Verhältnis zweier Energieströme an, und zwar eines von der Maschine aufgenommenen zu einem abgegebenen. Jeder Energiestrom besteht aus einer bestimmten Energie*form*, so daß stets zwei Energieformen an einem Wirkungsgrad beteiligt sind.

Außer den angegebenen, den Wirkungsgrad festlegenden Energieströmen können in einer Maschine noch andere Energieströme auftreten. So zeigt Abb. 1.4 für ein Dampfkraftwerk, daß außer dem aufgenommenen chemischen Energiestrom Ströme von Wärme und Rotationsenergie auftreten, für deren Umwandlung ineinander sich wieder Teilwirkungsgrade angeben lassen, aus denen sich der Gesamtwirkungsgrad des Kraftwerks multiplikativ zusammensetzt. Die in der Übersicht angegebenen Wirkungsgrade einer Wasserturbine und eines elektrischen Generators sind Beispiele für Teilwirkungsgrade eines Wasserkraftwerks.

Die Energieversorgung aus fossilen Brennstoffen

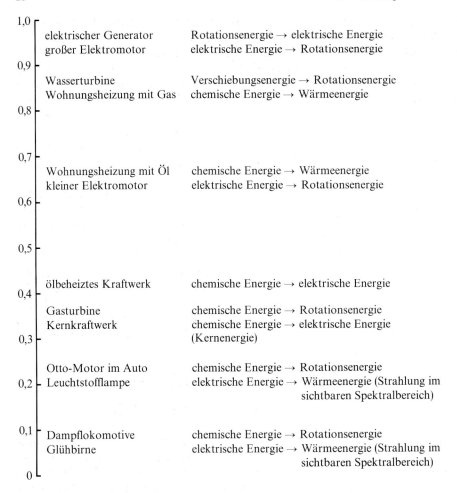

Die Abb. 2.6, die die relativen Anteile der Quellen unserer Energieversorgung wiedergibt, zeigt sehr klar: Wir leben von der Substanz. Bis auf wenige Prozent stammt heute alle Energie für unsere Zivilisation aus dem Sparguthaben an fossilen Brennstoffen, das die Erde mit Hilfe der Sonne in Hunderten von Millionen Jahren angesammelt hat und das in wenigen Jahrhunderten auszugeben wir uns anschicken. Der Anteil einer anderen Quelle der Energieversorgung unserer Zivilisation, nämlich die Verschiebung von Wasser im Gravitationsfeld der Erde, nimmt ab, da sich Zahl und Größe der Wasserkraftwerke nicht ohne Umweltschäden beliebig erweitern lassen.

Seit der „Ölkrise“, besser Ölpreiskrise Ende 1973 besinnt man sich in den Ländern, die wie die Bundesrepublik über Kohlevorräte verfügen, wieder auf die Kohle. Schon vor dem zweiten Weltkrieg wurde „Kohleöl“ aus Steinkohle gewonnen nach Verfahren, die aus Erwägung der wirtschaftlichen Autarkie im Hinblick auf den Krieg in Deutschland weit entwickelt worden waren. Das technische Problem besteht hierbei darin, die Moleküle in der Kohle, die Molekulargewichte zwischen 10^3 und $5 \cdot 10^5$ haben, in kleinere Bruchstücke zu zerlegen. An diese Bruchstücke wird Wasserstoff angelagert, die Kohle „hydriert“, um Kohlenwasserstoff mit niedrigem Molekulargewicht zu erhalten.

Ferner beginnt man an Verfahren der Kohleveredelung durch **Vergasen der Kohle** zu arbeiten. Zwei Verfahren scheinen für die Energieversorgung von Bedeutung werden zu können, nämlich einmal die Druckvergasung und zum anderen die Kohlevergasung mit Hilfe von Abwärme aus Hochtemperatur-Kernreaktoren.

Bei der Vergasung wird in einem Druckkessel Kohle erhitzt und mit Dampf (H_2O) zur Reaktion gebracht. Ziel der Reaktion ist es, den Kohlenstoff (C) der Kohle in gasförmige, verbrennungsfähige chemische Verbindungen zu bringen. Das ist einmal die Verbindung von C mit dem Wasserstoff (H_2) des Dampfes zu Methan (CH_4) und zum anderen mit dem Sauerstoff (O) des Dampfes zu Kohlenmonoxid (CO). Die Umwandlung der dabei beteiligten chemischen Stoffe C, H_2O, H_2, CH_4, CO ineinander wird geregelt durch die gekoppelten Reaktionsgleichungen

$$\begin{aligned} &C + H_2O \rightleftharpoons CO + H_2, \qquad CO + H_2O \rightleftharpoons CO_2 + H_2 \\ &C + 2H_2 \rightleftharpoons CH_4, \qquad CO + 3H_2 \rightleftharpoons CH_4 + H_2O. \end{aligned} \tag{2.2}$$

Druck und Temperatur müssen so gewählt werden, daß möglichst die Verbindungen CO und CH_4 entstehen. Die erforderliche Temperatur wird entweder dadurch erzeugt, daß mit dem Dampf auch Sauerstoff zugeführt wird, der einen Teil der Kohle oxidiert und somit verbrennt, oder durch Zufuhr von Wärme aus einem Kernreaktor. Die beiden Gase CO und CH_4 können dann irgendwohin transportiert und dort nach der chemischen Reaktionsgleichung

$$2CO + O_2 \rightleftharpoons 2CO_2, \qquad CH_4 + 2O_2 \rightleftharpoons CO_2 + 2H_2O \tag{2.3}$$

mit dem Luftsauerstoff (O_2) zu Kohlendioxid (CO_2) und Wasser (H_2O) verbrannt werden. Dabei fällt Energie in Form von Wärme an.

Ein Blick auf die in die Vergasungsanlage hinein- und aus ihr hinausfließenden Energieströme (Abb. 2.8) zeigt, daß wegen der Erhaltung der Energie die nutzbaren Ströme an chemischer Energie des CO und CH_4 in jedem Fall kleiner sind als der ursprünglich hineinfließende Strom an nutzbarer chemischer Energie der Kohle (oder an chemischer Energie der Kohle + vom Reaktor gelieferter Wärmeenergie). Alles, was an chemischer Energie des nicht weiter verbrennbaren CO_2 und an Wärmeenergie aus der Anlage hinausströmt, ist „verlorene“ Energie. Warum baut man dann überhaupt derartige Anlagen? Der Strom von chemischer Energie des CH_4 hat zwei Eigenschaften, die ihn vor den anderen chemischen Energieströmen auszeichnen. Einmal ist er „konzentrierter“ als die anderen, d.h. die Energie*dichte* in ihm ist größer als zum Beispiel im chemischen Energiestrom des CO, so daß er für weite Transporte geeigneter ist, und

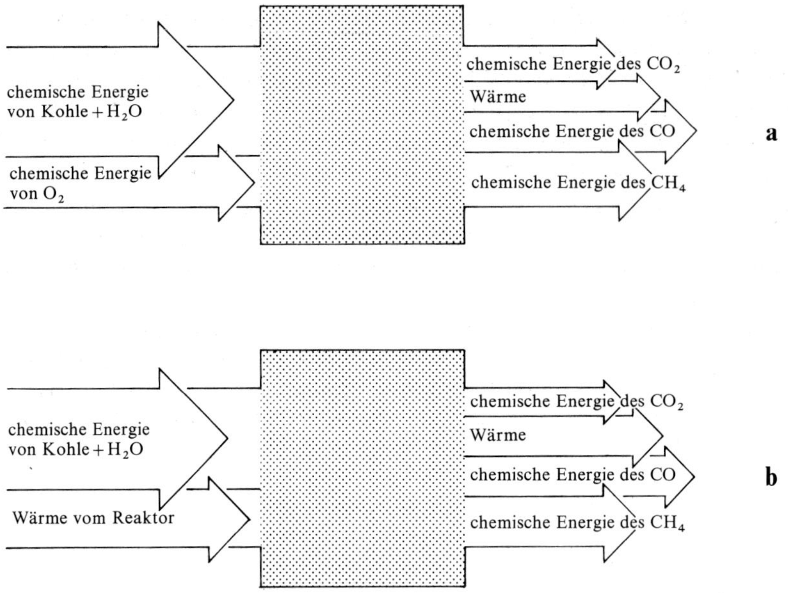

Abb. 2.8

Energiestrom-Diagramm einer Kohlevergasungsanlage. Teilbild a gibt die Ströme wieder für den Fall, daß die Reaktionstemperatur der Anlage durch Verbrennung eines Teils der Kohle erzeugt wird. In Teilbild b wird die Anlage durch die Abwärme eines Reaktors geheizt. Die Summe der nutzbaren hinausfließenden Energieströme ist zwar etwas kleiner als der gesamte in die Anlage hineinfließende Energiestrom, aber es handelt sich um chemische Energieströme (des CO und CH_4) besserer Verwendungsfähigkeit.

zum zweiten ist seine weitere Verwendung in der Verbrennungsreaktion (2.3) besonders „sauber", was sowohl für die Umweltbelastung als auch für Maschinen besonders günstig ist. Überhaupt liegt ein wesentlicher Vorteil der Kohlevergasung darin, daß unerwünschte, weil chemisch aggressive und deshalb Umwelt und Maschinen bedrohende Stoffe, wie das durch den in der Kohle enthaltenen Schwefel (S) entstehende SO_2, leichter von den übrigen als Energieträger verwendbaren Stoffen abgetrennt werden können als es bei der direkten Verbrennung der Kohle möglich wäre. Die Abtrennung des Schwefels, der auch in schwerem Heizöl bis zu 3% enthalten ist, aus Kohle und Öl ist nämlich ein teures und aufwendiges Unterfangen. Außer einer Abtrennung vor oder nach der Verbrennung des Brennstoffs erprobt man auch eine Entfernung des Schwefels *während* der Verbrennung, in dem man in die Flamme Kalkstein $CaCO_3$ bringt, wobei sich dann mit atomarem Sauerstoff in der Flamme Gips $CaSO_4$ bildet gemäß der Reaktion

$$CaCO_3 + SO_2 + O \rightleftharpoons CaSO_4 + CO_2 .$$

Wenn wir abschätzen wollen, wie lange der Vorrat der jetzigen Energiequellen, also der fossilen Brennstoffe Kohle, Erdöl und Erdgas noch reichen wird, fragen wir, wie der **Energieverbrauch der Menschheit** im Augenblick und voraussichtlich in der Zukunft ansteigt. Wir werfen dazu einen Blick auf die Abb. 2.4 und 2.9. Sie zeigen, daß der Energieverbrauch in dem aufgetragenen Zeitraum der letzten 100 Jahre exponentiell angestiegen ist. Das gilt für den Energieverbrauch der ganzen Menschheit, für ein hochentwickeltes Industrieland wie die Vereinigten Staaten ebenso wie für ein relativ wenig entwickeltes Land wie Indien (Abb. 2.9). In Abb. 2.9 sind dabei die Energieströme pro Kopf der Bevölkerung aufgetragen. Für vier Milliarden Menschen auf der Erde folgt daraus ein gesamter Energiestrom der Zivilisation auf der Erde von $7 \cdot 10^9$ kW. Der Energieverbrauch pro Kopf in den verschiedenen Ländern ist ungefähr proportional dem Bruttosozialprodukt des jeweiligen Landes. Am höchsten ist er in den Vereinigten Staaten, in der Bundesrepublik ist er halb so hoch. Die industrialisierten Teile der Erde, die nur 30% der Menschheit umfassen, verbrauchen 80% der Gesamtenergie. Allein die Vereinigten Staaten verbrauchen 35% der Gesamtenergie, obwohl ihre Bevölkerung nur 6% der Erdbevölkerung beträgt.

Der Zuwachs des Energieverbrauchs rührt einmal her von einem Anwachsen der Bevölkerungszahl. Er steigt aber noch stärker an. Es nimmt nämlich die Anzahl derjenigen Menschen auf der Erde zu, die aus der Agrarwirtschaft in die Industrialisierung und Technologisierung hinüberwechseln. Die entsprechende **Steigerung des Energie-**

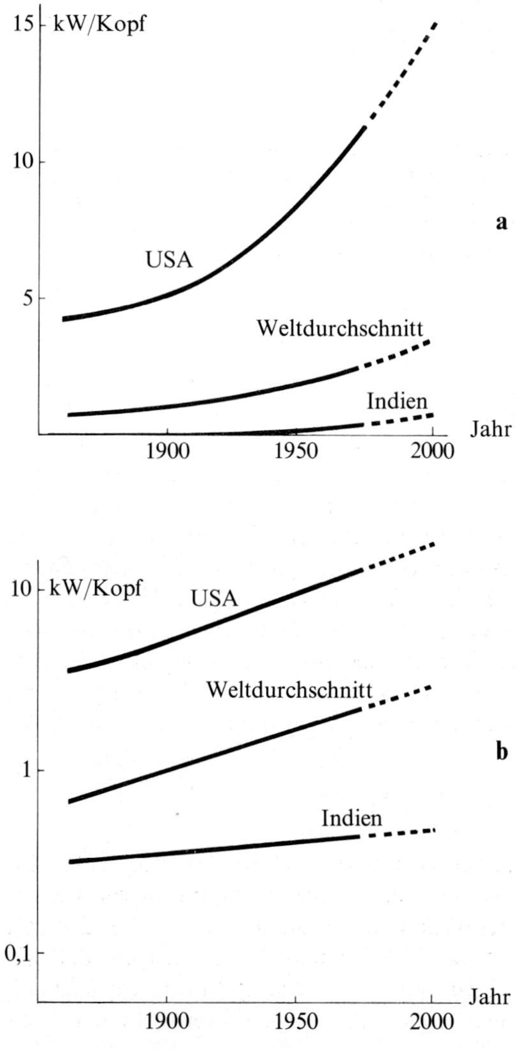

Abb. 2.9
Zeitlich gemittelter Energiestrom pro Kopf der Bevölkerung, d.h. „Energieverbrauch" des Menschen für die letzten hundert Jahre für die USA als das Land mit dem höchsten Energieverbrauch pro Kopf, den Weltdurchschnitt und Indien als für einen kleinen Energieverbrauch pro Kopf repräsentatives Land in linearer (a) und in logarithmischer (b) Einteilung der Ordinate.

verbrauchs pro Kopf zeigt die Abb. 2.4. Sie zeigt, daß die Steigerungsrate des Energieverbrauchs, d.h. die Steigung der Kurve in Abb. 2.4 um so größer ist, je größer der Energieverbrauch selbst ist. Es werden Städte geschaffen, überhaupt Einrichtungen, die ihrerseits wieder mehr Energie verbrauchen. Das ist aber genau die Situation, in der der Energieverbrauch *exponentiell* mit der Zeit anwächst.

Wenn man wenigstens für die nähere Zukunft ein weiteres exponentielles Anwachsen des Energieverbrauchs annimmt und für den Augenblick einmal alle Auswirkungen und Folgerungen für die Umwelt außer acht läßt, ferner annimmt, daß zu den vorhandenen Energiequellen keine neuen hinzukommen, dann wird man sich fragen, wann denn die vorhandenen fossilen Energievorräte erschöpft sein werden. Um diese Zeit einigermaßen abschätzen zu können, wird man auf den ersten Blick meinen, man brauche die genaue Kenntnis der noch vorhandenen Vorräte oder, anders ausgedrückt, die Kenntnis desjenigen Anteils, der bis zur Stunde verbraucht ist. Es ist nun bemerkenswert, daß die Voraussage über die Zeit t_0, die einem noch verbleibt, bis man einen bestimmten Energievorrat vollständig aufgebraucht hat, von diesem Anteil nur schwach abhängig ist, solange der Energieverbrauch nur weiter exponentiell anwächst.

Exponentielles Wachstum

Was bedeutet, daß der Energieverbrauch „exponentiell anwächst" und was folgt daraus?

Die Abb. 2.9 zeigt den durchschnittlichen Energieverbrauch der Menschen pro Kopf in den letzten hundert Jahren. Er ist gemäß Abb. 2.9 exponentiell angewachsen. Bezeichnet $E(t)$ den zur Zeit t vorhandenen Energievorrat, so ist der Energieverbrauch gleich dem negativen Energiestrom $-(dE/dt)$. Es ist also

$$-\frac{dE}{dt} = a\, e^{t/\tau}. \tag{2.4}$$

In Abb. 2.9a ist $-(dE/dt)$ linear aufgetragen, in Abb. 2.9b dagegen logarithmisch, also $\ln[-(dE/dt)]$. Da nach (2.4)

$$\ln\left(-\frac{dE}{dt}\right) = \frac{t}{\tau} + \ln a, \tag{2.5}$$

sind die Energieverbrauchskurven in der Abb. 2.9b Geraden.

In der Gl. (2.4) bedeutet a den Energiestrom zur Zeit $t=0$. Man wird als Zeit $t=0$ einen Zeitpunkt wählen, zu dem der Energieverbrauch bekannt ist, etwa die Gegenwart. Die Zeit τ gibt an, nach welcher Zeit der Energieverbrauch um den Faktor $e=2{,}718\ldots$ gewachsen ist. Setzt man nämlich in (2.4) die Zeit $t=\tau$, so ist $-(dE/dt)=a\,e$, also gegenüber der Zeit $t=0$ um den Faktor e größer. Wenn man allgemein eine exponentielle Änderung einer Größe hat, so läßt sich die Stärke der Änderung, falls diese zeitlich ist, wie bei unserem Problem, durch eine charakteristische Zeit, die **Relaxationszeit** τ, im Falle einer örtlichen Änderung durch eine *charakteristische Länge* festlegen.

Daß man diese charakteristische Zeit oder Länge auf die Änderung der Größe um den Faktor e bezieht, ist reine Konvention. Wollte man sie auf die Änderung um irgendeinen Faktor f beziehen, ergäbe sich auch wieder genau so eine charakteristische Zeit τ_f bzw. Länge, und zwar ergibt sich durch Logarithmieren von

$$e^{t/\tau} = f^{t/\tau_f},$$

daß

$$\tau_f = \tau \ln f \quad \text{oder} \quad \tau_f = \frac{\tau}{{}_f\!\log e}.$$

Dabei bedeutet ${}_f\!\log$ den Logarithmus zur Basis f. Ist insbesondere $f=2$, nennt man das zugehörige $\tau_2 = \tau \ln 2 = 0{,}69\,\tau$ die *Halbwertszeit*.

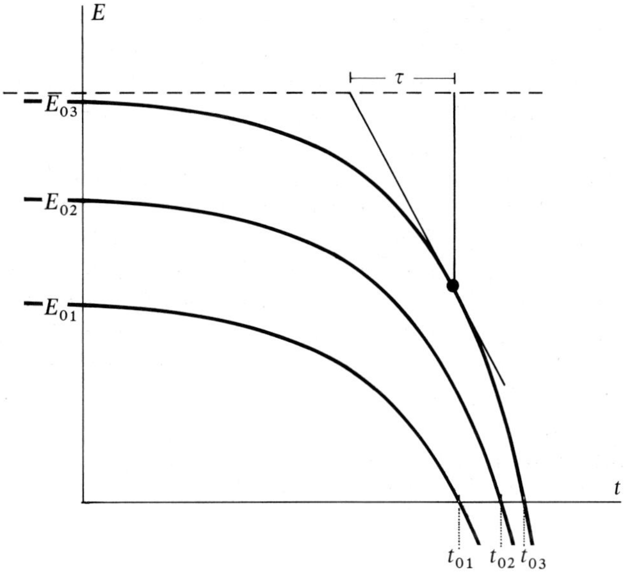

Abb. 2.10

Exponentielle Abnahme einer Größe E in Abhängigkeit von der Zeit gemäß Gl. (2.4). Alle drei Kurven haben gleiches $(dE/dt)_{t=0}=a$ und die gleiche Relaxationszeit τ, aber verschiedenes E_0. Die in der Zeichnung gezeigte Konstruktion von τ mittels der Tangente in irgendeinem Punkt der Kurve und der (gestrichelten) Asymptote der Kurve für $t \to -\infty$ ergibt sich aus (2.7). Die Kurven gehen durch Parallelverschieben in Ordinatenrichtung auseinander hervor. Man beachte die schwache Empfindlichkeit von t_0 gegenüber einer Änderung von E_0.

Aus (2.4) folgt für $E(t)$ durch Integration

(2.6) $$E(t) = -a\,\tau\, e^{t/\tau} + c.$$

Die Integrationskonstante c ist bestimmt, wenn etwa $E(t=0)=E_0$ bekannt ist. Dann ist

(2.7) $$E(t) = E_0 + a\,\tau(1 - e^{t/\tau}).$$

Den Verlauf von $E(t)$ gemäß (2.7) zeigt Abb. 2.10. Man sieht an (2.7), daß bei einem exponentiell anwachsenden Energie*verbrauch*, also einer exponentiellen Änderungsrate der Energie, auch der Energievorrat selber exponentiell abnimmt. Nach einer bestimmten Zeit t_0 ist er Null geworden. t_0 bestimmt man aus (2.7), indem man $E(t_0)=0$ setzt, zu

(2.8) $$t_0 = \tau \ln\left[1 + \frac{E_0}{a\,\tau}\right] = \tau \ln\left[1 + \frac{E_0/\tau}{(dE/dt)_{t=0}}\right].$$

Das ist nun ein für uns als Energieverbraucher sehr bemerkenswertes Ergebnis. Es besagt nämlich, daß die ökonomisch so wichtige Zeit t_0, in der alle Energie verbraucht ist, von dem in der Gegenwart vorhandenen Energievorrat E_0 nur wenig abhängt. Sie liegt auf jeden Fall in der Größenordnung der Relaxationszeit τ; sie kann einige Vielfache von τ betragen, aber von τ nicht um Größenordnungen abweichen. Das ist in Abb. 2.10 dadurch verdeutlicht, daß mehrere Kurven mit gleichem a und τ, aber verschiedenen E_0 gezeichnet sind. In der Größe t_0 unterscheiden sich die Kurven nur wenig. Für unsere Situation heute besagt das, daß alleine aus der Kenntnis der Relaxationszeit τ, die für hochindustrialisierte Nationen wie die unsere in die Nähe von 10 Jahren rückt, folgt, daß in Jahrzehnten oder spätestens in wenigen Jahrhunderten die vorhandenen fossilen Energievorräte erschöpft sein werden, wenn keine neuen Quellen aufgetan werden und der Energieverbrauch weiterhin exponentiell anwächst.

Differenziert man Gl. (2.7) und nennt die Variable statt der Energie $E(t)$ ganz allgemein $y(t)$, so erhält man

$$\frac{dy(t)}{dt} = \frac{y(t) - y(-\infty)}{\tau}. \tag{2.9}$$

Die **exponentielle zeitliche Abhängigkeit** tritt also auf, wenn die Ableitung $\frac{dy(t)}{dt}$ irgendeiner Größe $y(t)$ proportional ist der gesamten Änderung der Größe $y(t)$ gegenüber ihrem ursprünglichen Wert $y(-\infty)$. Die Proportionalitätskonstante $1/\tau$ ist das Reziproke der Relaxationszeit τ. Derartige exponentielle Abhängigkeiten treten häufig auf, nicht nur in der Physik, sondern in allen Wissenschaften, die quantitative Gesetze formulieren, besonders in der Biologie und Wirtschaftswissenschaft. Während in unserem Falle, einem ökonomischen Problem, $y(-\infty)$ der ursprüngliche Energievorrat ist, ist bei biologischen Wachstumsvorgängen im allgemeinen $y(-\infty)=0$. Alles Wachsen fängt klein an, aber Wachstumsraten, die der vorhandenen Substanzmenge proportional sind, werden immer größer. Exponentielle Abhängigkeiten haben dabei die Eigentümlichkeit, daß sich während eines Zeitintervalls von der Länge der Relaxationszeit die Größe mehr ändert (nämlich um den Faktor e) als während der gesamten bis zu dem betrachteten Zeitintervall verflossenen Zeit. Das gibt exponentiellen Wachstumsvorgängen oft einen explosionsartigen Charakter. Tatsächlich führen in Biologie und Wirtschaft exponentielle Wachstumsprozesse stets zu Katastrophen. Sofern nicht irgendwelche bremsenden Prozesse einsetzen, muß der exponentiell verlaufende Prozeß „alles verschlingen". Auch ein weiteres exponentielles Anwachsen des Energieverbrauchs wird zur Katastrophe führen, wenn man sich nicht für bremsende Maßnahmen entscheidet.

Unsere Energieversorgung heute

Auf der einen Seite sieht es so aus, als wohne dem exponentiellen Anstieg des Energieverbrauchs eine nicht aufzuhaltende Eigengesetzlichkeit inne. In den ersten beiden Jahren seit der Ölkrise 1973, die wie kaum ein anderes Ereignis die Problematik der zukünftigen Energieversorgung bewußt gemacht hat, ist der Energieverbrauch in der Bundesrepublik jedoch zurückgegangen. 1973 betrug der Energiestrom in der Bundesrepublik noch $3{,}1 \cdot 10^8$ kW, im Jahre 1974 dagegen $3{,}0 \cdot 10^8$ kW und 1975 nur $2{,}8 \cdot 10^8$ kW.

Der Energie-Strom, der heute in der Zivilisation der Bundesrepublik fließt, üblicherweise Primärenergie-Strom genannt, ist hauptsächlich ein Strom chemischer Energie. Die Aufteilung dieses Stroms auf die verschiedenen Träger Kohle, Öl, Gas und Uran zeigen die Pfeile links in Abb. 2.11. Eine detailliertere Darstellung gibt Abb. 2.12. Nur 2% des Primärenergie-Stroms erhalten wir durch Wasserkraftwerke aus der Verschiebungsenergie des Wassers im Gravitationsfeld. Ein Teil des Primärenergie-Stroms wird in Dampfkraftwerken, wie dem der Abb. 1.4, in einen elektrischen Energiestrom umgeformt, ein anderer Teil wird in den Raffinerien in den chemischen Energiestrom der Leichtöle und des Benzins transformiert. Sowohl die Umformung in elektrische Energie als auch die Transformation der chemischen Energie kosten Energie, die als verlorene Wärmeströme (Abwärme) Kraftwerke und Raffinerien verlassen. In Abb. 2.11 werden sie durch den nach unten weisenden Pfeil repräsentiert.

Der chemische Energiestrom links in Abb. 2.11 beruht fast vollständig auf fossilen Brennstoffen, deren Erschöpfung abzusehen ist. Man muß sich daher fragen, wie es um die Zukunft der Energieströme in den Pfeilen rechts steht, die die Energieströme und ihre Träger so zeigen, wie sie heute zum Verbraucher in der Bundesrepublik fließen. Zunächst fällt auf, daß der Anteil der elektrischen Energie relativ klein ist. Er stellt die Energie in ihrer hochwertigsten Form dar, aus der sie mit einem Wirkungsgrad von nahezu 1 in einem Elektromotor in Rotationsenergie umgewandelt werden kann. Die elektrische Energie als Wärmeenergie für Heizungszwecke bei relativ tiefen Temperaturen zu verwenden, wie für die Raumheizung, ist also insofern Verschwendung, als dabei zwar der elektrische Energiestrom zu 100% in einen Wärmestrom umgeformt

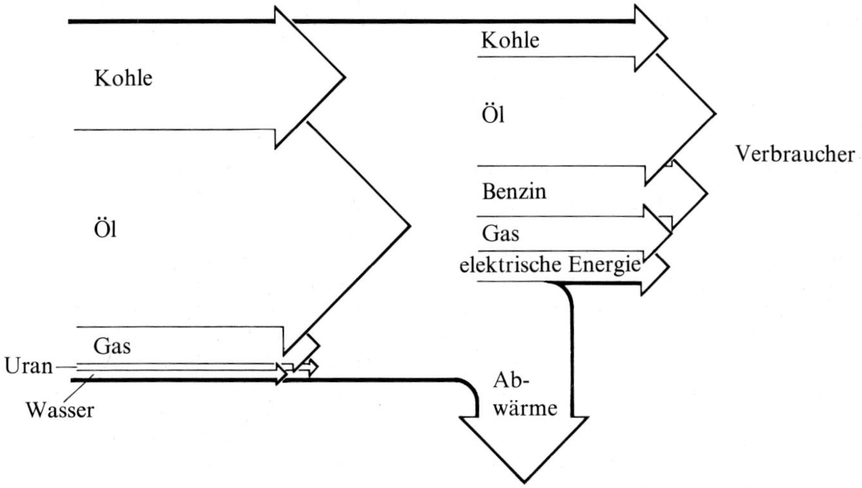

Abb. 2.11

In die Zivilisation der Bundesrepublik fließt (1975) ein Primärenergie-Strom (links im Bild) von $2{,}4 \cdot 10^{12}$ kWh/Jahr $= 2{,}8 \cdot 10^{8}$ kW. Dieser Strom ist, wie die Pfeile links zeigen, hauptsächlich ein chemischer Energiestrom, getragen von Kohle, Öl (zu 93% importiert), Gas (zu 46% importiert), Urankernen (zu 100% importiert). Er stammt nur zu einem geringen Teil aus der Verschiebungsenergie des Wassers im Gravitationsfeld der Erde. Kohle und Öl, soweit sie nicht als Träger von Energieströmen, sondern als Ausgangssubstanzen zur Herstellung von chemischen Produkten benutzt werden, sind in dem Pfeil nicht berücksichtigt.

Der Primärenergie-Strom wird zu einem Teil in einen elektrischen Energiestrom umgewandelt, und zwar (abgesehen vom Wasser) mit einem Wirkungsgrad von 0,3 bis 0,4 (vgl. Abb. 1.4). Ein anderer Teil des chemischen Primärenergie-Stroms wird in einen anderen chemischen Energiestrom mit leichten Kohlenwasserstoffen, wie Benzin, als Träger umgewandelt. Bei der Umwandlung des Rohöls in den Raffinerien geht ein Teil des Primärenergie-Stroms als Wärmestrom verloren. Zusammen mit der Abwärme bei der Erzeugung der elektrischen Energie bilden 25% des Primärenergie-Stroms einen nicht nutzbaren Wärmestrom, der durch den nach unten weisenden Pfeil repräsentiert wird.

Die rechten Pfeile sind Energieströme zu den Verbrauchern. Soweit Kohle, Öl, Benzin, Gas die Träger sind, sind es chemische Energieströme. Der Rest von $2{,}8 \cdot 10^{11}$ kWh/Jahr $= 3{,}2 \cdot 10^{7}$ kW ist ein elektrischer Energiestrom. Von dem insgesamt zu dem Verbraucher fließenden Energiestrom geht 30% in die Industrie, 44% in Haushalte und 18% in Verkehrsmittel. Mehr als 3/4 des gesamten Energiestroms zu den Verbrauchern wird als Wärmestrom zu Heizzwecken verwendet. In Haushalten dient sogar 81% des aufgenommenen Energiestroms zur Raumheizung, 12% zur Heizung von Wasser, 3% zum Kochen und nur 4% für Licht und elektrische Motoren, wie beispielsweise im Staubsauger und in Kühlaggregaten.

wird, der elektrische Energiestrom aber nur mit einem Wirkungsgrad von 0,3 bis 0,4 (vgl. Abb. 1.4) aus einem chemischen Energiestrom erzeugt wurde.

Wird bei *konstantem Primärenergie-Strom* links in Abb. 2.11 der Anteil der Kernenergie, also des chemischen Energiestroms der Urankerne vergrößert, der im Kernreaktor in einen Wärmeenergie-Strom umgewandelt wird, so würde zwar rechts der Anteil des elektrischen Energiestroms vergrößert, der gesamte Energiestrom zum Verbraucher jedoch verkleinert und entsprechend der Strom der Abwärme vergrößert. Der Grund ist, daß der Wirkungsgrad der Umformung von Wärme in elektrische Energie nur 0,3 bis 0,4 beträgt. Das gilt zwar auch für Kohle, Öl und Gas, aber diese können auch leicht als Brennstoffe transportiert und vom Verbraucher zum Heizen mit höherem Wirkungsgrad benutzt werden. Bei *konstantem Energiestrom zum Verbraucher* muß bei Steigerung des Anteils der Kernenergie also der Primärenergie-Strom vergrößert werden; der Strom der Kernenergie muß dabei mehr zunehmen als der

Energiestrom von Kohle, Öl und Gas abnimmt. Die Differenz bleibt lediglich Abwärme. Auch ist nicht sicher, ob die Absicht, die Ölimporte zurückzudrängen, gar nicht diese Wirkung hat, sondern nur die, bei gleichbleibenden Ölimporten die Kohlehalden des eigenen Landes zu vergrößern.

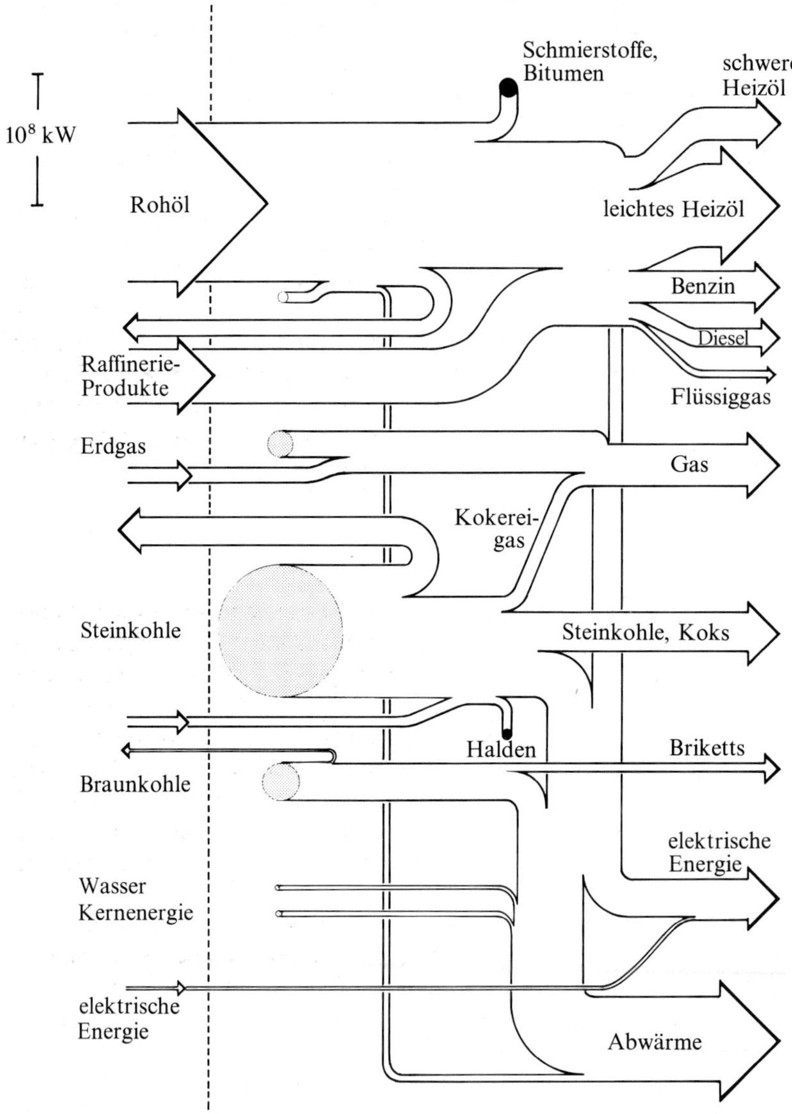

Abb. 2.12

Energieströme in der Bundesrepublik. Die Abbildung zeigt insbesondere die über die Grenze (vertikale gestrichelte Linie links im Bild) der Bundesrepublik fließenden Energieströme. Sie zeigt, daß der in Abb. 2.11 genannte Primärenergie-Strom in die Zivilisation der Bundesrepublik von $2{,}8 \cdot 10^8$ kW im Jahre 1975 sich zusammensetzt aus einem importierten Strom vom Betrag $1{,}6 \cdot 10^8$ kW, einem in der Bundesrepublik produzierten Strom (Pfeilursprünge in gerasterten Kreisen) von $1{,}6 \cdot 10^8$ kW und einem exportierten Energiestrom von $0{,}4 \cdot 10^8$ kW. Die Beträge der Energieströme sind durch die Pfeildicken gegeben, wobei der Maßstab 10^8 kW oben links angegeben ist.

Fast die Hälfte des rechten Energiestroms in Abb. 2.11 fließt in die Haushalte. Dieser Anteil hat seit dem Jahr 1973 sogar noch zugenommen. Die Energie in den Haushalten wird zu über 80% zur Raumheizung benutzt, also als Wärmestrom bei niedriger Temperatur. Die Raumheizung in Privathäusern macht also mehr als ein Drittel des Energieverbrauchs unseres Landes aus. Soweit die Raumheizung auf dem Weg über die elektrische Energie erfolgt, wird dabei, wie wir gesehen haben, Energie verschwendet. Außerdem aber zeigt der große Anteil der Raumheizung am Energieverbrauch, daß bessere Wärmeisolation der Häuser eine wirksame Senkung des gesamten Energieverbrauchs bringen würde. Der Wärmeisolation hat man so lange keine besondere Beachtung zu schenken brauchen, wie die Ölpreise niedrig waren.

Neben besserer Isolierung der Häuser bietet weitere Aussicht auf erhebliche Energieeinsparung die Installation von *Wärmepumpen.* Diese nehmen Wärmeströme niedriger Temperatur (etwa der des Erdbodens) auf und geben Wärmeströme höherer Temperatur (etwa von Zimmertemperatur) ab. Die dazu aufzuwendende „Pumpenergie" ist prinzipiell kleiner als die abgegebene Wärmeenergie. In der Industrie ließe sich Energie sparen durch eine stärkere sog. „Kraft-Wärme-Kopplung"; denn die auch bei relativ niedriger Temperatur anfallende Abwärme aus industriellen Prozessen läßt sich noch gut als Heizwärme zur Raumheizung verwenden. Aber auch die Prozeßwärme-Ströme selbst wären geringer, würden nicht viele Produkte von zu kurzer Lebensdauer hergestellt. Die Rückgewinnung wertvoller Rohstoffe („recycling") würde unserer Wegwerf-Gesellschaft eine weitere Einsparung an Energie bringen.

Kernenergie

Will man den elektrischen Energiestrom rechts in Abb. 2.11 nicht mehr aus der chemischen Energie von Kohle oder Öl gewinnen, und glaubt man, diesen Energiestrom in Zukunft sogar vergrößern zu müssen, bleibt nur der Rückgriff auf die chemische Energie der Atomkerne. Diese *Kernenergie* wird in zwei grundsätzlich verschiedenen Verfahren in Wärmeenergie umgesetzt, nämlich einmal in der **Spaltung schwerer Atomkerne** und zum anderen in der Verschmelzung oder **Fusion leichter Atomkerne.** Beide Verfahren beruhen auf Vorräten, die die Erde bei ihrer Entstehung mitbekommen hat, nämlich einmal auf den Vorkommen an schweren Elementen wie Uran oder Thorium und zum anderen auf dem Vorkommen sehr leichter Elemente, in erster Linie von Deuterium (= Wasserstoffisotop der Massenzahl 2).

Die schweren Elemente stammen aus Prozessen, die lange vor der Entstehung der Erde abgelaufen sind. Bei ihrer Geburt hat die Erde von diesen Elementen, wie von allen Elementen, bestimmte Mengen mitbekommen, und mit diesem Vorrat müssen wir auskommen. Die Energiereserven, die sich in den schweren Elementen darbieten, bestehen darin, daß bei Spaltung eines schweren Atomkerns, wie eines Urankerns, in zwei mittelschwere Atomkerne Energie frei wird. Die Spaltung selbst bietet zur Zeit noch technische Probleme, die bisher nur für das seltene, lediglich mit einer Häufigkeit von 0,7% vorkommende Uranisotop der Massenzahl 235 befriedigend gelöst sind.

Der **schnelle Brutreaktor** soll auch den Hauptanteil (99,3%) des Urans, nämlich das Isotop mit der Massenzahl 238, zur Energiegewinnung verfügbar machen. Der ^{238}U-Kern bildet nämlich mit schnellen Neutronen der Energie von 1 bis 2 MeV (daher „schneller" Brutreaktor) ^{239}Pu gemäß der Reaktion

$$^{1}_{0}n + ^{238}_{92}U \rightarrow ^{239}_{92}U^* \xrightarrow[23\,\text{min}]{\beta} ^{239}_{93}Np \xrightarrow[2{,}3\,\text{Tage}]{\beta} ^{239}_{94}Pu. \tag{2.10}$$

Der ^{239}Pu-Kern kann ähnlich wie der ^{235}U-Kern durch ein langsames Neutron gespalten werden, wobei außer der Abgabe von Bindungsenergie im Mittel 3 weitere Neutronen frei werden. Wenn von diesen 3 Neutronen eines einen weiteren ^{239}Pu-Kern spaltet und von den verbleibenden 2 durchschnittlich mehr als 1 Neutron von einem ^{238}U-Kern eingefangen wird und einen neuen Pu-Kern bildet, wird mehr spaltbares ^{239}Pu „erbrütet" als verbraucht.

Der **Fusionsprozeß** ist im Prinzip der gleiche Prozeß, mit dem die Sonne seit etwa 5 Milliarden Jahren ihren Energieumsatz bestreitet und noch weitere 3 bis 4 Milliarden Jahre bestreiten wird. Es handelt sich um die in Stufen vor sich gehende Zusammenlagerung von zwei Protonen und zwei Neutronen zu einem Heliumkern der Massenzahl 4. Bei dieser Zusammenlagerung wird pro entstehendem Heliumkern eine Energie von 26,2 MeV frei oder, was dasselbe ist, pro kg entstehenden Heliums 175000 kWh. Auf der Erde wurde der Fusionsprozeß bisher nur in der Wasserstoffbombe realisiert. Im Gegensatz zur Sonne geht die Reaktion dabei nicht von einzelnen Protonen aus, sondern von Lithiumkernen ($^{6}_{3}$Li) und Deuteronen ($^{2}_{1}$H), die in der unter normalen Bedingungen festen chemischen Verbindung Lithiumdeuterid vorliegen. Diese Verbindung wird zum Sprengstoff, wenn sie mit Neutronen beschossen wird. Die Neutronen stammen aus einer Uran- oder Plutonium-Zerfallsreaktion (A-Bombe), die als Zünder benutzt wird. Die Neutronen leiten eine Kettenreaktion ein, die beschrieben wird durch die Reaktionsgleichungen

$$(2.11)\qquad {}^{6}_{3}\mathrm{Li}+{}^{1}_{0}\mathrm{n}\rightarrow {}^{3}_{1}\mathrm{H}+{}^{4}_{2}\mathrm{He}+4{,}8\,\mathrm{MeV};\qquad {}^{3}_{1}\mathrm{H}+{}^{2}_{1}\mathrm{H}\rightarrow {}^{4}_{2}\mathrm{He}+{}^{1}_{0}\mathrm{n}+17{,}6\,\mathrm{MeV}.$$

Pro reagierendem Lithiumdeuterid-Molekül gibt das eine Energie von 22,4 MeV, d.h. pro kg reagierender Substanz 160000 kWh. Es ist bisher noch nicht gelungen, den Fusionsprozeß so ablaufen zu lassen, daß die Reaktionsenergie nicht wie in der Wasserstoffbombe explosionsartig und damit nur destruktiv frei wird, sondern in einer kontrollierten Reaktion als Energiequelle für ein Kraftwerk zur Verfügung steht. Gelingt das einmal, so stellt das in den Weltmeeren enthaltene Deuterium ein praktisch unerschöpfliches Energiereservoir dar.

Die Energieumwandlung aus der Kernenergie ist aber keineswegs unproblematisch und zwar wegen ihrer **Umweltschädigung.** Gewiß kennt die Kernenergieumwandlung keine Ölverschmutzung, keinen Rauch, keinen Lärm. Ihre Gefahren liegen in der Radioaktivität. Außer der Sicherheit des Reaktors selbst ist vor allem die Gefährdung durch Radioaktivität aus Wiederaufbereitungsanlagen von Kernbrennstoffen für Kernkraftwerke, wie durch die Radioaktivität des β-Strahlers ^{85}Kr und des ^{239}Pu, einem α-Strahler einer Halbwertzeit von 24000 Jahren, Gegenstand der Besorgnis. Auch die Lagerung des radioaktiven Abfalls der Kernkraftwerke stellt in zweifacher Hinsicht ein Problem dar. Einmal muß der hoch radioaktive Abfall so gelagert werden, daß er seinen großen Wärmestrom ungefährdet abgeben kann. Zum zweiten muß nach Abklingen der ersten starken Radioaktivität und der damit verbundenen Wärmeentwicklung der Abfall so gelagert werden, daß seine Radioaktivität auf die unabsehbaren Zeiträume von Jahrtausenden nicht zur Gefahrenquelle wird.

Wird der elektrische Energiestrom rechts in Abb. 2.11 vergrößert, steigt, wie wir schon erwähnten, die in Kraftwerken, ob nun Kohlekraftwerken oder Kernkraftwerken erzeugte Abwärme entsprechend dem Wirkungsgrad 0,3 bis 0,4 eines Dampfkraftwerks bei der Erzeugung von elektrischer aus chemischer Energie an (vgl. Abb. 1.4). Heute schon ist in den Vereinigten Staaten 10% des gesamten Wasserstroms Kühlwasser, wobei dieses Kühlwasser um mehrere Grad aufgeheizt wird. Um die Wärme nicht in Flüsse und Seen zu leiten, baut man Kühltürme, aus denen die Wärme wie aus riesigen Heißluftgebläsen an die Atmosphäre abgegeben wird. Allerdings hat auch die Aufheizbarkeit der Atmosphäre ihre Grenzen; über die meteorologischen und klimatischen Auswirkungen können wir bis heute nur Vermutungen anstellen. Man ist kaum sicher, daß sie Veränderungen zum Guten für die Lebensbedingungen darstellen. Diese Aufheizung ist deswegen gefährlich, weil sie *lokal* erfolgt. Verglichen mit den von der Erde *insgesamt* aufgenommenen und abgegebenen Energieströmen ist der Wärmeenergiestrom aus den Kraftwerken vernachlässigbar.

Die beständige Vergrößerung der Energieproduktion, also des zivilisatorischen Energiestroms auf der Erde ist nicht nur ein technisches Problem. Sie impliziert vielmehr so viele Neben- und Folgeerscheinungen für die Umwelt und Nachwelt, daß die Frage, ob man tatenlos der weiteren Steigerung dieses Energiestroms zusehen soll, ein sehr ernstes politisches Problem ist. Nur technische Aufklärung auf der einen Seite und auf der anderen Seite gewissenhafte Entscheidung darüber, was „Lebensqualität“ ist, vermögen dieses Problem in den Griff zu bekommen.

Sonnenenergie

Der gegenwärtig die Erde treffende Sonnenenergie-Strom hat bisher noch kaum zu einem nennenswerten Anteil in einen der großen Energieströme unserer Zivilisation einbezogen werden können. Von dem Energiestrom der Vergangenheit nutzen wir die in den fossilen Brennstoffen akkumulierte Energie in den großen chemischen Energieströmen von Kohle, Öl und Erdgas. Immerhin übertrifft der auf die Erde fallende Sonnenenergie-Strom den gesamten Primärenergie-Strom der Menschheit um mehr als den Faktor 10^4. In jüngster Zeit werden jedoch Anlagen entwickelt, um auch in unseren geographischen Breiten die Sonnenenergie als Zusatzheizung bei der Heizung von Räumen und von Wasser zu nutzen. Hierbei entsteht, wie bei jeder Nutzung der Sonnenenergie, das Problem der Energie*speicherung*. Eine schon nur Tag und Nacht verfügbare Heizung mit Sonnenenergie bedarf bereits großer, gut isolierbarer Wärmereservoire.

Die Sonnenenergie kann auch zur Erzeugung elektrischer Energie verwendet werden, nämlich zur Herstellung heißen Dampfs, der dann in einem Kraftwerk zur Erzeugung elektrischer Energie verwendet wird (Abb. 1.4). Das technisch zentrale Element eines solchen Kraftwerks ist der Kollektor, der die Sonnenstrahlung sammelt und dabei heiß wird. Er muß dazu Licht, d.h. Wärmestrahlung im sichtbaren Spektralbereich gut absorbieren, aber selbst als Wärmestrahler wenig emittieren. Das bedeutet, daß er im Bereich großer Photonenenergien, also kleiner Wellenlängen, absorbieren muß, im Bereich kleiner Photonenenergien, also großer Wellenlängen jedoch nicht absorbieren darf. Würde er nämlich in diesem Spektralbereich stark absorbieren, würde er auch stark emittieren und daher auf Grund seiner eigenen Temperatur einen zu großen Teil des absorbierten Energiestroms als Wärmestrahlung tieferer Temperatur wieder abgeben. Ob derartige Sonnenkraftwerke gebaut werden, für die man bei der Produktion eines elektrischen Energiestroms von 10^3 MW im Tagesmittel bei einem Wirkungsgrad von 0,1 eine Fläche von 100 km^2 Wüste mit Kollektoren überdecken müßte, ist wohl mehr eine Frage des nächsten als des jetzigen Jahrhunderts. Tatsächlich werden aber bereits heute Aggregate im Energiestrombereich von kW konstruiert, die als kleines Sonnenkraftwerk an entlegenen Orten Dieselaggregate ersetzen können.

Außer auf dem Umweg über einen Wärmeenergie-Strom von einigen hundert Grad, wie er in einem konventionellen Kraftwerk verwendet wird, läßt sich die Sonnenenergie auch durch **photoelektrische Energiekonversion** in einen elektrischen Energiestrom umwandeln. Diese Umwandlung ist in dem Sinn „direkt", als die Sonnenenergie, die ja ein Wärmestrom von 6000 K ist, vom Elektronen-System eines Halbleiters wie von einem Kraftwerk aufgenommen und als elektrischer Energiestrom sowie als Wärmestrom der Temperatur des Kristallgitters des Halbleiters, also der Erde, abgegeben wird. Dieses „Kraftwerk" arbeitet allerdings stark irreversibel, weil der thermische Kontakt zwischen Elektronen-System und Kristallgitter (sog. Elektron-Phonon-Kopplung) so stark ist, daß er fast wie ein thermischer Kurzschluß zwischen 60000 K und 300 K wirkt. Als Wirkungsgrad erreichen die von ihrer Verwendung in Satelliten her bekannten Silizium-Solarzellen immerhin den Wert 0,15. Allerdings sind deren Herstellungskosten pro Watt abgegebener elektrischer Energie um einen Faktor 10^2 bis 10^3 größer als bei gewöhnlichen Kraftwerken. Denn während es bei der Energieversorgung in der Raumfahrt nur auf das Verhältnis elektrischer Energiestrom/Gewicht ankommt und die Herstellungskosten ziemlich gleichgültig sind, ist für neue Technologien der elektrischen Energieversorgung auf der Erde das Verhältnis elektrischer Energiestrom/Kosten entscheidend, wobei es auf das Gewicht einer Anlage nicht ankommt.

Zur direkten Energieumwandlung der Sonnenenergie auf der Erde in elektrische Energie kommen Halbleiter-Solarzellen auf großer Fläche nur in Frage, wenn es gelingen sollte, erheblich billigere Halbleiterzellen zu entwickeln, die auch noch einige Prozent Wirkungsgrad erreichen. Einen Schritt in dieser Richtung stellen die Solarzellen der Kombination Kadmiumsulfid-Kupfersulfid dar, die zur ergänzenden Energieversorgung von Wohnhäusern erprobt werden.

Bei der Nutzung der Sonnenenergie stellt sich besonders deutlich das Problem der **Energiespeicherung,** da die Sonnenenergie ja die Erdoberfläche nur zeitweise erreicht. Als ein Speicher für große Energiemengen kommt im Schwerefeld der Erde angehobenes Wasser, also ein hochgepumpter See, in Frage. Ein anderer Speicher wäre die elektrolytische Zerlegung von Wasser (H_2O) in Wasserstoffgas (H_2) und Sauerstoffgas (O_2), und zwar entweder durch die mit Solarzellen erzeugte elektrische Energie oder, noch besser, in Direktkonversion durch die Photonen der Sonnenstrahlung. Dabei müßten Katalysatoren entwickelt werden, die möglichst alle Photonen oberhalb der für die Zersetzung des Wassermoleküls nötigen Energie von 1,2 eV auszunutzen erlauben. Bei der Verbrennung, d.h. bei der Vereinigung der beiden Gase zu Wasser ließe sich die gespeicherte Energie wiedergewinnen. Erfolgt die Verbrennung in gewohnter Weise in einer Flamme, so fällt die Energie in Form von Wärme an. Erfolgt die Verbrennung jedoch in einer *Brennstoffzelle*, so erhält man die Energie in Form elektrischer Energie wieder. Die Brennstoffzelle ist somit die Umkehrung der Elektrolyse: Wasserstoff und Sauerstoff verbinden sich zu Wasser und liefern die dabei frei werdende Energie in Form elektrischer Energie. Dieser Vorgang ist heute nur für kleine Energiemengen realisierbar und überdies recht kostspielig. Technisch ist auch das Problem der Brennstoffzellen noch nicht befriedigend gelöst.

Energiespeicherung durch Photosynthese

Der für uns bedeutungsvollste Energiespeicher auf der Erde wird von den Lebewesen, insbesondere den Pflanzen gebildet. Der Prozeß, der es der Erde ermöglicht hat, einen

Teil der Energie, die sie aus der Wärmestrahlung der Sonne in eigene Wärmestrahlung transformiert, zu speichern und für uns, ihre Erben, aufzubewahren, ist die **Photosynthese.** Bei diesem Prozeß handelt es sich sozusagen um die Umkehrung des Verbrennungsvorgangs, bei dem ja Kohlehydrate, d.h. Kohlenstoff-Wasserstoff-Sauerstoff-Verbindungen mit dem Sauerstoff der Luft reagieren und unter Wärmeabgabe Wasser (H_2O) und Kohlendioxid (CO_2) bilden. Bei der Photosynthese, die in den Blättern der Pflanzen stattfindet, wird umgekehrt Energie des Lichts dazu verwendet, um aus Wasser und Kohlendioxid pflanzliche Stoffe (=Kohlehydrate) und gasförmigen Sauerstoff (O_2) zu bilden. Als Beispiel geben wir die Reaktionsgleichung an, nach der Traubenzucker ($C_6H_{12}O_6$) gebildet oder verbrannt wird:

(2.12) $$C_6H_{12}O_6 + 6\,O_2 \rightleftharpoons 6\,H_2O + 6\,CO_2 .$$

Die Formel ist eine Bruttoreaktionsgleichung; sie beschreibt nur die Bilanz einer komplizierten Kette von Einzelreaktionen, in denen das Traubenzucker-Molekül auf- oder abgebaut wird. Wie (2.12) zeigt, läßt sich die summarische Wirkung der Photosynthese beschreiben durch die symbolische Reaktionsgleichung

(2.13) $$CH_2O + O_2 \rightleftharpoons H_2O + CO_2 .$$

Diese Gleichung drückt aus, daß die Wirkung der Photosynthese darin besteht, das C aus dem CO_2 mit dem H_2O zu CH_2O zu verbinden. Umgekehrt besteht die Verbrennung von Kohlehydraten darin, daß das C aus einer CH_2O-Gruppe mit dem O_2 zu CO_2 verbunden wird.

Der Sauerstoff in unserer Atmosphäre stammt praktisch ausschließlich aus der Photosynthese. Ursprünglich, in der ersten Jahrmilliarde ihrer Existenz enthielt die Atmosphäre der Erde keinen freien Sauerstoff, so wie die Atmosphären der übrigen Planeten heute noch keinen freien Sauerstoff enthalten. Der Sauerstoff lag ausschließlich in Form von Oxiden, also chemisch gebunden, vor. Auch heute steckt der Löwenanteil des auf der Erde vorhandenen Sauerstoffs in den chemischen Verbindungen der Erdkruste und des darunter liegenden „Mantels" der Erde, vor allem im Quarz (SiO_2), im Feldspat ($CaAlSi_3O_8$), die Hauptbestandteile fast aller Gesteine sind, und in vielen anderen Mineralien sowie nicht zuletzt im Wasser. Der chemisch gebundene Sauerstoff befindet sich gegenüber dem freien Sauerstoff der Atmosphäre in einem energetisch begünstigten Zustand. Das geht schon daraus hervor, daß die neben Sauerstoff häufigsten Elemente der Erde, wie Si, Al, Fe, H, C, mit reinem Sauerstoff zusammengebracht, sich leicht entzünden und unter erheblicher, oft sogar explosiver Wärmeabgabe verbrennen.

Die bloße **Existenz von freiem Sauerstoff auf der Erde** stellt also ein interessantes physikalisches Problem dar. Sie zeigt, daß die Oberfläche der Erde unter Einschluß ihrer Atmosphäre sich nicht in einem Gleichgewicht befindet. Im Zustand des Gleichgewichts wäre nämlich der Sauerstoff nicht frei, sondern chemisch gebunden; das wäre energetisch günstiger und daher stabiler. Der freie Sauerstoff der Luft zusammen mit den Kohlehydraten der Pflanzen bilden deshalb einen **Energiespeicher.** Von diesem Energiespeicher leben wir, indem wir ihn entleeren. Geschieht das langsam und gezähmt, so wirkt der Speicher als Batterie, würde dagegen die Energie schneller als erwünscht befreit, wirkte er als Pulverfaß. Unser Leben hängt davon ab, daß wir ihn als

Batterie benutzen können. Wie groß sind die Energie-Umsetzungen, die wir mit diesem Speicher vornehmen, verglichen mit seiner eigenen Kapazität, also mit seinem eigenen Energieinhalt?

Wieviel Energie in diesem Speicher steckt, läßt sich der Größenordnung nach relativ leicht abschätzen. Beim photosynthetischen Aufbau von Kohlehydraten werden nach der Reaktionsgleichung (2.13) für jedes freigesetzte O_2-Molekül 1 C-Atom, 2 H-Atome und 1 O-Atom in ein Kohlenhydrat-Molekül eingebaut. Enthält unsere Atmosphäre also N Moleküle O_2, so besteht die gesamte auf der Erde vorhandene Menge an Kohlenwasserstoffen aus N C-Atomen, $2N$ H-Atomen und N O-Atomen. Die Menge der auf der Erde vorhandenen Luft und mit ihr die des vorhandenen gasförmigen Sauerstoffs schätzen wir einfach dadurch ab, daß wir uns die Erde von einer $7\,\text{km} = 7 \cdot 10^3\,\text{m}$ dicken Lufthülle umgeben denken, deren Dichte gleich der Luftdichte an der Erdoberfläche ist. Damit ist zum Teil berücksichtigt, daß die Lufthülle zwar weiter reicht als 7 km, gleichzeitig aber dünner wird. Das liefert insgesamt als Volumen der Luft

$$4\pi \cdot (6{,}37 \cdot 10^6\,\text{m})^2 \cdot (7 \cdot 10^3\,\text{m}) \approx 3{,}5 \cdot 10^{18}\,\text{m}^3.$$

Nun sind bei einem Druck von 1 Atmosphäre und der Temperatur von 0 °C in einem Kubikmeter eines Gases $2{,}7 \cdot 10^{25}$ Moleküle enthalten. Da nur 20% der Luft aus Sauerstoff besteht, sind in einem Kubikmeter Luft etwa $5 \cdot 10^{24}$ O_2-Moleküle enthalten. Die Atmosphäre der Erde enthält somit $N \approx 10^{43}$ O_2-Moleküle. Die Gesamtmenge der auf der Erde vorkommenden Kohlehydrate enthält entsprechend $N \approx 10^{43}$ CH_2O-Gruppen. Nun wird bei der durch (2.12) beschriebenen Verbrennung von Kohlehydraten zu CO_2 und H_2O pro beteiligtem O_2-Molekül etwa $4\,\text{eV} \approx 5 \cdot 10^{-19}\,\text{Ws}$ an Wärmeenergie abgegeben. Die Verbrennung, d.h. die Oxidation aller durch die Photosynthese gebildeten Kohlehydrate auf der Erde, wozu ja gerade der Luftsauerstoff ausreicht, da er durch die Photosynthese entstanden ist, liefert also den Energiebetrag $10^{43}(5 \cdot 10^{-19}\,\text{Ws}) = 5 \cdot 10^{24}\,\text{Ws} \approx 10^{18}\,\text{kWh}$. Das ist die Größenordnung der Energiemenge, die in dem von der Photosynthese geschaffenen Energiespeicher aus Kohlehydraten und gasförmigem Sauerstoff enthalten ist.

Um einen Begriff von der Größe dieses Speichers und damit auch für seine Pufferfähigkeit zu bekommen, dividieren wir seinen Energieinhalt durch den gesamten über die Photosynthese laufenden Energiestrom, nämlich $10^{18}\,\text{kWh}/3 \cdot 10^{10}\,\text{kW} \approx 10^7\,\text{h} \approx$ 3000 Jahre. Die in dem Sauerstoff-Kohlehydrat-Speicher enthaltene Energiemenge würde bei hypothetischem Abstoppen des Energiezuflusses also etwa 3000 Jahre lange einen Energiestrom liefern können von der Größenordnung des Stroms, der gegenwärtig über die Photosynthese und damit durch die lebende Materie strömt. Einen Energiestrom von der Größenordnung unseres gegenwärtigen zivilisatorischen Stroms könnte der Speicher sogar über 10000 Jahre tragen. Wir dürfen daraus wohl schließen, daß die Verbrennungsvorgänge in unseren Kraftwerken, Industrien und Autos im Augenblick nur eine kleine Störung dieses Energiespeichers darstellen. Allerdings wissen wir nicht, wie stark der Speicher überhaupt gestört werden darf, ohne daß sich seine gegenwärtige Struktur ändert, und wie lange eine Störung braucht, um sich auszuwirken. Der Energiestrom, der den Speicher aufgebaut hat und für den er vermutlich ein regulierendes Element, eine Art Puffer darstellt, nämlich der über die Photosynthese laufende Energiestrom, ist bereits heute schon nur noch 5mal größer als der zivilisatorische Energiestrom, und es ist möglich, daß nach zwei Jahrzehnten die Ströme von gleicher Größenordnung sein werden. Ob dann der Energiestrom unserer Zivilisation immer noch eine „kleine" Störung des Sauerstoff-Kohlehydrat-Speichers, der die

Grundlage des Lebens auf der Erde bildet, darstellt, ist keineswegs sicher. Vermutlich ist auf längere Sicht dann mit Strukturänderungen in diesem Speicher zu rechnen.

Mit der Gesamtzahl von 10^{43} CH_2O-Gruppen in den Kohlehydraten hat man übrigens auch die Gesamtmasse der auf der Erde vorhandenen Kohlehydrate und ihrer Folgeprodukte in der Hand. Da $6 \cdot 10^{23}$ C-Atome eine Gesamtmasse von 12 g haben, beträgt die Gesamtmasse von 10^{43} C-Atomen $2 \cdot 10^{20}\,g = 2 \cdot 10^{17}\,kg$. Entsprechend haben $2 \cdot 10^{43}$ H-Atome (Atommasse = 1 g/Mol) und 10^{43} O-Atome (Atommasse = 16 g/Mol) eine Masse von $0{,}3 \cdot 10^{17}$ kg und $2{,}7 \cdot 10^{17}$ kg. Die Gesamtmasse der auf der Erde vorhandenen Kohlehydrate beträgt also $5 \cdot 10^{17}\,kg = 5 \cdot 10^{14}$ Tonnen. Das sind 10^3 kg pro m^2 der Erdoberfläche. Dabei ist allerdings zu beachten, daß sich die Kohlehydrate und ihre Folgeprodukte bis auf eine Tiefe von einigen Kilometern verteilen. In dieser Zahl sind nicht nur die gegenwärtig existierenden Pflanzen, Tiere und Mikroorganismen, sowie ihre Abfallprodukte eingeschlossen, sondern auch alle nicht verbrannten Kohlehydrate vergangener Lebewesen, also auch die fossilen Brennstoffvorräte der Erde. Nimmt man an, daß letztere etwa ebenso viel ausmachen wie die lebendige Substanz, kommt man auf rund 10^{14} Tonnen an fossilen Brennstoffvorräten. Davon ist allerdings vermutlich nur ein kleiner Teil abbauwürdig, nämlich so konzentriert gelagert, daß ein Abbau wirtschaftlich in Betracht kommt.

Energieströme in Pflanzen und Tieren

Welche Energieströme fließen in der pflanzlichen Welt, in Tieren und Menschen? Das Getreidefeld speichert durch Photosynthese ungefähr 1% der von der Saat bis zur Reife auffallenden Sonnenenergie. In Energieströmen ausgedrückt heißt das, daß das Getreidefeld 1% des Sonnenenergiestroms abzweigt und als Strom chemischer Energie, dargestellt durch Korn und Stroh, weitergibt. Berücksichtigt man, daß in unseren Breiten nur das Sommerhalbjahr eine Periode des Wachstums ist, reduziert sich der mittlere Umwandlungsfaktor von 1% auf 0,5%. Der vom Getreidefeld gelieferte Energiestrom wird seinerseits von Tier und Mensch weiter umgewandelt in andere Energieströme. So wandelt das Rind etwa 10% des als Futter aufgenommenen Energiestroms um in den chemischen Energiestrom „Fleisch und Milch“. Die übrigen Energieströme, wie Wärme und mechanische Arbeit, sind dagegen im Hinblick auf die Funktion des Rindes in der menschlichen Zivilisation von untergeordnetem Interesse.

Wenn der Mensch ruht, durchfließt ihn im Zeitmittel ein Energiestrom von 70 W. Dieser Energiestrom wird als Wärmestrom an die Umgebung abgegeben. Strengt der Mensch sich körperlich an, steigt der Wärmestrom bis auf 500 W. Wie groß ist dabei der mechanische Energiestrom, den er abgibt? Bei einem guten Bergsteiger, der pro Stunde 500 m steigt, sind das etwa 100 W. Es ist also der Wirkungsgrad des menschlichen Körpers

$$\frac{\text{vom Menschen abgegebener mechanischer Energiestrom}}{\text{vom Menschen aufgenommener chemischer Energiestrom}} \approx 0{,}2.$$

Die Energie bezieht der Mensch aus der Nahrung, deren Verbrennung ihm einen chemischen Energiestrom zuführt. Minimal benötigt der Mensch pro Tag eine Energie von $70\,W \cdot 24\,h = 1{,}7\,kWh = 1400\,kcal$. Bei einiger körperlicher Betätigung schon benötigt der Mensch jedoch über 2000 kcal ($\approx 2{,}5$ kWh) pro Tag. Da die Pflanzen- und Tierwelt diese Energie für die Ernährung des Menschen bereitstellen muß, ist durch den Wirkungsgrad der Photosynthese und der Futterverwertung des Tieres also eine obere Grenze für die mit der Nahrung bereitgestellte Energie und damit für die Zahl der Menschen auf der Erde gegeben. Die maximale Zahl der Menschen hängt, wie die

Größenordnung der Energieströme in Pflanze und Tier zeigt, stark davon ab, welchen Anteil an Fleisch man dem Menschen bei seiner Nahrung zubilligt. Die pflanzlichen Energieströme, die in den Fleischkonsum eines Landes wie der Bundesrepublik hineinströmen, könnten ohne den Weg durch das Tier alleine noch einmal mindestens ebenso viele Menschen wie die bereits vorhandene Bevölkerung ernähren. So ist auch die Armut und der Hunger in vielen Entwicklungsländern weniger allein auf Überbevölkerung zurückzuführen als darauf, daß die Agrarproduktion nicht für Energieströme in das eigene Land benutzt wird, sondern zum Export in die Industrieländer. So sorgt Südamerika zwar dafür, daß wir unseren Kaffee trinken können, aber in diesem fruchtbaren Erdteil selbst ist der Hunger verbreitet.

II Energieformen

§3 Die Energieform Rotationsenergie

Die Kennzeichnung von Energieformen durch physikalische Größen

Um die beim Energieaustausch auftretenden verschiedenen Energieformen zu unterscheiden, könnte man sie im Flußdiagramm durch verschiedene Farben kennzeichnen. Die einzelne Energieform bedarf nämlich neben der durch Pfeilstärke angegebenen Menge der Energie, die über sie ausgetauscht wird, noch eines weiteren Merkmals. So gut derartige graphische Hilfsmittel sind, weiß man doch, daß solche Unterschiede durch *physikalische Größen* beschrieben werden müssen, die bei den betrachteten Prozessen mit im Spiel sind. Farben in Flußdiagrammen wären nur ein bildhaftes Ausdruckmittel dafür, daß außer der Energie jeweils eine weitere physikalische Größe beteiligt ist. In diesem Buch bezeichnen wir die den Energieaustausch darstellenden Pfeile jeweils durch die physikalischen Größen, die für die betreffenden Energieformen charakteristisch sind. Statt *Größe* sagen wir auch **Variable,** denn eine physikalische Größe wird mathematisch durch eine Variable dargestellt. Wir werden daher die Wörter „Größe" und „Variable" nebeneinanderher ohne Unterschied gebrauchen. Wenn Energie in zwei verschiedenen Formen ausgetauscht wird, bedeutet das also, daß der Energieaustausch unter Mitwirkung zweier verschiedener weiterer Größen oder Variablen erfolgt. Wenn diese Größen ebenso wie die Energie einen Erhaltungssatz erfüllen, besteht ihre Mitwirkung beim Energieaustausch darin, daß sie ebenfalls nur ausgetauscht, nicht aber aus dem Nichts erzeugt oder vernichtet werden. Wir haben somit die *Regel:*

> Energieaustausch erfolgt immer in bestimmten Energie*formen.* Jede Energieform ist dadurch definiert, daß die ausgetauschte Energie an eine weitere physikalische Größe gebunden ist. Jede Energieform ist also durch ein Größen*paar* gekennzeichnet.

Diese Regel stellt einen allgemeinen Zusammenhang fest zwischen *Energieform* und *Paaren physikalischer Variablen.* Daß man zur Kennzeichnung einer Energieform zwei Variablen oder Größen braucht, liegt daran, daß man einmal die Energie*form* kennzeichnen muß und zum zweiten die *Menge* an Energie, die in dieser Form ausgetauscht wird. Zunächst denkt man deshalb, es handele sich bei dem eine Energieform definierenden Variablenpaar immer um die Variable Energie zusammen mit einer zweiten Variable. Tatsächlich erfolgt die Beschreibung aber anders. Man benutzt zwei Größen, deren Produkt die Dimension Energie hat. Wie das im einzelnen geschieht, werden wir in diesem Kapitel erläutern.

Die Energie ist eine **mengenartige Größe.** Das bedeutet, daß zwei Exemplare desselben Systems, die sich im gleichen Zustand befinden, zusammengenommen, also als ein einziges System betrachtet, die doppelte Energie enthalten von jedem einzelnen. Nicht jede physikalische Größe hat die Eigenschaft der Mengenartigkeit. So ist die Geschwindigkeit nicht mengenartig. Betrachtet man nämlich zwei gleiche Körper, die sich im selben Zustand der Bewegung befinden, also dieselbe Geschwindigkeit $\boldsymbol{v}$ nach Betrag und Richtung haben, so hat das System, das aus beiden Körpern zusammen besteht, auch nur die Geschwindigkeit $\boldsymbol{v}$ und nicht die doppelte Geschwindigkeit $2\boldsymbol{v}$. Eine andere nicht mengenartige Größe ist die Temperatur, denn zwei gleiche Körper mit der gleichen Temperatur bilden zusammengenommen auch nur wieder einen Körper der gleichen Temperatur und nicht einen Körper mit doppelter Temperatur.

Größen, die ein System aufnehmen und abgeben kann, sind mengenartig. Man wird daher erwarten, daß außer der Energie auch diejenigen Größen oder Variablen mengenartig sind, die die Energieformen kennzeichnen. Bei der Suche nach der Variable, die eine bestimmte Energieform kennzeichnet, wird man daher zunächst nach mengenartigen Größen Ausschau halten, oder man wird umgekehrt fragen, welche Energieform durch eine vertraute mengenartige Größe charakterisiert wird. Ein Beispiel einer vertrauten mengenartigen Variable ist die elektrische Ladung Q. Faßt man nämlich zwei Körper mit der gleichen elektrischen Ladung als einen einzigen Körper auf, so hat dieser die doppelte elektrische Ladung der beiden Einzelkörper. Die elektrische Ladung charakterisiert die Energieform elektrische Energie, denn wir sprechen von elektrischer Energie, wenn der Energieaustausch an einen Ladungsaustausch gebunden ist. Es kann auch passieren, daß zwar die Energieform uns gut vertraut ist, nicht aber die sie definierende physikalische Größe. Das ist der Fall bei der Energieform Wärme. Die die Wärmeenergie kennzeichnende Größe heißt *Entropie*. Wenn die Vertrautheit, die man mit dem Begriff „Wärmemenge" zu haben glaubt, auch die *Energieform Wärme* und damit die Größe Entropie einschließt, hat man gelernt, was Thermodynamik ist. Diese Vertrautheit herzustellen, ist eines der Ziele dieses Buches.

Wir müssen schon hier darauf hinweisen, daß der Begriff der mengenartigen Größe streng genommen nicht ausreicht, um alle Größen zu erfassen, die Energieformen charakterisieren. So ist bei der Energieform „Verschiebungsenergie in einem Feld" (MRG, § 8 und § 16) die Verschiebung keine mengenartige Größe. Das hat seinen Grund darin, daß die Verschiebungsenergie den Energieaustausch eines Körpers mit einem Feld darstellt (MRG, § 22). Ein Feld ist aber kein physikalisches System, das sich einfach verdoppeln läßt. Wenn der Zusammenhang zwischen Energieform und kennzeichnender Größe umkehrbar sein soll, bedarf es eines etwas allgemeineren Begriffs als des der mengenartigen Größe, nämlich des der **extensiven Größe** oder **Variable.** Dann gilt die einfache Regel, daß *jede von der Energie verschiedene extensive Variable eine Energieform definiert und umgekehrt jede Energieform eine extensive Variable.*

Was eine extensive Variable genau ist, werden wir später kennenlernen. Im Augenblick ist es nur wichtig für uns zu wissen, daß eine mengenartige Größe stets extensiv ist. Es ist nur nicht umgekehrt jede extensive Variable auch mengenartig. Man wird sich vielleicht fragen, warum wir dann so wesentlich mit dem Begriff der mengenartigen Größe operieren, wenn der Begriff doch offenbar begrenzt ist. Warum beginnen wir nicht sofort mit dem allgemeineren Begriff der extensiven Variable? Zwei Gründe sind dafür maßgebend. Einmal kommt der Begriff der mengenartigen Größe oder Variable unserer gewohnten Anschauung außerordentlich entgegen. Es ist uns durchaus geläufig, mit mengenartigen Größen umzugehen. So ist das Geld mengenartig, überhaupt der Besitz, die Anzahl von Ja- und Nein-Stimmen bei Wahlen. Größen, die mengenartig sind, wie die Energie, die elektrische Ladung, die Anzahl von Teilchen einer bestimmten Sorte, die Entropie und viele andere sind daher, auch wenn sie zunächst fremdartig wirken, psychologisch doch leicht zu erfassen. Wegen der Eigenschaft der Mengenartigkeit akzeptieren wir sie schneller und sind eher geneigt, mit ihnen zu operieren. Der zweite, physikalisch wichtigere Grund ist der, daß *jede physikalische Größe, die strömen kann, zu der es also einen Strom gibt, mengenartig* ist. So gibt es zur Energie den Energiestrom, zur elektrischen Ladung den elektrischen Strom (genauer sollte man sagen, den Ladungsstrom), zu jeder Teilchensorte einen Teilchenstrom, zur Entropie den Entropiestrom. Man beachte aber, daß andererseits nicht zu jeder mengenartigen Größe ein Strom gehört. So ist die Größe „Flächeninhalt" mengenartig, aber es gehört kein Strom zu ihr. Und für die Größe „Verschiebung" gibt es auch keinen Strom; denn die Verschiebung ist zwar extensiv, aber nicht mengenartig.

In §1 haben wir gesehen, daß strömende Energie immer in Energieformen auftritt. Da nun eine Energieform dadurch definiert ist, daß die Energie an eine weitere extensive Größe gebunden auftritt und im Fall des Strömens diese extensive Größe mengenartig ist, haben wir die *Regel:*

> Strömende Energie ist immer gebunden an weitere strömende und damit mengenartige Größen. Jede dieser Größen definiert eine Form, in der die Energie strömt. So handelt es sich bei einem die Energie begleitenden Strom von
>
> | | | |
> |---|---|---|
> | elektrischer Ladung | um einen | elektrischen Energiestrom |
> | Teilchen einer bestimmten Art | um einen | chemischen Energiestrom |
> | Drehimpuls | um einen | Rotationsenergie-Strom |
> | Impuls | um einen | Bewegungsenergie-Strom |
> | Entropie | um einen | Wärmestrom. |

Die angeführten Ströme sind nur Beispiele, die die einfache, jedoch keineswegs triviale Tatsache illustrieren, daß bei *jedem Strom mindestens zwei Größen beteiligt* sind, die zusammen die Form und die Menge der strömenden Energie charakterisieren.

Wir werden in diesem Kapitel einige Energieformen genauer untersuchen, und zwar erst die Rotationsenergie, dann im nächsten Paragraphen Verschiebungsenergie, Bewegungsenergie, Kompressionsenergie und Oberflächenenergie. Die Rotationsenergie wollen wir ausführlich besprechen und viele für Energieformen allgemein wesentliche Eigenschaften uns an diesem auch praktisch wichtigen Beispiel klarmachen. Nach der Beschreibung einiger Beispiele mehr vertrauter Energieformen im nächsten Paragraphen folgt die Erörterung der Energieformen chemische Energie, Wärmeenergie und schließlich der Energieformen des elektromagnetischen Feldes und der Materie.

Rotationsenergie und Drehimpuls

Welche Größe kennzeichnet die Energieform *Rotationsenergie?* Anschaulich meinen wir mit Rotationsenergie eine Form, in der die Energie auftritt, wenn ihre Übertragung mit Rotationsbewegungen verknüpft ist, wie bei der Energieübertragung von der Turbine auf einen Generator oder vom Staubsaugermotor auf den Kompressor. Es rotiert eine Welle. Die extensive Variable, die die Energieform Rotationsenergie charakterisiert, müssen wir daher irgendwo in der rotierenden Welle suchen. Zunächst fällt der Blick auf die Winkelgeschwindigkeit $\boldsymbol{d\varphi}/dt$. Darin bezeichnet $\boldsymbol{d\varphi}$ einen Vektor, dessen Richtung die Drehachse angibt und dessen Betrag $|\boldsymbol{d\varphi}|$ gleich ist dem Winkel, um den sich der Körper im Zeitintervall dt dreht (Abb. 3.1). Die Winkelgeschwindigkeit $\boldsymbol{d\varphi}/dt$ mißt, wie schnell sich der Körper um die Richtung von $\boldsymbol{d\varphi}$ dreht. Leider ist aber die Winkelgeschwindigkeit nicht mengenartig. Sie hat ganz ähnliche formale Eigenschaften wie die Geschwindigkeit $\boldsymbol{v}$, von der wir ja wissen, daß sie nicht mengenartig ist. Zwei Körper, die sich im gleichen Rotationszustand befinden, haben zusammengenommen nicht die doppelte, sondern dieselbe Winkelgeschwindigkeit wie jeder einzelne. Wie Abb. 3.1 zeigt, drehen sich die Körper ja synchron. Ihre Drehachsen haben dieselbe Richtung, und sie drehen sich in der Zeit dt beide um denselben Winkel $\boldsymbol{d\varphi}$. Auch zusammengenommen haben sie also dieselbe Winkelgeschwindigkeit wie jeder einzelne.

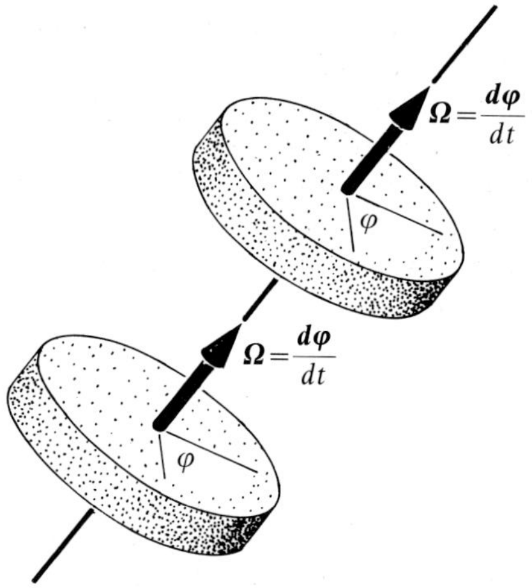

Abb. 3.1

Die kinematische Winkelgeschwindigkeit $\boldsymbol{d\varphi}/dt$ ist ein Vektor, der die Richtung der Drehachse hat. φ ist der Drehwinkel.

Zwei Körper, die sich synchron um die gleiche Achse drehen, haben zusammengenommen dieselbe Winkelgeschwindigkeit $\boldsymbol{d\varphi}/dt$ wie jeder einzelne Körper, und nicht etwa die doppelte Winkelgeschwindigkeit des einzelnen Körpers. Die Winkelgeschwindigkeit ist daher keine mengenartige Größe.

Die extensive Variable, die zusammen mit der Rotationsenergie auftritt, ist vielmehr der **Drehimpuls** (MRG, §25), so daß wir als Regel notieren:

> Die extensive Größe, die die Energieform Rotationsenergie definiert, ist der Drehimpuls.

Der Drehimpuls genügt, ähnlich wie die Energie, einem allgemeinen Erhaltungssatz: *Drehimpuls kann weder erzeugt noch vernichtet werden.* Allerdings ist der Drehimpuls, anders als die Energie, ein Vektor. Sein Wert ist also nicht durch eine einzige, sondern durch die Angabe von *drei* unabhängigen Zahlen festgelegt. Wir fassen das zusammen zur *Regel:*

> Der Drehimpuls ist ein Vektor $\boldsymbol{L}$. Sein Wert ist durch drei Zahlangaben, etwa die Werte seiner drei Komponenten L_x, L_y, L_z in einem kartesischen (=rechtwinkligen) Koordinatensystem festgelegt.
> Jede Komponente des Drehimpulses genügt (unabhängig von den beiden anderen) einem allgemeinen Erhaltungssatz: Sie kann weder erzeugt noch vernichtet werden, sondern wird nur zwischen Systemen ausgetauscht.

Der Drehimpuls $\boldsymbol{L}$ ist eine mengenartige Größe, genauer ist er eine Zusammenfassung von drei mengenartigen Größen, nämlich seiner drei Komponenten. Es hat also einen Sinn, von der Menge des Drehimpulses oder kurz vom Drehimpuls zu sprechen, den ein Körper, allgemein ein physikalisches System, enthält oder hat. Ebenso wie ein Körper in jedem Augenblick eine bestimmte Menge Energie enthält, enthält er auch eine bestimmte Menge Drehimpuls, genauer drei bestimmte Mengen, nämlich die Mengen an L_x, L_y und L_z. Und wenn der in einem Körper steckende Drehimpuls $\boldsymbol{L}$ sich von einem Augenblick zum anderen ändert, so muß die Änderung $d\boldsymbol{L}$ ihm von einem anderen System zugeführt oder von ihm an ein anderes System abgegeben werden. Dabei ist nur zu beachten, daß es sich auch bei $d\boldsymbol{L}$ um *drei* Zahlangaben handelt, nämlich um die drei Zahlen dL_x, dL_y, dL_z, nämlich die Änderungen der Komponenten L_x, L_y, L_z von $\boldsymbol{L}$.

Wie äußert sich der Drehimpuls beispielsweise bei der Energieübertragung von der Turbine auf den Generator? In gleicher Weise wird er sich dann auch bei der Energieübertragung vom Motor auf den Kompressor eines Staubsaugers, kurz immer dann äußern, wenn die Übertragung durch eine sich drehende Welle geschieht. Da der Drehimpuls mengenartig ist und außerdem einem allgemeinen Erhaltungssatz genügt, also weder erzeugt noch vernichtet, sondern nur ausgetauscht werden kann, wird er durch die Welle transportiert. Bei der durch die Welle übertragenen Rotationsenergie ist also die in jedem Zeitintervall dt durch die Welle strömende *Energiemenge* an eine *Drehimpulsmenge* $d\boldsymbol{L}$ gebunden. Man sagt auch, durch die Welle fließt ein *Energiestrom* und ein *Drehimpuls-Strom* $d\boldsymbol{L}/dt$.

Rotationsenergie-Strom und Drehimpuls-Strom

Der Rotationsenergie-Strom und der Drehimpuls-Strom sind jedem technisch interessierten Autofahrer bekannt unter dem Namen **Leistung** bzw. **Drehmoment** des Automotors. Der Betrag des Drehimpuls-Stroms oder Drehmoments ist ein Maß für die Beschleunigungsfähigkeit des Autos. Abb. 3.2 ist ein Diagramm, das für einen typischen Otto-Motor den Betrag dieser beiden Ströme als Funktion der Drehzahl zeigt. Beide Ströme werden vom Motor an das Getriebe geliefert. Von dort werden sie zwar weitergegeben, aber das soll uns im Augenblick nicht interessieren. Hier richten wir die Aufmerksamkeit auf das Stück der Welle, das den Motor und das Getriebe verbindet, das Rotationsenergie, also an den Drehimpuls gebundene Energie, vom Motor auf das Getriebe überträgt (Abb. 3.3). Der Drehimpuls-Strom $d\boldsymbol{L}/dt$ hat hier nur eine Komponente, nämlich die in Richtung der Welle. Er macht sich übrigens dadurch bemerkbar, daß, wenn er fließt, die Welle eine *Torsion* zeigt (Abb. 3.3). Denkt man sich nämlich auf die unbelastete Welle, also bei $d\boldsymbol{L}/dt=0$, eine Mantellinie parallel zur Achse gezeichnet, so bleibt diese Linie nicht parallel zur Achse, wenn $d\boldsymbol{L}/dt \neq 0$. Die Welle wird als Folge des Drehimpuls-Stroms tordiert, wobei für einen festen Querschnitt der Torsionswinkel in guter Näherung proportional ist dem Betrag des Drehimpuls-Stroms $d\boldsymbol{L}/dt$. Der Proportionalitätsfaktor heißt der *Torsionsmodul*. Er ist durch das Material der Welle bestimmt.

Sind Rotationsenergie-Strom und Drehimpuls-Strom unabhängig voneinander oder nicht? Der Autofahrer weiß aus eigener Erfahrung, daß sie das nicht sind, denn ein Motor, der eine große Leistung hat, d.h. einen großen Energiestrom liefert, erlaubt gewöhnlich auch große Beschleunigungen, liefert also auch einen großen Drehimpuls-Strom. Nehmen wir einmal an, der Drehimpuls-Strom $d\boldsymbol{L}/dt$, angezeigt durch die Torsion der Welle, sei unabhängig von der Drehzahl (was für einen Otto-Motor, wie Abb. 3.2 zeigt, nur in einem relativ engen Drehzahlbereich angenähert erfüllt ist). Dann ist es plausibel, daß bei Steigerung der Drehzahl der Energiestrom gesteigert wird, und zwar proportional zur Drehzahl; denn mit jeder Drehung wird eine bestimmte Energiemenge geliefert. Da die Drehzahl ein Maß für den Betrag der Winkelgeschwindigkeit $\boldsymbol{\Omega}$ ist, besteht zwischen Rotationsenergie-Strom und Drehimpuls-Strom die Beziehung

$$\text{(3.1)} \qquad \text{Rotationsenergie-Strom} = \boldsymbol{\Omega}\frac{d\boldsymbol{L}}{dt} = \Omega_x\frac{dL_x}{dt} + \Omega_y\frac{dL_y}{dt} + \Omega_z\frac{dL_z}{dt}.$$

Hier tritt das Skalarprodukt $\boldsymbol{\Omega}(d\boldsymbol{L}/dt)$ auf, weil sich nur auf diese Weise aus dem Vektor $\boldsymbol{\Omega}$ und dem Vektor $d\boldsymbol{L}/dt$ ein Skalar, nämlich ein Energiestrom bilden läßt, der linear in $\boldsymbol{\Omega}$ ist, sich also verdoppelt, wenn $\boldsymbol{\Omega}$ verdoppelt wird.

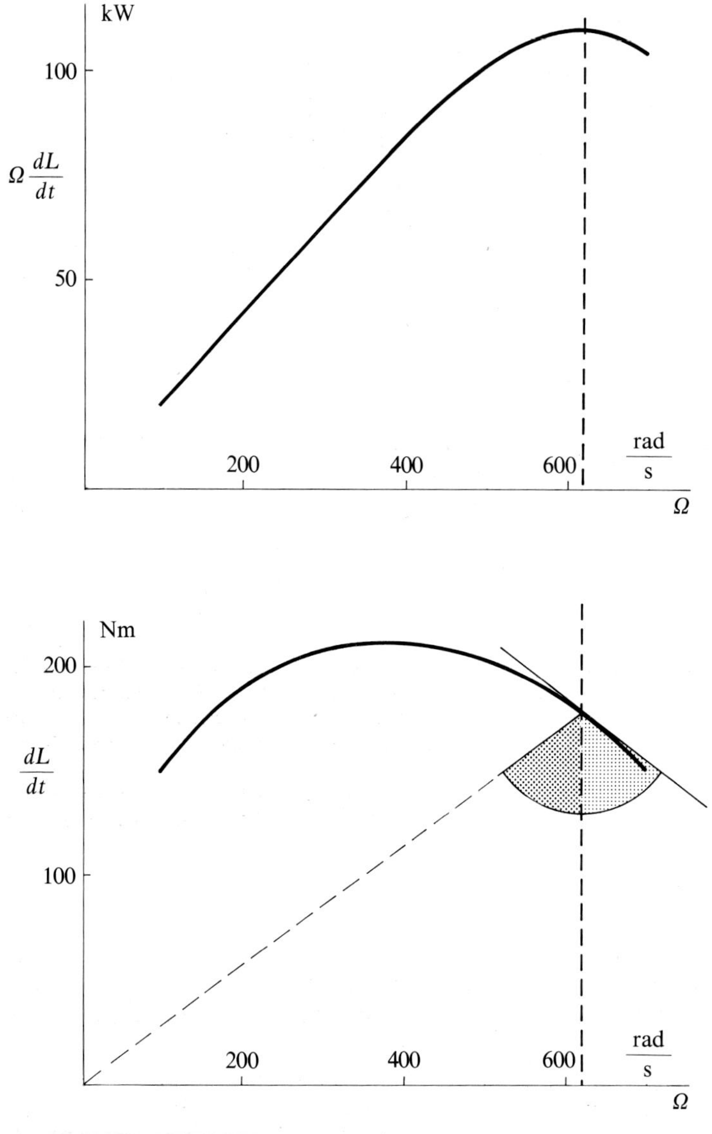

Abb. 3.2

Rotationsenergie-Strom $= \Omega\, dL/dt =$ Leistung und Drehimpuls-Strom $dL/dt =$ Drehmoment eines Otto-Motors (Automotors) als Funktion der Winkelgeschwindigkeit Ω. Die Winkelgeschwindigkeit 1 rad/s entspricht 9,55 Umdrehungen/Minute. Die Leistung von Automotoren wird meist noch in der Einheit PS angegeben. Es ist 1 kW = 1,36 PS.

Das Maximum von $\Omega\, dL/dt$ (obere Kurve) liegt dort, wo $d[\Omega\, dL/dt]/d\Omega = 0$. Ausdifferenziert ergibt das $(1/\Omega)(dL/dt) = -(d/d\Omega)(dL/dt)$. In Worten bedeutet das, daß die Winkel zwischen Vertikaler und der Tangente an dL/dt einerseits und zwischen Vertikaler und der Verbindungslinie mit dem Nullpunkt andererseits gleich sind.

Das Diagramm zeigt weiterhin deutlich, wie sich Leistungssteigerung von Motoren durch Erhöhung der Drehzahl erreichen lassen. Erhöhung der Drehzahl bedeutet natürlich auch erhöhten Verschleiß des Motors.

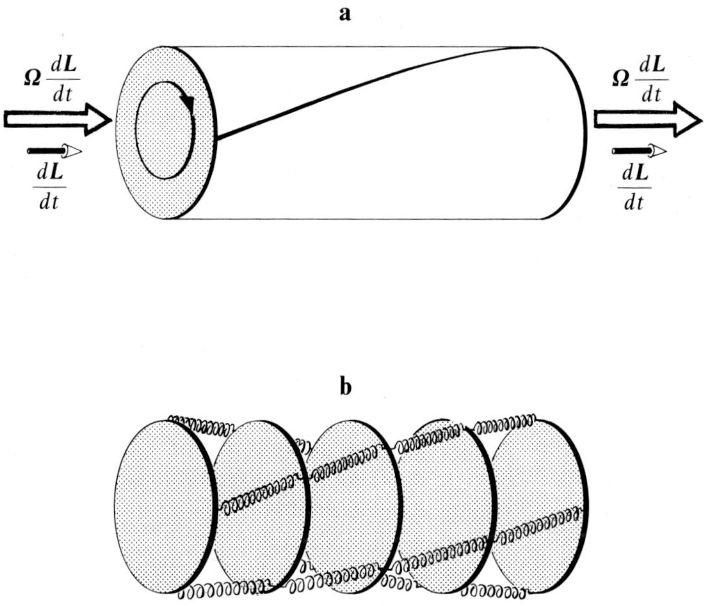

Abb. 3.3

(a) Welle, die Rotationsenergie überträgt. Die Welle wird von einem (skalaren) Rotationsenergie-Strom $\boldsymbol{\Omega}\, d\boldsymbol{L}/dt$ und einem (vektoriellen) Drehimpuls-Strom $d\boldsymbol{L}/dt$ durchflossen. $d\boldsymbol{L}/dt$ gibt die Menge Drehimpuls an, die während dt durch den Querschnitt der Welle an irgendeiner Stelle strömt. Der Drehimpuls-Strom macht sich dadurch bemerkbar, daß die Welle tordiert wird. Die Torsion der Welle zeigt die Linie auf dem Zylindermantel, die bei $d\boldsymbol{L}/dt = 0$ eine Mantellinie der Welle ist.

(b) Modell einer Welle, bei dem der elastische Zusammenhalt der Welle in Achsenrichtung durch Federn veranschaulicht wird. Das Modell macht unmittelbar verständlich, daß die Welle tordiert wird, sobald sie „belastet“, nämlich von einem Drehimpuls-Strom durchflossen wird.

Die Gl. (3.1) gilt ganz allgemein für *jede* Übertragung von Rotationsenergie und Drehimpuls. Außer dem Beispiel des Automotors, an dem wir uns die Übertragung von Rotationsenergie und Drehimpuls klargemacht haben, erwähnen wir noch den Elektromotor, genauer gesagt, den Drehstrom-Kurzschlußläufer. Für ihn sehen die der Abb. 3.2 entsprechenden Kurven ganz anders aus. Sie sind in Abb. 3.4 dargestellt. Wie man vor allem sieht, gibt es für den vom elektrischen Strom durchflossenen Motor eine Winkelgeschwindigkeit Ω_0, bei der der Drehimpuls-Strom und mit ihm auch der Rotationsenergie-Strom Null wird. Die Maschine läuft dann im Leerlauf. Für noch größere Drehzahlen wird der Drehimpuls-Strom und mit ihm der Energiestrom negativ. Die Maschine nimmt dann beide Ströme durch die Welle auf. Sie wirkt nicht mehr als Motor, sondern als Generator. Eine Leerlauf-Winkelgeschwindigkeit Ω_0, bei der also der Drehimpuls-Strom und mit ihm der Energiestrom durch Null gehen und das Vorzeichen wechseln, gibt es auch für den Otto-Motor, nämlich wenn man beginnt, „mit dem Motor zu bremsen“. Abb. 3.4 läßt übrigens eine wichtige Eigenheit des Elektromotors erkennen, daß nämlich der Drehimpuls-Strom mit $\boldsymbol{\Omega} \to 0$ gegen einen von Null verschiedenen Wert geht. Der Elektromotor zieht aus dem Stand heraus an. In dieser Eigenschaft unterscheidet er sich wesentlich von den Verbrennungsmotoren, die ja nicht von selbst anlaufen, sondern angelassen werden müssen.

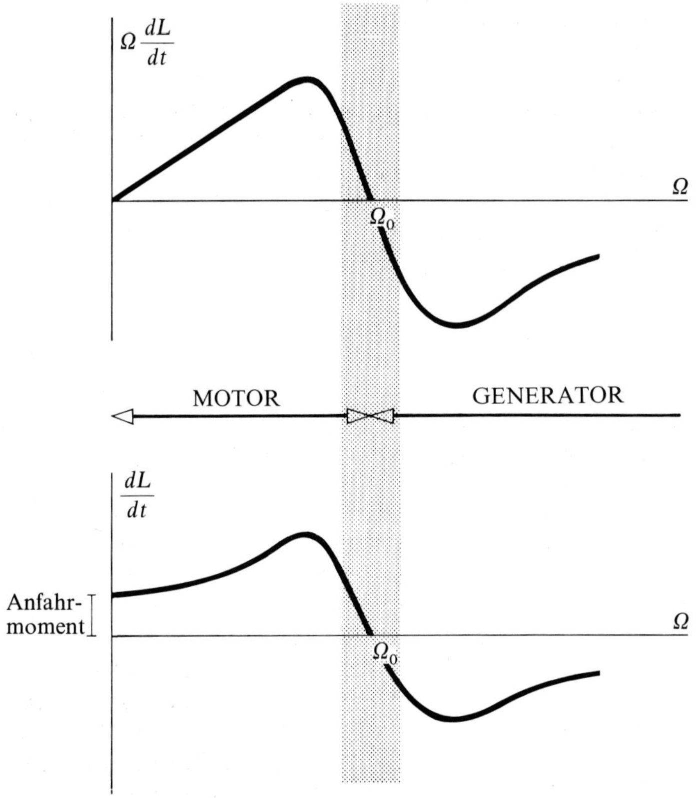

Abb. 3.4
Rotationsenergie-Strom $\Omega\, dL/dt$ (=Leistung) und Drehimpuls-Strom dL/dt (=Drehmoment) eines Elektromotors (Drehstrom-Kurzschlußläufer oder Asynchronmotor bei konstanter Amplitude des magnetischen Drehfelds) als Funktion der Winkelgeschwindigkeit Ω. Bei der Winkelgeschwindigkeit Ω_0, nämlich im Leerlauf, wechseln die Ströme $\Omega dL/dt$ und dL/dt ihre Richtung. Für $\Omega < \Omega_0$ wirkt die Maschine als Motor, für $\Omega > \Omega_0$ als Generator. Der technische Betrieb liegt im gerasterten Gebiet. Der Motor wandelt elektrische Energie in Rotationsenergie um, der Generator umgekehrt Rotationsenergie in elektrische Energie.

Auch für $\Omega = 0$ ist der Drehimpuls-Strom von Null verschieden. Der Elektromotor zieht daher aus dem Stand heraus an.

Das auf der rechten Seite von (3.1) auftretende Zeitintervall dt tritt auch auf der linken Seite auf, denn ein Energiestrom ist eine Energiemenge dividiert durch die Zeit dt, in der sie geliefert wird. Man kann in (3.1) das Zeitintervall dt auch fortlassen, indem man die Gleichung mit dt multipliziert. Sie hat dann die Form

(3.2) $$\text{Rotationsenergie} = \boldsymbol{\Omega} d\boldsymbol{L} = \Omega_x\, dL_x + \Omega_y\, dL_y + \Omega_z\, dL_z\,.$$

Dieser Ausdruck für die Rotationsenergie ist sogar noch etwas allgemeiner als (3.1), da er über den Zeitablauf nichts aussagt, sondern bloß angibt, in welcher Weise Drehimpuls-Menge und Rotationsenergie-Menge miteinander verknüpft sind. Er läßt sich vor allem aber lesen als die Änderung, die Energie und Drehimpuls eines physikalischen Systems erfahren, wenn es Rotationsenergie aufnimmt oder abgibt. Dementsprechend gilt die *Regel:*

> Ändert ein System auf beliebige Art und Weise seinen Drehimpuls um $d\boldsymbol{L}$, so nimmt es notwendig den Energiebetrag $\boldsymbol{\Omega}\, d\boldsymbol{L}$ auf oder gibt ihn ab. Dabei ist $\boldsymbol{\Omega}$ die Winkelgeschwindigkeit des Systems. Ist $\boldsymbol{\Omega}\, d\boldsymbol{L}$ positiv, nimmt das System Energie auf; ist es negativ, gibt das System Energie ab. Der Ausdruck (3.2) $\boldsymbol{\Omega}\, d\boldsymbol{L}$ ist die allgemeine mathematische Gestalt der Energieform Rotationsenergie. $\boldsymbol{\Omega}$ und $\boldsymbol{L}$ bilden das Größenpaar, das die Energieform Rotationsenergie kennzeichnet.

Bei der Welle, durch die Drehimpuls und Energie hindurchströmen, hatten wir $d\boldsymbol{L}$ nicht als Änderung des Drehimpulses eines Systems und entsprechend $\boldsymbol{\Omega}\, d\boldsymbol{L}$ nicht als die dem System zugeführte Energie aufgefaßt, sondern als Mengen, die durch einen beliebigen Querschnitt der Welle im Zeitintervall dt hindurchströmen. Das ist ein Spezialfall der allgemeinen Regel, die von Änderungen $d\boldsymbol{L}$ und den mit ihnen verknüpften Energiebeträgen spricht. Denkt man sich nämlich die Welle in dünne Scheiben zerlegt, und betrachtet man die einzelne Scheibe als das System, so besteht der Energie-Drehimpuls-Strom durch die Welle darin, daß die Scheibe auf der einen Seite den Drehimpuls $d\boldsymbol{L}$ und die Energie $\boldsymbol{\Omega}\, d\boldsymbol{L}$ aufnimmt und bei stationärem Betrieb gleichzeitig dieselben Mengen auf der anderen Seite abgibt. Faßt man auch einen nicht-stationären Betrieb ins Auge oder denkt man sich im stationären Betrieb Aufnahme und Abgabe von Drehimpuls und Energie ein wenig verzögert, so stellen $d\boldsymbol{L}$ und $\boldsymbol{\Omega}\, d\boldsymbol{L}$ tatsächlich Änderungen des Drehimpulses und der Energie der einzelnen Scheibe dar, nämlich als Zunahme des Drehimpulses und der Energie der Scheibe infolge des Zustroms auf der einen Seite und als Abnahme infolge des Wegströmens auf der anderen Seite.

Das Getriebe als Transformator für Rotationsenergie

Ein Getriebe hat die Aufgabe, Rotationsenergie, die mit einer Drehzahl oder Winkelgeschwindigkeit $\boldsymbol{\Omega}_1$ auftritt, in Rotationsenergie einer anderen Winkelgeschwindigkeit $\boldsymbol{\Omega}_2$ zu transformieren (Abb. 3.5). Ein Getriebe ist ein *Transformator für Rotationsenergie.*

Das System „Getriebe" tauscht Energie in zwei voneinander unabhängigen Energieformen Rotationsenergie $\boldsymbol{\Omega}_1\, d\boldsymbol{L}_1$ und Rotationsenergie $\boldsymbol{\Omega}_2\, d\boldsymbol{L}_2$ aus. Die Änderungen der Energie E des Getriebes sind somit gegeben durch

$$dE = \boldsymbol{\Omega}_1\, d\boldsymbol{L}_1 + \boldsymbol{\Omega}_2\, d\boldsymbol{L}_2 . \tag{3.3}$$

Man beachte, daß die beiden Energieformen $\boldsymbol{\Omega}_1\, d\boldsymbol{L}_1$ und $\boldsymbol{\Omega}_2\, d\boldsymbol{L}_2$ *voneinander unabhängige* Energieformen darstellen. Man hüte sich also vor der Sprechweise, $\boldsymbol{\Omega}_1$ und $\boldsymbol{\Omega}_2$ seien verschiedene Werte der Variable $\boldsymbol{\Omega}$, und $\boldsymbol{L}_1$ und $\boldsymbol{L}_2$ verschiedene Werte der Variable $\boldsymbol{L}$. Diese Sprechweise vernebelt, daß $\boldsymbol{\Omega}_1$ und $\boldsymbol{\Omega}_2$ sowie $\boldsymbol{L}_1$ und $\boldsymbol{L}_2$ voneinander unabhängige *Variablen* sind. Die Rotationsenergie, wie jede andere Energieform auch, braucht in den Energieformen des Systems keineswegs unbedingt nur ein einziges Mal vorzukommen (abgesehen davon, daß wegen des Vektorcharakters von $\boldsymbol{\Omega}$ und $\boldsymbol{L}$ sowieso jedes $\boldsymbol{\Omega}_i\, d\boldsymbol{L}_i = \Omega_{xi}\, dL_{xi} + \Omega_{yi}\, dL_{yi} + \Omega_{zi}\, dL_{zi}$ eigentlich 3 Energieformen darstellt).

Nach (3.3) wäre es durchaus möglich, daß das Getriebe die Energie $\boldsymbol{\Omega}_1\, d\boldsymbol{L}_1$ aufnimmt und einen Energiebetrag $\boldsymbol{\Omega}_2\, d\boldsymbol{L}_2$ abgibt, der ungleich der aufgenommenen Energie ist.

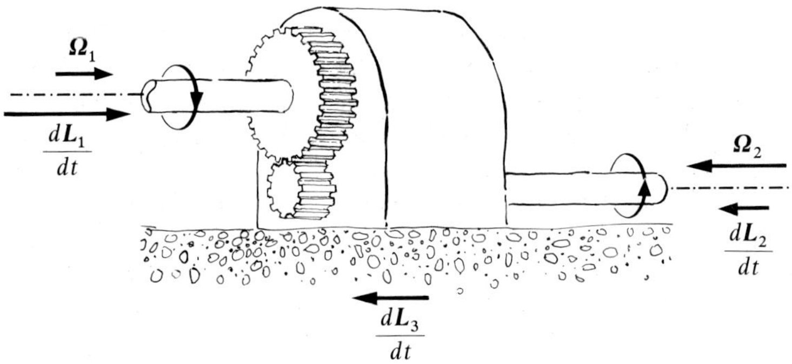

Abb. 3.5

Ein Getriebe nimmt einen Drehimpuls-Strom $d\boldsymbol{L}_1/dt$ bei der Winkelgeschwindigkeit $\boldsymbol{\Omega}_1$ auf und gibt einen Drehimpuls-Strom $d\boldsymbol{L}_2/dt$ bei der Winkelgeschwindigkeit $\boldsymbol{\Omega}_2$ ab. Das Getriebe ist ein Transformator für Rotationsenergie; denn es transformiert Rotationsenergie einer bestimmten Winkelgeschwindigkeit in Rotationsenergie einer anderen Winkelgeschwindigkeit. Die Energieerhaltung erfordert, daß die Beträge der Drehimpuls-Ströme, also die der Drehmomente, sich umgekehrt verhalten wie die Beträge der Winkelgeschwindigkeit der beiden Wellen. Da aber auch für den Drehimpuls ein Erhaltungssatz gilt, muß das Getriebe Drehimpuls $\boldsymbol{L}_3$ mit einem dritten System austauschen, derart, daß $d\boldsymbol{L}_1/dt + d\boldsymbol{L}_2/dt + d\boldsymbol{L}_3/dt = 0$. Den Drehimpuls $d\boldsymbol{L}_3$ tauscht das Getriebe mit dem System aus, das es festhält. Ist dieses System die Erde, so ist $d\boldsymbol{L}_3/dt$ von einem vernachlässigbar kleinen Energiestrom begleitet, da für die Erde $\boldsymbol{\Omega}_3 = 0$ ist.

In diesem Falle wäre in (3.3) $dE \neq 0$. Das Getriebe würde von der aufgenommenen Energie einen Teil speichern oder etwas von seiner eigenen „inneren" Energie in Form von Rotationsenergie abgeben.

Technische Getriebe, wie in Abb. 3.5 skizziert, speichern keine Energie, sondern geben alles, was sie an Energie aufnehmen, wieder ab. Bei ihnen lautet (3.3) also

$$\boldsymbol{\Omega}_1\, d\boldsymbol{L}_1 + \boldsymbol{\Omega}_2\, d\boldsymbol{L}_2 = 0. \tag{3.4}$$

Da bei einem Getriebe gewöhnlich $\boldsymbol{\Omega}_1$ und $d\boldsymbol{L}_1$ bzw. $\boldsymbol{\Omega}_2$ und $d\boldsymbol{L}_2$ entweder gleiche oder entgegengesetzte Richtungen haben, besagt (3.4), wenn wir zu den Beträgen übergehen, daß

$$\frac{|d\boldsymbol{L}_1|}{|d\boldsymbol{L}_2|} = \frac{\dfrac{|d\boldsymbol{L}_1|}{dt}}{\dfrac{|d\boldsymbol{L}_2|}{dt}} = \frac{|\boldsymbol{\Omega}_2|}{|\boldsymbol{\Omega}_1|}. \tag{3.5}$$

Die vom Getriebe vermittelten Drehimpulse bzw. die Drehimpuls-Ströme verhalten sich ihrem Betrag nach umgekehrt proportional zu den Winkelgeschwindigkeiten oder Drehzahlen. Ist $|\boldsymbol{\Omega}_2| < |\boldsymbol{\Omega}_1|$, so ist $|d\boldsymbol{L}_2| > |d\boldsymbol{L}_1|$ und damit auch $|d\boldsymbol{L}_2/dt| > |d\boldsymbol{L}_1/dt|$. Der aus dem Getriebe kommende Drehimpulsstrom ist dann größer als der in das Getriebe hineinfließende. Während der vom Getriebe aufgenommene und abgegebene Rotationsenergie-Strom gleich sind, sind es der aufgenommene und abgegebene Drehimpuls-Strom *nicht*. Für die Rotationsenergie ist das Getriebe ein **Transformator,** da es ihren Betrag nicht ändert. Für den Drehimpuls dagegen ist das Getriebe eine Vorrichtung, die seinen Betrag ändert.

Nun genügt aber der Drehimpuls einem allgemeinen Erhaltungssatz. Wenn das Getriebe einen Drehimpulsstrom liefert, der größer oder kleiner ist als der hineinfließende, so muß nach dem Drehimpulssatz das Getriebe noch mit einem anderen Partner Drehimpuls austauschen. Es muß also noch ein $d\boldsymbol{L}_3$ geben. Allerdings darf mit $d\boldsymbol{L}_3$ keine Energie ausgetauscht werden, wenn die Gln. (3.3) und (3.4) richtig bleiben sollen. Es muß demgemäß die mit $d\boldsymbol{L}_3$ verknüpfte Rotationsenergie $\boldsymbol{\Omega}_3\, d\boldsymbol{L}_3=0$, d.h. $\boldsymbol{\Omega}_3=0$ sein (oder $\boldsymbol{\Omega}_3$ auf $d\boldsymbol{L}_3$ senkrecht stehen, was wir hier ausschließen wollen). Tatsächlich erfolgt der Austausch des Drehimpulses $d\boldsymbol{L}_3$ mit dem Gebilde, das das Getriebe festhält, z.B. mit dem Chassis eines Autos und über dieses mit der Erde. Ein so großer Körper wie die Erde kann sehr viel Drehimpuls aufnehmen, ohne dabei spürbar in Rotation zu geraten.

Würde man das Getriebe nicht festhalten, sondern sich frei drehen lassen, so wäre $d\boldsymbol{L}_3=0$. Die Summe von aufgenommener und abgegebener Energie wie auch von aufgenommenem und abgegebenem Drehimpuls wäre Null. Gl. (3.4) nimmt dann die Form an $(\boldsymbol{\Omega}_1-\boldsymbol{\Omega}_2)\, d\boldsymbol{L}_1=0$, so daß entweder $d\boldsymbol{L}_1=0$ oder $\boldsymbol{\Omega}_1=\boldsymbol{\Omega}_2$. Im ersten Fall würde sich das Getriebegehäuse drehen, das Getriebe aber keine Rotationsenergie übertragen, im zweiten, der das blockierte Getriebe wiedergibt, wirkt das Getriebe wie eine einfache Welle.

Rotationsenergie und Drehimpuls eines 2-Körper-Systems

Wir wenden Gl. (3.2) an auf ein 2-Körper-System. Das ist ein Gebilde, wie es Abb. 3.6 zeigt. Zwei Körper mit den Massen M_1 und M_2 werden durch eine Verbindungsstange im Abstand (r_1+r_2) voneinander gehalten. r_1 und r_2 sind dabei jeweils die Abstände der Körper von ihrem gemeinsamen Schwerpunkt S. Werden die Körper angestoßen, gerät die ganze Anordnung in eine Bewegung, die aus einer gleichförmig geradlinigen Bewegung des Schwerpunkts S und der Rotation der Körper um S zusammengesetzt werden kann (MRG, §23). Beschreibt man die Bewegung in einem Bezugssystem, in dem der Schwerpunkt ruht, so bleibt nur die Rotation um S übrig. Die folgenden Betrachtungen sind in einem solchen *Schwerpunktssystem* vorgenommen.

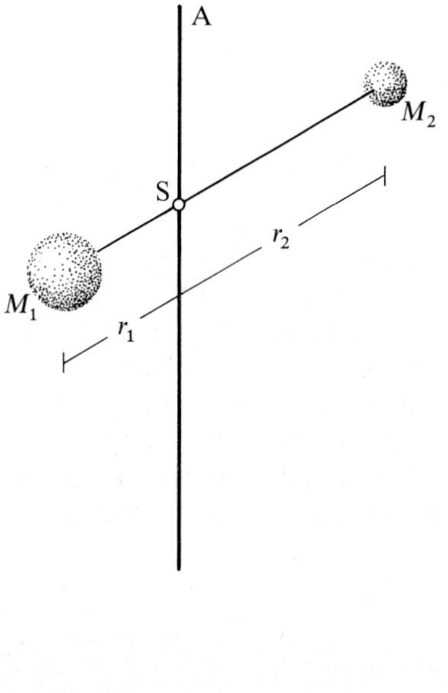

Abb. 3.6
2-Körper-System, bestehend aus 2 Körpern der Massen M_1 und M_2, die durch eine Stange vernachlässigbarer Masse im Abstand r_1 bzw. r_2 vom Schwerpunkt S des Systems gehalten werden. Die zur Stange zwischen den beiden Körpern senkrechte Achse A ist die Drehachse des Systems.

Im rotationsfreien Zustand hat der Drehimpuls $\boldsymbol{L}$ der Anordnung den Wert $\boldsymbol{L}=0$. Die Energie der Anordnung hat dann einen bestimmten Wert E_0. Der Index 0 soll andeuten, daß die Energie bei $\boldsymbol{L}=0$ gemeint ist. Wir kennen den Wert E_0 der Energie E zwar nicht, aber das ist für unsere Betrachtungen auch nicht nötig.

Wird das 2-Körper-System angestoßen und in Rotation versetzt (am einfachsten so, daß der Schwerpunkt S dabei liegen bleibt, damit das Bezugssystem nicht gewechselt werden muß), so bedeutet das, daß ihm Drehimpuls zugeführt worden ist. Anstoßen zu einer Rotationsbewegung oder Abbremsen der Rotation ist also Drehimpulszufuhr oder -entzug. Denken wir uns den Drehimpuls in beliebig kleinen Portionen $d\boldsymbol{L}$ zugeführt, so läßt sich aus Gl. (3.2) der mit dem Drehimpuls zugeführte Energiebetrag berechnen. Damit wir nicht mit Vektoren rechnen müssen, wollen wir annehmen, daß die Rotationsbewegung der Körper in einer Ebene stattfindet. Wir dürfen uns dann vorstellen, daß die Körper um eine durch den Schwerpunkt S gehende Achse A rotieren, so daß der Drehimpuls $\boldsymbol{L}$ und die Winkelgeschwindigkeit $\boldsymbol{\Omega}$ nur eine Komponente in der Richtung von A haben. Wir bezeichnen diese Komponenten mit L und Ω. Wird nun der Drehimpuls des Systems stetig vom Wert Null bis auf den Wert L gesteigert, so ist die dem 2-Körper-System dabei zugeführte Rotationsenergie nach (3.2) gegeben durch

(3.6) $$\left.\begin{array}{l}\text{Mit Steigerung des Drehimpulses vom Wert 0}\\ \text{bis zum Wert } L \text{ zugeführte Rotationsenergie}\end{array}\right\}=\int_0^L \Omega\, dL'.$$

Die Integrationsvariable haben wir mit einem Apostroph versehen, um sie von den Grenzen des Integrals zu unterscheiden. Wird dem 2-Körper-System außer der Rotationsenergie (3.6) keine Energie in anderen Formen zugeführt, so gibt (3.6) gerade den Betrag an, um den sich die Energie des Systems über ihren Wert E_0, den sie beim Drehimpuls $L=0$ hat, erhöht. Es ist dann

(3.7) $$E-E_0=\int_0^L \Omega\, dL'.$$

Um das rechtsseitige Integral auszurechnen, muß Ω als Funktion von L, also die Winkelgeschwindigkeit des 2-Körper-Systems, als Funktion seines Drehimpulses bekannt sein. Was wissen wir über die Funktion $\Omega=\Omega(L)$? Eigentlich nichts, schon deshalb nicht, weil wir bisher noch nicht einmal wissen, wie der Drehimpuls L eines Systems überhaupt gemessen wird (MRG, §25). Dennoch lassen sich auch ohne diese Kenntnis zwei allgemeine Feststellungen über die Funktion $\Omega=\Omega(L)$ machen, die uns hier weiterhelfen:

a) Ω ist (wenn die anderen Größen des Systems, wie r_1 und r_2, konstant gehalten werden) eine monoton wachsende Funktion von L. Nimmt L zu (ab), nimmt auch Ω zu (ab).

b) Wird L durch $-L$ ersetzt, geht auch Ω in $-\Omega$ über. Daraus folgt insbesondere, daß $L=0$ auch $\Omega=0$ zur Folge hat.

Die beiden Feststellungen sind anschaulich leicht verständlich. Die erste sagt, daß je mehr Drehimpuls ein System hat, es um so schneller rotiert (wenn das System nicht gleichzeitig innerlich verändert, hier also z.B. der Abstand der beiden Körper verändert wird). Die zweite drückt aus, daß die Umkehrung des Drehimpulsvektors auch die Umkehrung der Rotation zur Folge hat.

Ist $\Omega(L)$ eine stetige und beliebig oft differenzierbare Funktion, so ist sie in eine Taylor-Reihe entwickelbar, die wegen der zweiten Feststellung oben nur ungerade Potenzen von L enthält:

(3.8) $$\Omega(L)=\eta_1 L+\eta_3 L^3+\eta_5 L^5+\cdots.$$

Für hinreichend kleine Werte von L überwiegt der lineare Term in (3.8), so daß für kleine Werte des Drehimpulses der Zusammenhang zwischen Ω und L linear ist:

$$\Omega(L)=\eta L. \tag{3.9}$$

Hinreichend kleine Werte von L hat man, wenn die Geschwindigkeiten aller Teile des rotierenden Körpers klein sind gegenüber der Lichtgeschwindigkeit.

Setzt man (3.9) in (3.7) ein, so liefert die Integration

$$E=\frac{\eta}{2}L^2+E_0. \tag{3.10}$$

Um den Wert von η für das 2-Körper-System zu erhalten, schreiben wir die Energie der beiden Körper bei ihrer Bewegung um den Schwerpunkt als

$$E=\frac{M_1}{2}v_1^2+\frac{M_2}{2}v_2^2+E_0. \tag{3.11}$$

Der Vergleich von (3.11) mit (3.10) liefert

$$\frac{\eta}{2}L^2=\frac{M_1}{2}v_1^2+\frac{M_2}{2}v_2^2.$$

Da bei der Rotation sich beide Körper mit derselben Winkelgeschwindigkeit Ω bewegen, ist $v_1=r_1\,\Omega$ und $v_2=r_2\,\Omega$. Somit ist

$$\eta L^2=\Omega^2(M_1 r_1^2+M_2 r_2^2).$$

Setzt man hierin noch Ω aus Gl. (3.9) ein, so resultiert

$$\eta=\frac{1}{M_1 r_1^2+M_2 r_2^2}. \tag{3.12}$$

Der Zusammenhang zwischen der Energie E eines 2-Körper-Systems und seinem Drehimpuls L sowie den Massen M_1, M_2 und den Abständen r_1, r_2 der beiden Körper vom Schwerpunkt hat also die Form

$$E=\frac{L^2}{2(M_1 r_1^2+M_2 r_2^2)}+E_0. \tag{3.13}$$

Man schreibt dafür auch

$$E=\frac{L^2}{2\Theta}+E_0. \tag{3.14}$$

Die Größe

$$\Theta=M_1 r_1^2+M_2 r_2^2 \tag{3.15}$$

heißt das *Trägheitsmoment des 2-Körper-Systems in bezug auf eine Achse, die durch den Schwerpunkt* S *läuft und senkrecht steht auf der Verbindungslinie der beiden Körper.*

Änderungen des Trägheitsmoments. Verschiebungsenergie

Die Gl. (3.14) zeigt, daß die Energie des 2-Körper-Systems additiv in zwei *Anteile* zerfällt, nämlich in $L^2/2\Theta$ und E_0. Der erste dieser beiden Anteile ist nur von Null verschieden, wenn $L \neq 0$ ist, das Gebilde also Drehimpuls besitzt und gemäß (3.9) rotiert. Der zweite Anteil ist dagegen unabhängig von L. Es mag daher naheliegend erscheinen, den ersten Anteil, also $L^2/2\Theta$, die „Rotationsenergie" des 2-Körper-Systems zu nennen, zumal er ja auch noch, wie (3.7) zeigt, durch Integration aus dem Ausdruck $\Omega\, dL$ hervorgeht, den wir die Rotationsenergie genannt haben. Nichts wäre indessen verwirrender als diese Terminologie. In (3.14) und ebenso schon in (3.13) oder (3.10) ist die Energie E (und nicht eine Energie*änderung* dE!) in additive Anteile zerlegt worden. Diese Zerlegung der Energie E eines Systems in *additive Anteile* verwechsle man auf keinen Fall mit der Zerlegung der *Änderung* dE der Energie E eines Systems in Energie*formen!* Die Zerlegung der Energie E eines Systems in additive Anteile ist bei *manchen* physikalischen Systemen möglich, aber keineswegs bei allen. Ein Beispiel haben wir in dem 2-Körper-System kennengelernt. Ein anderes Beispiel stellt der harmonische Oszillator dar, bei dem

$$\text{Energie } E = \text{kinetische Energie } E_{kin} + \text{potentielle Energie } E_{pot} + \text{innere Energie } E_0 .$$

Die Zerlegung der Energie eines Systems in additive Anteile ist, wenn sie möglich ist, sehr zweckmäßig. Sie ist aber keineswegs fundamental im Sinne der Thermodynamik. Sie ist vielmehr auf spezielle Systeme beschränkt. Die Einteilung der Energie*änderungen* in Formen ist dagegen *immer* möglich. Zwischen Energie*formen* und Energie*anteilen* muß man daher sorgfältig unterscheiden. Die Verwechslung gerade dieser beiden Begriffe erschwert das Verständnis der Thermodynamik sehr.

Das Problem von Energieformen und Energieanteilen werden wir allgemein in § 10 diskutieren. Zur Vorbereitung darauf behandeln wir hier ausführlich die Energieformen des 2-Körper-Systems, obwohl dieses System auf den ersten Blick nicht viel mit Thermodynamik zu tun haben mag. Bisher mag es auch so scheinen, als ob wir den Energie*anteil* $L^2/2\Theta$ mit Recht „Rotationsenergie" nennen dürften, da wir ihn in (3.7) ja durch Integration über die Energie*form* Rotationsenergie, nämlich $\Omega\, dL$ erhalten haben. Nun läßt sich aber der Energieanteil $L^2/2\Theta$ auch durch *andere* Energieformen als die Rotationsenergie $\Omega\, dL$ ändern. An der bisher betrachteten Anordnung der Abb. 3.6, bei der r_1 und r_2 unveränderlich waren, ließ sich das nicht sehen, wohl aber an zwei Modifikationen dieser Anordnung, die in Abb. 3.7 und 3.9 dargestellt sind.

In der Anordnung der Abb. 3.7 können die Abstände r_1 und r_2 der Körper von der Drehachse dadurch verändert werden, daß jeder Körper an einer Schnur befestigt ist, die über eine Rolle in Richtung der Drehachse umgelenkt wird. In dieser Anordnung läßt sich der Energieanteil $L^2/2\Theta$ nicht nur durch die Energieform Rotationsenergie $\Omega\, dL$ verändern, sondern es läßt sich auch bei *konstantem* Drehimpuls L das Trägheitsmoment Θ und damit der Energieanteil $L^2/2\Theta$ verändern. Dem System der Abb. 3.7 läßt sich nämlich Energie dadurch entziehen oder zuführen, daß die Schnurenden um eine Strecke dr verschoben werden. Dabei bleibt, wie sich der Leser klarmache, der Drehimpuls L konstant, also ist $dL = 0$. Es verändern sich dagegen r_1 und r_2 um $dr_1 = dr_2 = dr$, wodurch Θ vergrößert ($dr > 0$) oder verkleinert ($dr < 0$) wird. Daß dabei Energie umgesetzt wird, läßt sich dadurch zeigen, daß an die Schnur gehängte Gewichte gehoben werden oder eine Feder gespannt wird.

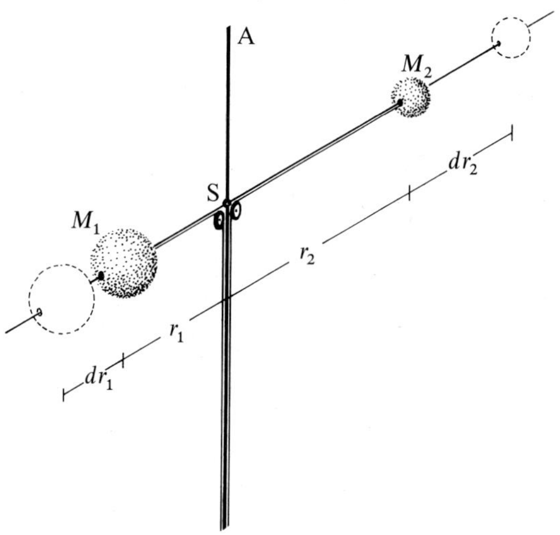

Abb. 3.7
Modifikation der Anordnung der Abb. 3.6, bei der die Abstände r_1 und r_2 der beiden Körper von ihrem Schwerpunkt durch Ziehen an zwei Schnüren verändert werden können, wodurch dem 2-Körper-System Verschiebungsenergie zugeführt oder entzogen wird.

Um das Experiment mathematisch zu fassen, müssen wir fragen, durch Änderung welcher Variablen dem System Energie zugeführt oder entnommen, d.h. seine Energie verändert wird. Im Fall der Anordnung der Abb. 3.6 war es die Variable L, die wir durch Anstoßen der Körper verändert haben, dann aber im Fall der Anordnung Abb. 3.7 außerdem noch die Variablen r_1 und r_2, die durch Ändern der Schnurlänge verändert werden. Die Änderung dE der Energie E des 2-Körper-Systems ist also verknüpft mit Änderungen der Variablen L, r_1 und r_2.

Mit welchen Variablen die Änderung der Energie verknüpft ist, hängt davon ab, welche *Prozesse* zur Änderung dE der Energie E des Systems zugelassen oder berücksichtigt werden. In der Abb. 3.7 sind das mehr Prozesse als in der Abb. 3.6, nämlich auch solche, bei denen r_1 und r_2 verändert werden. Im Prinzip könnte man auch noch M_1 und M_2 verändern, von denen E gemäß (3.13) ja auch noch abhängt. Daß wir hier M_1 und M_2 nicht als Variablen behandeln, liegt nur daran, daß in den Versuchsanordnungen der Abb. 3.6 bis 3.9 die Größen M_1 und M_2 nicht verändert werden.

Wenn E von den Varablen L, r_1 und r_2 abhängt, ist die Energieänderung dE gemäß den Regeln der Differentialrechnung mehrerer Variablen gegeben durch

$$dE = \frac{\partial E}{\partial L} dL + \frac{\partial E}{\partial r_1} dr_1 + \frac{\partial E}{\partial r_2} dr_2 . \tag{3.16}$$

Die rechte Seite dieser Gleichung ist auszurechnen mittels (3.14), wobei zu beachten ist, daß gemäß (3.14)

$$\frac{\partial E}{\partial r_1} = \frac{\partial (L^2/2\,\Theta)}{\partial \Theta} \frac{\partial \Theta}{\partial r_1} + \frac{\partial E_0}{\partial r_1} .$$

Es folgt dann für dE in (3.16)

$$dE = \frac{L}{\Theta} dL - \frac{L^2}{2\,\Theta^2} \left(\frac{\partial \Theta}{\partial r_1} dr_1 + \frac{\partial \Theta}{\partial r_2} dr_2 \right) + \frac{\partial E_0}{\partial r_1} dr_1 + \frac{\partial E_0}{\partial r_2} dr_2 .$$

Diese Gleichung schreiben wir in der Form

$$dE = \Omega\, dL - F_1\, dr_1 - F_2\, dr_2, \tag{3.17}$$

wobei Ω, F_1 und F_2 nach (3.9), (3.12) und (3.15) gegeben sind durch

$$\Omega = \frac{1}{\Theta} L, \tag{3.18}$$

$$F_1 = \Omega^2 M_1 r_1 - \frac{\partial E_0}{\partial r_1}, \qquad F_2 = \Omega^2 M_2 r_2 - \frac{\partial E_0}{\partial r_2}. \tag{3.19}$$

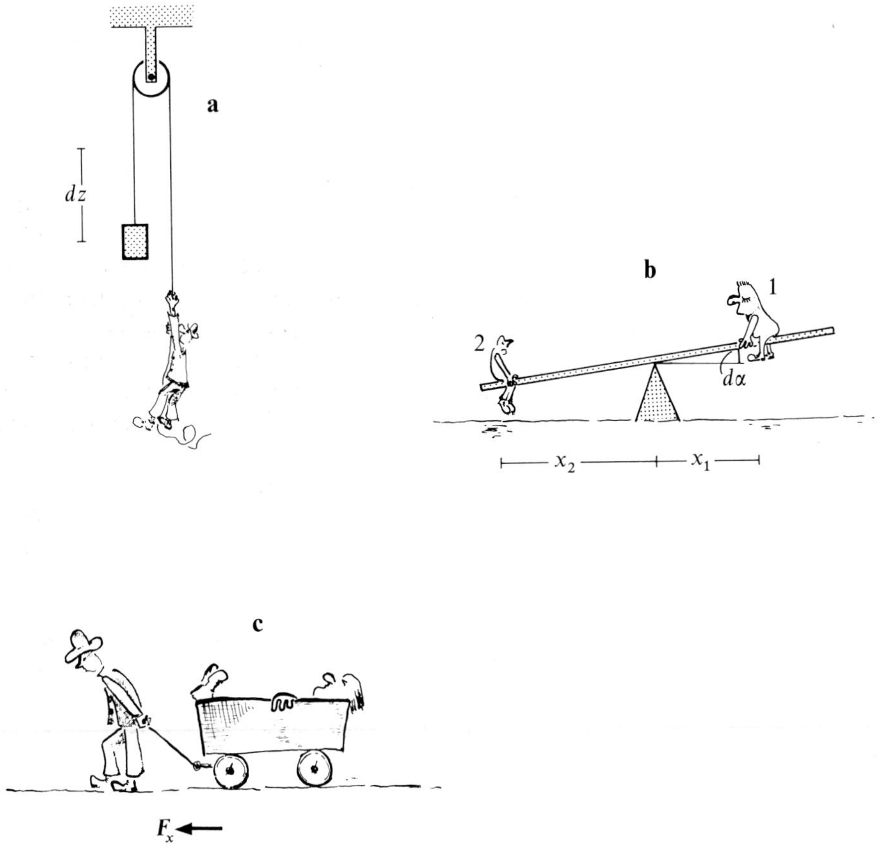

Abb. 3.8

Beispiele für das Auftreten von Verschiebungsenergie.
(a) Das Heben eines Körpers der Masse M um die Strecke dz im homogenen Gravitationsfeld der Erde mit der Erdbeschleunigung g erfordert die Verschiebungsenergie $Mg\,dz$.
(b) Wird die Wippe um den Winkel $d\alpha$ gedreht, so daß der Mann 1 der Masse M_1 steigt und der Mann 2 der Masse M_2 sinkt, ist dazu die Verschiebungsenergie $M_1 g x_1 d\alpha - M_2 g x_2 d\alpha = (M_1 x_1 - M_2 x_2) g\, d\alpha$ aufzubringen. Bei $M_1 x_1 = M_2 x_2$ wippen die Männer, ohne daß die Wippe Verschiebungsenergie austauscht. Die Wippe ist dann im Gleichgewicht.
(c) Das Ziehen eines Wagens kostet auch auf horizontaler Straße und bei konstantem Impuls Energie. Die Verschiebungsenergie vom Betrag $F_x dx$ wird infolge Reibung als Wärmeenergie an die Umgebung abgegeben.

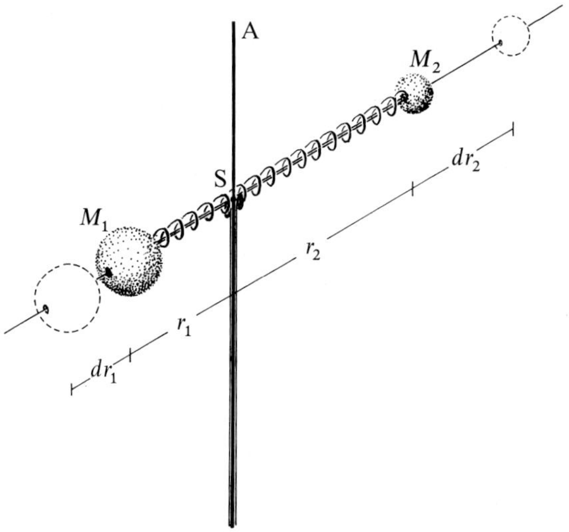

Abb. 3.9
Modifikation der Anordnung der Abb. 3.6, bei der die beiden Körper durch eine Feder der Federkonstante k verbunden sind. Das hat in der inneren Energie E_0 des Systems das Auftreten eines Terms

$$k(r_1 + r_2 - a)^2/2$$

zur Folge. a ist die Ruhlänge der Feder, also die Länge, bei der die Feder entspannt ist.

Die Energieänderung dE in (3.17) enthält einmal als Energieform die Rotationsenergie $\Omega\, dL$ und außerdem noch zwei Terme der Form $-F\,dr$, die allerdings für die Anordnung der Abb. 3.6 verschwinden. Der Energieanteil $L^2/2\Theta$ des rotierenden 2-Körper-Systems kann also nicht nur durch die Energieform $\Omega\, dL$ geändert werden, sondern auch noch durch eine andere Energieform, nämlich $-F\,dr$, die man **Verschiebungsenergie** nennt. Am meisten vertraut sind die Verschiebungen punktartiger Körper im Gravitationsfeld der Erde oder im elektromagnetischen Feld (MRG, §8). Die Lagekennzeichnung r braucht nicht notwendig der Ortsvektor eines punktartigen Körpers zu sein; r kann auch die Lage eines Kolbens oder eines Teils einer Maschine beschreiben.

Die Energieform Verschiebungsenergie ist von der Form „Kraft mal Änderung einer charakteristischen Koordinate des Systems". Die Ortskoordinatenänderung, nämlich die „Verschiebung", ist die Änderung einer extensiven Variable. Das 2-Körper-System ist nur ein Spezialfall der allgemeinen *Regel:*

> Ändert ein System eine Variable $\boldsymbol{r}$ von der Natur eines Ortsvektors, so nimmt es dabei die
>
> (3.20) $$\text{Verschiebungsenergie} = -\boldsymbol{F}\,d\boldsymbol{r} = -F_x\,dx - F_y\,dy - F_z\,dz$$
>
> auf; dabei ist $\boldsymbol{F}$ die am Ort $\boldsymbol{r}$ auftretende Kraft.

Daß in Gl. (3.17) die Größen F_1 und F_2 Kräfte bedeuten, sieht man an den ersten Termen auf der rechten Seite der Gl. (3.19). Hier stehen nämlich die Zentripetalkräfte, mit denen die Körper von der Halterung oder den Schnüren auf ihrer Kreisbewegung gehalten werden. Die Terme $\partial E_0/\partial r_1$ und $\partial E_0/\partial r_2$ in Gl. (3.16) und (3.19) verschwinden dagegen sowohl in der Anordnung der Abb. 3.6 als auch in der der Abb. 3.7. In beiden Fällen hängt E_0 von r_1 und r_2 gar nicht ab. Besteht nämlich zwischen den beiden Körpern keine Anziehung oder Abstoßung, so kostet ihre Abstandsänderung bei $L=0$, also im rotationslosen Zustand, keine Energie. Demgemäß fallen für diese Anordnung in (3.16) und (3.19) die Ableitungen von E_0 weg.

$\partial E_0/\partial r_1$ und $\partial E_0/\partial r_2$ werden nicht Null im Falle einer zweiten Modifikation der Anordnung der Abb. 3.6, die in Abb. 3.9 dargestellt ist. Hier sind die beiden Körper durch eine elastische Feder verbunden. Die innere Energie E_0 des Systems, nämlich seine Energie bei $L=0$, ist in diesem Fall

$$E_0 = \frac{k}{2}(r_1 + r_2 - a)^2 + E_{10} + E_{20}. \tag{3.21}$$

Das erste Glied stellt dabei die Energie einer elastischen Feder mit der Federkonstante k und der Ruhlänge a dar (MRG, §8). E_{10} und E_{20} sind die inneren Energien der beiden Körper, nämlich die Energien, die sie auch dann noch haben, wenn sie sich nicht bewegen, also die Geschwindigkeit Null haben. Mit (3.21) lautet (3.19)

$$F_1 = \Omega^2 M_1 r_1 - k(r_1 + r_2 - a), \qquad F_2 = \Omega^2 M_2 r_2 - k(r_1 + r_2 - a). \tag{3.22}$$

Betrachten wir den Spezialfall $M_1 = M_2 = M$ sowie $r_1 = r_2 = r$, so ist

$$F_1 = F_2 = \frac{L^2}{4 M r^3} - k(2r - a). \tag{3.23}$$

Hier haben wir Ω durch die unabhängigen Variablen L und r gemäß (3.18) und (3.15) ausgedrückt. Für jeden Wert des Drehimpulses L gibt es einen Abstand r, bei dem $F_1 = F_2 = 0$. Bei diesem Abstand ruhen die Körper relativ zueinander und relativ zur Drehachse. Es ist der Gleichgewichtsabstand der Anordnung bei Rotation (§12).

Die Rotation von Molekülen

Die Rotationsenergie, der an den Austausch von Drehimpuls gebundene Energieaustausch, spielt in der Energiebilanz von Molekülen eine wichtige Rolle. Da der Kern jedes Atoms in einem Molekül eine bestimmte Gleichgewichtslage hat, an die er wie mit einer Feder gebunden ist, lassen sich Moleküle für viele Zwecke durch Modelle darstellen, in denen punktartige Körper durch Federn so miteinander verbunden sind, daß im unverspannten Ruhezustand der Federn sich die Gleichgewichtskonfiguration des Moleküls einstellt (Abb. 3.10). Das Molekül kann dadurch angeregt werden, daß es entweder als ganzes in Rotation oder in Schwingungen der Atome gegeneinander versetzt wird. Hier interessieren uns nur die Rotationen.

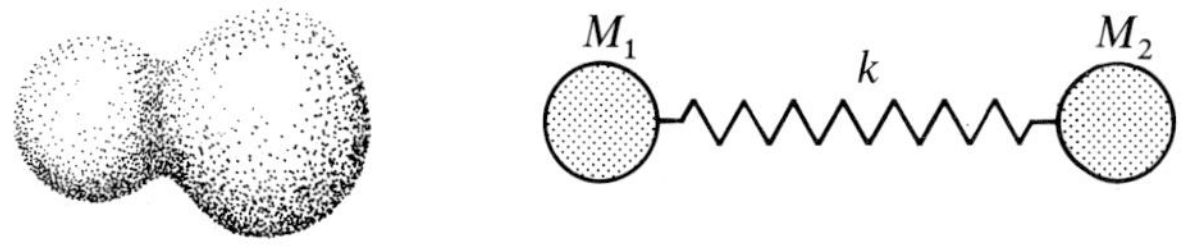

Abb. 3.10

Bei Bewegungen, die nur wenig aus der Gleichgewichtslage herausführen, verhalten Körper sich so, als seien sie mit elastischen Federn an die Gleichgewichtslage gebunden. Moleküle, wie das gezeigte zweiatomige Molekül, lassen sich deshalb als Modelle darstellen, bei denen Körper durch Federn verbunden sind. Das zweiatomige Molekül wird hinsichtlich dieser Anregungen beschrieben durch die 3 Parameter reduzierte Masse $= M_1 M_2/(M_1 + M_2)$, Federkonstante k und Trägheitsmoment. Die Schwingungs- und Rotationsanregungen der Modellanordnung stellen die entsprechende Anregung des Moleküls dar.

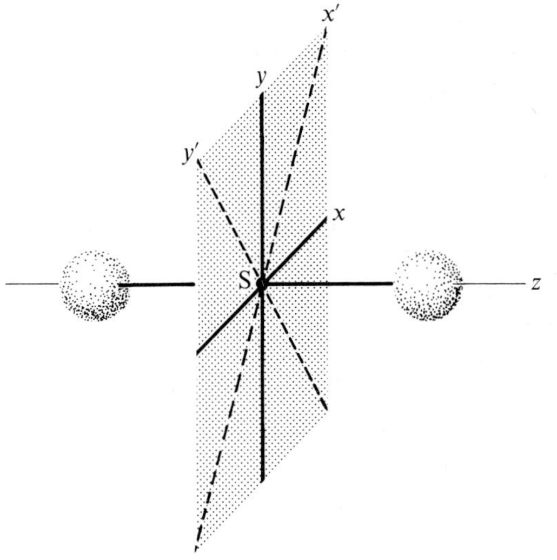

Abb. 3.11
Hauptträgheitsachsen eines 2-Körper-Systems. Eine Hauptträgheitsachse ist die Verbindungslinie der beiden Körper (z-Achse). Jedes Paar aufeinander senkrechter Geraden, die durch den Schwerpunkt S gehen und in der Ebene senkrecht zur z-Achse liegen, bildet zwei weitere Hauptträgheitsachsen. Entweder x und y oder x' und y' sind Beispiele derartiger weiterer Hauptträgheitsachsen.

Unsere bisherigen Formeln reichen zur Beschreibung dieser Rotationen nicht ganz aus, da wir bisher die vereinfachende Annahme einer festen Rotationsachse gemacht haben. Das hatte zur Folge, daß nur ein einziges Trägheitsmoment Θ auftrat, nämlich das Trägheitsmoment in bezug auf die feste Drehachse A, und daß außerdem die Energie, wie (3.14) zeigt, nur vom Betragsquadrat L^2 des Vektors $\boldsymbol{L}$ abhing. Im allgemeinen besitzt ein Molekül so wie jeder beliebig geformte Körper jedoch drei *Hauptträgheitsmomente* Θ_{xx}, Θ_{yy}, Θ_{zz}. Die Hauptträgheitsmomente beziehen sich auf die drei *Hauptträgheitsachsen*, bezüglich derer auch die Komponenten L_x, L_y und L_z des Drehimpulses $\boldsymbol{L}$ zu nehmen sind (MRG, §26). Die Formel (3.14) ist zu ersetzen durch

(3.24)
$$E=\frac{1}{2}\left[\frac{L_x^2}{\Theta_{xx}}+\frac{L_y^2}{\Theta_{yy}}+\frac{L_z^2}{\Theta_{zz}}\right]+E_{\text{pot}}+E_0 .$$

E_{pot} ist der Energieanteil „potentielle Energie" des Systems. Die potentielle Energie der durch Federn verbundenen Körper ist die Summe der Energien aller die Körper verbindenden Federn. E_0 ist die Energie des Systems in Zuständen, in denen $L_x=L_y=L_z=0$ und $E_{\text{pot}}=0$ ist.

Die Hauptträgheitsmomente sind bei einer Anordnung punktartiger Körper mit den Massen M_i und den Lagekoordinaten x_i, y_i, z_i gegeben durch (MRG, §26)

(3.25)
$$\begin{aligned}\Theta_{xx}&=\textstyle\sum_i M_i(y_i^2+z_i^2),\\ \Theta_{yy}&=\textstyle\sum_i M_i(x_i^2+z_i^2),\\ \Theta_{zz}&=\textstyle\sum_i M_i(x_i^2+y_i^2).\end{aligned}$$

Bei einem 2-Körper-System mit punktartigen Körpern sind die Hauptträgheitsachsen die Verbindungslinie der beiden Körper sowie zwei beliebige aufeinander und auf der Verbindungslinie senkrecht stehende, durch den Schwerpunkt S gehende Geraden (Abb. 3.11). Bezeichnet man z_1 mit r_1 und z_2 mit r_2, so ist nach (3.25) wegen $x_i=y_i=0$

(3.26)
$$\Theta_{xx}=\Theta_{yy}=M_1 r_1^2+M_2 r_2^2, \qquad \Theta_{zz}=0 .$$

Die erste dieser Gleichungen ist, wie zu erwarten, identisch mit (3.15). Setzt man nun (3.26) in (3.24) ein, so würde der Anteil $L_z^2/2\Theta_{zz}$ der Energie über alle Grenzen wachsen, wenn nicht $L_z=0$. In Wirklichkeit ist Θ_{zz} zwar nicht Null, da die Atome nicht punktförmig sind, aber Θ_{zz} ist doch sehr klein gegen $\Theta_{xx}=\Theta_{yy}$, und daher ist $L_z^2/2\Theta_{zz}$ immer sehr groß gegen die beiden anderen Anteile $L_x^2/2\Theta_{xx}$ und $L_y^2/2\Theta_{yy}$ der Energie, wenn nicht L_z sehr klein ist gegen L_x und L_y.

Bei der Anwendung auf reale Moleküle steht man somit vor folgender Alternative: Entweder sind die beiden Anteile der Energie, in denen L_x und L_y vorkommen, vernachlässigbar gegen den mit L_z, oder L_z ist immer sehr klein gegen L_x und L_y. Im zweiten Fall rotiert das 2-Körper-System um eine zur Verbindungslinie der beiden Körper senkrechte Achse. Diese Alternative ist mathematisch nicht entscheidbar, sondern nur auf Grund der physikalischen Erfahrung. Danach ist die zweite Möglichkeit richtig, also L_z ist immer sehr klein gegen L_x und L_y. Es ist sogar $L_z=0$, so daß bei 2-atomigen Molekülen der Term $L_z^2/2\Theta_{zz}$ in (3.24) weggestrichen werden darf und (3.24) sich exakt auf (3.14) reduziert mit $L^2=L_x^2+L_y^2$, da ja $L_z=0$.

Für das Verschwinden von L_z und damit des Energieanteils $L_z^2/2\Theta_{zz}$ sind zwei Gründe maßgebend. Einmal befolgt die Energie, wenn sie bei konstantem Betrag des Drehimpulses frei ausgetauscht werden kann, ein Minimalprinzip (Kap. VI). Das besagt, daß ein Gebilde, das einen konstanten Drehimpulsbetrag, also konstantes L^2 hat, aber Energie abgeben und aufnehmen kann, durch Änderung der Komponenten L_x, L_y, L_z in Zustände möglichst kleiner Energie E überzugehen sucht. Der zweite Grund ist, daß nach Aussage der Quantenmechanik Drehimpuls nicht stetig, sondern nur in Quanten, nämlich in ganzzahligen Vielfachen der Planckschen Konstante $\hbar$, die die Dimension eines Drehimpulses pro Teilchen hat, ausgetauscht werden kann. Wenn L_z nun sehr klein werden soll, wirkt sich diese Aussage der Quantenmechanik sehr einschneidend aus. Da L_z nämlich nur die Werte 0, $\pm\hbar$, $\pm 2\hbar, \ldots$ annehmen kann, muß $L_z=0$ sein, wenn $\hbar^2/2\Theta_{zz} \gg \hbar^2/2\Theta_{xx}$, also wenn $\Theta_{zz} \ll \Theta_{xx}=\Theta_{yy}$.

Nach der Quantenmechanik kann jede Komponente des Drehimpulses, gleichgültig um welches physikalische System es sich handelt, immer nur um ganzzahlige Vielfache von $\hbar$ zunehmen oder abnehmen. Das bedeutet natürlich, daß unsere Annahme, der Austausch von Drehimpuls könne stetig vor sich gehen und demgemäß mit der Infinitesimalrechnung behandelt werden, nicht streng zutrifft. Die wichtige Beziehung (3.2) für den Austausch von Rotationsenergie oder ihre Verallgemeinerung (3.17) bei Einbeziehung der Verschiebungsenergie darf also nur dort bedenkenlos angewendet werden, wo es sich um Drehimpulsumsätze handelt, die groß sind gegen $\hbar$. Wir können auch sagen, daß zur Anwendung dieser Gleichungen jede infinitesimale Drehimpulsänderung dL_x, dL_y, dL_z groß sein muß gegen $\hbar$. Diese Bedingung ist bei makroskopischen Vorgängen zwar erfüllt, bei Atomen und Elementarteilchen kann sie hingegen spürbar verletzt werden.

Darüber hinaus, daß die Komponenten des Drehimpulses sich immer nur um Vielfache von $\hbar$ ändern können, macht die Quantenmechanik noch die weitere Aussage, daß auch der Betrag oder, was auf dasselbe hinausläuft, das Quadrat des Drehimpulses sich nur sprunghaft ändern kann, und zwar so, daß L^2 nur die Werte annehmen kann

$$L^2=\hbar^2 l(l+1) \quad \text{mit} \quad l=0, 1, 2, \ldots \tag{3.27}$$

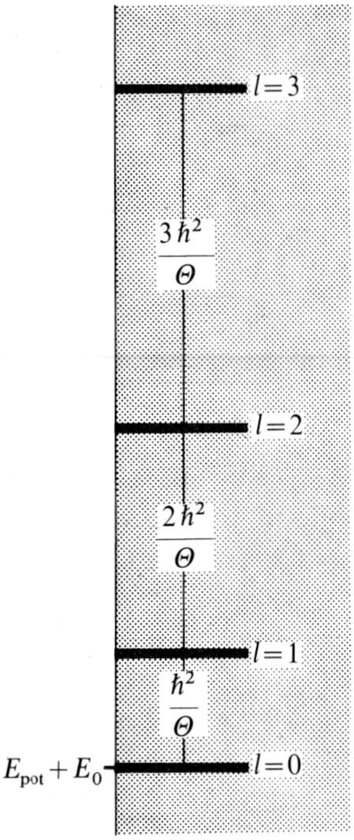

Abb. 3.12

Energieniveaus der Rotationsanregung eines Systems bei festem Trägheitsmoment Θ nach Aussage der Quantenmechanik. Zwei aufeinanderfolgende Energieniveaus mit den Drehimpulsquantenzahlen $(l+1)$ und l haben die Energiedifferenz

$$\frac{\hbar^2}{2\Theta}(l+1)(l+2)-\frac{\hbar^2}{2\Theta}l(l+1)=\frac{\hbar^2}{\Theta}(l+1).$$

Die positive ganze Zahl l heißt die *Drehimpulsquantenzahl.* Wegen der Quantisierung von L^2 hat die Energie eines 2-atomigen Moleküls nur die Werte

$$E = \frac{\hbar^2 l(l+1)}{2\Theta} + E_{\text{pot}} + E_0, \quad l = 0, 1, 2, \ldots. \tag{3.28}$$

Der Wert von E_{pot} ist dadurch bestimmt, wie stark die Atome des Moleküls gegeneinander schwingen. In E_0 stecken alle übrigen Energiebeträge, die ein Molekül außer als Rotationsenergie und Schwingungsenergie noch aufnehmen kann. Das sind vor allem die Anregungen der Elektronenhülle („Elektronensprünge") des Moleküls. Die Energiestufen der Rotation bei festgehaltenem Wert von $E_{\text{pot}} + E_0$ sind in Abb. 3.12 aufgetragen. Dabei ist Θ als konstant angenommen. Das ist, wie schon die Anschauung nahelegt, nicht ganz zutreffend. Beschreibt man das 2-atomige Molekül nämlich als ein 2-Körper-System mit einer elastischen Feder als Bindung, so ist es plausibel, daß mit schneller werdender Rotation, also mit wachsendem Drehimpuls, der Abstand der beiden Atome und damit das Trägheitsmoment Θ zunimmt. Im allgemeinen ist das aber ein Effekt, der nur als Korrektur der Energiestufen in Abb. 3.12 wirkt. Ferner sei noch angemerkt, daß (3.28) und damit auch die Energiestufen der Abb. 3.12 auch für mehratomige Moleküle zutreffen, deren Hauptträgheitsmomente nicht sehr verschieden voneinander sind ($\Theta_{xx} \simeq \Theta_{yy} \simeq \Theta_{zz}$). Das ist bei Molekülen der Fall, die ungefähr Kugelgestalt haben.

§4 Die Energieformen Bewegungsenergie, Kompressionsenergie, Oberflächenenergie, elektrische Energie

Bewegungsenergie

Wie die Energieform Rotationsenergie dadurch definiert ist, daß die ausgetauschte Energiemenge an die ausgetauschte Drehimpulsmenge $d\boldsymbol{L}$ gebunden ist, ist die Energieform *Bewegungsenergie* an den Austausch einer Impulsmenge $d\boldsymbol{P}$ gebunden. Analog zur Gl. (3.2), wonach jede Drehimpulsänderung $d\boldsymbol{L}$ eines Systems mit der Energieänderung $\boldsymbol{\Omega}\, d\boldsymbol{L}$ verknüpft ist, wobei $\boldsymbol{\Omega}$ die Winkelgeschwindigkeit ist, gilt die *Regel:*

> Ändert ein physikalisches System seinen Impuls $\boldsymbol{P}$ um $d\boldsymbol{P} = \{dP_x, dP_y, dP_z\}$, so nimmt es dabei den Energiebetrag
>
> $$\boldsymbol{v}\, d\boldsymbol{P} = v_x\, dP_x + v_y\, dP_y + v_z\, dP_z = \text{Bewegungsenergie} \tag{4.1}$$
>
> auf; $\boldsymbol{v}$ ist die Geschwindigkeit des Systems.

Diese Regel ist in MRG, §6 und §16 ausführlich dargestellt, weswegen wir hier auf ihre Begründung verzichten. Stattdessen sei der Unterschied zwischen **Energieform** und **Energieanteil** auch am Beispiel Bewegungsenergie und kinetische Energie erörtert.

Der Energieanteil $L^2/2\Theta$ ergab sich nach (3.7) aus der Integration der Energieform $\boldsymbol{\Omega}\, d\boldsymbol{L}$, wenn dem System Energie ausschließlich in der Energieform $\boldsymbol{\Omega}\, d\boldsymbol{L}$ zugeführt und entzogen wurde, $\boldsymbol{\Omega}$ also nur von der Variable $\boldsymbol{L}$ abhing, während die anderen Variablen, wie $\boldsymbol{r}_1$ oder $\boldsymbol{r}_2$, konstant gehalten wurden. Wurden auch $\boldsymbol{r}_1$ oder $\boldsymbol{r}_2$ verändert, trat neben der Rotationsenergie auch noch Verschiebungsenergie auf. Genau wie im rotatorischen Fall erhält man auch wieder den Energie*anteil* E_{kin} aus der Integration über die Energie*form* Bewegungsenergie, wenn $\boldsymbol{v}$ allein von der Variable $\boldsymbol{P}$ abhängt und nicht noch von anderen Variablen. Das ist in der Newtonschen Mechanik der Fall, in der $\boldsymbol{P}=M\boldsymbol{v}$ oder $\boldsymbol{v}=\boldsymbol{P}/M$ ist; denn die Masse M ist dort eine Konstante.

Steigert man den Impuls eines Systems von $\boldsymbol{P}=0$ bis zum Wert $\boldsymbol{P}$, so wird dem System an Bewegungsenergie insgesamt der Betrag zugeführt

$$(4.2)\qquad \int_0^{\boldsymbol{P}} \boldsymbol{v}\,d\boldsymbol{P}=\frac{1}{M}\int_0^{\boldsymbol{P}} \boldsymbol{P}\,d\boldsymbol{P}=\frac{1}{M}\left[\int_0^{P_x} P_x\,dP_x+\int_0^{P_y} P_y\,dP_y+\int_0^{P_z} P_z\,dP_z\right]$$

$$=\frac{1}{M}\left[\int_0^{P_x} d\left(\frac{P_x^2}{2}\right)+\int_0^{P_y} d\left(\frac{P_y^2}{2}\right)+\int_0^{P_z} d\left(\frac{P_z^2}{2}\right)\right]=\int_0^{\boldsymbol{P}} d\left(\frac{P^2}{2M}\right)=\frac{P^2}{2M}.$$

Diese Gleichung zeigt, daß unter der Voraussetzung der Newtonschen Mechanik die Bewegungsenergie $\boldsymbol{v}\,d\boldsymbol{P}$ in der Form eines totalen Differentials geschrieben werden kann, nämlich

$$(4.3)\qquad \boldsymbol{v}\,d\boldsymbol{P}=d\left(\frac{P^2}{2M}\right).$$

Die Funktion $P^2/2M=E_{\text{kin}}(P)$ ist die kinetische Energie des Körpers. Wird der Energieaustausch des Körpers allein auf den Austausch von Bewegungsenergie beschränkt, läßt sich seine Energie E also nur durch Zufuhr oder Entzug von Bewegungsenergie ändern, so gilt

$$(4.4)\qquad dE=\boldsymbol{v}\,d\boldsymbol{P},$$

nach (4.3) also

$$dE=d\left(\frac{P^2}{2M}\right).$$

Wird diese Gleichung von $\boldsymbol{P}=0$ bis zum Wert $\boldsymbol{P}$ des Impulses integriert, so folgt

$$\int_{E_0=E(\boldsymbol{P}=0)}^{E(\boldsymbol{P})} dE=\int_0^{\boldsymbol{P}} d\left(\frac{P^2}{2M}\right)=\frac{P^2}{2M}$$

oder, da die linke Seite gleich $E(\boldsymbol{P})-E_0$ ist,

$$(4.5)\qquad E(\boldsymbol{P})=\frac{P^2}{2M}+E_0=E_{\text{kin}}(P)+E_0.$$

Analog zu (3.14) ist die Energie E des Körpers hier wieder in zwei Anteile zerlegt, in die kinetische Energie E_{kin} und die innere Energie E_0. E_0 ist wieder die Energie, die das System enthält im Zustand der Ruhe, also bei $\boldsymbol{P}=0$.

Bei der Diskussion der Rotationsenergie hatten wir gesehen, daß der Energieanteil $L^2/2\Theta$ sich außer durch die Energieform Rotationsenergie auch dadurch ändern ließ, daß man Θ verändert. Einer Änderung von Θ im rotatorischen Fall entspräche hier eine Änderung von M. Ändert sich M bei der Energiezufuhr, läßt sich der Energieanteil E_{kin} nicht mehr nur durch Zufuhr oder Entzug von Bewegungsenergie $\boldsymbol{v}\,d\boldsymbol{P}$ ändern, sondern auch auf andere Weise.

Eine experimentelle Anordnung, die M verändert (Abb. 4.1), ist nun ungleich ungewohnter und erscheint weniger sinnfällig als jene der Abb. 3.7 und 3.9, die Θ ver-

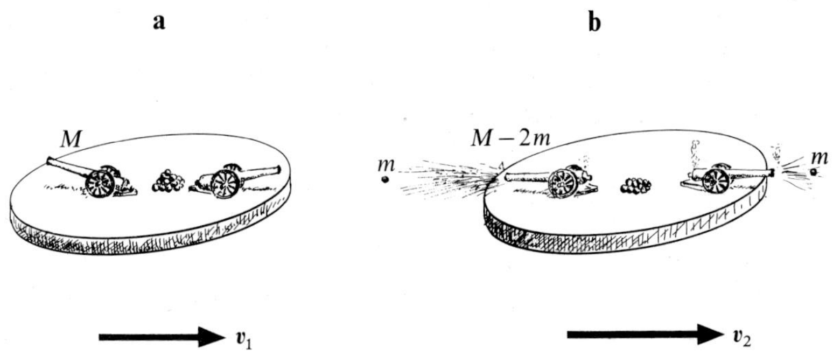

Abb. 4.1

Beispiel einer Änderung der kinetischen Energie eines Körpers ohne Austausch von Bewegungsenergie, also ohne Aufnahme oder Abgabe von Impuls.

In Teilbild a fliegt ein Körper der Masse M mit der Geschwindigkeit $\boldsymbol{v}_1$. Von dem Körper werden 2 Geschosse, jedes der Masse m, abgefeuert, und zwar ein Geschoß in Flugrichtung des Körpers, eines entgegengesetzt zur Flugrichtung. Beide Geschosse mögen den gleichen Geschwindigkeitsbetrag $|\boldsymbol{v}_m|$ haben, wobei die Geschwindigkeit $\boldsymbol{v}_m$ bzw. $-\boldsymbol{v}_m$ der Geschosse in demselben Bezugssystem gemessen sei wie die Geschwindigkeit $\boldsymbol{v}_1$ des Körpers (Teilbild b). Der Impuls des Körpers ändert sich bei dem Abschuß nicht, da ja die beiden Geschosse in dem genannten Bezugssystem nach dem Abschuß zusammen den Impuls Null haben. Wohl aber vermindert sich die Masse des Körpers um $2\,m$. Die kinetische Energie des Körpers ist nach dem Abschuß größer als vor dem Abschuß, ohne daß der Körper Bewegungsenergie aufgenommen hätte, da ja sein Impuls konstant geblieben ist. Der Körper fliegt nach dem Abschuß der Geschosse mit der Geschwindigkeit $\boldsymbol{v}_2 = [M/(M-2\,m)]\,\boldsymbol{v}_1$ weiter.

Die kinetische Energie des Systems „Körper" $P^2/2(M-2\,m)$ hat beim Abschuß zugenommen, da sein Impuls $\boldsymbol{P}$ konstant geblieben ist. Der Zuwachs an kinetischer Energie kann daher nicht von der Aufnahme von Bewegungsenergie herrühren, sondern stammt aus der Aufnahme von chemischer Energie, die das Schießpulver bei seiner Verbrennung abgibt.

ändern. Daher haben wir den Unterschied von Energieanteil und Energieform zuerst am Beispiel der Rotationsenergie ausführlich dargestellt, obwohl auch der Energieanteil kinetische Energie E_{kin} anders als durch den Austausch von Bewegungsenergie $\boldsymbol{v}\,d\boldsymbol{P}$ verändert werden kann, nämlich indem man bei konstantem Impuls $\boldsymbol{P}$ die Masse M des Systems verändert (Abb. 4.1). Wie man das experimentell im einzelnen macht, ist eine Frage, die mit dem Problem des begrifflichen Verständnisses, um das es hier geht, nichts zu tun hat.

Der Leser mag sich gefragt haben, warum die Energieform Bewegungsenergie $\boldsymbol{v}\,d\boldsymbol{P}$ lautet und nicht $\boldsymbol{P}\,d\boldsymbol{v}$. Führt man nämlich die Rechenschritte der Gl. (4.2) mit $\boldsymbol{P}\,d\boldsymbol{v}$ aus, anstatt mit $\boldsymbol{v}\,d\boldsymbol{P}$, kommt man zum gleichen Ergebnis. Das ist jedoch ein Zufall der Newtonschen Mechanik. Wie in MRG, §16 gezeigt ist, ergeben $\boldsymbol{v}\,d\boldsymbol{P}$ und $\boldsymbol{P}\,d\boldsymbol{v}$ schon nicht mehr das gleiche Resultat, wenn man die Voraussetzung der Newtonschen Mechanik $|\boldsymbol{v}| \ll$ Lichtgeschwindigkeit fallen läßt. Wie wir schon zu Anfang von §3 gesehen haben und noch in §6 ausführlich zeigen werden, erkennt man, daß $\boldsymbol{v}\,d\boldsymbol{P}$ und nicht $\boldsymbol{P}\,d\boldsymbol{v}$ der richtige Ausdruck für die Bewegungsenergie ist, auch daran, daß in dem mathematischen Ausdruck für eine Energieform hinter dem Differentialzeichen eine mengenartige, allgemein eine extensive Größe stehen muß. Nun ist aber der Impuls $\boldsymbol{P}$ die mengenartige Größe und nicht $\boldsymbol{v}$. Der Impuls eines aus zwei Körpern gleicher Masse und gleicher Geschwindigkeit zusammengesetzten Systems ist nämlich doppelt so groß wie der Impuls eines der beiden Körper, während die Geschwindigkeit des Gesamtsystems sich nicht verdoppelt, sondern dieselbe ist wie die der einzelnen Körper.

Kompressionsenergie

Eine in vielen Anwendungen der Thermodynamik auftretende Energieform ist die *Kompressionsenergie*. Sie beschreibt die Energieänderungen, die mit Volumänderungen dV eines Systems verknüpft sind. Man könnte die Kompressionsenergie ebenso gut Expansionsenergie nennen. Die Größe, an die hier der Energieaustausch gebunden ist, ist das Volumen V.

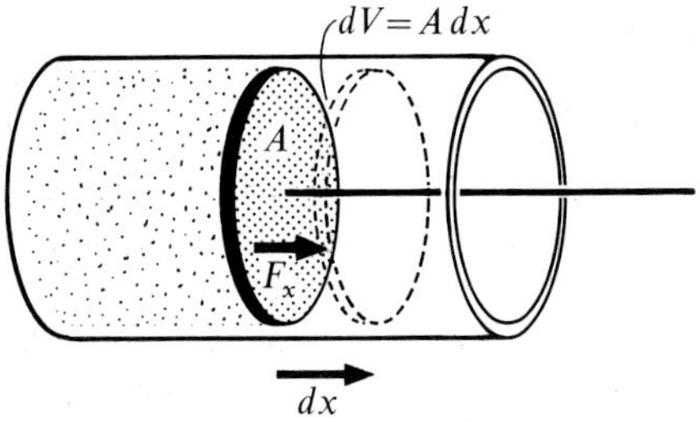

Abb. 4.2

In einem gasgefüllten Zylinder herrsche der Druck p. Das Gas übt die Kraft vom Betrag $F_x = pA$ auf den Kolben des Flächeninhalts A aus. Wird der Kolben um dx verschoben, ist dazu die Energie $-F_x\,dx = -pA(dV/A) = -p\,dV$ aufzubringen. Man bezeichnet die Energieform $-p\,dV$ als Kompressionsenergie. Wenn $dV<0$ ist, das Gas also komprimiert wird, ist $-p\,dV>0$. Dem Gas wird Energie zugeführt. Bei $dV>0$ expandiert das Gas. Dann ist $-p\,dV<0$; das Gas gibt Energie ab.

In Abb. 4.2 wird eine Volumänderung dV durch Verschiebung erzeugt. Ein zylindrisches Volumen V wird durch Verschieben eines Kolbens um die Strecke dx geändert. Nach (3.20) ist mit der Verschiebung dx der Energiebetrag $-F_x\,dx$ verbunden, wobei F_x die x-Komponente der auf den Kolben wirkenden Kraft ist. Bezeichnet A den Flächeninhalt des Kolbens, also den Zylinderquerschnitt, so ist $dV = A\,dx$. Für die Kompressionsenergie folgt somit

(4.6) $$-F_x\,dx = -\frac{F_x}{A}\,dV = -p\,dV.$$

In dieser Gleichung ist

(4.7) $$p = \frac{F_x}{A} = \frac{\text{Kraft auf den Kolben}}{\text{Fläche des Kolbens}} = \text{Druck auf den Kolben.}$$

Der Druck p ist ein Skalar von der Dimension Kraft/Fläche = Energie/Volumen = Energiedichte. Gesetzliche Einheit ist

(4.8) $$1\ \text{Pa} = 1\ \text{N/m}^2,$$

benannt nach Blaise Pascal (1623–1662). In der Experimentalphysik ist gebräuchlich

$$1\ \text{bar} = 10^5\ \text{Pa}$$

und

$$1\ \text{Torr} = 1\ \text{mm Hg-Säule} = 133{,}3224\ \text{Pa},$$

ferner in der Technik

$$1\,\mathrm{at} = 1\,\mathrm{kp/cm^2} = 98\,066{,}5\,\mathrm{Pa},$$

auch „technische Atmosphäre“ genannt, und

$$1\,\mathrm{atm} = 760\,\mathrm{mm\ Hg\text{-}Säule} = 101\,325\,\mathrm{Pa},$$

auch „physikalische Atmosphäre“ genannt.

Die Gl. (4.6) verführt leicht zu dem Schluß, Kompressionsenergie $-p\,dV$ sei nichts weiter als eine andere Schreibweise der Verschiebungsenergie $-\boldsymbol{F}\,d\boldsymbol{r}$. Dieser Schluß wird noch unterstützt durch die verbreitete Auffassung, die physikalische Größe „Druck“ sei identisch mit der Größe „Kraft/Fläche“. Daß das so nicht richtig sein kann, hat schon PASCAL erkannt. Die fundamentale Eigenschaft des Drucks, nicht gerichtet, sondern „allseitig“ zu sein (Abb. 4.3), zeigt deutlich, daß der Druck neben der Kraft eine eigenständige Rolle spielt. Anders als die Kraft, die ein Vektor ist, zu deren Eigenschaften also das Gerichtet-sein gehört, ist der Druck ein Skalar, er hat keine Richtung. In der Energieform $-p\,dV$ drückt sich das dadurch aus, daß *dV nicht die Gestaltsänderung* eines Stücks Materie vom Volumen V beschreibt, sondern nur den Betrag, um den sich das *Volumen V* der Materie ändert. Abb. 4.4 zeigt zwei verschiedene Deformationen, also verschiedene **Gestaltsänderungen** eines quaderförmigen Stücks Materie, bei denen

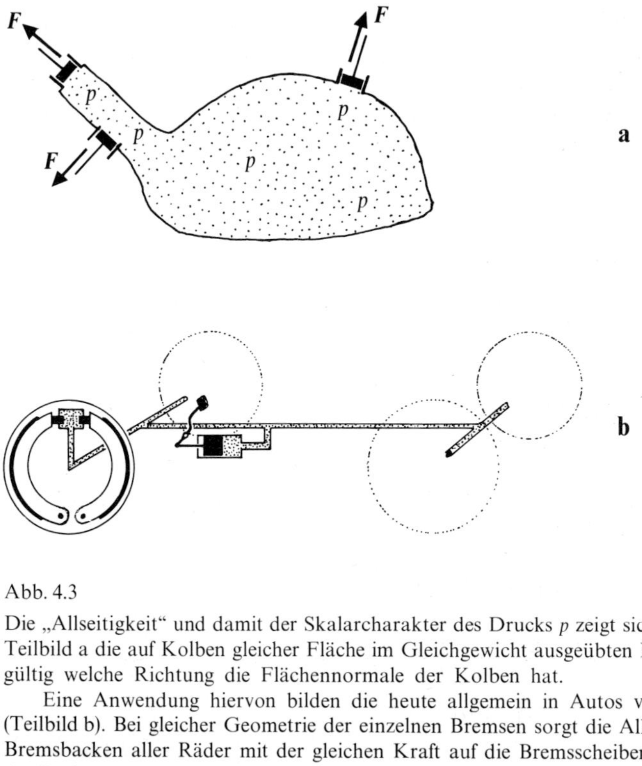

Abb. 4.3

Die „Allseitigkeit“ und damit der Skalarcharakter des Drucks p zeigt sich darin, daß in Anordnungen wie in Teilbild a die auf Kolben gleicher Fläche im Gleichgewicht ausgeübten Kräfte gleiche Beträge haben, gleichgültig welche Richtung die Flächennormale der Kolben hat.

Eine Anwendung hiervon bilden die heute allgemein in Autos verwendeten hydraulischen Bremsen (Teilbild b). Bei gleicher Geometrie der einzelnen Bremsen sorgt die Allseitigkeit des Drucks dafür, daß die Bremsbacken aller Räder mit der gleichen Kraft auf die Bremsscheiben gedrückt werden, unabhängig von der Entfernung der einzelnen Räder vom Hauptzylinder am Bremspedal.

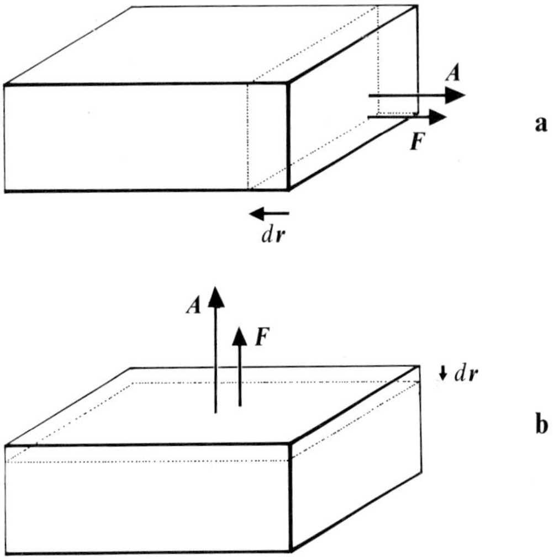

Abb. 4.4

Zwei Gestaltsänderungen eines quaderförmigen Körpers, mit derselben Volumänderung dV. In a wird der Quader in seiner Länge, in b in seiner Höhe verkürzt. Die für die Deformationen benötigte Energie ist in beiden Fällen verschieden, gleich ist aber der Anteil der Kompressionsenergie $-p\,dV$. Der Unterschied im Betrag der insgesamt aufzuwendenden Energie ist durch die unterschiedliche Gestaltsänderung bedingt. In beiden Fällen ist $-p\,dV>0$, da $dV=\boldsymbol{A}\,d\boldsymbol{r}<0$. Die Energie des Systems „Körper" vergrößert sich bei der Kompression.

das Volumen V des Quaders um denselben Betrag dV verkleinert wird. Ist die Materie keine Flüssigkeit, sondern ein Festkörper, so erfordern die beiden Deformationen verschieden viel Energie. Das liegt daran, daß bei einem Festkörper nicht nur die mit der Deformation verknüpfte Volumänderung dV Energie kostet, sondern auch die Änderung der Gestalt. Die mit der Deformation verknüpfte Kompressionsenergie $-p\,dV$ hat in beiden Fällen denselben Wert, unterschiedlich ist aber der Energiebetrag, der davon herrührt, daß die Gestaltsänderungen verschieden sind. In der mit der Deformation eines festen Körpers verknüpften Energie sind also noch andere Energieformen enthalten als die Kompressionsenergie $-p\,dV$. Bei Stoffen, bei denen die „reinen" Gestaltsänderungen — das sind Deformationen mit $dV=0$ — keine Energie kosten, wie bei Flüssigkeiten, wenn man von der Oberflächenenergie absieht, und bei Gasen, bleibt nur die Kompressionsenergie $-p\,dV$ übrig. Bei Flüssigkeiten und Gasen gibt die Kompressionsenergie somit den mit einer Deformation verknüpften Energieaufwand an.

Die Kompressionsenergie allgemein auf Verschiebungsenergie zurückführen zu wollen, erleichtert nicht das Verständnis der Kompressionsenergie, sondern erschwert es. Die Kompressionsenergie $-p\,dV$ gibt nämlich gerade denjenigen Anteil der Energieänderung bei Volumänderung eines Körpers an, der weder mit der Gestalt des Körpers noch mit irgendeiner vektoriellen Größe wie Kraft oder Verschiebung etwas zu tun hat. Druck p und Volumen V sind beide skalare Größen.

Will man trotzdem die Volumänderung eines Körpers, sei es eines eingeschlossenen Gases, einer Flüssigkeit oder eines Festkörpers, auf eine Verschiebungsenergie zurückführen, muß man genauer vorgehen, als es in den Gln. (4.6) und (4.7) geschieht. Erfolgt die Änderung des Volumens V des Körpers dadurch, daß ein ebenes Flächenstück der Oberfläche von V, beschrieben durch einen Vektor $\boldsymbol{A}$, dessen Betrag $|\boldsymbol{A}|$ den Flächeninhalt angibt und der die Richtung der nach außen weisenden Normale des Flächenstücks hat (Abb. 4.4), um $d\boldsymbol{r}$ verschoben wird, so ist $dV=\boldsymbol{A}\,d\boldsymbol{r}$. Die Deformationsenergie läßt sich dann schreiben $-\boldsymbol{F}\,d\boldsymbol{r}$, wobei $\boldsymbol{F}$ die auf das Flächenstück $\boldsymbol{A}$ wirkende Kraft ist. Wir denken uns nun eine Größe σ so gewählt oder konstruiert, daß $\sigma\boldsymbol{A}=\boldsymbol{F}$. Die Größe σ hat dann zwar die Dimension eines Drucks, ist aber, wie wir zeigen wollen, nicht identisch mit dem Druck.

Da σ, mit dem Vektor $\boldsymbol{A}$ multipliziert, den Vektor $\boldsymbol{F}$ gibt, kann σ nur dann ein Skalar sein (wie der Druck p es ist), wenn $\boldsymbol{A}$ und $\boldsymbol{F}$ bei *beliebiger* Wahl des Flächenstücks $\boldsymbol{A}$ die gleiche Richtung haben. Das ist aber nur bei Gasen und Flüssigkeiten der Fall, nicht jedoch bei Festkörpern. Mathematisch gesehen hat die Größe σ die Eigenschaft, bei Multiplikation mit einem beliebigen Vektor $\boldsymbol{a}$ einen Vektor $\boldsymbol{b}$ zu liefern. Der Vektor $\boldsymbol{b}$ stimmt dabei im allgemeinen weder in Betrag noch in der Richtung mit $\boldsymbol{a}$ überein. Eine Größe mit dieser Eigenschaft ist ein *Tensor* (Abb. 4.5). Im Spezialfall, in dem für beliebig gewähltes $\boldsymbol{a}$ der Vektor $\boldsymbol{b}$ dieselbe Richtung hat wie $\boldsymbol{a}$, „entartet" der Tensor zu einem Skalar. Die Größe σ, die die **mechanischen Spannungen** in der Materie beschreibt, ist somit ein Tensor. Sie ist genauer ein „symmetrischer" Tensor; ihr Wert ist durch 6 Zahlenangaben σ_{xx}, σ_{yy}, σ_{zz}, $\sigma_{xy}=\sigma_{yx}$, $\sigma_{xz}=\sigma_{zx}$, $\sigma_{yz}=\sigma_{zy}$ der Dimension „Kraft/Fläche" oder „Energie-

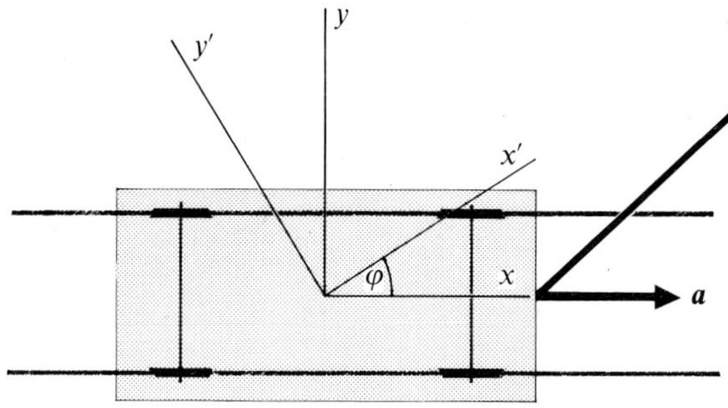

Abb. 4.5

Ein Beispiel zur Veranschaulichung eines Tensors $\mathfrak{A}$ (in 2 Dimensionen) bildet der Zusammenhang zwischen der Kraft $\boldsymbol{F}$, die auf einen (von oben oder unten gesehenen) Eisenbahnwagen ausgeübt wird und der durch sie bewirkten Beschleunigung $\boldsymbol{a}$ des Wagens, die stets in Richtung der Schienen liegt. Der Zusammenhang zwischen $\boldsymbol{a}$ und $\boldsymbol{F}$ ist linear, da eine Verdoppelung der Kraft $\boldsymbol{F}$ auch eine Verdoppelung der Beschleunigung $\boldsymbol{a}$ zur Folge hat. Es gilt somit

$$a_x = A_{xx} F_x + A_{xy} F_y, \qquad a_y = A_{yx} F_x + A_{yy} F_y.$$

Abgekürzt schreiben wir dafür $\boldsymbol{a}=\mathfrak{A}\boldsymbol{F}$. Wählt man das Koordinatensystem x, y, sind die Komponenten a_x, a_y der Beschleunigung $\boldsymbol{a}$ gegeben durch

$$a_x = \frac{1}{M} F_x, \qquad a_y = 0 \qquad \text{für beliebige Werte von } F_x, F_y.$$

M ist dabei die Masse des Eisenbahnwagens. Bei Benutzung des Koordinatensystems x, y ist also

$$A_{xx} = 1/M, \qquad A_{xy} = A_{yx} = A_{yy} = 0.$$

Wird das Koordinatensystem x', y' gewählt, erhält man nach längerer Rechnung, wenn φ den Winkel zwischen der x'- und x-Achse bezeichnet,

$$a_{x'} = \frac{1}{M} \cos^2 \varphi \, F_{x'} - \frac{1}{M} \sin \varphi \cos \varphi \, F_{y'},$$

$$a_{y'} = -\frac{1}{M} \sin \varphi \cos \varphi \, F_{x'} + \frac{1}{M} \sin^2 \varphi \, F_{y'}.$$

Somit ist

$$A_{x'x'} = \frac{1}{M} \cos^2 \varphi, \qquad A_{x'y'} = A_{y'x'} = -\frac{1}{M} \sin \varphi \cos \varphi, \qquad A_{y'y'} = \frac{1}{M} \sin^2 \varphi.$$

Der Tensor $\mathfrak{A}$ ist symmetrisch, denn in beiden Koordinatensystemen haben die „gemischten" Komponenten A_{xy} und A_{yx} gleiche Werte.

Ein anderes Beispiel für einen Tensor ist der Trägheitstensor, der den Zusammenhang zwischen Winkelgeschwindigkeit und Drehimpuls eines starren Körpers beschreibt (MRG, §26).

dichte" bestimmt. Die 6 Größen, die *Komponenten des Tensors*, sind so gebildet, daß z. B. σ_{xy} die y-Komponente der Kraft ist, die auf eine ebene Einheitsfläche mit der Normale in x-Richtung wirkt. Vorzeichenumkehr des Spannungstensors, nämlich Vorzeichenumkehr der Werte aller 6 Komponenten, bedeutet Übergang von Druckspannung zu Zugspannung oder umgekehrt.

Aus den Komponenten des Tensors σ läßt sich ein Skalar bilden, nämlich $\sigma_{xx}+\sigma_{yy}+\sigma_{zz}$. Bis auf einen Faktor 1/3 ist dieser Skalar identisch mit dem Druck p, so daß $p=(\sigma_{xx}+\sigma_{yy}+\sigma_{zz})/3$. In einem Gas oder einer Flüssigkeit ist $\sigma_{xx}=\sigma_{yy}=\sigma_{zz}=p$ sowie $\sigma_{xy}=\sigma_{xz}=\sigma_{yz}=0$, so daß sich der Spannungstensor σ auf eine einzige Zahlangabe reduziert, er „entartet" zu einem Skalar. Im Festkörper sind im allgemeinen weder die Werte von σ_{xx}, σ_{yy}, σ_{zz} gleich, noch verschwinden die „Scherspannungen" σ_{xy}, σ_{xz}, σ_{yz}. Durch geeignete Wahl des Koordinatensystems können jedoch auch im Festkörper die Scherspannungen zu Null gemacht werden, ohne daß allerdings die „Hauptspannungen" σ_{xx}, σ_{yy}, σ_{zz} wie im Fall des Gases oder der Flüssigkeit gleiche Werte annehmen.

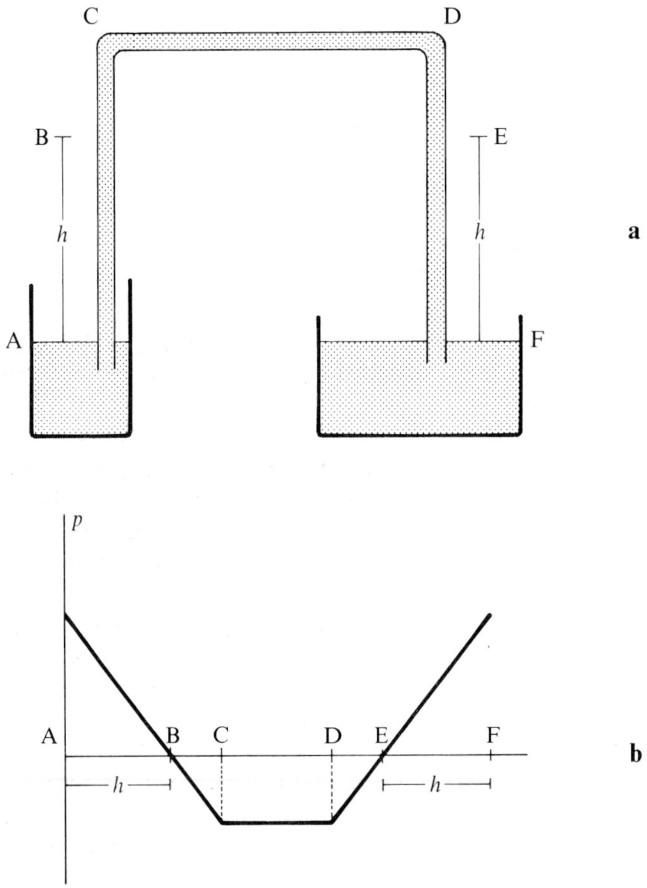

Abb. 4.6

(a) In zwei Flüssigkeitsbehälter taucht ein mit Flüssigkeit gefülltes U-Rohr ein.

(b) Druckverteilung der Anordnung von Teilbild a. In der Höhe h ist der Druck in der Flüssigkeit auf Null abgesunken. h ist gegeben durch $p_0=\rho\, g\, h$, wobei p_0 den äußeren Luftdruck bedeutet, ρ die Dichte der Flüssigkeit und g die Erdbeschleunigung. Für Wasser an der Erdoberfläche ist $h\approx 10$ m, für Quecksilber $h\approx 76$ cm. Zwischen B und E ist $p<0$, die Flüssigkeit also auf Zug beansprucht. Die Flüssigkeit ist bei $p<0$, also zwischen B und E, in einem „metastabilen" Zustand. Es wirken nämlich Schwebeteilchen und Gasbläschen in der Flüssigkeit und an der Wand, sowie Wandrauhigkeit und Einschnürungen als Keime für Dampfblasen, bei deren Bildung der Flüssigkeitsfaden reißt.

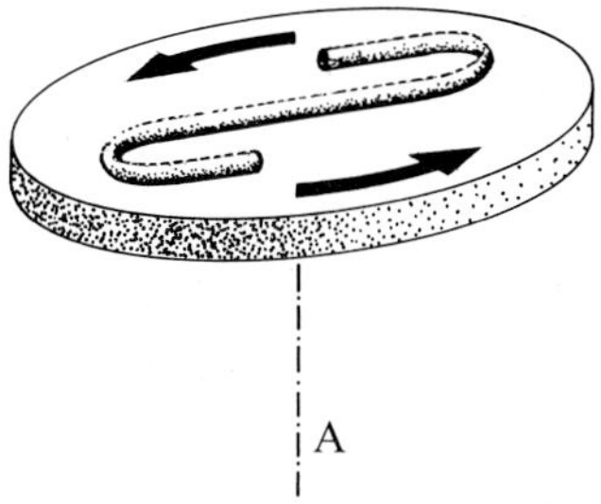

Abb. 4.7

Ein mit Flüssigkeit gefülltes dünnes Rohr wird in Rotation versetzt um eine Achse A senkrecht zur Rohrrichtung. Dabei entsteht in der Umgebung der Rotationsachse in der Flüssigkeit negativer Druck. Bei geeigneter Vorbehandlung der Flüssigkeit, die vor allem darauf zielt, Gasbläschen an den Wänden zu beseitigen, in die die Flüssigkeit hinein verdampfen kann, lassen sich negative Drucke von einigen hundert Atmosphären erreichen.

Daß die Änderung des Volumens eines physikalischen Systems allgemein mit Energieaufwand verbunden ist, merken wir uns als die *Regel:*

> Ändert ein physikalisches Systems (gleichgültig ob Gas, Flüssigkeit oder Festkörper) sein Volumen V um den Betrag dV, so nimmt es dabei die
>
> (4.9) $$\text{Kompressionsenergie} = -p\,dV$$
>
> auf; p ist der Druck des Systems.

Das negative Vorzeichen in dem Ausdruck der Kompressionsenergie ist nötig, weil eine Kompression, d.h. eine Volumverkleinerung ($dV<0$) bei positivem Druck p mit einer Energiezufuhr ($dE>0$) an das System verknüpft ist. Umgekehrt gibt bei Expansion ($dV>0$) das System Energie ab ($dE<0$).

Drucke sind meist positiv, doch kommen in festen Körpern und Flüssigkeiten auch **negative Drucke** (nämlich **Zugspannungen**) vor. Bei Festkörpern leuchtet das unmittelbar ein, nicht jedoch bei Flüssigkeiten. Ein Beispiel zeigt die Abb. 4.6, in der zwei Flüssigkeitsbehälter durch ein U-Rohr verbunden sind. Im Verbindungsrohr zwischen B und E ist der Druck $p<0$; die Flüssigkeit steht dort unter Zugspannung. Es ist allerdings experimentell nicht einfach, die in Abb. 4.6 dargestellte Situation zu verwirklichen. Bei $p<0$ ist die Flüssigkeit nämlich nicht im inneren Gleichgewicht, genauso wenig wie eine unter ihren Schmelzpunkt unterkühlte oder über ihren Siedepunkt erhitzte Flüssigkeit. Die Flüssigkeit nimmt jede Gelegenheit wahr, sich abzuschnüren oder zu verdampfen. Rauhigkeiten der Wand oder Gasbläschen in der Flüssigkeit führen zur Bildung von Dampfblasen, die zum Reißen des Flüssigkeitsfadens zwischen B und E in Abb. 4.6 führen. Die Erscheinung der schlagartigen Bildung von Dampfblasen bei negativem Druck in einer Flüssigkeit nennt man **Kavitation.** Bei der Wasserströmung um Schiffsschrauben, in der negative Drucke auftreten, wirkt sich die Kavitation korrodierend auf die Schrauben aus.

Ein anderes Beispiel, in dem sich negativer Druck in einer Flüssigkeit ausbildet, zeigt die Anordnung der Abb. 4.7, in der ein mit Flüssigkeit, etwa Wasser, gefülltes dünnes Röhrchen in Rotation versetzt wird. Hat man durch Vorbehandlung wie Entgasen der Flüssigkeit durch Aufheizen sowie durch Anwendung hohen Drucks (≈ 1000 at) vor dem Experiment dafür gesorgt, daß keine Gasblasen in der Flüssigkeit sowie Gaseinschlüsse an der Rohrwand mehr vorhanden sind, lassen sich negative Drucke von einigen hundert Atmosphären erreichen, ehe der Flüssigkeitsfaden reißt.

Negative Drucke spielen ferner eine wichtige Rolle beim Wassertransport in Pflanzen, insbesondere bei der Wasserzufuhr in hohe Bäume.

Oberflächenenergie

Außer der Kompressionsenergie, die mit der Änderung des *Volumens* eines Systems verbunden ist, gibt es auch eine Energieform, die mit der Änderung der *Oberfläche* eines physikalischen Systems verknüpft ist. Man denke bei dem System etwa an einen Flüssigkeitstropfen oder allgemein an eine bestimmte Flüssigkeitsmenge. Ist die Flüssigkeit inkompressibel, so bleibt bei einer Änderung ihrer Gestalt ihr Volumen konstant ($dV=0$), aber der Flächeninhalt ihrer Oberfläche wird sich im allgemeinen ändern. Bloße Gestaltsänderungen kosten aber, da $dV=0$ ist, keine Kompressionsenergie. Dennoch ist die Änderung der Gestalt auch einer Flüssigkeitsmenge mit Energieaufwand verknüpft, der von der Änderung des *Flächeninhalts* der Oberfläche abhängt.

Die Oberflächenenergie wird in Abb. 4.8 durch ein Experiment nachgewiesen. Eine bestimmte Flüssigkeitsmenge wird zu einer Lamelle ausgezogen. Dabei wird ihre Oberfläche bei konstantem Volumen vergrößert. Daß der Vorgang Energie kostet, wird durch das im Schwerefeld der Erde absinkende Gewicht sichtbar, das die Energie liefert, die mit der Vergrößerung der Oberfläche verknüpft ist. Bezeichnet b die Breite der Lamelle und x die Lage der Begrenzung, deren Verschiebung die Vergrößerung der Lamelle bewirkt, so wird die Oberfläche A der Lamelle vergrößert um $dA=2b\,dx$. Der Faktor 2 rührt daher, daß die Oberfläche der Flüssigkeit sowohl durch die Oberseite als auch durch die Unterseite der Lamelle gebildet wird. Ist F_x die x-Komponente der auf die Lamellenbegrenzung von der Flüssigkeitslamelle ausgeübten, also einer Ver-

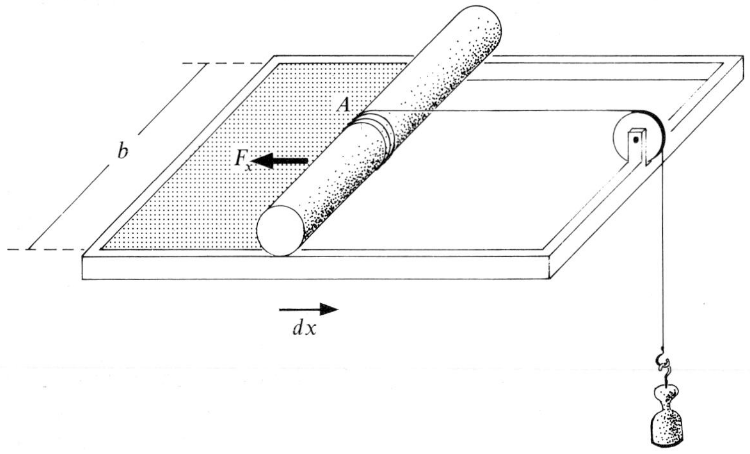

Abb. 4.8

Demonstration der Oberflächenenergie und Oberflächenspannung einer Flüssigkeit. Das Gewicht vom Betrag F_x am Faden sei gerade so groß, daß die Rolle auf dem Bügel, die links eine Flüssigkeitshaut aufspannt, ruht. Wird jetzt das Gewicht um die Strecke dx abgesenkt, wird die Oberfläche $dA=2b\,dx$ (Faktor 2 wegen Ober- und Unterseite der Flüssigkeit) gebildet. Gewicht und Rolle sind nach der Absenkung wieder in Ruhe, weswegen die Energie vom Betrag $dE=F_x\,dx=\frac{F_x}{2b}(2b\,dx)=\frac{F_x}{2b}\,dA=\sigma\,dA$ zur Bildung der Oberfläche vom Betrag dA der Flüssigkeit benötigt wurde. σ heißt die Oberflächenspannung. σ ist unabhängig von A, weswegen das Gewicht vom Betrag F_x bei jedem Wert von A in Ruhe ist. Ist das Gewicht $<F_x$, wird es so lange angehoben, bis die Flüssigkeitshaut sich völlig zusammengezogen hat. Ist das Gewicht $>F_x$, sinkt es, bis die Flüssigkeitshaut den ganzen Rahmen ausfüllt.

größerung der Lamelle ($dx>0$) entgegenwirkenden Kraft, so ist nach (3.20) der zur Vergrößerung der Oberfläche aufgewandte Energiebetrag gegeben durch

$$-F_x\,dx = -\frac{F_x}{2b}\,dA = \sigma\,dA. \tag{4.10}$$

σ nennt man die **Oberflächenspannung** der Flüssigkeit. So wie sich der Druck außer als Kraft/Fläche auch als Energieänderung/Volumenänderung definieren ließ, so zeigt (4.10), daß sich auch die Oberflächenspannung σ auf zwei Weisen definieren läßt. Einmal ist

$$\sigma = \frac{\text{Kraft auf Lamellenberandung}}{2\times\text{Länge der Lamellenberandung}} = \left\{\begin{array}{l}\text{an der Lamellenberandung}\\ \text{angreifende Zugspannung.}\end{array}\right. \tag{4.11}$$

Zum andern ist σ die Energieänderung/Oberflächenänderung. Es ist also die zur „Schaffung des Betrags dA an Oberfläche" nötige Energie gegeben durch $\sigma\,dA$.

Da dA den Flächen*inhalt* bezeichnet, ist σ ein Skalar. Er hat die Dimension Kraft/Länge = Energie/Fläche. Als Einheit dient N/m.

Wie bei der Herleitung des Ausdrucks für die Kompressionsenergie beschreibt auch hier die rechte Seite von (4.10) die mit Oberflächenänderungen verknüpften Energieaufwendungen viel allgemeiner als die Herleitung aus der Verschiebungsenergie und das Beispiel der Flüssigkeitslamelle es erkennen lassen. Es gilt die *Regel:*

> Ändert ein physikalisches System seine Oberfläche um den Flächeninhalt dA, so nimmt es dabei die
>
> $$\text{Oberflächenenergie} = \sigma\,dA \tag{4.12}$$
>
> auf. Die Größe σ ist Oberflächenspannung des Systems.

Von der geschaffenen ($dA>0$) oder vernichteten ($dA<0$) Oberfläche geht in (4.12) nur der Flächeninhalt ein, nicht dagegen die Krümmung oder eine andere Gestaltseigenschaft der Fläche.

Anders als beim Druck p, der stark vom Volumen V abhängt, ist bei den meisten Systemen, insbesondere bei Flüssigkeiten, die Oberflächenspannung σ nur schwach vom Flächeninhalt A der gesamten Oberfläche abhängig. Die Oberflächenspannung einer Flüssigkeit hängt im wesentlichen nur ab von der chemischen Zusammensetzung der Flüssigkeit und ihrer Temperatur. Allgemein bekannt ist der Einfluß gelöster Stoffe auf die Oberflächenspannung einer Flüssigkeit von der starken Herabsetzung von σ durch Spül- und Waschmittel.

Daß die Oberflächenenergie eine Energieform und nicht etwa „der in der Oberfläche steckende Anteil der Energie eines Systems" ist, erkennt man daran, daß die Oberflächenenergie $\sigma\,dA$ nur von dA abhängt, also von dem Betrag, um den der Flächeninhalt der Oberfläche geändert wird, nicht aber von A selbst. Außerdem hängt $\sigma\,dA$ vom Wert von σ ab, der wiederum durch Lösen eines Stoffes oder überhaupt durch chemische Änderung des Systems verändert werden kann. Die zur Schaffung von Oberfläche notwendige Energie hängt also nicht allein vom Zuwachs dA der Oberfläche ab, sondern ganz wesentlich auch von den im Innern des Systems gelösten Stoffen. Die Oberflächenenergie $\sigma\,dA$ kann deshalb auch nicht in der neu geschaffenen Oberfläche dA „enthalten" sein. Die bei Vergrößerung der Oberfläche zugeführte Energie $\sigma\, dA$ kommt dem ganzen System zugute. Bei thermischer Isolation äußert sich das in einer geringfügigen Erwärmung der ganzen Flüssigkeit.

Bei konstanter chemischer Zusammensetzung und konstanter Temperatur ist σ konstant. Dann ist nach (4.10) auch die an der Lamellenbegrenzung in Abb. 4.8 angreifende Kraft konstant, also unabhängig von der Größe der Lamelle. Die Lamelle wirkt damit wie eine Feder, aber insofern ungewohnt, als bei einer elastischen Feder die rücktreibende Kraft proportional zur Ausdehnung der Feder zunimmt. Bei der Lamelle ist die rücktreibende Kraft dagegen immer gleich. In dem Versuch der Abb. 4.8 wird sich die Lamelle, wenn das Gewicht einen größeren Betrag hat als F_x, daher so lange weiter ausdehnen, bis sie reißt. Gibt man dem Gewicht genau den Betrag F_x, ist die Lamelle, wieder im Gegensatz zur elastischen Feder, bei jedem Wert ihres Flächeninhalts im Gleichgewicht. Ist das Gewicht kleiner als F_x, zieht sich die Lamelle bis auf ihre kleinstmögliche Oberfläche zusammen und hebt das Gewicht an.

Die Oberfläche eines Systems umschließt im allgemeinen nicht nur das System, sondern stellt gleichzeitig die **Grenzfläche** oder **Trennfläche** zwischen zwei Systemen dar. So ist die Oberfläche eines Tropfens eigentlich die Trennfläche zwischen flüssiger Phase und Dampf derselben Substanz. Ebenso ist die Oberfläche einer Blase in einer kochenden Flüssigkeit die Trennfläche zwischen Dampf im Innern der Blase und Flüssigkeit im Äußeren. Eine Trennfläche ist somit eine *zwei* Systemen gemeinsame Fläche. Die mit einer Änderung dA ihres Flächeninhalts A verbundene Oberflächen- oder *Grenzflächenenergie* ist wieder gegeben durch einen Ausdruck der Gestalt $\sigma\, dA$, wobei σ jetzt aber von den Variablen der *beiden* von der Grenzfläche begrenzten Systeme abhängt. σ ist nicht nur Eigenschaft *eines* dieser Systeme, sondern hängt auch davon ab, was sich jenseits der Grenzfläche befindet. Man nennt σ deshalb auch die *Grenzflächenspannung* oder die relative Oberflächenspannung des einen Stoffs gegen den anderen Stoff.

Elektrische Energie

Der Austausch von Energie in der Form *elektrischer Energie* ist an den Austausch von *elektrischer Ladung Q* geknüpft. Analog zu den bisherigen Beispielen lautet die Energieform

(4.13) $$\text{elektrische Energie} = \phi\, dQ\,.$$

Die Variable ϕ heißt das **elektrische Potential.** Sie ist ein Maß für die Energie, die man aufbringen muß, um die elektrische Ladung um eine Ladungseinheit zu vergrößern. Diese Energie hängt davon ab, an welcher Stelle des Raums die Ladungsveränderung vorgenommen wird. Das elektrische Potential ist daher eine Funktion des Ortes $\boldsymbol{r}$ (von einer Zeitabhängigkeit von ϕ sehen wir hier ab, setzen also zeitliche Konstanz der Verhältnisse voraus). Die skalare Funktion $\phi(\boldsymbol{r})$ ist ein mathematisches Feld, das bestimmte Zustände des physikalischen Systems „*Elektromagnetisches Feld*" repräsentiert (MRG, § 17).

Die Gl. (4.13) sagt nichts darüber aus und macht keine Vorschrift darüber, auf welche Weise und mit welchen Hilfsmitteln die Ladungsänderung um den Betrag dQ am Orte $\boldsymbol{r}$ zu erfolgen hat. Sie sagt nur, daß *jede* Ladungsänderung dQ am Ort $\boldsymbol{r}$, an dem das Potential ϕ herrscht, mit dem Energiebetrag $\phi\, dQ$ verbunden ist. Wem, also welchem physikalischen System wird diese Energie zugeführt? Auf den ersten Blick könnte man meinen, der Körper, der die Ladung trägt, bekäme sie. Das ist aber nicht so, vielmehr ist es das elektromagnetische Feld, dem die mit einer Ladungsänderung verknüpfte elektrische Energie (4.13) zugeführt wird. Daß es nicht der am Ort $\boldsymbol{r}$ befindliche Körper ist, erhellt schon daraus, daß die elektrische Energie (4.13) von keiner Variable dieses Körpers abhängt, nicht einmal von der Ladung, die er trägt, sondern nur von der Änderung dQ der Ladung und vom Wert des Potentials ϕ am Ort des Körpers. Dieser Wert hängt wiederum nur ab von Ladungen, die an *anderen* Orten, also auf anderen Körpern sind. Wenn also sonst alles konstant gehalten wird und die Ladungsänderung dQ am Ort $\boldsymbol{r}$ dieselbe ist, kann der Körper am Ort $\boldsymbol{r}$ durch jeden anderen Körper ersetzt werden, ohne daß das in (4.13) zu spüren wäre. Das zeigt, daß die Ladung eine Größe ist, die, obwohl sie nach unserer Vorstellung „auf dem Körper sitzt", hier nicht als Variable des Körpers, sondern des Systems „Elektromagnetisches Feld" fungiert. Die mit einer Ladungsänderung am Ort $\boldsymbol{r}$ verknüpfte elektrische Energie wird deshalb auch nicht dem Körper, sondern dem System „Elektromagnetisches Feld" zugeführt. Finden Ladungsänderungen an verschiedenen Orten statt, so ist (4.13) für jeden Ort zu bilden und alles aufzusummieren. Bei Ladungsänderungen an vielen Orten $\boldsymbol{r}_j$ ist also

(4.14) $$\sum_j \phi(\boldsymbol{r}_j)\, dQ(\boldsymbol{r}_j) = \begin{cases} \text{dem System „Elektromagnetisches Feld"} \\ \text{zugeführte elektrische Energie.} \end{cases}$$

Die Summe ist über alle Orte $\boldsymbol{r}_j$ zu erstrecken, an denen Ladungsänderungen stattfinden. Da das an jedem Ort passieren kann, zeigt Gl. (4.14), daß das System „Elektromagnetisches Feld" unendlich viele unabhängige Energieformen und damit auch unendlich viele unabhängige extensive Variablen $Q_j = Q(\boldsymbol{r}_j)$ hat. Jedem Ort $\boldsymbol{r}$, genauer jedem Volumelement um $\boldsymbol{r}$ läßt sich nämlich eine unabhängige *Variable* $Q(\boldsymbol{r})$ (nicht nur ein *Wert* der Ladung!) zuordnen. Man nennt deshalb das elektromagnetische Feld ein System mit unendlich vielen Freiheitsgraden. Der Wert des Potentials ϕ an einem Ort $\boldsymbol{r}_j$ hängt übrigens von den Ladungen $Q(\boldsymbol{r}_k)$ an allen von $\boldsymbol{r}_j$ verschiedenen Orten $\boldsymbol{r}_k$ ab. Das alles ist in (4.14) enthalten.

Welche Wege gibt es nun, die elektrische Ladung an einem Ort $\boldsymbol{r}$ zu ändern? Am einfachsten wäre es, die Ladung am Ort $\boldsymbol{r}$ um den Betrag dQ zu vergrößern. Nun gilt aber für die Ladung ein Erhaltungssatz. Daher muß entweder der ganze Betrag dQ von irgendwo her, nämlich von einem anderen Ort $\boldsymbol{r}^*$ an den Ort $\boldsymbol{r}$ gebracht werden oder ebenso viel positive wie negative Ladung, insgesamt also die Ladung Null, an der Stelle $\boldsymbol{r}$ erzeugt und der negative Betrag von $\boldsymbol{r}$ weggeschafft und an einen anderen Ort gebracht werden (Abb. 4.9). Schließlich lassen sich beide Möglichkeiten auch noch

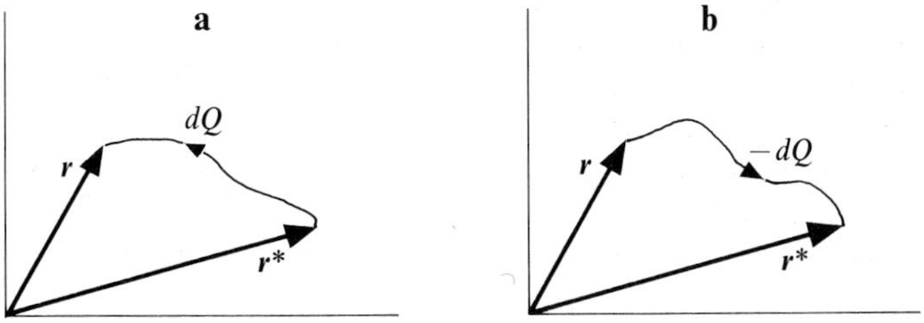

Abb. 4.9

Änderung der elektrischen Ladung am Ort $\boldsymbol{r}$ um den Betrag dQ. Im Teilbild a erfolgt die Änderung dadurch, daß die Ladung dQ vom Ort $\boldsymbol{r}^*$ nach $\boldsymbol{r}$ gebracht wird und in $\boldsymbol{r}^*$ die Ladung $-dQ$ zurückbleibt. Im Teilbild b wird dagegen die Ladung $-dQ$ von $\boldsymbol{r}$ nach $\boldsymbol{r}^*$ gebracht und entsprechend die Ladung dQ in $\boldsymbol{r}$ zurückgelassen. Beide Prozesse liefern denselben Endzustand. Ihm ist daher nicht mehr anzusehen, auf welche Weise er hergestellt wurde.

kombinieren, indem die Ladung dQ' von $\boldsymbol{r}^*$ nach $\boldsymbol{r}$ und $-dQ''$ von $\boldsymbol{r}$ nach $\boldsymbol{r}^*$ gebracht wird, wobei $dQ'+dQ''=dQ$. In allen Fällen läuft das darauf hinaus, daß die Ladung am Ort $\boldsymbol{r}$ um dQ größer und an einem anderen Ort $\boldsymbol{r}^*$ um denselben Betrag dQ kleiner geworden ist. Dem Resultat ist nicht mehr anzusehen, auf welche Weise es zustande gekommen ist. Nach Gl. (4.13) muß das auch gleichgültig sein. Die gesamte bei dem Prozeß aufzuwendende und dem elektromagnetischen Feld zuzuführende Energie ist nach (4.14) dadurch gegeben, daß *alle* Ladungsänderungen, die im Raum stattfinden, in Betracht gezogen werden, daß also an der Stelle $\boldsymbol{r}$ die Ladung um dQ und an der Stelle $\boldsymbol{r}^*$ um $-dQ$ verändert wird. Tauscht das elektrische Feld nur elektrische Energie aus, während alle weiteren Energieformen, die es sonst noch haben mag, vom Austausch ausgeschlossen sind, so erfährt die Energie E des elektromagnetischen Feldes bei der Ladungsänderung dQ am Ort $\boldsymbol{r}$ und der Ladungsänderung $-dQ$ am Ort $\boldsymbol{r}^*$ die Änderung

(4.15)
$$\begin{aligned} dE &= \phi(\boldsymbol{r})\, dQ + \phi(\boldsymbol{r}^*)(-dQ) \\ &= [\phi(\boldsymbol{r}) - \phi(\boldsymbol{r}^*)]\, dQ. \end{aligned}$$

In der Elektrodynamik wird diese Gleichung gewöhnlich aus der Verschiebung eines geladenen Körpers in einem elektrischen Feld hergeleitet. Da $-\boldsymbol{\nabla}\phi$ die elektrische Feldstärke, $-q\boldsymbol{\nabla}\phi$ also die auf einen Körper mit der Ladung q wirkende Kraft $\boldsymbol{F}$ ist, ist die Verschiebungsenergie gegeben durch $-\boldsymbol{F}d\boldsymbol{r}=q\boldsymbol{\nabla}\phi\, d\boldsymbol{r}$. Um den ruhenden ($d\boldsymbol{P}=0$) Körper von $\boldsymbol{r}^*$ nach $\boldsymbol{r}$ zu verschieben, ist also die Energie erforderlich

(4.16)
$$\Delta E = q\int_{\boldsymbol{r}^*}^{\boldsymbol{r}} \boldsymbol{\nabla}\phi\, d\boldsymbol{r} = q\int_{\boldsymbol{r}^*}^{\boldsymbol{r}} d\phi = q[\phi(\boldsymbol{r}) - \phi(\boldsymbol{r}^*)].$$

Ist $q=dQ$, stimmt (4.16) mit (4.15) überein. Verschiebungsenergie und elektrische Energie sind in (4.16) nicht unabhängig voneinander, denn eine Ladungsänderung dQ an der Stelle $\boldsymbol{r}$ und $-dQ$ an der Stelle $\boldsymbol{r}^*$ ist der Verschiebung der Ladung dQ von $\boldsymbol{r}^*$ nach $\boldsymbol{r}$ äquivalent. Bei Wechselwirkung von geladenen Körpern mit dem elektromagnetischen Feld läßt sich die Verschiebungsenergie also eliminieren und durch die Energieform elektrische Energie (4.14) ausdrücken. Das macht plausibel, daß die Verschiebungsenergie nur eine Art Provisorium war, denn die Energieform elektrische Energie ist insofern allgemeiner, als sie der Beschreibung des Verhaltens des Systems „Elektromagnetisches Feld“ viel besser angepaßt ist und sich auf Prozesse ausdehnen läßt, für die der Begriff der Verschiebungsenergie nicht mehr hinreicht.

Gl. (4.16) mag vielleicht deshalb einen allgemeineren Eindruck machen als (4.15), weil in ihr eine endliche Ladung q auftritt. (4.16) gilt aber nur unter der Voraussetzung, daß q in einem *vorgegebenen* Feld $-\boldsymbol{\nabla}\phi$ verschoben wird. Das Feld darf sich bei der Verschiebung nicht ändern. Das bedeutet, daß alle Ladungen in der Welt außer q selbst festzuhalten sind. So darf q nicht so stark Ladung an anderen Stellen „influenzieren“, daß dadurch das Feld modifiziert würde. Diese Bedingung liefert eine obere Grenze für den Betrag von q. Das ist aber genau auch die Bedingung dafür, wie groß in (4.13) oder (4.14) eine Ladungsänderung $dQ(\boldsymbol{r}_j)$ sein darf, um noch als infinitesimal zu gelten.

Die mathematische Gestalt von Energieformen

Alle Beispiele von Energieformen, die wir bisher kennengelernt haben, sind mathematisch von der Gestalt

(4.17)
$$(\text{physikalische Größe } \xi)\, d(\text{physikalische Größe } X).$$

Bei der Rotationsenergie repräsentiert ξ jeweils eine Komponente der Winkelgeschwindigkeit, also Ω_x, Ω_y oder Ω_z, und X die zugehörige Komponente des Drehimpulses, also L_x, L_y oder L_z. Bei der Verschiebungsenergie ist ξ eine negative Kraftkomponente $-F_x$, $-F_y$ oder $-F_z$, und X entsprechend x, y oder z. Bei der Bewegungsenergie ist ξ eine Komponente der Geschwindigkeit v_x, v_y oder v_z, und X die entsprechende Impulskomponente P_x, P_y oder P_z. Bei der Kompressionsenergie ist ξ der negative Druck $-p$ und X das Volumen V. Bei der Oberflächenenergie ist ξ die Oberflächenspannung σ und X der Flächeninhalt A der Oberfläche. Bei der elektrischen Energie ist ξ das elektrische Potential ϕ und X die Ladung Q.

Der Ausdruck (4.17) gibt an, wieviel Energie in einer bestimmten Form übertragen wird. Die Energie*form* äußert sich darin, daß die ausgetauschte Energie an die Änderung dX einer bestimmten extensiven Variable X gebunden ist. Der ausgetauschte Energiebetrag ist proportional dX. Die Größe ξ ist der Proportionalitätsfaktor zwischen dem Energiebetrag und der Änderung dX von X. Ändert sich z.B. der Impuls $\boldsymbol{P}$ eines Körpers durch Impulszufuhr um ein bestimmtes $d\boldsymbol{P}$, so ist der damit verknüpfte Energiebetrag $\boldsymbol{v}\,d\boldsymbol{P}$ allein der Geschwindigkeit $\boldsymbol{v}$ des Körpers proportional, sonst aber weder von einer anderen Eigenschaft des Körpers abhängig, noch davon, durch welche anderen Körper und auf welche Weise der Impuls $d\boldsymbol{P}$ auf den Körper übertragen wird. Ist $\boldsymbol{v}=0$, so ist die mit der Impulszufuhr $d\boldsymbol{P}$ verknüpfte Energiezufuhr Null. Je größer $\boldsymbol{v}$ ist, um so größer ist der Energiebetrag, der an die Übertragung eines bestimmten Impulses $d\boldsymbol{P}$ gebunden ist. Ebenso ist die mit einer bestimmten Volumänderung dV einem System zuzuführende Energie $-p\,dV$ allein vom Wert des Drucks p abhängig, nicht aber von der Art des Systems, also nicht davon, ob es sich um ein Gas, eine Flüssigkeit oder einen Festkörper handelt, und auch nicht davon, wie, also mit Hilfe welcher anderen Systeme und auf welche Weise die Änderung dV des Volumens vorgenommen wird.

§5 Die Energieform chemische Energie

Als chemische Energie bezeichnet man Energieformen, die an Stoffumsetzungen gebunden sind. Besonders vertraute Beispiele hierfür sind Verbrennungsvorgänge. Für sie ist charakteristisch, daß bestimmte Stoffe, nämlich die Brennstoffe, dabei verbraucht werden, also in ihrer Menge abnehmen, während andere Stoffe, die Verbrennungsprodukte wie Abgase und Asche, entstehen, also in ihrer Menge zunehmen. Diese Umwandlung von Stoffen ineinander ist von Energielieferung begleitet, die meist in Form von Wärme in Erscheinung tritt. Entscheidend für die Energieform chemische Energie ist, daß sie mit der *Änderung von Stoffmengen* verknüpft ist. In der mathematischen Beschreibung (4.17) dieser Energieform tritt als Größe X also eine Variable auf, die die Menge eines Stoffs mißt.

Die Menge eines Stoffs und die Variable „Teilchenzahl"

Die Natur sagt uns nicht direkt, was unter dem intuitiven Begriff der „Menge eines Stoffs", gleichgültig ob dieser in fester, flüssiger oder gasförmiger Form vorliegt, zu verstehen ist. Es geht darum, einen Mengenbegriff festzulegen, der es erlaubt, Mengen *verschiedener* Stoffe miteinander zu vergleichen. Stellen zwei verschiedene Stoffe, etwa Wasser und Stickstoff, dann die gleiche Menge dar, wenn ihr Gewicht gleich ist oder wenn sie unter gleichem Druck und gleicher Temperatur dasselbe Volumen einnehmen, oder wenn sie bei gleicher Massendichte und gleicher Temperatur denselben Druck haben? Es ist unserer Entscheidung überlassen, was wir die „Menge eines Stoffs" nennen, wie wir also festlegen, wann zwei verschiedene Stoffe in *gleicher Menge* vorliegen.

Auf den ersten Blick wird man als **Menge eines Stoffs** „selbstverständlich" seine Masse betrachten. Tatsächlich hat man historisch auch zunächst das Gewicht, nach NEWTON dann die Masse als „das" Mengenmaß überhaupt angesehen. Zweifel an der Einzigartigkeit, ja an der physikalischen Sinnvollheit dieses Mengenbegriffs kamen erst auf, als man die Regeln untersuchte, nach denen verschiedene Stoffe chemisch miteinander reagieren und neue Stoffe bilden. Die dabei gefundenen Gesetze der „konstanten (PROUST, 1799) und multiplen (DALTON, 1802) Proportionen" wiesen den Weg zu einem anderen Mengenbegriff, mit dessen Hilfe die zunächst verwirrenden Erscheinungen bei der Umformung der Materie in ihre verschiedenen Formen einfach und übersichtlich wurden. Der von J. DALTON (1766–1844) geschaffene Begriff des Atoms und vor allem die von AMADEO AVOGADRO (1776–1856) als fundamental erkannte Rolle des Begriffs des Moleküls als der eigentlichen Einheit der Stoffmenge erwiesen sich als der Schlüssel zum Verständnis der Materie. Das Molekül ist danach nichts anderes als die Einheit einer neuen physikalischen Größe, einer Variable N, mit der sich der intuitive Begriff der Stoffmenge unabhängig vom Einzelstoff fassen läßt. Gemessen wird diese Größe nach den Proportionen, in denen verschiedene Stoffe miteinander chemische Verbindungen eingehen. Zwei verschiedene Stoffe liegen dann in gleicher Menge vor, wenn es zu jedem Molekül des einen Stoffs genau ein Molekül des anderen Stoffs gibt, mit anderen Worten, wenn die *Teilchenzahlen* der Stoffe gleich sind. Daß die Teilchenzahl die sinnvoll definierte Stoffmenge ist, zeigte sich dann in einer nicht abreißenden Reihe von Erfolgen, die mit der Beherrschung der Gesetze der idealen Gase begann (§ 15).

Die den intuitiven Begriff der Menge eines Stoffs messende Größe N nennen wir die **Teilchenzahl** eines Stoffs und nicht, wie es vielleicht näher läge, die „Stoffmenge". Der Grund für unsere Benennung ist historisch: Es gibt die Variable oder „Observable" N in der theoretischen Physik seit fast 50 Jahren; sie trägt dort den etablierten quantenmechanischen Namen *Teilchenzahl-Operator*. Deshalb nennen wir N die Teilchenzahl-Variable. Man ändere den Namen nicht um in „Anzahl der Teilchen, die ein System enthält", denn diese Sprechweise, obwohl prinzipiell nicht falsch, verleitet doch zu leicht zu der Vorstellung vom Teilchen als einem Individuum, einem Teilsystem des Gesamtsystems, und das führt bei Gelegenheit zu falschen Schlüssen. Die Teilchenzahl ist keine Anzahl von Individuen, sie ist ebenso eine physikalische Größe, eine Variable eines jeden Systems, wie die Energie, die Entropie oder die Ladung. Daß sich diese Variable nicht im mathematischen Sinn stetig ändern läßt, spielt keine Rolle. Wie wir wissen, ist das mit der Ladung, dem Drehimpuls und anderen Variablen auch nicht möglich, aber das hindert uns nicht, sie als Variablen zu benutzen.

Einheiten der Größe Teilchenzahl

Die Größe „Teilchenzahl" hat, wie jede physikalische Variable, auch eine eigene Dimension. Wie die Variable „Energie" die Dimension Energie hat oder die „Entropie" die Dimension Entropie, hat die Variable „Teilchenzahl" die *Dimension Teilchenzahl.*

Die *Einheit* der Variable Teilchenzahl kann ebenso willkürlich festgelegt werden wie die Einheit jeder anderen Größe. So wie die festgesetzte Einheit der Ladung As = Coulomb ist, ist die herkömmliche Einheit der Variable Teilchenzahl **Mol.** Und ähnlich, wie es bei der Ladung als andere Einheit eine natürliche, elementare Einheit gibt, nämlich die Elementarladung, gibt es für die Teilchenzahl eine natürliche, elementare Einheit, nämlich das **Teilchen***. Je nach Stoff hat diese Einheit allerdings verschiedene Namen wie Atom, Molekül, Elektron, Ion, Nukleon oder Photon, da auch das Licht ein „Stoff" ist.

Mol und Teilchen sind nur verschiedene Einheiten *derselben* Variable „Teilchenzahl", so wie Meter und Kilometer verschiedene Einheiten derselben Variable „Länge" sind. Und so wie 1 km = 1000 m, so sind

$$1\,\text{Mol} = 6{,}022 \cdot 10^{23}\,\text{Teilchen}\,. \tag{5.1}$$

Dividiert man die Größengleichung (5.1) links und rechts durch „Mol", erhält man

$$6{,}022 \cdot 10^{23}\,\frac{\text{Teilchen}}{\text{Mol}} = 1\,. \tag{5.2}$$

Die 1 auf der rechten Seite dieser Gleichung mag überraschen, da man die linke Seite dieser Gleichung gewöhnlich als „Loschmidt-Konstante" oder „Avogadro-Konstante" bezeichnet. Logisch zulässig ist aber, wie (5.2) zeigt, nur die Bezeichnung der *dimensionslosen Zahl* $6{,}022 \cdot 10^{23}$ als *Loschmidt-Zahl* oder *Avogadro-Zahl L*.

Das Problem der Dimension der Loschmidt-Zahl liegt logisch auf derselben Ebene wie das der Dimension etwa des „elektrischen Wärmeäquivalents". Aus der zweifellos korrekten Größengleichung

$$1\,\text{cal} = 4{,}18\,\text{Ws} \tag{5.3}$$

folgt, daß

$$4{,}18\,\frac{\text{Ws}}{\text{cal}} = 1\,. \tag{5.4}$$

Ein früher gern verwendetes „elektrisches Wärmeäquivalent A", definiert als

$$A = 4{,}18\,\frac{\text{Ws}}{\text{cal}}\,,$$

ist ebenso ein logisches Unding wie die Bezeichnung der linken Seite von (5.2) mit L. A ist deshalb auch längst aus der Literatur verschwunden.

Der merkwürdige Zahlwert von L hat seine Begründung in der historischen Festsetzung, daß er ursprünglich die Zahl der Atome bezeichnete, die in 1 „Gramm-Atom" eines Stoffs enthalten sind. 1 Gramm-Atom legte man fest durch 1 g atomaren Wasserstoffs. 1 g H enthält $6 \cdot 10^{23}$ Atome. 1 Gramm-Atom bzw. 1 Gramm-Molekül irgendeines anderen Stoffes ist dann diejenige Menge des Stoffes, die genauso viele Atome bzw. Moleküle enthält wie 1 g atomarer Wasserstoff. Das Massenverhältnis dieser Menge des betreffenden Stoffs zu 1 g atomarem Wasserstoff nannte man die „Atommasse" bzw. „Molekularmasse" des betreffenden Stoffs, und das Gewichtsverhältnis dieser Mengen entsprechend das „Atomgewicht" bzw. „Molekulargewicht".

Die Festlegung der Loschmidt-Zahl dadurch, daß die Teilchenzahleinheit 1 Mol durch die Anzahl der H-Atome in 1 g atomarem Wasserstoff definiert wird, genügt nicht großen Genauigkeitsansprüchen, weil Wasserstoff ein Gemisch ist aus verschiedenen Isotopen ^1H, ^2H und ^3H. Anstatt allerdings die Definition durch genaue Angabe des Mischungsverhältnisses von H-Isotopen oder durch ein einzelnes H-Isotop zu präzisieren, definiert man heute L mit Hilfe des Kohlenstoff-Isotops ^{12}C. Die Zahl $L = 6{,}022 \cdot 10^{23}$ gibt die Anzahl Atome an, die 12,0000 g Kohlenstoff enthält, der nur aus dem Isotop ^{12}C besteht.

---

* Das Wort „Teilchen" für die natürliche, elementare Einheit der Variable Teilchenzahl ist so wenig ideal wie das Wort „Teilchenzahl" für die Variable, die den intuitiven Begriff der Stoffmenge als physikalische Größe faßt. So wie wir uns für das Wort „Teilchenzahl" entschieden haben, um uns dem in der Quantenmechanik üblichen Wortgebrauch anzuschließen, und das Wort „Stoffmenge" als Bezeichnung dieser Variable vermeiden, weil es zu wenig deutlich macht, daß diese Variable mit der Variable „Masse (Ruhenergie)" nichts zu tun hat, so geben wir, wenn auch mit Bedenken, dem Wort „Teilchen" als Einheitenbezeichnung den Vorzug. Die Bedenken rühren daher, daß das Wort „Teilchen" dazu verleitet, im „Teilchen" nicht so sehr die Einheit einer Variable zu sehen als vielmehr ein gegenständliches Individuum, einen „Baustein der Materie". Andere denkbare Wörter für die elementare Einheit von N, wie „Teil", „Stück" oder das dem angelsächsischen und romanischen Sprachgebrauch entgegenkommende „part", laufen diese Gefahr weniger. Dafür sind sie aber so viel weniger suggestiv als das „Teilchen", daß sie uns unserer Absicht, von der Notwendigkeit einer ebenso im Normenblatt wie im physikalischen Alltag ernst zu nehmenden elementaren Einheit für die Variable Teilchenzahl zu überzeugen, zu wenig zu dienen scheinen.

Die Variable Teilchenzahl fristet bisher ein verkanntes Dasein. Entsprechend treten auch ihre Einheiten nicht in Erscheinung, obwohl das bei einer konsequenten Auffassung aller physikalischen Gleichungen als Größengleichungen unumgänglich ist. So enthalten viele Konstanten in der Physik Einheiten der Variable Teilchenzahl, ohne daß man sich darüber Rechenschaft gibt. Beispiele sind $\hbar$ und e. $\hbar$ ist ein Drehimpuls/Teilchenzahl, also hat $\hbar$ den Wert $\hbar = h/2\pi = 1{,}054494 \cdot 10^{-34}\ \mathrm{Ws^2/Teilchen}$. Erst durch Multiplikation mit der Teilchenzahl N (Einheit: Teilchen) wird $N\hbar$ eine Größe der Dimension eines Drehimpulses. Entsprechend wird e im allgemeinen verwendet als Ladung/Teilchenzahl, so daß $e = 1{,}60210 \cdot 10^{-19}$ As/Teilchen. Durch Multiplikation mit der Teilchendichte oder Konzentration n (Einheit: Teilchen/$\mathrm{m^3}$) entsteht eine Raumladungsdichte $\rho = n\,e$ mit der Einheit As/$\mathrm{m^3}$.

Wir werden in diesem Buch der Variable Teilchenzahl konsequent auch die Dimension Teilchenzahl geben und sinngemäß die Einheiten *Teilchen* oder *Mol* in den physikalischen Relationen hinschreiben. Das ist keine bloße Pedanterie, sondern hat überraschende Konsequenzen. Es gilt dann nämlich beispielsweise

$$\text{(5.5)} \qquad \text{(Elementarladung/Teilchen) } e \equiv \text{Faraday-Konstante } F;$$

denn bei Beachtung von (5.1) drückt diese Gleichung nichts aus als die Identität

$$\text{(5.6)} \qquad 1{,}602 \cdot 10^{-19}\,\frac{\mathrm{As}}{\mathrm{Teilchen}} = (1{,}602 \cdot 10^{-19})(6{,}022 \cdot 10^{23})\,\frac{\mathrm{As}}{\mathrm{Mol}} = 96487\,\frac{\mathrm{As}}{\mathrm{Mol}}.$$

Besagt diese Identität, daß Faraday den Wert der Elementarladung gekannt habe? Sicher nicht; denn der Zahlwert von e in der Einheit As/Teilchen läßt sich bei Kenntnis des Zahlwertes in der Einheit As/Mol nur mit der Loschmidt-Zahl L gewinnen. Man wende nicht ein, L sei „willkürlich definiert“: Würde L anders definiert als durch (5.1) und damit durch die Anzahl Atome in 12,0000 g ^{12}C, bliebe der Zahlwert von $e \equiv F$ bei der Einheit As/Teilchen unverändert, nicht aber bei der Einheit As/Mol.

Ferner ist (§15)

$$\text{(5.7)} \qquad \text{Boltzmann-Konstante } k \equiv \text{Gaskonstante } R;$$

denn es ist

$$\text{(5.8)} \quad 1{,}381 \cdot 10^{-23}\,\frac{\mathrm{Ws}}{\mathrm{Teilchen} \cdot \mathrm{K}} = (1{,}381 \cdot 10^{-23})(6{,}022 \cdot 10^{23})\,\frac{\mathrm{Ws}}{\mathrm{Mol} \cdot \mathrm{K}} = 8{,}3143\,\frac{\mathrm{Ws}}{\mathrm{Mol} \cdot \mathrm{K}}.$$

Auch für die Atom- und Molekularmasse ist es begrifflich gleichgültig, ob man als Einheit der Teilchenzahl das Teilchen oder das Mol benutzt. So gilt für die Atommasse des ^{1}H-Atoms

$$\text{(5.9)} \qquad A_{^1\mathrm{H}} = 1{,}67343 \cdot 10^{-27}\,\frac{\mathrm{kg}}{\mathrm{Teilchen}}$$

$$= (1{,}67343 \cdot 10^{-27})(6{,}022 \cdot 10^{23})\,\frac{\mathrm{kg}}{\mathrm{Mol}} = 1{,}00797\,\frac{\mathrm{g}}{\mathrm{Mol}}.$$

Rechts in dieser Gleichung steht die üblicherweise als Atommasse bezeichnete Größe, der man gern eine Dimension und damit auch eine Einheit mit der Begründung verweigert, es handele sich um eine „relative Massenangabe". *Jede* Massenangabe ist aber eine „relative Angabe". Daß der zahlenmäßige Ausdruck für eine Naturkonstante von den verwendeten Einheiten abhängt, ist eigentlich trivial und wird in vielen Fällen auch als ganz selbstverständlich hingenommen. So findet niemand etwas dabei, daß der Zahlwert der Lichtgeschwindigkeit c von der benutzten Längeneinheit abhängt. Dagegen wird es durchaus nicht als selbstverständlich empfunden, daß Naturkonstanten vom Mengencharakter, wie e, $\hbar$, k, in ihrem Zahlwert von der jeweils benutzten Teilchenzahleinheit abhängen. Dabei ist logisch gesehen der zweite Fall nicht weniger selbstverständlich als der erste. Uns steht hier nur die Gewöhnung im Weg, die Teilchenzahl nicht als Variable, sondern als „unveränderliches Charakteristikum" eines Systems, als Anzahl seiner kleinsten Individuen aufzufassen.

Daß in den Naturkonstanten e und $\hbar$ die Dimension Teilchenzahl vorkommen muß, spiegelt wider, daß Ladung und Drehimpuls stets an eine Teilchenzahl gekoppelt sind. Die grundlegende, durch viele Experimente gesicherte Erfahrung ist nämlich, daß die beobachteten Änderungen der elektrischen Ladung, des Drehimpulses und der Teilchenzahl eines Systems stets ganzzahlige Vielfache einer „elementaren Ladung", eines „elementaren Drehimpulses" und eines „elementaren Teilchens" sind. Ein solches elementares Teilchen kann ein Elektron, ein Proton, ein Atom- oder Molekülion oder, wie z.B. bei Festkörperanregungen, auch ein Quasiteilchen sein.

Wenn, wie im folgenden auseinandergesetzt, mehrere Teilchensorten auftreten, ist es nötig, mehrere unabhängige Teilchenzahl-Variablen zu benutzen. Diese haben aber alle dieselbe Dimension „Teilchenzahl" und dieselbe Einheit „Teilchen".

Mehrere Teilchenzahl-Variablen

So wie ein System, wie wir in §3 gesehen haben, mehrere unabhängige Drehimpuls-Variablen (L_1 und L_2) haben kann, kann es auch mehrere unabhängige Teilchenzahl-Variablen $N_1, N_2, N_3, \ldots$ haben. Wir sagen dann, das System habe verschiedene „Sorten" von Teilchen. Haben wir es mit mehreren Stoffen zu tun, deren Moleküle oder Atome sich durch irgendwelche Merkmale, durch ihre Struktur, ihre Masse oder durch die Werte irgendwelcher innerer Variablen unterscheiden, so denken wir uns alle Stoffe aufgereiht und mit den Zahlen 1, 2, 3, ... durchnumeriert. Ihre Mengen bezeichnen wir entsprechend durch die Variablen $N_1, N_2, N_3, \ldots$, so daß der Wert von N_i die Menge, also die Anzahl der Moleküle oder Atome, kurzum die Teilchenzahl des Stoffes mit der Nummer i angibt. So wie voneinander unabhängige Drehimpuls-Variablen alle dieselbe Dimension und dieselbe Einheit haben oder unabhängige Energie-Variablen alle die Dimension Energie und die Einheit Joule, haben auch voneinander unabhängige Teilchenzahl-Variablen alle dieselbe Dimension und dieselbe Einheit „Teilchen" oder „Mol". Daß ein System aus verschiedenen Stoffen besteht, drückt sich lediglich darin aus, daß es mehrere unabhängige Teilchenzahl-Variablen besitzt. In einer Tasse Tee als Beispiel sind an verschiedenen Stoffen, an „Komponenten" des Tees Wasser, Zucker, Teïn, Farbstoffe enthalten. Von weiteren Bestandteilen des Tees, wie Mineralsalzen, sehen wir ab. Die Zusammensetzung der Tasse Tee charakterisiert man dadurch, daß man angibt, wie viele Teilchen sie von jedem Stoff enthält, also wie viele Moleküle Wasser, wie viele Moleküle Zucker, Moleküle Teïn und wie viele Moleküle Farbstoffe.

Wenn wir nun in gewohnter Weise von einem System sprechen, etwa von unserer Tasse Tee, so hat jede der Variablen $N_1, N_2, \ldots$ einen bestimmten Wert. Für alle Stoffe i, die im Tee nicht vorkommen, ist $N_i = 0$ und für alle, die vorkommen, sagen wir die Stoffe 1 bis 4, haben die Teilchenzahlvariablen N_1 bis N_4 einen bestimmten Wert. Bezeichnet 1 das Wasser, so ist etwa $N_1 = 5 \cdot 10^{24}$ Teilchen, nämlich gleich der Zahl Wasser-Moleküle in der Tasse Tee.

Von einem naiv-gegenständlichen Standpunkt ist in dem genannten Beispiel die einzelne Tasse Tee das „System". Den Begriff des physikalischen Systems haben wir bis jetzt nämlich nur gebraucht wie eine gelehrt klingende Abkürzung für das Wort Objekt, Gegenstand oder Körper. Statt von der Tasse Tee als von einem Gegenstand zu sprechen, haben wir vom „System Tee" gesprochen. Wie ist aber nun die Sachlage, wenn wir z.B. die Menge des Stoffs 1, also die Menge des Wassers verändern? Wird dann aus der Tasse Tee ein anderer Gegenstand, also ein anderes System? Um die Frage noch deutlicher zu stellen, denken wir uns eine zweite Tasse Tee, deren Gesamtmenge und deren Zusammensetzung aus den Stoffen 1 bis 4 von der ersten Tasse verschieden sei, für die N_1 bis N_4 also andere Werte haben als bei der ersten Tasse. Die Frage ist dann: Sind die beiden Tassen Tee zwei verschiedene Systeme? Solange man den Begriff des Systems naiv, also lediglich als Synonym für das individuelle Einzelgebilde betrachtet, das wir trinken, würde man diese Frage sicher mit ja beantworten und dementsprechend die Werte von N_1 bis N_4 nicht als Werte von Variablen, sondern als „unveränderliche Charakteristika" des Systems betrachten. Die Thermodynamik beantwortet diese Frage indessen anders: Die beiden Tassen Tee sind nach ihr nicht zwei verschiedene Systeme, sondern zwei *verschiedene Zustände desselben Systems*, nämlich Zustände, die sich in den Werten der Variablen N_1 bis N_4 unterscheiden. Was ist dann aber das System? Die Frage können wir in voller Allgemeinheit hier noch nicht beantworten, aber so viel läßt sich schon sagen: Zu dem, was die Thermodynamik als System bezeichnet, gehören alle Mischungen, die sich aus den Stoffen 1 bis 4 herstellen lassen, wobei auch noch die Gesamtmenge beliebig groß oder klein gemacht werden kann. Anschaulich gesprochen bilden alle Tassen Tee, die sich überhaupt aus den vier Komponenten herstellen lassen, das System, also alle Tassen mit beliebigen Mischungen aus den Stoffen 1 bis 4, vom reinen Wasser ($N_1 \neq 0$, $N_2 = N_3 = N_4 = 0$) bis zu beliebigen Mischungen aus zwei, drei und allen vier Stoffen. Ein System ist also nicht notwendig ein mengenmäßig festlegbarer oder räumlich eingrenzbarer Gegenstand. Man erreicht durch diesen thermodynamischen Begriff des Systems eine ungeahnte Flexibilität in der Beschreibung und gleichzeitig eine Zusammenfassung von zunächst als unterschieden angesehenen physikalischen Objekten zu einem neuen Oberbegriff.

Chemische Energie

Da die chemische Energie eine Energie*form* ist, hängt sie an den *Änderungen* der zugeordneten extensiven Variablen, also an den Änderungen dN_1, dN_2, dN_3 ... der Teilchenzahlen $N_1, N_2, N_3, \ldots$ Angewandt auf unsere Tasse Tee bedeutet das, daß Energie in Form von chemischer Energie dann auftritt, wenn aus einer Tasse Tee eine andere Tasse Tee gemacht wird, entweder dadurch, daß der Tee vermehrt oder vermindert wird oder daß ein Tee anderer Zusammensetzung hergestellt wird. Wie das experimentell gemacht wird, mit welchen Hilfsmitteln und auf welchen Wegen das geschieht, ist völlig gleichgültig. Wichtig allein ist, wie groß die Änderungen $dN_1, dN_2, \ldots$ der Teilchenzahlen sind. Sie bestimmen den Betrag an Energie, der mit den Änderungen der Menge der

Stoffe aufzubringen, also dem System zuzuführen oder, wenn der Betrag negativ ist, zu entziehen ist. Wird nur die Teilchenzahl N_1 um dN_1 geändert, während alle anderen Teilchenzahlen konstant bleiben, $(dN_2 = dN_3 = \cdots = 0)$, wird also der Tee mit Wasser verdünnt, so ist die mit der Änderung dN_1 verknüpfte chemische Energie gegeben durch einen Ausdruck der Form

$$\left.\begin{array}{l}\text{Mit der Änderung von } N_1 \text{ um } dN_1 \text{ einem} \\ \text{System zugeführte chemische Energie}\end{array}\right\} = \mu_1\, dN_1. \tag{5.10}$$

Die Größe μ_1 heißt das **chemische Potential** des Stoffs 1. Da N_1 die Dimension Teilchenzahl hat, besitzt das chemische Potential die Dimension Energie/Teilchenzahl. μ_1 gibt die Energie an, die man braucht, um die Teilchenzahl N_1 um eine Einheit zu erhöhen, um also dem System ein Teilchen der Sorte 1 zuzufügen. Ist der Stoff 1, wie wir angenommen haben, Wasser, seine Teilchen also Wasser-Moleküle, so ist μ_1 die Energie, die man aufbringen muß, wenn man der Tasse Tee ein Wasser-Molekül (oder eine bestimmte, als Einheit von N_1 dienende Anzahl von Wasser-Molekülen, etwa 1 Mol) zufügt.

Da man ein Wasser-Molekül nicht aus dem Nichts schaffen kann, muß man es, bevor man es dem Tee zufügt, einem anderen System, etwa dem Dampf, entnehmen, wofür wieder eine Gleichung der Gestalt (5.10) gilt, jetzt nur mit $dN_1 < 0$ (= Teilchenentzug) und mit einem anderen Wert μ_1^* des chemischen Potentials. Das kostet natürlich einen bestimmten Energiebetrag, der gemessen wird durch den Wert μ_1^* des chemischen Potentials des Wasser-Moleküls in dem anderen System. Was man also im Experiment mißt, ist nicht die Energie (5.10), sondern eine Differenz von Energien (5.11), nämlich die Energie

$$\mu_1\, dN_1 - \mu_1^*\, dN_1 = (\mu_1 - \mu_1^*)\, dN_1, \tag{5.11}$$

die mit der Überführung der Anzahl dN_1 von Wasser-Molekülen aus dem zweiten System in den Tee verknüpft ist.

Wird in einem Prozeß nicht nur die Teilchenzahl N_1 des Stoffs 1 um dN_1 geändert, sondern auch N_2 um dN_2, N_3 um $dN_3, \ldots$, so ist die mit den Änderungen $dN_1, dN_2, dN_3, \ldots$ verknüpfte Energie gegeben durch

$$\left.\begin{array}{l}\text{Mit den Änderungen } dN_1, dN_2, dN_3, \ldots \\ \text{der Teilchenzahlen } N_1, N_2, N_3, \ldots \text{ einem} \\ \text{System zugeführte chemische Energie}\end{array}\right\} = \mu_1\, dN_1 + \mu_2\, dN_2 + \mu_3\, dN_3 + \cdots. \tag{5.12}$$

Besteht ein Stoff aus verschiedenen Teilchensorten, die sich auf irgendeine Weise unterscheiden lassen, so gehört zu der Änderung der Anzahl von Teilchen jeder Teilchensorte eine eigene Energieform chemische Energie. Es gibt also für ein System so viele verschiedene Energieformen chemische Energie, wie das System verschiedene Komponenten oder Teilchensorten enthält. Im Beispiel der Tasse Tee waren es vier. Bei irgendwelchen Änderungen der Menge oder der Zusammensetzung des Tees muß man die voneinander unabhängigen Energieformen $\mu_1\, dN_1$, $\mu_2\, dN_2$, $\mu_3\, dN_3$ und $\mu_4\, dN_4$ berücksichtigen. Deren Summe gibt nach (5.12) den Energiebetrag an, der bei irgendeiner Änderung von einer oder mehreren der Komponenten dem System als chemische Energie zugeführt oder ihm entzogen wird.

Änderungen dN_i einer Teilchenzahl N_i kommen nicht nur dadurch zustande, daß Teilchen der Sorte i dem betrachteten System von außen zugefügt werden. Die Teilchen können auch entstehen oder vergehen, nämlich dadurch, daß Teilchen der Sorte i bei einer chemischen Reaktion entstehen oder bei einer Reaktion verbraucht werden. So kann H_2O aus H_2 und O_2 durch Reaktion entstehen nach der chemischen Reaktionsformel

$$2H_2 + O_2 \rightleftharpoons 2H_2O. \tag{5.13}$$

Wollen wir die chemische Energie berechnen, die mit den Teilchenzahländerungen dieser chemischen Reaktion verknüpft ist, müssen wir bedenken, daß in der Reaktion drei verschiedene Teilchensorten auftreten, nämlich H_2-Moleküle, O_2-Moleküle und H_2O-Moleküle. Da zwei H_2O-Moleküle gebildet werden, wenn zwei H_2-Moleküle und ein O_2-Molekül verschwinden, ist $dN_{H_2O} = +2$ Teilchen, $dN_{H_2} = -2$ Teilchen und $dN_{O_2} = -1$ Teilchen. Bei einem „Reaktionsumsatz", d.h. bei den eben genannten Änderungen der Teilchenzahlen, muß dem System an chemischer Energie nach (5.12) der Betrag

$$(2\mu_{H_2O} - 2\mu_{H_2} - \mu_{O_2})\, dN_{O_2} \tag{5.14}$$

zugeführt oder, wenn sie negativ ist, entzogen werden. Diese Energie tritt als Zunahme oder Abnahme der Energie des Systems, d.h. als *Reaktionsenergie* nur auf, wenn bei der Reaktion nicht gleichzeitig auch Energie in anderen Formen ausgetauscht wird, wenn also alle anderen extensiven Variablen außer N_{H_2O}, N_{H_2} und N_{O_2}, insbesondere also auch das Volumen V konstant gehalten werden. Um die Reaktionsenergie auszurechnen, müssen die chemischen Potentiale μ_{H_2O}, μ_{H_2}, μ_{O_2} bekannt sein.

Unsere Betrachtungen sind nicht auf chemische Stoffe im landläufigen Sinn beschränkt, sie sind auch auf Elementarteilchen und Atomkerne anwendbar. Sie lassen sich auf alles anwenden, dessen Menge durch einen Wert der Variable Teilchenzahl bestimmt ist. Es hat deshalb einen Sinn, vom chemischen Potential eines Elektrons, eines Protons oder eines Neutrons zu sprechen. Es ist jeweils die Energie, die notwendig ist, die Zahl der Elektronen, Protonen oder Neutronen eines physikalischen Systems um eine Einheit zu erhöhen. Der Wert des chemischen Potentials hängt dabei nicht nur vom Teilchen und von dem System ab, sondern auch von dem Zustand, in dem sich das System befindet. So hat das chemische Potential eines Elektrons in einem Kupfer-Kristall einen anderen Wert als in einem Zink-Kristall, und es ist auch innerhalb desselben Kristalls nicht konstant, wenn Dichte, Temperatur und chemische Zusammensetzung innerhalb des Kristalls variieren. Es kostet Energie, ein Elektron aus dem Kupfer ins Zink zu bringen, also dem Kupfer ein Elektron zu entziehen und dem Zink zuzufügen. Das chemische Potential eines Elektrons im Kupfer-Kristall hat danach einen kleineren Wert als das eines Elektrons in einem Zink-Kristall. Das Elektron ist im Kupfer-Kristall fester gebunden als im Zink-Kristall. Man beachte, daß die *Bindungsfestigkeit* des Elektrons, ebenso wie auch die eines Atoms in einem Molekül oder die irgendeines anderen Bindungsproblems, durch den Wert des *chemischen Potentials* gemessen wird und nicht durch die chemische Energie. Das chemische Potential ist also das Mittel, um den Energieinhalt einer chemischen Verbindung, allgemein die Energie einer als Teilchen bezeichneten Konfiguration auszudrücken. Von chemischer Energie als einer Energieform zu sprechen, ist dagegen notwendig bei chemischen Umsetzungen, bei Reaktionen, allgemein bei Vorgängen, die mit Teilchenzahl*änderungen* verknüpft sind.

Schließlich sei bemerkt, daß die Betrachtungen auch für Teilchen gelten, die im Sinn der Alltags-Sprache gar keine Teilchen sind, sondern Gebilde, denen zur Vollständigkeit irgendeiner Konfiguration ein Atom oder ein Elektron fehlt. Ein Beispiel ist das Fehlen eines Atoms in einem sonst vollständigen Kristallgitter, eine sogenannte *Fehlstelle*. Ein anderes Beispiel ist ein *Defektelektron* in einem Halbleiter. Das ist ein in einer bestimmten Elektronenkonfiguration fehlendes Elektron. Beide Dinge lassen sich als Teilchensorten auffassen und durch die Variable „Teilchenzahl" beschreiben. Den Änderungen der Anzahl dieser Fehlstellen oder Defektelektronen ist ebenso eine chemische Energie zugeordnet, wie die Bindungsstärke dieser Gebilde durch ein chemisches Potential gekennzeichnet ist. Im einzelnen ist das ein Stück Festkörperphysik, das wir hier nur erwähnen, aber nicht näher verfolgen wollen.

Elektrochemische Energie

Bei der Energieform elektrische Energie (§4) ist es gleichgültig, an welchen Körper eine am Ort $\boldsymbol{r}$ befindliche Ladung Q gebunden ist. Das bedeutet natürlich, daß es gleichgültig ist, ob die Ladung Q überhaupt an einen Körper gebunden ist oder nicht. Im Hinblick auf die mit einer Ladungsänderung dem elektromagnetischen Feld zugeführte elektrische Energie (4.13) oder (4.14) interessiert nicht, ob Ladung überhaupt an Körper gebunden ist oder ob sie unabhängig von der Materie existieren kann. Es ist nun eine grundlegende Erfahrung, daß *Ladung stets an Materie, an Teilchen gebunden* ist. Der Satz, daß Ladung stets an Materie gebunden ist, ist nicht umkehrbar. So gibt es ungeladene Teilchen, wie das Photon, Neutrino, Neutron, die neutralen Mesonen und bestimmte Hyperonen. Jedes Atom enthält geladene Teilchen, und zwar gleich viele Protonen im Atomkern, jedes mit der Ladung $e=1{,}6\cdot 10^{-19}$ As/Teilchen, wie Elektronen in der Atomhülle, jedes mit der Ladung $-e$.

Die Verschiebung eines Teilchens von einem Ort $\boldsymbol{r}^*$ an einen anderen Ort $\boldsymbol{r}$ ist einem Prozeß gleichwertig, bei dem am Ort $\boldsymbol{r}^*$ ein Teilchen vernichtet und am Ort $\boldsymbol{r}$ ein Teilchen derselben Sorte erzeugt wird. Dazu muß dem System, zu dem das Teilchen gehört, nämlich der Materie, chemische Energie zugeführt werden, wenn das chemische Potential μ der Teilchen am Ort $\boldsymbol{r}^*$ einen anderen Wert hat als am Ort $\boldsymbol{r}$, d.h. wenn $\mu(\boldsymbol{r}^*)\neq\mu(\boldsymbol{r})$. Bringt man dN Teilchen von $\boldsymbol{r}^*$ nach $\boldsymbol{r}$, so kostet das nach (5.11) die chemische Energie

$$[\mu(\boldsymbol{r})-\mu(\boldsymbol{r}^*)]\,dN. \tag{5.15}$$

Wenn die Teilchen geladen sind, bringt man mit den Teilchen auch Ladung von $\boldsymbol{r}^*$ nach $\boldsymbol{r}$. Wir messen die Ladung jedes Teilchens in der Zahl z der Elementarladungen e, die es trägt. Für Protonen ist $z=+1$, für Elektronen $z=-1$, für ein zweifach positiv geladenes Zink-Ion Zn^{++} ist $z=+2$, für ein zweifach negativ geladenes Sauerstoff-Ion O^{--} ist $z=-2$. Für ein neutrales Teilchen ist $z=0$. Allgemein tragen dN Teilchen die Ladung $dQ=z\,e\,dN$. Werden die geladenen Teilchen von $\boldsymbol{r}^*$ nach $\boldsymbol{r}$ gebracht, so ist unabhängig von der der Materie zugeführten chemischen Energie (5.15) dazu nach (4.15) dem elektromagnetischen Feld die elektrische Energie

$$[\phi(\boldsymbol{r})-\phi(\boldsymbol{r}^*)]\,dQ=z\,e[\phi(\boldsymbol{r})-\phi(\boldsymbol{r}^*)]\,dN \tag{5.16}$$

zuzuführen.

Wenn geladene Teilchen von einem Ort $\boldsymbol{r}^*$ an einen anderen Ort $\boldsymbol{r}$ gebracht werden, ist also Energie nicht nur in einer einzigen Energieform beteiligt, sondern in zwei Formen, und zwar einmal chemische Energie, die dem System „Materie" zugeführt wird und der Situation der jeweiligen Teilchensorte in ihrer Umgebung Rechnung trägt, und zum anderen elektrische Energie, die dem System „Elektromagnetisches Feld" zugeführt wird. Die Energie, um dN Teilchen von $\boldsymbol{r}^*$ nach $\boldsymbol{r}$ zu bringen, ist damit gegeben durch die Summe der chemischen Energie (5.15) und der elektrischen Energie (5.16), also durch

$$(5.17) \qquad \{[\mu(\boldsymbol{r})+z\,e\,\phi(\boldsymbol{r})]-[\mu(\boldsymbol{r}^*)+z\,e\,\phi(\boldsymbol{r}^*)]\}\,dN.$$

Mit der Abkürzung

$$(5.18) \qquad \eta=\mu+z\,e\,\phi$$

lautet der Ausdruck (5.17)

$$(5.19) \qquad [\eta(\boldsymbol{r})-\eta(\boldsymbol{r}^*)]\,dN.$$

Die Größe η heißt das **elektrochemische Potential** der Teilchen der Ladung ze und vom chemischen Potential μ, die sich in einem elektrischen Feld mit dem Potential ϕ befinden.

Die Gl. (5.19) hat die gleiche Gestalt wie die Gln. (5.11) und (5.15). Es ist daher zweckmäßig, $\eta\,dN$ als eigene Energieform anzusehen. Man nennt

$$(5.20) \qquad \eta\,dN = \text{elektrochemische Energie}.$$

Die elektrochemische Energie ist eine Energieform des Systems „Elektromagnetisches Feld + Materie". Will man jedes der beiden Systeme „Elektromagnetisches Feld" und „Materie" für sich behandeln, muß man die Energieform elektrochemische Energie zerlegen in die beiden Formen elektrische Energie und chemische Energie. Da es sich bei den meisten Problemen des Teilchenaustausches in der Chemie und in der Festkörperphysik um geladene Teilchen handelt, nämlich um Elektronen und Ionen, und außerdem fast immer elektrische Felder vorhanden sind, spielt die elektrochemische Energie meist die größere Rolle als die chemische Energie.

Zum Verständnis des Begriffs des elektrochemischen Potentials η ist es wesentlich, sich die unterschiedliche Rolle der beiden Potentiale μ und ϕ, die in diesen Begriff eingehen, deutlich zu machen. μ ist eine Variable der Materie, ϕ dagegen eine Variable des elektromagnetischen Feldes. Ist $\mu(\boldsymbol{r})$ eine Ortsfunktion, so bedeutet das, daß die Materie als im Raum ausgedehntes Gebilde beschrieben und jedes Volumenelement als ein eigenes Teilsystem angesehen wird. Der Wert von $\mu_i(\boldsymbol{r})$ gibt dann die Bindungsenergie der Teilchensorte i an der Stelle $\boldsymbol{r}$ der Materie an. Entscheidend ist, daß der Wert der Variable μ_i an einer Stelle $\boldsymbol{r}$, also $\mu_i(\boldsymbol{r})$ nicht von den Werten der physikalischen Größen, etwa den Teilchendichten an anderen Stellen $\boldsymbol{r}' \neq \boldsymbol{r}$ abhängt, sondern allein von den Werten der physikalischen Größen an *derselben* Stelle $\boldsymbol{r}$. Genau das ist die Voraussetzung dafür, daß die Materie, auch wenn sie räumlich ausgedehnt ist, als aus lauter voneinander unabhängigen Volumenelementen zusammengesetzt beschrieben werden kann. Das ist ganz anders im Fall des elektromagnetischen Feldes. Der Wert der Variable ϕ an einer Stelle $\boldsymbol{r}$ hängt ab von den Werten der Ladungen an allen *anderen* Stellen $\boldsymbol{r}' \neq \boldsymbol{r}$ des Raums, nur nicht von der Ladung bei $\boldsymbol{r}$ selbst. Diese Eigenschaft ist es, die das System „Elektromagnetisches Feld" zum physikalischen Feld macht und es nicht gestattet, es als aus unabhängigen Volumelementen zusammengesetztes Gebilde zu beschreiben.

Während das chemische Potential $\mu_i(\boldsymbol{r})$ nur für die i-te Teilchensorte verbindlich ist, ist das elektrische Potential $\phi(\boldsymbol{r})$ für *alle* Teilchen verbindlich. Auch das elektrochemische Potential ist damit nur für eine bestimmte Teilchensorte verbindlich. Man sollte also statt (5.18) genauer schreiben

$$\eta_i = \mu_i + z_i e \phi. \tag{5.21}$$

Entsprechend ist

$$\eta_i \, dN_i = \begin{cases} \text{mit der Änderung } dN_i \text{ der Teilchensorte } i \\ \text{dem System „Elektromagnetisches Feld +} \\ \text{Materie“ zugeführte elektrochemische Energie.} \end{cases} \tag{5.22}$$

Handelt es sich um mehrere Teilchensorten, so ist die mit den Teilchenzahländerungen dN_i verknüpfte Energiezufuhr an das System, das sowohl die Materie als auch das elektromagnetische Feld einschließt, gegeben durch

$$\sum_i \eta_i \, dN_i = \sum_i (\mu_i + z_i e \phi) \, dN_i. \tag{5.23}$$

Die große Wirksamkeit des Begriffs des elektrochemischen Potentials beruht darauf, daß es einen chemischen Anteil μ_i enthält, der den individuellen Eigenschaften der Teilchensorte Rechnung trägt, gleichzeitig aber auch das elektrische Potential $\phi(r)$, das das elektrische Verhalten der Teilchen bestimmt, wobei die einzelne Teilchensorte elektrisch allein durch ihre Ladungszahl z_i charakterisiert ist. Wir werden uns von der Zweckmäßigkeit dieses Begriffs in den Anwendungen des elektrochemischen Potentials auf das Elektronengleichgewicht in Festkörpern und auf galvanische Batterien in §13 überzeugen.

§6 Die Energieform Wärme

Extensive und intensive Größen

Jede Energieform wird durch einen mathematischen Ausdruck der Gestalt (4.17) beschrieben. Es gilt sogar die Umkehrung dieser Behauptung, wenn als Größenpaar X und ξ die richtige Art Größen genommen wird. Ihr Produkt ξX muß natürlich die Dimension einer Energie haben, aber das legt noch nicht fest, welche der beiden Größen die Rolle von ξ und welche die Rolle von X spielt, d.h. welche vor und welche hinter dem Differentialzeichen steht. So ist zwar $\boldsymbol{\Omega} \, d\boldsymbol{L}$ eine Energieform oder $-p\,dV$, nicht aber $\boldsymbol{L} \, d\boldsymbol{\Omega}$ oder $-V dp$. Die physikalischen Größenpaare ξ und X, die zusammen in einer Energieform auftreten, lassen sich demgemäß in zwei Klassen einteilen. Die eine Klasse besteht aus den Größen, die bei der Beschreibung von Energieformen hinter dem Differentialzeichen stehen, und die andere aus den Größen, die als Faktor vor das

Differentialzeichen treten. Die Größen der ersten Klasse, die also hinter dem Differentialzeichen auftreten, heißen **extensive,** die der zweiten Klasse **intensive Größen.** Es gilt allgemein

$$\text{(6.1)} \qquad \text{Energieform} = (\text{intensive Größe } \xi) \cdot d(\text{extensive Größe } X).$$

Daß diese Regel allgemein gültig ist, läßt sich nicht beweisen, wie sich keine Behauptung über die Natur beweisen läßt, in der Wörter wie „alle" oder „immer" vorkommen. Die Allgemeingültigkeit von (6.1) liegt darin begründet, daß ihre Anwendung auf ungezählte Einzelprobleme bisher ausnahmslos zutraf.

Die Regel, wonach jeder Energieform eine von der Energie verschiedene charakteristische extensive Größe X zugeordnet ist, kann auch so formuliert werden, daß jeder Energieform ein aus einer extensiven und einer intensiven Größe bestehendes *Größenpaar* zugeordnet ist. Die beiden Größen eines solchen Paars, das nach (6.1) eine Energieform definiert, nennt man zueinander *konjugiert.* Eigentlich sollte man sagen *energiekonjugiert*, denn es lassen sich Größen auch zu anderen konjugierten Paaren zusammenfassen. Drehimpuls $\boldsymbol{L}$ und Winkelgeschwindigkeit $\boldsymbol{\Omega}$, Lage $\boldsymbol{r}$ und negative Kraft $-\boldsymbol{F}$, Impuls $\boldsymbol{P}$ und Geschwindigkeit $\boldsymbol{v}$, Volumen V und negativer Druck $-p$, Oberfläche A und Oberflächenspannung σ, elektrisches Potential Φ und Ladung Q, chemisches Potential μ bzw. elektrochemisches Potential η und Teilchenzahl N bilden energiekonjugierte Größenpaare.

Woran erkennt man, ob eine physikalische Größe Z extensiv oder intensiv ist? Will man eine ganz allgemeine Antwort, so muß man auf (6.1) verweisen: Gibt es eine Energieform, bei der Z hinter dem Differentialzeichen auftritt, so ist Z extensiv, gibt es jedoch eine Energieform, bei der Z als Faktor vor dem Differentialzeichen erscheint, so ist Z intensiv. Eine etwas anschaulichere Antwort, die allerdings nicht umkehrbar ist, kennen wir bereits, nämlich, daß **mengenartige Größen extensiv** sind. Um die Mengenartigkeit einer Größe zu erkennen, nehmen wir zwei gleiche Exemplare eines physikalischen Systems, die sich im *selben* Zustand befinden, so daß gleiche Größen an ihnen dieselben Werte haben. Faßt man dann die beiden Systeme zusammen als ein einziges System auf, so sind diejenigen Größen mengenartig und damit extensiv, deren Werte sich dabei verdoppeln. Diejenigen Größen hingegen, deren Werte bei dieser Zusammenfassung von zwei gleichen Systemen zu einem einzigen ungeändert bleiben, sind intensive Größen. Man sieht, daß nach dieser Regel nicht nur, wie wir schon in §3 gezeigt haben, die Winkelgeschwindigkeit $\boldsymbol{\Omega}$ und die Geschwindigkeit $\boldsymbol{v}$ intensiv sind, sondern auch der Druck p und die Oberflächenspannung σ. Faßt man nämlich zwei Gasmengen, deren jede ein Volumen vom Betrag V beansprucht und den Druck p hat, als ein einziges System auf, so hat es das Volumen $2V$, aber nach wie vor den Druck p. Zwei Flüssigkeiten, jede von der Oberfläche A und der Oberflächenspannung σ haben zusammengenommen die Werte $2A$ und σ. Zwei Ladungsmengen, jede vom Betrag Q und dem Potential ϕ, haben zusammen die Ladung $2Q$, aber das Potential ϕ. Schließlich haben zwei Stoffmengen, jede von der Teilchenzahl N und dem chemischen Potential μ, zusammengenommen die Werte $2N$ und μ.

Daß die Kraft $\boldsymbol{F}$ intensiv und die Verschiebung $d\boldsymbol{r}$ extensiv ist, läßt sich so allerdings nicht einsehen. Wir sagten schon, daß die Mengenartigkeit einer Größe zwar ein hinreichendes, aber kein notwendiges Kriterium dafür ist, daß die Größe extensiv ist. Die Verschiebung ist zwar extensiv, aber nicht mengenartig. Der Grund hierfür ist nicht einfach einzusehen. Er liegt darin, daß der Ortsvektor eigentlich eine Größe eines Feldes ist, und zwar desjenigen, mit dem der verschobene Körper wechselwirkt: Wenn eine

Verschiebung Energie kostet, ist nämlich immer ein Feld beteiligt, und die Energie wird vom Feld aufgenommen und abgegeben (MRG, §16). Immer dann, wenn Felder im Spiel sind, läßt sich deshalb die Frage nach dem extensiven oder intensiven Charakter einer physikalischen Größe nicht einfach durch das Kriterium der Mengenartigkeit entscheiden.

Wir erinnern noch einmal daran, daß wir die Wörter Größe und Variable synonym gebrauchen. Wir nennen daher extensive und intensive Größen auch extensive und intensive Variablen.

Standard-Variablen und Standard-Energieformen

Jede Energieform definiert ein Paar physikalischer Größen, von denen die eine extensiv und die andere intensiv ist. Man kann sogar noch einen Schritt weiter gehen und behaupten, daß nicht nur zu jeder Energieform ein Variablenpaar und damit auch eine extensive Variable gehört, sondern daß umgekehrt auch jede extensive Variable eine Energieform definiert. Das bedeutet, daß es zu einer beliebigen extensiven Variable X stets eine intensive Variable ξ gibt derart, daß $\xi\, dX$ eine Energieform darstellt. Es gibt also so viele verschiedene Energieformen, wie es extensive und damit auch intensive Variablen gibt, und umgekehrt.

Allerdings brauchen nicht alle diese Energieformen voneinander unabhängig zu sein, ebenso wie auch nicht alle Größen oder Variablen eines physikalischen Systems unabhängig voneinander beliebige Werte haben können. So sind die elektrische Energie und die elektrochemische Energie geladener Teilchen, wie wir in §5 gesehen haben, nicht unabhängig voneinander, weil Ladung und Teilchenzahl voneinander abhängen. Ein weiteres Beispiel der Abhängigkeit von Variablen zeigt die Abb. 6.1. Das System ist ein Körper der Masse M, der sich in einer horizontalen Ebene um eine Achse A in festem Abstand r von ihr drehen kann. Stößt man den Körper an, so läßt sich das einmal beschreiben als Zufuhr von Impuls $\boldsymbol{P}$, zum anderen als Zufuhr von Drehimpuls $\boldsymbol{L}$. Ob man die Energiezufuhr durch die Energieform Bewegungsenergie $\boldsymbol{v}\, d\boldsymbol{P}$ oder Rota-

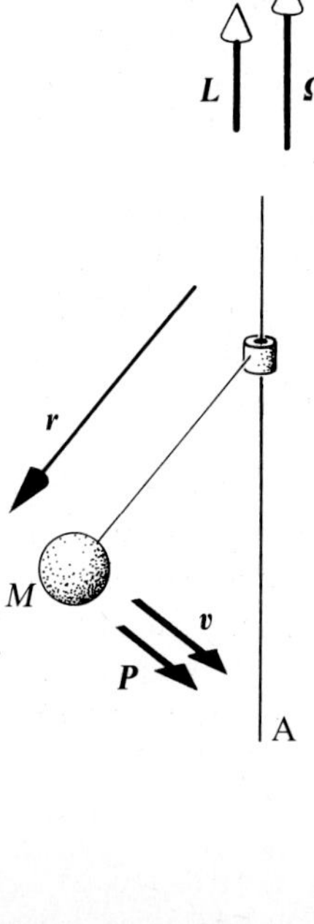

Abb. 6.1

Ein Körper der Masse M ist um die Achse A drehbar. Sein Impuls $\boldsymbol{P}=M\boldsymbol{v}$ und sein Drehimpuls $\boldsymbol{L}=M\boldsymbol{r}\times\boldsymbol{v}$ sind nicht unabhängig voneinander. Stößt man den Körper an, läßt sich die ihm zugeführte Energie entweder als $\boldsymbol{v}\, d\boldsymbol{P}$ oder als $\boldsymbol{\Omega}\, d\boldsymbol{L}$ beschreiben; denn wegen $\boldsymbol{v}=\boldsymbol{\Omega}\times\boldsymbol{r}$ ist $\boldsymbol{\Omega}\, d\boldsymbol{L}=\boldsymbol{v}\, d\boldsymbol{P}$.

tionsenergie $\boldsymbol{\Omega}\, d\boldsymbol{L}$ beschreibt, ist in diesem Fall gleichgültig, da hier $\boldsymbol{v}\, d\boldsymbol{P} = \boldsymbol{\Omega}\, d\boldsymbol{L}$ wegen $v\, d(m\, v) = (v/r)\, d(m\, r\, v)$. Für das durch Abb. 6.1 dargestellte System sind also die Energieformen Bewegungsenergie und Rotationsenergie voneinander abhängig und ebenso auch die Größen $\boldsymbol{L}$ und $\boldsymbol{P}$. Natürlich lassen sich auch Beispiele von Systemen angeben, für die diese beiden Energieformen voneinander unabhängig sind, z.B. dann, wenn in Abb. 6.1 der Körper sich noch um eine durch ihn selbst hindurchgehende Achse drehen könnte. Ob also Energieformen voneinander abhängig sind oder nicht, ist eine Frage des speziellen Systems. Nur diejenigen Energieformen sind voneinander unabhängig, deren zugeordnete Variablen unabhängig sind. Jedes System besitzt somit ebenso viele voneinander unabhängige Energieformen, wie es unabhängige Variablen hat. Die Anzahl der voneinander *unabhängigen* Variablen oder, was dasselbe ist, die Anzahl der voneinander unabhängigen Energieformen nennt man auch die **Anzahl der Freiheitsgrade** des Systems.

Es ist nun eine der großen Errungenschaften der Physik, daß sie Größen kennt, mit denen sich eine unübersehbare Mannigfaltigkeit von Vorgängen in der Natur beschreiben läßt. Diese *Standard-Größen* oder **Standard-Variablen** sind oft abstrakt und unanschaulich, wie Impuls und Drehimpuls. Dafür erlauben sie aber, Vorgänge einheitlich zu beschreiben und damit als verwandt anzusehen, bei denen der naive Beobachter keinerlei Gemeinsamkeit erkennt. So bewährt sich die Größe Drehimpuls ebenso bei der Erklärung des Verhaltens von Planetensystemen, überhaupt von Ereignissen in astronomischen Dimensionen, wie beim Verständnis von Atomen und Elementarteilchen, obwohl dem Begriff des Drehimpulses in atomaren Dimensionen keine kinematische Bedeutung mehr zukommt, man sich also unter ihm nichts sich Drehendes mehr vorstellen darf.

Eine besonders einfache Beschreibung von Naturvorgängen erlauben Größen, die *Erhaltungssätzen* genügen. Derartige Größen sind daher besonders gut als Standard-Variablen geeignet. Bei beliebigen Vorgängen lassen sich für diese Größen additive Bilanzen aufstellen, da ein anderes System aufgenommen oder abgegeben haben muß, was ein bestimmtes betrachtetes System an ihnen verloren oder gewonnen hat. Die Energie E, der Impuls $\boldsymbol{P}$, der Drehimpuls $\boldsymbol{L}$ und die elektrische Ladung Q sind Beispiele für Größen, die einem Erhaltungssatz genügen. Sie stellen daher Standard-Variablen dar. Aber auch die Entropie gehört in diese Reihe. Sie genügt nämlich, wie wir sehen werden, einem „halben" Erhaltungssatz; sie kann nur erzeugt, jedoch nicht vernichtet werden. Bei Prozessen, bei denen keine Entropie erzeugt wird, verhält sich die Entropie wie eine Größe, die erhalten bleibt. Auch die Entropie ist eine Standard-Variable. Der Ortsvektor $\boldsymbol{r}$ ist eine Standard-Variable vor allem bei Verschiebungsproblemen, d.h. dann, wenn Körper Energie mit Feldern austauschen. Oberfläche und Voluminhalt sind vertraute Variablen zur geometrischen Beschreibung von Gebilden, die bestimmte Stücke des Raumes einnehmen. Die Standard-Variable zur Beschreibung der Menge eines Stoffes ist die Teilchenzahl N. Schließlich seien in der Aufzählung von Standard-Variablen noch das elektrische Dipolmoment $\mathfrak{p}$ und das magnetische Dipolmoment $\boldsymbol{m}$ eines Körpers erwähnt. Diese beiden Größen sind mit Energieformen verknüpft, die den Energieaustausch von Materie mit dem elektromagnetischen Feld beschreiben (§7). Damit sei die Aufzählung aller derjenigen extensiven Standard-Variablen abgeschlossen, die die in diesem Kapitel eingeführten Energieformen charakterisieren. Die erwähnten Energieformen seien noch einmal zusammengestellt:

$$\text{(6.2)} \qquad \text{Rotationsenergie} = \boldsymbol{\Omega}\, d\boldsymbol{L} = \Omega_x\, dL_x + \Omega_y\, dL_y + \Omega_z\, dL_z$$
$$= (\text{Winkelgeschwindigkeit}) \cdot d(\text{Drehimpuls}),$$

$$\begin{aligned}
\text{Verschiebungsenergie} &= -\boldsymbol{F}\,d\boldsymbol{r} = -F_x\,dx - F_y\,dy - F_z\,dz\\
&= (-\text{Kraft})\cdot d(\text{Ortsvektor}),\\
\text{Bewegungsenergie} = \boldsymbol{v}\,d\boldsymbol{P} &= v_x\,dP_x + v_y\,dP_y + v_z\,dP_z\\
&= (\text{Geschwindigkeit})\cdot d(\text{Impuls}),\\
\text{Kompressionsenergie} &= -p\,dV = (-\text{Druck})\cdot d(\text{Volumen}),\\
\text{Oberflächenenergie} = \sigma\,dA &= (\text{Oberflächenspannung})\\
&\quad\cdot d(\text{Oberflächeninhalt}),\\
\text{elektrische Energie} = \phi\,dQ &= (\text{elektrisches Potential})\cdot d(\text{Ladung}),\\
\text{chemische Energie} = \mu\,dN &= (\text{chemisches Potential})\cdot d(\text{Teilchenzahl}),\\
\text{Wärme} = T\,dS &= (\text{Temperatur})\cdot d(\text{Entropie}),\\
\text{Polarisationsenergie} = \mathfrak{E}\,d\mathfrak{p} &= \mathfrak{E}_x\,d\mathfrak{p}_x + \mathfrak{E}_y\,d\mathfrak{p}_y + \mathfrak{E}_z\,d\mathfrak{p}_z = (\text{elektrische Feld-}\\
&\quad\text{stärke})\cdot d(\text{elektrisches Dipolmoment}),\\
\text{Magnetisierungsenergie} = \boldsymbol{H}\,d\boldsymbol{m} &= H_x\,dm_x + H_y\,dm_y + H_z\,dm_z = (\text{magnetische}\\
&\quad\text{Feldstärke})\cdot d(\text{magnetisches Dipolmoment}).
\end{aligned}$$

Wärmeenergie

Das Wort „Wärme“ wird in der Umgangssprache — und leider auch in der Physik — so vielfältig verwendet, daß es keineswegs überall dort, wo man es gebraucht, eine Energieform bezeichnet. Wir müssen uns hier fragen, ob es denn überhaupt so etwas gibt wie eine Energieform Wärme. Das heißt, daß wir einen Energieaustausch angeben müssen, bei dem sicherlich kein Impuls, Drehimpuls, Volumen, keine Ladung, Oberfläche oder Teilchen ausgetauscht werden, auch keine elektrischen oder magnetischen Energieänderungen auftreten und bei dem schließlich auch kein Energieaustausch mit einem Feld, etwa dem Gravitationsfeld, beteiligt ist. Ein solcher Energieaustausch findet statt, wenn Körper, die wir als verschieden warm empfinden, bei direkter Berührung Energie austauschen. Die hierbei auftretende Energieform nennt man Wärme. Weiter machen wir die Annahme — so selbstverständlich sie auch erscheinen mag, ist es doch eine Annahme —, daß es sich bei der Energieform Wärme um eine einzige Energieform handelt und nicht um mehrere Formen, wie die Rotations-, Bewegungs- und Verschiebungsenergie, deren jede wegen des Vektorcharakters ihrer extensiven Variablen ja aus drei Formen besteht.

Wir nehmen nach (6.1) an, daß die Energieform Wärme, wie jede andere Energieform auch, mit einer charakteristischen intensiven und einer extensiven Variable verknüpft ist. Die intensive Variable erraten wir aus der Bedingung, daß ihr Wert sich nicht verdoppeln darf, wenn wir zwei identische Systeme als ein einziges System ansehen. Außerdem muß sie natürlich „thermischen“ Charakter haben, also irgend etwas mit dem Wärmeaustausch zu tun haben. Das führt uns auf die Temperatur, da ja zwei in jeder Hinsicht gleiche Körper, also solche, die auch die gleiche Temperatur haben, als ein einziger angesehen, immer noch dieselbe Temperatur haben. Man wird also vermuten, daß die intensive Variable etwas mit der Temperatur zu tun hat.

Die zur Energieform Wärme gehörige extensive Variable kennen wir dagegen nicht. Nach (6.1) sollte es aber eine geben, und wenn wir hier die ersten wären, die Thermodynamik treiben, so könnten wir uns einen Namen für sie ausdenken. Diese Variable ist jedoch schon von RUDOLF CLAUSIUS (1822–1888) eingeführt worden. Sie hat den Namen *Entropie S*. Es ist also die

$$\text{Energieform Wärme} = T\,dS\,. \tag{6.3}$$

Die intensive Variable T, von der wir schon wissen, daß sie etwas mit der Temperatur zu tun hat, heißt die *absolute Temperatur*. Nach (6.3) wird, wenn einem System bei $T>0$ Energie in Form von Wärme zugeführt wird, die Entropie des Systems vergrößert. Umgekehrt wird, wenn dem System Energie in Form von Wärme entzogen wird, seine Entropie vermindert.

Durch (6.3) werden die beiden Variablen T und S, d.h. die absolute Temperatur und die Entropie *auf einmal* eingeführt. Das ist sehr wichtig für ein Verständnis dieser beiden Größen und ihrer gegenseitigen Beziehungen. Ihr Produkt muß, da die linke Seite von (6.3) eine Energie ist, die Dimension Energie haben. Wie aber die Dimensionen der einzelnen Faktoren festgelegt werden, steht im Prinzip frei. So könnte man der Entropie S eine eigene Dimension geben; dann hätte die Temperatur die Dimension Energie/Entropie. Da man historisch die Temperatur T früher eingeführt hatte (§15) als die Größe S, hat sich gerade die umgekehrte Konvention durchgesetzt: Man gibt T eine eigene Dimension, nämlich die Dimension Grad, und damit hat die Entropie S die Dimension Energie/Grad. Die Einheit der Temperatur T ist K = „Kelvin".

Statt des Wortes Wärme, das wir in der Energieform (6.3) verwendet haben, wird oft auch das Wort **Wärmemenge** gebraucht. Das ist völlig berechtigt, denn bei einer als Wärme zugeführten Energie handelt es sich stets um eine bestimmte Menge Energie und damit auch um eine Wärmemenge. Es ist nur darauf zu achten, daß man den Begriff der Wärmemenge, der die Menge der in einer Energie*form* auftretenden Energie mißt, nur bei Zustands*änderungen* benutzen darf, nicht dagegen für die Zustände des Systems selbst. Das Wort Wärme oder Wärmemenge sollte daher nur im Zusammenhang mit Energie*änderungen* vorkommen, und zwar mit solchen, bei denen die Energie sich in Form von Wärme ändert. So ist es durchaus richtig, wenn man sagt, einem System sei so und so viel Wärme oder eine so und so große Wärmemenge zugeführt oder entzogen worden. Es ist dagegen falsch zu sagen, ein System „enthalte" eine bestimmte Wärmemenge. Enthalten kann ein System nur eine bestimmte Menge an Energie oder einen Anteil der Energie. Die Wärme ist aber kein Energie*anteil*, sondern eine Energie*form*. Ebenso sind Sätze wie „Wärme ist ungeordnete Bewegung von Teilchen" oder „Wärme ist kinetische Energie der Teilchen" irreführend; denn sie besagen, daß Wärme eben kinetische Energie, also doch wieder ein Energieanteil sei. Daß aber Wärmeenergie nicht in einem System „drinsteckt", sondern nur bei Energie*austausch* auftritt, wie alle Energieformen, ist ein springender Punkt der Thermodynamik, auf den man nicht hartnäckig genug hinweisen kann.

Alle diese für den Gebrauch des Begriffs Wärme oder Wärmemenge notwendigen Vorsichtsmaßregeln gelten nicht für die extensive, ja sogar mengenartige Größe S, die Entropie. Ebenso wie die Variablen Energie E, Drehimpuls $\boldsymbol{L}$, Impuls $\boldsymbol{P}$, Volumen V, Oberfläche A, Ladung Q und Teilchenzahl N in jedem Zustand eines Systems wohldefinierte Werte haben, ist auch die Entropie S eine Größe, die in jedem Zustand des Systems einen bestimmten Wert hat. Es hat also durchaus einen Sinn, von der Menge der Entropie zu sprechen, die in einem System *enthalten* ist, ebenso wie es einen Sinn hat, von der Menge der in ihm enthaltenen Energie oder den in ihm enthaltenen Werten der Variablen $\boldsymbol{L}$, $\boldsymbol{P}$, V, A, Q und N zu sprechen. Es ist nicht nur zulässig, sondern sogar notwendig, die Entropie als eine Größe zu betrachten, die im selben Sinn mengenartig ist wie die Energie oder die genannten anderen mengenartigen Größen. Insofern ist es nicht nur wirksamer, sondern auch viel einfacher, mit der Entropie umzugehen als mit der Wärmemenge. Im übrigen bleibt natürlich die Aufgabe, uns mit den Variablen S und T vertraut zu machen. Dazu gehört vor allem zu untersuchen, wie sie gemessen werden. Das werden wir in Kap. V und VI tun.

Wärmestrom und Entropiestrom

Die Entropie ist nicht nur eine mengenartige Größe wie die Energie, der Impuls, der Drehimpuls, die Ladung, die Teilchenzahl, sie hat auch wie diese Größen die Eigenschaft, daß sie strömen kann. Strömende Entropie definiert einen **Entropiestrom** (oder Entropiestromstärke) und eine **Entropiestromdichte.** Da Wärme die an eine Übertragung von Entropie gebundene Energie ist, besteht ein *Wärmestrom aus einem an einen Entropiestrom gebundenen Energiestrom.* Wie die quantitative Beziehung zwischen dem Entropiestrom und dem mit ihm verknüpften Energiestrom aussieht, sagt Gl. (6.3). Dazu braucht man (6.3) nur durch dt zu dividieren. Die linke Seite von (6.3) stellt dann die im Zeitintervall dt gelieferte Wärme oder Wärmemenge dar:

$$\text{Wärmestrom} = T\frac{dS}{dt} = T\cdot \text{Entropiestrom}. \tag{6.4}$$

Wir haben also die *Regel:*

Ein Wärmestrom ist ein mit einem Entropiestrom verknüpfter Energiestrom.

Jeder der in den Abb. 1.3 und 1.4 gekennzeichneten Wärmeströme ist also ein Entropiestrom, der einen nach (6.4) bestimmten Energiestrom mit sich transportiert. Abb. 6.2 zeigt als Beispiel den Wärmestrom und den zugehörigen Entropiestrom durch eine Wand, d.h. durch ein Medium, das sich zwischen zwei Körpern mit den Temperaturen T_1 und T_2 befindet. Die Wand stellt eine um so bessere Wärmedämmung oder Wärmeisolation dar, je größer die Temperaturdifferenz $T_1 - T_2$ sein muß, um einen bestimmten Wärmestrom zu liefern. Da keine andere Energieform als Wärme an dem

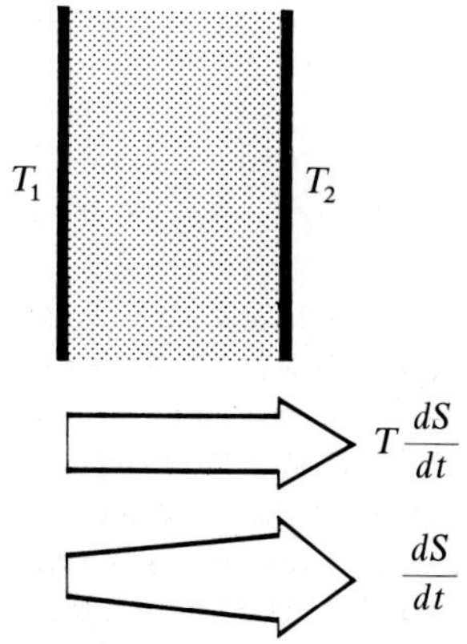

Abb. 6.2
Energiestrom TdS/dt (= Wärmestrom) und Entropiestrom dS/dt durch eine Wand, deren Oberflächen auf den Temperaturen T_1 und T_2 gehalten werden ($T_1 > T_2$). Der Wärmestrom, dargestellt durch den Pfeil gleichbleibender Dicke, hat in jedem Längsschnitt durch die Wand dieselbe Stärke. Der Entropiestrom dagegen nimmt infolge Entropieerzeugung zu. Das soll die zunehmende Dicke des unteren Pfeils zeigen.

Prozeß beteiligt ist, muß wegen der Energieerhaltung der Energiestrom, der als Wärme links in die Wand hineinströmt, auch rechts hinausströmen. Nach (6.4) ist also

$$\text{(6.5)} \qquad \text{Wärmestrom} = T_1 \frac{dS_1}{dt} = T_2 \frac{dS_2}{dt}.$$

Hier ist dS_1 die bei der Temperatur T_1 während der Zeit dt in die Wand hineinströmende, dS_2 die bei T_2 aus der Wand hinausströmende Entropiemenge. Da für die Entropie, im Gegensatz etwa zu $\boldsymbol{L}$, $\boldsymbol{P}$ oder Q, kein Erhaltungssatz gilt, müssen wir damit rechnen, daß dS_1 von dS_2 verschieden ist.

Die Gleichung (6.5) läßt sich auch in der Form schreiben

$$\text{(6.6)} \qquad \frac{dS_2}{dt} - \frac{dS_1}{dt} = \frac{T_1 - T_2}{T_2} \frac{dS_1}{dt} = \frac{T_1 - T_2}{T_1 T_2} \cdot T_1 \frac{dS_1}{dt} = \frac{T_1 - T_2}{T_1 T_2} \cdot \text{Wärmestrom}.$$

dS_2/dt ist der Entropiestrom aus der Wand hinaus, dS_1/dt der Entropiestrom in die Wand hinein. Bei $T_1 > T_2$ nimmt nach (6.6) die Entropie beim Strömen durch die Wand zu. Also muß bei festem Wärmestrom der Entropiestrom, der mit der Wärme das Medium durchströmt, zunehmen, und zwar um so mehr, je größer die Temperaturdifferenz $T_1 - T_2$ ist, je besser also die Wärmedämmung oder je schlechter die Wärmeleitung des Mediums ist. Das Beispiel zeigt eine fundamentale Eigenschaft der Entropie, die wir uns merken in Form der *Regel:*

> Wird ein wärmeleitendes Medium von Entropie durchströmt, so nimmt die Entropie zu; es wird Entropie dabei erzeugt. Wird der Eingangs-Entropiestrom konstant gehalten, während die Wärmeleitfähigkeit des Mediums und damit die Temperaturdifferenz verändert wird, so sind Entropieerzeugung und Temperaturdifferenz um so größer, je schlechter das Medium die Wärme und damit die Entropie leitet.

Man kann sich diese Regel auch so merken, daß der Wärmewiderstand eines Mediums darin besteht, daß in dem Medium Entropie erzeugt wird, wenn es von Entropie durchströmt wird, und zwar ist die Entropieerzeugung um so größer, je größer der Wärmewiderstand ist.

Wenn der Entropiestrom durch die Wand in Abb. 6.2 abnehmen, Entropie also vernichtet werden sollte, d.h. in Gl. (6.7) $dS_1/dt > dS_2/dt$ sein sollte, müßte bei $T_1 > T_2$ der Wärmestrom negativ sein. Die Wärme müßte dann in Abb. 6.2 von rechts nach links, vom Ort tieferer Temperatur zum Ort höherer Temperatur strömen. So etwas beobachtet man jedoch bekanntlich nie, und diese Erfahrung hat zur Aufstellung des *2. Hauptsatzes* geführt, nämlich daß Entropie zwar erzeugt, aber nicht vernichtet werden kann. In Kap. VI und VII werden wir näher darauf eingehen.

Entropie kann auch dadurch strömen, daß ein Gas oder eine Flüssigkeit als Ganzes, also *konvektiv*, strömt. Ein strömendes Medium stellt nämlich einen Strom aller mengenartigen Größen dar, also einen Teilchenzahl-Strom, einen Impulsstrom wie auch einen Entropiestrom. Jeder dieser Ströme bedingt einen Energiestrom, so der Teilchenzahl-Strom einen chemischen Energiestrom, der Impulsstrom einen Bewegungsenergie-Strom, der Entropiestrom einen Wärmestrom. Auch dieser Wärmestrom ist durch (6.4) gegeben; T bezeichnet darin die lokale Temperatur des strömenden Mediums.

§7 Die Energieformen von elektromagnetischem Feld und Materie

Die große Rolle, die das elektromagnetische Feld und seine Wechselwirkung mit Materie spielt, veranlaßt uns, die Energieformen, in denen dabei Energie ausgetauscht wird, genauer zu betrachten. Dabei ist an einen Leser gedacht, der die Maxwellsche Theorie kennt und sich die Frage stellt, wie die ihm von dort her gewohnten Begriffe sich in das Schema der Energieformen einfügen. Für diesen Paragraphen wird daher Vertrautheit mit den Begriffen und vektoranalytischen Methoden der Elektrodynamik vorausgesetzt.

Das System „Elektromagnetisches Feld"

Das elektromagnetische Feld ist ein eigenes, von der Materie in all ihren Erscheinungsformen und daher auch von allen Körpern unterschiedenes System mit eigenen Variablen. Nimmt es Energie von anderen physikalischen Systemen, etwa von materiellen Körpern auf, oder gibt es Energie an andere Systeme ab, so verändern sich die Werte seiner Variablen. Der Energieaustausch zwischen dem elektromagnetischen Feld und anderen Systemen ist grundsätzlich an die Variablen *Ladung* und *Strom* gebunden. Die Energieformen des elektromagnetischen Feldes enthalten daher die Größen Ladung und Strom. Gl. (4.14) zeigt, daß die Ladung $Q(\boldsymbol{r})$ am Ort $\boldsymbol{r}$ in der Energieform *elektrische Energie* die Rolle der extensiven Variable spielt. Die zugehörige intensive Variable $\phi(\boldsymbol{r})$, das elektrische Potential am Ort $\boldsymbol{r}$, ist ebenfalls eine Variable des elektromagnetischen Feldes. Die Größe $\phi(\boldsymbol{r})$ stellt für jeden Ort $\boldsymbol{r}$ eine unabhängige Variable des Systems „Elektromagnetisches Feld" dar, so daß das System für jeden Ort $\boldsymbol{r}$ eine Variable ϕ, insgesamt also unendlich viele unabhängige Variablen ϕ hat. Dem elektromagnetischen Feld kann Energie in Form elektrischer Energie nur zugeführt werden oder entzogen werden, wenn die Verteilung der Ladungen in der Welt geändert wird. Geschieht das nicht, ist also überall, für alle Orte $\boldsymbol{r}$ die Ladungsänderung $dQ(\boldsymbol{r})=0$, so ist der Energieaustausch in Form elektrischer Energie blockiert. Das elektromagnetische Feld kann dann zwar noch andere Zustandsänderungen erfahren, z.B. elektromagnetische Wellenausbreitung, aber keine, bei denen es Energie in Form elektrischer Energie aufnimmt oder abgibt.

Die inneren Eigenschaften des Systems „Elektromagnetisches Feld", nämlich die Verknüpfungen seiner Variablen werden durch die Maxwellschen Gleichungen beschrieben. Für sie gibt es mehrere mathematische Formulierungen, die sich in der Wahl der benutzten Variablen unterscheiden. Einmal sind die Variablen die mit den *Kraftwirkungen* auf ruhende und bewegte Ladungen verknüpften (mathematischen) Felder $\mathfrak{E}(\boldsymbol{r}, t)$* und $\boldsymbol{B}(\boldsymbol{r}, t)$, und zum anderen die in energetischen Relationen bevorzugten Felder $\phi(\boldsymbol{r}, t)$ und $\boldsymbol{A}(\boldsymbol{r}, t)$, das skalare Potential und das Vektorpotential. Die Potentiale ϕ und $\boldsymbol{A}$ sind mit $\mathfrak{E}$ und $\boldsymbol{B}$ verknüpft durch

$$\mathfrak{E} = -\nabla\phi - \frac{\partial \boldsymbol{A}}{\partial t}, \qquad \boldsymbol{B} = \nabla \times \boldsymbol{A}. \tag{7.1}$$

Bildet man von der ersten Gleichung die Rotation und von der zweiten die Divergenz, so erhält man, weil die Rotation eines Gradienten und die Divergenz einer Rotation verschwinden,

$$\nabla \times \mathfrak{E} = -\frac{\partial \boldsymbol{B}}{\partial t}, \qquad \nabla \boldsymbol{B} = 0. \tag{7.2}$$

Das sind zwei der Maxwellschen Gleichungen in der Formulierung, in der die Felder $\mathfrak{E}$ und $\boldsymbol{B}$ benutzt werden. Näher wollen wir hier nicht auf die Maxwellschen Gleichungen und ihre mathematische Struktur eingehen.

Die Gestalt (4.14) der Energieform elektrische Energie läßt erwarten, daß bei den Energieformen des Systems „Elektromagnetisches Feld" die Potentiale ϕ und $\boldsymbol{A}$ eine wichtige Rolle spielen. Wir betonen noch, daß wir uns hier auf *zeitunabhängige Felder* beschränken. In den Gln. (7.1) und (7.2) werden alle Glieder, die Zeitableitungen enthalten, also Null gesetzt.

---

* Für die Größe elektrische Feldstärke ist allgemein der Buchstabe $\boldsymbol{E}$ üblich. Da wir jedoch E für die Energie verwenden und die Energie in diesem Buch die am meisten vorkommende Größe ist, während die elektrische Feldstärke nur gelegentlich auftritt, bezeichnen wir die elektrische Feldstärke, um Verwechslungen zu vermeiden, mit $\mathfrak{E}$.

Ladungen und Dipole in der Materie

Gegenüber MAXWELL und seiner Zeit haben wir heute den Vorteil zu wissen, daß Materie aus positiv und negativ geladenen Teilchen, nämlich Atomkernen und Elektronen besteht. (Die Hinzunahme weiterer Formen der Materie, wie Positronium, Myonium, ändert an den Betrachtungen nichts.) Für die elektrische Wechselwirkung der Materie mit dem elektromagnetischen Feld interessiert deshalb die Verteilung der positiven und negativen Ladung in der Materie. Meistens ist Materie elektrisch neutral, denn jedes Atom oder Molekül ist elektrisch neutral, da es ebenso viele positive wie negative Ladungen enthält. Das bedeutet jedoch nicht, daß ein neutrales Stück Materie und damit seine Atome oder Moleküle ein elektrisches Feld nicht spürten. Bringt man ein Stück beliebiger Materie an einen Ort, an dem eine von Null verschiedene elektrische Feldstärke $\mathfrak{E}$ herrscht, so wird die Materie *polarisiert*. Jedes ihrer Atome oder Moleküle wird polarisiert. Das elektrische Feld zieht die negativ geladenen Elektronenhüllen der Atome oder Moleküle nach der einen und die positiv geladenen Kerne nach der anderen Seite, so daß eine Ladungsverteilung resultiert, bei der der Schwerpunkt der negativen Ladungen nicht mehr mit dem Schwerpunkt der positiven Ladungen zusammenfällt (Abb. 7.1). Man sagt, die Atome oder Moleküle haben ein von Null verschiedenes **Dipolmoment $\mathfrak{p}$**. Das Dipolmoment ist ein Vektor, der von der negativen zur positiven Ladung zeigt und dessen Betrag gleich ist dem Produkt von Abstand und Betrag der entgegengesetzt gleichen Ladungen bzw. der Ladungsschwerpunkte. Polarisierte Materie besteht aus lauter atomaren oder molekularen Dipolen. Diese können so dargestellt werden, als bestünden sie aus Ladungen entgegengesetzten Vorzeichens, die durch Federn aneinandergekoppelt sind (Abb. 7.1b).

Atome werden wegen ihrer Zentralsymmetrie nur dann elektrische Dipole, wenn sie an einem Ort mit von Null verschiedener elektrischer Feldstärke $\mathfrak{E}$ sind. Moleküle können dagegen auf Grund ihres Aufbaus aus mehreren Atomkernen von sich aus polar sein, d.h. auch bei $\mathfrak{E}=0$ ein Dipolmoment haben. Ein Beispiel hierfür ist das Wasser-Molekül (Abb. 7.2). Da kristalline Festkörper 3-dimensionale „endlose" Moleküle

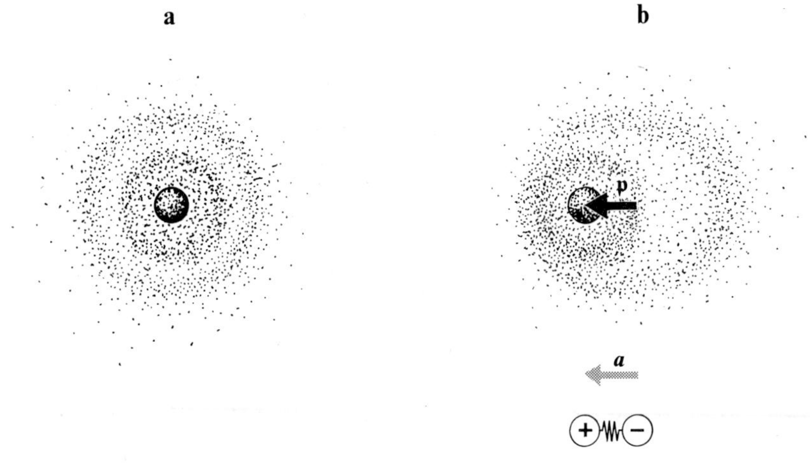

Abb. 7.1

(a) Konfiguration des Atoms, bei dem der Schwerpunkt der negativen Ladungsverteilung der Elektronenhülle zusammenfällt mit dem Schwerpunkt der positiven Ladung des Kerns. Das Atom hat kein Dipolmoment. (b) Verzerrung der Elektronenhülle eines Atoms. Der Schwerpunkt der negativen Ladungsverteilung der Elektronenhülle fällt nicht zusammen mit dem Schwerpunkt der positiven Ladung des Kerns. Als Folge zeigt das Atom ein Dipolmoment $\mathfrak{p}$, das gleich ist der Ladung Ze ($Z=$Ordnungszahl), multipliziert mit der Verschiebung $\boldsymbol{a}$ der Schwerpunkte von negativer und positiver Ladung gegeneinander: $\mathfrak{p}=Ze\boldsymbol{a}$. $\mathfrak{p}$ ist vom negativen zum positiven Ladungsschwerpunkt gerichtet. Die Verzerrung der Elektronenhülle, als deren Folge das Dipolmoment $\mathfrak{p}$ auftritt, kann z.B. durch ein von außen angelegtes elektrisches Feld bewirkt werden. Sie kann ihre Ursache aber auch in anderen Atomen haben, wenn das betrachtete Atom zu einem molekularen oder kristallinen Atomverband gehört.

Der atomare Dipol läßt sich modellmäßig durch zwei Punktladungen darstellen, die durch eine gespannte Feder verbunden sind.

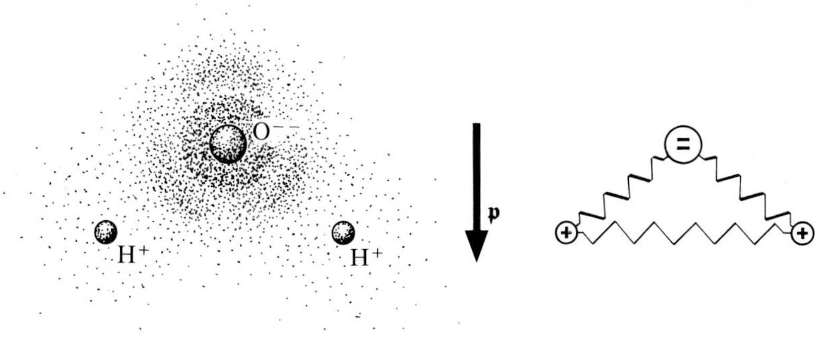

Abb. 7.2
Ladungsverteilung im Wasser-Molekül. Von den 16 Elektronen des Sauerstoffatoms (O) befinden sich 10 in zwei inneren Schalen, die so nahe an den Kern herangezogen und damit so fest gebunden sind, daß sie von der Gegenwart der beiden Wasserstoff-Kerne (= Protonen) nichts merken. Das O-Atom läßt sich daher als ein mit 6 positiven Elementarladungen ausgestattetes Ion beschreiben. Die restlichen 6 Elektronen des Sauerstoffs bilden zusammen mit den 2 Elektronen der beiden Wasserstoffatome eine aus 8 Elektronen bestehende Wolke negativer Ladung. Diese Wolke ist so strukturiert, daß ihr Schwerpunkt sehr nahe am Ort des O-Ions liegt und nicht mit dem Schwerpunkt der positiven Ladungen der beiden Protonen und des O-Ions zusammenfällt. Insgesamt läßt sich das H_2O-Molekül in erster Näherung demgemäß darstellen als ein Modell aus zwei nicht ganz eine positive Elementarladung tragenden Protonen und einem nicht ganz zwei negative Elementarladungen tragenden O-Ion, die durch nicht gespannte Federn verknüpft sind. Das Molekül ist deshalb *polar*, es hat ein permanentes Dipolmoment $\mathfrak{p}$.

sind, ist es plausibel, daß auch Kristalle polar sein, also ein eigenes Dipolmoment haben oder, wie man sagt, eine *spontane Polarisation* zeigen können. Man nennt sie **Ferroelektrika,** weil der Zusammenhang von Polarisation und Feldstärke $\mathfrak{E}$ bei ihnen ebenso aussieht wie der Zusammenhang von Magnetisierung und Feldstärke $\boldsymbol{H}$ bei einem Ferromagnetikum (Abb. 7.13). In diesen Zusammenhang gehören auch die **Pyroelektrika,** die sich von den Ferroelektrika lediglich darin unterscheiden, daß bei ihnen der Betrag der elektrischen Feldstärke wegen elektrischen Durchbruchs auf Werte begrenzt ist, bei denen noch keine Umpolarisation auftritt. Die innere Ladungsverteilung eines polaren Moleküls oder eines pyro- oder ferroelektrischen Kristalls hat die Eigenschaft, kein *Inversionszentrum* zu besitzen. Das bedeutet, daß es keinen Punkt im Raum gibt, an dem eine Spiegelung der gesamten Ladungsverteilung diese in sich überführen würde.

Neben Materie, die als Reaktion auf ein Feld $\mathfrak{E}$ nur Polarisation zeigt, gibt es auch Materie, in der frei oder nahezu frei bewegliche geladene Teilchen vorkommen. Metalle und Elektrolyte sind Beispiele hierfür. In Metallen wird etwa eines der von den einzelnen Atomen mitgebrachten Elektronen an den Kristall als ganzen abgegeben, so daß der Kristall ein aus Ionen bestehendes Gitter bildet, in dem sich die abgegebenen Elektronen frei bewegen. Diese frei beweglichen Elektronen bewirken die metallische Leitfähigkeit. Sie geben einem Metall die Möglichkeit, sich in einem elektrischen Feld $\mathfrak{E}$ mit Oberflächenladung so zu bedecken, daß im Innern des Metalls möglichst $\mathfrak{E}=0$ ist.

Die Struktur der Materie legt es nahe, elektrische Ladungsverteilung in **Ladungen** und **Dipole** einzuteilen (Abb. 7.3). Die Zerlegung einer Verteilung positiver und negativer Ladungen in Ladungen und Dipole folgt dabei jedoch keinem grundsätzlichen Kriterium, sondern ist eine Frage der Zweckmäßigkeit. Ob eine positive und eine gleich große negative Ladung zu einem Dipol zusammengefaßt und demgemäß durch ein Dipolmoment $\mathfrak{p}$ beschrieben werden, oder als zwei unabhängige Ladungen Q und $-Q$, hängt davon ab, wie groß die Energie ist, mit der die Ladungen aneinander gebunden sind, im Vergleich zu den Energieumsetzungen, die im Zusammenhang mit der Materie jeweils interessieren. Ist die Bindungsenergie der Ladungen groß, faßt man sie zu Dipolen zusammen. Das ist der Fall, wenn ein Atom, ein Molekül oder ein Festkörper in ein elektrisches Feld gebracht werden, das nur polarisierend wirkt. Dann ist es meist zweckmäßig, das Atom, das Molekül oder den ganzen Festkörper als elektrischen Dipol zu behandeln. Sind die Ladungen dagegen nur schwach aneinander gebunden, wird man sie nicht zu Dipolen zusammenfassen. Ein extremes Beispiel, in dem Ladungen gar nicht aneinander gebunden sind, bilden die Leitungselektronen im Ionengitter von Metallen und Halbleitern. Selbst beliebig schwache elektrische Felder bewirken eine Verschiebung dieser

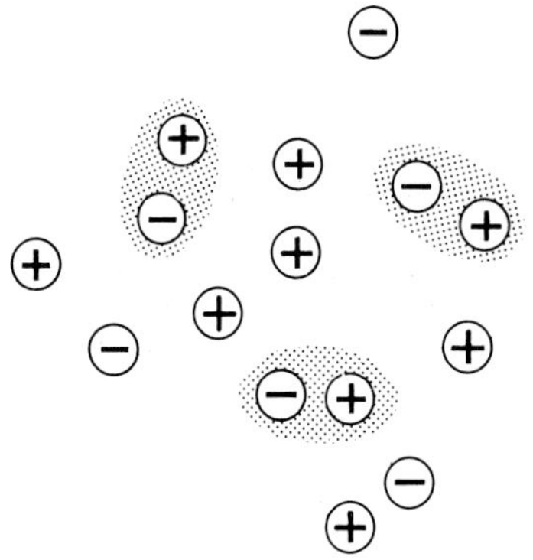

Abb. 7.3

Eine Anordnung aus positiven und negativen Ladungen läßt sich im Prinzip willkürlich in „wahre" Ladungen und Dipole einteilen. Derartige Einteilungen liegen jeder elektrodynamischen Beschreibung der Materie zugrunde. Die Willkür ist dabei durch Zweckmäßigkeit eingeschränkt. Zu Dipolen werden nur solche Ladungen zusammengefaßt, deren Trennung mit Energieaufwendungen verknüpft ist, die groß sind gegen die Energieänderungen, unter denen die Materie jeweils betrachtet wird. Alle Ladungen, deren Trennung vernachlässigbare Energiebeträge erfordert, werden als „echte" oder „wahre" Ladungen angesehen. Die Unterscheidung von Ladung und Dipolen in der Materie ist deshalb eine Frage der Konstitution der Materie und der Prozesse, denen die Materie unterworfen wird.

Elektronen. Durch starke elektrische Felder werden in Halbleitern und Isolatoren zusätzliche Elektronen aus ihren Bindungen befreit. Man bezeichnet das als *elektrischen Durchbruch*. Elektronen, die in schwachen Feldern mit ihren Atomrümpfen als Dipole zusammengefaßt werden, werden, sobald sie in starken Feldern aus ihrer Bindung im Atom herausgerissen sind, zweckmäßig als Ladung beschrieben.

Die Energieform elektrische Energie des elektromagnetischen Feldes

Werden zwei Ladungen Q und $-Q$ im Abstand a, die zu einem Dipol zusammengefaßt sind (Abb. 7.4), um dQ bzw. $-dQ$ geändert, so ist das nach (4.15) mit der elektrischen Energie

$$[\phi(\boldsymbol{r}+\boldsymbol{a})-\phi(\boldsymbol{r})]\,dQ=\boldsymbol{\nabla}\phi(\boldsymbol{a}\,dQ)=\boldsymbol{\nabla}\phi\,d\mathfrak{p}=-\mathfrak{E}\,d\mathfrak{p} \tag{7.3}$$

verknüpft. In (7.3) haben wir a so klein angenommen, daß es berechtigt ist, die Taylor-Entwicklung von $\phi(\boldsymbol{r}+\boldsymbol{a})$ nach dem linearen Glied abzubrechen. Die elektrische Energie (7.3) ist die Energie, die bei Änderung eines Dipolmoments um $d\mathfrak{p}$ dem *elektromagnetischen Feld zugeführt* wird. Diese Energie ist keineswegs identisch mit dem Energieaufwand, den man für eine Änderung des Abstands der beiden Dipol-Ladungen benötigt. Das sieht man sofort, wenn man in (7.3) $\mathfrak{E}=0$ setzt. Selbstverständlich kostet auch bei $\mathfrak{E}=0$ die Änderung des Abstands der beiden Dipol-Ladungen Energie, nämlich die der Wechselwirkung der beiden Ladungen, zu der auch ihre Coulomb-Wechselwirkung gehört. Entscheidend ist aber, daß diese Energie *nicht* mit dem System „Elektromagnetisches Feld" ausgetauscht wird. Diese Energie ist vielmehr die im nächsten Abschnitt behandelte Polarisationsenergie; sie wird mit dem Dipol als Körper, also mit dem System „Materie" ausgetauscht. Das Feld $\mathfrak{E}$ in (7.3) ist das Feld, das von allen Ladungen in der Welt außer von den *beiden* Ladungen des Dipols $\mathfrak{p}$ herrührt. Ein Dipol „sieht" deshalb ein anderes Feld $\mathfrak{E}$ als jede seiner Ladungen. Aus diesem Grund ist es ratsam, sich einen Dipol nicht als zwei Ladungen in endlichem Abstand voneinander vorzustellen, sondern als ein eigenes physikalisches Gebilde ohne Ausdehnung.

Wir denken uns nun eine Ladungsverteilung gegeben, von der ein bestimmter Teil als Ladung $Q_j=Q(\boldsymbol{r}_j)$ und ein zweiter Teil als Dipole mit den Momenten $\mathfrak{p}_k=\mathfrak{p}(\boldsymbol{r}_k)$ angesehen werden soll (Abb. 7.3). Die mit Änderungen der Ladungen Q_j und der Dipolmomente $\mathfrak{p}_k$ verknüpfte, vom elektromagnetischen Feld ausgetauschte elektrische Energie ist nach (4.14) und (7.3) gegeben durch

(7.4) $$\sum_j \phi(\boldsymbol{r}_j)\, dQ_j - \sum_k \mathfrak{E}(\boldsymbol{r}_k)\, d\mathfrak{p}_k = \sum_j \phi(\boldsymbol{r}_j)\, dQ(\boldsymbol{r}_j) - \sum_k \mathfrak{E}(\boldsymbol{r}_k)\, d\mathfrak{p}(\boldsymbol{r}_k).$$

Das elektrische Potential $\phi(\boldsymbol{r})$ und die elektrische Feldstärke $\mathfrak{E}(\boldsymbol{r})$ an einem Ort $\boldsymbol{r}$ sind dabei bestimmt durch die Werte der Ladungen $Q(\boldsymbol{r}_j)$ an allen Orten $\boldsymbol{r}_j \neq \boldsymbol{r}$ sowie durch die Dipolmomente $\mathfrak{p}(\boldsymbol{r}_k)$ an allen Orten $\boldsymbol{r}_k \neq \boldsymbol{r}$.

In der Maxwellschen Theorie werden die Ladungen wie auch die Dipolmomente als *kontinuierlich* verteilt angesehen. Sinngemäß gibt es zwei mathematische Felder, die **Ladungsdichte** $\rho(\boldsymbol{r})$ und die *Dipolmoment-Dichte* oder **Polarisation** $\mathfrak{P}(\boldsymbol{r})$. Ladungen und Dipolmomente ergeben sich aus den Dichten gemäß

(7.5) $$\int_{V_j} \rho(\boldsymbol{r})\, dV = \text{die im Volumen } V_j \text{ enthaltene Ladung } Q_j,$$

$$\int_{V_k} \mathfrak{P}(\boldsymbol{r})\, dV = \text{das im Volumen } V_k \text{ enthaltene elektrische Dipolmoment } \mathfrak{p}_k.$$

Die Formel (7.4), die die mit Änderungen der Ladungsverteilung und Dipolmoment-Verteilung verknüpfte, dem elektromagnetischen Feld zugeführte elektrische Energie darstellt, lautet, wenn die Summen durch Integrale über den Raum ersetzt werden,

(7.6) $$\int [\phi(\boldsymbol{r})\, \delta\rho(\boldsymbol{r}) - \mathfrak{E}(\boldsymbol{r})\, \delta\mathfrak{P}(\boldsymbol{r})]\, dV$$

$$= \left\{\begin{array}{l}\text{bei Änderung der Ladungsdichte } \rho(\boldsymbol{r}) \text{ um } \delta\rho(\boldsymbol{r}) \text{ und der Polarisation } \mathfrak{P}(\boldsymbol{r}) \text{ um } \delta\mathfrak{P}(\boldsymbol{r}) \text{ vom elektro-}\\ \text{magnetischen Feld ausgetauschte elektrische Energie.}\end{array}\right.$$

Die Änderungen $\delta\rho(\boldsymbol{r})$ der Ladungsdichte $\rho(\boldsymbol{r})$ und $\delta\mathfrak{P}(\boldsymbol{r})$ der Polarisation $\mathfrak{P}(\boldsymbol{r})$ nennt man in der Mathematik *Variationen* der Funktionen $\rho(\boldsymbol{r})$ und $\mathfrak{P}(\boldsymbol{r})$. Die Integration in (7.6) ist über den ganzen Raum zu erstrecken, genauer über alle Raumbereiche, in denen $\rho(\boldsymbol{r})$ und $\mathfrak{P}(\boldsymbol{r})$ geändert, variiert werden, in denen also $\delta\rho(\boldsymbol{r})$ und $\delta\mathfrak{P}(\boldsymbol{r})$ von Null verschieden sind. Man beachte sorgfältig, daß in den Energieformen (7.6) des elektrischen Feldes $\rho(\boldsymbol{r})$ und $\mathfrak{P}(\boldsymbol{r})$ die unabhängigen Variablen darstellen und $\delta\rho(\boldsymbol{r})$ bzw. $\delta\mathfrak{P}(\boldsymbol{r})$ ihre Änderungen. dV dagegen bezeichnet nicht die Änderung einer Variable V, sondern gibt nur das Element desjenigen Volumens an, über das zu integrieren ist.

Die (mathematischen) Felder $\phi(\boldsymbol{r})$, $\mathfrak{E}(\boldsymbol{r})$, $\rho(\boldsymbol{r})$ und $\mathfrak{P}(\boldsymbol{r})$ sind nach Aussage der Maxwellschen Gleichungen untereinander verknüpft durch die Beziehungen, wenn wir Zeitabhängigkeiten außer Betracht lassen,

(7.7) $$\mathfrak{E} = -\nabla\phi, \qquad \nabla[\varepsilon_0\, \mathfrak{E}(\boldsymbol{r}) + \mathfrak{P}(\boldsymbol{r})] = \rho(\boldsymbol{r}).$$

ε_0 bezeichnet die elektrische Feldkonstante. Setzt man diese Gleichung in (7.6) ein und benutzt die für beliebige Skalarfelder $f(\boldsymbol{r})$ und Vektorfelder $\boldsymbol{a}(\boldsymbol{r})$ gültige vektoranalytische Beziehung

$$f\nabla\boldsymbol{a} = \nabla(f\boldsymbol{a}) - \boldsymbol{a}(\nabla f),$$

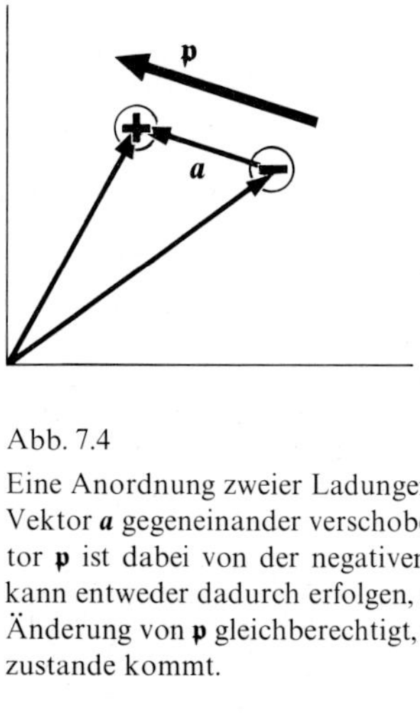

Abb. 7.4

Eine Anordnung zweier Ladungen von gleichem Betrag $|Q|$, aber entgegengesetztem Vorzeichen, die um einen Vektor $\boldsymbol{a}$ gegeneinander verschoben sind, hat die Gesamtladung Null, aber ein Dipolmoment $\mathfrak{p} = Q\,\boldsymbol{a}$. Der Vektor $\mathfrak{p}$ ist dabei von der negativen zur positiven Ladung gerichtet. Eine Änderung $d\mathfrak{p}$ des Dipolmoments $\mathfrak{p}$ kann entweder dadurch erfolgen, daß Q um dQ oder $\boldsymbol{a}$ um $d\boldsymbol{a}$ geändert wird. Energetisch sind beide Arten der Änderung von $\mathfrak{p}$ gleichberechtigt, so daß es nur auf die Änderung $d\mathfrak{p}$ von $\mathfrak{p}$ ankommt, nicht aber darauf, wie sie zustande kommt.

so erhält man

$$(7.8)\qquad \begin{aligned}&\int [\phi(\boldsymbol{r})\,\delta\rho(\boldsymbol{r})-\mathfrak{E}(\boldsymbol{r})\,\delta\mathfrak{P}(\boldsymbol{r})]\,dV\\ &=\int [\phi\,\nabla(\varepsilon_0\,\delta\mathfrak{E})+\phi\,\nabla\delta\mathfrak{P}-\mathfrak{E}\,\delta\mathfrak{P}]\,dV\\ &=\int [\nabla(\phi\,\varepsilon_0\,\delta\mathfrak{E})-\varepsilon_0(\nabla\phi)\,\delta\mathfrak{E}+\nabla(\phi\,\delta\mathfrak{P})-(\nabla\phi)\,\delta\mathfrak{P}-\mathfrak{E}\,\delta\mathfrak{P}]\,dV\\ &=\int \nabla\,[\phi(\varepsilon_0\,\delta\mathfrak{E}+\delta\mathfrak{P})]\,dV+\varepsilon_0\int \mathfrak{E}\,\delta\mathfrak{E}\,dV\\ &=\delta\left(\int \frac{\varepsilon_0}{2}\,\mathfrak{E}^2\,dV\right).\end{aligned}$$

Im letzten Gleichungsschritt haben wir das Volumintegral über die Divergenzen nach dem Gaußschen Satz umgeformt gedacht in ein Integral über die Oberfläche des Volumens. Wählt man das Volumen hinreichend groß, so wird, da $(\phi\,\varepsilon_0\,\delta\mathfrak{E})$ asymptotisch stärker gegen Null strebt als $1/r^2$ und außerdem die gesamte polarisierte Materie im Volumen enthalten und daher auf der Oberfläche des Volumens $\mathfrak{P}=0$, also auch $\delta\mathfrak{P}=0$ ist, das Integral Null.

Das als Ergebnis der Ausrechnung von (7.8) auftretende (mathematische) Feld $\varepsilon_0\,\mathfrak{E}^2/2$ heißt in der Maxwellschen Theorie die **Dichte der elektrischen Feldenergie.** Da (7.8) die mit einer Änderung $\delta\rho(\boldsymbol{r})$ der Ladungsverteilung $\rho(\boldsymbol{r})$ und einer Änderung $\delta\mathfrak{P}(\boldsymbol{r})$ der Polarisation $\mathfrak{P}(\boldsymbol{r})$ dem System „Elektromagnetisches Feld" zugeführte Energie ist, läßt sich Gl. (7.8) lesen: Die Energieform elektrische Energie des Systems „Elektromagnetisches Feld" läßt sich als „totales Differential" (=totale Variation) der Größe

$$(7.9)\qquad \text{elektrische Feldenergie}=\frac{\varepsilon_0}{2}\int \mathfrak{E}^2\,dV$$

schreiben. Die elektrische Feldenergie (7.9) ist somit ein *additiver Energieanteil* der Energie des Systems „Elektromagnetisches Feld".

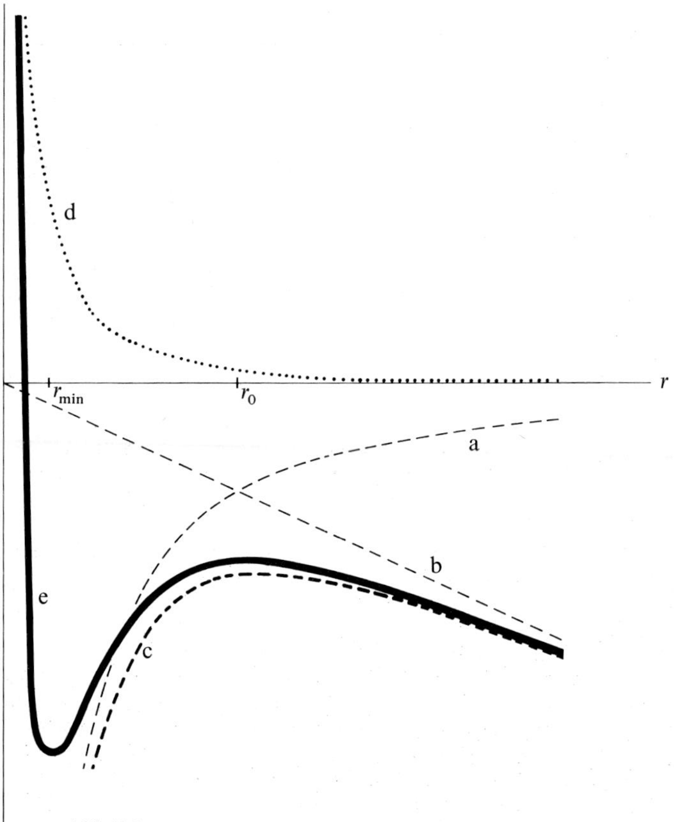

Abb. 7.5

Die Energieform Polarisationsenergie eines Körpers

Die Zerlegung einer Ladungsverteilung in Ladungen und Dipole bzw. in die Ladungsdichte $\rho(\boldsymbol{r})$ und die Polarisation $\mathfrak{P}(\boldsymbol{r})$ gewinnt ihre volle Bedeutung erst beim Energieaustausch zwischen elektromagnetischem Feld und Materie. Dazu fragen wir zunächst, ob mit einer Änderung dQ_j von Ladungen bzw. mit einer Ladungsdichteänderung $\delta\rho$ oder mit einer Änderung $d\mathfrak{p}_k$ von Dipolmomenten bzw. mit einer Polarisationsänderung $\delta\mathfrak{P}$ neben einer damit verbundenen (positiven oder negativen) Energiezufuhr an das System „Elektromagnetisches Feld" auch eine Energiezufuhr an das System „Körper", d.h. an die Materie verknüpft ist. Die Frage lautet direkt: Ist eine Änderung dQ der Ladung Q eines Körpers im Feld $\phi=0$, d.h. bei Abwesenheit von Ladungen an anderen Stellen des Raumes mit einer Änderung der Energie des *Körpers* verknüpft? Unsere gewohnte Vorstellung, daß Ladungen „auf den Körpern sitzen" und geändert werden können, ohne daß die Körper selbst davon etwas „merken", mag es nahelegen, diese Frage zu verneinen, doch wäre das voreilig. Der Begriff eines eigenen, von der Materie abtrennbaren Systems „Elektromagnetisches Feld" beruht zwar auf der Annahme, daß die elektrische Ladung eine Größe ist, die unabhängig ist von den anderen Größen, die gemeinsam mit ihr an der Materie auftreten, aber das bedeutet nicht, daß die Ladung und ihre Änderungen nicht auch in Energieformen der Materie, d.h. in Energieformen von Körpern auftreten kann. Die Elementarteilchen machen das besonders deutlich, denn die Ladungen gehören so sehr zu ihren Merkmalen, daß eine Ladungsänderung bei ihnen an die Änderung des ganzen Teilchens gekoppelt ist. Doch auch Ladungsänderungen von makroskopischen Körpern sind mit Änderungen im Inneren der Körper verbunden. Die Fähigkeit der Körper, verschiedene elektrische Ladungen zu tragen, beruht nämlich darauf, daß in ihnen die Anzahl irgendwelcher Teilchen als *Ladungsträger*, etwa Elektronen, geändert wird. Diese Änderungen sind, wie wir wissen, auch mit der Zufuhr von chemischer Energie an den Körper verbunden. Änderungen der Ladungsdichte $\delta\rho$ sind im allgemeinen also nicht nur mit der Zufuhr von elektrischer Energie an das System „Elektromagnetisches Feld" verknüpft, sondern auch mit der Zufuhr von chemischer Energie der Ladungsträger an den Körper, also an die Materie. Beispiele dafür liefern unsere Betrachtungen zur elektrochemischen Energie (§ 5 und § 13).

◁ Abb. 7.5

Elektrische Energieformen allein reichen nicht aus, um die Bildung stabiler Dipole zu verstehen. Um das einzusehen, zeigt die Abbildung die potentielle Energie zweier Ladungen entgegengesetzt gleichen Betrags in einem „angelegten" homogenen Feld $\mathfrak{E}$ als Funktion des Abstands r der beiden Ladungen. Die gesamte potentielle Energie setzt sich zusammen aus der mit $-1/r$ gehenden potentiellen Energie der Coulomb-Anziehung (Kurve a) und der in r linearen potentiellen Energie der Ladungen im homogenen Feld $\mathfrak{E}$ (Kurve b). Die gesamte potentielle Energie (Kurve c) hat kein Minimum, sondern ein Maximum bei $r=r_0$. Die Anordnung nimmt im Gleichgewicht, unabhängig vom Wert der Feldstärke $\mathfrak{E}$, entweder das Dipolmoment $\mathfrak{p}=0$ an, nämlich dann, wenn $r<r_0$, oder die beiden Ladungen streben unaufhaltsam auseinander, nämlich dann, wenn $r>r_0$.

Die Tatsache, daß die Atome oder Moleküle im Experiment ein anderes Verhalten zeigen, nämlich zu jedem Wert der Feldstärke $\mathfrak{E}$ ein bestimmtes endliches Dipolmoment $\mathfrak{p}$ zu besitzen, beweist, daß es in Wirklichkeit ein *Minimum* in der potentiellen Energie und damit ein $r_{\min}$ geben muß. Die Existenz dieses Minimums ist eine Folge der von der Quantenmechanik geforderten *Lokalisationsenergie*. Die Quantenmechanik behauptet nämlich, daß die Lokalisation eines Teilchens Energie kostet. Diese Energie ist der Masse des Teilchens und dem Quadrat der Ausdehnung seines Lokalisationsbereichs umgekehrt proportional. Die Lokalisationsenergie ist als punktierte Kurve proportional $1/r^2$ eingezeichnet (Kurve d). Die Summe von Lokalisationsenergie und potentieller Energie (genauer deren Erwartungswert), nämlich die stark ausgezogene Kurve e, zeigt bei $r_{\min}$ ein Minimum.

Der Dipol wird also stabilisiert durch die quantenmechanische Lokalisationsenergie, die nichts mit den elektrischen Eigenschaften der Teilchen zu tun hat, sondern allein von deren Masse abhängt. Sie ist deshalb als eine Energie zu betrachten, die der Materie zuzuschreiben ist. Ihr Effekt läßt sich näherungsweise so beschreiben, als würden Elektronen und Kerne gleichsam durch eine nicht-lineare Feder auf Distanz gehalten. Die Wirksamkeit der Lokalisationsenergie zeigt sich denn auch deutlich darin, daß ein Stück Materie nicht einfach auf einen Punkt kollabiert, sondern ein Volumen beansprucht. Alle Materie ist ja aus geladenen Teilchen aufgebaut. Würde bei Verschiebung der geladenen Teilchen gegeneinander Energie nur in Form elektromagnetischer Energie ausgetauscht, würde sich die aus elektrisch geladenen Teilchen zusammengesetzte, aber im ganzen elektrisch neutrale Materie unter Aussendung elektromagnetischer Strahlung beliebig zusammenziehen.

Hier interessiert vor allem der Energieaustausch, der mit der Änderung von Dipolmomenten $d\mathfrak{p}_k$ bzw. der Änderung $\delta\mathfrak{P}$ der Polarisation $\mathfrak{P}$ verbunden ist. Auch diese Änderungen sind nicht mit (positiver oder negativer) Energiezufuhr allein an das elektromagnetische Feld verknüpft, sondern auch an die Körper, also an die polarisierte Materie. Die Änderungen $\delta\mathfrak{P}$ der Polarisation treten damit nicht nur in einer Energieform des elektromagnetischen Feldes auf, sondern auch in einer Energieform des Körpers, der Materie. Im Modell der Abb. 7.1b, in dem der Dipol durch zwei entgegengesetzt gleiche Ladungen dargestellt wird, die durch eine Feder verbunden sind, ist das anschaulich zu sehen. Bei einer Vergrößerung $d\mathfrak{p}$ des Dipolmoments $\mathfrak{p}$ durch Vergrößern des Abstands der Ladungen ist nicht nur elektrische Energie im Spiel, nämlich Energieaustausch mit dem System „Elektromagnetisches Feld", sondern auch Verschiebungsenergie, die für die Verlängerung der Feder erforderlich ist. In realen Dipolen, also in Atomen, Molekülen, Festkörpern, repräsentiert die Feder die Coulomb-Wechselwirkung zusammen mit der chemischen Bindung (Abb. 7.5). Denkt man sich den Vorgang $d\mathfrak{p} \neq 0$ bei $\mathfrak{E}=0$ vorgenommen, das Feld am Ort des Dipols also abgeschaltet, so bleibt nur die mit der Längenänderung der Feder verknüpfte Energie übrig. Diese Energie nennen wir **Polarisationsenergie.** Sie beschreibt nicht den Energieaustausch mit dem System „Elektromagnetisches Feld", sondern mit dem System „Materie".

Da die Maxwellsche Theorie Dipole der Materie durch die Polarisation $\mathfrak{P}(\boldsymbol{r})$ beschreibt, laufen unsere Betrachtungen darauf hinaus, daß die Änderung $\delta\mathfrak{P}(\boldsymbol{r})$ der Polarisation im Inneren eines Körpers in *zwei verschiedenen Energieformen* vorkommt, nämlich einmal in der Energieform $-\mathfrak{E}\,d\mathfrak{p}$ des *elektromagnetischen Feldes* und zum zweiten in einer Energieform des *Körpers*, nämlich der *Polarisationsenergie.* Diese hat die Gestalt

$$\text{(7.10)} \qquad \text{Polarisationsenergie} = \zeta\,d\mathfrak{p} = \int \zeta(\boldsymbol{r})\,\delta\mathfrak{P}(\boldsymbol{r})\,dV.$$

Dabei ist die intensive Variable ζ eine Vektorgröße, deren Wert jeweils durch den Zustand des Körpers bestimmt ist, also durch den Wert seines Dipolmoments $\mathfrak{p}$, seiner Temperatur T, der chemischen Potentiale μ_k seiner Teilchen, auch eventueller innerer Spannungen. In den Energieformen des Gesamtsystems „Elektromagnetisches Feld + Körper" kommt die Größe $d\mathfrak{p}$ also zweimal als extensive Variable vor, nämlich in den beiden Energieformen

$$\text{(7.11)} \qquad -\mathfrak{E}\,d\mathfrak{p} + \zeta\,d\mathfrak{p} = (-\mathfrak{E} + \zeta)\,d\mathfrak{p}.$$

Wir erinnern daran, daß die elektrische Feldstärke $\mathfrak{E}$ am Ort des betrachteten Körpers durch alle Ladungen und alle sonst noch vorhandenen polarisierten Körper im Raum bedingt ist, nicht jedoch durch das Dipolmoment $\mathfrak{p}$ des betrachteten Körpers selbst. Die Größe ζ ist dagegen eine Variable des Körpers und hat nichts mit dem elektromagnetischen Feld und den übrigen Körpern zu tun. Gl. (7.11) gibt die mit einer Änderung $d\mathfrak{p}$ des Dipolmoments $\mathfrak{p}$ des Körpers verbundene Energiezufuhr an das elektromagnetische Feld wie auch an den Körper an. Dabei ist es gleichgültig, wie die Änderung $d\mathfrak{p}$ bewirkt wird, ob durch ein angelegtes elektrisches Feld oder durch direkte Eingriffe am Körper.

Um die Polarisationsenergie (7.10) zu bestimmen, bedarf es neben der Messung von $d\mathfrak{p}$ auch der Messung von ζ. Dazu kann Gl. (7.11) herangezogen werden, indem man sie auf das *Polarisationsgleichgewicht* zwischen elektromagnetischem Feld und Körper anwendet. Was ist unter diesem Gleichgewicht zu verstehen? Man weiß, daß Körper experimentell durch Anlegen eines elektrischen Feldes $\mathfrak{E}$ polarisiert werden. Dabei stellt sich das Dipolmoment $\mathfrak{p}$ auf das vorgegebene Feld $\mathfrak{E}$ ein. Nach welcher Regel erfolgt diese Einstellung? Die Antwort, deren Begründung erst in Kap. IV gegeben wird, lautet: Das Dipolmoment $\mathfrak{p}$ stellt sich auf ein vorgegebenes Feld $\mathfrak{E}$ so ein, daß die mit irgendwelchen kleinen Änderungen, etwa Schwankungen $d\mathfrak{p}$ des Dipolmoments verknüpften Energieübertragungen zwischen Feld und Körper Null sind, daß also für jedes $d\mathfrak{p}$ gilt

$$\text{(7.12)} \qquad (-\mathfrak{E} + \zeta)\,d\mathfrak{p} = 0 \quad \text{oder} \quad \zeta = \mathfrak{E}.$$

Diese Gleichung beschreibt das Gleichgewicht zwischen elektromagnetischem Feld und Körper hinsichtlich des Austauschs von elektrischer Energie und Polarisationsenergie. Sie gilt nur dann, wenn zwischen Feld und Körper dieses Polarisationsgleichgewicht besteht. Die Größe ζ hat unter diesen Bedingungen also denselben Wert wie das elektrische Feld $\mathfrak{E}$, so daß eine Messung von $\mathfrak{E}$ gleichzeitig auch eine Messung der Größe ζ ist. Zusammenfassend haben wir also

$$\text{(7.13)} \qquad \zeta\,d\mathfrak{p} = \mathfrak{E}_{\mathrm{Gl}}\,d\mathfrak{p} = \int \mathfrak{E}_{\mathrm{Gl}}(\boldsymbol{r})\,\delta\mathfrak{P}(\boldsymbol{r})\,dV$$

$$= \begin{cases} \text{dem Körper zugeführte Polarisationsenergie; dabei ist } \mathfrak{E}_{\mathrm{Gl}} \text{ der Wert der elektrischen Feld-} \\ \text{stärke im Polarisationsgleichgewicht.} \end{cases}$$

Wir hätten in (7.13) den Index Gl (= Gleichgewicht) ebensogut an ζ wie an $\mathfrak{E}$ hängen können. Worauf es ankommt, ist allein, daß im Polarisationsgleichgewicht $\mathfrak{E}$ und ζ gleiche Werte haben. Ob sich dabei $\mathfrak{E}$ auf einen als gegeben betrachteten Wert von ζ einstellt oder umgekehrt ζ auf einen gegebenen Wert des Feldes $\mathfrak{E}$, ist für die Beschreibung gleichgültig und hängt nur davon ab, welche Variablen als unabhängig gewählt werden. Wie bei unserer Wahl $\mathfrak{E}_{Gl}$ eine Funktion der Variablen des Körpers ist, nicht aber der des elektromagnetischen Feldes, wäre umgekehrt ζ_{Gl} eine Funktion allein der Variablen des elektromagnetischen Feldes, nicht aber der des Körpers. Wir werden später in diesem Buch, nach diesem Paragraphen, in dem Ausdruck $\mathfrak{E}_{Gl}\,d\mathfrak{p}$ den Gleichgewichts-Index Gl weglassen und die Polarisationsenergie einfach als $\mathfrak{E}\,d\mathfrak{p}$ schreiben.

Die Gl. (7.13) gilt nicht, wie man im ersten Augenblick meinen könnte, nur dann, wenn die Polarisation $\mathfrak{P}$ bzw. das Dipolmoment $\mathfrak{p}$ durch das angelegte $\mathfrak{E}$-Feld erzeugt wird, sondern auch, wenn die Polarisation des Körpers auf beliebige andere Weise erzeugt wird, also etwa im Fall eines piezoelektrischen kristallinen Körpers durch mechanisches Spannen oder Drücken des Körpers, oder bei spontaner Polarisation im Fall der pyroelektrischen und ferroelektrischen Körper. Es ist dabei völlig gleichgültig, welche Feldstärke $\mathfrak{E}$ am Ort des Körpers wirklich herrscht, denn $\mathfrak{E}_{Gl}$ in (7.13) ist nichts anderes als der Wert von ζ ausgedrückt als elektrische Feldstärke. In den folgenden Beispielen wird das verwendet.

Energieaustausch bei Erzeugung und Verschiebung eines elektrischen Dipols

Entscheidend für das Verständnis und die richtige Anwendung der Energieformen des elektromagnetischen Feldes ist, daß die Werte der Variablen an einem Ort $\boldsymbol{r}$ immer nur abhängen von den Werten von Variablen an allen anderen Orten $\boldsymbol{r}' \neq \boldsymbol{r}$ im Raum. So ist der Wert des Potentials ϕ wie auch der Feldstärke $\mathfrak{E}$ an einer Stelle $\boldsymbol{r}$ bestimmt durch die Werte der Ladungen und Dipolmomente an allen von $\boldsymbol{r}$ verschiedenen Stellen $\boldsymbol{r}'$ des Raumes, nicht dagegen durch die Ladung und das Dipolmoment an der Stelle $\boldsymbol{r}$ selbst. Das ist wichtig bei der Unterscheidung der Energieform $-\mathfrak{E}\,d\mathfrak{p}$ des elektromagnetischen Feldes und der Energieform $\zeta\,d\mathfrak{p}$, der Polarisationsenergie des das Dipolmoment tragenden Körpers. Denken wir uns in einem Körper auf irgendeine Weise in einem Gedankenexperiment ein Dipolmoment $\mathfrak{p}$ erzeugt, so wird dabei Energie mit zwei Systemen ausgetauscht, nämlich mit dem elektromagnetischen Feld und mit dem Körper. Das hat nichts damit zu tun, ob der das Dipolmoment tragende Körper mit dem elektromagnetischen Feld im Polarisationsgleichgewicht steht oder nicht. In statischen Feldern $\mathfrak{E}(\boldsymbol{r})$ ist er das zwar immer, aber bei zeitabhängigen Feldern braucht er das nicht zu sein.

Der Energieaustausch mit dem elektromagnetischen Feld ist Null, wenn das durch alle sonstigen Ladungen und Dipolmomente in der Welt bedingte $\mathfrak{E}$-Feld am Ort $\boldsymbol{r}$ des Körpers den Wert $\mathfrak{E}(\boldsymbol{r}) = 0$ hat. Unter diesen Umständen ist die mit der Erzeugung des Dipols (die wegen $\mathfrak{E} = 0$ dann anders als durch $\mathfrak{E}$ erfolgen muß) verknüpfte elektrische Energie, nämlich der Energieaustausch mit dem elektromagnetischen Feld, Null. Nur die Polarisationsenergie, nämlich der Energieaustausch mit dem Körper, ist von Null verschieden. Ob der Körper gleichzeitig auch noch Energie über andere Energieformen austauscht, etwa über die Wärmeenergie $T\,dS$, ist dabei ohne Bedeutung. Denkt man sich das Dipolmoment des Körpers vom Wert Null auf den Wert $\mathfrak{p}$ gesteigert, so wird dabei dem Körper nach (7.13) die Polarisationsenergie zugeführt

$$\int_0^{\mathfrak{p}} \zeta(\mathfrak{p}')\,d\mathfrak{p}' = \int_0^{\mathfrak{p}} \mathfrak{E}_{Gl}(\mathfrak{p}')\,d\mathfrak{p}'. \tag{7.14}$$

$\mathfrak{E}_{Gl}$ ist dabei nicht die elektrische Feldstärke am Ort des Dipols, denn diese ist ja voraussetzungsgemäß Null, sondern es ist der Wert des elektrischen Feldes, der im Polarisationsgleichgewicht herrschen würde.

Wird die Erzeugung des Dipols, d.h. sein Anwachsen vom Wert Null auf den Wert $\mathfrak{p}$ an einem Ort mit von Null verschiedener elektrischer Feldstärke $\mathfrak{E}(\boldsymbol{r}) \neq 0$ vorgenommen, so tritt zur Polarisationsenergie (7.14) noch die an das elektromagnetische Feld gelieferte Energie hinzu. An das Gesamtsystem „Elektromagnetisches Feld + Körper" wird die Energie geliefert

$$\int_0^{\mathfrak{p}} [\zeta(\mathfrak{p}') - \mathfrak{E}(\boldsymbol{r})]\,d\mathfrak{p}' = \int_0^{\mathfrak{p}} [\mathfrak{E}_{Gl}(\mathfrak{p}') - \mathfrak{E}(\boldsymbol{r})]\,d\mathfrak{p}' = \int_0^{\mathfrak{p}} \mathfrak{E}_{Gl}(\mathfrak{p}')\,d\mathfrak{p}' - \mathfrak{p}\,\mathfrak{E}(\boldsymbol{r}). \tag{7.15}$$

Im letzten Gleichungsschritt haben wir ausgenutzt, daß der Wert der Feldstärke $\mathfrak{E}(\boldsymbol{r})$ am Ort $\boldsymbol{r}$ nicht bestimmt ist vom Wert des Dipolmoments $\mathfrak{p}$ am selben Ort, sondern nur von Ladungen und Dipolen außerhalb des betrachteten Dipols $\mathfrak{p}$. Die Gl. (7.15) setzt kein Polarisationsgewicht voraus, sondern gibt die beim Anwachsen des Dipolmoments von 0 auf *irgendeinen* Wert $\mathfrak{p}$ in einem fest *gegebenen* Feld $\mathfrak{E}(\boldsymbol{r})$ mit dem Gesamtsystem „Elektromagnetisches Feld + Körper" ausgetauschte Polarisationsenergie und elektrische Energie an. Wieder ist es gleichgültig, ob der Körper dabei gleichzeitig noch Energie in anderen Formen, etwa als Wärme oder Deformationsenergie, austauscht. Gl. (7.15) macht darüber keine Aussage, sondern nur über den Energieaustausch in Formen, die mit der Änderung des Dipolmoments $\mathfrak{p}$ verknüpft sind.

Wir wenden (7.15) an auf zwei Beispiele der **Verschiebung elektrischer Dipole in einem gegebenen Feld** und fragen nach der Energie, die für die Verschiebung aufgewendet werden muß. Im ersten Beispiel handelt es sich um einen **Dipol mit fest gegebenem Betrag $|\mathfrak{p}|$ des Dipolmoments**, genauer mit einem relativ zum Körper nach Betrag und Richtung festen Dipolmoment. Wie groß ist die Energie, die aufzuwenden ist, um den Körper vom Ort $\boldsymbol{r}_1$ und der Dipolmoment-Richtung $\mathfrak{p}_1/|\mathfrak{p}_1|$ zum Ort $\boldsymbol{r}_2$ und der Dipolmoment-Richtung $\mathfrak{p}_2/|\mathfrak{p}_2|$ zu verschieben (Abb. 7.6)? Die Polarisationsenergie spielt bei diesem Prozeß keine Rolle, denn in bezug auf den Körper wird weder Betrag noch Richtung von $\mathfrak{p}$ geändert. Um den Körper von $\boldsymbol{r}_1$ nach $\boldsymbol{r}_2$ zu bringen, denken wir uns den Dipol bei $\boldsymbol{r}_1$ vernichtet und den Dipol bei $\boldsymbol{r}_2$ erzeugt. Wenden wir (7.15) einmal bei $\boldsymbol{r}_1$ und einmal bei $\boldsymbol{r}_2$ an, so resultiert

(7.16) $\mathfrak{p}_1\mathfrak{E}(\boldsymbol{r}_1)-\mathfrak{p}_2\mathfrak{E}(\boldsymbol{r}_2)$

$=\begin{cases}\text{erforderliche Energie, um einen körperfesten Dipol mit } |\mathfrak{p}_1|=|\mathfrak{p}_2| \text{ von der Lage } (\boldsymbol{r}_1,\mathfrak{p}_1) \text{ in die Lage}\\ (\boldsymbol{r}_2,\mathfrak{p}_2) \text{ zu verschieben.}\end{cases}$

Ist $\mathfrak{E}(\boldsymbol{r}_1)=0$ und schreibt man statt $\boldsymbol{r}_2, \mathfrak{p}_2$ einfach $\boldsymbol{r}, \mathfrak{p}$, so hat man das Ergebnis

(7.17) $-\mathfrak{p}\,\mathfrak{E}(\boldsymbol{r})=$ potentielle Energie eine Dipols mit festem Betrag $|\mathfrak{p}|$ im gegebenen Feld $\mathfrak{E}(\boldsymbol{r})$.

Die potentielle Energie (7.17) hat ein Minimum, wo $\mathfrak{p}$ parallel zu $\mathfrak{E}$ gerichtet ist und die Feldstärke $\mathfrak{E}(\boldsymbol{r})$ ein Maximum hat.

Als zweites Beispiel fragen wir nach der Energie, die erforderlich ist, um einen **induzierten Dipol** in einem gegebenen Feld $\mathfrak{E}(\boldsymbol{r})$ von Ort $\boldsymbol{r}_1$ zum Ort $\boldsymbol{r}_2$ zu verschieben (Abb. 7.7). Im Unterschied zum vorausgegangenen Beispiel, in dem das Dipolmoment konstanten Betrag hatte, ist das induzierte Dipolmoment $\mathfrak{p}$ an jedem Ort $\boldsymbol{r}$ in Betrag und Richtung durch $\mathfrak{E}(\boldsymbol{r})$ bestimmt, und zwar so, daß Polarisationsgleichgewicht herrscht, also $\mathfrak{E}=\mathfrak{E}_{\mathrm{Gl}}$ ist, was bei hinreichend langsamer Feldänderung gewährleistet ist. Dann ist

(7.18) $$\mathfrak{p}=\alpha\,\mathfrak{E}=\alpha\,\mathfrak{E}_{\mathrm{Gl}}=\alpha\,\zeta,$$

wobei die *Polarisierbarkeit* α des Körpers eine Größe ist, die von den Eigenschaften des Körpers, im allgemeinen also auch von T abhängt. Für einen induzierten Dipol der Polarisierbarkeit α hat die Polarisationsenergie in (7.15) wegen (7.18) den Wert

(7.19) $$\int_0^{\mathfrak{p}}\zeta(\mathfrak{p}')\,d\mathfrak{p}'=\frac{1}{\alpha}\int_0^{\mathfrak{p}}\mathfrak{p}'\,d\mathfrak{p}'=\frac{\mathfrak{p}^2}{2\alpha}=\tfrac{1}{2}\,\mathfrak{p}\,\mathfrak{E}.$$

Das ist die Energie, die dem Körper als Polarisationsenergie zugeführt wird, wenn in ihm das Dipolmoment $\mathfrak{p}$ erzeugt wird.

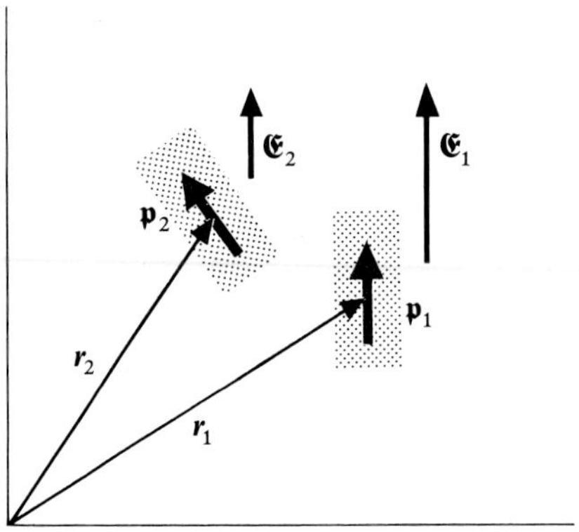

Abb. 7.6

Verschiebung eines Dipols mit dem Dipolmoment $\mathfrak{p}$ in einem vorgegebenen elektrischen Feld $\mathfrak{E}(\boldsymbol{r})$. $\mathfrak{p}$ sei in Betrag und Richtung in bezug auf den durch Rasterung angedeuteten Körper, der den Dipol trägt, konstant. Die Verschiebung läßt sich beschreiben als Vernichtung des Dipols $\mathfrak{p}_1$ bei $\boldsymbol{r}_1$ und Erzeugung des Dipols $\mathfrak{p}_2$ bei $\boldsymbol{r}_2$. In diesem Fall, da $\mathfrak{p}$ in bezug auf den Körper konstant ist, ist die Polarisationsenergie bei der Erzeugung und Vernichtung der Dipole entgegengesetzt gleich, so daß bei der Verschiebung Energieaustausch nur mit dem elektromagnetischen Feld resultiert.

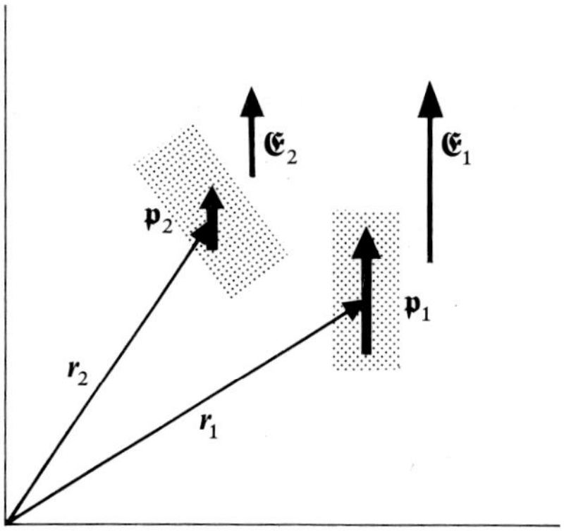

Abb. 7.7
Verschiebung eines *induzierten* Dipols in einem vorgegebenen elektrischen Feld $\mathfrak{E}(\boldsymbol{r})$. Wieder läßt sich die Verschiebung zusammensetzen aus der Vernichtung des Dipols $\mathfrak{p}_1$ bei r_1 und Erzeugung des Dipols $\mathfrak{p}_2$ bei r_2. Die Polarisationsenergie ist bei der Erzeugung und Vernichtung nicht entgegengesetzt gleich, so daß bei der Verschiebung insgesamt Energie mit dem elektromagnetischen Feld und mit dem Körper ausgetauscht wird.

Die *Verschiebung* des Dipols von r_1 nach r_2 ist wieder der Vernichtung des Dipols $\mathfrak{p}_1 = \alpha\,\mathfrak{E}(r_1)$ bei r_1 und der Erzeugung des Dipols $\mathfrak{p}_2 = \alpha\,\mathfrak{E}(r_2)$ bei r_2 äquivalent. (7.15) zusammen mit (7.19) auf die Erzeugung und auf die Vernichtung angewendet, ergibt als Energie, die notwendig ist, um den induzierten Dipol von r_1 nach r_2 zu verschieben,

(7.20) $$[\tfrac{1}{2}\,\mathfrak{p}_2\,\mathfrak{E}(r_2) - \mathfrak{p}_2\,\mathfrak{E}(r_2)] - [\tfrac{1}{2}\,\mathfrak{p}_1\,\mathfrak{E}(r_1) - \mathfrak{p}_1\,\mathfrak{E}(r_1)] = -[\tfrac{1}{2}\,\mathfrak{p}_2\,\mathfrak{E}(r_2) - \tfrac{1}{2}\,\mathfrak{p}_1\,\mathfrak{E}(r_1)].$$

Wählt man wieder r_1 so, daß $\mathfrak{E}(r_1) = 0$, und schreibt man statt r_2 einfach r, so hat man

(7.21) $$-\tfrac{1}{2}\,\mathfrak{p}\,\mathfrak{E}(r) = \text{potentielle Energie eines induzierten Dipols } \mathfrak{p}(\mathfrak{E}) \text{ im gegebenen Feld } \mathfrak{E}(r).$$

Da $\mathfrak{p}$ zu $\mathfrak{E}$ parallel ist, wird bei der induzierten Polarisation des Körpers, also bei Gültigkeit von (7.18), dem elektromagnetischen Feld der Energiebetrag $\mathfrak{p}\,\mathfrak{E}$ entzogen. Die Hälfte dieses Betrags wird dem Körper als Polarisationsenergie (7.19) zugeführt, während die verbleibende Hälfte dem induzierten Dipol als potentielle Energie zur Verfügung steht.

Für infinitesimale Verschiebungen $r_2 - r_1 = dr$, bei denen sich $\mathfrak{E}$ um $d\mathfrak{E}$ ändert, ergibt (7.20) die Verschiebungsenergie

(7.22) $$-\mathfrak{p}\,d\mathfrak{E} = \begin{cases} \text{Verschiebungsenergie eines induzierten Dipols vom Dipolmoment } \mathfrak{p} \text{ in einem} \\ \text{vorgegebenen Feld, wenn bei der Verschiebung } dr \text{ das Feld } \mathfrak{E} \text{ sich ändert um} \\ d\mathfrak{E} = \mathfrak{E}(r + dr) - \mathfrak{E}(r). \end{cases}$$

Tatsächlich gilt dieser Ausdruck sogar für die Verschiebung eines *beliebigen* Dipols, wenn bei der Verschiebung in jedem Raumpunkt Polarisationsgleichgewicht herrscht. Das folgt aus (7.15), angewendet auf zwei infinitesimal benachbarte Punkte.

Die Energieform magnetische Energie des elektromagnetischen Feldes

Wie die Energieform elektrische Energie die Größen elektrisches Potential und Ladung enthält, so enthält die andere Energieform des elektromagnetischen Feldes, die *magnetische Energie*, die Größen **magnetisches Vektorpotential** und **elektrische Stromdichte**, beide wieder an jedem Punkt des Raumes. Abgesehen davon, daß die beiden Größen keine Skalare, sondern Vektoren sind, erhebt sich vor allem das Problem, welche von ihnen die extensive und welche die intensive Variable ist. Die überraschende Antwort lautet, daß das Vektorpotential $\boldsymbol{A}$ die extensive Variable und die Stromdichte $\boldsymbol{j}$ die intensive Variable darstellt.

Daß $\boldsymbol{A}(\boldsymbol{r})$ eine extensive Größe ist, wird verständlich durch die Energie-Funktion eines geladenen Körpers im Magnetfeld. Nach MRG, §21 ist diese gegeben durch

(7.23) $$E(\boldsymbol{r}, \boldsymbol{P}) = \frac{1}{2M}[\boldsymbol{P} - Q\boldsymbol{A}]^2 + E_0.$$

E_0 bezeichnet die innere Energie des Systems „Geladener Körper + Feld". Die Differenz $E - E_0$ ist auch als Hamilton-Funktion des geladenen Körpers im Magnetfeld bekannt. In (7.23) sind M und Q Masse und Ladung des Körpers und $\boldsymbol{A}(\boldsymbol{r})$ das Vektorpotential des Magnetfeldes. Die Geschwindigkeit des durch (7.23) definierten Systems ist

(7.24) $$\boldsymbol{v} = \frac{\partial E}{\partial \boldsymbol{P}} = \frac{1}{M}(\boldsymbol{P} - Q\boldsymbol{A}).$$

Die Energieformen des Systems (7.23) werden sichtbar, wenn man das totale Differential von (7.23) bildet

(7.25) $$dE = \frac{\partial E}{\partial \boldsymbol{P}} d\boldsymbol{P} + \frac{\partial E}{\partial \boldsymbol{A}} d\boldsymbol{A} = \boldsymbol{v}\, d\boldsymbol{P} - Q\boldsymbol{v}\, d\boldsymbol{A}.$$

Uns interessiert hier die Energieform $-Q\boldsymbol{v}\,d\boldsymbol{A}$. Sie mißt die Änderung dE der Energie des Körpers bei $d\boldsymbol{P}=0$, also bei konstantem Impuls. Das bedeutet nach (7.24) keineswegs konstante Geschwindigkeit des Körpers und damit auch nicht konstante Energie. Die Energieform $-Q\boldsymbol{v}\,d\boldsymbol{A}$ gibt die bei $d\boldsymbol{P}=0$ dem Körper vom elektromagnetischen Feld zugeführte Energie an. Somit ist $+Q\boldsymbol{v}\,d\boldsymbol{A}$ die dem elektromagnetischen Feld zugeführte Energie. Beachtet man, daß für eine bewegte Ladung der Faktor $Q\boldsymbol{v}$ aufgefaßt werden kann als das Integral über die Stromdichte $\boldsymbol{j} = \rho\,\boldsymbol{v}$, so sieht man, daß die fragliche Energieform des elektromagnetischen Feldes die Gestalt hat

(7.26) $$\text{magnetische Energie} = \int \boldsymbol{j}\,\delta\boldsymbol{A}\,dV.$$

So wie bei der Energieform elektrische Energie des elektromagnetischen Feldes sowohl die Änderung $\delta\rho$ der Ladungsdichte ρ als auch die Änderung $\delta\mathfrak{P}$ der Polarisation $\mathfrak{P}$, d.h. der elektrischen Dipolmomente beteiligt sind, tragen zur Energieform magnetische Energie neben den Änderungen $\delta\boldsymbol{A}$ des Vektorpotentials $\boldsymbol{A}$ auch die Änderungen von magnetischen Dipolmomenten bei. Der zweite Beitrag ist dabei analog gebildet dem entsprechenden Ausdruck in der elektrischen Energie. Die gesamte Energieform magnetische Energie hat die Gestalt

(7.27) $$\int [\boldsymbol{j}(\boldsymbol{r})\,\delta\boldsymbol{A}(\boldsymbol{r}) - \boldsymbol{H}(\boldsymbol{r})\,\delta\boldsymbol{M}(\boldsymbol{r})]\,dV$$
$$= \begin{cases} \text{bei Änderung } \delta\boldsymbol{A} \text{ des Vektorpotentials } \boldsymbol{A} \text{ und Änderung } \delta\boldsymbol{M} \text{ der Magnetisierung } \boldsymbol{M} \\ \text{dem elektromagnetischen Feld zugeführte magnetische Energie.} \end{cases}$$

Die (mathematischen) Felder $\boldsymbol{j}$, $\boldsymbol{A}$, $\boldsymbol{H}$, $\boldsymbol{M}$ sind hier als zeitunabhängig, also als nur von $\boldsymbol{r}$ abhängig angenommen. Untereinander hängen sie nach der Maxwellschen Theorie bei Zeitunabhängigkeit zusammen gemäß

(7.28) $$\mu_0 \boldsymbol{H}(\boldsymbol{r}) = \boldsymbol{B}(\boldsymbol{r}) - \boldsymbol{M}(\boldsymbol{r}),$$

(7.29) $$\boldsymbol{B}(\boldsymbol{r}) = \nabla \times \boldsymbol{A}(\boldsymbol{r}) \quad \text{oder} \quad \nabla \boldsymbol{B} = 0,$$

(7.30) $$\nabla \times \boldsymbol{H}(\boldsymbol{r}) = \boldsymbol{j}(\boldsymbol{r}),$$

wobei μ_0 die magnetische Feldkonstante bezeichnet. Die Magnetisierung $\boldsymbol{M}(\boldsymbol{r})$ steht mit dem magnetischen Dipolmoment $\boldsymbol{m}$ in analoger Beziehung wie die Polarisation $\mathfrak{P}(\boldsymbol{r})$ mit dem elektrischen Dipolmoment $\mathfrak{p}$, nämlich

(7.31) $$\int_V \boldsymbol{M}(\boldsymbol{r})\,dV = \text{das im Volumen } V \text{ enthaltene magnetische Dipolmoment } \boldsymbol{m}.$$

Setzt man (7.30) in (7.27) ein und wendet man die für beliebige Vektorfelder $\boldsymbol{a}(\boldsymbol{r})$, $\boldsymbol{b}(\boldsymbol{r})$ gültige vektoranalytische Beziehung

$$\boldsymbol{b}(\nabla \times \boldsymbol{a}) - \boldsymbol{a}(\nabla \times \boldsymbol{b}) = \nabla(\boldsymbol{a} \times \boldsymbol{b})$$

sowie die Gln. (7.29) und (7.28) an, so erhält man die Gleichungsfolge

$$(7.32)\qquad \begin{aligned} &\int [(\nabla \times \boldsymbol{H})\,\delta \boldsymbol{A} - \boldsymbol{H}\,\delta \boldsymbol{M}]\,dV \\ &= \int [\boldsymbol{H}\,\delta(\nabla \times \boldsymbol{A}) - \boldsymbol{H}\,\delta \boldsymbol{M}]\,dV + \int \nabla(\delta \boldsymbol{A} \times \boldsymbol{H})\,dV \\ &= \int [\boldsymbol{H}\,\delta \boldsymbol{B} - \boldsymbol{H}\,\delta \boldsymbol{M}]\,dV = \mu_0 \int \boldsymbol{H}\,\delta \boldsymbol{H}\,dV = \delta \int \frac{\mu_0}{2} H^2\,dV. \end{aligned}$$

Das Integral über die Divergenz $\nabla(\delta \boldsymbol{A} \times \boldsymbol{H})$ haben wir fortgelassen, da es bei hinreichend großem Integrationsvolumen Null ist. Nach dem Gaußschen Satz läßt es sich nämlich in ein Oberflächenintegral über $(\delta \boldsymbol{A} \times \boldsymbol{H})$ umformen, das bei $r \to \infty$ verschwindet, weil die Normalkomponente von $\delta \boldsymbol{A} \times \boldsymbol{H}$ schneller gegen Null geht als $1/r^2$.

In Analogie zu (7.9) nennen wir das (mathematische) Feld $\mu_0 H^2/2$ die **Dichte der magnetischen Feldenergie.** Nach Gl. (7.32) läßt sich die Energieform magnetische Energie des elektromagnetischen Feldes auffassen als die „totale" Variation der Größe

$$(7.33)\qquad \text{magnetische Feldenergie} = \frac{\mu_0}{2} \int H^2(\boldsymbol{r})\,dV.$$

Neben der elektrischen Feldenergie (7.9) ist die magnetische Feldenergie (7.33) ein zweiter *additiver Anteil* der Energie des Systems „Elektromagnetisches Feld".

Für diskrete Anordnungen von Strömen und magnetischen Momenten läßt sich Gl. (7.27) in eine Form bringen, die das **Analogon** zu (7.4) darstellt. Aus (7.30) folgt, daß $\nabla \boldsymbol{j}(\boldsymbol{r}) = 0$, die Stromdichte $\boldsymbol{j}(\boldsymbol{r})$ also geschlossene Stromlinien hat. Wenn die stromführenden Leiter so dünn sind, daß sich $\boldsymbol{A}(\boldsymbol{r})$ über ihren Querschnitt nicht ändert (Abb. 7.8), so ist, wenn wir die Stromkreise mit dem Index $k = 1, 2, \ldots$ durchnumerieren,

$$(7.34)\qquad \begin{aligned} \int \boldsymbol{j}\,\delta \boldsymbol{A}\,dV &= \textstyle\sum_k \int \boldsymbol{j}_k\,d\boldsymbol{a}_k \oint \delta \boldsymbol{A}\,d\boldsymbol{r} = \sum_k I_k\,\delta \oint \boldsymbol{A}\,d\boldsymbol{r} \\ &= \textstyle\sum_k I_k\,\delta \int_{\mathfrak{F}_k} (\nabla \times \boldsymbol{A})\,d\boldsymbol{f} = \sum_k I_k\,\delta \int_{\mathfrak{F}_k} \boldsymbol{B}\,d\boldsymbol{f} \\ &= \textstyle\sum_k I_k\,\delta \Psi_k. \end{aligned}$$

Darin ist I_k der im k-ten Leiter fließende Strom und Ψ_k der Fluß des $\boldsymbol{B}$-Feldes durch die vom k-ten Strom berandete Fläche $\mathfrak{F}_k$. Der Wert von $\boldsymbol{B}$ am Ort des Stromkreises k rührt her von allen anderen Stromkreisen außer k sowie von allen magnetisierten Körpern. Entsprechend ist, wenn die Magnetisierung $\boldsymbol{M}(\boldsymbol{r})$ sich auf einzelne Körper mit den magnetischen Dipolmomenten $\boldsymbol{m}$ reduziert,

$$(7.35)\qquad \int \boldsymbol{H}\,\delta \boldsymbol{M}\,dV = \textstyle\sum_l \boldsymbol{H}(\boldsymbol{r}_l)\,\delta \boldsymbol{m}_l.$$

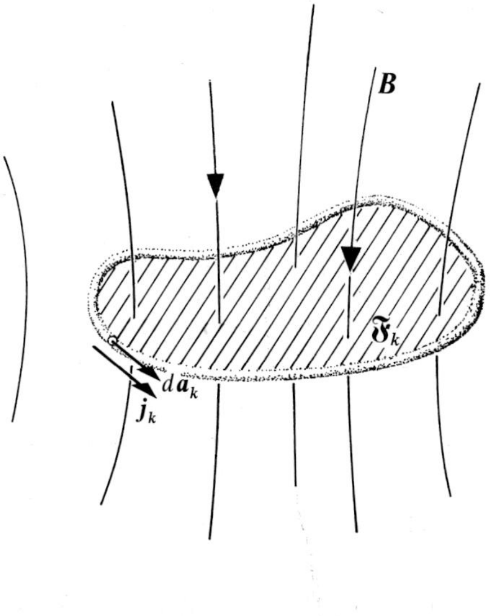

Abb. 7.8
Einen geschlossenen Stromkreis k darstellende Leiterschleife. Der Leiterquerschnitt sei $d\boldsymbol{a}_k$, die in ihm fließende Stromdichte $\boldsymbol{j}_k$, so daß der insgesamt im Leiter fließende Strom $I_k = \boldsymbol{j}_k\,d\boldsymbol{a}_k$ ist. Die Fläche $\mathfrak{F}_k$ wird von der Leiterschleife berandet, so daß $\int_{\mathfrak{F}_k} \boldsymbol{B}\,d\boldsymbol{f} = \Psi_k$ der $\boldsymbol{B}$-Fluß durch die Leiterschleife, also proportional zur Anzahl der mit der Leiterschleife verketteten $\boldsymbol{B}$-Linien ist.

$\boldsymbol{H}(\boldsymbol{r}_l)$ ist dabei das Feld, das am Ort $\boldsymbol{r}_l$ des Körpers l mit dem Dipolmoment $\boldsymbol{m}_l$ von allen anderen magnetischen Dipolen außer l und allen Strömen erzeugt wird. Insgesamt ist somit

(7.36) $$\int [\boldsymbol{j}\,\delta\boldsymbol{A} - \boldsymbol{H}\,\delta\boldsymbol{M}]\,dV = \sum_k I_k\,\delta\Psi_k - \sum_l \boldsymbol{H}(\boldsymbol{r}_l)\,\delta\boldsymbol{m}_l.$$

Diese Schreibweise zeigt, daß Änderungen des $\boldsymbol{B}$-Flusses durch irgendwelche Stromkreise sowie Änderungen der magnetischen Momente von Körpern Energieaustausch mit dem System „Elektromagnetisches Feld" zur Folge haben.

Die Energieform Magnetisierungsenergie eines Körpers

Die magnetische Energie (7.27) bzw. (7.36) ist eine Energieform des elektromagnetischen Feldes. Sie hat nichts mit der Materie zu tun, insofern als es sie auch gäbe, wenn Ströme und magnetische Momente nicht an Materie gebunden wären, sondern als selbständige Gebilde existieren könnten. Da sie jedoch an Materie gebunden sind, gibt es daneben noch Energieformen der Materie, in denen die elektrische Stromdichte und die Magnetisierung ebenfalls als Variablen auftreten. Bei den Strömen ist das z. B. die Bewegungsenergie der Teilchen, die die Rolle der jeweiligen Ladungsträger spielen. Hier interessiert uns die mit der Magnetisierung verknüpfte *Magnetisierungsenergie* eines Körpers. Sie ist, wie nochmals betont sei, eine Energieform des *Körpers*, so wie auch die Polarisationsenergie eine Energieform des *Körpers* ist. Die Magnetisierungsenergie gibt an, welcher Energiebetrag mit der Änderung $\delta\boldsymbol{M}$ der Magnetisierung $\boldsymbol{M}(\boldsymbol{r})$ eines Körpers dem Körper (und nicht dem elektromagnetischen Feld) zugeführt wird. Wir schreiben sie

(7.37) $$\int \boldsymbol{\lambda}(\boldsymbol{r})\,\delta\boldsymbol{M}(\boldsymbol{r})\,dV = \begin{cases}\text{bei Änderung } \delta\boldsymbol{M} \text{ der Magnetisierung } \boldsymbol{M}(\boldsymbol{r}) \text{ der Materie}\\ \text{zugeführte Magnetisierungsenergie.}\end{cases}$$

Die intensive Größe $\boldsymbol{\lambda}(\boldsymbol{r})$ ist dabei eine Variable der Materie, ihre Werte sind nämlich durch den jeweiligen Zustand der Materie bestimmt. Ist $\boldsymbol{\lambda}(\boldsymbol{r})$ unabhängig von $\boldsymbol{r}$, ist also der Körper hinsichtlich der Energie, die ihm bei der Magnetisierung zugeführt wird, räumlich homogen, so nimmt (7.37) die Gestalt an

(7.38) $$\boldsymbol{\lambda}\,\delta\!\int \boldsymbol{M}\,dV = \boldsymbol{\lambda}\,d\boldsymbol{m}.$$

Dem Gesamtsystem „Elektromagnetisches Feld + magnetisierter Körper" wird bei Änderung des magnetischen Dipolmoments $\boldsymbol{m}$ des Körpers die Energie

(7.39) $$-\boldsymbol{H}\,d\boldsymbol{m} + \boldsymbol{\lambda}\,d\boldsymbol{m} = (-\boldsymbol{H} + \boldsymbol{\lambda})\,d\boldsymbol{m}$$

zugeführt. In (7.39) ist $\boldsymbol{H}$ das von allen übrigen magnetischen Dipolen $\boldsymbol{m}_l$ sowie den Strömen I_k herrührende $\boldsymbol{H}$-Feld am Ort $\boldsymbol{r}$ des betrachteten magnetischen Dipols $\boldsymbol{m}$. Man sagt auch, es ist das „angelegte" Feld oder das Feld, das der Dipol $\boldsymbol{m}$ „spürt". Der Wert von $\boldsymbol{H}(\boldsymbol{r})$ ist nicht mitbestimmt durch den betrachteten Dipol am Ort $\boldsymbol{r}$; verändert man den Wert von $\boldsymbol{m}$ am Ort $\boldsymbol{r}$, ändert sich $\boldsymbol{H}(\boldsymbol{r})$ nicht. Gl. (7.39) gibt die mit einer Änderung $d\boldsymbol{m}$ des Dipolmoments dem Gesamtsystem „Elektromagnetisches Feld + magnetisierter Körper" in Form von magnetischer Energie und Magnetisierungsenergie zugeführte Energie an.

Die Zufuhr in Form von magnetischer Energie und Magnetisierungsenergie ist bei beliebigen Änderungen $d\boldsymbol{m}$ Null, wenn

(7.40) $$(-\boldsymbol{H} + \boldsymbol{\lambda})\,d\boldsymbol{m} = 0, \qquad \text{also } \boldsymbol{\lambda} = \boldsymbol{H}_{\mathrm{Gl}}.$$

Magnetisierter Körper und elektromagnetisches Feld befinden sich dann im **Magnetisierungsgleichgewicht.** Natürlich besagt (7.40) nicht, daß bei einer Änderung $d\boldsymbol{m}$ im Magnetisierungs-Gleichgewicht der Körper gleichzeitig nicht auch Energieaustausch über andere Energieformen vornehmen kann, wie z. B. über die Wärme TdS. Gl. (7.40) sagt nur, daß im Gleichgewicht der Energieaustausch zwischen elektromagnetischem Feld und Körper ausbalanciert ist (Kap. IV).

Denkt man sich $\boldsymbol{H}$ am Ort $\boldsymbol{r}$ des Körpers vorgegeben, so gehört im Magnetisierungsgleichgewicht zu jedem Wert von $\boldsymbol{H}$ ein bestimmter Wert von $\boldsymbol{m}$. Im Magnetisierungsgleichgewicht ist also $\boldsymbol{m}_{\mathrm{Gl}} = \boldsymbol{m}_{\mathrm{Gl}}(\boldsymbol{H})$ bzw. $\boldsymbol{M}_{\mathrm{Gl}} = \boldsymbol{M}_{\mathrm{Gl}}(\boldsymbol{H})$. Denkt man sich umgekehrt $\boldsymbol{m}$ bzw. $\boldsymbol{M}$ vorgegeben, so ist im Magnetisierungsgleichgewicht $\boldsymbol{H}_{\mathrm{Gl}} = \boldsymbol{H}_{\mathrm{Gl}}(\boldsymbol{m})$ bzw. $\boldsymbol{H}_{\mathrm{Gl}} = \boldsymbol{H}_{\mathrm{Gl}}(\boldsymbol{M})$. Abb. 7.9 zeigt Beispiele, die diese Abhängigkeit von $\boldsymbol{H}$ und $\boldsymbol{M}$ im Magnetisierungsgleichgewicht angeben. Man erkennt aus ihnen, daß die Funktion $\boldsymbol{M}_{\mathrm{Gl}} = \boldsymbol{M}_{\mathrm{Gl}}(\boldsymbol{H})$ nicht notwendig

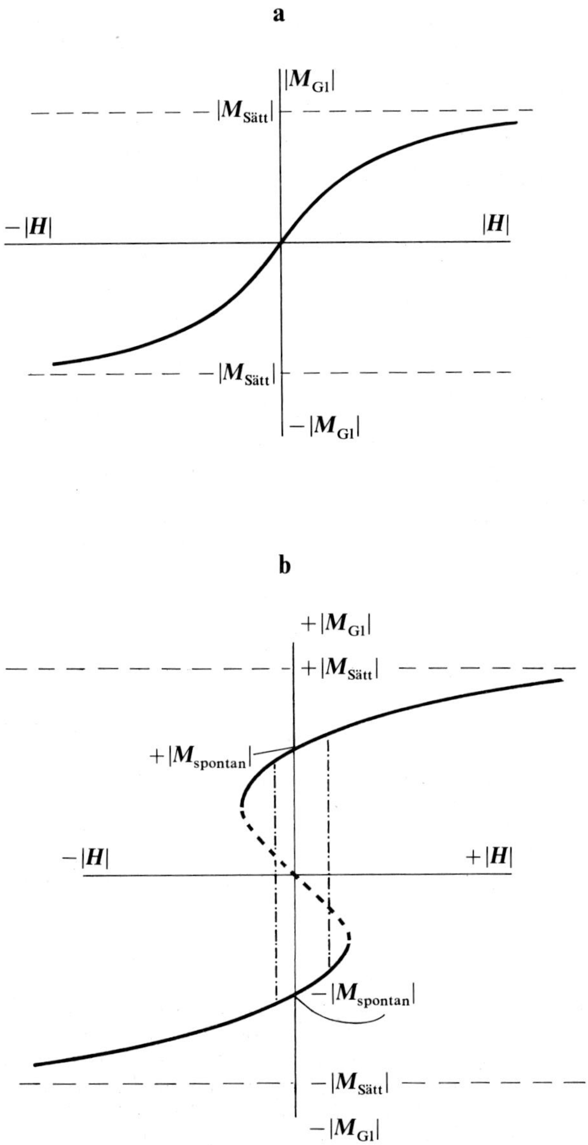

Abb. 7.9

(a) Gleichgewichts-Magnetisierung $|\boldsymbol{M}_{Gl}|$ als Funktion der Feldstärke $|\boldsymbol{H}|$ für einen *paramagnetischen* Körper. Gibt man $|\boldsymbol{M}_{Gl}|$ vor, so legen die Kurven die zu $|\boldsymbol{M}_{Gl}|$ gehörige Gleichgewichts-Feldstärke $|\boldsymbol{H}_{Gl}|$ fest, die gleich ist der Größe $|\boldsymbol{\lambda}|$, die die Magnetisierungsenergie $\int \boldsymbol{\lambda}\, \delta \boldsymbol{M}\, dV$ bestimmt.

(b) Gleichgewichts-Magnetisierung $|\boldsymbol{M}_{Gl}|$ eines *ferromagnetischen* Körpers von der Größe eines einzigen Weissschen Bezirks (Domäne) als Funktion von $|\boldsymbol{H}|$. Der gestrichelte Teil der Kurve ist *instabil*, also nicht realisierbar. Die Kurvenstücke zwischen den Punkten ($\pm|\boldsymbol{M}_{spontan}|, \boldsymbol{H}=0$) und dem Beginn der Strichelung sind *metastabil*. Bei Änderung von $\boldsymbol{H}$ springt die Magnetisierung schlagartig (strichpunktierte Linie) auf den anderen Ast um (Hysterese). An welcher Stelle der Übergang geschieht, also die strichpunktierten Geraden aufsetzen, hängt ab von der Beschaffenheit des ferromagnetischen Materials, von Unregelmäßigkeiten in seinem Kristallbau und von inneren Spannungen. Bei größeren ferromagnetischen Körpern springen die homogen magnetisierten Domänen (Abb. 7.12) nicht als ganze um, sondern vergrößern oder verkleinern sich durch Verschieben ihrer Grenzen (Wandverschiebungen).

eindeutig ist. Es treten Mehrdeutigkeiten auf, wenn der magnetisierte Körper in Bereiche (Phasen) unterschiedlicher Magnetisierung zerfallen kann.

Analog zur Polarisationsenergie gilt also, je nachdem, ob man $\boldsymbol{m}$ bzw. $\boldsymbol{M}$ oder $\boldsymbol{H}$ als unabhängige Variable betrachtet, für die Magnetisierungsenergie

$$\begin{aligned}(7.41)\qquad \boldsymbol{\lambda}\, d\boldsymbol{m} &= \boldsymbol{H}_{\mathrm{Gl}}(\boldsymbol{m})\, d\boldsymbol{m} = \int \boldsymbol{H}_{\mathrm{Gl}}(\boldsymbol{M})\, \delta\boldsymbol{M}\, dV \\ &= \int \boldsymbol{H}\, \delta\boldsymbol{M}_{\mathrm{Gl}}(\boldsymbol{H})\, dV = \text{dem Körper zugeführte Magnetisierungsenergie}.\end{aligned}$$

Diese Gleichungen gelten unabhängig davon, wie die Magnetisierung des Körpers zustande kommt. Sie gelten nicht nur, wie man im ersten Augenblick denken mag, wenn magnetisierter Körper und elektromagnetisches Feld im Magnetisierungsgleichgewicht stehen, obwohl das bei zeitunabhängigen Feldern der Fall ist. Gl. (7.41) beschreibt den mit einer Magnetisierungsänderung verknüpften Energieaustausch des *Körpers*, gleichgültig, ob dabei das elektromagnetische Feld außerdem beteiligt ist oder nicht, und gleichgültig, ob die Änderungen $d\boldsymbol{m}$, $\delta\boldsymbol{M}$, oder $\delta\boldsymbol{H}$ zu Zuständen des Magnetisierungsgleichgewichts führen oder nicht. Die Funktion $\boldsymbol{H}_{\mathrm{Gl}}(\boldsymbol{m})$ ist nicht etwa die Feldstärke des $\boldsymbol{H}$-Feldes am Ort $\boldsymbol{r}$ des Körpers; sie drückt nur die Werte der dem Körper eigenen Funktion $\boldsymbol{\lambda} = \boldsymbol{\lambda}(\boldsymbol{m}, T, \mu_i, \ldots)$ durch die Werte aus, die das angelegte $\boldsymbol{H}$-Feld nach (7.40) hat, wenn Magnetisierungsgleichgewicht herrscht.

Ebenso wie wir im weiteren Verlauf dieses Buches, nach diesem Paragraphen, die Polarisationsenergie $\mathfrak{E}\, d\mathfrak{p}$ anstatt $\mathfrak{E}_{\mathrm{Gl}}\, d\mathfrak{p}$ schreiben werden, werden wir auch bei der Energieform $\boldsymbol{H}_{\mathrm{Gl}}\, d\boldsymbol{m}$ den Gleichgewichts-Index Gl weglassen und die Magnetisierungsenergie einfach $\boldsymbol{H}\, d\boldsymbol{m}$ schreiben.

Mit der Erzeugung eines magnetischen Dipols verknüpfter Energieaustausch

Wie bei der Erzeugung eines elektrischen Dipols wird auch bei der Erzeugung, allgemein bei der Änderung eines magnetischen Dipolmoments, mit der extensiven Variable $\boldsymbol{M}$ bzw. $\boldsymbol{m}$ verknüpfte Energie mit zwei Systemen ausgetauscht, nämlich einmal magnetische Energie mit dem elektromagnetischen Feld und zum zweiten Magnetisierungsenergie mit der magnetisierten Materie. Der zweite Energieaustausch, nämlich die der Materie zuzuführende Magnetisierungsenergie, hängt allein von der Magnetisierung $\boldsymbol{M}(\boldsymbol{r})$ ab, sowie von der Art und dem Zustand des Materials am Ort $\boldsymbol{r}$. Dieser drückt sich im Wert der Größe $\boldsymbol{\lambda}(\boldsymbol{r})$ aus, dagegen hat er nichts zu tun mit dem Wert der Felder $\boldsymbol{A}$, $\boldsymbol{B}$ oder $\boldsymbol{H}$ am Ort $\boldsymbol{r}$. Die dem elektromagnetischen Feld zuzuführende magnetische Energie hängt dagegen außer von $\boldsymbol{M}(\boldsymbol{r})$ allein ab vom Wert des Feldes $\boldsymbol{H}(\boldsymbol{r})$ oder, was wegen (7.28) auf dasselbe hinausläuft, von $\boldsymbol{B}(\boldsymbol{r})$, nicht dagegen von der Art oder dem Zustand der magnetisierten Materie am Ort $\boldsymbol{r}$.

An Orten $\boldsymbol{r}$, an denen $\boldsymbol{H}(\boldsymbol{r}) = 0$, ist das elektromagnetische Feld überhaupt nicht am Energieaustausch beteiligt, sondern allein die magnetisierte Materie. Die Erzeugung eines magnetischen Dipols vom Moment $\boldsymbol{m}$ kostet dort nach (7.41) die Energie

$$(7.42)\qquad \int_0^{\boldsymbol{m}} \boldsymbol{\lambda}(\boldsymbol{m}')\, d\boldsymbol{m}' = \int_0^{\boldsymbol{m}} \boldsymbol{H}_{\mathrm{Gl}}(\boldsymbol{m}')\, d\boldsymbol{m}'.$$

Das ist die gesamte beim Magnetisierungsprozeß dem Körper zugeführte Magnetisierungsenergie.

Ist $\boldsymbol{H}(\boldsymbol{r}) \neq 0$, so wird bei dem Magnetisierungsprozeß auch dem elektromagnetischen Feld Energie zugeführt, und zwar die magnetische Energie

$$(7.43)\qquad -\int_0^{\boldsymbol{m}} \boldsymbol{H}(\boldsymbol{r})\, d\boldsymbol{m}'.$$

Das hierin auftretende Feld $\boldsymbol{H}(\boldsymbol{r})$ am Ort $\boldsymbol{r}$ des magnetisierten Körpers rührt dabei von allen im Raum vorhandenen Strömen und magnetisierten Körpern her außer dem betrachteten Körper selbst. Körper und elektromagnetisches Feld zusammen erhalten also, wenn der Körper am Ort $\boldsymbol{r}$ auf eine beliebige Art und Weise magnetisiert wird, die Energie

$$(7.44)\qquad \int_0^{\boldsymbol{m}} [\boldsymbol{\lambda}(\boldsymbol{m}') - \boldsymbol{H}(\boldsymbol{r})]\, d\boldsymbol{m}' = \int_0^{\boldsymbol{m}} [\boldsymbol{H}_{\mathrm{Gl}}(\boldsymbol{m}') - \boldsymbol{H}(\boldsymbol{r})]\, d\boldsymbol{m}'.$$

Die letzte Schreibweise macht noch einmal deutlich, daß der Wert $\boldsymbol{H}(\boldsymbol{r})$ des $\boldsymbol{H}$-Feldes am Ort $\boldsymbol{r}$ begrifflich zu unterscheiden ist vom Wert $\boldsymbol{H}_{\mathrm{Gl}}(\boldsymbol{m}')$, der mit dem jeweiligen Wert $\boldsymbol{m}'$ des Dipolmoments bei der Erzeugung der Magnetisierung im Gleichgewicht steht. Dabei ist es gleichgültig, ob die Erzeugung des Dipolmoments $\boldsymbol{m}$ anders als durch ein angelegtes Feld experimentell einfach ist oder möglicherweise gar nicht realisiert werden kann.

Bei **paramagnetischen Körpern** wird das magnetische Moment $\boldsymbol{m}$ durch das angelegte Feld $\boldsymbol{H}$ erzeugt, und zwar so, daß $\boldsymbol{m}$ zu $\boldsymbol{H}$ parallel ist. Zur Kenntnis des Betrags der Magnetisierungsenergie braucht man, wie Gl. (7.42) zeigt, $\boldsymbol{\lambda} = \boldsymbol{H}_{\mathrm{Gl}}$ als Funktion von $\boldsymbol{m}$ und weiterer Variablen des Körpers, vor allem der Temperatur. Abb. 7.10 zeigt diese Funktion bei konstanter Temperatur T. Die stark gerasterte Fläche gibt direkt die dem paramagnetischen Körper zugeführte Magnetisierungsenergie an, wenn sein Moment vom Wert Null bis zum Wert $\boldsymbol{m}$ zunimmt. Das magnetische Moment $\boldsymbol{m}$ und damit auch die Magnetisierung zeigt eine obere Grenze $\boldsymbol{M}_{\mathrm{Sätt}}$, die *Sättigungsmagnetisierung*. Der Inhalt der Fläche unter der gesamten Kurve $\boldsymbol{\lambda} = \boldsymbol{\lambda}(\boldsymbol{m}, T)$ stellt den maximalen Energiebetrag dar, der dem paramagnetischen Körper als Magnetisierungsenergie zugeführt werden kann. Dieser Energiebetrag ist stets endlich.

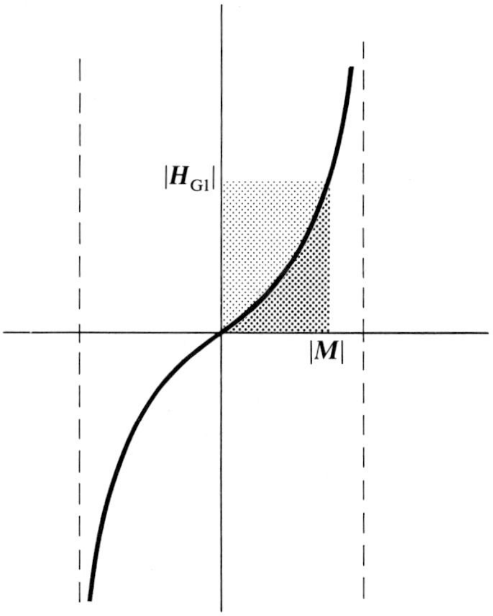

Abb. 7.10
Gleichgewichtsfeld $|\boldsymbol{H}_{\mathrm{Gl}}| = |\boldsymbol{\lambda}|$ eines paramagnetischen Körpers als Funktion der Magnetisierung $|\boldsymbol{M}|$ bei $T = \mathrm{const}$. Die Kurve ist identisch mit der in Abb. 7.9a, nur sind Abszisse und Ordinate vertauscht. Die stark gerasterte Fläche stellt die isotherme Magnetisierungsenergie pro Volumen des Paramagneten dar. Sie wird dem paramagnetischen Körper zugeführt, wenn seine Magnetisierung vom Wert Null auf den Wert $|\boldsymbol{M}|$ gebracht wird. Das elektromagnetische Feld gibt dabei den Inhalt $|\boldsymbol{H}_{\mathrm{Gl}}|\,|\boldsymbol{M}|$ der gesamten gerasterten Fläche als magnetische Energie pro Volumen ab. Der Inhalt der schwach gerasterten Fläche stellt analog zu (7.22) den Betrag der potentiellen Energie pro Volumen des Paramagneten dar.

Im Gegensatz zu paramagnetischen Körpern geben **diamagnetische Körper** bei der Erzeugung eines magnetischen Moments Energie ab, da bei ihnen $\boldsymbol{H}_{\mathrm{Gl}}$ und $\boldsymbol{m}$ entgegengesetzte Richtung haben. Die Funktion $\boldsymbol{\lambda} = \boldsymbol{\lambda}(\boldsymbol{m}, T)$ hat im Fall eines diamagnetischen Körpers bei konstantem Wert von T negative Steigung, $\boldsymbol{\lambda}$ nimmt also mit wachsenden Werten von $\boldsymbol{m}$ ab. Diese Eigenschaft macht den diamagnetischen Körper ohne Feld zu einem instabilen System, so daß sich der Diamagnet nicht als ein vom elektromagnetischen Feld abtrennbares System „Magnetisierter Körper" ansehen läßt.

Schließlich noch ein Wort zu den **ferromagnetischen Körpern.** Zu diesen Stoffen gehören Eisen, Kobalt, Nickel, bestimmte Legierungen, wie Al, Ni, Co mit Fe, aber auch solche, die kein ferromagnetisches Element enthalten, wie MnBi und $\mathrm{Cu_2MnAl}$ oder das nichtmetallische EuO und EuS. Diese Stoffe haben die Eigenschaft, bei Absinken der Temperatur unterhalb einer für den einzelnen Stoff charakteristischen Temperatur T_{C}, seiner *Curie-Temperatur*, „von selbst" eine Magnetisierung auszubilden. Das bedeutet, daß ein solcher Körper bei der Magnetisierung mehr Energie *abgibt*, als das elektromagnetische Feld an magnetischer Energie aufnimmt. Um den Gegensatz zur induzierten Magnetisierung einer paramagnetischen Substanz als Folge eines angelegten $\boldsymbol{H}$-Feldes zu betonen, spricht man auch von *spontaner Magnetisierung*. Sie setzt im angelegten Feld $\boldsymbol{H} = 0$ bei $T = T_{\mathrm{C}}$ ein und nimmt stetig mit sinkender Temperatur zu bis zu einem bestimmten endlichen Wert bei $T = 0$ (Abb. 7.11).

Um diese Magnetisierung als magnetisches Moment des ganzen ferromagnetischen Körpers zu beobachten, muß der Körper allerdings hinreichend klein sein. Oberhalb einer kritischen Größe des Körpers hält der Körper die an das Feld abzugebende magnetische Energie nämlich dadurch klein, daß er seine Magnetisierung so ausbildet, daß sie in räumlich aneinandergrenzenden Bereichen, den *Domänen* oder *WEISSschen Bezirken*, unterschiedliche Richtung hat. Das hat zur Folge, daß das magnetische Moment des ganzen Körpers auch bei $T < T_{\mathrm{C}}$ Null bleiben kann (Abb. 7.12), wie es bei einem Stück Weicheisen beobachtet wird. Daß ein hinreichend kleiner ($\lesssim 10^{-6}$ m) Ferromagnet eine derartige Zerlegung in Domänen unterschiedlicher Magneti-

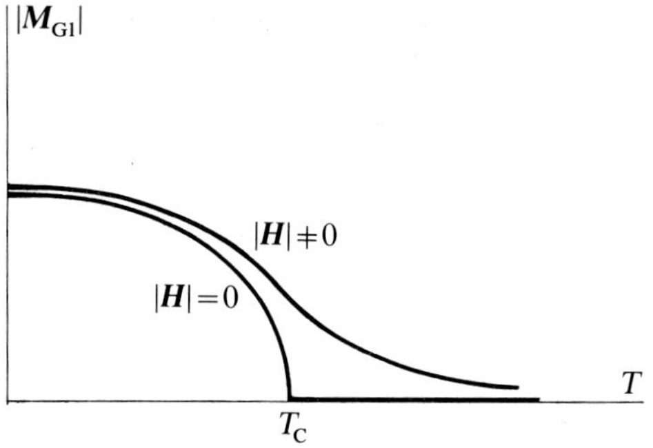

Abb. 7.11

Der Betrag der Gleichgewichts-Magnetisierung $|\boldsymbol{M}_{Gl}|$ eines Ferromagneten in Abhängigkeit von der Temperatur. Die Kurve $|\boldsymbol{H}|=0$ stellt die spontane Magnetisierung dar; unterhalb der Curie-Temperatur $T=T_C$ nimmt sie stetig vom Wert $|\boldsymbol{M}_{Gl}|=0$, den sie bei $T>T_C$ hat, zu.

sierungsrichtung nicht zeigt, liegt daran, daß die Bildung von Wänden zwischen den Domänen ebenfalls Energie (von der Form einer Oberflächenenergie) kostet, wobei die „Oberflächenspannung" um so größer ist, je dünner die Wand ist. Nur in hinreichend großen Kristallen können sich Wände mit einer Dicke von 100 bis 1000 Atomlagen ausbilden.

Wie sieht die Funktion $\boldsymbol{\lambda}=\boldsymbol{\lambda}(\boldsymbol{M}, T)$ für einen ferromagnetischen Körper aus? Für $T>T_C$ ist das Bild qualitativ dasselbe wie für einen Paramagneten, also wie in Abb. 7.10. Für $T<T_C$ ergibt sich dagegen ein anderes Bild (Abb. 7.13). Im Magnetisierungsgleichgewicht mit $\boldsymbol{H}_{Gl}=0$, also bei spontaner Magnetisierung, ist $\boldsymbol{H}_{Gl}=\boldsymbol{\lambda}(\boldsymbol{M}, T)=0$. Das stellt eine Beziehung dar zwischen $\boldsymbol{M}$ und T, die identisch ist mit der in Abb. 7.11 dargestellten Kurve $\boldsymbol{H}_{Gl}=0$. Entsprechend liefert das Magnetisierungsgleichgewicht bei $\boldsymbol{\lambda}(\boldsymbol{M}, T)=\boldsymbol{H}_{Gl}\neq 0$ die anderen Kurven in Abb. 7.11 und 7.13. Die Nulldurchgänge von $\boldsymbol{\lambda}(\boldsymbol{M}, T)$ bei $\boldsymbol{M}\neq 0$ in Abb. 7.13 geben die spontanen Werte der Magnetisierung an. Der Nulldurchgang bei $\boldsymbol{M}=0$ ist kein stabiler Zustand, wie überhaupt der ganze in Abb. 7.13 gestrichelte Teil der Kurve instabil ist. Dieser Teil läßt sich experimentell daher nicht realisieren, so daß die Punkte $\boldsymbol{M}_{\text{Phasengrenze}}$ Grenzzustände der magnetisierten Phase des Ferromagneten darstellen. Dennoch ist der gestrichelte Teil der Kurve nicht ohne Bedeutung. Die von ihm berandete, negativ zu zählende (stark gerasterte) Fläche stellt die isotherme Energiedifferenz des ferromagnetischen Körpers zwischen dem Zustand mit $\boldsymbol{M}=0$ und dem spontan magnetisierten Zustand dar. Gelänge es, den Körper in den Zustand mit $\boldsymbol{M}=0$ zu bringen, ginge er also durch isotherme Abgabe der Magnetisierungsenergie $\int_0^{\boldsymbol{M}_{\text{spontan}}} \boldsymbol{\lambda}(\boldsymbol{M})\, \delta\boldsymbol{M}\, dV$ in den Zustand mit $\boldsymbol{M}_{\text{spontan}}$ über.

Da Gl. (7.44) völlig der Gl. (7.15) entspricht, gelten alle dort für den elektrischen Dipol gezogenen Folgerungen sinngemäß auch für den magnetischen Dipol. So ist die Bewegung eines magnetischen Dipols mit festem Betrag des Dipolmoments $\boldsymbol{m}$ im Feld $\boldsymbol{H}(\boldsymbol{r})$ bestimmt durch die potentielle Energie $-\boldsymbol{m}\boldsymbol{H}(\boldsymbol{r})$. Für einen *induzierten* Dipol mit der *Magnetisierbarkeit* β, also für $\boldsymbol{m}=\beta\boldsymbol{H}$, ist entsprechend (7.21) die potentielle Energie gegeben durch $-\boldsymbol{m}\boldsymbol{H}(\boldsymbol{r})/2$. Entsprechend (7.22) ist der mit einer *Verschiebung* verknüpfte Energieaustausch des Gesamtsystems „Elektromagnetisches Feld + magnetischer Körper" sowohl für den induzierten als auch für den im Betrag konstanten, ja für *jeden* Dipol gegeben durch $-\boldsymbol{m}\,d\boldsymbol{H}$. Ein wesentlicher Unterschied gegen-

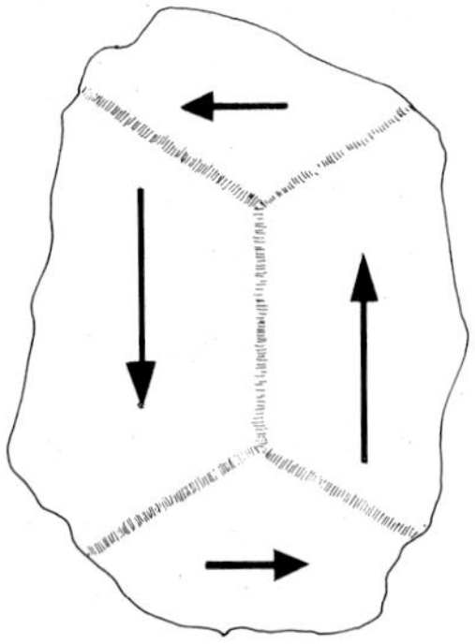

Abb. 7.12

Domänenstruktur eines ferromagnetischen Körpers. Die Magnetisierung $\boldsymbol{M}(\boldsymbol{r})$ hat über einzelne Bereiche hin, die Domänen oder Weissschen Bezirke des ferromagnetischen Körpers, gleiche Richtung. Der ganze Körper teilt sich in viele derartige Weisssche Bezirke unterschiedlicher Magnetisierung auf, so daß das resultierende magnetische Moment eines makroskopischen Ferromagneten sehr viel kleiner ist als das Produkt aus der Magnetisierung in einem einzelnen Weissschen Bezirk und dem Volumen des ganzen Ferromagneten. Für den gezeichneten Ausschnitt aus einem ferromagnetischen Körper ist das magnetische Moment Null.

über dem elektrischen Dipol, bei dem die Polarisierbarkeit α nur positive Werte annehmen kann, besteht jedoch darin, daß die Magnetisierbarkeit β sowohl positive (Paramagnet) wie auch negative (Diamagnet) Werte annehmen kann. Ein Paramagnet hat seine gegenüber räumlicher Verschiebung stabile Lage deshalb an Stellen maximaler, ein Diamagnet an Stellen minimaler Feldstärke des **H**-Feldes.

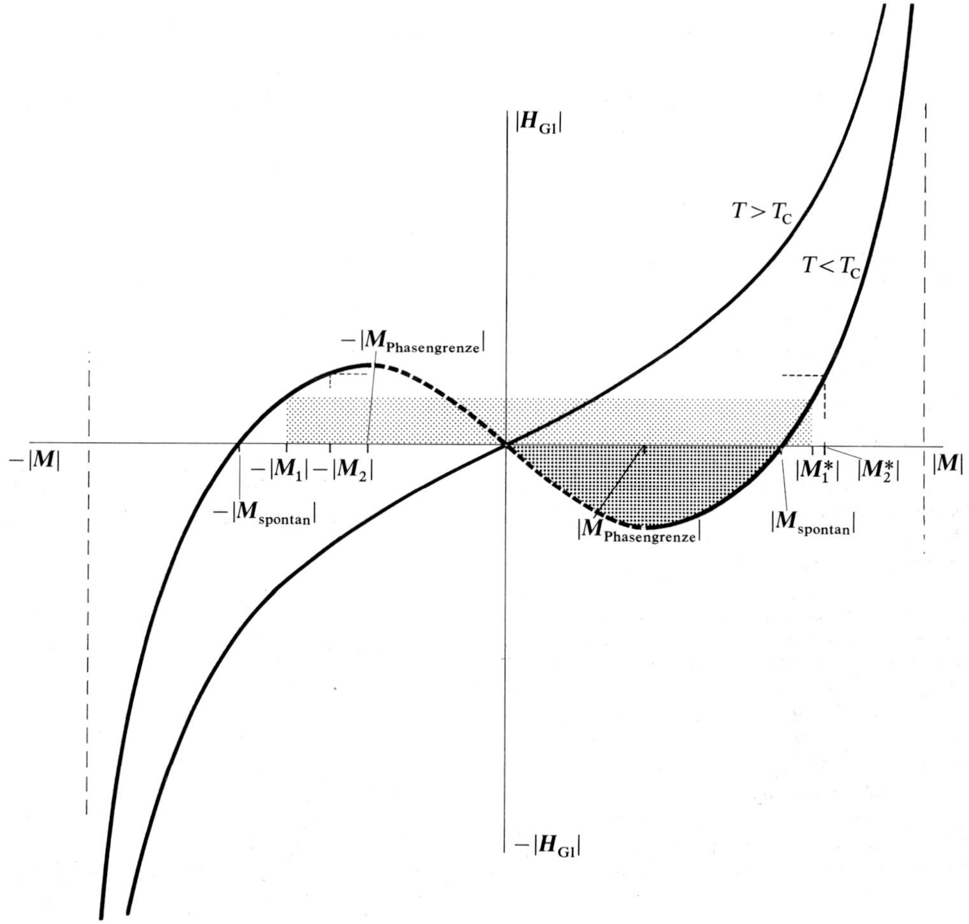

Abb. 7.13

Gleichgewichts-Feldstärke $|\boldsymbol{H}_{\text{Gl}}| = |\boldsymbol{\lambda}|$ eines hinreichend kleinen, nämlich nicht in Domänen zerfallenen, ferromagnetischen Körpers als Funktion der Magnetisierung bei $T = \text{const}$. Man vergleiche dazu die Abb. 7.11. Für $T > T_C$ verhält sich der Ferromagnet wie ein Paramagnet. Das Auftreten der spontanen Magnetisierung bei $T < T_C$ ist notwendig verknüpft mit einem gestrichelt gezeichneten Stück negativer Steigung der Kurve $|\boldsymbol{H}_{\text{Gl}}|(|\boldsymbol{M}|, T)$ zwischen den Werten $\pm|\boldsymbol{M}|_{\text{Phasengrenze}}$. Dieses Stück repräsentiert instabile Zustände des Ferromagneten. Gelänge es, den Ferromagneten etwa in den Zustand mit $|\boldsymbol{M}| = 0$ zu bringen, würde er spontan in einen Zustand mit $\pm|\boldsymbol{M}|_{\text{spontan}}$ übergehen, und zwar bei isothermem Übergang unter Abgabe einer Magnetisierungsenergie pro Volumen, die durch den Inhalt des stark gerasterten Flächenstücks gegeben ist.

Die ausgezogenen Stücke der Magnetisierungskurve zwischen $\boldsymbol{M}_{\text{spontan}}$ und $\boldsymbol{M}_{\text{Phasengrenze}}$ repräsentieren *metastabile* Zustände des ferromagnetischen Körpers. Das bedeutet, daß der Körper bei isothermer Ummagnetisierung von beispielsweise $-|\boldsymbol{M}_1|$ auf $|\boldsymbol{M}_1^*|$ oder von $-|\boldsymbol{M}_2|$ auf $|\boldsymbol{M}_2^*|$ Energie als Wärme abgibt, die durch die schwach gerasterte Fläche repräsentiert wird und die *Hystereseverlust* genannt wird. Der Übergang aus einem metastabilen Zustand, wie $-|\boldsymbol{M}_1|$ oder $-|\boldsymbol{M}_2|$, in einen stabilen wie $|\boldsymbol{M}_1^*|$ oder $|\boldsymbol{M}_2^*|$ gleicher **H**-Feldstärke erfolgt statistisch, da dazu eine Aktivierungsenergie nötig ist, also ein Energiebetrag, der den Übergang einleitet, beim Übergang selbst aber wieder abgegeben wird (vgl. Abb. 26.5).

Die Energieformen des Gesamtsystems „Elektromagnetisches Feld + Materie"

Wir fassen die Energieformen des aus dem elektromagnetischen Feld und der Materie bestehenden Gesamtsystems zusammen. Die Änderungen der Energie E dieses Systems genügen der Gleichung

$$\begin{aligned}(7.45)\qquad \delta E=&\int\{\phi(\boldsymbol{r})\,\delta\rho(\boldsymbol{r})+\boldsymbol{j}(\boldsymbol{r})\,\delta\boldsymbol{A}(\boldsymbol{r})-[\mathfrak{E}(\boldsymbol{r})-\mathfrak{E}_{\mathrm{Gl}}(\mathfrak{P})]\,\delta\mathfrak{P}(\boldsymbol{r})-[\boldsymbol{H}(\boldsymbol{r})-\boldsymbol{H}_{\mathrm{Gl}}(\boldsymbol{M})\,\delta\boldsymbol{M}(\boldsymbol{r})]\}\,dV\\ &+\text{von } \mathfrak{P}(\boldsymbol{r}) \text{ und } \boldsymbol{M}(\boldsymbol{r}) \text{ unabhängige Energieformen der Materie.}\end{aligned}$$

Im *Polarisations- und Magnetisierungsgleichgewicht* zwischen elektromagnetischem Feld und der Materie reduziert sich (7.45) auf

$$\begin{aligned}(7.46)\qquad \delta E=&\int\{\phi(\boldsymbol{r})\,\delta\rho(\boldsymbol{r})+\boldsymbol{j}(\boldsymbol{r})\,\delta\boldsymbol{A}(\boldsymbol{r})\}\,dV\\ &+\text{von } \mathfrak{P}(\boldsymbol{r}) \text{ und } \boldsymbol{M}(\boldsymbol{r}) \text{ unabhängige Energieformen der Materie.}\end{aligned}$$

Das erste Glied der rechten Seite läßt sich nach (7.8) auch schreiben

$$(7.47)\qquad \int\phi(\boldsymbol{r})\,\delta\rho(\boldsymbol{r})\,dV=\int(\varepsilon_0\mathfrak{E}\,\delta\mathfrak{E}+\mathfrak{E}\,\delta\mathfrak{P})\,dV=\int\mathfrak{E}\,\delta[\varepsilon_0\mathfrak{E}+\mathfrak{P}]\,dV=\int\mathfrak{E}(\boldsymbol{r})\,\delta\boldsymbol{D}(\boldsymbol{r})\,dV,$$

wobei das üblicherweise mit

$$(7.48)\qquad \boldsymbol{D}(\boldsymbol{r})=\varepsilon_0\mathfrak{E}(\boldsymbol{r})+\mathfrak{P}(\boldsymbol{r})$$

bezeichnete Feld eine Abkürzung ist für die eckige Klammer in (7.47). Das zweite Glied in (7.46) läßt sich umformen in

$$\begin{aligned}(7.49)\qquad \int\boldsymbol{j}(\boldsymbol{r})\,\delta\boldsymbol{A}(\boldsymbol{r})\,dV&=\int(\boldsymbol{\nabla}\times\boldsymbol{H})\,\delta\boldsymbol{A}\,dV=\int\boldsymbol{H}\,\delta(\boldsymbol{\nabla}\times\boldsymbol{A})\,dV+\int\boldsymbol{\nabla}(\delta\boldsymbol{A}\times\boldsymbol{H})\,dV\\ &=\int\boldsymbol{H}\,\delta\boldsymbol{B}\,dV.\end{aligned}$$

Das Integral der Divergenz ist nämlich bei Integration über den ganzen Raum wieder Null. Gl. (7.46) läßt sich damit schreiben

$$(7.50)\qquad \delta E=\int\{\mathfrak{E}(\boldsymbol{r})\,\delta\boldsymbol{D}(\boldsymbol{r})+\boldsymbol{H}(\boldsymbol{r})\,\delta\boldsymbol{B}(\boldsymbol{r})\}\,dV+\left\{\begin{array}{l}\text{von } \mathfrak{P}(\boldsymbol{r}) \text{ und } \boldsymbol{M}(\boldsymbol{r}) \text{ unabhängige}\\ \text{Energieformen der Materie.}\end{array}\right.$$

Diese Gleichung beschreibt wie (7.46) die Energieänderungen des Gesamtsystems „Elektromagnetisches Feld + Materie" in Zuständen, in denen das System im „inneren" Polarisations- und Magnetisierungsgleichgleichgewicht vorliegt.

Wichtig ist, daß die in (7.50) auftretenden Ausdrücke $\mathfrak{E}\,\delta\boldsymbol{D}$ und $\boldsymbol{H}\,\delta\boldsymbol{B}$ nicht die vollständigen Energieformen des Teilsystems „Elektromagnetisches Feld" sind. In diesen Ausdrücken kommen ja nur die mit Ladungsänderungen verknüpften elektrischen Energieformen vor sowie diejenigen magnetischen Energieformen, die mit der Existenz von Ladungsströmen verknüpft sind, nicht dagegen die Energieformen, die mit der Änderung von elektrischen und magnetischen Dipolmomenten zusammenhängen. Es ist deshalb auch nicht zu erwarten, daß das Integral in (7.50) sich allgemein als totale Variation eines Energieausdrucks darstellen läßt, wie es nach (7.8) und (7.32) für die Summe aller elektrischen und aller magnetischen Energieformen des elektromagnetischen Feldes gelingt.

In speziellen Fällen ist das allerdings möglich, nämlich dann, wenn sich $\mathfrak{P}$ und $\boldsymbol{M}$ allein als Funktionen der Feldvariablen $\mathfrak{E}$ und $\boldsymbol{H}$ darstellen lassen, ihre Abhängigkeit von den Variablen der Materie jedoch außer acht bleiben kann. In dem einfachen Fall konstanter, von $\mathfrak{E}$ unabhängiger Polarisierbarkeit α, und konstanter, von $\boldsymbol{B}$ unabhängiger Magnetisierbarkeit β ergeben $\mathfrak{P}=\chi_e\mathfrak{E}$ und $\boldsymbol{M}=\chi_m\boldsymbol{H}$ wegen (7.48) und (7.28), daß

$$(7.51)\qquad \boldsymbol{D}=\varepsilon_0\varepsilon\mathfrak{E},\qquad \text{wobei } \varepsilon=1+\frac{\chi_e}{\varepsilon_0}$$

und

$$(7.52)\qquad \boldsymbol{B}=\mu_0\mu\boldsymbol{H},\qquad \text{wobei } \mu=1+\frac{\chi_m}{\mu_0}.$$

Hierin ist ε die *Dielektrizitätskonstante* und μ die *magnetische Permeabilität.* χ_e und χ_m heißen die *elektrische* bzw. *magnetische Suszeptibilität.* Während die Polarisierbarkeit α und Magnetisierbarkeit β bei gegebener elektrischer bzw. magnetischer Feldstärke das gesamte elektrische bzw. magnetische Dipolmoment eines Körpers angeben, geben die Suszeptibilitäten die Dichten dieser Dipolmomente an. Unter der Voraussetzung von konstantem χ_e und χ_m wird (7.50)

$$(7.53)\qquad \delta E=\delta\left\{\int\left(\frac{\mathfrak{E}\boldsymbol{D}}{2}+\frac{\boldsymbol{H}\boldsymbol{B}}{2}\right)dV\right\}+\text{von } \mathfrak{P}(\boldsymbol{r}) \text{ und } \boldsymbol{M}(\boldsymbol{r}) \text{ unabhängige Energieformen der Materie.}$$

Wir erinnern schließlich noch daran, daß auch in den von $\mathfrak{P}$ und $\boldsymbol{M}$ unabhängigen Energieformen der Materie noch die Variablen ρ und $\boldsymbol{A}$ bzw. $\boldsymbol{j}$ vorkommen können, nämlich in den chemischen und Bewegungs-Energieformen der Ladungsträger. Das ist für manche Probleme der Halbleiterphysik sowie für die Supraleitung von Bedeutung.

Rückblickend erkennt man, daß die zunächst nur aus Zweckmäßigkeit erfolgte und damit auf den ersten Blick vielleicht als nicht allzu bedeutungsvoll erscheinende Einteilung der elektrischen Ladungen in „wirkliche" Ladungen und Dipolmomente doch recht einschneidende Konsequenzen hat. Dasselbe gilt auch für die Aufteilung der gesamten Stromdichte in die konvektive Stromdichte $\boldsymbol{j}$ und die als Folge der Magnetisierung $\boldsymbol{M}$ auftretende Stromdichte $\boldsymbol{\nabla}\times\boldsymbol{M}$. Diese Aufteilung hängt aufs engste zusammen mit der begrifflichen Trennung der Systeme „Elektromagnetisches Feld" auf der einen Seite und „Materie" auf der anderen. Sie hat zur Folge, daß die Energie, die in der Wechselwirkung der die elektrischen Dipole bildenden Ladungen sowie der die Magnetisierung bildenden Ströme in der Materie steckt, den Körpern zugerechnet wird und nicht dem elektromagnetischen Feld. Das erlaubt andererseits die Vorstellung, daß die Körper ihre Polarisation und Magnetisierung sowie die mit diesen verknüpften elektrischen und magnetischen Teilfelder mit sich herumschleppen. Die Polarisation und der mit ihr verbundene Teil des elektrischen Feldes sowie die Magnetisierung und der mit ihr verbundene Teil des magnetischen Feldes sind deshalb als zu den Körpern gehörend zu betrachten.

III System, Zustand, Prozeß

§8 Die Gibbssche Fundamentalform eines Systems

Auffallend an der Thermodynamik ist ihre abstrakte Betrachtungsweise. Natürlich ist ihr Gegenstand, wie der der ganzen Physik, die Natur und ihre vielfältigen Erscheinungen. Zum Unterschied zu anderen Teilen der Physik sucht sich die Thermodynamik entgegen ihrem Namen, der eine Beschränkung auf Phänomene der Wärme erwarten läßt, jedoch nicht bestimmte Erscheinungen heraus — wie die Elektrodynamik die elektrischen Erscheinungen, die Optik die optischen —, sondern sie will Regeln angeben, die für Vorgänge und Prozesse aus *allen* Bereichen der physikalischen Erfahrungswelt gelten. Daß die Regeln nicht nur bestimmte Erscheinungen betreffen, sondern eine große Allgemeinheit beanspruchen, hat die Abstraktheit der Thermodynamik zur Folge.

Ein wichtiges begriffliches Mittel, mit dem die Allgemeinheit der Beschreibung der Natur erreicht wird, sind die physikalischen Größen sowie ihre Einteilung in extensive und intensive Größen. Dagegen kommt in den formalen Regeln nicht zum Ausdruck, ob diese Größen mechanische, elektrische, optische oder thermische Vorgänge beschreiben. So ist, wie wir gesehen haben, die mathematische Gestalt von Energieformen immer die gleiche, unabhängig davon, welchem Teilgebiet der Physik sie entstammen. In diesem Kapitel werden wir zwei weitere Begriffe genauer kennenlernen, die in dem allgemeinen Verfahren, mit dem die Thermodynamik die Welt beschreibt, eine wichtige Rolle spielen und die die Abstraktion der Thermodynamik in aller Deutlichkeit zeigen: Der Begriff des *Systems* und der des *Zustands*. Beide werden gern im täglichen Leben wie in der Physik benutzt, ohne daß man sie allerdings scharf faßte. Das Problem ist auch hier wieder, sich von einem konkreten Gegenstand oder einem Gebilde als „System" zu lösen und das Objekt der Beschäftigung lediglich in einer *Beziehung zwischen physikalischen Größen, d.h. zwischen Variablen* zu erkennen.

Die Angabe aller Formen, in denen ein System Energie austauschen kann, gehört zu den wichtigsten Informationen, die man braucht, um ein System zu kennzeichnen. Das mathematische Hilfsmittel, das diese Angabe erlaubt, ist die *Gibbssche Fundamentalform* des Systems. Wir betrachten zunächst Energieformen, deren extensive Größen im Raum strömen können.

Ströme mengenartiger Größen und ihre Energieströme

Wie wir gesehen haben, sind die Größen Energie E, Drehimpuls $\boldsymbol{L}$ und Entropie S mengenartig. Sie sind im Raum verteilt und können strömen. Das gilt für die meisten mengenartigen Größen, so für die elektrische Ladung Q und die Teilchenzahl N_i jeder Teilchensorte i. Es gilt auch für den Impuls $\boldsymbol{P}$, das elektrische Dipolmoment $\mathfrak{p}$ und das magnetische Dipolmoment $\boldsymbol{m}$, die uns aber im Augenblick weniger interessieren. Wie es einen Energiestrom, Drehimpuls-Strom und Entropiestrom gibt, gibt es auch einen elektrischen (Ladungs-)Strom und zu jeder Teilchensorte i einen Teilchenzahl-Strom, oder kurz einen Teilchenstrom. Wir nennen meistens einfach „Strom", was man üblich, vor allem beim elektrischen Strom, als „Stromstärke" bezeichnet. Um zu kennzeichnen, welche mengenartige Größe X in einem Strom transportiert wird, fügen wir X als Index an die Stromstärke I an. Es ist also I_X der Strom der Größe X. Wir schreiben dafür auch $I_X = dX/dt$. Jeder dieser Ströme ist ebenso mit einem Energiestrom verknüpft, wie es (3.1) für den Drehimpuls-Strom und (6.4) für den Entropiestrom feststellen. Allgemein braucht man nur die Gleichungen, die die entsprechenden Energieformen definieren, durch dt zu dividieren. Man erhält so die Beziehungen

$$\text{(8.1)} \quad \text{elektrischer Energiestrom} = \phi \frac{dQ}{dt} = \phi I_Q = \phi \cdot (\text{elektrischer Strom})$$

$$\text{(8.2)} \quad \left.\begin{matrix}\text{chemischer Energiestrom}\\ \text{der Teilchensorte } i\end{matrix}\right\} = \mu_i \frac{dN_i}{dt} = \mu_i I_N = \mu_i \cdot (\text{Teilchenstrom der Teilchensorte } i)$$

Der Übersicht halber fügen wir hier noch einmal die früheren Gln. (3.1) und (6.4) an:

$$\text{(8.3)} \quad \text{Rotationsenergiestrom} = \boldsymbol{\Omega} \frac{d\boldsymbol{L}}{dt} = \Omega_x I_{L_x} + \Omega_y I_{L_y} + \Omega_z I_{L_z} = \boldsymbol{\Omega} \cdot \text{Drehimpuls-Strom},$$

$$\text{(8.4)} \quad \text{Wärmestrom} = T \frac{dS}{dt} = T I_S = T \cdot \text{Entropiestrom}.$$

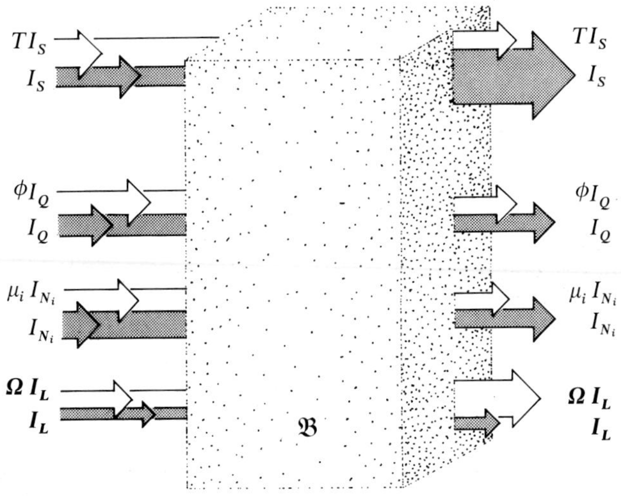

Abb. 8.1

Ströme der mengenartigen Größen (gerastert) Entropie S, elektrische Ladung Q, Teilchenzahl N_i und Drehimpuls $\boldsymbol{L}$, die in ein Raumstück 𝔅 herein- und hinausströmen. Jeder dieser Ströme hat einen Energiestrom (nicht gerastert) zur Folge, so der Entropiestrom $dS/dt = I_S$ einen Wärmestrom TI_S, der elektrische Strom $dQ/dt = I_Q$ einen elektrischen Energiestrom ϕI_Q, der Teilchenstrom $dN_i/dt = I_{N_i}$ einen chemischen Energiestrom $\mu_i I_{N_i}$ und der Drehimpulsstrom $d\boldsymbol{L}/dt = \{dL_x/dt, dL_y/dt, dL_z/dt\} = \boldsymbol{I}_L$ einen Rotationsenergie-Strom $\boldsymbol{\Omega I_L}$.

Die Anwendung dieser Beziehungen sieht so aus: Denkt man sich ein beliebiges Raumstück $\mathfrak{B}$ gegeben (Abb. 8.1), in das ein elektrischer Strom, irgendwelche Teilchenströme, ein Drehimpuls-Strom und ein Entropiestrom hineinfließen, wobei die gleichen Ströme, wenn auch nicht notwendig in den gleichen Stromstärken, das Raumstück $\mathfrak{B}$ wieder verlassen, so ist die pro Zeitintervall in dem Raumstück steckengebliebene Energie gegeben durch die Differenzen zwischen der Summe aller hineinfließenden und der Summe aller hinausfließenden Energieströme (8.1) bis (8.4). Bei einem konkreten Problem wird das Raumstück $\mathfrak{B}$ natürlich so gewählt, daß es das physikalische System einschließt, das man untersuchen will. Die in $\mathfrak{B}$ steckenbleibende Energie äußert sich, wenn sie positiv (negativ) ist, dann als Zunahme (Abnahme) der Energie eines in $\mathfrak{B}$ eingeschlossenen Systems.

Als erstes Beispiel betrachten wir einen **Elektromotor.** Das Raumstück $\mathfrak{B}$ ist dann der Motor selbst (Abb. 8.2). An der einen Klemme fließt der Strom $(dQ/dt)_1 = I_{Q,1}$ in den Motor herein, an der anderen Klemme der Strom $(dQ/dt)_2 = I_{Q,2}$ aus dem Motor hinaus. Wegen der Ladungserhaltung ist $I_{Q,1} = I_{Q,2} = I_Q$. Die Differenz des hereinfließenden und hinausfließenden elektrischen Energiestroms ist damit

(8.5) $$(\phi_1 - \phi_2)\, I_Q = U I_Q .$$

Die Potentialdifferenz

(8.6) $$U = \phi_1 - \phi_2$$

ist die *elektrische Spannung*, die zwischen den beiden Klemmen, also den Einfluß- und Ausflußorten des elektrischen Stroms herrscht. Der Energiestrom vom Betrag (8.5) wird als Rotationsenergie vom Motor wieder abgegeben. Da der Motor keine Energie behält, lautet die Energiestrom-Bilanz des Motors

(8.7) Hereinfließender — hinausfließender Energiestrom

$$= \phi_1 I_Q - (\phi_2 I_Q + \Omega I_L) = U I_Q - \Omega I_L = 0 .$$

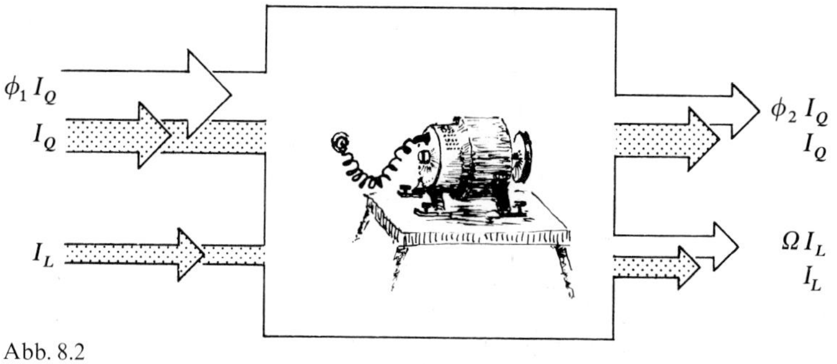

Abb. 8.2

Strombilanz eines Elektromotors. Das Flußdiagramm gibt die Ströme von Ladung und Drehimpuls an (gerastert) und die sie begleitenden Energieströme (nicht gerastert). Die Energieströme stellen die Bilanz (8.7) dar. Da wegen der Ladungserhaltung $dQ_1/dt = -dQ_2/dt$, mißt man nie $\phi_1\, dQ_1/dt$ und $\phi_2\, dQ_2/dt$ einzeln, sondern nur den resultierenden elektrischen Energiestrom $(\phi_1 - \phi_2)\, dQ_1/dt$. Die Wahl des Nullpunkts des elektrischen Potentials ϕ bestimmt zwar die Dicke der gezeichneten Pfeile $\phi_1\, dQ_1/dt$ und $\phi_2\, dQ_2/dt$, aber von beiden in gleicher Weise, so daß der Nullpunkt von ϕ ohne Einfluß auf die Energiebilanz ist.

Der in das Motorgehäuse hineinströmende Drehimpuls ist nicht von Energie begleitet, da die Winkelgeschwindigkeit des Gehäuses Null ist.

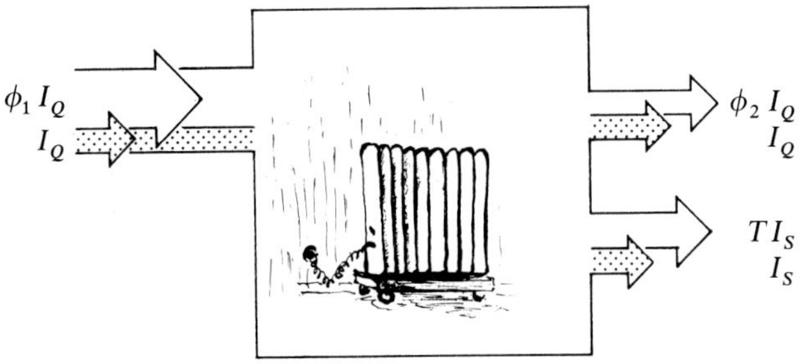

Abb. 8.3
Strombilanz eines elektrischen Heizkörpers. Das Flußdiagramm gibt den elektrischen Strom und den Entropiestrom an sowie die mit ihnen verknüpften Energieströme, wie es Gl. (8.8) beschreibt. Die aus dem Heizkörper hinausströmende Entropie wird im Heizkörper erzeugt.

Da der Motor Rotationsenergie und damit Drehimpuls austauscht, muß bei ihm, wie beim Getriebe (§3), wegen der Drehimpulserhaltung sein Gehäuse Drehimpuls aufnehmen. Der vom Motorgehäuse aufgenommene Drehimpuls-Strom ist aber, da das Motorgehäuse fest mit der Erde verbunden und damit $\Omega=0$ ist, auch hier mit dem Energiestrom Null verknüpft.

Ersetzt man in einem zweiten Beispiel den Motor durch einen **elektrischen Heizkörper** (Abb. 8.3), so ändert sich an den Formeln (8.5) und (8.6) nichts. Die Gesamtbilanz des Energiestroms lautet dagegen

(8.8) $$\text{Hereinfließender — hinausfließender Energiestrom} \\ =\phi_1 I_Q-(\phi_2 I_Q+TI_S)=UI_Q-TI_S=0.$$

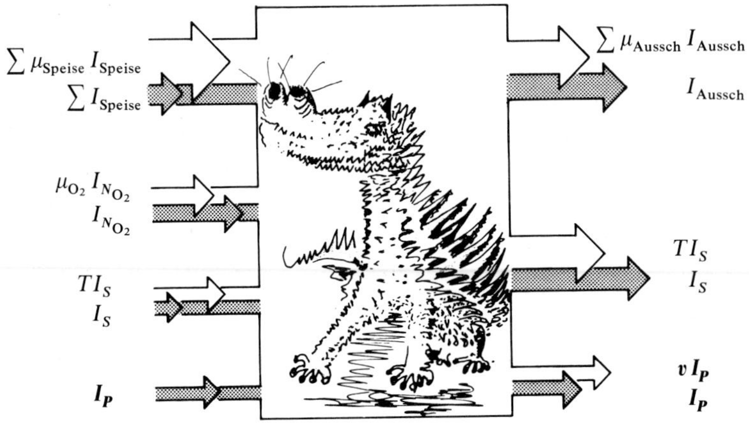

Abb. 8.4
Strombilanz eines Tieres. Auf der Eingangsseite sind die bedeutendsten Energieströme, die mit dem Speise- und Sauerstoffstrom verknüpften Energieströme $\mu_{\text{Speise}} \cdot dN_{\text{Speise}}/dt$ und $\mu_{O_2}\, dN_{O_2}/dt$. Diese Energieströme werden umgewandelt und verlassen das Tier als chemische Energieströme, die mit den Teilchenströmen der Ausscheidungen sowie des ausgeatmeten CO_2 verknüpft sind, als Wärmestrom zusammen mit dem Strom der im Tier erzeugten Entropie und als „Arbeitsstrom", der hier als gekoppelt an einen Impulsstrom gewählt wurde und der in der Bewegung des Tiers seinen Ausdruck findet. Wegen der Impulserhaltung muß das Tier denselben Impulsstrom aufnehmen wie abgeben. Das Tier wirkt also hinsichtlich der Ströme ganz ähnlich wie ein Motor. Das Diagramm kann somit auch als Flußdiagramm eines Raketenmotors aufgefaßt werden.

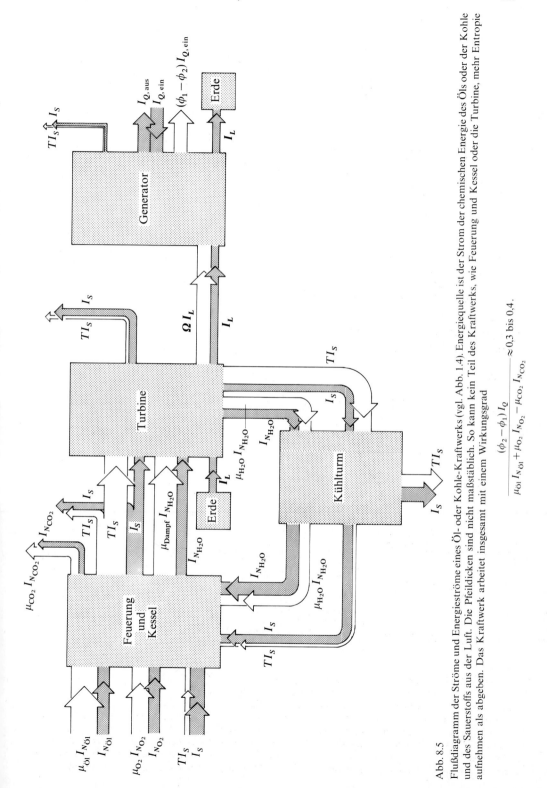

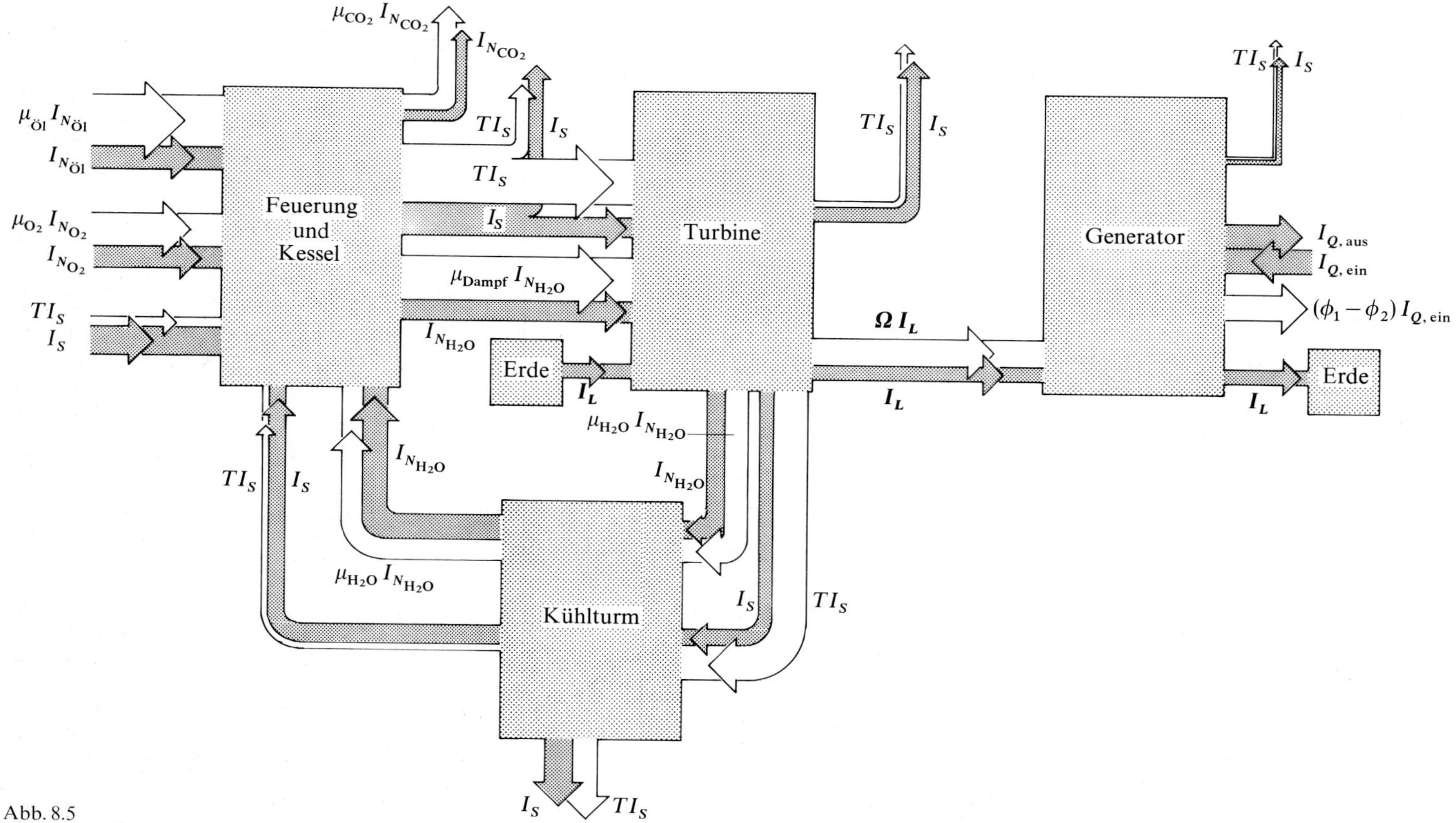

Abb. 8.5

Flußdiagramm der Ströme und Energieströme eines Öl- oder Kohle-Kraftwerks (vgl. Abb. 1.4). Energiequelle ist der Strom der chemischen Energie des Öls oder der Kohle und des Sauerstoffs aus der Luft. Die Pfeildicken sind nicht maßstäblich. So kann kein Teil des Kraftwerks, wie Feuerung und Kessel oder die Turbine, mehr Entropie aufnehmen als abgeben. Das Kraftwerk arbeitet insgesamt mit einem Wirkungsgrad

$$\frac{(\phi_2 - \phi_1) I_Q}{\mu_{Öl} I_{N_{Öl}} + \mu_{O_2} I_{N_{O_2}} - \mu_{CO_2} I_{N_{CO_2}}} \approx 0{,}3 \text{ bis } 0{,}4 .$$

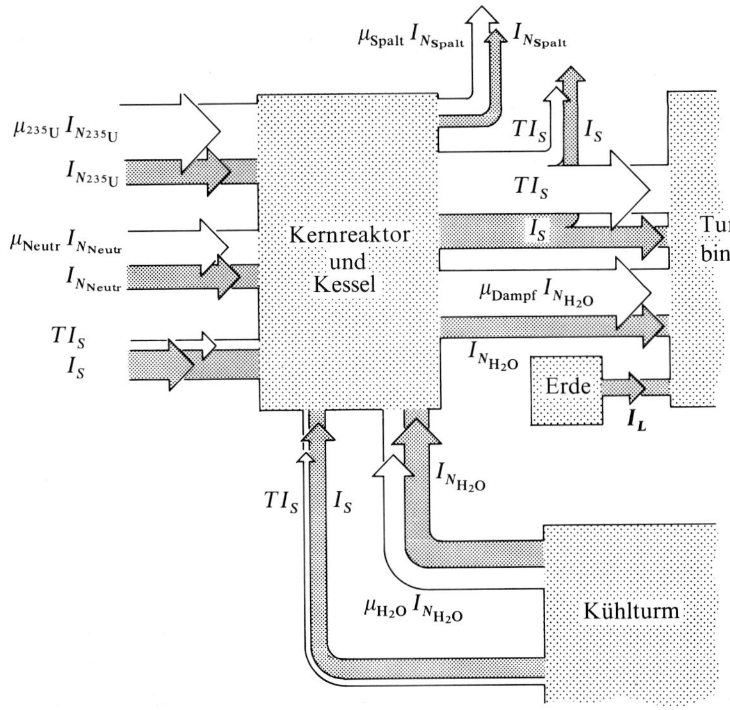

Abb. 8.6
Flußdiagramm eines Kernkraftwerks. Es unterscheidet sich von dem mit Öl oder Kohle betriebenen Kraftwerk nur dadurch, daß das Teilstück „Kessel + Feuerung" ersetzt wird durch das Stück „Kernreaktor + Kessel". In einem „Druckwasser-Reaktor" wird die Wärme vom Kernbrennstoff zunächst auf flüssiges Wasser und von diesem auf den Wasser-Dampf-Kreislauf übertragen, der die Turbine durchströmt. Damit das flüssige Wasser nicht verdampft, muß es unter einem Druck gehalten werden, der größer ist als der der Wassertemperatur zugeordnete Dampfdruck. Deswegen wird die Wassertemperatur und damit der energetische Wirkungsgrad dieses Kernkraftwerks kleiner gewählt als der eines Öl- oder Kohlekraftwerks.

$$\frac{(\phi_2-\phi_1)\,I_Q}{\mu_{235\mathrm{U}}\,I_{N_{235\mathrm{U}}}+\mu_{\mathrm{Neutron}}\,I_{N_{\mathrm{Neutron}}}-\mu_{\mathrm{Spaltprod.}}\,I_{N_{\mathrm{Spaltprod.}}}}\approx 0{,}3\,.$$

Gleichung (8.8) sagt, daß der vom Heizkörper aufgenommene elektrische Energiestrom UI_Q oder, wie man gewöhnlich sagt, die elektrische Leistung, voll als Wärmestrom wieder abgegeben wird.

Weitere Beispiele für die Ströme von mengenartigen Größen und die mit ihnen verknüpften Energieströme zeigen die Abb. 8.4 bis 8.6. Es sind Systeme dargestellt, die als typische Energiewandler bekannt sind. Energiewandler sind alle Vorrichtungen, aus denen die Energie in anderen Formen hinausströmt als sie in sie hereinströmt. Bilanzieren darf man nicht über jede einzelne Energieform, sondern nur über die gesamte herein- und hinausströmende Energie, wobei die Differenz der herein- und hinausfließenden Energieströme gleich der zeitlichen Änderungsrate der im Energiewandler gespeicherten Energie ist. Der gespeicherten Energie, also dem Energieinhalt des Wandlers ist dabei nicht anzusehen, in welcher Form die Energie zugeströmt ist. Man verdeutliche sich auch an den Abb. 8.2 bis 8.6 aufs neue, daß sich nur die strömende, also von einem System auf ein anderes übergehende Energie in Formen einteilen läßt, nicht dagegen die in einem System gespeicherte, also in ihm enthaltene Energie. Isoliert man etwa den elektrischen Heizkörper der Abb. 8.3 thermisch, so daß kein Wärmestrom von ihm fortfließen kann, wird er bei Zufuhr von elektrischer Energie seine Energie erhöhen. Diese Energieerhöhung bedingt beim Heizkörper eine Temperaturerhöhung. Aus der Temperaturerhöhung läßt sich aber nicht schließen, in welcher Form Energie zugeführt ist, und schon gar nicht folgt daraus, daß die Energie in Form von Wärme zugeführt sein müsse. So beruht beim elektrischen Heizkörper die Erwärmung, also die Zunahme der Temperatur, auf Zufuhr von elektrischer Energie, beim Ofen dagegen auf der Zufuhr von chemischer Energie.

Systeme und ihr Energieaustausch

Die konkreten Beispiele der Abb. 8.4 bis 8.6 sind zwar praktisch wichtige, aber doch recht komplizierte Systeme. Dabei haben wir sie schon vereinfacht, nämlich dadurch, daß wir bei unserer abstrahierenden Betrachtungsweise nur Bilanzen gezogen haben über das, was an Energie und anderen mengenartigen Größen in das gesamte Gebilde herein- und aus ihm hinausströmt. Höchstens über größere Teile wie Kessel, Turbine, Kühlturm und Generator beim Kraftwerk haben wir noch eine Art Unterbilanz gezogen, aber alles, was sich in noch kleineren Teilen des Systems, wie in Wärmeaustauschern und im Kondensator abspielt, einfach mit in diese Bilanzen gesteckt.

Nachdem wir uns an diesen Beispielen über die Tragfähigkeit und praktische Anwendbarkeit der Begriffe Energieaustausch und Austausch mengenartiger Größen orientiert haben, kehren wir zu einfachen Fällen zurück, um in den Umgang mit Energieformen tiefer einzudringen.

Als ersten Fall betrachten wir einen sich frei bewegenden Massenpunkt, also einen nicht mit einem Feld wechselwirkenden punktartigen Körper. Energieaustausch tritt nur auf, wenn der Bewegungszustand des Körpers geändert wird. Dann erhält nämlich der Impuls $\boldsymbol{P}$ des Körpers einen anderen Wert. Er ändert sich um $d\boldsymbol{P}$, was nach (4.1) mit Energieaustausch in Form von Bewegungsenergie $\boldsymbol{v}\,d\boldsymbol{P}$ verbunden ist. Eine Lageänderung ist dagegen nicht mit Energieaustausch verknüpft. Das **System „Punktartiger Körper"** hat deshalb die charakteristische Eigenschaft, daß seine Energie E allein durch Aufnahme oder Abgabe von *Bewegungsenergie* geändert werden kann, so daß gilt

$$dE = \boldsymbol{v}\,d\boldsymbol{P}. \tag{8.9}$$

Diese Gleichung drückt aus, daß das System „Punktartiger Körper" keine andere Möglichkeit hat, Energie aufzunehmen oder abzugeben als in Form von Bewegungsenergie.

Als nächst komplizierteren Fall betrachten wir einen punktartigen Körper, der mit einem Feld wechselwirkt, also Energie austauscht, etwa mit dem Schwerefeld der Erde oder, wenn er elektrisch geladen ist, mit einem elektrischen oder magnetischen Feld. Das gesamte vorliegende System ist dann nicht der Körper allein, sondern das **System „Punktartiger Körper + Feld"**. Stößt man den Körper an oder verändert man seine Lage, so greift man nicht nur am Körper an, sondern auch am Feld. Jede Wechselwirkung des Körpers mit der Außenwelt ist auch eine Wechselwirkung, bei der das Feld mit im Spiel ist. Dem System „Punktartiger Körper + Feld" kann Energie in den beiden voneinander unabhängigen Formen Bewegungsenergie $\boldsymbol{v}\,d\boldsymbol{P}$ und Verschiebungsenergie $-\boldsymbol{F}\,d\boldsymbol{r}$ zugeführt oder entzogen werden, nämlich dadurch, daß entweder der Impuls $\boldsymbol{P}$ oder die Lage $\boldsymbol{r}$ des an das Feld gekoppelten Körpers geändert wird. Das sind allerdings die einzigen Formen, in denen das System Energie austauschen kann, so daß die Änderungen dE der Energie E eines Systems „Punktartiger Körper + Feld" der Gleichung genügen

$$dE = \boldsymbol{v}\,d\boldsymbol{P} - \boldsymbol{F}\,d\boldsymbol{r}. \tag{8.10}$$

Ist $d\boldsymbol{P}=0$ und $d\boldsymbol{r}=0$, so ist auch $dE=0$, also $E=\text{const}$. Umgekehrt folgt aus $dE=0$ jedoch nicht die Konstanz von $\boldsymbol{P}$ und $\boldsymbol{r}$; Lage $\boldsymbol{r}$ und Impuls $\boldsymbol{P}$ können sich ändern, ohne daß die Energie E des Systems „Punktartiger Körper + Feld" geändert wird. Das geschieht gerade bei Bewegungen, bei denen das System sich selbst überlassen bleibt. Das sind Zustandsänderungen, wie sie in der Mechanik betrachtet werden. Die Energie E ist dann konstant ($dE=0$), und der Vorgang besteht darin, daß Bewegungsenergie $\boldsymbol{v}\,d\boldsymbol{P}$ in Verschiebungsenergie $-\boldsymbol{F}\,d\boldsymbol{r}$ umgewandelt wird und umgekehrt. Jede Bewegung, bei der der Körper sich selbst überlassen bleibt und nur mit dem Feld wechselwirkt, genügt also der Gleichung

$$\boldsymbol{v}\,d\boldsymbol{P} - \boldsymbol{F}\,d\boldsymbol{r} = 0. \tag{8.11}$$

Daß diese Behauptung zutrifft, wird unmittelbar plausibel, wenn man (8.11) durch die Zeit dt dividiert, in der $\boldsymbol{P}$ sich um $d\boldsymbol{P}$ und $\boldsymbol{r}$ um $d\boldsymbol{r}$ ändern. (8.11) lautet dann

$$\boldsymbol{v}\frac{d\boldsymbol{P}}{dt} = \boldsymbol{F}\frac{d\boldsymbol{r}}{dt}. \tag{8.12}$$

Nach der Mechanik ist das eine richtige Beziehung, ja eine Identität, denn für einen Körper ist $\boldsymbol{v}=d\boldsymbol{r}/dt$ und $\boldsymbol{F}=d\boldsymbol{P}/dt$ (MRG, §19).

Ein Beispiel für einen Prozeß nach (8.11) oder (8.12) bildet jede translative Bewegung (das ist eine Bewegung ohne gleichzeitige Rotation) eines beliebig ausgedehnten starren Körpers im homogenen Schwerefeld, also nahe der Erdoberfläche. Ein anderes Beispiel ist die Bewegung eines punktartigen Körpers, dessen Masse sehr klein ist im Vergleich zur Erdmasse, irgendwo im Schwerefeld der Erde, also etwa die Bewegung eines Satelliten.

Kann der an das Feld gebundene Körper nicht nur Bewegungsenergie $\boldsymbol{v}\,d\boldsymbol{P}$ und Verschiebungsenergie $-\boldsymbol{F}\,d\boldsymbol{r}$ austauschen, sondern auch Rotationsenergie $\boldsymbol{\Omega}\,d\boldsymbol{L}$, kann er sich also nicht nur wie ein Punkt bewegen, sondern auch um eine Achse rotieren, so hat man ein **System „Rotationsfähiger Körper + Feld"**. Sind die genannten Energieformen alle Energieformen, in denen das System Energie austauschen kann, so genügen die Änderungen dE der Energie E des Systems der Beziehung

$$dE = \boldsymbol{v}\,d\boldsymbol{P} - \boldsymbol{F}\,d\boldsymbol{r} + \boldsymbol{\Omega}\,d\boldsymbol{L}. \tag{8.13}$$

Sie drückt wieder aus, daß das System Energie nur in den drei Formen $\boldsymbol{v}\,d\boldsymbol{P}$, $-\boldsymbol{F}\,d\boldsymbol{r}$ und $\boldsymbol{\Omega}\,d\boldsymbol{L}$ austauschen kann. Haben Impuls $\boldsymbol{P}$, Lage $\boldsymbol{r}$ und Drehimpuls $\boldsymbol{L}$ feste Werte, so hat auch E einen festen Wert. Ändert sich die Energie E des Systems, d.h. ist $dE \neq 0$, so müssen sich zwangsläufig entweder der Impuls $\boldsymbol{P}$, die Lage $\boldsymbol{r}$ oder der Drehimpuls $\boldsymbol{L}$, oder jeweils zwei dieser Größen oder schließlich alle drei ändern. Führt man nämlich dem System „Rotationsfähiger Körper + Feld" Energie zu, so kann das, da das System Energie nur in den drei genannten Formen aufnehmen kann, nur dadurch geschehen, daß man den Körper stößt ($d\boldsymbol{P} \neq 0$), ihn im Feld verschiebt ($d\boldsymbol{r} \neq 0$) oder ihn in Rotation versetzt ($d\boldsymbol{L} \neq 0$).

Starre Körper beliebiger Ausdehnung, die sich in Gravitationsfeldern bewegen und dabei auch um die eigene Achse rotieren, so wie sich die Planeten im Schwerefeld der Sonne bewegen, sind ein Beispiel für Prozesse nach (8.13) mit $dE=0$.

Kann der Körper schließlich auch Wärme austauschen, so tritt zu den bisherigen Energieformen noch die Wärme TdS hinzu. Sind das wieder alle Energieformen, in denen das **System „Rotationsfähiger, aufwärmbarer Körper + Feld"** Energie austauschen kann, so genügen die Energieänderungen dE des Systems der Beziehung

$$dE=\boldsymbol{v}\,d\boldsymbol{P}-\boldsymbol{F}\,d\boldsymbol{r}+\boldsymbol{\Omega}\,d\boldsymbol{L}+T\,dS. \tag{8.14}$$

Wieder gilt: Wenn $dE \neq 0$, so muß mindestens eines der Differentiale $d\boldsymbol{P}$, $d\boldsymbol{r}$, $d\boldsymbol{L}$ oder dS ungleich Null sein. Wenn die Energie E des Systems sich ändert, so muß sich mindestens eine der Variablen $\boldsymbol{P}, \boldsymbol{r}, \boldsymbol{L}, S$ ändern. Haben andererseits alle hinter den Differentialzeichen auftretenden Größen $\boldsymbol{P}, \boldsymbol{r}, \boldsymbol{L}, S$ feste Werte ($d\boldsymbol{P}=d\boldsymbol{r}=d\boldsymbol{L}=dS=0$), so hat auch die Energie E einen festen Wert ($dE=0$).

Gravitationsbewegungen müssen als Prozesse nach (8.14) mit $dE=0$ beschrieben werden, wenn der Körper durch die Inhomogenität des Gravitationsfeldes bei seiner Bewegung fortwährend verzerrt wird und diese Verzerrungen mit Reibung verknüpft sind, so daß dabei Entropie erzeugt wird. Die Erde bildet mit der Gezeitenreibung der Meere hierfür ein Beispiel (MRG, §46).

Die Gibbssche Fundamentalform

Die wenigen Beispiele des vorigen Abschnitts zeigen schon, wie das allgemeine Verfahren der Beschreibung physikalischer Vorgänge lautet. Man schreibt *alle* voneinander unabhängigen Energieformen $\xi_i\,dX_i$ hin, in denen das betrachtete System Energie austauschen kann. Jede Änderung dE der Energie E des Systems ist dann die Summe dieser Energieformen

$$dE=\xi_1\,dX_1+\xi_2\,dX_2+\cdots+\xi_n\,dX_n. \tag{8.15}$$

Diese Gleichung heißt die *Gibbssche Fundamentalform* des Systems (Josiah Willard Gibbs, 1839–1903). Ihr genügen alle Prozesse, die das System überhaupt ausführen kann. Die Bezeichnung „Form" in dem Wort Fundamentalform hat übrigens nichts mit Energieform zu tun. Es hat sich hier lediglich ein seit eineinhalb Jahrhunderten in der Mathematik gebräuchlicher Terminus erhalten, eine Gleichung zwischen Differentialen wie (8.15) eine „lineare Differentialform" (linear deshalb, weil nur Differentiale erster Ordnung vorkommen) oder eine „Pfaffsche Form" zu nennen. Für uns ist die Bezeichnung „Form" hierfür nichts als historischer Zufall.

Die grundlegende Eigenschaft der Gibbsschen Fundamentalform eines Systems ist die, daß *jeder* Prozeß des Systems ihr genügen muß. Dazu ist nötig, daß auf der rechten Seite von (8.15) *sämtliche* voneinander unabhängigen Energieformen auftreten, in denen das System Energie austauschen, d.h. aufnehmen und abgeben kann. Dann ist es erlaubt, die Summe der Energieformen dE zu nennen, sie also als *totales Differential* zu schreiben. Die Energieformen selbst darf man dagegen im allgemeinen nicht als totale Differentiale schreiben. So ist es im allgemeinen *nicht* erlaubt, die Gibbssche Fundamentalform (8.15) in der Gestalt zu schreiben

$$dE=dE_1+dE_2+\cdots+dE_n$$

mit

$$dE_1 = \xi_1\, dX_1, \quad dE_2 = \xi_2\, dX_2, \ldots, \quad dE_n = \xi_n\, dX_n.$$

Das Problem, wann sich eine einzelne Energieform oder eine Summe mehrerer Energieformen als totales Differential schreiben läßt, wird in §10 im Zusammenhang mit der Zerlegung eines Systems in Teilsysteme klar werden. Die Anzahl der unabhängigen Energieformen eines Systems ist gleich der Anzahl der voneinander unabhängigen Variablen. Man nennt sie auch die Anzahl der Freiheitsgrade des Systems.

Wichtig ist, daß in (8.15) jede Energieform *unabhängig* sein muß von den übrigen, d.h. daß der Energiefluß über jede der Formen sich unabhängig von dem Fluß über alle anderen Energieformen verändern lassen muß. Nur unter dieser Voraussetzung ist (8.15) eine Fundamentalform des Systems.

Alle Systeme, die ihre Energie in denselben Formen austauschen, haben dieselbe Fundamentalform. So haben alle punktartigen Körper, die mit einem Feld wechselwirken und Energie allein in den beiden Formen Bewegungs- und Verschiebungsenergie austauschen, die Gl. (8.10) als Gibbssche Fundamentalform. Dazu gehört der im Erdfeld frei fallende Körper ebenso wie das elektrisch geladene Teilchen im Feld eines Beschleunigers. Die Gibbssche Fundamentalform sagt nichts aus über den inneren Aufbau eines speziellen Systems, sie sagt nur, in welchen Energieformen das System Energie austauschen kann. Die Gibbsschen Fundamentalformen sind deshalb ein Mittel, mit dem man die physikalischen Systeme in Klassen einteilen kann. Eine Klasse besteht dabei aus allen denjenigen Systemen, die Energie in denselben Formen austauschen, die also dieselben Variablen und Freiheitsgrade haben. So bilden alle punktartigen Körper, die mit irgendwelchen Feldern Energie austauschen, eine Klasse, nämlich die Klasse, die durch die Fundamentalform (8.10) definiert wird. Diese Klasse physikalischer Systeme bildet den Gegenstand der **Punktmechanik.** Von unserem Standpunkt hier aus gesehen ist die Punktmechanik also nichts anderes als die Untersuchung all derjenigen Systeme, die die Fundamentalform (8.10) haben. Entsprechend definiert (8.13) die Klasse der Systeme, die den Gegenstand der **Mechanik starrer Körper** bilden. Die Fundamentalform (8.14) erweitert die Mechanik durch Einbeziehung der Wärme.

Die Thermodynamik betrachtet demgegenüber viel umfangreichere Klassen von Systemen. Besonderes Interesse besitzen Systeme, deren Fundamentalform von der Gestalt ist

$$dE = T\,dS - p\,dV + \mu_1\, dN_1 + \mu_2\, dN_2 + \cdots + \mu_m\, dN_m. \tag{8.16}$$

Diese Systeme tauschen Energie aus in den $(m+2)$ Formen Wärme, Kompressionsenergie und m chemischen Energieformen, die mit den Teilchenzahlenänderungen von m verschiedenen Stoffen verknüpft sind. Die Systeme dieser Klasse sind weder räumlich festgelegt, noch haben ihre Teilchenzahlen bestimmte Werte. Vielmehr gehören zu einem System dieser Klasse Anordnungen ganz verschiedener Ausdehnung und vor allen Dingen, was der Vorstellung mehr Schwierigkeiten macht, auch ganz verschiedener Zusammensetzung und Menge, so wie das Beispiel der Teetassen in §5.

Ein Spezialfall von (8.16) ist der, in dem die Menge und die Zusammensetzung des Systems ungeändert bleiben, also $dN_1 = \cdots = dN_m = 0$. Dann lautet (8.16)

$$dE = T\,dS - p\,dV. \tag{8.17}$$

Derartige Systeme stehen herkömmlich bei thermodynamischen Untersuchungen im Vordergrund, weshalb sich in Darstellungen der Thermodynamik oft nur die Fundamentalform (8.17) findet.

Liegt nur ein einziger Stoff vor, dessen Mengenänderung ein möglicher Prozeß des Systems ist, so ist $m=1$, also

$$dE = T dS - p\,dV + \mu\,dN. \tag{8.18}$$

Man nennt ein derartiges System *einheitlich*. Ein **einheitliches System,** etwa ein Gas oder eine Flüssigkeit, hat also die Eigenschaft, Energie in den drei unabhängigen Formen Wärme, Kompressionsenergie und chemische Energie infolge Veränderns der Gesamtmenge N auszutauschen. Hingegen ist über seine Zusammensetzung nichts gesagt. Der Ausdruck „einheitlich" besagt im Zusammenhang mit (8.18) nicht, daß der Stoff keine Mischung sein darf. Es muß nur das Mischungsverhältnis unverändert bleiben, oder das Mischungsverhältnis muß in eindeutiger Weise an die Werte der Größen S, V, N gekoppelt sein.

Es sei noch angefügt, daß die Gln. (8.16) und (8.18) sich auf den Austausch von elektrisch neutralen Teilchen beziehen, also keinen Austausch von Ladungen enthalten. Sobald die Teilchen geladen sind und in elektrischen Feldern ausgetauscht werden, treten gemäß §5 an die Stelle der chemischen Energien $\mu_1\,dN_1, \ldots, \mu_m\,dN_m$ die elektrochemischen Energien $\eta_1\,dN_1, \ldots, \eta_m\,dN_m$. Auf diese Weise wird noch die elektrische Energie als Energieform hinzugefügt. Sie ist, da jedes Teilchen eine feste Ladung trägt, von der chemischen Energie nicht unabhängig, was in der Schreibweise der elektrochemischen Energieform als einer einzigen Energieform zum Ausdruck kommt.

§9 Systeme und ihre Gibbs-Funktionen

Was ist ein System?

Obwohl wir das Wort „System" schon dauernd gebraucht haben, ist es noch nicht genau festgelegt. In vielen Fällen hat es zwar die Bedeutung von „Körper" oder „Anordnung von Körpern", aber wir haben schon im §5 im Zusammenhang mit der chemischen Energie gesehen, daß das nicht in allen Fällen so ist, sondern daß der Begriff des Systems weit mehr enthält als den des einzelnen Körpers oder Gegenstands. Was ist ein System im Sinne der Thermodynamik, und was sind seine wichtigsten Merkmale?

Zunächst hat jedes System die Eigenschaft, Energie in bestimmten Formen auszutauschen. Die Summe dieser Energieformen bildet nach (8.15) die Gibbssche Fundamentalform des Systems. Statt von einer Energieform $\xi_i\,dX_i$ können wir auch von der ihr zugeordneten extensiven Variable X_i oder intensiven Variable ξ_i sprechen. Die Angabe einer bestimmten Energieform $\xi_i\,dX_i$, die ein System austauschen kann, ist daher gleichbedeutend mit der Angabe der Variable X_i, die an dem System vorkommt, also am System verändert werden, nämlich *verschiedene Werte* annehmen kann. Nun hat die Physik die Energieformen und Variablen standardisiert, wofür wir Beispiele in Kap. II kennengelernt haben. Gleichbedeutend mit der Angabe der voneinander unabhängigen

Standard-Energieformen, in denen ein System Energie austauschen kann, ist die Angabe der Standard-Variablen, die am System unabhängig voneinander verändert werden können, denen also unabhängig voneinander Werte erteilt werden können. Wir merken uns das als die ***Regel***:

> Jedes System besitzt bestimmte unabhängige Standard-Variablen. Zu jeder dieser Variablen gehört eine Standard-Energieform, so daß die Gesamtzahl der voneinander unabhängigen Variablen gleich der Gesamtzahl der voneinander unabhängigen Energieformen ist.

Wesentlich für ein genaueres Verständnis des Begriffs „System" ist nun, daß die Variablen eines Systems und ihre Änderungen alle Prozesse festlegen, die das System machen kann. Ein System ist also nicht einfach ein konkretes materielles Gebilde. Es schließt vor allem Prozesse ein, nämlich diejenigen, die das Gebilde machen kann. Das sind die, die der Physiker als für das Gebilde kennzeichnend ansieht. So ist ein *Kondensator* ein System, an dem die Variablen *Ladung* und *Kapazität* unabhängig voneinander verändert werden können, das also Energie in den zwei unabhängigen Formen elektrische Energie und Verschiebungsenergie (in der Verschiebung der Platten gegeneinander im elektrischen Feld des Kondensators oder der Verschiebung des Dielektrikums) austauschen kann. Für das konkrete Gebilde „Kondensator" mit seinen Metallplatten und dem dielektrischen Material zwischen den Platten bedeutet das eine uns zwar natürlich erscheinende, nichtsdestoweniger aber konventionelle Einschränkung der Prozesse, die mit ihm vorgenommen werden können, nämlich daß Prozesse, wie Verschieben der Platten im Schwerefeld oder ihr Zerschlagen, ihr Verbiegen, das Aufheizen des *Gebildes* „Kondensator" bis zum Verdampfen und wer weiß, was sonst noch, ausgeschlossen werden — nicht deshalb, weil derartige Prozesse mit dem Gebilde nicht auszuführen und womöglich unter Umständen nicht auch praktisch wichtig wären, sondern weil sie für das *physikalische System* „Kondensator" eine völlig unmaßgebliche Beigabe sind. Ein Kondensator als *System* hat eben nur die Größen Ladung Q und Kapazität C als unabhängige Variablen. Demgemäß tauscht dieses System Energie nur in den diesen beiden Variablen zugeordneten Energieformen aus. An einem konkreten Gebilde, das das System Kondensator repräsentieren soll, muß man alle von Q und C unabhängigen extensiven Variablen konstant oder die von Q und C unabhängigen intensiven Variablen auf dem Wert Null halten.

Ein einfaches Beispiel dafür, daß der Austausch einer Energieform dadurch unterdrückt wird, daß die zu der Energieform gehörige intensive Variable auf dem Wert Null gehalten wird, bietet das System Erde, wenn man sich auf Prozesse beschränkt, in denen die Erde nur mit Körpern wechselwirkt, deren Masse sehr klein ist gegen die Erdmasse, also z.B. mit fallenden Steinen. In einem Bezugssystem, in dem die Erde zu Anfang ruht, behält sie wegen ihrer ungeheuer großen Masse bei den zugelassenen Prozessen die Geschwindigkeit Null, und daher tauscht sie mit einem fallenden Stein zwar Impuls aus, aber keine Bewegungsenergie. In der Gibbsschen Fundamentalform der Erde kommt demgemäß die Bewegungsenergie $\boldsymbol{v}\, d\boldsymbol{P}$ nicht vor.

Die Anwendung von (8.15) wird sehr übersichtlich, wenn man zunächst alle unabhängigen Standard-Energieformen hinschreibt, die man überhaupt kennt. Das sind alle Formen, in denen Energie von irgendwelchen physikalischen Systemen ausgetauscht werden können. Gleichbedeutend damit ist, daß man alle extensiven Standard-Variablen hinschreibt, die man kennt. Für uns sind das die Variablen

$$\boldsymbol{P}, \boldsymbol{r}, \boldsymbol{L}, S, V, A, N_1, \ldots, N_m. \tag{9.1}$$

Oberfläche

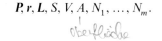

Dabei haben wir die elektrischen und magnetischen Variablen fortgelassen. Ist nun irgendein System vorgegeben, so streicht man von den hingeschriebenen Variablen alle weg, die das System nicht hat. So bleiben für ein System „Punktartiger Körper + Feld" nur die Variablen $\boldsymbol{P}$ und $\boldsymbol{r}$ übrig. Wird der punktartige Körper zu einem ausgedehnten starren Körper, so bleibt neben $\boldsymbol{P}$ und $\boldsymbol{r}$ auch noch die Variable $\boldsymbol{L}$ übrig. Und für ein System „Einheitliches Gas", das als Ganzes ruht und in dem überall derselbe Druck und dieselbe Temperatur herrschen (so daß keine inneren Strömungsvorgänge in ihm ablaufen) und dessen Menge außerdem konstant gehalten wird, bleiben von den Standard-Variablen (9.1) nur S und V übrig. Wird hingegen die Änderung der Menge als Prozeß zugelassen, so bleibt neben S und V noch die Variable N, die Teilchenzahl des Gases, übrig.

Die Beispiele werfen zwei entscheidende Fragen auf. Wie beschreibt die Thermodynamik ein Gas, in dem nicht überall derselbe Druck und dieselbe Temperatur herrschen? Und wie unterscheidet sie verschiedene Systeme, die die gleichen Variablen haben, also etwa einen punktartigen Körper im homogenen Feld und einen punktartigen Körper im Coulomb-Feld, oder zwei verschiedene einheitliche Gase, etwa Kohlendioxid und Helium? Zunächst beantworten wir die erste Frage. Die Antwort auf die zweite Frage gibt der nächste Abschnitt.

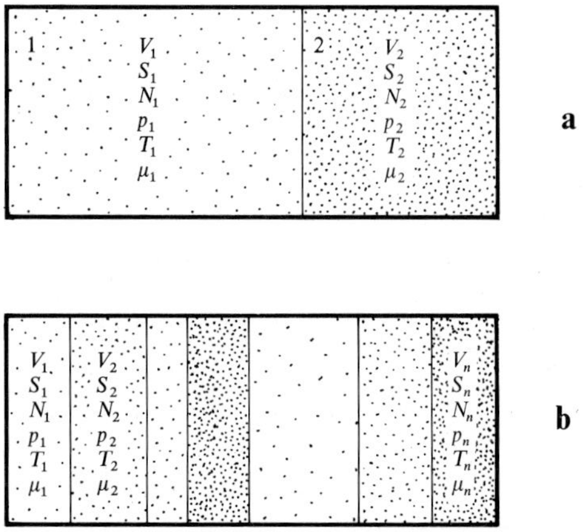

Abb. 9.1

(a) Zwei Gase 1 und 2, die zwei Systeme 1 und 2 darstellen. Jedes System hat seine extensiven Variablen V_1, S_1, N_1 bzw. V_2, S_2, N_2 und die dazugehörigen energie-konjugierten intensiven Variablen P_1, T_1, μ_1 bzw. p_2, T_2, μ_2. Die Indizes 1 und 2 zeigen hier an, zu welchen *Systemen* die Variablen gehören, und nicht, welchen Wert sie haben. Welchen Wert die einzelnen Variablen haben, bleibt also noch völlig offen.

(b) Wenn sich z.B. der Druck und die Temperatur in Teilbild a ganz links im Gas 1 unabhängig von Druck und Temperatur rechts im Gas 1 ändern, hat man in Teilbild a noch nicht genügend viele Variablen zur Kennzeichnung des Verhaltens des Gases eingeführt. Man muß das Gas feiner in Teilsysteme $1, 2, \ldots, n$ unterteilen und entsprechend die Zahl der Variablen vermehren. Will man auch Strömungsvorgänge im Gas erfassen, wird man außer den angeführten Variablen auch noch die Geschwindigkeiten $\boldsymbol{v}_1, \ldots, \boldsymbol{v}_n$ und die Impulse $\boldsymbol{P}_1, \ldots, \boldsymbol{P}_n$ der n Teilsysteme als Variablen berücksichtigen müssen.

Abb. 9.1a stellt ein Gas dar, in dem Druck und Temperatur nicht überall denselben Wert haben, sondern in dem im Teilvolumen 1 der Druck p_1 sowie die Temperatur T_1 und im Teilvolumen 2 der Druck p_2 und die Temperatur T_2 herrschen. Es ist offensichtlich zweckmäßig, das ganze Gas als aus zwei Gasen bestehend anzusehen, von denen das eine (1) die Variablen S_1, V_1, N_1 sowie T_1, p_1 und μ_1 hat und das zweite (2) die Variablen S_2, V_2, N_2, T_2, p_2, μ_2. Dabei ist wichtig, daß S_1 und S_2 oder V_1 und V_2 nicht etwa unterschiedliche Werte einer Variable S oder V sind, sondern *voneinander unabhängige, eigenständige Variablen*. So ist S_1 die Entropie des Teilsystems 1 und S_2 die Entropie des Teilsystems 2.

Natürlich wird man, wenn man weitergehende Feinheiten, wie Strömungen innerhalb des Gases, fassen will, es in mehr als zwei Teilsysteme aufteilen müssen. Zerlegt man das Gas in n Teilsysteme, also in n einheitliche Gase (Abb. 9.1 b), so hat das Gesamtsystem als unabhängige Variablen (nicht Werte!) n Entropien $S_1, \ldots, S_n$, n Volumina $V_1, \ldots, V_n$, n Teilchenzahlen $N_1, \ldots, N_n$, n Impulse $\boldsymbol{P}_1, \ldots, \boldsymbol{P}_n$, n Temperaturen $T_1, \ldots, T_n$, n Drucke $p_1, \ldots, p_n$, n chemische Potentiale $\mu_1, \ldots, \mu_n$ und n Geschwindigkeiten $\boldsymbol{v}_1, \ldots, \boldsymbol{v}_n$. Seine Gibbssche Fundamentalform lautet

$$(9.2) \qquad dE = T_1\, dS_1 + \cdots + T_n\, dS_n - p_1\, dV_1 - \cdots - p_n\, dV_n + \mu_1\, dN_1 + \cdots + \mu_n\, dN_n + \boldsymbol{v}_1\, d\boldsymbol{P}_1 + \cdots + \boldsymbol{v}_n\, d\boldsymbol{P}_n.$$

Man sieht, daß die Beschreibung eines physikalischen Systems um so mehr unabhängige Variablen erfordert, je mehr Details erfaßt werden sollen. Bemerkenswert ist, daß diese Variablen nicht alle verschiedener Natur sind, sondern sich sozusagen vermehren. So treten beim Gas n Entropien, n Volumina etc. auf. Es ist ähnlich wie bei einem n-Körper-Problem, zu dessen Beschreibung als unabhängige Variablen auch n Impulse $\boldsymbol{P}_1, \ldots, \boldsymbol{P}_n$ und n Ortsvektoren $\boldsymbol{r}_1, \ldots, \boldsymbol{r}_n$, also n-mal die Variablen eines einzelnen Massenpunkts verwendet werden. Faßt man das System als Kontinuum auf, so tritt an die Stelle des das Teilsystem kennzeichnenden Index ein Ortsvektor $\boldsymbol{r}$. Alle Größen erscheinen dann als Funktionen von $\boldsymbol{r}$; die Summen werden entsprechend zu Integralen.

Ein System im Sinn der Thermodynamik ist, da es (falls es sich nicht um ein Feld handelt) nur endlich viele unabhängige Variablen hat, immer bloß ein **Modell** eines realen konkreten Gebildes. Es ist jedoch kein Modell im Sinn einer gegenständlichen Nachbildung des realen Originals, so wie das Modell, das ein Architekt von einem Haus macht, sondern ein abstraktes Modell. Es ist eine mathematische Konstruktion aus endlich vielen Variablen, die immer irgendwelche Aspekte des natürlichen Originals wegläßt. Der Physiker erfaßt nur diejenigen Vorgänge und Veränderungen, die ihm wesentlich erscheinen. Allerdings sind wir überzeugt, daß durch hinreichende Vermehrung der unabhängigen Variablen die Beschreibung eines realen Gebildes im Prinzip so detailliert gemacht werden kann, wie man will.

In der Literatur ist es üblich, Systeme einzuteilen in *geschlossene* und *offene* Systeme. Diese Einteilung rührt daher, daß dort ein System nicht durch Variablen, sondern durch einen Raumbereich definiert wird. Die Unterscheidung zwischen „geschlossen" und „offen" bezieht sich darauf, ob die Materie, die dieser Raumbereich enthält, bei Prozessen in dem Raumbereich verbleibt oder nicht. Ein geschlossenes System läßt im Gegensatz zu einem offenen System keine Materie durch seine Begrenzungen strömen. Ist die Begrenzung eines Systems nicht nur für Materieströme, sondern auch für alle anderen Energieströme undurchlässig, wird es als *isoliertes* System bezeichnet.

Man erkennt, daß bei dieser Einteilung von Systemen an eine räumliche Vorstellung appelliert wird, die die Teilchenzahl nicht ohne Vorbehalt als Variable eines Systems akzeptiert. Einem vermeintlichen Gewinn an Anschaulichkeit wird aber damit die umfassende Tragweite desjenigen Systembegriffs geopfert, der *alle* dynamischen Variablen, also auch Teilchenzahlen, als mögliche Variablen gleichberechtigt einschließt, nur eben sich nicht mehr in jedem Fall als ein Gegenstand oder ein abgegrenztes Stück des Raumes auffassen läßt.

Die Gibbs-Funktion $E = E$(extensive Variablen) eines Systems

Wir wenden uns nun der Frage zu, wie die Thermodynamik verschiedene Systeme unterscheidet, die die gleichen unabhängigen Variablen haben. Die Antwort, obwohl im Prinzip einfach und unmittelbar einleuchtend, erfordert doch eine ausführliche Erläuterung. Zunächst die Antwort: Gleichheit und Verschiedenheit von Systemen ist an dem **Zusammenhang zwischen der Energie und den unabhängigen extensiven Variablen** zu erkennen. So unterscheidet sich ein punktartiger Körper in einem homogenen Kraftfeld von einem punktartigen Körper in einem Coulomb-Feld darin, wie die Energie E von den unabhängigen Variablen $\boldsymbol{P}$ und $\boldsymbol{r}$ des Systems abhängt. Für den punktartigen Körper im homogenen Kraftfeld ist (MRG, §20)

$$(9.3) \qquad E(\boldsymbol{P}, \boldsymbol{r}) = \frac{P^2}{2M} - \boldsymbol{F}_0 \boldsymbol{r} + E(\boldsymbol{P} = 0, \boldsymbol{r} = 0).$$

Für einen punktartigen Körper derselben Masse M im anziehenden Coulomb-Feld gilt dagegen (MRG, §20)

$$(9.4) \qquad E(\boldsymbol{P}, \boldsymbol{r}) = \frac{P^2}{2M} - \frac{A}{|\boldsymbol{r}|} + E(\boldsymbol{P} = 0, \boldsymbol{r} = \infty).$$

Man sieht, daß (9.3) und (9.4) verschiedene Funktionen von $\boldsymbol{P}$ und $\boldsymbol{r}$ sind. Diese Verschiedenheit der Funktion gibt an, daß es sich um verschiedene Systeme handelt.

Für zwei unterschiedliche einheitliche Gase, wie CO_2 und He, die beide die unabhängigen Variablen S, V, N besitzen und Energie in den drei Formen Wärme, Kompressionsenergie und chemische Energie austauschen, gilt entsprechendes. Auch für sie hängt die Energie E in unterschiedlicher Weise von S, V, N ab, die Funktion $E(S, V, N)$ ist also für die beiden Gase verschieden.

Wir wollen die Behauptung durch eine allgemeine Überlegung demonstrieren, die für alle Systeme zutrifft. Wir stützen uns dazu auf die Fundamentalform

$$(9.5) \qquad dE = \boldsymbol{v}\, d\boldsymbol{P} - \boldsymbol{F}\, d\boldsymbol{r} + \boldsymbol{\Omega}\, d\boldsymbol{L} + T\, dS - p\, dV + \sigma\, dA + \mu_1\, dN_1 + \cdots + \mu_m\, dN_m,$$

die alle zu den Standard-Variablen (9.1) gehörenden Standard-Energieformen enthält. Die Überlegungen gelten auch für jede Fundamentalform, die daraus durch Wegstreichen einzelner Energieformen hervorgeht. Wenn andererseits (9.5) nicht ausreichen sollte, weil noch weitere, in (9.5) nicht aufgeführte unabhängige Energieformen mitspielen, so braucht man (9.5) nur durch die erweiterte Fundamentalform zu ersetzen. Worauf es ankommt, ist allein, daß auf der rechten Seite von (9.5) *jede unabhängige Energieform* erscheint, in der das System bei den Prozessen, die es machen kann, Energie austauscht.

Gibt man jeder der in den unabhängigen Energieformen auftretenden extensiven Variablen $\boldsymbol{P}$, $\boldsymbol{r}$, $\boldsymbol{L}$, S, V, A, $N_1, N_2, \ldots, N_m$ einen festen Wert, so sind in der Gibbsschen Fundamentalform alle Differentiale Null. Nach (9.5) ist dann auch $dE = 0$, so daß, wenn alle extensiven Variablen einen festen Wert haben, auch E einen festen Wert hat. Die Energie E ist somit eine Funktion der voneinander unabhängigen extensiven Variablen

$$E = E(\boldsymbol{P}, \boldsymbol{r}, \boldsymbol{L}, S, V, A, N_1, \ldots, N_m). \tag{9.6}$$

Diese Funktion ist von fundamentaler Bedeutung. Sie kennzeichnet das betrachtete System in dem Sinn, daß zwei Systeme, die dieselbe Funktion (9.6) haben, deren Energie also in gleicher Weise von den extensiven Variablen abhängt, *physikalisch gleich* sind. Wir nennen jede Funktion, die das physikalische System vollständig charakterisiert, also alles überhaupt physikalisch Aussagbare über das System enthält, eine **Gibbs-Funktion** des Systems. Die Funktion (9.3) ist eine Gibbs-Funktion des Systems „Punktartiger Körper im homogenen Kraftfeld“. Gleichheit der Gibbs-Funktion zweier Systeme heißt nicht, daß Anordnungen, die diese Systeme repräsentieren, in allen Details übereinstimmen müßten. Sie brauchen nicht übereinzustimmen in Eigenschaften, die durch die Variablen ihrer Gibbs-Funktionen nicht erfaßt werden. Diese Eigenschaften müssen allerdings für den Physiker im Hinblick auf die Prozesse, die er als für die Systeme charakteristisch ansieht, unwesentlich sein. Genau das zeigt den Modellcharakter der physikalischen Naturbeschreibung im Hinblick auf alle Naturvorgänge. So wird man zwei Kugeln, die sich nur in ihrer Farbe unterscheiden, die gleiche Gibbs-Funktion zuschreiben, solange man mit ihnen nur mechanische Stoßprozesse auszuführen gedenkt. Die Kugeln stellen in dieser Approximation identische Systeme dar. Interessieren dagegen auch die optischen Eigenschaften der Kugeln, sind die Kugeln natürlich unterschiedlich und haben verschiedene Gibbs-Funktionen. Ausdrücke wie „gleich“ und „unterschiedlich“ gelten in der Physik eben nie absolut, sondern haben Sinn nur innerhalb des Modells, durch das gerade die Wirklichkeit approximiert wird.

Herkömmlich werden die Gibbs-Funktionen in der Thermodynamik **thermodynamische Potentiale** genannt. Wir ziehen jedoch den Namen Gibbs-Funktion vor, weil diese Funktionen nicht nur in der Thermodynamik von grundlegender Bedeutung sind, sondern überall in der Physik. Beschränkt man sich auf die Mechanik, also auf Prozesse, bei denen das System Energie allein in der Form von Bewegungs- und Verschiebungsenergie austauscht und dementsprechend $S, V, A, N_1, \ldots, N_m$ konstante Werte haben, so reduziert sich die Gibbs-Funktion (9.6) auf

$$E = E(\boldsymbol{P}, \boldsymbol{r}). \tag{9.7}$$

Alle anderen Variablen sind, da sie konstant sind, ohne Bedeutung und brauchen daher nicht angeführt zu werden. Die Funktion (9.7) heißt herkömmlich die **Hamilton-Funktion** des Systems. In MRG haben wir den Namen **Energiefunktion** für (9.7) benutzt. Wir haben in MRG die Funktion (9.7) für die wichtigsten mechanischen Systeme aufgestellt und aus ihr die Eigenschaften des jeweiligen Systems abgeleitet. Gibbs-Funktion, thermodynamisches Potential, Hamilton-Funktion und Energiefunktion sind also nur verschiedene Namen desselben Begriffs.

Es fällt auf, daß wir nicht von *der* Gibbs-Funktion sprechen, sondern von (9.6) als von *einer* Gibbs-Funktion des Systems, gerade so, als gäbe es mehrere Gibbs-Funktionen eines Systems. Tatsächlich gibt es auch nicht nur eine einzige Gibbs-Funktion, also nur eine Funktion, die das System vollständig beschreibt. Solange als unabhängige Variablen nur *extensive* gewählt werden, wie wir es hier stets getan haben, ist die Energie Gibbs-Funktion des Systems. Wenn unter den unabhängigen Variablen auch intensive Variablen vorkommen, ist allerdings die Energie nicht mehr Gibbs-Funktion des Systems. Es gibt auch für eine derartige Variablenwahl eine Gibbs-Funktion, nur ist das nicht mehr die Energie des Systems. Im nächsten Paragraphen werden wir ein Beispiel kennenlernen.

Standard-Variablen

Ein System, das der Gibbsschen Fundamentalform (8.17) genügt, das also Energie nur in Form von Wärme und Kompressionsenergie austauschen kann, hat als Gibbs-Funktion

$$E = E(S, V). \tag{9.8}$$

Alle anderen Variablen in (9.6) werden, da sie konstant sind, weggelassen. Darunter fällt auch die Teilchenzahl N, so daß es zu den Charakteristika des durch (9.8) beschriebenen Systems gehört, eine feste, unveränderliche Anzahl von Teilchen zu haben. Gase und Flüssigkeiten mit fester Teilchenzahl haben also eine Gibbs-Funktion der Form (9.8), aber auch ein bestimmtes Stück eines Festkörpers hat eine Gibbs-Funktion der Form (9.8), wenn durch die experimentellen Bedingungen dem Stück Scherverformungen untersagt sind, so daß es zwar sein Volumen ändern und damit Kompressionsenergie austauschen kann, nicht dagegen Energie, die mit Scherungen, d.h. mit Formänderungen des Festkörpers bei konstantem Volumen verknüpft ist.

Sollen auch unterschiedliche Mengen desselben Gases, derselben Flüssigkeit und unterschiedlich große Stücke desselben Festkörpers in die Betrachtung einbezogen werden, so lautet die Gibbs-Funktion

$$E = E(S, V, N). \tag{9.9}$$

Das hierdurch beschriebene System ist nicht, wie (9.8), eine bestimmte Menge des Stoffs, sondern es schließt auch den Prozeß ein, daß das Gas, die Flüssigkeit oder der Festkörper durch eine größere oder kleinere Menge desselben Stoffs ersetzt wird.

Die Tabelle 9.1 gibt eine Übersicht über die Beschreibung verschiedener physikalischer Systeme, ihrer Energieformen und ihrer unabhängigen extensiven Variablen. Die Energie E als Funktion dieser Variablen beschreibt das System, sie bildet eine Gibbs-Funktion des Systems.

Die Funktion (9.6) spielt deshalb eine so fundamentale Rolle, weil man mit ihr das Verhalten des Systems bei allen Zustandsänderungen, d.h. Prozessen kennt, die das System überhaupt machen kann. Das bedeutet die physikalisch vollständige Kenntnis des Systems. Diese Behauptung ist nur dann ein Problem, wenn man gewohnt ist, ein physikalisches System durch Hinweis auf ein konkretes materielles Objekt oder eine Anordnung solcher Objekte zu kennzeichnen und nicht durch Angabe einer mathematischen Funktion. Der Beschreibung eines Systems durch eine Funktion entspricht, daß auch die Energieformen nicht durch konkrete Objekte erklärt sind, sondern durch Variablen, genauer durch Variablenpaare, die aus einer intensiven und einer extensiven Variable bestehen. Es kommt eben dynamisch bei einem System nicht darauf an, wie es aussieht oder wie es gebaut ist, sondern allein darauf, welche physikalischen Größen sich an ihm verändern lassen und wie die Änderungen der extensiven Größe mit den Änderungen der Energie E des Systems zusammenhängen. Für das, was ein System tut, ist deshalb nur wichtig, welche Größen es ändert und wie groß die Änderungsbeträge sind. Diese Betrachtungsweise kann man sich nur langsam zu eigen machen. Sie gibt aber Übersichtlichkeit und Klarheit darüber, wie das Gedankengebäude „Physik" die Naturvorgänge ordnet und in den Griff bekommt.

Mit der Angabe der Gibbs-Funktion eines Systems als Funktion der unabhängigen extensiven Größen, die an dem System variabel sind, ist auch die Frage beantwortet, was ein System ist. Das System ist jedes Gebilde, dessen extensive Variablen den durch die Energie als Gibbs-Funktion gegebenen Zusammenhang zeigen. Die Gibbssche Fundamentalform als das Differential der Gibbs-Funktion gibt die mit der Änderung der extensiven Variablen verknüpften Energieänderungen an. Besser als irgendein Gebilde kann man die Gibbs-Funktion selber als das System ansehen.

Tabelle 9.1

System	Energieformen, in denen das System Energie austauscht	Unabhängige extensive Variablen	Gibbs-Funktion
Punktmechanische Systeme	$\boldsymbol{v}_i\, d\boldsymbol{P}_i$, $-\boldsymbol{F}_i\, d\boldsymbol{r}_i$	$\boldsymbol{P}_1, \ldots, \boldsymbol{P}_n$, $\boldsymbol{r}_1, \ldots, \boldsymbol{r}_n$	$E = E(\boldsymbol{P}_1, \ldots, \boldsymbol{P}_n, \boldsymbol{r}_1, \ldots, \boldsymbol{r}_n)$
Starre Körper	$\boldsymbol{v}_i\, d\boldsymbol{P}_i$, $-\boldsymbol{F}_i\, d\boldsymbol{r}_i$, $\boldsymbol{\Omega}_i\, d\boldsymbol{L}_i$	$\boldsymbol{P}_1, \ldots, \boldsymbol{P}_n$, $\boldsymbol{r}_1, \ldots, \boldsymbol{r}_n$, $\boldsymbol{L}_1, \ldots, \boldsymbol{L}_n$	$E = E(\boldsymbol{P}_1, \ldots, \boldsymbol{P}_n, \boldsymbol{r}_1, \ldots, \boldsymbol{r}_1, \boldsymbol{L}_1, \ldots, \boldsymbol{L}_n)$
Einheitliche Gase und Flüssigkeiten	$T dS$, $-p\, dV$, $\mu\, dN$	S, V, N	$E = E(S, V, N)$
Mehrkomponentige Gase und Flüssigkeiten	$T dS$, $-p\, dV$, $\mu_1\, dN_1, \ldots, \mu_m\, dN_m$	$S, V, N_1, \ldots, N_m$	$E = E(S, V, N_1, \ldots, N_m)$
Elektrolyte	$T dS$, $-p\, dV$, $\eta_1\, dN_1, \ldots, \eta_m\, dN_m$	$S, V, N_1, \ldots, N_m$	$E = E(S, V, N_1, \ldots, N_m)$
Einheitliche elastische Festkörper	$T dS$, $-p\, dV$, $\mu\, dN$, mit Scherung verknüpfte Energieformen	S, V, N, die Scherung beschreibende Verzerrungsvariablen	$E = E(S, V, N$, Verzerrungsvariablen)
Elektrisch polarisierbare Körper unveränderlicher Zusammensetzung	$T dS$, $\mu\, dN$, $\mathfrak{E}\, d\mathfrak{p}$	$S, N, \mathfrak{p}$	$E = E(S, N, \mathfrak{p})$
Magnetisierbare Körper unveränderlicher Zusammensetzung	$T dS$, $\mu\, dN$, $\boldsymbol{H}\, d\boldsymbol{m}$	$S, N, \boldsymbol{m}$	$E = E(S, N, \boldsymbol{m})$

Die Energie E eines Systems als Funktion der unabhängigen extensiven Variablen anzugeben, ist eine außerordentlich schwierige Aufgabe, die auch im besten Fall nur approximativ gelöst werden kann. Große Teile der Physik, wie die **statistische Mechanik,** dienen hauptsächlich dem Zweck, derartige Funktionen zu finden. Einfach ist das Problem, nämlich eine Gibbs-Funktion anzugeben, für punktmechanische n-Körper-Systeme, bei denen die Wechselwirkung zwischen den Körpern durch ein Feld vermittelt wird, dessen Energie als potentielle Energie des Systems beschreibbar ist (MRG, Kap. IV). Dann ist die Gibbs-Funktion (9.6) die Summe aus den kinetischen Energien der Körper, der potentiellen Energie ihrer Wechselwirkung und einer Konstante E_0, die den Wert der Energie des Systems angibt, wenn die kinetischen Energien und die potentielle

Energie Null sind, also

$$(9.10)\quad \begin{aligned} &E(\boldsymbol{P}_1, \boldsymbol{P}_2, \ldots, \boldsymbol{P}_n, \boldsymbol{r}_1, \boldsymbol{r}_2, \ldots, \boldsymbol{r}_n) \\ &= E_{1,\mathrm{kin}}(\boldsymbol{P}_1) + E_{2,\mathrm{kin}}(\boldsymbol{P}_2) + \cdots + E_{n,\mathrm{kin}}(\boldsymbol{P}_n) + E_{\mathrm{pot}}(\boldsymbol{r}_1, \boldsymbol{r}_2, \ldots, \boldsymbol{r}_n) + E_0 \\ &= \frac{P_1^2}{2M_1} + \frac{P_2^2}{2M_2} + \cdots + \frac{P_n^2}{2M_n} + E_{\mathrm{pot}}(\boldsymbol{r}_1, \boldsymbol{r}_2, \ldots, \boldsymbol{r}_n) + E_0. \end{aligned}$$

Die kinetischen Energien $E_{i,\mathrm{kin}}$ sind dabei als Funktionen der extensiven Größen $\boldsymbol{P}_i$, der Impulse, anzugeben und nicht etwa als Funktion der Geschwindigkeiten $\boldsymbol{v}_i$, die ja intensive Größen sind. Daß sich die Gibbs-Funktionen mechanischer Systeme wirklich angeben lassen, ist ein Grund für die Rolle, die die statistische Mechanik spielt. Diese Theorie versucht, jedes physikalische System, also auch die übrigen in Tabelle 9.1 genannten Systeme als mechanische Systeme zu beschreiben, nämlich als Gebilde, die aus Molekülen und Atomen zusammengesetzt sind.

Gewinnung der intensiven Variablen eines Systems aus seiner Gibbs-Funktion

Die Gibbs-Funktion $E = E$(alle unabhängigen extensiven Variablen des Systems) enthält die gesamte Information über das betrachtete System. Dann müssen sich bei Kenntnis aller extensiven Variablen und der Gibbs-Funktion auch die intensiven Variablen angeben lassen. Wie gewinnt man sie?

Nach den Regeln der Differentialrechnung mehrerer Variablen folgt aus (9.6)

$$(9.11)\quad \begin{aligned} dE = &\frac{\partial E}{\partial P_x} dP_x + \frac{\partial E}{\partial P_y} dP_y + \frac{\partial E}{\partial P_z} dP_z - \frac{\partial E}{\partial x} dx - \frac{\partial E}{\partial y} dy - \frac{\partial E}{\partial z} dz \\ &+ \frac{\partial E}{\partial L_x} dL_x + \frac{\partial E}{\partial L_y} dL_y + \frac{\partial E}{\partial L_z} dL_z + \frac{\partial E}{\partial S} dS + \frac{\partial E}{\partial V} dV + \frac{\partial E}{\partial A} dA \\ &+ \frac{\partial E}{\partial N_1} dN_1 + \cdots + \frac{\partial E}{\partial N_m} dN_m. \end{aligned}$$

Vergleicht man diese Beziehung mit (9.5), so erhält man die Gleichungen

$$(9.12)\quad \begin{aligned} &v_x = \frac{\partial E}{\partial P_x}, \quad v_y = \frac{\partial E}{\partial P_y}, \quad v_z = \frac{\partial E}{\partial P_z}, \\ &-F_x = \frac{\partial E}{\partial x}, \quad -F_y = \frac{\partial E}{\partial y}, \quad -F_z = \frac{\partial E}{\partial z}, \\ &\Omega_x = \frac{\partial E}{\partial L_x}, \quad \Omega_y = \frac{\partial E}{\partial L_y}, \quad \Omega_z = \frac{\partial E}{\partial L_z}, \\ &T = \frac{\partial E}{\partial S}, \quad -p = \frac{\partial E}{\partial V}, \quad \sigma = \frac{\partial E}{\partial A}, \\ &\mu_1 = \frac{\partial E}{\partial N_1}, \ldots, \mu_m = \frac{\partial E}{\partial N_m}. \end{aligned}$$

Gl. (9.12) zeigt, daß die Differentiation von E nach einer extensiven Variable die zugehörige intensive Variable liefert. Zugehörig heißt dabei energie-konjugiert, also in einer Energieform des Systems mit der extensiven Variable verbunden.

Die Ableitungen in (9.12) sind etwas nachlässig geschrieben insofern, als die unabhängigen Variablen, von denen E abhängt, nicht explizit angegeben sind. Natürlich ist in (9.12) E in der Form (9.6) einzusetzen, denn E ist hier als Funktion der extensiven Variablen gemeint. Genauer ist in (9.12) also zu schreiben

(9.13) $$v_x = \frac{\partial E(P_x, P_y, P_z, x, y, z, S, \ldots, N_m)}{\partial P_x}, \ldots .$$

Da bei der partiellen Differentiation alle unabhängigen Variablen, nach denen nicht differenziert wird, konstant zu halten sind, kommt es entscheidend darauf an, welche Variablen als unabhängig gewählt sind, weshalb diese auch explizit angegeben werden sollten. Wie wichtig das ist, läßt sich besonders gut am Beispiel eines idealen Gases demonstrieren, das allerdings erst in § 15 und 16 behandelt wird. Wählt man zu seiner Beschreibung als unabhängige Variablen S, V, N, so ist nach (9.12), wie bei jedem System,

(9.14) $$\frac{\partial E(S, V, N)}{\partial V} = -p .$$

Wählt man dagegen als unabhängige Variablen T, V, N, ersetzt also die extensive Variable S durch die intensive T, so ist, wie in § 16 gezeigt wird,

(9.15) $$\frac{\partial E(T, V, N)}{\partial V} = 0 .$$

Drückt man die Energie E eines idealen Gases also als Funktion von S, V, N aus, so erhält man durch partielle Differentiation nach V den negativen Druck. Drückt man sie dagegen als Funktion von T, V, N aus, so erhält man Null; E hängt dann von V gar nicht ab.

In Lehrbüchern der Thermodynamik findet man anstelle der Schreibweise (9.14) einer partiellen Differentiation gern die Bezeichnungsweise

$$-p = \left(\frac{\partial E}{\partial V}\right)_{S, N} .$$

Die bei der Differentiation konstant zu haltenden Variablen werden als Indizes an das Differentiationssymbol gehängt. Wir schließen uns diesem Brauch nicht an, sondern benutzen die in der Mathematik übliche Schreibweise (9.14). Aus ihr geht klarer hervor, daß das beim partiellen Differenzieren nach V vorgeschriebene Konstanthalten von S und N nur dann eingehalten wird, wenn E als Funktion der unabhängigen Variablen S, V, N geschrieben wird. Um Verwirrung zu vermeiden, ist es nicht nur bei der Differentiation, sondern bei der Angabe von E oder anderer physikalischer Größen meistens angebracht, sie als Funktionen der als unabhängig gewählten Variablen zu schreiben.

Kennt man die Funktion (9.6) eines Systems, weiß man also, wie bei dem System die Energie E von den extensiven Variablen $\boldsymbol{P}$, $\boldsymbol{r}$, $\boldsymbol{L}, \ldots, N_m$ abhängt, so weiß man durch (9.12) auch, wie die intensiven Größen $\boldsymbol{v}$, $-\boldsymbol{F}$, $\boldsymbol{\Omega}, \ldots, \mu_m$ von den extensiven abhängen. Als Ableitungen der Funktion $E(\boldsymbol{P}, \boldsymbol{r}, \boldsymbol{L}, \ldots, N_m)$ sind nämlich auch die intensiven Größen Funktionen der unabhängigen extensiven Größen $\boldsymbol{P}, \boldsymbol{r}, \boldsymbol{L}, \ldots, N_m$.

§10 Zerlegung von Systemen

Zerlegung der Energie in Anteile

Wir haben mehrfach betont, daß Energieformen nur beim *Austausch* von Energie, allgemein bei Energie*änderungen* auftreten, daß dagegen die Energie des Systems selbst nicht in Formen aufgeteilt werden kann. Mathematisch äußert sich das darin, daß eine Energieform $\xi\, dX$ nicht mit dem Wert, sondern mit der *Änderung* dX der Größe X des Systems verknüpft ist. So einfach diese Regel ist, so sehr geht sie einem zunächst gegen den Strich, also gegen irgendeine Gewohnheit. Welche Gewohnheit ist das?

Die Gewohnheit, die hier spürbar wird, kommt daher, daß in den Beispielen physikalischer Systeme, mit denen man sich schon früh im Physikunterricht beschäftigt, die Energie in **additive Anteile** zerlegt auftritt. So stellt man bei der Bewegung von Körpern die Energie dar als Summe von kinetischer und potentieller Energie, und oft genug werden diese beiden Anteile „Energieformen" genannt. Und wenn im Unterricht die Wärme eingeführt wird, so geschieht das zusammen mit dem Begriff der spezifischen Wärme von festen Körpern und Flüssigkeiten. Das sind nun gerade Beispiele, in denen die Wärme als additiver Anteil der Energie erscheint. Die Energie, die einem Stück fester Materie in Form von Wärme zugeführt wird, läßt sich nämlich, von einem geringfügigen, mit der Ausdehnung des festen Körpers bei Erwärmung zusammenhängenden Betrag abgesehen, auch nur wieder als Wärme entziehen. Wie nahe liegt da der Schluß, die zugeführte Wärme sei im Körper als Wärme enthalten und werde beim Entzug wieder herausgeholt. Ist es unter diesen Umständen verwunderlich, daß sich eine so irreführende Wortbildung wie die vom „Wärmeinhalt" eines Körpers festsetzt?

In beiden Beispielen wird die Energie des Systems selbst, und nicht nur die Änderung der Energie bei Prozessen des Systems, in Summanden oder, wie wir sagen wollen, in Anteile zerlegt. Diese Zerlegung ist somit eine Eigenschaft des Systems. Auf den ersten Blick verwirrend ist dabei, daß die additiven Anteile der Energie mit bestimmten Energieformen zusammenhängen, so der Anteil „kinetische Energie" mit der Energieform Bewegungsenergie $\boldsymbol{v}\, d\boldsymbol{P}$, der Anteil „potentielle Energie" mit der Energieform Verschiebungsenergie $-\boldsymbol{F}\, d\boldsymbol{r}$ und der Anteil „Wärmeinhalt" mit der Energieform Wärme $T dS$. Wie sind diese Zusammenhänge, und wann geben Energieformen Anlaß zur Bildung von Anteilen der Energie, also zur Zerlegung der Energie eines Systems in verschiedene Summanden? Die Antwort lautet: Notwendig für die Zerlegung der Energie in Anteile ist, daß das System selbst in voneinander unabhängige Teilsysteme zerlegbar ist. Was das heißt, wollen wir nun genauer auseinandersetzen und begründen.

In der gewohnten Zerlegung der Energie eines Systems „Punktartiger Körper + Feld"

$$E(\boldsymbol{P}, \boldsymbol{r}) = E_{\text{kin}}(\boldsymbol{P}) + E_{\text{pot}}(\boldsymbol{r}) + E_0 \tag{10.1}$$

hängt der Anteil $E_{\text{kin}}(\boldsymbol{P})$ allein von $\boldsymbol{P}$ ab, nicht dagegen von $\boldsymbol{r}$, während der Anteil $E_{\text{pot}}(\boldsymbol{r})$ umgekehrt allein von $\boldsymbol{r}$ abhängt und nicht von $\boldsymbol{P}$. Es ist ein Kennzeichen der Zerlegung, daß die beiden Anteile keine der unabhängigen Variablen $\boldsymbol{P}$ und $\boldsymbol{r}$ gemeinsam haben. In dieser Eigenschaft manifestiert sich die Zerlegbarkeit des ganzen Systems „Punktartiger Körper + Feld" in die beiden *voneinander unabhängigen Teilsysteme* „Punktartiger Körper" und „Feld". Die Funktionen $E_{\text{kin}}(\boldsymbol{P})$ und $E_{\text{pot}}(\boldsymbol{r})$ sind die Gibbs-Funktionen dieser Teilsysteme. Die Unabhängigkeit dieser Teilsysteme äußert sich darin, daß ihre Gibbs-Funktionen $E_{\text{kin}}(\boldsymbol{P})$ und $E_{\text{pot}}(\boldsymbol{r})$ keine gemeinsamen Variablen haben. In der Gibbsschen Fundamentalform des Gesamtsystems

$$dE = \boldsymbol{v}\, d\boldsymbol{P} - \boldsymbol{F}\, d\boldsymbol{r} \tag{10.2}$$

spiegelt sich die Zerlegung (10.1) von E darin, daß die intensive Variable $\boldsymbol{v}$ allein von $\boldsymbol{P}$ abhängt, nicht dagegen von $\boldsymbol{r}$, und die intensive Variable $\boldsymbol{F}$ allein von $\boldsymbol{r}$ und nicht von $\boldsymbol{P}$. Mathematisch läßt sich das so ausdrücken, daß

$$\frac{\partial \boldsymbol{v}(\boldsymbol{P}, \boldsymbol{r})}{\partial \boldsymbol{r}} = -\frac{\partial \boldsymbol{F}(\boldsymbol{P}, \boldsymbol{r})}{\partial \boldsymbol{P}} = 0. \tag{10.3}$$

Der Schluß bleibt auch rückwärts richtig. Aus (10.3) folgt nämlich, daß $\boldsymbol{v}$ allein von $\boldsymbol{P}$ abhängt und $\boldsymbol{F}$ allein von $\boldsymbol{r}$, daß also $\boldsymbol{v} = \boldsymbol{v}(\boldsymbol{P})$ und $\boldsymbol{F} = \boldsymbol{F}(\boldsymbol{r})$. Setzt man das in (10.2) ein, so läßt sich jeder der Summanden integrieren:

$$\begin{aligned} \boldsymbol{v}(\boldsymbol{P})\, d\boldsymbol{P} &= d\,(\text{Funktion von } \boldsymbol{P}) = dE_{\text{kin}}(\boldsymbol{P}), \\ -\boldsymbol{F}(\boldsymbol{r})\, d\boldsymbol{r} &= d\,(\text{Funktion von } \boldsymbol{r}) = dE_{\text{pot}}(\boldsymbol{r}). \end{aligned} \tag{10.4}$$

Die mathematische Möglichkeit, daß die Pfaffschen Formen $\boldsymbol{v}(\boldsymbol{P})\, d\boldsymbol{P}$ und $\boldsymbol{F}(\boldsymbol{r})\, d\boldsymbol{r}$ nicht integrierbar sind (sog. nicht-konservative Felder) wird durch die Bedingung ausgeschlossen, daß (10.2) die Gibbssche Fundamentalform des Systems ist, daß also $\boldsymbol{v}\, d\boldsymbol{P}$ und $-\boldsymbol{F}\, d\boldsymbol{r}$ *alle* unabhängigen Energieformen sind, in denen das System überhaupt Energie austauschen kann (MRG, §17). Die Eigenschaft (10.3) der intensiven Größen $\boldsymbol{v}$ und $\boldsymbol{F}$ hat also zur Folge, daß die Energie des Systems in zwei Anteile zerlegbar ist, von denen der eine allein von $\boldsymbol{P}$ und der andere allein von $\boldsymbol{r}$ abhängt. Das ist genau die Zerlegung (10.1) in kinetische und potentielle Energie.

Die Verallgemeinerung der Betrachtungen liegt auf der Hand. Es gilt der *Satz*:

> Lassen sich die extensiven Variablen $X_1, \ldots, X_n$ eines Systems so in zwei Klassen $X_1, \ldots, X_k$ und $X_{k+1}, \ldots, X_n$ einteilen, daß die intensiven Variablen $\xi_1, \ldots, \xi_k$ allein von den extensiven Variablen $X_1, \ldots, X_k$ abhängen und $\xi_{k+1}, \ldots, \xi_n$ allein von $X_{k+1}, \ldots, X_n$, so ist die Energie des Systems zerlegbar in zwei Anteile
>
> $$E(X_1, \ldots, X_n) = E_1(X_1, \ldots, X_k) + E_2(X_{k+1}, \ldots, X_n).$$
>
> Das System ist dann zerlegbar in zwei voneinander unabhängige Teilsysteme, deren Gibbs-Funktionen $E_1(X_1, \ldots, X_k)$ und $E_2(X_{k+1}, \ldots, X_n)$ sind.

Die Zerlegung $E = E_1 + E_2$ hat zur Folge, daß dE_1 und dE_2 totale Differentiale sind. Der Satz kann wieder auf die Gibbs-Funktionen E_1 und E_2 der beiden Teilsysteme angewendet werden, wenn E_1 und E_2 ihrerseits zerlegbar sind. Fährt man auf diese Weise mit der Zerlegung fort, endet man mit Teilsystemen, deren Energien als Gibbs-Funktionen unzerlegbar sind. Bedeutet das, daß dann auch diese Teilsysteme unzerlegbar sind?

Zerlegung eines Systems in Teilsysteme

Die letzte Frage ist mit nein zu beantworten. Daß nämlich die Zerlegung der *Energie* eines Systems in variablenfremde Anteile zwar hinreichend, aber nicht notwendig ist für die Zerlegung des Systems in unabhängige Teilsysteme, zeigt das Beispiel des **Festkörpers.** [Ein anderes, mathematisch komplizierteres Beispiel bildet ein elektrisch geladener Körper im Magnetfeld (MRG, §21).]

Wir wählen zur Charakterisierung der Zustände eines (nicht-verscherten) Festkörpers konstanter Menge ($N=\text{const.}$) als unabhängige Variablen S und V. Die Gibbssche Fundamentalform des Festkörpers lautet dann

$$dE = T\,dS - p\,dV. \tag{10.5}$$

Diese Gleichung verlangt, daß zwischen T und p die Relation besteht

$$\frac{\partial T(S,V)}{\partial V} = -\frac{\partial p(S,V)}{\partial S}. \tag{10.6}$$

Aus dem Vergleich von (10.5) mit

$$dE = \frac{\partial E(S,V)}{\partial S}\,dS + \frac{\partial E(S,V)}{\partial V}\,dV = T\,dS - p\,dV$$

folgt nämlich

$$\frac{\partial}{\partial V}\,T = \frac{\partial}{\partial V}\left(\frac{\partial E(S,V)}{\partial S}\right) = \frac{\partial^2 E(S,V)}{\partial V\,\partial S},$$

$$\frac{\partial}{\partial S}(-p) = \frac{\partial}{\partial S}\left(\frac{\partial E(S,V)}{\partial V}\right) = \frac{\partial^2 E(S,V)}{\partial S\,\partial V}.$$

Da die Reihenfolge partieller Differentiationen vertauschbar ist und daher die rechten Seiten der letzten beiden Gleichungen gleich sind, sind auch deren linke Seiten gleich. Damit ist (10.6) bewiesen.

Im Gegensatz zu (10.3) ist aber (10.6) beim Festkörper nicht Null. Bei festgehaltenem Volumen V ändert sich der Druck p eines Festkörpers nämlich sehr stark mit der Entropie S, wie es beispielsweise bei Erwärmen beobachtet werden kann. (10.6) ist somit nicht Null, und damit kann auch die Energie eines Festkörpers als Gibbs-Funktion, also $E(S,V)$, nicht in Anteile zerlegt werden, von denen der eine allein von S und der andere allein von V abhängt.

Dennoch ist das System Festkörper in guter Näherung zerlegbar. Das deutet sich schon an in der Erfahrung, daß die Variable V eines Festkörpers nur unwesentlich geändert werden kann. Diese Erfahrung führt dazu, die Teilchendichte N/V oder die Massendichte mN/V (worin m die Masse pro Teilchenzahl bedeutet) als ein Charakteristikum des Festkörpers zu betrachten. Im Gegensatz zu V sind aber sowohl S als auch der Druck p über weite Wertebereiche hin variierbar. Es ist deshalb sinnvoll, statt S und V als unabhängige Variablen S und p zu wählen. Hiermit erhebt sich aber ein neues Problem, denn diese Variablen sind nicht beide extensiv; zwar ist S extensiv, aber p ist intensiv. Welche Konsequenzen hat das? Eine wichtige Konsequenz ist, daß die Energie E als Funktion von S und p, also $E=E(S,p)$, *nicht* Gibbs-Funktion des Systems ist. Mathematisch ist das aus (10.5) zu erkennen. Darin kann man nämlich statt S und V die Variablen S und p als *unabhängige* Variablen einführen, wenn man die Identität $d(pV)=p\,dV+V\,dp$ zu (10.5) hinzuaddiert. Es folgt dann

$$d(E+pV)=T\,dS+V\,dp. \tag{10.7}$$

Auf der rechten Seite erscheinen nun S und p als unabhängige Variablen in den Differentialen dS und dp. Die auf der linken Seite auftretende Größe

$$H=E+pV \tag{10.8}$$

heißt die **Enthalpie** des Systems. Diese Größe tritt an die Stelle der Energie, wenn es darum geht, das System durch eine Funktion der unabhängigen Variablen S und p zu charakterisieren. So wie aus (9.5) folgt, daß die Energie E des Systems als Funktion (9.6) der extensiven Variablen Gibbs-Funktion des Systems ist, so folgt aus (10.7), daß bei Wahl der Größen S und p als unabhängige Variablen die Enthalpie

$$H=H(S,p) \tag{10.9}$$

Gibbs-Funktion des Systems ist. Aus

$$dH=\frac{\partial H(S,p)}{\partial S}\,dS+\frac{\partial H(S,p)}{\partial p}\,dp \tag{10.10}$$

folgen durch Vergleich mit (10.7) die Beziehungen

$$T=\frac{\partial H(S,p)}{\partial S}, \qquad V=\frac{\partial H(S,p)}{\partial p}. \tag{10.11}$$

Diese Gleichungen sind nur ein Beispiel dafür, daß die Kenntnis der Funktion (10.9) ebenso eine volle Information über das System ist wie die Kenntnis der Funktion $E=E(S,V)$. Differenziert man die erste der Gln. (10.11) nach p und die zweite nach S, so erhält man, da dann rechtsseitig derselbe Ausdruck entsteht, die Relation

$$\frac{\partial T(S,p)}{\partial p}=\frac{\partial V(S,p)}{\partial S}. \tag{10.12}$$

Nun ist die Änderung des Volumens V eines Festkörpers bei Änderung der Entropie S und festem Wert des Drucks sehr klein. (10.12) ist also in der Näherung Null, in der die thermische Ausdehnung des Festkörpers vernachlässigt werden kann (Abb. 10.1). Ist aber (10.12) Null, so folgt aus ihr

$$T=T(S), \qquad V=V(p). \tag{10.13}$$

In (10.7) eingesetzt liefert das

$$dH=T(S)\,dS+V(p)\,dp=dH_1(S)+dH_2(p). \tag{10.14}$$

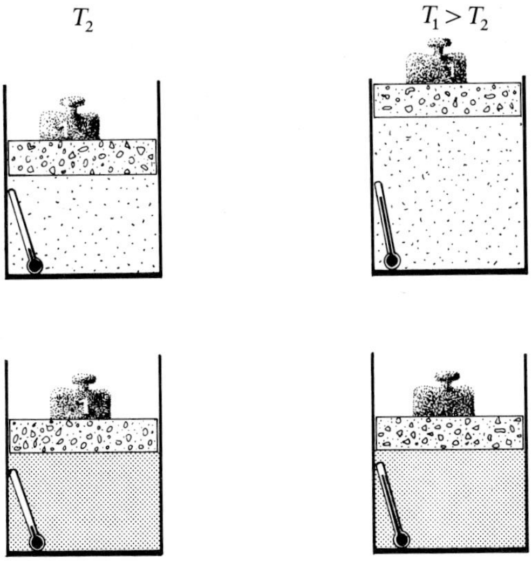

Abb. 10.1

Demonstration der unterschiedlichen Abhängigkeit des Volumens V von den Variablen T und S bei Gasen einerseits und Flüssigkeiten und Festkörpern andererseits. Die linken Bilder zeigen eine bestimmte Menge Gas (oben), Flüssigkeit oder Festkörper (unten) beim Druck p und der Temperatur T_2. Durch Zufuhr von Wärme, also durch $dS>0$ werde die Temperatur beider Systeme auf $T_1>T_2$ gebracht, und zwar bei konstantem Druck (isobarer Prozeß). Der Endzustand ist in den rechten Bildern dargestellt. Das (in allen Fällen gleiche) Gewicht auf dem Kolben verdeutliche die Bedingung $p=\text{const}$. Im Falle des Gases ist die Änderung von T und S bei $p=\text{const}$. mit einer Änderung des Volumens verbunden, also mit einem Austausch von Kompressionsenergie $-p\,dV$. Für Flüssigkeit und Festkörper ist jedoch $dV\approx 0$ und damit auch $-p\,dV\approx 0$. Bei Flüssigkeit und Festkörper ändert sich in (10.16) bei der Wärmezufuhr nur der thermische Anteil $H_1(S)$ der Gibbs-Funktion, während sich das Gas nicht in einen „thermischen" und einen „mechanischen" Anteil zerlegen läßt.

Auf den ersten Blick scheint das gezeichnete Flüssigkeitsthermometer die Demonstration dieses Bildes Lügen zu strafen. Tatsächlich bestätigt es sie aber, denn im Flüssigkeitsthermometer wird ein kleines dV eines großen Flüssigkeitsvolumens mit Hilfe einer Kapillare sichtbar gemacht.

Im letzten Schritt haben wir Ausdrücke $T(S)\,dS$ und $V(p)\,dp$ integriert, also geschrieben

(10.15)
$$T(S)\,dS=dH_1(S), \qquad V(p)\,dp=dH_2(p).$$

Wir haben damit das Resultat: In der Näherung, in der die thermische Ausdehnung eines Festkörpers vernachlässigt werden kann, ist seine Gibbs-Funktion $H=H(S,p)$ zerlegbar in zwei Anteile

(10.16)
$$H(S,p)=H_1(S)+H_2(p).$$

In dieser Näherung ist der Festkörper also zerlegbar in zwei unabhängige Teilsysteme, deren Gibbs-Funktionen $H_1(S)$ und $H_2(p)$ sind. Das durch $H_1(S)$ beschriebene Teilsystem ist ein rein thermisches System, denn es besitzt als unabhängige Variable nur die eine Variable S. Entsprechend kann es Energie nur in der Form von Wärme $T\,dS$ austauschen. Das durch $H_2(p)$ beschriebene Teilsystem ist, da es nur von der Variable p abhängt, rein mechanisch. In dieser Näherung läßt sich der Festkörper also als Kombination eines thermischen und eines mechanischen Systems auffassen, die voneinander

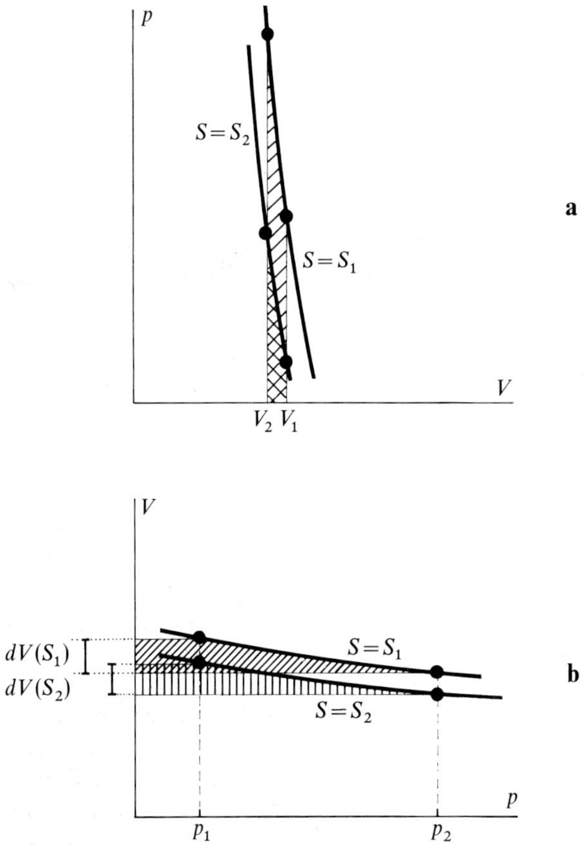

Abb. 10.2

(a) Darstellung des Drucks $p=p(S,V)$ eines Festkörpers oder einer Flüssigkeit als Funktion der Entropie S und des Volumens V. Wegen der starken Veränderung des Drucks p mit V und der dadurch bedingten geringen Veränderlichkeit von V ist die Kompressionsenergie selbst bei großen Druckänderungen sehr klein (Inhalt der schraffierten Flächen).

(b) Wegen der geringen Veränderlichkeit des Volumens V eines Festkörpers ist es zweckmäßiger, statt S und V die Größen S und p als unabhängige Variablen zu wählen, also Abb. 10.2a in der Gestalt $V=V(S,p)$ darzustellen. In der Näherung (10.13), in der V allein von p abhängt, die thermische Ausdehnung des Festkörpers also vernachlässigt wird, sind die Isentropen $S=S_1$ und $S=S_2$ als zusammenfallende Kurven zu zeichnen. Die dem Festkörper bei einer Zunahme des Drucks vom Wert p_1 auf den Wert p_2 zugeführte Kompressionsenergie hängt dann nicht vom Wert von S ab.

Aber auch wenn der thermischen Ausdehnung Rechnung getragen wird, die Isentropen $S=S_1$ und $S=S_2$ also nicht zusammenfallen, ist, wie aus der Abbildung zu ersehen, die mit einer Änderung des Drucks vom Wert p_1 auf den Wert p_2 dem Festkörper zugeführte Kompressionsenergie $-\int_{p_1}^{p_2} p\,dV$ praktisch unabhängig vom Wert von S. Entscheidend ist hierbei, daß der *Druck* als unabhängige Variable gewählt wird, daß also Anfangs- und End*druck* vorgegeben sind und nicht Anfangs- und Endvolumen. Bei der Vorgabe von Anfangs- und End*volumen* ist die Kompressionsenergie zwar auch klein, aber, wie Teilbild a zeigt, durchaus von S abhängig.

unabhängig sind (Abb. 10.2). Als Wärme zugeführte Energie kann dann auch nur als Wärme entzogen werden und ebenso als Kompressionsenergie zugeführte Energie auch nur wieder als Kompressionsenergie. Diese Näherung ist vor allem bei tiefen Temperaturen sehr gut, denn mit $T \to 0$ geht auch die thermische Ausdehnung eines Festkörpers gegen Null (§28).

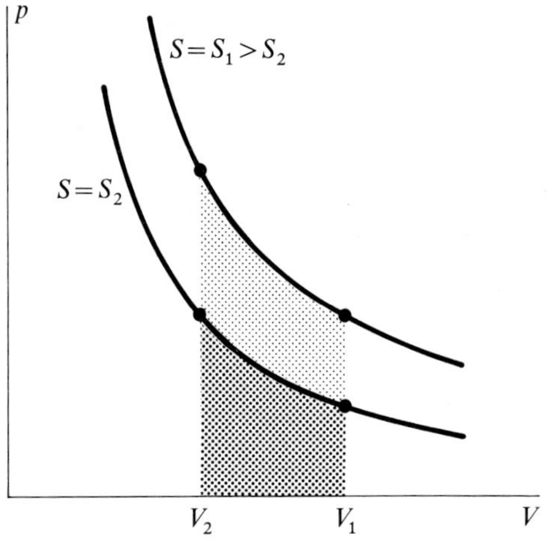

Abb. 10.3

Darstellung des Drucks $p = p(S, V)$ eines Gases als Funktion der Entropie S und des Volumens V. Die bei einer isentropen ($S = \text{const.}$) Kompression $V_1 \to V_2$ vom Gas aufgenommene Kompressionsenergie $-\int_{V_1}^{V_2} p(S, V')\,dV'$ hängt stark ab vom Wert von S. Die zu $S = S_2$ gehörige Kompressionsenergie (= Inhalt der stark gerasterten Fläche) ist wesentlich kleiner als die zum größeren Wert $S = S_1$ gehörige Kompressionsenergie (= Inhalt der stark und schwach gerasterten Flächen zusammengenommen).

Unsere Betrachtungen zeigen verallgemeinernd, daß *ein System dann in unabhängige Teilsysteme zerlegbar ist, wenn es eine Gibbs-Funktion gibt, die sich in variablenfremde Anteile zerlegen läßt.* Diese Gibbs-Funktion kann die Energie sein, muß es aber nicht. Ist keine seiner Gibbs-Funktionen zerlegbar, hat man es mit einem **unzerlegbaren System** zu tun. Diese Systeme sind für die Thermodynamik besonders interessant. Ein einfaches Beispiel eines unzerlegbaren Systems bildet ein Gas (Abb. 10.3). Bei ihm ist weder $E(S, V)$ noch $H(S, p)$ noch irgendeine andere Gibbs-Funktion zerlegbar. Das ist der Grund, warum Gase so viel besser zum Einüben der Thermodynamik und zum Verständnis ihrer Begriffe geeignet sind als Festkörper. Aus diesem Grund sind auch Vorgänge in Gasen, wie Strömungen, rein mechanisch *nicht* zu verstehen, während Strömungen in Flüssigkeiten in der hier für den Festkörper vorgeführten Näherung als rein mechanisches Problem aufgefaßt werden können. Deshalb gibt es eine Strömungsmechanik der Flüssigkeiten, aber keine Strömungsmechanik der Gase.

Die innere Energie als Energieanteil

Die meist verwendete Zerlegung eines Systems steht im Zusammenhang mit der inneren Energie des Systems. Wenn wir von der *inneren Energie* oder *Ruhenergie* — wir brauchen beide Wörter gleichbedeutend — eines Systems sprechen, so meinen wir die Energie des Systems in Zuständen, in denen der Impuls den Wert $\boldsymbol{P} = 0$ hat, das System also ruht. Es erhebt sich nun die Frage, ob und wann die innere Energie eines Systems als Anteil der Energie des Systems geschrieben werden kann, oder anders ausgedrückt, wann das System zerlegbar ist in zwei Teilsysteme, von denen das eine das „Innere" und das andere die Bewegungseigenschaften des betrachteten Systems beschreibt. Eine derartige Zerlegung ist immer möglich in der Newtonschen Näherung, wenn also die Geschwindigkeit des Systems klein ist gegen die Lichtgeschwindigkeit c.

Beschränkt man sich auf Zustände eines Systems, in denen die Werte des Impulses $\boldsymbol{P}$ und der Energie E des Systems die Bedingung $c|\boldsymbol{P}| \ll E$ erfüllen, so ist die Gibbs-Funktion (9.6) in guter Näherung zerlegbar gemäß

$$(10.17) \qquad E(\boldsymbol{P}, \boldsymbol{r}, \boldsymbol{L}, S, V, A, N_1, \ldots, N_m) = E_1(\boldsymbol{P}, \boldsymbol{r}) + E_0(\boldsymbol{L}, S, V, A, N_1, \ldots, N_m).$$

Ein zwar nicht allgemeiner, aber dafür sehr sinnfälliger und für viele Belange ausreichender Beweis für die Richtigkeit dieser Behauptung wird durch die bloße Existenz der Newtonschen Mechanik geliefert. Ihre erfolgreiche Beschreibung der Bewegung so komplizierter Gebilde wie der Planeten allein unter Benutzung der Variablen $\boldsymbol{P}$ und $\boldsymbol{r}$, also allein mit den Energieformen Bewegungs- und Verschiebungsenergie zeigt, daß die Werte der übrigen Variablen, die die Planeten haben, unter denen sicher $\boldsymbol{L}, S, \ldots$ vorkommen, den Austausch von Bewegungs- und Verschiebungsenergie nicht spürbar beeinflussen. Geschwindigkeit $\boldsymbol{v}$ und Kraft $\boldsymbol{F}$ hängen deshalb nur von $\boldsymbol{P}$ und $\boldsymbol{r}$ ab, nicht dagegen von den übrigen unabhängigen Variablen. Das System zerfällt also in das durch $E_1(\boldsymbol{P}, \boldsymbol{r})$ beschriebene Teilsystem „Punktartiger Körper + Feld" und das durch $E_0(\boldsymbol{L}, S, V, \ldots, N_m)$ beschriebene Teilsystem „Inneres des Systems". Im ersten Teilsystem sind jene Eigenschaften des realen Gebildes erfaßt, die die Bewegung, also die Änderungen der Variablen Impuls $\boldsymbol{P}$ und Lage $\boldsymbol{r}$ betreffen und die aufgefaßt werden können als Bewegung eines geometrischen Punktes, der mit einer Masse ausgestattet ist, also eines Massenpunktes. Im zweiten Teilsystem sind jene Eigenschaften des Körpers und des Feldes erfaßt, die nichts mit der Bewegung zu tun haben. Sie tragen dem Rechnung, daß ein realer Körper mehr ist als ein Massenpunkt, daß er noch eine Menge innerer Eigenschaften besitzt, Eigenschaften, die nichts mit der Bewegung zu tun haben und die sich daher auch vollständig am ruhenden Körper studieren lassen.

Nun ist nach (10.17) für $\boldsymbol{P}=0$ und damit $\boldsymbol{r}=\text{const.}$ der Energieanteil E_0 bis auf die Konstante $E_1(\boldsymbol{P}=0, \boldsymbol{r}=\text{const.})$ identisch mit $E(\boldsymbol{P}=0)$. Der Anteil $E_0(\boldsymbol{L}, S, \ldots, N_m)$ ist also, von einer Konstante abgesehen, identisch mit der inneren Energie des Systems.

Lassen wir das Feld und damit die Abhängigkeit der Energie E von $\boldsymbol{r}$ beiseite, betrachten wir also ein System unter der Bedingung, daß der Energieaustausch bei räumlichen Verschiebungen des ganzen Systems vernachlässigbar ist gegenüber dem Austausch der anderen Energieformen, so lautet (10.17)

$$\begin{aligned}(10.18)\qquad E(\boldsymbol{P}, \boldsymbol{L}, S, V, A, N_1, \ldots, N_m) &= \frac{P^2}{2M} + E_0(\boldsymbol{L}, S, V, A, N_1, \ldots, N_m)\\ &= E_{\text{kin}}(\boldsymbol{P}) + E_0(\boldsymbol{L}, S, V, A, N_1, \ldots, N_m).\end{aligned}$$

Das ganze System läßt sich somit auffassen als zusammengesetzt aus den Teilsystemen „Punktartiger Körper" und „Inneres des Systems".

Setzt man in (10.18) $\boldsymbol{P}=0$, so bleibt als Gibbs-Funktion allein die innere Energie des Systems E_0 übrig. Ist das System ein einheitliches Gas, das nicht rotiert ($\boldsymbol{L}=0$), so bleibt als Gibbs-Funktion übrig $E_0(S, V, N_1, \ldots, N_m)$. Die Abhängigkeit von der Variable A, dem Flächeninhalt der Oberfläche, verschwindet, weil bei einem Gas die Oberflächenenergie Null ist. Die Energie E eines Gases, das den Impuls $\boldsymbol{P}=0$ hat und nicht mit einem Feld, etwa dem Gravitationsfeld wechselwirkt, ist identisch mit seiner inneren Energie. Man spricht statt von der Energie eines Gases deshalb üblicherweise von seiner inneren Energie.

Die Unzerlegbarkeit eines Systems in relativistischen Zuständen

Die Zerlegung (10.18) der Energie eines Systems in einen „äußeren" oder kinetischen Anteil und einen „inneren" Anteil, also die Abspaltung der inneren Energie als Anteil der Energie des Systems, ist eine Approximation, die nur zutrifft, wenn die Bedingung $c|\boldsymbol{P}| \ll E$ erfüllt ist, die gleichbedeutend ist mit $|\boldsymbol{v}| \ll c$. Nach Aussage der Einsteinschen Mechanik (MRG, § 5) hat die Energie E eines Systems als Funktion von $\boldsymbol{P}$ allgemein nicht die Gestalt (10.18), sondern die Gestalt

$$E=\sqrt{c^2 P^2+E_0^2}.$$

Die innere Energie oder Ruhenergie E_0 ist die Energie in Zuständen mit $\boldsymbol{P}=0$. Für $c^2 P^2 \ll E_0^2$ geht diese Gleichung über in

$$E=E_0 \sqrt{1+\frac{c^2 P^2}{E_0^2}} \approx E_0\left(1+\frac{1}{2} \frac{c^2 P^2}{E_0^2}\right)=\frac{P^2}{2 E_0/c^2}+E_0, \tag{10.19}$$

also in einen Ausdruck der Gestalt (10.18). Die Gl. (10.19) unterscheidet sich jedoch von (10.18) darin, daß (10.19) keine Zerlegung der Energie darstellt, denn da E_0 von $\boldsymbol{L}, S, N_1, \ldots$ abhängt, ist auch das Glied $P^2/(2E_0/c^2)$ nicht eine Funktion allein von $\boldsymbol{P}$, wie es (10.18) verlangt. Dieser Einwand trifft indessen nicht zu, wenn der Wert von E_0 sehr groß ist im Vergleich zu den durch die Änderungen der Variablen $\boldsymbol{L}, S, N_1, \ldots$ verursachten Änderungen von E_0. In diesem Fall kann E_0 überall, wo es als multiplikativer Faktor auftritt, wie in $P^2/(2E_0/c^2)$, als Konstante behandelt werden. Das steckt aber genau in der Voraussetzung, unter der (10.19) gilt. Für die Energiedifferenzen folgt nämlich aus (10.19)

$$dE=\frac{c^2 \boldsymbol{P}}{E_0} d\boldsymbol{P}-\frac{1}{2} \frac{c^2 P^2}{E_0^2} dE_0+dE_0=\frac{c^2 \boldsymbol{P}}{E_0} d\boldsymbol{P}+dE_0. \tag{10.20}$$

Im letzten Schritt haben wir dabei die Voraussetzung $c^2 P^2/E_0^2 \ll 1$ benutzt. Gl. (10.20) zeigt, daß E_0 in dem mit P^2 behafteten Glied in (10.19) als Konstante behandelt werden darf. Somit ist (10.19) mit (10.18) identisch.

Bei Impulsen, für die $c|\boldsymbol{P}|$ mit E_0 vergleichbar oder gar größer ist, also bei Geschwindigkeiten $\boldsymbol{v}$, deren Betrag der Lichtgeschwindigkeit c nahekommt, lautet die Gibbs-Funktion eines Systems

$$E(\boldsymbol{P}, S, N_1, \ldots N_m)=\sqrt{c^2 P^2+E_0^2(S, N_1, \ldots, N_m)}. \tag{10.21}$$

Wir haben hier die Variablen $\boldsymbol{L}$, V and A weggelassen. Der Grund liegt darin, daß sie relativistisch Komplikationen mit sich bringen. Alle drei haben nämlich mit dem 3-dimensionalen Raum zu tun, und deshalb werden sie von Lorentz-Transformationen, also vom Wechsel des Bezugssystems betroffen; $\boldsymbol{L}$ wegen seines Vektorcharakters, V und A, weil räumlich-geometrische Größen nicht invariant sind gegen Lorentz-Transformationen (MGR, §39). Da E_0 eine Lorentz-Invariante ist, haben wir als Variablen, von denen E_0 abhängt, nur diejenigen stehenlassen, die invariant sind gegen Lorentz-Transformationen. Das sind die Entropie S und die Teilchenzahlen $N_1, \ldots, N_m$.

„Mit Gewalt" läßt sich zwar auch noch mit (10.21) eine kinetische Energie definieren, nämlich

$$E_{\mathrm{kin}}=E-E_0, \tag{10.22}$$

aber sie hat nicht die entscheidende Eigenschaft, allein von der Variable $\boldsymbol{P}$ abzuhängen, nicht dagegen von den anderen in E_0 auftretenden Variablen. Diese Eigenschaft hat sie eben nur in der Newtonschen Näherung (10.18). Gleichbedeutend damit ist, daß die Geschwindigkeit $\boldsymbol{v}$ nun nicht mehr nur von $\boldsymbol{P}$ abhängt, sondern auch von den anderen Variablen $S, N_1, \ldots, N_m$, denn diese kommen in E_0 vor.

Als noch überraschender aber empfindet man, daß dann auch die Temperatur T nicht nur von S, sondern auch von $\boldsymbol{P}$ und damit vom Bewegungszustand des Systems abhängt. Nach (9.11) ist nämlich

$$T=\frac{\partial E}{\partial S}=\frac{E_0}{\sqrt{c^2 P^2+E_0^2}} \frac{\partial E_0}{\partial S}=\frac{1}{\sqrt{1-\frac{v^2}{c^2}}} \frac{\partial E_0}{\partial S}. \tag{10.23}$$

Im letzten Gleichungsschritt haben wir den Impuls $\boldsymbol{P}$ durch die Geschwindigkeit $\boldsymbol{v}$ ausgedrückt, die aus (10.21) gemäß $\boldsymbol{v}=\partial E/\partial \boldsymbol{P}$ ausgerechnet wird. Beachtet man noch, daß $\partial E_0/\partial S=(\partial E/\partial S)_{\boldsymbol{P}=0}$, so lautet (10.23)

$$T(\boldsymbol{P}, S, \ldots)=\frac{1}{\sqrt{1-\frac{v^2}{c^2}}}\, T(\boldsymbol{P}=0, S, \ldots). \tag{10.24}$$

Diese Gleichung beschreibt, wie die Temperatur mit der Geschwindigkeit zunimmt, wenn die inneren Variablen des Systems, insbesondere die Entropie S, dabei konstant bleiben. Wie wir schon sagten, ist S eine Lorentz-Invariante, so daß S konstant bleibt bei Änderungen des Bewegungszustandes, die Wechsel des Bezugssystems äquivalent sind. Daß die Temperatur geschwindigkeitsabhängig ist, ist gleichbedeutend damit, daß die innere Energie keinen Anteil der Energie des Systems mehr bildet, die Energie also nicht in die Anteile „kinetische Energie“ und „innere Energie“ zerlegt werden kann. Allgemein läßt sich relativistisch ein System nicht in die Teilsysteme „Punktartiger Körper“ und „Inneres des Systems“ zerlegen. Ein Beispiel für die relativistische Unzerlegbarkeit von Systemen bildet die Diracsche Theorie des Elektrons, in der Impuls- und Spin-Variablen des Elektrons nicht als getrennt und zu verschiedenen Teilsystemen gehörig erscheinen. All das ist jedoch unter gewohnten nicht-relativistischen Bedingungen nicht spürbar; die Energie ist dann gemäß (10.18) zerlegbar, die innere Energie also ein Energieanteil und die Temperatur eine Bewegungsinvariante.

§ 11 Zustand und Prozeß

Was ist ein Zustand?

Gibt man jeder der unabhängigen extensiven Variablen $\boldsymbol{P}, \boldsymbol{r}, \boldsymbol{L}, S, V, A, N_1, \ldots, N_m$ einen bestimmten Wert, so hat auch jede Funktion dieser Variablen einen bestimmten Wert. Da aber nicht nur, wie (9.6) zeigt, die Energie E eine Funktion dieser Variablen ist, sondern auch die Ableitungen von E in (9.11) und (9.12), also die intensiven Größen, so haben, wenn die extensiven je einen festen Wert haben, auch E und jede intensive Größe einen festen Wert. Ja, es hat unter diesen Umständen überhaupt *jede* Größe des Systems einen festen Wert. Gäbe es nämlich eine Größe, die bei festen Werten der unabhängigen extensiven Variablen noch veränderlich wäre, so wäre sie ja unabhängig von den angeführten extensiven Variablen und gäbe damit Anlaß zu einer weiteren, nicht in (9.5) enthaltenen Energieform. Die Fundamentalform (9.5) wäre dann aber, entgegen unserer Voraussetzung, für das betrachtete System nicht vollständig.

Bei jedem System mit der Fundamentalform (9.5) liegt somit folgende Situation vor: Wird jeder der unabhängigen extensiven Variablen $\boldsymbol{P}, \boldsymbol{r}, \boldsymbol{L}, S, V, A, N_1, \ldots, N_m$ ein Wert gegeben, so hat jede Größe des Systems einen bestimmten Wert. Es gibt dann keine Variable mehr, die frei veränderlich wäre: Das System befindet sich in einem **Zustand.** Allgemein gilt die *Definition:*

In einem Zustand eines Systems hat jede Größe des Systems einen festen Wert.

Das ist keine Definition des Begriffs Zustand im Sinn einer Zurückführung auf andere bekannte Begriffe, sondern es ist eine Definition im Sinn einer Verknüpfung. Die Definition sagt nicht, was ein Zustand ist, indem sie diesen Begriff durch andere erklärt, sondern sie stellt fest, in welcher Beziehung der Begriff Zustand zu dem der physikalischen

Größe steht, nämlich in der, daß jede Größe in einem Zustand einen festen Wert hat. Würde man z.B. den Begriff des geometrischen Punktes analog festlegen, so lautete die entsprechende Definition: In einem Punkt hat jede Koordinate eines Koordinatensystems einen festen Wert. Auch diese Definition sagt nicht, was ein Punkt als „Gegenstand" ist, sondern wie er mit dem Begriff der Koordinate verknüpft ist, nämlich in derselben Weise wie der Begriff Zustand mit dem der physikalischen Größe. Die Physik sagt ebenso wenig, was ein Zustand „eigentlich" ist, wie die Mathematik sagt, was ein Punkt „eigentlich" ist. Beide sagen nur, wie ein Begriff mit anderen Begriffen zusammenhängt.

So wie jedes Stück des Raums als die Gesamtheit der in ihm enthaltenen Punkte betrachtet werden kann, läßt sich ein System als die Gesamtheit seiner Zustände ansehen. Da der Begriff des Zustands besonders fundamental ist, ist die allgemeinste Definition eines Systems die einer **Gesamtheit von Zuständen.** Die Zustände selbst werden dadurch charakterisiert, daß man die Werte angibt, die die physikalischen Größen, also die Variablen in ihnen haben. Geht man die Zustände eines Systems durch, so werden die Werte bestimmter Variablen dabei geändert. Das sind genau die Variablen des Systems. Sind die Änderungen ihrer Werte von Zustand zu Zustand so klein, daß die Variablen als stetig betrachtet werden können, lassen sich die Beschreibungsweisen anwenden, die wir hier verwendet haben, nämlich stetige Variablen und ihre Differentiale. Im Fall, daß die Variablenänderungen nicht mehr stetig sind, wie bei der Berücksichtigung von Quanteneffekten, muß zwar die mathematische Beschreibung, nicht aber, wie zu betonen ist, das hier entwickelte begriffliche Gerüst geändert werden. In diesem Buch betrachten wir nur stetige Veränderungen von Variablen.

Obwohl der Begriff des Zustands von der Thermodynamik geschaffen worden ist, hat er erst durch die Quantenmechanik allgemeine Verwendung erfahren. Die Entdeckung, daß im Atom nicht jede Wertekombination der physikalischen Größen verwirklicht ist, die das klassische Modell des Planetensystems im kleinen zuläßt, hat die Vorstellung des ausgezeichneten oder „erlaubten" Zustands bewirkt. In der Literatur und im physikalischen Sprachgebrauch wird für die Energiewerte dieser erlaubten Zustände auch das Wort „Energiezustand" benutzt. Vor diesem Wort ist ausdrücklich zu warnen, weil es falschen Vorstellungen vom Begriff „Zustand" Vorschub leistet. In einem Zustand hat zwar jede Größe und damit auch die Energie einen festen Wert, aber es ist nicht so, daß ein Zustand allgemein durch die Energie bestimmt wäre. Das Wort „Energiezustand" ist ebenso unsinnig, wie es das Wort „x-Koordinatenpunkt" wäre. Auch in einem Punkt hat jede Koordinate einen bestimmten Wert, aber niemand käme auf die Idee, Punkte nach einer der Koordinaten zu benennen. Richtig in diesem Zusammenhang ist es, die Ausdrücke Energie*niveau*, Energie*term* oder Energie*wert* zu verwenden, und richtig ist es auch, nach den Zuständen eines Systems zu fragen, in denen die Energie einen bestimmten, vorgeschriebenen Wert hat. Dabei kann es passieren, daß es „verbotene" Energiewerte gibt, nämlich Werte, die die Energie des Systems in keinem seiner Zustände annehmen kann. Drückt man diesen Sachverhalt positiv aus, heißt das, daß die Energie in den Zuständen des Systems nur bestimmte, diskret ausgewählte Werte annimmt. Man spricht dann von der **Quantisierung** der Energie. Alle diese Möglichkeiten sind in der obigen Definition des Zustands enthalten.

Ebenso ist es möglich, daß mehrere Zustände den gleichen Energiewert haben; denn verschiedene Zustände müssen sich ja nicht in den Werten *aller* Variablen des Systems unterscheiden. Man bezeichnet die Zustände eines Systems, die denselben Energiewert haben, als **entartete Zustände,** genauer als energie-entartet. Ein ganz einfaches Beispiel dafür sind im System des sich kräftefrei bewegenden Körpers alle

Zustände, die den gleichen Wert des Impulsbetrags $|\boldsymbol{P}|$ haben, sich aber in der Richtung des Impulses $\boldsymbol{P}$ unterscheiden; denn die Energie dieses Systems hängt ja von $P^2 = |\boldsymbol{P}|^2$ ab.

Prozesse als Übergänge zwischen Zuständen

Nach der Definition des Zustands ist jeder physikalische *Vorgang* eine *Zustandsänderung* oder ein **Übergang** von einem Zustand in einen anderen. Ein Vorgang besteht nämlich darin, daß irgendwelche Veränderungen stattfinden, also irgendwelche physikalische Größen ihren Wert ändern. Die Physik beschreibt daher Vorgänge allgemein als Übergänge zwischen Zuständen. Will man ausdrücken, daß ein Vorgang *stetig* verläuft, so spricht man von einem **Prozeß.** Bei einem Prozeß handelt es sich also um eine Folge infinitesimaler Übergänge oder, weil jeder Übergang einen Anfangs- und einen Endzustand hat, um eine **Folge von Zuständen.** In diesem Buch betrachten wir nur stetige Zustandsänderungen, weswegen wir die Wörter „Prozeß" und „Übergang" ohne Unterschied nebeneinander her gebrauchen.

Läuft ein Prozeß in der Zeit ab, etwa die chemische Verbrennung von gasförmigem Wasserstoff und Sauerstoff zu Wasserdampf, so befindet sich das System in jedem Zeitmoment in einem Zustand; denn jede Größe des Systems hat in jedem Zeitmoment t einen bestimmten Wert. So haben die Teilchenzahlen N_{H_2}, N_{O_2}, N_{H_2O}, die die Mengen des vorhandenen Wasserstoffs, Sauerstoffs und Wasserdampfs angeben, wie auch das Volumen V, der Druck p, die Entropie S, die Temperatur T, die Energie E und was das System sonst an Größen besitzt, in jedem Augenblick einen bestimmten Wert. Der Prozeß besteht darin, daß das System eine Folge von Zuständen durchläuft.

Ein Beispiel, in dem die Begriffe Zustand und Prozeß in schwer durchschaubarer Weise vermengt werden, ist der des **„stationären Zustands".** Diese Wortverknüpfung stammt aus einem mehr gefühlsmäßigen als logisch präzisen Gebrauch des Wortes Zustand. Gemeint ist damit nicht ein Zustand im Sinn der Thermodynamik (oder Quantenmechanik), sondern ein *Prozeß*, nämlich eine Zustandsfolge, bei der bestimmte Größen des Systems, vorzugsweise seine Energie, ihren Wert nicht ändern, also sich „stationär" verhalten. Im Gegensatz zu den dynamischen Größen, die in einem Zustand eines Systems stets einen bestimmten Wert haben, steht der Begriff der Zeit mit dem des Zustandes in der Beziehung, daß ein physikalisches System sich zwar zu jedem Zeitpunkt t in einem Zustand befindet, daß aber nicht umgekehrt in einem Zustand die Größe Zeit einen bestimmten Wert hat. Die Zeit gehört deshalb nicht zu den **dynamischen Größen,** nämlich den Größen, die als unabhängige Variablen in den Gibbs-Funktionen vorkommen können. Die zeitliche Entwicklung äußert sich darin, daß das System eine Folge von Zuständen durchläuft, also einen Prozeß macht.

Nach der Auffassung der Zeit als einer kontinuierlichen Variable t ist die Folge von Zuständen in t stets kontinuierlich. Dagegen braucht sie nicht kontinuierlich zu sein in den dynamischen Variablen des Systems wie Energie und Drehimpuls. In t zeigt das System dann sprunghafte Änderungen der Werte seiner dynamischen Variablen, wie wir es von den „Quantensprüngen der Atome" her kennen. Wir erwähnen das hier nur, um dem Eindruck vorzubeugen, unsere Betrachtungen würden durch Quanteneffekte wesentlich modifiziert. Das Grundsätzliche der Begriffsbildung wird bereits auch dann erfaßt, wenn man sich auf Prozesse beschränkt, also auf Zustandsfolgen, die nicht nur in t, sondern auch in den dynamischen Variablen stetig sind. Denkt man sich die Zustände eines Systems wieder durch die Punkte eines Raumes dargestellt, so wird jeder zeitliche Ablauf, jeder Vorgang, durch eine Kurve repräsentiert. Jede derartige Kurve wird aber nicht allein durch das System bestimmt sowie durch den Anfangszustand des

Systems bei $t=0$, sondern erst zusammen mit den *äußeren Bedingungen, denen das System unterliegt*, also durch die Wechselwirkungen, die das System mit anderen Systemen in jedem Moment t hat. Normalerweise, vor allem in der Mechanik, lauten die äußeren Bedingungen so, daß das System keine Energie mit anderen Systemen austauschen soll, sondern „sich selbst überlassen" bleibt. Aber das ist nur *eine* mögliche Bedingung unter beliebigen anderen. Artet die den zeitlichen Ablauf darstellende Kurve zu einem Punkt aus, so hat man das, was mit dem „stationären Zustand" gemeint ist: eine kontinuierliche Zustandsfolge, deren Glieder alle identisch sind, also aus demselben Zustand bestehen. Aber auch diese triviale Folge ist nicht allein durch das System bestimmt und seinen Anfangszustand, sondern außerdem durch die Bedingungen, denen das System in jedem Moment unterworfen ist.

Als Beobachter registrieren wir nur Vorgänge, also Übergänge zwischen Zuständen. *Der Zustand selbst ist der direkten Beobachtung oder Messung nicht zugänglich.* Die fundamentalen Mittel, mit denen wir die Natur erfassen, wie Zustand und Variable, sind begriffliche Konstruktionen, die kein unmittelbares Pendant in der Beobachtung haben. Beobachten lassen sich lediglich die *Beziehungen* zwischen den fundamentalen Begriffen, und daher sagen Beobachtungen nicht, ob unsere Begriffe „richtig" sind, sondern nur, ob die durch sie beschriebenen Zusammenhänge zutreffen.

Prozesse als Änderungen dynamischer Größen

Wir haben mehrfach mit einem gewissen Nachdruck bemerkt, daß die Thermodynamik sich nur mit *dynamischen Größen* beschäftigt. Das Wort „dynamisch" bezeichnet im allgemeinen Sprachgebrauch und dem mancher Wissenschaften den Gegensatz zu „statisch". Man assoziiert mit ihm die Vorstellung von Kräften (griech. dýnamis = Kraft), die im Zusammenhang mit dem zeitlichen Ablauf von Bewegungen auftreten. Damit hat das Wort dynamisch, wie wir es hier verwenden und wie es in dem Wort Thermodynamik enthalten ist, nichts zu tun. Die Thermodynamik ist nämlich die Lehre von physikalischen Prozessen, wobei der Zeitablauf der Prozesse überhaupt nicht betrachtet wird. Man hat deswegen gelegentlich die Thermodynamik in „Thermostatik" umbenennen wollen und das Wort Thermodynamik auf diejenige Erweiterung der Thermodynamik, die sich eben mit dem zeitlichen Ablauf von Prozessen beschäftigt, nämlich die Thermodynamik irreversibler Prozesse beschränken wollen. Diese Umbenennung trifft jedoch nicht den Kern der Sache, daß nämlich die Thermodynamik sich nur mit einer bestimmten Sorte physikalischer Größen abgibt, nämlich den „dynamischen", und daß die Auszeichnung der dynamischen Größen nichts mit irgendeiner Zeitabhängigkeit zu tun hat.

Um zu verstehen, was man in der Thermodynamik unter einem Prozeß, nämlich der **Änderung der dynamischen Variablen eines Systems** versteht und wie diese Änderungen gekoppelt sind, betrachten wir ein ganz unscheinbares Beispiel. Im vorletzten Abschnitt haben wir gesehen, daß das System „Körper" sich zerlegen läßt in die Teilsysteme „Punktartiger Körper" und „Inneres des Körpers". Jedes dieser Teilsysteme ist wieder ein selbständiges physikalisches System. Wir greifen das System „Punktartiger Körper" oder, wie es herkömmlich genannt wird, den „kräftefreien Massenpunkt" heraus. Die Gibbs-Funktion $E(\boldsymbol{P})$ dieses Systems hängt nur von der einen Variable $\boldsymbol{P}$ ab. Die Prozesse des Systems bestehen in der Änderung $d\boldsymbol{P}$ des Impulses $\boldsymbol{P}$. Wie man sich die Prozesse des Systems vorzustellen hat und mit welcher Anordnung sie auszuführen sind,

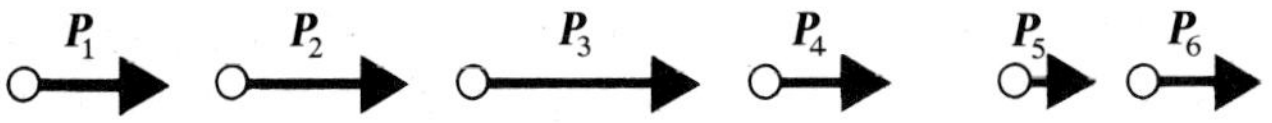

Abb. 11.1
Veranschaulichung des Prozesses $d\boldsymbol{P} \neq 0$ des Systems „Punktartiger Körper" durch einen sich kräftefrei ($\boldsymbol{F}=0$) bewegenden Körper. Gezeichnet sind zeitlich aufeinanderfolgende Zustände in der Reihenfolge 1 bis 6. Wichtig ist, daß der Körper sich nicht in einem Feld bewegt. Er ändert also seinen Impuls nicht durch Impulsaustausch mit einem Feld, sondern mit irgendwelchen Stoßpartnern, die aber nicht zum System gehören und daher hier ohne Interesse sind.

darüber sagt die Gibbs-Funktion nichts, wie überhaupt der Formalismus der Thermodynamik keinerlei Rücksicht nimmt auf experimentelle Realisierungen der Prozesse.

Den Prozeß $d\boldsymbol{P} \neq 0$ des Systems „Punktartiger Körper" kann man sich nun auf zweierlei Weise realisiert denken. Zunächst muß jede Realisierung des Systems durch einen Körper darin bestehen, den Austausch von Energie in jeder von der Bewegungsenergie $\boldsymbol{v}\, d\boldsymbol{P}$ verschiedenen Energieform zu unterdrücken. Die erwähnten *zwei* Realisierungsweisen beziehen sich auf zwei verschiedene Wege, die Verschiebungsenergie $-\boldsymbol{F}\, d\boldsymbol{r}$ Null zu halten. Beim ersten Weg wird $\boldsymbol{F}=0$, beim zweiten $d\boldsymbol{r}=0$, also $\boldsymbol{r}=$const. gehalten. Die erste Möglichkeit nimmt auf den „kräftefreien Massenpunkt" Bezug. Der Körper fliegt kräftefrei, d.h. nicht in einem Feld, dahin (Abb. 11.1). Daß man die Kräftefreiheit experimentell nur angenähert realisieren kann, tut hier nichts zu Sache. Auch wie der Körper es schafft, seinen Impuls zu ändern, ist gleichgültig. Er wechselwirkt dazu mit einem anderen System, er macht Stoßprozesse. Auf jeden Fall gehören aber seine Stoßpartner nicht zum hier untersuchten System. Man werfe auch nicht ein, das System ändere außer der Impulsvariable $\boldsymbol{P}$ auch noch die Ortsvariable $\boldsymbol{r}$, denn der Körper ändere ja fortwährend seinen Ort $\boldsymbol{r}$. In der Tat hat der *Körper* eine Ortsvariable $\boldsymbol{r}$, nicht aber das *System* „Punktartiger Körper". Daß das System keine Ortsvariable hat, sieht man daran, daß mit der Änderung $d\boldsymbol{r}$ der Lage des Körpers keine Energieaufnahme oder -abgabe des Systems verbunden ist. Nur wenn das System „Punktartiger Körper + Feld" hieße, könnte die Änderung $d\boldsymbol{r}$ mit einer Energieänderung des Systems verknüpft und damit $\boldsymbol{r}$ eine Variable des Systems sein.

Die zweite Möglichkeit der Realisierung ist die der Impulsänderung $d\boldsymbol{P}$ an einem festen Ort ($d\boldsymbol{r}=0$). Ob in diesem Falle am Ort des Körpers $\boldsymbol{F}=0$ ist oder nicht, ist gleichgültig. Während im ersten Fall $\boldsymbol{F}\, d\boldsymbol{r}=0$ war wegen $\boldsymbol{F}=0$, ist es jetzt Null wegen $d\boldsymbol{r}=0$. Die Impulsänderung $d\boldsymbol{P}$ an einem festen Ort muß man sich so vorstellen, daß man an einem festen Ort einen Körper mit einem bestimmten Impuls hat und zu einer späteren Zeit einen anderen Körper gleicher Masse am selben Ort mit dem geänderten Wert des Impulses. Einen Prozeß mit endlichen Impulsänderungen kann man sich dann so veranschaulichen, daß man sich gleiche Körper verschiedenen Impulses auf einem Filmstreifen aufgezeichnet denkt und den Film ablaufen läßt (Abb. 11.2). Beim Ablaufen des Films sieht man einen Körper wie vorgeschrieben stets am selben Ort, aber mit sich änderndem Impuls. Der Leser wird hier womöglich den Einwand erheben, auf diese Weise ändere man nicht den Impuls ein und desselben Körpers, sondern bringe ständig andere Körper ins Spiel. Dieser Einwand sticht indessen nicht. Er zeigt im Gegenteil sehr deutlich eine wesentliche Eigenschaft der Beschreibungsweise physikalischer Prozesse mittels dynamischer Größen, nämlich die Unmöglichkeit, physikalische Objekte, Gegenstände, Körper oder Massenpunkte als *Individuen* anzusehen. „Denselben" Körper im Sinne der Individualisierbarkeit eines bestimmten Körpers gibt es in der Physik nicht. Jeder punktartige Körper, der denselben Wert der Masse M hat, ist „derselbe" punktartige Körper. Andere Eigenschaften oder Erkennungszeichen als den

Wert seiner Masse M hat ein punktartiger Körper nicht, und darum ist ein punktartiger Körper, wie andere Körper auch, nie ein Individuum. Das gilt nicht nur für Körper, sondern allgemein für alle physikalischen Systeme, nur daß sie im allgemeinen durch die Werte von mehr als einer Variable festgelegt sind.

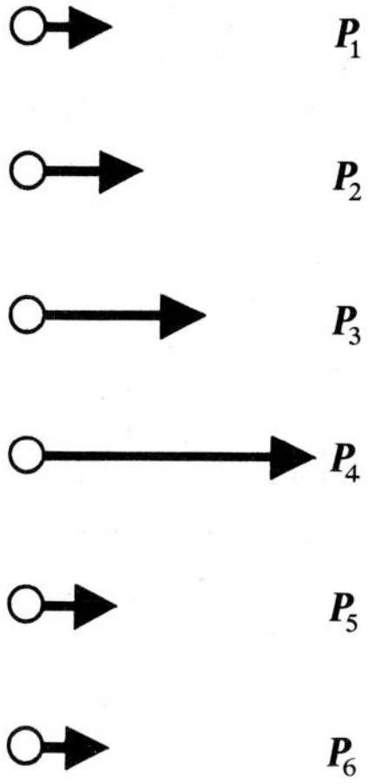

Abb. 11.2

Veranschaulichung des Prozesses $d\boldsymbol{P} \neq 0$ des Systems „Punktartiger Körper" durch Änderung von $\boldsymbol{P}$ an ein und demselben Ort ($d\boldsymbol{r} = 0$). Ob am Ort des Körpers ein Feld ist oder nicht, ist gleichgültig. Man kann sich die Zustände 1 bis 6 als Bilder eines Films vorstellen. Ob in den einzelnen Zuständen der Körper dabei „derselbe" bleibt oder nicht, ist eine physikalisch sinnlose Frage; Systeme sind in der dynamischen Beschreibung der Physik niemals Individuen.

Daß die **Individualisierung eines Objekts** physikalisch nicht möglich ist, ist eine Erkenntnis, die gerne erst der Quantenmechanik zugeschrieben wird. Die Beschreibung von Prozessen mittels dynamischer Größen zeigt das jedoch bereits, ohne daß von der Quantenmechanik Gebrauch gemacht würde. Richtig ist allerdings, daß nur die dynamischen Größen den Einzug der Quantenmechanik in die Physik heil überstanden haben, und darum ist das Herausheben der dynamischen Größen die beste Vorbereitung auf die Quantenmechanik.

Dynamische und kinematische Größen

Die Schwierigkeit, dynamische Größen auf bestimmte experimentelle Anordnungen zu beziehen, zeigt sehr deutlich auch die Größe **dynamische Geschwindigkeit** $\boldsymbol{v} = \partial E / \partial \boldsymbol{P}$ oder ausführlich geschrieben die Größe (9.12). Vorstellen im bildlichen Sinn kann man sich unter dieser dynamischen Größe nichts. Und doch ist sie fundamental bei der Beschreibung *jedes* physikalischen Transports, unabhängig davon, in welchem Medium das geschieht. Unphysikalische Bewegungen scheidet $\boldsymbol{v} = \partial E / \partial \boldsymbol{P}$ aus, denn nur der Transport von Energie und Impuls ist physikalisch sinnvolle Bewegung (MRG, §3).

Mit der Bewegung eines Körpers verbindet man nun aber die Vorstellung von der Geschwindigkeit $d\boldsymbol{r}/dt$. Das ist keine dynamische, sondern eine *kinematische* Größe. Sie ist physikalisch viel weniger fundamental als $\boldsymbol{v} = \partial E / \partial \boldsymbol{P}$, da sie an eine bestimmte Anordnung gebunden ist. Die Lage des bewegten Körpers muß zu jeder Zeit t durch einen Ortsvektor $\boldsymbol{r}$ festgelegt sein, der Körper muß also *lokalisierbar* sein. Damit wird an den physikalischen Transport von Energie und Impuls eine bestimmte **geometrische Bedingung** gestellt, die bei der dynamischen Beschreibungsweise nicht auftritt. Die geometrische Bedingung der Lokalisierbarkeit eines Transports ist keineswegs selbstverständlich erfüllt. Viele wichtige Transporte sind nicht lokalisierbar, nämlich die durch Felder bewirkten Energietransporte. Die Ausbreitung von Licht als elektromagnetische Welle zeigt das. Die lokalisierte kinematische Beschreibung mit der Geschwindigkeit $d\boldsymbol{r}/dt$ versagt hier. Die kinematischen Größen, die die Welle festlegen, sind vielmehr der

Wellenvektor $\boldsymbol{k}$ und die Frequenz ω. Ohne näher darauf einzugehen, geben wir nur an, daß die nicht-lokalisierte *kinematische Geschwindigkeit der Welle* gegeben ist durch $d\omega/d\boldsymbol{k}$.

Die Geschwindigkeit unabhängig von der geometrischen Gestalt des Transports ist also die dynamische Geschwindigkeit $\boldsymbol{v}=\partial E/\partial \boldsymbol{P}$. Je nachdem, ob der Transport geometrisch lokalisierbar ist oder nicht, ist die kinematische Geschwindigkeit im einen Grenzfall $d\boldsymbol{r}/dt$, im anderen $d\omega/d\boldsymbol{k}$. Die kinematischen Geschwindigkeiten zeigen nicht an, ob sie wirklich einen Transport von physikalischen Größen beschreiben oder nur die Bewegung eines geometrischen Gebildes „Punkt" bzw. „Welle". Die kinematischen Größen sind mathematische Gebilde, die über die physikalische Realität nichts aussagen.

Derselbe Unterschied zwischen dynamischen und kinematischen Größen wie bei der translativen Bewegung tritt auch bei der rotativen Bewegung auf. Während die **dynamische Winkelgeschwindigkeit** nach (9.12) gegeben ist durch $\boldsymbol{\Omega}=\partial E/\partial \boldsymbol{L}$, ist als **kinematische Winkelgeschwindigkeit** $d\boldsymbol{\varphi}/dt$ bekannt (MRG, §24). Die kinematische Winkelgeschwindigkeit setzt voraus, daß die Rotationsbewegung als Zeitfolge bestimmter Winkelstellungen φ beschrieben werden kann. Das ist jedoch prinzipiell nicht möglich bei der Rotation von Elementarteilchen. Viele Elementarteilchen wie das Elektron, Proton, Neutron, aber auch das Photon haben einen Drehimpuls, den Spin, wobei man sich unter dem Spin aber keine Rotationsbewegung wie die der Erde um ihre Achse vorstellen darf. Der Spin zeigt vielmehr, daß weder der Drehimpuls noch die zu ihm energie-konjugierte Winkelgeschwindigkeit $\boldsymbol{\Omega}$ stets „kinematisiert" werden dürfen. Wieder sind die dynamischen Größen fundamentaler als die kinematischen. Wenn auch der Spin eines Elementarteilchens keine Rotationsbewegung in Raum und Zeit anzeigt, so kann doch der Drehimpuls*austausch* mit anderen Systemen durchaus zu einer kinematischen, also in Raum und Zeit beschreibbaren Rotationsbewegung in den anderen Systemen führen.

Wenn die dynamischen Größen auch fundamentaler sind als die kinematischen, so darf doch nicht das Mißverständnis aufkommen, die **kinematischen Größen** seien so gut wie überflüssig oder entbehrlich in der Physik. Da die Welt aus „Anordnungen" besteht, gewinnt der Experimentator zunächst immer nur kinematische Daten aus Versuchen. Will man jedoch diese Daten in das große abstrakte Schema der Dynamik, das prinzipiell alle möglichen Prozesse umfaßt, einordnen, muß man die aus Versuchen gewonnenen Erkenntnisse in die Sprache der Dynamik übersetzen, d.h. in dynamischen Größen ausdrücken. Für die Mechanik ist das in MRG dargestellt. Die Thermodynamik schließt die mechanischen Prozesse ein. Sie umfaßt darüber hinaus aber auch alle anderen physikalischen Prozesse. Die Zahl der in der Thermodynamik verwendeten dynamischen Standard-Variablen ist daher sehr groß. Die Thermodynamik als Lehre von physikalischen Prozessen fragt nach der Änderung aller dynamischen Größen, insbesondere der Energie, bei der Änderung bestimmter als unabhängig vorgegebener dynamischer Größen.

Wodurch ist eine Größe oder Variable als dynamisch im Gegensatz zu kinematisch gekennzeichnet, wodurch gibt sie zu erkennen, daß sie für die Thermodynamik brauchbar ist? Zunächst ist sie das dann, wenn sie mit einer anderen Größe zusammen, nämlich der energie-konjugierten Größe, eine Energieform darstellt. Hiernach sind alle in den Gln. (9.11) und (9.12) vorkommenden extensiven und ihre energie-konjugierten intensiven Variablen dynamische Größen.

Ein hinreichendes Kriterium dafür, daß eine Variable dynamisch ist, ist ferner, daß es einen *Strom* dieser Größe gibt. Die zu Anfang dieses Paragraphen vorkommenden Ströme wie Energiestrom, Drehimpuls-Strom, Ladungsstrom, Entropiestrom, Teilchenstrom illustrieren diese Bedingung.

IV Gleichgewichte

§12 Gleichgewicht beim Austausch von Verschiebungsenergie, Bewegungsenergie, Rotationsenergie, Kompressionsenergie, Oberflächenenergie

Ziehen zwei Gruppen von Kindern beim Tauziehen gerade so, daß keine die andere von der Stelle bewegt, so sagen wir, es herrsche *Gleichgewicht der Kräfte:* Die Kraft, die die rechte Gruppe auf die linke ausübt, ist entgegengesetzt gleich der Kraft, die die linke auf die rechte ausübt (Abb. 12.1). Die Abb. 12.2 und 12.3 zeigen ein Analogon des Tauziehens. Zwei elastische Federn sind an denselben Körper gekoppelt, und jede sucht, ihn auf ihre Seite zu ziehen. Im Zustand des Gleichgewichts ist die Zugkraft beider Federn entgegengesetzt gleich, und zwar unabhängig davon, ob die beiden Federn den gleichen Wert der Federkonstante haben oder nicht. Der Körper bleibt liegen, wenn sein Impuls $\boldsymbol{P}=0$ ist. In jedem anderen Zustand bleibt der Körper nicht liegen, er schwingt um die Gleichgewichtslage. Gäbe es keine Reibung, würde die Schwingung unverändert andauern. Infolge der Reibung wird die Schwingung gedämpft, die Bewe-

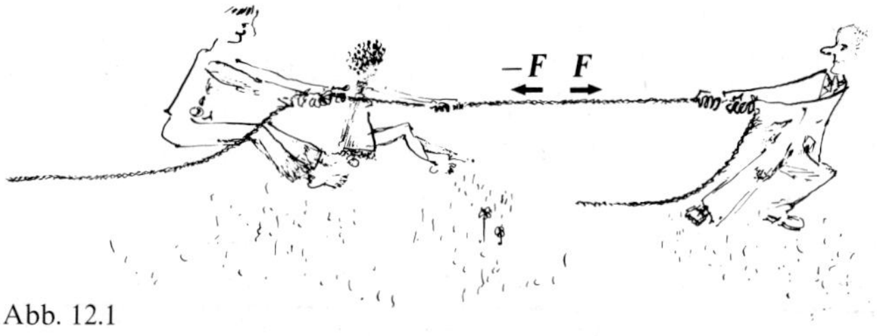

Abb. 12.1

Man spricht beim Tauziehen von einem Gleichgewicht, wenn beide Parteien mit dem gleichen Betrag der Kraft $\boldsymbol{F}$ ziehen. Wie dieser Paragraph zeigen wird, ist das Kräftegleichgewicht beim Tauziehen nur dann ein Beispiel für ein Gleichgewicht, wenn das System „Tau + ziehende Parteien" sich bei Kräftegleichheit in einem Zustand *minimaler* Energie befindet. Genau diese Bedingung ist allerdings beim Tauziehen meistens nicht erfüllt, so daß das Tauziehen ein ungeeignetes Beispiel ist, um den springenden Punkt des physikalischen Begriffs eines Gleichgewichts zu demonstrieren.

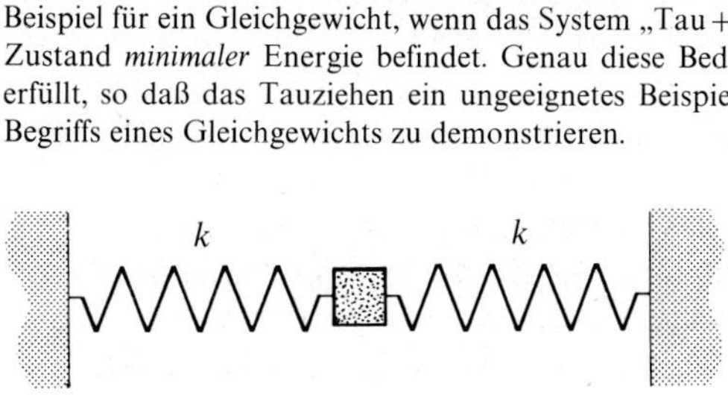

Abb. 12.2

Der Zustand, in dem der Oszillator ruht, ist ein Gleichgewichtszustand. Die beiden Federn der Federkonstante k üben in diesem Zustand auf den Körper entgegengesetzt gerichtete Kräfte gleichen Betrags aus. Wird der Körper aus der Gleichgewichtslage gebracht, so addieren sich die auf ihn wirkenden Kräfte nicht mehr zu Null. Als Folge davon setzt sich der Körper in Bewegung, er geht fortwährend von einem Zustand über in einen anderen. Bei Berücksichtigung der Reibung endet diese Zustandsfolge im Gleichgewicht.

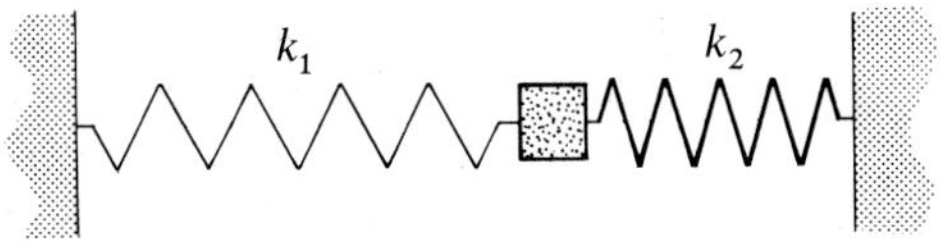

Abb. 12.3
Die Überlegungen zu Abb. 12.2 gelten nicht nur bei Federn gleicher Federkonstante k, sondern ebenso bei $k_1 \neq k_2$.

gung endet in der Gleichgewichtslage. Ist die Reibung sehr groß, wie in einem zähflüssigen Medium, so schwingt der Körper nicht hin und her, sondern bewegt sich monoton auf die Gleichgewichtslage zu.

Ein anderes Beispiel für ein Gleichgewicht bildet eine Kugel, die sich unter dem Einfluß der Schwere auf einer Fläche bewegt (Abb. 12.4). In den Positionen A und B ist die Kugel im Gleichgewicht, in C dagegen nicht. Die Gleichgewichtslage B ist, verglichen mit der Lage A, stabiler, aber A und B haben die gemeinsame Eigenschaft, daß die Kugel an diesen Stellen bewegungslos liegenbleibt, wenn sie mit dem Impuls Null dorthin gebracht wird. In C hingegen bleibt die Kugel nie liegen; legt man sie mit der Anfangsgeschwindigkeit $\boldsymbol{v}=0$ hin, so bewegt sie sich auf und ab. Gibt man ihr eine andere Anfangsgeschwindigkeit, nimmt sie einen anderen Weg, aber solange ihre Geschwindigkeit nicht so groß wird, daß sie aus der Mulde hinauskommt und außerdem die Reibung außer Betracht bleibt, rollt sie ebenfalls ewig in der Mulde herum, ohne zur Ruhe zu kommen.

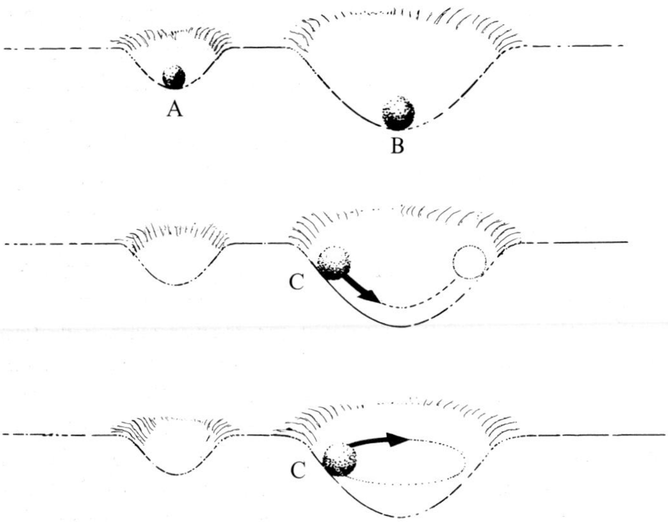

Abb. 12.4
Für eine auf einer Fläche bewegliche Kugel sind die Stellen A und B Gleichgewichtslagen. Eine dort hingelegte Kugel bleibt liegen; sie behält ihren Zustand bei. Wird eine Kugel dagegen an eine Stelle C gebracht, die nicht Gleichgewichtslage ist, so setzt sie sich in Bewegung; sie verändert fortwährend ihren Zustand.

Die Bewegung von der Stelle C aus hängt von den Anfangsbedingungen ab, die in den beiden unteren Bildern unterschiedlich gewählt sind. Berücksichtigt man die Reibung, endet sie aber auf jeden Fall in der Gleichgewichtslage B.

Ein drittes Beispiel für ein Gleichgewicht bildet eine Flüssigkeit, die sich unter dem Einfluß der Schwere in kommunizierenden Röhren befindet. Wieder gibt es einen ausgezeichneten Zustand, in dem die Flüssigkeit bewegungslos verharrt, wenn sie einmal in ihn gebracht ist. Das ist der Zustand, in dem die Flüssigkeit in beiden Röhren beim Impuls Null dieselbe Steighöhe hat. Wenn dagegen die Steighöhen verschieden sind, schwingt die Flüssigkeit hin und her. Erführe sie keine Reibung, innere Reibung wie auch Reibung an den Gefäßwänden, so hielte die Schwingung unverändert an. Die Reibung führt dagegen zu einer Dämpfung der Schwingung, so daß der Vorgang schließlich im Gleichgewichtszustand endet. Ist die Reibung sehr groß, die Flüssigkeit zäh wie Honig, so tritt gar keine Schwingung ein, sondern die Flüssigkeitsspiegel bewegen sich monoton gegen ihre Gleichgewichtslage.

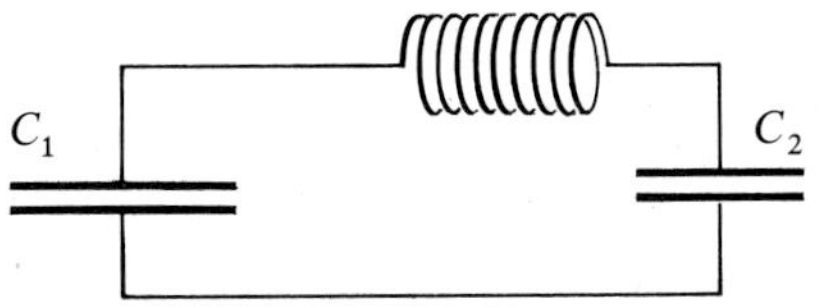

Abb. 12.5
Elektrischer Schwingkreis aus zwei Kondensatoren und einer Spule. Der Zustand, in dem die Ladungen Q_1 und Q_2 bei Stromlosigkeit so auf die Kondensatorplatten verteilt sind, daß die Spannungen $U_1 = Q_1/C_1$ und $U_2 = Q_2/C_2$ gleich sind, ist ein Gleichgewichtszustand. Ist der Gleichgewichtszustand einmal hergestellt, bleibt er bestehen. Jede andere Verteilung der Ladungen auf die Kondensatoren führt dazu, daß das System eine Folge von Zuständen durchläuft, es schwingt. Infolge der Jouleschen Wärmeverluste und der elektromagnetischen Abstrahlung, die beide zur Energieabgabe aus dem System führen, endet der Schwingungsvorgang im Gleichgewichtszustand.

Ein viertes Beispiel bilden zwei geladene Kondensatoren, verbunden wie in Abb. 12.5. Wieder gibt es einen ausgezeichneten Zustand des Gleichgewichts, nämlich den, in dem kein Strom fließt und die Ladungen Q_1 und Q_2 so verteilt sind, daß an beiden Kondensatoren dieselbe Spannung liegt, nämlich $U_1 = Q_1/C_1 = U_2 = Q_2/C_2$, wobei C_1 und C_2 die Kapazitäten der Kondensatoren bezeichnen. Herrscht kein Gleichgewicht, schwingt die Ladung so lange zwischen den Kondensatoren hin und her, d.h. es fließt so lange ein Strom, bis die „Reibung", hier als Joulesche Wärme und Abstrahlung von elektromagnetischen Wellen wirksam, den Zustand des Gleichgewichts herbeigeführt hat.

Die Beispiele zeigen deutlich einige Eigenschaften, die die Vorgänge, so verschieden die beteiligten Variablen und die Anordnungen im einzelnen sein mögen, gemein haben. Zunächst gibt es einen ausgezeichneten Zustand, den **Gleichgewichtszustand,** in dem das System zeitlich unverändert bleibt, wenn es einmal in ihn gebracht ist. Der Gleichgewichtszustand ist außerdem ausgezeichnet bezüglich seiner Energie. Will man nämlich ein System aus einem Gleichgewichtszustand heraus in einen anderen Zustand bringen, so kostet das Energie. So kostet es Energie, die Kugel in Abb. 12.3 aus ihren Gleichgewichtslagen A und B hinauszubringen. Ebenso kostet es Energie, die Flüssigkeit in kommunizierenden Röhren auf unterschiedliche Steighöhen zu bringen. Im Beispiel der Abb. 12.5 kostet es ebenfalls Energie, die Ladungsverteilung auf den Kondensatorplatten so zu ändern, daß sie vom Gleichgewicht abweicht. Im Gleichgewicht hat die Energie des Systems in allen Beispielen ein Minimum. Die zeitliche Permanenz des Gleichgewichtszustands läßt sich deshalb auch so begründen, daß dem System keine Energie zur Verfügung steht, um aus dem Gleichgewichtszustand herauszukommen. Von diesem Gesichtspunkt erscheint die Minimum-Eigenschaft der Energie

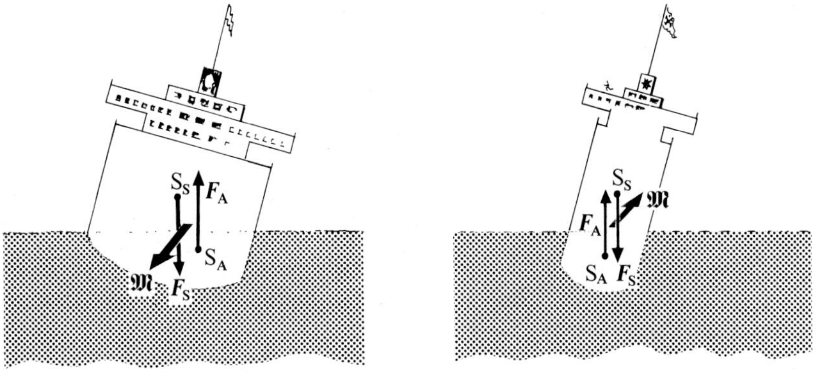

Abb. 12.6

Gleichgewicht eines schwimmenden Schiffs. Der Gleichgewichtszustand des Systems „Schwimmendes Schiff + vom Schiff verdrängtes Wasser im Schwerefeld" ist dadurch gekennzeichnet, daß der Schwerpunkt von Schiff und verdrängtem Wasser seine tiefste Lage hat. Dann hat das System, wie jedes System, im Gleichgewicht ein Minimum der Energie.

Für den Schiffsbauer besteht nun die geometrische Nebenbedingung, daß das Schiff eine Form haben soll, bei der im Gleichgewichtszustand der Mast nach oben und nicht nach unten zeigen soll. Um die Einhaltung dieser Bedingung zu prüfen, bedient man sich einer Überlegung, bei der man das auf das Schiff wirkende Drehmoment 𝔐 heranzieht. 𝔐 wird aus den in den Schwerpunkten von Schiff S_S und verdrängtem Wasser S_A angreifenden Schwerkräften $\boldsymbol{F}_S$ und $\boldsymbol{F}_A$ sowie deren Abstand ermittelt, wie in der Zeichnung dargestellt.
(a) Dieses Schiff hat seine Gleichgewichtslage bei vertikal nach oben gerichtetem Mast. Das sieht man an der gezeichneten Lage des Schiffs. 𝔐 ist so gerichtet, daß die Energie mit wachsender Neigung des Schiffs zunimmt.
(b) Für dieses Schiff ist die normale Lage bei vertikal nach oben weisendem Mast keine Gleichgewichtslage. Die gezeichnete Lage des Schiffs zeigt nämlich, daß bei Neigung gegenüber dem nach oben weisenden Mast ein Drehmoment 𝔐 auftritt, das das Schiff noch weiter kippt. Bei nach oben weisendem Mast hat die Energie des Schiffs gegenüber Neigung ein *Maximum.* Erst das gekenterte Schiff wäre im Gleichgewicht. Bei stärkerer Belastung hätte das Schiff allerdings sein Gleichgewicht bei nach oben weisendem Mast und wäre damit brauchbar, weil sich die Lagen von S_S und S_A mit dem Gewicht des Schiffs ändern.

als grundlegend. Wir wollen deshalb den Zusammenhang zwischen **Gleichgewicht und Minimum der Energie** genauer analysieren. Zu beachten ist dabei, daß im Gleichgewicht die Energie tatsächlich ein Minimum und nicht bloß ein Extremum hat. Abb. 12.6 und Abb. 12.7 zeigen als Beispiele ein Schiff und eine Waage, die so konstruiert sind, daß ihre Energie sich bei einer Lageänderung verringert, die Energie also ein Maximum hat. Dieses Schiff und diese Waage sind nicht im Gleichgewicht. Üblicherweise spricht man in diesem Fall von einem *labilen* und, wenn das Drehmoment Null ist, von einem *indifferenten* Gleichgewicht. Wir bezeichnen jedoch nur den Fall des Energieminimums als Gleichgewicht, der sonst *stabiles* Gleichgewicht genannt wird.

Gleichgewicht beim Austausch von Verschiebungsenergie. Kräftegleichgewicht

Ein Körper im Schwerefeld der Erde sei an einer elastischen Feder aufgehängt (Abb. 12.8). Das ganze aus Körper und Feder bestehende Gebilde fassen wir auf als aus zwei Systemen zusammengesetzt, nämlich aus der elastischen Feder einerseits und aus dem Körper im Schwerefeld andererseits. Durch diese Aufteilung können wir jene Zustände des Gebildes leicht in unsere Betrachtungen einschließen, in denen Feder und Körper voneinander gelöst sind und ihre Zustände unabhängig voneinander geändert werden.

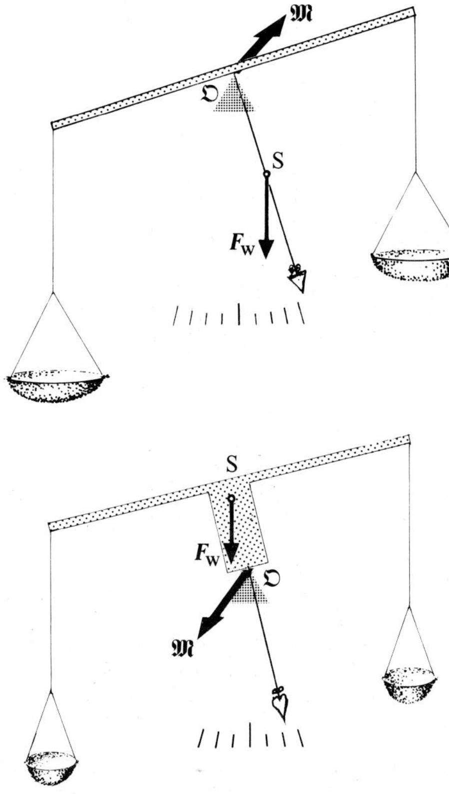

Abb. 12.7

Gleichgewicht einer Waage.

(a) Diese Waage ist bei horizontalem Waagebalken im Gleichgewicht. Das zeigt die Richtung des Drehmoments $\mathfrak{M}$ bei gekippter Stellung. Die Energie der Waage hat bei horizontalem Waagebalken ein *Minimum*. Da der Schwerpunkt S der Waage auch bei gekippter Waage S angenähert auf dem Zeiger der Waage liegt, ist die Richtung von $\mathfrak{M}$ dadurch bestimmt, ob S oberhalb oder unterhalb des Drehpunkts $\mathfrak{D}$ der Waage liegt. $\boldsymbol{F}_W$ ist das an S angreifende Gewicht der Waage.

(b) Hier hat jemand eine Waage konstruiert, die bei horizontalem Waagebalken ein *Maximum* der Energie gegenüber Kippung hat. Diese Waage hat kein Gleichgewicht. S liegt nämlich oberhalb von $\mathfrak{D}$. Immerhin wäre auch diese Waage durchaus brauchbar bei Körpern großer Massen auf den Waagschalen. Sobald nämlich S tiefer liegt als $\mathfrak{D}$, besitzt die Waage ein Gleichgewicht, wenn S senkrecht unter $\mathfrak{D}$ liegt. Nur diese Lage ist ein Minimum der Energie, da dann jede Kippung ein Anheben von S und damit Energiezufuhr an die Waage bedeutet.

Die Variablen des Körpers im Schwerefeld bezeichnen wir mit dem Index 1, die der Feder mit dem Index 2. Der Körper kann im Schwerefeld Energie in Form von Bewegungs- und Verschiebungsenergie austauschen, während die Feder Energie nur in Form von Verschiebungsenergie, nämlich durch Verschiebung ihres freien Endes in z-Richtung austauschen kann. Die Fundamentalformen der beiden voneinander getrennten Systeme 1 und 2 lauten also

$$dE_1 = \boldsymbol{v}_1\, d\boldsymbol{P}_1 - F_{1z}\, dz_1, \qquad dE_2 = -F_{2z}\, dz_2.$$

Das aus beiden Systemen bestehende Gesamtsystem kann Energie in sämtlichen Formen austauschen, in denen seine Teile Energie austauschen können. Es hat somit die Fundamentalform

$$dE = \boldsymbol{v}_1\, d\boldsymbol{P}_1 - F_{1z}\, dz_1 - F_{2z}\, dz_2. \tag{12.1}$$

Solange Feder und Körper getrennt sind, sind z_1 und z_2 voneinander unabhängige Variablen. Werden Feder und Körper aneinandergekoppelt, so bedeutet das, daß die Änderungen dz_1 von z_1 und die Änderungen dz_2 von z_2 sich nicht mehr unabhängig voneinander vornehmen lassen. Wie Abb. 12.8 zeigt, sind z_1 und z_2 dann so voneinander abhängig, daß

$$dz_1 = dz_2 \quad \text{oder} \quad d(z_1 - z_2) = 0. \tag{12.2}$$

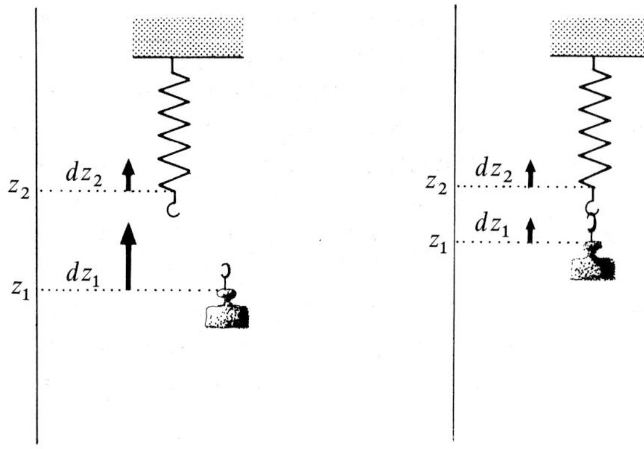

Abb. 12.8

Zur Variablenkopplung beim freien Austausch von Verschiebungsenergie. Ein im Gravitationsfeld der Erde frei beweglicher Körper wird an eine Feder gekoppelt. Die Kopplung hat zur Folge, daß Gl. (12.2) besteht, daß also die Änderung dz_1 der z-Koordinate des Körpers gleich ist der Änderung dz_2 der Lage z_2 des Federendes. Bei Bewegungslosigkeit ($\boldsymbol{P}_1 = 0$) hat die Energie des aus Feder und Körper im Gravitationsfeld bestehenden Gesamtsystems ein Minimum, wenn die Gewichtskraft entgegengesetzt gleich ist der von der Feder ausgeübten Kraft. Körper und Feder sind dann im Zustand des Gleichgewichts gegenüber freiem Austausch von Verschiebungsenergie oder, wie man auch sagt, im Kräftegleichgewicht.

Fragt man nach den Möglichkeiten des Energieaustausches, die das Gesamtsystem nach der Kopplung von Feder und Körper aneinander noch hat, so muß man die Bedingung (12.2) in (12.1) einsetzen. Man erhält dann

$$dE = \boldsymbol{v}_1\, d\boldsymbol{P}_1 - (F_{1z} + F_{2z})\, dz_1 . \tag{12.3}$$

Es sei noch einmal betont, daß diese Gleichung *alle* Möglichkeiten des Energieaustausches angibt, die das System „Körper + Gravitationsfeld + angekoppelte Feder" hat. Das schließt nicht nur diejenigen ein, die es hat, wenn es sich selbst überlassen bleibt, sondern auch die, wenn es mit einem weiteren System, etwa der Hand des Experimentators, wechselwirkt, also Energie austauscht. Die Behauptung, daß (12.3) eine Fundamentalform ist, besagt nämlich, daß auf der rechten Seite alle Energieformen stehen, in denen das System überhaupt Energie austauschen kann. Dabei ist es ganz gleichgültig, mit welchem anderen physikalischen System das geschieht. In jedem Fall kann es nur Energie in den Formen aufnehmen und abgeben, die in (12.3) aufgeführt sind. In der Eigenschaft der Fundamentalform, alle Energieformen und damit auch alle Wechselwirkungen zu erfassen, derer das System fähig ist, liegt gerade die Kraft der dynamischen Beschreibung, die wir hier auseinandersetzen.

Wir lassen nun das in Abb. 12.8 dargestellte System so mit einem weiteren System wechselwirken, daß das System keine Bewegungsenergie austauscht, daß also $d\boldsymbol{P}_1 = 0$ oder $\boldsymbol{P}_1 = \text{const.}$ ist. Das läßt sich dadurch erreichen, daß der Experimentator den Körper in jeder Lage festhält, also $\boldsymbol{P}_1 = 0$ erzwingt und ihn so am Schwingen hindert. Das Gesamtsystem kann dann nur noch Verschiebungsenergie austauschen, nämlich dadurch, daß der Körper in seiner Höhe verändert wird. Diese Energie ist gegeben durch

$$dE = -(F_{1z} + F_{2z})\, dz_1, \quad (d\boldsymbol{P}_1 = 0). \tag{12.4}$$

Nun ist die vom Erdfeld auf den Körper ausgeübte Kraft von der Lage z des Körpers unabhängig, denn sie ist ja gleich dem Gewicht des Körpers. Es ist also $F_{1z}=\text{const}$. Die von der Feder ausgeübte Kraft F_{2z} ist dagegen nicht konstant. Sie hängt von der Auslenkung des freien Federendes aus der unverspannten Ruhelage der Feder ab und ist dieser Auslenkung entgegengerichtet. Verändert man die Lage des Körpers und damit auch die Lage des an ihn gekoppelten Federendes, so hängt der Wert des Faktors $(F_{1z}+F_{2z})$ in (12.4) von der jeweiligen Lage z_1 des Körpers ab. Dieser Faktor wechselt aber an einer Stelle $z_1=a$ sein Vorzeichen, denn für hinreichend kleine Werte von z_1, also für hinreichend tiefe Lagen des Körpers, ist der Faktor wegen des Überwiegens der Federkraft positiv, die resultierende Kraft also in positive z-Richtung weisend, während er für hinreichend große Werte von z_1 negativ ist. Es gibt also eine Stelle $z_1=a$, an der

$$F_{1z}+F_{2z}=0 \quad \text{oder} \quad F_{1z}=-F_{2z}. \tag{12.5}$$

An dieser Stelle sind die beiden auf den Körper wirkenden Kräfte von gleichem Betrag und entgegengesetzter Richtung, sie heben sich auf. Man sagt, an der Stelle $z_1=a$ halten sich Schwerkraft und Federkraft das *Gleichgewicht*. Bringt man den Körper an diese Stelle und läßt ihn los, bleibt er ruhig liegen.

Wie (12.4) zeigt, ist am Ort des Gleichgewichts, an dem (12.5) gilt, $dE=0$, und zwar auch dann, wenn der Körper beliebig wenig um $z_1=a$ herum verschoben, also $dz_1 \neq 0$ wird. Wir können das auch so ausdrücken, daß an dieser Stelle $\partial E/\partial z_1=0$ ist, die Energie gegenüber der Lage z_1 ein Extremum hat. Dieses Extremum ist ein Minimum. Das können wir mit unserer Kenntnis von den Kräften aus (12.4) ablesen. Bei $z_1=a$ wechselt ja der Faktor $(F_{1z}+F_{2z})$ sein Vorzeichen. Da für $z_1>a$ die resultierende Kraft in negative z-Richtung weist, ist der Faktor für $z_1>a$ negativ, für $z_1<a$ dagegen positiv. Wählt man an der Stelle $z_1=a$ die Lageänderung $dz_1>0$, hebt man also den Körper aus der Gleichgewichtslage, so ist, da die Klammer in (12.4) dann negativ wird, $dE>0$. Dem System muß dazu also Energie zugeführt werden. Senkt man umgekehrt den Körper $(dz_1<0)$ aus der Lage $z_1=a$, so ist, da nun die Klammer positiv wird, wieder $dE>0$. Also muß auch dazu dem System Energie zugeführt werden. Gleichgültig also, ob der Körper aus seiner Gleichgewichtslage gehoben oder gesenkt wird, jedesmal muß dem System „Körper + Gravitationsfeld + Feder" Energie zugeführt werden. Bei dem System „Körper + Gravitationsfeld + Feder" hat im Zustand $z_1=a$ somit die Energie ein *Minimum*, und zwar ein Minimum gegenüber Veränderungen der Variable z_1. Wir haben im **Gleichgewicht ein Energieminimum gegenüber Verschiebungen des Körpers.**

Wir machen darauf aufmerksam, daß unsere Betrachtungen nichts darüber aussagen, *wie* sich ein Gleichgewicht einstellt. Sie sagen nur, *ob* ein System unter bestimmten Bedingungen im Gleichgewicht ist, sein Zustand also ein Gleichgewichtszustand ist. Das ist der Zustand dann, wenn man dem System Energie *zuführen* muß, um den Zustand zu ändern.

Minimumprinzip der Energie

Unsere Betrachtungen machen mehrere wichtige Regeln deutlich, die wir bei Gleichgewichten immer wieder antreffen und die für die ganze Physik von Bedeutung sind:

(a) Jedes Gleichgewicht beruht auf dem freien Austausch einer Energieform $\xi\, dX$, oder auch mehrerer Energieformen. Freier Austausch einer Energieform bedeutet, daß die Energie in dieser Form ungehindert zwischen den betrachteten Systemen oder Teilsystemen strömen kann, ihr Austausch also nicht behindert wird.

(b) Wird Energie zwischen Systemen in bestimmten Energieformen frei ausgetauscht und werden dabei alle unabhängigen extensiven Variablen, die nicht zu den frei ausgetauschten Energieformen gehören, konstant gehalten, so herrscht Gleichgewicht, wenn die Energie desjenigen Gesamtsystems, das alle frei miteinander austauschenden Systeme umfaßt, ein Minimum hat.

(c) Die zu den frei ausgetauschten Energieformen gehörenden extensiven Variablen sind aneinandergekoppelt, d.h. nicht mehr voneinander unabhängig. Hat diese Kopplung die Normalgestalt $dX_1 + dX_2 = d(X_1 + X_2) = 0$ oder $X_1 + X_2 = \text{const.}$, so haben im Gleichgewicht die zugehörigen intensiven Variablen ξ_1 und ξ_2 denselben Wert. Im Gleichgewicht ist dann also $\xi_1 = \xi_2$.

Im Beispiel des vorigen Abschnitts ist die unter (a) genannte frei ausgetauschte Energieform die Verschiebungsenergie. Sie wird zwischen dem System „Feder" und dem System „Körper + Schwerefeld" frei ausgetauscht. Die unter (b) genannte Bedingung, die zu den nicht ausgetauschten Energieformen gehörenden extensiven Variablen konstant zu halten, bezieht sich in unserem Beispiel auf den Impuls $\boldsymbol{P}_1$, fordert also $d\boldsymbol{P}_1 = 0$. Die unter (c) genannte Kopplung der extensiven Variablen, die zu den ausgetauschten Energieformen gehören, war in diesem Beispiel die Gl. (12.2). Sie hatte nicht ganz die Normalgestalt $d(z_1 + z_2) = 0$ oder $z_1 + z_2 = \text{const.}$ Man hätte aber als

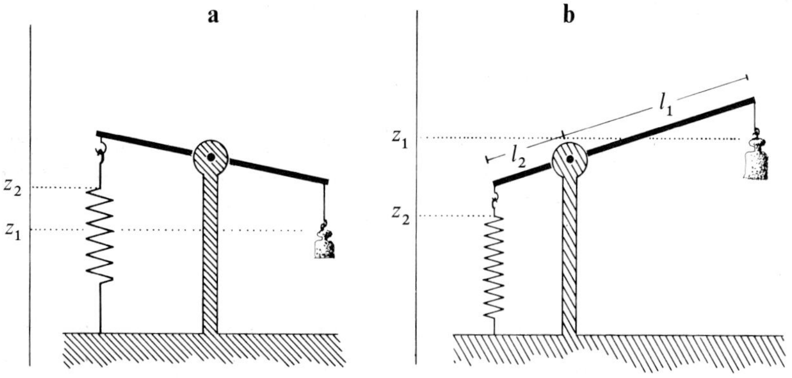

Abb. 12.9

(a) Leicht abgeänderte Version der Anordnung der Abb. 12.8. Die Kopplung der beiden Variablen z_1 und z_2 hat jetzt die *Normalgestalt* $d(z_1 + z_2) = 0$. Im Zustand des Gleichgewichts, d.h. des Minimums der Energie des aus Körper, Feder und Gravitationsfeld bestehenden Gesamtsystems bei konstantem Impuls $\boldsymbol{P}_1$ sind dann Gewichtskraft und Federkraft in Betrag und Richtung gleich. Konstanter Impuls $\boldsymbol{P}_1$ ist dabei nur durch den Wert $\boldsymbol{P}_1 = 0$ zu realisieren.

(b) Haben die Hebelarme der Anordnung beliebige Längen l_1 und l_2, so lautet die Kopplungsbedingung der Variablen $dz_1/-dz_2 = l_1/l_2$ oder $d(z_1/l_1 + z_2/l_2) = 0$. Entsprechend lautet die Fundamentalform (bei $d\boldsymbol{P}_1 = 0$)

$$dE = -\left(F_{1z} - \frac{l_2}{l_1} F_{2z}\right) dz_1,$$

so daß im Gleichgewicht gilt $l_1 F_{1z} = l_2 F_{2z}$. Das ist die bekannte Regel „Kraft mal Kraftarm = Last mal Lastarm".

Führt man als neue Variablen die Größen $z_1' = z_1/l_1$, $z_2' = z_2/l_2$ ein und entsprechend $F_{1z}' = l_1 F_{1z}$ sowie $F_{2z}' = l_2 F_{2z}$, so hat die Kopplungsbedingung die Normalgestalt $d(z_1' + z_2') = 0$, und die Fundamentalgleichung lautet

$$dE = -F_{1z}' dz_1' - F_{2z}' dz_2' = -(F_{1z}' - F_{2z}') dz_1'.$$

Im Gleichgewicht ist $F_{1z}' = F_{2z}'$.

Variable statt z_2 nur $-z_2$ zu wählen brauchen, um der Kopplung die Normalgestalt zu geben. Eine Anordnung, bei der die Kopplung für gleiche Wahl der Variable z_2 wie im Beispiel des vorigen Abschnitts unmittelbar die Normalgestalt hat, zeigt Abb. 12.9. Auch die Gleichgewichtsbedingung (12.5) ist dann abgeändert, und zwar so, daß im Gleichgewicht $F_{1z}=F_{2z}$, daß also die Kräfte nicht nur gleichen Betrag, sondern auch gleiche Richtung haben.

Von einem Gleichgewicht zu sprechen, hat nur Sinn hinsichtlich bestimmter Energieformen, die dabei zwischen den Systemen frei ausgetauscht werden. So handelt es sich bei dem Gleichgewicht des Systems „Körper + Gravitationsfeld + Feder“ um das Gleichgewicht hinsichtlich des freien Austauschs von Verschiebungsenergie. Der Austausch von Bewegungsenergie ist dagegen nicht frei. Wir haben ihn dadurch unterdrückt, daß wir für das System „Körper + Gravitationsfeld + Feder ($K+G+F$)“ den Impuls $\boldsymbol{P}=0$ *vorgegeben* haben.

Wenn wir auch nach den Gleichgewichten hinsichtlich des Austausches von Bewegungsenergie fragen, müssen wir bedenken, daß das Federpendel beim Schwingen beständig Impuls über seine Aufhängung mit der Erde austauscht (MRG, §7). Die Systeme „$K+G+F$“ und „Erde“ tauschen also miteinander Impuls und damit auch Bewegungsenergie aus. Gleichgewicht hinsichtlich des Austausches von Bewegungsenergie kann also nur zwischen dem System „$K+G+F$“ und dem System „Erde“ bestehen. Dieses Gleichgewicht herrscht beim Minimum der Energie des Gesamtsystems „$K+G+F+$Erde“ hinsichtlich des Austausches von Bewegungsenergie zwischen „$K+G+F$“ und „Erde“. Der Impuls $\boldsymbol{P}$ des Körpers ist nämlich an den Impuls der Erde $\boldsymbol{P}_{\text{Erde}}$ gekoppelt durch den Impulserhaltungssatz

$$d(\boldsymbol{P}+\boldsymbol{P}_{\text{Erde}})=0. \tag{12.6}$$

Die Fundamentalform des Systems „$K+G+F+$Erde“ lautet, wenn ihm nur Energieänderungen in Form von Bewegungsenergie zugestanden sind, also bei Berücksichtigung der Kopplung (12.6),

$$dE=(\boldsymbol{v}-\boldsymbol{v}_{\text{Erde}})\,d\boldsymbol{P}. \tag{12.7}$$

Im Gleichgewicht ist $dE=0$, also $\boldsymbol{v}=\boldsymbol{v}_{\text{Erde}}$. Das Pendel ruht gegenüber der Erde. Wird das Pendel gegenüber der Erde in Bewegung gesetzt, muß es Energie *aufnehmen*. Wir haben es also bei ruhendem Pendel tatsächlich mit einem Minimum der Energie zu tun.

Wieder sagen diese Betrachtungen nichts darüber aus, *wie* der Gleichgewichtszustand erreicht wird. Natürlich muß das System „$K+G+F+$Erde“, wenn es hinsichtlich des Austausches von Bewegungsenergie ein Energieminimum erreichen will, Energie abgeben können. Bei einem in einem viskosen Gas oder einer Flüssigkeit reibend schwingenden Pendel gibt das System „$K+G+F+$Erde“ Energie in Form von Bewegungsenergie an das Gas oder die Flüssigkeit ab. Beim reibungsfrei schwingenden Pendel hat das System diese Möglichkeit dagegen nicht. Das Pendel schwingt ungedämpft und das System „$K+G+F+$Erde“ erreicht den Gleichgewichtszustand niemals.

Gleichgewicht beim Austausch von Bewegungsenergie. Translatives Bremsgleichgewicht

Die im vorigen Abschnitt angegebenen Regeln bestätigen sich auch für den Austausch von Bewegungsenergie. Diese Anwendung der Regeln hat die ungewohnte Konsequenz, den vertrauten Vorgang des Bremsens als die Einstellung eines Gleichgewichts hinsichtlich des Austauschs von Bewegungsenergie zu verstehen. Wir haben dieses Gleichgewicht bereits eben beim Pendel erörtert, wollen es aber hier noch einmal allgemein auseinandersetzen.

Austausch von Bewegungsenergie bedeutet Austausch von Impuls. Ist bei dem Impulsaustausch zwischen zwei Körpern 1 und 2 kein weiteres System beteiligt, so ist wegen der Impulserhaltung $\boldsymbol{P}_1 + \boldsymbol{P}_2$ konstant, also

$$d(\boldsymbol{P}_1 + \boldsymbol{P}_2) = 0. \tag{12.8}$$

Hält man alle anderen unabhängigen extensiven Variablen konstant, so genügt die Energie E des aus beiden Körpern bestehenden Gesamtsystems der Gleichung

$$\begin{aligned} dE &= \boldsymbol{v}_1\, d\boldsymbol{P}_1 + \boldsymbol{v}_2\, d\boldsymbol{P}_2 = (\boldsymbol{v}_1 - \boldsymbol{v}_2)\, d\boldsymbol{P}_1 \\ &= (v_{1x} - v_{2x})\, dP_{1x} + (v_{1y} - v_{2y})\, dP_{1y} + (v_{1z} - v_{2z})\, dP_{1z}. \end{aligned} \tag{12.9}$$

In einem Zustand, in dem E ein Minimum hat, muß $dE = 0$ sein bei beliebigen Werten von dP_{1x}, dP_{1y}, dP_{1z}. Daraus folgt $v_{1x} - v_{2x} = 0$, $v_{1y} - v_{2y} = 0$, $v_{1z} - v_{2z} = 0$, also $\boldsymbol{v}_1 = \boldsymbol{v}_2$. Gleichgewicht bei freiem Austausch von Bewegungsenergie liegt vor, wenn die austauschenden Körper nach Betrag und Richtung dieselbe Geschwindigkeit haben. Ist der **Zustand des Bewegungsgleichgewichts** einmal hergestellt, so bleibt er, wenn keine Einwirkung von außen stattfindet, unverändert bestehen.

Jeder **Bremsvorgang** liefert ein Beispiel für die Einstellung des Bewegungsgleichgewichts. Bremsen kann nämlich ein physikalisches System ein anderes nur so lange, wie die beiden Systeme unterschiedliche Geschwindigkeiten haben. Wird ein Auto gebremst, so findet ein Impulsaustausch zwischen Auto und Erde statt. Dieser Vorgang findet sein Ende im Zustand des Bewegungsgleichgewichts, in dem Auto und Erde dieselbe Geschwindigkeit haben, das Auto relativ zur Erde also stillsteht. Der Überschuß, den die Energie E über ihren Minimalbetrag hatte, wird dabei gewöhnlich als Wärme über die Bremsen an die Luft abgegeben. Jeder Körper, der sich in einem Medium bewegt, an das er Impuls abgeben kann, wird so lange gebremst, bis seine Geschwindigkeit mit der des Mediums übereinstimmt. Deshalb führt jeder Bewegungsvorgang, wenn er nur lange genug andauert, infolge von Bremsvorgängen auf den Zustand des Bewegungsgleichgewichts mit seiner Umgebung.

Allgemein bedeutet jeder *inelastische Stoß* (MRG, §12) zweier Körper eine Annäherung an deren Bewegungsgleichgewicht. Beim *total inelastischen Stoß* stellt sich das Bewegungsgleichgewicht in einem einzigen Stoß ein.

Gleichgewicht beim Austausch von Rotationsenergie. Rotatives Bremsgleichgewicht

Ganz ähnlich wie beim Austausch von Bewegungsenergie verhalten sich Systeme beim Austausch von Rotationsenergie. Dabei spielt der Drehimpuls die Rolle, die vorher der Impuls gespielt hat. Findet der Austausch allein zwischen zwei Systemen statt, ist wegen des Erhaltungssatzes des Drehimpulses

$$d(\boldsymbol{L}_1 + \boldsymbol{L}_2) = 0. \tag{12.10}$$

Werden wieder alle anderen unabhängigen extensiven Variablen der beiden Systeme festgehalten, so genügt die Gesamtenergie E der Beziehung

$$(12.11)\qquad dE = \boldsymbol{\Omega}_1\, d\boldsymbol{L}_1 + \boldsymbol{\Omega}_2\, d\boldsymbol{L}_2 = (\boldsymbol{\Omega}_1 - \boldsymbol{\Omega}_2)\, d\boldsymbol{L}_1$$
$$= (\Omega_{1x} - \Omega_{2x})\, dL_{1x} + (\Omega_{1y} - \Omega_{2y})\, dL_{1y} + (\Omega_{1z} - \Omega_{2z})\, dL_{1z}.$$

Das Minimum der Energie im Gleichgewicht erfordert also $\boldsymbol{\Omega}_1 = \boldsymbol{\Omega}_2$. Im **Rotationsgleichgewicht** sind die Winkelgeschwindigkeiten gleich.

Zustände des Rotationsgleichgewichts ergeben sich ebenfalls als Ende von Bremsprozessen. Die Bremsung eines physikalischen Systems durch ein anderes betrifft nämlich nicht nur die lineare Bewegung, also den Impulsaustausch, sondern auch die rotative Bewegung, also den Drehimpulsaustausch. So beruht das Bremsen eines Karussells auf dem Drehimpulsaustausch zwischen Karussell und Erde. Im Endzustand des Rotationsgleichgewichts haben Karussell und Erde dieselbe Winkelgeschwindigkeit, das Karussell steht dann relativ zur Erde still. Der Betrag an Energie, der bis zum Erreichen ihres Minimalwerts im Gleichgewicht abgegeben werden muß, wird gewöhnlich als Wärme abgegeben, sie könnte jedoch, wenn die Bremsung durch einen elektrischen Generator erfolgt, auch als elektrische Energie abgegeben werden. Ein Körper, der sich in einem Medium rotativ bewegt, an das er Drehimpuls abgeben kann, wird so lange gebremst, bis er mit dem Medium im Rotationsgleichgewicht ist, also dieselbe Winkelgeschwindigkeit hat wie das Medium.

Ein bemerkenswertes Beispiel für das Rotationsgleichgewicht bildet die **Rotation des Mondes.** Der Mond befindet sich im Rotationsgleichgewicht mit der Erde. Das heißt, daß er mit der gleichen Winkelgeschwindigkeit um die eigene Achse rotiert wie um die Erde. Wir sehen das daran, daß der Mond uns immer dieselbe Seite zukehrt (Abb. 12.10). Das Rotationsgleichgewicht wurde, wenn der Mond jemals anders rotiert hat, bewirkt durch das am Ort des Mondes inhomogene Gravitationsfeld der Erde und die damit verbundene Gezeitenwirkung auf den Mond (MRG, §46). Die Gezeiten des Mondes äußern sich in einer Deformation des Mondes. Wenn nämlich der deformierte Mond anders als im Rotationsgleichgewicht der Abb. 12.10 rotiert, wird er bei der Deformation beständig „durchgewalkt"; dabei wird seine Entropie erhöht, was, wie wir in §14 sehen werden, hinsichtlich der Einstellung des Gleichgewichts gleichwertig ist mit einer Energieerniedrigung. Das hört erst im Gleichgewichtszustand der Abb. 12.10 auf.

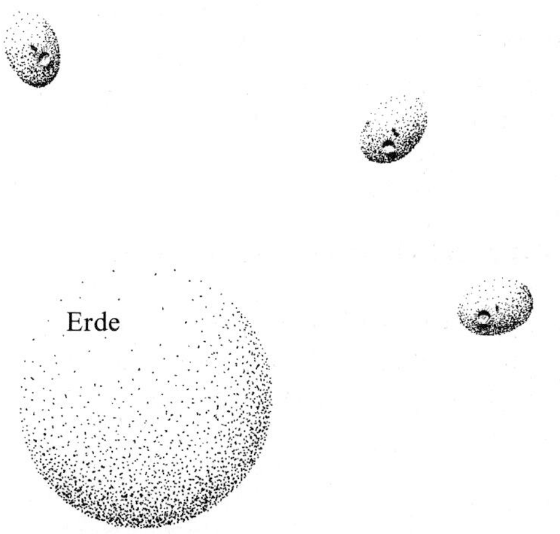

Abb. 12.10

Rotationsgleichgewicht des Mondes. Gezeichnet ist die Stellung des Mondes zu einigen Zeiten bei seinem Umlauf um die Erde. Er kehrt der Erde stets dieselbe Seite zu, rotiert also mit der gleichen Winkelgeschwindigkeit um die eigene Achse wie um die Erde. Übertrieben gezeichnet ist die durch das inhomogene Gravitationsfeld hervorgerufene Deformation des Mondes (Gezeitenwirkung der Erde). Diese Deformation ist entscheidend für das Verständnis des Einstellens des Rotationsgleichgewichts.

Gleichgewicht beim Austausch von Kompressionsenergie. Druckgleichgewicht

Die beiden Systeme, die Energie in Form von Kompressionsenergie miteinander austauschen können, seien zwei Gase, wie in Abb. 12.11 dargestellt. Die die Systeme 1 und 2 trennende Wand ist als verschiebbarer Kolben ausgebildet, der für alle von der Kompressionsenergie verschiedenen Energieformen, also auch für Wärme, undurchlässig sein soll. Beim Verschieben des Kolbens werden von den extensiven Variablen des Gesamtsystems nur die beiden Volumina V_1 und V_2 geändert, und zwar so, daß ihre Summe konstant bleibt:

$$d(V_1+V_2)=0 \quad \text{oder} \quad dV_2=-dV_1. \tag{12.12}$$

Alle übrigen für das Beispiel wesentlichen extensiven Standard-Variablen sollen konstant bleiben, also $dS_1=dS_2=dN_1=dN_2=0$. Die Einhaltung von $dN_1=dN_2=0$ macht keine Schwierigkeit. Sie besagt nur, daß beide Gase eingesperrt sind und ihre Mengen sich nicht ändern können. Um $dS_1=dS_2=0$ einzuhalten, kann man einmal die Außenwand des Zylinders wärmeundurchlässig machen, damit die Gase keine Wärmeenergie mit der Außenwelt austauschen. Außerdem darf der Kolben keine Wärme durchlassen, da jede der voneinander unabhängigen Variablen S_1 und S_2 für sich konstant bleiben soll. So können die beiden Gase keine Entropie mit der Außenwelt oder untereinander austauschen. Damit $dS_1=dS_2=0$, darf außerdem keine Entropie in den Gasen oder bei der Bewegung des Kolbens erzeugt werden. Dazu muß man den Kolben langsam (gemessen an der Schallgeschwindigkeit im Gas) bewegen. Bei schneller Bewegung des Kolbens wird Entropie erzeugt, die Bedingung $dS_1=dS_2=0$ also verletzt.

Die Bedingung $dS_1=dS_2=0$ ließe sich auch so einhalten, daß durchaus Entropie erzeugt wird, etwa bei schnellem Hin- und Herschwingen des Kolbens, aber die Wände wärmedurchlässig gemacht werden und genau die erzeugte Entropie ($dS_1>0$, $dS_2>0$) als Wärme $T_1\,dS_1$ bzw. $T_2\,dS_2$ vom System abgeführt wird. Auch so wird $dS_1=dS_2=0$ eingehalten. Die Bedingung $dS_1=dS_2=0$ für das System enthält ja keinerlei Vorschrift darüber, *wie* sie einzuhalten ist.

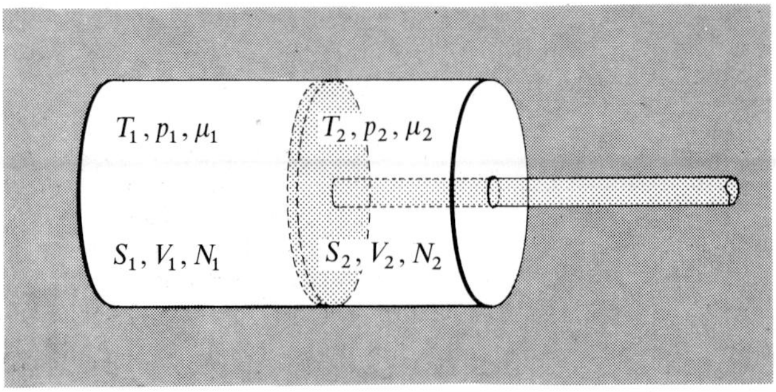

Abb. 12.11

Die Gase links und rechts eines verschieblichen Kolbens sind zwei Systeme, die Kompressionsenergie miteinander austauschen. Die Kopplungsbedingung lautet $d(V_1+V_2)=0$. Entsprechend ist im Gleichgewicht $p_1=p_2$. Andere Energieformen als Kompressionsenergie mögen die Gase nicht miteinander austauschen. Es sei also insbesondere $dN_1=dN_2=dS_1=dS_2=0$. Dann braucht bei $p_1=p_2$ keineswegs auch $\mu_1=\mu_2$ und $T_1=T_2$ zu sein. Damit sich das Druckgleichgewicht $p_1=p_2$ einstellt, muß dem System Energie entzogen werden, z.B. durch Verschieben der Kolbenstange als Verschiebungsenergie vom Betrag $-(p_1-p_2)\,dV_1$ oder bei Entropieerzeugung in den beiden Gasen durch den Entzug von Wärme zur Einhaltung der Bedingung $dS_1=dS_2=0$.

Bei $dS_1 = dS_2 = dN_1 = dN_2 = 0$ und nur veränderbarem V_1 und V_2 unter der Bedingung (12.12) ist

$$dE = -p_1\,dV_1 - p_2\,dV_2 = -(p_1 - p_2)\,dV_1. \tag{12.13}$$

Ein Minimum von E liegt dann vor, wenn $dE = 0$ bei $dV_1 \neq 0$, wenn also $p_1 = p_2$. *Im Gleichgewicht sind die Drucke gleich.*

Daß wirklich ein Minimum vorliegt, macht man sich ähnlich klar wie im Beispiel des Austausches von Verschiebungsenergie. Wenn V_1 vom Gleichgewicht aus vergrößert wird ($dV_1 > 0$), nimmt der Druck p_1 ab, während p_2 zunimmt. Dann wird aber $p_1 - p_2$ negativ und infolgedessen $dE > 0$. Wird V_1 verkleinert ($dV_1 < 0$), so wird $p_1 - p_2$ positiv. Da dann aber $dV_1 < 0$ ist, folgt wieder $dE > 0$. Auch in diesem Beispiel sind daher alle Aussagen der Gleichgewichtsregel erfüllt.

Die Eigenschaft des Drucks, im Gleichgewicht unter freiem Austausch von Kompressionsenergie zwischen zwei Systemen den gleichen Wert zu haben, wird zur Druckmessung benutzt. Dabei ist es gleichgültig, ob die Entropie der Systeme konstant gehalten wird oder die Temperatur oder noch eine von S oder T abhängige andere Größe. Man braucht die betrachteten, Kompressionsenergie austauschenden Systeme

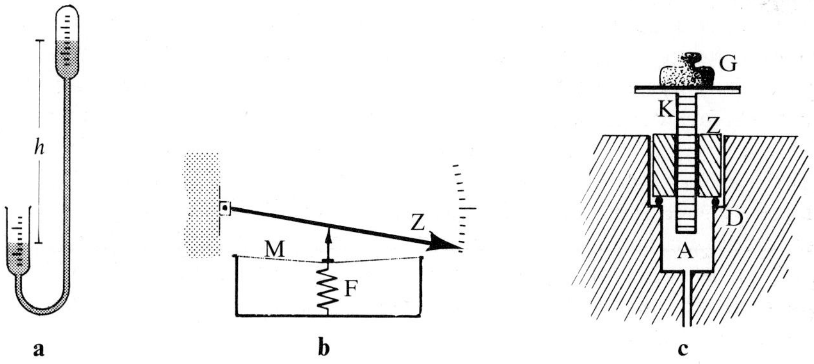

Abb. 12.12

Manometer nutzen aus, daß im Gleichgewicht gegenüber freiem Austausch von Kompressionsenergie die Drucke denselben Wert haben. Eines der austauschenden Systeme ist dabei das Manometer.

(a) Flüssigkeitsmanometer zur Messung des Luftdrucks. Der Raum über dem rechten Flüssigkeitsspiegel ist luftleer. Bei Verschiebung des linken Flüssigkeitsspiegels tauscht das Manometer mit der Umgebung, der Atmosphäre, Kompressionsenergie aus. Im Gleichgewicht ruht der Spiegel, und der Gleichgewichtsdruck beträgt $\rho\, g\, h$, wobei ρ die Massendichte der Flüssigkeit, g die Erdbeschleunigung und h die Höhe der Flüssigkeitssäule bezeichnen. Hinzu kommt der (allerdings meist vernachlässigbare) Dampfdruck über dem rechten Flüssigkeitsspiegel. Für Quecksilber bei Atmosphärendruck ist $h \approx 760$ mm, für Wasser ≈ 10 m.

(b) In robusten Geräten, wie handelsüblichen Barometern, ist besser geeignet zur Luftdruckmessung eine Membran M über einer luftdichten Dose („Aneroidbarometer"). Im Gleichgewicht ist die von der Luft auf die Membran ausgeübte Kraft entgegengesetzt gleich der der Feder F. Die Stellung der Membran im Gleichgewicht wird durch einen Zeiger Z angezeigt.

(c) Bei Druckmessungen sehr hoher Drucke (bis in die Größenordnung von über 10^4 bar $= 10^9$ Pa) muß man auf bewegliche Kolben zurückgreifen. Im Prinzip geschieht die Druckmessung im Raum A durch Messung der Kraft, dargestellt durch ein Gewicht G, auf einen Kolben bekannten Querschnitts. Der Kolben K wird durch eine Zylinderbohrung geführt. Der Zylinder Z ist gegen den Versuchsbehälter durch eine Dichtung D gedichtet.

Zur Messung noch höherer Drucke (bis 10^5 bar $= 10^{10}$ Pa) dient die Änderung von elektrischen Widerständen, die mit der Änderung der kristallinen Struktur von Substanzen, wie Wismut, Thallium und Barium verbunden ist.

nur durch Ankoppeln geeigneter anderer Systeme zu erweitern, um die für die ursprünglichen Systeme gewünschten Bedingungen so zu erfüllen, daß die extensiven Variablen des neuen Gesamtsystems konstant gehalten werden. Bei der Druckmessung spielt eines der beiden Systeme die Rolle des Meßgeräts, des Manometers. Bekannte Beispiele hierfür bilden die mechanischen und die Flüssigkeitsmanometer (Abb. 12.12).

Wie in den Beispielen des Austauschs von Verschiebungsenergie und von Bewegungsenergie fragen wir auch hier wieder nur nach dem Gleichgewichts*zustand*, aber nicht danach, wie sich dieser Zustand einstellt. Da der Zustand des Gleichgewichts dadurch definiert ist, daß die Energie des Gesamtsystems unter den Bedingungen $dS_1 = dS_2 = dN_1 = dN_2 = 0$ sowie (12.12) ein Minimum hat, ist das **Einstellen des Gleichgewichts** unter diesen Bedingungen daran geknüpft, daß dem Gesamtsystem so lange Energie entzogen wird, bis weiterer Entzug nicht mehr möglich ist, ohne die Bedingungen zu verletzen. Genau das bedeutet ja die Aussage, daß die Energie ein Minimum hat. In welcher Form die Energie dem Gesamtsystem entzogen wird, ist dabei völlig gleichgültig. Eine Möglichkeit, die wir schon erwähnt haben, besteht darin, daß das System beim Hin- und Herschwingen des Kolbens Entropie erzeugt und diese Entropie mit Wärme vom System abgeführt wird. Die Schwingung des Kolbens ist dann gedämpft. Eine andere Möglichkeit wäre Energieentzug durch Verschiebungsenergie über die Kolbenstange. Schließlich könnte man auch die Kolbenstange außerhalb des Zylinders durch Reibung Entropie erzeugen lassen und so dem System Energie entziehen.

Im Gleichgewicht hinsichtlich des Austausches von Kompressionsenergie sind die Drucke in beiden Kammern der Abb. 12.11 gleich. Das besagt keineswegs, daß die intensiven Variablen anderer Energieformen, deren Austausch zwischen den Systemen links und rechts vom Kolben wir nicht zugelassen haben, auch gleich sein müßten. Insbesondere können also im Druckgleichgewicht die beiden Gase durchaus unterschiedliche Temperatur und unterschiedliches chemisches Potential haben.

Schließlich läßt die in den Gleichgewichts-Regeln ausgedrückte Eigenschaft der Energie, beim Austausch einer Energieform und konstant gehaltenen extensiven Variablen im Gleichgewicht ein Minimum anzunehmen, einen einfachen Schluß zu über das Verhalten von **Systemen bei positiven und negativen Drucken.** Der Prozeß

$$dE = -p\,dV, \qquad dS = dN = 0, \tag{12.14}$$

bei dem ein System nur Kompressionsenergie austauscht, läßt sich ansehen als Austauschprozeß des betrachteten Systems mit einem zweiten, fiktiven System, dessen Druck $p_2 = 0$ ist und dessen Energie E_2 sich demgemäß mit Änderung des Volumens V_2 nicht ändert. Das Minimum der Energie des Gesamtsystems ist dann identisch mit dem Minimum der Energie E des betrachteten Systems, das den Prozeß (12.14) macht, bei dem alle unabhängigen extensiven Variablen außer V konstant gehalten werden.

Ist $p > 0$, so ist nach (12.14) $dE < 0$, wenn $dV > 0$; die Energie E des Systems nimmt also ab, wenn das Volumen zunimmt. Bei positivem Druck hat die Energie des Systems also einen um so kleineren Wert, je größer das Volumen des Systems ist. Besitzt das System eine Gelegenheit zur Energieabgabe, so vergrößert es sein Volumen, soweit ihm das erlaubt wird. So verhalten sich *Gase*. Sie erreichen asymptotisch bei $V \to \infty$ den Druck $p = 0$.

Hat umgekehrt der Druck einen negativen Wert, also $p < 0$, so hat dE nach (12.14) dasselbe Vorzeichen wie dV. Die Energie E des Systems nimmt also zu, wenn sein Volumen V zunimmt, und ab, wenn V abnimmt. Hat ein System bei negativem Druck die Möglichkeit zur Energieabgabe, so nimmt sein Volumen so lange ab, bis der Druck

$p=0$ ist. Systeme, die negativer Drucke fähig sind, haben ein *Eigenvolumen*. Eine bestimmte Menge des Stoffes beansprucht bei $p=0$ ein bestimmtes endliches Volumen. Das trifft zu für *Flüssigkeiten und Festkörper*, die man im Gegensatz zu Gasen als *kondensierte Phasen* bezeichnet. Bei $p>0$ treten in diesen Phasen *Druckspannungen* auf. Es kann in einer kondensierten Phase aber auch $p<0$ sein, also *Zugspannung* herrschen (§4).

Wir fassen zusammen zu der *Regel:*

> Systeme, die nur Zustände mit $p>0$ haben, suchen ihr Volumen immer so groß zu machen wie möglich, sie füllen demgemäß jedes vorgegebene Volumen aus. Dieses Verhalten ist charakteristisch für Gase.
>
> Systeme, die ein Eigenvolumen besitzen, die also bei $p=0$ ein endliches Volumen ausfüllen, auch wenn ihnen ein größeres Volumen zur Verfügung gestellt wird, haben sowohl Zustände positiven wie negativen Drucks. Dieses Verhalten ist charakteristisch für Festkörper und Flüssigkeiten, allgemein für kondensierte Phasen.

Gleichgewicht beim Austausch von Oberflächenenergie. Minimalflächen

Das Minimum der Energie im Gleichgewichtszustand läßt sich in besonders schöner Weise an der Oberflächenenergie demonstrieren. Wir betrachten dazu den *Austausch von Oberflächenenergie* zwischen zwei Flüssigkeitslamellen (Abb. 12.13). Die Anordnung ist ein ebenes Analogon zum Austausch von Kompressionsenergie in Abb. 12.11. Da die aus den Lamellen 1 und 2 bestehende Gesamtfläche vom Flächeninhalt (A_1+A_2) bei Verschiebungen des mittleren Bügels, des „Kolbens", konstant bleibt und die Entropie, die Volumina und die Teilchenzahlen der Systeme 1 und 2 nicht geändert werden, lauten die Prozeßbedingungen

(12.15) $$d(A_1+A_2)=0, \quad dV_1=dV_2=dS_1=dS_2=dN_1=dN_2=0.$$

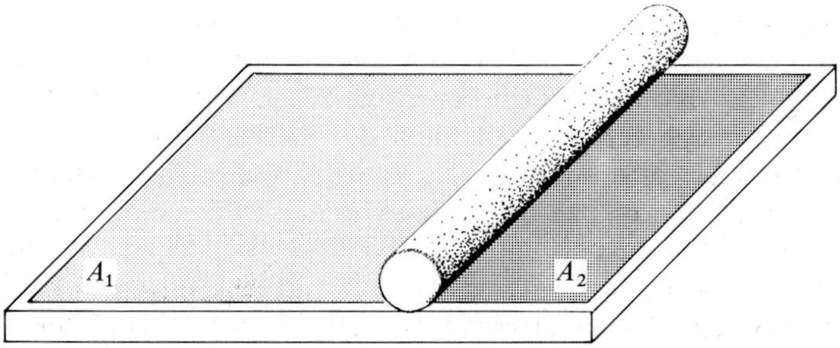

Abb. 12.13

Austausch von Oberflächenenergie. In einen Rahmen sind, durch einen Bügel getrennt, zwei Flüssigkeitslamellen 1 und 2 eingespannt. Bei Verschieben des Bügels verändern sich die Flächeninhalte A_1 und A_2 der beiden Lamellen so, daß zwischen A_1 und A_2 Normal-Kopplung besteht: $d(A_1+A_2)=0$. Haben beide Flüssigkeiten dieselbe Oberflächenspannung $\sigma_1=\sigma_2$ und hängen σ_1 und σ_2 nicht von der Oberfläche ab, wie allgemein bei Flüssigkeiten, dann ist der Bügel in jeder Lage im Gleichgewicht. Ist $\sigma_1<\sigma_2$, nimmt die Flüssigkeit 1 den gesamten Rahmen ein.

Somit ist

(12.16) $$dE=(\sigma_1-\sigma_2)\,dA_1.$$

Im Zustand, in dem die Energie E des aus den Lamellen 1 und 2 bestehenden Gesamtsystems ein Minimum hat, also im Gleichgewichtszustand, ist $dE=0$ bei $dA_1 \neq 0$, also $\sigma_1=\sigma_2$. Da überhaupt jede Fläche sich auffassen läßt als eine Summe aneinandergrenzender Flächenelemente, hat im Gleichgewicht die Oberflächenspannung in benachbarten Flächenelementen denselben Wert. *Die Oberflächenspannung hat daher im Gleichgewicht überall auf einer Fläche denselben Wert.* Hätten in der Anordnung der Abb. 12.13 die Flüssigkeiten 1 und 2 unterschiedliche Oberflächenspannungen $\sigma_1 \neq \sigma_2$, so nähme im Gleichgewicht die Lamelle mit der kleineren Oberflächenspannung die gesamte Fläche ein.

Wir denken uns eine einheitliche Flüssigkeitsmenge gegeben, die nur Änderungen ihrer Gestalt und damit Änderungen dA des Flächeninhalts A ihrer Oberfläche unterworfen wird, während wieder alle anderen unabhängigen extensiven Variablen S, V, N ungeändert bleiben. Wir betrachten also wieder Prozesse, die den Bedingungen

(12.17) $$dA \neq 0, \qquad dS=dV=dN=0$$

und somit der Beziehung

(12.18) $$dE=\sigma\,dA$$

genügen. Da σ positiv ist, ist eine Vergrößerung $dA>0$ der Oberfläche des Systems mit Energieerhöhung $dE>0$ verknüpft. Umgekehrt wird die Energie E der Flüssigkeitsmenge verringert, also $dE<0$, wenn seine Oberfläche verkleinert wird, also $dA<0$. Der Flächeninhalt A der Oberfläche verkleinert sich so lange, bis die Energie ihren Minimalwert unter den Bedingungen (12.17) annimmt. Dieser Zustand bleibt dann, wenn er einmal hergestellt ist und die Bedingungen (12.17) weiter eingehalten werden, bestehen; er ist ein Gleichgewichtszustand der Flüssigkeitsmenge. Nun hat die Oberflächenspannung σ im Gleichgewicht überall auf der Fläche denselben Wert, und da σ bei Flüssigkeiten vom gesamten Flächeninhalt A der Oberfläche kaum abhängt, nimmt die Energie E genau dann ihr Minimum an, wenn die *Oberfläche einen minimalen Flächeninhalt* hat. Der Minimalwert von A legt das Gleichgewicht auch noch unter Bedingungen fest, bei denen die Entropie S nicht konstant zu bleiben braucht. Das Gleichgewicht ist dann nicht mehr durch das Minimum der Energie E der Lamelle, sondern eines geeignet erweiterten Systems, mit dem die Lamelle Wärme, also Entropie austauschen kann, definiert, aber immer noch durch das Minimum von A. Wir haben damit die *Regel:*

> Eine Flüssigkeitsmenge gegebenen Volumens V und gegebener Teilchenzahl N ist dann in einem Zustand des Gleichgewichts gegenüber Änderungen des Flächeninhalts A ihrer Oberfläche, wenn bei gegebenen Werten von V und N der Flächeninhalt A der Oberfläche ein Minimum hat.

Wir wollen diese Regel an ein paar Beispielen demonstrieren.

Ein **Flüssigkeitstropfen** ist dann im Zustand des Gleichgewichts gegen Gestaltsänderungen, wenn seine Oberfläche minimal ist, wenn er also Kugelgestalt hat. Ein nicht-kugelförmiger Tropfen hat unter sonst gleichen Bedingungen, also bei gleichen Werten des Volumens V und der Teilchenzahl N, eine größere Energie als ein kugelförmiger Tropfen. Der nicht-kugelförmige Tropfen bleibt, wenn man ihn sich selbst überläßt, nicht in seinem Zustand, sondern fängt an zu schwingen. Diese Schwingungen werden unter Entropieerzeugung, also unter Verletzung von $dS=0$, gedämpft. Die Bedingung $dS=0$ kann trotzdem eingehalten werden, wenn der Tropfen die erzeugte Entropie mit der entsprechenden Menge Wärme abgibt. Aber selbst wenn S nicht konstant ist, bleibt die Regel richtig, daß das Gleichgewicht durch das Minimum von A bestimmt ist.

Ein einziger kugelförmiger Tropfen hat eine minimale Oberfläche bei gleichem Volumen nicht nur gegenüber dem aus der Kugelgestalt verformten Tropfen, sondern auch gegenüber zweien oder mehreren kugelförmigen kleineren Tropfen, deren Volumen insgesamt gleich dem des einen einzigen großen Tropfens ist. Zwei Kugeln haben nämlich zusammen eine größere Oberfläche als eine einzige Kugel, deren Volumen gleich der Summe der Volumina der beiden Kugeln ist. Die Aufteilung eines Tropfens in mehrere kleine Tropfen kostet daher Energie. Man sieht das deutlich, wenn man einen Quecksilbertropfen zerschlägt. Die dabei gebildete Gesamtheit kleinerer Tropfen ist ein Zustand höherer Energie als der ursprüngliche große Tropfen. Das zeigt sich

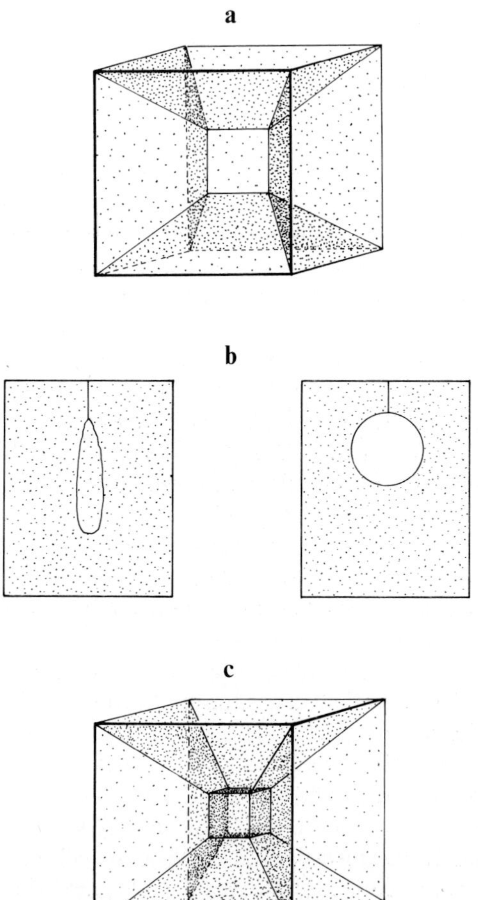

Abb. 12.14
Minimalflächen. Taucht man einen Drahtrahmen in Seifenwasser, so spannt sich beim Herausziehen eine Lamelle in dem Rahmen, deren Oberfläche einen Flächeninhalt hat, der ein Minimum gegenüber *stetigen* Deformationen der Fläche ist.
(a) Minimalfläche mit kubischem Rand. Es ist bemerkenswert, daß die Minimalfläche eine tiefere Symmetrie hat als der Rand.
(b) Ein in einer Lamelle liegender geschlossener Faden beschreibt einen Kreis, also eine Figur mit größtem Flächeninhalt bei gegebener Randlänge, wenn die Lamelle im Innern des vom Faden begrenzten Gebietes durchstochen wird.
(c) Minimalfläche bei einem Rand wie in a, jedoch unter der Nebenbedingung einer vorgegebenen, von der Minimalfläche im inneren Kubus eingeschlossenen Luftmenge.

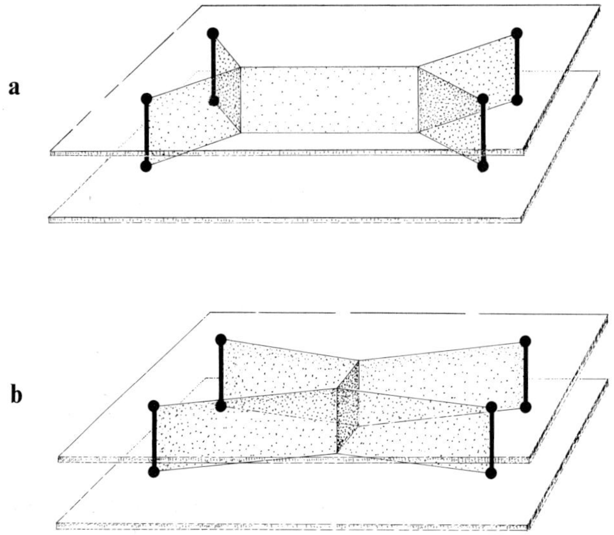

Abb. 12.15
Das mathematisch schwierige Problem, zwischen vorgegebenen Punkten ein Wegesystem kleinster Gesamtlänge zu finden, lösen anschaulich ebene Minimalflächen.
(a) Kurvenzug von absolut und relativ gegenüber stetigen Deformationen der Flächen kleinster Länge zwischen den Eckpunkten eines Rechtecks.
(b) Kurvenzug von relativ, aber nicht absolut kleinster Länge.
Sowohl a als auch b sind Gleichgewichtszustände der Flüssigkeitslamellen.

so, daß die kleineren Tropfen die Tendenz haben, sich zu vereinigen und immer größere Tropfen zu bilden. Die dabei frei werdende Energie äußert sich in Schwingungen der so gebildeten größeren Tropfen. Die Schwingungen werden unter Entropieerzeugung rasch gedämpft.

Eine andere Demonstration der Minimaleigenschaft von Oberflächen bilden **Flüssigkeitslamellen,** die in verschieden geformte Drahtrahmen eingespannt werden (Abb. 12.14). Bei den Lamellen im Gleichgewicht handelt es sich um Flächen, die bei vorgegebenen Rändern einen minimalen Flächeninhalt haben, um sogenannte **Minimalflächen.** Diese Minimalflächen sind auch Folgen der Regel minimalen Inhalts der Oberfläche, wenn die Gestaltsänderungen noch der Nebenbedingung eines vorgegebenen Randes unterworfen werden. Die Lamellen stellen Flächen dar, deren Flächeninhalt in dem Sinn minimal ist, daß *stetige* Deformationen der Lamelle immer mit Vergrößern des Flächeninhalts verknüpft sind. Dagegen kann es in ein und demselben Rahmen durchaus mehrere Minimalflächen mit verschiedenen Werten des Flächeninhalts geben (Abb. 12.15). Dann haben zwar nicht alle diese Minimalflächen den absolut kleinsten Flächeninhalt, wohl aber stellt ihr Flächeninhalt ein relatives Minimum dar gegenüber stetigen Deformationen der Lamelle.

Eine andere Nebenbedingung als die eines vorgegebenen Randes für eine Minimalfläche ist die eines vorgegebenen Volumens bei einer geschlossenen Fläche. Die minimale Fläche ist wieder eine Kugel, und zwar wieder eine einzige. Ist eine Gasmenge ursprünglich, wie in Abb. 12.16, von zwei kommunizierenden Flüssigkeitshäuten, etwa Seifenblasen, umgeben, so wächst die große Kugel auf Kosten der kleineren, bis im Gleichgewicht die ganze Gasmenge von einer einzigen Kugel umschlossen ist.

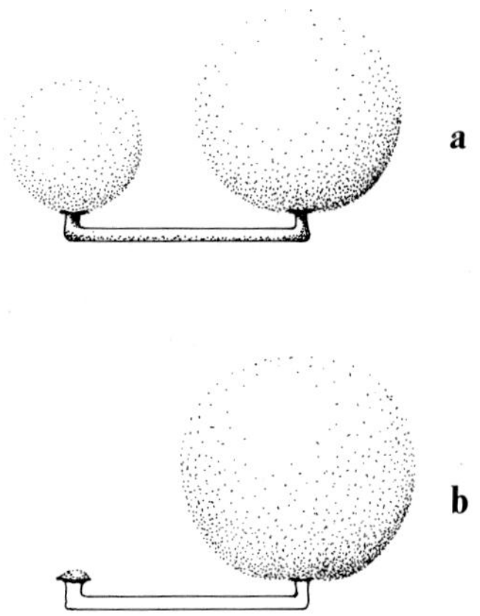

Abb. 12.16
(a) Zwei kommunizierende Seifenblasen nicht im Gleichgewicht gegenüber Austausch von Oberflächenenergie.
(b) Im Gleichgewicht ist nur noch eine große Blase da, weil eine einzige Kugel die kleinste Oberfläche für ein vorgegebenes Volumen bildet. Konstantes Gesamtvolumen

$$V=\frac{4\pi}{3}(r_1^3+r_2^3)$$

zweier Kugeln mit den Radien r_1 und r_2 bedeutet, daß Änderungen dr_1 und dr_2 der Radien r_1 und r_2 so aneinander gekoppelt sind, daß $dV=dV_1+dV_2=0$ oder $r_1^2\,dr_1+r_2^2\,dr_2=0$, woraus folgt $dr_2=-(r_1^2/r_2^2)\,dr_1$.
Die Änderung des Flächeninhalts A der gesamten Oberfläche beider Kugeln

$$dA=d[4\pi(r_1^2+r_2^2)]=8\pi(r_1\,dr_1+r_2\,dr_2)=8\pi r_1[1-(r_1/r_2)]\,dr_1$$

ist daher Null. A hat also ein Extremum, wenn $r_1=0$ oder $r_1=r_2$. Das erste dieser Extrema ist ein Minimum von A, das zweite ein Maximum.

Die Oberfläche als Grenzfläche zwischen verschiedenen Medien

Die Oberfläche eines Volumens ist immer die Grenzfläche zwischen dem von der Oberfläche umhüllten Raumstück, dem Inneren, und dem Rest des Raumes, dem Äußeren. Wenn wir bisher von der Oberfläche eines physikalischen Systems gesprochen haben, so haben wir das Äußere stillschweigend als „leer“ angesehen. Wir haben angenommen, daß das Äußere ohne Einfluß ist auf die Energie, die mit einer Änderung dA des Flächeninhalts A der Oberfläche verbunden ist. Das war auch der Grund, weshalb wir $\sigma>0$ angenommen haben. Die Oberflächenspannung σ ist nämlich immer positiv, wenn die Oberfläche eines Systems allein durch das System bestimmt wird, nicht aber auch von der Umgebung, also dem Äußeren. Wäre nämlich $\sigma<0$, aber allein abhängig vom System, so würde das System endlos Oberfläche bilden und so seinen Zusammenhang aufgeben.

Die Oberfläche eines physikalischen Systems ist die **Grenzfläche zwischen zwei Systemen.** So trennt die Oberfläche einer Flüssigkeit die flüssige Substanz vom Dampf. Streng genommen gilt das auch für den Festkörper. Der Dampf ist nur gewöhnlich von so geringem Einfluß auf die Oberflächenspannung σ, daß σ allein vom Zustand der Flüssigkeit oder des Festkörpers abhängt. Anders ist die Situation aber, wenn verschiedene Flüssigkeiten oder Festkörper aneinandergrenzen. Die Oberfläche des einen Mediums ist gleichzeitig die Oberfläche des anderen, wenn verschiedene Flüssigkeiten oder Flüssigkeiten unterschiedlicher Zusammensetzung oder eine Flüssigkeit und ein Festkörper aneinanderstoßen. Die gemeinsame Oberfläche bildet die Grenzfläche zwischen den Systemen (Abb. 12.17). Physikalisch läßt sich diese Grenzfläche als eigenes System betrachten, nämlich als ein Film nahezu konstanter Dicke, dessen physikalischer Zustand, also dessen Variablen $S, N_1, N_2, \ldots$ und ihre Werte durch die angrenzenden Systeme I und II bestimmt sind, mit denen der Film im freien Austausch und damit im Gleichgewicht steht. Einzige unabhängige Variable des Films

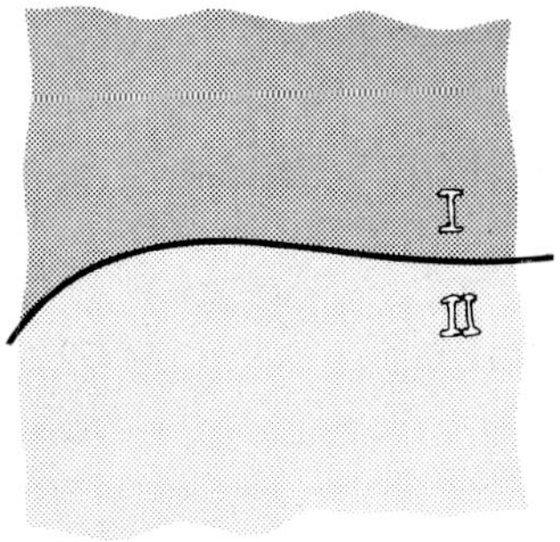

Abb. 12.17

Die Grenzfläche zweier Medien I und II ist Oberfläche zugleich vom System I und System II. Die zur Bildung oder Deformation, also zur Änderung des Flächeninhalts der Trennfläche benötigte Energie $\sigma_{\text{I, II}}\, dA$ hängt im allgemeinen von beiden Systemen I und II ab. Dasselbe gilt damit auch für die Grenzflächenspannung $\sigma_{\text{I, II}}$. Ist I die Dampf-Phase der Flüssigkeit II, oder der festen Phase II, so ist, wenn die Teilchendichte in I klein ist gegen die Teilchendichte in II, der Einfluß von I auf die Grenzflächenspannung vernachlässigbar. $\sigma_{\text{I, II}}$ ist dann gleich der Oberflächenspannung der Flüssigkeit oder festen Phase II.

ist wieder sein Flächeninhalt A. Da nämlich der Film überall ungefähr dieselbe Dicke hat, bestimmt praktisch A allein, wieviel Film vorhanden ist. Die Existenz der Grenzfläche äußert sich daher so, daß zu den Energieformen der Systeme I und II einfach eine Oberflächenenergie $\sigma_{\text{I, II}}\, dA$ hinzutritt, wobei die **Grenzflächenspannung** $\sigma_{\text{I, II}}$ sowohl vom System I als auch vom System II abhängt.

Wenn die Grenzfläche zwischen I und II ihre Gleichgewichtsgestalt hat, besteht zwischen den Drucken p_{I} und p_{II} in den Systemen I und II einerseits und der Grenzflächenspannung $\sigma_{\text{I, II}}$ andererseits die Beziehung

(12.19) $$\sigma_{\text{I, II}}\left(\frac{1}{R_1}+\frac{1}{R_2}\right)=p_{\text{I}}-p_{\text{II}}.$$

Dabei bedeuten R_1 und R_2 die Hauptkrümmungsradien der Grenzfläche. Auch (12.19) ist eine Gleichgewichtsbeziehung. Sie folgt aus der Bedingung, daß bei Änderung der Grenzfläche um dA und gleichzeitigen Änderungen dV_{I} und dV_{II} der Volumina im Gleichgewicht gelten muß

(12.20) $$\sigma_{\text{I, II}}\, dA - p_{\text{I}}\, dV_{\text{I}} - p_{\text{II}}\, dV_{\text{II}} = 0.$$

Um aus der Gleichgewichtsbedingung (12.20) die Beziehung (12.19) zu erhalten, muß man noch den geometrischen Zusammenhang zwischen dA und dV_{I} sowie dV_{II} ausfindig machen; denn die Änderungen von A, V_{I} und V_{II} sind nicht unabhängig voneinander. Wie die Abb. 12.18 erläutert, lautet dieser Zusammenhang

(12.21) $$dA = A\left(\frac{1}{R_1}+\frac{1}{R_2}\right) dn, \qquad dV_{\text{I}} = A\, dn, \qquad dV_{\text{II}} = -A\, dn.$$

Wendet man Gl. (12.19) auf eine kugelförmige ($R_1 = R_2 = R$) Grenzfläche zwischen Flüssigkeit und Dampf an, so zeigt (12.19), daß $p_{\text{I}} > p_{\text{II}}$, also der Druck im Innern der Kugel größer ist als außen (Abb. 12.19a und b). Die Gleichgewichtsbeziehung (12.20) zeigt auch unmittelbar, daß der Druck im Innern der Kugel

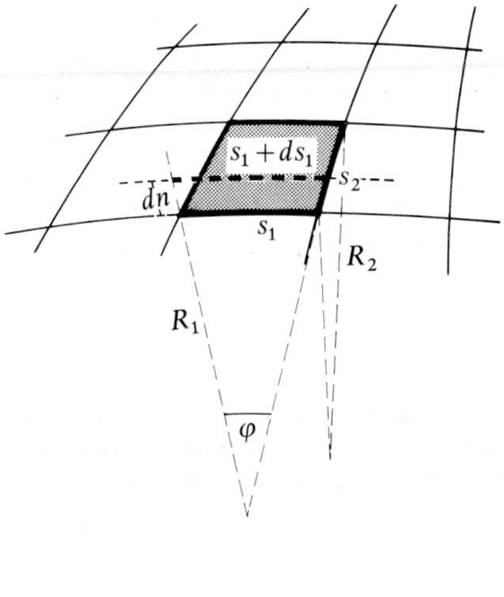

Abb. 12.18

Zur Ableitung des Zusammenhangs (12.21) zwischen der Änderung der Grenzfläche dA und den Änderungen der Volumina dV_{I} und dV_{II} der aneinander grenzenden Medien. dn gibt den Abstand an zwischen der deformierten und der ursprünglichen Fläche. Es ist

$$ds_1 = (s_1 + ds_1) - s_1 = \varphi\, dn = (s_1/R_1)\, dn.$$

Entsprechend ist

$$ds_2 = (s_2/R_2)\, dn.$$

Die Änderung des Flächeninhalts der Fläche $A = s_1\, s_2$ infolge der Deformation ist somit

$$dA = (A + dA) - A = (s_1 + ds_1)(s_2 + ds_2) - s_1 s_2 = s_1\, ds_2 + s_2\, ds_1$$
$$= s_1 s_2 [(1/R_2) + (1/R_1)]\, dn.$$

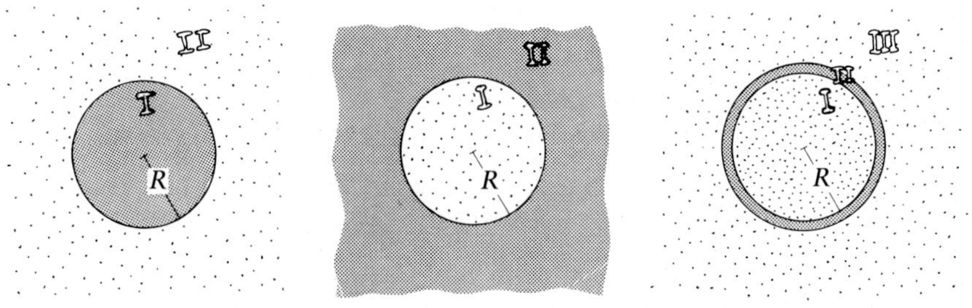

Abb. 12.19

Anwendung der Gl. (12.19) auf

(a) einen Flüssigkeitstropfen in einer Dampfatmosphäre. Die Differenz zwischen dem Druck p_{I} im Tropfen und außerhalb des Tropfens p_{II}, ist $p_{\mathrm{I}}-p_{\mathrm{II}}=2\sigma/R$.

(b) eine Siedeblase, also einen dampfförmigen Tropfen in einer flüssigen Umgebung. Wie im Fall a ist $p_{\mathrm{I}}-p_{\mathrm{II}}=2\sigma/R$. Da der Druck p_{II} im Innern der Flüssigkeit gleich oder bei größerer Tiefe sogar größer ist als der Dampfdruck über der ebenen Flüssigkeit, ist p_{I} stets größer als der Dampfdruck über der Flüssigkeit. Infolgedessen ist die Temperatur der Flüssigkeit an der Stelle, an der sich eine Blase bildet, größer als die Siedetemperatur an der ebenen Flüssigkeitsoberfläche. Siedeblasen bilden sich daher nur, wenn die Flüssigkeit von unten geheizt wird, wenn also ein Temperaturgradient in der Flüssigkeit herrscht, bei dem die Temperatur von unten nach oben abnimmt.

(c) eine Seifenblase. Nach (12.19) ist $p_{\mathrm{I}}-p_{\mathrm{II}}=2\sigma/R$ und $p_{\mathrm{II}}-p_{\mathrm{III}}=2\sigma/R$, woraus durch Addition für die Differenz des Drucks p_{I} des von der Seifenblase eingeschlossenen Gases und dem Druck p_{III} des Gases außerhalb der Seifenblase folgt $p_{\mathrm{I}}-p_{\mathrm{III}}=4\sigma/R$.

größer sein muß als außerhalb, solange nur die Grenzflächenspannung $\sigma_{\mathrm{I,II}}>0$ ist. Dann bedeutet nämlich Zusammenziehen der Kugel Abgabe von Oberflächenenergie, da dabei der Flächeninhalt der Grenzfläche verkleinert wird. Im Gleichgewicht wird diese Energieabgabe durch aufgenommene Kompressionsenergie vom gleichen Betrag kompensiert. Damit bei Verkleinerung der Kugel Kompressionsenergie von ihr aufgenommen wird, muß aber der Druck innen größer sein als außen. Das ist unabhängig davon, ob die Kugel flüssig und die Dampfphase außen ist oder ob der Dampf kugelförmig in der Flüssigkeit eingeschlossen ist. Die Grenzflächenspannung $\sigma_{\mathrm{I,II}}$ zwischen Flüssigkeit und Dampf ist in jedem Fall positiv und angenähert durch die Oberflächenspannung σ der Flüssigkeit gegeben. Für den **Druck im Innern eines Tropfens** ebenso wie für **Dampfblasen** in einer siedenden Flüssigkeit ergibt (12.19)

$$p_{\mathrm{I}}-p_{\mathrm{II}}=\frac{2\sigma}{R}. \qquad (12.22)$$

Bei kleinen Kugeln kann dieser Druck erhebliche Werte annehmen. Gl. (12.22) und die Abb. 12.19b zeigen ferner, daß Dampfblasenbildung beim Sieden nur dort erfolgen kann, wo die Temperatur im Innern der Flüssigkeit größer ist als die durch den Außendruck bestimmte Siedetemperatur an der ebenen Oberfläche ($R=\infty$) der Flüssigkeit.

Bei einer Seifenblase (Abb. 12.19c) ist Gl. (12.22) zweimal anzuwenden. Sowohl zwischen dem Gas I innen und der Flüssigkeit II als auch zwischen der Flüssigkeit II und dem Gas III außen besteht der Druckunterschied (12.22). Gegenüber dem Gas außen herrscht daher im Innern der Seifenblase ein Überdruck

$$p_{\mathrm{I}}-p_{\mathrm{III}}=\frac{4\sigma}{R}. \qquad (12.23)$$

Je kleiner eine Seifenblase, desto größer ist also der Druck in ihr. Für unsere durch Gummiballons geprägte Anschauung ist das merkwürdig. Es zeigt aber, wie sich zwischen den beiden kommunizierenden Seifenblasen der Abb. 12.16 das Gleichgewicht einstellt. In der kleineren Seifenblase herrscht nämlich größerer Druck als in der großen.

Die Grenzfläche zwischen einer flüssigen und einer festen Phase

Als Beispiel einer Grenzfläche zwischen einer flüssigen und festen Phase betrachten wir einen Flüssigkeitstropfen I auf einer festen Unterlage II (Abb. 12.20). Das Stück der Tropfenoberfläche, das die Flüssigkeit I vom Dampf trennt, nennen wir A_{I}, das Stück der Oberfläche der Unterlage II, das an den Dampf angrenzt, entsprechend A_{II}. Die Grenzfläche zwischen Tropfen und Unterlage nennen wir $A_{\mathrm{I,II}}$. Diese Benennung der Flächen suggeriert, daß längs A_{I} und A_{II} die Grenzflächenspannung im wesentlichen durch die Oberflächenspannung σ_{I} bzw. σ_{II} bestimmt ist, während längs $A_{\mathrm{I,II}}$ die Grenzflächenspannung $\sigma_{\mathrm{I,II}}$ herrscht.

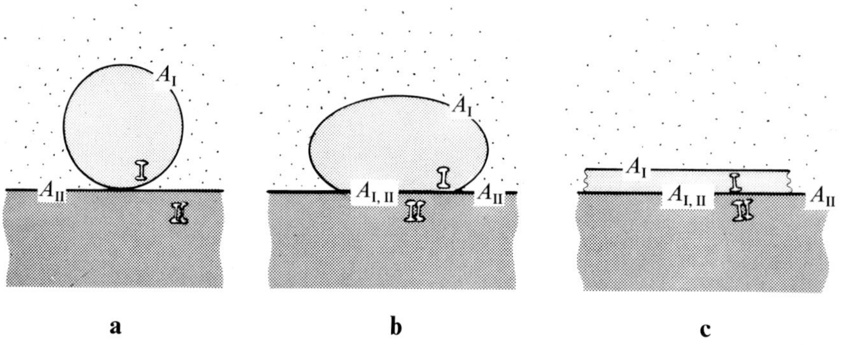

Abb. 12.20

Flüssigkeitstropfen auf einer festen Unterlage.
(a) Nicht-benetzende Flüssigkeit bei Ausschalten des Gravitationsfeldes der Erde.
(b) Nicht-benetzende Flüssigkeit unter Berücksichtigung des Gravitationsfeldes der Erde.
(c) Benetzende Flüssigkeit.

Nehmen wir an, daß die Entropien, Volumina und Teilchenzahlen der Systeme I und II konstant sind, so hängt die Änderung der Gesamtenergie E, die mit einer Deformation des Tropfens verknüpft ist, mit den Änderungen der Flächeninhalte zusammen gemäß

$$dE = \sigma_{\mathrm{I}}\, dA_{\mathrm{I}} + \sigma_{\mathrm{II}}\, dA_{\mathrm{II}} + \sigma_{\mathrm{I,II}}\, dA_{\mathrm{I,II}}. \tag{12.24}$$

Da die Gesamtfläche der Unterlage $(A_{\mathrm{II}} + A_{\mathrm{I,II}})$ konstant ist, gilt ferner

$$d(A_{\mathrm{II}} + A_{\mathrm{I,II}}) = 0 \tag{12.25}$$

und somit

$$dE = \sigma_{\mathrm{I}}\, dA_{\mathrm{I}} + (\sigma_{\mathrm{II}} - \sigma_{\mathrm{I,II}})\, dA_{\mathrm{II}}. \tag{12.26}$$

Entscheidend für das Gleichgewicht ist, ob σ_{I} größer oder kleiner ist als $(\sigma_{\mathrm{II}} - \sigma_{\mathrm{I,II}})$. Man unterscheidet demgemäß die beiden Fälle:

Nicht-benetzende Flüssigkeit, $\sigma_{\mathrm{I}} > (\sigma_{\mathrm{II}} - \sigma_{\mathrm{I,II}})$:

Hierbei ist noch eine weitere Fallunterscheidung zu treffen, nämlich danach, ob $(\sigma_{\mathrm{II}} - \sigma_{\mathrm{I,II}})$ positiv oder negativ ist. Nehmen wir zunächst an, $(\sigma_{\mathrm{II}} - \sigma_{\mathrm{I,II}})$ sei negativ. Da $\sigma_{\mathrm{I}} > 0$, bewirken dann eine Verkleinerung von A_{I} und eine Vergrößerung von A_{II} eine Verringerung von E. Die Energie E ist also am kleinsten, wenn A_{I} minimal und A_{II} maximal ist. Dann ist der Tropfen eine Kugel, und würde nicht die Schwerkraft den Tropfen plattdrücken, würde er die Unterlage im Gleichgewicht nur in einem Punkt berühren (Abb. 12.20a und b).

Ist $(\sigma_{\mathrm{II}} - \sigma_{\mathrm{I,II}})$ positiv, so hat wegen $\sigma_{\mathrm{I}} > 0$ eine Verkleinerung beider Flächen, also $dA_{\mathrm{I}} < 0$ und $dA_{\mathrm{II}} < 0$, eine Verringerung von E zur Folge. Nun ist wegen $\sigma_{\mathrm{I}} > (\sigma_{\mathrm{II}} - \sigma_{\mathrm{I,II}})$ im Hinblick auf die Verringerung von E eine Verkleinerung von A_{I} wirksamer als die gleiche Verkleinerung von A_{II}, die eine Ausbreitung des Tropfens bedeuten würde. Infolge der komplizierten Verformungsmöglichkeiten des Tropfens ist zwar nicht auszuschließen, daß es mehrere Minima gibt, sicher aber ist der Fall ein Minimum, in dem I wieder eine Kugel bildet.

Benetzende Flüssigkeit, $\sigma_I < (\sigma_{II} - \sigma_{I,II})$:

Da $\sigma_I > 0$, ist wegen der Bedingung $\sigma_I < (\sigma_{II} - \sigma_{I,II})$ auch $(\sigma_{II} - \sigma_{I,II}) > 0$. Verkleinerung von A_I wie auch Verkleinerung von A_{II} bewirken eine Verringerung von E, wobei allerdings eine Verkleinerung von A_{II} wirksamer ist als eine gleiche Verkleinerung von A_I. E wird also ein Minimum haben, wenn A_{II} minimal ist, auch wenn dabei A_I maximal wird. Das bedeutet aber, daß sich der Tropfen wie ein Film über die Unterlage ausbreitet. Im Gleichgewicht hat also der Tropfen die Gestalt eines Films (Abb. 12.20c). Die Einstellung dieser Gestalt hat nichts mit der Schwerkraft zu tun, obwohl die Schwerkraft sie begünstigt.

Der Fall der benetzenden Flüssigkeit wirft die Frage auf, wie weit schließlich der Tropfen auf der Unterlage auseinanderläuft, wie dick also der Film wird. Physikalisch ist evident, daß es eine **Grenzdicke** des Films geben muß, aber es gibt keine einfache allgemeine Antwort darauf, wodurch sie bedingt ist. Zwei mögliche Erklärungen bieten sich an. Die eine besteht darin, daß σ_I zunimmt, wenn der Film sehr dünn wird, so daß die benetzende Flüssigkeit bei weiterer Ausdehnung des Films schließlich nichtbenetzend wird. Die zweite Erklärung beruht darauf, daß ein Film um so zähflüssiger wird, je dünner er ist. Wenn die Dicke des Films die Größenordnung seiner Molekülabmessungen erreicht, kann sich der Film ohnehin nicht weiter ausbreiten. So weit geht z.B. die Ausbreitung von Öl auf Wasser.

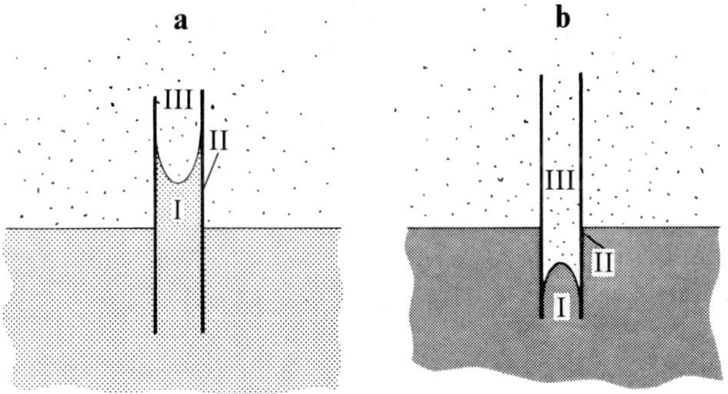

Abb. 12.21

Flüssigkeit in einer Kapillare, die in ein Flüssigkeitsreservoir taucht. Die ganze Anordnung befindet sich im Gravitationsfeld der Erde.

(a) Fall einer benetzenden Flüssigkeit, z.B. Wasser in einer Glaskapillare. Der vollkommenen Benetzung der inneren Oberfläche der Kapillare wirkt die potentielle Energie der angehobenen Flüssigkeitssäule entgegen. Die Form des Meniskus ist dadurch bedingt, daß die Summe der gesamten Oberflächenenergie $\sigma_I\, dA_I + (\sigma_{II} - \sigma_{I,II})\, dA_{I,II}$ und der Verschiebungsenergie $-\boldsymbol{F}\, d\boldsymbol{r}$ für die gesamte Anordnung, also summiert über alle Volumelemente, Null ist. Der Druck im Innern der Flüssigkeit im Meniskus ist negativ.

(b) Fall einer nicht-benetzenden Flüssigkeit, z.B. Quecksilber in einer Glaskapillare. Die potentielle Energie, hier als mit zunehmender Tiefe steigender Druck wirksam, wirkt der Nicht-Benetzung entgegen. Die Form des Meniskus ist durch das Zusammenspiel derselben Energieformen wie im Fall a bestimmt. Der Druck im Innern der Flüssigkeit in der Kapillare ist positiv.

Die Tendenz zur Benetzung oder Nicht-Benetzung der Oberfläche eines Festkörpers durch eine Flüssigkeit ist auch die Ursache für die Erscheinung der **Kapillarität** (Abb. 12.21). Zu deren Verständnis ist noch zu berücksichtigen, daß einmal die Flüssigkeit von einem Reservoir beliebig nachgeliefert wird, und zum zweiten, daß die potentielle Energie der Flüssigkeit im Schwerefeld der Erde entscheidend mitspielt. Durch sie wird einerseits die Benetzung begrenzt (Abb. 12.21a), andererseits aber auch im nicht-benetzenden Fall eine gewisse Benetzung erzwungen (Abb. 12.21b).

Die unterschiedliche Krümmung der Menisken zeigt, daß im benetzenden Fall (Abb. 12.21a) im oberen Teil der Flüssigkeitssäule der Druck (12.22) negativ ist, genauer, daß $p_I < p_{III}$, wegen $p_{III} \approx 0$ daher $p_I < 0$. Der Betrag des Drucks p_I an der Spitze des Meniskus ist angenähert $\rho_I g h$, wobei ρ_I die Dichte der Flüssigkeit bedeutet, g die Erdbeschleunigung und h die Steighöhe. Nach (12.22) ist der Betrag des negativen Drucks um so größer, je kleiner der Krümmungsradius R der Oberfläche des Meniskus ist. Aus $\rho_I g h = -2\sigma_I/R$ folgt für die Steighöhe h

(12.27)
$$h = -\frac{2\sigma_I}{\rho_I g R}.$$

Das besagt erstens, daß die Steighöhe h der Flüssigkeit wesentlich durch ihre Oberflächenspannung σ_{I} gegeben ist. Die Grenzflächenspannung $\sigma_{\mathrm{I,II}}$ legt dagegen nur fest, ob die Flüssigkeit die Wand benetzt oder nicht, ob die Flussigkeit also in der Kapillare steigt oder sinkt. Das Vorzeichen der Grenzflächenspannung bestimmt nämlich das Vorzeichen von R. Zweitens besagt der Ausdruck für die Steighöhe, daß h um so größer ist, je enger die Kapillare ist.

Im nicht-benetzenden Fall ist der Druck im Meniskus positiv. Die Gl. (12.27) gilt ganz entsprechend. Da im nicht-benetzenden Fall $R>0$, wird $h<0$. Je kleiner der Durchmesser $2R$ der Kapillare ist, um so stärker wird der Meniskus abgesenkt.

§ 13 Gleichgewichte beim Austausch geladener Teilchen

Elektronengleichgewicht zwischen Festkörpern. Kontaktspannung

Eine wichtige Klasse von Gleichgewichten sind die Gleichgewichte, die auf dem freien Austausch von Teilchen beruhen. Sind die Teilchen ungeladen, so ist das Gleichgewicht durch das Minimum der Energie beim Austausch chemischer Energie gegeben, sind die Teilchen geladen, so tritt an die Stelle der chemischen Energie die elektrochemische Energie. Beispiele von Gleichgewichten gegenüber Austausch ungeladener Teilchen bilden die Gleichgewichte zwischen verschiedenen Phasen ein und desselben Stoffs, wie das Wasser-Dampf-Gleichgewicht. Die ausgetauschten Teilchen sind dort die ungeladenen H_2O-Moleküle. Auf die Gleichgewichte zwischen Phasen werden wir in diesem Band nicht eingehen.

Hier wollen wir den Austausch geladener Teilchen und das zugehörige Gleichgewicht behandeln. Geladene Teilchen, und zwar Elektronen, werden ausgetauscht, wenn zwei verschiedene Festkörper miteinander in Kontakt gebracht werden. Kontakt zwischen Körpern bedeutet dabei nicht Berührung im geometrischen Sinn. Das ist schon wegen der körnigen Struktur der Materie nicht möglich. Physikalisch bedeutet das Wort *Berührung* und damit auch das Wort *Kontakt*, daß die Körper irgendwelche Größen austauschen. **Elektrischer Kontakt** zwischen zwei Körpern bedeutet Austausch geladener Teilchen. Der Austausch setzt ein, wenn die Körper sich hinreichend nahe kommen. Ionen werden zwischen Festkörpern im allgemeinen nicht ausgetauscht, da sie dazu zu unbeweglich sind. Ionenaustausch und dessen Gleichgewichte treten dagegen typisch in Elektrolyten auf und spielen eine entscheidende Rolle in Batterien, womit wir uns später in diesem Paragraphen auseinandersetzen werden. Nicht alle Elektronen der Atome, die den Festkörper aufbauen, tauschen im Kontakt, den der Festkörper mit anderen Festkörpern hat, aus, sondern nur diejenigen Elektronen, die im Kristall frei beweglich sind. In den meisten Metallen ist das ungefähr 1 Elektron pro Atom, also etwa 10^{22} Elektronen/cm^3. Aber auch in elektrisch weniger gut leitenden Festkörpern, den Halbleitern, sind einige wenige Elektronen frei beweglich. In einem gut isolierenden Kristall sind das etwa 1 Elektron pro 10^{17} Atomen, also 10^5 Elektronen/cm^3.

Zwei Festkörper tauschen im Kontakt Elektronen aus, so daß im Gleichgewicht die Energie ein Minimum hat hinsichtlich des Austausches der Energieform elektrochemische Energie $\eta_{\mathrm{El}}\, dN_{\mathrm{El}}$ der frei beweglichen Elektronen. Es hat also die intensive Variable der ausgetauschten Energieform, nämlich das elektrochemische Potential η_{El} der Elektronen, in allen Systemen, die miteinander im Gleichgewicht sind, den gleichen

Wert. Tauschen die Elektronen sowohl innerhalb eines Festkörpers als auch zwischen den Festkörpern frei aus, so ist *im Gleichgewicht das elektrochemische Potential der Elektronen örtlich konstant*. Das **elektrochemische Potential der Elektronen** η_{El} wird auch die *Fermi-Energie* der Elektronen genannt. Die räumliche Konstanz des elektrochemischen Potentials η_{El} im Gleichgewicht wird deshalb oft auch so formuliert, daß die Fermi-Energie überall denselben Wert hat.

Das elektrochemische Potential η_{El} der Elektronen ist nach (5.18) die Summe ihres chemischen Potentials μ_{El} und von $-e\,\phi$, da für Elektronen in (5.18) die Anzahl der Elementarladungen $z_{El}=-1$ ist. Die Abb. 13.1a zeigt das Gleichgewicht zwischen zwei Metallen I und II. Im linken Metall I haben die Elektronen das kleinere chemische Potential als im rechten II, sie sind im linken stärker gebunden als im rechten. Das chemische Potential ist ja ein Maß dafür, welche Energie notwendig ist, um ein Teilchen zu erzeugen. Da ein stark gebundenes Teilchen weniger Energie zur Erzeugung benötigt als ein schwach gebundenes, haben die stärker gebundenen Elektronen das kleinere chemische Potential als die schwächer gebundenen. Das unterschiedliche chemische Potential der Elektronen in I und II bedingt, da ihr elektrochemisches Potential in beiden Metallen im Gleichgewicht denselben Wert hat, einen der Differenz der chemischen Potentiale entgegengesetzt gleichen Unterschied von $-e\phi$ und damit eine Differenz des elektrischen Potentials ϕ zwischen den Metallen I und II. Man beachte, daß in Abb. 13.1a der Verlauf von $+e\phi$ gezeichnet ist. Die Differenz der elektrischen Potentiale ϕ_I an der Oberfläche des Metalls I und ϕ_{II} an der Oberfläche von II bezeichnet man als **Kontaktspannung.** Die *Kontaktspannung ist die Differenz der elektrischen Potentiale, wenn die Differenz der elektrochemischen Potentiale Null ist*, die Metalle sich also im Gleichgewicht gegenüber Elektronenaustausch befinden.

In der Literatur, vor allem in Darstellungen der Festkörperphysik, ist eine andere Zählung der Energie und der Potentiale üblich (Abb. 13.1b), weswegen einige Bemerkungen darüber und über die hier verwendeten Vorzeichen am Platze sind, um Verwirrungen vorzubeugen. In unserer Darstellung sind, wie ganz allgemein in diesem Buch, die *dem System zugeführten Energiebeträge positiv* gezählt, also in Abb. 13.1a auf der Ordinate nach oben aufgetragen. In I ist das Elektron stärker gebunden als in II, sein chemisches Potential ist also in I kleiner als in II. Demnach ist $\mu_{El}(I)-\mu_{El}(II)<0$. Teilchenaustausch mit Erhöhung des chemischen Potentials ist stets mit Zufuhr von chemischer Energie an das System verbunden, und zwar unabhängig von der Ladung des Teilchens, da ja die chemische Energieform nichts mit der elektrischen zu tun hat. Für das elektrische Potential in Abb. 13.1a gilt ebenfalls $\phi_I-\phi_{II}<0$. Das in Abb. 13.1a angedeutete elektrische Feld ist so gerichtet, daß eine positive elektrische Ladung eine Kraft in Richtung auf I erfährt, eine negative Ladung wie das Elektron dagegen auf II. Eine positive Ladung tendiert im elektrischen Potential „bergab“ zu fallen, eine negative dagegen „bergauf“, wobei dem System elektrische Energie entzogen wird. Immer handelt es sich bei diesen Betrachtungen nur um Differenzen zwischen den Potentialen, weswegen der Nullpunkt der Zählung in Abb. 13.1a willkürlich ist.

Eine andere Betrachtungsweise und Zählung sind in der Festkörperphysik üblich. In Abb. 13.1b ist nach oben aufgetragen nicht die Energie pro *Teilchenzahl*, sondern die *Energie pro negativer Elementarladung*, da das Teilchen hier das Elektron ist und dieses eine negative Elementarladung trägt. Die Zählung des Potentials ist demgemäß gegenüber der im Teilbild a auf den Kopf gestellt. Die Differenz der chemischen Potentiale wird aufgefaßt als die Differenz der Bindungsenergie pro Ladung der Elektronen. Die Bindungsenergie eines Elektrons im Festkörper wird dabei gegenüber dem „Vakuum“ gemessen. Die Energie, die nötig ist, um ein Elektron durch die Oberfläche aus dem Festkörper bis an einen Ort vor der Oberfläche hinauszubringen, an dem sich keine Materie, also Vakuum befindet, bezeichnet man als die **Austrittsarbeit** φ des Elektrons. Eine kleine Austrittsarbeit bedeutet also ein großes chemisches Potential unserer Zählung. Es ist, wie die Abb. 13.1a und b zeigen, im Gleichgewicht

$$\mu_{El}(I) - \mu_{El}(II) = e(\phi_I - \phi_{II}) = -(\varphi_I - \varphi_{II}). \tag{13.1}$$

Die Darstellungs- und Zählungsweise der Abb. 13.1b geht so lange gut, wie man sich auf Elektronen beschränkt. Sobald man jedoch außer Elektronen auch noch andere Teilchen hinzuzieht, und zwar wie im nächsten Abschnitt positive und negative Ionen, hilft nur die konsequente Zählweise der Abb. 13.1a weiter. Für das Zustande-

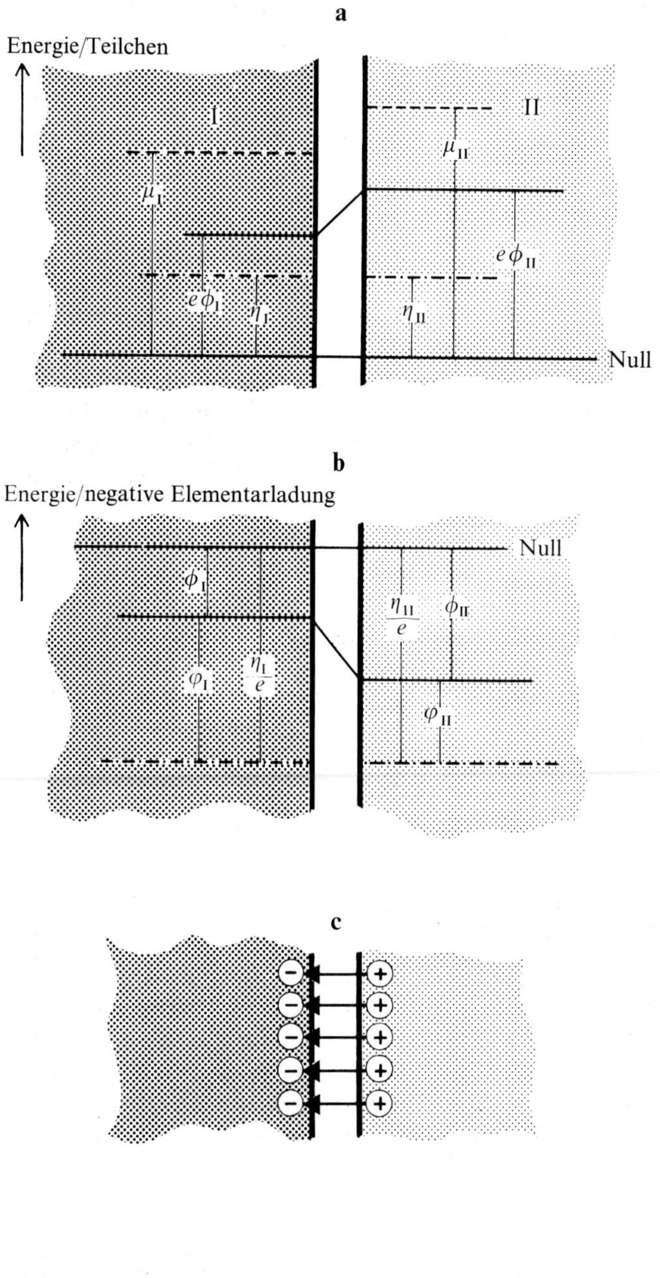

kommen des Elektronengleichgewichts zwischen Festkörpern kommt andererseits die Darstellung des Teilbildes b der Anschauung sehr entgegen mit dem Begriff der Austrittsarbeit. Man kann sich das Gleichgewicht nämlich gut vorstellen als Resultat zweier einander entgegenwirkender Tendenzen. Einerseits zielt die kleinere Austrittsarbeit des Körpers II auf eine Entleerung des Körpers II von Elektronen und eine Auffüllung des Körpers I mit Elektronen hin. In der Sprache des Teilbilds a bedeutet nämlich der Elektronenübertritt von II nach I eine Energieabgabe des Systems I+II in Form chemischer Energie. Andererseits zieht der Elektronenübertritt von II nach I, da die Elektronen negative Ladung tragen, eine negative Aufladung von I gegenüber II nach sich. Die Oberflächen von I und II stehen einander gegenüber als die aufgeladenen Platten eines Kondensators. Das elektrische Feld zwischen diesen Kondensatorenplatten ist dabei so gerichtet, daß Elektronen in ihm nach rechts zum Körper II hingezogen werden. Elektronenübertritt von II nach I ist also mit einer Energieaufnahme des Systems in Form elektrischer Energie verbunden. Sind die ausgetauschten chemischen und elektrischen Energiebeträge gleich groß, herrscht Gleichgewicht. Das ist aber gleichbedeutend damit, daß die mit dem Elektronenübertritt verknüpfte elektrochemische Energie Null ist, das elektrochemische Potential der Elektronen also in I und II denselben Wert hat.

Halbleiterrandschicht

Der Ladungsübertritt von der Oberfläche eines Festkörpers auf die Oberfläche des anderen Festkörpers bei Einstellung des Elektronengleichgewichts läßt sich ansehen als das Aufladen eines Kondensators. Die Oberflächen der Festkörper bilden die Platten des Kondensators. Wir nehmen an, beide Oberflächen seien eben und parallel im Abstand d voneinander. Die übertretende Ladung Q ist gegeben durch $Q = C\Delta\phi$, wobei C die Kapazität des Kondensators ist und $\Delta\phi$ die Kontaktspannung. Jedes Stück der

---

◁ Abb. 13.1

Gleichgewicht zwischen zwei Metallen I und II bezüglich des Austausches frei beweglicher Elektronen. In I sind die Elektronen fester gebunden als in II. Gezeichnet ist der Verlauf des elektrochemischen Potentials η_{El} (strichpunktiert), des chemischen Potentials μ_{El} (gestrichelt) und des elektrischen Potentials ϕ (ausgezogen). Die Lage der Null-Linie ist willkürlich.

(a) Darstellung als Energie pro Teilchen. Da im Gleichgewicht

$$\Delta\eta_{\mathrm{El}} = \eta_{\mathrm{El}}(\mathrm{I}) - \eta_{\mathrm{El}}(\mathrm{II}) = \mu_{\mathrm{El}}(\mathrm{I}) - \mu_{\mathrm{El}}(\mathrm{II}) - e[\phi(\mathrm{I}) - \phi(\mathrm{II})] = 0,$$

sind

$$\Delta\mu_{\mathrm{El}} = \mu_{\mathrm{El}}(\mathrm{I}) - \mu_{\mathrm{El}}(\mathrm{II}) \quad \text{und} \quad \Delta(e\phi) = e[\phi(\mathrm{I}) - \phi(\mathrm{II})]$$

entgegengesetzt gleich.

(b) Darstellung als Energie pro negativer Elementarladung. Sie geht aus a hervor bei Division durch $-e$. Diese Darstellung ist in der Literatur üblich, wobei die Null-Linie meist weggelassen wird. Sie zeigt deutlich, wie sich der konstante Wert von η_{El}/e zusammensetzt aus einem chemischen Bindungsanteil $-\mu_{\mathrm{El}}/e = \varphi$ und einem elektrischen Anteil ϕ. Den chemischen Bindungsanteil φ des Elektrons an der Oberfläche des Festkörpers bezeichnet man als *Austrittsarbeit des Elektrons.* Diese Darstellung ist für Elektronen verbreiteter als a, sie ist aber begrenzter. Diagramme wie in den nächsten Abschnitten, die auch Potentiale positiver und negativer Ionen enthalten, sind aufgebaut wie Teilbild a, nicht wie b.

(c) Flächenladungen auf den Oberflächen im Gleichgewicht. Die Diagramme a und b enthalten auch die Flächenladungen, denn ein Knick im eindimensionalen elektrischen Potentialverlauf zeigt eine Flächenladung an. Die Pfeile zeigen die Richtung der elektrischen Feldstärke zwischen den Flächenladungen an.

Platten vom Flächeninhalt A trägt die Ladung

$$Q = \frac{\varepsilon\,\varepsilon_0\,A}{d}\,\Delta\phi. \tag{13.2}$$

Wählt man in einem Zahlenbeispiel $\Delta\phi = 0{,}1$ V, für die Dielektrizitätskonstante ε den Vakuumwert $\varepsilon = 1$ und für den denkbar engsten Abstand d der Festkörper die Größenordnung eines Atomdurchmessers, also $d = 3\cdot 10^{10}$ m, so erhält man als Abschätzung für die Ladung pro Fläche wegen $\varepsilon_0 = 10^{-11}$ As/Vm und $e = 1{,}6\cdot 10^{-19}$ As/Teilchen

$$\frac{Q}{A} = 3\cdot 10^{-3}\,\frac{\text{As}}{\text{m}^2} = 2\cdot 10^{12}\,\frac{\text{Elementarladungen}}{\text{cm}^2}. \tag{13.3}$$

Nun ist die Zahl der Atome auf einer Fläche A, wenn der Atomabstand D ist, gegeben durch A/D^2. Die Oberfläche des Festkörpers hat also ungefähr 10^{15} Atome/cm^2. Das Zahlenbeispiel der Gl. (13.3) verlangt, daß etwa ein Atom unter 500 Atomen der Oberfläche sein Elektron an das ihm gegenüberliegende Material abgibt, in dem die Elektronen ein kleineres chemisches Potential haben. Die Frage ist, ob der Festkörper überhaupt so viele frei bewegliche Elektronen enthält, nämlich eines auf 500 Atome oder umgerechnet etwa $2\cdot 10^{19}/\text{cm}^3$. Wir haben am Anfang dieses Abschnitts gesagt, daß ein Metall etwa ein freies Elektron pro Atom enthält. Es vermag also die Aufladungsforderung (13.2) bei einem d von atomarer Größenordnung zu erfüllen. Die Vorstellung, daß im Elektronengleichgewicht die zwischen den Festkörpern ausgetauschten Elektronen sich in atomarem Abstand einander gegenüberstehen und, wie in Abb. 13.1 gezeichnet, Flächenladungen auf der Oberfläche der Festkörper ausbilden, ist also richtig für Metalle.

Ein Halbleiter dagegen, der viel weniger freie Elektronen enthält als ein Metall, kann den Teilchenaustausch, den die Beziehung (13.2) fordert, nicht mit den Elektronen der Oberflächenatome allein realisieren. Will sich ein Halbleiter mit einem Metall ins Gleichgewicht setzen, in dem die frei beweglichen Elektronen ein kleineres chemisches Potential haben als in ihm selbst, muß er Elektronen aus tieferen Schichten als der obersten Atomlage rekrutieren und ins Metall schicken. Nur so kann er (13.2) erfüllen. Wenn sich der Halbleiter bis zu einer Tiefe d völlig von Elektronen entblößt, bildet sich eine positive Raumladung aus, die einer Flächenladung der gleichen Gesamtladung in der Tiefe $d/2$ äquivalent ist (Abb. 13.2). Die positive Ladungsdichte ρ im Raumladungsgebiet des Halbleiters ist $e\,n$, wobei n die Teilchendichte der zur Ladungsneutralität fehlenden Elektronen ist; denn n fehlende Elektronen hinterlassen eine positive Raumladungsdichte $\rho = e\,n$. Die Kondensatorbeziehung (13.2) lautet im Fall des Metall-Halbleiter-Kontakts also

$$e\,n\,A\,d = \frac{\varepsilon\,\varepsilon_0\,A}{\frac{d}{2}}\,\Delta\phi. \tag{13.4}$$

Der Abstand der Oberflächen von Metall und Halbleiter ist so klein gegen d, daß er als in d enthalten betrachtet werden darf. Aufgelöst nach d ergibt (13.4)

$$d = \left(\frac{2\,\varepsilon\,\varepsilon_0\,\Delta\phi}{e n}\right)^{\frac{1}{2}}. \tag{13.5}$$

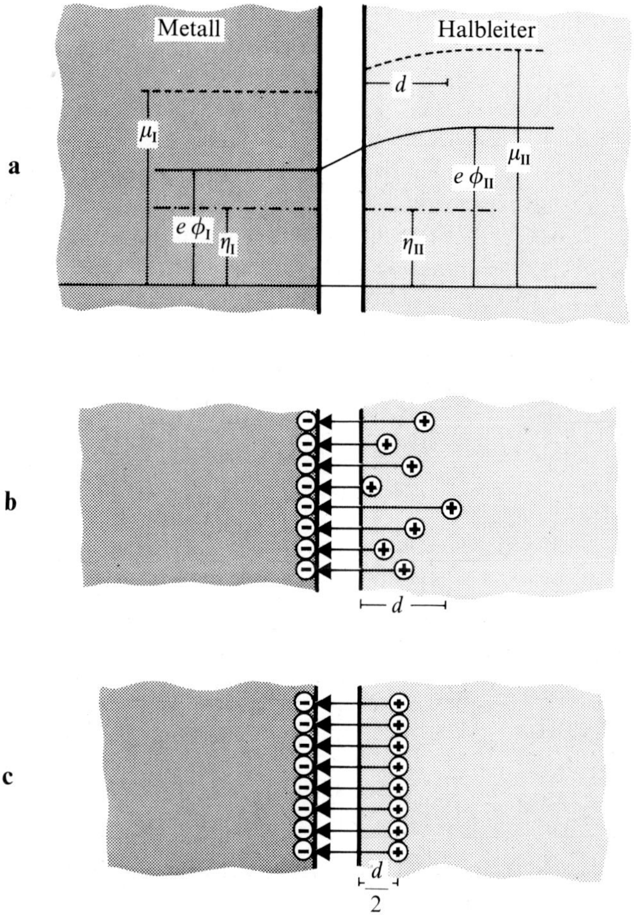

Abb. 13.2

Gleichgewicht zwischen einem Metall und einem Halbleiter gegenüber Austausch von frei beweglichen Elektronen. Das Metall sei das gleiche wie das Metall I in Abb. 13.1, und im Innern des Halbleiters habe das chemische Potential der Elektronen denselben Wert wie im Metall II der Abb. 13.1. Die frei beweglichen Elektronen im Halbleiter dieser Figur und im Metall II in Abb. 13.1 unterscheiden sich also nur in ihrer Konzentration, nicht dagegen in ihrer Bindungsenergie.

(a) Das elektrische Potential ändert sich nicht nur zwischen den Körpern, sondern vor allem im Inneren des Halbleiters bis in eine Tiefe d hinein. In der Zeichnung ist der Abstand zwischen den beiden Körpern übertrieben groß gewählt. Gl. (13.4) verlangt, wie es einem Kontakt entspricht, einen Abstand der beiden Körper, bei dem die Potentialänderung zwischen den Körpern klein ist gegen die Potentialänderung im Innern des Halbleiters.

(b) Während im Metall die ausgetauschte Ladung an der Oberfläche angesiedelt ist, erstreckt sie sich im Halbleiter bis in die Tiefe d, sie bildet eine *Randschicht*.

(c) Die Kapazität Metall-Halbleiter bei einer Raumladung der Randschichtdicke d ist die gleiche, wie wenn man sich die Ladung als Flächenladung in der Tiefe $d/2$ im Halbleiter angeordnet denkt.

Um eine Vorstellung der Werte von d zu bekommen, setzen wir in (13.5) Zahlenwerte ein, die etwa dem technisch wichtigen Halbleiter Silizium entsprechen. So wählen wir $n = 10^{16}$ Elektronen/cm^3 und $\varepsilon = 10$. Bei $\Delta\phi = 0{,}1$ V ergibt (13.5) den Wert $d = 10^{-7}$ m, also eine Dicke von etwa 300 Atomlagen.

Die durch die Dicke d der Gl. (13.5) charakterisierte Schicht am Rand eines Halbleiters im Gleichgewicht mit einem anderen Material, in dem die Elektronen ein verschiedenes chemisches Potential haben, bezeichnet man als **Randschicht** des Halbleiters. Die Randschicht ist ein Raumladungsgebiet. Das Vorzeichen der Raumladung wird bestimmt durch den Unterschied des chemischen Potentials der frei beweglichen Ladungsträger im Halbleiter und im angrenzenden Material. Die frei beweglichen Ladungsträger brauchen nicht, wie in der obigen Diskussion, Elektronen zu sein, es kommen auch Defektelektronen (Löcher) in Betracht. Ist das Vorzeichen so, daß der Halbleiter in der Randschicht seiner frei beweglichen Ladungsträger beraubt wird, also an ihr verarmt, spricht man von einer **Verarmungsrandschicht.** Verarmungsrandschichten bilden die Grundlage der Wirkungsweise fast aller Halbleiterbauelemente wie Dioden und Transistoren, ohne die die moderne Elektronik undenkbar wäre. An dieser Stelle können wir darauf nicht eingehen. In den technischen Anwendungen liegt allerdings die Randschicht meist nicht in dem Gleichgewicht vor, das wir hier betrachtet haben. Vielmehr liegt dann eine elektrische Spannung an der Randschicht, und es fließen Ströme. Die Randschicht bleibt zwar auch unter diesen Bedingungen erhalten, aber ihre Dicke ist dann nicht mehr durch (13.5) gegeben.

Die Kontaktspannung ist sorgfältig zu unterscheiden von der EMK (elektromotorische Kraft), also der Spannung zwischen den Klemmen einer Batterie. Verbindet man zwei verschiedene Festkörper durch einen Draht, so fließt kein Gleichstrom durch den Draht wie beim Anschluß an eine Batterie. Als Batterie wirkt ein System nicht, wenn das *elektrische*, sondern wenn das *elektrochemische* Potential der Elektronen an den Klemmen verschiedene Werte hat. Von Kontaktspannung spricht man dagegen gerade im Elektronengleichgewicht, wenn also das elektrochemische Potential der Elektronen in beiden Metallen denselben Wert hat.

Der **Wert der Kontaktspannung,** auch Volta-Spannung genannt, läßt sich experimentell dadurch bestimmen, daß man das System nicht im Gleichgewicht, sondern beim *Einstellen* des Gleichgewichts untersucht. Ändert man nämlich im Kontakt zweier Metalle den Abstand d der Metalle, so muß sich entsprechend (13.5) bei gleichbleibendem $\Delta\phi$, das ja durch den Unterschied der Werte des chemischen Potentials der Elektronen in den beiden Metallen bestimmt ist, die ausgetauschte Ladung Q ändern. Änderung von Q bedeutet aber einen elektrischen Strom. Verändert man in der Anordnung der Abb. 13.3 den Abstand d der beiden Metallplatten, fließt Ladung durch das Ampèremeter, da sich auf den Plattenoberflächen ein dem neuen d entsprechender Gleichgewichtswert Q der Ladung einstellen will. Bei periodischer Hin- und Herbewegung der Platten zeigt das Ampèremeter einen Wechselstrom an. Aus der Amplitude des Stroms läßt sich bei bekanntem Verlauf von d aus (13.2) direkt auf den Wert von $\Delta\phi$ schließen.

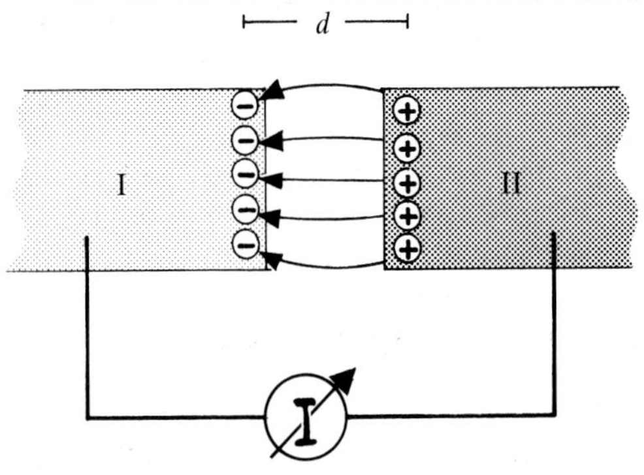

Abb. 13.3

Verändert man den Abstand d zwischen den Metallen I und II, ändert sich der Wert der Gleichgewichtsladung Q. Durch den Draht, der I und II verbindet, und damit durch das Ampèremeter fließt dann ein Strom. Aus Stärke und Dauer des Stroms und der bekannten Veränderung von d läßt sich mit Gl. (13.2) die Kontaktspannung $\Delta\phi$ zwischen den Metallen I und II berechnen.

Batterien

Das wesentliche Charakteristikum einer geladenen Batterie ist, daß das *elektrochemische Potential der Elektronen an den beiden Klemmen der Batterie nicht denselben Wert hat* (Abb. 13.4). Verbindet man die Klemmen durch einen Draht, so fließt ein Elektronenstrom durch den Draht. Elektronen fließen aber nur „von selbst" durch den Draht, wenn die Drahtenden, also die Klemmen der Batterie, nicht im Gleichgewicht bezüglich des Austausches von Elektronen sind. Der Elektronenstrom bei der Benutzung der Batterie, also bei ihrer Entladung, ist der Strom, mit dem das Elektronensystem danach strebt, ins Elektronengleichgewicht zu kommen.

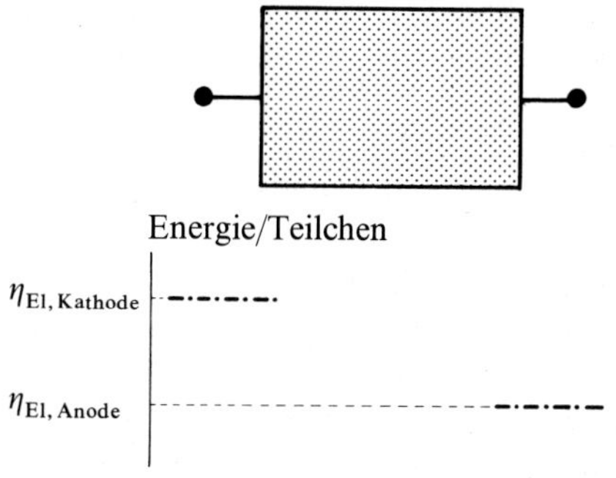

Abb. 13.4
Eine Batterie ist eine Vorrichtung, an deren Klemmen das elektrochemische Potential der Elektronen unterschiedliche Werte hat. Die linke Klemme ist Kathode, die rechte Anode. Die Differenz $\Delta\eta_{El} = \eta_{El, Kathode} - \eta_{El, Anode}$ bezeichnet man als die EMK (elektromotorische Kraft) der Batterie.

Wenn das elektrochemische Potential der Elektronen η_{El} einer geladenen Batterie an den Klemmen unterschiedliche Werte haben soll, dürfen die Elektronen in der Batterie nicht frei austauschen. Sonst hätte ja η_{El} überall in der Batterie denselben Wert, und es läge Gleichgewicht vor, wie wir es im vorangegangenen Abschnitt betrachtet haben. Damit η_{El} innerhalb des Systems „Batterie" unterschiedliche Werte hat, muß im Inneren des Systems eine *andere* Teilchensorte frei austauschen. Das Gleichgewicht gegenüber dem freien Austausch dieser anderen Teilchensorte erzwingt dann $\Delta\eta_{El} \neq 0$, wobei $\Delta\eta_{El}$ die Differenz der Werte von η_{El} zwischen den beiden Klemmen der Batterie bezeichnet.

Um das Zustandekommen von $\Delta\eta_{El} \neq 0$ zu verstehen, beschränken wir uns auf Batterien, bei denen die frei austauschenden Teilchen Ionen sind. Dazu betrachten wir ein konkretes Beispiel, das besonders klar zeigt, welche Teilchensorte frei austauscht und wie ihr Gleichgewicht an den verschiedenen Stellen der Batterie den räumlichen Verlauf der Werte der elektrochemischen Potentiale aller beteiligten Teilchen besorgt.

Die Abb. 13.5 zeigt unser Beispiel. In einem Behälter haben wir den Elektrolyten HCl, und zwar links einer *Membran* in größerer Konzentration als rechts der Membran. Das HCl ist weitgehend dissoziiert in H^+-Ionen und Cl^--Ionen. Die Konzentration der HCl-Moleküle wie auch der beiden Ionensorten, also die Zahl der HCl-Moleküle bzw. der Ionen pro Volumen, ist links größer als rechts. Das Verhältnis der Anzahl der Ionen zur Anzahl der Moleküle an jeder Stelle des Elektrolyten wird durch ein chemisches Gleichgewicht geregelt, auf das wir weiter unten zu sprechen kommen. Wir betrachten zunächst nur den Elektrolyten und die Austauschprozesse zwischen seinen räumlich verschiedenen Teilen. Die Elektroden lassen wir erst einmal außer acht.

Das HCl links und rechts ist durch eine **Membran** getrennt. Was heißt „Membran"? Ist es einfach ein anderes Wort für „Wand", eine „elektrisch leitende Wand", etwa eine Metallfolie, damit bei Entladung der Batterie Strom durch die Wand fließen kann? Eine Membran hat tatsächlich eine ganz andere Funktion als eine elektrisch leitende Wand.

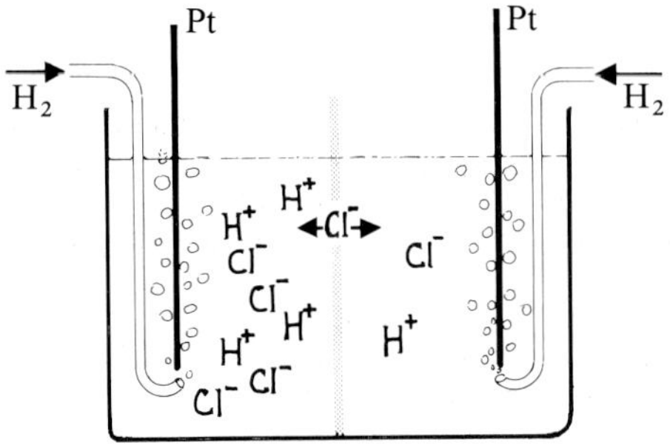

Abb. 13.5

Eine „Konzentrationskette" als Batterie. Die Batterie enthält HCl in wässriger Lösung, und zwar links in größerer Konzentration als rechts. Die Gebiete verschiedener Konzentration sind durch eine Membran getrennt. Die Membran ist frei passierbar für Cl^--Ionen, aber nicht für H^+-Ionen. Elektroden der Batterie sind Pt-Bleche, die von H_2-Gas, das in die Lösung eingeleitet wird und an den Blechen hochperlt, umspült werden. Die elektromotorische Kraft, nämlich unterschiedliche Werte des elektrochemischen Potentials der Elektronen, tritt auf zwischen den Pt-Blechen.

Sie ist eine Vorrichtung, durch die hindurch *eine bestimmte Teilchensorte (oder mehrere) frei austauschen kann, andere Teilchensorten dagegen nicht.* Jede reale Membran erfüllt diese Aufgabe natürlich nur angenähert. Wir nehmen hier eine ideale Membran an, ohne zu fragen, wie man sie bei einer bestimmten Anordnung realisiert. Die Membran für die Anordnung der Abb. 13.5 sei durchlässig für Cl^--Ionen, dagegen undurchlässig für H^+-Ionen. Wenn die Membran durchlässig ist für Cl^--Ionen, kann die Teilchensorte Cl^--Ionen zwischen den Orten links und rechts der Membran frei austauschen. Das heißt, bezüglich der elektrochemischen Energie der Cl^--Ionen herrscht zwischen allen Volumelementen der Batterie Gleichgewicht, so daß η_{Cl^-}, das elektrochemische Potential der Cl^--Ionen, im ganzen Elektrolyten denselben Wert hat (Abb. 13.6). Darum sind jedoch μ_{Cl^-} und $e\phi$ keineswegs auch automatisch konstant. Im Gegenteil, μ_{Cl^-} ist links, am Ort hoher Konzentration, größer als rechts bei tiefer Konzentration von Cl^--Ionen. Ein weiteres Cl^--Ion zu dem Elektrolyten hinzuzufügen, erforderte nämlich bei großer vorhandener Cl^--Ionenkonzentration mehr Energie als bei kleiner Konzentration.

Wegen $\eta_{Cl^-}=\mu_{Cl^-}-e\phi$ bedingt $\eta_{Cl^-}(\boldsymbol{r})=\text{const.}$, daß $e\phi(\boldsymbol{r})$ parallel zu $\mu_{Cl^-}(\boldsymbol{r})$ verläuft. Die absolute Höhe des Potentialverlaufs ist hier wieder gleichgültig; es kommt immer nur auf Potential*differenzen* an. Das Vorzeichen des Unterschieds von $e\phi$ zwischen links und rechts zeigt, daß die Diffusionstendenz der Cl^--Ionen von links nach rechts auf Grund ihres chemischen Potentialunterschieds durch ein elektrisches Feld ausbalanciert wird, in dem sie nach links gezogen werden. Das Gleichgewicht des Cl^--Ionenaustauschs entspricht dem der Elektronen zwischen zwei Festkörpern. μ_{Cl^-} und $e\phi$ ändern sich allerdings nicht abrupt an der Membran. Die Krümmung von $e\phi$ links der Membran zeigt positive Raumladung an. Sie ist gebildet durch einen lokalen Überschuß an H^+-Ionen über Cl^--Ionen; denn die Cl^--Ionenkonzentration beginnt natürlich schon in einigem Abstand links von der Membran abzufallen. Entsprechend rührt die negative Raumladung rechts der Membran von einem lokalen Überschuß an Cl^--Ionen her. In einiger Entfernung beiderseits der Membran sind dagegen H^+- und Cl^--Konzentration gleich. Dort ist dann auch $e\phi$ nicht gekrümmt.

Jetzt fragen wir nach dem chemischen und elektrochemischen Potential der Teilchensorte H^+ im Elektrolyten. Das elektrische Potential kennen wir bereits. Es ist ja für alle Teilchensorten dasselbe. Das elektrochemische Potential η_{H^+} ist innerhalb des

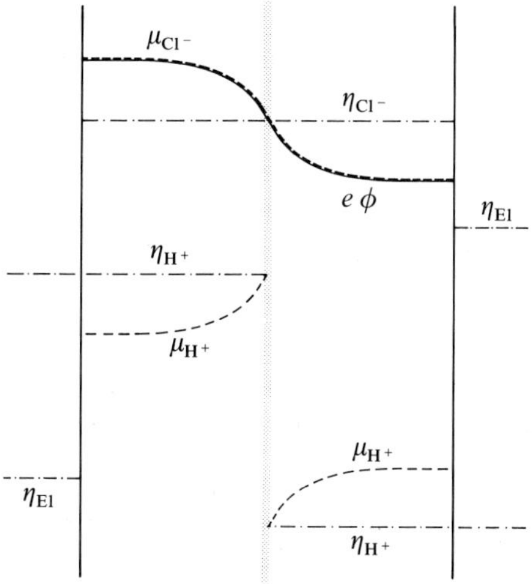

Abb. 13.6

Verlauf der intensiven Variablen im Gleichgewicht der geladenen Batterie der Abb. 13.5. Für frei austauschende Teilchensorten ist als intensive Variable deren elektrochemisches Potential im Gleichgewicht räumlich konstant. Im Elektrolyt sind die frei austauschenden Teilchen Ionen und nicht Elektronen. Das bedeutet, daß in den Gebieten des Elektrolyten rechts und links der Membran das elektrochemische Potential beider Ionensorten H^+ und Cl^- konstant ist. Für die durch die Membran austauschende Ionensorte Cl^- hat darüber hinaus η_{Cl^-} links und rechts von der Membran denselben Wert. Dagegen erleidet η_{H^+}, da die H^+-Ionen nicht durch die Membran austauschen, einen Sprung. Also hat an den Elektroden η_{H^+} und damit η_{El} verschiedene Werte. Rechts ist die Kathode, links die Anode der Batterie.

linken wie innerhalb des rechten Teils des Elektrolyten konstant, denn dort können die H^+-Ionen frei austauschen. An der Membran macht η_{H^+} einen Sprung. Wegen $\mu_{H^+} = \eta_{H^+} - e\phi$ hat μ_{H^+} links von der Membran einen Verlauf, der zur Membran hin ansteigt. Das entspricht einer Anreicherung von H^+-Ionen links vor der Membran. Da $e\phi$ die Membran stetig durchsetzt, macht μ_{H^+} an der Membran einen Sprung vom selben Betrag wie η_{H^+}. Im rechten Elektrolyten nimmt μ_{H^+} in Richtung auf die Membran ab, was einer Verarmung an H^+-Ionen entspricht.

Chemische Gleichgewichte in der Batterie

Um die Batterie vollständig zu machen, brauchen wir noch die Elektroden. Die in Abb. 13.5 gewählte Anordnung hat den Vorteil, daß beide Elektroden gleich sind. Die Batteriewirkung kann deshalb nicht in irgendwelchen mysteriösen Vorgängen zwischen Elektrolyt und Elektrode liegen; sie liegt vielmehr im Elektrolyten mit der genau definierten Austauschfunktion der Membran. Dennoch ist es nicht gleichgültig, was als Elektroden benutzt wird. In der Anordnung der Abb. 13.5 verwenden wir *Wasserstoff-Elektroden.* Realisiert werden sie durch Platin-Bleche, die von H_2-Gas umspült werden. Welche Funktion haben diese Elektroden? Ihre Aufgabe besteht darin, die Differenz des elektrischen oder eines elektrochemischen Potentials zwischen der linken und rechten Seite des Elektrolyten in eine Differenz des *elektrochemischen Potentials der Elektronen* in den metallischen Klemmen der Batterie zu verwandeln. Das wird dadurch erreicht, daß die elektrochemischen Potentiale der verschiedenen Teilchensorten, die hier mitspielen, nämlich Cl^-- und H^+-Ionen sowie Elektronen, durch chemische Reaktionen aneinandergekoppelt werden.

Schon beim Aufbau der elektrischen Potentialdifferenz zwischen linkem und rechtem Teil des durch die Membran geteilten Elektrolyten spielen neben dem Teilchenaustausch zwischen benachbarten Volumelementen des Elektrolyten und der dadurch bedingten Tendenz zur räumlichen Konstanz der elektrochemischen Potentiale noch weitere Teilchenaustausch-Prozesse eine Rolle, nämlich die als **chemische Reaktionen** bezeichneten Austausch-Prozesse zwischen verschiedenen Teilchensorten im selben

Volumelement. Eine derartige chemische Reaktion ist die Dissoziationsreaktion

$$\text{(13.6)} \qquad HCl \rightleftarrows H^+ + Cl^-.$$

Sie verlangt, daß der Zerfall, d.h. die „Vernichtung" eines HCl-Moleküls mit der „Erzeugung" je eines H^+- und Cl^--Ions verbunden ist und umgekehrt die Vernichtung je eines H^+- und Cl^--Ions mit der Erzeugung eines HCl-Moleküls. Die Reaktion (13.6) spielt sich in jedem Volumelement des Elektrolyten ab.

Ein anderer Teilchenaustausch vom Typ einer chemischen Reaktion, der in der Batterie eine Rolle spielt, ist die für die Funktionsweise der Wasserstoff-Elektrode charakteristische Reaktion

$$\text{(13.7)} \qquad H_2 \rightleftarrows 2H^+ + 2e^-.$$

Sie beschreibt die an der Oberfläche des Platins stattfindende Zerlegung von H_2-Molekülen in H^+-Ionen und Elektronen e^- bzw. umgekehrt die Bildung von H_2-Molekülen aus H^+-Ionen und Elektronen e^-. Bei den Elektronen handelt es sich um Leitungselektronen des metallischen Platins, bei den H^+-Ionen um H^+-Ionen des flüssigen Elektrolyten. Die H_2-Moleküle schließlich sind die Moleküle des H_2-Gases, das die Pt-Oberfläche umspült.

Zu jedem freien Austausch von Teilchen und damit von chemischer Energie gehört nun ein Gleichgewicht. Somit definiert auch jede chemische Reaktion ein Gleichgewicht zwischen den an der Reaktion beteiligten Teilchensorten. Das Gleichgewicht stellt eine Beziehung dar zwischen den Teilchenzahlen der verschiedenen Teilchensorten. Wie sieht beispielsweise der zur Reaktion (13.7) gehörende Teilchenaustausch aus? Zunächst besagt Gl. (13.7), daß das System „Batterie + elektromagnetisches Feld" neben anderen Variablen auch die Teilchenzahl-Variablen N_{H_2}, N_{H^+} und N_{El} hat. Unter seinen Energieformen kommen daher die drei Formen

$$\text{(13.8)} \qquad \mu_{H_2}\, dN_{H_2} + \eta_{H^+}\, dN_{H^+} + \eta_{El}\, dN_{El}$$

vor. Da das H_2-Molekül elektrisch neutral ist, ist $\eta_{H_2} = \mu_{H_2}$. Die Reaktionsgleichung (13.7) besagt nun, daß als Folge der Reaktion die Änderungen dN_{H_2}, dN_{H^+} und dN_{El} der Teilchenzahlen N_{H_2}, N_{H^+} und N_{El} so aneinander gekoppelt sind, daß

$$\text{(13.9)} \qquad dN_{H_2} = -2\, dN_{H^+} = -2\, dN_{El}.$$

Die Erzeugung bzw. Vernichtung eines Teilchens H_2 ($dN_{H_2} = \pm 1$) ist nach (13.7) nämlich mit der Vernichtung bzw. Erzeugung von zwei Teilchen H^+ ($dN_{H^+} = \mp 2$) und zwei Teilchen e^- ($dN_{El} = \mp 2$) verbunden. Genau das drückt (13.9) aus. Setzt man nun (13.9) in (13.8) ein, indem man die Teilchenzahländerungen in (13.8) durch die Änderung einer einzigen Teilchensorte, etwa durch dN_{H_2}, ausdrückt, so lautet (13.8)

$$\text{(13.10)} \qquad (\mu_{H_2} - 2\,\eta_{H^+} - 2\,\eta_{El})\, dN_{H_2}.$$

Bei dem durch die chemische Reaktion (13.7) beschriebenen Teilchenaustausch reduzieren sich die drei Energieformen (13.8) des Systems auf eine einzige (13.10). Gleichgewicht liegt dann vor, wenn (13.10) bei beliebiger Wahl von dN_{H_2} Null ist, wenn also

$$\text{(13.11)} \qquad \mu_{H_2} = 2\,\eta_{H^+} + 2\,\eta_{El}.$$

Diese Gleichung beschreibt das chemische Gleichgewicht bei der Reaktion (13.7). Gl. (13.11) ist überall dort erfüllt, wo die drei Teilchensorten H_2, H^+ und Elektronen nach (13.7) miteinander reagieren. Wie wir schon sagten, geschieht das an der Oberfläche des Platins.

Wir haben in diesem Abschnitt eine neue Klasse von Teilchenaustausch-Prozessen und die dazugehörigen Gleichgewichte, nämlich die **chemischen Reaktionen und ihre Gleichgewichte,** kennengelernt. Obwohl wir uns auf ein spezielles Beispiel beschränkt haben, ist seine Verallgemeinerungsfähigkeit deutlich zu erkennen. Das Beispiel zeigt auch, daß ein durch eine chemische Reaktion beschriebener Teilchenaustausch im allgemeinen nicht von der Normalgestalt $d(N_1+N_2)=0$ ist. Entsprechend ist auch die Gleichgewichtsbedingung dann nicht von der Normalgestalt $\mu_1=\mu_2$.

Die EMK der geladenen Batterie

Gl. (13.11) koppelt die elektrochemischen Potentiale η_{H^+} und η_{El} aneinander. Hat nämlich das H_2-Gas an beiden Elektroden dieselbe Temperatur und denselben Druck, so hat auch μ_{H_2} an beiden Elektroden denselben Wert. Bildet man die Differenz der Potentiale zwischen den beiden Elektroden und bezeichnet sie mit Δ, so ist $\Delta\mu_{H_2}=0$ und somit nach (13.11)

$$\Delta\eta_{El} = -\Delta\eta_{H^+}. \tag{13.12}$$

Die Differenz $\Delta\eta_{El}$ des elektrochemischen Potentials der Elektronen zwischen den beiden Klemmen der Batterie ist die von der Batterie „gelieferte Spannung" oder, wie sie in der historischen Terminologie heißt, die **EMK (elektromotorische Kraft)** der Batterie. Sie ist bis aufs Vorzeichen also gleich der Differenz des elektrochemischen Potentials η_{H^+} der H^+-Ionen auf der linken und rechten Seite des Elektrolyten. Die Elektrode mit dem größeren Wert des elektrochemischen Potentials der Elektronen η_{El}, in Abb. 13.5 und 13.6 also die rechte, bezeichnet man als *Kathode*, die andere als *Anode*.

Analog wie aus der Reaktionsgleichung (13.7) die Gleichgewichtsbedingung (13.11) folgt, ergibt sich aus der Reaktionsgleichung (13.6) die Gleichgewichtsbedingung

$$\mu_{HCl} = \eta_{H^+} + \eta_{Cl^-}. \tag{13.13}$$

Da die Dissoziationsreaktion (13.6) im ganzen Elektrolyten stattfindet, gilt (13.13) überall im Elektrolyten. Da η_{Cl^-} in der Batterie konstant ist, hat man $\Delta\eta_{Cl^-}=0$, und somit folgt aus (13.13)

$$\Delta\eta_{H^+} = \Delta\mu_{HCl}. \tag{13.14}$$

Setzt man das in (13.12) ein, so erhält man für die EMK der Batterie endgültig

$$\Delta\eta_{El} = -\Delta\mu_{HCl}. \tag{13.15}$$

Bis aufs Vorzeichen ist die elektromotorische Kraft der Batterie der Abb. 13.5 gleich dem Unterschied des chemischen Potentials der HCl-Moleküle auf der linken und der rechten Seite der Membran.

Kennt man μ_{HCl} als Funktion der Temperatur T und der Teilchendichte $n_{\mathrm{HCl}} = N_{\mathrm{HCl}}/V$ der HCl-Moleküle, so läßt sich die EMK nach (13.15) direkt ausrechnen. Für eine verdünnte HCl-Lösung hat, wie wir hier ohne Begründung angeben, die Differenz des chemischen Potentials für zwei verschiedene Werte der Konzentration $n_{\mathrm{HCl}}(1)$ und $n_{\mathrm{HCl}}(2)$ den Wert

(13.16) $$\mu_{\mathrm{HCl}}(T, n_{\mathrm{HCl}}(1)) - \mu_{\mathrm{HCl}}(T, n_{\mathrm{HCl}}(2)) = kT \ln \frac{n_{\mathrm{HCl}}(1)}{n_{\mathrm{HCl}}(2)}.$$

Eine Batterie mit verdünntem HCl-Elektrolyten und zwei Wasserstoff-Elektroden hat somit die EMK

(13.17) $$\Delta\eta_{\mathrm{El}} = -kT \ln \frac{n_{\mathrm{HCl}}(\text{links})}{n_{\mathrm{HCl}}(\text{rechts})}.$$

Die EMK hängt vom Verhältnis der HCl-Konzentrationen auf beiden Seiten der Membran ab, nicht dagegen vom Betrag der Konzentrationen selbst.

Neben der Reaktion (13.7) läuft an der Oberfläche des Platins auch die Reaktion ab

(13.18) $$2\,\mathrm{Cl}^- \rightleftarrows \mathrm{Cl}_2 + 2\,\mathrm{e}^-.$$

Sie führt auf die Gleichgewichtsbedingung

(13.19) $$2\,\eta_{\mathrm{Cl}^-} = \mu_{\mathrm{Cl}_2} + 2\,\eta_{\mathrm{El}}.$$

Da η_{Cl^-} überall in der Batterie denselben Wert hat, gilt für die Differenz zwischen linker und rechter Seite $\Delta\eta_{\mathrm{Cl}^-} = 0$ und somit nach (13.19)

(13.20) $$\Delta\eta_{\mathrm{El}} = \tfrac{1}{2}\,\Delta\mu_{\mathrm{Cl}_2}.$$

Man wende nicht ein, daß ja gar kein Cl_2 vorhanden sei, denn Cl_2 bildet sich gemäß (13.18) am Platin. Der entscheidende Unterschied zum H_2 ist, daß das Cl_2 sich bildet, während H_2 außerdem von außen zugegeben wird. Der Wert der Differenz $\Delta\mu_{\mathrm{Cl}_2}$ und damit der Konzentrationsunterschied von Cl_2 an der linken und rechten Elektrode wird deshalb durch den Wert von $\Delta\eta_{\mathrm{El}}$ bestimmt, während in der Wasserstoff-Elektrode die Konzentration von H_2 durch den von außen zugegebenen Wasserstoff festgelegt und damit $\Delta\mu_{\mathrm{H}_2} = 0$ erzwungen wird. Verwendete man anstelle der Wasserstoff-Elektroden Chlor-Elektroden, also Pt-Bleche, die von Cl_2-Gas umspült werden, so würde $\Delta\mu_{\mathrm{Cl}_2} = 0$ erzwungen, und damit wäre nach (13.20) $\Delta\eta_{\mathrm{El}} = 0$, also die EMK gleich Null. Dann wäre allerdings $\Delta\mu_{\mathrm{H}_2}$ nicht Null, sondern hätte nach (13.11) und (13.13) den Wert $\Delta\mu_{\mathrm{H}_2} = 2\,\Delta\eta_{\mathrm{H}^+} = 2\,\Delta\mu_{\mathrm{HCl}}$. Diese Anordnung wäre allerdings keine Batterie.

Nun noch ein Wort zum elektrischen Potential $\phi(\boldsymbol{r})$ in der Batterie. Überall dort, wo $\phi(\boldsymbol{r})$ nicht mit einem konstanten elektrochemischen Potential parallel verläuft, tritt eine *Kontaktspannung* auf. So gibt es eine Kontaktspannung zwischen dem Pt-Blech und der jeweiligen Klemme, wenn diese nicht aus Platin ist. Natürlich hat η_{El} im Pt-Blech und der Klemme denselben Wert, so daß die Kontaktspannung für die EMK $\Delta\eta_{\mathrm{El}}$ der Batterie ohne Bedeutung ist. Sind beide Klemmen der Batterie aus demselben Metall, ist $\Delta\mu_{\mathrm{El}} = 0$ und damit $\Delta\eta_{\mathrm{El}} = \Delta(-e\,\phi) = -e\,\Delta\phi$. Wichtig ist, daß als „Triebkraft" für einen Elektronenstrom, also als EMK, immer nur der Unterschied von η_{El}, nicht dagegen der von ϕ von Bedeutung ist. Eine weitere Kontaktspannung, also ein Sprung von ϕ, tritt an der Grenzschicht Elektrolyt-Platin auf. Sie rührt daher, daß zwar das elektrochemische Potential der H^+-Ionen η_{H^+} in der Grenzschicht konstant ist (weil die H^+-Ionen auch dort zwischen benachbarten Volumelementen frei austauschen), nicht aber das chemische Potential μ_{H^+}. Für das H^+-Ion bilden Inneres des Elektrolyten und Grenzschicht verschiedene Umgebungen. Die ϕ-Sprünge an den beiden Elektroden sind übrigens verschieden. Analoge Betrachtungen gelten für die Cl^--Ionen. Schließlich kann auch die Differenz von ϕ zwischen linker und rechter Seite der Membran als Kontaktspannung aufgefaßt werden. Sie rührt daher, daß zwar η_{Cl^-} auf beiden Seiten denselben Wert hat, nicht aber wegen der unterschiedlichen Cl^--Konzentration das chemische Potential μ_{Cl^-}.

Die Kontaktspannungen sind für die Bewegung der Ionen ebenso bedeutungslos wie die Kontaktspannung zwischen verschiedenen Metallen für die Bewegung der Elektronen. Ein geladenes Teilchen wird immer nur dann in Bewegung versetzt, wenn sein *elektrochemisches* Potential räumlich nicht konstant ist.

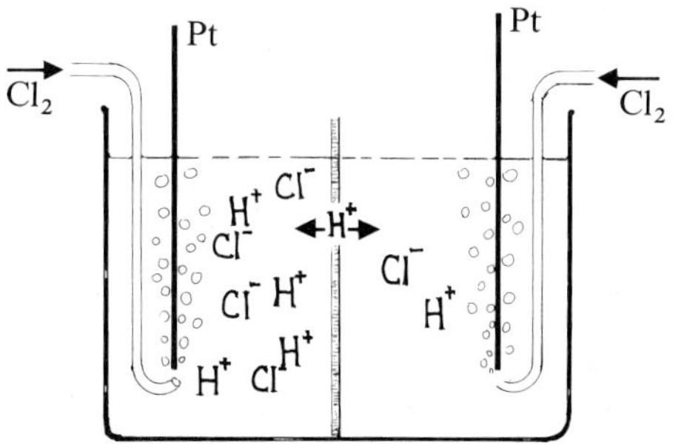

Abb. 13.7
Konzentrationskette als Batterie mit derselben HCl-Lösung links und rechts unterschiedlicher Konzentration wie in Abb. 13.5. Zum Unterschied von der Batterie in Abb. 13.5 hat diese Batterie eine Membran, durch die nur die H^+-Ionen, aber nicht Cl^--Ionen frei austauschen. Elektroden sind wieder Pt-Bleche, die aber von Cl_2-Gas anstatt, wie in Abb. 13.5, von H_2-Gas umspült werden.

Die Rolle, die die Membran beim Ionenaustausch spielt, und die Bedeutung des Ionengleichgewichts für das Zustandekommen der EMK $\Delta\eta_{El}$ wird noch deutlicher, wenn man außer einer Membran, die nur Cl^--Ionen, aber keine H^+-Ionen durchläßt, zur Übung auch eine Membran betrachtet, die umgekehrt im Elektrolyten nur den Austausch von H^+-Ionen, aber nicht von Cl^--Ionen zuläßt. Die Anordnung dieser Batterie ist in Abb. 13.7 dargestellt. Abb. 13.8 zeigt den Verlauf der Potentiale. Da wegen des freien Austausches der H^+-Ionen jetzt η_{H^+} überall im Elektrolyten denselben Wert hat und außerdem Chlor-Elektroden ($\Delta\mu_{Cl_2}=0$) verwendet werden, wird jetzt $\Delta\eta_{H^+}=0$, nach (13.19) also

(13.21) $$\Delta\eta_{El}=\Delta\eta_{Cl^-},$$

was mit (13.13)

(13.22) $$\Delta\eta_{El}=\Delta\mu_{HCl}$$

ergibt. Das Vorzeichen der EMK in Abb. 13.7 ist also entgegengesetzt dem in Abb. 13.5, hat aber denselben Betrag, wenn dieselbe HCl-Konzentration auf beiden Seiten der Membran herrscht.

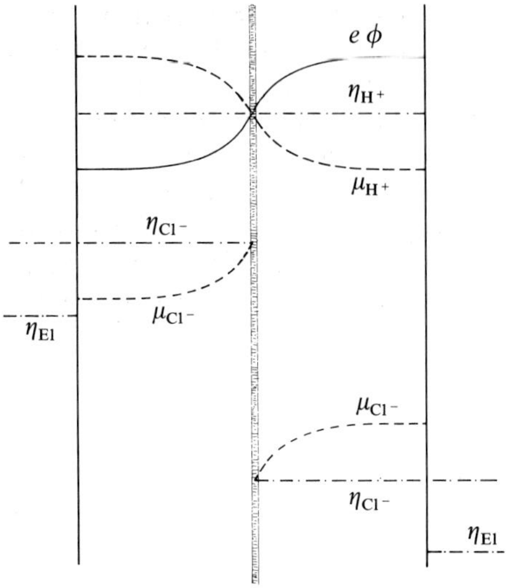

Abb. 13.8
Verlauf der intensiven Variablen im Gleichgewicht der geladenen Batterie der Abb. 13.7. Da jetzt die H^+-Ionen durch die Membran frei austauschen, hat η_{Cl^-} an den Elektroden und damit auch η_{El} unterschiedliche Werte. Da H^+- und Cl^--Ionen entgegengesetztes Vorzeichen der Ladung haben, ist jetzt die Kathode links und die Anode rechts.

Unsere Überlegungen und die Abb. 13.6 und 13.8 zeigen deutlich, daß die elektromotorische Kraft einer Batterie, also $\Delta\eta_{El} \neq 0$ zwischen den Elektroden, die Folge eines Ionengleichgewichts ist. Wir haben ja einen Austausch zwischen bestimmten Ionensorten zugelassen und damit Gleichgewicht hinsichtlich dieses Austauschs hergestellt. Bezüglich der Elektronen ist die Batterie nicht im Gleichgewicht, denn Elektronenaustausch zwischen den Elektroden ist nicht zugelassen. Batterien im Zustand eines Ionengleichgewichts, das zur Folge hat, daß die Elektronen zwischen den Elektroden nicht im Gleichgewicht sind, daß also $\Delta\eta_{El} \neq 0$, sind das, was wir als *geladene Batterien* kennen. Geladene Batterien sind also durchaus im Gleichgewicht, allerdings nur bezüglich des Austauschs einer Ionensorte, nicht aber bezüglich des Elektronenaustauschs zwischen den Elektroden. Der unterdrückte Elektronenaustausch zeigt sich in den unterschiedlichen Werten des elektrochemischen Potentials der Elektronen an den Klemmen der Batterie.

Die entladene Batterie

Verbindet man die Klemmen einer geladenen Batterie durch einen Draht, entlädt sich die Batterie. Elektronen fließen durch den Draht und bewirken damit, daß die Batterie Energie abgibt. Bei ihrer Entladung strebt die Batterie ein neues Gleichgewicht an, nämlich eines, bei dem auch der Austausch von Elektronen zwischen den Elektroden zugelassen ist.

Wie die Annäherung an das neue Gleichgewicht erfolgt, macht man sich anhand der Abb. 13.6 klar: Im Fall dieser Anordnung geben an der Kathode H_2-Moleküle des Gases je zwei Elektronen ab und begeben sich als $2H^+$-Ionen in den Elektrolyten kleiner HCl-Konzentration. Die Elektronen wandern durch den Draht zur Anode. Aus dem Teil großer Konzentration tritt dieselbe Zahl von Cl^--Ionen durch die Membran nach rechts über. Rechts im Elektrolyten wird also die Konzentration der H^+- und Cl^--Ionen in gleicher Weise erhöht. Aus dem Teil großer Konzentration wandern, auch wieder mit gleicher Rate wie die Cl^--Ionen nach rechts, H^+-Ionen an die Anode, wo sie ein Elektron aufnehmen, das von der Kathode durch den Draht gekommen ist. Je zwei H^+-Ionen bilden mit zwei Elektronen ein H_2-Molekül. An der Kathode wird also bei der Entladung H_2-Gas verbraucht, an der Anode ebensoviel abgeschieden.

Die Einstellung des neuen Ionengleichgewichts bei Entladung der Batterieanordnung der Abb. 13.7 und 13.8 verläuft ganz entsprechend. Hier treten mit gleicher Rate in den Elektrolyten schwacher Konzentration von der Anode rechts Cl^--Ionen und durch die Membran H^+-Ionen ein. Ferner gehen Cl^--Ionen aus dem Elektrolytteil links an die Kathode. An der Anode wird Cl_2-Gas verbraucht, an der Kathode im gleichen Maße entwickelt, und pro Molekül wandern zwei Elektronen durch den Draht von der Kathode zur Anode.

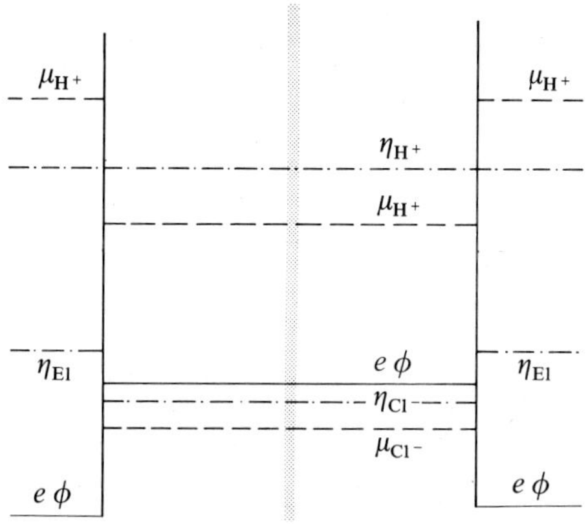

Abb. 13.9

Verlauf der intensiven Variablen im Gleichgewicht der entladenen Batterie. Die entladene Batterie ist auch bezüglich des Elektronenaustauschs zwischen den Elektroden im Gleichgewicht. Das heißt, daß η_{El} an beiden Elektroden den gleichen Wert hat, die elektromotorische Kraft also Null ist. Bei Entladung der Batterie, also Einstellung des Elektronengleichgewichts, stellt sich das Ionengleichgewicht anders ein als bei der geladenen Batterie. Im Gleichgewichtszustand der entladenen Batterie herrscht auf beiden Seiten der Membran gleiche Konzentration der Ionen wie auch der HCl-Moleküle. Die elektrochemischen Potentiale aller Ionensorten im Elektrolyten sind demgemäß konstant.

Im Gleichgewichtszustand der entladenen Batterie ist die Konzentration der H^+- und Cl^--Ionen links und rechts der Membran die gleiche. Dementsprechend sind die Variablen η_{H^+}, η_{Cl^-}, μ_{H^+}, μ_{Cl^-} und $e\phi$ im gesamten Elektrolyten konstant (Abb. 13.9). Im Falle des Diagramms Abb. 13.9, das der Anordnung der Abb. 13.5 entspricht, ist über die Grenze Elektrolyt-Platin auch noch η_{H^+} konstant, nicht dagegen μ_{H^+} und $e\phi$. μ_{H^+} muß verschieden sein im Elektrolyten und in der Grenzschicht, da die Umgebung der H^+-Ionen unterschiedlich ist. Da im Gleichgewicht für H^+-Ionenaustausch aber $\eta_{H^+} = \text{const.}$, muß $e\phi$ einen zu μ_{H^+} entgegengesetzt gleichen Sprung an der Grenzschicht Elektrolyt-Platin machen. Der Sprung von $e\phi$ stellt eine Kontaktspannung dar, hervorgerufen auch im Fall der entladenen Batterie durch einen Unterschied im chemischen Potential der Ionen. Das elektrochemische Potential der Elektronen η_{El} hat bei der entladenen Batterie natürlich denselben Wert in beiden Elektroden, denn Entladung einer Batterie durch eine Drahtverbindung heißt, Elektronengleichgewicht zwischen den beiden Elektroden herstellen.

§14 Thermisches Gleichgewicht

Gleichgewicht beim Austausch von Wärme

Das Minimumprinzip der Energie bei Gleichgewichten soll auf den Austausch von Wärme angewendet werden, um das thermische Gleichgewicht, nämlich das Gleichgewicht bei freiem Austausch von Wärme und damit beim Austausch von Entropie festzulegen. Wir betrachten dazu zwei Systeme, die Energie in Form von Wärme austauschen, während der Austausch aller übrigen Energieformen unterbunden sei. Alle übrigen unabhängigen extensiven Variablen der einzelnen Systeme außer ihrer Entropie werden also konstant gehalten. Wir nehmen ferner an, daß der Austausch von Wärme und damit der Austausch von Entropie so erfolgt, daß die Kopplung der Entropie S_1 und S_2 der Systeme 1 und 2 die Normalgestalt hat, daß also

$$d(S_1+S_2)=0. \tag{14.1}$$

Die Entropie $S=S_1+S_2$ des aus den beiden austauschenden Systemen bestehenden Gesamtsystems soll also konstant bleiben. Die Energie $E=E_1+E_2$ des Gesamtsystems genügt dann der Beziehung

$$dE=T_1\,dS_1+T_2\,dS_2=(T_1-T_2)\,dS_1. \tag{14.2}$$

Im Zustand, in dem E ein Minimum hat, in dem somit $dE=0$ bei $dS_1 \neq 0$, ist danach $T_1=T_2$. In diesem Zustand, dem **thermischen Gleichgewicht,** haben die beiden im Wärmeaustausch stehenden Systeme *dieselbe Temperatur*.

Die Tatsache, daß Systeme, die sich im thermischen Gleichgewicht gegenüber freiem Wärmeaustausch befinden, gleiche Temperatur haben, erklärt auch, warum in einem Medium, das sich im thermischen Gleichgewicht befindet, überall dieselbe Temperatur herrscht. Alle Volumelemente des Mediums stehen nämlich miteinander im Wärmeaustausch. Infolgedessen haben im Gleichgewicht benachbarte Volumelemente dieselbe Temperatur, und daher gilt dasselbe für alle Volumelemente. Auf der Gleichheit der Temperatur im Gleichgewicht beruht auch die Temperaturmessung. Eines der Systeme im thermischen Gleichgewicht spielt dabei die Rolle des Thermometers.

Wie sieht nun ein *Prozeß* des Wärmeaustauschs zwischen zwei Systemen 1 und 2 aus, der (14.1) und der Bedingung genügt, daß alle übrigen unabhängigen extensiven Variablen der Systeme 1 und 2 konstant bleiben? Da die Energie des aus den beiden austauschenden Systemen bestehenden Gesamtsystems im Gleichgewicht ein Minimum hat, muß dem Gesamtsystem auf dem Weg zum Gleichgewicht Energie entzogen werden, und zwar so lange, bis dem System keine Energie mehr entnommen werden kann, ohne die Bedingung zu verletzen, daß $S=S_1+S_2$ und die übrigen unabhängigen extensiven Variablen ihre vorgeschriebenen Werte haben. In welcher Form die Energie entzogen wird, ist gleichgültig, es ist nur darauf zu achten, daß am Ende des Prozesses die Entropie S und die übrigen unabhängigen extensiven Variablen dieselben Werte haben, die sie am Anfang hatten. Das gelingt am einfachsten, wenn die Energie in Form von Wärme entzogen wird. Das hat seinen Grund darin, daß, wie wir schon in §6 gesehen haben, beim Prozeß des Wärmeübergangs zwischen Systemen unterschiedlicher Temperatur Entropie erzeugt wird. Wird diese erzeugte Entropie dem Gesamtsystem entzogen, so wird einerseits (14.1) eingehalten und andererseits Energie in Form von Wärme entzogen.

Maximumprinzip der Entropie

Wenn man vom Wärmeaustausch zwischen zwei Körpern oder Systemen 1 und 2 spricht, so hat man gewöhnlich eine Anordnung vor Augen, bei der zwei Körper unterschiedlicher Temperatur miteinander in *thermischem Kontakt* sind, nämlich so in Berührung gebracht sind, daß sie miteinander Energie in Form von Wärme austauschen, sonst aber mit keinem weiteren System im Energieaustausch stehen. Wegen des Erhaltungssatzes der Energie ist bei einem derartigen Prozeß die Energie $E=E_1+E_2$ des aus den beiden Systemen bestehenden Gesamtsystems konstant, also

$$dE=dE_1+dE_2=0. \tag{14.3}$$

Man sagt dann auch, das Gesamtsystem sei von der Umgebung *energetisch isoliert*. Es ist jedoch ausdrücklich darauf hinzuweisen, daß die **energetische Isolation** zweier miteinander Energie austauschender Systeme zwar die Relation (14.3) zur Folge hat, daß aber umgekehrt aus (14.3) nicht auf die energetische Isolation geschlossen werden kann. Gl. (14.3) verlangt ja nur, daß die Energie des aus den beiden Systemen bestehenden Gesamtsystems konstant bleibt; das ist aber außer durch energetische Isolation auch dadurch zu erreichen, daß das System in jedem Augenblick ebenso viel Energie von außen aufnimmt, wie es Energie nach außen abgibt.

Wir fragen nun danach, wie sich die Entropie $S=S_1+S_2$ des Gesamtsystems bei einem Prozeß verhält, der (14.3) genügt und außerdem der Bedingung, daß die übrigen unabhängigen extensiven Variablen wie bisher konstant gehalten werden. An Energie wird dabei zwischen den Systemen 1 und 2 nur Wärme ausgetauscht. Da dann $dE_1=T_1\,dS_1$ und $dE_2=T_2\,dS_2$ ist, genügt die Entropie S des Gesamtsystems der Beziehung

$$dS=dS_1+dS_2=\frac{1}{T_1}\,dE_1+\frac{1}{T_2}\,dE_2. \tag{14.4}$$

Setzt man hierin (14.3) ein, so erhält man

$$dS=\left(\frac{1}{T_1}-\frac{1}{T_2}\right)dE_1. \tag{14.5}$$

Diese Gleichung sagt, daß $dS=0$ ist bei $dE_1 \neq 0$, wenn $1/T_1=1/T_2$ oder, was dasselbe ist, wenn $T_1=T_2$. Die Entropie S hat im thermischen Gleichgewicht zwischen zwei Wärme austauschenden Systemen also ein Extremum, wenn nach (14.3) die Energie des Gesamtsystems sowie alle übrigen unabhängigen extensiven Variablen konstant gehalten werden. Bei diesem Extremum handelt es sich, wie wir gleich zeigen werden, um ein *Maximum*. Wir haben somit die wichtige *Regel:*

> Das thermische Gleichgewicht zwischen zwei Systemen, die im freien Wärmeaustausch stehen, läßt sich, wenn alle nicht mit der Energieform Wärme zusammenhängenden unabhängigen extensiven Variablen konstant gehalten werden, auf zwei äquivalente Weisen charakterisieren, nämlich durch
>
> (a) das *Minimum* der Energie $E=E_1+E_2$ bei konstanter Entropie $S=S_1+S_2$ des Gesamtsystems,
>
> (b) das *Maximum* der Entropie $S=S_1+S_2$ bei konstanter Energie $E=E_1+E_2$ des Gesamtsystems.

Daß die Entropie im Gleichgewicht ein Maximum annimmt, läßt sich mit Hilfe der Gln. (14.2) und (14.5) einsehen. Zusammen mit der Minimaleigenschaft der Energie im Gleichgewicht sagt zunächst (14.2), daß bei $T_1 > T_2$ ein Prozeß, bei dem Wärme vom System 1 an das System 2 abgegeben wird, näher an das Gleichgewicht heranführt. Wärmeabgabe des Systems 1 bedeutet nämlich, daß seine Energie E_1 und wegen $dE_1 = T_1\, dS_1$ auch seine Entropie abnimmt, also $dE_1 < 0$ und $dS_1 < 0$. Mit $(T_1 - T_2) > 0$ folgt dann aus (14.2), daß $dE < 0$, also nimmt auch die Energie des Gesamtsystems ab; das Gesamtsystem nähert sich mit diesem Prozeß dem Zustand des Gleichgewichts. Gl. (14.5) sagt aber, daß, wenn $T_1 > T_2$ und $dE_1 < 0$, dem System 1 also Energie entzogen und dieselbe Menge an Energie dem System 2 zugeführt wird, $dS > 0$ ist, die Gesamtentropie also zunimmt. Die Annäherung an den Zustand des thermischen Gleichgewichts ist also mit Zunahme der Entropie des Gesamtsystems verknüpft.

Im Hinblick auf die experimentelle Realisierung von Prozessen ist das **Maximumprinzip der Entropie** der Anschauung oft zugänglicher als das **Minimumprinzip der Energie.** Das liegt daran, daß die Entropie keinem allgemeinen Erhaltungssatz genügt, sondern erzeugt werden kann. Es ist deshalb möglich, das Maximum der Entropie herzustellen, ohne dazu ein drittes System zu Hilfe zu nehmen, wie es zur Herstellung des Minimums der Energie wegen des Erhaltungssatzes der Energie immer notwendig ist. Wenn nämlich die Energie eines aus zwei austauschenden Systemen bestehenden Gesamtsystems abnehmen soll, kann das nur durch Entzug und Übertragung auf ein drittes System geschehen. Die in der Natur ohne Mitwirkung dritter Systeme oder, wie man auch sagt, „von selbst“ ablaufenden Prozesse suggerieren daher die Anwendung des Maximumprinzips der Entropie. Dennoch muß betont werden, daß das nicht einen prinzipiellen Vorzug des Maximumprinzips der Entropie gegenüber dem Minimumprinzip der Energie bedeutet.

Gleichgewichte und Nicht-Gleichgewichte

Bei einem Gleichgewichtszustand handelt es sich immer um ein Gleichgewicht gegenüber freiem Austausch einer bestimmten Energieform. Dieser **freie Austausch** gehört zum Wesen des Gleichgewichts. Würde man ihn hemmen, wäre es sinnlos, von einem Gleichgewicht zu sprechen. Kennzeichnend für den Gleichgewichtszustand ist, daß der Austausch, obwohl er nicht gehemmt ist, trotzdem nicht stattfindet. Die austauschenden Systeme verzichten im Gleichgewicht sozusagen freiwillig darauf, einen Austausch zu betätigen, der ihnen im Prinzip offensteht. In einem Gleichgewichtszustand strömt die Energie in der für den Austausch offenen Form ebenso gern in der einen wie in der entgegengesetzten Richtung, und infolgedessen resultiert insgesamt kein Energiestrom. Das ist der anschauliche Inhalt der für ein Gleichgewicht beim freien Austausch zweier unabhängiger Energieformen $\xi_1\, dX_1$ und $\xi_2\, dX_2$ charakteristischen Beziehung

$$\xi_1\, dX_1 + \xi_2\, dX_2 = 0. \tag{14.6}$$

Sie wird zu einer Aussage über die Kompensation zweier entgegengerichteter Energieströme $\xi_1\, dX_1/dt$ und $\xi_2\, dX_2/dt$, wenn man (14.6) durch dt dividiert. Eine Folge des Nullwerdens des gesamten Energiestroms frei austauschender Energieformen im Gleichgewicht ist, daß ein Zustand, der Gleichgewichtszustand gegenüber dem Austausch einer bestimmten Energieform ist, unverändert bestehen bleibt, wenn er einmal hergestellt ist. Wie er hergestellt wurde, ist dabei völlig gleichgültig. Man erkennt einen Gleichgewichtszustand immer daran, daß, wenn er hergestellt ist, er zeitlich unveränderlich bestehen bleibt, obwohl die Werte der Variablen in ihm nicht „mit Gewalt" gehemmt festgeklemmt oder festgehalten werden.

In einem Zustand, der kein Gleichgewichtszustand gegenüber dem Austausch einer bestimmten Energieform ist, beginnt dagegen, sobald die Energieform frei austauschen kann, die Energie in einer bestimmten Richtung zu strömen. Es resultiert ein anderer Zustand des Gesamtsystems. Ist der im nächsten Augenblick entstehende Zustand wieder kein Gleichgewichtszustand, so setzt sich der Prozeß fort. Hat eine derartige aus einem Nicht-Gleichgewichtszustand resultierende Folge von Nicht-Gleichgewichtszuständen ein Ende, tendiert sie also gegen einen Gleichgewichtszustand, oder ist es auch möglich, daß eine solche Folge niemals zu einem Gleichgewichtszustand führt und daher nie in einem bestimmten Zustand endet?

Bei allen Bewegungsvorgängen der Mechanik haben wir es mit Folgen von Nicht-Gleichgewichtszuständen zu tun, die nicht enden, sondern entweder geschlossen sind oder Mannigfaltigkeiten bilden, bei denen die Werte bestimmter Variablen ins Unendliche streben. Betrachten wir als Beispiel ein Pendel, allgemein einen Oszillator. Jeder Oszillator kann Energie in zwei Formen austauschen, beim Pendel sind das Bewegungs- und Verschiebungsenergie. Das System Pendel besitzt einen einzigen Gleichgewichtszustand, nämlich den Zustand, in dem die Energie des Systems ein Minimum hat. Im Gleichgewichtszustand ist der Impuls $\boldsymbol{P}=0$, und der Ortsvektor hat einen Wert $\boldsymbol{r}_0$, für den die potentielle Energie ihr Minimum hat. Bringen wir den Oszillator in diesen Zustand, so verharrt er in ihm, denn jede Änderung erfordert ja Energie, und solange diese nicht zur Verfügung steht, kann der Oszillator den Zustand nicht verlassen.

Jeder andere Zustand des Pendels ist, da die Energie in ihm nicht ihr Minimum hat, ein Nicht-Gleichgewichtszustand. Bringt man das Pendel in einen derartigen Zustand und läßt man freien Austausch von Bewegungs- und Verschiebungsenergie zu, wird also das Schwingen durch äußere Einwirkungen nicht gehemmt, so setzt ein Vorgang ein, bei dem die Energie fortwährend von der einen Form in die andere transformiert wird. Das System geht in jedem Augenblick von einem Zustand in einen anderen über. Die Folge von Zuständen besteht nur aus Nicht-Gleichgewichtszuständen, denn nehmen wir das Pendel als Modell ernst, so hört es ja, wenn es einmal schwingt, nie auf zu schwingen.

Das Beispiel des Pendels oder allgemein eines Oszillators vermittelt nun eine ganze Reihe weiterer Einsichten. Da beim Pendel der Energieaustausch nicht darin besteht, daß Bewegungsenergie wieder in Bewegungsenergie übergeht, sondern in Verschiebungsenergie und umgekehrt Verschiebungsenergie in Bewegungsenergie, demonstriert das Pendel eine Möglichkeit des Austauschs, die in unseren Betrachtungen zwar enthalten ist, aber dem ersten Blick leicht entgeht. Wir meinen die Möglichkeit, daß der freie Austausch einer Energieform ξdX sich nicht darin bemerkbar macht, daß wirklich Energie in dieser Form auftritt, sondern nur darin, daß die zugeordnete extensive Variable X sich ändert. Das ist nämlich in einem Zustand der Fall, in dem $\xi=0$ ist oder, physikalisch realer, einen Wert nahe bei Null hat. Das Pendel ist gerade ein solcher Fall. Wenn es schwingt und dabei Bewegungsenergie aufnimmt oder abgibt, so muß es auch seinen Impuls ändern. Das kann es nur, wenn ein weiteres System zum Impulsaustausch zur Verfügung steht. Dieses System muß aber eine sehr große Masse haben, damit es mit dem Impuls $d\boldsymbol{P}$ möglichst wenig Bewegungsenergie aufnimmt. Nur bei unendlich großer Masse dieses weiteren Systems tauscht es mit dem Impuls nicht gleichzeitig Bewegungsenergie aus, und die Energie des Pendels bleibt streng konstant. Beim Pendel ist dieses System die Erde. Einfacher als den Austausch der

Energieformen zu betrachten, ist es meistens, nur von den Änderungen der extensiven Variablen zu sprechen. Dann lassen sich auch die Grenzfälle, in denen intensive Variablen den Wert Null haben, einfach mitbehandeln. Man sieht hier wieder, daß das Umgehen mit den Variablen meist einfacher ist als das Umgehen mit den ihnen zugeordneten Energieformen, auch wenn die Energieformen unserer Anschauung oft mehr entgegenkommen als ihre Variablen.

Jedes reale Pendel und jedes reale als Oszillator beschreibbare Objekt hat nun gar nicht das von der Mechanik behauptete ideale Verhalten. Wartet man lange genug, so endet jede Folge von Nicht-Gleichgewichtszuständen eines Oszillators in seinem Gleichgewichtszustand. Der Oszillator geht infolge von Reibung, also unter Energieabgabe an ein weiteres System, seine „Umgebung", über in den Zustand, in dem seine Energie ein Minimum hat. Er folgt dem Minimumprinzip der Energie. Das kann er allerdings nur tun unter Zuhilfenahme des weiteren Systems „Umgebung".

Betrachtet man nicht den Oszillator allein, sondern das aus Oszillator und Umgebung bestehende Gesamtsystem, so bleibt dessen Energie bei dem ganzen Vorgang konstant. Dafür nimmt aber seine Entropie zu. Das aus Oszillator und Umgebung bestehende Gesamtsystem durchläuft also eine Folge von Zuständen, in denen die Entropie anwächst und schließlich im Gleichgewicht ihren bei der gegebenen Gesamtenergie maximalen Wert annimmt. Die Folge von Nicht-Gleichgewichtszuständen endet in einem Gleichgewichtszustand. Da das ohne Zuhilfenahme noch eines weiteren Systems, also auch bei energetischer Isolation des Gesamtsystems geschieht, spricht man bei dieser Betrachtungsweise von einem „selbst-ablaufenden" Prozeß, der im Gleichgewicht endet.

Obwohl es die Anschauung nahelegt, Gleichgewichte immer als Endzustände selbstablaufender Prozesse anzusehen, wird man dem Begriff des Gleichgewichts so nicht gerecht. Die beiden eben demonstrierten Betrachtungsweisen des Einstellens des Gleichgewichts, von denen die erste den Begriff des selbst-ablaufenden Prozesses gar nicht verwendet, dafür aber ein anderes System, die Umgebung, zu Hilfe nimmt, machen das klar, denn sie sind physikalisch völlig gleichwertig. Der Begriff des Gleichgewichts hat nichts damit zu tun, ob es sich „von selbst" einstellt oder nicht. Selbst wenn unter bestimmten Bedingungen ein Prozeß gar nicht oder beliebig langsam abläuft, ist der Gleichgewichtszustand trotzdem definiert. Es ist wichtig, sich klarzumachen, daß die Beschreibung des Gleichgewichts nicht auf der von zeitlichen Abläufen beruht, sondern nur auf der *Eigenschaft des Gleichgewichtszustands*, daß dieser von der Möglichkeit eines freien Austausches einer Energieform keinen Gebrauch macht.

Allgemeine Bedeutung des Gleichgewichts

Wenn einer Variable ein bestimmter Wert erteilt werden soll, so kann das im wesentlichen auf zwei Weisen geschehen. Die erste entspricht der gewohnten Auffassung, daß der Wert der betreffenden Variable „mit Gewalt festgehalten" wird. Man sagt auch, daß die Variable *gehemmt* wird. Die zweite besteht darin, daß ein Gleichgewicht ausgenutzt wird, um den Wert der Variable einzustellen. Soll z. B. ein Körper an einem Ort festgehalten werden, so sorgt man dafür, daß andere Körper, wozu unter Umständen auch der Experimentator selbst zählt, derartig mit dem betreffenden Körper gekoppelt werden, daß ein Gleichgewicht gegenüber Verschiebung resultiert. Wenn man davon spricht, daß ein Körper von Kräften festgehalten wird, so handelt es sich gewöhnlich um Anordnungen, die ein Kräftegleichgewicht erzeugen.

Obwohl die Unterscheidung zwischen dem Festhalten des Wertes einer Variable durch Gewalt, also durch Hemmung einerseits und als Folge eines Gleichgewichts andererseits, oft zweckmäßig ist, hat sie im Hinblick auf die dynamische Beschreibung keine prinzipielle Bedeutung. Die dynamische Beschreibung physikalischer Tatbestände operiert allein mit den Variablen. Ihre Anweisungen bestehen immer darin, daß sich Variablen in bestimmter Weise ändern oder bestimmte Werte haben sollen. Sie sagt aber nie, auf welche Weise die Werte experimentell hergestellt oder festgehalten werden sollen. Gerade hierin liegt die Flexibilität der dynamischen Beschreibung physikalischer Systeme und ihrer Prozesse. Tatsächlich besteht auch die Hemmung einer Variable, genau besehen, meist darin, daß mit Hilfe eines weiteren Systems ein Gleichgewicht hergestellt wird, das sehr viel schwerer zu stören ist als die übrigen gerade ins Auge gefaßten Gleichgewichte. So gesehen, beruht das Konstanthalten von Variablen in der Physik fast immer auf irgendwelchen Gleichgewichten.

Auch die Anzahl der unabhängigen Variablen der Gibbs-Funktion eines Systems ist wesentlich bestimmt durch die **inneren Gleichgewichte** des Systems. Ein inneres Gleichgewicht hinsichtlich des Austauschs einer Energieform bedeutet nämlich eine **Reduktion der Anzahl der unabhängigen Variablen,** da die austauschenden extensiven Variablen gekoppelt sind und im Gleichgewicht die intensiven Variablen gleiche Werte haben. Das aus zwei Gasvolumina V_1 und V_2 bestehende System der Abb. 12.11 beispielsweise, dessen einzige Prozeßmöglichkeit der Austausch von Kompressionsenergie ist, hat, solange es nicht im inneren Gleichgewicht ist, eine Gibbs-Funktion $E=E(S_1, S_2, V_1, V_2)$, in der die beiden Volumina V_1 und V_2 voneinander unabhängige Variablen sind. Die Drucke p_1 und p_2 ergeben sich gemäß (9.12) zu

$$(14.7) \qquad p_1 = -\frac{\partial E(S_1, S_2, V_1, V_2)}{\partial V_1} \quad \text{und} \quad p_2 = -\frac{\partial E(S_1, S_2, V_1, V_2)}{\partial V_2}.$$

Im inneren Gleichgewicht hat das System nicht mehr V_1 und V_2 als unabhängige Variablen, sondern nur noch die *eine* unabhängige Variable $V = V_1 + V_2$. Entsprechend gibt es auch nur noch eine einzige Druck-Variable p, denn der Druck ist in beiden Gasvolumina der gleiche, nämlich

$$(14.8) \qquad p = p_1 = p_2 = -\frac{\partial E(S_1, S_2, V)}{\partial V}.$$

Auch die Tatsache, daß ein Körper zusammenhält und physikalisch als Einheit wirkt, ist die Folge eines Gleichgewichts, nämlich des inneren Gleichgewichts zwischen irgendwelchen Teilen, in die man ihn sich zerlegt denken kann. Und dasselbe gilt nicht nur für Körper, sondern für beliebige Systeme, so auch für jeden Energie-Impuls-Transport. Ein Transport ist ja nichts anderes als eine bestimmte Kombination von Energie und Impuls (MRG, §6). Diese ließe sich im Prinzip als Summe beliebiger Teilbeträge, d.h. beliebiger anderer Transporte darstellen. Daß es trotzdem Sinn hat, von einem bestimmten Transport, etwa einem Elementarteilchen, zu sprechen, ist die Folge eines inneren Gleichgewichts. Diese Auffassung von der zentralen Rolle des Gleichgewichts in der Physik ist von besonderer Bedeutung bei der Frage der Stabilität von Zuständen physikalischer Systeme. Wir erwähnen das hier, um klarzumachen, welch große, wenn auch nicht immer bewußte Bedeutung den Gleichgewichten in der Physik zukommt.

V Temperatur

§15 Die Messung der Temperatur. Gasthermometer

Jede Temperaturmessung beruht darauf, daß man das System, dessen Temperatur zu messen ist, mit einem zweiten als Thermometer benutzten System ins thermische Gleichgewicht bringt. Dazu ist notwendig, daß zwischen System und Thermometer **thermischer Kontakt,** nämlich freier Energieaustausch in Form von Wärme besteht. Gewöhnlich kommt dieser Kontakt durch direkte Berührung zustande. Da aber auch eine makroskopisch direkte Berührung mikrophysikalisch nichts anderes ist als eine elektromagnetische Wechselwirkung zwischen den Atomen und Molekülen der sich berührenden Körper, wird Wärmeaustausch letzten Endes durch elektromagnetische Felder vermittelt. Es ist daher nicht verwunderlich, daß elektromagnetische Strahlung und damit Licht auch über große Entfernungen Wärme überträgt. Die von der Sonne der Erde zugestrahlte Wärmeenergie zeigt das deutlich, wenn auch die Sonnenoberfläche mit $T=6000$ K und die Erdoberfläche mit $T=300$ K nicht miteinander in thermischem Gleichgewicht sind.

Bringt man zwei Systeme in thermischen Kontakt, so haben die Zustände des Gleichgewichts, nämlich die Zustände, in denen bei der Möglichkeit freien Wärmeaustauschs kein Wärmestrom von einem System zum anderen fließt, die Eigenschaft, daß die Temperaturen der beiden Systeme *denselben* Wert haben. Allerdings wissen wir damit noch nicht, *welchen* Wert die Temperatur hat.

Die dynamische oder absolute Temperatur T ist dadurch definiert, daß Wärme eine Energieform ist, also in der Gestalt TdS geschrieben werden kann. Daraus folgt, daß der Nullpunkt von T, also der Wert $T=0$ absolut festgelegt ist. T ist nämlich Null, wenn mit einer Entropiezufuhr $dS>0$ keine Energiezufuhr verknüpft ist. Die Einheit und damit die Skala der Temperatur T ist dadurch jedoch noch nicht festgelegt, denn man kann schreiben $TdS=(\alpha T)\,d(S/\alpha)$, wobei α eine beliebige Zahl ist. Anstelle von T und S lassen sich ebensogut die Variablen $T'=(\alpha T)$ und $S'=(S/\alpha)$ als Temperatur und Entropie benutzen. *Der Nullpunkt der absoluten Temperatur T liegt also fest, ihre Skala und ihre Einheit sind hingegen beliebig.* Deren Festsetzung werden wir am Ende dieses Paragraphen behandeln.

Zur Temperaturmessung läßt sich im Prinzip jede Variable eines als Thermometer verwendeten Systems benutzen, die sich mit T ändert. Gebräuchlich als Ablesevariablen sind das Volumen oder die Länge eines Körpers bei konstantem Druck [Flüssigkeits- (Abb. 15.1) oder Gasthermometer (Abb. 15.2)], sein elektrischer Widerstand [Widerstandsthermometer (Abb. 15.3)], eine zwischen zwei Verbindungsstellen verschiedener Materialien auf unterschiedlicher Temperatur erzeugte elektrische Spannung [Thermoelement (Abb. 15.4)], das magnetische Moment eines Körpers [magnetischer Temperaturmesser für sehr tiefe Temperaturen, §18] oder bei einem selbstleuchtenden Körper seine Farbe (Pyrometer). Wichtig ist, daß die Ablesevariable eine zumindest stückweise umkehrbar-eindeutige Funktion der Temperatur T ist. Das Volumen von Wasser bei konstantem Druck ist ein Beispiel, bei dem die umkehrbare Eindeutigkeit nur unterhalb und oberhalb 4 °C gewährleistet ist, nicht jedoch in einem Temperaturintervall, das die Temperatur von 4 °C einschließt. Das eigentliche Problem jeder Temperaturmessung besteht darin, den Zusammenhang zwischen den Werten der Ablesevariable und der absoluten Temperatur T zu finden.

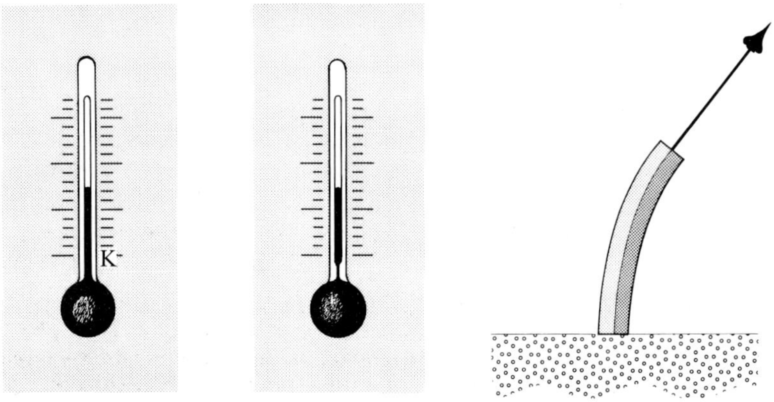

a b c

Abb. 15.1a

In dem bekannten *Flüssigkeitsthermometer* wird das Volumen einer Flüssigkeit als empirische Temperatur τ benutzt. Um die Volumenänderungen deutlich sichtbar zu machen, zeigt man Änderungen von τ durch Änderung der Länge einer Flüssigkeitssäule in einer Kapillare K an. Damit das Thermometer brauchbar ist, muß das Volumen der Flüssigkeit sehr viel stärker von der Temperatur abhängen als das des Gefäßmaterials. Das ist gut erfüllt bei Quecksilber in Glasgefäßen. Quecksilber ist verwendbar oberhalb seiner Erstarrungstemperatur 234 K (−39 °C) bis etwa 420 K (150 °C). Füllt man die Kapillare oben mit Stickstoff unter einem Druck von $3 \cdot 10^6$ bis $5 \cdot 10^6$ Pa (= 30 bis 50 bar), so ist das Quecksilberthermometer in Quarzgefäßen verwendbar bis etwa 1 000 K (ca. 750 °C). Unterhalb der Schmelztemperatur von Quecksilber lassen sich noch Alkohol und Pentan verwenden.

Abb. 15.1b

Das *Fieberthermometer* als Beispiel eines *Maximumthermometers*. Bekanntlich bleibt beim Fieberthermometer die Anzeige der maximalen Temperatur auch bei Abkühlung nahezu erhalten. Das wird konstruktiv ereicht durch eine Verengung am Fuß der Kapillare. Kühlt sich nämlich das Quecksilber ab, müßte es, soll der Kapillarfaden nicht reißen, durch die Verengung zurückströmen. Das kostet, besonders wegen der Reibung der Flüssigkeit an der Kapillarwand, Energie. Bei starker Verengung kostet es das Quecksilber weniger Energie, neue Oberfläche unmittelbar unterhalb der Verengung zu bilden. Der Quecksilberfaden reißt dort also bei Abkühlung. Erst durch Schütteln führt man dem Quecksilber genügend Bewegungsenergie zu, um das energetisch noch tiefer gelegene Gleichgewicht des zusammenhängenden Fadens zu erreichen.

Abb. 15.1c

Bimetallthermometer. Festkörper aus verschiedenem Material ändern ihr Volumen unterschiedlich bei Temperaturänderung. Verbindet man solche Festkörper, links denjenigen mit stärkerer und rechts den mit schwächerer Volumenvergrößerung und erhöht die Temperatur, so krümmt sich die Anordnung wie im Bild gezeigt, da in der Verbindungslinie beider Festkörper deren Ausdehnung gleich sein muß. Durch diese Konstruktion übersetzt man die sehr kleinen Volumenänderungen in deutlich sichtbare Winkeländerungen eines Zeigers.

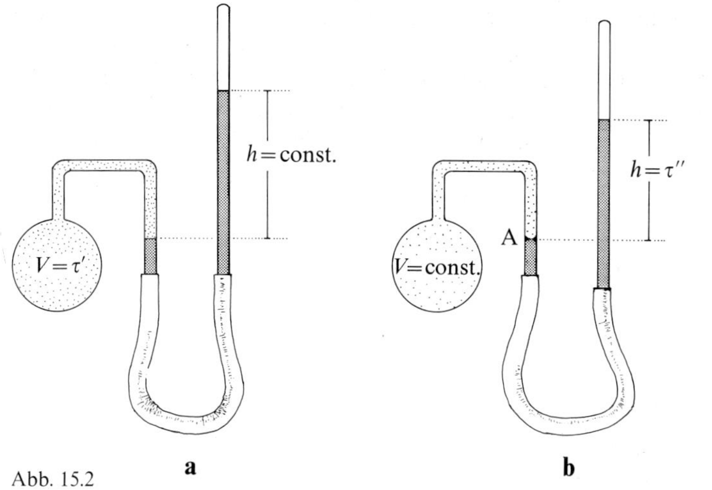

Abb. 15.2

Gasthermometer. Ein mit Quecksilber gefülltes Rohr ist durch einen Schlauch beweglich an einen Glaskolben angeschlossen, der mit Gas gefüllt ist. Der Glaskolben wird mit dem Körper, dessen Temperatur zu messen ist, in thermischen Kontakt gebracht.

(a) Der Druck p des Gases im Glaskolben wird dadurch konstant gehalten, daß die Differenz h der Hg-Menisken konstant gehalten wird. Das Volumen V des Gases ist dann eine empirische Temperatur: $V=\tau'$.

(b) Das Volumen V des Gases wird konstant gehalten dadurch, daß der linke Hg-Meniskus stets an dieselbe Stelle A des Rohres gebracht wird. Der Druck p, oder der ihm proportionale Höhenunterschied h der Hg-Menisken sind dann eine empirische Temperatur: $h=\tau''$.

Wenn das rechte Rohr, wie in den Zeichnungen, geschlossen ist und über dem flüssigen Quecksilber rechts sich nur Quecksilberdampf befindet, mißt h die Druckdifferenz zwischen dem Gas im Kolben und dem Dampfdruck des Quecksilbers bei der Temperatur des Quecksilbers. Wenn das rechte Rohr offen wäre, gäbe h die Druckdifferenz zwischen dem Gas im Kolben und dem atmosphärischen Druck an.

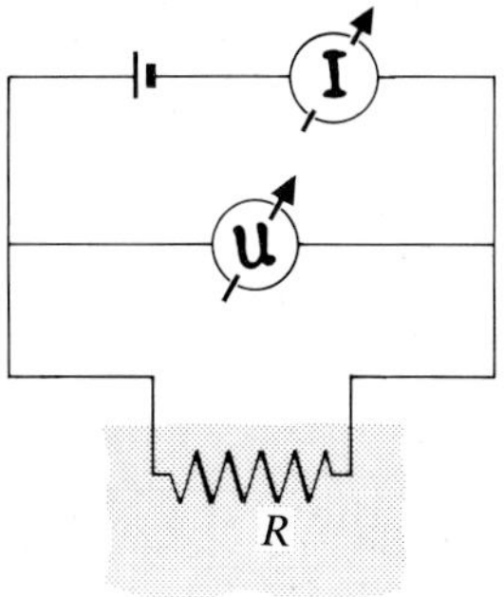

Abb. 15.3

Widerstandsthermometer. Der elektrische Widerstand R von Metallen und Halbleitern, in der Zeichnung bestimmt durch Messung von Strom und Spannung, ist abhängig von der Temperatur des Metalls oder Halbleiters. Er kann also als empirische Temperatur dienen.

In dem großen Temperaturbereich von 10 K bis 1000 K ist als Widerstandsmaterial Platin sehr geeignet. Die relative Meßgenauigkeit eines Pt-Thermometers ist etwa 10^{-4}, man kann bei 1000 K also noch auf 0,1 K genau messen. Im Bereich $\simeq 1$ K bis 10 K ist als Widerstandsmaterial Blei oder Phosphorbronze geeignet. Genau und gut reproduzierbar sind in diesem Temperaturbereich auch Widerstandsthermometer aus Halbleitern, wie Germanium, und die dem Radiobastler vertrauten Kohlewiderstände, nämlich kolloidales Graphit. Sie haben eine Genauigkeit bei 20 K von 10^{-2} K, bei 2 K von 10^{-4} K. Der Widerstand von Halbleitern hängt stärker von der Temperatur ab als der von Metallen, weil im Halbleiter im Gegensatz zum Metall die Dichte der frei beweglichen Elektronen, die die Leitfähigkeit bewirken, von der Temperatur abhängt. Da die Dichte der frei beweglichen Elektronen im Halbleiter bei sinkender Temperatur abnimmt, steigt der Widerstand des Halbleiters mit abnehmender Temperatur an.

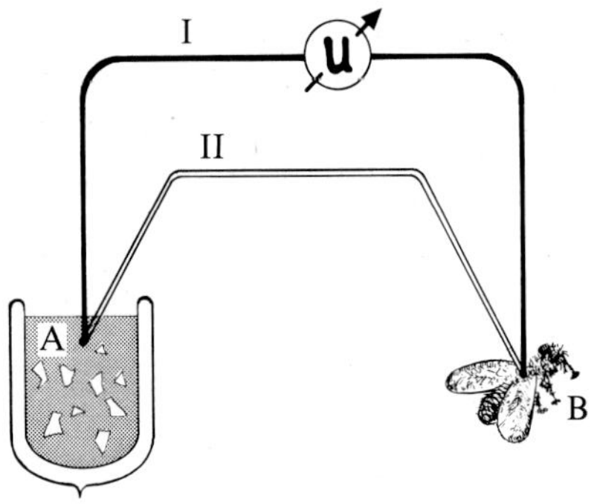

Abb. 15.4

Thermoelement. Die Drähte I und II mögen aus verschiedenem Material bestehen. Sind die Lötstellen A und B auf verschiedener Temperatur, zeigt U eine elektrische Spannung an (Thermospannung). Kennt man bei vorgegebener Materialkombination die Temperatur bei A (in der Zeichnung etwa die schmelzenden Eises), ist diese Spannung eine empirische Temperatur für den Punkt B.

In dem Temperaturbereich 900 K bis 1 300 K sind zur Temperaturmessung Thermoelemente besonders geeignet, und zwar die Kombination von reinem Pt und Pt mit 10 % Rhodium-Zusatz. Die damit erreichbare absolute Meßgenauigkeit in diesem Temperaturbereich liegt bei 0,3 K. Schon nach wenigen Stunden Messung beträgt sie allerdings nur noch 5 bis 10 K. Thermoelemente werden auch unterhalb des genannten Temperaturbereichs verwendet, z.B. die Kombination Kupfer mit der Legierung Konstantan.

Thermoelemente bieten für die Temperaturmessung zwei Vorteile. Sie beruhen darauf, daß die Thermospannung vom Widerstand des Stromkreises unabhängig ist. Erstens läßt sich die Wärmekapazität der Lötstellen bei Verwendung dünner Drähte klein machen, was die Temperaturmessung sehr kleiner Objekte erlaubt. Zweitens läßt sich das Voltmeter in beliebiger Entfernung von der Meßstelle B installieren, was eine einfache Registrierung und Kontrolle auch von unzugänglichen Objekten (z.B. von Hochöfen) erlaubt.

Empirische Temperaturen

Temperaturmessung ist möglich auf Grund folgender Eigenschaft des thermischen Gleichgewichts:

(15.1) Befindet sich ein Körper, allgemein ein physikalisches System A mit einem System B im thermischen Gleichgewicht, und B mit einem dritten System C, so sind auch A und C im thermischen Gleichgewicht.

Die Relation (15.1), aufgefaßt als empirischer Grundsatz, läuft auch unter dem Namen **Nullter Hauptsatz.** Diese Bezeichnung verdiente allerdings jedes Gleichgewicht, denn die Relation (15.1) trifft für jedes Gleichgewicht zu. Ersetzt man nämlich in (15.1) das Wort „thermisch" überall durch „Druck-" oder „chemisch", so bleibt (15.1) eine richtige, nun natürlich das Druckgleichgewicht oder das chemische Gleichgewicht betreffende Aussage. Daß im übrigen (15.1) keine so reine Selbstverständlichkeit darstellt, wie es auf den ersten Blick erscheint, sieht man schon an dem Beispiel zweier Herren, die jeder mit der gleichen Dame „im Gleichgewicht" sind. Daraus folgt keineswegs, daß die beiden Herren auch untereinander im Gleichgewicht sind.

Die Feststellung (15.1) drückt aus, daß das thermische Gleichgewicht — wie jedes andere Gleichgewicht auch — eine *transitive* Relation zwischen den physikalischen Systemen ist. Da sie trivialerweise auch symmetrisch ist, nämlich die Eigenschaft hat, daß, wenn A sich mit B im Gleichgewicht befindet, auch B mit A im Gleichgewicht ist, handelt es sich im Sinn der Mathematik um eine *Äquivalenzrelation.* Das thermische

Gleichgewicht hat demnach die Eigenschaft, alle Körper oder physikalischen Systeme, die sich in thermischen Kontakt bringen lassen, in *Äquivalenzklassen* einzuteilen, wobei alle diejenigen in eine Klasse gehören, die miteinander im thermischen Gleichgewicht stehen. Alle Mitglieder einer Klasse haben die gleiche Temperatur, zu verschiedenen Klassen gehörende Körper haben dagegen unterschiedliche Temperaturen.

Diese Einteilung der Körper in Äquivalenzklassen besorgt ein *Thermometer*. So läßt sich in (15.1) der Körper B selbst als Thermometer ansehen. Mit seiner Hilfe läßt sich nämlich feststellen, ob zwei andere Körper A und C gleiche Temperatur haben, ohne daß diese selbst miteinander in thermischen Kontakt gebracht werden müßten.

Die durch das thermische Gleichgewicht erklärte Klasseneinteilung ist zwar für uns, die wir im Besitz des dynamischen Temperaturbegriffs sind, selbstverständlich, aber historisch war sie bei der Bildung des Temperaturbegriffs von Bedeutung. Ohne daß man sich dessen immer bewußt war, stützte man sich auf die Relation (15.1) und die daraus resultierende Einteilung der Körper in Klassen gleicher Temperatur bei der Angabe **empirischer Temperaturen.** Da der Experimentalphysiker auch heute noch darauf angewiesen ist, nämlich bei der Messung sehr tiefer Temperaturen, wollen wir das Verfahren in seinen prinzipiellen Schritten auseinandersetzen.

Das Thermometer erlaubt zunächst nur, die Äquivalenzklassen zu „inventarisieren", indem man mit ihm jeder Klasse, also jeder Temperatur, eine „Inventarnummer" zuordnen kann. Das bedeutet noch keine Skala der Temperatur, ja im Prinzip nicht einmal eine Anordnung der Temperaturwerte, denn das Gleichgewicht allein gestattet keine Entscheidung darüber, welcher Wert von zwei verschiedenen Temperaturen der größere und welcher der kleinere ist. Wir denken uns nun jeder durch (15.1) erklärten Äquivalenzklasse eine bestimmte, aber willkürlich festgelegte Zahl τ als Inventarnummer zugeordnet und nennen diese den *Wert der empirischen Temperatur* dieser Klasse. Die durch die Zahlen τ repräsentierte Variable heißt dann eine *empirische Temperatur*. Das Wort empirisch soll ausdrücken, daß diese Temperatur, die ja dadurch gewonnen wird, daß jeder Äquivalenzklasse ein willkürlicher Wert zugeschrieben wird, ein sehr großes Maß an Willkür enthält und daß sie deshalb sorgfältig von der absoluten Temperatur T unterschieden werden muß.

Eine **empirische Temperatur** erhält man, wenn man die Länge oder das Volumen eines bestimmten Körpers, etwa die Länge eines Quecksilberfadens in einer Glaskapillare, als Maß der Temperatur verwendet (Abb. 15.1), oder das Volumen einer bestimmten Gasmenge bei konstantem Druck (Abb. 15.2a), oder ihren Druck bei konstantem Volumen (Abb. 15.2b), oder noch andere sich mit der Temperatur ändernde Größen wie in den Abb. 15.3 und 15.4. Bei sehr tiefen Temperaturen benutzt man als empirische Temperatur gern die Magnetisierung bestimmter Substanzen, nämlich paramagnetischer Salze in einem gegebenen Magnetfeld (§ 18). Jede solche Anordnung heißt ein Thermometer für die mit ihr gemessene empirische Temperatur τ.

Damit beim thermischen Kontakt zwischen Thermometer und zu messendem Körper möglichst nur das Thermometer seinen Zustand, hier also seine Temperatur ändert, nicht aber der Körper, oder anders ausgedrückt, damit die Temperatur des Thermometers sich der Temperatur des Körpers angleicht und nicht umgekehrt, muß der zu messende Körper eine so große Wärmekapazität (§ 22) haben, daß beim Wärmeaustausch zwischen ihm und dem Thermometer sein Zustand praktisch nicht geändert wird. Es läßt sich zwar die Temperatur eines Menschen mit einem Quecksilberthermometer messen, aber nicht die Temperatur einer Fliege.

Die willkürlich festgelegte empirische Temperatur τ ist eine Funktion der absoluten Temperatur T. Da nämlich im thermischen Gleichgewicht zwischen Körpern auch ihre

T-Werte gleich sind, haben die zu einer einzigen Äquivalenzklasse gehörenden Körper nicht nur denselben Wert von τ, sondern auch denselben Wert von T. Es muß somit τ eine Funktion von T sein und umgekehrt auch T eine Funktion von τ, also

$$\tau = \tau(T). \tag{15.2}$$

Es ist eine wichtige experimentelle Aufgabe, diese Funktion für jedes Thermometer zu bestimmen.

Die Gastemperatur

Schon früh hat man bemerkt, daß zur Festlegung einer empirischen Temperatur sich besonders gut *Gase* eignen. Das liegt daran, daß bei konstantem Druck sich ihr Volumen besonders stark mit der Temperatur ändert. Bei konstant gehaltenem Druck p läßt sich das Volumen V einer bestimmten Gasmenge daher direkt als Maß der Temperatur und damit als empirische Temperatur benutzen. Abb. 15.2a zeigt ein **Gasthermometer,** in dem der Druck konstant gehalten wird durch konstanten Höhenunterschied zwischen zwei verbundenen Hg-Menisken. Hält man umgekehrt das Volumen V konstant, so läßt sich der Druck p des Gases als empirische Temperatur benutzen. Die in Abb. 15.2 dargestellte Anordnung leistet auch das, wenn der linke Meniskus immer an derselben Stelle gehalten wird (Abb. 15.2b).

Robert Boyle (1627–1691) und Edme Mariotte (1620–1684) entdeckten, daß zweckmäßiger als V oder p einzeln das Produkt pV als empirische Temperatur zu benutzen ist. Das *Boyle-Mariottesche Gesetz* besagt nämlich, daß

$$pV = \text{const.}, \qquad \text{wenn } \tau = \text{const.} \tag{15.3}$$

Abb. 15.5 zeigt die experimentelle Bestätigung dieses Gesetzes. Das Gesetz (15.3) ist um so besser erfüllt, je kleiner der Druck oder je größer das Volumen ist, genauer je *kleiner die Dichte des Gases* ist, während bei höheren Drucken, also bei größerer Dichte Abweichungen von (15.3) auftreten. Man beachte, daß (15.3) tatsächlich ein *Gesetz* darstellt und nicht etwa eine Definition einer empirischen Temperatur, denn (15.3) macht eine Aussage, nämlich daß bei $\tau = \text{const.}$ das Produkt pV konstant ist, und zwar für jeden beliebigen Wert der empirischen Temperatur τ. Das Gesetz (15.3) ist deshalb unabhängig von der empirischen Temperaturskala. Eine spezielle empirische Temperatur führt man dadurch ein, daß man als Temperatur die Werte des Produkts pV selbst nimmt.

Nun hängt allerdings das Produkt pV eines Gases nicht allein von der Temperatur des Gases ab, sondern auch noch von der Menge des Gases. Bei konstantem Druck p und konstanter Temperatur ist das Volumen V der Menge des Gases proportional; die doppelte Menge nimmt dann auch das doppelte Volumen ein. Somit sollte, wenn N ein Maß für die Menge des Gases bezeichnet, der Quotient pV/N nur von der Temperatur abhängen und damit eine noch bessere empirische Temperatur abgeben. Die Gleichung

$$\frac{pV}{N} = \tau \tag{15.4}$$

definiert daher eine günstige empirische Temperatur τ, die man die *Gastemperatur* nannte.

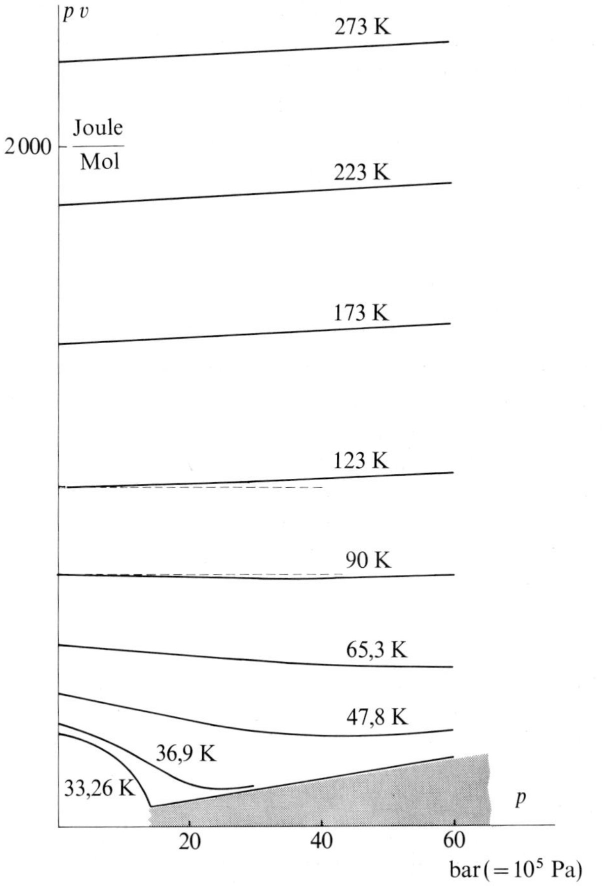

Abb. 15.5

Isothermen von Wasserstoff. Dargestellt ist das Produkt $pv = pV/N$ in Abhängigkeit von p bei $T = \text{const}$. Für ein ideales Gas ist pv unabhängig von p, die Isotherme also eine Horizontale. Das stärkere Abweichen vom idealen Verhalten bei tiefen Temperaturen liegt daran, daß bei den betrachteten Drucken der Wasserstoff mit sinkender Temperatur seinen Kondensationszuständen, d.h. seiner flüssigen Phase (gerastert gezeichnet) näher und näher kommt. Die Isotherme 33,26 K ist die „kritische" Isotherme des Wasserstoffs. Für noch kleinere Temperaturen brechen die Isothermen mit wachsendem Druck beim jeweiligen Dampfdruck ab und gehen sprungartig in das Flüssigkeitsgebiet über.

Für Temperaturen $T < T_B = 109$ K beginnen die Isothermen bei $p = 0$ mit negativer Steigung, verlaufen zunächst also unterhalb der zugehörigen idealen Isotherme (gestrichelt gezeichnet), für $T > T_B$ dagegen mit positiver Steigung, bleiben also ganz oberhalb der zugehörigen idealen Isotherme. Die Temperatur $T_B = 109$ K heißt die Boyle-Temperatur des Wasserstoffs.

Hier tritt wieder das schon in §5 diskutierte Problem auf, was unter der „Menge eines Stoffs" N, hier eines Stoffs in Gasform, zu verstehen ist. Nimmt man als Menge z.B. das Gewicht, bringt man also *gewichtsmäßig* gleiche Mengen verschiedener Gase in *thermisches Gleichgewicht*, so hat, wie das Experiment zeigt, die Größe (pV/Gewicht) für jedes der Gase einen anderen Zahlwert. Soll aber die durch (15.4) festgelegte Temperatur τ unabhängig sein vom speziellen Gas, so müssen die Mengen zweier Gase dann gleich genannt werden, wenn im thermischen Gleichgewicht das Produkt pV beider Gasmengen den gleichen Wert hat. Avogadro erkannte 1811, daß die so definierte Gleichheit von Stoffmengen identisch ist mit der Gleichheit, wie sie aus den Gesetzen des chemischen Verbindens folgt. Zwei Gase 1 und 2, für die *im thermischen Gleichgewicht* $p_1 V_1 = p_2 V_2$ ist, haben also die gleiche Zahl von Molekülen. Ist für diese Gase $p_1 = p_2$, so muß auch $V_1 = V_2$ sein, woraus folgt, daß ohne Rücksicht auf die chemische Natur der Gase bei gleichem Druck und gleicher Temperatur in gleichen Volumina stets dieselbe Zahl von Molekülen enthalten ist.

Mit Avogadros Entdeckung wurde klar, daß wenn N die Teilchenzahl des Gases bezeichnet, die Gastemperatur (15.4) eine empirische Temperatur ist, die unabhängig ist von der individuellen Natur der Gase. Wenn N die Teilchenzahl bezeichnet, bildet (15.4) also ein *universelles*, nämlich für jeden in hinreichender Verdünnung vorliegenden Stoff gültiges Gesetz, das man daher das *universelle Gasgesetz* nannte.

Ideale Gase

Wird ein Gas hinreichend verdünnt, so genügt es einmal der Gl. (15.4). Außerdem findet man experimentell die merkwürdige Eigenschaft, daß bei vorgegebener fester Temperatur und Menge, also Teilchenzahl, d.h. *bei* $T=const.$ *und* $N=const.$ *seine Energie nicht vom Volumen oder Druck abhängt.* Das Experiment, das das zeigt, werden wir im nächsten Paragraphen erklären. Hier formulieren wir zunächst nur das Ergebnis, nämlich daß bei dem Prozeß $dV \neq 0$ und konstant gehaltenen Variablen T und N die Energie E eines idealen Gases sich nicht ändert, daß also $\partial E(T, V, N)/\partial V = 0$. Man beachte unbedingt, daß wir von einem Prozeß sprechen, bei dem $T=\text{const.}$ Wenn man statt der intensiven Variable T die extensive Variable S bei dem Prozeß $dV \neq 0$ konstant hält, erhält man nach (9.12) nämlich $\partial E(S, V, N)/\partial V = -p$. Hält man bei $dV \neq 0$ also einmal S, das andere Mal dagegen T und damit auch τ konstant, erhält man jeweils ein ganz anderes Ergebnis.

Ein hinreichend verdünntes Gas genügt also einmal der Gleichung

$$pV = N\tau \tag{15.5}$$

und zum anderen

$$\frac{\partial E(\tau, V, N)}{\partial V} = 0. \tag{15.6}$$

Man nennt ein Gas, allgemein ein System, das diesen *beiden* Gleichungen genügt, ein **ideales Gas.**

Aus den beiden Gln. (15.5) und (15.6) läßt sich, wie wir beweisen werden, folgern, daß die durch (15.4) bzw. (15.5) erklärte empirische Temperatur τ der absoluten Temperatur T proportional ist, daß also $\tau = kT$ und damit

$$pV = NkT. \tag{15.7}$$

Die Proportionalitätskonstante k ist eine universelle Naturkonstante, die *Boltzmann-Konstante*, benannt nach LUDWIG BOLTZMANN (1844–1906). Sie hat den Wert

$$k = 1{,}3805 \cdot 10^{-23} \frac{\text{Ws}}{\text{K} \cdot \text{Teilchen}} = 8{,}3141 \frac{\text{Ws}}{\text{K} \cdot \text{Mol}}. \tag{15.8}$$

In der Literatur wird nur der Wert $1{,}3805 \cdot 10^{-23}$ Ws/(K · Teilchen) als Boltzmann-Konstante k bezeichnet. Der rechte Wert in (15.8) heißt dagegen **Gaskonstante** R. Über den Zusammenhang von k und R findet man in der Literatur, daß R aus k durch Multiplikation mit der Loschmidt-Zahl hervorgehe. Diese Unterscheidung zwischen k und R beruht, wie in § 5 auseinandergesetzt, darauf, daß man zwar das Mol als Einheit für die Menge eines Stoffs anerkennt, aber die Einheit „Teilchen" ignoriert. Beachtet man das, ist die Schreibweise einer Gleichung, wie es sich für eine physikalische Größengleichung gehört, unabhängig davon, ob sie sich „auf das Mol bezieht" oder auf das Einzelteilchen oder auf eine beliebige andere Anzahl von Teilchen.

Wir sagten, daß die Gl. (15.7) eine Folge der beiden Gln. (15.5) und (15.6) ist. Es gilt aber, wie wir zeigen werden, auch die Umkehrung: Die Gln. (15.5) und (15.6) folgen beide aus (15.7), so daß (15.7) den *beiden* Gln. (15.5) und (15.6) äquivalent ist. Ein ideales Gas ist damit auch dadurch definiert, daß es (15.7) befolgt. Gl. (15.7) heißt deshalb auch die **thermische Zustandsgleichung der idealen Gase.** Im Gasthermometer hat man eine Anordnung, die es erlaubt, durch Messen von p, V und N eines idealen Gases die absolute Temperatur T experimentell zu bestimmen. Das ist eine für die Messung der Temperatur grundlegende Erkenntnis.

Die Gl. (15.5) kann in Zustandsbereichen erfüllt sein, in denen (15.6) nicht gilt und umgekehrt. Das Boyle-Mariotte-Gesetz (15.3) ist daher kein hinreichendes Kriterium dafür, daß ein Gas ideal ist. Die Größe $\tau = pV/N$ ist vielmehr nur dann identisch mit kT, wenn die *beiden* Relationen (15.5) und (15.6) erfüllt sind.

Beweis der Proportionalität zwischen der Gastemperatur eines idealen Gases und der absoluten Temperatur

Jede empirische Temperatur ist nach (15.2) eine Funktion der absoluten Temperatur T. Wenn τ konstant ist, ist auch T konstant und umgekehrt. Gl. (15.6) ist daher gleichbedeutend damit, daß für ein ideales Gas

(15.9)
$$\frac{\partial E(T, V, N)}{\partial V} = 0.$$

Nach der Differentialrechnung mehrer Variablen gilt nun die Identität [Anhang, Gl. (1)]

(15.10)
$$\frac{\partial E(T, V, N)}{\partial V} = \frac{\partial E(S, V, N)}{\partial V} + \frac{\partial E(S, V, N)}{\partial S} \frac{\partial S(T, V, N)}{\partial V}$$
$$= -p + T \frac{\partial S(T, V, N)}{\partial V}.$$

Im letzten Schritt haben wir die in (9.12) gewonnenen Beziehungen

(15.11)
$$\frac{\partial E(S, V, N)}{\partial S} = T, \qquad \frac{\partial E(S, V, N)}{\partial V} = -p$$

benutzt. Nun läßt sich (15.10) weiter umformen. Wie wir zeigen werden, ist nämlich

(15.12)
$$\frac{\partial S(T, V, N)}{\partial V} = \frac{\partial p(T, V, N)}{\partial T}.$$

Hiermit geht (15.10) über in die für beliebige physikalische Systeme — und nicht nur für ideale Gase — gültige Beziehung

(15.13)
$$\frac{\partial E(T, V, N)}{\partial V} = -p + T \frac{\partial p(T, V, N)}{\partial T}.$$

Diese Gleichung zeigt übrigens noch einmal deutlich, daß es bei der partiellen Differentiation nach einer Variable nicht gleichgültig ist, welches die anderen Variablen sind, die dabei konstant gehalten werden. Nach (15.13) und (15.11) ist nämlich — wieder ganz allgemein und nicht nur für ein ideales Gas —

(15.14)
$$\frac{\partial E(T, V, N)}{\partial V} - \frac{\partial E(S, V, N)}{\partial V} = T \frac{\partial p(T, V, N)}{\partial T}.$$

Um (15.12) zu beweisen, gehen wir aus von der Fundamentalform (8.18), also von

(15.15)
$$dE = T\,dS - p\,dV + \mu\,dN.$$

Zieht man hiervon die Identität $d(TS)=T\,dS+S\,dT$ ab, erhält man

$$d(E-TS)=-S\,dT-p\,dV+\mu\,dN. \tag{15.16}$$

Diese Gleichung besagt, daß sich die Koeffizienten $-S$, $-p$ und μ als partielle Ableitungen der Größe $F=E-TS$ darstellen lassen, wenn F als Funktion der Variablen T, V, N ausgedrückt wird. Es ist nämlich

$$dF(T,V,N)=\frac{\partial F}{\partial T}dT+\frac{\partial F}{\partial V}dV+\frac{\partial F}{\partial N}dN \tag{15.17}$$

und damit

$$-S=\frac{\partial F(T,V,N)}{\partial T}, \qquad -p=\frac{\partial F(T,V,N)}{\partial V}, \qquad \mu=\frac{\partial F(T,V,N)}{\partial N}. \tag{15.18}$$

Differenziert man die erste dieser Gleichungen partiell nach V und die zweite nach T, erhält man

$$\frac{\partial S(T,V,N)}{\partial V}=-\frac{\partial}{\partial V}\frac{\partial F(T,V,N)}{\partial T}, \qquad \frac{\partial p(T,V,N)}{\partial T}=-\frac{\partial}{\partial T}\frac{\partial F(T,V,N)}{\partial V}. \tag{15.19}$$

Bei Funktionen mehrerer Variablen, deren Differentialquotienten stetig und differenzierbar sind, ist bei mehrfacher partieller Differentiation nach verschiedenen Variablen die Reihenfolge der Differentiation gleichgültig. Daher sind die rechten Seiten dieser beiden Gleichungen gleich. Also müssen auch die linken Seiten gleich sein, womit (15.12) bewiesen ist.

Mit (15.9) folgt nun aus (15.13)

$$\frac{p}{T}=\frac{\partial p(T,V,N)}{\partial T}. \tag{15.20}$$

Multipliziert mit V/N ergibt sich hieraus

$$\frac{pV}{NT}=\frac{V}{N}\frac{\partial p(T,V,N)}{\partial T}=\frac{\partial}{\partial T}\left(\frac{pV}{N}\right).$$

Da hier nach T bei konstantem V und N differenziert wird, durften wir V/N unter das Differentialzeichen ziehen. Berücksichtigt man schließlich die Beziehung (15.5), erhält man die Differentialgleichung

$$\frac{\tau(T)}{T}=\frac{d\tau(T)}{dT}. \tag{15.21}$$

Sie hat die Lösung

$$\tau(T)=kT, \tag{15.22}$$

wobei k eine Konstante ist. Diese Konstante, die Boltzmann-Konstante, muß, da die durch (15.5) definierte Funktion $\tau(T)$ stoffunabhängig, also universell ist, ebenfalls universell sein. Hiermit ist bewiesen, daß die Gln. (15.5) und (15.6) die Gl. (15.7), die thermische Zustandsgleichung der idealen Gase, liefern.

Umgekehrt folgen aus (15.7) die Gln. (15.5) und (15.6). Für (15.5) ist das trivial, denn $T=\text{const.}$ hat auch $\tau=\text{const.}$ zur Folge. Um auch (15.6) zu erhalten, setzen wir (15.7) in die für beliebige Systeme gültige Beziehung (15.13) ein. Man erhält dann (15.9). Wegen (15.2) ist diese Gleichung identisch mit (15.6).

Grenzen des Gasthermometers

Die Messung der absoluten Temperatur mit Hilfe eines idealen Gases ist im Prinzip für alle Temperaturen möglich. Experimentell ist sie allerdings auf Temperaturbereiche beschränkt, die durch zwei Bedingungen gekennzeichnet sind. Erstens muß man einen Stoff haben, dessen Gasphase bei der betreffenden Temperatur trotz Idealität noch dicht genug ist, um den Druck überhaupt messen zu können. Das ist die Schwierigkeit bei der Verwendung des Gasthermometers bei sehr tiefen Temperaturen. Zweitens müssen die Wände, die das Gasvolumen begrenzen, aus einem Material bestehen, das bei der betreffenden Temperatur noch fest ist und dessen eigener Dampfdruck vernachlässigt werden kann. Diese Bedingung begrenzt die Verwendung des Gasthermometers zu hohen Temperaturen hin.

Zur Messung tiefer Temperaturen sind die Helium-Isotope ^{3}He und ^{4}He besonders günstig, weil sie die Substanzen mit den höchsten Dampfdrucken sind. Ihre Dampfdrucke sind der Tabelle 15.1 zu entnehmen.

Tabelle 15.1. Dampfdruck der He-Isotope ^{3}He und ^{4}He

T/K	^{3}He p/(Torr = mm Hg)	^{4}He p/Torr
0,2	$1{,}2 \cdot 10^{-5}$	unmeßbar
0,5	$1{,}6 \cdot 10^{-1}$	$1{,}6 \cdot 10^{-5}$
1,0	8,84	$1{,}2 \cdot 10^{-1}$
1,2	20,16	$6{,}3 \cdot 10^{-1}$
1,5	50,82	3,60
2,0	151,11	23,77
3,0	617,91	182,07
3,2	767,66	242,27
4,0		616,54
4,2		749,33
kritischer Punkt	$T_{krit} = 3{,}32$ K $p_{krit} = 1{,}16 \cdot 10^5$ Pa (= 1,15 atm)	$T_{krit} = 5{,}2$ K $p_{krit} = 2{,}28 \cdot 10^5$ Pa (= 2,26 atm)

Nun muß Helium, wenn es der idealen Gasgleichung genügen soll, einen Druck haben, der kleiner ist als sein Dampfdruck bei der betreffenden Temperatur. Sonst würde bei Kompression keine Druckerhöhung, sondern Kondensation eintreten, wobei der Druck p, da er als Dampfdruck allein durch die Temperatur T bestimmt ist, bei konstanter Temperatur ebenfalls konstant bliebe.

Wie die Tabelle 15.1 erkennen läßt, nimmt der Dampfdruck von ^{4}He unterhalb 1 K rapide ab, so daß man schnell zu sehr kleinen Drucken kommt. Die Dichte des gasförmigen Heliums wird dann aber so gering, daß die mittlere freie Weglänge zwischen zwei aufeinanderfolgenden Stößen eines He-Atoms so groß wird, daß sie in die Größenordnung üblicher Gefäß- und Rohrabmessungen kommt. Dadurch wird das Verhalten des Gases in Rohrleitungen entscheidend beeinflußt (sog. Knudsen-Strömung). In den Rohrleitungen stellen sich Druckgradienten ein, die durch die Temperaturgradienten bestimmt sind, die andererseits erst gemessen werden sollen. Die Messung des Drucks an einer Stelle sagt daher nichts aus über den Druck und damit auch nichts über die Temperatur an einer anderen Stelle. ^{3}He läßt sich noch bis zu Temperaturen von $\approx 0{,}5$ K als Substanz in einem Gasthermometer verwenden, aber dann beginnt auch für dieses Thermometer als Folge der komplizierten Verteilung des Drucks die Temperaturmessung problematisch zu werden.

Die Kelvin-Skala der Temperatur

Die Energieform Wärme TdS legt die absolute Temperatur nur bis auf einen beliebigen Streckungs- oder Skalenfaktor α fest; denn es ist ja $TdS=(\alpha T)\,d(S/\alpha)$. Auch in der Formel (15.7), die die Größe pV/N mit T verbindet, legt erst der Wert des Proportionalitätsfaktors k die Skala der Variable T fest. Der in (15.8) angegebene Wert von k ist bereits unter Voraussetzung der Kelvin-Skala der Temperatur hingeschrieben. Nicht abhängig von k und damit nicht willkürlich ist dagegen das Verhältnis zweier Temperaturen, also der Quotient

$$\frac{p_1 V_1/N_1}{p_2 V_2/N_2}=\frac{T_1}{T_2}\,.$$

Daß die dynamischen Relationen die *Skala* von T freilassen, läßt sich auch so ausdrücken, daß man die Freiheit hat, *einem* Zustand eines beliebig ausgewählten Systems einen willkürlichen Wert T_1 der Temperatur T zuzuschreiben. Dann ist die absolute Temperatur T für alle Zustände aller Systeme eindeutig festgelegt. Da nämlich die Werte der Verhältnisse T_2/T_1 aus dem Experiment gewonnene Zahlen sind, hat, wenn T_1 einen definierten Wert hat, auch jedes T_2 einen willkürfrei festgelegten Wert.

Wegen der leichten Reproduzierbarkeit ist man übereingekommen, als **Bezugszustand** den *Tripelpunkt des Wassers* auszuwählen, nämlich den Zustand, in dem Eis, flüssiges Wasser und Wasserdampf koexistieren (Abb. 15.6). Das ist nur bei einer bestimmten Temperatur möglich; dieser hat man den Wert gegeben

$$T_{\text{Tripelpunkt von } H_2O}=273{,}16\text{ K.} \tag{15.23}$$

Die hierdurch definierte Temperaturskala heißt die **Kelvin-Skala** (LORD KELVIN, vorher WILLIAM THOMSON, 1824–1907). Die in ihr gemessenen Temperaturen haben die Einheit K.

Der „krumme" Wert (15.23) hat historische Gründe. Ursprünglich hatte man nämlich zur Festlegung der Kelvin-Skala nicht einem Zustand einen bestimmten T-Wert gegeben, sondern man legte die *Temperaturdifferenz zweier Zustände* fest. Man setzte die Temperaturdifferenz des *Schmelzpunktes und des Siedepunktes von Wasser beim Atmosphärendruck von* 1 bar (1 bar $\approx 10^5$ N/m$^2=10^5$ Pa) gleich 100 K, um Anschluß an die Celsius-Zählung zu gewinnen. Genauso gut hätte man den Anschluß statt an die Celsius-Zählung an die Réaumur-Zählung oder an die Fahrenheit-Zählung

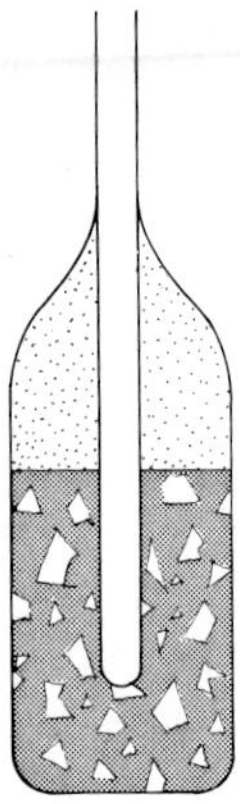

Abb. 15.6
Tripelpunkts-Zelle zur Festlegung der Kelvin-Temperatur. Befinden sich in einem allseitig geschlossenen Glasgefäß gleichzeitig Eis, flüssiges Wasser und Wasserdampf (keine Luft!), sind also Eis, flüssiges Wasser und Wasserdampf im Phasengleichgewicht, dann liegt die Temperatur eindeutig fest. Definitionsgemäß ist diese Temperatur gleich 273,16 K. Der Tripelpunkts-Druck beträgt $6{,}4\cdot 10^2$ Pa $=4{,}58$ Torr. Die gezeichnete Tripelpunkts-Zelle hat in der Mitte ein Einlaßrohr, in das ein zu eichendes Thermometer eingeführt werden kann.

suchen können. Dann hätte man die absolute Temperaturdifferenz zwischen Siedepunkt und Schmelzpunkt des Wassers gleich 80 absolute Grade bzw. 180 absolute Grade wählen müssen und damit andere Skalen der absoluten Temperatur T erhalten.

Sollen Temperatur*differenzen* in der Kelvin-Skala mit der Celsius-Zählung zahlenmäßig übereinstimmen, sind die Temperaturen $T_{\text{Siedepunkt}}$ und $T_{\text{Schmelzpunkt}}$ noch als Unbekannte zu betrachten. Ihre Differenz dagegen ist damit festgelegt zu

(15.24) $$T_{\text{Siedepunkt}} - T_{\text{Schmelzpunkt}} = 100\ \text{K}.$$

Da der Nullpunkt $T = 0\,\text{K} = 0$ der absoluten Temperatur festgelegt ist, haben mit der Definition (15.24) auch die Siedetemperatur und die Schmelztemperatur des Wassers unter Normaldruck wohlbestimmte Werte. Sie folgen daraus, daß für ein ideales Gas bei $p = \text{const}$ nach (15.7) gilt, daß

(15.25) $$\frac{T_{\text{Siedepunkt}} - T_{\text{Schmelzpunkt}}}{T_{\text{Schmelzpunkt}}} = \frac{V_{\text{Siedepunkt}} - V_{\text{Schmelzpunkt}}}{V_{\text{Schmelzpunkt}}}.$$

Die hierin auftretenden Temperaturen sind die Werte der Temperatur, die das Gas hat, wenn es jeweils mit Wasser in thermischen Kontakt gebracht wird, das unter einem Druck von 1 bar siedet oder mit schmelzendem Eis im Gleichgewicht steht. Ebenso sind $V_{\text{Siedepunkt}}$ und $V_{\text{Schmelzpunkt}}$ die Werte der jeweiligen Volumina des Gases. Der Druck p des Gases ist lediglich konstant zu halten, sein Wert ist dagegen beliebig und nur der Bedingung unterworfen, daß das Gas noch hinreichend ideal ist. Die Messung der relativen Volumdifferenz des Gases, also der rechten Seite von (15.25) liefert den Wert 1/2,7315, so daß sich mit der Definition (15.24) und diesem Meßwert aus (15.25) ergibt, daß

(15.26) $$T_{\text{Schmelz, H}_2\text{O bei 1 bar}=10^5\,\text{Pa}} = 273{,}15\ \text{K}.$$

Mit diesem Wert für die Schmelztemperatur des Wassers bei Atmosphärendruck erhält man für den Tripelpunkt des Wassers, der bei kleinerem Druck als Atmosphärendruck liegt, den Wert (15.23). Die Festlegung der Temperatur des Tripelpunkts von H_2O ist also mit der Festsetzung (15.24) identisch.

Durch die Festlegung der Temperatur-Skala ist ferner bei Messung der Werte der Variablen in irgendeinem Zustand des idealen Gases auch der Wert der Naturkonstante k, wie in (15.8) angegeben, festgelegt.

Gibt man die Zahlwerte der Kelvin-Skala um den Wert (15.26) zu klein an, so bedeutet das die Angabe der Temperatur in **Grad Celsius**. Gegen diese Angabe ist so lange nichts einzuwenden, als *nur Temperaturdifferenzen, aber nicht Produkte oder Quotienten der Temperatur* zur Diskussion stehen. Im täglichen Leben ist das fast immer erfüllt. Deshalb gibt es keinen Grund, dort das Grad Celsius oder auch das Grad Fahrenheit nicht zu verwenden. Die Angabe der Temperatur in Grad Celsius ist analog der Angabe eines Abstands von der Erde, wenn man ihn nicht vom Erdmittelpunkt, sondern von der Erdoberfläche aus zählt. Solange es nur auf Differenzen dieses Abstands ankommt, braucht man in der Tat weder den Erdradius zu kennen noch ihn unnötig zu bemühen. Das ist immer dann der Fall, wenn es sich, wie im täglichen Leben, um Verschiebungen in der Nähe der Erdoberfläche handelt. Schon die Berechnung einer Satellitenbahn ist aber ein Beispiel dafür, daß diese Zählweise nicht hinreicht.

Für den Experimentalphysiker ist es notwendig, sich an weitere Fixpunkte in der Kelvin-Skala halten zu können außer an den Tripel-, Schmelz- und Siedepunkt des

Systems Eis-Wasser-Dampf. Derartige Fixpunkte enthält die Tabelle 15.2. Man gebe sich angesichts der vielen Dezimalen bei den aufgeführten Fixtemperaturen jedoch keinen Illusionen hin über die Genauigkeit und Reproduzierbarkeit einer Temperaturmessung. In dem von den Fixpunkten überdeckten Temperaturbereich ist zwischen 10 K und 900 K das am besten geeignete Thermometer ein Platin-Widerstandsthermometer (vgl. Abb. 15.3). Es hat an der oberen Grenze dieses Meßbereichs eine Genauigkeit der Größenordnung ±0,1 K. Zwischen 900 K und 1300 K ist zur genauen Temperaturmessung zweckmäßig ein Thermoelement, dessen einen Schenkel reines Platin und dessen anderen Schenkel eine Platin-Rhodium-Legierung bildet. Wie in Abb. 15.4 angegeben, ist die Genauigkeit dieses Thermoelements bei 1300 K bestenfalls ±0,3 K; sie sinkt (infolge von Umkristallisation und ähnlichen Vorgängen) schon nach wenigen Stunden bis auf ±10 K. Oberhalb 1300 K muß man auf Pyrometer zurückgreifen, deren Genauigkeit im günstigsten Fall bei ±6 K liegt.

Tabelle 15.2. Temperaturfixpunkte der Kelvin-Skala

	T/K		T/K
Schmelzpunkt von Gold	1337,58	Siedepunkt von Sauerstoff	90,188
Schmelzpunkt von Silber	1235,08	Tripelpunkt von Sauerstoff	54,361
Schmelzpunkt von Zink	692,73	Siedepunkt von Neon	27,102
Siedepunkt des Wassers	373,15	Siedepunkt von Wasserstoff	20,28
Tripelpunkt des Wassers	273,16	Tripelpunkt von Wasserstoff	13,81

Schmelz- und Siedepunkte beziehen sich auf Atmosphärendruck.

§16 Temperatur und Expansionsprozesse bei Gasen

Die isotherme Expansion eines Gases

Für die Charakterisierung eines idealen Gases spielt die Größe $\partial E(T, V, N)/\partial V$ eine entscheidende Rolle. Wie läßt sich diese Größe für ein Gas, das nicht notwendig ideal zu sein braucht, messen?

Wir gehen aus von der Fundamentalform (8.17) für ein Gas konstanter Teilchenzahl, also bei $dN=0$:

$$dE = T\,dS - p\,dV. \tag{16.1}$$

Gefragt ist nach der Energieänderung dE bei einem Prozeß $dV \neq 0$ und $T=\text{const.}$, also $dT=0$. Diese Prozeßbedingungen haben zur Folge, daß $dS \neq 0$. In Abb. 16.1 wird bei Verschieben des Kolbens dem Gas die Kompressionsenergie $-p\,dV$ zugeführt. Wird der Kolben nach rechts verschoben, expandiert das Gas und gibt die Energie $-p\,dV$ nach außen ab. Gleichzeitig wird dem Gas, damit $T=\text{const.}$ eingehalten wird, Wärme zugeführt, und zwar aus einem *Wärmereservoir*. Wärmereservoir nennen wir jede Vorrichtung, die Wärmeenergie abgeben kann, ohne ihre Temperatur zu ändern.

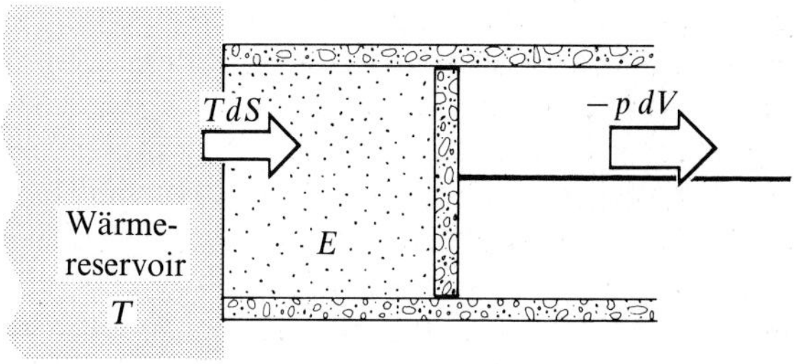

Abb. 16.1
Isotherme Expansion eines Gases. Bei Vergrößerung des Volumens ($dV>0$) wird dem Gas Energie in Form von Kompressionsenergie $-p\,dV$ (Arbeit) entzogen. Um die Temperatur des Gases dabei konstant zu halten, wird ihm gleichzeitig Wärme TdS aus einem Wärmereservoir zugeführt. Je nachdem, ob $|TdS| \gtreqless |-p\,dV|$, nimmt die Energie E des Gases zu ($dE>0$), bleibt konstant ($dE=0$) oder nimmt ab ($dE<0$). Ist das Gas ideal, so bleibt seine Energie E konstant ($dE=0$). Bei isothermer Expansion eines *idealen* Gases wird also die dem Wärmereservoir entzogene Wärme vollständig in Kompressionsenergie, d.h. in Arbeit umgewandelt.

Aus dem Wärmereservoir nimmt das Gas also die Wärme TdS auf. Dabei sind drei Möglichkeiten denkbar:

1. Der dem Gas aus dem Wärmereservoir zugeführte Energiebetrag TdS ist größer als der entzogene Energiebetrag $-p\,dV$; dann nimmt die Energie E des Gases zu: $dE>0$.

2. Der als Wärme TdS zugeführte Energiebetrag ist gleich $-p\,dV$; dann ist $dE=0$.

3. Der als Wärme TdS zugeführte Energiebetrag ist kleiner als $-p\,dV$; dann ist $dE<0$.

Würde man das Experiment mit irgendeinem Stoff im Gaszustand ausführen, also mit einem **realen Gas,** so fände man im allgemeinen die erste oder die dritte der genannten Möglichkeiten realisiert. Für **ideale Gase** dagegen gilt die zweite Möglichkeit, nämlich $dE=0$. Ideale Gase sind nicht besondere Stoffe, sondern solche Zustände beliebiger realer Stoffe, die der Gl. (15.7) genügen. Es gibt keine idealen Gase als Stoffklasse, sondern jedes Gas, ja jeder Stoff kann in Zustände gebracht werden, in denen er sich „ideal" verhält, also der Gl. (15.7) genügt. Das geschieht, wenn das Gas hinreichend verdünnt wird, denn je geringer die Teilchendichte des Gases ist, um so genauer befolgt es die ideale Gasgleichung (15.7). Die Behauptung (15.6), daß die Energie eines idealen Gases nicht von seinem Volumen V abhängt, ist also nicht eine Behauptung über eine Eigenschaft besonderer Stoffe, sondern eine Behauptung über *alle* Stoffe, nämlich daß sie, wenn sie in Zustände hinreichender Verdünnung gebracht werden, nicht nur der Gl. (15.5) genügen, sondern auch die Eigenschaft (15.6) zeigen. Das ist für die einzelnen Stoffe experimentell nur sehr verschieden schwer realisierbar. Es gibt Stoffe, wie Helium oder Wasserstoff, die unter normalen, leicht realisierbaren Drucken und Temperaturen bereits gut als ideale Gase betrachtet werden können. Andere Stoffe, wie die meisten uns vertrauten Flüssigkeiten und Festkörper, stellen, will man sie in den idealen Gaszustand bringen, dagegen oft nahezu unerfüllbare Forderungen an den Experimentator.

Realisierungen idealer Gaszustände

Außer durch Verdünnen, d.h. Verringern der Teilchendichte läßt sich ein Stoff noch auf eine zweite Weise in Zustände des idealen Gases bringen, also in Zustände, die (15.7) genügen, nämlich durch hinreichende Steigerung der Temperatur bei konstanter Teilchendichte. Verringern der Teilchendichte eines Stoffs bedeutet, daß der mittlere Abstand der Teilchen des Stoffs größer wird. Das wiederum hat zur Folge, daß die Wechselwirkungsenergie der Teilchen kleiner wird, denn mit wachsendem Abstand r nimmt die Wechselwirkungsenergie von Molekülen oder Atomen ab mit r^{-6} (van der Waals-Anziehung, MRG, §23). Die Aussage, daß die Energie eines Stoffs in Zuständen des idealen Gases nur von T und N abhängt, nicht dagegen von V, also nicht von der Teilchendichte des Gases, bedeutet deshalb, daß ein Stoff dann in ideale Gaszustände gerät, wenn die Wechselwirkungsenergie der Moleküle untereinander vernachlässigbar wird. Vernachlässigbar heißt aber, daß sie klein sein muß gegen andere Energieanteile. Diese anderen Energieanteile, die mit der Wechselwirkungsenergie konkurrieren, sind die kinetische Energie der Teilchen sowie die mit ihren Rotationen, Schwingungen, allgemein mit ihren inneren Anregungen verknüpften Energieanteile. Wenn ein Stoff in ideale Gaszustände gebracht werden soll, kommt es also darauf an, daß die Wechselwirkungsenergie seiner Teilchen klein gemacht wird gegen ihre kinetische Energie, oder anders gesagt, die kinetische Energie groß gemacht wird gegen die Wechselwirkungsenergie. Das erste geschieht durch Verdünnen bei konstanter Temperatur, das zweite durch Erhöhen der Temperatur bei konstanter Dichte. Bei Erhöhung der Temperatur steigt nämlich die mittlere kinetische Energie der Teilchen des Stoffs an, während die mittlere Wechselwirkungsenergie wegen der konstant gehaltenen Dichte nur unwesentlich zunimmt.

Die Herstellung des idealen Gaszustands durch genügend hohe Temperaturen hat allerdings einen oft störenden Begleiteffekt, der bei der Herstellung des Zustands durch Verminderung der Dichte nicht auftritt. Mit der Temperatur nimmt nämlich nicht nur die kinetische Energie der Teilchen, nämlich der Moleküle oder Atome des Stoffs zu, sondern auch die Energie von Anteilen, die mit den inneren Anregungen der Teilchen verknüpft sind. Bei genügend hohen inneren Anregungen können die Teilchen aber Umwandlungen erfahren. So können Moleküle in Atome oder Atomgruppen dissoziiert werden, Atome in Elektronen und Ionen oder bei noch höheren Temperaturen in Elektronen und Kerne zerfallen, Kerne können in Nukleonen zerspalten und

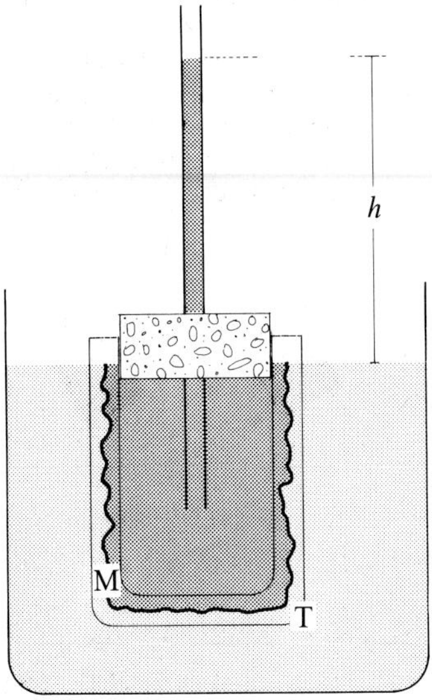

Abb. 16.2
Die Pheffersche Zelle ist ein Volumen, in dem die wäßrige Lösung eines Stoffs durch eine nur für Wasser, nicht aber für die Moleküle des Stoffs durchlässige Membran vom umgebenden reinen Wasser getrennt wird. Eine Membran für Rohrzucker läßt sich z.B. dadurch herstellen, daß eine mit gelbem Blutlaugensalz gefüllte Tonzelle T in eine verdünnte Lösung von $CuSO_4$ getaucht wird. In der Tonwand bildet sich dabei eine dünne Haut von Ferrozyankupfer aus, die für Wasser durchlässig ist, nicht aber für Zucker. Die Tonwand bildet nur die Stütze der Membranhaut M. Der osmotische Druck läßt sich aus der Steighöhe h der Lösung, und dem spezifischen Gewicht der Lösung bestimmen. Die Steighöhe h kann Werte der Größenordnung 100 m erreichen. Dem entsprechen Werte des osmotischen Drucks von 10^6 Pa (= 10 atm).

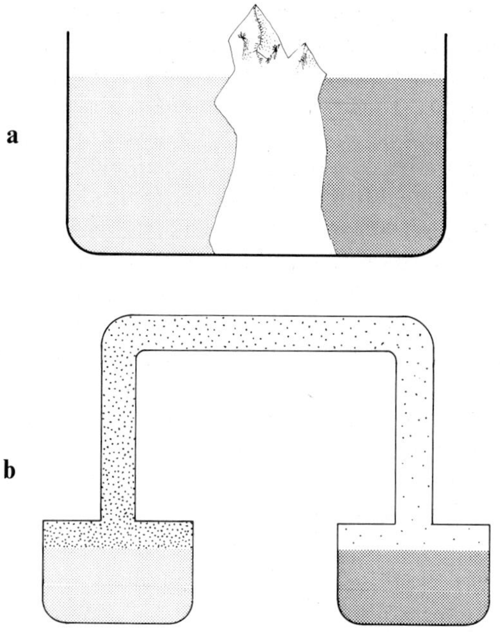

Abb. 16.3

Eine Barriere aus Eis (Teilbild a), die eine konzentriertere wäßrige Lösung eines Stoffs rechts von einer weniger konzentrierten links trennt, bildet ein Beispiel einer Membran, die die Wassermoleküle hindurchläßt, die Moleküle des gelösten Stoffs dagegen zurückhält. Die Eisbarriere ist eine Membran, die das „Durchlassen" nicht buchstäblich realisiert. Der als Durchlassen bezeichnete Teilchenaustausch erfolgt vielmehr so, daß die Wand auf der Seite der konzentrierteren Lösung schmilzt, während sie auf der Seite der weniger konzentrierten Lösung durch die Ankristallisation von Eis wächst. Die Eiswand wandert je nach den experimentellen Bedingungen des Energieaustauschs mit der Umgebung, im allgemeinen unter Änderung ihrer Dicke, langsam zur Seite der weniger konzentrierten Lösung. Sie wird von der osmotischen Druckdifferenz zwischen den beiden Lösungen so verschoben, daß sie einen Druckausgleich zu bewirken trachtet. Die konzentriertere Lösung wird dabei verdünnt, die weniger konzentrierte angereichert.

Das Schmelzen des Eises auf der konzentrierteren Seite der Lösung und das Kristallisieren des Wassers auf der anderen Seite der Eisbarriere bedeutet, daß Lösen eines Stoffs in Wasser die Schmelztemperatur erniedrigt. Das macht man sich zunutze, wenn man Salz auf vereiste Straßen streut.

In Teilbild b spielt die Dampfphase des Wassers die Rolle der für die Wassermoleküle durchlässigen Membran. Das bedeutet, daß bei gleicher Temperatur der Dampfdruck der konzentrierteren Lösung rechts kleiner ist als der Dampfdruck der weniger konzentrierten Lösung links. Lösen eines Stoffs in Wasser erniedrigt also bei konstanter Temperatur den Dampfdruck des Wassers. Hält man umgekehrt den Dampfdruck konstant, erhöht sich bei Lösen eines Stoffs die Temperatur, was sich z.B. in einer Erhöhung der Siedetemperatur der Lösung äußert.

Nukleonen können sich in Hyperonen umwandeln. Die Herstellung des idealen Gaszustands durch Erhöhung der Temperatur eines Stoffs kann deshalb von Teilchenzahländerungen begleitet sein, die bewirken, daß zwar schließlich ein ideales Gas vorliegt, aber nicht notwendig ein ideales Gas, dessen Teilchen die Moleküle oder Atome des ursprünglichen Stoffs sind.

Die Einsicht, daß der Begriff des idealen Gases und seine charakteristische Zustandsgleichung (15.7) immer dann anwendbar wird, wenn die Wechselwirkungsenergie von Teilchen vernachlässigbar ist gegen ihre übrigen Energieanteile, macht auch das Phänomen des **osmotischen Drucks** verständlich, das wir an dieser Stelle nur kurz streifen wollen. Betrachtet man die Lösung eines Stoffs in einem anderen, etwa von

Zucker in Wasser, so kann bei hinreichender Verdünnung des Zuckers die Wechselwirkungsenergie der Zuckermoleküle *untereinander* eben wegen ihrer großen mittleren Abstände vernachlässigt werden gegen ihre kinetische Energie und die Energie ihrer inneren Anregungen. Daß die Wechselwirkung der Zuckermoleküle mit den Molekülen des Wassers keineswegs klein ist gegen die kinetische Energie der Zuckermoleküle, spielt so lange keine Rolle, wie das Experiment allein die Zuckermoleküle „sieht“. Das geschieht, wenn semipermeable Wände, das sind *Membranen*, verwendet werden, die nur für die Zuckermoleküle undurchlässig, für Wasser dagegen durchlässig sind. Eine derartige Membran spürt gar nicht, ob die Zuckermoleküle im Wasser gelöst sind oder ob sie ein Gas im Vakuum bilden. Das Wasser ist bei Verwendung einer derartigen Membran nichts weiter als eine andere Art Vakuum. Der Druck, den die Membran spürt, rührt allein her von den Zuckermolekülen. Man nennt ihn den *osmotischen Druck des im Wasser gelösten Zuckers*. Er ist nach (15.7) berechenbar. Für V ist dabei das von der Membran eingeschlossene oder abgeschlossene Volumen einzusetzen, für N die Anzahl der in dem Volumen enthaltenen Zuckermoleküle und für T die Temperatur des gelösten Zuckers, die identisch ist mit der Temperatur des Wassers (das hier neben seiner Rolle als Vakuum noch die weitere Rolle eines Wärmereservoirs spielt). Der klassische Nachweis des osmotischen Drucks mit Hilfe der Pfefferschen Zelle (Abb. 16.2) beruht darauf, daß bei freiem Austausch des Wassers durch eine Membran der Druck des Wassers auf beiden Seiten der Membran im Gleichgewicht denselben Wert hat. Auf der einen Seite der Membran kommt dazu noch der osmotische Druck des gelösten Zuckers, so daß der Gesamtdruck auf der Lösungsseite größer ist als der Druck auf der Seite des reinen Wassers. Eine merkwürdige Realisierung einer semipermeablen Membran gibt Abb. 16.3. Sie zeigt, daß auch gewohnte Anordnungen die Eigenschaft der Halbdurchlässigkeit besitzen, ohne daß man das auf den ersten Blick bemerkt.

Die Expansion bei konstanter Energie

Die experimentelle Nachprüfung der Behauptung (15.6) durch isotherme Expansion ist kein einfaches Problem, selbst wenn man sich auf Stoffe beschränkt, die sich leicht in Zustände idealen Verhaltens bringen lassen. Die direkte Messung in dem in Abb. 16.1 dargestellten Experiment scheitert an der Schwierigkeit, die überströmende Wärme genau genug zu messen. Louis Joseph Gay-Lussac (1778–1850) wie auch James Prescott Joule (1818–1889) gingen, um (15.6) für ein ideales Gas zu prüfen, experimentell anders vor. Die Idee dieses Experiments ist die, durch energetische Isolation die Energie E (und natürlich auch die Teilchenzahl N) des Gases konstant zu halten und zu beobachten, wie sich seine Temperatur T ändert, wenn das Volumen V vergrößert wird, das Gas, wie man sagt, *frei expandiert*. Das Vorgehen und die dabei verwendeten Schlußweisen sind so typisch für die Thermodynamik, daß sie eine genauere Betrachtung verdienen.

Ein einheitliches Gas hat drei unabhängige Variablen oder drei Freiheitsgrade. In der Fundamentalform (8.18) oder (15.15) des Gases sind S, V, N die unabhängigen Variablen, es können aber auch drei beliebige andere Variablen als unabhängig gewählt werden. Wir wählen E, V, N als unabhängige Variablen. Jede andere Größe des Gases ist dann eine Funktion dieser drei Variablen. So ist $T = T(E, V, N)$. Für den Anfangszustand (Index a) und den Endzustand (Index e) eines beliebigen Prozesses ist

$$T_a = T(E_a, V_a, N_a), \qquad T_e = T(E_e, V_e, N_e). \tag{16.2}$$

T_a ist der Wert der Temperatur im Anfangszustand. Entsprechend sind E_a, V_a, N_a die Werte von Energie, Volumen und Teilchenzahl im Anfangszustand. T_e, E_e, V_e, N_e sind die Werte im Endzustand.

Das Experiment von GAY-LUSSAC und JOULE ist nun so angelegt, daß das Gas eine isoenergetische Expansion ausführt, d.h. eine Expansion, bei der die Energie E des Gases konstant bleibt. Sie ist also gekennzeichnet durch die Bedingungen

(16.3) $$E_e = E_a, \quad N_e = N_a, \quad V_e > V_a.$$

Mit (16.3) wird aus (16.2)

(16.4) $$T_a = T(E_a, V_a, N_a), \quad T_e = T(E_a, V_e, N_a).$$

Ist das Gas ideal, so hängt nach der Behauptung der Gl. (15.6) oder (15.9) die Energie E nur von T und N ab, nicht dagegen von V. Für ein ideales Gas ist danach $E = E(T, N)$. In dieser Aussage ist E als abhängige und T als unabhängige Variable gewählt. Dreht man die Abhängigkeit um, wählt man also, wie wir es vorher gemacht haben, E als unabhängig und T als abhängig, so nimmt $E = E(T, N)$ die Gestalt an $T = T(E, N)$. Die Abhängigkeit von V in (16.4) ist, wenn das Gas ideal ist, gar nicht vorhanden, so daß aus (16.4) für ein *ideales* Gas folgt

(16.5) $$T_e = T(E_a, N_a) = T_a.$$

Bei einem idealen Gas bleibt die Temperatur T bei isoenergetischer Expansion konstant.

Experimentelle Realisierung der isoenergetischen Expansion. Freie Expansion

Wie ändert man experimentell das Volumen V eines Gases, ohne dem Gas gleichzeitig Energie zuzuführen oder zu entziehen? Eine Änderung des Volumens um dV ist ja mit der Energiezufuhr $-p\,dV$ verbunden, und das widerspricht der Voraussetzung $E = \text{const.}$, wenn dem Gas nicht gleichzeitig Energie in anderer Form entzogen wird. Setzt man $E = \text{const.}$ gar gleich mit energetischer Isolation des Gases, so darf das Gas keine Energie mit anderen Systemen austauschen. Eine Verkleinerung des Volumens ($dV < 0$) ist unter energetischer Isolation überhaupt nicht möglich, wohl aber eine Vergrößerung ($dV > 0$). Man muß dazu den Druck p zu Null machen, das Gas also daran hindern, auf die Wand zu drücken, durch deren Verschieben das Volumen vergrößert wird. Das läßt sich dadurch erreichen, daß die Wand schnell genug weggezogen wird, nämlich so schnell, daß das Gas ihr nicht folgen kann. Im Versuchsschema der Abb. 16.4 müßte man den Kolben also so schnell herausziehen, daß der Kolben dem Gas davonläuft. Dann kann das Gas keinen Druck mehr auf den Kolben ausüben. Es ist dann $p = 0$ und daher auch $-p\,dV = 0$. Das Gas, seiner Begrenzung an einer Stelle beraubt, stürzt in einem in seinen Einzelheiten ungeheuer verwickelten Vorgang in das durch die Kolbenverrückung entstandene freie Volumen. Wartet man aber ab, bis sich alles beruhigt hat, so füllt schließlich das Gas das neue Gesamtvolumen V_e homogen aus. Die Messung der Temperatur des Gases zeigt dann, ob $T_e = T_a$ ist oder nicht. Je genauer das Gas die ideale Gasgleichung (15.7) erfüllt, als um so kleiner muß sich die Temperaturdifferenz zwischen Anfangs- und Endzustand des Versuchs erweisen.

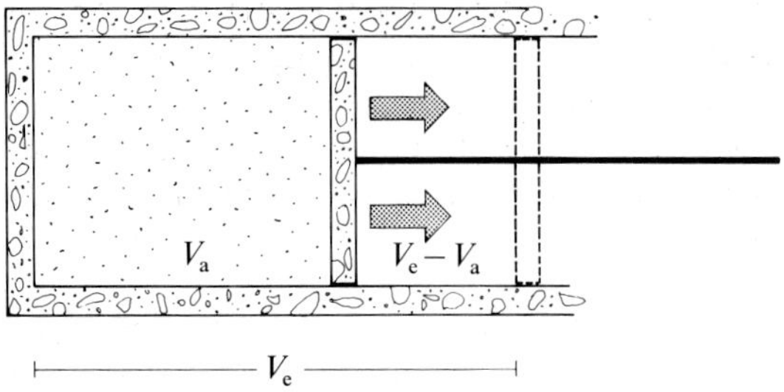

Abb. 16.4

Realisierung der isoenergetischen Expansion eines Gases, sogenannte *freie Expansion*. Wird der Kolben aus dem allseitig wärmeisolierten Zylinder so schnell herausgezogen, daß das im Volumen V_a befindliche Gas nicht folgen kann, so wird dem Gas keine Kompressionsenergie entzogen. Da der Kolben dem Gas davonläuft, erfährt er vom Gas keinen Druck ($p=0$), und daher ist $-p\,dV=0$. Die zur Beschleunigung des Kolbens notwendige Energie erhält man beim Anhalten des Kolbens zurück.

a

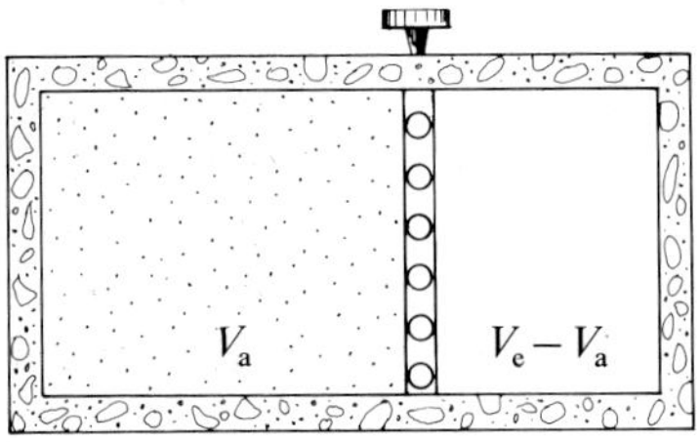

b

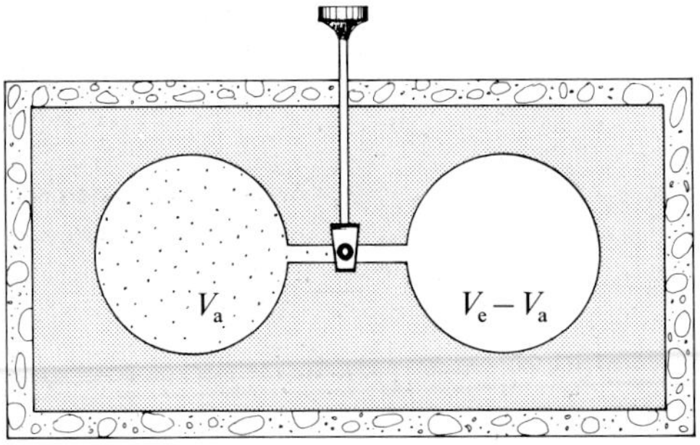

Abb. 16.5

Prinzip a und Ausführung b der freien Expansion eines Gases nach GAY-LUSSAC und JOULE. Ein im Volumen V_a eingeschlossenes Gas expandiert nach Öffnen des Hahns in das leere Volumen $V_e - V_a$. Das Öffnen des Hahns ist dem plötzlichen Verschieben des Kolbens in Abb. 16.4 aus seiner Anfangsstellung in seine Endstellung äquivalent. Die ganze Anordnung wird in ein Wasserkalorimeter gestellt, das für einen Temperaturausgleich zwischen den Volumina V_a und $V_e - V_a$ sorgt. Bei der freien Expansion eines *idealen* Gases erfährt im Gegensatz zur Expansion eines realen Gases die Anfangstemperatur von Gas und Kalorimeter keine Änderung.

Anstatt die ganze Anordnung in ein Kalorimeter zu stellen, läßt sich die bei der freien Expansion auftretende Temperaturänderung bei bekannter Wärmekapazität des Gases und der Gasbehälter auch aus der direkten Messung der Temperaturen der beiden Gasbehälter unmittelbar nach der Expansion bestimmen, vorausgesetzt, daß sich thermisches Gleichgewicht zwar schon zwischen Gas und Gasbehälter, aber noch nicht zwischen Gasbehälter und Umgebung eingestellt hat.

Wie schnell muß der Kolben bewegt werden, damit das Gas dem Kolben nicht mehr folgen kann? Ohne diese Frage quantitativ zu beantworten, umgingen GAY-LUSSAC und JOULE sie durch einen einfachen experimentellen Trick, der einer unendlich großen Kolbengeschwindigkeit äquivalent ist. Der Kolben wurde in seiner Anfangsstellung als Hahn ausgebildet, in seiner Endstellung als vorher eingebaute Wand (Abb. 16.5a). Das Öffnen des Hahns ist der Bewegung des Kolbens von der Anfangs- in die Endstellung in Abb. 16.4 äquivalent. Nach Öffnen des Hahns muß man nur abwarten, daß sich im ganzen Volumen derselbe Zustand einstellt, vor allem überall dieselbe Temperatur, denn zunächst kühlt sich das im Teilvolumen V_a befindliche Gas infolge der Expansion ab, wogegen der Teil des Gases, der in das Teilvolumen $V_e - V_a$ geströmt ist, komprimiert wird und sich erwärmt. Die dabei entstehende Temperaturdifferenz zwischen dem Teilvolumen V_a und dem Teilvolumen $V_e - V_a$ läßt sich leicht beobachten. Sorgt man für Temperaturausgleich zwischen den Teilvolumina V_a und $V_e - V_a$, braucht man, um die Gültigkeit von (15.7) festzustellen, nichts über die individuellen Eigenschaften des Gases zu wissen. Um diesen Temperaturausgleich zu erreichen, bringt man die ganze Anordnung in ein Wasserkalorimeter, nämlich in ein Wasserbad, das nach außen wärmeisoliert ist, und läßt die freie Expansion — denn so wird die beschriebene Realisierung der isoenergetischen Expansion genannt — in dem Kalorimeter ablaufen (Abb. 16.5b). Eine Erhöhung oder Erniedrigung der Temperatur des Gases würde sich in einer Erhöhung oder Erniedrigung der Wassertemperatur bemerkbar machen. Praktisch hat dieses ingeniöse Verfahren allerdings den Nachteil, daß wegen der großen Wärmekapazität des Wassers die Messung ziemlich ungenau wird. Eine viel höhere Genauigkeit läßt sich mit dem Joule-Thomson-Versuch erreichen, in dem ein Gas mit konstanter Strömungsgeschwindigkeit von einem Gebiet höheren zu einem Gebiet tieferen Drucks strömt. Dieses Experiment gehört allerdings in den Zusammenhang *strömender* Gase.

Die Frage, wie schnell beim plötzlichen Wegziehen einer Wand, hier des Kolbens, ein Gas nachströmt, kann erst bei der Behandlung von Verdichtungsstößen genauer beantwortet werden. Eine einfache Betrachtung liefert aber bereits die Größenordnung der zu erwartenden Strömungsgeschwindigkeit des Gases. Dazu gehen wir davon aus, daß bei Verschiebung einer Wand der Druck des Gases sich ändert; bei einer Expansion insbesondere senkt er sich. Die Drucksenkung erfolgt zunächst lokal, nämlich an der Stelle, an der sich die Wand vor der Verschiebung befand. Der lokal gesenkte Druck wird seinerseits dadurch ausgeglichen, daß Gas aus Nachbarbezirken in den Bereich tieferen Drucks nachströmt. Man beschreibt diesen Vorgang auch so, daß sich eine Druckstörung, von der Wand ausgehend, durch das Gas ausbreitet. Die Geschwindigkeit, mit der eine derartige Druckstörung sich ausbreitet, ist von der Größenordnung der Schallgeschwindigkeit, denn Schall ist ja nichts anderes als eine durch das Gas sich ausbreitende Druckstörung. Man wird also erwarten, daß die beim Wegziehen einer Wand auftretenden Strömungsgeschwindigkeiten eines Gases von der Größenordnung der Geschwindigkeit der Schallausbreitung in dem betreffenden Gas unter den gegebenen Bedingungen von Druck und Temperatur sind. Diese Betrachtung liefert allerdings nur die Größenordnung der Geschwindigkeit. Plötzliche Druckänderungen um erhebliche Beträge können Geschwindigkeiten erzeugen, die größer sind als die Schallgeschwindigkeit. Schallschwingungen beruhen nämlich auf relativ kleinen Druckdifferenzen.

Thermodynamische Charakterisierung der isoenergetischen Expansion

Der isoenergetische Expansionsprozeß wird, wie jeder Prozeß, nicht durch die experimentellen Hilfsmittel charakterisiert, mit denen er realisiert wird, sondern allein durch die *Prozeßbedingungen.* Diese Bedingungen sind für die isoenergetische Expansion gegeben durch die Gl. (16.3). Sie lauten in differentieller Form

(16.6) $$dE=0, \quad dN=0, \quad dV>0.$$

Jeder Prozeß, der $dE=0$ genügt, ist eine isoenergetische Expansion. Die Prozeßbedingungen (16.3) oder (16.6) schreiben nicht vor, *wie* E konstant gehalten wird, ob dadurch, daß das System überhaupt keine Energie austauschen kann, also energetisch isoliert ist, oder dadurch, daß jede in der Form $-p\,dV$ abgegebene Energie durch gleich viel zuströmende Wärme oder Energie in einer anderen Form ersetzt wird. Ebenso ist es gleichgültig, wie N konstant gehalten wird und wie die Zunahme des Volumens V experimentell bewerkstelligt wird. Wichtig ist einzig und allein, daß die Bedingungen (16.3) oder (16.6) erfüllt sind. Ja, sogar die Bedingungen (16.6) sind noch zu eng, wenn man sie so auffaßt, daß sie in jedem Augenblick erfüllt sein sollen. Die Prozeßbedingungen (16.3) verlangen lediglich, daß im Anfangs- und im Endzustand E und N denselben Wert haben und daß V_e größer ist als V_a. Ob E und N zwischendurch auch konstant bleiben oder nicht, ist gleichgültig. Ebenso spielt es keine Rolle, ob das Volumen zwischendurch einmal einen kleineren Wert als V_a hatte oder nicht. Wesentlich ist nur, daß die *Anfangs- und Endwerte von E und N dieselben sind und der Wert des Volumens V im Endzustand größer ist als im Anfangszustand.*

Wir zeigen noch, daß die **isoenergetische Expansion mit Entropiezunahme verbunden** ist. Setzt man die Prozeßbedingungen der isoenergetischen Expansion in (16.1) ein, so folgt

$$dS=\frac{p}{T}\,dV \qquad \text{bei } dE=dN=0, \tag{16.7}$$

oder anders geschrieben,

$$\frac{\partial S(E,V,N)}{\partial V}=\frac{p}{T}. \tag{16.8}$$

Da für ein Gas der Druck p stets positiv ist und auch T nur positive Werte annehmen kann, ist bei $dV>0$ auch $dS>0$.

Die Änderung der Temperatur bei dem Prozeß (16.6) erhält man mit Hilfe der aus der Differentialrechnung folgenden Beziehung [s. Anhang, Gl. (3)]

$$\frac{\partial E(T,V,N)}{\partial V}=-\frac{\partial E(T,V,N)}{\partial T}\,\frac{\partial T(E,V,N)}{\partial V}.$$

Sie liefert

$$\frac{\partial T(E,V,N)}{\partial V}=-\frac{\dfrac{\partial E(T,V,N)}{\partial V}}{\dfrac{\partial E(T,V,N)}{\partial T}}=\frac{1}{\dfrac{\partial E(T,V,N)}{\partial T}}\left[p-T\frac{\partial p(T,V,N)}{\partial T}\right]. \tag{16.9}$$

Im letzten Schritt haben wir dabei von (15.13) Gebrauch gemacht. Im Vorgriff auf §22, in dem der Begriff der Wärmekapazität eingeführt wird, läßt sich Gl. (16.9) nach (22.3) schreiben

$$\frac{\partial T(E,V,N)}{\partial V}=\frac{1}{C_V}\left[p-T\frac{\partial p(T,V,N)}{\partial T}\right]. \tag{16.10}$$

Die Kenntnis der *thermischen Zustandsgleichung* $p=p(T,V,N)$ und der *Wärmekapazität bei konstantem Volumen* $C_V=C_V(T,V,N)$ erlaubt es also, die mit der isoenergetischen Expansion verknüpfte Temperaturänderung nach (16.10) zu berechnen. Für ein ideales Gas verschwindet wegen (15.20) die rechte Seite von (16.10), wie es nach unseren Überlegungen auch sein muß.

§ 17 Temperatur und Kreisprozesse

Wir haben die Temperatur bereits absolut festgelegt, und zwar durch die Zustandsgleichung (15.7) des idealen Gases. Diese Festlegung ist unabhängig von den Eigenschaften eines bestimmten Stoffs, denn *jeder* Stoff verhält sich bei hinreichender Verdünnung wie ein ideales Gas. Absolute Festlegung der Temperatur bedeutet dabei nicht die Fixierung einer Skala, wie etwa der Kelvin-Skala, sondern nur die Festlegung des *Verhältnisses der Temperaturwerte* T_2/T_1 zweier beliebiger Zustände 2 und 1. Das alles war Gegenstand von § 15.

Das Verhältnis T_2/T_1 der Werte der absoluten Temperatur in zwei Zuständen 2 und 1 läßt sich auch festlegen, ohne daß man auf das ideale Gas zurückgreifen muß. Man braucht nur auf die Energieform TdS Bezug zu nehmen. Das hat zuerst LORD KELVIN Mitte des vorigen Jahrhunderts erkannt, und zwar am Carnotschen Kreisprozeß (SADI CARNOT, 1796–1832). Der springende Punkt ist, daß durch jeden „reversiblen Kreisprozeß", bei dem ein „Arbeitssystem" Wärme nur bei zwei Temperaturen T_1 und T_2 austauscht, das Verhältnis T_2/T_1 durch die Messung ausgetauschter Energien allein festgelegt ist. Der Carnotsche Kreisprozeß ist ein derartiger Kreisprozeß, aber, wie wir sehen werden, nicht der einzige. Zunächst wenden wir uns jedoch dem Begriff des „reversiblen Kreisprozesses" zu.

Kreisprozesse

Man spricht von einem Kreisprozeß, wenn der Endzustand des Prozesses eines Systems mit dem Anfangszustand identisch ist. Jede Variable des Systems, also sein Druck, Volumen, elektrisches Potential, seine Ladung, Temperatur, Teilchenzahl jeder Teilchensorte und deren chemische Potentiale, auch seine Entropie haben dann am Ende des Prozesses denselben Wert wie zu Anfang. Alles, was ein System an Energie, an Entropie, ja an beliebigen Größen während eines Kreisprozesses aufnimmt, gibt es auch wieder ab, denn am Ende haben alle Variablen denselben Wert wie am Anfang. Das bedeutet indessen nicht, daß bei einem Kreisprozeß nur so viel Entropie wieder abgegeben wird, wie das System an Entropie aufgenommen hat. Das System könnte auch Entropie *erzeugen*. Dann müßte es bei einem Kreisprozeß die erzeugte Entropie zusätzlich zu der aus der Umgebung aufgenommenen Entropie an die Umgebung abgeben. Die Umgebung des Systems — das ist die Gesamtheit aller Systeme, mit denen das betrachtete System wechselwirkt, also Größen austauscht — hat dann im Endzustand des Kreisprozesses eine größere Entropie als im Anfangszustand. Man spricht in diesem Fall von einem *irreversiblen* Kreisprozeß. Erzeugt das Arbeitssystem dagegen während des Kreisprozesses keine Entropie, hat die Entropie nicht nur des Arbeitssystems, sondern auch der Umgebung denselben Wert am Anfang wie am Ende des Kreisprozesses; man nennt den Kreisprozeß dann *reversibel*.

Vorsicht ist am Platze, wenn anstelle der Ausdrücke reversibel und irreversibel die Wörter umkehrbar und nicht-umkehrbar verwendet werden. Wenn ein Arbeitssystem, etwa eine Wärmekraftmaschine, irreversibel läuft, heißt das nicht, daß man sie nicht umgekehrt, nämlich als Kältemaschine oder Wärmepumpe betreiben könnte. Auch bei umgekehrtem Betrieb läuft sie irreversibel. Irreversibel bedeutet, daß die **Entropiebilanz** der Maschine sich nicht umkehren läßt. Eine umkehrbare Entropiebilanz hieße, daß die Maschine bei einer Laufrichtung Entropie erzeugt, bei der entgegengesetzten Laufrichtung Entropie vernichtet. Entropievernichtung ist aber gegen alle Erfahrung, die ihren Niederschlag im 2. Hauptsatz gefunden hat. Entsprechend hat eine reversibel arbeitende Maschine die Eigenschaft, daß keine Entropie erzeugt wird, ihre Entropiebilanz also umkehrbar ist. Bei einem reversiblen Kreisprozeß gibt sie daher ebenso viel Entropie an die Umgebung ab, wie sie aus ihr aufnimmt. Ob eine Maschine reversibel arbeitet oder nicht, erkennt man unter alleiniger Verwendung von Energiemessungen, also ohne die Entropie selbst zu messen, daran, ob der Betrag des Verhältnisses von Arbeit, nämlich der nicht in Form von Wärme mit der Umgebung ausgetauschten Energie, zu der mit der Umgebung ausgetauschten Wärme für beide Laufrichtungen der Maschine derselbe ist oder nicht. Wir kommen darauf in § 20 zurück.

Kreisprozesse zwischen zwei festen Temperaturen

Wir betrachten einen reversiblen Kreisprozeß eines Systems, genannt **Arbeitssystem,** bei dem Wärme nur bei zwei festen Temperaturen T_1 und T_2 ausgetauscht werden kann, während jeder weitere Energieaustausch in Form von Nicht-Wärme, d.h. als Arbeit erfolgt. Das Arbeitssystem wechselwirkt also mit drei Systemen, nämlich einem Wärmereservoir der Temperatur T_1, einem zweiten Wärmereservoir der Temperatur T_2 und einem dritten System, der „Umgebung" oder dem „Verbraucher", mit dem es Energie in (mindestens) einer von der Wärme verschiedenen Form, als sog. **Arbeit,** austauscht. Insgesamt findet der Energieaustausch zwischen vier Systemen statt (Abb. 17.1), die wir mit I bis IV bezeichnen. Das Wärmereservoir der Temperatur T_1 sei das System I. Es kann Energie nur in der Form von Wärme austauschen, so daß es die Fundamentalform hat

(17.1) $$dE_{\mathrm{I}} = T_1\, dS_{\mathrm{I}}.$$

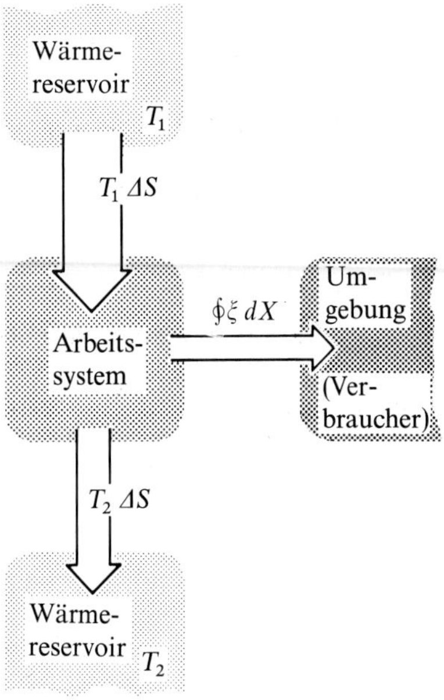

Abb. 17.1
Schema des Energieaustausches beim Carnot-Prozeß. Das Arbeitssystem nimmt von einem Wärmereservoir der Temperatur T_1 die Wärmeenergie $T_1\,\Delta S$ und damit die Entropie ΔS auf. Den Entropiebetrag ΔS gibt es wieder voll an ein zweites Wärmereservoir der Temperatur T_2 ab. Dabei muß es gleichzeitig auch Wärme vom Betrag $T_2\,\Delta S$ an dieses Reservoir abgeben. Die übrigbleibende Energie $(T_1 - T_2)\,\Delta S$ wird in Form von „Arbeit", d.h. in einer von der Wärme verschiedenen Energieform $\xi\, dX$ an das System „Umgebung" abgegeben. Nach Gl. (17.18) ist die gesamte abgegebene Arbeit $\oint \xi\, dX$.

Ein **Wärmereservoir** hält seine Temperatur bei Wärmeabgabe oder -aufnahme konstant. Die Fundamentalform (17.1) des Wärmereservoirs der Temperatur T_1 läßt sich also integrieren, so daß bei einem Wärmereservoir auch zwischen endlichen Beträgen ΔE und ΔS der ausgetauschten Energie und Entropie die Beziehung besteht

$$\Delta E_{\mathrm{I}} = T_1 \, \Delta S_{\mathrm{I}} . \tag{17.2}$$

Das System II ist das Wärmereservoir der Temperatur T_2. Um die Diskussion zu vereinfachen, nehmen wir an, daß $T_2 < T_1$. Auch die umgekehrte Annahme wäre möglich, dann würden sich lediglich die Vorzeichen der ausgetauschten Größen umdrehen. Die integrierte Fundamentalform des zweiten Wärmereservoirs lautet entsprechend (17.2)

$$\Delta E_{\mathrm{II}} = T_2 \, \Delta S_{\mathrm{II}} . \tag{17.3}$$

Das System III ist das Arbeitssystem. Außer Wärme tauscht es mindestens noch eine weitere Energieform $\xi \, dX$ aus. Das kann z.B. Kompressionsenergie $-p \, dV$, elektrische Energie $\phi \, dQ$ oder Magnetisierungsenergie $\boldsymbol{H} \, d\boldsymbol{m}$ sein. Die Fundamentalform des dritten Systems lautet

$$dE_{\mathrm{III}} = T_{\mathrm{III}} \, dS_{\mathrm{III}} + \xi_{\mathrm{III}} \, dX_{\mathrm{III}} . \tag{17.4}$$

Das System IV ist die „Umgebung“. Seine Fundamentalform muß ebenfalls die Energieform $\xi \, dX$ enthalten.

Die beiden Wärmereservoire I und II sollen Wärme nur mit dem Arbeitssystem III austauschen, nicht dagegen untereinander und mit der Umgebung IV. Im einzelnen gelten für einen *reversiblen Kreisprozeß des Arbeitssystems* die folgenden Bedingungen:

1. Das Reservoir I mit der Temperatur T_1 tauscht die Wärme $T_1 \, \Delta S_{\mathrm{I}}$ mit dem Arbeitssystem III aus.
2. Das Reservoir II mit der Temperatur T_2 tauscht die Wärme $T_2 \, \Delta S_{\mathrm{II}}$ mit dem Arbeitssystem III aus. Diese Wärme ist so bemessen, daß

$$\Delta S_{\mathrm{II}} = -\Delta S_{\mathrm{I}} , \tag{17.5}$$

   die gesamte im ersten Schritt vom Wärmereservoir I abgegebene Entropie ΔS_{I} also dem Wärmereservoir II zugeführt wird.
3. Die Energie, die das Arbeitssystem III dabei als Wärme mehr aufnimmt als abgibt, ist nach (17.5)

$$T_1 \, \Delta S_{\mathrm{I}} + T_2 \, \Delta S_{\mathrm{II}} = \frac{T_1 - T_2}{T_1} (T_1 \, \Delta S_{\mathrm{I}}) . \tag{17.6}$$

   Diese Energie wird vom Arbeitssystem III als Arbeit (= Nicht-Wärme) an das System IV, die Umgebung, abgegeben.

Bei jedem reversiblen Kreisprozeß, bei dem das Arbeitssystem nur bei zwei festen Temperaturen T_1 und T_2 Wärme mit anderen Systemen austauscht, gilt also, wie Gl. (17.6) zeigt,

$$\frac{T_1\,\Delta S_\mathrm{I} + T_2\,\Delta S_\mathrm{II}}{T_1\,\Delta S_\mathrm{I}} = \frac{T_1 - T_2}{T_1}. \tag{17.7}$$

Die rechte Seite dieser Gleichung bezeichnet man als **Carnot-Faktor** oder *Carnotschen Wirkungsgrad*. Er enthält wegen $(T_1 - T_2)/T_1 = 1 - (T_2/T_1)$ das Temperaturverhältnis T_2/T_1, das durch Gl. (17.7) nur mit Wärmen verknüpft ist, die das Arbeitssystem bei T_1 bzw. T_2 mit Wärmereservoiren austauscht. Das Verhältnis zweier Werte der absoluten Temperatur ist damit auf das Verhältnis von ausgetauschten Wärmemengen zurückgeführt. Um den reversiblen Kreisprozeß zwischen den Temperaturen T_1 und T_2 zur Messung von T_2/T_1 auszunutzen, muß man also in der Lage sein, die Wärmemengen $T_1\,\Delta S_\mathrm{I}$ und $T_2\,\Delta S_\mathrm{II}$ zu messen. Die Differenz der beiden Wärmemengen ist wegen des Energieerhaltungssatzes gleich der vom Arbeitssystem beim Kreisprozeß abgegebenen Arbeit. Die Bedingung (17.5) wird automatisch erfüllt, wenn der Kreisprozeß *reversibel* ist.

Die Formel (17.7) ist nicht auf Kreisprozesse beschränkt, sondern gilt, wie die Herleitung erkennen läßt, für beliebige stationär und reversibel, also **ohne Entropieerzeu-**

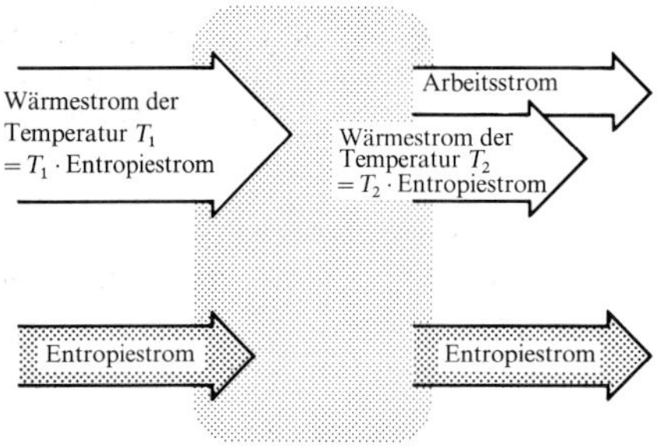

Abb. 17.2

Energiestrom- und Entropiestrom-Bilanz einer stationär reversibel arbeitenden Wärmekraftmaschine. Der gesamte in die Maschine als Wärmestrom der Temperatur T_1 hineinfließende Energiestrom ist gleich dem gesamten hinausfließenden Energiestrom, der sich aufteilt in einen „Arbeitsstrom", also einen von Wärme verschiedenen Energiestrom, und einen Wärmestrom der Temperatur $T_2 < T_1$. Allgemein bezeichnet man als

$$\begin{aligned}\text{Wirkungsgrad} &= \frac{\text{Arbeitsstrom}}{\text{einströmender Wärmestrom}}\\ &= \frac{\text{(einströmender} - \text{ausströmender) Wärmestrom}}{\text{einströmender Wärmestrom}}\\ &= \frac{T_1 \cdot \text{(einströmender Entropiestrom)} - T_2 \cdot \text{(ausströmender Entropiestrom)}}{T_1 \cdot \text{(einströmender Entropiestrom)}}\\ &= 1 - \frac{T_2 \cdot \text{(ausströmender Entropiestrom)}}{T_1 \cdot \text{(einströmender Entropiestrom)}}.\end{aligned}$$

Bis hierher gelten die Gleichungen bei Reversibilität und Irreversibilität. Die Reversibilität der Maschine drückt sich darin aus, daß der einströmende Entropiestrom gleich dem ausströmenden Entropiestrom ist. Es ist dann der Wirkungsgrad $= 1 - (T_2/T_1)$.

gung arbeitende Maschinen, die Energie in Form von Wärme bei der Temperatur T_1 aufnehmen und in Form von Arbeit wie in Form von Wärme bei der Temperatur T_2 abgeben (Abb. 17.2). Die Bedingung der Stationarität bedeutet, daß der Zustand der Maschine beim Betrieb keine Änderung erfährt. Alle von ihr in einem beliebigen Zeitintervall aufgenommenen Größen muß sie im selben Zeitintervall auch wieder abgeben. Bei reversiblem Betrieb fließt ebensoviel Entropie in die Maschine hinein wie aus ihr herausfließt. Gl. (17.5) ist nun als die Gleichheit des hinein- und herausfließenden Entropie*stroms* zu lesen. Entsprechend sind $T_1 \Delta S_{\mathrm{I}}$ bzw. $T_2 \Delta S_{\mathrm{II}}$ in (17.7) als Wärmemengen pro Zeitintervall, also als *Wärmeströme* zu lesen. Gl. (17.7) selbst bleibt völlig ungeändert und ebenso der Carnotsche Wirkungsgrad, der angibt, welcher Teil des in die Maschine als Wärme der Temperatur T_1 hineinströmenden Energiestroms als Arbeit, also als ein von der Wärme verschiedener Energiestrom die Maschine wieder verläßt.

Der Carnotsche Kreisprozeß

Der bekannteste reversible Kreisprozeß zwischen zwei festen Temperaturen ist der Carnotsche Kreisprozeß. Wir betrachten in diesem Abschnitt den Kreisprozeß, den das **Arbeitssystem** beim Carnot-Prozeß durchläuft. Das Arbeitssystem tauscht dabei Energie in zwei unabhängigen Formen aus, nämlich als Wärme TdS und als Arbeit ξdX. Die extensive Variable X nennt man auch die *Arbeitsvariable.* ξdX ist eine von der Wärme verschiedene Energieform. Bei allen Variablen des Arbeitssystems III lassen wir von nun ab den Index III fort. Die an den Variablen erscheinenden Indizes kennzeichnen jetzt *Werte* dieser Variablen.

Von den Variablen T, S, ξ, X, E des Arbeitssystems können jeweils nur zwei als unabhängig gewählt werden; die anderen sind dann abhängige Variablen. Gibt man z. B. der Temperatur T und der Arbeitsvariable X je einen bestimmten Wert, so haben auch S, ξ und E bestimmte Werte. Zwei Variablen legen also einen Zustand des Arbeitssystems fest. Wählt man als unabhängige Variablen T, X oder S, X, so wird der Carnotsche Kreisprozeß, den das Arbeitssystem durchläuft, durch ein Diagramm wie in Abb. 17.3 dargestellt. Er besteht aus den folgenden vier Schritten:

Isothermer Schritt (a–b): Nach Herstellung thermischen Kontakts zwischen Arbeitssystem und Wärmereservoir I geht das Arbeitssystem aus seinem Anfangszustand a in den Zustand b über und nimmt dabei Wärme und damit gleichzeitig Entropie auf. Am Ende des Schritts, im Zustand b, haben die Variablen E, S, T und X des Arbeitssystems die Werte

(17.8)
$$E_b = E_a + \Delta E_{ab}, \qquad T_b = T_a = T_1,$$
$$S_b = S_a + \Delta S_{ab}, \qquad X_b = X_a + \Delta X_{ab}.$$

Gekennzeichnet ist der erste Schritt dadurch, daß die Temperatur des Arbeitssystems konstant bleibt; deshalb heißt der Schritt *isotherm.* Die Arbeitsvariable X muß dabei eine Änderung ΔX_{ab} erfahren, denn bliebe auch X konstant, so könnte das Arbeitssystem gar keine Wärme aus dem Reservoir I aufnehmen, da $T = \text{const}$ *und* $X = \text{const}$ ja einen einzigen Zustand fixieren, also keine Zustandsänderung und damit auch keinen Prozeß gestatten würden. Das Arbeitssystem tauscht die Energie ΔE_{ab} somit in Form von Wärme und Arbeit aus. Es ist

(17.9)
$$E_{ab} = T_1 \Delta S_{ab} + \int_{X_a}^{X_b} \xi \, dX.$$

Isentroper Schritt (b–c): Nach Unterbrechung des thermischen Kontakts zwischen dem Wärmereservoir I und dem Arbeitssystem tauscht das Arbeitssystem unter Konstanthalten seiner Entropie (*isentroper* Schritt) Energie in Form von Arbeit mit dem Verbraucher aus. Der Austausch wird so geführt, daß das Arbeitssystem am Ende des Schritts, im Zustand c, die Temperatur des Wärmereservoirs II hat. Im Zustand c haben die Variablen des Arbeitssystems die Werte

(17.10)
$$E_c = E_b + \Delta E_{bc}, \qquad T_c = T_b + \Delta T_{bc} = T_2,$$
$$S_c = S_b, \qquad X_c = X_b + \Delta X_{bc}.$$

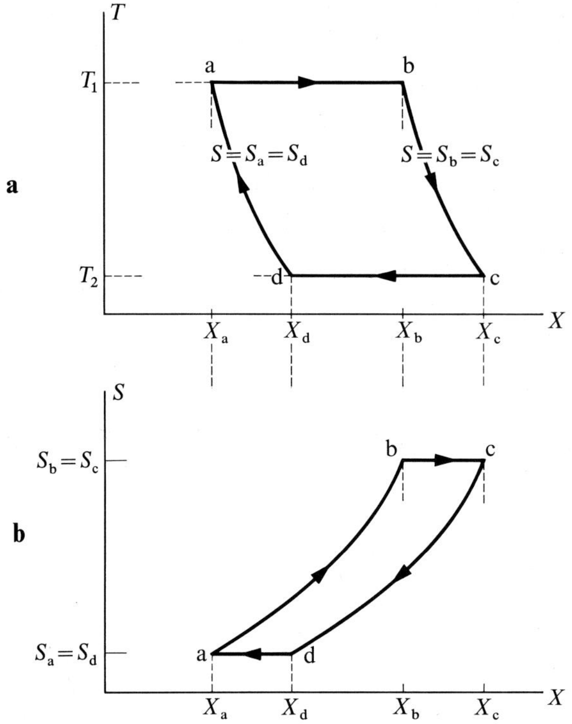

Abb. 17.3

Darstellung des Carnot-Prozesses im T-X-Diagramm (Teilbild a) und im S-X-Diagramm (Teilbild b). X ist dabei die Arbeitsvariable, also die unabhängige Variable der als „Arbeit" mit der Umgebung ausgetauschten Energieform $\xi\, dX$. Die Darstellung zeigt, daß der Carnotsche Kreisprozeß aus zwei isothermen und zwei isentropen Schritten besteht. Bei dem durch die Pfeile markierten Richtungssinn für das Durchlaufen des Carnot-Prozesses wird Arbeit vom Arbeitssystem an die Umgebung abgegeben und dafür vom Arbeitssystem mehr Wärme bei T_1 aufgenommen als bei T_2 abgegeben. Die Bezeichnung der Zustände ist wie im Text dieses Abschnitts.

Auch in diesem Schritt muß X wieder geändert werden, da das Arbeitssystem wegen $S = \text{const}$ Energie nur in Form von Arbeit austauscht. Es ist

(17.11) $$\Delta E_{bc} = \int_{X_b}^{X_c} \xi\, dX.$$

Isothermer Schritt (c–d): Nach Herstellen thermischen Kontakts zwischen dem Arbeitssystem und dem Reservoir II tauschen beide Energie in Form von Wärme aus. Wie im ersten Schritt bleibt dabei die Temperatur konstant. Am Ende des Schritts haben die Variablen die Werte

(17.12) $$E_d = E_c + \Delta E_{cd}, \qquad T_d = T_c = T_2,$$
$$S_d = S_c + \Delta S_{cd}, \qquad X_d = X_c + \Delta X_{cd}.$$

Das Arbeitssystem tauscht hierbei Energie in beiden Formen, nämlich als Wärme und Arbeit aus, so daß

(17.13) $$E_{cd} = T_2\, \Delta S_{cd} + \int_{X_c}^{X_d} \xi\, dX.$$

Isentroper Schritt (d–a): Nach Lösen des thermischen Kontakts zwischen dem Wärmereservoir II und dem Arbeitssystem wird das Arbeitssystem wieder bei konstanter Entropie in den Anfangszustand gebracht.

Die Werte der Variablen am Ende des Schritts sind

(17.14)
$$E_a = E_d + \Delta E_{da}, \qquad T_a = T_d + \Delta T_{da} = T_1,$$
$$S_a = S_d, \qquad X_a = X_d + \Delta X_{da}.$$

Da das Arbeitssystem dabei Energie nur in Form von Arbeit austauscht, ist

(17.15)
$$\Delta E_{da} = \int_{X_d}^{X_a} \xi \, dX.$$

Als Gesamtbilanz der Energie und der Entropie des Kreisprozesses liefern die Formeln (17.8) bis (17.15)

(17.16)
$$\Delta E_{ab} + \Delta E_{bc} + \Delta E_{cd} + \Delta E_{da} = T_1 \Delta S_{ab} + T_2 \Delta S_{cd} + \int_{X_a}^{X_b} \xi \, dX + \int_{X_b}^{X_c} \xi \, dX + \int_{X_c}^{X_d} \xi \, dX + \int_{X_d}^{X_a} \xi \, dX = 0$$

und

(17.17)
$$\Delta S_{ab} + \Delta S_{cd} = 0.$$

Setzt man (17.17) in (17.16) ein, so resultiert für die beim Kreisprozeß insgesamt mit dem Verbraucher in Form von Arbeit ausgetauschte Energie

(17.18)
$$(T_1 - T_2) \Delta S_{ab} = -\oint \xi \, dX.$$

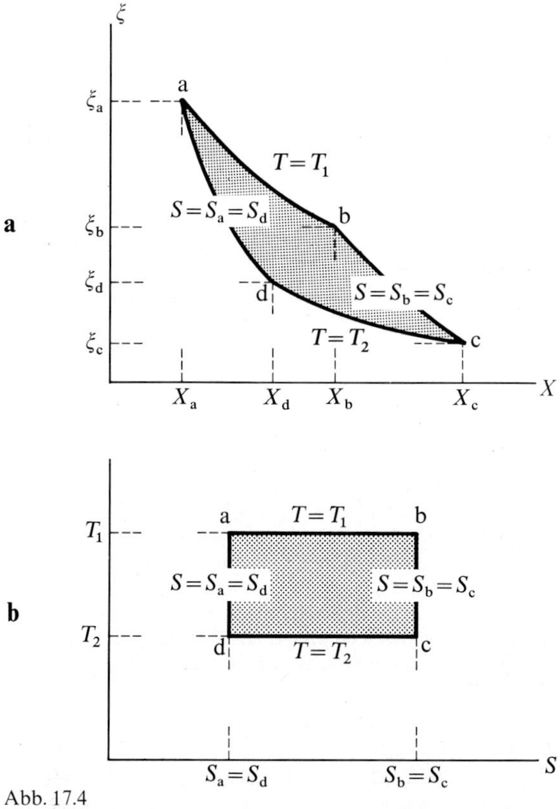

Abb. 17.4

Darstellung des Carnot-Prozesses im ξ-X-Diagramm (Teilbild a) und im T-S-Diagramm (Teilbild b). Der Flächeninhalt des von den Prozeßkurven umrandeten gerasterten Gebietes hat in beiden Abbildungen denselben Wert. Er gibt den pro Kreisprozeß vom Arbeitssystem an die Umgebung abgegebenen Betrag an Arbeit (Teilbild a) und die Differenz der vom Reservoir mit T_1 aufgenommenen und an das Reservoir mit T_2 abgegebenen Wärme an (Teilbild b). Die Gleichheit der Flächeninhalte in a und b drückt aus, daß die Differenz zwischen aufgenommener und abgegebener Wärme als Arbeit abgegeben wird.

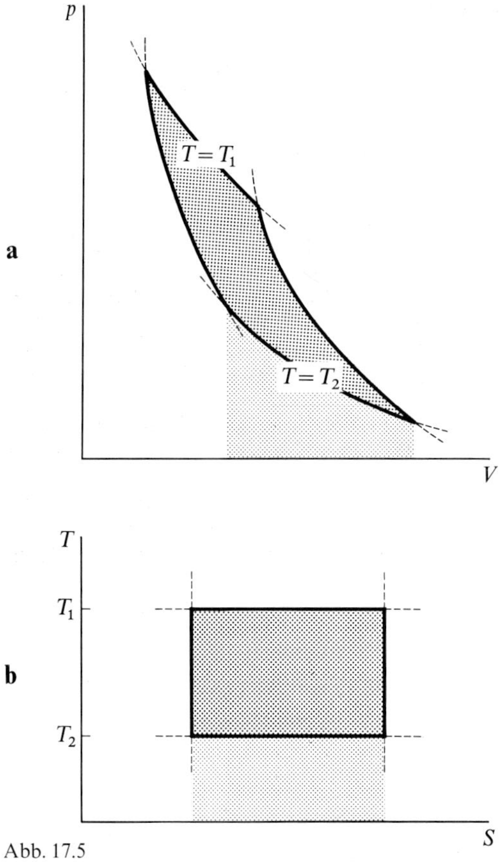

Abb. 17.5
Die beim Carnot-Prozeß insgesamt ausgetauschte Kompressionsenergie $-p\,dV$ (Inhalt der stark gerasterten Fläche im Teilbild a) und Wärmeenergie $T dS$ (Inhalt der stark gerasterten Fläche in Teilbild b) sind gleich groß. Nach Gl. (17.18) sind die Inhalte der beiden gerasterten Flächen gleich.

Während die insgesamt ausgetauschten Energiebeträge in beiden Diagrammen als Inhalt der stark gerasterten Fläche erscheinen, lassen sich die auf den einzelnen Teilprozessen des Kreisprozesses ausgetauschten Kompressionsenergien im allgemeinen nur im p-V-Diagramm und die Wärmeenergien nur im T-S-Diagramm ablesen. Sie werden angegeben durch die Inhalte der Flächenstücke unter den Kurven, die die jeweiligen Prozesse darstellen. Einzig beim idealen Gas als Arbeitssubstanz lassen sich die isotherm ausgetauschten Kompressionsenergien auch aus dem T-S-Diagramm und die Wärmeenergien auch aus dem p-V-Diagramm entnehmen. Das liegt daran, daß für das ideale Gas die Energie E nur von T, aber nicht von V abhängt. Die bei einem isothermen Prozeß eines idealen Gases ausgetauschten Arbeits- und Wärmebeträge sind also entgegengesetzt gleich. Die bei dem isothermen Teilprozeß $T_2 = \text{const.}$ ausgetauschten Arbeits- und Wärmebeträge sind in beiden Diagrammen durch den Inhalt der schwach gerasterten Fläche gegeben, die beim Teilprozeß $T_1 = \text{const.}$ ausgetauschten Beträge durch die Summe der stark und schwach gerasterten Flächeninhalte, die gleich sind dem Inhalt der Fläche unter der Kurve $T_1 = \text{const.}$

Das Zeichen $\oint$ soll andeuten, daß es sich um einen Kreisprozeß handelt, das Integral also über einen geschlossenen Weg in der ξ-X-Ebene zu erstrecken ist (Abb. 17.4). Der Flächeninhalt des vom Kreisprozeß umfaßten Flächenstücks gibt dabei direkt die in Form von Arbeit ausgetauschte Energie an, und zwar sowohl im ξ-X-Diagramm als auch im T-S-Diagramm. Die bei den einzelnen Schritten des Carnot-Prozesses ausgetauschten Arbeitsbeträge lassen sich als Flächeninhalte im ξ-X-Diagramm und die einzelnen Wärmebeträge als Flächeninhalte im T-S-Diagramm ablesen. Ist das Arbeitssystem ein ideales Gas und die Arbeit Kompressionsenergie, werden die einzelnen Arbeits- und Wärmebeträge beide durch Flächeninhalte sowohl im p-V- als auch im T-S-Diagramm wiedergegeben (Abb. 17.5). Das liegt daran, daß beim idealen Gas E nur von T, aber nicht von V abhängt. Es ändert sich E also bei einem isothermen Prozeß nicht.

Andere Kreisprozesse zwischen zwei Temperaturen

Der Carnot-Prozeß ist nicht der einzige reversible Kreisprozeß zwischen zwei festen Temperaturen, auf den die Gl. (17.7) zutrifft. Es gibt vielmehr beliebig viele Kreisprozesse, die die Differenz der bei der Temperatur T_1 aufgenommenen Wärme $T_1 \Delta S$ und der bei der Temperatur T_2 abgegebenen Wärme $T_2 \Delta S$ als Arbeit an die Umgebung abgeben.

Damit das Arbeitssystem Wärme nur bei der Temperatur T_1 aufnimmt und bei T_2 abgibt, müssen bei jedem derartigen Kreisprozeß der erste und dritte Prozeßschritt, wie beim Carnot-Prozeß, isotherm sein. Für den zweiten Prozeßschritt gilt die Forderung, daß das Arbeitssystem mit der Umgebung keine Wärme, also auch keine Entropie austauschen darf. Beim Carnot-Prozeß wird diese Forderung dadurch erfüllt, daß das Arbeitssystem in diesem Prozeßschritt eine isentrope Zustandsänderung erfährt. Wenn das Arbeitssystem aber auch keine Wärme und somit auch keine Entropie *mit der Umgebung* austauschen darf, so könnte es doch Entropie in zusätzlichen, von Umgebung und den Reservoiren der Temperaturen T_1 und T_2 verschiedenen Wärmereservoiren deponieren, die es dann im vierten Schritt von diesen als Depots benutzten Reservoiren wieder zurückerhält. Auf dem Weg von T_1 nach T_2 möge das Arbeitssystem außer Arbeit, die es an die Umgebung abgibt, in jedem Augenblick, also bei jeder Temperatur, die es gerade hat, Wärme und damit auch Entropie an ein weiteres Wärmereservoir, an ein Wärmedepot abgeben. Von den dazu im Prinzip notwendigen unendlich vielen Depots sind in Abb. 17.6 drei gezeichnet bei den zwischen T_1 und T_2 liegenden Temperaturen T_α, T_β, T_γ.

Die Wärmemengendifferenz $(T_1 - T_2)\,\Delta S$ soll am Ende des Kreisprozesses vollständig als Arbeit an die Umgebung abgeliefert und nicht in den Wärmedepots bei T_α, T_β oder T_γ gespeichert bleiben. Dazu muß während des vierten Schrittes des Kreisprozesses jedem der Depots bei T_α, T_β und T_γ derselbe Entropiebetrag,

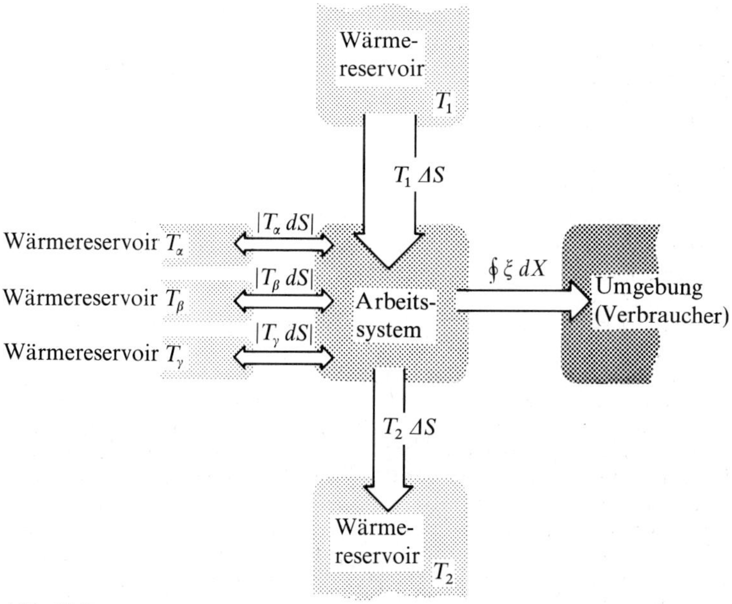

Abb. 17.6

Schema des Energieaustausches bei einem Kreisprozeß mit Wärmedepots. Das Arbeitssystem nimmt, wie beim Carnot-Prozeß, bei der Temperatur T_1 die Wärme $T_1 \Delta S$ auf und gibt $T_2 \Delta S$ an ein Wärmereservoir bei T_2 ab, wobei die aufgenommenen und abgegebenen Entropiebeträge $|\Delta S|$ gleich sind. Die Differenz $(T_1 - T_2)\Delta S$ wird als Arbeit an die Umgebung abgegeben, so daß das Verhältnis der vom Arbeitssystem gelieferten Arbeit zu der von ihm insgesamt aufgenommenen Wärme wie beim Carnot-Prozeß den Wert des Carnot-Faktors $1-(T_2/T_1)$ hat.

Bei zusätzlichen Wärmereservoiren, die als Wärmedepots dienen, braucht das Arbeitssystem den Weg zwischen den Temperaturen T_1 und T_2 nicht längs isentroper Prozesse zu nehmen, sondern kann die dabei anfallende Wärme in den Wärmedepots speichern. Es sind drei Wärmedepots gezeichnet für die Temperaturen T_α, T_β, T_γ, die natürlich im Bereich $T_2 < T_\alpha, T_\beta, T_\gamma < T_1$ liegen.

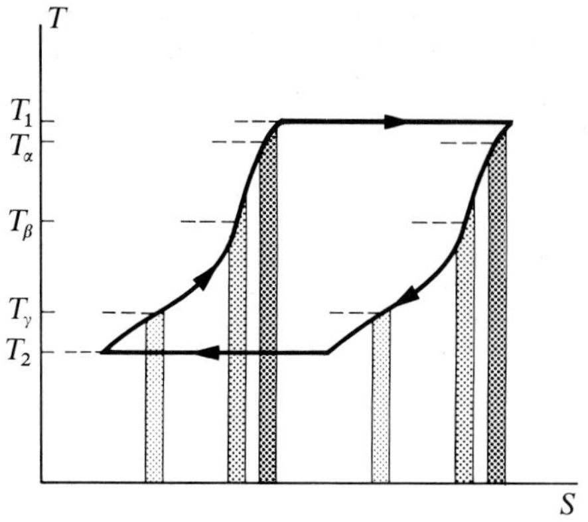

Abb. 17.7

Bei einem Kreisprozeß mit Wärmedepots, wie ihn die Abb. 17.6 zeigt, müssen die Prozesse zwischen den Temperaturen T_1 und T_2 so gewählt werden, daß die in den Wärmedepots bei T_α, T_β, T_γ auf dem Hinweg von T_1 nach T_2 deponierten Entropiemengen genauso groß sind wie die auf dem Rückweg von T_2 nach T_1 wieder abgeholten Mengen. Deswegen haben die gleich markierten Flächen gleiche Inhalte. Das bedeutet, daß die Prozesse zwischen T_1 und T_2 im T-S-Diagramm auf Wegen verlaufen müssen, die durch Parallelverschiebung längs der S-Achse auseinander hervorgehen.

der ihm während des zweiten Schritts zugeführt wurde, wieder entzogen werden. Der zweite und der vierte Prozeßschritt müssen deswegen so gewählt werden, daß sie sich um eine konstante Entropiedifferenz unterscheiden, also im T-S-Diagramm durch Parallelverschiebung längs der S-Achse auseinander hervorgehen (Abb. 17.7). Die Inhalte der in Abb. 17.7 gleich gerasterten Flächenstücke, von denen bei dem gezeichneten Umlaufsinn des Kreisprozesses das rechte die vom Wärmedepot aufgenommene und das linke die von ihm wieder abgegebene Wärme darstellt, haben jeweils denselben Wert.

Von allen derartigen Kreisprozessen haben nur zwei technische Bedeutung erlangt, der *Stirling-Prozeß* (ROBERT STIRLING, 1790–1878) und der *Ericsson-Prozeß* (JOHN ERICSSON, 1803–1889). Beim Stirling-Prozeß sind der zweite und vierte Prozeßschritt *Isochoren* ($V=$const), beim Ericsson-Prozeß sind diese beiden Prozeßschritte *Isobaren* ($p=$const).

Wie aus Abb. 17.7 hervorgeht, müssen der zweite und vierte Prozeßschritt die Bedingung erfüllen, daß bei jeder Temperatur T die Änderung dS, die die Entropie bei einer Temperaturänderung dT erfährt, unabhängig ist von dem Wert, den die den Prozeß definierende Variable hat. Ist diese Variable, wie beim Stirling-Prozeß, das Volumen V, so muß also sein

$$\frac{\partial S(T, V)}{\partial T} = \text{Funktion allein von } T, \tag{17.19}$$

denn die Änderung dS von S bei vorgegebener Temperaturänderung dT muß unabhängig sein vom Wert von V. Aus (17.19) folgt aber, daß $S(T, V)$ von der Form ist

$$S(T, V) = f_1(T) + f_2(V). \tag{17.20}$$

Analog erhält man als Bedingung dafür, daß die *isobaren* Prozesse, also Prozesse $dp=0$, die in Abb. 17.7 geforderte Eigenschaft haben,

$$S(T, p) = g_1(T) + g_2(p). \tag{17.21}$$

Wie wir in §23 zeigen werden, erfüllt ein ideales Gas (allerdings auch ein Festkörper, §24) diese Bedingung, so daß sowohl der Stirling- als auch der Ericsson-Prozeß mit Gasen realisiert werden kann.

Der aus zwei Isothermen und zwei Isochoren bestehende **Stirling-Prozeß** hat eine wichtige Anwendung in der Kältetechnik erfahren (Luftverflüssiger von PHILIPS). Allerdings wird der Prozeß dabei etwas abgewandelt. Anstatt das Arbeitsgas im zweiten und vierten Schritt als Ganzes abzukühlen bzw. aufzuheizen, erfolgt die Abkühlung bzw. das Aufheizen für einzelne Teile des Gases nacheinander. Abb. 17.8, die die Wirkungsweise des schon von STIRLING konzipierten Motors demonstriert, läßt das deutlich erkennen. Das Gas wird in zwei Kammern aufgeteilt, die durch den „Regenerator" getrennt und von zwei Kolben begrenzt werden, deren Bewegungen in bestimmter Weise miteinander gekoppelt sind. Die Wände der einen Kammer werden durch ein Wärmereservoir auf der Temperatur T_1 gehalten, die der zweiten auf der Temperatur T_2. Der Regenerator läßt sich ansehen als eine Folge von Scheiben, von denen jede eines der „unendlich vielen" Wärmedepots mit Temperaturen zwischen T_1 und T_2 darstellt. Da der Regenerator, um den Kreisprozeß möglichst reversibel zu halten, dem durchströmenden Gas einen kleinen Strömungswiderstand bieten, andererseits aber gut Wärme mit ihm austauschen soll, verwendet man als Regeneratormaterial gern Metallwolle. Ein weiteres Konstruktionsproblem des Regenerators besteht darin, seine Wärmeleitung klein zu halten, damit der direkte Wärmeaustausch zwischen den auf den Temperaturen T_1 und T_2 befindlichen Kammern möglichst unterbunden wird, da dieser der Reversibilität des Prozesses entgegensteht.

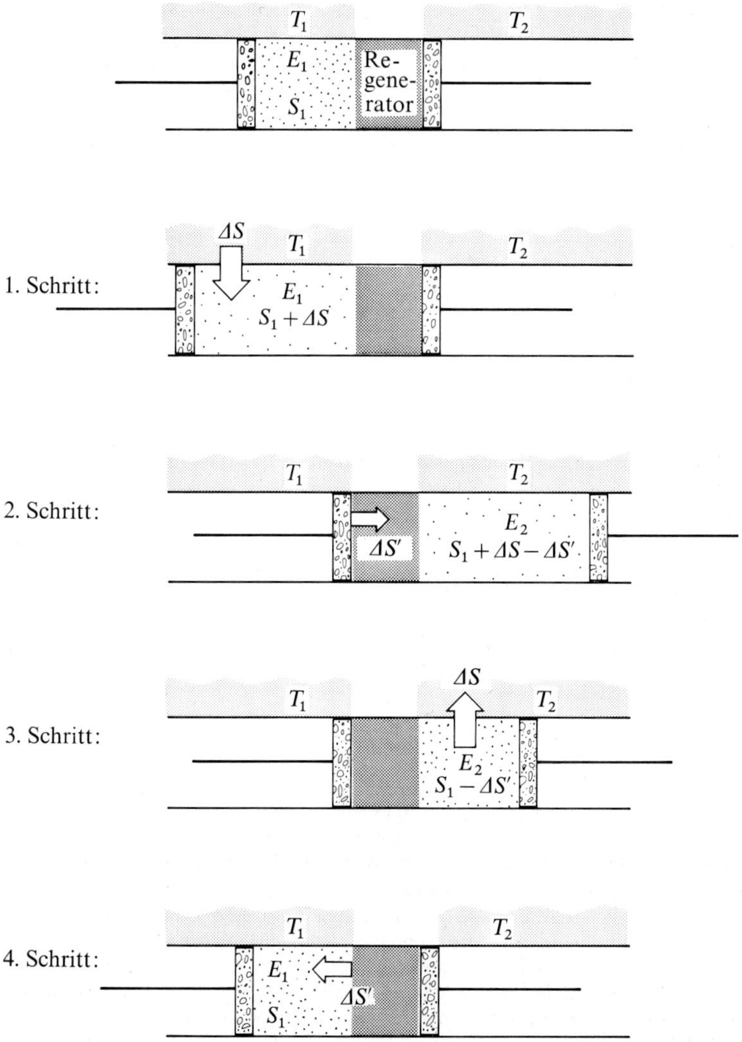

Abb. 17.8

Näherungsweise Realisierung des Stirling-Prozesses im Stirling-Motor. Ein Gas wird durch zwei Kolben und ein „Regenerator" genanntes Zwischenstück in zwei Kammern aufgeteilt, deren Wände sich auf den konstant gehaltenen Temperaturen T_1 und T_2 befinden. Der erste Schritt besteht aus einer isothermen Expansion bei T_1, wobei die Entropie des Gases um ΔS zunimmt. Im zweiten Schritt wird das Gas isochor (V=const.) auf T_2 abgekühlt. Das Gas gibt dabei den Entropiebetrag $\Delta S'$ an den Regenerator ab. Im dritten Schritt wird das Gas bei T_2 isotherm auf das Ausgangsvolumen komprimiert, wobei es den Entropiebetrag ΔS an das Wärmereservoir mit T_2 abgibt. Im vierten Schritt wird es wieder isochor auf die Temperatur T_1 gebracht, indem es bei Druckströmen des Regenerators die vorher deponierte Entropie $\Delta S'$ wieder aufnimmt.

Wenn man das den Stirling-Prozeß ausführende Arbeitsgas und die Wärmedepots, also den Regenerator, zu einem erweiterten Arbeitssystem zusammenfaßt, so führt dieses erweiterte System einen Carnot-Prozeß aus. Umgekehrt erhält man aus dem Carnot-Prozeß den Stirling-Prozeß, wie auch jeden anderen zwischen zwei festen Temperaturen T_1 und T_2 ablaufenden reversiblen Kreisprozeß dadurch, daß man das gesamte, den Carnot-Prozeß ausführende Arbeitssystem in Teilsysteme zerlegt, die ihrerseits Kreisprozesse machen. Beim Stirling-Prozeß wird das gesamte Arbeitssystem zerlegt in die Teilsysteme „Arbeitsgas" und „Wärmedepots".

Das Schema einer Realisierung des **Ericsson-Prozesses** ist in Abb. 17.9 dargestellt. Die Anlage besteht aus einer Turbine und einem Kompressor, die auf einer gemeinsamen Achse laufen. Das Arbeitssystem ist ein umlaufendes Gas, das im Kompressor *isotherm* bei T_2 verdichtet wird vom Druck p_2 auf den Druck p_1 und in der Turbine *isotherm* bei $T_1 > T_2$ expandiert von p_1 zurück auf p_2. Der Unterschied zwischen Kompression und Expansion besteht allein darin, daß die Kompression bei der tiefen Temperatur T_2 erfolgt, die Expansion aber bei der höheren Temperatur T_1. Deshalb nimmt bei reversiblem Betrieb die gesamte Anlage mehr Wärme $T_1 \Delta S$ auf als sie abgibt, nämlich $T_2 \Delta S$, damit die vom umlaufenden Gas aus dem Wärmereservoir mit T_1 aufgenommene Entropie ΔS von einer Gasmenge der gleichen Teilchenzahl vollständig wieder an das Wärmereservoir mit T_2 abgegeben wird. Der Überschuß $(T_1 - T_2)\,\Delta S = [(T_1 - T_2)/T_1](T_1\,\Delta S)$ wird als Arbeit in der Form von Rotationsenergie nach außen abgegeben. Der Wärmeaustauscher dient dazu, das unter dem Druck

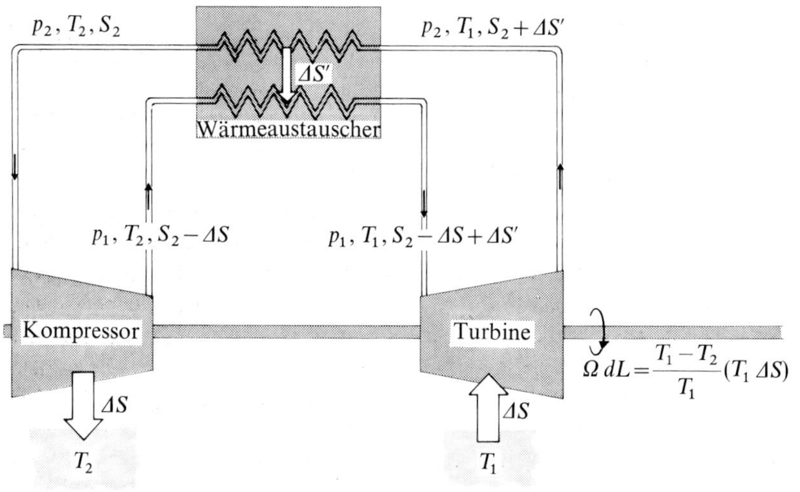

Abb. 17.9

Der Ericsson-Kreisprozeß wird (angenähert) verwirklicht in einer Anlage, bei der Arbeit von einer Gasturbine verrichtet wird. Das mit dem Druck p_2 und der Temperatur T_2 in einen Kompressor strömende Gas wird isotherm bei T_2 auf den Druck p_1 verdichtet. Es schließt sich ein isobarer Prozeß an, bei dem das Gas in einem Wärmeaustauscher im Gegenstrom (Abb. 20.3) die Entropie $\Delta S'$ aufnimmt und dadurch auf die Temperatur T_1 gebracht wird. Hiernach erfolgt in einer Turbine eine isotherme Entspannung bei der Temperatur T_1 auf den Druck p_2. Diese isotherme Expansion wird meist angenähert durch isentrope Expansion des Gases in Turbinen-Stufen und Zwischenerwärmung zwischen diesen Stufen. Ebenso wird die isotherme Verdichtung im Kompressor, besser als hier dargestellt, erreicht durch stufenweise isentrope Verdichtung mit Zwischenkühlung. Anschließend an die isotherme Entspannung gibt das unter dem Druck p_2 zum Kompressoreingang zurückströmende Gas im Wärmeaustauscher isobar Wärme und mit dieser die Entropie $\Delta S'$ an das vom Kompressor zur Turbine strömende Gas ab.

Die von der Anlage abgegebene Arbeit ist Rotationsenergie der Welle, auf der sich Kompressor und Turbine gemeinsam befinden. Die von der Turbine abgegebene Rotationsenergie ist größer als die vom Kompressor aufgenommene, weil die Entspannung in der Turbine bei höherer Temperatur stattfindet als die Verdichtung im Kompressor. Die von der Anlage abgegebene Rotationsenergie wird über einen Generator auf derselben Welle wie Kompressor und Turbine in elektrische Energie umgesetzt.

Wird das umströmende Gas als ideales Gas behandelt, so ist die von einer umströmenden Gasmenge der Teilchenzahl N aus dem Wärmereservoir mit T_1 aufgenommene und an das Wärmereservoir mit T_2 abgegebene Entropie ΔS gegeben durch $\Delta S = N k \ln (p_1/p_2)$. Entsprechend hat die im Wärmeaustauscher ausgetauschte Entropie $\Delta S'$ den Wert $\Delta S' = N c_p \ln (T_1/T_2)$; dabei ist c_p die als von T unabhängig angenommene Wärmekapazität des Gases bei konstantem Druck (§ 22).

p_2 mit der hohen Temperatur T_1 von der Turbine zum Kompressor strömende Gas auf die Temperatur T_2 abzukühlen. Die dabei dem Gas entzogene Entropie $\Delta S'$ wird im Wärmeaustauscher dem unter dem hohen Druck p_1 vom Kompressor zur Turbine strömenden Gas zugeführt und damit die Temperatur dieses Gases auf den Wert T_1 gebracht. Das Gas als Arbeitssystem führt den aus zwei Isothermen und zwei Isobaren bestehenden Ericsson-Prozeß aus, das erweiterte System, bestehend aus umlaufendem Gas, Wärmeaustauscher, Kompressor und Turbine, einen Carnot-Prozeß.

§18 Die Temperatur magnetischer Systeme

Paramagnetische Festkörper

Damit bei einem Kreisprozeß das Arbeitssystem Energie in einer von der Wärme verschiedenen Form, also als Arbeit, mit der Umgebung in nennenswertem Umfang austauschen kann, muß die extensive Arbeitsvariable X über einen hinreichend großen Wertebereich verändert werden können. Gleichbedeutend damit ist, daß bei festem Wert von S oder T die intensive Variable ξ nicht zu stark von X abhängt. Wir machen uns das an einem Arbeitssystem klar, das Energie mit der Umgebung in der Form von Kompressionsenergie austauscht, so daß $\xi\, dX = -p\, dV$.

Als Arbeitssystem wählen wir einmal ein Gas und zum anderen einen Festkörper. Beim Gas läßt sich V über einen großen Wertebereich variieren. Das hat zur Folge, daß $-p\, dV$ erhebliche Werte annehmen, das Gas also erhebliche Beträge an Kompressionsenergie aufnehmen und abgeben kann. Einen so aufgenommenen Energiebetrag kann es als Wärme wieder abgeben oder umgekehrt, so daß das Gas ein *Energiewandler* ist, der Kompressionsenergie in Wärme umwandeln kann und umgekehrt. Diese Eigenschaft des Gases spielt eine entscheidende Rolle bei seiner Verwendung als Arbeitssystem in einem Kreisprozeß. Beim Festkörper liegen die Dinge wesentlich anders. Zwar kann der Druck p erhebliche Werte annehmen, aber die damit verknüpften Volumänderungen sind immer sehr klein, so daß die Kompressionsenergie $-p\, dV$ bei jedem Prozeß sehr klein ist. Ein Festkörper kann deshalb keine nennenswerten Beträge an Kompressionsenergie aufnehmen oder abgeben. Infolgedessen ist ein Festkörper auch kein brauchbarer Energiewandler. Energie, die er in Form von Wärme aufnimmt, muß er, von geringfügigen Beträgen abgesehen, auch in derselben Form, also als Wärme wieder abgeben. Im Gegensatz zum Gas ist deshalb ein Festkörper auch nicht zu gebrauchen für einen Kreisprozeß, bei dem die Arbeit in Form von Kompressionsenergie $-p dV$ ausgetauscht wird.

Dieser Unterschied zwischen Gas und Festkörper darf allerdings nicht dahingehend mißverstanden werden, daß ein Festkörper grundsätzlich nicht für Kreisprozesse, wie den Carnot-Prozeß, geeignet ist. Er ist es nur dann nicht, wenn als Arbeit die Energieform $-p\, dV$ herhalten muß. Als Arbeit aber kommt im Prinzip jede andere Energieform außer der Wärme TdS in Betracht. So ist die Magnetisierungsenergie $\boldsymbol{H}\, d\boldsymbol{m}$ eines magnetischen Festkörpers als Arbeit verwendbar. Bei paramagnetischen Festkörpern läßt sich nämlich der Wert ihres magnetischen Moments $\boldsymbol{m}$ sehr stark verändern, und daher kann die Energieform $\boldsymbol{H}\, d\boldsymbol{m}$ beträchtliche Werte annehmen. Infolgedessen ist zu erwarten, daß ein paramagnetischer Festkörper ein guter Energiewandler ist, der Magnetisierungsenergie $\boldsymbol{H}\, d\boldsymbol{m}$ in Wärme TdS umwandeln kann und umgekehrt. Das ist besonders zur Erzeugung und Messung tiefer Temperaturen von Bedeutung.

Ein Festkörper heißt paramagnetisch, wenn sein magnetisches Moment $\boldsymbol{m}$ als Folge eines von außen angelegten Feldes $\boldsymbol{H}$ auftritt und *dieselbe* Richtung hat wie $\boldsymbol{H}$. Man sagt, $\boldsymbol{m}$ ist von $\boldsymbol{H}$ *induziert;* der paramagnetische Festkörper mit dem Moment $\boldsymbol{m}$ befindet sich im Magnetisierungsgleichgewicht mit dem elektromagnetischen Feld bei der magnetischen Feldstärke $\boldsymbol{H}$ (§7). Der Einfachheit halber nehmen wir $\boldsymbol{H}$ als homogen an. Für nicht zu große Feldstärken $\boldsymbol{H}$ ist $\boldsymbol{m}$ proportional $\boldsymbol{H}$, also

$$\boldsymbol{m}=\beta\boldsymbol{H}. \tag{18.1}$$

Der Faktor β ist *positiv* und mißt die Magnetisierbarkeit des paramagnetischen Körpers. Ist der Körper ein in Richtung von $\boldsymbol{H}$ sehr lang gestrecktes Ellipsoid, so läßt sich β schreiben

$$\beta=V\chi_{\mathrm{m}},$$

worin V das Volumen des Körpers und χ_{m} die magnetische Suszeptibilität des Materials des Körpers bezeichnet. Der Faktor β ist temperaturabhängig; experimentell findet man

$$\beta=\frac{A}{T}. \tag{18.2}$$

Die Gl. (18.2) wird als Curiesches Gesetz (Pierre Curie, 1859–1906) bezeichnet. A ist eine Konstante, die im allgemeinen vom Material und von der geometrischen Gestalt des Körpers abhängt. Hat der Körper die Gestalt eines in $\boldsymbol{H}$-Richtung sehr lang gestreckten Ellipsoids, so ist, wie gesagt, $A=VC$, worin C eine allein vom Material abhängige Konstante, die Curie-Konstante des Materials, ist (man verwechsle sie nicht mit der in §22 eingeführten Wärmekapazität, die wir auch C nennen).

Ein Körper wird zu einem Paramagnet, wenn er elementare magnetische Dipole enthält, deren magnetische Momente konstanten Betrag haben. Da Elektronen ein mit ihrem Spin verknüpftes magnetisches Moment tragen und sie als geladene Teilchen außerdem bei Bewegung ein magnetisches Moment (Bahnmoment) erzeugen, haben die Elektronenhüllen ionisierter oder elektrisch neutraler Atome oder Moleküle ein magnetisches Dipolmoment, wenn die Momente ihrer Elektronen sich nicht zu Null addieren. Auch ein Gas kann paramagnetisch sein; Sauerstoff O_2 ist hierfür ein Beispiel. Schließlich tragen auch Atomkerne magnetische Dipolmomente, so daß Substanzen, deren Elektronenhüllen keine magnetische Dipolmomente haben, allein auf Grund ihrer Kernmomente paramagnetisch sein können. Allerdings sind die magnetischen Kernmomente größenordnungsmäßig um das Verhältnis der Massen $M_{\mathrm{Elektron}}/M_{\mathrm{Nukleon}}\approx 10^{-3}$ kleiner als die magnetischen Momente der Elektronenhüllen von Atomen und Molekülen. Von Paramagnetismus spricht man dann, wenn die elementaren Dipole ausgerichtet, jedoch nicht in ihrem Betrag geändert werden. Der Körper zeigt dann eine resultierende Magnetisierung und damit ein magnetisches Dipolmoment $\boldsymbol{m}$. $\boldsymbol{m}$ zeigt in Richtung eines angelegten Feldes $\boldsymbol{H}$, wenn die Ausrichtung der elementaren Dipole durch $\boldsymbol{H}$ erfolgt. Es ist plausibel, daß für nicht zu starke Felder zwischen $\boldsymbol{m}$ und $\boldsymbol{H}$ die Beziehung (18.1) besteht. Gleichzeitig macht das Modell aber auch verständlich, daß (18.1) für sehr große Feldstärken $\boldsymbol{H}$ nicht mehr richtig sein kann. Da die Elementarmagnete nur ausgerichtet, der Betrag ihres Dipolmoments jedoch nicht geändert wird, hat $\boldsymbol{m}$ seinen größten Wert, den *Sättigungswert*, wenn alle elementaren Dipole parallel zum Feld $\boldsymbol{H}$ stehen. Weitere Steigerung von $\boldsymbol{H}$ hat dann keine Zunahme von $\boldsymbol{m}$ mehr zur Folge (Abb. 18.1a).

a

b

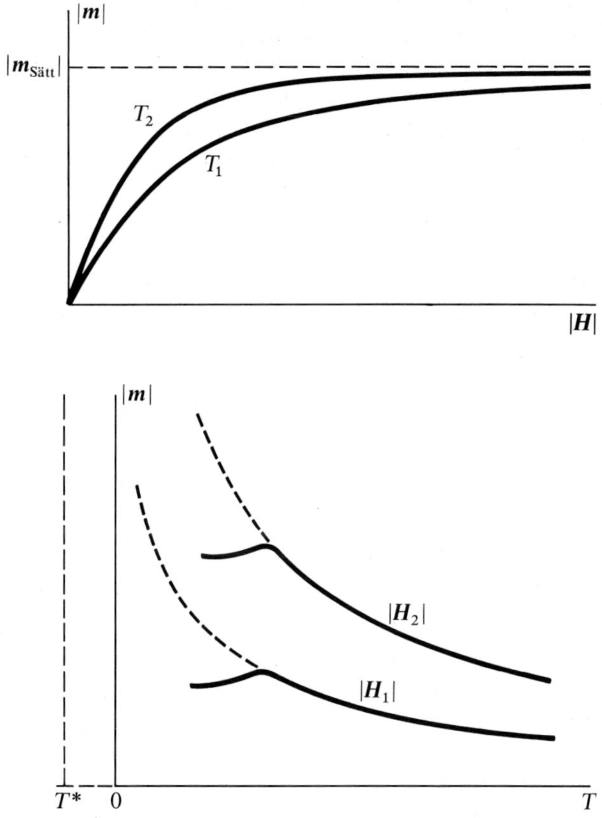

Abb. 18.1

Das magnetische Moment $|\boldsymbol{m}|$ eines paramagnetischen Körpers
(a) als Funktion der magnetischen Feldstärke $|\boldsymbol{H}|$. Gezeigt ist $|\boldsymbol{m}|$ bei zwei Temperaturen $T_1 > T_2$. Es ist zu beachten, daß für große Werte von $|\boldsymbol{H}|$ beide Magnetisierungskurven gegen denselben Wert $|\boldsymbol{m}_{\text{sätt}}|$ der Sättigungsmagnetisierung des Körpers streben.
(b) als Funktion der absoluten Temperatur T bei verschiedenen Werten des Magnetfelds $|\boldsymbol{H}_2| > |\boldsymbol{H}_1|$. Für tiefe Temperaturen weichen die Magnetisierungskurven vom Curie-Verhalten (gestrichelt) ab. In dem gezeichneten Fall streben die gestrichelten Kurven asymptotisch gegen die Gerade $T = T^* < 0$. Den Betrag der Größe T^* nennt man die paramagnetische Néel-Temperatur. Unterhalb einer (positiven) Temperatur T_N von der Größenordnung $-T^*$ zeigt der hier dargestellte Körper antiferromagnetische Ordnung.

Die Magnetisierbarkeit β des Körpers ist ein Maß dafür, wie stark im Mittel die elementaren Dipole vom angelegten Feld $\boldsymbol{H}$ in die Richtung von $\boldsymbol{H}$ gedreht werden. Gl. (18.2) sagt, daß das um so leichter geschieht, je tiefer die Temperatur T ist. Das Curiesche Gesetz (18.2) resultiert, wenn die Wechselwirkungsenergie der elementaren magnetischen Dipole untereinander vernachlässigbar ist gegenüber der „thermischen Energie“ kT. Für hinreichend kleine Werte von T trifft das Curiesche Gesetz (18.2) nicht mehr zu. Jede paramagnetische Substanz besitzt also einen Temperaturbereich, oberhalb dessen die Magnetisierbarkeit β durch das Curiesche Gesetz (18.2) beschrieben wird, während β unterhalb dieser Temperatur von (18.2) abweicht. Diese Temperatur liegt um so tiefer, je kleiner die Wechselwirkung zwischen den elementaren magnetischen Dipolen ist, die den Paramagnetismus der Substanz verursachen (Abb. 18.1 b).

Tatsächlich wird das Curiesche Gesetz (18.2) nur angenähert beobachtet. Statt (18.2) findet man vielmehr eine Beziehung der Form $\beta = A/(T - T^*)$, das Curie-Weiss-Gesetz. In ihm tritt neben A noch eine weitere für die jeweilige Substanz charakteristische Konstante T^* auf von der Dimension einer Temperatur. Die Konstante T^* kann positiv oder negativ sein. Ist sie positiv, heißt sie paramagnetische Curie-Temperatur, ist sie negativ, paramagnetische Néel-Temperatur. Die Wechselwirkung, die sich in T^* manifestiert, beruht nicht auf der magnetischen zwischen den Dipolen, sondern auf den chemischen Bindungseigenschaften des jeweiligen Festkörpers. Das Vorzeichen von T^* zeigt den Typ der magnetischen Ordnung bei Temperaturen unterhalb des paramagnetischen Bereichs an. Positives T^* entspricht ferro- oder ferrimagnetischer Ordnung, negatives T^* antiferromagnetischer Ordnung. Für Temperaturen $T \gg |T^*|$ geht das Curie-Weiss-Gesetz in das Curiesche Gesetz (18.2) über, das wir unseren Betrachtungen über den Paramagnetismus zugrunde legen.

Beispiele für paramagnetische Substanzen, von denen manche das Curiesche Gesetz bis hinab zu Temperaturen von 10^{-1} K befolgen, sind Salze, die Ionen der Metalle V, Cr, Mn, Fe, Co, Ni, Cu oder Ionen der seltenen Erden als die Träger der elementaren magnetischen Dipole enthalten. So bilden im Cr-K-Alaun, $K_2SO_4Cr_2(SO_4)_3 \cdot 24\,H_2O$, die Cr^{3+}-Ionen die elementaren Dipole und in $Ce_2Mg_3(NO_3)_{12} \cdot 24\,H_2O$ die Ce^{3+}-Ionen. Sind nicht die Ionen, genauer die Elektronenhüllen der Ionen die Träger der elementaren magnetischen Dipole, sondern die Atomkerne, so wird die Wechselwirkung zwischen den elementaren Dipolen stark herabgesetzt, da nun die Beträge der Dipolmomente um den Faktor 10^{-3} kleiner sind als die der elektronischen Dipole. Kernparamagnetische Substanzen befolgen deshalb das Curiesche Gesetz bis hinab zu Temperaturen von 10^{-3} K.

Warum interessiert es, bis zu welchen Temperaturen hinab das Curiesche Gesetz (18.2) gilt? Weil die Energieform $\boldsymbol{H}\,d\boldsymbol{m}$ um so größere Beträge annimmt, je tiefer die Temperatur ist, bis zu der ein paramagnetischer Körper das Gesetz (18.2) befolgt. Nach (18.1) und (18.2) ist nämlich

$$\boldsymbol{H}\,d\boldsymbol{m} = A\boldsymbol{H}\,d\left(\frac{\boldsymbol{H}}{T}\right) = A\frac{\boldsymbol{H}}{T}\,d\boldsymbol{H} - A\left(\frac{\boldsymbol{H}}{T}\right)^2 dT. \tag{18.3}$$

Die Magnetisierungsenergie ist also um so größer, je kleiner T ist.

Der ideale Paramagnet

Ein Paramagnet im Temperaturbereich des Curieschen Gesetzes hat eine formale Verwandtschaft mit dem idealen Gas, weshalb er oft auch als *idealer Paramagnet* bezeichnet wird. Betrachten wir einen Paramagneten fester Menge ($N = \text{const}$) und festen Volumens ($V = \text{const}$), so hat seine Gibbssche Fundamentalform die Gestalt

$$dE = T\,dS + \boldsymbol{H}\,d\boldsymbol{m}. \tag{18.4}$$

Im Geltungsbereich des Curieschen Gesetzes besteht nach (18.1) und (18.2) zwischen den Variablen $\boldsymbol{m}$, $\boldsymbol{H}$ und T die *thermische Zustandsgleichung des idealen Paramagneten*

$$\boldsymbol{m} = A\frac{\boldsymbol{H}}{T}. \tag{18.5}$$

Da in dieser Gleichung S explizite nicht vorkommt, ist es günstig, statt S und $\boldsymbol{m}$ als unabhängige Variablen T und $\boldsymbol{m}$ zu wählen. Gl. (18.4) nimmt dann die Form an

$$\frac{\partial E(T, \boldsymbol{m})}{\partial T}\,dT + \frac{\partial E(T, \boldsymbol{m})}{\partial \boldsymbol{m}}\,d\boldsymbol{m} = T\frac{\partial S(T, \boldsymbol{m})}{\partial T}\,dT + \left(T\frac{\partial S(T, \boldsymbol{m})}{\partial \boldsymbol{m}} + \boldsymbol{H}\right) d\boldsymbol{m}.$$

Da diese Gleichung für beliebige Werte von dT und $d\boldsymbol{m}$ zutreffen muß, ist sie den beiden Gleichungen äquivalent

(18.6)
$$\frac{\partial E(T,\boldsymbol{m})}{\partial T} = T\frac{\partial S(T,\boldsymbol{m})}{\partial T}$$

und

(18.7)
$$\frac{\partial E(T,\boldsymbol{m})}{\partial \boldsymbol{m}} = T\frac{\partial S(T,\boldsymbol{m})}{\partial \boldsymbol{m}} + \boldsymbol{H}.$$

Die zweite dieser Gleichungen ist formal identisch mit (15.10), wenn man darin $\boldsymbol{H}$ durch $-p$ und $\boldsymbol{m}$ durch V ersetzt. Entsprechend gilt jetzt die zu (15.12) analoge Beziehung

(18.8)
$$\frac{\partial S(T,\boldsymbol{m})}{\partial \boldsymbol{m}} = -\frac{\partial \boldsymbol{H}(T,\boldsymbol{m})}{\partial T}.$$

Gl. (18.8) wird ebenso bewiesen wie (15.12). Man geht aus von (18.4) und subtrahiert davon die Identität $d(TS) = T\,dS + S\,dT$. Man erhält dann

(18.9)
$$d(E - TS) = -S\,dT + \boldsymbol{H}\,d\boldsymbol{m}.$$

Es ist somit

(18.10)
$$-S = \frac{\partial F(T,\boldsymbol{m})}{\partial T}, \qquad \boldsymbol{H} = \frac{\partial F(T,\boldsymbol{m})}{\partial \boldsymbol{m}},$$

wenn wir wieder die Abkürzung $F = E - TS$ verwenden. Differenziert man die erste dieser Gleichungen partiell nach $\boldsymbol{m}$, so resultiert unter Berücksichtigung der zweiten Gleichung

$$-\frac{\partial S(T,\boldsymbol{m})}{\partial \boldsymbol{m}} = \frac{\partial}{\partial \boldsymbol{m}}\left(\frac{\partial F}{\partial T}\right) = \frac{\partial}{\partial T}\left(\frac{\partial F}{\partial \boldsymbol{m}}\right) = \frac{\partial \boldsymbol{H}(T,\boldsymbol{m})}{\partial T}.$$

Das ist die Gl. (18.8).

Berücksichtigt man die thermische Zustandsgleichung (18.5), so folgt aus (18.8)

(18.11)
$$\frac{\partial S(T,\boldsymbol{m})}{\partial \boldsymbol{m}} = -\frac{\boldsymbol{m}}{A}$$

und damit aus (18.7)

(18.12)
$$\frac{\partial E(T,\boldsymbol{m})}{\partial \boldsymbol{m}} = 0.$$

Die letzte Gleichung stellt das Analogon dar zu Gl. (15.9) für das ideale Gas. Sie besagt, daß die Energie E eines idealen Paramagneten nur von der Temperatur T abhängt, nicht aber von der Magnetisierung, also vom magnetischen Moment $\boldsymbol{m}$ des Paramagneten. E hängt auch nicht ab von der magnetischen Feldstärke $\boldsymbol{H}$. Das zeigt die Beziehung

(18.13)
$$\frac{\partial E(T,\boldsymbol{H})}{\partial \boldsymbol{H}} = \frac{\partial E(T,\boldsymbol{m})}{\partial \boldsymbol{m}}\frac{\partial \boldsymbol{m}(T,\boldsymbol{H})}{\partial \boldsymbol{H}},$$

die ebenfalls Null ist, da wegen (18.12) der erste Faktor der rechten Seite verschwindet.

Die Entropie des idealen Paramagneten

Für die Entropie erhält man aus (18.11) einen sehr einfachen Ausdruck. Da die rechte Seite von (18.11) nur von $\boldsymbol{m}$ abhängt, nicht dagegen von T, liefert die Integration von (18.11)

$$S(T, \boldsymbol{m}) = -\frac{\boldsymbol{m}^2}{2A} + \text{Funktion von } T.$$

Die hier auftretende Funktion von T ist aber nichts anderes als die Entropie für $\boldsymbol{m}=0$, also die Entropie $S_0(T)$ des nicht-magnetisierten paramagnetischen Festkörpers, so daß

(18.14) $$S(T, \boldsymbol{m}) = S_0(T) - \frac{\boldsymbol{m}^2}{2A}.$$

Wird ein idealer Paramagnet bei konstanter Temperatur durch ein angelegtes Feld $\boldsymbol{H}$ vom Moment Null bis zum Wert $\boldsymbol{m}$ magnetisiert, so nimmt seine Entropie dabei ab um den Betrag $\boldsymbol{m}^2/2A$. Die mit der Zunahme seines magnetischen Moments $\boldsymbol{m}$ aufgenommene Magnetisierungsenergie $\boldsymbol{H}\,d\boldsymbol{m}$ gibt der Magnet, da seine Energie wegen $dT=0$ nach (18.12) konstant bleibt, ganz als Wärme ab. Die gesamte bei der Magnetisierung vom Wert Null bis zum Wert $\boldsymbol{m}$ abgegebene Wärme beträgt $T\boldsymbol{m}^2/2A$.

Da experimentell das magnetische Moment $\boldsymbol{m}$ eines Paramagneten eine Folge des angelegten Feldes $\boldsymbol{H}$ ist, ist es oft günstiger, unter Ausnutzung der thermischen Zustandsgleichung (18.5) die Entropie als Funktion von T und H zu schreiben:

(18.15) $$S(T, \boldsymbol{H}) = S_0(T) - \frac{A}{2}\frac{\boldsymbol{H}^2}{T^2}.$$

Die bei isothermem Anschalten des Magnetfeldes vom Wert Null bis zum Wert $\boldsymbol{H}$ von einem idealen Paramagneten als Magnetisierungsenergie aufgenommene und als Wärme abgegebene Energie hat also den Betrag $A\boldsymbol{H}^2/2T$ und die mit der Wärme abgeführte Entropie den Betrag $A\boldsymbol{H}^2/2T^2$. Bei gegebenem Maximalwert $\boldsymbol{H}$ der Feldstärke ist nicht nur die in einem isothermen Magnetisierungsprozeß von einem idealen Paramagneten abgegebene Entropie, sondern auch die abgegebene Wärme um so größer, je kleiner die Temperatur T ist. Das bedeutet indessen nicht, daß einem Paramagneten beliebig viel Entropie und Energie dadurch entzogen werden könnte, daß man T beliebig klein wählt. Wie wir in §28 sehen werden, kann die Entropie eines physikalischen Systems nicht negativ werden. Ein System kann deshalb auch nur endliche Mengen an Energie und Entropie enthalten. Daher ist das Zustandsgebiet, in dem das Curiesche Gesetz (18.5) gilt, notwendig auf Werte von $\boldsymbol{H}/T$ beschränkt, die die rechte Seite von (18.15) positiv lassen. Das bedeutet, daß das Curiesche Gesetz für große Werte von $\boldsymbol{H}$ und kleine Werte von T nicht richtig sein kann. Ein Paramagnet kann also nicht für beliebig große Werte von $\boldsymbol{H}$ und beliebig kleine Werte von T ideal sein. Das Modell des Paramagneten, das wir im vorigen Abschnitt beschrieben haben, erfüllt diese Forderung der Thermodynamik.

In Abb. 18.2a ist die Differenz der Entropie eines Paramagneten bei $\boldsymbol{H}=0$ und bei der festen Feldstärke $\boldsymbol{H}$

(18.16) $$\Delta S(T, \boldsymbol{H}) = S_0(T) - S(T, \boldsymbol{H})$$

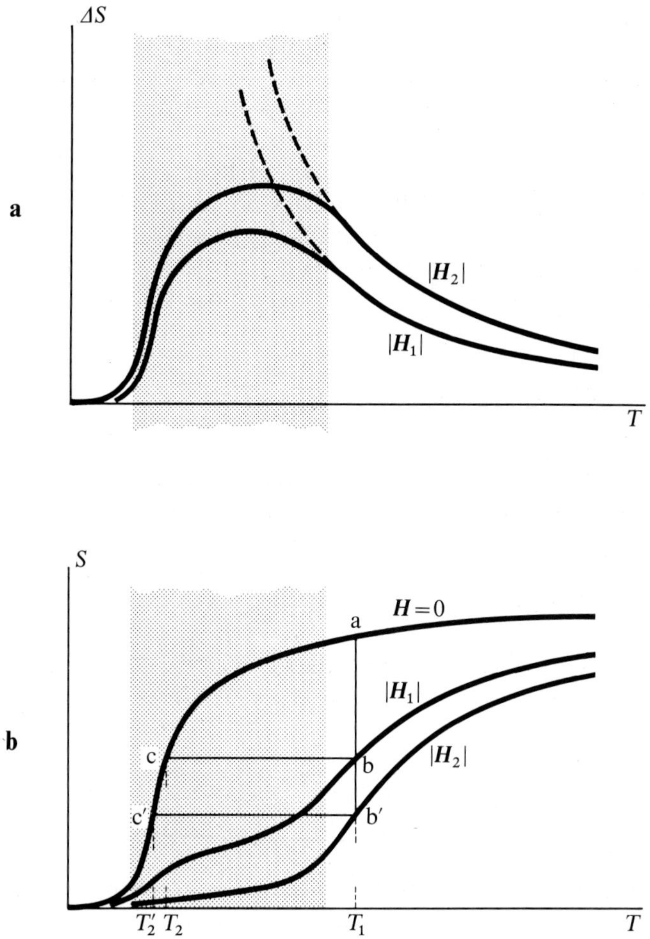

Abb. 18.2

Die Entropie eines paramagnetischen Festkörpers als Funktion der Temperatur T bei verschiedenen Werten der magnetischen Feldstärke $|\boldsymbol{H}|$. Teilbild a zeigt die Entropiedifferenz ΔS zwischen magnetisiertem und unmagnetisiertem Zustand für zwei magnetische Feldstärken $|\boldsymbol{H}_1|<|\boldsymbol{H}_2|$, Teilbild b die Werte der Entropie $S(T, |\boldsymbol{H}|)$ selbst. Die Kurve $\boldsymbol{H}=0$ ist die Entropie $S_0(T)$ des unmagnetisierten Körpers. Oberhalb eines Temperaturbereichs (gerastert) hat die Entropiedifferenz den für den idealen Paramagnet charakteristischen Verlauf. Im gerasterten Temperaturbereich weicht ΔS dagegen vom „idealen" Verlauf (gestrichelt) ab. Unterhalb des Temperaturbereichs ist die Entropie praktisch unabhängig von $\boldsymbol{H}$ und damit von der Magnetisierung des Körpers.

Der steile Anstieg der Entropie $S_0(T)$ des unmagnetisierten Körpers im gerasterten Temperaturintervall beruht darauf, daß die elementaren magnetischen Dipole des Paramagneten mit zunehmender Temperatur T die Ordnung aufgeben, die sie bei kleinen Werten von T untereinander haben. Oberhalb dieses Temperaturbereichs dürfen die elementaren magnetischen Dipole als voneinander unabhängige Teilsysteme des Paramagneten betrachtet werden, unterhalb dagegen nicht. Oberhalb des gerasterten Temperaturbereichs ist die T-Abhängigkeit von $S_0(T)$, wie Abb. 24.9 zeigen wird, allein von Eigenschaften des Festkörpers abhängig, die mit den elementaren magnetischen Dipolen nichts zu tun haben.

Die Isothermen a–b und a–b′ sowie die Isentropen b–c und b′–c′ sind Prozeßschritte bei der Kühlung durch adiabatische Entmagnetisierung von T_1 aus, T_2 und T_2' sind die dabei erreichten Temperaturen. Man erkennt, daß eine für Kühlung durch adiabatische Entmagnetisierung geeignete Substanz einen großen Wert von $\partial S(T, \boldsymbol{H})/\partial \boldsymbol{H}$ und einen kleinen Wert von $\partial S(T, \boldsymbol{H})/\partial T$ haben muß.

Die Prozeßschritte der adiabatischen Entmagnetisierung im $\boldsymbol{m}$-$\boldsymbol{H}$-Diagramm zeigt die Abb. 18.3.

dargestellt. Im Curieschen Zustandsbereich des Paramagneten ist $\Delta S = A\boldsymbol{H}^2/2T^2$; diese Kurve ist gestrichelt fortgesetzt. Innerhalb eines gerastert gezeichneten Temperaturintervalls biegt die Entropiedifferenz des Paramagneten von der gestrichelten Kurve ab und geht gegen Null. Das ist eine notwendige Folge des 3. Hauptsatzes der Thermodynamik (§28). Das Abbiegen von ΔS im gerasterten Temperaturbereich auf den Wert Null zu ist mit einem starken Absinken von $S_0(T)$ verbunden (Abb. 18.2b). Hier wird die bereits erwähnte nicht-magnetische Wechselwirkung der elementaren Dipole des Paramagneten wichtig. Sie führt zu einer Ordnung der Dipole untereinander, wobei die Art der Ordnung vom jeweiligen Material abhängt (ferromagnetische, antiferromagnetische, ferrimagnetische Ordnung). Die Wechselwirkung wird unterhalb des gerasterten Temperaturbereichs so entscheidend, daß die magnetischen Dipole nicht mehr einzeln auf ein von außen angelegtes Feld reagieren, sondern als ein einziges unzerlegbares Gebilde. Man spricht dort vom *kooperativen Verhalten des Systems der elementaren Dipole.* Auch das ist nach dem 3. Hauptsatz eine notwendige Folge der Thermodynamik.

Setzt man (18.14) in (18.6) ein, so resultiert

$$\frac{\partial E(T,\boldsymbol{m})}{\partial T} = T\frac{dS_0(T)}{dT}. \tag{18.17}$$

Integriert man diese Gleichung, so erhält man unter Beachtung von (18.12)

$$E(T) = \int_0^T T' \frac{dS_0(T')}{dT'} dT' + E_0. \tag{18.18}$$

Hierin ist E_0 eine Konstante, die nur von der Menge N der paramagnetischen Substanz abhängt, dagegen von keiner der anderen Variablen S, T, $\boldsymbol{m}$ oder $\boldsymbol{H}$. Die Gl. (18.18) zeigt, daß die (zur Teilchenzahl N proportionale) Energie E des idealen Paramagneten nur von der Temperatur abhängt und daß diese Abhängigkeit durch die T-Abhängigkeit der Entropie der *unmagnetisierten* Substanz bestimmt ist. In Temperaturintervallen, in denen die T-Abhängigkeit der Entropie $S_0(T)$ vernachlässigt, also $S_0(T) = \text{const}$ gesetzt werden kann, ist die Energie E des idealen Paramagneten nicht von T abhängig; sie ist dort eine nur der Menge N proportionale Konstante.

Schließlich noch ein Wort zu der Frage, was „ideales Verhalten" im Fall des Paramagneten und im Fall des Gases bedeutet. Zunächst haben beide Systeme gemeinsam, daß die Energie E allein von der Temperatur abhängt und nicht auch noch von der zweiten unabhängigen Variable, nämlich $\boldsymbol{m}$ oder $\boldsymbol{H}$ im Fall des Magneten und V oder p im Fall des Gases. Ihre thermischen Zustandsgleichungen lassen sich dagegen nicht in so einfache Beziehung setzen. Das ideale Gas repräsentiert die Gesetzmäßigkeit von Grenzzuständen beliebiger Materie, wenn diese in hinreichend kleiner Dichte vorliegt. Die Gesetze des idealen Gases sind deshalb allgemeine Grenzgesetze für die Materie. Der ideale Paramagnet stellt dagegen ein Modell dar für das Verhalten einer speziellen Stoffklasse, nämlich paramagnetischer Stoffe oberhalb einer Temperatur, die durch den einzelnen Stoff festgelegt ist. Von physikalischer Bedeutung ist dieses Modell nur, wenn die fragliche Temperatur genügend klein ist, denn nur dann besitzt das Modell eine physikalische Anwendung zur Erzeugung und Messung tiefer Temperaturen.

Der Paramagnet als Arbeitssystem. Adiabatische Entmagnetisierung

Da ein paramagnetischer Körper ein Energiewandler für Wärme und Magnetisierungsenergie ist, eignet er sich im Curieschen Zustandsbereich als Arbeitssystem eines Carnot-Prozesses. Bei ihm ist die Arbeit die Magnetisierungsenergie $\boldsymbol{H}\, d\boldsymbol{m}$. Abb. 18.3 stellt das $\boldsymbol{H}$-$\boldsymbol{m}$-Diagramm eines derartigen Carnot-Prozesses dar in Analogie zu dem ξ-X- bzw. p-V-Diagramm der Abb. 17.4 und 17.5. Gemäß (18.5) sind die Isothermen Geraden durch den Nullpunkt. Die Isentropen, definiert durch $S=$const haben wir als Geraden $\boldsymbol{m}=$const dargestellt. Nach (18.14) ist das gleichbedeutend damit, daß die Entropie $S_0(T)$ des nicht-magnetisierten Festkörpers konstant gesetzt werden kann. Daß das eine gute Näherung ist in den Temperaturbereichen, in denen der Paramagnet ein guter Energiewandler zwischen den Energieformen Wärme und Magnetisierungsenergie ist, wird in § 24 eingehender begründet. Bei dem in der Abb. 18.3 eingezeichneten Durchlaufungssinn wirkt der Kreisprozeß nicht wie in Abb. 17.1 als Wärmekraftmaschine, sondern als *Kältemaschine* oder *Wärmepumpe;* denn die Energieform Magnetisierungsenergie $\boldsymbol{H}\, d\boldsymbol{m}$ trägt im Unterschied zur Kompressionsenergie $-p\, dV$ kein Minuszeichen. Einem Wärmereservoir der Temperatur T_2 wird Wärme und damit Entropie entzogen und einem anderen Wärmereservoir auf der höheren Temperatur T_1 zugeführt.

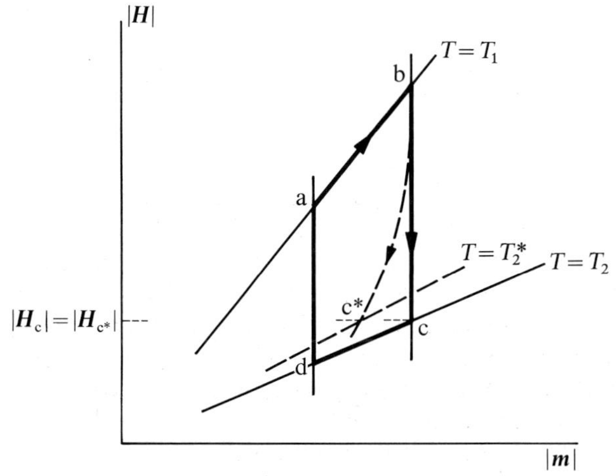

Abb. 18.3

Arbeitsdiagramm eines Carnot-Prozesses a–b–c–d, bei dem die Arbeit die Magnetisierungsenergie $\boldsymbol{H}\, d\boldsymbol{m}$ eines ideal-paramagnetischen Festkörpers ist. Nach Gl. (18.5) sind die Isothermen Geraden durch den Nullpunkt. Die Isentropen $S=$const. sind Geraden $|\boldsymbol{m}|=$const. Das ist gleichbedeutend mit der Annahme, daß die Entropie $S_0(T)$ des unmagnetisierten Paramagneten in dem vom Prozeß überstrichenen Temperaturintervall als konstant angenommen werden darf. Wird der Carnot-Prozeß in dem gezeichneten Sinn durchlaufen, nimmt der Paramagnet Magnetisierungsenergie aus seiner Umgebung auf. Er arbeitet als Kältemaschine, indem er Wärme bei der Temperatur T_2 aufnimmt und Wärme vom Betrag der aufgenommenen Wärme plus Magnetisierungsenergie bei der höheren Temperatur T_1 wieder abgibt.

Ist die Entropie $S_0(T)$ nicht konstant, sinkt also während des isentropen Prozesses, wie bei den Prozessen b–c oder b′–c′ in Abb. 18.2b die Entropie $S_0(T)$, so muß nach Gl. (18.14) während des isentropen Prozesses auch der Wert von $|\boldsymbol{m}|$ kleiner werden. Dieser Fall ist als gestrichelte Linie b–c* eingezeichnet. Die Isentrope b–c* trifft bei einem $|\boldsymbol{H}_{c*}|=|\boldsymbol{H}_c|$ auf eine Isotherme $T_2^*=$const. Die im Text beschriebene adiabatische Entmagnetisierung führt dann also nur auf ein $T_2^* > T_2$.

Physikalische Anwendung findet weniger der volle in der Abb. 18.3 dargestellte Carnot-Prozeß als ein Prozeß, der aus den ersten beiden Schritten des Carnot-Prozesses besteht, aus dem isothermen Einschalten des Magnetfeldes $\boldsymbol{H}$ bei der Temperatur T_1 und dem isentropen Abschalten des Magnetfeldes und der damit verknüpften Absenkung der Temperatur der paramagnetischen Probe auf den Wert T_2. Der aus diesen beiden Schritten bestehende Prozeß heißt **adiabatische Entmagnetisierung.** Hiermit gelang es, Temperaturen bis zu einigen 10^{-3} K zu erzeugen (DEBYE 1926, GIAUCQUE 1927). Eine übersichtliche Darstellung der adiabatischen Entmagnetisierung einer paramagnetischen Probe im S-T-Diagramm erlaubt die Abb. 18.2b. Bei der Temperatur T_1 wird die Probe dadurch magnetisiert, daß ein Magnetfeld angeschaltet wird (Prozeß a–b) vom Wert $\boldsymbol{H}=0$ auf einen Wert $\boldsymbol{H}$. Bei der Magnetisierung ist der thermische Kontakt zwischen der Probe und einem Wärmereservoir der Temperatur T_1 aufrechtzuhalten, denn die Probe gibt dabei Entropie und damit Wärme an das Reservoir ab. Im nächsten Schritt (b–c) wird der thermische Kontakt zwischen Probe und Wärmereservoir gelöst und das Magnetfeld wieder abgeschaltet. Die Probe kühlt sich dabei isentrop auf die Temperatur T_2 ab. Wie man aus der Abb. 18.2b ersieht, liegen die so erreichten Temperaturen T_2, T_2' alle etwa in dem Temperaturbereich, in dem die Probe aufhört, dem Curieschen Gesetz zu gehorchen.

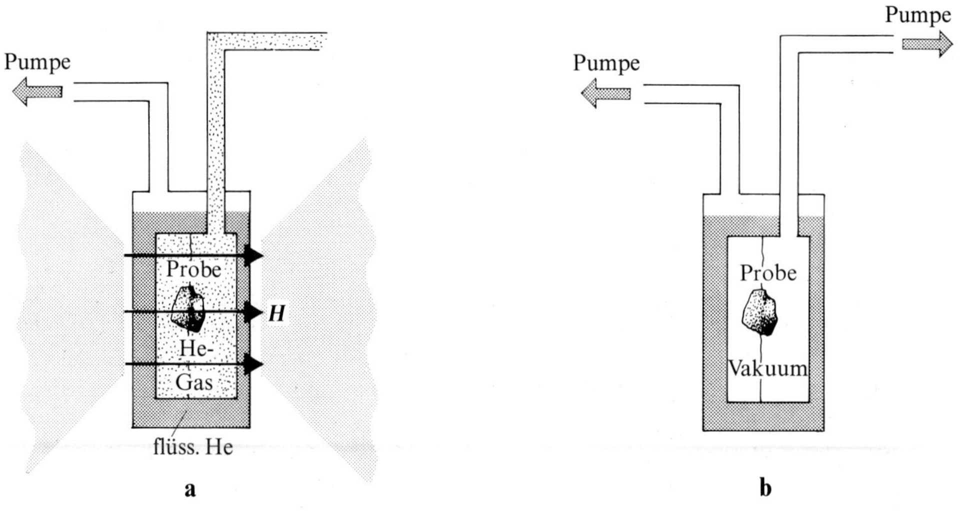

Abb. 18.4

Experimentelle Anordnung zum Erreichen tiefster Temperaturen durch adiabatische Entmagnetisierung. Die paramagnetische Probe befindet sich in einem Raum, dessen Wände durch Abpumpen des Dampfes von flüssigem Helium auf höchstens 1 K gehalten werden.

Teilbild a zeigt die Anordnung im Zustand b der Abbildungen 18.2b und 18.3 am Ende des Prozesses der isothermen Magnetisierung der Probe. Das äußere Magnetfeld ist eingeschaltet. Die während der Magnetisierung auftretende Wärme wird durch He-Gas in der Probenkammer an das He-Bad abgeführt.

Teilbild b zeigt die Anordnung im Zustand c der Abbildungen 18.2b und 18.3 am Ende des Prozesses der adiabatischen Entmagnetisierung der Probe. Das äußere Magnetfeld ist abgeschaltet. Das He-Gas in der Probenkammer ist abgepumpt. Während des ganzen Prozesses b–c befindet sich die Probe im Vakuum und ist dadurch gegen Entropieaustausch isoliert.

In praxi geht die adiabatische Entmagnetisierung von Temperaturen $T_1 \approx 1\,\mathrm{K}$ aus. Diese Temperatur erreicht man durch Abpumpen des Dampfes über flüssigem ^{4}He, das bei 4,2 K einen Dampfdruck von 1 bar hat und unter erniedrigtem Druck bei entsprechend tieferer Temperatur siedet (s. Tabelle 15.1). Unter 1 K wird der Dampfdruck des Heliums zu klein. Erniedrigung des Dampfdrucks, also Abpumpen des He-Dampfes über flüssigem Helium aus dem Isotop ^{3}He führt sogar hinab bis 0,5 K. Das Heliumbad dient bei der Entmagnetisierung als Wärmereservoir der Temperatur T_1. Die paramagnetische Probe befindet sich in einem Behälter, dem Kryostat, wie in Abb. 18.4 gezeigt. Den Wärmekontakt zwischen der Probe und dem Heliumbad besorgt gasförmiges Helium, das zum Kühlen der Probe in den Kryostat eingelassen ist. Unter diesem Wärmekontakt wird das Magnetfeld eingeschaltet (Abb. 18.4a). Dann wird die Verbindung zum Heliumbad dadurch getrennt, daß das He-Gas aus dem Kryostat abgepumpt wird. Die Probe wird dadurch von der Umgebung adiabatisch getrennt, d.h. wärmeisoliert (Abb. 18.4b). Unter dieser Isolation wird das Magnetfeld abgeschaltet. Die Probe kühlt dabei isentrop von T_1 auf T_2 ab.

Mit dem geschilderten Verfahren erreicht man Temperaturen von 10^{-2} bis 10^{-3} K. Als paramagnetische Substanzen werden dabei Salze verwendet, deren elementare magnetischen Dipole ihren Ursprung in den Elektronenhüllen von Ionen haben, die in das Kristallgitter eingebaut sind. Will man den Kernparamagnetismus ausnutzen, mit dem sich Temperaturen bis in die Größenordnung 10^{-6} K erreichen lassen, so muß der erste Schritt der isothermen Magnetisierung bei Temperaturen $T_1 \approx 10^{-2}$ K beginnen. Derartige Ausgangstemperaturen kann man durch adiabatische Entmagnetisierung eines dann als Wärmereservoir benutzten paramagnetischen Salzes erreichen. Heute bevorzugt man zur Erzeugung derartiger Temperaturen allerdings Kühlanordnungen, die die Eigenschaften flüssiger ^{3}He-^{4}He-Mischungen ausnutzen.

Die Messung tiefster Temperaturen

Die Gl. (18.2) enthält, so wie wir sie geschrieben haben, die *absolute* Temperatur T. Diese Schreibweise ist natürlich nur berechtigt, wenn wir die Gültigkeit der Gl. (18.2) experimentell geprüft haben, also die Magnetisierbarkeit β als Funktion der absoluten Temperatur T, etwa mittels eines Gasthermometers, bestimmt haben. Unterhalb der Meßmöglichkeit mit einem Gasthermometer oder mit einem Carnot-Prozeß wissen wir im Einzelfall nichts über die Genauigkeit, mit der (18.2) zutrifft. Insbesondere dürfen wir nicht den Spieß herumdrehen und etwa fordern, daß (18.2) in diesem mit Gasthermometer und Carnot-Prozeß experimentell unzugänglichen Temperaturbereich die absolute Temperatur definiert. Das ist nicht erlaubt, da die absolute Temperatur im *ganzen* Temperaturbereich thermodynamisch definiert ist. Die Frage ist, wie man diese von jeder Materialeigenschaft, wie sie schließlich auch (18.2) darstellt, unabhängige Definition in eine Meßvorschrift bei tiefsten Temperaturen übersetzt.

Wir können natürlich die Gültigkeit von (18.2) bis zu den tiefsten Temperaturen hin postulieren, aber dann definiert (18.2) eine *empirische* Temperatur, nämlich die *magnetische Temperatur* τ_m mittels

(18.19) $$\beta = \frac{A}{\tau_m}.$$

Wie läßt sich von τ_m, also aus der Messung von β, auf die *absolute* Temperatur T schließen? Nach der thermodynamischen Definition ist

$$T = \frac{\partial E}{\partial S} = \frac{\partial E/\partial \tau_m}{\partial S/\partial \tau_m}. \tag{18.20}$$

Die Bestimmung der absoluten Temperatur T eines Zustands ist durch (18.20) zurückgeführt auf die Bestimmung der Änderungen dE und dS bei einer bestimmten Änderung $d\tau_m$ der empirischen magnetischen Temperatur τ_m. Zuerst wenden wir uns der Bestimmung von $\partial E/\partial \tau_m$ zu. Man führt der paramagnetischen Probe im Heliumbad ein wohldefiniertes dE dadurch zu, daß man die Probe Photonen von γ-Strahlung absorbieren läßt. Aus der Energie der einzelnen γ-Quanten, ihrer Anzahl sowie den Abmessungen der Probe ist bei Kenntnis des Absorptionskoeffizienten des Probenmaterials die absorbierte Energie dE bestimmbar. Bei Aufnahme von dE steigt die magnetische Temperatur der Probe um $d\tau_m$ an. Diese Änderung $d\tau_m$ mißt man als Änderung $d\beta$ der Magnetisierbarkeit β der Probe. $d\beta$ wirkt sich bei einer Probe, die sich in einem konstanten äußeren Magnetfeld der Feldstärke $\boldsymbol{H}$, etwa im Innern einer stromdurchflossenen Spule befindet, wegen Änderung der Magnetisierung nach (18.1) aus in einem $d\boldsymbol{m} = \boldsymbol{H}\, d\beta$ und damit in einem in der Spule induzierten Spannungsstoß.

Die Änderung dS bei einer Änderung $d\tau_m$ ist schwieriger zu bestimmen als dE. Wir gehen aus von Abb. 18.2b, die in Abb. 18.5 in ein τ_m-$\boldsymbol{H}$-Diagramm umgezeichnet ist. Man beachte wieder, daß wir jetzt von τ_m anstatt von T reden müssen, denn wir befinden uns in einem Temperaturbereich, in dem wir nur τ_m, aber noch nicht T messen können. Somit ist S nicht als $S(T, \boldsymbol{H})$, sondern als Funktion der beiden meßbaren Größen τ_m und $\boldsymbol{H}$ aufzufassen. In Abb. 18.5 ist τ_m in Abhängigkeit von $\boldsymbol{H}$ für einen paramagnetischen Stoff bei zwei konstanten Werten von S eingetragen. Die Frage ist, um welchen Betrag dS sich die beiden Kurven unterscheiden. Um dieses dS und das dazugehörige $d\tau_m$ zu bestimmen, führt man folgende beiden Prozeßschritte aus: Im ersten Schritt geht man aus von einem Zustand a, in dem die magnetische Temperatur $\tau_{m,a}$ einen so hohen Wert hat, daß man auch die absolute Temperatur T_a dieses Zustands kennt. Man setzt $\tau_{m,a} = T_a$. Die Probe wird dann isotherm bei T_a durch Einschalten eines äußeren Magnetfeldes auf den Wert $\boldsymbol{H}$ magnetisiert. In Abb. 18.5 bewegt man sich dabei von a nach b. Anschließend entmagnetisiert man die Probe isentrop. Dabei geht man in Abb. 18.5 auf der oberen Isentrope von b nach c und erreicht bei $\boldsymbol{H} = 0$ die Temperatur $\tau_m + d\tau_m$, die man über den Wert von β mißt. Im zweiten Schritt geht man wieder aus

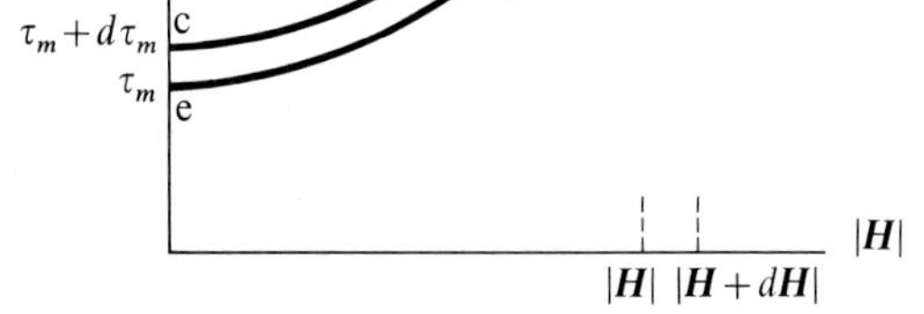

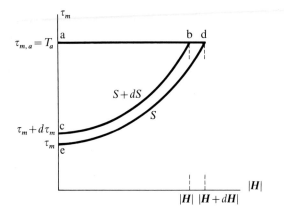

Abb. 18.5

Isentropen eines paramagnetischen Stoffs bei tiefsten Temperaturen. Man beachte, daß hier die empirische magnetische Temperatur τ_m statt der absoluten Temperatur T aufgetragen ist. Das Durchlaufen des gezeichneten isothermen Prozesses (horizontale Gerade a–b–d) und der beiden isentropen Prozesse b–c und d–e gestattet, wie im Text ausgeführt, die Bestimmung der absoluten Temperatur des Zustands τ_m, $\boldsymbol{H} = 0$.

von $\tau_{m,a} = T_a$ und $\boldsymbol{H} = 0$, magnetisiert aber diesmal isotherm bis zu einem Wert der Feldstärke $\boldsymbol{H} + d\boldsymbol{H}$. In Abb. 18.5 begibt man sich also von a nach d. Danach wird wieder adiabatisch entmagnetisiert, und zwar längs der unteren Isentrope in Abb. 18.5 bis zur magnetischen Temperatur τ_m bei $\boldsymbol{H} = 0$ (Zustand e). τ_m mißt man wieder magnetisch. Man kennt damit $d\tau_m$, und es bleibt nur noch die Entropiedifferenz dS der Entropiewerte zu bestimmen, die zu den beiden durchlaufenen Isentropen in Abb. 18.5 gehören. Tauscht der paramagnetische Körper nur die Energieformen Wärme und Magnetisierungsenergie mit der Umgebung aus, was wir ja schon während dieses ganzen Abschnitts voraussetzen, so gibt bei der isothermen Magnetisierung a–b oder a–d das System Wärme ab und nimmt, da bei $T = T_a$ die Energie des Paramagneten keine Änderung erfährt, den gleichen Betrag an Magnetisierungsenergie auf. Die gesuchte Entropieänderung zwischen den Zuständen b und d ergibt sich damit zu

$$dS = -\frac{1}{T_a} \boldsymbol{H}\, d\boldsymbol{m} = -\frac{1}{T_a^2} A \boldsymbol{H}\, d\boldsymbol{H}. \tag{18.21}$$

Hier stehen auf der rechten Seite nur meßbare Größen. Damit ist durch magnetische Messungen an derselben paramagnetischen Probe, die auch zum Abkühlen benutzt wurde, auch dS und $d\tau_m$ und damit nach (18.20) die *absolute* Temperatur bestimmt, auf die die Abkühlung geführt hat.

VI Entropie

§19 Prozesse und ihre Realisierung

Austausch und Erzeugung von Entropie

Was wissen wir bereits über die Entropie? Entropie tritt immer auf, wenn Wärme auftritt, wenn also Energie in Form von Wärme ausgetauscht, d.h. aufgenommen oder abgegeben wird. Während aber die Wärme eine Energieform ist, also nur bei *Prozessen*, nämlich bei Zustands*änderungen* einen Wert hat, hat die mit ihr verknüpfte extensive, ja sogar mengenartige Größe Entropie in den Zuständen eines Systems selber einen bestimmten Wert. Das System enthält in jedem Zustand eine bestimmte Menge Entropie, so wie es eine bestimmte Menge Energie und eine bestimmte Menge Teilchen enthält. Damit darf die Entropie behandelt werden wie eine Substanz, die ein physikalisches System jedesmal aufnimmt oder abgibt, wenn es Energie in Form von Wärme aufnimmt oder abgibt.

Bei dem Wort „Substanz" wären wir bei der Vorstellung von Entropie als der einer „Wärmesubstanz" angelangt. Diese Vorstellung ist nicht nur sehr anschaulich, sondern auch durchaus richtig und erst dann gefährlich, wenn sich zu ihr die weitere Vorstellung von der Unerzeugbarkeit gesellt. Ist Entropie unerzeugbar und unzerstörbar oder physikalisch gesprochen, genügt sie einem Erhaltungssatz? Wenn ja, müßte *jede* Entropieänderung eines Systems daher rühren, daß es mit seiner Umgebung den der Entropieänderung entsprechenden Entropiebetrag ausgetauscht hat. Umgebung heißt hier einfach ein anderes physikalisches System. Würde man das Hereinströmen und Hinausströmen von Entropie aus einem System verhindern, nämlich dadurch, daß man das Herein- und Hinausströmen von Wärme verhindert, so äußerte sich die Erhaltung darin, daß die Entropie des Systems konstant bliebe.

Die Frage nach einem Erhaltungssatz der Entropie wäre also dadurch zu prüfen, ob in einem System, das keine Wärme mit seiner Umgebung, also irgendeinem anderen System austauscht, die Entropie immer und unter allen Umständen konstant bleibt.

Von einem System, das keine Entropie, also auch keine Wärme mit der Umgebung austauscht, sagt man, es sei in *adiabatische Wände* eingeschlossen. Wärme-Isolation ist gleichbedeutend mit Entropie-Isolation und damit mit einer adiabatischen Wand. Eine in einem Dewar-Gefäß, nämlich einer Thermosflasche, eingeschlossene Apparatur ist wärme-isoliert, sie ist also adiabatisch von der Umgebung getrennt und kann mit dieser keine Entropie austauschen.

In einem der nächsten Abschnitte werden wir ein adiabatisch abgeschlossenes System betrachten, dessen Teile nicht alle die gleiche Temperatur haben. Bei adiabatischem Abschluß des Gesamtsystems kann zwischen seinen Teilen Temperaturausgleich stattfinden, ja die Beobachtung zeigt, daß dieser Ausgleich bei thermischem Kontakt der Teile sogar „von selbst" abläuft. Wir werden die Entropie des Systems im

Anfangszustand unterschiedlicher Temperatur der Teile und außerdem im Endzustand ausrechnen, in dem sich die Temperaturunterschiede ausgeglichen haben. Wir werden finden, daß die Entropie im Endzustand einen größeren Wert hat als im Anfangszustand, die Entropie also zugenommen hat, obwohl das System wegen seiner adiabatischen Trennung von der Umgebung keine Entropie von außen hat aufnehmen können. Bei dem Prozeß des Temperaturausgleichs unter adiabatischer Isolation muß somit Entropie *erzeugt* worden sein. Die Entropie genügt also *nicht* einem allgemeinen Erhaltungssatz.

Wir haben bisher nur von Entropie*austausch* und von Entropie*erzeugung* gesprochen, nicht dagegen von Entropie*vernichtung*. Der Grund ist, wie wir noch ausführlich zeigen werden, daß Entropievernichtung in der Natur nicht vorkommt. Das ist der Inhalt des 2. Hauptsatzes. Man verwechsle jedoch nicht Entropievernichtung mit Entropieverminderung. Natürlich kann die Entropie eines Systems nicht nur zunehmen, sondern wegen Entropieabgabe an ein anderes System auch abnehmen, also eine Verminderung erfahren. Daß es keine Entropievernichtung gibt, bedeutet, daß *Verminderung der Entropie eines Systems nur durch Abgabe zustande kommen kann.*

Jede *Änderung dS*, die die Entropie S eines Systems erfährt, kann man sich also zusammengesetzt denken aus einem durch *Austausch* und einem durch *Erzeugung* bestehenden Anteil gemäß der Gleichung

$$dS = dS_{\text{ausgetauscht}} + dS_{\text{erzeugt}}. \tag{19.1}$$

Daß es keine Entropievernichtung gibt, drückt sich dann dadurch aus, daß generell

$$dS_{\text{erzeugt}} \geqq 0. \tag{19.2}$$

Jede Entropieverminderung $dS<0$, hat wegen (19.2) $dS_{\text{ausgetauscht}}<0$ zur Folge, geht also allein auf Kosten der ausgetauschten Entropie. Es sei jedoch davor gewarnt, Gl. (19.1) so zu lesen, als gäbe es zwei Sorten Entropie, nämlich ausgetauschte und erzeugte, deren Summe die Entropie S ist. S läßt sich keineswegs aufteilen in einen von Austausch und einen von Erzeugung herrührenden Anteil. Die Aufteilung (19.1) bezieht sich auf die *Änderung dS*, und zwar auf die *Realisierung* der Zustandsänderung, der wir uns jetzt zuwenden.

Realisierungen von Prozessen

Um die Zerlegung (19.1) der Entropieänderung dS eines Systems in einen durch Austausch und einen durch Erzeugung bewirkten Anteil zu verstehen, ist es wichtig, sorgfältig zwischen den *Prozessen eines Systems* und den *Realisierungen dieser Prozesse* zu unterscheiden. Ein Prozeß eines Systems besteht darin, daß die Variablen des Systems um bestimmte Beträge geändert werden. Wichtig ist, daß die Variablen, um deren Änderungen es geht, nur die Variablen des Systems selbst sind und nicht etwa auch die Variablen irgendwelcher anderer Systeme, der „Umgebung", mit denen das System, dessen Prozeß man im Auge hat, wechselwirkt. Wird beispielsweise ein fester Körper erwärmt, so ist dieser Prozeß für den Körper als System damit beschrieben, daß man angibt, wie sich die Temperatur und die Entropie des Körpers ändern. Darüber, *wie* die mit der Erwärmung des Körpers verknüpfte Zunahme seiner Entropie bewirkt wird, ob etwa durch Austausch, also durch Zufuhr von Wärme und damit Zufuhr von Entropie von außen oder durch elektrisches Aufheizen des Körpers und damit durch Erzeugung von Entropie im Innern des Körpers, sagt der *Prozeß* nichts aus.

Legt man dagegen auch fest, *wie* der Prozeß bewerkstelligt werden soll, gibt man eine bestimmte *Realisierung* des Prozesses der Erwärmung eines Systems an. So ist die Festlegung, daß die Zunahme der Entropie des Körpers durch elektrisches Aufheizen und damit durch Entropieerzeugung geschieht, eine Realisierung des Prozesses der Entropiezunahme. Jede apparative Anweisung, wie ein Prozeß eines physikalischen Systems auszuführen ist, stellt eine Realisierung des Prozesses dar. Andererseits besteht eine Realisierung eines Prozesses aber nicht notwendig in einer experimentellen oder apparativen Anweisung, wie der Prozeß auszuführen ist. Die Realisierung ist allgemein eine Angabe sowohl der Änderungen der Variablen des Systems selbst, das den Prozeß macht, als auch der Änderungen der Variablen der „Umgebung" des Systems, also aller Systeme, mit denen das System bei dem Prozeß wechselwirkt. Während ein Prozeß eines Systems allein durch die Angabe charakterisiert ist, um welche Beträge die Variablen des Systems sich ändern, verlangt eine Realisierung des Prozesses auch Angaben über die Änderungen, die die Variablen der Umgebung des Systems bei dem Prozeß erfahren. Ein und derselbe Prozeß eines Systems kann auf unterschiedliche Weise realisiert werden, nämlich durch unterschiedliche Beteiligung der Umgebung. Das werden wir noch an Beispielen im einzelnen auseinandersetzen.

Die Zerlegung (19.1) ist nicht durch den Prozeß, also durch die Variablenänderungen festgelegt, die ein betrachtetes System erfährt, sondern durch die Realisierung des Prozesses. Wie stellt man nämlich fest, ob bei einem Prozeß, bei dem die Entropie eines Systems zugenommen hat, die Entropieerhöhung dem System nur von der Umgebung zugeführt oder ob auch Entropie im System erzeugt worden ist? Könnte man Entropieströme direkt messen, so wäre diese Frage durch Messung der Ströme zu beantworten. Werden dagegen Entropieströme nur „indirekt" gemessen, nämlich dadurch, daß die Entropieänderungen der wechselwirkenden Systeme gemessen werden, so läßt sich eine Erzeugung nur dadurch feststellen, daß die Summe der Entropieänderungen aller dieser Systeme nicht Null ist. Ob beim Wärmeaustausch eines Körpers mit anderen Körpern gleichzeitig mit der ausgetauschten Entropie auch Entropie erzeugt worden ist, erfährt man erst, wenn man auch die Entropieänderungen der anderen Systeme mißt, mit denen der Körper Wärme ausgetauscht hat. Wenn man davon spricht, daß bei einem Prozeß Entropie erzeugt worden ist, meint man, daß die Summe der Entropien *aller* an dem Prozeß beteiligten Systeme am Ende des Prozesses größer ist als am Anfang. Die Zerlegung der Entropieänderung dS eines Systems in einen durch Austausch und einen durch Erzeugung bewirkten Anteil, wie es (19.1) ausdrückt, ist nicht durch den Prozeß des Systems selbst definiert, sondern erst durch die viel weitergehende Kenntnis der Realisierung des Prozesses, die die Rolle einschließt, die die Umgebung dabei spielt. Formal äußert sich das darin, daß nicht die Symbole $dS_{\text{ausgetauscht}}$ und dS_{erzeugt} die Differentiale physikalischer Variablen des Systems sind, sondern nur dS.

Adiabatische Prozeßrealisierungen

Ein Beispiel für den Unterschied zwischen Prozeß und Prozeßrealisierung bildet die adiabatische Prozeßrealisierung. Herkömmlich wird sie meist einfach „adiabatischer Prozeß" genannt, weil es nicht üblich ist, den Unterschied zwischen Prozeß und Prozeßrealisierung zu machen. Wir sagten schon, daß adiabatische Wände Begrenzungen eines Systems sind, die keine Entropie, also auch keine Wärme durchlassen. Dementsprechend spricht man von einer *adiabatischen Realisierung* eines Prozesses, wenn $dS_{\text{ausgetauscht}} = 0$ ist, wenn das System dabei also keine Entropie und damit auch keine

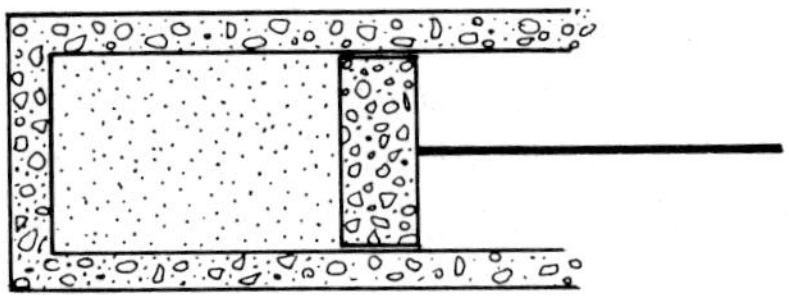

Abb. 19.1

Ein Gas ist *adiabatisch* eingeschlossen, wenn es durch die Wände des Behälters, von denen eine als Kolben ausgebildet sei, mit seiner Umgebung keine Entropie und damit keine Wärme austauschen kann. Adiabatische Wände sind also wärmeisolierend.

Wird der Kolben nach links gedrückt, nimmt das System „Gas" Kompressionsenergie auf. Wärmeenergie hingegen nimmt ein adiabatisch eingeschlossenes System weder auf, noch gibt es sie ab. Das Gas erhöht seine Temperatur bei Kompression nicht wegen der Zufuhr von Wärmeenergie, sondern wegen der Zufuhr von Kompressionsenergie $-p\,dV$.

Wärme mit der Umgebung austauscht. Nach (19.1) und (19.2) gilt für adiabatisch realisierte Prozesse $dS \geqq 0$; bei ihnen kann also die Entropie des Systems nicht abnehmen.

Als Beispiel eines adiabatisch realisierten Prozesses nannten wir schon den durch thermischen Kontakt herbeigeführten Temperaturausgleich zwischen den Teilen eines Systems, das insgesamt adiabatisch abgeschlossen, also nach außen thermisch isoliert ist. Ein anderes Beispiel ist die Kompression oder Expansion eines Gases, wenn dem Gas nicht erlaubt wird, Wärme auszutauschen. Man kann das dadurch erreichen, daß man sowohl den Zylinder, in dem sich das Gas befindet, als auch den bei der Kompression oder Expansion bewegten Kolben wärmeisolierend ausbildet (Abb. 19.1). Dem Gas wird dann Energie nur in Form von Kompressionsenergie $-p\,dV$ zugeführt oder entzogen. Für jeden so realisierten Prozeß des Gases gilt $dS \geqq 0$.

Die adiabatische Realisierung von Prozessen ist nicht unbedingt gebunden an eine Wärmeisolation im wörtlichen Sinn einer Wand, nämlich eines die Wärme schlecht leitenden Mediums. Adiabatisch kann eine Prozeßrealisierung auch dadurch werden, daß die Werte der Variablen schnell genug verändert werden. Unter normalen Bedingungen, worunter insbesondere normale Temperaturen, also Temperaturen von der Größenordnung einiger hundert Grad Kelvin zu verstehen sind, läßt sich Energie in Form von Kompressionsenergie sehr viel schneller übertragen als in Form von Wärme. Das hängt damit zusammen, daß die Ausbreitung von Entropie und damit von Wärme (außer bei sehr tiefen Temperaturen) *diffusionsartig* erfolgt, ähnlich wie das Eindringen einer Substanz in eine andere, wenn keine konvektiven Strömungen mitwirken. Wenn die Kompressionsenergie schnell genug übertragen wird, kann der Übertragungsprozeß beendet sein, noch bevor Wärme und damit Entropie in merklichem Betrag ausgetauscht worden sind. Dann hat man es mit einer adiabatischen Prozeßrealisierung zu tun, obwohl gar keine Isolation im Sinn einer Wand vorhanden ist. So sind die Verdichtungen und Verdünnungen eines Mediums in *Schallwellen* unter den genannten normalen Bedingungen adiabatisch realisiert. Die Temperatur steigt in den Verdichtungen und sinkt in den Verdünnungen, ohne daß Entropie ausgetauscht wird.

Im Gegensatz zum Begriff der Adiabasie, der sich auf Prozeß*realisierungen* bezieht, hat der Begriff der *Isentropie* allein mit den *Prozessen* zu tun, die das System macht. Das erkennt man daran, daß die Bedingung, die er repräsentiert, sich allein mit Hilfe einer Variable des Systems, nämlich der Entropie S ausdrücken läßt. Ist $S=\text{const}$, also $dS=0$, so ist der Prozeß isentrop; ist $dS \neq 0$, so ist er nicht-isentrop. Für den isentropen Prozeß ist es völlig gleichgültig, *wie* die Entropie des Systems konstant gehalten wird, welche Werte $dS_{\text{ausgetauscht}}$ und dS_{erzeugt} beim Prozeß haben, es muß nur ihre Summe Null sein. Wenn S konstant bleibt, also $dS=0$ ist, braucht das nicht deshalb zu geschehen, weil das System keine Entropie austauscht; der Austausch könnte auch so erfolgen, daß $dS_{\text{ausgetauscht}}<0$ und $dS_{\text{erzeugt}}>0$ und die Summe dieser beiden Anteile Null ist. Für die thermodynamische Bilanz spielt das alles keine Rolle, denn für sie ist es völlig gleichgültig, auf welche Weise bei einem isentropen Prozeß die Entropie konstant gehalten wird.

Ganz anders liegen die Dinge beim Begriff der Adiabasie. Aus dem Wert der Entropie S des betrachteten Systems läßt sich keineswegs ablesen, ob $dS_{\text{ausgetauscht}}=0$. Während die Isentropie eine Forderung an die Entropiebilanz des Systems ist und sich deshalb mit Hilfe der Variable S des Systems charakterisieren läßt, ist die Forderung der Adiabasie eine Bedingung an die Realisierung des Prozesses, die sich durch die Variablen des Systems allein gar nicht ausdrücken läßt. Es gibt ja keine Variable $S_{\text{ausgetauscht}}$!

So sympathisch es sein mag, physikalische Vorgänge möglichst konkret, also in ihrer Realisierung festzulegen, und so gern wir unsere Anschauung dadurch fixieren, daß wir nicht nur mit Prozessen operieren, sondern auch das Wie, die Realisierung erkennen wollen, so wichtig ist es jedoch, sich klarzumachen, daß das Beschreibungsverfahren der Thermodynamik anders vorgeht. Für die dynamischen Bilanzen eines Systems sind nur die vorgeschriebenen Variablenänderungen (wozu auch die Änderung Null, das Konstanthalten gehört) wichtig, niemals aber die Art und Weise, in der die Änderungen bewerkstelligt werden. Das ist eine ganz fundamentale Regel, der wir immer wieder begegnen. Trotz seiner Anschaulichkeit und seiner historischen Bedeutung gehört der Begriff der adiabatischen Prozeßrealisierung nicht zu den fundamentalen Begriffen der Thermodynamik. Daß er oft nützlich ist, steht auf einem anderen Blatt.

Auch das Abgrenzen eines Systems durch adiabatische Wände ist keine für die Thermodynamik fundamentale Vorstellung. Das kann schon deshalb nicht sein, weil, wie wir in Kap. III gesehen haben, der thermodynamische Systembegriff weit mehr enthält als den Körper oder überhaupt das materielle Gebilde, das sich auf einen bestimmten Raumbereich begrenzen und damit durch Wände einschließen läßt. Man denke nur an das in § 5 diskutierte Beispiel des Systems „Tee", das aus allen Tassen Tee besteht, die sich überhaupt herstellen lassen, in allen Größen und allen Zusammensetzungen, vom reinen Wasser bis zum reinen Zucker und reinen Teïn. Offensichtlich hat es keinen Sinn, vom Einschließen dieses Systems in Wände zu sprechen.

Temperaturausgleich innerhalb eines adiabatisch abgeschlossenen Systems

Als Beispiel einer *adiabatischen Prozeßrealisierung* betrachten wir den Prozeß, der einsetzt, wenn zwei Körper, etwa zwei Metallklötze mit den Temperaturen T_1 und T_2, in thermischen Kontakt gebracht werden und das gesamte System nach außen thermisch isoliert wird (Abb. 19.2). Der Einfachheit halber wollen wir annehmen, daß das Gesamtsystem außer Wärme keine andere Energieform mit der Umgebung austauschen kann. Dann gilt

$$E=E_1+E_2=\text{const.} \tag{19.3}$$

Die Volumina V_1 und V_2 der Körper und ihre Teilchenzahlen N_1 und N_2 denken wir uns bei dem Prozeß konstant gehalten. Die erste Bedingung ist streng nicht ganz einfach einzuhalten, da sich bei Änderung der Temperatur bei konstantem Druck auch das Volumen ändern wird. Bei einem Festkörper jedoch besteht zwischen den Bedingungen konstanten Volumens und konstanten Drucks hinsichtlich des Energieaustausches kein erheblicher Unterschied. Deshalb kommt es nicht so genau darauf an, ob man das Volumen oder den Druck konstant hält. Das Konstanthalten des Drucks erfordert keine besonderen Maßnahmen; die uns umgebende Luft, unsere Atmosphäre, tut das automatisch.

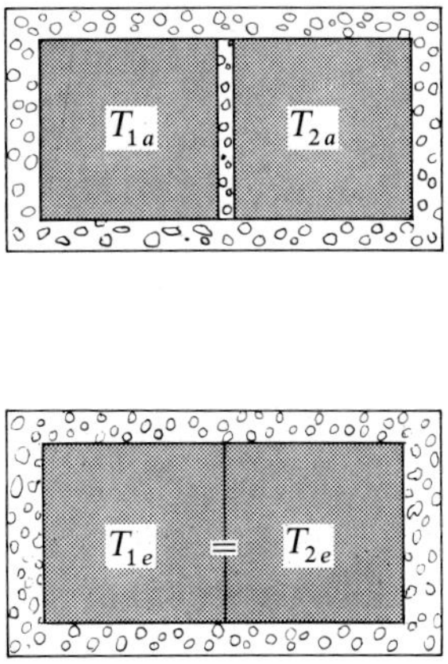

Abb. 19.2

Zwei Körper, etwa Metallklötze, befinden sich im Anfangszustand a auf unterschiedlichen Temperaturen $T_{1\,a}$ bzw. $T_{2\,a}$. Die Körper werden dann miteinander in thermischen Kontakt gebracht, so daß sie untereinander Wärme austauschen können. Mit der Umgebung mögen sie dagegen keine Energie und damit auch keine Wärme austauschen können. Sie sind gegen die Umwelt energetisch und damit auch adiabatisch isoliert. Im Endzustand e haben beide die gleiche Temperatur $T_{1\,e}=T_{2\,e}=T_e$.

Wie wir in §24 sehen werden, ist bei nicht zu tiefen Temperaturen die Energie eines Festkörpers eine lineare Funktion von T. Es ist daher

$$E_1(T)=C_1(T-T_0)+E_{10}, \qquad E_2(T)=C_2(T-T_0)+E_{20}. \tag{19.4}$$

E_{10} und E_{20} sind die Energien der Körper bei der beliebigen, festen Temperatur T_0. Auf die Konstanten C_1 und C_2, die Wärmekapazitäten der Körper, werden wir in §22 näher zu sprechen kommen. Zusammen mit (19.3) haben wir die Beziehung

$$C_1\,T_1+C_2\,T_2=E-(E_{10}+E_{20})+(C_1+C_2)\,T_0=\text{const}. \tag{19.5}$$

Dabei bezeichnen T_1 und T_2 die Temperaturen der beiden Körper. Die Gl. (19.5) gilt nicht nur für den Anfangszustand, sondern in jedem Augenblick des Ausgleichsprozesses und damit auch für den Endzustand. Dabei sind natürlich für T_1 und T_2 jeweils die momentanen Werte der Temperaturen einzusetzen, die die Körper haben. Bezeichnen T_{1a} und T_{2a} die Anfangstemperaturen der beiden Körper und T_e ihre Endtemperatur, die ja, weil thermischer Kontakt besteht, für beide Körper dieselbe ist, so folgt aus (19.5)

$$C_1\,T_{1a}+C_2\,T_{2a}=(C_1+C_2)\,T_e, \tag{19.6}$$

woraus sich die Endtemperatur berechnet zu

$$T_e=\frac{C_1\,T_{1a}+C_2\,T_{2a}}{C_1+C_2}. \tag{19.7}$$

Um den Wert der Entropie des Gesamtsystems im Endzustand mit dem im Anfangszustand zu vergleichen, berechnen wir zunächst, wie die Entropien der Körper 1 und 2 von der Temperatur abhängen. Dazu stützen wir uns auf die Gibbssche Fundamentalform der Körper. Für $dV_1 = dV_2 = dN_1 = dN_2 = 0$ hat sie die Gestalt

$$dE_i = T_i \, dS_i, \qquad i = 1, 2. \tag{19.8}$$

Setzt man hierin (19.4) ein, so folgt

$$dS_i = \frac{1}{T_i} dE_i = \frac{C_i}{T_i} dT_i = d(C_i \ln T_i),$$

oder integriert

$$S_1(T) = C_1 \ln\left(\frac{T}{T_0}\right) + S_1(T_0), \qquad S_2(T) = C_2 \ln\left(\frac{T}{T_0}\right) + S_2(T_0). \tag{19.9}$$

Die Entropie des aus beiden Körpern mit den Temperaturen T_1 und T_2 bestehenden Gesamtsystems ist

$$S = S_1 + S_2 = C_1 \ln\left(\frac{T_1}{T_0}\right) + C_2 \ln\left(\frac{T_2}{T_0}\right) + S_1(T_0) + S_2(T_0). \tag{19.10}$$

Im Anfangszustand hat die Entropie den Wert

$$S_a = C_1 \ln\left(\frac{T_{1a}}{T_0}\right) + C_2 \ln\left(\frac{T_{2a}}{T_0}\right) + S_1(T_0) + S_2(T_0), \tag{19.11}$$

und im Endzustand

$$S_e = (C_1 + C_2) \ln\left(\frac{T_e}{T_0}\right) + S_1(T_0) + S_2(T_0). \tag{19.12}$$

Die Änderung $S_e - S_a$, die die Entropie des Gesamtsystems beim Übergang vom Anfangs- in den Endzustand erfährt, ist also

$$S_e - S_a = (C_1 + C_2) \ln\left[\frac{T_e}{T_{1a}^{\frac{C_1}{C_1+C_2}} \, T_{2a}^{\frac{C_2}{C_1+C_2}}}\right]. \tag{19.13}$$

Um einfacher rechnen zu können, nehmen wir an, daß beide Körper gleich sind, also $C_1 = C_2 = C$ ist. Dann ergibt sich aus (19.13) und (19.7)

$$S_e - S_a = 2\,C \ln\left[\frac{\frac{1}{2}(T_{1a} + T_{2a})}{\sqrt{T_{1a}\,T_{2a}}}\right]. \tag{19.14}$$

In dem Logarithmus steht der Quotient aus dem arithmetischen und dem geometrischen Mittel der beiden Anfangstemperaturen. Das arithmetische Mittel $(a+b)/2$ zweier positiver Zahlen a, b ist nun niemals kleiner als das geometrische Mittel $\sqrt{ab}$, in Formeln

$$\tfrac{1}{2}(a+b) \geqq \sqrt{ab}. \tag{19.15}$$

Dabei gilt das Gleichheitszeichen nur, wenn $a=b$ ist.

Die Behauptung (19.15) folgt sofort aus der Bemerkung, daß das Quadrat jeder reellen Zahl nicht-negativ ist, also

$$(a-b)^2 \geqq 0,$$

wobei das Gleichheitszeichen nur gilt, wenn $a=b$ ist. Führt man auf der linken Seite der letzten Ungleichung die Quadrierung aus und addiert man auf beiden Seiten den Term $4ab$, so erhält man

$$a^2+2ab+b^2 \geqq 4ab \quad \text{oder} \quad a+b \geqq 2\sqrt{ab}.$$

Das ist bereits die Relation (19.15) zwischen arithmetischem und geometrischem Mittel.

Zusammen mit (19.15) sagt Gl. (19.14), daß beim Temperaturausgleich der beiden Körper eine positive Entropieänderung $S_e - S_a$ auftritt. $S_e - S_a = 0$ resultiert nur dann, wenn $T_{1a} = T_{2a}$, wenn also die beiden Körper sowieso von Anfang an gleiche Temperatur haben. Außerdem ist $S_e - S_a$ der Summe der Wärmekapazität $2C$ der beiden Körper proportional. Das ist verständlich, denn so wie der Faktor $2C$ proportional ist zur Teilchenzahl, also zur Menge des Gesamtsystems, ist auch die Entropieänderung $S_e - S_a$ als die Änderung einer mengenartigen Größe proportional zur Menge der beteiligten Körper.

Gl. (19.14) gibt die Möglichkeit zur Bestimmung der Entropieerhöhung $S_e - S_a$ beim adiabatischen Temperaturausgleich. Dazu bedarf es der Messung der Wärmekapazitäten der Körper sowie der Anfangstemperaturen. Obwohl es sich hier um eine sehr spezielle Entropiemessung handelt, zeigt sie doch schon das experimentelle Charakteristikum aller Entropiebestimmungen, nämlich das Messen von Wärmekapazitäten und Temperaturen.

Beim Temperaturausgleich erzeugte Entropie

Die beim Temperaturausgleich zwischen zwei Körpern auf anfänglich verschiedener Temperatur auftretende Entropieänderung (19.14) ist *positiv*. Es handelt sich also um einen *Zuwachs* an Entropie. Diese zusätzliche Entropiemenge kann nicht aus der Umgebung aufgenommen worden sein, da das Gesamtsystem überhaupt keine Entropie mit der Umgebung ausgetauscht hat. Bei der adiabatischen Realisierung des Temperaturausgleichs zwischen zwei Körpern unterschiedlicher Temperatur wird also Entropie *erzeugt*. Der Prozeß demonstriert damit die Möglichkeit der *Entropieerzeugung*. Unsere alltägliche Erfahrung, daß Körper unterschiedlicher Temperatur, die in thermischen Kontakt gebracht werden, auch bei adiabatischer Isolation des Gesamtsystems in einem Zustand thermischen Gleichgewichts, nämlich gleicher Temperatur übergehen, ja daß sie das sogar „von selbst" tun, beweist, daß die Entropie eines Systems nicht nur durch Zustrom von außen, sondern auch durch Erzeugung vermehrt werden kann.

Die erzeugte Entropiemenge $S_e - S_a$ ist durch (19.14) gegeben. Sie hängt allein ab von den Anfangstemperaturen und den Wärmekapazitäten der Körper. Die pro Teilchenzahl erzeugte Entropie ist um so größer, je größer die Temperaturdifferenz ist. Setzt man nämlich $T_{1a} - T_{2a} = \Delta T$, so erhält man, wenn man (19.14) in eine Reihe bis zu quadratischen Gliedern in $\Delta T/T_{2a}$ entwickelt

$$(19.16)\quad S_e - S_a = 2\,C \ln\left[\frac{\frac{1}{2}(2\,T_{2a}+\Delta T)}{\sqrt{T_{2a}(T_{2a}+\Delta T)}}\right] = 2\,C \ln\left[\frac{1+\frac{1}{2}\frac{\Delta T}{T_{2a}}}{\sqrt{1+\frac{\Delta T}{T_{2a}}}}\right]$$

$$= 2\,C\left\{\ln\left(1+\frac{1}{2}\frac{\Delta T}{T_{2a}}\right) - \frac{1}{2}\ln\left(1+\frac{\Delta T}{T_{2a}}\right)\right\}$$

$$\approx 2\,C\left\{\frac{1}{2}\frac{\Delta T}{T_{2a}} - \frac{1}{8}\left(\frac{\Delta T}{T_{2a}}\right)^2 - \frac{1}{2}\frac{\Delta T}{T_{2a}} + \frac{1}{4}\left(\frac{\Delta T}{T_{2a}}\right)^2\right\} = \frac{C}{4}\left(\frac{\Delta T}{T_{2a}}\right)^2.$$

Für Temperaturdifferenzen, die klein sind gegen die Temperatur der Körper selbst, hängt die bis zur *Herstellung des thermischen Gleichgewichts erzeugte Entropie* also quadratisch ab von der Differenz der Anfangstemperaturen (Abb. 19.3). In dieser Abhängigkeit drückt sich noch einmal deutlich aus, daß die geschilderte Prozeßrealisierung des Temperaturausgleichs zwischen zwei Körpern stets mit einer Entropiezunahme des Gesamtsystems verbunden ist. Gleichgültig nämlich, ob ΔT positiv oder negativ ist, ob also T_{1a} größer oder kleiner ist als T_{2a}, ist die Entropiezunahme $S_e - S_a$ des Gesamtsystems immer positiv.

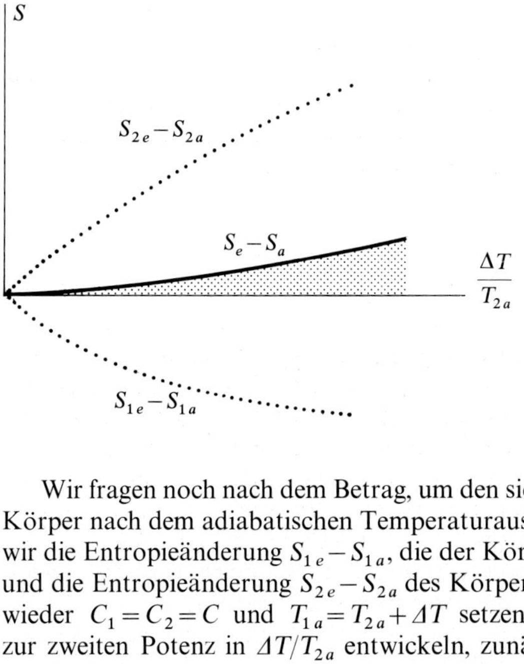

Abb. 19.3
Entropiezunahme und -abnahme zweier Körper bei adiabatischem Temperaturausgleich. T_{2a} sei die Anfangstemperatur des kälteren Körpers, ΔT die Anfangstemperaturdifferenz der beiden Körper ($T_{1a} = T_{2a} + \Delta T$). $S_{1a} - S_{1e}$ gibt die Entropieabnahme des Körpers 1, $S_{2e} - S_{2a}$ die Entropiezunahme des Körpers 2 als Funktion des relativen Anfangstemperaturunterschieds $\Delta T/T_{2a}$ an. $S_e - S_a$ ist die Entropiezunahme des Gesamtsystems, also die bei adiabatischem Temperaturausgleich erzeugte Entropie.

Wir fragen noch nach dem Betrag, um den sich die Entropien S_1 und S_2 der einzelnen Körper nach dem adiabatischen Temperaturausgleich geändert haben. Dazu berechnen wir die Entropieänderung $S_{1e} - S_{1a}$, die der Körper 1 beim Temperaturausgleich erfährt, und die Entropieänderung $S_{2e} - S_{2a}$ des Körpers 2. Nach (19.9) und (19.7) ist, wenn wir wieder $C_1 = C_2 = C$ und $T_{1a} = T_{2a} + \Delta T$ setzen und die entstehenden Ausdrücke bis zur zweiten Potenz in $\Delta T/T_{2a}$ entwickeln, zunächst für den Körper 2

$$(19.17)\quad S_{2e} - S_{2a} = C \ln\left(\frac{T_e}{T_{2a}}\right) = C \ln\left(\frac{T_{2a}+\frac{1}{2}\Delta T}{T_{2a}}\right) = C \ln\left(1+\frac{1}{2}\frac{\Delta T}{T_{2a}}\right)$$

$$\approx \frac{C}{2}\frac{\Delta T}{T_{2a}} - \frac{C}{8}\left(\frac{\Delta T}{T_{2a}}\right)^2,$$

ferner für den Körper 1

$$(19.18)\qquad S_{1e}-S_{1a}=C\ln\left(\frac{T_e}{T_{1a}}\right)=C\ln\left(\frac{T_{2a}+\frac{1}{2}\Delta T}{T_{2a}+\Delta T}\right)=C\ln\left(\frac{1+\frac{1}{2}\frac{\Delta T}{T_{2a}}}{1+\frac{\Delta T}{T_{2a}}}\right)$$

$$=C\left\{\ln\left(1+\frac{1}{2}\frac{\Delta T}{T_{2a}}\right)-\ln\left(1+\frac{\Delta T}{T_{2a}}\right)\right\}$$

$$\approx C\left\{\frac{1}{2}\frac{\Delta T}{T_{2a}}-\frac{1}{8}\left(\frac{\Delta T}{T_{2a}}\right)^2-\frac{\Delta T}{T_{2a}}+\frac{1}{2}\left(\frac{\Delta T}{T_{2a}}\right)^2\right\}$$

$$=-\frac{C}{2}\frac{\Delta T}{T_{2a}}+\frac{3C}{8}\left(\frac{\Delta T}{T_{2a}}\right)^2.$$

Die Summe von (19.17) und (19.18) ergibt, wie es sein muß, die beim Temperaturausgleich erzeugte Entropie (19.16). Die allein auf Erzeugung beruhende Entropieerhöhung des aus beiden Körpern bestehenden Gesamtsystems hängt quadratisch von $\Delta T/T_{2a}$ ab. Der Hauptbeitrag zu den Entropieänderungen der beiden einzelnen Körper ist dagegen *linear* in $\Delta T/T_{2a}$; er ist durch $C\,\Delta T/2\,T_{2a}$ gegeben. In der Entropiebilanz des Systems mit der anfänglich höheren Temperatur, also des Körpers 1 erscheint bei $\Delta T>0$ dieser Betrag mit negativem Vorzeichen, in der Entropiebilanz des Systems mit anfänglich tieferer Temperatur mit positivem Vorzeichen. In linearer Näherung in $\Delta T/T_{2a}$ ist die Entropiebilanz zwischen beiden Systemen also ausgeglichen: Was das eine erhält, wird gerade durch das andere geliefert. Der lineare Entropieanteil wird zwischen den beiden Systemen 1 und 2 lediglich ausgetauscht. Die in $\Delta T/T_{2a}$ *quadratischen* Beiträge zur Entropiebilanz besagen, daß die Erhöhung der Entropie des anfangs kälteren Systems nicht ganz so groß und die Entropieverminderung des anfangs wärmeren nicht ganz so klein ist wie der lineare Term allein angibt. Man hüte sich jedoch, die Gln. (9.17) und (9.18) so zu lesen, daß wegen der quadratischen Terme in (9.17) im System 2 eine Entropievernichtung und im System 1 eine Entropieerzeugung stattfindet. Von Entropievernichtung könnte man nur sprechen, wenn die *gesamte* Energiebilanz *beider* Systeme eine Entropieabnahme ergeben hätte.

Daß der Hauptbeitrag der Entropieerhöhung des Systems 2 sowie der Entropieverminderung des Systems 1 der ersten Potenz von $\Delta T/T_{2a}$ proportional ist und damit auf Austausch beruht, während die erzeugte Entropie der zweiten Potenz von $\Delta T/T_{2a}$ proportional ist, hat zur Folge, daß bei hinreichend kleinen Temperaturdifferenzen, nämlich bei $\Delta T/T_{2a}\ll 1$ die Entropieerzeugung gegenüber dem Entropieaustausch vernachlässigbar klein wird (Abb. 19.3). Das ist für alle technischen Wärmeaustauschvorgänge von großer Bedeutung. Wir kommen darauf in §20 zurück.

§20 Reversibilität und Irreversibilität

Die Zerlegung (19.1) der Entropieänderungen eines Systems legt es nahe, Prozeßrealisierungen allgemein in zwei Klassen einzuteilen. Die eine ist die Klasse der *reversiblen Prozeßrealisierungen;* sie ist gekennzeichnet durch $dS_{\text{erzeugt}}=0$. Die andere

Klasse ist die der *irreversiblen Prozeßrealisierungen*, sie umfaßt alle übrigen Realisierungen von Prozessen; bei ihnen ist $dS_{\text{erzeugt}} > 0$. Extrem ist die Irreversibilität, wenn die Änderung dS der Entropie S eines Systems ausschließlich auf Erzeugung beruht. In diesem Fall ist $dS_{\text{ausgetauscht}} = 0$, so daß eine extrem irreversible Prozeßrealisierung adiabatisch ist. Umgekehrt braucht eine adiabatische Prozeßrealisierung nicht unbedingt irreversibel zu sein. Soll sie reversibel sein, muß der Prozeß allerdings isentrop sein.

Da man herkömmlich zwischen Prozessen und Prozeßrealisierungen nicht unterscheidet, ist es üblich, statt von reversiblen und irreversiblen Prozeß*realisierungen* einfach von reversiblen und irreversiblen Prozessen zu sprechen. Gegen die Gewohnheit, Prozeß und Prozeßrealisierung mit demselben Wort „Prozeß" zu bezeichnen, ist nichts einzuwenden, solange man sich klar ist, in welcher begrifflichen Bedeutung man das Wort im Einzelfall braucht. So hat es in der Verbindung „irreversibler Prozeß" eine andere Bedeutung (nämlich die der Realisierung) als etwa in der Verbindung „isentroper", „isothermer" oder „isobarer" Prozeß. Daß die Begriffe reversibel und irreversibel sich auf die Realisierung von Prozessen und nicht auf die Prozesse von Systemen selbst beziehen, werden wir in den folgenden Abschnitten an Beispielen ausführlich demonstrieren. In diesen Beispielen wird jeweils *derselbe* Prozeß eines Systems, nämlich dieselben Variablenänderungen sowohl auf reversible als auch auf extrem irreversible, also adiabatische Weise realisiert.

Der Begriff der Wärme bei Clausius

Die Zerlegung (19.1) der Entropieänderung dS eines Systems in einen ausgetauschten und erzeugten Anteil legt es nahe, das auch für die Energieform TdS zu tun, also zu schreiben

$$TdS = TdS_{\text{ausgetauscht}} + TdS_{\text{erzeugt}}.$$

Die Energieform TdS, die Wärme, erscheint so zerlegt in „ausgetauschte Wärme" ($= TdS_{\text{ausgetauscht}}$) und „erzeugte Wärme" ($= TdS_{\text{erzeugt}}$). So bedenklich diese Zerlegung ist – denn es gibt weder eine Variable $S_{\text{ausgetauscht}}$ noch eine Variable S_{erzeugt}, sondern lediglich die Variable S – spielt sie doch seit CLAUSIUS in den Darstellungen der Thermodynamik eine mehr oder weniger explizite Rolle. Alle Überlegungen, in denen Systemen bei ihren jeweiligen Temperaturen Wärme zugeführt oder entzogen wird, laufen nämlich darauf hinaus, die Wärme δQ zu definieren durch

$$\text{Wärme} = \delta Q = TdS_{\text{ausgetauscht}}. \tag{20.1}$$

Hiermit nimmt die Zerlegung (19.1) die Gestalt an

$$dS = \frac{\delta Q}{T} + dS_{\text{erzeugt}}. \tag{20.2}$$

Für eine reversible Realisierung ist $dS_{\text{erzeugt}} = 0$, also ist

$$dS = \frac{\delta Q}{T} \quad \text{bei } \textit{reversibler} \text{ Prozeßrealisierung.} \tag{20.3}$$

Bei irreversibler Prozeßrealisierung ist dagegen $dS_{\text{erzeugt}} > 0$, so daß sich aus (20.2) ergibt

$$dS > \frac{\delta Q}{T} \quad \text{bei } \textit{irreversibler} \text{ Prozeßrealisierung.} \tag{20.4}$$

Die Gln. (20.3) und (20.4) sind die von CLAUSIUS angegebenen Formulierungen der Verknüpfung von Entropieänderungen mit der Wärme δQ bei reversibel und irreversibel realisierten Prozessen. Sie setzen strenge Beachtung davon voraus, daß Wärme δQ im Sinne der traditionellen Wärmelehre nur mit *ausgetauschter* Entropie verbunden ist. Sie setzen damit ferner voraus, daß nicht nur der Prozeß, sondern auch seine Realisierung festgelegt ist.

Diese Definition wurde von CLAUSIUS übernommen aus der vorthermodynamischen Zeit, in der die Wärme als ein unzerstörbarer Stoff angesehen wurde. So paradox es klingt, diese Definition der Wärme δQ ist nicht mit der irreversiblen, sondern mit der reversiblen Realisierung von Prozessen verknüpft.

In diesem Buch wird das Wort **Wärme** synonym mit der Energieform TdS gebraucht, unabhängig davon, ob die Änderung dS durch Austausch oder Erzeugung zustande kommt. Im Gegensatz zu (20.1) wird das Wort Wärme also nicht nur mit der ausgetauschten, sondern auch mit der erzeugten Entropie verknüpft. Wenn man die Wärme so und nicht auf die von CLAUSIUS übernommene Weise definiert, gilt natürlich nicht die Beziehung (20.4), sondern (20.3) gilt allgemein als Definition für δQ, ungeachtet dessen, ob der Prozeß reversibel oder irreversibel realisiert ist.

Der herkömmliche Gebrauch des Wortes „Wärme“

Das Wort „Wärme“ wird in der Umgangssprache und im herkömmlichen Gebrauch der Naturwissenschaften nicht nur für $TdS_{\text{ausgetauscht}}$ verwendet, sondern auch im Zusammenhang mit TdS_{erzeugt}. Wir sagen „im Zusammenhang mit TdS_{erzeugt}“, denn leider ist es nicht TdS_{erzeugt} selber, was man als Wärme bezeichnet, sondern nur ein Teil davon. Was mit diesem Teil gemeint ist, wird klar, wenn man sich vergegenwärtigt, daß die Entropie S nicht nur eine Funktion von T ist, sondern bei einem System mit der Gibbsschen Fundamentalform (8.15) auch noch von $n-1$ weiteren Variablen, als die wir die extensiven Variablen $X_2, \dots, X_n$ nehmen. Dann ist

$$TdS(T, X_2, \dots, X_n) = T\left(\frac{\partial S}{\partial T}\,dT + \textstyle\sum_{i=2}^{n} \frac{\partial S}{\partial X_i}\,dX_i\right). \tag{20.5}$$

Beruht die Entropieänderung dS eines Systems auf Erzeugung, ist es üblich, nicht die linke Seite von (20.5) als Wärme zu bezeichnen, sondern nur den ersten Term der rechten Seite. Nur der mit dT verknüpfte Term ist das, was sich als „Wärme“ eingebürgert hat. Das rührt daher, daß bei einer völlig irreversiblen Realisierung eines Prozesses, bei der ja $dS = dS_{\text{erzeugt}}$ ist, unter adiabatischem Abschluß des Systems nur der erste Term zur Temperaturänderung des Systems führt. Die Temperaturänderung dT, multipliziert mit $T(\partial S/\partial T)$, einer Wärmekapazität des Systems (§ 22), deren Wert gewöhnlich bekannt ist, wird bei irreversibler Realisierung als Wärme bezeichnet.

Wir verdeutlichen uns die herkömmliche Benützung des Wortes Wärme an Beispielen. Im einfachsten Fall hängt S außer von T von keiner weiteren Variable ab.

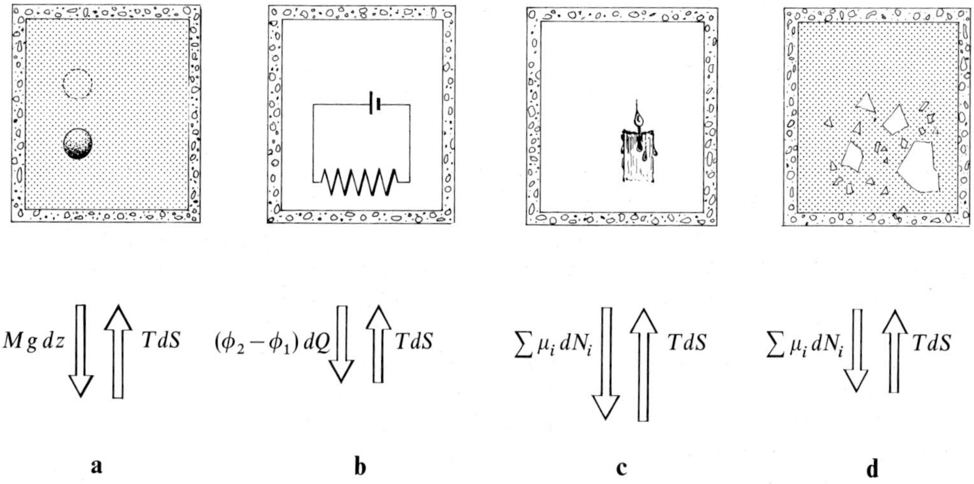

Abb. 20.1

Beispiele von vollständig irreversibel, also adiabatisch realisierten Prozessen. Bei allen Prozessen steigt die Entropie allein infolge von Erzeugung an. Da die Energie E des Gesamtsystems jeweils konstant ist ($dE=0$), reduziert sich die Gibbsche Fundamentalform auf eine Beziehung der Gestalt $TdS+\xi\, dX=0$. Die Energieform $\xi\, dX$ ist dabei in den einzelnen Beispielen Verschiebungsenergie (a), elektrische Energie (b) und chemische Energie (c und d).

(a) Bewegung eines Körpers mit konstanter Geschwindigkeit in einem viskosen Medium im Schwerefeld. Die Energieform $M g\, dz$ ist negativ, die Energieform TdS positiv vom gleichen Betrag. Da dS erzeugt wird, spricht man von TdS als von „erzeugter“ Wärme **(Reibungswärme)**.

(b) Temperaturerhöhung eines stromdurchflossenen Drahtes. Eine Batterie der Spannung $\phi_2-\phi_1$ schickt eine Ladung dQ durch den Draht. Dabei nimmt die Energie des Systems „Batterie + Draht“ ab in der Form $(\phi_2-\phi_1)\, dQ$. Sie nimmt gleichzeitig zu in der Form TdS. Da die Entropiezunahme dS voll auf Erzeugung von Entropie beruht, spricht man von TdS als von „erzeugter“ Wärme **(Joulesche Wärme)**.

(c) Verbrennung einer Kerze. Bei der Verbrennung nimmt die chemische Energie der brennbaren Stoffe der Kerze und des Sauerstoffs ab. Die Energieform $\sum_i \mu_i\, dN_i$ des Systems nimmt negative, die Energieform TdS positive Werte vom gleichen Betrag an. Als **Verbrennungswärme** bezeichnet man aber nicht TdS, sondern nur den ersten Term auf der rechten Seite von Gl. (20.5).

(d) Lösung von Zucker in Wasser. Die Energieform TdS nimmt positive Werte an, die Energieform

$$\textstyle\sum_i \mu_i\, dN_i = \mu_{\text{fester Zucker}}\, dN_{\text{fester Zucker}} + \mu_{\text{gelöster Zucker}} \cdot dN_{\text{gelöster Zucker}}$$

ist negativ vom gleichen Betrag. Fester Zucker und gelöster Zucker sind unterschiedliche Teilchensorten, so daß der Lösungsvorgang als eine chemische Reaktion anzusehen ist, die die Besonderheit hat, daß eine Teilchensorte sich in eine andere unter Erhaltung der Gesamtzahl der Teilchen umwandelt. Verdampfen und Schmelzen sind andere Beispiele derartiger „chemischer“ Reaktionen.

Die **Lösungswärme** ist wieder der erste Term der rechten Seite von (20.5). Auch der zweite Term ist von Null verschieden, obwohl die Gesamtzahl der Teilchen $N=N_{\text{fester Zucker}}+N_{\text{gelöster Zucker}}$ konstant ist.

Abb. 20.1a und 20.1b zeigen zwei solche Beispiele, in denen $S=S(T)$. Dann reduziert sich die rechte Seite der Gl. (20.5) auf den ersten Term. Die Bezeichnungen **„Reibungswärme“** und **„Joulesche Wärme“** sind also in Fällen, in denen S ausschließlich von T abhängt, Bezeichnungen nicht nur für den ersten Term rechts in (20.5), sondern gleichzeitig auch für TdS_{erzeugt}. Ein Beispiel, in dem S noch von einer weiteren Variable abhängt, bildet ein ideales Gas konstanter Teilchenzahl $N=\text{const}$. Es ist jetzt $S=S(T, V)$. Läßt man das Gas isoenergetisch von V_a auf V_e expandieren, und zwar gleichgültig, ob reversibel oder irreversibel realisiert, nimmt seine Entropie um einen Betrag zu, der in (20.15) angegeben wird. Erfolgt die Expansion reversibel, ist es üblich, von Wärmezufuhr und Arbeitsabgabe des Gases zu reden. Die Änderung dS beruht in diesem Fall auf Austausch; es ist $dS = dS_{\text{ausgetauscht}}$. Erfolgt die Expansion dagegen irreversibel, ist es nicht üblich, im Zusammenhang mit der Expansion überhaupt von Wärme zu sprechen, obwohl die Entropie sich genau wie bei der reversiblen Expansion erhöht, nur nicht durch Austausch, sondern durch Erzeugung; es ist jetzt $dS = dS_{\text{erzeugt}}$. Bei der isoenergetischen Expansion eines *idealen* Gases verschwindet der erste Term in (20.5), die Entropieänderung ist, wie wir in (20.14) sehen werden, nur mit dV verknüpft.

Ein anderes Beispiel bilden Prozesse, bei denen die Entropieänderung dS des Systems außer mit einer Änderung der Temperatur dT auch mit einer Änderung von Teilchenzahlen dN_i der an dem Prozeß beteiligten Stoffsorten i verknüpft ist, wie *chemische Reaktionen* und *Lösungsreaktionen* (Abb. 20.1c und 20.1d). Bei ihnen ändern sich die Teilchenzahlen der an der Reaktion beteiligten Stoffsorten. In Gl. (20.5) ist dann $X_2 = N_1, \ldots$ zu setzen. Als **Reaktionswärme** und **Lösungswärme** bezeichnet der Chemiker nicht das bei der vollständig irreversiblen Realisierung der Reaktion auftretende TdS_{erzeugt}, sondern nur den ersten Term in (20.5). Dieser Term braucht bei einer chemischen Reaktion oder einer Lösungsreaktion übrigens keineswegs den Löwenanteil der rechten Seite von (20.5) zu bilden. Während TdS_{erzeugt} immer positiv ist, kann der erste Term rechts in (20.5) durchaus auch negativ sein, nämlich bei einer *endothermen* Reaktion, die ja zu einer Temperaturabsenkung des Systems führt. Auch bei *exothermen* Reaktionen, bei denen Reaktionswärme und TdS_{erzeugt} gleiches Vorzeichen haben, also beide positiv sind, kann deren Betrag sehr unterschiedliche Werte haben.

Die herkömmliche Verwendung des Wortes Wärme bezeichnet, zusammengefaßt, bei reversibler Realisierung eines Prozesses den Ausdruck $TdS = TdS_{\text{ausgetauscht}}$, bei irreversibler Realisierung aber nicht TdS_{erzeugt}, sondern nur den ersten Term in (20.5). Diese Handhabung des Wortes Wärme bei irreversibler Realisierung hat eine, allerdings sehr vordergründige Anschaulichkeit für sich. Wärme ist danach bei irreversibler Realisierung nur mit der Temperaturänderung des Systems verknüpft. Vordergründig ist diese Anschaulichkeit deswegen, weil sich diesem Gebrauch des Wortes Wärme keine physikalische Variable oder Variablenkombination zuordnen läßt. Ob TdS Wärme bedeutet oder nicht, hängt danach davon ab, ob der betrachtete Prozeß reversibel realisiert ist oder nicht. Bei einem konsequenten und klaren Aufbau der Thermodynamik, der nicht an die Realisierung von Prozessen gebunden sein darf, steht einem diese Verwendung des Wortes Wärme daher sehr im Wege. Bei der Benutzung des Wortes Wärme für TdS schlechthin ohne Rücksicht auf die Realisierung des Prozesses, wird das Augenmerk nur auf das begrifflich Wesentliche, nämlich die Änderung dS der Variable S und nicht auf die experimentellen Bedingungen dieser Änderung außerhalb des betrachteten Systems gelenkt. Dabei bleibt es freigestellt, in den beiden Grenzfällen der reversiblen und der extrem irreversiblen, also adiabatischen Realisierung von Prozessen zwischen ausgetauschter und erzeugter Wärme zu unterscheiden. Im ersten Fall ist $dS = dS_{\text{ausgetauscht}}$ und $dS_{\text{erzeugt}} = 0$, im zweiten Fall ist $dS = dS_{\text{erzeugt}}$ und $dS_{\text{ausgetauscht}} = 0$.

Die Zuordnung des Wortes Wärme zu der Energieform TdS schlechthin darf nicht darüber hinwegtäuschen, daß die Energieform TdS, ebenso wenig wie irgendeine andere Energieform, eine Variable eines physikalischen Systems ist. Eine Energieform ist ja nur Zustands*änderungen* zugeordnet, aber nicht den Zuständen des Systems selbst. Anstatt Änderungen von Zuständen durch Energieformen zu beschreiben, ist es dem begrifflichen Aufbau der Physik angemessener, diese Änderungen durch die Änderungen der Werte von Variablen des Systems anzugeben. Anstatt also von *Wärme*austausch oder -erzeugung eines Systems zu sprechen, ist es unmißverständlicher und an das Begriffsschema von physikalischen Größen oder Variablen besser angepaßt, von *Entropie*änderungen zu sprechen, wobei zusätzlich die Temperatur anzugeben ist, bei der die Entropieänderung erfolgt. Falls die Realisierung des Prozesses von Interesse ist, muß man hinzufügen, welcher Anteil der Entropieänderung auf Austausch und welcher auf Erzeugung beruht.

Irreversible und reversible Realisierung des Wärmeaustausches

Als erstes Beispiel dafür, daß sich ein thermodynamischer Prozeß sowohl reversibel als auch irreversibel realisieren läßt, betrachten wir zwei Systeme, von denen das eine die Temperatur T_1 und das andere die Temperatur T_2 habe. Die beiden Systeme mögen Energie nur in Form von Wärme TdS austauschen, nicht dagegen in anderen Energieformen. Dann erfüllt jeder isoenergetische Prozeß (das ist ein Prozeß bei konstanter Energie) des aus den beiden Systemen bestehenden Gesamtsystems die Bedingung

$$T_1\, dS_1 + T_2\, dS_2 = 0. \tag{20.6}$$

Die Gleichung erlaubt, die Änderung dS_2 der Entropie des Systems 2 durch die Änderung dS_1 der Entropie des Systems 1 auszudrücken:

$$dS_2 = -\frac{T_1}{T_2}\, dS_1. \tag{20.7}$$

Das Vorzeichen besagt, daß $dS_1 < 0$ mit $dS_2 > 0$ verknüpft ist und umgekehrt. Die Entropien der Körper können niemals gleichzeitig beide abnehmen oder beide zunehmen. Setzt man (20.7) in (20.6) ein, so erhält man für die Änderung der Entropie des aus beiden Systemen bestehenden Gesamtsystems

$$\begin{aligned} d(S_1 + S_2) = dS_1 + dS_2 &= \left(1 - \frac{T_1}{T_2}\right) dS_1 \\ &= \left(1 - \frac{T_2}{T_1}\right) dS_2. \end{aligned} \tag{20.8}$$

Ist $T_1 > T_2$, so resultiert folgende Alternative

(a) $dS_1 < 0 \to dS_2 > 0,\ d(S_1 + S_2) > 0$: Wärmestrom vom System 1 höherer Temperatur zum System 2 tieferer Temperatur,

(b) $dS_2 < 0 \to dS_1 > 0,\ d(S_1 + S_2) < 0$: Wärmestrom vom System 2 tieferer Temperatur zum System 1 höherer Temperatur.

Wie steht es mit der Realisierung dieser Prozesse? Sie sind beide realisierbar, nur mit unterschiedlicher Beteiligung der Umgebung, also anderer Systeme. Der Prozeß (a) läuft „von selbst“ ab, nämlich ohne Beteiligung eines weiteren Systems. Der Prozeß (b) hingegen, der einen „Kühlschrank“ darstellt, kann, da bei ihm die Entropie des Gesamtsystems abnimmt, nur dadurch realisiert werden, daß weitere Systeme mitwirken, die die Entropie aufnehmen, die dem Gesamtsystem dabei notwendig zu entziehen ist.

a

b

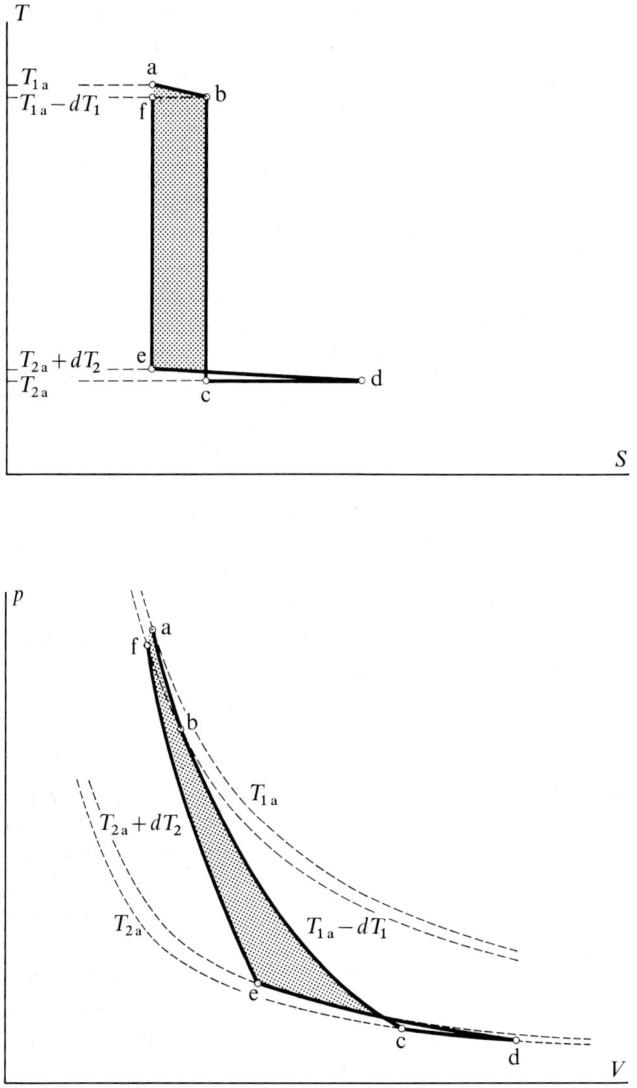

Abb. 20.2

Reversible Realisierung des Temperaturausgleichs zweier Körper bei *konstanter Gesamtenergie* der beiden Körper. Dargestellt sind das *T*-*S*- (Teilbild a) und *p*-*V*-Diagramm (Teilbild b) eines Gases, das zum Temperaturausgleich zwischen den beiden Körpern der Anfangstemperaturen $T_{1\,a}$ und $T_{2\,a}$ benutzt wird. Gezeigt ist der erste Zyklus, der den Körper 1 um dT_1 abgekühlt und den Körper 2 um dT_2 erwärmt. Längs a–b nimmt das Gas vom Körper 1 Wärme auf, der sich dabei um dT_1 abkühlt. Es folgt eine isentrope Expansion des Gases b–c. Auf c–d nimmt das Gas so viel Wärme von einem Wärmereservoir auf, daß es anschließend längs d–e den Entropiebetrag $dS_2=(T_{1\,a}/T_{2\,a})\,dS_1$ an den kalten Körper 2 abgibt, der sich dabei um dT_2 erwärmt. Schließlich wird das Gas auf e–f isentrop komprimiert, bis es in f eine Temperatur erreicht hat, die um dT_1 unter seiner Ausgangstemperatur bei a liegt. Bei dem Zyklus nimmt der Körper 2 den gleichen Wärmebetrag (nicht den gleichen Entropiebetrag!) auf, den der Körper 1 abgibt.

Bei dem sich anschließenden zweiten Zyklus liegen die Punkte a, b und f um dT_1 tiefer, und die Punkte b, c und d um dT_2 höher als beim ersten Zyklus. So folgt ein Zyklus auf den anderen, bis beide Körper dieselbe Endtemperatur T_e erreicht haben, und zwar wenn $C_1=C_2=C$, die Endtemperatur $T_e=(T_{1\,a}+T_{2\,a})/2$.

Hier interessiert uns vor allem der „normale“ Wärmeübergang vom wärmeren Körper 1 zum kälteren Körper 2, von dem wir wissen, daß er bei adiabatischer Isolation des aus beiden Körpern bestehenden Gesamtsystems von der Umgebung irreversibel abläuft. Beim adiabatischen Temperaturausgleich handelt es sich somit um eine *irreversible Realisierung* des Prozesses (a).

Wie sieht nun eine *reversible Realisierung* des Prozesses (a) aus? Dazu denken wir uns dem System 1 die Entropie dS_1 und damit die Wärmemenge $T_1\,dS_1$ entzogen, und zwar dadurch, daß ein Gas mit dem Körper 1 in thermischen Kontakt gebracht und isotherm expandiert wird, bis es den gewünschten Entropiebetrag $|dS_1|$ aufgenommen hat (Abb. 20.2). Hatte der Körper 1 zu Beginn der Expansion die Anfangstemperatur T_{1a}, so hat er sich, da er ja kein Wärmereservoir darstellt, am Ende der Expansion auf $T_{1a}-dT_1$ abgekühlt. Das Gas wird nach der Expansion vom Körper 1 getrennt und isentrop auf die tiefe Temperatur T_{2a} expandiert. Ließe man daran anschließend das Gas isotherm komprimieren im thermischen Kontakt mit dem Körper 2 wie beim Carnot-Prozeß, so gäbe das Gas den Entropiebetrag dS_1 an das System 2 ab. Damit das Gas bei der Kompression nicht den Entropiebetrag dS_1, sondern $|dS_2|>|dS_1|$ abgibt, läßt man es vor der isothermen Kompression bei T_2 erst in Kontakt mit einem Wärmereservoir der Temperatur T_2 noch weiter isotherm expandieren, bis es aus dem Wärmereservoir den noch fehlenden Entropiebetrag $|dS_2|-|dS_1|$ aufgenommen hat. Komprimiert man das vom Wärmereservoir getrennte und mit dem Körper 2 in Wärmekontakt gebrachte Gas nun bis auf den Entropiewert seines ursprünglichen Anfangszustands, gibt es den Betrag

$$T_{2a}\,|dS_1|+T_{2a}(|dS_2|-|dS_1|)=T_{2a}\,|dS_2|$$

an Wärme an den Körper 2 ab. Dabei erwärmt sich der Körper 2 infinitesimal um dT_2 auf $T_{2a}+dT_2$. Danach wird der Wärmekontakt zwischen Gas und Körper 2 gelöst und das Gas isentrop wieder auf die Temperatur $T_{1a}-dT_1$ komprimiert. Das Spiel beginnt nun von neuem, allerdings nicht von T_{1a}, sondern von $T_{1a}-dT_1$ aus. Der Zyklus wird so lange wiederholt, bis beide Körper dieselbe Endtemperatur T_e erreicht haben. Bei jedem Zyklus wird durch das Gas Arbeit geleistet, und zwar entsprechend der beim ersten Zyklus geleisteten Arbeit vom Betrag des gerasterten Flächeninhalts in Abb. 20.2. Diese Arbeit ist nicht etwa auf Kosten der Wärme geleistet worden, die vom Körper 1 stammt, denn die ist vollständig auf den Körper 2 übertragen worden. Durch Gl. (20.6) war ja vorausgesetzt worden, daß der Temperaturausgleich zwischen den Körpern 1 und 2 isoenergetisch erfolgt. Der Arbeitsbetrag des Gases ist vielmehr gleich dem Wärmebetrag, der dem Wärmereservoir bei der Temperatur T_{2a} entzogen wird. Am Ende des ganzen Übergangs von T_{2a} und T_{1a} auf T_e hat man also viele Wärmereservoire im Temperaturbereich zwischen T_e und T_{2a} benutzt, denen insgesamt so viel Wärme entzogen wie Arbeit vom Gas geleistet wird. Die Reversibilität der Realisierung des Wärmeübergangs ist dadurch gewährleistet, daß genau diese Arbeit aufzuwenden ist, um den Körper 2 von T_e auf T_{2a} abzukühlen und den Körper 1 von T_e auf T_{1a} zu erwärmen. Die gemäß den Überlegungen zum Carnot-Prozeß in § 17 dabei anfallende Wärme wird den Wärmereservoiren zugeführt. Der dazugehörige Betrag an Entropie ist gleich der Entropieverminderung von Körper 1 und Körper 2 zusammengenommen, wenn sie von T_e nach T_{1a} bzw. T_{2a} gebracht werden.

Auf den ersten Blick sieht es so aus, als würde bei der reversiblen Realisierung genauso Entropie erzeugt wie bei der irreversiblen. Es ist nämlich auch die reversible Realisierung auf Wärmeaustausch angewiesen vom Körper 2 mit dem Gas und vom Körper 1 mit Gas und Wärmereservoir. Bei der irreversiblen Realisierung wird jedoch Wärme ausgetauscht zwischen Systemen auf den Temperaturen T_1 und T_2, die im allgemeinen weit auseinander liegen. Bei der reversiblen Realisierung dagegen findet Wärmeaustausch nur statt zwischen Systemen, die im thermischen Gleichgewicht sind, nämlich zwischen Körper und Gas oder Gas und Wärmereservoir, wenn sie gleiche Temperatur haben.

Wärmeaustausch bei kleinen Temperaturdifferenzen

Die Energiebilanz (20.6) nimmt bei Verwendung der Temperaturdifferenz $T_1 - T_2 = \Delta T$ zwischen den beiden Körpern die Gestalt an

$$T_1(dS_1 + dS_2) - \Delta T dS_2 = 0.$$

Ist $\Delta T \ll T_1$, so ist der zweite Term $\Delta T dS_2$ in dieser Gleichung klein gegen den ersten, so daß bei hinreichend kleinen Temperaturdifferenzen

$$dS_1 + dS_2 = d(S_1 + S_2) = 0, \quad \text{wenn} \quad \frac{\Delta T}{T_1} \ll 1. \tag{20.9}$$

Die Entropie $S_1 + S_2$ des aus den beiden wärmeaustauschenden Systemen bestehenden Gesamtsystems ist also konstant, so daß bei hinreichend kleinen Temperaturdifferenzen zwischen den austauschenden Körpern jede Realisierung des Wärmeaustausches reversibel ist. Die den Wärmestrom messenden Terme $T_1\, dS_1$ und $T_1\, dS_2$ sind dann groß gegen den für die Entropieerzeugung verantwortlichen Term $\Delta T dS_2$. Ausgetauschte Entropie und erzeugte Entropie streben mit sinkender Temperaturdifferenz nicht gleichmäßig gegen Null, vielmehr fällt die erzeugte Entropie relativ zur ausgetauschten weniger und weniger ins Gewicht. Demgemäß werden alle Realisierungen mit kleiner werdender Temperaturdifferenz immer reversibler. Genau das besagen schon die Gln. (19.17) und (19.18) und auch die Änderung der Entropie des Gesamtsystems (19.16) bei einem adiabatischen Temperaturausgleich zwischen zwei Körpern. Auch diese an sich irreversible Realisierung des Prozesses des Temperaturausgleichs darf als reversibel betrachtet werden, wenn $\Delta T/T_{2a} \ll 1$, wenn also die Temperaturdifferenz klein ist gegen die Anfangstemperatur.

Wie wir auf Seite 281 sehen werden, ist Energie technisch um so wertvoller, je weniger Entropie zusammen mit ihr auftritt. Für technische Vorgänge ist deshalb die Forderung minimaler Entropieerzeugung, also möglichst reversiblen Ablaufs von zentraler Wichtigkeit. Das gilt für Maschinen ebenso wie für den Wärmeaustausch. Um die ausgetauschte Wärme und mit ihr die ausgetauschte Entropie möglichst groß zu machen im Verhältnis zur erzeugten Entropie, muß der Wärmeaustausch also bei möglichst kleinen Temperaturdifferenzen vor sich gehen.

Für strömende Gase und Flüssigkeiten wird die Aufgabe, die Temperaturdifferenzen, über die der Austausch erfolgt, klein zu halten, gelöst durch das Prinzip des **Wärmeaustausches im Gegenstrom.** Die Abb. 20.3 zeigt das Prinzip eines Gegenströmers. Das ankommende warme Gas erniedrigt auf dem Weg von A bis B seine Temperatur dadurch, daß ihm kaltes Gas von B nach A entgegenströmt. Das entgegenströmende Gas erwärmt sich dabei auf dem Weg von B nach A, während das ankommende abgekühlt wird. Haben das hinströmende Gas längs AB und das rückströmende Gas längs AB nahezu das gleiche Temperaturprofil, findet der Wärmeübergang zwischen hin- und rückströmendem Gas an jedem Ort des Gegenstrom-Wärmeaustauschers bei sehr kleiner

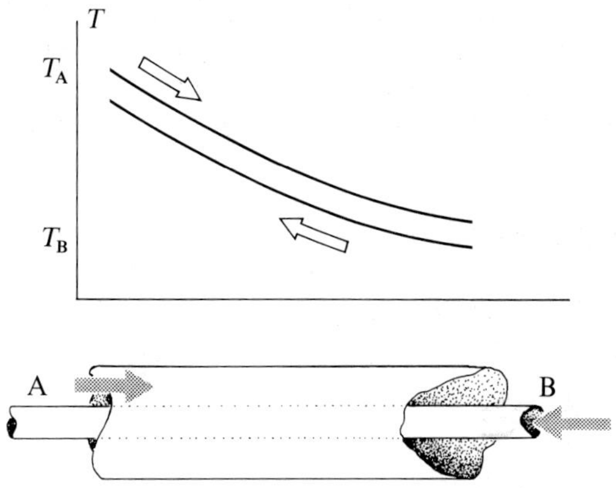

Abb. 20.3

Prinzip des Gegenstrom-Wärmeaustauschers. Heißes und kaltes Gas strömen einander entgegen und tauschen über die innere Rohrwand Wärme aus. Dabei wird das heiße, von A nach B strömende Gas von T_A auf T_B abgekühlt und das entgegenkommende kalte Gas von T_B auf T_A erwärmt. Im Gegenströmer stellt sich im stationären Betrieb für jedes der beiden Gase die Temperaturverteilung so ein, daß die beim Wärmeaustausch gemäß Gl. (19.16) erzeugte Entropie minimiert wird. Für die lokale Temperaturdifferenz ΔT zwischen den beiden Gasen gilt überall $\Delta T \ll T_A - T_B$, so daß der Gegenströmer einen nahezu reversiblen Wärmeaustausch auch bei großer Temperaturdifferenz $T_A - T_B$ ermöglicht.

Temperaturdifferenz statt. Die Kühlung des ankommenden und die Erwärmung des entgegenströmenden Gases ist im Grenzfall verschwindender Temperaturdifferenz zwischen den Gasen reversibel, es wird keine Entropie erzeugt.

Man beachte, daß der Wärmeaustausch nicht, wie die Wärmeleitung, einen Wärme-, also einen Energiestrom von höherer auf tiefere Temperatur bringt, sondern die Energie möglichst unter Beibehaltung der Temperatur lediglich von einem Medium auf ein anderes überträgt. Die Wärmeleitung ist, wie wir schon in §6 gesehen haben, mit Entropieerzeugung verknüpft gemäß Gl. (6.6) bzw. Abb. 6.2. Aus dem Zusammenhang (6.5) zwischen Entropiestrom I_S und Wärmestrom I_W bei Wärmeleitung in einer Richtung x

$$I_S(x) = \frac{1}{T(x)} I_W(x)$$

folgt für die Zunahme des Entropiestroms bei konstantem Wärmestrom

(20.10)
$$\frac{dI_S}{dx} = I_W \frac{d}{dx}\left(\frac{1}{T}\right) = -\frac{I_W}{T^2}\frac{dT}{dx}.$$

Da bei normaler Wärmeleitung der Wärmestrom I_W proportional dem Temperaturgradienten dT/dx ist, folgt aus (20.10), daß die Zunahme des Entropiestroms, also die *Entropieerzeugung* proportional $(dT/dx)^2/T^2$ ist. Bei Wärmeleitung ist also der Entropiestrom proportional $(dT/dx)/T$, die Entropieerzeugung hingegen proportional $(dT/dx)^2/T^2$. Verkleinerung des Temperaturgradienten dT/dx hat zwar eine lineare Verkleinerung des Entropiestroms zur Folge, aber eine quadratische Verkleinerung der Entropieerzeugung. In einem Wärmeaustauscher erfolgt Wärmeleitung einmal quer zur Strömungsrichtung, nämlich von einem Medium auf das andere, und außerdem natürlich auch innerhalb jedes Mediums in bzw. entgegengesetzt der Strömungsrichtung. Kleine Entropieerzeugung wird demnach erreicht, wenn quer zur Strömungsrichtung ein großer Wärmestrom fließt, aber kleine Temperaturdifferenzen herrschen, während in bzw. entgegen der Strömungsrichtung ein kleiner (nicht-konvektiver) Wärmestrom fließt. Ein großer Wärmestrom bei kleinem Temperaturgradient bedeutet große Berührungsflächen zwischen den entgegenströmenden Medien und kleinen Wärmewiderstand der sie trennenden Wände.

Irreversible und reversible Realisierung der isoenergetischen Expansion eines idealen Gases

Als zweites Beispiel für die irreversible und reversible Realisierung ein und desselben Prozesses betrachten wir ein einheitliches Gas fester Menge ($N=\text{const}$), dessen Gibbssche Fundamentalform die Gestalt hat

$$dE = T\,dS - p\,dV. \tag{20.11}$$

Wie wir in §16 gesehen haben, genügt der Prozeß der isoenergetischen Expansion des Gases aus einem Anfangszustand (Index a) in einen Endzustand (Index e) den Bedingungen (16.3), nämlich

$$E_e = E_a, \qquad V_e > V_a. \tag{20.12}$$

Ist das Gas ideal, so ist $T_e = T_a$, da die Energie E eines idealen Gases nur von T abhängt, nicht dagegen von V. Um den Übergang (20.12) zu einem stetigen Prozeß zu machen, denken wir uns ihn in eine Folge infinitesimaler isoenergetischer Expansionen zerlegt (Abb. 20.4), die nach (20.12) und (20.11) der Gleichung genügen

$$T\,dS = p\,dV. \tag{20.13}$$

Ist das Gas ideal ($p = NkT/V$), so nimmt Gl. (20.13) die Gestalt an

$$dS = Nk\frac{dV}{V} = Nk\,d(\ln V). \tag{20.14}$$

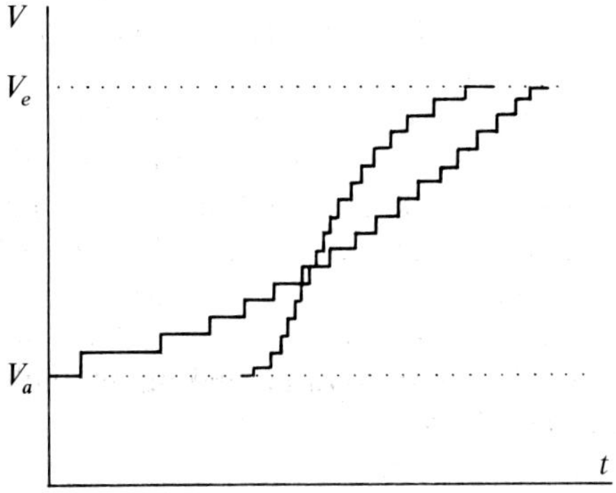

Abb. 20.4
Volumänderung eines Gases als Funktion der Zeit t bei einem Prozeß, der einen Anfangszustand mit dem Volumen V_a mit einem Endzustand verbindet, in dem das Volumen den Wert V_e hat. Der Prozeß besteht aus einer Folge infinitesimaler ruckartiger Vergrößerungen des Volumens, also freier Expansionen, bei denen die Energie des Gases konstant bleibt. Die beiden Kurven stellen verschiedene Prozesse zwischen demselben Anfangs- und Endzustand dar.

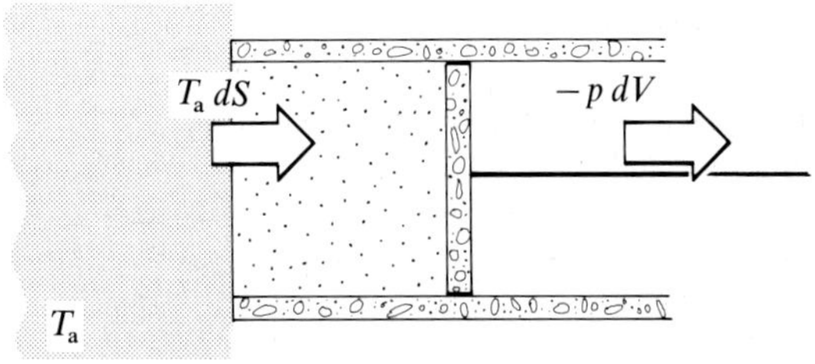

Abb. 20.5
Reversible Realisierung des Prozesses der isoenergetischen Expansion eines idealen Gases. Das Gas wird infolge thermischen Kontaktes mit einem Wärmereservoir der Temperatur T_a auf dieser Temperatur gehalten. Bei der Expansion nimmt es die Wärmemenge $T_a\,dS$ auf, während es den gleichen Betrag an Energie in Form von Kompressionsenergie $-p\,dV$ abgibt. Die Energie des Gases bleibt bei dem Prozeß konstant, während sein Volumen zunimmt, wie es die durch (20.13) definierte isoenergetische Expansion erfordert.

Integriert man diese Gleichung zwischen Anfangs- und Endzustand des Prozesses, erhält man

$$S_e - S_a = N k \ln\left(\frac{V_e}{V_a}\right). \tag{20.15}$$

Die Entropie des Gases nimmt bei dem Prozeß um den Betrag (20.15) zu. Diese Zunahme hängt nicht davon ab, wie der Prozeß realisiert ist und wie er im einzelnen verläuft, welche Werte also alle Variablen *während* des Prozesses haben. Wichtig sind, wie (20.15) zeigt, allein die Werte V_a und V_e des Volumens im Anfangs- und Endzustand und natürlich die Bedingung, daß sich die Energie des Gases bei dem Prozeß nicht ändert ($E_e = E_a$). Auch irgendein anderer isoenergetischer Prozeß als etwa einer der in Abb. 20.4 gezeichneten, ist mit derselben Entropiezunahme des Gases verbunden, wenn er zwischen denselben Werten V_a und V_e verläuft.

Jeder der von uns ins Auge gefaßten, in Abb. 20.4 gezeichneten Prozesse läßt sich nun sowohl auf reversible als auch auf irreversible Weise realisieren. Abb. 20.5 zeigt eine reversible Realisierung der isoenergetischen Expansion. Das Gas nimmt einerseits aus einem Wärmereservoir der Temperatur T_a die Wärmemenge $T_a\,dS$ auf und gibt andererseits Kompressionsenergie $-p\,dV$ ab. Da ein ideales Gas bei konstanter Temperatur auch konstante Energie hat, ist Gl. (20.13) erfüllt. Die Realisierung des Prozesses ist reversibel, da die Entropie des aus Gas und Wärmereservoir bestehenden Gesamtsystems konstant bleibt.

Bei der *irreversiblen* Realisierung wird die Bedingung konstanter Energie ($dE = 0$) des Gases dadurch erfüllt, daß das Gas mit keinem anderen System wechselwirkt, daß es also von der Umgebung energetisch entkoppelt wird. Dazu müssen einmal die das Gas einschließenden Wände adiabatisch sein, und zum anderen müssen die Volumänderungen so vorgenommen werden, daß das Gas keine Kompressionsenergie abgeben kann. Wie wir in § 16 diskutiert haben, läßt sich das entweder dadurch erreichen, daß der Kolben von Stellung zu Stellung mit einer Geschwindigkeit verschoben wird, die groß ist gegen die Schallgeschwindigkeit im Gas, oder auch dadurch, daß statt des Kolbens eine Folge von Wänden eingebaut wird, die nacheinander geöffnet werden können (Abb. 20.6). Da das Gas bei dieser Realisierung der isoenergetischen Expansion keine Energie mit der Umgebung austauscht, also auch keine Wärme und damit auch keine Entropie austauscht, erfolgt die Zunahme der Entropie bei dem Prozeß allein durch Erzeugung (Abb. 20.7 b). Die Realisierung ist somit irreversibel. Man beachte, daß

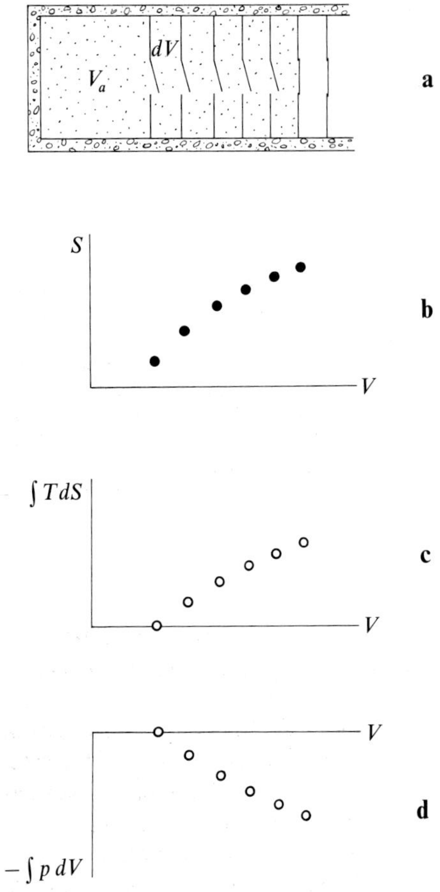

Abb. 20.6

Irreversible Realisierung des Prozesses der isoenergetischen Expansion eines idealen Gases. Die Expansion verläuft in Stufen dV, ausgehend vom Volumen V_a zunächst auf das Volumen $V_a + dV = V_1$, dann auf das Volumen $V_1 + dV = V_2$ und so fort.

Im S-V-Diagramm b sind die Entropiewerte jeder Expansionsstufe durch einen Punkt angedeutet; wenn das Gas nach einer Expansion im inneren Gleichgewicht ist, liegt auch der Wert von S fest. Bei der beschriebenen stufenweisen Ausdehnung des Gases gibt die Formel (20.14) bzw. (20.15) die Entropie $S(T, V)$ nur in den Gleichgewichtszuständen am Ende jeder Expansionsstufe an. Daher ist die Kurve $S = S(V)$ des Expansionsprozesses nicht ausgezogen, sondern die Werte von S sind nur in den Gleichgewichtszuständen angegeben. Da man sich dV beliebig klein vorzustellen hat, rücken die Stufen beliebig dicht aneinander (was keineswegs bedeutet, daß damit die irreversible Realisierung in eine reversible Realisierung überginge).

Die Diagramme c und d zeigen die Werte der Integrale $\int TdS$ und $-\int p\,dV$, also die Zunahme der Energieform TdS bzw. die Abnahme der Energieform $-p\,dV$ bei dem Prozeß. Die Beträge dieser Integrale sind wegen $E = \text{const.}$ stets entgegengesetzt gleich, um wieviele Stufen auch das Gas expandiert ist. Ausgetauscht mit der Umgebung wird bei dieser Realisierung des Expansionsprozesses weder die Energieform TdS noch $-p\,dV$. Das System hat Energie vielmehr nur „intern" umgewandelt; es hat sich gewissermaßen Energie aus der rechten in die linke Tasche gesteckt. Diese Energieumwandlung bei der irreversiblen Realisierung eines Prozesses, nämlich ohne daß das System Energie in irgendeiner Form mit der Umgebung austauscht, soll die Abb. 20.7b veranschaulichen, und zwar im Gegensatz zur reversiblen Realisierung eines Prozesses, bei der Energieumwandlung mit Energie*austausch* verknüpft ist (Abb. 20.7a). Die Variablenänderungen dS und dV bestimmen den *Prozeß*, hier den Expansionsprozeß des Gases. Sie haben nichts mit Reversibilität oder Irreversibilität zu tun. Erst dadurch, daß man angibt, ob dS durch Austausch mit der Umgebung oder durch Erzeugung sich ändert, legt man fest, ob der Prozeß reversibel oder irreversibel realisiert ist.

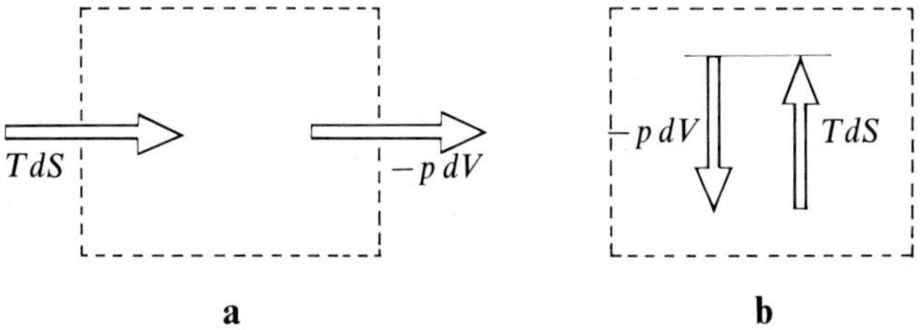

Abb. 20.7
Symbolische Darstellung der reversiblen (a) und irreversiblen (b) Realisierung der isoenergetischen Expansion eines Gases. Das Gas als System ist gestrichelt gezeichnet. Man beachte, daß ein physikalisches System als räumlich abgegrenztes Gebilde nur bei Ausschluß der Prozesse $dN = 0$ darstellbar ist.

Im reversiblen Fall a werden die Energiebeträge TdS und $-p\,dV$, also Wärme und Kompressionsenergie mit der Umgebung ausgetauscht. Das soll durch die die Systemgrenzen überschreitenden Pfeile dargestellt werden. Im irreversiblen Fall b sind die Variablenänderungen dS und dV nicht mit dem Austausch von Energie verbunden. Trotzdem haben die Energieformen TdS und $-p\,dV$ des Gases von Null verschiedene Werte, genau wie im reversiblen Fall. Den Variablen*änderungen* allein, die den Prozeß festlegen, sieht man nicht an, ob der Prozeß reversibel oder irreversibel realisiert ist. Das ist erst dadurch bestimmt, ob mit den Variablenänderungen Energieaustausch verknüpft ist (Fall a) oder nicht (Fall b).

die Volumänderungen und damit die Druckänderungen bei jedem Einzelschritt beliebig klein sein können, so daß der ganze Prozeß durchaus als stetig angesehen werden darf. Sein zeitlicher Ablauf kann somit beliebig vorgeschrieben werden.

Während der irreversiblen Realisierung der isoenergetischen Expansion treten, wenn man den Zustand des Gases und die Zustandsänderungen, also die Prozesse, für beliebig kleine Zeitabstände in jedem Augenblick beschreiben will, viel mehr Energieformen auf als die Fundamentalform (20.11) enthält. Das Gas strömt, verwirbelt sich, wird in Teilen komprimiert, in Teilen dilatiert, nimmt in einigen Teilen Wärme auf und gibt in anderen Teilen Wärme ab. Es treten Bewegungsenergie, Kompressionsenergie und Wärmeenergie auf, und zwar in sehr vielen Formen, da jedes Volumelement des Gases ein eigenes System mit eigenen Energieformen bildet. Wollte man den irreversiblen Prozeßablauf vollständiger beschreiben, müßte man sehr viel mehr Energieformen mitnehmen, als es in (20.11) geschieht. Am Ende des irreversiblen Prozesses treten jedoch fast alle Energieformen wieder von der Bühne ab, da sich Gleichgewichte bilden. Am Ende ist eine einzige Variable p und eine einzige Variable T alles, was von den vielen Druck- und Temperaturvariablen übrig geblieben ist, die während der irreversiblen Realisierung der Expansion in den einzelnen Teilen des Gases herrschten, als sie untereinander weder im Kompressions- noch im thermischen Gleichgewicht waren. Von den Energieformen Bewegungsenergie ist am Ende überhaupt nichts mehr übrig, da die Teile des Gases nicht mehr strömen, also überall $\boldsymbol{v} = 0$ ist.

Das Beispiel der Gasexpansion zeigt, daß das Wort „quasistatisch", das häufig als erläuternde oder sogar als gleichbedeutende Bezeichnung für „reversibel" verwendet wird, nicht glücklich gewählt ist. Quasistatisch wird gerne näher charakterisiert als „durch Gleichgewichtszustände führend". Die Expansion des Gases in Abb. 20.6 ist auch bei beliebig nahe aneinander liegenden Stufen, deren jede einen Gleichgewichtszustand des Gases wiedergibt, vollständig irreversibel realisiert. Die Expansion verläuft also durchaus „quasistatisch" und trotzdem irreversibel. Auch die Forderung „unendlich langsam" ist nicht charakteristisch für reversibel realisierte Prozesse. Langsamkeit ist zwar wegen des im Vergleich zur Entropieerzeugung häufig langsam verlaufenden Entropieaustauschs im allgemeinen eine notwendige Bedingung für die reversible Realisierung, aber sie ist sicher nicht hinreichend. Auch das zeigt die in Abb. 20.6 dargestellte irreversible Realisierung der Gasexpansion, die auch bei beliebig langsamem Verlauf vollständig irreversibel bleibt.

Die isoenergetische Expansion zeigt sehr klar, daß der Begriff des *Zustands* fundamentaler ist als der des Prozesses. Zu Beginn eines Prozesses befindet sich ein System in einem Zustand, dem *Anfangszustand*, und am Ende des Prozesses befindet es sich in einem, außer bei einem Kreisprozeß vom Anfangszustand verschiedenen Zustand, dem *Endzustand*. Welchen Prozeß es zwischen Anfangs- und Endzustand ausgeführt hat, läßt sich auf keine Weise aus der Kenntnis von Anfangs- und Endzustand sagen. Wenn man aber Anfangs- und Endzustand nicht nur von dem System kennt, das den Prozeß ausgeführt hat, sondern auch von allen denjenigen Systemen, mit denen es während des Prozesses in Wechselwirkung war, also Größen ausgetauscht hat, läßt sich sagen, ob der Prozeß irreversibel oder reversibel realisiert worden ist. Dazu muß man die Entropiewerte *aller dieser Systeme* in ihren Endzuständen und Anfangszuständen vergleichen.

Irreversible und reversible Realisierung des Mischens idealer Gase

Als drittes und letztes Beispiel einer irreversiblen und reversiblen Realisierung betrachten wir einen Prozeß, bei dem zwei ideale Gase A und B bei konstanter Energie gemischt werden. Im Anfangszustand a mögen die beiden Gase bei gleichem Druck p_a und gleicher Temperatur T_a in zwei getrennten Volumina V_{Aa} und V_{Ba} vorliegen (Abb. 20.8). Im Endzustand e mögen beide Gase ohne Änderung ihrer Energie dasselbe Volumen $V_{Ae}=V_{Be}=V_e$ einnehmen, das außerdem genauso groß sein soll wie die Summe der Anfangsvolumina: $V_e=V_{Aa}+V_{Ba}$. Wir fragen nach dem Entropieunterschied zwischen Endzustand und Anfangszustand. Um ihn zu berechnen, benötigen wir eine Regel über Mischungen idealer Gase, die wir erst später genauer diskutieren werden, nämlich daß in einer Mischung idealer Gase sich jedes der Gase hinsichtlich der Zusammenhänge zwischen seinen Variablen so verhält, als wäre es allein in dem betrachteten Volumen vorhanden. Die extensiven Größen der Mischung sind somit die Summe der extensiven Größen jedes der einzelnen idealen Gase. Aus dieser Regel folgt, daß der Übergang vom Anfangszustand a in den Endzustand e für jedes der beiden Gase eine isoenergetische Expansion ist. Da die Zustandsänderung jedes der Gase so berechnet werden kann, als wäre das andere Gas gar nicht vorhanden, erfährt das Gas A eine Expansion

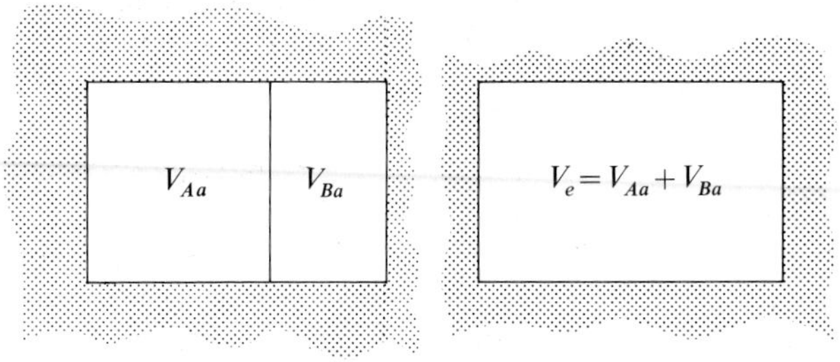

Abb. 20.8

Zwei verschiedene ideale Gase A und B mögen im Anfangszustand a die Volumina V_{Aa} und V_{Ba} bei gleichem Druck p_a und gleicher Temperatur T_a einnehmen. Im Endzustand e, in dem die Gesamtenergie und damit auch die Temperatur den gleichen Wert habe wie im Anfangszustand, seien die Gase im gleichen Gesamtvolumen $V_e=V_{Aa}+V_{Ba}$ gemischt. Der Übergang vom Zustand a zum Zustand e ist dann, gleichgültig wie er erfolgt, mit der Entropiezunahme (20.16) verknüpft. Wird diese Zunahme der Entropie des Systems voll durch *Zufuhr* von Entropie bestritten, spricht man von einer *reversiblen* Realisierung des Prozesses, wird die Entropiezunahme dagegen allein durch *Erzeugung* von Entropie im System selbst bewirkt, spricht man von einer *vollständig irreversiblen* Realisierung des Prozesses.

vom Volumen V_{Aa} auf das Volumen V_e und das Gas B vom Volumen V_{Ba} auf V_e. Nach (20.15) ist somit

(20.16)
$$\begin{aligned} S_e - S_a &= (S_{Ae} + S_{Be}) - (S_{Aa} + S_{Ba}) \\ &= (S_{Ae} - S_{Aa}) + (S_{Be} - S_{Ba}) \\ &= N_A\, k \ln \left(\frac{V_e}{V_{Aa}}\right) + N_B\, k \ln \left(\frac{V_e}{V_{Ba}}\right). \end{aligned}$$

Die Entropie des aus den beiden Gasen bestehenden Systems nimmt beim Prozeß des isoenergetischen Mischens um den Betrag der **Mischungsentropie** (20.16) zu. Wieder hängt die Zunahme bei gegebenen Anfangszuständen getrennter Gase nur vom Endzustand ab, nicht dagegen davon, wie dieser Endzustand der vollständigen Durchmischung erreicht wird.

Auch der Übergang vom Zustand der entmischten zum Zustand der vermischten Gase läßt sich sowohl irreversibel als auch reversibel realisieren. Wieder ist die irreversible Realisierung die intuitiv näherliegende. Sie besteht darin, daß das Gesamtsystem aus den beiden getrennten Gasen nach außen energetisch abgeschlossen und die die beiden Gase trennende Wand beseitigt wird. Die Gase diffundieren dann ineinander. Je nach der geometrischen Form der Volumina V_{Aa} und V_{Ba}, nämlich ob die Linearabmessungen der Berührungsfläche der beiden Gase A und B groß oder klein sind gegen die dazu senkrechte Ausdehnung der Volumina, stellt sich der Endzustand gleichförmiger Durchmischung nach kürzerer oder längerer Zeit „von selbst" ein. Da das aus den beiden Gasen bestehende Gesamtsystem energetisch abgeschlossen ist, also auch keine Wärme und damit auch keine Entropie mit der Umgebung austauschen kann, wird die ganze Zunahme (20.16) der Entropie durch Erzeugung bestritten. Die Realisierung des Mischprozesses durch Diffusion der beiden Gase ineinander ist also irreversibel.

Eine reversible Realisierung des Mischprozesses benötigt eine *Membran*. Eine Membran ist eine semipermeable Wand, wie wir sie in §13 kennengelernt haben. Sie ist nur für bestimmte Teilchensorten durchlässig, für andere nicht. Hier brauchen wir einmal Wände, die nur das Gas A eingrenzen, für das Gas B dagegen durchlässig sind, also die Wirkung haben, als wären sie für B gar nicht vorhanden, und zum anderen Wände, die nur das Gas B eingrenzen, dagegen für A durchlässig sind. Wir denken uns eine Anordnung wie sie Abb. 20.9 zeigt. Das Gas A ist in Wände eingeschlossen, die nur für A undurchlässig, für B dagegen durchlässig sind, während B von Wänden eingeschlossen ist, die für B undurchlässig, für A hingegen durchlässig sind. Die Volumina seien außerdem durch Kolben abgeschlossen, über die den Gasen Kompressionsenergie zugeführt oder entzogen werden kann. Schließlich mögen beide Gase in thermischem Kontakt stehen mit einem Wärmereservoir der Temperatur T_a. Das Gas A wird nun isotherm vom Anfangsvolumen V_{Aa} auf das Endvolumen V_e expandiert, ebenso das Gas B von V_{Ba} auf V_e. Den Gasen wird dabei Wärme und damit Entropie aus dem Wärmereservoir zugeführt. Es handelt sich um eine reversible Realisierung der isoenergetischen Expansion jedes der beiden Gase A und B auf ein Volumen desselben Wertes V_e. Dabei ist der vom Wärmereservoir auf die Gase übergegangene Entropiebetrag gleich (20.16). Nun erst machen wir von der Semipermeabilität der Wände Gebrauch. Wir denken uns nämlich die beiden nunmehr gleich großen Volumina V_e der beiden Gase A und B so ineinandergeschoben wie es Abb. 20.9c zeigt. Dieser Vorgang kostet keine Energie, da er nur eine räumliche Verschiebung der Gase darstellt und jedes Gas wegen seiner Idealität die Eigenschaft hat, daß keine seiner Größen dadurch

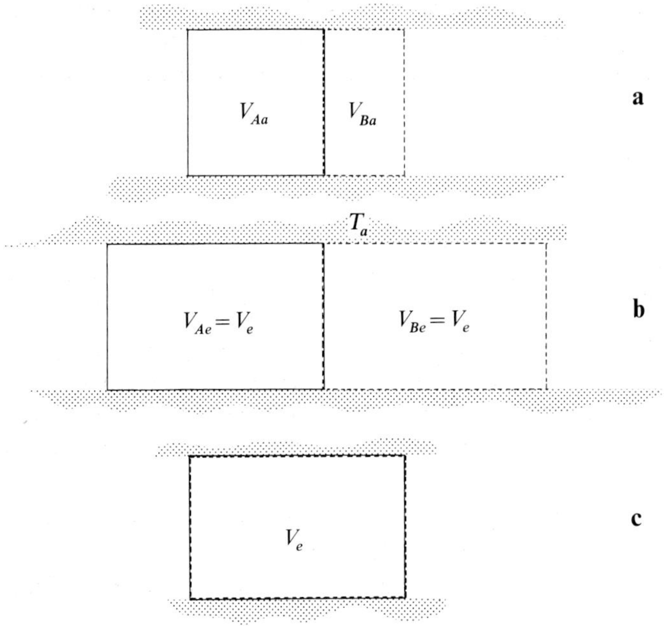

Abb. 20.9
Reversible Realisierung der Mischung zweier idealer Gase A und B. Das Gas A ist von Wänden eingeschlossen, die nur für A undurchlässig, für B dagegen durchlässig sind (durchgezogene Linien). Das Gas B ist entsprechend von Wänden eingeschlossen, die nur für B, nicht dagegen für A undurchlässig sind (gestrichelte Linien). Im Anfangszustand (a) liegen beide Gase beim selben Druck p_a und derselben Temperatur T_a in den Volumina V_{Aa} und V_{Ba} vor. Beide Gase werden dann unter Kontakt mit einem Wärmereservoir der Temperatur T_a auf ein Volumen der Größe V_e expandiert (b). Für die Gase ist das eine reversibel realisierte isoenergetische Expansion. Im letzten Schritt (c) werden die beiden Volumina V_{Ae} und V_{Be} ineinander geschoben, so daß beide Gase dasselbe Gebiet im Raum ausfüllen. Dieser Schritt kostet, da er lediglich eine Verschiebung der Behälter darstellt, keine Energie.

geändert wird, daß das andere Gas denselben Raumbereich ausfüllt. Im Endzustand liegen die beiden Gase ebenso vermischt vor wie im Endzustand der irreversiblen Realisierung des Mischungsprozesses.

Die beiden hier diskutierten Realisierungen bilden Extremfälle. Der eine ist mit maximaler, der andere mit minimaler Irreversibilität verknüpft. Alle anderen Realisierungen liegen, was den Grad der Irreversibilität angeht, zwischen diesen Extremen. Sind z.B. die semipermeablen Wände nicht ideal semipermeabel, sondern lassen sie, wie es in Wirklichkeit mehr oder weniger der Fall ist, das eine Gas besser hindurch als das andere, so tritt auch beim Mischen mit Hilfe der semipermeablen Wände Irreversibilität auf, nur nicht in so hohem Maß wie beim freien Ineinanderdiffundieren der Gase.

Es sei angemerkt, daß die Entropieerhöhung (20.16) nur auftritt, wenn es sich um *verschiedene* ideale Gase A und B handelt. Wären A und B nur zwei Mengen N_A und N_B *desselben* einheitlichen idealen Gases, so wären die beiden in Abb. 20.8 dargestellten Zustände der Entmischung und Vermischung identisch. Bei Mischung gleicher Gase gibt es keine Entropieerhöhung. Wann sind nun zwei Gase verschieden? Eine Antwort darauf geben die in der reversiblen Realisierung des Mischungsprozesses benutzten semipermeablen Wände. Gibt es nämlich eine Wand, die das Gas A hindurchläßt, B dagegen nicht, so bedeutet das, daß es ein System gibt, eben die Wand, das mit dem

Gas A eine andere Wechselwirkung hat als mit dem Gas B. Hätte A dagegen mit *allen* physikalischen Systemen dieselbe Wechselwirkung wie B, so gäbe es keine Wand, die mit A anders wechselwirkt als mit B, und daher wären A und B zwei Mengen *desselben* Gases.

Zustand. Prozeß. Realisierung

Die Beispiele demonstrieren die Regeln im Umgang mit physikalischen Systemen, ihren Prozessen und deren Realisierungen. Wir fassen diese Regeln zusammen:

1. Der fundamentale Begriff ist der des *Zustands*. Ein physikalisches System ist nichts anderes als eine *Gesamtheit von Zuständen*. Dem einzelnen Zustand ist nicht anzusehen, wie er hergestellt, wie er erreicht worden ist, denn Zustände werden so beschrieben, daß man lediglich die Werte angibt, die die physikalischen Größen, die Variablen in ihnen haben.

2. Beobachten lassen sich nicht die Zustände, sondern nur *Übergänge* von Zuständen in andere Zustände. Ein Übergang oder *Prozeß* ist daher vollständig charakterisiert durch die Angabe der Werte der Variablen des Systems im Anfangs- und im Endzustand.

3. Bei jeder *Realisierung von Übergängen oder Prozessen* eines Systems handelt es sich um die Herstellung von Bedingungen, unter denen bestimmte Prozesse stattfinden, andere jedoch nicht stattfinden können. Die Realisierung besteht darin, daß das System mit anderen Systemen jeweils in bestimmte Wechselwirkung gebracht wird, nämlich daß die Variablenänderungen des Systems mit den Variablenänderungen anderer Systeme verknüpft werden. Auch die Isolation eines Systems gegen den Austausch bestimmter Größen ist eine derartige Wechselwirkung. Jede Wechselwirkung legt eine Klasse von Prozessen des Systems fest, die unter dieser Wechselwirkung stattfinden können. So können Prozesse eines Systems, bei denen sich der Wert der Energie ändert, nur stattfinden, wenn das System mit einem anderen System so in in Wechselwirkung gebracht wird, daß der Änderungsbetrag der Energie von dem zweiten System aufgenommen wird, das dabei gleichzeitig einen Prozeß macht.

Die Regeln machen deutlich, wann die Prozesse selber und wann ihre Realisierungen von Bedeutung sind. Geht es um die Untersuchung einzelner physikalischer Systeme, also darum, wie die Variablen eines Systems, etwa eines Gases oder eines Festkörpers miteinander zusammenhängen, so interessieren nur die Prozesse, nicht dagegen ihre Realisierungen. Will man etwa angeben, wie die Entropie S eines Festkörpers zusammenhängt mit der Temperatur T, so will man nur wissen, welche Werte der Entropie zu welchen Werten der Temperatur gehören, aber nicht, wie diese Werte hergestellt werden. Auch die Gibbssche Fundamentalform eines Systems betrifft nur die Prozesse, nicht aber, wie diese realisiert werden. Deshalb ist die Fundamentalform auch nicht notwendig als Energieaustausch des Systems mit anderen Systemen zu lesen; sie beschreibt nur den Zusammenhang von Variablen*änderungen* an dem System, ohne Rücksicht darauf, wie sie zustande kommen. Im Zusammenhang mit der Frage der Arbeitsfähigkeit eines Systems werden wir das genauer diskutieren.

Das Problem des Experimentators ist dagegen meist die Realisierung von Prozessen, da er Meßverfahren für die Variablenänderungen und die mit ihnen verknüpften

Energiebeträge finden muß, die er an den Variablenänderungen anderer Systeme, nämlich seiner Meßinstrumente, abliest. Ebenso steht die Realisierung von Prozessen im Vordergrund, wenn es darum geht, bestimmte gewünschte Übergänge in physikalischen Systemen zu verwirklichen. Diese Aufgabe stellt sich vor allem bei technischen Anwendungen. Hier spielen deshalb die Realisierungen von Prozessen die vorherrschende Rolle und mit ihnen die Frage nach der Reversibilität und Irreversibilität.

Die Umkehrbarkeit von Prozessen

Eine Prozeßrealisierung, bei der die Gesamtentropie aller beteiligten Systeme konstant bleibt, ist reversibel; eine Realisierung, bei der die Gesamtentropie dagegen anwächst, ist irreversibel. Reversibel heißt nun auf deutsch „umkehrbar", irreversibel „nicht-umkehrbar". Man spricht gern von reversiblen und irreversiblen Prozessen als von **umkehrbaren und nicht-umkehrbaren Prozessen.** Bei diesem Sprachgebrauch ist aber Vorsicht geboten. Jeder Übergang von einem Zustand eines Systems in einen anderen ist umkehrbar in dem Sinn, daß sich eine Realisierung finden läßt, bei der das System den umgekehrten Übergang macht und am ursprünglichen Anfangszustand endet. Die Wörter „umkehrbar" und „nicht-umkehrbar" beziehen sich, wie die Wörter „reversibel" und „irreversibel", nicht auf die Zustandsänderungen eines Systems, sondern auf die *Realisierungen* dieser Zustandsänderungen *mit Hilfe weiterer Systeme.* Wir formulieren das als die *Regel:*

> Die Begriffe umkehrbar und nicht-umkehrbar beziehen sich, ebenso wie reversibel und irreversibel, auf die *Realisierungen* von Prozessen eines Systems. Eine reversible Realisierung eines Prozesses ist auch eine Realisierung des umgekehrten Prozesses des Systems. Eine irreversible Realisierung dagegen ist keine Realisierung des umgekehrten Prozesses des Systems.

Man bestätigt die Regel an den Prozeßbeispielen, von denen wir jeweils eine reversible und eine irreversible Realisierung angegeben haben. Die Kombination von Systemen, die eine reversible Realisierung des Temperaturausgleichs, der isoenergetischen Expansion und der Vermischung darstellten, erlauben auch, die umgekehrten Prozesse zu realisieren, nämlich die Herstellung einer Temperaturdifferenz, die Kompression eines Gases und die Entmischung zweier Gase A und B. Die Einzelheiten seien dem Leser als Übung überlassen. Die irreversiblen Realisierungen der Prozesse erlauben dagegen nicht, die umgekehrten Prozesse ebenfalls zu realisieren. Da nämlich die Umkehrung aller drei Prozesse mit Verminderung der Entropie des Systems verknüpft ist, die Entropie bei den irreversiblen Realisierungen aber nicht abgeführt werden kann, sind die umgekehrten Prozesse mit diesen Realisierungen nicht möglich.

Daß die Reversibilität oder Irreversibilität keine Eigenschaft des Prozesses ist, also der Zustandsänderungen, die ein System durchmacht, sondern eine Frage der Realisierung des Prozesses, zeigt sich besonders bei **Kreisprozessen.** Auch hier spricht man von reversiblen und irreversiblen Kreisprozessen, aber man meint stets die Realisierungen. Da das den Kreisprozeß durchlaufende System am Ende des Prozesses wieder im Anfangszustand ist, muß, da die Entropie des Systems in jedem Zustand einen bestimmten Wert hat, die Entropie des Systems nach Durchlaufen des Kreisprozesses wieder den gleichen Wert haben wie am Anfang. Ob der Kreisprozeß reversibel oder irreversibel realisiert worden ist, spürt man nicht an dem System, das den Kreisprozeß durchläuft, beim Carnot-Prozeß also dem Arbeitssystem, auch wenn die die Irreversibilität verursachende Entropieerzeugung im Arbeitssystem selbst stattfindet, sondern an der Umgebung, nämlich an allen übrigen Systemen, mit denen das Arbeitssystem während des Kreisprozesses in Wechselwirkung war, also Energie und weitere physikalische Größen ausgetauscht hat. Bei reversibler Realisierung hat die Entropie dieser Umgebung nach Durchlaufen des Kreisprozesses denselben Wert wie am Anfang, während sie bei irreversibler Realisierung zugenommen hat. Entsprechend ist im ersten Fall die Realisierung des Kreisprozesses auch eine Realisierung des umgekehrt verlaufenden Kreisprozesses, im zweiten dagegen nicht.

Arbeitsfähigkeit eines Systems

In technischen Realisierungen von Prozessen eines physikalischen Systems sind Irreversibilitäten unbeliebt, weil durch sie *Arbeitsfähigkeit des Systems* vergeudet wird. Was ist damit gemeint? Da man allgemein die von TdS verschiedenen Energieformen „Arbeit" nennt, handelt es sich darum, daß das System offenbar Energie in einer von TdS verschiedenen Energieform liefern könnte, das aber nicht tut, wenn Irreversibilitäten zu groß werden. Wie groß ist der Energiebetrag, den man bei irreversibler Realisierung eines Prozesses verschenkt? Um das zu beantworten, muß allerdings klar sein, zwischen welchem Anfangs- und Endzustand des Systems der die Arbeit liefernde Prozeß ablaufen soll.

Als Beispiel betrachten wir wieder, wie schon zu Beginn dieses Paragraphen, das System aus zwei Festkörpern 1 und 2 mit unterschiedlicher Anfangstemperatur T_{1a} bzw. T_{2a}. Der Einfachheit halber seien die Wärmekapazitäten beider Körper gleich, also $C_1 = C_2 = C$. Wir fragen danach, wieviel Arbeit das System bei einem Prozeß abgeben kann, der es in einen Endzustand inneren Gleichgewichts bringt, also in einen Zustand, in dem die beiden Körper *gleiche* Temperatur T_e haben. Der Wert von T_e wird, wohlgemerkt, nicht vorgegeben, sondern es ist nur verlangt, daß die Temperatur beider Körper am Ende den gleichen Wert hat. Wir setzen ferner voraus, daß das System nur Arbeit, aber keine Wärme mit der Umgebung austauscht. Die Bedingung, daß das System Arbeit abgeben soll, schließt aus, daß die Energie des Systems zunehmen kann. Das Verbot des Wärmeaustauschs des Systems mit der Umgebung schließt ferner aus, daß die Entropie des Systems abnehmen kann.

Für die Realisierung des Prozesses des Temperaturausgleichs auf eine Gleichgewichtstemperatur T_e gibt es zwei Grenzfälle, den der extrem irreversiblen und den der reversiblen Realisierung. In beiden Fällen gilt für die Entropieänderung des Systems Gl. (19.13), nämlich

$$S_e - S_a = C \ln\left(\frac{T_e^2}{T_{1a}\,T_{2a}}\right). \tag{20.17}$$

Diese Gleichung ist durch den Prozeß des Temperaturausgleichs bestimmt und hat nichts zu tun mit der Realisierung des Prozesses. Sie gibt an, um welchen Betrag sich die Entropie ändern muß, wenn die beiden Körper von einem Zustand mit den Anfangstemperaturen T_{1a} und T_{2a} in einen Zustand mit der gemeinsamen Endtemperatur T_e übergehen.

Im einen Grenzfall, dem der extrem irreversiblen Realisierung, gibt das System überhaupt keine Energie ab. Seine Entropie nimmt durch Erzeugung zu, bis sich inneres

Gleichgewicht, nämlich gleiche Temperatur, eingestellt hat. Die Entropie hat unter der Bedingung vorgegebener fester Energie des Systems dann ein Maximum. Das ist der Temperaturausgleich innerhalb eines adiabatisch abgeschlossenen Systems, den wir früher in diesem Paragraphen ausführlich beschrieben haben. Es stellt sich nach (19.7) dabei die Endtemperatur ein

$$T_e = \frac{T_{1a} + T_{2a}}{2} \quad \text{bei extrem irreversibler Realisierung.} \tag{20.18}$$

Der andere Grenzfall ist der der reversiblen Realisierung. Die Entropie des Systems bleibt dabei konstant und die Energie des Systems nimmt bei konstanter Entropie ein Minimum an. Das System gibt dabei so lange Energie in von Wärme verschiedener Form ab, bis es im inneren Gleichgewicht ist. Abb. 20.10 zeigt eine reversible Realisierung des Prozesses, bei der eine Carnot-Maschine mit den beiden Körpern als Wärmereservoiren benutzt wird. Bei jedem Kreisprozeß der Carnot-Maschine wird den Körpern nur so wenig Wärme entzogen bzw. zugeführt, daß ihre Temperatur sich nur um den Betrag dT ändert. Da im reversiblen Grenzfall $S_e = S_a$, ist nach (20.17)

$$T_e = \sqrt{T_{1a}\, T_{2a}} \quad \text{bei reversibler Realisierung.} \tag{20.19}$$

Die Endtemperatur T_e in (20.19) bei reversibler Realisierung ist nach (19.15) tiefer als T_e in (20.18) bei extrem irreversibler Realisierung. Das muß auch so sein, denn bei reversibler Realisierung hat das System ja Arbeit abgegeben, seine Energie im Endzustand ist also kleiner als bei irreversibler Realisierung.

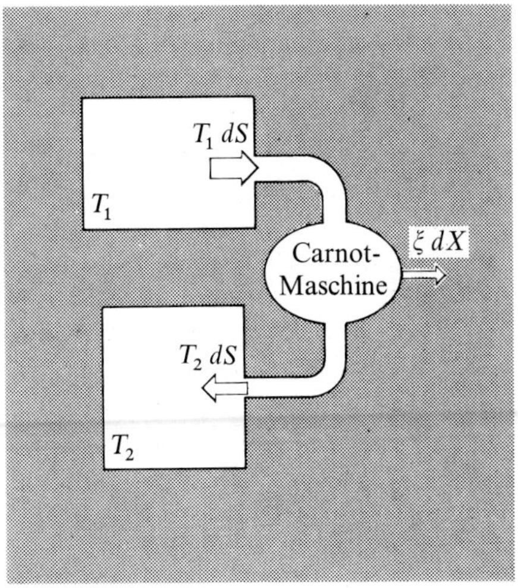

Abb. 20.10
Reversible Realisierung des Temperaturausgleichs zweier Körper bei *konstanter Gesamtentropie* (im Unterschied zu dem in Abb. 20.2 dargestellten reversiblen Temperaturausgleich bei konstanter Gesamt*energie*) der beiden Körper mit Hilfe einer zwischen den jeweiligen Temperaturen T_1 und T_2 der beiden Körper arbeitenden Carnot-Maschine. Dem aus den beiden Körpern bestehenden Gesamtsystem kann Energie in der Form $\xi\, dX$ (Nicht-Wärme) so lange entzogen werden, bis die Energie E des Gesamtsystems bei gegebener Entropie ein Minimum annimmt. Die beiden Körper haben dann die gleiche Temperatur T_e, und zwar die tiefste mit (20.17) bei $S_e \geqq S_a$ verträgliche Temperatur, nämlich bei $C_1 = C_2 = C$ den Wert (20.19).

Daß tatsächlich die vom System abgegebene Arbeit maximal ist bei reversibler Realisierung, erkennt man daran, daß die Endtemperatur (20.19) der kleinste Wert ist, den T_e annehmen kann. Das folgt einfach daraus, daß einerseits $S_e = S(T_e)$ nach (20.17) eine mit T_e monoton steigende Funktion ist, also mit sinkenden Werten von T_e abnimmt, daß andererseits aber $S_e \geqq S_a$ erfüllt sein muß. Da auch die Energie des Systems gemäß (19.4) in Abhängigkeit von T_e monoton ansteigt, ist die Energieabgabe des Systems damit im reversiblen Grenzfall am größten. Sie beträgt nach Gl. (19.4), wenn man berücksichtigt, daß die Wärmekapazität der beiden Körper zusammen $2C$ ist,

$$(E_a - E_e)_{\max} = C\left(T_{1a} + T_{2a} - 2\sqrt{T_{1a}T_{2a}}\right). \tag{20.20}$$

Diesen Energiebetrag hat man, läuft der Prozeß extrem irreversibel ab, als Arbeit vergeudet. Das System hat ja im extrem irreversiblen Fall tatsächlich gar keine Arbeit geleistet; es hätte aber bei gleichem Anfangszustand und reversibler Realisierung des Prozesses des Temperaturausgleichs zwischen beiden Körpern den Betrag (20.20) an Arbeit leisten können.

Ist die Realisierung nicht extrem irreversibel, sondern liegt sie zwischen den Grenzfällen der extremen Irreversibilität und der Reversibilität, so beträgt die vergeudete Arbeit mit (20.20) nur noch

$$\begin{aligned}(E_a - E_e)_{\max} - (E_a - E_e) \\ = C\left(T_{1a} + T_{2a} - 2\sqrt{T_{1a}T_{2a}}\right) - C\left(T_{1a} + T_{2a} - 2T_e\right) = 2C\left(T_e - \sqrt{T_{1a}T_{2a}}\right).\end{aligned} \tag{20.21}$$

Die Endtemperatur T_e liegt dabei im Bereich

$$\sqrt{T_{1a}T_{2a}} \leqq T_e \leqq \frac{T_{1a} + T_{2a}}{2}. \tag{20.22}$$

Energiedissipation

Statt von vergeudeter Arbeit spricht man auch von *dissipierter Energie.* Man sagt deshalb auch, das Auftreten von Irreversibilitäten habe *Energiedissipation* zur Folge. Allgemein nennt man bei einem Prozeß $\mathfrak{C}$ eines Systems den Ausdruck

$$\int_{\mathfrak{C}} T\,dS_{\text{erzeugt}} = \text{beim Prozeß } \mathfrak{C} \text{ dissipierte Energie.} \tag{20.23}$$

Dazu muß natürlich klar sein, welcher Anteil der Entropieänderung, die das System bei dem Prozeß erfährt, im System erzeugt wird. Man muß also etwas über die Realisierung des Prozesses wissen. In unserem Beispiel des extrem irreversiblen Temperaturausgleichs ist die ganze Entropieänderung, die das aus den beiden Körpern bestehende System erfährt, durch Erzeugung bewirkt, da ja der Austausch von Entropie ausgeschlossen war. Daß (20.23) in unserem Beispiel (20.21) ergibt, erkennt man, wenn man den (20.17) entsprechenden Ausdruck für die Entropie in einem Zustand gemeinsamer Temperatur $T_1 = T_2 = T$

$$S(T) = 2C \ln\left(\frac{T}{\sqrt{T_{1a}T_{2a}}}\right) + S_a \tag{20.24}$$

nach T auflöst und in (20.23) einsetzt. Die Integration von S_a bis S_e, die dem Leser als Übung überlassen sei, ergibt (20.21).

Andere Beispiele für vergeudete Arbeit, also Energiedissipation bei extrem irreversibler Realisierung eines Prozesses enthält die Abb. 20.1. In allen diesen Beispielen finden Prozesse ohne Energieaustausch mit der Umgebung, weder von Arbeit noch von

Wärme, statt. Daher bleibt die Energie des Systems bei allen dort gezeigten Prozessen konstant. Da Erzeugung von Entropie stattfindet, also $TdS_{\text{erzeugt}} > 0$ ist, die Energie aber konstant bleibt, muß eine andere Energieform mit gleichem negativen Betrag auftreten. Das System tauscht bei diesem Prozeß keine Energie mit der Umgebung aus, seine Energie bleibt konstant. Trotzdem findet ein Prozeß statt, die Variablen des Systems ändern ihre Werte. Das System „steckt sich seine Energie von der linken in die rechte Tasche". Die Energieform mit negativem Betrag ist im Beispiel der Abb. 20.1a die Verschiebungsenergie. Die Verschiebungsenergie wird aber nicht abgegeben bei der gezeigten irreversiblen Realisierung; sie ist „vergeudet". Auch die Joulesche Wärme der Abb. 20.1b ist dissipierte Energie, weil vergeudete elektrische Energie; denn die dem Zuwachs an TdS_{erzeugt} entsprechende Abnahme des Systems an elektrischer Energie $\phi\, dQ$ wird ja von ihm nicht abgegeben. Bei den irreversibel realisierten chemischen Reaktionen der Verbrennung und der Lösung in Abb. 20.1c und d wird ebenfalls keine Arbeit geleistet, im Gegensatz zu einer reversibel realisierten chemischen Reaktion in einer Batterie, bei der das System Arbeit in Form von elektrischer Energie abgibt. In jedem Beispiel bedeutet vergeudete Arbeit, daß die Energie des Systems zwar in der Energieform einer Arbeit abnimmt, gleichzeitig aber im selben Maß an dissipierter Energie TdS_{erzeugt} zunimmt, so daß der Arbeitsbetrag nicht vom System abgegeben wird.

Die Diskussion von Irreversibilität und Reversibilität zeigt noch einmal deutlich, daß die Gibbssche Fundamentalform eines Systems nur etwas über die Prozesse des Systems aussagt, nicht aber über deren Realisierung. Wenn eine Energieform von Null verschieden ist, so bedeutet das nicht notwendig, daß das System Energie in dieser Form mit anderen Systemen austauscht. Das System kann gleichzeitig innere Energieumsetzungen machen, indem es mehrere Energieformen betätigt. In welcher dieser Formen Energie dabei ausgetauscht wird, ja ob überhaupt Energie ausgetauscht wird, ist eine Frage der Realisierung. Beruht das Betätigen jeder Energieform des Systems auf Austausch mit anderen Systemen, so ist der Prozeß reversibel realisiert. Ist dagegen $TdS > 0$, ohne daß TdS voll als Wärme ausgetauscht wird, so ist der Prozeß irreversibel realisiert.

Die Unmöglichkeit der Entropievernichtung

Der isoenergetische Temperaturausgleich zwischen zwei Körpern ist, wie wir gesehen haben, ein Prozeß, bei dem die Entropie des aus den beiden Körpern bestehenden Gesamtsystems zunimmt. Umgekehrt muß ein Prozeß, bei dem zwei Körper mit anfänglich gleicher Temperatur auf verschiedene Temperaturen gebracht werden, mit Entropieverminderung verknüpft sein, wenn die Energie des aus den beiden Körpern bestehenden Gesamtsystems im Anfangs- und Endzustand den gleichen Wert hat, wenn es sich also um einen Prozeß handelt, bei dem isoenergetisch eine Temperaturdifferenz erzeugt wird. Kann ein derartiger Prozeß unter adiabatischem Abschluß des Gesamtsystems realisiert werden? Da der adiabatische Abschluß den Entropieaustausch des Systems mit der Umgebung unterbindet, wäre damit die Möglichkeit der Entropie*vernichtung* bewiesen. Wie steht es mit der Realisierung eines derartigen Prozesses?

Die Frage läßt sich bequem diskutieren am Beispiel des Kühlschranks, dessen Funktion es ja ist, eine Temperaturdifferenz zwischen seinem Inneren und seiner Umgebung zu erzeugen und aufrecht zu erhalten. Das Aufrechterhalten der Temperaturdifferenz interessiert hier nicht. Wären die Trennwände zwischen Innerem und Äußerem

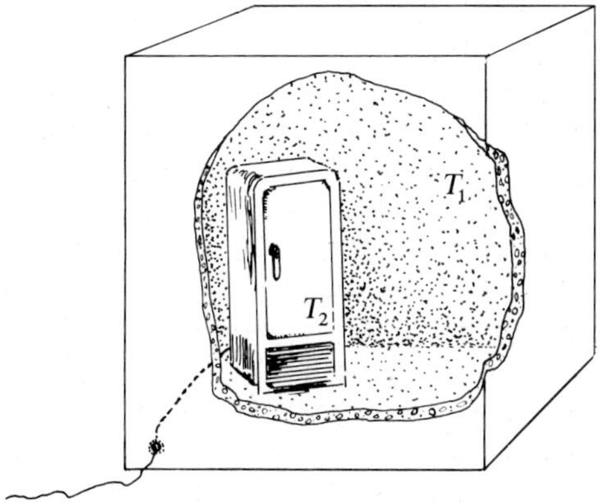

Abb. 20.11

Ein Kühlschrank ist eine Maschine, die zwischen dem Inneren des Kühlschranks (Teilsystem 2) und dem Rest des Zimmers (Teilsystem 1), die anfangs auf gleicher Temperatur sind ($T_{1a} = T_{2a}$), eine Temperaturdifferenz $T_1 - T_2 > 0$ herstellt. Dabei muß allerdings dem Gesamtsystem „Zimmer + Kühlschrank" Energie zugeführt werden. Das geschieht durch Zufuhr elektrischer Energie. Wird das Zimmer durch adiabatische Wände eingeschlossen, so daß Entropie nicht aus dem Zimmer hinausströmen kann, läßt sich die zugeführte Energie dem Zimmer nur um den Preis entziehen, daß die Temperaturdifferenz zwischen Innerem des Kühlschranks und dem Rest des Zimmers wieder auf Null abgebaut wird. Wird bei dem Prozeß der Erzeugung der Temperaturdifferenz oder beim Abbau der Temperaturdifferenz Entropie im Zimmer erzeugt, läßt sich, solange das Zimmer adiabatisch eingeschlossen ist, die zur Erzeugung der Temperaturdifferenz zugeführte Energie nicht voll dem Zimmer wieder entziehen.

des Kühlschranks beliebig gut wärmeundurchlässig, bliebe eine einmal erzeugte Temperaturdifferenz dauernd bestehen. Für unsere Diskussion ist der Kühlschrank also eine Maschine, mit der es gelingt, zwischen zwei Teilsystemen des Zimmers, die anfangs auf gleicher Temperatur sind, nämlich dem Inneren (2) des im Zimmer stehenden Kühlschranks und dem Rest (1) des Zimmers außerhalb des Kühlschranks eine Temperaturdifferenz $T_1 - T_2$ herzustellen (Abb. 20.11). Das gelingt allerdings nur dadurch, daß man dem Gesamtsystem $(1+2)$ Energie von der Umgebung außerhalb des Zimmers über ein elektrisches Kabel zuführt. Daß die elektrische Energie im Zimmer an den Motor des Kühlschranks weitergegeben wird, braucht uns nicht zu interessieren. Für uns ist nur wichtig, daß, wenn der Kühlschrank arbeitet, die Energie des Gesamtsystems „Zimmer einschließlich Kühlschrank" zunimmt. Nun soll der gesuchte Prozeß aber isoenergetisch sein. Um diese Bedingung zu erfüllen, muß dem Gesamtsystem gerade so viel Energie wieder entzogen werden, wie ihm zum Betrieb des Kühlschranks als elektrische Energie zugeführt wurde. Damit aber zusammen mit der Energie nicht auch Entropie aus dem Gesamtsystem hinausströmt, denken wir uns das Gesamtsystem in adiabatische Wände eingeschlossen, die Außenwände des Zimmers also wärme- und damit entropieundurchlässig gemacht (Abb. 20.11). Die Frage ist nun: Gibt es unter diesen Bedingungen einen Prozeß, bei dem dem Gesamtsystem zwar die Energie entzogen wird, die Temperaturdifferenz $T_1 - T_2$ zwischen dem Inneren des Kühlschranks und dem Rest des Zimmers dabei jedoch nicht auf Null abgebaut wird? Ist der Kühlschrank „ideal", d.h. erzeugt er beim Betrieb keine Entropie und läßt man seinen Motor umgekehrt, also als Generator laufen, so könnte er die vorher aufgenommene Energie in Form von elektrischer Energie wieder abgeben. Dabei würde allerdings die Temperaturdifferenz $T_1 - T_2$ zu Null; das Kühlaggregat arbeitet dann als Wärmekraftmaschine, solange $T_1 - T_2$ von Null verschieden ist. Der Leser mache sich anhand der Bilanz dieses Prozesses klar, daß, wenn alle elektrisch zugeführte Energie wieder entzogen ist, auch $T_1 - T_2 = 0$ ist.

Die Frage bleibt, ob es nicht vielleicht doch gelingen könnte, die Energie in einer anderen, von der Wärme und der elektrischen Energie verschiedenen Form zu entziehen und dabei eine von Null verschiedene Temperaturdifferenz $T_1 - T_2$ übrig zu behalten. Gelänge das, so wäre damit die Vernichtung von Entropie bewiesen. Tatsächlich ist das aber noch nie gelungen. Wir kennen keine einzige Prozeßrealisierung, bei der die Entropie eines Systems abnimmt, ohne daß das System mindestens diesen Entropiebetrag an die Umgebung abgibt. Beweist das, daß es keine Entropievernichtung gibt? Strenggenommen nein, denn es könnte ja sein, daß wir gerade nur solche Prozeßrealisierungen kennen, bei denen keine Entropie vernichtet wird. Unsere Erfahrung „beweist" nicht, daß das unmöglich ist, denn dazu müßte man *alle* Realisierungen des Prozesses experimentell kennen, und das geht nicht, da es beliebig viele Realisierungen gibt. Die Erfahrung, daß Prozesse, bei denen Entropie vernichtet wird, nicht beobachtet werden, legt es jedoch nahe, die **Unmöglichkeit der Entropievernichtung** als Prinzip zu postulieren. Mit diesem Postulat hätten wir dann gleich eine „Erklärung" für unsere Erfahrung, daß es nicht gelingt, Prozesse zu realisieren, bei denen unter adiabatischer Isolation Temperaturdifferenzen entstehen. Man halte sich aber wohl vor Augen, daß es sich bei der Unmöglichkeit der Entropievernichtung um ein Prinzip handelt, also um eine Annahme, die sich nicht beweisen läßt, sondern deren Begründung allein in ihrem Erfolg bei der Anwendung auf die Vorgänge in der Natur liegt. Seine Bedeutung und Rechtfertigung erfährt das Prinzip von der Unmöglichkeit der Entropievernichtung durch die ungeheuer vielen Schlußfolgerungen, die bisher ausnahmslos in der Erfahrung bestätigt wurden.

Man verwechsle auf keinen Fall Entropie*vernichtung* mit Entropie*verminderung*. Die als Folge von Entropieaustausch mögliche Verminderung der Entropie eines Systems hat nichts mit Entropievernichtung zu tun. Jedes System, das Wärmeenergie abgibt, vermindert dabei seine Entropie — es sei denn, die Wärmeabgabe ist mit so viel Entropieerzeugung verknüpft, daß im System ebenso viel oder gar mehr Entropie erzeugt als mit der Wärme abgegeben wird. Von Entropievernichtung darf man nur sprechen, wenn die Entropie des Systems kleiner wird, ohne daß der Differenzbetrag von dem System abgegeben wird, sich also in einem anderen System als Erhöhung dessen Entropie wiederfindet. Die Unmöglichkeit der Entropievernichtung äußert sich darin, daß eine *Verminderung der Entropie eines Systems nur dadurch geschehen kann, daß der Verminderungsbetrag an Entropie aus dem System wegströmt.* Hinsichtlich der Verminderung verhält sich die Entropie daher so, als befolgte sie einen Erhaltungssatz. Erhöht werden kann die Entropie eines Systems dagegen sowohl dadurch, daß Entropie in das System hineinströmt, als auch durch Erzeugung im System selbst. Hinsichtlich Erhöhung befolgt die Entropie also keinen Erhaltungssatz. Wir sagen deswegen auch, die Entropie habe eine „halbe" Erhaltungseigenschaft, nämlich gegenüber Vernichtung.

Da Entropie nicht vernichtet werden kann, bei reversiblen Prozeßrealisierungen aber auch keine Entropie erzeugt wird, gilt die *Regel:*

Bei reversibel realisierten Prozessen genügt die Entropie einem Erhaltungssatz.

So wie die Energie bei *allen* Prozeßrealisierungen einem Erhaltungssatz genügt, also zwischen wechselwirkenden Systemen nur ausgetauscht, nur hin- und hergeschoben wird, wird bei *reversiblen* Prozeßrealisierungen auch die Entropie nur ausgetauscht. Das macht den Umgang mit der Entropie bei reversiblen Prozeßrealisierungen besonders einfach, denn wenn irgendein System seine Entropie ändert, so muß der Änderungsbetrag je nach Vorzeichen von einem anderen System geliefert oder an ein anderes abgegeben worden sein.

Die Entropie als Maß des „Wertes“ der Energie

Bei technischen Prozeßrealisierungen ist es meist wünschenswert, die Irreversibilität so klein wie möglich zu halten, also reversible Realisierungen anzustreben. Dadurch wird, wie wir gesehen haben, die mit erzeugter Entropie notwendig verbundene Energiedissipation, also die Vergeudung von Energie vermieden. Bedeutet nun die Vermeidung von Entropieerzeugung, daß es technisch immer wünschenswert ist, die Entropie eines Systems so klein wie möglich zu halten? Tatsächlich läßt sich die Entropie generell als ein Maß für den *Verwendungswert* und damit überhaupt für den **Wert der in einem System enthaltenen Energie** ansehen. Energie ist technisch um so wertvoller, mit je weniger Entropie sie zusammen auftritt.

Wir erläutern das am Beispiel eines Kraftwerks. Das System „Kraftwerk“ ergänzen wir durch Hinzunahme weiterer Systeme so, daß das entstehende Gesamtsystem energetisch abgeschlossen ist, also Energie weder aufnimmt noch abgibt. Das Gesamtsystem enthält als Teilsystem neben dem Kraftwerk damit auch den Vorrat an Kohle und Sauerstoff, den das Kraftwerk verbraucht. Es enthält weiter das Teilsystem „Abgase“ sowie den Teil der Außenwelt, an den die Abwärme des Kraftwerks und des Verbrauchers abgegeben wird. Als Teilsystem „Verbraucher“ wählen wir der Einfachheit halber ein Pumpspeicherwerk, also zwei Wasserbassins in unterschiedlicher Höhe im Schwerefeld der Erde. Da das Gesamtsystem energetisch und damit auch adiabatisch abgeschlossen ist, hat jeder Prozeß, den es unter dieser Realisierung überhaupt machen kann, die Eigenschaft, daß dabei die Energie E des Gesamtsystems konstant bleibt und seine Entropie S nicht abnimmt. Der kleinste Wert S_a, den die Entropie des Gesamtsystems haben kann, ist deshalb der im Anfangszustand, in dem das Gesamtsystem übernommen wird. In allen Zuständen, die beim Betrieb, also bei *irgendwelchen* Prozessen des Gesamtsystems erreicht werden können, ist die Entropie $S \geqq S_a$. Denken wir uns einen anderen Anfangszustand gegeben, in dem die Entropie einen größeren Wert S'_a habe als im ersten Anfangszustand, so können vom zweiten Anfangszustand aus nur Zustände erreicht werden, deren Entropie $S \geqq S'_a$ ist. Alle Zustände des Gesamtsystems, deren Entropie zwischen S'_a und S_a liegt, können dann zwar beim Start vom ersten Anfangszustand (mit S_a) aus erreicht werden, nicht aber beim Start vom zweiten Anfangszustand (mit S'_a). Wir haben somit die *Regel:*

> Die Mannigfaltigkeit der Zustände eines Systems, die von einem Anfangszustand aus durch Übergänge unter energetischem Abschluß des Systems erreichbar sind, ist um so größer, je kleiner die Entropie des Anfangszustands ist.

Nun ist technisch gesehen ein System um so verwendungsfähiger, je größer die Anzahl derjenigen Zustände ist, die sich von einem gegebenen Anfangszustand aus erreichen lassen. Daher besagt die Regel, daß ein System technisch um so verwendungsfähiger ist, je kleiner bei gegebener Energie E des Systems seine Entropie ist und je besser bei irgendwelchen Prozessen das Ansteigen der Entropie verhindert wird. Macht man bei gegebener Energie E des Systems die Entropie S maximal, so kann unter energetischem Abschluß des Systems gar kein Prozeß mehr stattfinden. Das System liegt dann im Zustand vollständigen inneren Gleichgewichts vor (§ 14).

In unserem Beispiel des Kraftwerks, das durch die übrigen Systeme zu einem energetisch abgeschlossenen Gesamtsystem ergänzt wurde, hat die Entropie dann den kleinsten Wert, wenn Kohle und Sauerstoff unverbrannt, also chemisch nicht gebunden vorliegen. Beim Verfeuern der Kohle verbindet sich die Kohle mit dem Sauerstoff zu CO_2, das als heißes Gas anfällt. Verläuft die Verbrennung bis zur Einstellung des chemischen Gleichgewichts der Reaktion $C+O_2=CO_2$, so wird dabei pro gebildetem CO_2-Molekül eine bestimmte Menge an Entropie erzeugt. Ob darüber hinaus noch mehr Entropie erzeugt wird, hängt davon ab, wie die Abkühlung des heißen CO_2 realisiert wird. In einem reversibel arbeitenden Kraftwerk erfolgt diese Abkühlung isentrop. Das Gas gibt etwa im Gegenstromverfahren Wärme an Wasser und Dampf ab, wobei der Dampf in der Turbine wieder isentrop expandiert und dabei abkühlt. Sind alle diese Prozesse reversibel oder nahezu reversibel realisiert, so ist der Verbrennungsvorgang die einzige Quelle der Entropieerzeugung. Es ist der Grenzfall minimaler Entropieerzeugung, solange Kohle einfach verbrannt wird. Der andere Grenzfall ist der, bei dem die Turbine gar nicht mitwirkt, sondern das heiße CO_2-Gas durch Wärmeaustausch mit den übrigen Teilsystemen des Gesamtsystems abgekühlt wird. Bei der Abkühlung wird noch einmal Entropie erzeugt. Im Endzustand ist alle Kohle verbrannt, ohne daß Turbine, Generator und Pumpe gelaufen wären. In diesem Zustand hat das Gesamtsystem bei gegebener Energie die maximale Entropie. Hat man das System einmal in diesen Zustand gebracht und hält man es energetisch isoliert, so ist kein weiterer Prozeß mehr möglich; das Gesamtsystem befindet sich im inneren Gleichgewicht.

Die Entropie ist nicht nur ein Maß für den Verwendungswert der Energie von Systemen, sondern auch für den Verwendungswert von Energieströmen. Ein Energiestrom ist um so wertvoller, nämlich um so verwendungsfähiger, je geringer der ihn begleitende Entropiestrom ist. So hat ein Energiestrom den größten Wert, wenn gar kein Entropiestrom mit ihm verknüpft ist. Das ist z.B. der Fall bei einem Strom elektrischer Energie. Ein Wärmestrom hat um so größeren Wert, je höher die Temperatur T des Wärmestroms ist. Das ist eine unmittelbare Folge des Ausdrucks TI_S für den Wärmestrom. Je größer nämlich T ist, um so kleiner ist der mit einem gegebenen Energiestrom TI_S verknüpfte Entropiestrom I_S. Daß ein Wärmestrom von hoher Temperatur wertvoller ist als ein Wärmestrom tieferer Temperatur, ist uns schon vom Carnot-Prozeß bekannt. Der aus einem Wärmestrom abzweigbare Energiestrom in anderer Form als Wärme ist danach um so größer, je größer der Carnot-Faktor $(T_1-T_2)/T_1$, je größer also die relative Differenz der Temperaturen von aufgenommenem Wärmestrom und abgegebenem Wärmestrom sind.

§ 21 Die Messung der Entropie

Aus der Energieform Wärme TdS haben wir auf die Existenz der beiden Variablen Temperatur T und Entropie S geschlossen. In Kap. V haben wir die absolute Temperatur T und ihre Messung untersucht. Wir haben die Variable T nun so in der Hand, daß wir die Temperatur jedes Zustands eines physikalischen Objekts im Prinzip messen können. Messen heißt dabei, den Wert bestimmen, den die Temperatur T in einem bestimmten Zustand eines Systems hat. Wenn auch auf den ersten Blick der Wert der Temperatur T durch ein Thermometer „direkt" bestimmt wird, so haben wir doch gesehen, daß die direkte Messung im allgemeinen nur den Wert einer empirischen Temperatur liefert, aus dem auf den Wert der absoluten Temperatur T erst geschlossen werden muß. Ebenso werden wir auf den Wert der Entropie in einem Zustand aus der Messung anderer physikalischer Größen schließen müssen; das „Entropiemeter" nimmt wie das Thermometer den Umweg über die Messung anderer Größen.

Auch bei der Entropie heißt messen, den Wert bestimmen, den die Entropie S in einem Zustand eines Systems hat. Diese Aufgabe wird in zwei Schritte zerlegt. Zunächst bestimmt man Entropie*differenzen*, nämlich die Differenz der Entropiewerte in verschiedenen Zuständen des Systems. Gelingt es dann, den Absolutwert der Entropie in *einem* Zustand des Systems festzulegen, sind auch die Absolutwerte der Entropie in den übrigen Zuständen des Systems bekannt. In diesem Paragraphen geht es um die Messung von Entropiedifferenzen. Die Frage des Absolutwertes der Entropie wird in §28 behandelt.

Entropieänderungen und Prozesse

Die Frage nach der Differenz der Entropiewerte S_1 und S_2 zweier Zustände 1 und 2 eines Systems ist identisch mit der Frage nach dem Betrag $\Delta S = S_1 - S_2$, um den sich die Entropie des Systems ändern muß, wenn das System vom Zustand 2 in den Zustand 1 übergeht. Da die Entropie in jedem Zustand des Systems einen bestimmten Wert hat, ist $\Delta S = S_1 - S_2$ unabhängig davon, *wie* der Übergang erfolgt, also welche anderen Zustände des Systems dabei durchlaufen werden. Vor allem hat das zur Folge, daß der Wert von ΔS unabhängig ist davon, ob der Übergang reversibel oder irreversibel realisiert wird. *Die Änderung der Entropie ist, wie die jeder anderen Variable, an Prozesse gebunden, nicht dagegen an Prozeßrealisierungen.*

Alle Prozesse eines physikalischen Systems genügen der Gibbsschen Fundamentalform des Systems

$$dE = T\,dS + \xi_2\,dX_2 + \cdots + \xi_n\,dX_n \tag{21.1}$$

$\xi_2\,dX_2, \ldots, \xi_n\,dX_n$ sind die von der Wärme $T\,dS$ verschiedenen unabhängigen Energieformen des Systems. Für ein Gas oder eine Flüssigkeit z.B. ist $n=3$ und $\xi_2\,dX_2 = -p\,dV$, $\xi_3\,dX_3 = \mu\,dN$. Löst man (21.1) nach dS auf, erhält man

$$dS = \frac{1}{T}[dE - \xi_2\,dX_2 - \cdots - \xi_n\,dX_n]. \tag{21.2}$$

Diese Gleichung besagt, daß die Änderung dS, die die Entropie eines Systems bei einem Prozeß erfährt, sich dadurch bestimmen läßt, daß 1. die Temperatur T des Systems gemessen wird, 2. die Änderung dE bestimmt wird, die die Energie E des Systems bei dem Prozeß erfährt, 3. die Beträge gemessen werden, mit denen die von der Wärme verschiedenen Energieformen $\xi_j\,dX_j$ des Systems an dem Prozeß beteiligt sind. Da wir die Messung der absoluten Temperatur T in der Hand haben, bleibt die Frage, wie es mit der Messung der Änderung dE der Energie E des Systems sowie der Beträge der Energieformen $\xi_j\,dX_j$ steht.

Zunächst ist keineswegs selbstverständlich, daß der Betrag einer Energieform $\xi_j\, dX_j$ unmittelbar gemessen werden kann. Eine solche Messung setzt nämlich voraus, daß man sowohl für die intensive Größe ξ_j als auch für die Differenz dX_j der extensiven Größe X_j ein Meßverfahren hat. Bei vielen Energieformen ist das zwar der Fall, so bei $-p\, dV$, $-\boldsymbol{F}\, d\boldsymbol{r}$, $\boldsymbol{v}\, d\boldsymbol{P}$, $\boldsymbol{\Omega}\, d\boldsymbol{L}$ oder bei der elektrischen Energie $\phi\, dQ$, aber es gibt auch Energieformen, bei denen das anders ist. Ein Beispiel hierfür bildet die chemische Energie $\mu\, dN$; bei ihr stellt die Messung des chemischen Potentials μ ein Problem dar. Treten in (21.2) Energieformen auf, für die kein Meßverfahren existiert, so beschränken wir uns zunächst auf Prozesse, bei denen diese Energieformen Null sind, die entsprechenden extensiven Größen X_j also konstant gehalten werden. Dazu gehören also Prozesse mit konstanter Teilchenzahl ($dN=0$).

Die Bestimmung der Energieänderung dE bei einem Prozeß bietet insofern ein Problem, als die Energie eines Systems ja gerade dadurch geändert wird, daß das System Energie über seine Formen $T dS$, $\xi_2\, dX_2, \ldots, \xi_n\, dX_n$ mit der Umgebung austauscht. dE wird also erst mit Hilfe der Energieformen nach (21.1) bestimmt. Auf den ersten Blick sieht es deshalb so aus, als ließe sich (21.2) gar nicht zur Entropiemessung verwenden. Daß das trotzdem möglich ist, und wie das geschieht, wollen wir zunächst an einfachen Beispielen erläutern.

Beispiele der Entropiemessung

Wir betrachten als erstes Beispiel eine Flüssigkeit, der über ein Rührwerk Energie in Form von Rotationsenergie $\boldsymbol{\Omega}\, d\boldsymbol{L}$ zugeführt wird (Abb. 21.1). $\boldsymbol{\Omega}$ ist dabei die Winkel-

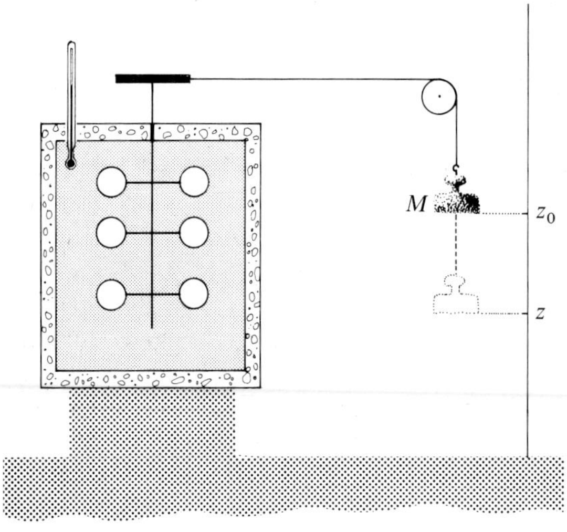

Abb. 21.1

Dem adiabatisch abgeschlossenen System „Flüssigkeit + Behälter + Rührwerk" wird Energie in Form von Rotationsenergie vom Betrag $\Omega\, dL$ zugeführt. Der Betrag der Rotationsenergie ist bei Absinken des Körpers der Masse M um die Strecke $|dz|$ im Schwerefeld mit der Erdbeschleunigung g gegeben durch $-M g\, dz$. Den Drehimpuls behält das System nicht, sondern gibt ihn über seine Befestigung an die Erde ab. Da $\Omega_{\text{Erde}}=0$, ist diese Drehimpuls-Abgabe an die Erde nicht mit der Abgabe von Rotationsenergie verbunden. Die Rotationsenergie wird vielmehr irreversibel in Wärme $T dS$ umgewandelt. Verfolgt man den Temperaturanstieg des Systems während des Absinkens des Körpers von z_0 nach z, ergibt Gl. (21.5) die Entropiezunahme des Systems als Funktion der Lage des Körpers.

geschwindigkeit des Rührwerks. Sie ist identisch mit der Winkelgeschwindigkeit des Teils der Flüssigkeit, der am Rührwerk haftet. Die Anordnung ist bekannt als das klassische Experiment, mit dem JOULE das sogenannte Wärmeäquivalent gemessen hat (§ 25). Das aus Flüssigkeit, Behälter und Rührwerk bestehende System hat neben $\boldsymbol{\Omega}\, d\boldsymbol{L}$ zwar noch weitere von der Wärme verschiedene Energieformen, aber die seien bei unseren Betrachtungen Null, weil die zugehörigen extensiven Variablen konstant gehalten werden. Der dem System „Flüssigkeit + Behälter + Rührwerk" in der Form $\boldsymbol{\Omega}\, d\boldsymbol{L}$ zugeführte Energiebetrag wird dadurch gemessen, daß ein Körper der Masse M im Schwerefeld der Erde herabsinkt. Diesen Sachverhalt drücken wir so aus, daß das System „Körper + Erde" beim Herabsinken des Körpers Energie in Form von Verschiebungsenergie abgibt, die unser System „Flüssigkeit + Behälter + Rührwerk" in der Form $\boldsymbol{\Omega}\, d\boldsymbol{L}$ aufnimmt. Sinkt der Körper so langsam, daß seine Bewegungsenergie $\boldsymbol{v}\, d\boldsymbol{P}$ vernachlässigbar klein ist, dann ist also

$$(21.3) \qquad \boldsymbol{\Omega}\, d\boldsymbol{L} = -M g\, dz.$$

Den mit der Rotationsenergie (21.3) vom System „Flüssigkeit + Behälter + Rührwerk" aufgenommenen Drehimpuls $d\boldsymbol{L}$ behält das System jedoch nicht, sondern gibt ihn über die Befestigung des Behälters gleich an die Erde weiter. Das geschieht allerdings mit der Winkelgeschwindigkeit $\boldsymbol{\Omega}_{\text{Erde}} = 0$, so daß dabei keine Energie an die Erde übertragen wird. Der Energiebetrag (21.3) wird dem System „Flüssigkeit + Behälter + Rührwerk" zwar als Rotationsenergie zugeführt, aber der damit verknüpfte Drehimpuls $d\boldsymbol{L}$ wird dem System gleichzeitig wieder ohne Energie entzogen, so daß das System „Flüssigkeit + Behälter + Rührwerk" zwar den Energiebetrag (21.3) aufnimmt, dabei gleichzeitig aber seinen Drehimpuls $\boldsymbol{L}$ nicht ändert. Die Energie E des Systems hat bei dem Prozeß um den Betrag (21.3) zugenommen, so daß, da in (21.2) alle $dX_2 = \cdots = dX_n = 0$,

$$(21.4) \qquad dS = \frac{1}{T}\, dE = -\frac{M g}{T}\, dz.$$

Integriert man diese Gleichung zwischen der Anfangslage z_0 des Körpers und irgendeiner Lage $z < z_0$, so erhält man

$$(21.5) \qquad S(T) - S(T_0) = -M g \int_{z_0}^{z} \frac{dz'}{T(z')}.$$

$T(z')$ ist die Temperatur, die an dem System „Flüssigkeit + Behälter + Rührwerk" dann gemessen wird, wenn der sinkende Körper die Höhe $z' < z_0$ hat. Da dz in (21.5) negativ ist (das Absinken des Körpers bedeutet eine Verkleinerung von z), nimmt die Entropie des Systems „Flüssigkeit + Behälter + Rührwerk" bei dem Prozeß zu. Die Messung der Temperatur T des Systems „Flüssigkeit + Behälter + Rührwerk" als Funktion der Lage z des Körpers erlaubt nach (21.5) also, die Zunahme der Entropie des Systems mit der Temperatur T bei konstanten Werten von $X_2, \ldots, X_n$ zu bestimmen.

Das Ergebnis (21.5) muß unabhängig davon sein, welche Teile der Apparatur man in das System einbezieht, dessen Fundamentalform (21.1) oder (21.2) darstellt. Wählt man als System nicht „Flüssigkeit + Behälter + Rührwerk", sondern „Flüssigkeit + Behälter + Rührwerk + Körper + Erde", dann sind S und E nicht nur, wie bisher, die Entropie und die Energie von Flüssigkeit, Behälter und Rührwerk, sondern auch noch die von Körper und Erde. Nimmt man aber an, daß die Entropie des Teilsystems „Körper + Erde" des Gesamtsystems bei dem Prozeß sich nicht ändert, so ist $dS = dS_{\text{Fl}}$, wenn S_{Fl} die Entropie des Teilsystems „Flüssigkeit + Behälter + Rührwerk" bezeichnet. Da die Energie E des Gesamtsystems bei dem Prozeß konstant bleibt, also $dE=0$ ist, und von den Energieformen des Systems nur $Mg\,dz$ von Null verschieden ist, liefert (21.2) unmittelbar das mit (21.4) identische Resultat

(21.6) $$dS = dS_{Fl} = -\frac{Mg}{T}\,dz\,.$$

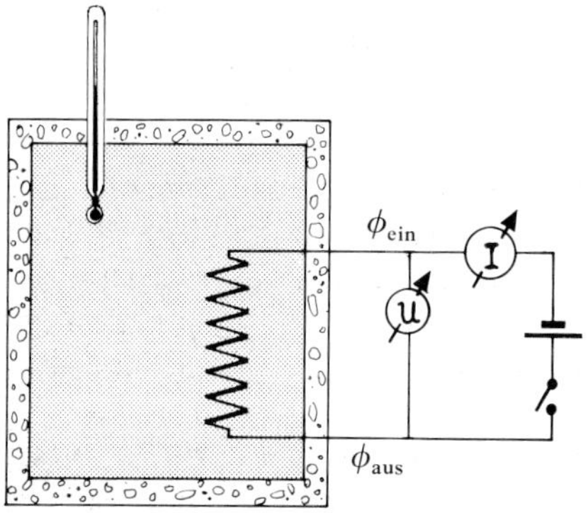

Abb. 21.2
Einem adiabatisch abgeschlossenen System wird Energie in Form elektrischer Energie $\phi_{ein}\,dQ$ zugeführt und $\phi_{aus}\,dQ$ gleichzeitig von ihm abgeführt. Die Differenz $(\phi_{ein}-\phi_{aus})dQ = U\,dQ = UI\,dt$ wird irreversibel in Wärme umgewandelt, so daß $UI\,dt = TdS$. Durch den bei gegebenem U und I als Funktion der Zeit gemessenen Temperaturanstieg des Systems ist nach Gl. (21.9) der zeitliche Zuwachs der Entropie des Systems bestimmt.

Ein zweites Beispiel der Messung von Entropiedifferenzen das häufig angewandt wird, zeigt Abb. 21.2. Dem System, einem Gas, einer Flüssigkeit oder einem Festkörper wird Energie in Form elektrischer Energie $\phi\,dQ$ zugeführt. Es ist also $\xi_2=\phi$ und $X_2=Q$. Alle übrigen Energieformen $\xi_j\,dX_j$ seien durch Konstanthalten der extensiven Variablen X_j Null. Da in jedem Augenblick ebenso viel Ladung in das System hineinströmt wie aus ihm herausströmt, hat auch die im System enthaltene Ladung Q einen konstanten Wert, nämlich den Wert Null. Für das System ist daher bei dem Prozeß $dQ=0$. Nun erfolgt der Zustrom der Ladung aber bei dem Wert ϕ_{ein} des elektrischen Potentials, während der Wegstrom bei ϕ_{aus} erfolgt. Ist $\phi_{ein} \neq \phi_{aus}$, so wird dem System bei diesem Ladungszustrom und gleichzeitigem Ladungsentzug Energie zugeführt, und zwar der Betrag

(21.7) $$(\phi_{ein}-\phi_{aus})\,dQ_{ein} = U\,dQ_{ein}\,.$$

U ist die zwischen Eingang und Ausgang gemessene Spannung. Da bei dem Prozeß alle Variablen X_j des Systems einschließlich $X_2=Q$ konstante Werte haben, findet sich der gesamte Betrag (21.7) in der Erhöhung dE der Energie E des Systems wieder. (21.2) ergibt damit

(21.8) $$dS = \frac{1}{T}(\phi_{ein}-\phi_{aus})\,dQ_{ein} = \frac{U}{T}\,dQ_{ein} = \frac{U}{T}\frac{dQ_{ein}}{dt}\,dt = \frac{UI}{T}\,dt\,.$$

Im letzten Gleichungsschritt haben wir berücksichtigt, daß dQ_{ein}/dt gleich der elektrischen Stromstärke I ist. Integriert man (21.8) zwischen einer Anfangszeit t_0 und einer späteren Zeit t, so erhält man

$$S(t)-S(t_0)=\int_{t_0}^{t}\frac{U(t')\,I(t')}{T(t')}\,dt'. \tag{21.9}$$

Um auszudrücken, daß die Entropie eine Funktion der Temperatur T des Systems ist, sowie der konstant gehaltenen Variablen $X_2, \ldots, X_n$, schreibt man (21.9) wie auch die linke Seite von (21.5) besser in der Gestalt

$$S(T, X_2, \ldots, X_n)-S(T_0, X_2, \ldots, X_n)=\int_{t_0}^{t}\frac{U(t')\,I(t')}{T(t')}\,dt'. \tag{21.10}$$

Dabei ist T die Temperatur des Systems zur Zeit t und T_0 die Anfangstemperatur zur Zeit t_0. Gl. (21.10) zeigt, daß der Zuwachs, den die Entropie des Systems bei Steigerung der Temperatur vom Wert T_0 auf den Wert T erfährt, sich dadurch bestimmen läßt, daß man die Spannung U, den Strom I und die Temperatur T als Funktion der Zeit t' zwischen den Zeitpunkten $t'=0$ und $t'=t$ mißt und mit diesen Funktionen das Integral (21.10) berechnet.

Abb. 21.3 stellt eine Version der Anordnung von Abb. 21.2 dar, die der Anordnung von Abb. 21.1 nachgebildet ist. Die von einem System „Körper + Erde" beim Absenken des Körpers abgegebene Verschiebungsenergie wird von einem elektrischen Generator in elektrische Energie umgewandelt und dem betrachteten System, also dem Gas, der Flüssigkeit oder dem Festkörper zugeführt. Bleibt die Entropie des Generators dabei

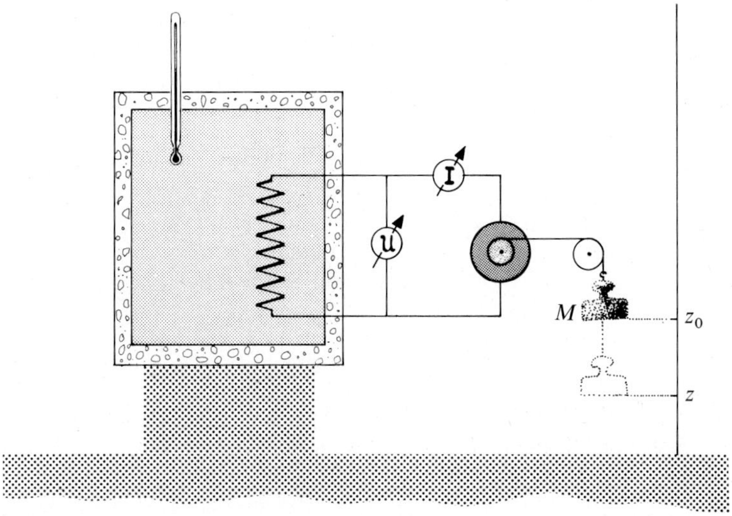

Abb. 21.3

In dieser Version der Abb. 21.2 wird die elektrische Energie nicht von einer Batterie geliefert, sondern von einem Generator, der durch Verschiebung eines Körpers im Erdfeld, wie in Abb. 21.1, angetrieben wird. Solange die Verschiebungsenergie im Generator *vollständig* in elektrische Energie umgewandelt wird, ist es gleichgültig, ob die Entropieerhöhung des adiabatisch abgeschlossenen Systems bei gemessenem Temperaturverlauf aus der Verschiebung (z_0-z) des Körpers der Masse M im Schwerefeld oder aus U und I bestimmt wird.

konstant, so läßt sich die Entropieerhöhung des betrachteten Systems wieder mit Hilfe der Gl. (21.5) berechnen. Die Anordnung macht anschaulich, daß es gleichgültig ist, auf welche Weise die Energieerhöhung dE des betrachteten Systems erreicht wird, ob durch Betätigung eines Rührwerks oder auf elektrischem Weg oder noch auf eine andere Weise, wie sie die Abb. 21.5 zeigen wird. Allein darauf kommt es an, in dem System eine Erhöhung dE seiner Energie E zu erreichen bei konstanten Werten seiner unabhängigen extensiven Variablen $X_2, \dots, X_n$, und den Wert von dE möglichst genau zu messen. Diese Energieerhöhung dE ist dann notwendig mit einer Entropieerhöhung dS des Systems verknüpft, die nach (21.2) gegeben ist durch

$$dS = \frac{1}{T} dE. \tag{21.11}$$

Die elektrische Aufheizung ist anderen Verfahren durch ihre meßtechnische Genauigkeit überlegen. Die Messung des Stroms I und der Spannung U zwischen Eingangs- und Ausgangsklemmen der elektrischen Heizung erlaubt es, wirklich nur die dem System zugeführte Energie zu messen. Die anderen Anordnungen setzen immer die Dissipationsfreiheit der übrigen, die Energie nur übertragenden und umwandelnden Teilsysteme voraus, was zu Ungenauigkeiten in der Messung von dE führt.

Die Messung der Entropie bei konstanten Werten der intensiven Variablen

Bisher haben wir die Zunahme der Entropie S mit der Temperatur T eines Systems bei konstant gehaltenen Werten der extensiven Variablen $X_2, \dots, X_n$ des Systems betrachtet. In der Formel (21.10) haben wir das deutlich zum Ausdruck gebracht. Von den Variablen, von denen S abhängt, ändert sich in (21.5) und (21.10) allein die Temperatur vom Wert T_0 auf den Wert T, während die Werte der extensiven Variablen $X_2, \dots, X_n$ ungeändert bleiben. Wie steht es nun mit der Entropiemessung, wenn statt einer extensiven Variable X_j die zugehörige intensive ξ_j konstant gehalten wird?

Als Beispiel betrachten wir die Meßanordnung der Abb. 21.2, wobei jetzt statt des Volumens V der Druck p konstant gehalten werde. Da wir ξ_2 und X_2 schon die Bedeutung des elektrischen Potentials ϕ und der Ladung Q gegeben haben, sei $\xi_3 = -p$ und $X_3 = V$. Das Konstanthalten des Drucks geschieht automatisch, wenn die Ausdehnung des betrachteten Systems infolge von Temperaturänderungen allein durch den atmosphärischen Druck der Luft geregelt wird. Die Zufuhr von elektrischer Energie erfolgt jetzt unter Konstanthalten der Variablen $X_2 = Q$, $\xi_3 = -p$, $X_4, \dots, X_n$. Das Volumen $V = X_3$ des Systems erfährt dabei eine Änderung $dV = dX_3$. Der elektrisch zugeführte Energiebetrag (21.7) findet sich deshalb nicht allein in der Erhöhung dE der Energie E des Systems wieder, sondern auch in $-p\, dV = \xi_3\, dX_3$, so daß

$$\begin{aligned} dE - \xi_3\, dX_3 &= dE + p\, dV = d(E + pV) \\ &= U\, dQ_{\text{ein}} = U \frac{dQ_{\text{ein}}}{dt} dt = UI\, dt. \end{aligned} \tag{21.12}$$

Setzt man das in (21.2) ein, resultiert

$$dS = \frac{UI}{T} dt. \tag{21.13}$$

Diese Gleichung ist identisch mit (21.8). Zum Unterschied von (21.8) beschreibt die Gleichung jetzt aber die Änderung von S mit der Zeit t, also mit der Temperatur $T(t)$ bei konstanten Werten von $X_2, \xi_3, X_4, \ldots, X_n$. Die Funktion $T(t)$ und damit S ist natürlich unterschiedlich, je nachdem, ob wie in (21.10) die extensive Variable X_3 oder jetzt die intensive Variable ξ_3 konstant gehalten wird. Statt (21.10) liefert die Integration jetzt

$$(21.14) \qquad S(T(t), X_2, \xi_3, X_4, \ldots, X_n) - S(T_0, X_2, \xi_3, X_4, \ldots, X_n) = \int_{t_0}^{t} \frac{U(t')\, I(t')}{T(t')}\, dt'.$$

Der Vorteil der geschilderten Methode besteht offensichtlich darin, daß sie unabhängig davon anwendbar ist, welche Variablen konstant gehalten werden. Die Entropiezunahme mit der Temperatur ist allerdings durchaus davon abhängig, welche Variablen konstant gehalten werden und welche Werte sie haben. Wichtig ist, daß $n-1$ unabhängige Variablen konstant gehalten werden müssen, so daß S nur noch von der Temperatur T abhängt. Die Messung erfolgt stets in der gleichen Weise, nämlich durch Registrieren der Spannung U, des Stroms I und der Temperatur T als Funktion der Zeit und der anschließenden Berechnung des Integrals (21.10) oder (21.14).

Die zur Messung benutzten Prozeßrealisierungen

Die geschilderten Anordnungen zur Messung der Entropiezunahme eines Systems mit steigender Temperatur lassen sich so charakterisieren, daß bei ihnen als Arbeit zugeführte Energie in Wärme $T dS$ umgewandelt wird. Aus dem Wert der zugeführten Energie und der Temperatur T läßt sich der Wert von dS berechnen. Die Entropieänderungen dS beruhen dabei ausschließlich auf *Erzeugung*, so daß es sich um irreversible Prozeßrealisierungen handelt. Als Trick mag dabei allerdings empfunden werden, daß trotz Arbeitszufuhr keine von S verschiedene extensive Variable $X_2, \ldots, X_n$ ihren Wert ändert, auch dasjenige X_j nicht, über das die Energie zugeführt wird. Im ersten Beispiel war das $\boldsymbol{L}$, im zweiten Q. Jeder Vergrößerung $dX_j > 0$ steht nämlich eine gleich große Verkleinerung $dX_j < 0$ gegenüber. Vergrößerung und Verkleinerung erfolgen aber bei unterschiedlichen Werten ξ'_j und ξ''_j der Variable ξ_j, so daß dem System, obwohl X_j insgesamt seinen Wert beibehält, die Energie $(\xi'_j - \xi''_j)\, dX_j$ zugeführt wird. Das geht jedoch nur, wenn dabei mindestens eine andere Variable, in unserem Fall S, eine Änderung erfährt; denn wenn alle Variablen $S, X_2, \ldots, X_n$ feste Werte hätten, müßte nach (21.1) auch die Energie E einen festen Wert haben.

Besonders deutlich läßt sich dieses Verfahren der Energiezufuhr klar machen am Beispiel der Kompressionsenergie $-p\, dV$. Komprimiert man nämlich ein adiabatisch abgeschlossenes Gas vom Volumen V auf das Volumen $V - dV$ hinreichend langsam, so daß der Kolben in jedem Augenblick den Druck p des Gases spürt (Abb. 21.4a), so wird bei dieser isentropen Kompression dem Gas die Kompressionsenergie $-p\, dV$ zugeführt. Bringt man dann den Kolben ruckartig, nämlich so schnell wieder in die Ausgangsstellung zurück, daß er den Druck $p = 0$ spürt, ist dabei $-p\, dV = 0$. Das Gas gibt also bei diesem irreversiblen Prozeßschritt keine Kompressionsenergie ab. Am Ende des Prozesses hat das Volumen denselben Wert V, den es zu Anfang des Prozesses hatte. Da bei dem Prozeß dem Gas Energie zugeführt wird, das Volumen V und die Teilchen-

a

b

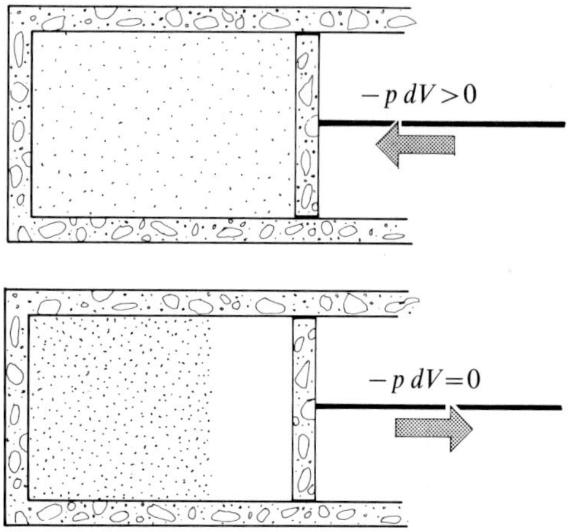

Abb. 21.4

Ein adiabatisch eingeschlossenes Gas werde in Teilbild a *reversibel* komprimiert ($dV<0$). Bei der ihm zugeführten Kompressionsenergie $-p\,dV$ ist $p>0$, so daß auch $-p\,dV>0$. Anschließend an die reversibel realisierte Kompression des Gases werde der Kolben wieder in seine Ausgangsstellung zurückgezogen (Teilbild b), aber so schnell, daß am Ort des Kolbens das Gas den Druck $p=0$ hat. Das Gas expandiert irreversibel, die abgegebene Kompressionsenergie bei diesem Prozeßschritt ist $-p\,dV=0$. Die insgesamt während der Prozeßschritte a und b zugeführte Kompressionsenergie $-p\,dV$ setzt das Gas in Wärme um, so daß die Entropieerhöhung der Gl. (21.15) resultiert.

zahl N am Anfang und Ende des Prozesses jedoch denselben Wert haben, muß die Energie E des Gases eine Änderung dE erfahren haben, die gerade gleich dem Betrag der zugeführten Kompressionsenergie ist. Wegen $E=E(S, V, N)$ muß damit aber auch die Entropie S eine Änderung erfahren haben. Nach (21.2) ist diese gegeben durch

(21.15) $$dS=\frac{1}{T}\,dE=-\frac{p}{T}\,dV.$$

Abb. 21.5 zeigt eine kontinuierliche Version dieses Prozesses. Die Kompression erfolgt dabei durch eine Pumpe, die wieder durch ein herabsinkendes Gewicht angetrieben wird, und die Expansion durch eine Drossel. Der Entropieanstieg erfolgt infolge Entropieerzeugung in der Drossel.

Die beschriebenen Verfahren zur Messung von Entropiedifferenzen beruhen darauf, daß es möglich ist, Entropie zu erzeugen, sie nutzen also irreversible Realisierungen von Prozessen aus. Würde die Entropie wie die Energie generell erhalten, gäbe es also nur reversible Prozeßrealisierungen, wären die beschriebenen Verfahren gar nicht möglich. Jede Messung von Entropiedifferenzen müßte dann durch die Messung *ausgetauschter* Wärmemengen erfolgen.

Definition und Messung der Entropie nach Clausius

Unter den historischen Beiträgen zum Verständnis der Wärme ragen zwei heraus. Der eine ist die Idee von Carnot („Réflexions sur la puissance motrice du feu“, 1824), die von Wärmekraftmaschinen gelieferte Arbeit so zu verstehen, daß ein Wärmestoff,

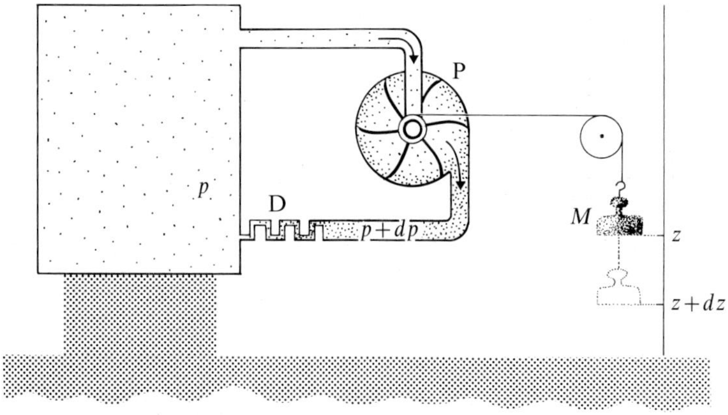

Abb. 21.5

Realisierung des in Abb. 21.4 dargestellten Prozesses durch ein kontinuierlich strömendes Gas. Durch eine Pumpe P wird Gas vom Druck p auf den Druck $(p+dp)$ befördert. In einer „Drossel“ D, einem Strömungsengpass, von dem rechts der Druck $(p+dp)$, links der Druck p herrscht, wird Kompressionsenergie umgeformt in Wärme. Wird die Pumpe durch Absenken eines Körpers im Schwerefeld angetrieben, beträgt die Kompressionsenergie $-p\,dV = -Mg\,dz$ (wobei $dz<0$), so daß sich bei Absenken des Körpers um dz für die Entropieerhöhung des Gases $dS = -(Mg/T)\,dz$ ergibt.

Man beachte, daß in der gezeigten Anordnung das Gas zwar einen geschlossenen Kreislauf, aber ebenso wenig wie in Abb. 21.4 einen Kreis*prozeß* ausführt. Nach einem Umlauf ist der Zustand des Gases nicht mehr derselbe wie vor dem Umlauf; es haben sich seine Energie, Entropie, Temperatur und sein Druck erhöht.

das schon von LAVOISIER konzipierte „Caloricum“, unter *Erhaltung seiner Menge* von einem Körper höherer zu einem Körper tieferer Temperatur „herabfließt“ und dadurch Arbeit liefert, so wie Wasser Arbeit liefern kann, wenn es von einer Stelle höheren zu einer Stelle tieferen Potentials im Erdfeld herabfließt. Der zweite Beitrag ist die Entdeckung von MAYER und JOULE, daß es eine physikalische Größe, *Energie* genannt, gibt, die einen allgemeinen Erhaltungssatz erfüllt und die Wärme und Arbeit als spezielle Formen einschließt. Bei allen Vorgängen wird Energie zwischen Körpern, allgemein zwischen physikalischen Systemen hin und her geschoben, nicht aber erzeugt oder vernichtet, ihr Gesamtbetrag also nicht geändert. Mit der Erhaltung der Energie hatte die Wärme ihren begrifflichen Platz gefunden. Zusammen mit der Arbeit bildet sie eine Einheit, sie ist von „gleicher Art“ wie die Arbeit. Am schlagendsten zeigt sich das darin, daß Arbeit in Wärme umgewandelt werden kann. Der Begriff des Wärmestoffs, das alte Caloricum, schien damit erledigt und mit ihm auch Carnots Idee, den Wirkungsgrad von Wärmekraftmaschinen aus der Erhaltung und dem Fluß des Wärmestoffs von hoher zu tieferer Temperatur zu verstehen.

Dennoch blieben Zweifel. Wenn der Begriff der Energie wirklich ausreichte, um die Phänomene der Wärme zu verstehen, war nicht einzusehen, warum es nicht möglich sein sollte, ebenso wie Arbeit vollständig in Wärme auch umgekehrt Wärme vollständig in Arbeit umzuwandeln. Das allerdings war nie beobachtet worden. Und was soll, wenn die Umwandlung allein durch die Energieerhaltung bestimmt war, die Temperatur dabei zu schaffen haben? Wozu bedurfte es bei den Wärmekraftmaschinen eigentlich des Feuers, wozu brauchte man hohe Eingangstemperaturen? Daß man sie tatsächlich brauchte, war kein Vorurteil, sondern Erfahrung. Die Lösung des Rätsels brachte die Erkenntnis von CLAUSIUS, daß sich in den Phänomenen der Wärme nicht nur eine einzige Größe äußert, sondern sich *zwei* fundamentale Größen manifestieren, nämlich einmal die Energie und zum anderen eine von der Energie unabhängige Größe, von CLAUSIUS *Entropie* getauft. Sie ist ebenfalls mengenartig, wird also von physikalischen Systemen aufgenommen und abgegeben. In der Entdeckung, daß die Wärme durch *zwei* Größen charakterisiert wird, spiegelte sich die allgemeine Regel wider, daß Energieformen immer durch *zwei* Größen bestimmt sind, nämlich durch eine intensive und eine extensive Größe, deren Produkt eine Energie ist.

Daß erst *zwei* Größen eine Energieform festlegen, liegt auch der historisch berühmten Polemik von LEIBNIZ gegen DESCARTES zu Grunde, die „wahre Ursache einer Kraft" sei nicht der „impetus", nämlich der $\boldsymbol{v}$ proportionale Impuls, sondern die „vis viva", die v^2 proportionale kinetische Energie. Daß LEIBNIZ bei seinem Kraftbegriff eigentlich die Energie im Auge hatte, ist schon aus seiner Bemerkung deutlich, nur sein (mit der kinetischen Energie verknüpfter) Kraftbegriff schlösse ein mechanisches Perpetuum mobile aus. Geklärt wurde der Disput später durch D'ALEMBERT dahingehend, daß tatsächlich *zwei* Begriffe wesentlich sind, und zwar in unserer Darstellung einmal der Impuls $\boldsymbol{P}$ und zum anderen die Bewegungsenergie $\boldsymbol{v}\,d\boldsymbol{P}$, deren Integral unter der Voraussetzung (10.3) den Energieanteil kinetische Energie angibt.

In der Entropie fand Carnots Wärmestoff, das alte Caloricum, eine Auferstehung. Die Mengenartigkeit der Entropie erlaubt, sich diese als „Stoff" vorzustellen, allerdings als Stoff, dessen Menge im allgemeinen zunimmt und nur im Grenzfall reversibler Vorgänge erhalten bleibt. Beschränkt man sich aber auf reversible Vorgänge, fließt die Entropie, wie CARNOT es von seinem Wärmestoff verlangte, unter Erhaltung ihrer Menge vom Wärmereservoir höherer Temperatur zum Wärmereservoir tieferer Temperatur. Für reversible Vorgänge treffen Carnots Überlegungen daher wörtlich zu; sein Wärmestoff, das Caloricum, ist eben nur nicht die Energie, sondern die Entropie. Sie wird bei reversiblen Vorgängen unter Erhaltung ihrer Menge vom Wärmereservoir höherer zum Wärmereservoir tieferer Temperatur transportiert, während die das Wärmereservoir höherer Temperatur mit der Entropie verlassende Energie sich in Arbeit und Wärme aufteilt, wobei nur die Wärme wieder dem Wärmereservoir mit tieferer Temperatur zugeführt wird.

CLAUSIUS hatte erkannt, daß sich Carnots Überlegungen dahingehend zusammenfassen lassen, daß bei der reversiblen Umwandlung von Wärme in Arbeit zwei Relationen gelten, von denen sich jede als Erhaltung einer physikalischen Größe lesen läßt. Einmal ist das die Beziehung

$$\text{(21.16)}\quad \begin{pmatrix}\text{dem Wärmereservoir der}\\ \text{Temp. } T_1 \text{ entzogene}\\ \text{Wärmemenge}\end{pmatrix} = \begin{pmatrix}\text{dem Wärmereservoir der}\\ \text{Temp. } T_2 \text{ zugeführte}\\ \text{Wärmemenge}\end{pmatrix} + (\text{gewonnene Arbeit})$$

und zum zweiten die Beziehung

$$\text{(21.17)}\quad \frac{1}{T_1}\begin{pmatrix}\text{dem Wärmereservoir der}\\ \text{Temp. } T_1 \text{ entzogene}\\ \text{Wärmemenge}\end{pmatrix} = \frac{1}{T_2}\begin{pmatrix}\text{dem Wärmereservoir der}\\ \text{Temp. } T_2 \text{ zugeführte}\\ \text{Wärmemenge}\end{pmatrix}.$$

Während die erste Beziehung Ausdruck der Energieerhaltung ist, läßt sich die zweite als Erhaltung der durch die absolute Temperatur T dividierten Wärmemenge, der „reduzierten Wärmemenge" auffassen. Diese „reduzierte Wärmemenge" ist also die Größe, deren Erhaltung CARNOT bei seinen Überlegungen vorausgesetzt hatte, also sein Wärmestoff. CLAUSIUS erkannte ferner, daß (21.17) ein Spezialfall einer allgemeineren Regel ist, nämlich daß bei *reversibel* realisierten Kreisprozessen die Summe der mit dem Vorzeichen versehenen reduzierten Wärmemengen Null ist:

(21.18) $$\oint \frac{d(\text{ausgetauschte Wärme})}{T} = 0 \quad \text{für jeden reversibel realisierten Kreisprozeß.}$$

Das Integral $\oint$ bezeichnet einen Kreisprozeß. Den Austausch von reduzierten Wärmemengen faßt CLAUSIUS als Änderung einer allgemeinen Größe des Systems auf, nämlich der *Entropie* S, die er demgemäß definiert durch

(21.19) $$dS = \frac{d(\text{reversibel ausgetauschte Wärme})}{T}.$$

Die Regel (21.18) läßt sich dann einfach so aussprechen, daß *bei reversibel realisierten Prozessen die Entropie einen Erhaltungssatz befolgt.* Bei reversiblen Prozeßrealisierungen wird die Entropie zwischen den beteiligten physikalischen Objekten nur ausgetauscht, hin und her geschoben, so daß die Summe der Entropien aller beteiligten Körper konstant bleibt. Irreversibel realisierte Prozesse sind dagegen dadurch gekennzeichnet, daß die Summe der Entropien der beteiligten Körper zunimmt, daß also Entropie erzeugt wird. Entsprechend wird bei irreversibel realisierten Kreisprozessen das Gleichheitszeichen in (21.19) durch ein Größer-Zeichen ersetzt. Das haben wir schon in §20 im Zusammenhang mit den Clausiusschen Formeln (20.3) und (20.4) diskutiert.

Die Definition (21.19) benutzt CLAUSIUS gleichzeitig als Anweisung zur Messung der Entropie, genauer zur Messung von Entropiedifferenzen. Nach (21.19) läßt sich die Änderung dS, die die Entropie S eines Systems bei einem reversibel realisierten Prozeß erfährt, dadurch bestimmen, daß man die ihm dabei zugeführte Wärme mißt und durch die gleichzeitig bestimmte Temperatur T dividiert. So anschaulich dieses Verfahren der Entropiemessung ist, bei dem man die zu messenden Entropiemengen gleichsam in das betrachtete System hinein- oder hinausströmen sieht, hat es doch zwei entscheidende Nachteile. Einmal beruht es auf der unrealistischen Annahme, daß ausgetauschte Wärmemengen der Messung gut zugänglich sind. In Wirklichkeit wird der Wärmeübergang nur im Grenzfall hinreichend kleiner Temperaturdifferenzen reversibel, besteht also nur dann ausschließlich im *Austausch* von Wärme und ist nicht von dem Auftreten von Wärme begleitet, die auf *erzeugter* Entropie beruht. Dann wird aber gleichzeitig der Wärmeaustausch klein, so daß die Messungen erheblich erschwert und ungenau werden. Die realen Meßverfahren gehen deshalb, wie wir gesehen haben, einen anderen Weg, der die Irreversibilität wesentlich ausnutzt. Zum zweiten verführt das Clausiussche Verfahren leicht zu dem Irrtum, daß die Verwendung des Begriffs der Entropie und ihre Änderungen prinzipiell an reversibel realisierte Prozesse gebunden seien, also auf diesen Grenzfall realer Vorgänge beschränkt seien. Damit wird dem Begriff der Entropie weiter angehängt, daß er keineswegs so fundamental sei wie etwa der der Energie. CLAUSIUS selbst hat zwar klar erkannt, daß der Entropie dieselbe grundsätzliche Bedeutung zukommt wie der Energie, aber durch die Kopplung ihrer Definition und ihrer Messung an den reversiblen Wärmeübergang hat er zu dem Unbehagen beigetragen, das der Umgang mit dieser Größe noch ein Jahrhundert nach ihrer Entdeckung auslöst.

§22 Entropie und Wärmekapazitäten

Entropiedifferenzen und Wärmekapazitäten

Daß die realen Messungen von Entropiedifferenzen wesentlich anders erfolgen als die Meßanweisung von CLAUSIUS es erwarten läßt, wird deshalb nicht so stark empfunden, weil die Bestimmung von Entropiedifferenzen traditionell in zwei Schritte zerlegt wird, von denen einer, und zwar der wesentliche, in der Messung einer schon aus vor-thermodynamischer Zeit her vertrauten Größe besteht, nämlich einer *Wärmekapazität* oder *spezifischen Wärme.* Die irreversibel gewonnene Wärmekapazität wird dann ihrerseits einer reversibel ausgetauschten Wärmemenge zugeordnet gedacht, die in (21.19) zur Bestimmung der Entropiedifferenz dS verwendet wird. Um die Rolle des Begriffs der Wärmekapazität auseinanderzusetzen, knüpfen wir an unsere Überlegungen zur Entropiemessung an.

Bei der Angabe einer Entropiedifferenz, gleichgültig ob es sich um eine endliche, ΔS, oder um eine infinitesimale Differenz dS handelt, bedarf es immer der Angabe der beiden Zustände, deren Entropiewerte die angegebene Differenz haben. Wie werden diese Zustände gekennzeichnet? Gl. (21.10) oder (21.14) zeigt, daß das in den beiden ersten Beispielen des §21 durch die Werte der Variablen $T, X_2, \ldots, X_n$, im letzten durch die Werte von $T, X_2, \xi_3, X_4, \ldots, X_n$ geschieht. Da das betrachtete System n unabhängige Energieformen hat, ist durch Festlegung der Werte von n unabhängigen Variablen ein Zustand des Systems fixiert. Die Auswahl dieser n unabhängigen Variablen geschieht, wie unsere Betrachtungen zeigen, nach einer einfachen Regel: Es werden solche Größen als unabhängige Variablen genommen, für die man ein Meßverfahren hat oder wenigstens ein Verfahren, das es erlaubt, den Größen feste Werte zu geben. Bei einem einheitlichen Gas oder einer Flüssigkeit sind das die Größen T, V, N oder T, p, N. Diese Größen wollen wir von nun ab als unabhängige Variablen benutzen. In (21.1), das wir in der Gestalt schreiben

$$T\,dS = dE + p\,dV - \mu\,dN, \tag{22.1}$$

sind bei der Wahl von T, V, N als unabhängige Variablen alle Größen, insbesondere S und E als Funktionen dieser Variablen zu betrachten. Die Gibbssche Fundamentalform (22.1) lautet bei T, V, N als unabhängigen Variablen

$$\begin{aligned} T\frac{\partial S(T,V,N)}{\partial T}dT + T\frac{\partial S(T,V,N)}{\partial V}dV + T\frac{\partial S(T,V,N)}{\partial N}dN \\ = \frac{\partial E(T,V,N)}{\partial T}dT + \left(\frac{\partial E(T,V,N)}{\partial V} + p\right)dV + \left(\frac{\partial E(T,V,N)}{\partial N} - \mu\right)dN. \end{aligned} \tag{22.2}$$

In den im vorigen Paragraphen zuerst beschriebenen Beispielen der Entropiemessung, bei denen die extensiven Variablen V und N konstant gehalten wurden, reduziert sich (22.2) auf den Ausdruck

$$C_V = T\frac{\partial S(T,V,N)}{\partial T} = \frac{\partial E(T,V,N)}{\partial T}. \tag{22.3}$$

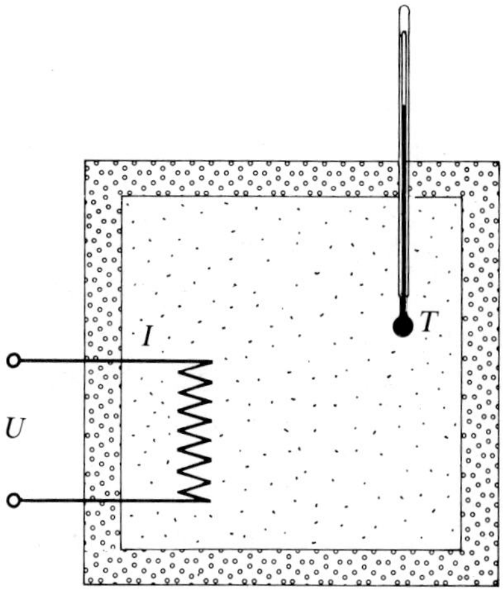

Abb. 22.1
Messung von C_V eines Stoffes, der Wärmekapazität bei konstantem Volumen. Ein möglichst gut wärmeisolierender Behälter, der sich bei Druck- oder Temperatursteigerung zudem möglichst wenig ausdehnen soll, wird elektrisch geheizt. Wenn bei der Spannung U der Strom I fließt, beträgt der zugeführte elektrische Energiestrom UI.

Man nennt C_V die *Wärmekapazität des Systems bei konstantem Volumen V* und konstanter Teilchenzahl N. Nach (22.1) und (22.2) ist

$$TdS = C_V\,dT = dE \qquad \text{bei } dV = dN = 0. \tag{22.4}$$

Diese Gleichung beschreibt den Prozeß der Entropie- und Energieerhöhung bei konstanten Werten von V und N. Wird dieser Prozeß nicht irreversibel realisiert, sondern durch *Zufuhr* von Wärme TdS, läßt sich C_V auch auffassen als (zugeführte Wärme)/Temperaturerhöhung bei $dV = dN = 0$. Daher kommt der Name Wärmekapazität bei konstantem Volumen. Die Messung von Entropiedifferenzen dS bei konstanten Werten von V und N ist also, vom ebenfalls zu messenden Faktor T abgesehen, gleichbedeutend mit der Messung der Wärmekapazität C_V des Systems. Deswegen wird die Wärmekapazität experimentell ebenso wenig wie dS durch reversibel zugeführte Wärme bestimmt, sondern durch dieselben irreversiblen Prozeßrealisierungen gemessen wie dS (Abb. 22.1). Hat man C_V, folgt dS, wie (22.4) zeigt, aus

$$dS = \frac{C_V}{T}\,dT \qquad \text{bei } dV = dN = 0. \tag{22.5}$$

Integriert lautet diese Gleichung

$$S(T, V, N) - S(T_0, V, N) = \int_{T_0}^{T} \frac{C_V(T')}{T'}\,dT'. \tag{22.6}$$

Bei Wahl von T, p, N als unabhängigen Variablen schreibt man (22.1) zweckmäßigerweise so um, daß statt V und N nunmehr p und N hinter den Differentialzeichen auftreten

$$\begin{aligned} TdS &= d(E + pV) - Vdp - \mu\,dN \\ &= dH - Vdp - \mu\,dN. \end{aligned} \tag{22.7}$$

Die Größe $H = E + pV$ ist die Enthalpie des Systems. Sie ist uns schon in § 10 begegnet. Das Analogon zu (22.2) lautet

$$(22.8)\quad T\frac{\partial S(T,p,N)}{\partial T}dT + T\frac{\partial S(T,p,N)}{\partial p}dp + T\frac{\partial S(T,p,N)}{\partial N}dN$$
$$= \frac{\partial H(T,p,N)}{\partial T}dT + \left(\frac{\partial H(T,p,N)}{\partial p} - V\right)dp + \left(\frac{\partial H(T,p,N)}{\partial N} - \mu\right)dN.$$

Die Messung von dS und damit von TdS bei $dp = dN = 0$ ist gleichzeitig eine Messung der linken Seite von (22.8) und damit der Größe

$$(22.9)\quad C_p = T\frac{\partial S(T,p,N)}{\partial T} = \frac{\partial H(T,p,N)}{\partial T},$$

der *Wärmekapazität des Systems bei konstantem Druck p* und konstanter Teilchenzahl N. Die Gl. (22.9) ist der Gleichung äquivalent

$$(22.10)\quad TdS = C_p\,dT = dH \qquad \text{bei } dp = dN = 0.$$

Wieder beschreibt diese Gleichung auch die Prozeßrealisierung der Zufuhr von Wärme TdS bei konstanten Werten von p und N, so daß C_p = (bei p = const zugeführte Wärme)/ Temperaturerhöhung. Gl. (22.7) zeigt, daß die als Wärme zugeführte Energie TdS sich teilweise in der Änderung dE von E und teilweise in der gleichzeitig ausgetauschten Kompressionsenergie $-p\,dV$ wiederfindet (Abb. 22.2).

Die Messung von Entropiedifferenzen bei konstantem Druck ist, vom Faktor T abgesehen, gleichbedeutend mit der Messung der Wärmekapazität C_p des Systems. Es ist daher auch nicht überraschend, daß beide Messungen mit derselben apparativen Anordnung ausgeführt werden. (22.10) läßt sich auch schreiben

$$(22.11)\quad dS = \frac{C_p}{T}dT \qquad \text{bei } dp = dN = 0,$$

oder integriert

$$(22.12)\quad S(T,p,N) - S(T_0,p,N) = \int_{T_0}^{T} \frac{C_p(T')}{T'}dT'.$$

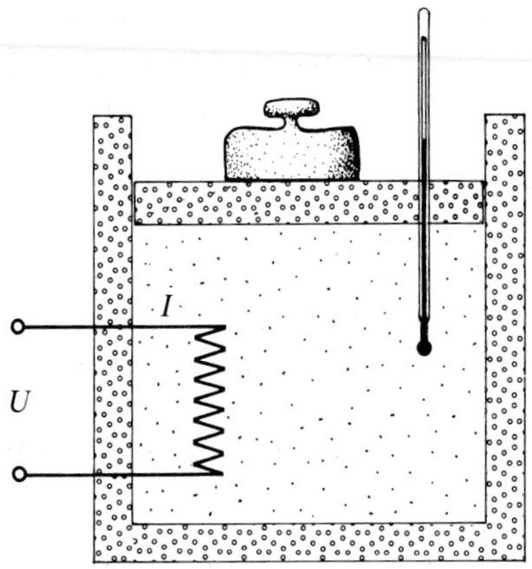

Abb. 22.2
Messung von C_p eines Stoffes, der Wärmekapazität bei konstantem Druck. Das Volumen des Behälters vergrößert sich im allgemeinen bei Erhöhung der Temperatur. Daß dabei der Druck konstant gehalten werden soll, ist durch das Gewicht auf der verschiebbaren Gefäßwand angedeutet.

Die historische Wurzel des Begriffs der Wärmekapazität

Wärmekapazitäten eines Systems hängen, wie wir gesehen haben, aufs engste damit zusammen, wie sich die Entropie des Systems mit der Temperatur ändert bei bestimmten konstant gehaltenen Variablen wie z.B. V, N oder p, N. Danach ist es eigentlich verwunderlich, daß man, um das zu beschreiben, nicht einfach die Größen $\partial S(T, V, N)/\partial T$ oder $\partial S(T, p, N)/\partial T$ nimmt. Sie hätten wörtlich die Bedeutung von „Entropiekapazitäten", denn sie messen die Aufnahmefähigkeit des Systems für Entropie mit steigender Temperatur bei konstanten Werten von V, N bzw. p, N. Warum multipliziert man stattdessen diese Größen mit T und verdirbt damit die Kapazitätseigenschaft im eigentlichen Sinn des Wortes? Zwar zeigt (22.3), daß C_V als „Energiekapazität", nämlich als $\partial E(T, V, N)/\partial T$ aufgefaßt werden kann, aber das trifft nicht allgemein für die Wärmekapazitäten zu, denn C_p ist, wie (22.9) zeigt, keine Energie-, sondern eine „Enthalpiekapazität". Gemeinsam haben Wärmekapazitäten immer nur die Eigenschaft, Größen der Form zu sein

$$(22.13) \qquad \frac{T\,dS}{dT} = \frac{\text{reversibel oder irreversibel zugeführte Wärme}}{\text{Temperaturerhöhung}}.$$

In diesem Gebrauch ist das Wort „Wärmekapazität" begrifflich aber eine Falle, denn wörtlich bedeutet es „Fassungsvermögen für Wärme". Im Gegensatz zur Entropie oder Energie ist Wärme aber nicht in einem System enthalten, sondern ist nur Zustands*änderungen* zugeordnet. Warum also wählt man eine logisch so verwirrende Terminologie?

Die Antwort liegt in der historischen Entwicklung. Der Begriff der Wärme begann mit der Vorstellung eines Wärmestoffs, des Caloricums, aus dem sich dann später die *beiden* Begriffe Energie und Entropie entwickelt haben (§21). Die frühe historische Verwendung des Wortes Wärme erfolgte daher je nach dem Zusammenhang, in dem es auftritt, manchmal im Sinn der Energie und manchmal im Sinn der Entropie. Erst mit der Begründung der Thermodynamik wurde die Wärme als *Form der Energie* (und nicht als Entropie) festgelegt.

Ursprünglich war die Wärme ein selbständiger Begriff, dessen quantitative Festlegung auf eigene Weise geschah, und zwar mit Hilfe von zwei anderen Begriffen, nämlich dem der *Temperatur* und dem der *spezifischen Wärme*. Der Begriff der Temperatur war bereits am Anfang des 19. Jahrhunderts gut entwickelt und mit der durch das ideale Gas definierten Gastemperatur auch schon von spezifischen Stoffen gelöst. Wie §15 zeigt, braucht man ja zur Festlegung der universellen Gastemperatur keine dynamischen Argumente. Erst bei der Identifizierung der Gastemperatur mit der absoluten Temperatur T kommen dynamische Überlegungen ins Spiel. Man hatte also bereits früh eine gut funktionierende Thermometrie. Da die Mengeneigenschaft der Wärme in der Vorstellung des Caloricums geläufig war, benutzte man die Temperatur und einen speziellen Stoff, nämlich Wasser, um als *Einheit der Wärmemenge* die *Kalorie* zu definieren. Man setzte als eine Kalorie die Wärmemenge fest, deren Zufuhr die Temperatur von einem Gramm Wasser um 1 Grad Celsius erhöht. Um die Temperatur von zwei Gramm Wasser um denselben Betrag zu erhöhen, braucht man natürlich die doppelte Wärmemenge. Die irgendeinem Körper zur Erhöhung seiner Temperatur um einen bestimmten Betrag ΔT zuzuführende Wärmemenge wurde daher seiner Masse M und einem für das Material charakteristischen Faktor, seiner *spezifischen Wärme* c, proportional definiert:

$$\text{Wärmemenge} = M\,c\,\Delta T.$$

Der Faktor $M c = C$ erhielt konsequenterweise den Namen *Wärmekapazität* des Körpers.

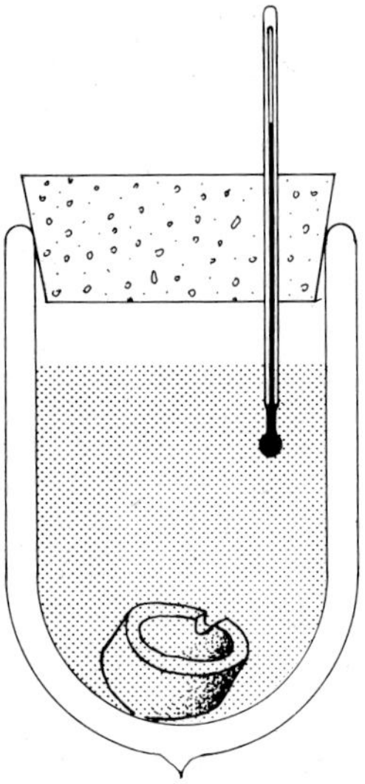

Abb. 22.3

Kalorimeter. Das oben verschlossene Gefäß soll den Austausch von Wärme mit der Umgebung verhindern. Um den Wärmeaustausch durch Wärmeleitung und Luftkonvektion möglichst klein zu machen, ist das Glas- oder Metallgefäß evakuiert (DEWAR-Gefäß). Verspiegelung des Gefäßes setzt den Wärmeaustausch durch Strahlung herab. Bekannt sind DEWAR-Gefäße im Gebrauch als Thermosflaschen.

Enthält das Kalorimeter eine bekannte Menge Wasser, deren Temperatur mit dem Thermometer gemessen wird, und wird dann in das Kalorimeter ein Körper von bekannter Masse und Temperatur hinzugegeben, so erlaubt die Messung der beim Temperaturausgleich zwischen Wasser und Körper resultierenden Temperatur die Bestimmung der Wärmekapazität des Körpers.

Das Meßinstrument zur Messung von Wärmemengen war das *Kalorimeter*, meist als Wasserkalorimeter ausgebildet. Es besteht aus einem allseitig wärmeisolierten, mit Wasser gefüllten Behälter. Die Wassertemperatur wird mit einem Thermometer gemessen (Abb. 22.3). T_{wa} sei die Anfangstemperatur, M_w die Masse des Wassers im Kalorimeter und T_a die Anfangstemperatur eines Körpers der Masse M außerhalb des Kalorimeters. Wird der Körper in das Kalorimeter gebracht, nämlich in das Wasser getaucht, mißt man nach einiger Zeit, nämlich nach Einstellen des thermischen Gleichgewichts zwischen Wasser und Körper — was man daran erkennt, daß die Kalorimetertemperatur sich nicht mehr ändert — die Endtemperatur T_e von Wasser und Körper. Auf die spezifische Wärme und damit die Wärmekapazität des Körpers wird aus dieser Messung auf folgende Weise geschlossen: Vom Kalorimeter wurde dem Körper während des Einstellens des thermischen Gleichgewichts die Wärmemenge $Mc(T_e - T_a)$ zugeführt. Dabei ist c die noch nicht bekannte spezifische Wärme des Körpers. Dieselbe Wärmemenge wurde dem Wasser entzogen, also ist

$$Mc(T_e - T_a) = -M_w c_w (T_e - T_{wa}). \tag{22.14}$$

Hierin bedeutet c_w die spezifische Wärme des Wassers, die definitionsgemäß $c_w = 1\ \mathrm{cal/g \cdot K}$ ist. Also sind die spezifische Wärme c des Körpers und seine Wärmekapazität gegeben durch

$$C = Mc = \frac{T_{wa} - T_e}{T_e - T_a} M_w c_w. \tag{22.15}$$

Auf der rechten Seite dieser Gleichung stehen nur der Messung zugängliche Größen sowie der durch Definition festgesetzte Wert von c_w.

Dieses Verfahren postuliert eine *Erhaltungseigenschaft der Wärmemenge:* Was der Körper an Wärme erhält, wird dem Wasser entzogen. Diese Erhaltung ist nicht Folge der Erfahrung, sondern Voraussetzung. Erst mit dieser Voraussetzung kann man überhaupt in der angegebenen Weise spezifische Wärmen verschiedener Stoffe bestimmen. Die Prüfung der Zulässigkeit dieser Voraussetzung kann nur dadurch erfolgen, ob sich in den durch die Messung erhaltenen Zahlenwerten keine Widersprüche finden. Bestimmt man nämlich die spezifischen Wärmen verschiedener Stoffe in unterschiedlichen Temperaturbereichen oder auch mit anderen Kalorimeterflüssigkeiten als Wasser, so müssen sich immer dieselben Werte für die spezifischen Wärmen c der einzelnen Stoffe ergeben.

Bei genügend genauer Messung stellt man fest, daß dieses ganze Verfahren nur in einem engen Temperaturbereich, ja eigentlich nur bei einer einzigen Temperatur geht. Setzt man nämlich voraus, daß die spezifische Wärme des Wassers unabhängig von der Temperatur $c_w = 1$ cal/gK ist, so erhielte man Wärmemengen, für die die Erhaltungsrelation (22.14) nicht mehr bei jeder Temperatur richtig ist. Setzt man umgekehrt die Erhaltung der Energie in Form der Erhaltung von Wärmemengen (22.14) voraus, so kann die spezifische Wärme, auch die von Wasser, nicht für alle Temperaturen konstant sein. Die Beziehungen (22.14) und (22.15) sind daher nur in der Umgebung eines einzelnen Temperaturwerts gültig.

Der geschilderte Weg, die Wärme über die spezifische Wärme und die Temperatur zu definieren, ist heute nur noch von historischem Interesse. Er ist durch das viel allgemeinere und besser funktionierende Begriffssystem der Thermodynamik abgelöst worden. Geblieben von ihm ist die Gewohnheit, dem Begriff der spezifischen Wärme und damit der Wärmekapazität ein zu großes Gewicht zu geben. Geblieben ist ferner, und das ist schwererwiegend, die Gefahr einer falschen Anschauung von der Wärme, nämlich daß Wärme in einem Körper „enthalten" sei. Diese Anschauung muß jeder, der auf dem historischen Weg in die Wärmelehre eindringt, erst mühevoll wieder abbauen, bevor er ein klares Verständnis der thermodynamischen Begriffsbildungen erreicht. Für den Lernenden ist es deshalb ratsam, dem historischen Weg zunächst den Rücken zu kehren und sich ihm erst dann zuzuwenden, wenn er die Thermodynamik kennt.

Die Wärmekapazitäten als Ableitungen physikalischer Größen

Daß der Begriff der Wärmekapazität oder der spezifischen Wärme weniger aus Gründen besonderer Zweckmäßigkeit verwendet wird, als mehr aus traditioneller Gewohnheit, bedeutet nicht, daß er nicht hin und wieder Vorteile bietet. Man sollte sich nur darüber klar sein, daß von physikalischem Interesse primär die Ableitungen der Entropie $\partial S/\partial T$ und damit Größen der Gestalt „Wärmekapazität/Temperatur" sind und daß die Wärmekapazitäten, also die mit T multiplizierten Ableitungen der Entropie, eigentlich einen Umweg darstellen.

Daß Entropiedifferenzen dS eines Systems an Prozesse gebunden sind, drückt sich in den Ableitungen $\partial S/\partial T$ dadurch aus, daß S in ihnen als Funktion von T und derjenigen Variablen anzusehen ist, die bei dem jeweiligen Prozeß konstant bleiben. Da $\partial S/\partial T = C/T$, sind auch die Wärmekapazitäten C eines Systems an Prozesse gebunden, bei denen nur T verändert wird, während $n-1$ andere unabhängige Variablen konstant bleiben. Beispiele hierfür bilden die Wärmekapazitäten (22.3) und (22.9). Ein anderes physikalisch wichtiges Beispiel stellt ein **magnetischer Festkörper** dar. Er hat neben der Wärme $T dS$ die Energieformen $\boldsymbol{H}\, d\boldsymbol{m}$ und $\mu\, dN$. Zu Prozessen, bei denen das magnetische Moment $\boldsymbol{m}$ des Körpers und seine Teilchenzahl N konstant bleiben, gehört die Ableitung $\partial S(T, \boldsymbol{m}, N)/\partial T$ und demgemäß die Wärmekapazität

$$C_{\boldsymbol{m}} = T \frac{\partial S(T, \boldsymbol{m}, N)}{\partial T}. \tag{22.16}$$

Zu Prozessen, bei denen nicht das magnetische Moment $\boldsymbol{m}$ des Körpers konstant bleibt, sondern die magnetische Feldstärke $\boldsymbol{H}$, gehört entsprechend die Wärmekapazität

$$C_{\boldsymbol{H}} = T \frac{\partial S(T, \boldsymbol{H}, N)}{\partial T}. \tag{22.17}$$

Die Beispiele zeigen deutlich die Regel, nach der die Wärmekapazitäten zu bilden sind, die zu Prozessen gehören, bei denen bestimmte extensive und intensive Variablen konstant gehalten werden:

$$\left.\begin{array}{l}\text{Wärmekapazität bei}\\ \text{konstant gehaltenen}\\ \text{extensiven und in-}\\ \text{tensiven Variablen}\end{array}\right\} = T \frac{\partial S(T, \text{konstante extensive und intensive Variablen})}{\partial T}. \tag{22.18}$$

Zu beachten ist dabei, daß die Anzahl der insgesamt konstant gehaltenen extensiven und intensiven Variablen gleich sein muß der Anzahl der von der Wärme TdS verschiedenen Energieformen des Systems. Bei einem einheitlichen Gas mit den Energieformen TdS, $-p\,dV$ und $\mu\,dN$ sind das zwei; demgemäß kommen als konstante extensive oder intensive Variablen in Betracht V, N oder p, N oder V, μ oder p, μ.

Die Wärmekapazitäten (22.18) lassen sich auch als Ableitungen bestimmter Größen des Systems nach T darstellen. Allerdings sind die einzelnen Wärmekapazitäten die Ableitungen *verschiedener* Größen des Systems. Für C_V und C_p zeigen das die Gln. (22.3) und (22.9). C_V ist danach die Ableitung der Energie E, während C_p die Ableitung der Enthalpie $H = E + pV$ ist. Auch die Wärmekapazitäten $C_{\boldsymbol{m}}$ und $C_{\boldsymbol{H}}$ magnetischer Körper sind als Ableitungen bestimmter Größen nach T darstellbar. Um diese Größen zu finden, geht man aus von der Gibbsschen Fundamentalform des magnetischen Körpers in der Gestalt

$$TdS = dE - \boldsymbol{H}\,d\boldsymbol{m} - \mu\,dN. \tag{22.19}$$

Betrachtet man hierin S und E als Funktionen der unabhängigen Variablen $T, \boldsymbol{m}, N$, so lautet (22.19)

$$\begin{aligned} &T \frac{\partial S(T, \boldsymbol{m}, N)}{\partial T} dT + T \frac{\partial S(T, \boldsymbol{m}, N)}{\partial \boldsymbol{m}} d\boldsymbol{m} + T \frac{\partial S(T, \boldsymbol{m}, N)}{\partial N} dN \\ &= \frac{\partial E(T, \boldsymbol{m}, N)}{\partial T} dT + \left(\frac{\partial E(T, \boldsymbol{m}, N)}{\partial \boldsymbol{m}} - \boldsymbol{H}\right) d\boldsymbol{m} + \left(\frac{\partial E(T, \boldsymbol{m}, N)}{\partial N} - \mu\right) dN. \end{aligned} \tag{22.20}$$

Da diese Gleichung für *alle* Prozesse des Systems, also für beliebige Werte von dT, $d\boldsymbol{m}$, dN gilt, müssen die Koeffizienten von dT, $d\boldsymbol{m}$ und dN auf beiden Seiten der Gleichung gleich sein. Es ist damit

$$C_{\boldsymbol{m}} = T \frac{\partial S(T, \boldsymbol{m}, N)}{\partial T} = \frac{\partial E(T, \boldsymbol{m}, N)}{\partial T}. \tag{22.21}$$

Wie C_V ist auch die Wärmekapazität bei konstantem magnetischem Moment $C_{\boldsymbol{m}}$ die Ableitung der Energie E nach T. Das liegt daran, daß bei $C_{\boldsymbol{m}}$ wie bei C_V die konstant gehaltenen Variablen alle extensiv sind.

Um Prozesse mit $d\boldsymbol{H}=dN=0$ zu behandeln, führt man als unabhängige Variablen zweckmäßigerweise $T, \boldsymbol{H}, N$ ein. (22.19) nimmt damit die Gestalt an

$$TdS = d(E-\boldsymbol{m}\boldsymbol{H})+\boldsymbol{m}\,d\boldsymbol{H}-\mu\,dN = d\mathfrak{H}+\boldsymbol{m}\,d\boldsymbol{H}-\mu\,dN. \tag{22.22}$$

Die Größe

$$\mathfrak{H}=E-\boldsymbol{m}\boldsymbol{H} \tag{22.23}$$

ist dabei ganz analog gebildet wie die Enthalpie H; sie wird deshalb manchmal auch die *magnetische Enthalpie* des Systems genannt. Faßt man in (22.22) S und $\mathfrak{H}$ als Funktionen von $T, \boldsymbol{H}, N$ auf, so erhält man

$$T\frac{\partial S(T,\boldsymbol{H},N)}{\partial T}dT+T\frac{\partial S(T,\boldsymbol{H},N)}{\partial \boldsymbol{H}}d\boldsymbol{H}+T\frac{\partial S(T,\boldsymbol{H},N)}{\partial N}dN = \frac{\partial \mathfrak{H}(T,\boldsymbol{H},N)}{\partial T}dT+\left(\frac{\partial \mathfrak{H}(T,\boldsymbol{H},N)}{\partial \boldsymbol{H}}+\boldsymbol{m}\right)d\boldsymbol{H}+\left(\frac{\partial \mathfrak{H}(T,\boldsymbol{H},N)}{\partial N}-\mu\right)dN. \tag{22.24}$$

Für die den Prozessen $d\boldsymbol{H}=dN=0$ zugeordnete Wärmekapazität folgt hieraus

$$C_{\boldsymbol{H}}=T\frac{\partial S(T,\boldsymbol{H},N)}{\partial T}=\frac{\partial \mathfrak{H}(T,\boldsymbol{H},N)}{\partial T}. \tag{22.25}$$

Ähnliche Überlegungen zeigen, daß Wärmekapazitäten, die zu Prozessen gehören, die durch das Konstanthalten von extensiven und intensiven Variablen charakterisiert sind, allgemein geschrieben werden können

$$\left.\begin{matrix}\text{Wärmekapazität bei}\\ \text{konstanten exten-}\\ \text{siven und intensiven}\\ \text{Variablen}\end{matrix}\right\} = T\frac{\partial S(T,\text{ konstante extensive und intensive Variablen})}{\partial T} = \frac{\partial}{\partial T}\left[E-\sum_{\substack{\text{konst. intensive}\\ \text{Variablen } \xi_i}}\xi_i X_i\right]. \tag{22.26}$$

Die hier auftretenden, nach T abgeleiteten Größen, die aus der Energie E dadurch hervorgehen, daß eine Summe aus Produkten intensiver und zugeordneter extensiver Variablen von E subtrahiert wird, spielen in der Weiterentwicklung der Thermodynamik eine große Rolle. Während die Wärmekapazitäten als Ableitung *verschiedener* Größen nach der Temperatur dargestellt werden, sind die durch T dividierten Wärmekapazitäten jedoch alle die T-Ableitungen derselben Größe, nämlich der Entropie S, jeweils nur als Funktion von anderen unabhängigen Variablen aufgefaßt.

Die Differenz $C_p - C_V$

Als verkappte Ableitungen der Entropie stehen die Wärmekapazitäten C_p und C_V oder $C_{\boldsymbol{H}}$ und $C_{\boldsymbol{m}}$, allgemein C_ξ und C_X, wobei ξ eine intensive und X die zugehörige extensive Variable bezeichnet, in charakteristischer Beziehung mit anderen Größen des Systems. Um das herzuleiten, gehen wir aus von der allgemeinen Relation zwischen partiellen Ableitungen [Anhang, Gl. (1)]

$$\frac{\partial S(T,p,N)}{\partial T}=\frac{\partial S(T,V,N)}{\partial T}+\frac{\partial S(T,V,N)}{\partial V}\frac{\partial V(T,p,N)}{\partial T}.$$

Multipliziert man diese Identität mit T und beachtet man (22.9) und (22.3), so folgt

$$C_p=C_V+T\frac{\partial S(T,V,N)}{\partial V}\frac{\partial V(T,p,N)}{\partial T}. \tag{22.27}$$

Ersetzt man hierin $\partial S/\partial V$ nach Gl. (15.12) durch $\partial p/\partial T$, so resultiert

$$C_p=C_V+T\frac{\partial p(T,V,N)}{\partial T}\frac{\partial V(T,p,N)}{\partial T}. \tag{22.28}$$

Wendet man in dieser Gleichung die mathematische Beziehung [Anhang, (Gl. 3)]

$$\frac{\partial p(T,V,N)}{\partial T}=-\frac{\partial p(T,V,N)}{\partial V}\frac{\partial V(T,p,N)}{\partial T}$$

an, so erhält man, wenn man noch Gl. (4) des Anhangs beachtet, die Relation

$$C_p-C_V=-T\frac{\partial p(T,V,N)}{\partial V}\left(\frac{\partial V(T,p,N)}{\partial T}\right)^2=T\frac{\left(\dfrac{\partial V(T,p,N)}{\partial T}\right)^2}{-\dfrac{\partial V(T,p,N)}{\partial p}}. \tag{22.29}$$

Da bei der Ableitung von (22.29) nur die Definition der Wärmekapazitäten C_p und C_V sowie allgemeine Rechenregeln des partiellen Differenzierens benutzt wurden, bleibt (22.29) richtig, wenn man V durch $\boldsymbol{m}$ und $-p$ durch $\boldsymbol{H}$ ersetzt. Somit ist

$$C_{\boldsymbol{H}}-C_{\boldsymbol{m}}=T\frac{\partial \boldsymbol{H}(T,\boldsymbol{m},N)}{\partial \boldsymbol{m}}\left(\frac{\partial \boldsymbol{m}(T,\boldsymbol{H},N)}{\partial T}\right)^2=T\frac{\left(\dfrac{\partial \boldsymbol{m}(T,\boldsymbol{H},N)}{\partial T}\right)^2}{\dfrac{\partial \boldsymbol{m}(T,\boldsymbol{H},N)}{\partial \boldsymbol{H}}}. \tag{22.30}$$

Nach derselben Überlegung findet man allgemein

$$C_\xi-C_X=T\frac{\partial \xi(T,X,N)}{\partial X}\left(\frac{\partial X(T,\xi,N)}{\partial T}\right)^2=T\frac{\left(\dfrac{\partial X(T,\xi,N)}{\partial T}\right)^2}{\dfrac{\partial X(T,\xi,N)}{\partial \xi}}. \tag{22.31}$$

Die in den Nennern der rechten Seiten der Gln. (22.29) bis (22.31) auftretenden Größen dürfen nicht negativ sein. Anderenfalls ist das System, wie wir im nächsten Abschnitt und in §26 zeigen werden, instabil. Daraus folgt, daß allgemein

$$C_p\geqq C_V, \quad C_{\boldsymbol{H}}\geqq C_{\boldsymbol{m}}, \quad C_\xi\geqq C_X. \tag{22.32}$$

Die Wärmekapazität C_p ist also niemals kleiner als C_V und ebenso ist für paramagnetische Körper $C_{\boldsymbol{H}}$ niemals kleiner als $C_{\boldsymbol{m}}$. Um die gleiche Temperaturänderung dT zu erzielen, ist bei konstanter intensiver Variable ξ also mehr Energie zuzuführen als bei konstanter extensiver Variable X.

Die Feststellung, daß C_p nicht kleiner sein kann als C_V, sagt natürlich nichts darüber aus, wie groß der Unterschied der beiden Wärmekapazitäten ist. So ist er für Gase beträchtlich, während er für Festkörper nicht ins Gewicht fällt. Gl. (22.29) läßt das nicht unmittelbar erkennen. Es hat zwar die Größe

$$\frac{1}{V}\frac{\partial V(T,p,N)}{\partial T}=\alpha=\text{thermischer Ausdehnungskoeffizient bei konstantem Druck} \tag{22.33}$$

für Gase große Werte, gleichzeitig hat aber auch die Größe $-(1/V)\,\partial V(T,p,N)/\partial p$ für Gase große Werte, während für Festkörper beide Größen klein sind.

Allgemeine Suszeptibilitäten

Die in den Nennern der rechten Seite der Gln. (22.29) bis (22.31) auftretenden Größen, die alle vom Typ $\partial X/\partial \xi$ sind, nennt man **allgemeine (isotherme) Suszeptibilitäten** des Systems. Sie dürfen nie negativ sein.

Die erste der allgemeinen Suszeptibilitäten, noch durch V dividiert, ist

$$-\frac{1}{V}\frac{\partial V(T,p,N)}{\partial p}=\varkappa_T=\text{isotherme Kompressibilität}. \tag{22.34}$$

Sie drückt aus, wie stark das Volumen des Systems bei einer isothermen Druckzunahme zusammenschrumpft. Wäre sie negativ, so wäre das System nicht stabil. Nähme nämlich der Druck des Systems aus irgendeinem Anlaß geringfügig gegenüber dem in seiner Umgebung herrschenden Druck ab, so würde das System etwas kontrahieren. Die Umgebung mit ihrem größeren Druck komprimiert das System weiter, was wiederum eine weitere Kontraktion des Systems mit weiter sinkendem Druck des Systems bedingt. Der Prozeß hätte kein Ende, das System würde vollständig kollabieren. Ein Ende hätte der Prozeß nur, wenn das System schließlich in Zustände gerät, in denen die Volumabnahme mit Druckzunahme verknüpft ist, die Kompressibilität also positiv ist.

Der Nenner von (22.30) heißt

$$\frac{\partial \boldsymbol{m}(T,\boldsymbol{H},N)}{\partial \boldsymbol{H}}=\text{isotherme magnetische Suszeptibilität}. \tag{22.35}$$

Von der in der Elektrodynamik als magnetische Suszeptibilität χ_m bezeichneten Größe in Gl. (7.52) unterscheidet sich die Definition (22.35) dadurch, daß sie sich nicht auf ein Volumelement des Körpers bezieht, sondern auf den ganzen Körper. Auch (22.35) kann aus denselben Stabilitätsgründen wie (22.34) nicht negativ werden. Es kann danach nicht passieren, daß das magnetische Moment eines Körpers kleiner wird, wenn gleichzeitig das Feld, in dem sich der Körper aufhält, zunimmt. Das stimmt scheinbar nur für paramagnetische Körper. Für diamagnetische Körper ist (22.35) dagegen negativ. Das liegt daran, daß ein paramagnetischer Körper für sich allein ein stabiles System bildet, und zwar auch ohne ein von außen angelegtes Magnetfeld. So gibt es auch im Magnetfeld der Feldstärke Null magnetisierte Körper, nämlich die Permanentmagnete; für sie ist (22.35) positiv. Ein diamagnetischer Körper dagegen bildet ein stabiles System nur zusammen mit einem äußeren Magnetfeld. Ein magnetisierter diamagnetischer Körper ohne ein von außen angelegtes Magnetfeld ist undenkbar. Der Diamagnetismus beruht nämlich auf der Induktionswirkung des äußeren Magnetfeldes. Beim Einschalten des Feldes wird im Körper durch Induktion ein magnetisches Moment erzeugt; beim Abschalten wird das Moment wieder aufgehoben. Der diamagnetisch magnetisierte Körper ist daher mit dem äußeren Magnetfeld untrennbar verbunden.

Allgemein nennen wir

$$\frac{\partial X(T,\xi,N)}{\partial \xi}=\text{isotherme } \xi\text{-}X\text{-Suszeptibilität}. \tag{22.36}$$

Sie drückt aus, wie ein System bei $T=\text{const}$, $N=\text{const}$, auf den „Reiz“ der Änderung der intensiven Größe ξ um $d\xi$ dadurch reagiert oder „antwortet“, daß es die zugeordnete extensive Größe X um dX ändert. Die Suszeptibilität (22.36) beschreibt somit den Zusammenhang zwischen *Reiz* $d\xi$ *und Antwort* (*response*) dX des Systems. Dieser Zusammenhang ist wichtig für die Stabilität physikalischer Systeme. Nur solche Zustände eines Systems sind nämlich stabil, in denen alle Suszeptibilitäten (22.36) endliche positive Werte haben. Der Wechsel von Stabilität zu Instabilität erfolgt dort, wo eine reziproke Suszeptibilität Null wird und dann negative Werte annimmt. Nähert sich eine Zustandsfolge der **Stabilitätsgrenze eines Systems**, so kündigt sich die Stabilitätsgrenze dadurch an, daß (mindestens) eine Suszeptibilität (22.36) des Systems über alle Grenzen wächst, daß das System also beginnt, auf verschwindend kleine Reize $d\xi$ mit beliebig großen Antworten dX zu reagieren. So betrachtet gewinnt das **Stabilitätskriterium** für ein System, nämlich daß in seinen Zuständen *alle Suszeptibilitäten des Systems endliche positive Werte* haben müssen, einen sehr anschaulichen Inhalt.

Die durch T dividierten Wärmekapazitäten sind selbst Suszeptibilitäten, nämlich Ableitungen der extensiven Größe S nach der zugehörigen intensiven T. Da die Suszeptibilitäten eines Systems in seinen stabilen Zuständen alle positiv sind, ist zu erwarten, daß auch seine Wärmekapazitäten positiv sind (§27).

Die Suszeptibilitäten sind hier im Zusammenhang mit den Wärmekapazitäten aufgetreten, weshalb sie sich hier nur auf isotherme Prozesse $T=\text{const}$ beziehen. Ihre Bedeutung für das Antwortverhalten eines Systems und damit auch für seine Stabilität reicht jedoch viel weiter. Neben den isothermen Suszeptibilitäten gibt es noch andere Suszeptibilitäten. Für thermodynamische Zwecke wichtig sind vor allem die **isentropen**

Suszeptibilitäten

(22.37) $$-\frac{1}{V}\frac{\partial V(S,p,N)}{\partial p}=\varkappa_S=\text{isentrope Kompressibilität}$$

und

(22.38) $$\frac{\partial \boldsymbol{m}(S,\boldsymbol{H},N)}{\partial \boldsymbol{H}}=\text{isentrope magnetische Suszeptibilität}.$$

Während die isotherme Kompressibilität (22.34) das Antwortverhalten des Systems auf *isotherme* Druckänderungen beschreibt, tut die isentrope Kompressibilität (22.37) das für *isentrope* Druckänderungen. Analog beschreibt die isotherme magnetische Suszeptibilität (22.35) das Antwortverhalten des magnetisierbaren Körpers auf Magnetfeldänderungen bei konstanter Temperatur des Körpers und die isentrope Suszeptibilität (22.38) auf Magnetfeldänderungen bei konstanter Entropie des Körpers. Da Gase schlecht wärmeleitend sind, verlaufen schnelle Druckänderungen in ihnen isentrop. Für die Schallausbreitung in Gasen ist deshalb die isentrope Kompressibilität maßgebend. Ebenso sind schnelle Änderungen des Magnetfelds oft als isentrop anzusehen, während langsame Änderungen als isotherme Prozesse zu behandeln sind.

Die Abhängigkeit der Entropie von V und p

Bisher haben wir Prozesse betrachtet, bei denen allein T verändert wurde, während die anderen $n-1$ unabhängigen Variablen konstant gehalten werden. Die zu diesen Prozessen gehörenden Entropiedifferenzen hängen entsprechend nur von T ab. Man erhält so die Entropie zwar als Funktion der Temperatur T, wenn man ihren Wert für eine bestimmte Temperatur T_0 kennt, nicht aber als Funktion der anderen Variablen, etwa von V und N oder p und N. In den Gln. (21.10) bzw. (22.6) oder (21.14) bzw. (22.12) zeigt sich das darin, daß die von T verschiedenen unabhängigen Variablen in allen Gliedern dieselben Werte haben. Um die Abhängigkeit der Entropie von den anderen Variablen in die Hand zu bekommen, muß man wieder auf (21.2) zurückgreifen. Wir erläutern das Vorgehen an einem System mit der Fundamentalform (22.1). Unter Ausnutzung von Gl. (22.2), die ja nur die Schreibweise von (22.1) bei der Wahl von T, V, N als unabhängige Variablen ist, und von (22.3) schreiben wir (22.1)

(22.39) $$dS=\frac{C_V}{T}\,dT+\frac{1}{T}\left(\frac{\partial E(T,V,N)}{\partial V}+p\right)dV+\frac{1}{T}\left(\frac{\partial E(T,V,N)}{\partial N}-\mu\right)dN.$$

Gl. (22.39) werde weiter umgeformt mit (15.13), wonach

(22.40) $$\frac{\partial E(T,V,N)}{\partial V}+p=T\,\frac{\partial p(T,V,N)}{\partial T}$$

und analog dazu

(22.41) $$\frac{\partial E(T,V,N)}{\partial N}-\mu=-T\,\frac{\partial \mu(T,V,N)}{\partial T}.$$

Der Beweis von (22.41) folgt aus der Bemerkung, daß jede aus der Fundamentalgleichung abgeleitete mathematische Beziehung für ein konjugiertes Variablenpaar, wie $-p$ und V, auch für jedes andere konjugierte Variablenpaar, wie μ und N, gelten muß.

Mit (22.40) und (22.41) lautet (22.39)

$$dS = \frac{C_V}{T}\,dT + \frac{\partial p(T,V,N)}{\partial T}\,dV - \frac{\partial \mu(T,V,N)}{\partial T}\,dN. \tag{22.42}$$

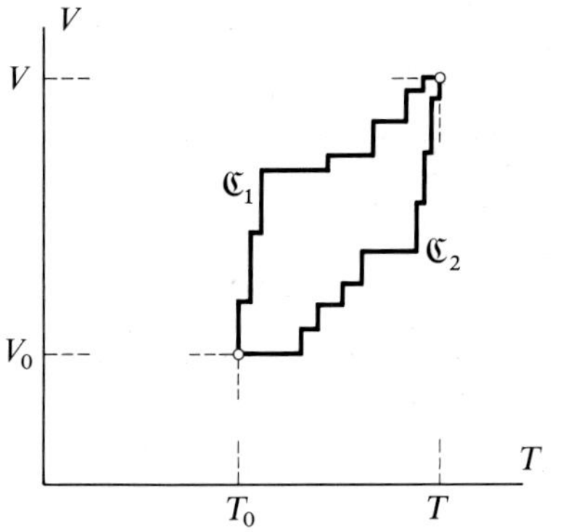

Abb. 22.4

Zur Integration der Gl. (22.43). Da in (22.43) zwei unabhängige Variablen, nämlich T und V, vorkommen, muß zur Integration von (22.43) ein Weg $\mathfrak{C}$ festgelegt werden, der den Anfangszustand T_0, V_0 mit dem Endzustand T, V verbindet. Als Weg $\mathfrak{C}$ kann ein Polygonzug gewählt werden, der aus Stücken $dT=0$ und $dV=0$ besteht. $\mathfrak{C}_1$ und $\mathfrak{C}_2$ sind derartige Polygonzüge. Auf jedem Stück $dV=0$ des Polygons reduziert sich das Kurvenintegral über (22.43) auf den ersten Term der rechten Seite, also auf ein Integral über die Variable T. Auf jedem Stück $dT=0$ reduziert es sich entsprechend auf ein Integral über die Variable V.

Für $dV=dN=0$ reduziert sich (22.42) auf die bereits bekannte Gl. (22.5), deren Integration (22.6) liefert. Als nächstes betrachten wir Prozesse, bei denen nur N konstant gehalten wird, also $dN=0$ ist, während sowohl dT als auch dV von Null verschieden sein können. Dann reduziert sich (22.42) auf

$$dS = \frac{C_V}{T}\,dT + \frac{\partial p(T,V,N)}{\partial T}\,dV \quad \text{bei } dN=0. \tag{22.43}$$

Diese Gleichung integriert man dadurch, daß man von einem Ausgangszustand T_0, V_0 ausgeht und stückweise bei konstantem V und stückweise bei konstantem T integriert. Ein beliebiger Endzustand T, V läßt sich, wie es Abb. 22.4 in der T-V-Ebene veranschaulicht, auf ganz verschiedenen Wegen $\mathfrak{C}_1, \mathfrak{C}_2, \ldots$ erreichen. Die Wege unterscheiden sich darin, daß die aufeinanderfolgenden Stücke $dV=0$ und $dT=0$ unterschiedliche Längen haben. Alle diese Wege sind gleichberechtigt, denn sie führen alle zum selben Resultat. Die integrale Form von (22.43) ist damit das Kurvenintegral längs irgendeines Wegs $\mathfrak{C}$ zwischen T_0, V_0, N und T, V, N

$$S(T,V,N) - S(T_0,V_0,N) = \int_{\mathfrak{C}} \left[\frac{C_V(T',V',N)}{T'}\,dT' + \frac{\partial p(T',V',N)}{\partial T'}\,dV'\right]. \tag{22.44}$$

Um die Entropiedifferenz zwischen Zuständen mit verschiedenen Werten von T und V zu bestimmen, ist es also notwendig, neben der Wärmekapazität C_V die Ableitung des Drucks nach der Temperatur, nämlich den *thermischen Spannungskoeffizient*, zu messen, und zwar beide als Funktionen von T und V.

Bei idealen Gasen, bei denen $\partial p/\partial T = Nk/p$, läßt sich (22.44) leicht integrieren. Das wird in §23 geschehen. Für Gase im nicht-idealen Zustandsbereich, Flüssigkeiten oder Festkörper ist die Integration von (22.44) im allgemeinen nur numerisch möglich. Da sich experimentell meist der Druck leichter vorgeben läßt als das Volumen V, ist es oft günstiger, statt T, V, N die Größen T, p, N als unabhängige Variablen zu wählen. Nach (22.8) und (22.9) nimmt das Analogon von (22.43) dann die Form an

$$dS = \frac{C_p}{T}\,dT - \frac{\partial V(T, p, N)}{\partial T}\,dp \quad \text{bei } dN = 0. \tag{22.45}$$

In Integralform lautet diese Gleichung

$$S(T, p, N) - S(T_0, p_0, N) = \int_{\mathfrak{C}} \left[\frac{C_p(T', p', N)}{T'}\,dT' - \frac{\partial V(T', p', N)}{\partial T'}\,dp'\right]. \tag{22.46}$$

Der Weg $\mathfrak{C}$, der den Anfangszustand T_0, p_0, N mit dem Endzustand T, p, N verbindet, ist dabei wieder beliebig wählbar. Zweckmäßigerweise wählt man ein Polygon, das aus lauter Stücken $T = \text{const}$ und $p = \text{const}$ besteht. Um das Integral zu berechnen, muß man die Wärmekapazität C_p sowie die Ableitung des Volumens nach der Temperatur bei konstantem Druck, also den *thermischen Ausdehnungskoeffizient* messen, und zwar beide als Funktion von T und p. Auch die Integration von (22.46) ist im Fall eines idealen Gases besonders einfach auszuführen.

Die Abhängigkeit der Entropie von N. Größen pro Teilchenzahl

Es bleibt noch die Frage nach der N-Abhängigkeit der Entropie. Um sie zu klären, wendet man nicht unmittelbar (22.42) auf Prozesse mit $dN \neq 0$ an; denn $\partial\mu(T, V, N)/\partial N$ ist nicht direkt meßbar. Man vereinfacht sich das Problem vielmehr auf andere Weise. Da N die Menge der Substanz mißt, die das System enthält, ist zu erwarten, daß alle mengenartigen Größen proportional zur Teilchenzahl N sind. Also werden auch die Entropie S sowie ihre Differenzen proportional N sein. Die mengenartigen Größen eines Systems, also seine Energie E, seine Entropie S, sein Volumen V, ja beliebige weitere mengenartigen Variablen X sind dann Vielfache von N, lassen sich also schreiben

$$E = Ne, \qquad S = Ns, \qquad V = Nv, \quad \ldots \quad X = Nx. \tag{22.47}$$

Die Größen $e, s, v, \ldots, x$ sind die **Energie pro Teilchenzahl,** die **Entropie pro Teilchenzahl,** das **Volumen pro Teilchenzahl,** ..., die **Größe X pro Teilchenzahl.** Benutzt man als Einheit der Variable N nicht 1 Teilchen, sondern $1\,\text{Mol} = 6{,}023 \cdot 10^{23}$ Teilchen, so heißen die Größen pro Teilchenzahl auch *molare Größen.*

Die Größen pro Teilchenzahl sind nicht so zu verstehen, daß das einzelne Teilchen des Systems ein Objekt wäre, das nur den Anteil e der Energie E oder den Anteil s der Entropie s des Systems besitzt. Besonders deutlich wird das im Volumen pro Teilchen v. Die Größe v drückt nicht etwa aus, daß einem einzelnen Objekt nur das Volumen v zur Verfügung stünde, vielmehr mißt v die *Teilchendichte*, denn es ist

$$\frac{1}{v} = \frac{N}{V}. \tag{22.48}$$

Jedem Teilchen, also jedem Molekül eines Gases steht immer das ganze Volumen V zur Verfügung, in dem das Gas eingeschlossen ist. v drückt nur aus, wie viele Moleküle pro Volumen vorhanden sind, wie *dicht* also das Gas ist.

Einen Vorteil bringt die Verwendung von Größen pro Teilchenzahl statt der mengenartigen Größen dann, wenn jene ihrerseits wieder nur von Größen pro Teilchenzahl oder von intensiven Größen abhängen, nicht dagegen von N, wenn also etwa die Entropie pro Teilchenzahl s nur von T und p abhängt oder von T und v. Das System heißt dann *homogen*. Bei einem **homogenen System** haben alle mengenartigen Größen also die Eigenschaft, daß

(22.49) $$S(T, V, N) = N\, s(T, V/N), \ldots, X(T, V, N) = N\, x(T, V/N).$$

Das Herausziehen des Faktors N läßt somit Funktionen $s, e, \ldots, x$ übrig, die außer von T nur von Quotienten mengenartiger Größen, hier von $V/N = v$ abhängen.

Die Größen pro Teilchenzahl sind ein Mittel, ein System ohne Rücksicht auf seine Gesamtgröße zu beschreiben, wenn das System homogen ist. Dann hat es die Eigenschaft, daß sich alle seine mengenartigen Größen mit demselben Faktor multiplizieren, wenn das System bei konstanten Werten seiner intensiven Variablen insgesamt vergrößert oder verkleinert wird. Es ist dann nämlich

(22.50)
$$\begin{aligned}
E(T, V, N) &= N\, e(T, v), & E(T, p, N) &= N\, e(T, p),\\
S(T, V, N) &= N\, s(T, v), & S(T, p, N) &= N\, s(T, p),\\
V &= N\, v, & V(T, p, N) &= N\, v(T, p),\\
\cdots\cdots &\cdots\cdots & \cdots\cdots &\cdots\cdots\\
X(T, V, N) &= N\, x(T, v), & X(T, p, N) &= N\, x(T, p).
\end{aligned}$$

Setzt man (22.50) in (22.3) bzw. (22.9) ein und dividiert durch N, so erhält man die *Wärmekapazität pro Teilchenzahl* oder, bei Verwendung der Einheit $1\,\text{Mol} = 6{,}023 \cdot 10^{23}$ Teilchen für die Größe N, die *Molwärme*

(22.51) $$c_v = T\frac{\partial s(T, v)}{\partial T} = \frac{\partial e(T, v)}{\partial T}, \qquad c_p = T\frac{\partial s(T, p)}{\partial T} = \frac{\partial h(T, p)}{\partial T}.$$

Die Größe h ist dabei die *Enthalpie pro Teilchenzahl*. Sie ist definiert durch $H = E + p\,V = N(e + p\,v) = N\,h$.

Die Anzahl der unabhängigen Variablen, von denen die Größen pro Teilchenzahl $s, e, \ldots, x$ abhängen, ist immer um eins kleiner als die Anzahl der unabhängigen Variablen des gesamten Systems. Das hat eine wichtige Konsequenz. Setzt man nämlich (22.50) in die Fundamentalform (22.1) des Systems ein, so nimmt diese die Gestalt an

(22.52) $$N(de - T\,ds + p\,dv) = -(e - Ts + pv - \mu)\,dN.$$

Diese Beziehung gilt als Gibbssche Fundamentalform des Systems für *alle* Prozesse des Systems, also für beliebige Werte der Variable N und für beliebige Änderungen dN

von N. Sie muß also auch gelten für $dN=0$ und $N\neq 0$. Da die linke Klammer wegen der vorausgesetzten Homogenität des Systems nicht von dN abhängt, folgt somit

$$de = T\,ds - p\,dv. \tag{22.53}$$

Setzt man das wieder in (22.52) ein, erhält man, wenn man jetzt $dN\neq 0$ wählt, als weitere Konsequenz von (22.52)

$$\mu = e - Ts + p\,v. \tag{22.54}$$

Diese Gleichung läßt sich übrigens, wenn man sie mit N multipliziert und (22.50) beachtet, in der Form schreiben

$$E = TS - p\,V + \mu N. \tag{22.55}$$

Das ist der mathematische Ausdruck der *Homogenität des Systems.*

Die Gibbssche Fundamentalform (22.1) läßt sich also auf die einfachere Form (22.53) bringen, wenn das System homogen ist. Sie ist deshalb einfacher, weil sie nur *zwei* Energieformen, genauer Energieformen pro Teilchenzahl enthält, nämlich $T\,ds$ und $-p\,dv$. Die aus (22.53) folgenden mathematischen Relationen sind formal von derselben Gestalt wie die Beziehungen für ein System mit $N=\text{const}$, nur daß E, S und V durch e, s und v ersetzt werden.

Im Zusammenhang mit der Abhängigkeit der Entropie von N interessiert uns die (22.43) äquivalente Beziehung

$$ds = \frac{c_v}{T}\,dT + \frac{\partial p(T,v)}{\partial T}\,dv. \tag{22.56}$$

Ihre Integration liefert

$$s(T,v) - s(T_0,v_0) = \int_{\mathfrak{C}} \left[\frac{c_v(T',v')}{T'}\,dT' + \frac{\partial p(T',v')}{\partial T'}\,dv'\right]. \tag{22.57}$$

Für die Entropiedifferenzen folgt damit

$$S(T,V,N) - S(T_0,V_0,N) = N\,[s(T,v) - s(T_0,v_0)] \tag{22.58}$$

und für die Entropie S selbst

$$S(T,V,N) = N\,s(T,v) = N\left\{\int_{\mathfrak{C}} \left[\frac{c_v(T',v')}{T'}\,dT' + \frac{\partial p(T',v')}{\partial T'}\,dv'\right] + s(T_0,v_0)\right\}. \tag{22.59}$$

Die Abhängigkeit von N ist damit als Proportionalität ausgewiesen. Solange man allein die Größen $c_v(T,v)$ und $\partial p(T,v)/\partial T$ aus Messungen kennt, bleibt jedoch ein in N linearer Anteil, nämlich $N\,s(T_0,v_0)$ unbestimmt. Der läßt sich nur festlegen, wenn die Entropie $s(T_0,v_0)$ irgendeines Zustands T_0, v_0 ihrem Absolutwert nach bekannt ist.

Wählt man schließlich statt T und v die Größen T und p als unabhängige Variablen, erhält man die Analoga der Gln. (22.45) und (22.46) einfach dadurch, daß man in diesen Gleichungen S, C_p, V durch s, c_p und v ersetzt.

§ 23 Die Entropie von Gasen

Die Entropie idealer Gase

Als erstes Beispiel betrachten wir die Entropie eines Stoffes, wenn dieser als *ideales Gas* vorliegt. In Größen pro Teilchenzahl geschrieben hat die thermische Zustandsgleichung (15.7) des idealen Gases die bequeme Gestalt

$$p\,v = k\,T. \tag{23.1}$$

Daß die Energie E eines idealen Gases nur von T und N abhängt, nicht aber von V oder p, drückt sich so aus, daß

$$E(T,N) = N\,e(T). \tag{23.2}$$

Auch die Enthalpie

$$H(T,N) = E + p\,V = N\,[e(T) + k\,T] = N\,h(T) \tag{23.3}$$

ist allein von T und N abhängig. Man merkt sich leicht, daß sowohl die *Energie als auch die Enthalpie pro Teilchenzahl eines idealen Gases Funktionen allein von T sind;* sie hängen weder vom Druck noch von der Teilchendichte ab.

Mit (23.2) und (23.3) folgt aus (22.51)

$$c_v = c_v(T) = \frac{de(T)}{dT}, \qquad c_p = c_p(T) = \frac{dh(T)}{dT}. \tag{23.4}$$

Auch die Wärmekapazitäten pro Teilchenzahl c_v und c_p hängen also beim idealen Gas allein von T ab und nicht von der Dichte oder vom Druck. Aus (23.4) folgt mit (23.3) die für ideale Gase charakteristische Beziehung

$$c_p - c_v = k. \tag{23.5}$$

Für die Entropie pro Teilchenzahl erhält man aus (22.57), wenn man darin (23.1) einsetzt,

$$s(T,v) = \int_{T_0}^{T} \frac{c_v(T')}{T'}\,dT' + k \ln\left(\frac{v}{v_0}\right) + s(T_0, v_0). \tag{23.6}$$

Drückt man hierin v durch T und p aus gemäß (23.1) und berücksichtigt man (23.5), so ergibt sich

$$s(T,p) = \int_{T_0}^{T} \frac{c_p(T')}{T'}\,dT' - k \ln\left(\frac{p}{p_0}\right) + s(T_0, p_0). \tag{23.7}$$

Diese Beziehung folgt auch direkt aus (22.46).

Die Formeln vereinfachen sich weiter, wenn die Wärmekapazitäten c_v und c_p konstant, nämlich unabhängig von T sind. Wegen (23.5) geschieht das für c_v und c_p

immer gleichzeitig. Statt durch den Wert von c_v oder c_p läßt sich das Gas dann auch kennzeichnen durch die dimensionslose Zahl

$$\gamma = \frac{c_p}{c_v} = \frac{C_p}{C_V}, \tag{23.8}$$

den **Adiabatenexponent** des Gases. Nach (23.5) und (23.8) lassen sich nämlich c_v wie auch c_p durch γ ausdrücken; es ist

$$c_v = \frac{1}{\gamma - 1} k, \qquad c_p = \frac{\gamma}{\gamma - 1} k. \tag{23.9}$$

Für ein ideales Gas mit konstantem c_v und c_p nehmen die Gln. (23.6) und (23.7) die Form an

$$\begin{aligned} s(T, v) &= c_v \ln\left(\frac{T}{T_0}\right) + k \ln\left(\frac{v}{v_0}\right) + s(T_0, v_0) \\ &= k \ln\left(\frac{T v^{\gamma-1}}{T_0 v_0^{\gamma-1}}\right)^{\frac{1}{\gamma-1}} + s(T_0, v_0) \end{aligned} \tag{23.10}$$

und

$$\begin{aligned} s(T, p) &= c_p \ln\left(\frac{T}{T_0}\right) - k \ln\left(\frac{p}{p_0}\right) + s(T_0, p_0) \\ &= k \ln\left(\frac{T^{\frac{\gamma}{\gamma-1}}/p}{T_0^{\frac{\gamma}{\gamma-1}}/p_0}\right) + s(T_0, p_0). \end{aligned} \tag{23.11}$$

Es ist üblich, wenn auch thermodynamisch nicht vorteilhaft, als unabhängige Variablen die Größen p und v zu wählen. Dann ist

$$s(p, v) = k \ln\left(\frac{p\, v^{\gamma}}{p_0\, v_0^{\gamma}}\right)^{\frac{1}{\gamma-1}} + s(p_0, v_0). \tag{23.12}$$

Die Gln. (23.10) bis (23.12) zeigen, daß die **isentropen Prozesse,** also Prozesse mit $s = \text{const}$, den Gleichungen genügen

$$p\, v^{\gamma} = p_0\, v_0^{\gamma}, \qquad \frac{T^{\frac{\gamma}{\gamma-1}}}{p} = \frac{T_0^{\frac{\gamma}{\gamma-1}}}{p_0}, \qquad T v^{\gamma-1} = T_0\, v_0^{\gamma-1}. \tag{23.13}$$

Diese drei Gleichungen sind äquivalent, da mit (23.1) jede aus jeder gefolgert werden kann. Da traditionell zwischen Prozessen und Prozeßrealisierungen (§ 19) nicht unterschieden wird und demgemäß auch die Wörter „isentrop" und „adiabatisch" oft gleichbedeutend benutzt werden, heißen die Isentropen-Gleichungen (23.13) auch die *Adiabaten-Gleichungen* eines idealen Gases mit konstanten Wärmekapazitäten c_v und c_p. Das erklärt auch die Bezeichnung Adiabatenexponent für γ. Es sei noch einmal betont, daß γ als Exponent in den Gln. (23.10) bis (23.13) nur in solchen Temperaturbereichen verwendet werden darf, in denen die Wärmekapazitäten c_v und c_p nicht von der Temperatur abhängen.

Die Formeln (23.10) bis (23.12) zeigen ferner, daß es vernünftig ist, als „natürliche" Einheit der Entropie pro Teilchenzahl die Boltzmann-Konstante k zu benutzen, also s als k mal dimensionslosen Faktor oder dimensionslose Funktion auszudrücken. Das wird sich im folgenden immer wieder bestätigen.

Die Wärmekapazitäten von Gasen

Bringt man einen Stoff in die Gasphase, so wird bei hinreichender Verdünnung seine thermische Zustandsgleichung unabhängig davon, um welchen Stoff es sich handelt, die ideale Gas-Gleichung (23.1). Diese Gleichung enthält kein Merkmal des Stoffes mehr. Das hängt damit zusammen, daß die gegenseitige Wechselwirkung der Teilchen, also der Moleküle oder Atome des Stoffs, bei großer Verdünnung vernachlässigbar klein wird. Worin manifestieren sich dann aber die individuellen Unterschiede einzelner Stoffe? Die Antwort enthält die Entropie $s(T, v)$ oder $s(T, p)$ in den Gln. (23.6) oder (23.7). Zunächst äußert sich das Fehlen der gegenseitigen Wechselwirkung der Teilchen darin, daß die v-Abhängigkeit und die p-Abhängigkeit von s für alle Stoffe dieselbe ist. Die Werte der Ausdrücke

$$\frac{\partial s(T, v)}{\partial v} = \frac{k}{v}, \qquad \frac{\partial s(T, p)}{\partial p} = -\frac{k}{p} \tag{23.14}$$

sind nämlich unabhängig vom Stoff. Die Individualität eines als ideales Gas vorliegenden Stoffs äußert sich dagegen einmal in der T-Abhängigkeit von s, nämlich in

$$\frac{\partial s(T, v)}{\partial T} = \frac{c_v(T)}{T}, \qquad \frac{\partial s(T, p)}{\partial T} = \frac{c_p(T)}{T} = \frac{c_v(T)+k}{T}, \tag{23.15}$$

sowie im Wert, den s in einem beliebig, aber fest gewählten Bezugszustand T_0, v_0 bzw. T_0, p_0 hat. Die individuellen Kennzeichen des Stoffs sind also $c_v(T)$ oder $c_p(T) = c_v(T) + k$ sowie der Wert $s(T_0, v_0)$ der Entropie in einem Bezugszustand. Da die Wechselwirkung der Moleküle des Stoffs keine Rolle spielt, wenn er als ideales Gas vorliegt, müssen die den einzelnen Stoff kennzeichnenden Angaben $c_v(T)$ und $s(T_0, v_0)$ allein durch das *Molekül des Stoffs* bestimmt sein. Die Messung von $c_v(T)$ liefert deshalb Informationen über das Molekül des Stoffs. Welche Informationen das sind, diskutieren wir im übernächsten Abschnitt. Hier führen wir zunächst einige experimentelle Befunde an.

In Abb. 23.1 ist $c_v(T)$ für einige Gase angegeben. Abb. 23.2b ist eine grob schematische Wiedergabe der typischen Züge der Kurven von Abb. 23.1. Danach wechseln T-Intervalle, in denen $c_v(T)$ stark mit T zunimmt, ab mit T-Intervallen, in denen $c_v(T)$ schwach oder gar nicht zunimmt. In den Intervallen der zweiten Kategorie ist c_v der Einfachheit halber konstant gesetzt. In Abb. 23.2c ist der Verlauf von $\partial s(T, v)/\partial T = c_v/T$ wiedergegeben und in Abb. 23.2a die zugehörige T-Abhängigkeit der Energie pro Teilchenzahl $e(T)$ des Gases, deren Ableitung gemäß (23.4) ja $c_v(T)$ ist. Da mit $c_v(T)$ nur die Ableitung von $e(T)$ bekannt ist, bleibt in $e(T)$ eine Konstante frei. Diese wird so festgesetzt, daß

$$e(T=0) = e_0 \tag{23.16}$$

die Ruhenergie des Moleküls des Stoffs ist. Es ist also $e_0 = m c^2$, wenn m die Masse des Moleküls und c die Lichtgeschwindigkeit ist.

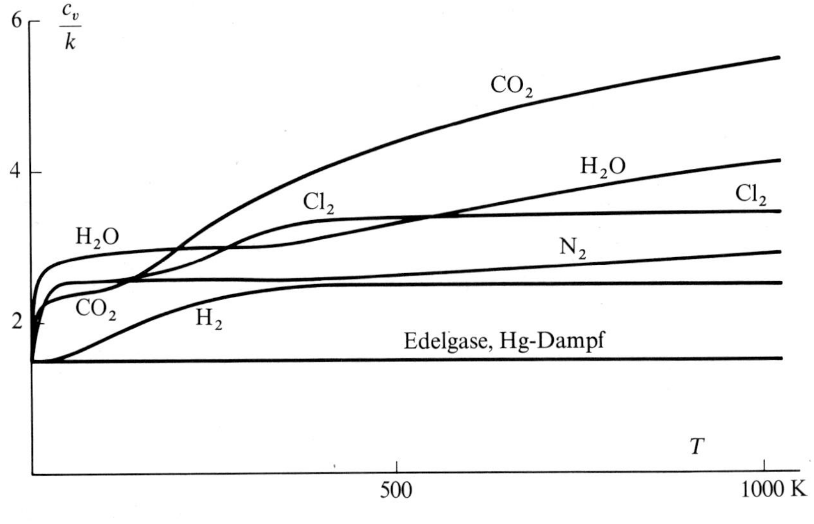

Abb. 23.1
Wärmekapazitäten pro Teilchenzahl c_v einiger Gase als Funktion der Temperatur T. Bei allen Gasen beginnt $c_v(T)$ mit dem Wert $3k/2$.

Die Abb. 23.1 und 23.2 lassen mehrere charakteristische Züge der Wärmekapazität $c_v(T)$ von Gasen erkennen. Einmal ist stets

$$c_v(T) \geqq \tfrac{3}{2}k. \tag{23.17}$$

Den kleinsten Wert $3k/2$, den die Wärmekapazität c_v eines Gases überhaupt haben kann, nimmt c_v für jeden Stoff in der Gasphase auch wirklich an, und zwar bei $T \to 0$. Bei den 1-atomigen Gasen, also den Edelgasen He, Ne, A, Kr, Xe hat c_v den Wert $c_v = 3k/2$ auch bei Temperaturen $T > 0$. Für mehratomige Gase bieten die Wärmekapazitäten auf den ersten Blick ein etwas verwirrendes Bild. Das wird sich im übernächsten Abschnitt klären.

Ändert sich c_v eines Gases nicht mit der Temperatur, hängt die Energie pro Teilchenzahl $e(T)$ des Gases *linear* von T ab. In Temperaturintervallen, in denen ein Gas konstantes c_v und damit auch konstantes c_p hat, kann $e(T)$ also geschrieben werden

$$e(T) = c_v(T - T_0) + e(T_0). \tag{23.18}$$

Dabei ist T_0 eine beliebig gewählte Bezugstemperatur. In diesen Temperaturintervallen läßt sich das ideale Gas auch durch den Adiabatenexponent γ kennzeichnen. Der Wertebereich von γ ist wegen (23.5) und (23.17) beschränkt auf das Intervall

$$1 \leqq \gamma \leqq 1 + \tfrac{2}{3} = 1{,}67. \tag{23.19}$$

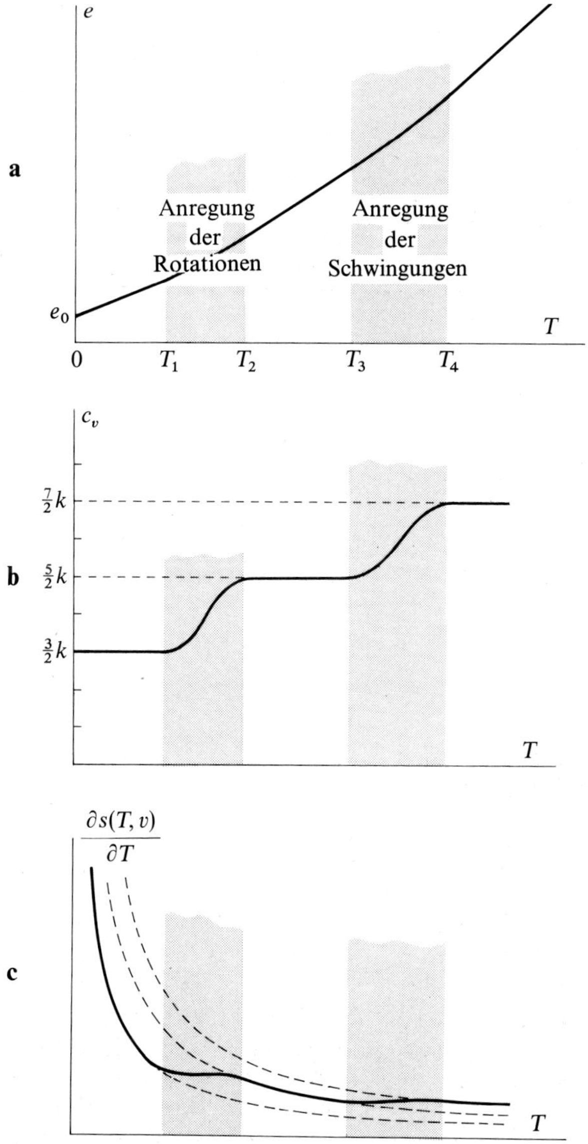

Abb. 23.2

Schematisierte T-Abhängigkeit von Energie $e(T)$ (Teilbild a), Wärmekapazität $c_v(T)$ (Teilbild b) und Ableitung der Entropie $\partial s(T,v)/dT$ (Teilbild c) pro Teilchenzahl eines idealen Gases, dessen Teilchen zweiatomige Moleküle sind. Temperaturbereiche, in denen c_v konstant, $e(T)$ also proportional T und $\partial s/\partial T$ proportional $1/T$ ist, werden unterbrochen durch T-Bereiche (gerastert), in denen c_v mit T zunimmt und $e(T)$ sowie $\partial s/\partial T$ dementsprechend eine kompliziertere T-Abhängigkeiten zeigen. In den gerasterten Temperaturbereichen ist die thermische Energie kT von der Größenordnung der Anregungsenergien irgendwelcher inneren Zustände der Moleküle der Gase. Im ersten Bereich (T_1 bis T_2) reicht kT gerade aus, um Zustände anzuregen, in denen das Molekül rotiert, im zweiten Bereich (T_3 bis T_4) folgt die Anregung von Zuständen, in denen die Atome des Moleküls gegeneinander schwingen.

Die Messung von $\gamma = c_p/c_v$

Bei idealen Gasen mit konstantem c_v und c_p ist es oft einfacher, den Adidabatenexponent γ zu messen als c_v oder c_p für sich. Eine einfache Methode, γ zu bestimmen, besteht darin, die mit einer isentropen und einer isothermen Volumänderung um *denselben* kleinen Betrag dV verknüpften Druckänderungen zu messen. Zunächst ist bei einem *isothermen* Prozeß mit $N = \text{const}$ das Produkt pV konstant, es ist also

$$v\,dp + p\,dv = 0 \quad \text{bei } dT = 0,$$

oder

(23.20) $$dp_{\text{isotherm}} = -\frac{p}{v}\,dv.$$

Bei einem *isentropen* Prozeß ist nach (23.13) dagegen das Produkt pv^γ konstant, weswegen

$$v^\gamma\,dp+\gamma\,p v^{\gamma-1}\,dv=0 \quad \text{bei } ds=0,$$

oder

$$dp_{\text{isentrop}}=-\gamma\frac{p}{v}\,dv \tag{23.21}$$

Division von (23.21) durch (23.20) liefert

$$\frac{dp_{\text{isentrop}}}{dp_{\text{isotherm}}}=\gamma, \tag{23.22}$$

oder mathematisch korrekt geschrieben,

$$\gamma=\frac{\dfrac{\partial p(s,v)}{\partial v}}{\dfrac{\partial p(T,v)}{\partial v}}. \tag{23.23}$$

Nach Gl. (4) des Anhangs läßt sich (23.23) auch schreiben

$$\gamma=\frac{\dfrac{\partial v(T,p)}{\partial p}}{\dfrac{\partial v(s,p)}{\partial p}}. \tag{23.24}$$

Diese Gleichung drückt aus, daß man γ dadurch erhalten kann, daß man die mit der gleichen Druckänderung dp isotherm und isentrop erzielten Volumänderungen durcheinander dividiert. Erweitert man (23.24) mit $-1/v$, so steht im Zähler die isotherme und im Nenner die isentrope Kompressibilität, so daß

$$\gamma=\frac{\varkappa_T}{\varkappa_S}. \tag{23.25}$$

Nun gilt für jedes ideale Gas

$$\varkappa_T=-\frac{1}{v}\,\frac{\partial v(T,p)}{\partial p}=\frac{1}{p}, \tag{23.26}$$

so daß man für ein ideales Gas mit konstanten C_V und C_p hat

$$\gamma=\frac{1}{p\varkappa_S}. \tag{23.27}$$

Die Messung des Drucks und der Kompressibilität bei isentropen Prozessen stellt also einen Weg zur Bestimmung von γ dar. Die Kompressionen in Schallwellen sind isentrop, so daß γ aus Schallgeschwindigkeitsmessungen ermittelt werden kann. Zusammen mit (23.19) besagt (23.25) übrigens, daß für ein ideales Gas mit konstantem c_v und c_p gilt

$$\varkappa_S\leqq\varkappa_T\leqq 1{,}67\,\varkappa_S. \tag{23.28}$$

Das klassische Verfahren zur Messung von γ stellt das **Experiment von Clément und Desormes** dar (Abb. 23.3). Eine in einem Volumen V, etwa einer Flasche, eingeschlossene Gasmenge stehe unter einem Druck p_1, der über dem Atmosphärendruck p_2 der äußeren Luft liegt. Das Gas habe eine Temperatur T_1, die gleich der Außentemperatur sei. Die Flasche wird geöffnet, so daß das Gas eine schnelle und damit isentrope Expansion ausführt und dabei abkühlt auf die Temperatur T_2. Ein Teil des Gases entweicht dabei aus der Flasche. Die Flasche wird danach sofort wieder verschlossen, und, nachdem das Gas durch Wärmezufuhr aus der Umgebung wieder auf die Anfangstemperatur T_1 gebracht ist, sein Druck p_3 gemessen.

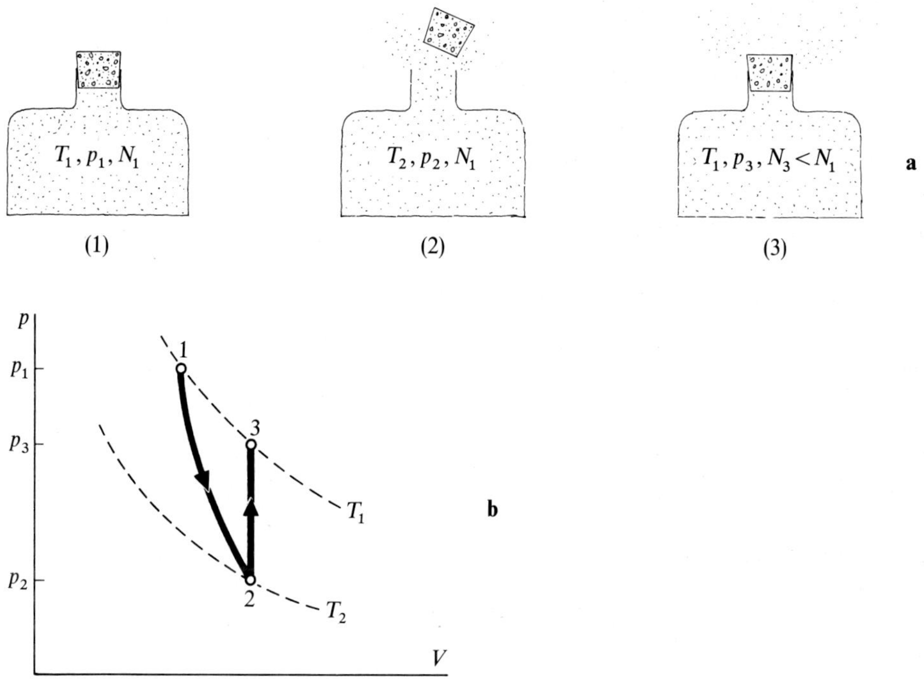

Abb. 23.3

Experiment von CLEMENT-DESORMES zur Bestimmung des Adiabatenexponenten γ eines idealen Gases. Teilbild a veranschaulicht die bei diesem Experiment wesentlichen *Zustände*. Das Teilbild b zeigt in einem p-V-Diagramm außer den Zuständen auch die zwischen den Zuständen durchlaufenen *Prozesse*, also die Übergänge zwischen den Zuständen.

Anfangszustand 1: In der geschlossenen Flasche sind N_1 Teilchen beim Druck p_1 und der Außentemperatur T_1. Außen herrscht $p_2 < p_1$ und T_1. Der *Prozeß* von 1 nach 2 ist eine isentrope Expansion.

Zwischenzustand 2: Die N_1 Teilchen befinden sich bei offener Flasche zum Teil außerhalb der Flasche. In der Flasche herrscht der Außendruck $p_2 < p_1$ und die Temperatur $T_2 < T_1$. Der *Prozeß* von 2 nach 3 ist eine isochore Temperatur- und Druckerhöhung.

Endzustand 3: In der wieder geschlossenen Flasche befinden sich $N_3 < N_1$ Teilchen beim Druck p_3 und der Temperatur T_1.

Der Adiabatenexponent γ ergibt sich nach Gl. (23.29) aus der Messung von $p_1 - p_2 = dp_{\text{isentrop}}$ und $p_1 - p_3 = dp_{\text{isotherm}}$.

Zur thermodynamischen Beschreibung dieses Experiments hat man festzulegen, was man als das System betrachtet. Entweder wählt man nur den jeweils in der Flasche enthaltenen Teil des Gases, oder man wählt das ganze Gas, von dem ein Teil nach der Expansion außerhalb der Flasche ist. Im Prinzip sind beide Festlegungen dessen, was das System ist, möglich. Bei der ersten ist der Expansionsprozeß ein Beispiel für einen Prozeß, bei dem die Teilchenzahl nicht konstant ist, denn es tritt ja bei der Expansion Gas aus der Flasche aus. Wir wählen hier die zweite Möglichkeit, also das *ganze* Gas als System.

Während der isentropen Expansion sinkt der Druck des Gases um den Betrag $dp_{\text{isentrop}} = p_1 - p_2$. Das Gas dehnt sich aus um einen Betrag dV, den man zur Bestimmung von γ, wie wir sehen werden, gar nicht zu kennen braucht. Genau so wenig braucht man dazu die Temperatur T_2 zu messen, auf die sich das Gas bei der isentropen Expansion abkühlt. Nach dem Verschließen der Flasche erwärmt sich das Gas in der Flasche isochor, d.h. bei konstantem Volumen, von T_2 auf die Umgebungstemperatur T_1. Sein Druck steigt dabei von p_2 auf einen Wert p_3. Man mißt, wohlgemerkt, als p_3 den Druck desjenigen Teils des Gases, der in der Flasche geblieben ist. Da unser System aber das *ganze* Gas ist, interessiert uns der Druck, den das ganze Gas bei isochorer Temperatur- und Druckzunahme annehmen würde. Der hat nun auch den Wert p_3, denn für den Anfangs- und Endzustand eines Prozesses $V = \text{const}$, $N = \text{const}$ eines idealen Gases gilt, daß $p_3/p_2 = T_3/T_2 = T_1/T_2$.

Der Enddruck p_3 ist bei gegebenem Anfangsdruck p_2 und gegebenem Verhältnis T_1/T_2 von Endtemperatur zu Anfangstemperatur also unabhängig von V und N. Zur Bestimmung der Druckänderung spielt es keine Rolle, mit welchem Bruchteil des ganzen Gases man den isochoren Prozeß vornimmt.

Die Prozesse, die das *ganze* Gas ausführt, sind in Abb. 23.3b gezeigt. Mißt man $p_1 - p_2$ während der isentropen Expansion und $p_2 - p_3$ während der isochoren Erwärmung, so hat man gleichzeitig, wie Abb. 23.3b zeigt, die zu der Volumänderung dV gehörende isotherme Druckänderung $dp_{\text{isotherm}} = p_1 - p_3$ gefunden. Der Wert von γ ergibt sich nach (23.22) zu

(23.29)
$$\gamma = \frac{dp_{\text{isentrop}}}{dp_{\text{isotherm}}} = \frac{p_1 - p_2}{p_1 - p_3}.$$

Hierin waren dp_{isentrop} und dp_{isotherm} in (23.20) und (23.21) als differentielle Druckänderungen ausgerechnet worden. Damit das rechte Gleichheitszeichen in (23.29) berechtigt ist, müssen bei dem Versuch die Druckänderungen $p_1 - p_2$ und $p_1 - p_3$ hinreichend klein gegen p_1 gehalten werden.

Von den weiteren Anordnungen zur Bestimmung von γ ist eine für Demonstrationszwecke besonders geeignete in Abb. 23.4 dargestellt.

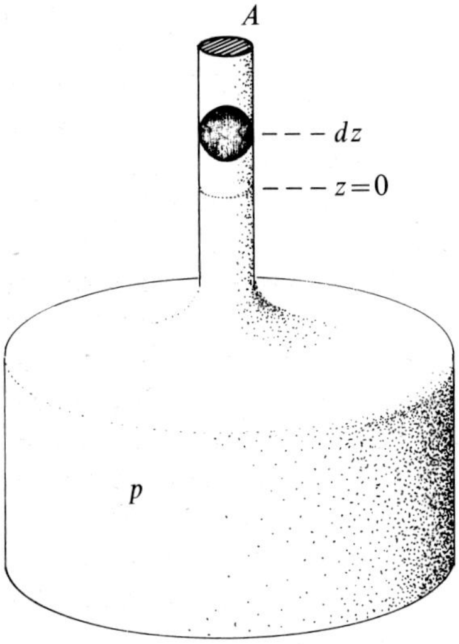

Abb. 23.4

Messung von γ nach RÜCHARDT. Eine kleine, in einem Rohr vom Querschnitt A geführte Kugel der Masse M schließt ein mit Gas gefülltes Volumen V ab. Die Kugel schwingt harmonisch um ihre Gleichgewichtslage $z=0$ bei $V=V_0$, bei der das Gas den Druck p_0 hat. Die „Federkonstante" k dieses harmonischen Oszillators ergibt sich aus der Verschiebungsenergie der Kugel $kz\,dz = -p\,dV + Mg\,dz$. Die Variablen V und z sind gekoppelt durch $dV = A\,dz$. Eingesetzt und durch dz gekürzt ergibt das $kz = -pA + Mg = (p_0 - p)A$, wenn man berücksichtigt, daß im Gleichgewicht $z=0 = -p_0 A + Mg$ ist. Die Druckdifferenz $(p_0 - p)$ ergibt sich bei *isentropen* Volumänderungen des Gases aus (23.13). Aus $p(Az+V_0)^\gamma = p_0 V_0^\gamma$ folgt bei $Az \ll V_0$, daß $p_0 - p = \gamma p_0 Az/V_0$. Die Frequenz ω der Kugelschwingung ist damit

$$\omega^2 = \frac{k}{M} = \frac{\gamma p_0 A^2}{M V_0}.$$

Der Adiabatenexponent γ des Gases läßt sich also bestimmen durch Messung von ω, p_0, V_0, A und M.

Zerlegung eines idealen Gases in elementare ideale Gase

Was ist der Grund für den auffallenden experimentellen Befund, daß die 1-atomigen Gase, also Gase, deren Teilchen Atome und nicht aus mehreren Atomen bestehende Moleküle sind, die Wärmekapazität $c_v = 3\,k/2$ haben, während die Wärmekapazitäten c_v

von Gasen, deren Teilchen Moleküle sind, also aus mehreren Atomen bestehen, eine im allgemeinen komplizierte T-Abhängigkeit zeigen? Bei üblichen Temperaturen ($T \lesssim 10^3$ K) befinden sich alle Teilchen eines 1-atomigen Gases, also die Atome, im selben inneren Zustand, nämlich in ihrem Grundzustand. Sind die Teilchen des Gases dagegen Moleküle, so ist das anders; die Moleküle sind nicht alle in ihrem Grundzustand, sondern können auch in Zuständen sein, in denen das Molekül rotiert, oder seine Atome gegeneinander schwingen. Der entscheidende Unterschied zwischen einem Gas, dessen Teilchen Atome sind, also etwa einem Edelgas, wie He, und einem Gas, dessen Teilchen Moleküle sind, wie H_2 oder CO_2, ist der, daß bei nicht zu hohen Temperaturen das atomare Gas nur aus Teilchen besteht, die untereinander *gleich* sind, während die Teilchen des molekularen Gases nicht alle untereinander gleich sind. Die Teilchen des atomaren Gases sind nämlich nicht nur Atome derselben Art, sondern diese Atome sind auch im *selben inneren Zustand*, sie sind im Grundzustand. Dagegen haben die Moleküle eines molekularen Gases zwar alle denselben atomaren Aufbau, aber sie können in verschiedenen inneren Zuständen der Rotation und Schwingung sein. Das molekulare Gas ist bei $T>0$ daher eine Mischung aus *verschiedenen* Teilchen.

Wir denken uns ein beliebiges ideales Gas in Klassen gleicher Teilchen eingeteilt. Teilchen gelten dabei als gleich, wenn sie erstens denselben atomaren Aufbau haben und wenn sie zweitens im gleichen inneren Zustand sind. Wir können statt dessen auch sagen, sie sind gleich, wenn ihre inneren Variablen dieselben Werte haben. Dann muß nämlich die Masse der Teilchen, also ihre Ruhenergie denselben Wert haben, aber auch ihre Ladung, die Anzahl der Nukleonen, der Elektronen, der Drehimpuls. Zwei Atome sind in diesem Sinn nur dann gleich, wenn sie nicht nur denselben Kern und dieselbe Anzahl von Elektronen haben, sondern wenn außerdem der Kern des einen Atoms im selben Zustand ist wie der Kern des anderen und wenn dasselbe für die Elektronenhüllen der Atome gilt. Ist die Elektronenhülle des einen Atoms im Grundzustand, die des anderen aber in einem angeregten Zustand, so sind die beiden Atome nach unserer Festsetzung *keine* gleichen Teilchen. Ebenso sind zwei Moleküle nicht schon dann gleiche Teilchen, wenn sie in gleicher Weise aus Atomen aufgebaut und im selben Bindungszustand sind, sondern erst dann, wenn überdies ihr innerer Zustand derselbe ist, wenn also ihr Rotations- und Schwingungszustand derselbe ist.

Wir zerlegen nun ein ideales Gas so in Teilsysteme, daß jedes Teilsystem aus gleichen Teilchen besteht. Die Teilsysteme denken wir uns durchnumeriert mit den Zahlen $1, 2, 3, \ldots$. Jede Zahl charakterisiert ein Teilsystem. $N_1, N_2, N_3, \ldots$ sind die Teilchenzahl-Variablen dieser Teilsysteme. Das gesamte ideale Gas besteht aus N_1 Teilchen der Sorte 1, N_2 Teilchen der Sorte 2, usw. Die Gesamtzahl der Teilchen des Gases ist

$$N = N_1 + N_2 + N_3 + \cdots. \tag{23.30}$$

Besteht das ideale Gas z.B. aus He-Atomen, so ist ein Teilchen der Sorte 1 ein He-Atom im Grundzustand, ein Teilchen der Sorte 2 ein He-Atom im ersten angeregten Zustand, usw. Bei einem Gas aus H_2-Molekülen ist ein Teilchen der Sorte 1 ein H_2-Molekül im Grundzustand, ein Teilchen der Sorte 2 ein H_2-Molekül in einem angeregten Rotationszustand usw. Die die Teilchensorte charakterisierenden Indizes $1, 2, 3, \ldots$ kennzeichnen somit gleichzeitig die verschiedenen inneren Zustände des einzelnen Atoms oder Moleküls des Gases.

Da die Teilchen eines idealen Gases untereinander nicht wechselwirken, ist die beschriebene Zerlegung eine Zerlegung in miteinander nicht wechselwirkende Teilsysteme. Jedes Teilsystem, also alle Teilchen ein und derselben Sorte, bildet selbst wieder ein ideales Gas. Wir nennen es ein **elementares ideales Gas.** Ein elementares ideales Gas hat also lauter *gleiche* Teilchen. Die inneren Variablen der Teilchen, wie Masse (= Ruhenergie), Ladung, Nukleonenzahl, Elektronenzahl, Drehimpuls, usw. haben nämlich dieselben Werte. So wirkungsvoll der Begriff des elementaren idealen Gases ist — denn er erlaubt, wie wir sehen werden, das thermische Verhalten idealer Gase sehr einfach zu verstehen — so schwierig ist im allgemeinen seine experimentelle Realisierung. Wie wir noch sehen werden, ist sie nur in Ausnahmefällen möglich.

Wir verwenden hier offensichtlich den Begriff des Teilchens im gewohnten Sinn, nämlich als eines in Gedanken markierbaren und damit individualisierbaren kleinen Körpers, den man sich in seinem Schicksal verfolgbar denkt, und nicht im Sinn der Einheit der Variable Teilchenzahl, wie es die Thermodynamik eigentlich verlangt. Nach unserer Sprechweise ist ein Teilchen ein Teilsystem des ganzen Systems, also des Gases, während die Thermodynamik verlangt, es als *Zustand* des Gases zu behandeln, und zwar als ein Zustand, in dem eine Teilchenzahl-Variable des Systems den Wert „1 Teilchen" hat. Ob man in einer Aussage den Begriff der Teilchenzahl-Variable im Sinn der Thermodynamik richtig verwendet oder nicht, erkennt man sehr einfach daran, ob die Aussage unabhängig ist gegen die Ersetzung der Einheit „Teilchen" durch die Einheit „Mol". Eine Aussage der Theorie darf ja nicht davon abhängen, welche Einheiten der Variablen man verwendet.

Unsere Feststellungen über Teilchen, nämlich über die Atome oder Moleküle eines Gases, genügen keineswegs der Forderung, daß sie unabhängig sind gegen die Ersetzung der Einheit Teilchen durch die Einheit Mol. Sie sind daher strenggenommen nicht richtig. Beim idealen Gas ist man aber in der glücklichen Lage, daß das keinen Schaden anrichtet. Das äußert sich z.B. darin, daß alle Formeln, in die unsere Überlegungen einmünden werden, das thermodynamische Kriterium der freien Wählbarkeit der Einheit der Teilchenzahl-Variablen erfüllen. Das legt die Vermutung nahe, daß im Fall des idealen Gases unsere Feststellungen, in denen das Teilchen im Sinn der „kleinen Kugel", also als individuelles Objekt verwendet wird, sich so umformulieren lassen, daß sie dem Kriterium der Thermodynamik genügen. Das ist tatsächlich der Fall; es bedeutete aber eine so ungewohnte Sprechweise, daß die Verständlichkeit darunter litte. Da es uns zunächst aber darauf ankommt, die Beschreibung eines idealen Gases als Mischung austauschender elementarer idealer Gase sichtbar werden zu lassen und die Eigenschaften des idealen Gases als Folge dieser Mischung zu verstehen, bedienen wir uns auch im weiteren Verlauf dieses Paragraphen der gewohnten Anschauung vom Teilchen als Individuum. Die mit dieser Anschauung hergeleiteten Beziehungen zwischen den Variablen eines idealen Gases tragen nicht mehr die Spuren der Mängel dieser Anschauung und genügen dem Kriterium der Thermodynamik. Wir sagten schon, daß dieses naive Vorgehen nur beim idealen Gas möglich ist. Ganz anders beim Festkörper (§24); bei ihm hilft die elementare atomistische Anschauung, nach der ein Teilchen ein Individuum ist und nicht ein Zustand, nicht viel weiter, ja sie führt an manchen Stellen sogar in die Irre. Beim Festkörper und seinen Teilchen wird bereits eine Grenze der Vorstellung individualisierbarer Teilchen spürbar. Tatsächlich kennt die Physik, wie wir heute wissen, keine individualisierbaren Teilchen.

Die Wärmekapazität elementarer idealer Gase

Da jedes ideale Gas zusammengesetzt ist aus nicht-wechselwirkenden elementaren idealen Gasen, ist die Entropie S des ganzen Gases die Summe der Entropien seiner elementaren Komponenten, also

$$S = N_1 s_1 + N_2 s_2 + N_3 s_3 + \cdots. \tag{23.31}$$

Entsprechend ist die Energie E des ganzen Gases

$$E = N_1 e_1 + N_2 e_2 + N_3 e_3 + \cdots. \tag{23.32}$$

Die Größen $s_1, s_2, \ldots$ sowie $e_1, e_2, \ldots$ sind die Entropien bzw. Energien pro Teilchenzahl der elementaren Gase.

Alle elementaren idealen Gase haben die gemeinsame Eigenschaft, daß jedes aus einer einzigen Teilchensorte besteht. Ein elementares ideales Gas unterscheidet sich von einem anderen elementaren idealen Gas lediglich dadurch, daß eine Teilchensorte durch eine andere ersetzt wird. Das hat zur Folge, daß alle elementaren idealen Gase thermisch dasselbe Verhalten zeigen. Die T-Abhängigkeit einer beliebigen physikalischen Größe ist bei allen elementaren Gase dieselbe; von Gas zu Gas ändert sich nur der Absolutwert der Größe. So hat die Energie pro Teilchenzahl e_i eines elementaren idealen Gases i, wie wir noch näher begründen werden, die Gestalt

$$e_i(T) = \tfrac{3}{2} kT + e_{i0}. \tag{23.33}$$

Die T-Abhängigkeit, nämlich der Term $3kT/2$ ist für alle elementaren idealen Gase dieselbe. Als Kennzeichen des einzelnen elementaren Gases bleibt nur e_{i0}, die Energie pro Teilchenzahl des elementaren Gases i bei der Temperatur $T = 0$. Diese Energie ist identisch mit der Ruhenergie pro Teilchenzahl der Teilchensorte i, die das elementare ideale Gas bildet. Wegen (23.33) hat ein elementares ideales Gas die Wärmekapazität $c_{iv} = de_i/dT = 3k/2$. Alle elementaren idealen Gase haben also dieselbe Wärmekapazität, und zwar die kleinste, die ein ideales Gas nach der experimentellen Erfahrung überhaupt haben kann.

Setzt man (23.33) in (23.32) ein, sieht es auf den ersten Blick so aus, als wäre mit (23.33) auch die Energie E jedes idealen Gases (das ja aus lauter elementaren idealen Gasen zusammengesetzt ist) eine lineare Funktion von T und damit C_V jedes Gases konstant — in Widerspruch zur Erfahrung. Bei diesem Schluß wird jedoch übersehen, daß die elementaren Komponenten eines beliebigen idealen Gases im allgemeinen untereinander im freien Teilchenaustausch stehen. Im Bild des Teilchens als Individuum bedeutet das, daß ein Molekül, das sich im inneren Zustand i befindet, also ein Teilchen der Sorte i ist, im allgemeinen in einen beliebigen anderen inneren Zustand j übergehen, sich also in ein Teilchen einer anderen Sorte j umwandeln kann. Ob der Übergang $i \to j$ direkt möglich ist oder infolge eines Übergangsverbots, einer „Auswahlregel“, nur über andere innere Zustände des Moleküls, also über Umwandlungen in noch andere Teilchensorten, ist dabei gleichgültig. Die Umwandlung von Teilchen verschiedener Sorten ineinander hat zur Folge, daß im Gleichgewicht die Teilchenzahlen N_i der einzelnen Sorten i Funktionen der Temperatur T sind. Mit $N_i = N_i(T)$ folgt aus (23.32), (23.33) und (23.30) aber

$$C_V = \frac{\partial E}{\partial T} = \tfrac{3}{2} N k + e_{10} \frac{\partial N_1}{\partial T} + e_{20} \frac{\partial N_2}{\partial T} + \cdots. \tag{23.34}$$

Wir wählen nun die Numerierung 1, 2, 3, ... der elementaren Komponenten des idealen Gases so, daß

$$e_{10} \leqq e_{20} \leqq e_{30} \leqq \cdots. \tag{23.35}$$

Schreiben wir

$$e_{i0} = e_{10} + \varepsilon_i, \qquad i = 1, 2, 3, \ldots, \tag{23.36}$$

so gilt also

$$\varepsilon_1 = 0 \leqq \varepsilon_2 \leqq \varepsilon_3 \leqq \cdots. \tag{23.37}$$

Da der die Teilchensorte kennzeichnende Index i gleichzeitig die inneren Zustände des Einzelmoleküls des Gases kennzeichnet, ist ε_i die *Anregungsenergie des inneren Molekülzustands i.* Mit (23.36) und (23.30) lautet (23.34)

$$C_V = \tfrac{3}{2} N k + e_{10} \frac{\partial N}{\partial T} + \varepsilon_2 \frac{\partial N_2}{\partial T} + \varepsilon_3 \frac{\partial N_3}{\partial T} + \cdots. \tag{23.38}$$

Ist die Gesamtzahl N der Teilchen des Gases unabhängig von T, hat man endgültig

$$C_V = \tfrac{3}{2} N k + \textstyle\sum_i \varepsilon_i \dfrac{\partial N_i}{\partial T}, \tag{23.39}$$

wobei wegen $\varepsilon_1 = 0$ die Summe ruhig mit $i = 1$ beginnen kann.

Die Formel (23.39) zeigt, daß die Wärmekapazität C_V eines idealen Gases immer dann von der Temperatur T abhängt, wenn sich die Teilchenzahlen N_i der elementaren Komponenten i mit $\varepsilon_i > 0$ des Gases in Abhängigkeit von der Temperatur T ändern. Anders gewendet heißt das: Ein T-abhängiges C_V besagt, daß die Teilchenzahl N_i der im inneren Molekülzustand i mit der Anregungsenergie $\varepsilon_i > 0$ befindlichen Moleküle des Gases sich mit T ändert, und zwar mit steigender Temperatur zunimmt.

Rückblickend erkennt man nun auch, warum ein elementares ideales Gas die Wärmekapazität $C_V = 3Nk/2$ und damit die Energie (23.33) haben muß. Faßt man nämlich irgendwelche idealen Gase zu einem Gesamtgas zusammen, so ist, wenn die einzelnen Gase untereinander in freiem Teilchenaustausch stehen, die Wärmekapazität C_V des Gesamtgases stets größer als die Summe der Wärmekapazitäten der einzelnen Gasen, aus denen das Gesamtgas zusammengesetzt ist. Da ein elementares ideales Gas nicht weiter in untereinander verschiedene Gase zerlegt werden kann (deshalb nennen wir es ja „elementar"), muß seine Wärmekapazität den kleinsten Wert haben, der unter idealen Gasen überhaupt vorkommt. Das ist, wie die Beobachtung zeigt, der Wert $c_v = 3k/2$.

Solange ein individuelles Molekül nur die Werte seiner *äußeren* Variablen, nämlich der Komponenten seines Impulses ändert, also Energie nur in Form von Bewegungsenergie aufnimmt und abgibt, seine *inneren* Variablen aber konstant bleiben, ist es Mitglied eines bestimmten elementaren idealen Gases. Im Bild des als individualisierbar gedachten Moleküls bleiben die Moleküle eines elementaren idealen Gases nur so lange Moleküle desselben elementaren Gases, wie sie Energie allein in Form von Bewegungsenergie austauschen, nicht aber in einer anderen Energieform. Der Wert $3Nk/2$ der Wärmekapazität C_V eines Gases ist dementsprechend ein Indikator dafür, daß die Moleküle des Gases Energie allein in Form von Bewegungsenergie austauschen.

Bei Austausch von Energie in anderer Form als Bewegungsenergie werden die Werte von *inneren* Variablen des Moleküls verändert. Bei Austausch von Rotationsenergie erfährt der Wert des Drehimpulses eine Änderung, bei Austausch von Schwingungsenergie der Wert der Streuung der Ortsvektoren der Atome eines Moleküls um ihre Mittelwerte (= Gleichgewichtslagen). Wenn sich aber der Wert einer inneren Variable des Moleküls ändert, verliert das Molekül seine Zugehörigkeit zu demjenigen elementaren idealen Gas, zu dem es vor der Wertänderung der Variable gehörte. Es wandelt sich um in ein Molekül eines anderen elementaren idealen Gases. Die für die T-Abhängigkeit der Wärmekapazität C_V eines idealen Gases nach (23.39) verantwortliche Änderung der Teilchenzahlen N_i mit T äußert sich für ein markiert gedachtes, individuelles Molekül so, daß es mit einer von T abhängigen Wahrscheinlichkeit $w_i = N_i(T)/N$ in seinen verschiedenen inneren Zuständen i, die die Anregungsenergien ε_i haben, auftritt.

Die innere Zustandssumme eines idealen Gases

Wir wenden uns nun der Aufgabe zu, die Teilchenzahlen $N_i(T)$ im Gleichgewicht gegenüber freiem Teilchenaustausch zwischen verschiedenen elementaren idealen Gasen zu bestimmen. Da ein elementares ideales Gas die Wärmekapazität $c_v = 3k/2$ hat, ist seine Entropie pro Teilchenzahl nach (23.11) gegeben durch

$$s_i(T, p) = k \ln\left(\frac{T^{\frac{5}{2}} p_0}{T_0^{\frac{5}{2}} p}\right) + s_i(T_0, p_0). \tag{23.40}$$

Dabei bezeichnen T_0, p_0 irgendwelche beliebig gewählten, festen Werte von Temperatur und Druck. Die Entropien verschiedener elementarer idealer Gase unterscheiden sich nach (23.40), wie zu erwarten, nur im Absolutwert, also im Wert von $s_i(T_0, p_0)$, nicht dagegen in der T- und p-Abhängigkeit.

Im Gleichgewicht gegenüber freiem Teilchenaustausch zwischen zwei elementaren idealen Gasen i und j haben die chemischen Potentiale der beiden Gase denselben Wert, so daß

$$\mu_i = \mu_j. \tag{23.41}$$

Nach (22.54) und (23.1) läßt sich diese Gleichung schreiben

$$e_i(T) - T s_i(T, p_i) + kT = e_j(T) - T s_j(T, p_j) + kT. \tag{23.42}$$

p_i und p_j sind darin die Partialdrucke der elementaren Gase i und j. Unter Verwendung von (23.33), (23.36) und (23.40) läßt sich (23.42) umformen in

$$\begin{aligned} \ln\left(\frac{p_i}{p_j}\right) &= \frac{e_{j0} - e_{i0}}{kT} - [s_i(T_0, p_0) - s_j(T_0, p_0)] \\ &= \frac{\varepsilon_j - \varepsilon_i}{kT} - [s_i(T_0, p_0) - s_j(T_0, p_0)]. \end{aligned} \tag{23.43}$$

Da zwei elementare ideale Gase i und j sich im wesentlichen nur in der Ruhenergie e_{i0} und e_{j0} ihrer Teilchen unterscheiden, ist zu erwarten, daß auch der Absolutwert der Entropie eines elementaren idealen Gases, also $s_i(T_0, p_0)$, von e_{i0} abhängt. Demgemäß darf man annehmen, daß

$$s_i(T_0, p_0) \approx s_j(T_0, p_0), \quad \text{wenn } e_{i0} - e_{j0} = \varepsilon_i - \varepsilon_j \ll e_{i0}. \tag{23.44}$$

Hier können wir diese Beziehung nicht näher begründen. Da im Fall von Gasen aus chemisch gleichgebauten Molekülen (23.44) erfüllt ist — denn die Anregungsenergien sind höchstens von der Größenordnung 10 eV, während e_{i0} von der Größenordnung 10^9 bis 10^{11} eV ist — kann in (23.43) der letzte Term fortgelassen werden.

Nun gilt für jedes der elementaren idealen Gase i und j die thermische Zustandsgleichung

$$p_i V = N_i k T \quad \text{bzw.} \quad p_j V = N_j k T. \tag{23.45}$$

Somit ist $p_i/p_j = N_i/N_j$ und nach (23.43), wenn, wie angenommen, (23.44) zutrifft,

$$\frac{N_j}{N_i} = e^{-\frac{\varepsilon_j - \varepsilon_i}{kT}}. \tag{23.46}$$

Jede Gleichgewichtsbedingung (23.41) hat zur Folge, daß die Teilchenzahl-Variable eines elementaren Gases von den Teilchenzahl-Variablen der restlichen elementaren Gase abhängig wird. Gl. (23.46) zeigt diese Abhängigkeit. Das ist ein weiteres Beispiel zu der am Ende von § 14 diskutierten Reduktion der Anzahl der unabhängigen Variablen eines Systems infolge von Gleichgewichten des Systems. Summiert man Gl. (23.46) über alle elementaren Komponenten des idealen Gases, also über alle inneren Zustände j des Moleküls des Gases, erhält man nach (23.30)

$$N = \sum_j N_j = N_i \, e^{\frac{\varepsilon_i}{kT}} \Big(\sum_j e^{-\frac{\varepsilon_j}{kT}}\Big),$$

oder anders geschrieben

$$N_i(T, N) = \frac{N}{Z(T)} \, e^{-\frac{\varepsilon_i}{kT}} \tag{23.47}$$

mit

$$Z(T) = \sum_i e^{-\frac{\varepsilon_i}{kT}} = 1 + e^{-\frac{\varepsilon_2}{kT}} + e^{-\frac{\varepsilon_3}{kT}} + \cdots. \tag{23.48}$$

Die durch (23.48) definierte Funktion $Z(T)$ nennen wir die **innere Zustandssumme** des Gases, weil ihr Summationsindex i die inneren Zustände des Moleküls des Gases kennzeichnet; ε_i ist dabei die Anregungsenergie des i-ten inneren Molekülzustands. Das als Folge des freien Teilchenaustauschs zwischen den elementaren idealen Gasen i bestehende chemische Gleichgewicht führt, wie zu erwarten, dazu, daß die Anzahl N_i der im inneren Zustand i befindlichen Teilchen des Gases T-abhängig ist. Diese Abhängigkeit wird durch (23.47) beschrieben.

Wärmekapazitäten und innere Anregungen der Moleküle eines Gases

Die Gleichungen erlauben eine wahrscheinlichkeitstheoretische Interpretation. Dazu bilden wir nach (23.47) die Zahlen

$$w_i = \frac{N_i}{N} = \frac{e^{-\frac{\varepsilon_i}{kT}}}{Z(T)}. \tag{23.49}$$

Wegen (23.47) und (23.48) genügen diese Zahlen der Bedingung

$$\sum_i w_i = 1, \qquad w_i \geqq 0. \tag{23.50}$$

Die Zahlen w_i sind positiv, und ihre Summe ist gleich eins. Sie können somit als Wahrscheinlichkeiten aufgefaßt werden. Das stimmt damit überein, daß $w_i = N_i/N$ im Bild des individuellen Moleküls die relative Häufigkeit ist, mit der ein Molekül des Gases im Zustand i ist.

Alle wichtigen Beziehungen lassen sich nun in den Wahrscheinlichkeiten w_i ausdrücken. Zunächst lautet (23.40), wenn $T_0 = T$ und $p_0 = p$ gesetzt wird, wobei p der Gesamtdruck des Gases sei,

$$s_i(T, p_i) = k \ln\left(\frac{p}{p_i}\right) + s_i(T, p) = -k \ln w_i + s_1(T, p). \tag{23.51}$$

Dabei haben wir die Beziehung $p_i/p = N_i/N = w_i$ benutzt sowie die aus (23.44) folgende Gleichheit der Entropie elementarer idealer Gase

$$s_1(T, p) = s_2(T, p) = s_3(T, p) = \cdots, \tag{23.52}$$

wenn die Differenzen ihrer Ruhenergien $e_{10}, e_{20}, \ldots$ klein sind gegen die Ruhenergien selbst. Für die Entropie des gesamten Gases (23.31) folgt damit

$$\begin{aligned} S(T, p, N) &= \left(\textstyle\sum_i N_i\right) s_1(T, p) - k \textstyle\sum_i N_i \ln w_i \\ &= N\left[s_1(T, p) - k \textstyle\sum_i w_i \ln w_i\right]. \end{aligned} \tag{23.53}$$

Die Entropie pro Teilchenzahl $s_1(T, p)$ ist nach (23.40) bekannt bis auf ihren Absolutwert in irgendeinem festgelegten Zustand T_0, p_0. Auf diesen Rest des Problems der Entropie eines Gases kommen wir in §28 zurück.

Für die Energie des gesamten Gases folgt aus (23.33), (23.36) und (23.49)

$$E(T, N) = \textstyle\sum_i N_i e_i = N\left[e_{10} + \frac{3}{2} k T + \sum_i \varepsilon_i w_i(T)\right]. \tag{23.54}$$

In der Terminologie der Wahrscheinlichkeitsrechnung heißt $\sum_i \varepsilon_i w_i$ der *Erwartungswert oder Mittelwert der Anregungsenergien* ε_i der Moleküle des Gases.

Für die Wärmekapazität C_V des ganzen Gases ergibt sich aus (23.54)

$$C_V(T, N) = N c_v(T) = \frac{\partial E(T, N)}{\partial T} = N\left[\frac{3}{2} k + \sum_i \varepsilon_i \frac{d w_i(T)}{d T}\right]. \tag{23.55}$$

Nun folgt aus (23.49) bei Beachtung von (23.48)

$$\begin{aligned} \frac{d w_i(T)}{d T} &= \frac{\varepsilon_i}{k T^2} \frac{e^{-\frac{\varepsilon_i}{kT}}}{Z} - \frac{e^{-\frac{\varepsilon_i}{kT}}}{Z^2}\left(\sum_j \frac{\varepsilon_i}{k T^2} e^{-\frac{\varepsilon_j}{kT}}\right) \\ &= \frac{w_i}{k T^2}\left(\varepsilon_i - \textstyle\sum_j \varepsilon_j w_j\right). \end{aligned}$$

Multipliziert man diese Gleichung mit ε_i und summiert über i, erhält man

$$\sum_i \varepsilon_i \frac{d w_i(T)}{dT} = \frac{1}{k\,T^2}\left[\sum_i \varepsilon_i^2\, w_i - \left(\sum_i \varepsilon_i\, w_i\right)^2\right]. \tag{23.56}$$

Der Ausdruck in der eckigen Klammer ist die *quadratische Streuung der Anregungsenergien* ε_i der Moleküle des Gases (zur Definition der quadratischen Streuung vgl. MRG, §2). Nach (23.55) und (23.56) ist somit

$$\begin{aligned} C_V &= N\,k\left[\frac{3}{2} + \frac{\sum_i \varepsilon_i^2\, w_i - \left(\sum_i \varepsilon_i\, w_i\right)^2}{(k\,T)^2}\right] \\ &= N\,k\left[\frac{3}{2} + \frac{\text{quadratische Streuung der Anregungsenergien}}{(k\,T)^2}\right]. \end{aligned} \tag{23.57}$$

Man wird sich fragen, ob der Term 3/2 nicht auch als quadratische Streuung einer Energie, dividiert durch $(k\,T)^2$, gedeutet werden kann. Wie wir hier allerdings nicht zeigen können, ist das tatsächlich der Fall; der Term 3/2 repräsentiert die quadratische Streuung der kinetischen Energie der Moleküle des Gases. Danach ist insgesamt

$$C_V = N\,k\,\frac{\text{quadratische Streuung der Gesamtenergie}}{(N\,k\,T)^2}. \tag{23.58}$$

Diese Beziehung trifft nicht nur zu für Gase, sondern für beliebige physikalische Systeme, wobei die Teilchen nicht notwendig Atome oder Moleküle zu sein brauchen.

Die Formeln geben eine Teilantwort auf unsere Frage, welche Information $c_v(T)$ über das Einzelmolekül eines Gases enthält. Überschreitet $c_v(T)$ den Wert $3\,k/2$, so bedeutet das, daß bei der Temperatur T die Moleküle des Gases innerlich angeregt sind. Bei $T=0$ sind, wie (23.47) und (23.49) zeigen, alle $N_i=0$ bzw. $w_i=0$, deren $\varepsilon_i>0$ ist. Das Gas enthält dann nur Moleküle in Zuständen mit der Anregungsenergie Null. Das heißt nicht, daß alle Moleküle unbedingt im selben inneren Zustand sind. Helium mit seinen Isotopen ^{4}He und ^{3}He bildet ein schönes Beispiel sowohl für den Fall, daß es nur *einen* Grundzustand gibt, nämlich nur einen einzigen Zustand mit der Anregungsenergie Null, als auch für den Fall *zweier* Grundzustände. Da das ^{4}He-Atom den Kernspin Null hat, sind seine inneren Zustände allein durch die Elektronenhülle festgelegt. Nach dem Zustand 1 mit $\varepsilon_1=0$ hat der Zustand 2 des ^{4}He-Atoms die hohe Anregungsenergie $\varepsilon_2 \approx 21$ eV/Teilchen, denn dieser Energiebetrag muß dem Atom mindestens zugeführt werden, um seine Elektronenhülle anzuregen. Selbst bei einer Temperatur von 10^4 K ist für ^{4}He

$$Z(T) = 1 + \mathrm{e}^{-\frac{21\,\mathrm{eV/Teilchen}}{k\cdot 10^4\,\mathrm{K}}} + \cdots = 1 + \mathrm{e}^{-25} = 1.$$

Somit ist für ^{4}He bei Temperaturen bis zu 10^4 K und noch erheblich darüber in sehr guter Näherung $N_1=N$, $N_2=N_3=\cdots=0$. Die ^{4}He-Atome befinden sich also alle im Grundzustand 1. ^{4}He-Gas ist somit ein elementares ideales Gas.

Das ^{3}He-Atom hat dagegen den Kernspin $\hbar/2$, so daß zur Festlegung seiner inneren Zustände neben der Elektronenhülle auch der Wert ($\hbar/2$ oder $-\hbar/2$) einer Komponente des Kernspins mitspielt. Das ^{3}He-Atom hat deshalb zwei Zustände 1 und 2 mit der Anregungsenergie Null, so daß $\varepsilon_1=\varepsilon_2=0$. Erst die Zustände 3 und 4 haben die Energien

$\varepsilon_3 = \varepsilon_4 = 21$ eV/Teilchen. Somit ist für ^{3}He bei $T \lesssim 10^4$ K

$$Z(T) = 1 + 1 + e^{-25} + e^{-25} + \cdots = 2.$$

Bei Temperaturen bis zu 10^4 K ist für ^{3}He also $N_1 = N_2 = N/2$, $N_3 = N_4 = \cdots = 0$. Auch die ^{3}He-Atome sind bei diesen Temperaturen in Zuständen mit der Anregungsenergie Null, aber davon gibt es zwei, so daß die He-Atome nicht alle im selben inneren Zustand sind. Das ist aber nur im *Wert* der Entropie (23.53) zu spüren, nicht dagegen in ihrer T-Abhängigkeit, also nicht im Wert von c_v und auch nicht in einer Temperaturabhängigkeit von c_v, die nur durch Zustände mit von Null verschiedener Anregungsenergie zustande kommt. Die Wärmekapazität c_v von ^{3}He ist also gleich der von ^{4}He. ^{3}He-Gas bildet jedoch kein elementares ideales Gas, es hat vielmehr zwei elementare Komponenten.

Ein qualitatives Bild von den Anregungsenergien ε_i eines Moleküls gibt Abb. 23.5. In diesem Bild sind nicht nur die Anregungsenergien dargestellt, sondern auch die inneren Zustände i des Moleküls. Die Länge jedes horizontalen Balkens ist nämlich ein Maß für die Anzahl λ von Zuständen $i, i+1, i+2, \ldots, i+\lambda$, die *denselben* Wert der Anregungsenergie haben, für die also $\varepsilon_i = \varepsilon_{i+1} = \varepsilon_{i+2} = \cdots = \varepsilon_{i+\lambda}$ ist. λ bezeichnet man als den **Entartungsgrad** dieses Werts der Anregungsenergie. Jedem dieser Zustände des

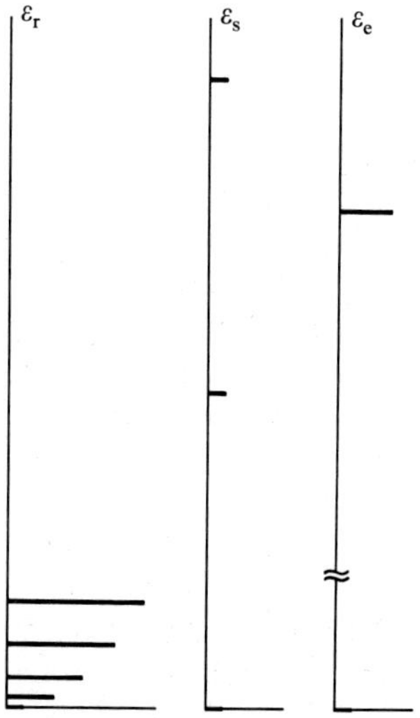

Abb. 23.5

Anregungsenergien eines Moleküls. Nach Aussage der Quantenmechanik kann Drehimpuls nur in ganzzahligen Vielfachen der Planckschen Konstante $\hbar$ ausgetauscht werden. Deshalb ist auch die Energie, die dem Molekül mit dem Drehimpuls zugeführt werden muß, um es zu Rotationen anzuregen, nur diskreter Werte ε_r fähig. Eine analoge Quantisierung zeigen auch die Energien ε_s, die zu Anregungen der Schwingungen aufgewendet werden müssen. Ihrem Betrag nach sind sie etwa eine Größenordnung größer als die Rotationsenergien ε_r. Noch einmal eine Größenordnung höher liegen die Energien ε_e, die zur Anregung der Elektronenhülle des Moleküls dem Molekül zugeführt werden müssen. Allgemein hat ein Molekül in einem Anregungszustand eine um $\varepsilon_r + \varepsilon_s + \varepsilon_e$ höhere Energie als im Grundzustand, in dem $\varepsilon_r = \varepsilon_s = \varepsilon_e = 0$ sind. Ordnet man die Anregungszustände nach dem Betrag ihrer Energien, so kommen zunächst die Rotationen ($\varepsilon_r > 0$, $\varepsilon_s = \varepsilon_e = 0$), dann Rotationen zusammen mit der ersten Schwingungsanregung ($\varepsilon_r > 0$, $\varepsilon_s = \varepsilon_{s1}$, $\varepsilon_e = 0$), dann Rotationen zusammen mit der zweiten Schwingungsanregung ($\varepsilon_r > 0$, $\varepsilon_s = \varepsilon_{s2}$, $\varepsilon_e = 0$), usw.

Die Länge der Balken bei den Energiewerten der inneren Anregungszustände des Moleküls ist ein Maß für die Anzahl der verschiedenen Zustände mit *derselben* Anregungsenergie („Entartungsgrad").

Moleküls ist eine Teilchenzahl-Variable $N_i, N_{i+1}, N_{i+2}, \ldots, N_{i+\lambda}$ des Gases zugeordnet. N_i ist die Teilchenzahl des elementaren idealen Gases, das nur aus Molekülen im inneren Zustand i besteht, entsprechend N_{i+1} die Teilchenzahl des elementaren Gases $i+1$. Zustände mit den kleinsten Anregungsenergien sind Rotationszustände des Moleküls. Dann folgen, etwa eine Größenordnung höher liegend, die Anregungsenergien der Schwingungen der Atome des Moleküls gegeneinander. Schließlich kommen, etwa wieder eine Größenordnung höher, die Anregungsenergien der Bindungselektronen des Moleküls.

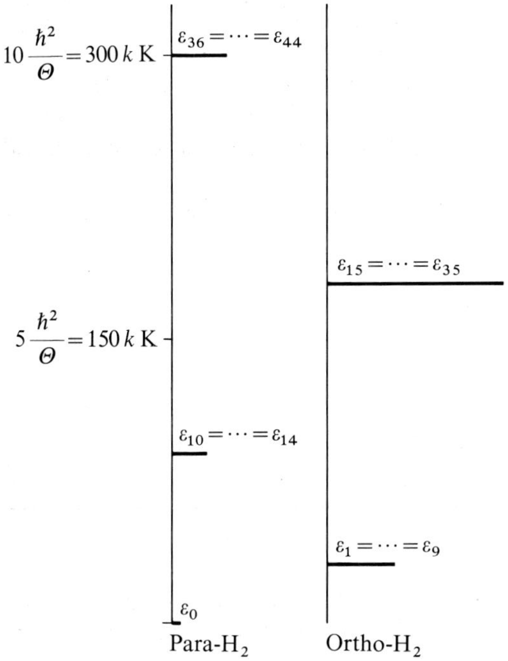

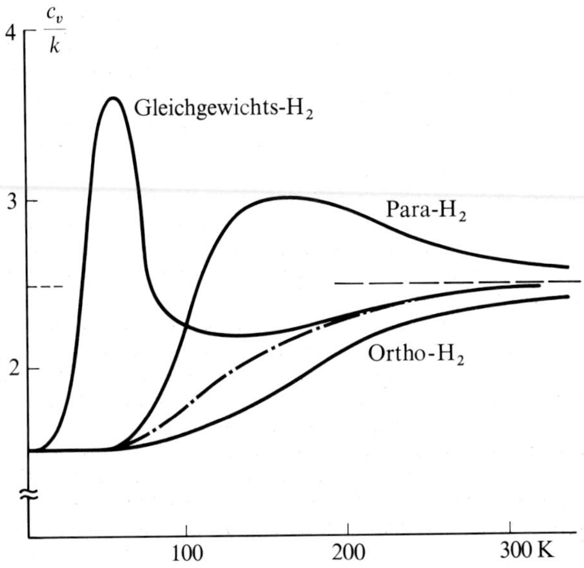

Sind die inneren Zustände i eines Atoms oder Moleküls und die Anregungsenergien ε_i dieser Zustände bekannt, etwa aus optischen Beobachtungen oder aus einem theoretischen Modell des Atoms oder des Moleküls, so läßt sich nach den angegebenen Formeln die Wärmekapazität $c_v(T)$ eines aus diesen Atomen oder Molekülen bestehenden idealen Gases berechnen. Ein besonders schönes Beispiel hierfür bildet das H_2-Molekül. Seine kleinsten Anregungsenergien sind mit Rotationen um eine zur Verbindungslinie der H-Atome senkrechte Achse verknüpft. Die Anregungsenergien eines solchen Gebildes sind nach der Quantenmechanik bekannt. Die Anzahlen der Zustände des H_2-Moleküls bei den verschiedenen Werten der Anregungsenergie sowie die daraus berechnete Wärmekapazität c_v von H_2-Gas sind in Abb. 23.6 dargestellt.

Liegen die Energiewerte ε_i der inneren Zustände des Moleküls eines Gases auf der ε-Skala sehr dicht, kann die Anzahl der Zustände, deren Energie zwischen ε und $d\varepsilon$ liegt, als $g(\varepsilon)\,d\varepsilon$ geschrieben werden. Die stetige Funktion $g(\varepsilon)$ ist die **Zustandsdichte** auf der ε-Skala.

Ist $g(\varepsilon)$ darstellbar durch eine Potenzfunktion $g(\varepsilon) \propto \varepsilon^{\nu}$, erhält man, wie wir hier nicht beweisen können, das Resultat

$$\text{(23.59)} \qquad \text{Mittelwert der Anregungsenergien} = (\nu + 1)\,kT.$$

Die Energie des Gases ist dann nach (23.54)

$$\text{(23.60)} \qquad E(T, N) = N(\tfrac{3}{2} + \nu + 1)\,kT + N e_{10}$$

◁ Abb. 23.6

Für ein H_2-Gas liegt der Temperaturbereich der Anregung der Molekülrotationen etwa zwischen 50 K und 300 K. Die Anregung von Schwingungen der beiden H-Atome des H_2-Moleküls gegeneinander beginnt erst bei etwa 1 000 K.

Es gibt zwei Sorten von H_2-Molekülen, Para- und Ortho-Moleküle. Sie unterscheiden sich im Wert des gesamten Kernspins der beiden Protonen des Moleküls. Im Para-Molekül hat der Gesamtspin der Protonen den Wert Null, im Ortho-Molekül dagegen den Wert $\hbar$. Man sagt deshalb auch, im Para-Molekül seien die Spins der beiden Protonen des Moleküls entgegengerichtet, im Ortho-Molekül dagegen parallel gerichtet. Ein Para-Molekül kann nicht in ein Ortho-Molekül übergehen und umgekehrt, solange das Molekül nicht kurzzeitig in seine Atome zerlegt und wieder neu zusammengesetzt wird (was bei hohen Temperaturen durch Stoß geschieht, bei tiefen Temperaturen hingegen nur durch experimentelle Kunstgriffe, wie durch Adsorption des H_2-Gases an Aktivkohle erreicht wird). H_2-Gas besteht deshalb aus zwei idealen Gasen, nämlich Para-H_2 und Ortho-H_2.

Für die Energien der Rotationszustände des H_2-Moleküls und deren Anzahl liefert die Quantenmechanik, wenn Θ das Trägheitsmoment des H_2-Moleküls um eine Achse senkrecht zur Verbindungslinie der beiden H_2-Atome bezeichnet, die in Teilbild a gezeigten Werte. Die Anzahl der Zustände, die denselben Wert der Anregungsenergie haben, ist aus der Indizierung abzulesen.

Teilbild b zeigt die durch Einsetzen der angegebenen Werte der Anregungsenergien in die innere Zustandssumme (23.48) ausgerechneten Wärmekapazitäten c_v von Para-H_2, Ortho-H_2 und Para-Ortho-Gleichgewichts-H_2, also von H_2-Gas, dessen Para- und Ortho-Moleküle frei miteinander austauschen. Bei hohen Temperaturen stellt sich ein Gleichgewichts-Gas ein, das aus 25 % Para- und 75 % Ortho-Molekülen besteht. Bei Abkühlung des Gases wird diese Zusammensetzung eingefroren und der strichpunktierte Verlauf von $c_v(T)$ beobachtet; er gibt bei tiefen Temperaturen also nicht den Verlauf von c_v für Gleichgewicht-H_2 an.

Die Spitze im T-Verlauf von c_v (sog. SCHOTTKY-*Anomalie*) des Gleichgewichts-H_2 hat ihren Grund darin, daß für Para- und Ortho-Moleküle insgesamt gesehen die Anzahl der Zustände mit zunehmenden Anregungsenergien zunächst zunimmt (9 Zustände mit dem Wert $\hbar^2/\Theta$), dann aber wieder abnimmt (nur 5 Zustände mit $3\hbar^2/\Theta$).

und C_V hat den Wert

(23.61) $$C_V = Nk(\tfrac{3}{2} + \nu + 1).$$

Bei Molekülen mit vielen Atomen liegen die Anregungsenergien ε hinreichend dicht, um $g(\varepsilon)$ als stetige Funktion zu betrachten. Bei ihnen ist $\frac{3}{2} + \nu + 1 = f/2$, wobei f die Anzahl der Freiheitsgrade des Moleküls ist (einschließlich der 3 Bewegungsfreiheitsgrade) (23.60) läuft dann unter dem Namen *Gleichverteilungssatz*, denn (23.60) läßt sich so lesen, daß jeder Freiheitsgrad mit $kT/2$ zur Energie des Gases beiträgt. Die Wärmekapazität c_v hat für diese Gase den Wert $c_v = fk/2$. c_v ist also einfach gleich $k/2$ mal Anzahl der Freiheitsgrade des Moleküls.

Schließlich bleibt die Frage, ob sich aus einer Messung der Wärmekapazität $c_v(T)$ eines Gases als Funktion von T die inneren Zustände der Moleküle des Gases bestimmen lassen. Unsere Betrachtungen zeigen, daß sich nicht die Zustände selbst angeben lassen, wohl aber ihre Anregungsenergien ε und die Anzahl von Zuständen mit derselben Anregungsenergie ε (mit Ausnahme der Anregungsenergie Null). Die Messung von $c_v(T)$ eines Gases erlaubt also anzugeben, wie viele innere Zustände das Molekül des Gases bei jeder Anregungsenergie $\varepsilon > 0$ hat. Die Bestimmung der Funktion $g(\varepsilon)$ aus $c_v(T)$ ist allerdings mathematisch anspruchsvoll. Eine zentrale Rolle spielt dabei die Zustandssumme (23.48). Alle im Zusammenhang dieses Abschnitts wichtigen Größen lassen sich nämlich auch mit ihrer Hilfe ausdrücken. So ist nach (23.48)

(23.62) $$\frac{d\ln Z}{dT} = \frac{1}{Z}\frac{dZ}{dT} = \frac{1}{ZkT^2}\sum_i \varepsilon_i e^{-\frac{\varepsilon_i}{kT}} = \frac{1}{kT^2}\sum_i \varepsilon_i w_i .$$

Die Energie (23.54) läßt sich demgemäß schreiben

(23.63) $$E(T, N) = N\left[e_{10} + \frac{3}{2}kT + kT^2\frac{d\ln Z}{dT}\right].$$

Für C_V erhält man durch Differentiation von (23.63) nach T

(23.64) $$C_V(T, N) = Nk\left[\frac{3}{2} + kT^2\frac{d}{dT}\left(kT^2\frac{d\ln Z}{dT}\right)\right]$$

und für die Entropie schließlich aus (23.53) nach Elimination von w_i mittels (23.49)

(23.65) $$S(T, p, N) = N\left[s_1(T, p) + k\ln Z + kT\frac{d\ln Z}{dT}\right].$$

Die Messung von $c_v = C_V/N$ liefert somit die Klammer in (23.64) als Funktion von T. Hieraus läßt sich $Z(T)$ berechnen. Aus $Z(T)$ läßt sich dann $g(\varepsilon)$ bestimmen. Die Messung der Wärmekapazität C_V eines Gases als Funktion von T liefert somit die Anregungsenergien des Einzelmoleküls des Gases sowie die Anzahl der Zustände des Moleküls mit derselben Anregungsenergie.

§24 Die Entropie von Festkörpern

Die Abhängigkeit der Entropie eines Festkörpers von v und p

Im Gegensatz zur Gasphase eines Stoffs, in der die Entropie pro Teilchenzahl s nicht nur von der Temperatur abhängt, sondern auch von der Dichte oder vom Druck, dominiert in den flüssigen und festen Phasen des Stoffs die Abhängigkeit von der Temperatur. Bedeutet diese primäre Abhängigkeit der Entropie von T, daß die Entropie eines Festkörpers von v oder von p gar nicht oder so gut wie nicht abhängt? Es mag überraschen, daß s durchaus von v abhängt; man spürt diese Abhängigkeit bloß deshalb nicht, weil die Dichte des Stoffs und damit der Wert von v im flüssigen wie im festen Zustand nur geringfügig geändert werden kann. Zur genaueren Diskussion gehen wir zurück auf die Gln. (22.56) und (22.45). Denken wir uns diese Gleichungen in Größen pro Teilchenzahl geschrieben, so sagen sie, daß

$$\frac{\partial s(T,v)}{\partial v}=\frac{\partial p(T,v)}{\partial T} \quad \text{und} \quad \frac{\partial s(T,p)}{\partial p}=-\frac{\partial v(T,p)}{\partial T}. \tag{24.1}$$

Wie man aus der alltäglichen Erfahrung weiß, nimmt der Druck mit steigender Temperatur bei konstant gehaltenem Volumen eines Festkörpers im allgemeinen sehr große Werte an. Somit ist $\partial p(T,v)/\partial T$ keineswegs klein, und damit muß nach (24.1) auch die Entropie s wesentlich von v abhängen. Andererseits sagt die zweite Gleichung in (24.1), daß s vom Druck p nur schwach abhängt, denn $\partial v(T,p)/\partial T$ ist „klein", da das Volumen eines Festkörpers sich bei konstant gehaltenem Druck nur sehr wenig mit der Temperatur ändert. Wie sind diese beiden, sich scheinbar widersprechenden Feststellungen über die Entropie s unter einen Hut zu bringen? Die Antwort liegt in der vertrauten Feststellung, daß die Teilchendichte eines Stoffs in der flüssigen wie in der festen Phase sich nur wenig ändert, sowohl bei Temperaturänderungen als auch bei Anwendung großer Drucke. Es ist also $v=v(T,p)$ eine nur schwach veränderliche Funktion sowohl von T als auch von p. Obwohl also $s(T,v)$ spürbar von v abhängt, haben in $s(T,v(T,p))$ selbst große Änderungen von p nur kleine Änderungen von v zur Folge, und daher machen sie sich auch in s kaum bemerkbar.

Kennzeichnend für eine kondensierte, also flüssige oder feste Phase eines Stoffs ist also, daß s zwar von v abhängt, daß v aber bei *allen* Prozessen der Phase fast konstant bleibt. Jede Wärmekapazität einer solchen Phase ist nahezu identisch mit c_v. Festkörper haben demgemäß nur eine einzige Wärmekapazität, nämlich c_v. Man spricht deshalb von „der" Wärmekapazität eines Festkörpers und schreibt sie einfach $C=Nc$. Nach (22.29) ist genauer

$$\frac{\partial s(T,p)}{\partial T}-\frac{\partial s(T,v)}{\partial T}=\frac{1}{T}(c_p-c_v)=-\frac{\left(\dfrac{\partial v(T,p)}{\partial T}\right)^2}{\dfrac{\partial v(T,p)}{\partial p}}=\frac{v}{\varkappa_T}\alpha^2. \tag{24.2}$$

Hierin ist α der thermische Ausdehnungskoeffizient bei konstantem Druck (22.33) und $\varkappa_T$ die isotherme Kompressibilität (22.34). Wie wir in §28 sehen werden, geht α gegen Null, wenn $T\to 0$. Da dabei gleichzeitig v und $\varkappa_T$ gegen endliche, von Null verschiedene Werte gehen, ist der Unterschied zwischen c_p und c_v um so geringer, je tiefer die Temperatur ist. Da α bis auf den von Null verschiedenen Faktor $1/v$ mit $\partial v(T,p)/\partial T$ identisch ist, geht mit $T \to 0$ nach (24.1) auch $\partial s(T,p)/\partial p \to 0$, so daß s von p nicht mehr abhängt. Wegen (24.2) hängt dann s aber auch von v nicht mehr ab. Mit $T \to 0$ hört die Entropie eines Festkörpers also auf, von seiner Dichte abzuhängen. Gleichbedeutend damit ist, daß in der thermischen Zustandsgleichung $v = v(T, p)$ eines Festkörpers mit abnehmender Temperatur die T-Abhängigkeit immer bedeutungsloser wird: Mit $T \to 0$ geht die thermische Zustandsgleichung gegen einen eindeutigen Zusammenhang zwischen v und p allein, also gegen eine „mechanische" Zustandsgleichung der Gestalt $v = v(p)$.

Wenn wir hier von Festkörpern sprechen, so sind Flüssigkeiten eingeschlossen. Zwar gehen bei hinreichend tiefen Temperaturen die flüssigen Phasen der meisten Stoffe in Phasen über, die Scherverformungen Widerstand entgegensetzen, also Festkörper im gewohnten Sinn des Wortes sind, aber das ist nicht notwendig so. Kondensiertes Helium bildet eine Phase, die bis $T = 0$ flüssig bleibt. Flüssiges Helium wird daher nicht nur von unseren Betrachtungen eingeschlossen, es bildet in mancher Beziehung sogar ein Paradebeispiel für das Tieftemperaturverhalten von Festkörpern.

Gitter- und Elektronen-System als Teilsysteme eines Festkörpers

Ein Festkörper ist im Prinzip nichts anderes als ein sehr großes Molekül, allerdings ein Molekül, dessen Bindungselektronen keine abgeschlossenen Schalen bilden, so daß keine chemische Sättigung bei der Bindung auftritt und der Bau des Moleküls durch Anlagerung von Atomen unbegrenzt fortgesetzt werden kann. Demgemäß hat ein Festkörper innere Zustände, die sich mit den inneren Zuständen eines Moleküls vergleichen lassen. Rotationen spielen dabei allerdings fast nie eine Rolle, da Festkörper normalerweise ein so großes Trägheitsmoment besitzen, daß sie bei $\boldsymbol{\Omega} = 0$ selbst bei großem Drehimpuls-Austausch keine Rotationsenergie austauschen können. Vergleichbar sind dagegen die Zustände, in denen die atomaren Bausteine des Festkörpers gegeneinander schwingen oder diejenigen Elektronen angeregt werden, die für die gegenseitige Bindung der atomaren Bausteine verantwortlich sind. Die Schwingungszustände des Festkörpers heißen auch **Phonon-Zustände** oder kurz *Phononen* („Schallquanten") des Festkörpers. Die angeregten Zustände der Bindungselektronen des Festkörpers nennt man **Elektron- und Defektelektron- oder Loch-Zustände.** Ein Elektron- und Defektelektron-Zustand im Festkörper ist ein Anregungszustand des Festkörpers und nicht „ein angeregtes Elektron". Mit einem Elektron meint man gewöhnlich ein Objekt, das als Energie-Impuls-Zusammenhang $E(\boldsymbol{P}) = \sqrt{c^2 \boldsymbol{P}^2 + E_0^2}$ hat (MRG, §6). Auch in den Elektron-Zuständen und Loch-Zuständen des Elektronen-Systems ist ein Impuls mit einer Energie verknüpft, aber dieser Zusammenhang $E(\boldsymbol{P})$ hat mathematisch eine andere als die genannte Form, weshalb man diese Zustände auch *Quasi-Teilchen* nennt.

Da der Festkörper aus sehr vielen atomaren Bausteinen besteht und ebenso sehr viele Bindungselektronen enthält, gibt es außerordentlich viele Phonon- und Elektronsowie Loch-Zustände. Zu jedem Phonon-Zustand wie auch zu jedem Elektron- und Loch-Zustand gehört eine bestimmte Anregungsenergie ε. Die Energiewerte dieser Zustände liegen auf der ε-Skala so dicht, daß ihre Verteilung als kontinuierlich angesehen werden kann. Eine quantenhafte Struktur in der Anregungsenergie ist nur spürbar, wenn es ganze ε-Intervalle gibt, in denen keine Zustände liegen. Die ε-Achse besteht dann abwechselnd aus „Bänder" genannten Stücken, in denen Zustände liegen, und „Bandlücken" oder „verbotene Zonen" genannten Stücken, die keine Zustände enthalten. Die meisten Festkörper haben eine derartige **Bandstruktur** (Abb. 24.1 und 24.2).

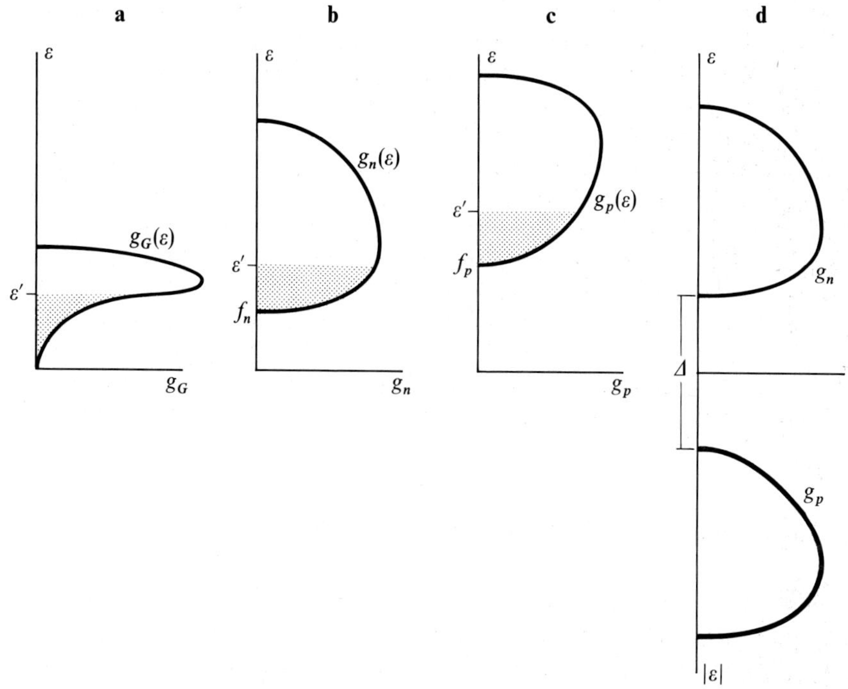

Abb. 24.1

Anregungszustände eines halbleitenden Festkörpers. Teilbild a beschreibt die Anzahl der Phonon-Zustände, d.h. die Anzahl der Schwingungs-Zustände des Halbleiters. Die von der Kurve $g_G(\varepsilon)$ und einer Horizontale ε' begrenzte Fläche (gerastert) ist gleich der Anzahl der Phonon-Zustände mit Anregungsenergien $\varepsilon<\varepsilon'$. Die Funktion $g_G(\varepsilon)$ hat demgemäß die Bedeutung der *Zustandsdichte* der Phonon-Zustände über der ε-Skala. Die Teilbilder b und c geben die Zustandsdichten der Elektron-Zustände (g_n) und Loch-Zustände (g_p) der Bindungselektronen des Halbleiters wieder, so daß die gerasterten Flächen die Anzahl der Elektron- bzw. Lochzustände mit Energien $\varepsilon<\varepsilon'$ darstellen. Bereiche der ε-Skala, in denen $g(\varepsilon)>0$, heißen *Bänder;* Bereiche, in denen $g(\varepsilon)=0$, heißen *Bandlücken* oder *verbotene Zonen.* Die Diagramme sind nicht maßstabsgerecht. Die verbotene Zone von $\varepsilon=0$ bis $\varepsilon=f_n$ der Elektron-Zustände bzw. $\varepsilon=0$ bis $\varepsilon=f_p$ der Loch-Zustände ist bei Halbleitern von der Größenordnung eV, während das Band der Phonon-Zustände nur eine Gesamtbreite der der Größenordnung 0,1 eV hat. In Halbleitern, die mit Donatoren und Akzeptoren dotiert sind, ist $f_n \neq f_p$. Bei *Eigenhalbleitern* ist dagegen $f_n=f_p$.

Teilbild d ist eine kombinierte Darstellung der Teilbilder b und c für den Fall eines Eigenhalbleiters ($f_n=f_p$). Wir führen sie lediglich wegen ihres verbreiteten Gebrauchs an. In d ist die Funktion $g_n(\varepsilon)$ nach oben, die Funktion $g_p(\varepsilon)$ dagegen nach unten aufgetragen. Dann muß ε allerdings auch nach unten hin positiv gezählt werden; wir bringen das dadurch zum Ausdruck, daß in g_p als Argument $|\varepsilon|$ auftritt. Δ ist der durch Gl. (24.8) eingeführte *Bandabstand.*

Da bei einem Molekül die Anregungen der Elektronenhülle sehr viel größere Energie haben als die Anregungen der Schwingungen der Atome gegeneinander, stellt sich die Frage, ob auch bei einem Festkörper die Energie der Elektronen- und Loch-Zustände viel größer ist als die Energie der Phononen. Bei einer großen Klasse von Festkörpern, den **Halbleitern,** ist das tatsächlich so (Abb. 24.1), nicht aber bei der anderen großen Klasse von Festkörpern, den **Metallen** (Abb. 24.2). Die Verteilung der Zustände auf der ε-Achse hat bei einem Halbleiter also eine Struktur, die an die der Moleküle erinnert (wobei von den Rotationszuständen abzusehen ist). Die tiefsten Anregungen sind Schwingungen, also Phononen. Sie liegen so dicht, daß sie ein Kontinuum bilden.

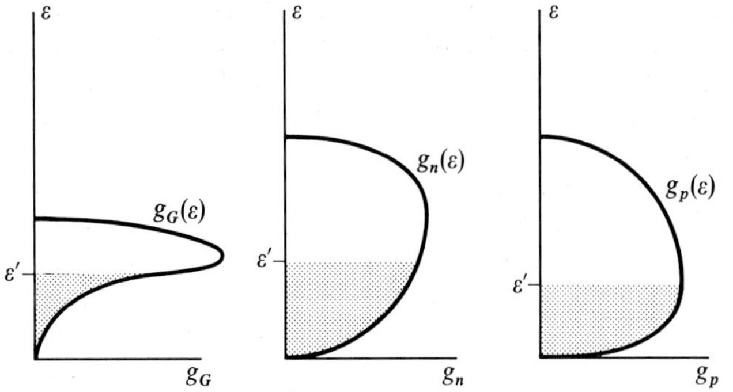

Abb. 24.2
Anregungszustände eines metallischen Festkörpers. Die Anregungsenergien der Phonon-, Elektron- und Loch-Zustände bilden jeweils bei $\varepsilon=0$ beginnende Bänder. Wie in Abb. 24.1 geben die von einer Zustandsdichte $g_G(\varepsilon)$, $g_n(\varepsilon)$, $g_p(\varepsilon)$ und der Gerade $\varepsilon=\varepsilon'$ berandeten (gerasterten) Flächen die Anzahl der Phonon-, Elektron- und Loch-Zustände mit Energien $\varepsilon<\varepsilon'$ an.

In großem Abstand folgen dann Elektronen- und Loch-Anregungen, die wieder je ein ganzes kontinuierliches Band bilden. Da bei tiefen Temperaturen vor allem die energetisch tiefsten Zustände von Bedeutung sind, wird die Entropie eines Halbleiters bei tiefen Temperaturen im wesentlichen von den Phononen bestimmt.

Anders liegen die Dinge bei den Metallen. Sowohl die Energie der Phononen als auch die Energie der Elektronen und Löcher bilden ein bei $\varepsilon=0$ beginnendes Kontinuum. Infolgedessen spielen bis zu den tiefsten Temperaturen sowohl die Phononen als auch die Elektronen und Löcher eine Rolle.

Wichtig für ein Verständnis des Festkörpers ist nun, daß die Schwingungszustände, also die Phononen auf der einen und die Anregungszustände der Bindungselektronen, also die Elektronen und Löcher auf der anderen Seite, je ein Teilsystem des Festkörpers bilden. Das erste heißt das **Gitter-System.** Es ist das *System der Schwingungszustände des Atomgitters.* Das zweite heißt das **Elektronen-System des Festkörpers**; es ist das *System der Anregungszustände der Bindungselektronen.* Die Zerlegung des Festkörpers in diese beiden Teilsysteme ist zwar eine Approximation (etwa wie seine Zerlegung (10.16) in ein thermisches und mechanisches Teilsystem eine Approximation ist), aber diese Approximation ist um so besser, je tiefer die Temperatur ist.

Die Teilchenzahl-Variablen eines Festkörpers

Den Festkörper haben wir mit dem einzelnen Molekül verglichen. Die Phonon-Zustände des Festkörpers sind dabei das Analogon der inneren Zustände des Moleküls, in denen die Atome des Moleküls gegeneinander schwingen. Phononen sind deshalb Zustände des Festkörpers, die sich auch als Schwingungen der Atome seines Kristallgitters auffassen lassen. Die Elektron- und Loch-Zustände des Festkörpers bilden das Analogon der Zustände des Moleküls, in denen die Elektronenhülle des Moleküls angeregt ist. Enthält die Hülle des Moleküls mehrere Elektronen, so ist es, um die Anregungszustände zu charakterisieren, im allgemeinen erforderlich anzugeben, „welches Elektron welchen Sprung macht, welcher unbesetzte Elektron-Zustand dabei durch ein Elektron besetzt wird und aus welchem besetzten Zustand das Elektron stammt, also welches Loch dabei entsteht". Auch die Zustände des Moleküls, in denen die Elektronenhülle angeregt ist, erfordern zwei Angaben, nämlich die angeregten Elektron-Zustände und die dabei gleichzeitig angeregten Loch-Zustände. Die physikalische Analogie zwischen den Anregungszuständen des Festkörpers und denen des Moleküls ist außerordentlich eng und oft ein gutes Orientierungsmittel.

Wenn nun der Festkörper das Analogon des einzelnen Moleküls ist, was ist dann das Analogon des Gases, also der Gesamtheit der in den verschiedenen Zuständen befindlichen Moleküle? Diese Frage interessiert hier vor allem wegen der Teilchenzahl-Variablen, die ja nur das System „Gas" besitzt, nicht aber seine Moleküle, denn diese repräsentieren nur die Teilchensorten i, die im Gas vorkommen. Jedem Molekülzustand i ist ja eine unabhängige Teilchenzahl-Variable N_i des Gases zugeordnet. Wenn wir also Teilchenzahl-Variablen eines Festkörpers suchen, so müssen wir nicht an die Anzahl der atomaren Bausteine des Festkörpers denken — denn diese entsprechen der Anzahl der atomaren Bausteine eines einzelnen Moleküls, die auch beim Gas ohne Belang ist —, sondern an die Teilchenzahl-Variablen des Analogons des Gases. Was aber ist das Analogon des Gases beim Festkörper?

Um eine Antwort auf diese Frage zu finden, denken wir uns ein ideales Gas, das, ähnlich wie der Festkörper, nur aus einem einzigen Molekül besteht. Für dieses Gas hat in (23.30) die gesamte Teilchenzahl N den Wert $N=1$ Teilchen. Wie sind für ein solches Gas die Aussagen des §23 zu verstehen? Diese Frage ist kein Problem, wenn der Begriff des Teilchens im Sinn der Thermodynamik, also als Einheit der Teilchenzahl verwendet wird, denn dann gilt jede Aussage, die für $N=1$ Teilchen zutrifft, auch für $N=1$ Mol. Ein Problem drängt sich nur für den auf, der das Teilchen, wie es uns Gewohnheit ist, als ein individuelles Objekt, als eigenes physikalisches System auffaßt und nicht als einen *Zustand* eines Systems, wie es die Thermodynamik verlangt. Die Zerlegung des aus einem einzigen Molekül bestehenden Gases in elementare Gase wird dann so interpretiert, daß das Molekül mit der Wahrscheinlichkeit w_i in den verschiedenen inneren Zuständen i „angetroffen" wird. Dieses Antreffen darf man allerdings nicht so verstehen, daß das Molekül eine definierte Zeitspanne im Zustand i, eine andere Zeitspanne im Zustand j ist usw., mit der Begründung, daß es ja nicht gleichzeitig im Zustand i und im Zustand j sein könne. Man erkennt, daß die Problematik, die aus einem thermodynamisch falschen Teilchenbegriff resultiert, hier in den Begriff der „Wahrscheinlichkeit des Antreffens" verlagert wird.

Für uns wichtig ist die Einsicht, daß der Festkörper eine doppelte Rolle spielt: Einmal ist er, nämlich bei der Frage nach seinen Anregungszuständen, das einzelne Molekül, zum zweiten aber ist er, nämlich wenn es um seine Verwendung im Experiment geht, das Gas, wobei das Gas lediglich die Besonderheit hat, daß seine gesamte Teilchenzahl den Wert $N=1$ Teilchen hat. Statt dessen könnte man auch ein ideales Gas mit großem Wert von N bilden, nämlich dadurch, daß man sich sehr viele Exemplare des Festkörpers denkt, die so weit voneinander entfernt sind, daß sie untereinander keine Wechselwirkung zeigen. Dieses ganze Gebilde betrachtet man dann als ein ideales Gas aus lauter Exemplaren des Festkörpers. Ein solches ideales Gas, dessen Teilchen Einzelexemplare des Festkörpers in seinen verschiedenen Zuständen sind, nennt man auch ein *Gibbssches Ensemble* des Festkörpers.

Wie jeder Molekülzustand i zu einer Teilchenzahl-Variable N_i des aus den Molekülen gebildeten Gases Anlaß gibt, so gibt jeder Anregungszustand des Festkörpers Anlaß zu einer Teilchenzahl-Variable des „Festkörper-Gases", also des im Experiment verwendeten Festkörpers. Das Gitter-System eines Festkörpers hat also so viele verschiedene unabhängige Teilchenzahlen N_i, wie es verschiedene Phonon-Zustände i

des Festkörpers gibt. Und das Elektronen-System hat so viele Teilchenzahl-Variablen N_j und N_k wie es verschiedene Elektron- (j) und Loch-Zustände (k) gibt. Nicht *alle* diese Teilchenzahl-Variablen tauschen untereinander frei aus, sondern in erster Linie nur die N_i unter sich, die N_j unter sich und die N_k unter sich. Im Gleichgewicht gegenüber diesem Teilchenaustausch reduzieren sich die Teilchenzahl-Variablen des Festkörpers somit auf die Variablen

$$N_{\mathrm{G}} = \sum_{\substack{i=\text{Phonon-}\\ \text{Zustände}}} N_i, \qquad N_n = \sum_{\substack{j=\text{Elektron-}\\ \text{Zustände}}} N_j, \qquad N_p = \sum_{\substack{k=\text{Loch-}\\ \text{Zustände}}} N_k.$$

Da ferner die Anregung, also die Erzeugung eines Elektron-Zustands notwendig mit der Erzeugung eines Loch-Zustands verknüpft ist, hängen auch N_n und N_p voneinander ab, so daß als unabhängige Teilchenzahl-Variablen nur noch N_{G} für das Gitter-System und N_n für das Elektronen-System des Festkörpers bleiben.

Die Anzahl der atomaren Bausteine des Festkörpers, ist so lange konstant, wie Anregen nicht Zerbrechen, Verdampfen und Schmelzen des Festkörpers einschließt. Diese Anzahl hat mit der Zerlegung des Festkörpers in die Teilsysteme Gitter- und Elektronen-System überhaupt nichts zu tun.

Ein System mit zwei oder mehr unabhängigen Teilchenzahl-Variablen hat nun, wie wir in § 28 zeigen werden, die Eigenschaft, bei $T \to 0$ in seinen stabilen Zuständen sich in Teilsysteme zu zerlegen, die jeweils nur von einer einzigen unabhängigen Teilchenzahl-Variable abhängen. Ein Festkörper zeigt dementsprechend bei tiefen Temperaturen eine Zerlegung in das Gitter-System und das Elektronen-System

$$\begin{aligned} S(T, V, N, N_{\mathrm{G}}, N_n) &= S_{\mathrm{G}}(T, V, N, N_{\mathrm{G}}) + S_{\mathrm{El}}(T, V, N, N_n), \\ E(T, V, N, N_{\mathrm{G}}, N_n) &= E_{\mathrm{G}}(T, V, N, N_{\mathrm{G}}) + E_{\mathrm{El}}(T, V, N, N_n). \end{aligned} \tag{24.3}$$

Die Variable V ist bei beiden Teilsystemen dieselbe, da Gitter- wie Elektronen-System dasselbe Volumen erfüllen. Das gleiche gilt für die Variable N, die die Anzahl der atomaren Bausteine des gesamten Festkörpers mißt. Die Zerlegung (24.3) trifft bei $T \neq 0$ natürlich nur approximativ zu — sowohl S als auch E müßten dann strenggenommen noch um einen „Wechselwirkungsterm" ergänzt werden —, aber die Approximation (24.3) ist meistens sehr gut selbst bis zu Temperaturen von einigen hundert Grad Kelvin.

Neben N_{G} und N_n können noch weitere unabhängige Teilchenzahl-Variablen bei einem Festkörper auftreten, wenn nämlich die atomaren Bausteine des Festkörpers selbst noch einmal unterschiedliche innere Zustände haben. Ein derartiger Fall liegt vor, wenn die atomaren Bausteine, die Ionen eines Kristalls, einen von Null verschiedenen Spin haben. Dann gibt es außer den genannten Teilchenzahl-Variablen noch eine weitere Teilchenzahl-Variable N_{Sp}. Entsprechend zerlegt sich der Festkörper bei tiefen Temperaturen dann nicht nur in die beiden Teilsysteme Gitter- und Elektronen-System, sondern noch in ein drittes, das *Spin-System* des Festkörpers.

Die Entropie des Gitter-Systems eines Festkörpers

Im Gleichgewicht wird der Wert von N_{G}, der Gesamtzahl der Phononen, durch die Temperatur T des Festkörpers festgelegt. Bei $T=0$ ist $N_{\mathrm{G}}=0$, da dann keine Schwingung angeregt ist. Die Eigenschaft einer Teilchenzahl-Variable, in ihrem Wert durch die Temperatur T festgelegt zu sein, mag auf den ersten Blick ungewöhnlich erscheinen, denn vom Gas her ist man gewohnt, daß die Gesamtzahl der Teilchen einen vorgegebenen festen Wert hat. Ob die Anzahl von Teilchen jedoch als vorgegeben zu betrachten ist, ob es also in einem Experiment leicht oder gar unvermeidbar ist, die Anzahl bestimmter Teilchensorten vorzugeben, hängt einzig und allein von der Art der Teilchen ab, kann aber nicht aus der dynamischen Beschreibung allein erschlossen werden. So ist eine Teilchenzahl-Variable in ihrem Wert als vorgegeben zu betrachten, wenn es sich um die Gesamtzahl von Atomen, Kernen oder Elektronen handelt; denn für die Gesamtzahl jeder dieser Teilchen besteht ein Erhaltungssatz, der die Erzeugung oder Vernichtung dieser Teilchen verbietet. Anders ist die Situation bei Teilchen, deren Erzeugung oder Vernichtung durch kein derartiges Verbot eingeschränkt ist, wie bei Photonen oder bei Phononen. Ihre Anzahl vermehrt oder vermindert sich jeweils so, daß sich ein durch die Temperatur (und eventuell noch weitere Variablen) vorgezeichnetes Gleichgewicht „von selbst" einstellt. Die Festlegung des Wertes von N_G geschieht durch die Temperatur T, so daß die Entropie S_G des Gitter-Systems zu einer Funktion allein von T, V und N wird (N = Anzahl der atomaren Bausteine).

Die experimentelle Erfahrung ergibt für die Ableitung der Entropie des Gitter-Systems nach der Temperatur und damit für die Wärmekapazität der Gitter-Systeme von Festkörpern eine charakteristische T-Abhängigkeit (Abb. 24.3). Jedem Festkörper läßt sich eine für ihn charakteristische Konstante T_D von der Dimension einer Temperatur, die **Debye-Temperatur** des Festkörpers, so zuordnen, daß die Wärmekapazität C_G des Gitter-Systems des Festkörpers im *Tieftemperaturbereich* ($T \ll T_D$) gegeben ist durch

$$(24.4) \qquad C_G = N\,c_G(T) = N\,k\,\frac{12\,\pi^4}{2}\left(\frac{T}{T_D}\right)^3 \quad \text{für } T \ll T_D \quad (\text{Gesetz von Debye}).$$

Im Tieftemperaturbereich wird die Wärmekapazität und damit die Entropie des Gitter-Systems eines Festkörpers also durch eine einzige Angabe, den Wert seiner Debye-Temperatur T_D, charakterisiert. Dieser Wert hängt ab von der Masse der Gitterbausteine und ihrer gegenseitigen Bindung. Die Energie kT_D gibt die Energie an, die notwendig

Tabelle 24.1. Tabelle von Debye-Temperaturen

Element	T_D/K	$kT_D/(10^{-2}$ eV/Teilchen)	Element	T_D/K	$kT_D/(10^{-2}$ eV/Teilchen)
Metalle:			*Nichtmetalle:*		
Pb	88	0,76	A	85	0,73
K	100	0,86	J_2	106	0,91
Na	150	1,3	KBr	177	1,52
Au	170	1,46	KCl	218	1,87
Ag	215	1,85	NaCl	287	2,46
Pt	230	1,98	Ge	360	3,1
Zn	234	2,0	CaF_2	474	4,1
Cu	315	2,7	Si	625	5,4
Ni	375	3,2	FeS_2	630	5,4
Al	394	3,4	C (Diamant)	1860	16,0
Fe	453	3,9			

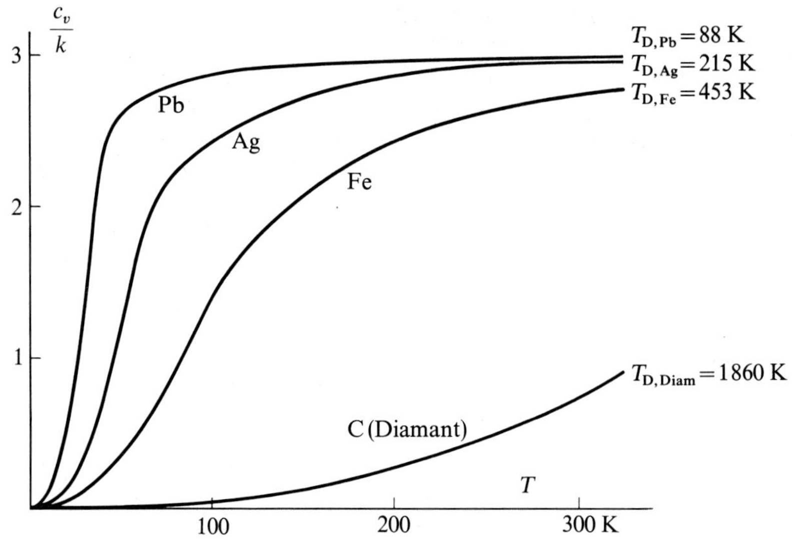

Abb. 24.3

Wärmekapazität c_v pro Teilchenzahl verschiedener Stoffe in Abhängigkeit von der Temperatur T. Die Wärmekapazität ist, von einem kleinen Temperaturbereich bei $T=0$ abgesehen (der in der T-Skala der Abbildung gar nicht darstellbar ist), mit der Wärmekapazität C_G des Gitter-Systems des jeweiligen Stoffs identisch. Die Kurven zeigen, wie weit die Wärmekapazitäten verschiedener Festkörper auseinanderklaffen. Das macht den Erfolg der Debyeschen Theorie deutlich, durch Einführung einer einzigen (nahezu temperaturunabhängigen) Stoffkonstante T_D die universelle Abhängigkeit $c(T/T_D)$ der Abb. 24.4 zu schaffen.

An den gezeichneten Meßkurven ist jeweils der Wert der Debye-Temperatur T_D vermerkt. Man erkennt, daß die Wärmekapazität den DULONG-PETITschen Wert $3k$ bei um so höheren Temperaturen erreicht, je größer T_D ist. Da $kT_D = \hbar\omega$ ist, wenn ω die Frequenz der Schwingung eines Gitterbausteins gegen seine atomare Umgebung bezeichnet, bedeutet große Debye-Temperatur T_D große Frequenz ω. Leichte, harte Substanzen haben deshalb große Werte von T_D; in ihnen haben die Gitterbausteine eine kleine Masse und sind mit „Federn großer Federkonstante" aneinander gekoppelt, so daß sie mit großer Frequenz schwingen.

Trägt man nicht c_v auf, sondern c_p, kann der DULONG-PETITsche Wert $3k$ bei hohen Temperaturen überschritten werden. Das liegt daran, daß bei hohen Temperaturen sich der Unterschied zwischen c_p und c_v auch bei Festkörpern bemerkbar macht.

ist, um einen einzelnen Gitterbaustein zu Schwingungen relativ zu seiner unmittelbaren Gitterumgebung anzuregen. Diese Energie und damit T_D ist um so größer, je kleiner die Masse des einzelnen Gitterbausteins ist und je fester er an die anderen Bausteine des Gitters gebunden ist. In Tabelle 24.1 sind die Debye-Temperaturen einiger Stoffe angegeben.

Ein noch allgemeineres, nämlich stoffunabhängiges Verhalten zeigt die Wärmekapazität des Gitter-Systems eines Festkörpers im Hochtemperaturbereich ($T \gg T_D$) des Festkörpers. Die Wärmekapazität C_G des Gitter-Systems hat dort unabhängig von der chemischen Beschaffenheit des Festkörpers den Wert

$$(24.5) \qquad C_G = N\, c_G(T) = 3\,N\,k \qquad \text{für } T \gg T_D \quad (\text{Gesetz von DULONG und PETIT}).$$

Der Hochtemperaturbereich ist dadurch gekennzeichnet, daß $kT \gg kT_D$. Die thermische Energie kT reicht dann aus, jeden einzelnen Gitterbaustein unabhängig von der Bewegung seiner Umgebung zu Schwingungen anzuregen.

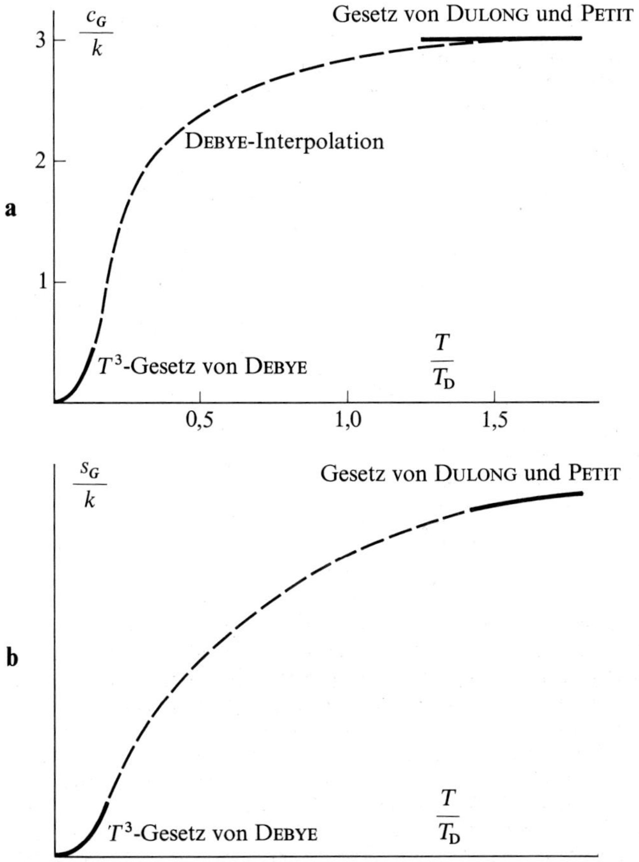

Abb. 24.4
Wärmekapazität (Teilbild a) und Entropie (Teilbild b) pro Baustein des Gitter-Systems eines Festkörpers als Funktion von T/T_D. Im Tieftemperaturbereich ($T \ll T_D$) befolgt die Entropie des Gitter-Systems ein T^3-Gesetz. Das gleiche gilt für die Wärmekapazität c_G des Gittersystems. Im Hochtemperaturbereich $T \gg T_D$ gilt das Gesetz von Dulong und Petit, wonach die Wärmekapazität c den Wert $3k$ hat. Die Entropie nimmt demgemäß in diesem Temperaturbereich logarithmisch mit T zu. Der Absolutwert der Entropie hat allerdings von Festkörper zu Festkörper einen unterschiedlichen Wert.

Nach Debye lassen sich der Tieftemperaturbereich und Hochtemperaturbereich durch eine Interpolationsformel verbinden, die allerdings nicht die allgemeine Gültigkeit beanspruchen kann wie das T^3-Gesetz für $T \ll T_D$ und das Dulong-Petitsche Gesetz für $T \gg T_D$.

Unter Verwendung der Variable T/T_D werden die Wärmekapazitäten der Gitter-Systeme aller Festkörper, wie (24.4) zeigt, für $T/T_D \ll 1$ durch eine einzige Funktion dargestellt (Abb. 24.4a). Da im Hochtemperaturbereich nach (24.5) die Wärmekapazitäten ohnehin unabhängig sind vom einzelnen Stoff, liegt es nahe, Tieftemperaturbereich und Hochtemperaturbereich durch eine einzige Kurve in T/T_D zu verbinden. Debye hat eine solche Interpolation angegeben. Diese Interpolation kann jedoch nicht dieselbe physikalische Verbindlichkeit beanspruchen wie das Debyesche T^3-Gesetz (24.4) bei tiefen Temperaturen und das Dulong-Petitsche Gesetz (24.5) bei hohen Temperaturen.

Aus $C_G(T)$, das eigentlich ja $C_{G,v}(T)$ ist, berechnet sich die Entropie S_G des Gitter-systems nach (22.57). Da v bei einem Festkörper nahezu konstant ist, fällt das mit dv behaftete Glied nicht stark ins Gewicht; außerdem geht bei tiefen Temperaturen $\partial p(T,v)/\partial T \to 0$, so daß im Tieftemperaturbereich die Entropie s_G des Gitter-Systems gegeben ist durch

$$(24.6)\qquad S_G = N s_G(T,v) = N \int_0^T \frac{c(T')}{T'}\, dT' = N k \frac{4\pi^4}{5}\left(\frac{T}{T_D}\right)^3 \quad \text{für } T \ll T_D.$$

Dabei haben wir schon, den Ergebnissen von §28 vorausgreifend, $s_G(0,v)=0$ gesetzt, das sonst auf der rechten Seite von (24.6) als additiver Term erscheinen müßte. Eine geringfügige v-Abhängigkeit von s_G ist in der v-Abhängigkeit der Debye-Temperatur T_D des Festkörpers enthalten.

Im Hochtemperaturbereich eines Festkörpers ist die Wärmekapazität nach (24.5) konstant. Integration über T bei konstantem Wert von v liefert somit für die Entropie des Gitter-Systems

$$(24.7)\qquad S_G = N s_G(T,v) = 3Nk \ln\left(\frac{T}{T_0}\right) + N s_G(T_0, v) \quad \text{für } T, T_0 \gg T_D.$$

In dieser Formel ist nicht nur T, sondern auch T_0 groß gegen T_D. Die v-Abhängigkeit der Entropie, die sich z.B. im thermischen Ausdehnungskoeffizienten äußert, ist im Term $s_G(T_0, v)$ enthalten. Gl. (24.7) sagt, daß die v-Abhängigkeit der Entropie bei verschiedenen Temperaturen T_1 und T_2 sich nur um den konstanten Betrag $3Nk\ln(T_1/T_2)$ unterscheidet.

Abb. 24.4b zeigt die Entropie s_G des Gitter-Systems eines Festkörpers als Funktion von T/T_D. Im Tieftemperaturbereich hat s_G dieselbe T-Abhängigkeit wie die Wärme-kapazität $c_G(T)$. Im Hochtemperaturbereich verläuft s_G, da c_G dort konstant ist, logarithmisch mit T.

Die Entropie des Elektronen-Systems eines Festkörpers

Wie N_G sind auch die Werte der Teilchenzahl-Variablen N_n und N_p des Elektronen-Systems im Gleichgewicht durch die Temperatur des Festkörpers festgelegt, denn T bestimmt sowohl, wie stark die Gitterbausteine schwingen als auch wie stark die Bindungselektronen angeregt werden. Da die Werte von N_n und N_p nur die Zahl der *angeregten* Zustände des Elektronen-Systems angeben, geht mit $T \to 0$ sowohl $N_n \to 0$ als auch $N_p \to 0$. Die Variablen N_n und N_p sind deshalb wohl zu unterscheiden von der Anzahl der Bindungselektronen des Festkörpers; deren Anzahl hat nichts mit T zu tun, sondern ist durch die Anzahl N der Gitterbausteine und gegebenenfalls noch durch ins Gitter eingebaute Störstellen (Donatoren und Akzeptoren) bestimmt. Sie sind also keine von N und der Anzahl der Störstellen unabhängige Variablen und deshalb für uns hier nicht von Interesse.

In den beiden großen Festkörper-Klassen der Halbleiter und der Metalle hat N_n, und damit auch N_p, eine charakteristisch verschiedene T-Abhängigkeit. Das liegt an der unterschiedlichen Struktur des Anregungsspektrums eines Halbleiters (Abb. 24.1) und eines Metalls (Abb. 24.2).

Beim Halbleiter haben die Anregungsenergien ε_j der Elektron-Zustände j wie auch ε_k der Loch-Zustände k von Null verschiedene untere Grenzen f_n bzw. f_p, so daß $\varepsilon_j \geqq f_n$ und $\varepsilon_k \geqq f_p$. Diese unteren Grenzen der Anregungsenergien des Elektronen-Systems treten im Experiment nicht notwendig einzeln in Erscheinung. Bei Anregungen des Elektronen-Systems, in denen die Elektron- und Loch-Zustände in *Paaren* auftreten und bei denen die damit verknüpften Anregungsenergien gemessen werden, beobachtet man einen Energiebetrag von mindestens

$$\Delta = f_n + f_p. \tag{24.8}$$

Diese Energie bezeichnet man als den **Bandabstand** des Halbleiters. In Experimenten hingegen, in denen *Anregungsenergien pro Teilchenzahl* (und nicht pro Paar) gemessen werden, wie bei thermischen Messungen, werden die unteren Grenzen f_n und f_p der Energiewerte der Elektron- und Loch-Zustände selbst sichtbar.

Es gibt zwei verschiedene Typen von Halbleitern, Störstellenhalbleiter und Eigenhalbleiter. Ein **Störstellenhalbleiter** ist ein halbleitender Kristall, in dessen Gitter als Störstellen Donator- oder Akzeptor-Atome eingebaut sind. Die Folge der eingebauten Störstellen ist, daß neben dem durch die Anregungszustände der Bindungselektronen des Kristalls definierten Elektronen-System noch ein zweites Elektronen-System auftritt, das aus den Anregungszuständen der Elektronenhüllen der Störstellen besteht. Auch die Zustände dieses zweiten Elektronen-Systems sind Elektron- und Loch-Zustände; allerdings sind sie lokalisiert, da sie zu den fest eingebauten Störstellen gehören. Faßt man die beiden Elektronen-Systeme zum gesamten Elektronen-System des Störstellenleiters zusammen, hat dieses gesamte Elektronen-System die Eigenschaft, daß *jede* seiner Anregungen die Erzeugung eines Elektron-Loch-Paars ist. Wir nennen jedoch nur die Zustände des Systems der Bindungselektronen Elektron- und Loch-Zustände, nicht dagegen die des Elektronen-Systems der Störstellen. Die Zustände des Systems der Bindungselektronen, die dem halbleitenden Kristall als ganzem zugeordnet und daher nicht lokalisiert sind, haben nämlich die wichtige Eigenschaft, daß in ihnen nicht nur die Energie einen bestimmten Wert hat, sondern auch der Impuls. Sie sind demgemäß Zustände, in denen elektrische Ladung transportiert wird. N_n und N_p sind somit die Teilchenzahl-Variablen der Ladung transportierenden Elektron- und Loch-Zustände. Das sind diejenigen Zustände des Elektronen-Systems, die die elektrische Leitfähigkeit des Halbleiters bestimmen. In Abb. 24.1 ist die Zustandsdichte nur dieser Zustände dargestellt. Die Energiewerte f_n und f_p sind die unteren Grenzen der Energien dieser Zustände. Ist $f_n < f_p$ und $N_n > N_p$, so sind die Störstellen Donatoren; man spricht dann von einem n-Typ-Halbleiter. Die Differenz $N_n - N_p$ ist die Anzahl der angeregten lokalisierten „Loch-Zustände“ — wir verweigern ihnen ja diesen Namen — des Elektronen-Systems der Störstellen. Ist $f_p < f_n$ und $N_p > N_n$, so sind die Störstellen Akzeptoren, und der Halbleiter ist vom p-Typ.

Von **Eigenhalbleitung** spricht man, wenn die Anzahl der angeregten Elektron- und Loch-Zustände des Systems der Bindungselektronen groß ist gegen die Anzahl der angeregten Zustände des Elektronen-Systems der Störstellen. Es ist deshalb beim Eigenhalbleiter $f_n = f_p = \Delta/2$ und $N_n = N_p$.

Im Gegensatz zum Halbleiter beginnen die Anregungsenergien der Elektron-Zustände ε_n und der Loch-Zustände ε_p eines Metalls bei $\varepsilon_n = \varepsilon_p = 0$. Entsprechend zeigt ein Metall auch keine Energielücke. Dieser Unterschied zwischen Halbleiter und Metall hat zur Folge, daß die Entropie S_{El} des Elektronen-Systems in (24.3) beim Halbleiter eine unwesentliche, beim Metall hingegen eine wesentliche Rolle spielt.

Das Elektronen-System eines Halbleiters

Zunächst wenden wir uns dem halbleitenden Festkörper zu, wobei wir uns auf Halbleiter ohne eingebaute Störstellen, also auf *Eigenhalbleiter* beschränken. Dank der Energielücke von der Größenordnung über 0,1 eV/Teilchen ist bei Temperaturen T, bei denen der Stoff überhaupt als Festkörper vorliegt, $kT \ll f_n = f_p = \Delta/2$, so daß nur außerordentlich wenige Elektron- und Loch-Zustände angeregt sind. (Es ist nützlich, sich zu merken, daß bei Zimmertemperatur $kT = 0{,}025$ eV/Teilchen.) Wegen der geringen Dichte der angeregten Zustände können diese wie die Moleküle eines idealen Gases behandelt werden (bei dem allerdings nur Moleküle mit $\varepsilon = \Delta/2$ vorhanden sind, die Moleküle mit $\varepsilon = 0$, die sonst die größte Anzahl bilden, dagegen fehlen). Nach (23.47) tritt ein einzelner Elektron- oder Loch-Zustand i also auf mit einer Teilchenzahl N_i, die proportional $e^{-\Delta/2kT}$ ist. Der Proportionalitätsfaktor enthält, wie wir ohne Herleitung angeben, den Faktor $T^{3/2}$. Für den Eigenhalbleiter ist somit

$$N_n(T) = N_p(T) = VAT^{3/2}\, e^{-\frac{\Delta}{2kT}} \qquad (kT \ll \Delta). \tag{24.9}$$

V ist dabei das Volumen und A eine individuelle Konstante des Festkörpers. Der Wert von $VAT^{3/2}$ liegt bei 300 K in der Größenordnung von 10^{-3} mal der Anzahl der Atome im Festkörper, so daß wegen $kT \ll \Delta$ die Anzahl $N_n = N_p$ um viele Größenordnungen kleiner ist als die der Atome des Festkörpers.

Für die Energie E_{El} des Elektronen-Systems des Eigenhalbleiters, das sowohl Elektron- als auch Loch-Zustände einschließt, folgt durch Summation über alle Elektron- und Loch-Zustände

$$E_{\mathrm{El}} = \sum_j \varepsilon_j N_j + \sum_k \varepsilon_k N_k = (N_n + N_p)\frac{\Delta}{2} = N_n \Delta\,. \tag{24.10}$$

Wie bisher tragen die Variablen, die sich auf die Elektron-Zustände des Elektronen-Systems beziehen, den Index n, während die Variablen, die sich auf die Loch-Zustände des Elektronen-Systems beziehen, den Index p tragen.

Die Entropie S_{El} des Elektronen-Systems berechnet sich am einfachsten aus der Homogenitätsrelation (22.55), die mit (23.1) und (24.10) ergibt, daß

$$\begin{aligned} TS_{\mathrm{El}} &= E_{\mathrm{El}} + p_n V + p_p V - \mu_n N_n - \mu_p N_p \\ &= (\Delta + 2kT - \mu_n - \mu_p)\, N_n\,. \end{aligned} \tag{24.11}$$

In dieser Gleichung kann $2kT$ gegen Δ vernachlässigt werden. Außerdem ist im Gleichgewicht $\mu_n + \mu_p = 0$. Da bei einer Anregung nämlich N_n nicht fest vorgegeben wird, sondern die Elektron-Zustände so im Eigenhalbleiter mit den Loch-Zuständen austauschen, daß $dN_n = dN_p$ ist, folgt aus der den Teilchenaustausch zwischen Elektron- und Loch-Zuständen beschreibenden Relation

$$\mu_n\, dN_n + \mu_p\, dN_p = (\mu_n + \mu_p)\, dN_n$$

gemäß Kap. IV, daß im Gleichgewicht

$$\mu_n + \mu_p = 0\,.$$

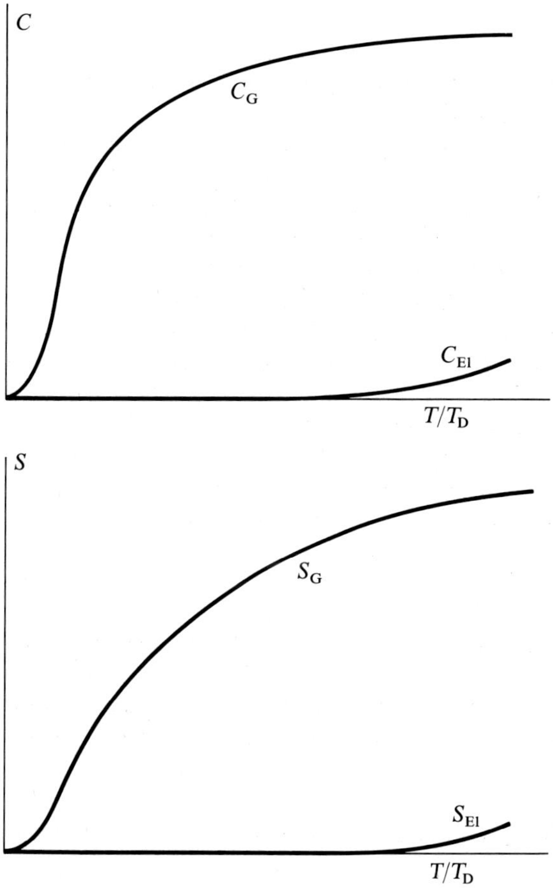

Abb. 24.5
Wärmekapazität $C = C_G + C_{El}$ und Entropie $S = S_G + S_{El}$ eines Halbleiters. Der vom Elektronen-System herrührende Anteil der Wärmekapazität C_{El} wie auch der Entropie S_{El} geht exponentiell gegen Null, und zwar mit $e^{-\frac{\Delta}{2kT}} = e^{-\frac{\Delta}{2kT_D}\cdot\frac{T_D}{T}}$, wobei $\Delta/2kT_D$ mindestens von der Größenordnung eins, meist aber viel größer ist. Entropie und Wärmekapazität eines Halbleiters sind somit identisch mit der Entropie und der Wärmekapazität seines Gitter-Systems.

Die Kurven C_{El} und S_{El} sind, um sie überhaupt sichtbar zu machen, mit zu großen Ordinatenwerten gezeichnet. Tatsächlich beträgt für $\Delta = 1$ eV selbst bei $T = 1000$ K nach (24.5) und (24.14) das Verhältnis C_{El}/C_G nur 10^{-3}.

Die Gesamtentropie des Elektronen-Systems eines Halbleiters ist daher (Abb. 24.5)

$$S_{El} = \frac{\Delta}{T} N_n(T) = VAT^{1/2} \Delta e^{-\frac{\Delta}{2kT}}. \tag{24.12}$$

Für die Entropie pro Teilchenzahl des Elektronen-Systems resultiert aus (24.12) und (24.9)

$$s_{El} = \frac{S_{El}}{N_n + N_p} = \frac{\Delta}{2T}. \tag{24.13}$$

Für die Wärmekapazität erhält man aus (24.12) und (24.9)

(24.14)
$$C_{\mathrm{El}}(T)=T\frac{dS_{\mathrm{El}}}{dT}=\frac{\Delta^2}{2kT}\,VAT^{1/2}\,\mathrm{e}^{-\frac{\Delta}{2kT}}\left(1+\frac{\Delta}{kT}\right)$$
$$\approx k\left(\frac{\Delta}{2kT}\right)^2 2VAT^{3/2}\,\mathrm{e}^{-\frac{\Delta}{2kT}}=(N_n+N_p)\,k\left(\frac{\Delta}{2kT}\right)^2,$$

für die Wärmekapazität pro Teilchenzahl somit

(24.15)
$$c_{\mathrm{El}}(T)=\frac{C_{\mathrm{El}}(T)}{N_n+N_p}=k\left(\frac{\Delta}{2kT}\right)^2.$$

Gl. (24.14) ist in Übereinstimmung mit (23.58), wenn man beachtet, daß für N in (23.58) nicht die Zahl der atomaren Bausteine des Festkörpers einzusetzen ist, sondern die Anzahl der angeregten Zustände des Elektronen-Systems, $2N_n$. Die Anregungsenergie pro angeregtem Zustand des Elektronen-Systems beträgt $\Delta/2$. Tatsächlich ergibt sich aus (23.58) und (24.14) für die quadratische Streuung der Anregungsenergie der Wert $(2N_n)^2(\Delta/2)^2$.

Mit fallender Temperatur nimmt $N_n(T)$ so stark, nämlich exponentiell ab, daß die gesamte Wärmekapazität $C_{\mathrm{El}}(T)$ mit $T\to 0$ ebenfalls exponentiell gegen Null geht (obwohl die Wärmekapazität pro Teilchenzahl mit $T\to 0$ über alle Grenzen wächst). Dieses ungewohnte Verhalten der Wärmekapazität liegt daran, daß (24.14) die Wärmekapazität des Elektronen-Systems zwar bei konstantem Volumen V, nicht aber bei konstanter Teilchenzahl ist, während man vom Gas her gewöhnt ist, unter C_V die Wärmekapazität nicht nur bei konstantem Volumen, sondern auch bei konstanter Teilchenzahl zu verstehen.

Das Elektronen-System eines Metalls

Das Elektronen-System von Metallen hat keine Energielücke (Abb. 24.2). Es gibt Anregungszustände mit beliebig kleiner Anregungsenergie ε. Deswegen streben $N_n(T)$ und $N_p(T)$ bei $T\to 0$ auch nicht exponentiell gegen Null wie bei Halbleitern, sondern sehr viel schwächer. Wie wir ohne Begründung angeben, tritt an die Stelle von (24.9) bei Metallen

(24.16)
$$N_n(T)=N_p(T)=VBT+\cdots.$$

Die höheren Potenzen von T sind gegenüber dem in T linearen Glied fast immer zu vernachlässigen. V ist wieder das Volumen und B eine individuelle Konstante des Metalls. VB hängt mit der Dichte der Elektron- und Loch-Zustände auf der ε-Skala bei $\varepsilon=0$ zusammen. Ist $g_n(\varepsilon)$ die Elektron-Zustandsdichte und $g_p(\varepsilon)$ die Loch-Zustandsdichte auf der ε-Skala, so ist

(24.17)
$$VB=\frac{\pi^2}{18}\,k\,[g_n(0)+g_p(0)].$$

Einfacher sich zu merken als zu begründen ist nun, daß jeder angeregte Elektron- und Loch-Zustand den konstanten Beitrag $3k$ zur Entropie liefert, so daß

$$S_{El} = 3k[N_n(T) + N_p(T)] = 6kN_n(T) \tag{24.18}$$
$$= 6kVBT = \frac{\pi^2}{3}[g_n(0) + g_p(0)]\,k^2\,T.$$

Die Entropie des Elektronen-Systems eines Metalls hängt bei tiefen Temperaturen also linear ab von T. Damit gilt dasselbe auch für die Wärmekapazität, denn mit (24.18) ist

$$C_{El} = T\frac{dS_{El}}{dT} = S_{El}. \tag{24.19}$$

Da die Entropie S_G des Gitter-Systems im Tieftemperaturbereich proportional T^3 ist, die Entropie S_{El} des Elektronen-Systems aber proportional T, dominiert in der Gesamtentropie (24.3) eines Metalls bei hinreichend tiefen Temperaturen das Elektronen-System (Abb. 24.6). Entropie und Wärmekapazität eines Metalls sind daher bei sehr tiefen Temperaturen lineare Funktionen der Temperatur, und die Messung der Wärmekapazität ist, wie (24.19) zeigt, unmittelbar eine Messung der Entropie des Metalls.

Die Wärmekapazität des Elektronen-Systems hat nach (24.19) und (24.18) den Wert

$$C_{El} = 6N_n k = 2N_n k\,\frac{3(2N_n kT)^2}{(2N_n kT)^2}. \tag{24.20}$$

Im letzten Schritt haben wir die Gleichung mit $(2N_n kT)^2$ erweitert, um C_{El} mit (23.58) zu vergleichen. Dieser Vergleich zeigt, daß die quadratische Streuung der Anregungsenergie des Elektronen-Systems des Metalls $(2N_n)^2\,3(kT)^2$ beträgt.

Wir geben schließlich noch die Energie E_{El} des Elektronen-Systems eines Metalls an. Da in

$$dE_{El} = T\,dS_{El} + \mu_n\,dN_n + \mu_p\,dN_p$$

die Variablen N_n und N_p nicht unabhängig sind, sondern $dN_n = dN_p$ ist, ferner im Gleichgewicht des Teilchenaustausches $\mu_n + \mu_p = 0$ ist, ist $dE_{El} = T\,dS_{El}$ und somit $C_{El} = T\,dS_{El}/dT = dE_{El}/dT$. Man erhält mit (24.19) aus (24.18)

$$E_{El} = \frac{\pi^2}{6}[g_n(0) + g_p(0)]\,(kT)^2 = [N_n(T) + N_p(T)]\,\tfrac{3}{2}\,kT. \tag{24.21}$$

Die Energie nimmt nicht wie die Entropie mit T zu, sondern mit T^2.

Das Anregungsspektrum (Abb. 24.1 und 24.2) des Elektronen-Systems eines Festkörpers ist strenggenommen nicht unabhängig von der Temperatur, sondern zeigt eine leichte T-Abhängigkeit. Bei Halbleitern hat das keine bemerkenswerte Konsequenz, wohl aber bei Metallen, wenn bei tiefen Temperaturen das Anregungsspektrum eine Lücke hat. Das tritt ein bei **supraleitenden Metallen.** Bei ihnen erscheint im Spektrum der Anregungsenergien der Elektron- und Loch-Zustände eine von T abhängige Lücke $f_n(T)$ bzw. $f_p(T)$ mit der Eigenschaft, daß $f_p(T) = f_p(T) = \Delta/2 > 0$ für alle T, die kleiner sind als eine bestimmte kritische Temperatur T_c, während $f_n(T) = f_p(T) = \Delta/2 = 0$ ist für alle $T > T_c$. Die Temperatur T_c ist die *Sprungtemperatur* des Metalls, bei ihr setzt Supra-

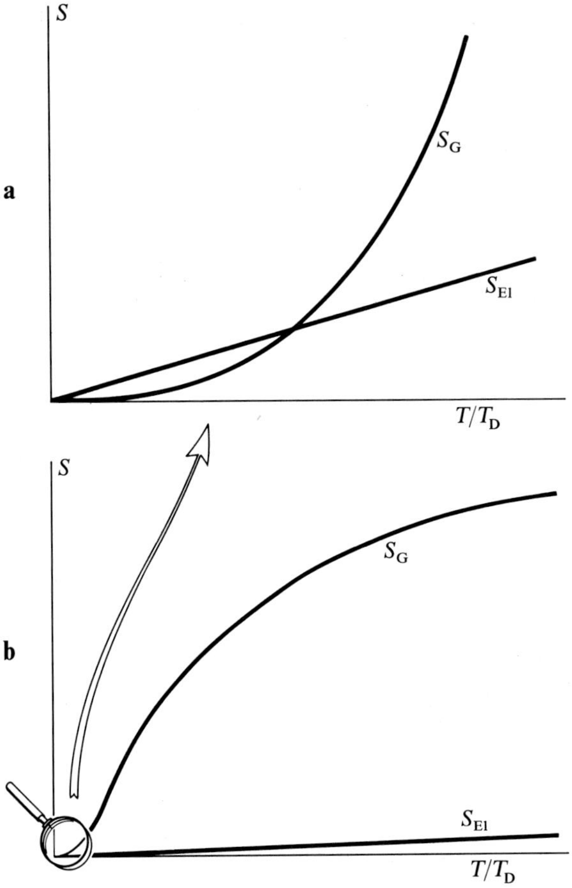

Abb. 24.6

Die Entropie $S = S_G + S_{El}$ eines Metalls. Teilbild a zeigt die Entropie im Tieftemperaturbereich. Die Wärmekapazitäten sind nicht gesondert aufgetragen, da im Tieftemperaturbereich $C_G = 3\,S_G$ und $C_{El} = S_{El}$ ist. Da S_G mit T^3, S_{El} aber linear mit T wächst, dominiert für sehr kleine Werte von T die Entropie S_{El} des Elektronen-Systems. Das gleiche gilt für die Wärmekapazität. Später gewinnt die Entropie S_G des Gitter-Systems die Oberhand. Bei extrem tiefen Temperaturen wird die Entropie und damit auch die Wärmekapazität eines Metalls daher durch das Elektronen-System bestimmt, bei höheren Temperaturen (aber immer noch im Tieftemperaturbereich) durch das Gitter-System.

Teilbild b zeigt den Gesamtverlauf von S_G und S_{El} vom Tief- bis zum Hochtemperaturbereich. Die lineare T-Abhängigkeit von S_{El} reicht bis zu Temperaturen, bei denen die Entropie S_G des Gitter-Systems längst das Dulong-Petit-Verhalten zeigt. Im Hochtemperaturbereich eines Metalls wird daher die Entropie und damit auch die Wärmekapazität durch das Gitter-System bestimmt.

leitung ein. Das Anregungsspektrum des Elektronen-Systems eines supraleitenden Metalls zeigt daher eine gewisse Ähnlichkeit mit dem Anregungsspektrum des Elektronen-Systems eines Halbleiters. Allerdings ist die Energielücke eines Supraleiters etwa drei Größenordnungen kleiner als die Energielücke eines Halbleiters. Dennoch ist die Folge des Auftretens der Energielücke, daß die Entropie des Elektronen-Systems eines Metalls im supraleitenden Zustand mit $T \to 0$ exponentiell gegen Null strebt, so daß im Suprazustand die Entropie des Gitter-Systems dominiert. Entropie und Wärmekapazität eines supraleitenden Metalls sind in Abb. 24.7 angegeben.

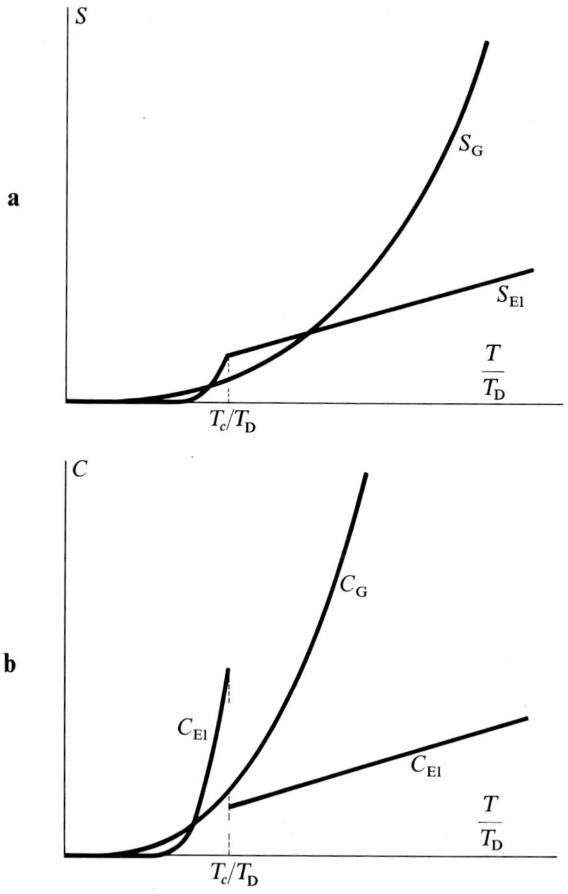

Abb. 24.7
Entropie (Teilbild a) und Wärmekapazität (Teilbild b) eines supraleitfähigen Metalls. Das Auftreten einer Energielücke in den Anregungsenergien der Elektron- und Loch-Zustände eines supraleitfähigen Metalls bei Temperaturen unterhalb einer für das einzelne Metall charakteristischen „Sprungtemperatur“ T_c bewirkt einen exponentiellen Verlauf von S_{El} und damit von C_{El} bei Temperaturen $T < T_c$. Oberhalb T_c zeigen S_{El} und C_{El} des Metalls dagegen den Verlauf des „Normalzustands“ wie er in Abb. 24.6 erläutert wird. Die Entropie S_G und die Wärmekapazität C_G des Gitter-Systems werden durch den Übergang des Elektronen-Systems des Metalls vom Supra- in den Normalzustand bei T_c nicht merklich beeinflußt. Bei Temperaturen $T \ll T_c$ und $T \gg T_c$ werden Entropie und Wärmekapazität eines supraleitenden Metalls daher durch das Gitter-System bestimmt.

Die Entropie eines paramagnetischen Festkörpers

Ein Festkörper, dessen Gitterbausteine alle oder auch nur zum Teil magnetische Dipole tragen, stellt einen Paramagnet dar. Ein derartiger Festkörper besitzt neben den Energieformen des unmagnetischen Festkörpers noch die weitere Energieform $\boldsymbol{H}\, d\boldsymbol{m}$, die Magnetisierungsenergie. $\boldsymbol{H}$ ist die magnetische Feldstärke, $\boldsymbol{m}$ das magnetische Dipolmoment des gesamten Festkörpers. Da der Paramagnet ein Energiewandler ist zwischen Wärme und magnetischer Energie (§ 18), hängt $\boldsymbol{m}$ von S ab und umgekehrt auch S von $\boldsymbol{m}$ oder $\boldsymbol{H}$. Die Gln. (18.14) und (18.15) geben diese Abhängigkeit im Curieschen Zustandsgebiet des Paramagneten an, also in einem Temperaturbereich, in dem die Gln. (18.1) und (18.2) gelten. Wie sieht nun die in (18.14) und (18.15) erscheinende Entropie $S_0(T)$ aus, nämlich die Entropie $S(T, \boldsymbol{H})$ des paramagnetischen Körpers im äußeren Feld $\boldsymbol{H}=0$?

Wir betrachten zunächst den Grenzfall sehr starker Magnetfelder $\boldsymbol{H}$. Wie in Abb. 18.1 dargestellt, geht das magnetische Moment $\boldsymbol{m}$ dann gegen einen maximalen Wert, den *Sättigungswert* $\boldsymbol{m}_{\text{Sätt}}$. Weitere Steigerung von $\boldsymbol{H}$ über $\boldsymbol{H}_{\text{Sätt}}$ hinaus ist ohne Einfluß auf $\boldsymbol{m}$ und hat deshalb $\boldsymbol{H}\,d\boldsymbol{m}=0$ zur Folge. Eine Steigerung von $\boldsymbol{H}$ hat damit auch keinen Einfluß mehr auf die Entropie des Körpers. Für Magnetfelder $|\boldsymbol{H}|\gtrapprox|\boldsymbol{H}|_{\text{Sätt}}$ hängt die Entropie $S(T, \boldsymbol{H})$ somit nicht mehr von $\boldsymbol{H}$ ab, sondern allein von T, so daß

(24.22) $$S(T, |\boldsymbol{H}|\gtrapprox|\boldsymbol{H}|_{\text{Sätt}})=S_{\text{Sätt}}(T).$$

Da für $|\boldsymbol{H}|\gtrapprox|\boldsymbol{H}|_{\text{Sätt}}$ das magnetische Moment des paramagnetischen Körpers von $\boldsymbol{H}$ nicht mehr abhängt, treffen dann weder (18.1), (18.2) noch (18.14) und (18.15) zu. In derartig großen Feldern genügt der Paramagnet nicht mehr dem Curieschen Gesetz.

Wie unterscheidet sich $S_0(T)$, die Entropie eines Paramagneten im Feld $\boldsymbol{H}=0$, von $S_{\text{Sätt}}$, der Entropie desselben paramagnetischen Körpers bei Feldstärken $|\boldsymbol{H}|\gtrapprox|\boldsymbol{H}|_{\text{Sätt}}$? Im atomaren Bild sieht der Unterschied so aus, daß im Fall $\boldsymbol{H}=0$ für nicht zu tiefe Temperaturen die magnetischen Dipole der Gitter-Ionen unabhängig voneinander sind und demgemäß ihr Moment beliebig im Raum orientieren können (Abb. 24.8), während im Fall $|\boldsymbol{H}|\gtrapprox|\boldsymbol{H}|_{\text{Sätt}}$ die Dipole bei allen Temperaturen T in die Richtung von $\boldsymbol{H}$ gezwungen werden. Der Unterschied zwischen $S_0(T)$ und $S_{\text{Sätt}}(T)$ kann demnach nur von den magnetischen Dipolen der Ionen herrühren, und zwar davon, wie sie sich bei gegebener Temperatur gegeneinander oder gegen eine ausgezeichnete Raumrichtung orientieren. Es ist somit

(24.23) $$S_0(T)=S_{\text{Sätt}}(T)+S_{\text{Sp}}(T).$$

$S_{\text{Sp}}(T)$ stellt hierin den Entropiebeitrag dar, der durch die jeweilige Orientierbarkeit der Dipole bedingt ist. $S_{\text{Sätt}}(T)$ ist die Entropie des Festkörpers bei nach Betrag und Richtung festgeklemmten Momenten der magnetischen Dipole der Ionen. Bei festgeklemmten Dipolen verhält sich der Festkörper aber so, als besäße er gar keine magneti-

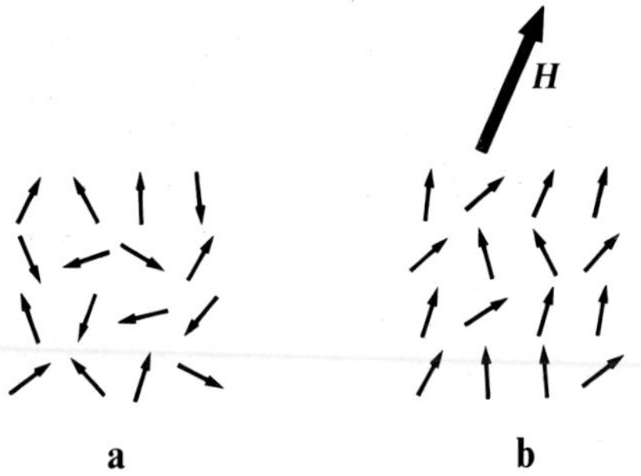

Abb. 24.8

Modell eines paramagnetischen Festkörpers für nicht zu tiefe Temperaturen. Die elementaren magnetischen Dipole der Substanz dürfen dann als voneinander unabhängig betrachtet werden. Bei der Feldstärke $\boldsymbol{H}=0$ des angelegten Magnetfelds richten die elementaren Dipole ihr Moment demgemäß statistisch im Raum aus (Teilbild a). Das resultierende magnetische Dipolmoment $\boldsymbol{m}$ des ganzen Festkörpers ist dann Null, da zu jeder Orientierung eines elementaren Dipols auch die entgegengesetzte Orientierung vorkommt. Ist das angelegte Magnetfeld $\boldsymbol{H}\neq 0$ (Teilbild b), so richten sich die elementaren Dipole um so mehr in die Richtung von $\boldsymbol{H}$ aus, je größer die Feldstärke $\boldsymbol{H}$ ist. Das resultierende magnetische Moment $\boldsymbol{m}$ des Paramagneten zeigt dann in die Richtung von $\boldsymbol{H}$, und sein Betrag wächst mit zunehmender Feldstärke $|\boldsymbol{H}|$ an. Bei Feldstärken $|\boldsymbol{H}|\gtrapprox|\boldsymbol{H}|_{\text{Sätt}}$ erreicht $|\boldsymbol{m}|$ seinem maximalen Wert, den *Sättigungswert* des Paramagneten. Alle elementaren Dipole sind dann parallel gerichtet.

schen Freiheitsgrade. $S_{\text{Sätt}}(T)$ ist somit identisch mit der Entropie eines unmagnetischen Festkörpers, so daß $S_{\text{Sätt}} = S_G + S_{\text{El}}$ und damit

(24.24) $$S_0(T) = S_G(T) + S_{\text{El}}(T) + S_{\text{Sp}}(T).$$

Diese Gleichung besagt, daß die Entropie $S_0(T)$ eines paramagnetischen Festkörpers im Feld $\boldsymbol{H}=0$ die Summe der Entropien von drei Teilsystemen ist, nämlich des *Gitter-Systems*, des *Elektronen-Systems* und des *Spin-Systems* des Festkörpers. Das Gitter-System und das Elektronen-System sind identisch mit dem Gitter-System und Elektronen-System eines Festkörpers, der denselben atomaren Gitteraufbau hat wie der Paramagnet, bei dem die Ionen nur keine magnetischen Dipole haben. Das Spin-System ist die Gesamtheit der Zustände der magnetischen Dipole der Ionen des paramagnetischen Festkörpers. Daß man vom Spin-System und nicht vom „Dipol-System" spricht, liegt daran, daß ein magnetischer Dipol, gleichgültig ob er durch das Eigenmoment oder durch die Bewegung der Elektronen zustande kommt, immer mit einem Drehimpuls verknüpft ist und daß die Orientierungsmöglichkeiten des Dipols durch die Orientierungsmöglichkeiten des mit ihm verbundenen Drehimpulses bestimmt werden. Es hängt zwar der Zahlwert (g-Faktor) des Verhältnisses von Drehimpuls zum magnetischen Moment davon ab, ob es sich um das magnetische Eigenmoment des Elektrons oder um ein Bahnmoment handelt; da dieser Zahlwert hier aber keine Rolle spielt, brauchen wir zwischen der unterschiedlichen Herkunft der magnetischen Momente der Ionen nicht zu unterscheiden. Wir bezeichnen deshalb alle mit einem magnetischen Moment verknüpften Drehimpulse einfach als „Spin".

Ist der paramagnetische Festkörper ein Halbleiter, kann in (24.24) die Entropie S_{El} des Elektronen-Systems gegen die Entropie S_G des Gitter-Systems vernachlässigt werden. Der Anteil S_G der Entropie $S_0(T)$ eines solchen Paramagneten im Feld $\boldsymbol{H}=0$ ist in Abb. 24.9a dargestellt.

Abb. 24.9b gibt den Verlauf der Entropie S_{Sp} eines Spin-Systems wieder. Das Spin-System eines paramagnetischen Festkörpers ist einer Gesamtheit von Spins oder Dipolmomenten äquivalent, deren gegenseitige Wechselwirkung von T abhängt. Die Wechselwirkung ist nicht nur einfach durch die magnetische Dipol-Dipol-Wechselwirkung der magnetischen Momente bedingt, sondern wird vor allem durch die besondere atomare Struktur des jeweiligen paramagnetischen Festkörpers vermittelt. Oberhalb einer bestimmten, für den Paramagnet charakteristischen Temperatur, nämlich der oberen Grenze des in Abb. 24.9b gerasterten Temperaturbereichs, darf die Wechselwirkung der Spins bzw. der Dipole untereinander vernachlässigt werden. Die Spins sind dann voneinander unabhängig, so daß jeder einzelne Spin als Teilsystem des Spin-Systems betrachtet werden kann. Die Entropie $S_{\text{Sp}}(T)$ oberhalb dieser Temperatur ist unabhängig von T und hat, was wir hier nur angeben können, den Wert $Nk\ln(2j+1)$. Dabei ist N die Anzahl der elementaren Dipole des ganzen Paramagneten, also die Teilchenzahl oder „Spinzahl" des Spin-Systems, und $2j+1$ die Anzahl der nach der Quantenmechanik möglichen verschiedenen Raumorientierungen des einzelnen Spins; j ist eine ganze Zahl (Quantenzahl), die den Betrag des Spins oder Drehimpulses mißt.

Nach dem 3. Hauptsatz (§28) muß für $T=0$ auch $S_0(T)$ und damit sowohl $S_G(T)$ als auch $S_{\text{Sp}}(T)$ Null sein. Die Entropie $S_{\text{Sp}}(T)$ des Spin-Systems geht mit $T \to 0$ somit gegen den Wert Null (Abb. 24.9b). In dem gerasterten Temperaturbereich nimmt die Wechselwirkung der Spins, die im allgemeinen eine gegenseitige Ordnung der Spins bewirkt, mit steigender Temperatur schnell ab und wird vernachlässigbar klein. Unterhalb des gerasterten Temperaturbereichs bilden die Spins auf Grund ihrer Wechselwirkung ein kooperativ geordnetes System.

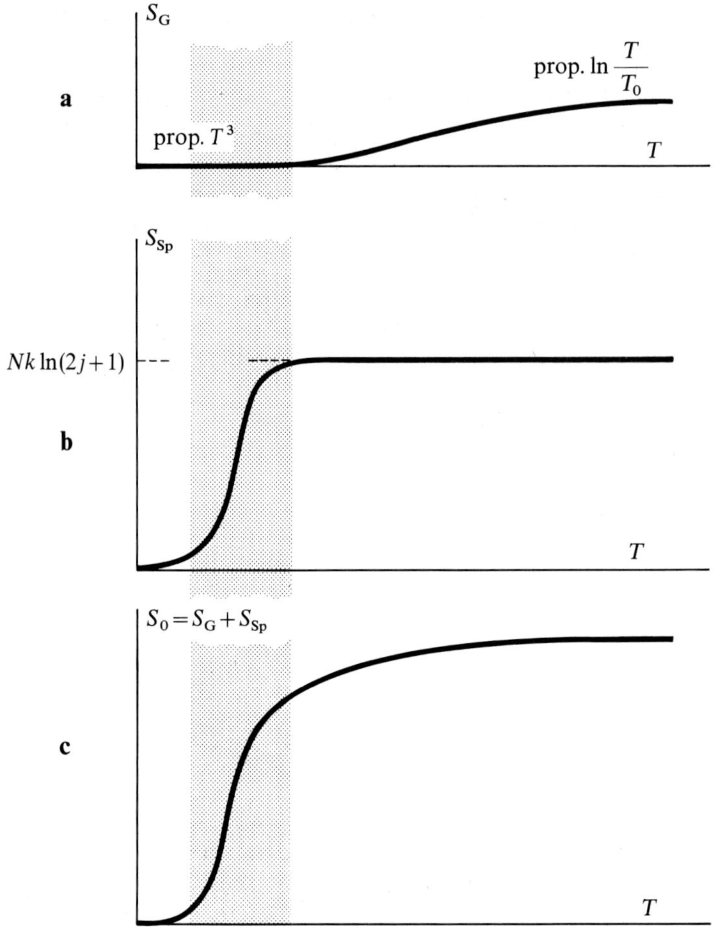

Abb. 24.9

Die Entropie $S_0(T)$ eines paramagnetischen halbleitenden Festkörpers im Feld $\boldsymbol{H}=0$ und ihre Zusammensetzung aus der Entropie $S_G(T)$ des Gitter-Systems und $S_{Sp}(T)$ des Spin-Systems des Paramagneten. Teilbild a zeigt die Entropie $S_G(T)$ des Gitter-Systems (vgl. Abb. 24.4b). Die einzelnen Temperaturbereiche sind nicht maßstäblich dargestellt.

Teilbild b gibt die Entropie $S_{Sp}(T)$ des Spin-Systems bei $\boldsymbol{H}=0$ wieder, also des Systems der elementaren magnetischen Dipole des Paramagneten. Oberhalb eines gerastert gezeichneten Temperaturbereichs hat $S_{Sp}(T)$ den konstanten Wert $Nk\ln(2j+1)$, wobei $2j+1$ die Zahl der Einstellungsmöglichkeiten des mit dem magnetischen Moment eines einzelnen Ions verknüpften Drehimpulses angibt (genauer: der Wert einer Komponente dieses Drehimpulses). Im gerasterten Temperaturbereich wird die „thermische Energie" kT vergleichbar mit der Wechselwirkungsenergie der magnetischen Dipole der Ionen des Paramagneten untereinander. Unterhalb des gerasterten Temperaturbereichs liegen die magnetischen Momente der Ionen des Paramagneten in einem Zustand gegenseitiger Orientierung vor. Die Entropie $S_{Sp}(T)$ ist dort praktisch Null.

Teilbild c stellt die Addition der in a und b dargestellten Kurven, also die Entropie $S_0(T)$ des Paramagneten im Feld $\boldsymbol{H}=0$ dar. Diese Kurve ist identisch mit der obersten Kurve in Abb. 18.2b.

Die Addition der beiden in Abb. 24.9a und 24.9b dargestellten Entropien $S_G(T)$ und $S_{Sp}(T)$ ergibt die Entropie $S_0(T)$ des unmagnetisierten halbleitenden Paramagneten (Abb. 24.9c). Aber auch die Entropie $S(T, \boldsymbol{H})$ des Paramagneten in einem Feld beliebigen Feldstärkenbetrags $0 \leqq \boldsymbol{H} \leqq \boldsymbol{H}_{\text{Sätt}}$ zwischen Null und dem Sättigungswert läßt sich aufgrund des bisher entwickelten Bildes verstehen. Da das Gitter-System keine magnetischen Freiheitsgrade hat, wirkt $\boldsymbol{H}$ allein auf das Spin-System, so daß

$$S(T, \boldsymbol{H}) = S_G(T) + S_{Sp}(T, \boldsymbol{H}). \tag{24.25}$$

Die Entropie $S_{Sp}(T, \boldsymbol{H})$ des Spin-Systems läßt sich für Temperaturen oberhalb des gerasterten T-Bereiches berechnen, indem man für das Spin-System ein Modell N unabhängiger Spins zugrunde legt. Bezeichnet γ das magnetische Moment pro Spin (genauer den maximalen Wert einer Komponente des magnetischen Moments) und nimmt man an, daß es sich um Spins handelt, für die es nur zwei Einstellmöglichkeiten hinsichtlich einer vorgegebenen Raumrichtung gibt, für die also $2j+1=2$ und damit $j=1/2$ ist, so ergibt eine hier nicht begründete Rechnung die Entropie (Abb. 24.10a)

$$S_{Sp}(T, \boldsymbol{H}) = Nk \ln 2 + Nk \left[\ln \cosh \frac{|\gamma|\,|\boldsymbol{H}|}{kT} - \frac{|\gamma|\,|\boldsymbol{H}|}{kT} \tanh \frac{|\gamma|\,|\boldsymbol{H}|}{kT} \right] \tag{24.26}$$

und das magnetische Moment (Abb. 24.10b)

$$\boldsymbol{m} = N|\gamma| \left[\tanh \left(\frac{|\gamma|\,|\boldsymbol{H}|}{kT} \right) \right] \frac{\boldsymbol{H}}{|\boldsymbol{H}|}. \tag{24.27}$$

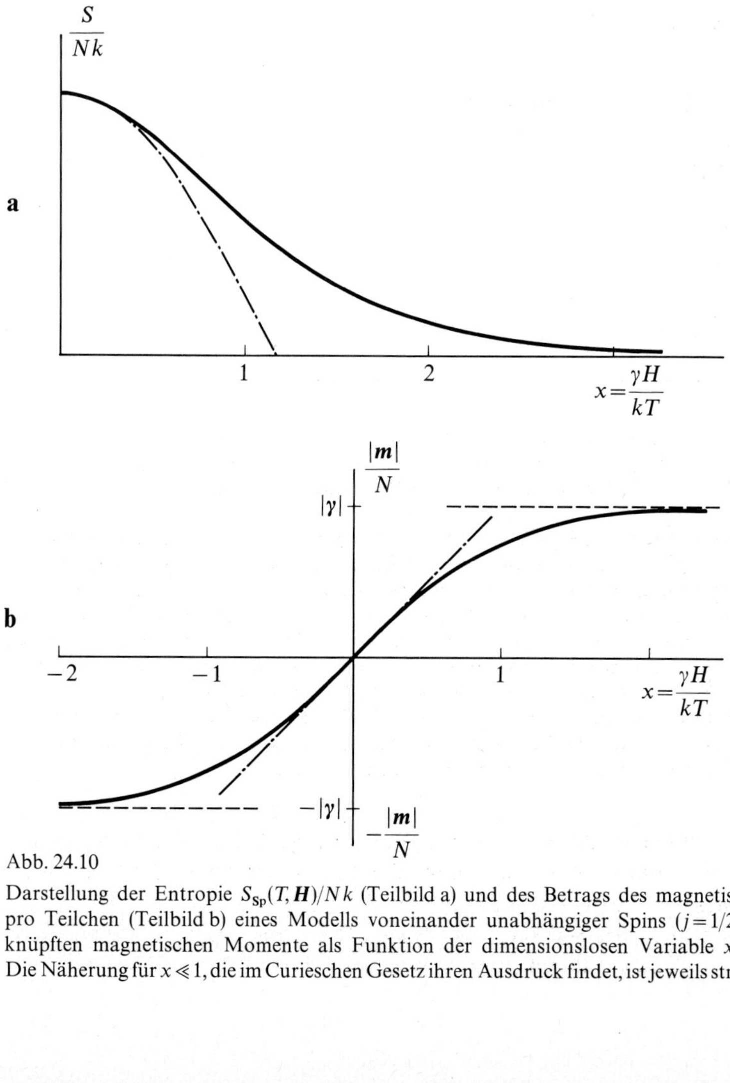

Abb. 24.10

Darstellung der Entropie $S_{Sp}(T, \boldsymbol{H})/Nk$ (Teilbild a) und des Betrags des magnetischen Moments $\boldsymbol{m}(T, \boldsymbol{H})/N$ pro Teilchen (Teilbild b) eines Modells voneinander unabhängiger Spins ($j=1/2$) bzw. der mit ihnen verknüpften magnetischen Momente als Funktion der dimensionslosen Variable $x=\gamma H/kT$ (vgl. Abb. 18.1). Die Näherung für $x \ll 1$, die im Curieschen Gesetz ihren Ausdruck findet, ist jeweils strichpunktiert eingezeichnet.

Die Formel (24.26) enthält den Fall des Curieschen Gesetzes für $|\gamma|\,|\boldsymbol{H}|/kT \ll 1$. Entwickelt man die in (24.26) vorkommenden Funktionen bis zur 2. Ordnung in $|\gamma|\,|\boldsymbol{H}|/kT$, so ergibt sich

(24.28) $$S_{\mathrm{Sp}}(T,\boldsymbol{H}) = Nk\left[\ln 2 - \frac{1}{2}\left(\frac{|\gamma|\,|\boldsymbol{H}|}{kT}\right)^2\right] \quad \text{für} \quad \frac{|\gamma|\,|\boldsymbol{H}|}{kT} \ll 1.$$

Aus (24.27) folgt für das magnetische Moment des Spin-Systems in derselben Näherung

(24.29) $$\boldsymbol{m} = \frac{N\gamma^2}{k}\,\frac{\boldsymbol{H}}{T}.$$

Setzt man (24.28) in (24.25) ein, so resultiert

(24.30) $$\begin{aligned} S(T,\boldsymbol{H}) &= S_{\mathrm{G}}(T) + Nk\left[\ln 2 - \frac{1}{2}\left(\frac{|\gamma|\,|\boldsymbol{H}|}{kT}\right)^2\right] \\ &= S_0(T) - \frac{1}{2}Nk\left(\frac{|\gamma|\,|\boldsymbol{H}|}{kT}\right)^2. \end{aligned}$$

Die Formeln (24.29) und (24.30) sind identisch mit (18.1), (18.2) und (18.15), die den Paramagnet im Curieschen Zustandsbereich oder, wie wir ihn nannten, den „idealen" Paramagnet beschreiben.

Gl. (24.26) gibt auch das Verhalten des Spin-Systems bei hohen Feldstärken $\boldsymbol{H}$, also die Sättigung der Magnetisierung richtig wieder. Für $|\gamma|\,|\boldsymbol{H}|/kT \gg 1$ liefert (24.27) nämlich den konstanten Wert $\boldsymbol{m} = N|\gamma|(\boldsymbol{H}/|\boldsymbol{H}|)$, und (24.26) ergibt $S_{\mathrm{Sp}} \to 0$, was mit (24.22) übereinstimmt.

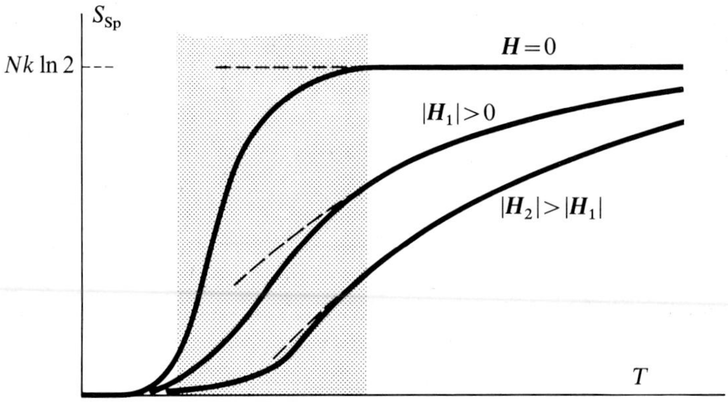

Abb. 24.11

Die Entropie $S_{\mathrm{Sp}}(T,\boldsymbol{H})$ des Spin-Systems eines paramagnetischen Festkörpers als Funktion von T und $\boldsymbol{H}$. Oberhalb des gerasterten Temperaturbereichs ist $S_{\mathrm{Sp}}(T,\boldsymbol{H})$ identisch mit der in Abb. 24.10a dargestellten Kurve für das Modell der unabhängigen Spins. (Hier ist $S_{\mathrm{Sp}}(T,\boldsymbol{H})$ lediglich als Funktion von T und H getrennt und nicht als Funktion der Variablenkombination $x=\gamma H/kT$ angegeben). Innerhalb und unterhalb des gerasterten Temperaturbereichs weicht die Entropie $S_{\mathrm{Sp}}(T,\boldsymbol{H})$ des realen Spinsystems eines paramagnetischen Festkörpers wegen der spürbar werdenden Wechselwirkung der elementaren magnetischen Dipole untereinander von dem Modell unabhängiger Spins ab. Dort, wo die Kurven dieses Modells keine Approximation der Wirklichkeit mehr darstellen, sind sie gestrichelt gezeichnet.

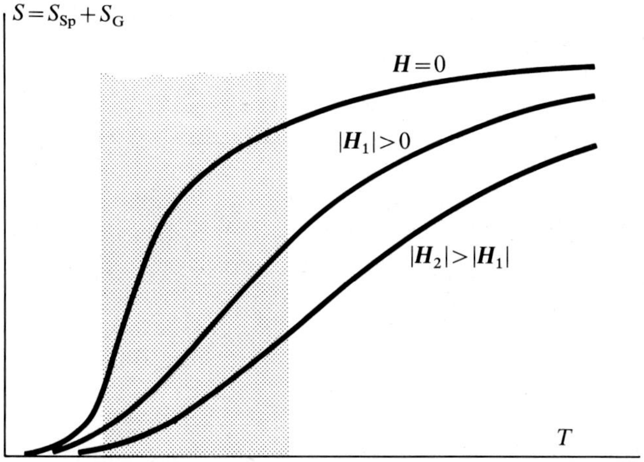

Abb. 24.12
Die gesamte Entropie eines paramagnetischen Festkörpers als Funktion von T und $\boldsymbol{H}$. Die Kurven resultieren aus der Addition der Kurve $S_G(T)$ in Abb. 24.9a und der Kurven $S_{Sp}(T, \boldsymbol{H})$ in Abb. 24.11.

Die Formel (24.26) beschreibt das Verhalten jedes Paramagneten, dessen elementare magnetischen Dipole ein Moment vom Betrag $|\gamma|$ und unabhängig voneinander zwei erlaubte Einstellungsmöglichkeiten haben, für alle Werte von $\boldsymbol{H}$ und für alle Temperaturen oberhalb des in den Abb. 24.9 gerastert gezeichneten Temperaturbereichs. Für Temperaturen in und unterhalb dieses Bereiches ist kein so allgemeines Modell möglich. Jeder magnetische Festkörper zeigt dort ein individuelles Verhalten. Abb. 24.11 gibt die Funktion (24.26) gestrichelt wieder. Das reale Verhalten der Entropie des Spinsystems ist durch die ausgezogene Kurve dargestellt. Die Abb. 24.12 schließlich zeigt die gesamte Entropie des paramagnetischen halbleitenden Festkörpers.

Die Rolle von Spin- und Gitter-System eines paramagnetischen Festkörpers bei der adiabatischen Entmagnetisierung

Die in Abb. 24.12 dargestellte Abhängigkeit der Entropie eines paramagnetischen Festkörpers von der Temperatur T und dem angelegten Magnetfeld $\boldsymbol{H}$ wird, wie wir in §18 auseinandergesetzt haben, bei der Erzeugung tiefer Temperaturen durch adiabatische Entmagnetisierung des paramagnetischen Körpers ausgenutzt. Durch Abschalten des Magnetfeldes $\boldsymbol{H}$ wird die Temperatursenkung zunächst nur in dem System erreicht, an dem das Magnetfeld angreift. Das ist nicht die Probe als ganze, sondern nur das System der magnetischen Momente, also nur das Spin-System der Probe. Damit der paramagnetische Kristall sich als ganzer abkühlt, darf das Gitter-System des Kristalls nicht adiabatisch vom Spin-System getrennt sein. Das Spin-System muß vielmehr mit dem Gitter-System ins thermische Gleichgewicht gekommen sein, bevor die ganze Abkühlung durch ungenügende Wärmeisolierung der Probe gegen die Umgebung hinfällig geworden ist. Die Zeit, in der sich thermisches Gleichgewicht zwischen dem Spin-System und dem Gitter-System einstellt, wird als **Spin-Gitter-Relaxationszeit** bezeichnet.

Außer einer hinreichend kurzen Spin-Gitter-Relaxationszeit ist ferner für eine effektvolle Abkühlung durch die adiabatische Entmagnetisierung wichtig, daß das „kalte" Spin-System gegenüber dem „warmen" Gitter-System ein möglichst gutes Wärmereservoir darstellt, soll nicht die ganze Abkühlung daran scheitern, daß beim Einstellen des thermischen Gleichgewichts zwischen Spin-System und Gitter-System sich die Temperatur des warmen Gitters und nicht die des abgekühlten Spin-Systems, also der magnetischen Momente einstellt. Mit einem Fingerhut voll Eis läßt sich auch keine ganze Sektflasche kühlen. Die mit einer bestimmten vom Gitter-System zum Spin-System übergehenden Entropiemenge dS verknüpfte Temperaturerniedrigung dT_G des Gitter-Systems muß also sehr viel größer sein als die gleichzeitig auftretende Temperaturerhöhung dT_{Sp} des Spin-Systems. Es muß $\partial S_G/\partial T_G \ll \partial S_{Sp}/\partial T_{Sp}$, die Wärmekapazität des Gitter-Systems also sehr klein sein gegen die Wärmekapazität des Spinsystems. Nun ist, wie man durch Differentiation der Kurven $S_{Sp}(T)$ in Abb. 24.11 und $S_G(T)$ in Abb. 24.9a und Multiplikation mit T erhält (Abb. 24.13), die Wärmekapazität des Spin-Systems glücklicherweise bei den in Rede stehenden tiefen Temperaturen um mehrere Zehnerpotenzen größer als die des Gitter-Systems, die proportional zu T^3 ist. Damit ist auch diese Bedingung für die Abkühlung durch adiabatische Entmagnetisierung erfüllbar.

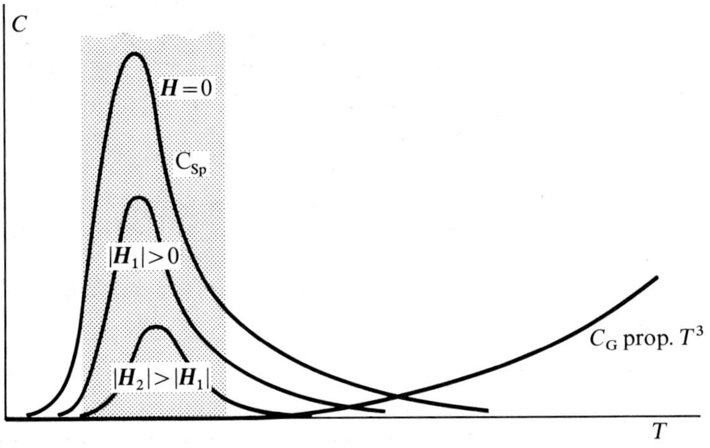

Abb. 24.13

Die Wärmekapazitäten C_{Sp} des Spin-Systems und C_G des Gitter-Systems eines paramagnetischen Festkörpers. Die Kurven ergeben sich mittels der Formeln $C_{Sp,\boldsymbol{H}} = T\,\partial S_{Sp}(T, \boldsymbol{H})/\partial T$ und $C_G = T\,dS_G(T)/dT$ aus den Kurven der Abb. 24.11 und 24.9a. Bei hinreichend tiefen Temperaturen ist C_G durch das Debyesche T^3-Gesetz gegeben. Man erkennt, daß in dem Temperaturbereich, auf den die adiabatische Entmagnetisierung abgekühlt, die Wärmekapazität des Spin-Systems sehr groß ist gegen die des Gitter-Systems. Deshalb wirkt das Spin-System als Wärmereservoir für das Gitter-System, so daß der ganze Festkörper praktisch auf die Temperatur des Spin-Systems abgekühlt wird.

VII Die Hauptsätze

Allgemeine Behauptungen über physikalische Systeme oder über die Realisierungen ihrer Prozesse, die ausnahmslos und unter allen Umständen Gültigkeit beanspruchen, nennt man Hauptsätze. Hauptsätze sind, auch wenn das nicht auf den ersten Blick erkennbar ist, meist *Unmöglichkeitsaussagen.* Das bekannteste Beispiel ist der Erhaltungssatz der Energie. Er behauptet, daß alle Realisierungen von Prozessen unmöglich sind, bei denen Energie erzeugt oder vernichtet würde. Da sich derartige Behauptungen durch endlich viele Nachprüfungen nicht beweisen lassen, spielen Hauptsätze immer die Rolle von *Prinzipien.* Auf der einen Seite stellen sie eine Zusammenfassung unserer Erfahrung dar, auf der anderen aber eine Ausdehnung, eine Extrapolation dieser Erfahrung auf bisher unbekannte Fälle. Die Prinzipien werden zwar durch unsere experimentellen Erfahrungen motiviert, aber niemals streng bewiesen. Die Rechtfertigung ihrer „Richtigkeit" oder besser ihrer *Zuverlässigkeit* liegt allein in der Zahl ihrer Erfolge. Um das klar hervortreten zu lassen, stellen wir bei der Diskussion der Hauptsätze der Thermodynamik nicht die experimentellen Motivierungen, die zu ihrer Aufstellung geführt haben, voran und lassen dann die Hauptsätze als „Resultate" erscheinen, sondern führen umgekehrt zuerst die Hauptsätze an und machen ihre Wirkungsweise im Experiment wie in der Theorie deutlich. Die Hauptsätze sind:

1. Hauptsatz:	Energie kann weder erzeugt noch vernichtet werden, die Energie erfüllt also einen Erhaltungssatz.
Ergänzung zum 1. Hauptsatz:	Die Energie E eines Systems ist niemals negativ, sie hat einen absoluten Nullpunkt: $E \geqq 0$.
2. Hauptsatz:	Entropie kann niemals vernichtet, wohl aber erzeugt werden.
3. Hauptsatz: (Ergänzung zum 2. Hauptsatz)	Die Entropie S eines Systems ist niemals negativ, sie hat einen absoluten Nullpunkt: $S \geqq 0$. Werden nur *stabile* Zustände zum System gerechnet, nämlich Zustände, in denen das System im Gleichgewicht ist hinsichtlich aller frei austauschenden inneren Variablen, und haben alle extensiven und intensiven Variablen des Systems endliche Werte, so ist bei $S=0$ auch $T=0$ und umgekehrt.

Der 1. Hauptsatz macht eine Aussage über eine allgemeine *Eigenschaft* der Variable Energie E und der 2. Hauptsatz ebenso über eine allgemeine Eigenschaft der Variable Entropie S. Allgemeine **Eigenschaften von Variablen** äußern sich darin, daß alle Realisierungen von Prozessen physikalischer Systeme bestimmten Einschränkungen unterworfen sind. So sagt der 1. Hauptsatz, daß Prozesse, bei denen die Energie E eines Systems sich ändert, also $dE \neq 0$ ist, *nur* dadurch realisiert werden können, daß das System Energie mit einem anderen System austauscht. Umgekehrt muß man aus der Beobachtung, daß ein System seine Energie ändert, nach dem 1. Hauptsatz auf die Existenz eines zweiten Systems schließen, das mit dem ersten wechselwirkt, auch dann,

wenn das zweite System im gewohnten, alltäglichen Sinn nicht wahrnehmbar ist. Das *Feld* (MRG, Kap. IV), mit dem ein beschleunigter Körper wechselwirkt, nämlich Energie austauscht, ist ein Beispiel eines derartigen unsichtbaren Systems.

Der 2. Hauptsatz macht eine etwas schwächere, aber ebenso allgemeine Aussage über die Entropie. Die Entropie erfüllt danach einen „halben" Erhaltungssatz. Stellt man nämlich fest, daß die Entropie eines Systems zugenommen hat, so kann das entweder durch Zufuhr aus einem anderen System oder durch Erzeugung von Entropie geschehen sein. Dem Endzustand allein ist das nicht anzumerken. Stellt man dagegen fest, daß die Entropie eines Systems abgenommen hat, so kann das nach Aussage des 2. Hauptsatzes nur dadurch geschehen sein, daß die fehlende Entropie dem System entzogen und an ein anderes System abgeführt worden ist. Prozesse, bei denen die Entropie eines Systems abnimmt, können daher nur so realisiert werden, daß das System mit einem zweiten System wechselwirkt, das die abgegebene Entropie aufnimmt. An der Realisierung von Prozessen, bei denen die Entropie zunimmt, braucht dagegen nicht notwendig ein zweites System beteiligt zu sein. Derartige Prozesse, aber auch nur solche, können „von selbst" ablaufen, nämlich auch dann, wenn das betrachtete System nicht mit anderen Systemen wechselwirkt.

Die Ergänzungen zum 1. Hauptsatz und 2. Hauptsatz machen Feststellungen über eine Eigenschaft aller physikalischen Systeme. Sie behaupten, daß die Größen E und S jedes physikalischen Systems im Sinn der Mathematik einseitige, und zwar nach unten beschränkte Variablen sind. Physikalisch bedeutet das, daß jedes System nur endliche Mengen an Energie und Entropie enthält. Auch die Ergänzungen stellen Prinzipe dar, die strenggenommen nicht bewiesen werden können, sondern sich in ihren Anwendungen bewähren müssen.

Wir haben die Hauptsätze in Übereinstimmung mit der Konvention bezeichnet. Die Feststellung über die einseitige Beschränktheit der Energie haben wir Ergänzung zum 1. Hauptsatz genannt, weil sie ebenso eine ergänzende Aussage über die Energie ist wie der 3. Hauptsatz eine ergänzende Aussage über die Entropie darstellt. Die vier angegebenen Sätze umfassen allerdings nicht alle generellen Behauptungen über Eigenschaften von Variablen oder über Systeme. Auch die Erhaltungssätze des Impulses, des Drehimpulses, der elektrischen Ladung und noch vieler weiterer Größen sind im selben Sinn Hauptsätze wie die hier aufgeführten. Wir wollen uns jedoch auf die Hauptsätze beschränken, die traditionell die *Hauptsätze der Thermodynamik* genannt werden.

§ 25 Der 1. Hauptsatz

Die historische Entwicklung des Begriffs der Energie und ihrer Erhaltung

In den Anfängen der thermischen Physik wurde die Wärme nach den Vorstellungen des großen Chemikers LAVOISIER (1743–1794) als eigener Stoff, als „Caloricum" angesehen, das bei der Erwärmung eines Körpers ihm zugeführt und beim Abkühlen entzogen wird. Selbst als man die physikalische Größe Temperatur schon mit großer Vollendung, nämlich als universelle Gastemperatur (§ 15) im Griff hatte, herrschten über die Wärme noch recht unklare Vorstellungen. Ihre Messung wurde durch Schaffung des Begriffs der spezifischen Wärme festgelegt (§22). Deshalb gab es auch eine eigene Einheit für die Wärme, nämlich die Kalorie. Sie ist diejenige Wärmemenge, die ein Gramm Wasser von 14,5 °C auf 15,5 °C erwärmt. Auch CARNOT hat in seiner berühmten, im Jahre 1824 erschienenen Untersuchung über die Grenzen der Gewinnung von Arbeit aus Wärme die Wärme als eine Substanz betrachtet, die sich nicht erzeugen oder zerstören läßt. Je nach der Temperatur, bei der die Wärme auftritt, bringt sie für ihn jedoch ein unterschiedliches Maß an Arbeitsfähigkeit mit, genau wie ein Körper im Erdfeld je nach seiner Höhe eine unterschiedliche Fähigkeit zur Arbeitsabgabe hat. Den Übergang von Wärme aus einem Reservoir höherer Temperatur in ein Reservoir tieferer Temperatur und die dabei gewinnbare Arbeit vergleicht CARNOT mit dem Übergang von Wasser aus einem höher gelegenen in ein tiefer gelegenes Bassin und der dabei gewinnbaren Arbeit. In diesem Vergleich entsprechen sich Wärme und Wasser, während die Arbeit in beiden Fällen derselbe Begriff ist. Wärme und Arbeit haben danach ebenso wenig miteinander zu tun wie Wasser (oder irgendein anderer Stoff) und Arbeit. Andererseits hatte CARNOT zwischen 1824 und seinem Tod 1832 als erster erkannt, daß Wärme, Arbeit und Bewegungsenergie, damals „Bewegungskraft" genannt, nur verschiedene Äußerungen einer einzigen Größe sind und daß alle Vorgänge, in denen Wärme, Arbeit und Bewegungsenergie eine Rolle spielen, dadurch überschaubar werden, daß diese Größe, die wir heute Energie nennen, weder erzeugt noch zerstört werden kann. In seinem erst 1878 veröffentlichten Nachlaß heißt es:

> „*On peut donc poser en thèse générale que la puissance motrice est en quantité invariable dans la nature, qu'elle n'est jamais, à proprement parler, ni produite, ni détruite. A la vérité, elle change de forme, c'est-à-dire qu'elle produit tantôt un genre de mouvement, tantôt un autre; mais elle n'est jamais anéantie.*
>
> *D'après quelques idées que je me suis formées sur la théorie de la chaleur, la production d'une unité de puissance motrice nécessite la destruction de 2,70 unités de chaleur.*" *

Hierzu ist nur hinzuzufügen, daß die Umrechnung der von CARNOT verwendeten in die heute gebräuchlichen Einheiten ein mechanisches Wärmeäquivalent von 1 Joule = 0,21 cal ergibt, also ein um nur 10% von dem genauen, in Gl. (25.3) gegebenen Wert abweichendes Resultat. Zu bemerken bleibt allerdings noch, daß das Zitat entnommen ist den „Principien der Wärmelehre" von ERNST MACH, einer gegen Ende des vorigen Jahrhunderts erschienenen und weit verbreiteten, hervorragenden Darstellung des Beginns der Thermodynamik. Warum nach dem Bekanntwerden dieser an Klarheit nicht zu übertreffenden Formulierung des Prinzips von der Erhaltung der Energie nicht CARNOT als der erste Entdecker des 1. Hauptsatzes in die Geschichte der Physik eingegangen ist, bleibt unverständlich.

Mußte CARNOT aus seiner Einsicht nicht schließen, daß seine Abhandlung von 1824 auf einer falschen Voraussetzung basierte? In jener Abhandlung hatte er ja angenommen, daß Wärme und Arbeit nicht mehr miteinander gemein hätten als Wasser (oder jeder andere Stoff) und Arbeit. Wir wissen nicht, ob CARNOT diese Folgerung zog,

---

* *Übersetzung:* „Es läßt sich also als allgemeines Prinzip formulieren, daß die Bewegungskraft in der Natur in unveränderlicher Menge vorhanden ist, daß sie niemals sozusagen erzeugt oder zerstört wird. Sie wechselt tatsächlich nur ihre Form, d.h. sie ruft einmal diese Art der Bewegung, einmal jene hervor; aber sie wird niemals vernichtet.

Nach den Vorstellungen, die ich mir über die Theorie der Wärme gebildet habe, benötigt die Schaffung einer Einheit Bewegungskraft den Abbau von 2,70 Einheiten Wärme."

wie später JOULE, oder ob er geahnt hat, daß sowohl seine Abhandlung als auch seine spätere Einsicht richtig waren, daß das Wort „Wärme" in beiden nur in verschiedener Bedeutung benutzt wurde, nämlich einmal in der Bedeutung der Energieform TdS und zum anderen, nämlich in der Analogie zwischen Wärme und Wasser, in der Bedeutung der Entropie dS. Vor der Geschichte jedenfalls ist CLAUSIUS der Entdecker dieser Doppeldeutigkeit des alten Wärmebegriffs.

Unabhängig von Carnots Einsichten brach sich die Erkenntnis, daß Wärme, Arbeit und Bewegungsenergie nur verschiedene Äußerungen der Änderung einer einzigen Größe sind, in den vierziger Jahren des vorigen Jahrhunderts an mehreren Stellen nahezu gleichzeitig Bahn (R. MAYER, J. P. JOULE, H. v. HELMHOLTZ). Bemerkenswert scheint uns dabei der Weg, auf dem ROBERT MAYER (1814–1878) zur Erkenntnis der Energieerhaltung gelangte. Als Schiffsarzt beobachtete er auf einer Tropenreise, daß Matrosen, die er zur Ader ließ, hellrotes Venenblut hatten, fast so hellrot wie Arterienblut. Aus seiner Erfahrung in der Heimat wußte er, daß Venenblut sonst dunkler ist als Arterienblut. Er brachte seine Beobachtung in Verbindung mit der in den Tropen höheren Temperatur als im heimatlichen Klima. Der menschliche Körper braucht, um seine Temperatur zu halten, in den Tropen eben wegen der wärmeren Außenluft weniger Wärme abzugeben und damit weniger Sauerstoff zu verbrennen als in kälteren Zonen. Das macht sich in der Farbe des Blutes bemerkbar. In den Tropen ändert sich das mit Sauerstoff beladene, hellrote Arterienblut weniger, es wird weniger von dem Sauerstoff zu Kohlendioxid verbrannt als in einer kälteren Umgebung, und deshalb bleibt das Blut in den Venen heller. Der Vorgang, mit dem der Mensch seine Körpertemperatur aufrecht erhält, ist in moderner Ausdrucksweise eine Umformung von chemischer Energie in Wärmeenergie. Der im Blut gebundene Sauerstoff dient zur Verbrennung. Diese Interpretation seiner Beobachtungen brachte MAYER nicht nur zu der Vorstellung, daß Wärme eine Spielart einer allgemeineren Größe, der Energie, ist, sondern daß es außerdem Formen dieser physikalischen Größe Energie geben müsse, die in der belebten Natur eine wichtige Rolle spielen und von denen die Physik bis dahin nichts wußte, nämlich die verschiedenen Formen der chemischen Energie. Seine Ideen wurden jedoch zuerst als zu spekulativ empfunden. Ein großer Gedanke muß, ehe er wirkt, oft erst in viele einzelne Schritte zerlegt werden. Erst dadurch stellt sich die Übersicht ein, die es erlaubt, ihn an einer Vielzahl von Erfahrungen nachzuprüfen und so seine Größe und Bedeutung zu erkennen.

Mit der Idee der allgemeinen Erhaltung der Energie erschien die bis dahin dominierende Mechanik nur noch als eine spezielle Klasse von Vorgängen, nämlich derjenigen, bei denen die Energieänderungen allein in der Form von Bewegungs- und Verschiebungsenergie auftreten. Die Reibung, bei mechanischen Vorgängen bis dahin mehr ein Schönheitsfehler als ein Gegenstand der Physik, wurde plötzlich verständlich als Äußerung einer neuen Energieform, der Wärme. Die elektrischen und chemischen Vorgänge ordneten sich ebenfalls dem neuen Prinzip unter. Überall, wo quantitative Nachprüfungen gelangen, bestätigte sich das Prinzip von der Erhaltung jener Größe Energie, von der man bisher immer nur Teilerscheinungen bemerkt hatte, die nichts miteinander zu tun zu haben schienen.

Das Wärmeäquivalent

Den Anstoß zur Entdeckung des Energiesatzes hatten die Vorgänge der Umwandlung von mechanischen Energieformen in Wärme oder umgekehrt von Wärme in mechanische

Energie gegeben. Sie standen im Mittelpunkt des Interesses, vor allem im Hinblick auf die Konstruktion von Wärmekraftmaschinen. Andererseits erlauben aber gerade diese Vorgänge kaum eine direkte quantitative Prüfung des Prinzips der Energieerhaltung. Tatsächlich wurde das Energieprinzip zunächst mehr auf Grund von Nachprüfungen akzeptiert, die sich bei nicht-thermischen Vorgängen anstellen ließen. Für Vorgänge, bei denen Wärme im Spiel war, mußte das Energieprinzip die Konsequenz haben, daß die bisher gebrauchte Einheit der Wärme, die Kalorie, in einer festen, vom speziell beobachteten Prozeß unabhängigen Beziehung zu den Einheiten stehen mußte, in denen andere, insbesondere die vertrauten mechanischen Energieformen gemessen wurden. Es erhob sich somit die Frage nach dem *mechanischen Wärmeäquivalent*, nämlich nach dem quantitativen Zusammenhang zwischen der Einheit Kalorie und der Einheit Joule (=Wattsekunde=Newtonmeter), die ja nach der neuen Auffassung nichts waren als zwei verschiedene Einheiten derselben Größe, nämlich der Energie.

MAYER berechnete das mechanische Wärmeäquivalent aus Meßdaten, die er der Literatur entnahm. Er verglich die Erwärmung eines idealen Gases bei konstantem Volumen mit der bei konstantem Druck. Erwärmt man ein Gas bei konstanter Teilchenzahl und konstantem Volumen um dT, so nimmt das Gas die Wärme $T\,dS = [T\,\partial S(T, V)/\partial T]\,dT = C_V\,dT$ auf. Das Gas ist dann im Zustand 1 der Abb. 25.1. Erwärmt man das Gas dagegen bei konstantem Druck, nimmt es die Wärmeenergie $T\,dS = [T\,\partial S(T, p)/\partial T]\,dT = C_p\,dT$ auf und gibt die Kompressionsenergie $-p\,dV$ ab. Das Gas ist im Zustand 2 der Abb. 25.1. Wenn das Gas ideal ist, hat nun die Energie des Gases im Zustand 1 und 2 denselben Wert, da sich die Zustände nur durch den Wert ihres Volumens, aber nicht durch den ihrer Temperatur unterscheiden und die Energie eines idealen Gases nur von der Temperatur, aber nicht vom Volumen abhängt.

Das Prinzip der Energieerhaltung, auf die beiden Prozesse angewandt, ergibt für ein ideales Gas (p_a = Druck im Anfangszustand)

$$C_V\,dT = C_p\,dT - p_a\,dV, \tag{25.1}$$

oder in Größen pro Teilchenzahl geschrieben und über endliche Zustandsänderungen integriert,

$$(c_p - c_v)\,\Delta T = p_a\,\Delta v. \tag{25.2}$$

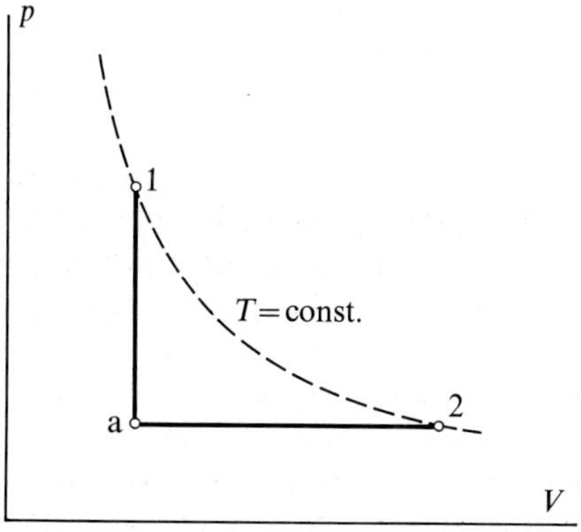

Abb. 25.1

Aus einem Anfangszustand a läßt sich ein Gas in den Zustand 1 durch Zufuhr von Wärme bei konstantem Volumen bringen, ohne daß das Gas Arbeit leistet. In den Zustand 2 läßt sich das Gas aus dem Zustand a bringen durch Zufuhr von Wärme bei konstantem Druck, wobei das Gas Expansionsarbeit leistet. Ist das Gas ideal, ist die Energie des Gases in den Zuständen 1 und 2, die gleiche Temperatur haben, gleich. Mißt man die im Prozeß a–1 und im Prozeß a–2 umgesetzten Wärme- und Kompressionsenergien und setzt sie einander gleich, erhält man daraus das mechanische Wärmeäquivalent (erste Bestimmung des mechanischen Wärmeäquivalents durch ROBERT MAYER).

Der Wert der Differenz $c_p - c_v$ lag MAYER in der Einheit Kalorie gemessen vor; die Differenz beträgt $c_p - c_v = 2$ cal/(Mol · K). Das Volumen pro Teilchenzahl eines idealen Gases bei $T = 273$ K $= 0$ °C und Atmosphärendruck, also bei $p_a = 10^5$ N/m², beträgt $v = 22{,}4$ Liter/Mol $= 2{,}24 \cdot 10^{-2}$ m³/Mol. Für die Änderung Δv bei konstantem Druck und der Änderung $\Delta T = 1$ K ergibt $pv = kT$ den Wert $\Delta v = v \Delta T/T = (2{,}24 \cdot 10^{-2}/273)$ m³/Mol. Setzt man diese Werte in (25.2) ein, erhält man als mechanisches Wärmeäquivalent 1 Nm $= 0{,}24$ cal. MAYER standen weniger genaue Zahlenwerte der gemessenen Größen zur Verfügung, weswegen der von ihm ausgerechnete Wert des mechanischen Wärmeäquivalents von diesem Wert abwich.

Die erste genauere Messung des mechanischen Wärmeäquivalents geschah in dem in Abb. 25.2 erläuterten Experiment von JOULE. Einem mit einem Rührwerk ausgestatteten Flüssigkeitsbehälter wird ein bestimmter Betrag an mechanischer Energie zugeführt, der dadurch definiert ist, daß ein Gewicht sich um eine bestimmte Strecke senkt. Dabei wird das Rührwerk betätigt und die durch das Senken des Gewichts frei gewordene Energie als Rotationsenergie der Flüssigkeit im Behälter zugeführt. Durch Reibung wird schließlich die Temperatur der Flüssigkeit und natürlich auch die des Behälters um einen bestimmten Betrag erhöht, der gemessen wird. Bei bekannter Wärmekapazität des Flüssigkeitsbehälters einschließlich der in ihm enthaltenen Flüssigkeit und des Rührwerks läßt sich daraus die Anzahl der Kalorien berechnen, die dem Behälter in Form von Wärme zugeführt werden müßten, um dieselbe Temperaturerhöhung zu erzielen, die durch Zufuhr von Energie in Form mechanischer Energie bewirkt wird. Es ergibt sich so

(25.3) $$1 \text{ Newtonmeter} = 1 \text{ Wattsekunde} = 1 \text{ Joule} = 0{,}238845 \text{ cal},$$

oder

$$1 \text{ kWh} = 859{,}8 \text{ kcal} = 0{,}8598 \cdot 10^6 \text{ cal}.$$

Es ist wichtig sich klarzumachen, daß das Joulesche Experiment nur den Umrechnungsfaktor zwischen den Energieeinheiten Kalorie und Joule bestimmt, dagegen nichts über das Prinzip der Energieerhaltung beweist. Einmal ist das schon deshalb nicht möglich, weil ein einziges Experiment niemals ein Prinzip beweisen kann; nicht einmal eine Reihe von Experimenten könnte das. Im Fall des Jouleschen Experimentes läßt sich aber nicht einmal feststellen, ob man die mechanische Energie, die dem System durch das Rühren zugeführt wurde, bei der Umkehrung des Prozesses auch voll wieder zurückbekommt. Da die Prozeßrealisierung des Jouleschen Experiments nämlich irreversibel ist, läßt sich der Prozeß des Erwärmens des Flüssigkeitsbehälters nach dem Prinzip von der Unmöglichkeit der Entropievernichtung, also nach dem 2. Hauptsatz, mit der Jouleschen Anordnung nicht umkehren. Das Experiment „beweist" also nur, daß die Zufuhr von mechanischer Energie zur selben Temperaturerhöhung des Flüssigkeitsbehälters führen kann wie die Zufuhr von Energie in Form von Wärme.

Wollte man die Wirksamkeit des Erhaltungssatzes der Energie demonstrieren, müßte man das schon so tun, daß man neben dem Jouleschen Experiment die in Abb. 21.3 dargestellte Variante des Experimentes zusätzlich ausführt, in der die mechanische Energie des sinkenden Gewichts nicht auf das Rührwerk direkt übertragen wird, sondern erst mit Hilfe eines Generators in elektrische Energie umgewandelt und diese dann durch eine elektrische Heizung dem Flüssigkeitsbehälter zugeführt wird. Dann muß nach dem Energieprinzip bei der Zufuhr derselben Menge mechanischer Energie und bei gleicher Anfangstemperatur des Flüssigkeitsbehälters sich dieselbe Endtemperatur einstellen wie bei dem Jouleschen Versuch, bei dem die mechanische Energie direkt dem Rührwerk zugeführt wurde.

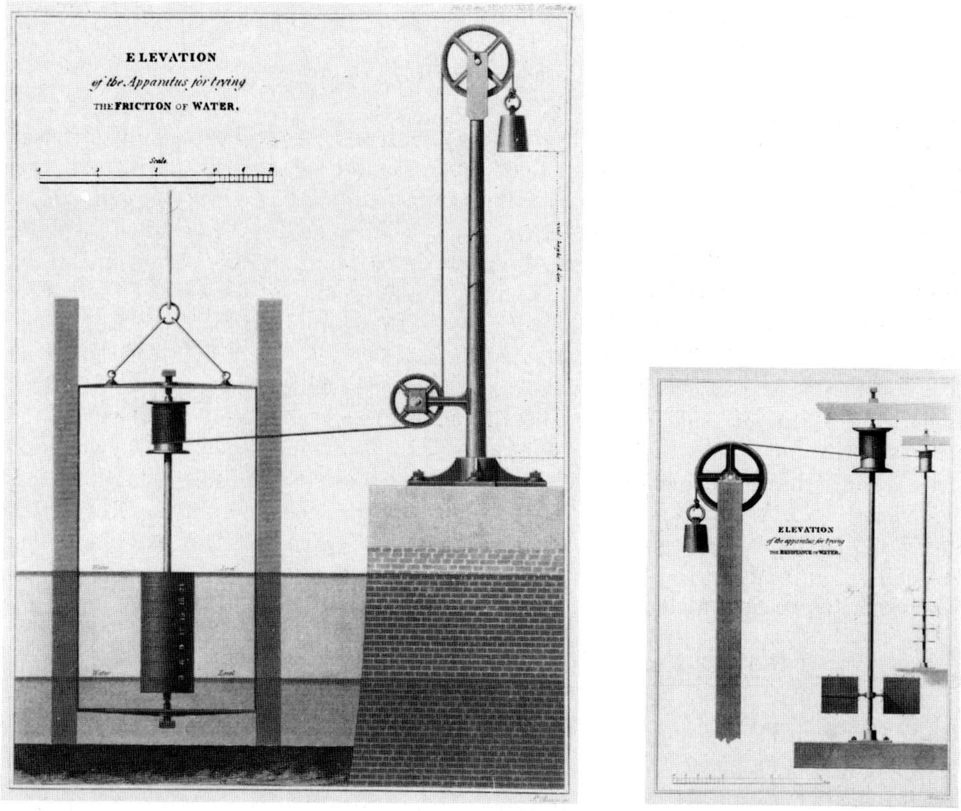

a b

Abb. 25.2

Joule verwendete für seine Messungen, die er ab 1843 ausführte, ein Rührwerk, an dem Rennie schon 1831 die Reibung von Strömungen und Strömungswiderstände untersucht hatte. Bei der in a abgebildeten Vorrichtung wird die Reibungskraft an einem in die Themse versenkten rotierenden Zylinder gemessen. Der in b gezeigten Welle mit Schaufeln, die in das Gestell auf dem großen Bild anstelle des Zylinders montiert werden konnte, bediente sich Joule zur Messung des mechanischen Wärmeäquivalents.

Bei der Messung des mechanischen Wärmeäquivalents wird ein Körper der Masse M gegenüber dem Anfangszustand um die Höhe h im Schwerefeld abgesenkt. Die Verschiebungsenergie Mgh (g = Erdbeschleunigung) wird der Flüssigkeit als Rotationsenergie über das Rührwerk in einem adiabatisch eingeschlossenen Behälter zugeführt. Flüssigkeit, Rührwerk und Behälter erhöhen ihre Temperatur um ΔT, wobei nach dem Energiesatz

$$(C_{\text{Flüss}} + C_{\text{Rühr}} + C_{\text{Behälter}})\,\Delta T = M g h\,.$$

Mißt man die Energie der linken Seite in der Einheit Kalorie, die der rechten in der Einheit Joule, erhält man aus der Messung den Wert des mechanischen Wärmeäquivalents.

Das Problem der Formulierung des 1. Hauptsatzes

Die Unmöglichkeit, Energie zu erzeugen und zu vernichten, ist gleichbedeutend damit, daß jede Änderung dE der Energie E eines Systems nur dadurch realisiert werden kann, daß dem System Energie zugeführt oder entzogen wird. Deshalb wird der 1. Hauptsatz gerne so formuliert, daß die Zunahme dE der Energie E eines Systems gleich ist der Summe aus zugeführter Wärme und zugeführter Arbeit. Man findet diese Aussage häufig in der Form geschrieben

$$dE = \delta Q + \delta A. \tag{25.4}$$

δQ steht dabei abkürzend für die zugeführte Wärme und δA für die zugeführte Arbeit. Gl. (25.4) ist zwar inhaltlich richtig, doch stellt sie, wie sie dasteht, eine Quelle der Verwirrung dar. Zunächst fragt man sich, warum man statt dQ und dA plötzlich δQ und δA schreibt oder statt δQ noch andere, in der Mathematik nie verwendete Symbole, wie $đQ$, benutzt. Das tut man, um auszudrücken, daß die Beträge der Wärme und Arbeit zwar infinitesimal klein, aber doch keine Differentiale sind. Daß sie keine Differentiale sind, äußert sich darin, daß man auf die rechte Seite von (25.4) nicht die Regeln der Differentialrechnung anwenden darf, also z.B. *nicht* schreiben $\delta Q + \delta A = \delta(Q + A)$. Das Zeichen δ ist in (25.4) mathematisch also ohne jede Bedeutung, insbesondere kein linearer Operator. Es soll lediglich die Kleinheit eines Ausdrucks suggerieren. Man könnte nicht nur, sondern sollte es fortlassen, denn wir unterliegen aus Gewohnheit gern dem Irrtum, jede kleine Größe habe die mathematischen Eigenschaften eines Differentials. Dazu führen wir den Fehlschluß vor, der sich dem an die Regeln der Differentialrechnung gewöhnten Leser, wenn er das δ-Zeichen in (25.4) als Differentialzeichen d liest, aufdrängt. Wir vergleichen (25.4) mit der Gibbsschen Fundamentalform (6.17) einer einheitlichen Substanz fester Menge ($dN = 0$), also mit

$$dE = T\,dS - p\,dV. \tag{25.5}$$

Da jede beliebige Änderung dE der Energie E des Systems der Gl. (25.5) genügt, würde man bei der Schreibweise dQ und dA für die Wärme bzw. Arbeit durch Vergleich mit (25.4) schließen, daß

$$dQ = T\,dS, \qquad dA = -p\,dV. \tag{25.6}$$

Diese Gleichungen sind jedoch im allgemeinen falsch! Eine Energieform wie die Wärme $T\,dS$ läßt sich nämlich nur dann als Differential einer Größe Q schreiben, wenn T allein von S abhängt, nicht aber auch noch von einer anderen Variable wie V. Hängt T nämlich allein von S ab, läßt sich $T(S)\,dS$ integrieren und $T\,dS = dQ(S)$ schreiben. Die Gln. (25.6) sind also nur gültig, wenn es sich um ein System handelt, bei dem die Temperatur allein von S abhängt, bei dem also $T = T(S)$. Bei einem solchen System hängt dann auch p allein von V ab, nicht aber auch noch von S, es ist $p = p(V)$. Wie wir wissen, sind Festkörper und Flüssigkeiten näherungsweise Systeme mit derartigen Eigenschaften, nämlich soweit Effekte der thermischen Ausdehnung vernachlässigbar sind. Die Schreibweise (25.4) darf also auf keinen Fall im Sinn der Differentialrechnung verstanden werden, wenn es sich um Systeme handelt, die Energiewandler sind in dem Sinn, daß sie Wärme in andere Energieformen umwandeln können und umgekehrt. Alle als Wärmekraftmaschinen verwendbaren Systeme sind derartige Energiewandler.

Die Gl. (25.5) ist im Gegensatz zur Gl. (25.4) richtig im Sinn der Differentialrechnung, da auf sie im Gegensatz zu δQ und δA alle Regeln der Differentialrechnung angewandt werden können. Der Unterschied von δQ und δA auf der einen Seite und den Differentialen dE, dS und dV auf der anderen Seite zeigt sich bei einem System mit den unabhängigen Variablen V und S auf folgende Weise. Hat in einem Zustand des Systems mit den Werten V, S die Energie den Wert E, in einem anderen Zustand mit den Werten $V + dV$, $S + dS$ die Energie den Wert $E + dE$, so hat der Unterschied des Volumens und der Entropie in den beiden Zuständen die Werte dV und dS, ganz unabhängig davon, durch welchen Prozeß, oder wie man in Anlehnung an graphische Darstellungen auch sagt, auf welchem „Weg" das System von einem in den anderen Zustand gelangt. Die Werte von δQ und δA sind dagegen durch die Angabe von E und $E+dE$ im allgemeinen nicht festgelegt, sondern erst durch den Weg, also den Prozeß zwischen den Zuständen. Q und A sind eben *keine Variablen* des Systems, entsprechend sind δQ und δA keine Differenzen von Variablenwerten.

Will man die Aussage von (25.4), daß die Energieänderungen eines Systems gleich sind der Summe von ausgetauschter Wärme und Arbeit, ohne δ-Zeichen, also mathematisch formulieren, muß man auf die Gibbssche Fundamentalform (25.5) zurückgreifen. Kann das System Energie in mehr als zwei Formen austauschen, so ist die ausgetauschte Arbeit ihrerseits eine Summe von Energieformen, die von der Wärme TdS unabhängig sind. Allgemein hat die Aussage, daß die Zunahme dE der Energie E eines Systems gleich ist der Summe aus zugeführter Wärme und zugeführter Arbeit also zur Folge, daß dE die Summe aller dem System unabhängig zuführbaren Energieformen ist. Alles, was mit dem System geschieht, genügt der Gibbsschen Fundamentalform des Systems

$$dE = TdS + \sum_{i=2}^{n} \xi_i \, dX_i. \tag{25.7}$$

$\xi_2 \, dX_2, \ldots, \xi_n \, dX_n$ bezeichnen dabei alle von der Wärme verschiedenen unabhängigen Energieformen, in denen das System Energie austauschen kann.

Bedeutet das nun, daß die Gibbssche Fundamentalform (25.7) die mathematische Formulierung des 1. Hauptsatzes ist? Nein, daß die Energie eines Systems nur in bestimmten Formen sich ändern kann, hat nichts damit zu tun, ob bei diesen Änderungen ein Erhaltungssatz eingehalten wird oder nicht. Wenn (25.7) Ausdruck des 1. Hauptsatzes wäre, müßte (25.7) einerseits eine Folge des 1. Hauptsatzes sein und andererseits der 1. Hauptsatz aus (25.7) gefolgert werden können. Um einzusehen, daß aus (25.7) nicht eine allgemeine Erhaltungseigenschaft für die Größe E gefolgert werden kann, schreiben wir (25.7) in der Gestalt

$$dS = \frac{1}{T} dE - \sum_{i=2}^{n} \frac{\xi_i}{T} dX_i. \tag{25.8}$$

Wäre es möglich, aus (25.7) eine allgemeine Erhaltung der Größe E, der Energie, zu folgern, so ließe sich mit denselben Argumenten aus (25.8) auf eine allgemeine Erhaltung der Größe S, der Entropie schließen. Die Entropie genügt aber, wie wir wissen, keinem allgemeinen Erhaltungssatz. Somit läßt sich auch aus (25.7) nicht auf die allgemeine Erhaltung der Energie schließen. Auch daß die elektrische Ladung Q einem Erhaltungssatz genügt, beispielsweise das magnetische Moment $\boldsymbol{m}$ aber nicht, läßt sich aus der Gibbsschen Fundamentalform nicht schließen; denn sie läßt sich ebenso nach $\boldsymbol{m}$ wie nach Q auflösen.

Daß sich aus der Gibbsschen Fundamentalform kein Erhaltungssatz folgern läßt, liegt daran, daß die Fundamentalform nur die Prozesse eines Systems beschreibt, aber nichts über die Realisierung der Prozesse aussagt. *Erhaltungssätze sind aber Aussagen über die Realisierung von Prozessen!* Am Einzelsystem und seinen Prozessen lassen sie sich gar nicht formulieren, denn sie machen keine Aussage über den Prozeß *eines* Systems, sondern über dabei gleichzeitig ablaufende Prozesse in *allen* Systemen der Welt. Sie besitzen daher auch keine mathematische Formulierung, die sich, wie die Gibbssche Fundamentalform, auf das Einzelsystem bezieht.

Liest man aus der Gibbsschen Fundamentalform Erhaltungseigenschaften von Größen heraus, macht man unbewußt eine Annahme über die Realisierung von Prozessen, nämlich die, daß die in der Fundamentalform auftretenden Variablenänderungen nur durch *Austausch* zustande kommen. Das hätte aber, wie wir in §20 gesehen haben, zur Folge, daß es nur reversible Prozeßrealisierungen gäbe. Wenn man die Variablenänderungen in der Fundamentalform (25.8) allgemein als Austausch liest, müßten, um der Existenz irreversibler Prozesse gerecht zu werden, rechts in (25.8) *unendlich* viele Energieformen stehen. Austauschprozesse bei endlich vielen unabhängigen Variablen führen nämlich stets zur Entropieerhaltung und damit nicht aus den reversiblen Prozessen hinaus. Die Erscheinung der Irreversibilität als Austausch zu beschreiben, gelingt nur, wenn man einen irreversiblen Prozeß als eine Summe unendlich vieler reversibler Prozesse auffaßt. Unendlich bedeutet hierbei allerdings mehr als einfach nur „sehr sehr viele", wie sonst in physikalischen Aussagen. Den Versuch, die Irreversibilität als Grenzfall der Reversibilität zu erfassen, verfolgen wir hier nicht weiter. Für uns ist vielmehr umgekehrt die Reversibilität der Grenzfall der Irreversibilität. Austauschprozesse werden zwar, wie wir es bisher auch immer getan haben, durch Gibbssche Fundamentalformen beschrieben, umgekehrt muß die Fundamentalform aber nicht notwendig als Ausdruck von Austauschprozessen gelesen werden. Nur im Grenzfall der Reversibilität werden die Variablenänderungen durch Austausch realisiert. In der Fundamentalform stehen nur Variablen*änderungen*, aber die Fundamentalform sagt nichts darüber aus, *wie* die Variablenänderungen zustande kommen.

Sätze über die Unmöglichkeit der Erzeugung oder Vernichtung von Größen treten generell als zusätzliche Aussagen zu den Gleichungen der Theorie hinzu. Gleichungen geben stets nur *Verknüpfungen* verschiedener physikalischer Größen an, wobei eine Größe stets eine Variable *eines Systems* ist. Gleichungen sagen dagegen nichts aus über die *Eigenschaft von Größen*, wie etwa die Erhaltungseigenschaft. Will man der Energie E oder der Ladung Q in irgendeiner Gleichung plötzlich unterlegen, sie bezeichne die Energie oder Ladung „in der ganzen Welt", um doch die Erhaltungseigenschaft der Größe ausdrücken zu wollen, ignoriert man, was jede Gleichung dieses Buches zeigt, daß nämlich jede physikalische Größe eine Variable *eines Systems* ist. Der 1. Hauptsatz, wie jede Aussage über Eigenschaften von Größen, betrifft auch nicht ein System und seine Prozesse, sondern ausschließlich deren Realisierungen. Er besagt, daß nur solche Realisierungen möglich sind, bei denen keine Energie erzeugt oder vernichtet wird.

Daß Eigenschaften von Größen, wie die Erhaltungseigenschaft oder Begrenztheit des Wertebereichs einer Größe in Gleichungen nicht enthalten sind, macht die Thermodynamik und die durch sie beschriebenen Zusammenhänge zwischen den physikalischen Größen sehr unempfindlich gegen „Umstürze" in der Physik, insbesondere solche, die darin bestehen, daß Größen, denen man eine allgemeine Erhaltungseigenschaft zugeschrieben hat, plötzlich doch nicht als unter allen Bedingungen erhalten erkannt werden. So paradox es klingt, keine Gleichung in diesem Buch würde falsch, wenn man plötzlich entdeckte, daß die Energieerhaltung, also der 1. Hauptsatz doch nicht allgemein und unter allen Umständen gilt. Das ist nur eine pointierte Formulierung dafür, daß sich die Erhaltungseigenschaft von physikalischen Größen bei Prozessen nicht als allgemeines Prinzip mathematisch fassen läßt. Wie für die Erhaltung der Energie gilt das auch für die Erhaltung anderer Größen, wie die des Impulses, des Drehimpulses oder der elektrischen Ladung. Insofern enthält die Theorie keine „Geheimnisse der Natur". Es ist müßig zu hoffen, allein durch das Betrachten von Gleichungen der Natur auf solche Schliche zu kommen, wie die Erhaltung physikalischer Größen.

Die Energie als einseitige und absolute Variable

Nach der Ergänzung zum 1. Hauptsatz hat die Energie außer ihrer Erhaltung eine weitere Eigenschaft: Die Energie E eines Systems kann keine negativen Werte annehmen. Wir sagen statt dessen auch, E ist eine *einseitige*, genauer *einseitig beschränkte* Variable des Systems; denn ihre Werte sind auf eine, nämlich die positive Seite einer Zahlengeraden beschränkt. Diese Einseitigkeit bedeutet, daß ein System in seinen „endlichen" Zuständen, nämlich solchen, in denen alle extensiven Variablen endliche Werte haben, nur einen endlichen Energieinhalt hat. Es ist dann unmöglich, dem System eine beliebig große Energiemenge zu entziehen. Auch die Ergänzung des 1. Hauptsatzes ist somit eine Unmöglichkeitsaussage, also ein Prinzip, das strenggenommen nicht bewiesen werden kann. Demgemäß können wir die Ergänzung zum 1. Hauptsatz zwar erklären und inhaltlich plausibel machen, aber nicht beweisen.

Daß ein System nur endlich viel Energie enthält und ihm deshalb auch nicht beliebige Mengen an Energie entzogen werden können, scheint in Anbetracht der Unzerstörbarkeit und Unerzeugbarkeit der Energie einleuchtend. Die Einseitigkeit der Variable Energie wird daher kaum als besonderes Problem empfunden. Nicht so einleuchtend ist dagegen die Behauptung, daß ausgerechnet $E=0$ der kleinste Wert ist, den die Energie E eines Systems annehmen kann. Warum soll die Energie eines Systems nicht auch negative Werte haben können?

In der Physik sind negative Energiewerte durchaus geläufig. So findet man die Energie eines Wasserstoff-Atoms in seinem Grundzustand mit $-13{,}6$ eV angegeben. Das Minuszeichen drückt aus, daß es sich um einen *Bindungszustand* des Systems „Proton + Elektron" handelt. Alle Bindungszustände des Systems „Proton + Elektron", nämlich die als Wasserstoff-Atom bezeichneten Zustände, haben nach der konventionellen Festsetzung des Energienullpunkts negative Energiewerte. Diese Konvention beruht darauf, daß nur Energie*differenzen* gemessen werden können und daß der Nullpunkt der Energie des Systems „Proton + Elektron" demgemäß nach Belieben festgelegt werden kann. Üblich ist, den Energiewert Null jedem Zustand zuzuschreiben, in dem Proton und Elektron die kinetische Energie Null und unendlich großen Abstand voneinander haben. Bei dieser Festlegung des Energienullpunkts haben alle Bindungszustände negative Energiewerte (Abb. 25.3). Das ist durchaus kein Widerspruch zur Ergänzung zum 1. Hauptsatz, denn wenn man von der Energie eines Atoms spricht, meint man gewöhnlich nicht seine Gesamtenergie E, sondern E vermindert um die Summe der inneren Energien (Ruhenergien) $E_{0,\,\text{Proton}}$ und $E_{0,\,\text{Elektron}}$, also

$$H = E - E_{0,\,\text{Proton}} - E_{0,\,\text{Elektron}}. \tag{25.9}$$

Für das Wasserstoff-Atom im Grundzustand ist $H = -13{,}6$ eV, also negativ. Dagegen ist $E = H + E_{0,\,\text{Proton}} + E_{0,\,\text{Elektron}} > 0$.

Nun ist die Energie eine Größe, die zwischen physikalischen Systemen nur ausgetauscht wird. Auch bei der *Messung* der Energie wird sie ausgetauscht, wobei eines der am Austausch beteiligten Systeme das Meßinstrument ist. Bei der Messung geht ein bestimmter (positiver oder negativer) Energiebetrag, nämlich entsprechend der Differenz der Werte, die die Energie im Anfangs- und Endzustand hat, von dem System, an dem die Messung gemacht wird, auf das Meßinstrument über. Energiemessungen sind daher Messungen von *Differenzen* der Variable E und keine Messungen der Werte, die E in den Zuständen hat. Deswegen ist der Nullpunkt der Energie offen, und es läßt sich zunächst einem beliebigen Zustand eines Systems willkürlich ein fester Energiewert,

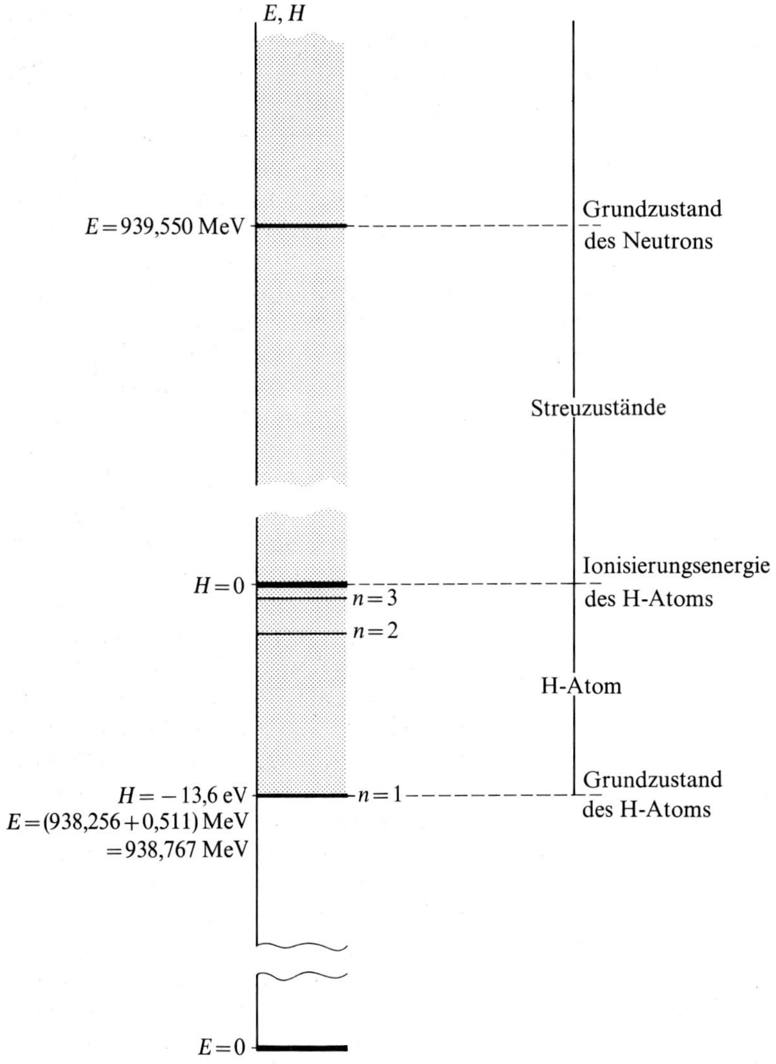

Abb. 25.3

Die Werte der Energie in den Zuständen des Systems „Proton + Elektron". Neben der Energie E sind auch die Werte der Größe $H = E - E_{0,\,\text{Proton}} - E_{0,\,\text{Elektron}}$ angegeben, worin $E_{0,\,\text{Proton}} = 938{,}256$ MeV und $E_{0,\,\text{Elektron}} = 0{,}511$ MeV die inneren Energien (Ruhenergien) des Protons und des Elektrons bezeichnen (MeV $= 10^6$ eV). Die Bindungszustände des Systems „Proton + Elektron", also die Zustände mit $H < 0$ repräsentieren das *Wasserstoff-Atom*. In diesen Zuständen hat H die Werte $H_n = -(m_{\text{El}}\, e^4/2\,\hbar^2)/n^2$; das sind die möglichen Energiewerte des Wasserstoff-Atoms (m_{El} = Elektronenmasse, e = Elementarladung, $\hbar$ = Plancksche Konstante, Quantenzahl $n = 1, 2, \ldots$). Zustände mit $H > 0$ heißen *Streuzustände* des Systems „Proton + Elektron". In ihnen streuen oder stoßen Elektron und Proton miteinander. Das Energieniveau bei 939,550 MeV repräsentiert den Wert der Energie im Grundzustand des Neutrons. Auch dieser Zustand kann als zum System „Proton + Elektron" gehörig aufgefaßt werden.

In der Atomphysik wird gewöhnlich H die Energie des Systems „Proton + Elektron" genannt. Das steht in Einklang mit der Gewohnheit der nicht-relativistischen Mechanik, den Anteil der inneren Energie (Ruhenergie) fortzulassen und allein die Summe H aus kinetischer und potentieller Energie als die „Energie" des Systems zu bezeichnen. Die Ergänzung zum 1. Hauptsatz betrifft jedoch die Variable E, nicht H. Die Werte von E sind im Gegensatz zu denen von H *absolut*, d.h. unter Einschluß des Nullpunkts festgelegt.

etwa Null, zuschreiben. Entscheidend ist nun aber, daß durch die *Zusammenfassung verschiedener Systeme zu einem erweiterten System* die Energiewerte der Zustände der Ausgangssysteme in eine feste Beziehung zueinander gesetzt werden. Zwar kann auch in dem erweiterten System noch *ein* Zustand ausgewählt und ihm ein beliebiger Wert der Energie zugeschrieben werden. Das geht aber nicht mehr in den ursprünglichen Systemen, wenn sie nur noch Teilsysteme des erweiterten Systems sind. Der Prozeß der **Systemerweiterung** schränkt die Freiheit, die aus der alleinigen Meßbarkeit von Energiedifferenzen resultiert, wieder ein. Es können nämlich Systeme immer zu größeren Systemen erweitert werden. Gleichbedeutend damit ist, daß die Festsetzung des kleinsten Wertes der Energie eines Systems mehr und mehr der Willkür entzogen wird. Die Energie E eines Systems ist eine *absolute*, nämlich in ihrem Nullpunkt festgelegte Variable. Das bedeutet, daß die Zustände eines Systems, in denen $E=0$ ist, nicht frei wählbar sind.

Was bedeutet die **Systemerweiterung des Systems „Proton + Elektron"?** Oben hatten wir von diesem System nur die Wasserstoff-Atom genannten Bindungszustände betrachtet, in denen sich das Elektron in einer mittleren Entfernung von einem halben bis einem Angström ($=10^{-10}$ m) vom Proton aufhält. Dazu kommen die Zustände des ionisierten Wasserstoff-Atoms. Man nennt sie auch die *Streuzustände* des Systems „Proton + Elektron". Ein Übergang zwischen diesen Zuständen ist ein Stoß- oder Streuprozeß von Proton und Elektron. Deren kinetische Energie ist so groß, daß die Größe H in diesen Zuständen positive Werte annimmt. Damit haben wir *alle* Zustände des Systems „Proton + Elektron", die in der Physik der Atomhülle eine Rolle spielen, aber nicht alle in der Kernphysik wichtigen Zustände. Proton und Elektron lassen sich nämlich bei Aufwendung von genügend viel Energie auch in ein *Neutron* umwandeln, was bei der Bildung eines Neutronensterns geschieht. Der umgekehrte Prozeß wird als Zerfall des Neutrons in Proton und Elektron (und Antineutrino) beobachtet. Danach muß man auch das Neutron in all seinen Erscheinungen als Zustandsteilmannigfaltigkeit des Systems „Proton + Elektron" ansehen. Die Systeme „Wasserstoff-Atom", „Streuzustände von Proton und Elektron" und „Neutron" sind alle nur Teilsysteme und damit Zustandsteilmannigfaltigkeiten eines erweiterten Systems. Man kann den Prozeß der Systemerweiterung noch weiter fortsetzen, das System „Proton + Elektron" also noch mehr erweitern. Ähnlich wie bei der Bildung des Systems „Tee" in §5 braucht man dazu nur alle Zustände zu einem System zusammenfassen, in denen N_1 Protonen, N_2 Antiprotonen, N_3 Elektronen, N_4 Antielektronen (= Positronen), N_5 Neutronen, N_6 Antineutronen und, wenn man will, noch viele andere Elementarteilchen vorkommen. Dabei sind $N_1, N_2, \ldots$ beliebige nicht-negative ganze Zahlen.

Wie bekommt man eine Regel in die Hand, um den absoluten Wert von E in einem gegebenen Zustand eines Systems zu finden? Eine derartige Vorschrift gibt die Einsteinsche Mechanik an. Wird nämlich ein System im leeren Raum bewegt, so sind der Impuls $\boldsymbol{P}$, die Energie E und die Geschwindigkeit $\boldsymbol{v}$ des Systems in einem bestimmten Bezugssystem verknüpft durch die Beziehung (MRG, Kap. II)

$$\boldsymbol{P}=\frac{E}{c^2}\boldsymbol{v}. \tag{25.10}$$

c ist die Lichtgeschwindigkeit ($c=3\cdot 10^8$ m/s). Mißt man $\boldsymbol{v}$ und $\boldsymbol{P}$, so ergibt sich nach (25.10) der *absolute* Wert der Energie E (und keine Energiedifferenz!). Der minimale Wert von E, den danach ein System haben kann, ist $E=0$.

Die Nicht-Negativität der Energie hat zur Folge, daß die Anziehungsenergie zwischen zwei Körpern, allgemein zwischen zwei Systemen nie größer sein kann als die Summe ihrer inneren Energien (Ruhenergien).

Ist die Wechselwirkung anziehend und durch eine potentielle Energie $E_{pot}(\boldsymbol{r})$ beschreibbar, so ist, da eine anziehende Wechselwirkung energievermindernd wirkt, die Energie des Gesamtsystems „2 Körper + Feld" gegeben durch (MRG, Kap. IV)

$$(25.11) \qquad E=\sqrt{c^2 P_1^2+E_{10}^2}+\sqrt{c^2 P_2^2+E_{20}^2}-|E_{pot}(\boldsymbol{r})|.$$

Bei $\boldsymbol{P}_1=\boldsymbol{P}_2=0$ würde E negativ, wenn für irgendeinen Abstand r der Betrag der potentiellen Energie größer würde als die Summe $E_{10}+E_{20}$. Das liefert eine Abschätzung, bis zu welchen Abständen herab ein gegebener Ausdruck $E_{pot}(\boldsymbol{r})$ für eine Wechselwirkung gültig sein kann. Für die durch das Coulombsche Gesetz $e^2/4\pi\varepsilon_0 r$ beschriebene Anziehung zwischen Elektron und Positron erhält man so eine Gültigkeitsgrenze bei einem Abstand von 10^{-14} m, während Elektron und Proton die Gültigkeitsgrenze erst bei einem Abstand von 10^{-17} m liefern.

Diese Abschätzung wird allerdings durch die Quantenmechanik modifiziert. Nach ihr kostet die räumliche Lokalisierung von Teilchen und damit die Festlegung eines bestimmten Abstands r der Teilchen voneinander nämlich Energie. Das äußert sich darin, daß „Unschärfen" der Größen $\boldsymbol{P}$ und $\boldsymbol{r}$ auftreten, die aneinander gekoppelt sind. Daß eine Komponente, etwa die x-Komponente des Impulses $\boldsymbol{P}$ eines Teilchens unscharf ist, bedeutet, daß der Wert oder „Erwartungswert" der Größe P_x^2 nicht einfach gleich ist dem Wert des Quadrates der Größe P_x (MRG, Kap. I). So ist bei „unscharfem" Impuls z.B. der Wert von P_x^2 von Null verschieden, obwohl der Wert von P_x Null ist, wenn also das Teilchen nach gewohntem Sprachgebrauch „ruht". In diesem Fall ist der Wert von P_x^2 gerade das Maß für die Unschärfe ΔP_x, und zwar ist $(\Delta P_x)^2=P_x^2$. Nun steht die Unschärfe des Impulses mit der Unschärfe der Lage in der Beziehung (Heisenbergsche Unschärferelation)

$$(25.12) \qquad \Delta P_x \Delta x \gtrsim \hbar, \quad \Delta P_y \Delta y \gtrsim \hbar, \quad \Delta P_z \Delta z \gtrsim \hbar.$$

Quadriert man diese Beziehung und berücksichtigt man, daß $(\Delta P_x)^2=P_x^2$, $(\Delta P_y)^2=P_y^2$, $(\Delta P_z)^2=P_z^2$, so folgt

$$(25.13) \qquad c^2 P^2=c^2(P_x^2+P_y^2+P_z^2)\gtrsim c^2\hbar^2\left(\frac{1}{(\Delta x)^2}+\frac{1}{(\Delta y)^2}+\frac{1}{(\Delta z)^2}\right).$$

Darin sind $\Delta x, \Delta y, \Delta z$ die Unschärfen in den Lagekoordinaten des Teilchens. Eine genaue Lokalisierung des Teilchens bewirkt also ein starkes Ansteigen des Wertes von P^2 und wegen $E=\sqrt{c^2P^2+E_0^2}$ auch seiner Energie. Im Grenzfall sehr genauer Lokalisierung ist c^2P^2 so groß, daß E_0 dagegen vernachlässigt werden kann. Die Lokalisierungsenergie ist dann nach (25.13) von der Größenordnung $c\hbar/\Delta r$. Wenden wir dieses Resultat auf (25.11) an, so erfordert eine Lokalisierung auf ein Intervall $\Delta r \approx r/10$ bei einer Coulomb-Wechselwirkung zwischen zwei sich anziehenden Ladungen e und $-e$

$$E \approx 10\frac{c\hbar}{r}-\frac{1}{4\pi\varepsilon_0}\frac{e^2}{r}=\frac{1370\,e^2}{4\pi\varepsilon_0 r};$$

dabei haben wir berücksichtigt, daß $4\pi\varepsilon_0 c\hbar/e^2=137$ Teilchen. Bei aller Grobheit der Abschätzung zeigt die Formel doch, daß die Coulomb-Wechselwirkung nach Aussage der Quantenmechanik auch für beliebig kleine Abstände r nie zu negativen Werten von E führt. Für die Coulomb-Wechselwirkung resultiert also aus der Ergänzung zum 1. Hauptsatz keine Gültigkeitsgrenze. Wohl aber gäbe es eine derartige Grenze für Wechselwirkungen, deren $E_{pot}(\boldsymbol{r})$ bei $r \to 0$ mit einer höheren negativen Potenz als der ersten anwächst.

§ 26 Der 2. Hauptsatz

Die historischen Formulierungen des 2. Hauptsatzes

Wir haben den 2. Hauptsatz unter Verwendung des Begriffs der Entropie, nämlich als das Prinzip von der Unmöglichkeit der Entropievernichtung formuliert. Historisch war das anders, denn die physikalische Größe Entropie stand erst am Schluß der

Klärung des Phänomens „Wärme“. Die Schaffung des Begriffs der Entropie bildete die Krönung der vielen neuen Einsichten und Überlegungen. Deshalb war der 2. Hauptsatz vor Bildung der neuen Größe Entropie in einer Form bekannt, die den Begriff Entropie nicht verwendete. Die beiden wichtigsten frühen Formulierungen des 2. Hauptsatzes sind die von RUDOLF CLAUSIUS (1850) und von WILLIAM THOMSON = Lord KELVIN (1851). Beide Formulierungen sind natürlich auch Unmöglichkeitssätze, sie handeln von der Unmöglichkeit, Prozeßrealisierungen zu konstruieren, bei denen Entropie vernichtet würde. Obwohl die Entropie in diesen Formulierungen explizite nicht vorkommt, machen sie ausgiebig von Systemen Gebrauch, die eng mit der Entropie zusammenhängen, nämlich von Wärmereservoiren.

> *Clausiussche Formulierung des 2. Hauptsatzes:* Es ist unmöglich, Wärme von einem kälteren zu einem wärmeren Reservoir zu bringen, ohne in der Umgebung irgendwelche Veränderungen zu hinterlassen.

Man findet diese Aussage auch in der Form: *Wärme geht nicht „von selbst“ von einem kälteren auf ein wärmeres Reservoir über.* Diese letzte Formulierung ist etwas verführerisch. Auf den ersten Blick glaubt man nämlich zu wissen, was „von selbst“ bedeutet. Tatsächlich liegt die Allgemeinheit der Behauptung aber darin, daß der Wärmeübergang nicht nur in gewohntem Sinne „von selbst“ unmöglich ist, nämlich ohne Zuhilfenahme irgendwelcher Einrichtungen der Umgebung, also ohne Beteiligung weiterer Systeme. Vielmehr ist gemeint, daß das auch bei Benutzung beliebiger anderer Systeme nicht geht, wenn man fordert, daß diese sich nach Ablauf des Vorgangs wieder im selben Zustand befinden wie im Anfang, also, wie CLAUSIUS es ausdrückt, ohne in der Umgebung irgendwelche Veränderungen zu hinterlassen.

> *Thomsonsche Formulierung des 2. Hauptsatzes:* Es ist unmöglich, eine periodisch arbeitende Maschine zu konstruieren, die weiter nichts bewirkt als Arbeit zu leisten und ein Wärmereservoir abzukühlen.

Die Clausiussche wie die Thomsonsche Aussage sind Folgerungen aus der von uns verwendeten Formulierung des 2. Hauptsatzes. Die in ihnen als unmöglich erklärten Realisierungen der Prozesse des Wärmeübergangs und der Arbeitslieferung hätten nämlich Entropievernichtung zur Folge. Für den in der Formulierung von CLAUSIUS benutzten Prozeß haben wir das schon bei der Diskussion des Carnotschen Kreisprozesses bewiesen. Entzieht man nämlich einem Reservoir der konstanten Temperatur T_1 Energie in Form von Wärme $T_1 \Delta S_1 = \Delta E$ und führt diese vollständig einem Reservoir der höheren Temperatur T_2 wieder zu, so bleibt wegen $1/T_1 > 1/T_2$ der Entropiebetrag $\Delta S_1 - \Delta S_2 = \Delta E/T_1 - \Delta E/T_2 = (1/T_1 - 1/T_2)\,\Delta E$ übrig. Nach dem Prinzip von der Unmöglichkeit der Entropievernichtung muß dieser Entropieüberschuß an ein anderes System, also an die Umgebung abgegeben werden. Das hat aber eine Änderung ihres Zustands zur Folge, bedeutet also eine Veränderung in der Umgebung. Die Forderung, daß keine Veränderung in der Umgebung hinterlassen werden darf, wäre also nur erfüllbar, wenn Entropie vernichtet werden könnte.

Die in der Thomsonschen Formulierung vorkommende periodisch arbeitende Maschine, die Wärme vollständig in Arbeit umwandelt, wäre ebenfalls nur möglich, wenn die dem Wärmereservoir mit der Energie gleichzeitig entzogene Entropie vernichtet werden könnte. Ist Entropie unzerstörbar, muß die Maschine diese Entropie an die Umgebung abgeben und somit neben der Arbeit auch Wärme liefern. Sie muß also mehr bewirken als nur Arbeit leisten.

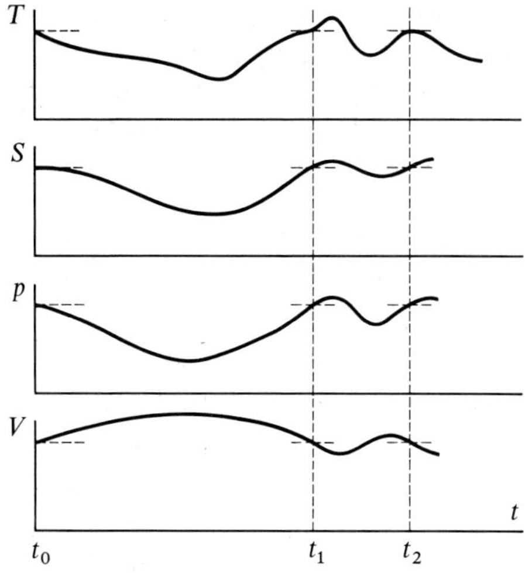

Abb. 26.1

Die „periodisch arbeitende" Maschine in der THOMSONschen Formulierung des 2. Hauptsatzes ist eine Maschine, deren Arbeitssystem Kreisprozesse durchläuft. Das besagt nur, daß am Ende eines Kreisprozesses alle Variablen des Arbeitssystems dieselben Werte haben müssen wie zu Beginn des Kreisprozesses. Die Zeiten $t_0, t_1, t_2, \ldots$ markieren Anfang bzw. Ende eines Kreisprozesses eines Systems, das die Variablen T, S, p und V, als Arbeit also die Energieform Kompressionsenergie hat. Aufeinander folgende Kreisprozesse brauchen dabei nicht gleich zu sein. Ebenso wenig erfordert die THOMSONsche Maschine eine zeitliche Periodizität $t_1 - t_0 = t_2 - t_1$.

Wesentlich in der Thomsonschen Formulierung ist die Periodizität der Maschine. Periodizität ist hier nicht zeitlich gemeint, sondern als Bedingung, daß die Maschine immer wieder in ihren Ausgangszustand zurückkehrt. Das *kann* zeitlich periodisch geschehen, muß es aber nicht (Abb. 26.1). Die Bedingung der Periodizität bewirkt, daß die Maschine alle aufgenommene Entropie im Verlauf ihrer Tätigkeit wieder abgibt. Ließe man die Bedingung fallen, so gäbe es noch die Möglichkeit, daß die gesamte dem Wärmereservoir entzogene Entropie in der Maschine steckenbleibt. Dann wäre die Thomsonsche Behauptung falsch. Es ist nämlich durchaus möglich, Wärme vollständig in Arbeit zu verwandeln, wenn die mit der Wärme aufgenommene Entropie in der Maschine selbst bleibt, während die Energie voll wieder abgegeben wird. Ein Beispiel hierfür ist die isotherme Expansion eines idealen Gases. Da die in einem idealen Gas enthaltene Energie E außer von der Menge, also von der Teilchenzahl N, allein von der Temperatur T abhängt, ist, wenn die Temperatur und die Menge des Gases konstant gehalten werden, auch seine Energie konstant. Das ist in der Anordnung der Abb. 20.5 dargestellt, in der ein ideales Gas mit einem Wärmereservoir der festen Temperatur T in thermischem Kontakt steht. Bei der Expansion des Gases wird die als Wärme aufgenommene Energie voll als Expansionsenergie, also als Arbeit wieder abgegeben. Die dem Reservoir zusammen mit der Wärme entzogene Entropie bleibt dagegen im Gas stecken, was sich in der Vergrößerung des Volumens zeigt. Das isotherm expandierende Gas wandelt also vollständig Wärme in Arbeit um, aber es wird keine Entropie vernichtet.

Die Unmöglichkeit der Existenz einer periodisch arbeitenden Maschine, die Wärme vollständig in Arbeit verwandelt, ist auch bekannt als *Unmöglichkeit der Konstruktion eines perpetuum mobile zweiter Art*. Der 2. Hauptsatz wird manchmal auch in Form dieser Unmöglichkeitsaussage ausgesprochen, so wie sich der Inhalt des 1. Hauptsatzes auch als die Unmöglichkeit eines perpetuum mobile erster Art aussprechen läßt. Ein perpetuum mobile zweiter Art wäre also eine Maschine, die zwar dem 1., nicht aber dem 2. Hauptsatz genügt.

Es bleibt noch die Frage, wie die Formulierungen des 2. Hauptsatzes, die wir in diesem Paragraphen kennengelernt haben, zueinander stehen, ob vielleicht eine allgemeiner ist als die andere oder nur eingeschränkte Gültigkeit besitzt. Wie wir gesehen haben, folgen die Formulierungen von CLAUSIUS und THOMSON aus dem Prinzip von der

Unmöglichkeit der Entropievernichtung. Folgt umgekehrt auch dieses Prinzip aus den beiden anderen? Tatsächlich sind alle drei Formen des 2. Hauptsatzes äquivalent, so daß jede aus jeder gefolgert werden kann. Wir wollen das hier jedoch nicht zeigen, denn da wir den 2. Hauptsatz in der ersten Fassung, daß Entropie zwar erzeugt, aber nicht vernichtet werden kann, benutzen werden, ist das für uns nicht von großer Bedeutung.

Es sei noch eine letzte Formulierung des 2. Hauptsatzes angegeben, die von Constantin Caratheodory (1908) herrührt und die in axiomatischen Untersuchungen der Thermodynamik eine große Rolle gespielt hat.

> *Caratheodorys Formulierung des 2. Hauptsatzes:* In beliebiger Nachbarschaft jedes Zustands eines physikalischen Systems gibt es weitere Zustände, die vom ersten aus adiabatisch nicht erreichbar sind.

Auf den ersten Blick scheint diese Form des 2. Hauptsatzes mit den uns bekannten nichts zu tun zu haben. Doch auch die Caratheodorysche Formulierung ist eine unmittelbare Folge des Prinzips von der Unmöglichkeit der Entropievernichtung. Dieses Prinzip sagt nämlich: Bei adiabatischer Isolation eines Systems ist es unmöglich, Prozesse des Systems zu realisieren, die von irgendeinem Zustand ausgehend Zustände erreichen, in denen das System eine kleinere Entropie hat als im Ausgangszustand. Man braucht nur an das in §19 ausführlich diskutierte Beispiel (Abb. 19.2) der adiabatisch eingeschlossenen beiden Körper mit den Ausgangstemperaturen T_{1a} und T_{2a} zu denken. Jeder Zustand, in dem die Körper Temperaturen T_1 bzw. T_2 haben, für die gilt $|T_2 - T_1| > |T_{2a} - T_{1a}|$, hat eine kleinere Entropie als der Ausgangszustand (T_{1a}, T_{2a}). Er ist also vom Ausgangszustand aus adiabatisch nicht erreichbar, gleichgültig um wieviel $|T_2 - T_1|$ größer ist als $|T_{2a} - T_{1a}|$, gleichgültig also, wie „nahe" der Zustand (T_1, T_2) beim Ausgangszustand liegt. Daß sich umgekehrt auch das Prinzip von der Unmöglichkeit der Entropievernichtung aus Caratheodorys Formulierung des 2. Hauptsatzes ableiten läßt, ist Gegenstand einer berühmten Abhandlung von Caratheodory.

So reizvoll die historischen Formulierungen des 2. Hauptsatzes und ihre kunstvollen Verwendungsweisen auch sein mögen, bilden sie doch, von ihrer Anschaulichkeit abgesehen, einen schwierigeren Zugang zur Thermodynamik als die explizite Verwendung der zunächst unanschaulichen Größe Entropie. Das liegt daran, daß die Entropie eine mengenartige Größe ist, die einfachen Regeln genügt. Die Entropie erscheint als Variable in einem Kalkül, dem man sich anvertrauen kann und der auch bei komplizierten Fragen ein systematisches Vorgehen erlaubt, das nicht darauf angewiesen ist, sich raffinierte Kunstgriffe einfallen zu lassen, wie sie für die historische Thermodynamik typisch sind.

Die Entropie als einseitige und absolute Variable

Die Ergänzung zum 2. Hauptsatz, herkömmlich als 3. Hauptsatz bezeichnet, stellt fest, daß die Entropie S eines Systems eine einseitige Variable ist, die keine negativen Werte annehmen kann. Wie bei der Energie bedeutet das auch bei der Entropie, daß ein System in jedem seiner „endlichen" Zustände nur eine endliche Menge an Entropie enthält.

Die Aussage des 3. Hauptsatzes über den Nullpunkt der Entropie eines physikalischen Systems ist ein wörtliches Analogon der Festlegung des Energienullpunkts durch die Ergänzung zum 1. Hauptsatz. Unsere Diskussion über den Nullpunkt der Variable E läßt sich daher auf die Variable S übertragen. Obwohl auch die Entropie S nicht selbst, sondern nur Entropie*differenzen* meßbar sind, hat wieder die Erweiterung von Systemen die Konsequenz, daß die Entropie eines Systems dennoch als *absolute* Variable anzusehen ist, also als Variable, von der nicht nur der Maßstab, sondern auch der Nullpunkt festliegt. Wie bei der Energie E erhebt sich somit die Frage, wie die Werte zu finden sind, die die Variable S in den einzelnen Zuständen eines Systems hat. Messungen, in denen nur Differenzen von S bestimmt werden, die also nur Änderungen der Entropie beim Übergang von einem Zustand in einen anderen feststellen, erlauben nur dann auch den Wert von S in jedem Zustand zu finden, wenn in *einem* Zustand des Systems der Wert von S auf eine andere, von der Differenzmessung verschiedene Weise festgelegt wird. Für die Energie E leistet das die aus der Einsteinschen Mechanik stammende Formel (25.10), die nicht nur Differenzen von E, sondern E selbst zu bestimmen gestattet. Für die Entropie S gibt es jedoch kein Analogon zu dieser Formel, und es besteht auch keine Hoffnung, aus anderen Gebieten der Physik als der Thermodynamik selbst eine Anweisung zur Bestimmung der Werte von S zu erhalten. Tatsächlich war die Festlegung der absoluten Werte der Entropie S eines Systems das zentrale Problem, das zur Aufstellung des 3. Hauptsatzes oder, wie er auch heißt, des Nernstschen Wärmetheorems geführt hat (§28).

Der Zusammenhang zwischen Entropie und Temperatur eines Systems

Wichtig für die Frage der Absolutbestimmung der Entropie eines Systems ist, daß die Abhängigkeit zwischen der Entropie S und der Temperatur T eines Systems einer allgemeinen Bedingung genügt. Aus dem Begriff der Gibbs-Funktion und dem Zusammenhang zwischen Extremalprinzip und Gleichgewicht folgt nämlich der *Satz:*

> Notwendig für die Stabilität eines Systems gegenüber Zerfall in Teilsysteme (Phasen), in denen die Entropie pro Teilchen wie auch die Energie pro Teilchen unterschiedliche Werte haben, ist die Bedingung
>
> (26.1) $$\frac{\partial T(S, y_2, \ldots, y_n)}{\partial S} > 0.$$
>
> $y_2, y_3, \ldots, y_n$ sind dabei beliebige, von S und untereinander unabhängige extensive oder intensive Variablen des Systems.

Die Bedingung (26.1) läßt sich, wenn die Funktion $T = T(S, y_2, \ldots, y_n)$ nach S auflösbar ist, also $S = S(T, y_2, \ldots, y_n)$ geschrieben werden kann, nach der Formel (4) des Anhangs auch schreiben

(26.2) $$\frac{\partial S(T, y_2, \ldots, y_n)}{\partial T} > 0.$$

In dieser Form ist sie von der mathematischen Gestalt einer allgemeinen Suszeptibilität, wie wir sie in §22 kennengelernt haben, nämlich der Ableitung der extensiven Variable S nach der zugehörigen intensiven T. Damit stimmt auch überein, daß die Bedingung (26.1) oder die ihr gleichwertige (26.2) eine **Stabilitätsbedingung** des Systems ist.

Bevor wir (26.1) beweisen, vergegenwärtigen wir uns zunächst, was diese Bedingung bzw. (26.2) aussagt. Nach (26.1) ist für jedes System die *Temperatur T eine monoton zunehmende Funktion der Entropie S* und nach (26.2) umgekehrt auch *S eine monoton zunehmende Funktion von T*, gleichgültig wie die von S bzw. T unabhängigen Variablen

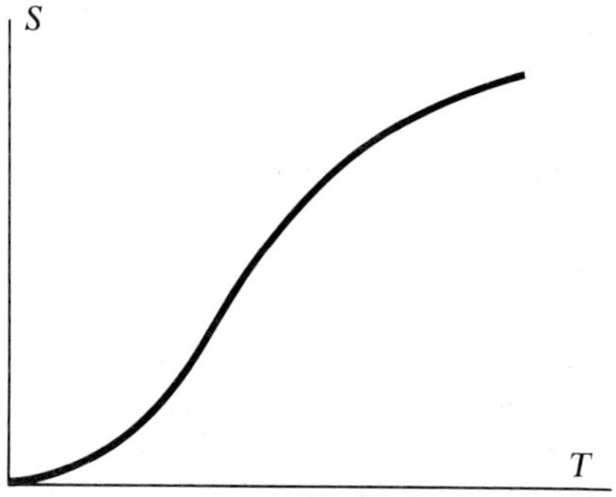

Abb. 26.2
Die Stabilitätsbedingung (26.2) eines physikalischen Systems verlangt, daß die Entropie S des Systems eine monoton wachsende Funktion $S=S(T, y_2, \dots, y_n)$ der Temperatur T ist, gleichgültig welche Variablen $y_2, \dots, y_n$ dabei konstant gehalten werden.

$y_2, \dots, y_n$ gewählt werden und welche Werte sie haben. Dieses Verhalten ist in Abb. 26.2 dargestellt. Für die gezeichnete Kurve ist allein wichtig der monotone Zusammenhang zwischen S und T.

Sind die Variablen $y_2, \dots, y_n$ alle extensiv — wir bezeichnen sie dann in gewohnter Weise mit den Buchstaben $X_2 = y_2, \dots, X_n = y_n$ —, so läßt sich, da $T = \partial E(S, X_2, \dots, X_n)/\partial S$ ist, die Bedingung (26.1) auch schreiben

$$\frac{\partial^2 E(S, X_2, \dots, X_n)}{\partial S^2} > 0. \tag{26.3}$$

Da die Energie E als Funktion von lauter *extensiven* unabhängigen Variablen Gibbs-Funktion des Systems ist, stellt die Stabilitätsbedingung (26.3) eine Bedingung an die Gibbs-Funktion jedes physikalischen Systems. Diese Bedingung äußert sich graphisch darin, daß die Kurve $E = E(S)$ — allen anderen unabhängigen extensiven Variablen $X_2, \dots, X_n$ denken wir uns konstante Werte erteilt — zur E-Achse hin gekrümmt ist (Abb. 26.3).

a

b

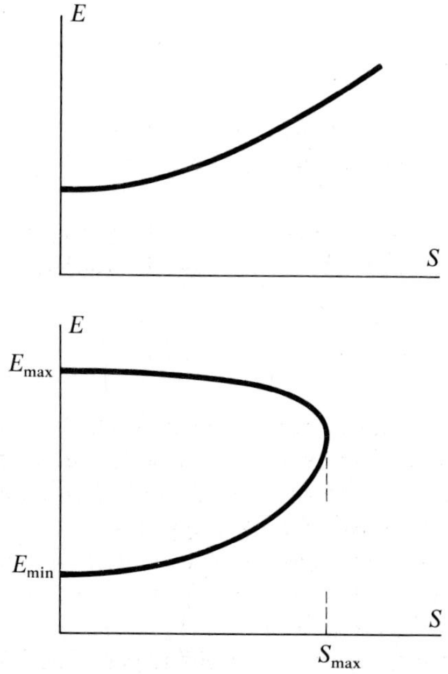

Abb. 26.3
Die Stabilitätsbedingung (26.3) verlangt, daß die Darstellung der Gibbs-Funktion $E = E(S, X_2, \dots, X_n)$ eines Systems in der S-E-Ebene bei festen Werten der extensiven Variablen $X_2, \dots, X_n$ zur E-Achse hin gekrümmt ist. Teilbild a: E und S nehmen unbeschränkt zu. Teilbild b: E und S sind auf endliche Intervalle beschränkt. Die Verknüpfung von E und S läßt sich dabei allerdings nicht in der Form $E = E(S)$, sondern nur in der Form $S = S(E)$ darstellen (§27). Die Lage der Randpunkte E_{min} und E_{max} sowie von S_{max} hängt ab von den Werten der Variablen $X_2, \dots, X_n$.

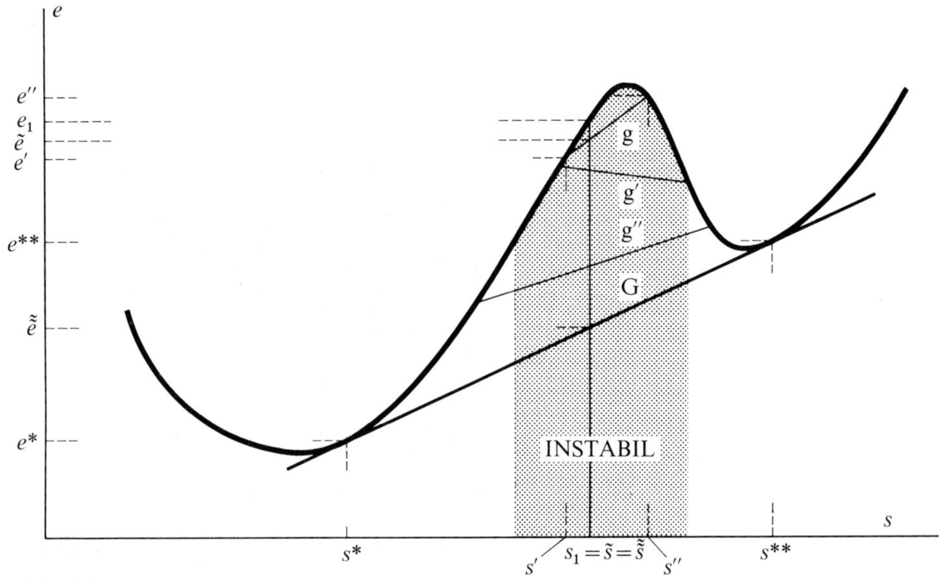

Abb. 26.4

Bei Verletzung der Stabilitätsbedingung (26.3) wird der Wert der Energie eines Systems bei konstanter Entropie $S_1 = N s_1$ verkleinert, wenn das System in zwei Teilsysteme (= Phasen) mit den Entropien pro Teilchenzahl s' und s'' sowie den Energien pro Teilchenzahl e' und e'' zerfällt. Dabei sinkt die Energie pro Teilchenzahl des Gesamtsystems von e_1 auf $\tilde{e}$ ab. Die Konstruktion zeigt, daß immer eine Energieabsenkung mit der von s_1 ausgehenden stetigen Zerlegung des Systems verknüpft ist, wenn s_1 im gerasterten s-Bereich liegt, der von den Wendepunkten der Kurve $e = e(s)$ begrenzt wird und innerhalb dessen die Kurve $e = e(s)$ eine negative zweite Ableitung hat. Das Minimum der Energie und damit Gleichgewicht liegt vor, wenn die Entropie pro Teilchenzahl in den Phasen die Werte s^* und s^{**} hat. Die Energie pro Teilchenzahl des Gesamtsystems beträgt dann $\tilde{\tilde{e}}_1$. Zustände, in denen die Bedingung (26.3) nicht erfüllt ist, sind also *instabil*.

Wir beweisen die Stabilitätsbedingung (26.1) für den Fall, daß alle konstant gehaltenen Variablen extensiv sind, also für $y_2 = X_2, \ldots, y_n = X_n$. Dann ist (26.1) mit (26.3) gleichbedeutend. Zum Beweis zeigen wir, daß eine Kurve $E = E(S)$, die (26.3) irgendwo verletzt, also ein zur S-Achse konkaves Stück hat, eine Instabilität des Systems gegen Zerfall in Teilsysteme mit unterschiedlichen Variablenwerten zur Folge hätte. Der E-S-Zusammenhang habe also die in Abb. 26.4 gezeichnete Gestalt, wobei wir jetzt als Variablen nicht E und S, sondern die Energie pro Teilchen $E/N = e$ und die Entropie pro Teilchen $S/N = s$ wählen. Die Teilchenzahl $N = X_n$ des Gesamtsystems sei konstant. Das System sei in einem Zustand, in dem seine Entropie den Wert $S_1 = N s_1$ hat. Nach Aussage der $e(s)$-Kurve in Abb. 26.4 hat seine Energie dann den Wert $E_1 = N e_1$. Die Werte der übrigen unabhängigen Variablen $X_2, \ldots, X_{n-1}, X_n = N$ sind festgehalten. Wir denken uns nun das System so in zwei Teilsysteme zerlegt, daß bei denselben Werten von $X_2, \ldots, X_n = N$ wie vorher die Entropie des Gesamtsystems ebenfalls wieder den Wert $S_1 = N s_1$ hat. Das eine Teilsystem bestehe aus N' Teilchen, und seine Entropie habe den Wert $S' = N' s'$. Das zweite bestehe aus N'' Teilchen, und seine Entropie habe den Wert $S'' = N'' s''$, wobei

$$N' + N'' = N, \qquad S' + S'' = N' s' + N'' s'' = S_1. \tag{26.4}$$

Natürlich muß, wenn $s' < s_1$ ist, $s'' > s_1$ sein, denn die Gesamtentropie soll ihren Wert durch die Zerlegung in die zwei Teilsysteme ja nicht ändern.

Die Energie des aus den beiden Teilsystemen bestehenden Gesamtsystems braucht nun keineswegs dieselbe zu sein wie die des unzerlegten Systems. Sie hat den Wert

$$E = N' e' + N'' e'' = N' e' + (N - N') e'', \tag{26.5}$$

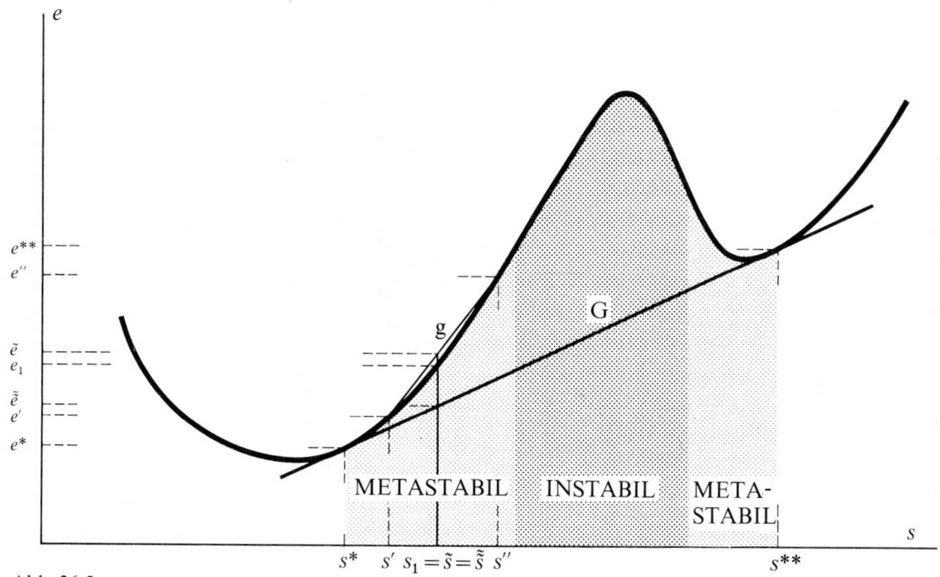

Abb. 26.5

Dasselbe System wie in Abb. 26.4, jedoch im *metastabilen* Zustand (s_1, e_1). In Zuständen außerhalb des stark gerasterten Gebiets ist die Stabilitätsbedingung (26.3) erfüllt. Zustände (s_1, e_1) auf der Kurve $e(s)$ im schwach gerasterten Bereich sind stabil, allerdings nur gegen einen Zerfall in Teilsysteme mit Werten s' und s'', die nicht sehr verschieden sind von s_1. Die Energie pro Teilchenzahl des zerfallenen Gesamtsystems $\tilde{e}$ wäre dann nämlich, wie die Gerade g zeigt, größer als e_1. Führt man dem System jedoch eine *Aktivierungsenergie* zu, kann es in dieselben Phasen zerfallen wie aus dem instabilen Zustand in Abb. 26.4. Da, wie der Schnittpunkt der Geraden G mit $s=s_1$ zeigt, die Gesamtenergie pro Teilchenzahl des zerfallenen Systems $\tilde{\tilde{e}}<e_1$ ist, ist das in Phasen zerfallene System in einem Zustand absolut kleinster Energie, während das System in einem metastabilen Zustand (s_1, e_1) sich nur in einem Zustand relativ kleinster Energie befindet. Der metastabile Bereich erstreckt sich von den Grenzen des instabilen Bereichs an den Wendepunkten der Kurve $e=e(s)$ bis zu den Werten s^* und s^{**}, die durch die Gerade G definiert sind. G ist eine Tangente an die Kurve $e=e(s)$ in zwei Punkten.

wobei die Werte e' und e'' aus der Abb. 26.4 als die zu s' und s'' gehörigen Werte der Energie pro Teilchen abzulesen sind. Die Energie pro Teilchen des aus den beiden Teilsystemen bestehenden Gesamtsystems ergibt sich aus (26.5) bei Beachtung von (26.4) nach einiger elementarer Rechnung zu

$$\tilde{e}=\frac{E}{N}=\frac{s''-s_1}{s''-s'}\,e'+\frac{s_1-s'}{s''-s'}\,e''. \tag{26.6}$$

Rechnet man sich andererseits den Wert aus, in dem in Abb. 26.4 die Verbindungsgerade zwischen den Punkten (s', e') und (s'', e'') die Ordinate $s=s_1$ schneidet, so findet man dafür ebenfalls den Wert von $\tilde{e}$ in Gl. (26.6). Ist die $e(s)$-Kurve auf dem ganzen Bereich zwischen e' und e'' nach unten gekrümmt, so wie in Abb. 26.4, liegt $\tilde{e}$ sicherlich unterhalb e_1; es ist also dann $\tilde{e}<e_1$. Somit hat das Gesamtsystem bei vorgegebenen Werten der Entropie $S=S_1$ sowie der Variablen $X_2, \ldots, X_n=N$ im Zustand des Zerfalls in die beiden geschilderten Teilsysteme eine kleinere Energie als im Zustand der Homogenität, in dem in jedem Teilsystem die Entropie pro Teilchen denselben Wert s_1 und ebenso auch die Energie pro Teilchen denselben Wert e_1 hat. Nach dem Minimalprinzip der Energie ist der Zustand der Homogenität somit kein Gleichgewichtszustand des Systems, wenn in ihm die $e(s)$-Kurve des Systems zur s-Achse hin gekrümmt ist.

Die beiden Teilsysteme haben übrigens, wie Abb. 26.4 erkennen läßt, im allgemeinen nicht dieselbe Temperatur, deren Wert in jedem Zustand, also in jedem Punkt des Diagramms ja gegeben ist durch $T=\partial E/\partial S = \partial e/\partial s$, die Neigung der Tangente an die $e(s)$-Kurve. Man erkennt, daß der Prozeß der Zerlegung des Systems durch stetige Veränderung der Werte s' und s'' über die Geraden g, g′, g″ in Abb. 26.4 so lange fortgesetzt und damit die Energie so lange verkleinert werden kann, bis die Gerade G erreicht wird, die zwei nach unten konvexe Bögen der Kurve $e=e(s)$ berührt. Der Schnittpunkt dieser Geraden G mit der Ordinate $s=s_1$ gibt den Minimalwert an, den e und damit auch die Energie $E=Ne$ des Systems bei gegebenen Werten von

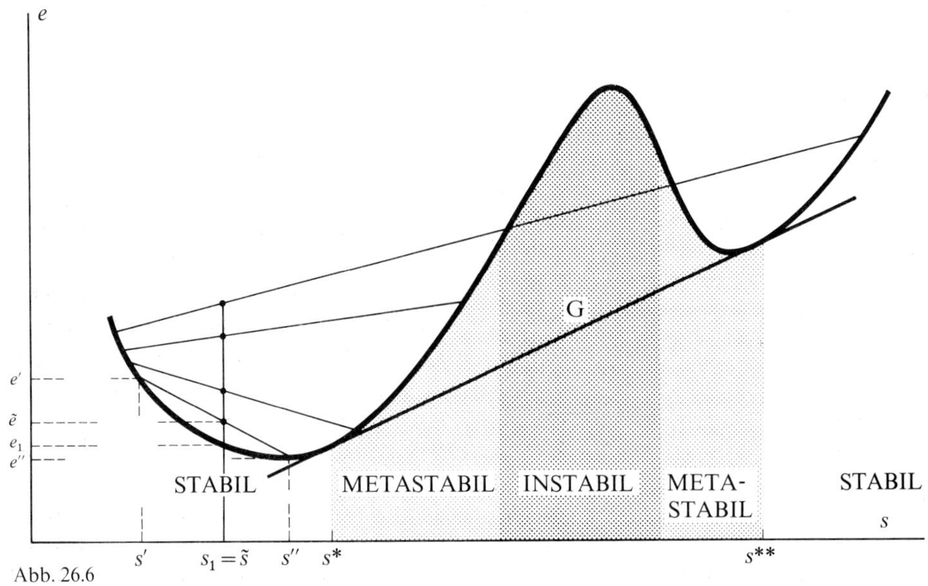

Abb. 26.6

Zustände (s_1, e_1) des Systems außerhalb der stark und schwach gerasterten Bereiche sind *stabil*. Die Energie des Systems hat in diesen Zuständen nicht nur ein relatives, sondern ein absolutes Minimum. Die Zeichnung zeigt, daß jede Zerlegung in Teilsysteme unter der Bedingung konstanter Entropie zu Energiewerten pro Teilchenzahl $\tilde{e} > e_1$ führt.

$S, X_2, \ldots, X_n = N$ annehmen kann. Dieser Punkt repräsentiert somit einen *Gleichgewichtszustand* des Systems. In diesem Gleichgewichtszustand besteht das System aus zwei Teilsystemen mit unterschiedlichen Werten s^*, s^{**} der Entropie pro Teilchen und e^*, e^{**} der Energie pro Teilchen, jedoch derselben Temperatur; denn die Tangenten in den Punkten (s^*, e^*) und (s^{**}, e^{**}) der $e(s)$-Kurve haben dieselbe Richtung.

Diese den Zerfall des Systems beschreibende Konstruktion einer *stetigen* Zerlegung des Systems durch stetige Veränderung der Werte s' und s'' von s ist immer dann möglich, wenn der Wert S_1 der Entropie S zu einem Wert $s_1 = S_1/N$ führt, der in dem gerasterten Temperaturbereich der Abb. 26.4 liegt. Dieser Bereich wird von den *Wendepunkten* der Kurve $e = e(s)$ begrenzt. Die Zerlegung und damit der Zerfall des Systems passiert also immer dann, wenn $\partial^2 e/\partial s^2 = \partial^2 E/\partial s^2 < 0$, d.h. wenn (26.3) verletzt ist.

Wir wollen noch zeigen, daß die Zerlegung des Systems nicht mit einem stetigen Absinken der Energie verknüpft ist, wenn $s_1 = S_1/N$ außerhalb des stark gerasterten s-Bereichs liegt, also in Zuständen, in denen (26.3) erfüllt ist. Dabei wird auch die betonte Stetigkeit bei der Zerlegung noch klarer werden. In Abb. 26.5 ist dieser Fall dargestellt. Man erkennt, daß wenn s' und s'' nur wenig von s_1 abweichen, die Gerade g so liegt, daß ihr Schnittpunkt mit der Gerade $s = s_1$ oberhalb der $e(s)$-Kurve liegt. Die Zerlegung des Systems in zwei Teilsysteme mit den Werten s' und s'' erfordert also Energie, wenn s' und s'' sich nur wenig von s_1 unterscheiden. Erst wenn s' und s'' weiter von s_1 fortrücken, wie es die Gerade G veranschaulicht, ist die Energie des in zwei verschiedene Teilsysteme zerfallenden Systems kleiner als die Energie des unzerlegten Systems. Bei einem Wert s_1 der Entropie pro Teilchen, wie er in Abb. 26.5 dargestellt ist, kann das System zwar auch durch Zerfall in zwei Teilsysteme seine Energie absenken, jedoch kann es das nicht stetig tun, nämlich so, daß die Werte s' und s'' der Entropie pro Teilchen stetig aus s_1 hervorgehen. Der Zerfall bedarf zunächst einer Energiezufuhr, es ist eine **Aktivierungsenergie** nötig, um den Zerfall einzuleiten. Liegt s_1 dagegen im stark gerasterten s-Intervall, in dem die $e(s)$-Kurve negative Krümmung hat, so ist der Zerfall stetig, also ohne Aktivierungsenergie möglich. Abb. 26.6 schließlich zeigt eine Lage von s_1, in der ein Zerfall des Systems in Teilsysteme unterschiedlicher Werte von s und e *immer* Energie kostet.

Damit haben wir den Satz über die Stabilität eines Systems bewiesen für den Fall, daß $y_2, \ldots, y_n$ extensive Variablen sind. Der Satz trifft jedoch allgemein zu für jede beliebige Wahl der Variablen $y_2, \ldots, y_n$. Wir merken noch an, daß weder der Beweis noch die resultierende Stabilitätsbedingung (26.1) etwas darüber aussagen, wie schnell ein System in Teilsysteme zerfällt, wenn man es in einen instabilen Zustand bringt. Das hängt wesentlich von den physikalischen Mechanismen ab, die bei dem Zerfall mitspielen. Wie bei jedem Einstellen eines Gleichgewichts kann die Thermodynamik auch beim Einstellen des Gleichgewichts durch Zerfall in stabile Teilsysteme nichts aussagen über die Geschwindigkeit, mit der der Zerfall vor sich geht.

§ 27 Systeme mit negativer Temperatur

Stabilität und Temperatur

Die Stabilitätsbedingung (26.3) bedeutet, daß die Kurve $E=E(S)$ im S-E-Diagramm zur E-Achse hin gekrümmt ist. Die Kurve $E=E(S)$ muß also eine Gestalt haben wie in Abb. 26.3a oder 26.3b. Die beiden Diagramme stellen zwei zu unterscheidende Fälle dar. Im ersten (Abb. 26.3a) nehmen E und S unbeschränkt zu, im zweiten (Abb. 26.3b) sind E und S dagegen beide auf ein endliches Intervall beschränkt, S vom Wert Null bis zum Wert S_{max}, E von E_{min} bis zum Wert E_{max}. Dabei hängen die Werte E_{min} und E_{max} wie auch S_{max} jeweils von den Werten ab, die die übrigen unabhängigen Variablen $y_2, \ldots, y_n$ haben. Der in Abb. 26.3b dargestellte Fall ist nicht einfach in einer Formel zu fassen, wenn man darauf besteht, E als Funktion von S auszudrücken. Wie Abb. 26.3b zeigt, ist E nämlich nicht über den ganzen Bereich von E_{min} bis E_{max} als eindeutige Funktion von S darstellbar; denn zu *einem* Wert des Arguments S gehören im allgemeinen *zwei* Werte der Funktion. Um eindeutige mathematische Verhältnisse herzustellen, braucht man aber nur S als Funktion von E, also $S=S(E)$ anzugeben. Dementsprechend ist es auch zweckmäßiger, die Abb. 26.3a und 26.3b in Form der Diagramme der Abb. 27.1 darzustellen.

a

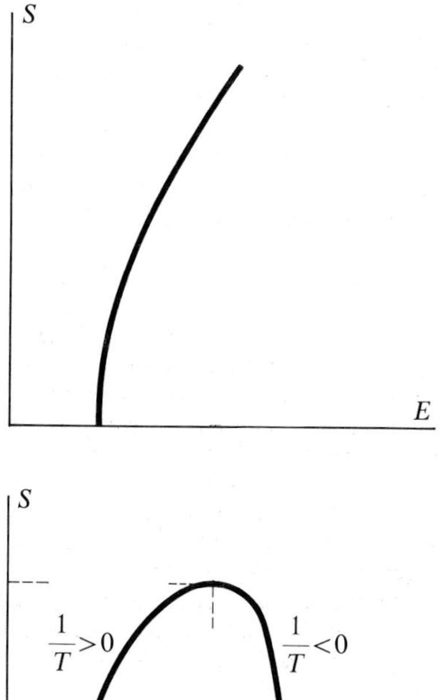

b

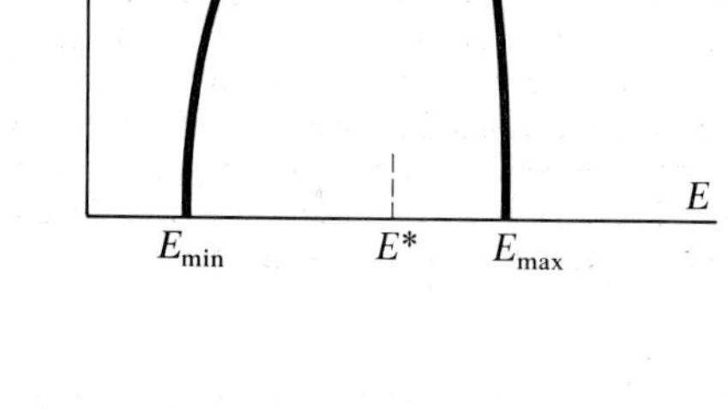

Abb. 27.1

Anders als die Gibbs-Funktion $E=E(S, X_2, \ldots, X_n)$ ist die Gibbs-Funktion $S=S(E, X_2, \ldots, X_n)$ auch noch eine *eindeutige* Funktion der Variablen bei Systemen mit negativer Temperatur. Es empfiehlt sich deshalb, die Diagramme der Abb. 26.3 in der hier gegebenen Form darzustellen. Teilbild a repräsentiert ein System, das nur Zustände mit positiven Werten der Temperatur hat. Teilbild b charakterisiert ein System, das auch negative Temperaturen hat. In Zuständen mit E-Werten, die kleiner sind als E^*, hat $1/T$ positive, in denen mit $E>E^*$ hat $1/T$ negative Werte.

Die Erscheinung, daß die Kennzeichnung eines Systems durch eine Gibbs-Funktion als Funktion unabhängiger Variablen durch Mehrdeutigkeiten erschwert wird, trifft bei komplizierteren Problemen, wie bei Mehrphasen-Systemen, häufig auf. Als allgemeines Verfahren zur Kennzeichnung eines Systems benutzt man deshalb die implizite Abhängigkeit von $n+1$ Variablen, die sogenannte **Gibbssche Fundamentalgleichung** $f(E, S, X_2, \ldots, X_n)=0$. Läßt sich diese Gleichung nach E auflösen, erhält man aus ihr die Gibbs-Funktion $E=E(S, X_2, \ldots, X_n)$. Ist die Fundamentalgleichung nach S auflösbar, ergibt sich aus ihr die Gibbs-Funktion $S=S(E, X_2, \ldots, X_n)$. Bisher haben wir die Auflösbarkeit immer angenommen, aber die Auflösung ist keineswegs immer möglich und ist auch gar nicht nötig. Alle unsere Betrachtungen lassen sich statt auf den Begriff der Gibbs-Funktion auch auf den allgemeineren Begriff der Gibbsschen Fundamentalgleichung stützen.

In Systemen, deren Gibbs-Funktion die in Abb. 27.1b dargestellte Form hat, hat bei festen Werten von $y_2, \ldots, y_n$ die Entropie S nicht nur einen kleinsten, sondern auch einen größten Wert $S_{\max}$. Entsprechendes gilt für die Energie E. Weiter nimmt die Ableitung $\partial S/\partial E = 1/T$ positive wie negative Werte an. $1/T$ ist positiv in Zuständen des Systems mit $E<E^*$ und negativ für $E>E^*$. E^* ist dabei der zu $S=S_{\max}$ gehörende Wert der Energie. Man nennt derartige Systeme deshalb **Systeme mit negativer Temperatur.** Diese Bezeichnung ist allerdings insofern irreführend, als die von $-\infty$ bis $+\infty$ laufende Variable nicht T ist, sondern $1/T$. Auf den ersten Blick mag dieser Unterschied nicht gravierend erscheinen, denn wenn $1/T$ positive Werte hat, ist auch T positiv, und wenn $1/T$ negativ ist, ist auch T negativ. Entscheidend ist aber, daß positive und negative Temperaturen nicht über den Wert $T=0$, sondern über $1/T=0$, also $T=\infty$ miteinander

a

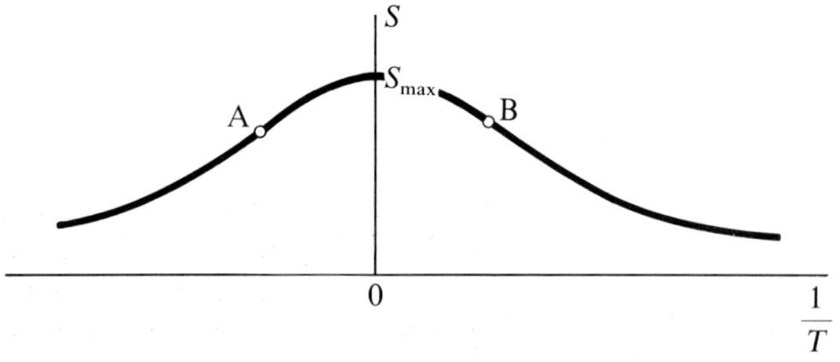

b

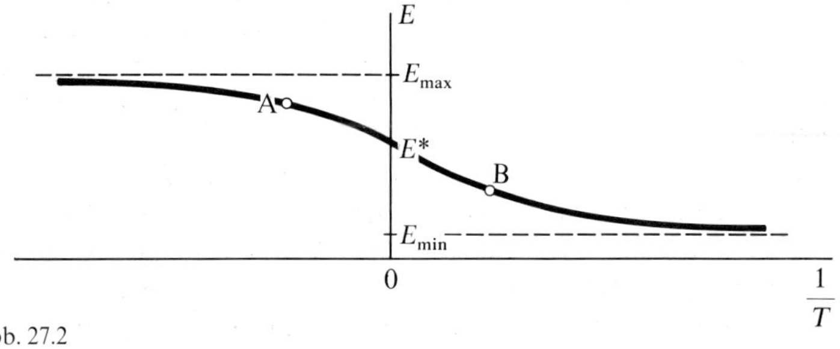

Abb. 27.2

Entropie S (Teilbild a) und Energie E (Teilbild b) eines Systems mit negativer Temperatur als Funktion von $1/T$. Die Kurven geben nur den allgemeinen Verlauf wieder. So muß S nicht notwendig eine symmetrische Funktion von $1/T$ sein, d.h. für $\pm 1/T$ denselben Wert haben, und E^* muß auch nicht in der Mitte zwischen $E_{\max}$ und $E_{\min}$ liegen. Für das Modell des Spin-Systems als System mit negativer Temperatur ist S allerdings symmetrisch, und E^* liegt in der Mitte des E-Intervalls.

Die Punkte A und B beziehen sich im Fall des Spin-Systems im Magnetfeld auf die in Abb. 27.6 gezeichneten Zustände, in denen die magnetischen Momente antiparallel und parallel zum Magnetfeld stehen.

a

b

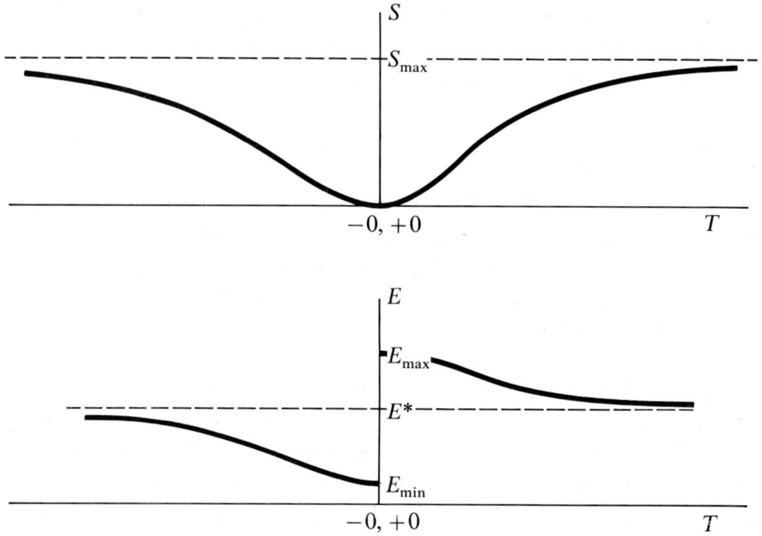

Abb. 27.3

Entropie S (Teilbild a) und Energie E (Teilbild b) eines Systems mit negativer Temperatur als Funktion von T (und nicht wie in Abb. 27.2 als Funktion von $1/T$) aufgetragen. Das Diagramm zeigt, daß $T=0$ eine Unstetigkeitsstelle ist. Wie im Text erklärt wird, sind nicht $T=+0$ und $T=-0$ „benachbarte" Werte, sondern $1/T=+0$ und $1/T=-0$, also $T=+\infty$ und $T=-\infty$. Die Werte $T=+0$ und $T=-0$ bilden dagegen die untere und obere Grenze des gesamten Temperaturbereiches.

verbunden sind. Die Temperaturen sind nämlich so angeordnet, daß

$$\left(\frac{1}{T}\right)_{\text{negativ}} < \left(\frac{1}{T}\right)_{\text{positiv}} \quad \rightarrow \quad T_{\text{negativ}} > T_{\text{positiv}}. \tag{27.1}$$

Negative Temperaturwerte sind also nicht kleiner als Null, sondern größer als alle positiven Temperaturwerte. Sie sind somit auch größer als $T=\infty$. Das zeigt sich deutlich, wenn man die Entropie S und die Energie E, deren Zusammenhang in Abb. 27.1b dargestellt ist, als Funktion von $1/T$ aufträgt. Man erhält dann Diagramme der Gestalt Abb. 27.2. Würde man dagegen S und E als Funktion von T auftragen, so ergäben sich die Diagramme der Abb. 27.3. Zustände, in denen T positive Werte hat, hängen mit Zuständen, in denen T negative Werte hat, nicht stetig zusammen, da die Energie bei $T \rightarrow +0$ gegen E_{max} strebt, während bei Prozessen $T \rightarrow -0$ die Energie gegen einen anderen Wert, E_{min}, strebt.

Ein System, das außer positiven auch negative Temperaturen umfaßt, ist das in §24 betrachtete **Modell unabhängiger magnetischer Momente im Magnetfeld.** Die Entropie S_{Sp} hat nach (24.26) für $\pm \boldsymbol{H}/T$ jeweils denselben Wert, S_{Sp} ist also eine symmetrische Funktion von $\boldsymbol{H}/T$. Ihren Maximalwert $Nk \ln 2$ nimmt S_{Sp} für $\boldsymbol{H}/T=0$ an, also in Zuständen, in denen entweder $\boldsymbol{H}=0$ oder die Temperatur T so hoch ist, daß es keine bevorzugte Richtung des Spins gibt. Der Maximalwert der Entropie des Spin-Systems $Nk \ln 2$ ist eine obere Grenze natürlich nur bei endlichem N. Das ist ein Beispiel dafür, daß Energie und Entropie eines Systems mit negativen Temperaturen eine obere Grenze bei *endlichen* Werten der Variablen $y_2, \ldots, y_n$ haben.

Die Energie ergibt sich, von einem additiven Term abgesehen, wenn man das durch (24.27) gegebene magnetische Moment $\boldsymbol{m}$ des Spin-Systems skalar mit $\boldsymbol{H}$ multipliziert.

Als Funktion von $1/T$ ergibt sich ein hyperbolischer Tangens, der seinem allgemeinen Verlauf nach mit der Kurve der Abb. 27.2b übereinstimmt. Den maximalen Wert nimmt die Energie des Systems für $|\boldsymbol{H}|/T = -\infty$ an, den minimalen für $|\boldsymbol{H}|/T = +\infty$. Im Zustand mit $|\boldsymbol{H}|/T = -\infty$ sind die mit den Spins verknüpften magnetischen Dipole alle dem Feld $|\boldsymbol{H}|$ entgegengerichtet, im Zustand mit $|\boldsymbol{H}|/T = +\infty$ weisen sie in $\boldsymbol{H}$-Richtung. Allgemein liegt ein Zustand mit negativer Temperatur vor, wenn $\boldsymbol{m}$ dem angelegten Feld $\boldsymbol{H}$ entgegengerichtet ist. Hat das System die Möglichkeit, magnetische Energie unter Konstanthalten seiner Entropie abzugeben, so geht es über in den Zustand, in dem S denselben, E aber einen kleineren Wert hat. Das magnetische Moment $\boldsymbol{m}$ geht dabei in die Richtung von $\boldsymbol{H}$ über, und die Temperatur des Systems von einem negativen zu einem positiven Wert. Hierin äußert sich auch, daß ein negativer Wert der Temperatur *größer* ist als ein positiver. Bringt man ein Spin-System 1, das sich in einem Zustand mit positiver Temperatur befindet, in thermischen Kontakt mit einem Spin-System 2, dessen Temperatur einen negativen Wert hat, so gibt das System mit negativer Temperatur Wärme ab an das System mit positiver Temperatur. Im Gleichgewicht stellt sich eine beiden Spin-Systemen gemeinsame Temperatur ein, deren Wert größer ist als die positive und kleiner als die negative Anfangstemperatur.

Die Stabilitätsbedingung (26.2) hat zur Folge, daß alle Wärmekapazitäten eines Systems positiv (genauer nicht-negativ) sind. Multipliziert man nämlich (26.2) mit T, so ist die linke Seite von (26.2) mit einer Wärmekapazität identisch. Je nach Wahl der Variablen $y_2, \ldots, y_n$ erhält man so die verschiedenen Wärmekapazitäten. Um die Behauptung auch für Systeme mit negativer Temperatur einzusehen, schreiben wir die Wärmekapazität unter Beachtung von $d(1/T) = (-1/T^2)\,dT$ in der Form

$$C_{y_2, \ldots, y_n} = T\frac{\partial S(T, y_2, \ldots, y_n)}{\partial T} = -\left(\frac{1}{T}\right)\frac{\partial S\left(\frac{1}{T}, y_2, \ldots, y_n\right)}{\partial\left(\frac{1}{T}\right)}. \tag{27.2}$$

Da S mit zunehmendem $1/T$ für negative Werte von $1/T$ zunimmt (Abb. 27.2a), für positive Werte von $1/T$ aber abnimmt, werden die Wärmekapazitäten (27.2) nie negativ.

Die Grenzen der Wertebereiche von T und $1/T$

Im Hinblick auf den 3. Hauptsatz haben unsere Betrachtungen vor allem den Zweck, $T=0$ als die eine Grenze des Wertebereichs der Variable T zu erkennen. Wir sind zwar gewöhnt, $T=0$ als untere Grenze der absoluten Temperatur zu akzeptieren, aber es dürfte schwer fallen, Gründe für diese Überzeugung anzuführen. Die Temperatur ist keineswegs eine „ihrem Wesen nach" positive Größe. Der Wertebereich von T, genauer der Variable $1/T$ erstreckt sich von $-\infty$ bis $+\infty$. Der springende Punkt ist aber, daß ein negativer Wert von T nicht kleiner ist als Null. Der Wert $T=0$ schließt den Wertebereich von T nach unten hin ab. Nach oben wird dagegen T nicht durch $T=\infty$ abgeschlossen, vielmehr schließen sich an $T=\infty$ alle negativen Werte von T an, beginnend mit $T=-\infty$, das mit $T=+\infty$ identisch ist, und endend mit $T=-0$. Alle endlichen negativen Werte von T sind somit *größer* als $T=\infty$.

Einfacher werden die Verhältnisse, wenn man statt T die Variable $1/T$ nimmt. Ihr Wertebereich reicht zusammenhängend von $1/T=-\infty$ bis $1/T=+\infty$. $1/T$ ist also zweiseitig unbeschränkt. Der *absolute Nullpunkt* der Temperatur ist dabei $1/T=+\infty$, also die *obere Grenze* von $1/T$. Die Tatsache, daß der **absolute Nullpunkt in $1/T$** kein endlicher Wert ist, macht gleichzeitig plausibel, daß er nur asymptotisch erreichbar ist. Überdies erinnert die Variable $1/T$ daran, daß der größte Wert, den die Temperatur annehmen kann, nicht $T=\infty$, sondern $1/T=-\infty$ ist.

Systeme, deren Energieaufnahme bei festen endlichen Werten von $y_2, \ldots, y_n$ unbegrenzt ist, haben, wie die Stabilitätsbedingung versichert und wie es in Abb. 27.1a dargestellt ist, auch eine unbegrenzte Aufnahmefähigkeit für die Entropie. Diese Systeme haben nur Zustände, in denen die Temperatur positive Werte hat; der kleinste Wert ist $T=0$, der größte $T=\infty$. Die „normalen", nämlich die meisten gewohnten physikalischen Systeme gehören in diese Kategorie. Für **Systeme, deren Energie eine obere Grenze hat,** und zwar bei endlichen festen Werten der Variablen $y_2, \ldots, y_n$, die also nur eine begrenzte Menge an Energie aufnehmen können, wie das System magnetischer Momente im Magnetfeld, hat, wie Abb. 27.1b zeigt, auch der Wertebereich ihrer Entropie eine obere Grenze. Diese Systeme haben sowohl Zustände, in denen die Temperatur positive, als auch Zustände, in denen sie negative Werte hat. Der kleinste Wert der Temperatur ist $T=+0$ oder $1/T=+\infty$ der größte Wert $T=-0$ oder $1/T=-\infty$. Die Zusammensetzung eines „normalen" Systems mit unbeschränkter Energie und eines Systems mit beschränkter Energie liefert wieder ein normales System, da die Energie des zusammengesetzten Systems natürlich auch unbeschränkt ist. Das hat zur Folge, daß bei thermischem Kontakt zwischen einem normalen System und einem System, das auch Zustände negativer Temperatur hat, die sich im Gleichgewicht einstellende Temperatur immer positiv ist. Das System mit negativer Temperatur gelangt ja dadurch in Zustände positiver Temperatur, daß es Energie *abgibt* (Abb. 27.2b). Diese Energie nimmt das normale System auf. Negative Temperaturen können daher niemals im thermischen Gleichgewicht mit normalen Systemen auftreten.

2-Zustands-Systeme

Wir betrachten ein System vom Charakter eines idealen Gases, das aus *zwei* elementaren idealen Gasen besteht, also zwei unabhängige Teilchenzahl-Variablen N_1 und N_2 hat. Man denke beispielsweise an ^{3}He-Gas mit seinen beiden elementaren Komponenten aus ^{3}He-Atomen mit dem Kernspin $+\hbar/2$ und $-\hbar/2$. Daß die ^{3}He-Atome im gewohnten Sinn ein Gas bilden, spielt dabei keine Rolle, man könnte auch an (durch Druck bei tiefen Temperaturen) verfestigtes ^{3}He denken. Das Gas kann auch ein ideales Gas im Sinne eines Gibbsschen Ensembles irgendwelcher makroskopischer Objekte sein, von denen allein zwei Zustände 1 und 2 mit den Energien e_1 und e_2 in Betracht gezogen werden. N_1 ist die dem Zustand 1 zugeordnete Teilchenzahl-Variable, N_2 entsprechend die dem Zustand 2 zugeordnete Teilchenzahl-Variable. Physikalisch zweckmäßiger als N_1 und N_2 sind die Variablen $w_1 = N_1/(N_1+N_2)$ und $w_2 = N_2/(N_1+N_2)$, die Wahrscheinlichkeiten, mit denen die Zustände 1 und 2 des betrachteten Objekts im System „Gas", d.h. im Gibbsschen Ensemble auftreten (§24). Die Werte der Energie $E = N_1 e_1 + N_2 e_2$ dieses Systems liegen in einem Intervall, das von $(N_1+N_2)\, e_1$ bis $(N_1+N_2)\, e_2$ reicht (Abb. 27.4). Das durch das Gibbssche Ensemble repräsentierte System „Gas" bezeichnen wir, der üblichen Terminologie folgend, als ein **2-Zustands-System,** obwohl diese Bezeichnung nicht korrekt ist. Das System hat nicht zwei, sondern beliebig viele Zustände, da zu jedem Wert von N_1 und N_2 ein Zustand des Systems gehört; denn N_1 und N_2 sind Variablen und nicht Werte von Variablen. Nach Gl. (23.46) erfüllen die

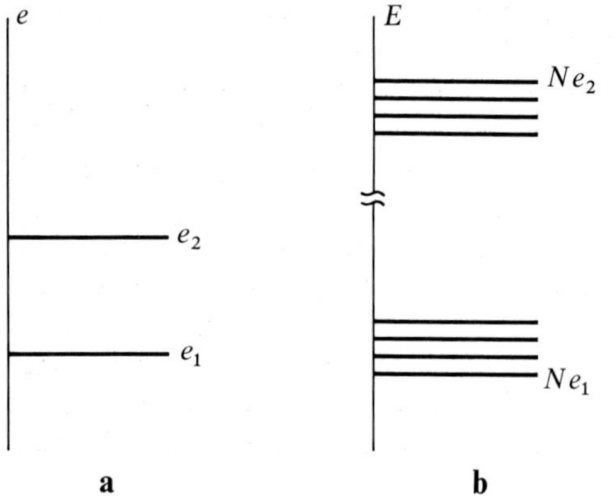

Abb. 27.4
Energiewerte eines 2-Zustands-Systems. Man spricht von einem „2-Zustands-System" nicht etwa, wenn das System 2 Zustände hat, sondern 2 unabhängige Teilchenzahl-Variablen N_1 und N_2.
(a) Die Werte der Energie pro Teilchenzahl e der Teilchensorte 1 und der Teilchensorte 2. Das sind die Energiewerte der durch $N_1=1$, $N_2=0$ bzw. $N_1=0$, $N_2=1$ festgelegten Zustände des Systems. Es ist angenommen, daß $e_2>e_1$.
(b) Die Energie $E=N_1 e_1+N_2 e_2$ des Systems. Für $N_1+N_2=N>1$ hat das System mehr als 2 Zustände. Ihre Energiewerte liegen im Bereich $N e_1 \leqq E \leqq N e_2$.

Teilchenzahlen N_1 und N_2 bzw. w_1 und w_2 die Relation

$$\frac{N_2}{N_1}=\frac{w_2}{w_1}=\mathrm{e}^{-\frac{e_2-e_1}{kT}}. \tag{27.3}$$

Wegen $e_2>e_1$ ist bei $T>0$ stets $w_2<w_1$, während negative Temperaturwerte gleichbedeutend sind mit $w_2>w_1$. Abb. 27.5 zeigt die Werte von w_1 und w_2 für einige positive und negative Temperaturwerte.

Bei Übergängen des 2-Zustands-Systems aus einem seiner Zustände in einen anderen ändert sich mit den Werten von N_1 und N_2 auch der Wert der Energie $E=(N_1+N_2)\,e=(N_1+N_2)(w_1\,e_1+w_2\,e_2)$ des Systems. Dazu muß das System in Energieaustausch und damit in Wechselwirkung treten mit einem weiteren System. Dieses weitere System ist bei Masern und Lasern das System „Elektromagnetisches Feld", genauer sein Teilsystem „Elektromagnetisches Feld der Photonenenergie $\hbar\,\omega=e_2-e_1$", auch das „Strahlungsfeld der Frequenz ω" genannt. Da dieses System unbeschränkt viel Energie aufnehmen kann, hat es nur positive Temperaturwerte. Im Gleichgewicht zwischen dem Strahlungsfeld und dem 2-Zustands-System hat letzteres somit immer eine positive Temperatur, nach (27.3) ist also $w_2<w_1$. Gleichgewicht bedeutet nun nicht, daß keine Übergänge mehr stattfänden, es gehen pro Zeitintervall nur ebenso viele Teilchen der Sorte 1 in Teilchen der Sorte 2 über wie umgekehrt, so daß das 2-Zustands-System ebenso viel Energie aus dem Strahlungsfeld *absorbiert* wie es *emittiert*, nämlich an das Strahlungsfeld abgibt. Die Anzahl der Teilchen, die pro Zeitintervall von der Sorte 1 in die Sorte 2 übergehen, beschreibt man durch einen *Teilchenstrom* I_{12}. Entsprechend ist I_{21} der Teilchenstrom, der von der Sorte 2 in die Sorte 1 führt. Wenn $I_{12}=I_{21}$, herrscht Gleichgewicht zwischen dem 2-Zustands-System und dem Strahlungs-

feld. Ist dagegen $I_{12} \neq I_{21}$, so sind die beiden Systeme nicht im Gleichgewicht. Es geht dann Energie von einem System auf das andere System über.

Wodurch sind die Werte von I_{12} und I_{21} bestimmt? Der Teilchenstrom I_{12} ist proportional dem Wert von N_1, also der Anzahl der Teilchen der Sorte 1, sowie proportional der Dichte der Photonen der Energie $\hbar\omega$ im Strahlungsfeld. I_{12} beschreibt die *Absorption* von Photonen aus dem Strahlungsfeld durch das 2-Zustands-System, I_{21} entsprechend die *Emission* des 2-Zustands-Systems. Der Strom I_{21} ist eine Summe von zwei Anteilen: Der erste ist wieder sowohl proportional N_2 als auch proportional der Dichte der vorhandenen Photonen der Energie $\hbar\omega$, der zweite ist proportional *allein* zu N_2. Der erste Anteil, der sowohl N_2 als auch der Dichte der vorhandenen Photonen proportional ist, heißt **induzierte oder stimulierte Emission.** Der zweite, allein N_2 proportionale Anteil heißt die *spontane Emission* des 2-Zustands-Systems.

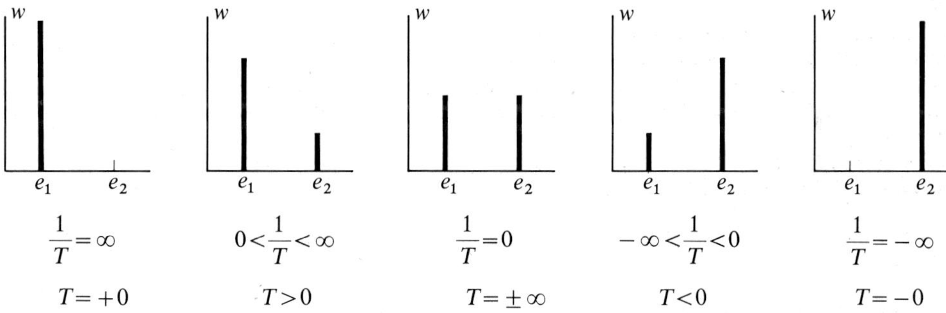

Abb. 27.5

Wahrscheinlichkeiten $w_1 = N_1/N$ und $w_2 = N_2/N$ eines 2-Zustands-Systems bei mehreren positiven und negativen Temperaturwerten. w_1 und w_2 geben die Wahrscheinlichkeit an, mit denen 2-Zustands-Systeme in ihrem Gibbsschen Ensemble im Anregungszustand der Energie e_1 und e_2 auftreten. Bei vorgegebener Gesamtteilchenzahl N des Gibbsschen Ensembles lassen sich die Wahrscheinlichkeiten w_1 und w_2 als zu den Anregungsenergien e_1 und e_2 gehörende Teilchenzahlen N_1 und N_2 lesen.

Das Diagramm zeigt deutlich, daß der Bereich negativer Temperaturen sich nicht bei $T=0$, sondern bei $T=\infty$ an den Bereich positiver Temperaturen anschließt. Bei negativen Temperaturen ist $w_2 > w_1$. Das Gesamtsystem hat dann eine größere Energie als bei positiven Temperaturen.

Der erste Anteil ist um so bedeutungsvoller, je mehr Photonen vorhanden sind; er wird, da er der Photonendichte proportional ist, von den schon vorhandenen Photonen „induziert“. Der zweite Anteil, die spontane Emission, spielt dagegen die dominierende Rolle, wenn keine oder nur sehr wenige Photonen der Frequenz ω vorhanden sind.

Die erste Begründung dieser wichtigen Einsicht in den Austausch von Energie zwischen Materie und elektromagnetischem Feld gab im Jahre 1917 EINSTEIN. Da die Ströme I_{12} und I_{21} von den Werten der Teilchenzahlen N_1 und N_2 sowie von der Dichte u der Photonen der Energie $\hbar\omega$ abhängen müssen, hat unter Verwendung der Gl. (27.3), wonach N_1 proportional $\exp(-e_1/kT)$ und N_2 proportional $\exp(-e_2/kT)$ sind, Einsteins Ansatz die Form

(27.4)
$$I_{12} = B_{12}\, e^{-\frac{e_1}{kT}}\, u$$
$$I_{21} = B_{21}\, e^{-\frac{e_2}{kT}}\, u + A_{21}\, e^{-\frac{e_2}{kT}}.$$

Die Überraschung und das Neue an den Gln. (27.4) war seinerzeit, daß nicht nur die durch I_{12} beschriebene Absorption proportional u ist, sondern daß auch in der Emission I_{21} ein u proportionales Glied auftritt, die induzierte Emission. Dieses Glied war jedoch notwendig, wenn der Ansatz (27.4) im Gleichgewicht $I_{12}=I_{21}$ das Plancksche Strahlungsgesetz liefern sollte. Tatsächlich folgt aus (27.4) im Gleichgewicht, also bei $I_{12}=I_{21}$, unter Benutzung der Beziehung $\hbar\,\omega=e_2-e_1$

(27.5) $$u=\frac{\dfrac{A_{21}}{B_{21}}}{\dfrac{B_{12}}{B_{21}}\,e^{\frac{\hbar\omega}{kT}}-1},$$

also eine Formel von der Gestalt des **Planckschen Strahlungsgesetzes,** wenn außerdem $B_{12}=B_{21}$ ist.

Als Beispiel eines 2-Zustands-Systems betrachten wir ein **Spin-System der Spinquantenzahl $\frac{1}{2}$ im Magnetfeld.** Ist s_z die Spinkomponente eines Elementarteilchens, Kerns oder Atoms in z-Richtung, so hat die mit ihr verknüpfte Komponente des magnetischen Moments γ_z des Elementarteilchens den Wert

(27.6) $$\gamma_z=\pm\mu_0\,g\,\frac{e}{2\,m_0}\,s_z.$$

Hier bezeichnet e die Elementarladung, m_0 die Masse des Elementarteilchens und g seinen „g-Faktor", eine für jedes Elementarteilchen charakteristische Zahl. μ_0 ist die magnetische Feldkonstante.

Im Fall von Elektronen kann die Spinkomponente in Richtung des Magnetfeldes nur einen der beiden Werte

(27.7) $$s_z=\pm\tfrac{1}{2}\,\hbar$$

annehmen. Für das Elektron ist $g=2$, und es gilt in (27.6) das Minuszeichen. Dementsprechend stellt sich die z-Komponente des magnetischen Moments des Elektrons mit einem der beiden Werte

(27.8) $$\gamma_z=\pm\mu_0\,\frac{e\,\hbar}{2\,m_{El}}$$

in Richtung oder gegen die Richtung des äußeren Magnetfelds (Abb. 27.6) ein. Der Einstellung in Richtung von $\boldsymbol{H}$ entspricht der kleinere Energiewert e_1, der gegen die Richtung von $\boldsymbol{H}$ der größere Wert e_2. Die Energien e_2 und e_1 unterscheiden sich um

(27.9) $$e_2-e_1=2\gamma_z\boldsymbol{H}.$$

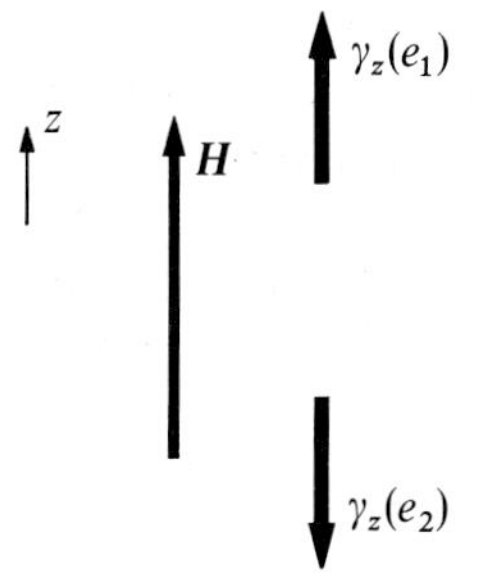

Abb. 27.6

Teilchen mit einem Spin $\hbar/2$ im Magnetfeld bilden ein Beispiel für ein 2-Zustands-System. Im Zustand 1 mit der tieferen Energie e_1 ist die Komponente des mit dem Spin verknüpften magnetischen Moments in Feldrichtung parallel zur Magnetfeldrichtung. Im Zustand 2 mit der höheren Energie e_2 ist sie antiparallel dazu. Es ist nur die z-Komponente γ_z des magnetischen Moments gezeichnet, da nur sie in die energetischen Betrachtungen eingeht.

Bei Temperaturen $T>0$ liegen nach Abb. 27.6 mehr magnetische Momente in Feldrichtung als dagegen. Bei Temperaturen $T<0$ des Spin-Systems im Magnetfeld haben hingegen mehr Spins ihre z-Komponente antiparallel zur Richtung des äußeren Feldes als parallel dazu.

Die experimentelle Erzeugung negativer Temperaturen

Um das Spin-System im Magnetfeld auf negative Temperaturen zu bringen, muß man die Richtung der Spins bezüglich des Magnetfelds gegenüber der Situation bei positiver Temperatur umkehren. Auf den ersten Blick erscheint als einfachste Methode dazu, das Magnetfeld „ganz schnell" abzuschalten und in entgegengesetzter Richtung wieder einzuschalten. Jedenfalls muß die z-Komponente der Spins und der magnetischen Momente, auf die es hier ankommt, bei diesem Wechsel des Magnetfelds festgehalten bleiben. Die Frage, wie lange das magnetische Moment trotz einer Abnahme oder Zunahme von $\boldsymbol{H}$ seinen Wert beibehält, wird durch die **Spin-Gitter-Relaxationszeit** beantwortet. Das ist eine charakteristische Zeit für den Austausch von Energie zwischen dem Spin- und dem Gitter-System (§24). Bei einer Änderung der Magnetisierung muß das Spin-System Energie aufnehmen oder abgeben, und der einzige Partner, der für diesen Austausch in Frage kommt, ist das Gitter. Für Elektronenspins ist diese Zeit so kurz, daß der genannte Versuch, durch Abschalten und Wiederanschalten des Magnetfeldes in entgegengesetzter Richtung das Spin-System zu überlisten, hoffnungslos ist.

Anders sieht es aus bei den **Kernspins,** bei denen die Spin-Gitter-Relaxationszeit in der Größenordnung von Sekunden oder sogar Minuten liegen kann. Tatsächlich ist auch als erstes System mit negativer Temperatur experimentell ein Kernspin-System realisiert worden, und zwar das System der Spins der Li-Kerne im LiF durch PURCELL und POUND (1950), einige Jahre vor der Konzipierung des Masers durch TOWNES und BASOV (1954). Der Versuch ist trotz der langen Kernspin-Gitter-Relaxationszeit des Systems schwierig. Um negative Temperaturen zu erreichen, muß das Magnetfeld erst abgeschaltet und dann in entgegengesetzter Richtung wieder eingeschaltet werden. Die Feldstärke muß dabei den Wert Null passieren. Bei $\boldsymbol{H}=0$ ist aber nach (27.9) auch $e_2-e_1=0$. Zur Änderung von γ_z ist bei $\boldsymbol{H}=0$ also kein Energieaustausch des Spin-Systems mit dem Gitter-System notwendig. Die Spins können dann auch dadurch in eine andere Richtung umklappen, daß sie untereinander anstatt mit dem Gitter wechselwirken. Die Wechselwirkung der Spins untereinander klingt aber mit einer anderen Zeitkonstante an bzw. ab, nämlich mit der **Spin-Spin-Relaxationszeit.** Beim Durchgang durch $\boldsymbol{H}=0$ ändern die Spins ihre z-Richtung innerhalb der Spin-Spin-Relaxationszeit, die sehr viel kürzer ist als die Spin-Gitter-Relaxationszeit. Während PURCELL und POUND für das Herunterschalten des Magnetfelds von 1,5 Tesla ($=1{,}5$ Volt sec/m$^2=$ 15000 Gauß) auf 10^{-3} Tesla ($=10$ Gauß) sich einige Sekunden Zeit lassen konnten, mußte die Feldänderung von $+10^{-3}$ Tesla auf -10^{-3} Tesla in 10^{-7} sec erfolgen.

Eine Methode, auch das System der Elektronenspins auf negative Temperatur zu bringen, besteht im Anlegen eines **180°-Pulses** (E. L. HAHN, 1951). Um die Wirkungsweise dieser Methode zu verstehen, muß man bedenken, daß die Spins um ein angelegtes Magnetfeld in z-Richtung, das wir mit H_z oder $B_z=\mu_0 H_z$ bezeichnen wollen, präzedieren mit der Larmor-Frequenz (MRG, §31)

(27.10) $$\Omega_{L,z}=\frac{e B_z}{2 m_{\mathrm{El}}}.$$

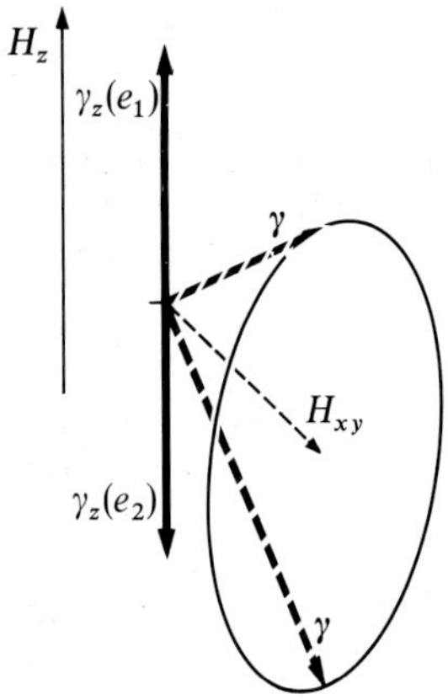

Abb. 27.7
Zur Wirkungsweise eines 180°-Pulses. Senkrecht zum konstanten Magnetfeld H_z werde zusätzlich ein schwaches Magnetfeld H_{xy} angelegt, das mit der Larmor-Frequenz (27.10) um H_z rotiert. Dann führen die magnetischen Momente (gestrichelt gezeichnet) außer um H_z zusätzlich eine Präzession um H_{xy} aus. Das Bild ist gezeichnet für einen Beobachter, der mit der Larmor-Frequenz (27.10) um H_z rotiert. Er bemerkt nur die Präzession um H_{xy}. Läßt man das H_{xy}-Feld nur während eines halben Präzessionsumlaufs um H_{xy} eingeschaltet, so haben alle γ_z gerade ihr Vorzeichen gewechselt. War vor Einschalten dieses „180°-Pulses" die Temperatur des Spinsystems im Feld H_z positiv, ist sie beim Abschalten des 180°-Pulses negativ.

Läßt man zusätzlich zu dem konstanten Magnetfeld in z-Richtung in der x-y-Ebene (Abb. 27.7) ein Magnetfeld von konstantem Amplitudenbetrag $H_{xy} \ll H_z$ rotieren, und zwar mit der durch (27.10) gegebenen Winkelgeschwindigkeit $\Omega_{L,z}$, so präzedieren die Spins außer um die konstante Richtung von H_z auch noch um die kreisende Richtung von H_{xy}. Ein Beobachter, der mit dem H_{xy}-Feld rotiert, bemerkt nichts von der Präzession um H_z, sondern er sieht nur die Präzession um die Richtung des Feldes H_{xy}. Diese Präzession hat analog (27.10) die Larmor-Frequenz

$$\Omega_{L,xy} = \frac{e B_{xy}}{2 m_{\mathrm{El}}}. \tag{27.11}$$

Sie erfolgt um Richtungen, die stets senkrecht stehen auf der z-Achse. Läßt man H_{xy} nur während einer halben Umlaufsdauer dieser Präzessionsbewegung eingeschaltet (daher die Bezeichnung 180°-Puls), also nur während der Zeit

$$\frac{\Delta t}{2} = \frac{\pi}{\Omega_{L,xy}}, \tag{27.12}$$

haben alle Spins das Vorzeichen der z-Komponente und damit auch das Vorzeichen des magnetischen Moments gewechselt. Dann hat aber auch die Temperatur des Spin-Systems im Magnetfeld $\boldsymbol{H}$ ihr Vorzeichen gewechselt.

Maser und Laser

Maser und Laser sind Systeme, die Teilsysteme in Zuständen negativer Temperatur enthalten. Dazu ist es notwendig, daß es unter den Teilchensorten des Systems zwei gibt, i und $i+1$, für die $w_{i+1} > w_i$, oder, was dasselbe ist, $N_{i+1} > N_i$, obwohl $e_{i+1} > e_i$. Das System kann dann Photonen der Energie $\hbar\omega = e_{i+1} - e_i$ induziert emittieren. Man spricht von einem Maser (***M**icrowave **A**mplification through **S**timulated **E**mission of **R**adiation*), wenn die emittierte Strahlung im Mikrowellenbereich liegt, also etwa bei $e_{i+1} - e_i \lesssim 10^{-4}$ eV. Das entspricht der Frequenz $\omega \lesssim 3 \cdot 10^{11}\ \mathrm{s}^{-1}$ und der Wellenlänge $\lambda \gtrsim 1$ cm. Bei größeren Energien, im infraroten und im sichtbaren Spektralbereich

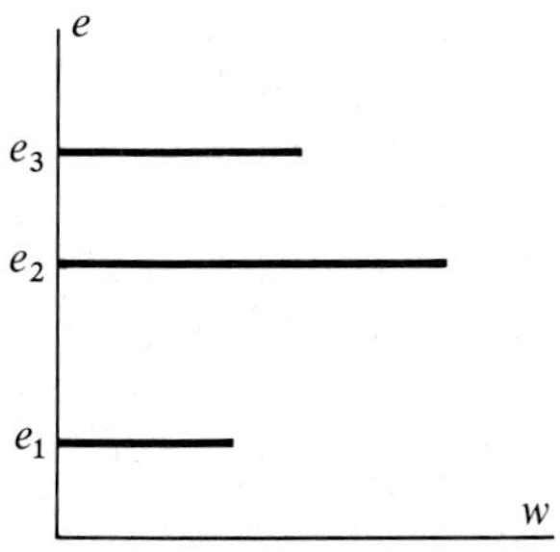

Abb. 27.8

Das der Abb. 27.5 entsprechende Diagramm für ein 3-Zustands-System. Gegenüber der Abb. 27.5 sind Ordinate und Abszisse vertauscht. Der Vergleich mit Abb. 27.5 zeigt, daß in dem gezeichneten Zustand des Gesamtsystems das aus den Teilchensorten 2 und 3 gebildete Teilsystem einen positiven Wert der Temperatur hat, das Teilsystem der Teilchensorten 1 und 2 dagegen einen negativen Wert. Der gezeichnete Zustand negativer Temperatur in einem Teilsystem ist eine notwendige Bedingung für Laser-Emission des Systems.

(sichtbar sind Photonen im Bereich $1{,}5\,\text{eV} \lesssim \hbar\,\omega \lesssim 3\,\text{eV}$) ist es üblich, von einem Laser (***L***ight statt ***M***icrowave) zu sprechen.

Maser mit Elektronenspin-Systemen sind realisiert worden an paramagnetischen Zusätzen, wie Phosphor-Atomen, in Silizium-Kristallen. In einem Feld $\boldsymbol{B}=0{,}3$ Tesla wird nach Gl. (27.9) $e_2-e_1=3\cdot 10^{-5}$ eV. Das entspricht einer Maserfrequenz $\omega=6\cdot 10^{11}\,\text{s}^{-1}$ und einer Wellenlänge $\lambda=3$ cm. Wird dieser Maser bei $T=1$ K betrieben, so ist nach (27.3) $N_2/N_1=0{,}62$. Bei $T=-1$ K ist also $N_2/N_1=1/0{,}62=1{,}6$. Auch mit Kernspin-Systemen hat man Maser bauen können, z.B. mit dem Kernspin der Protonen von Wasser.

Experimentell ist es zum Erreichen von negativen Temperaturen zweckmäßig, Systeme mit mehr als zwei Teilchenzahlen zu benutzen, deren zugeordnete Teilchensorten sich mit sehr unterschiedlicher Übergangswahrscheinlichkeit ineinander umwandeln (Bloembergen, 1956). Bei den Teilchensorten braucht es sich keineswegs um verschiedene Zustände desselben Elementarteilchens, etwa um Zustände mit unterschiedlichen Werten einer Spinkomponente zu handeln. Auch Ionen in unterschiedlichem Anregungszustand in einem Kristallgitter (Festkörper-Laser) oder Atome in verschiedenen inneren Zuständen in einem Gas (Gas-Laser) kommen als Teilchensorten in Betracht. Hat man drei Teilchensorten mit den Energien $e_1<e_2<e_3$ (Abb. 27.8), so erzielt man negative Temperatur in dem von den Teilchensorten 1 und 2 gebildeten 2-Zustands-Teilsystem, wenn die Übergangswahrscheinlichkeit von $2\to 1$ (die nach der Quantenmechanik gleich ist der Übergangswahrscheinlichkeit von $1\to 2$) klein ist gegen die Übergangswahrscheinlichkeiten $1\to 3$ und $2\to 3$. Man verwandelt durch „Pumpen" Teilchen der Sorte 1 in Teilchen der Sorte 3, etwa durch Anregung mit Hilfe von Photonen der Energie $\hbar\,\omega=e_3-e_1$. Die Teilchen der Sorte 3 gehen mit großer Übergangswahrscheinlichkeit, also schnell in Teilchen der Sorte 2 über. Den Energiebetrag e_3-e_2, den das System dabei pro Teilchen abgeben muß, gibt es nicht an das elektromagnetische Feld ab, sondern z.B. an das Gitter-System eines Festkörpers. Bei hinreichend starkem Pumpen stellt sich in dem von den Teilchensorten 2 und 3 gebildeten Teilsystem eine positive Temperatur ein, in dem von den Teilchensorten 1 und 2 gebildeten Teilsystem dagegen eine negative Temperatur.

Das Teilsystem auf negativer Temperatur muß nicht, wie wir schon sagten, ein Spin-System sein. Ein Beispiel für einen **Drei-Niveau-Laser** ist der **Rubin-Laser,** der erste im sichtbaren Spektralbereich betriebene Laser (T.H. Maiman, 1960). Rubin ist Al_2O_3, in dem ein kleiner Teil der Al^{3+}-Ionen durch Cr^{3+}-Ionen ersetzt ist. Lichtabsorption durch die Cr^{3+}-Ionen gibt dem Rubin seine intensiv rote Farbe. Pumpen des Rubin-Lasers bedeutet Anregen des Cr^{3+}-Ions durch Einstrahlung mit dem ultravioletten Licht einer Gasladung aus dem *Grundzustand des Cr^{3+}-Ions* (Teilchensorte 1) mit der Energie e_1 in einen *angeregten Zustand* (Teilchensorte 3) mit der Energie e_3

in Abb. 27.8. Wichtig ist nun, daß ein auf die Energie e_3 angeregtes Cr^{3+}-Ion sehr viel schneller strahlungslos, nämlich durch Wechselwirkung mit dem Kristallgitter des Rubins in einen *anderen angeregten Zustand* (Teilchensorte 2) mit der Energie e_2 übergeht als es unter Abstrahlung eines Photons in den Grundzustand der Energie e_1 zurückfällt. Es baut sich im Teilsystem mit den Teilchensorten 1 und 2 eine negative Temperatur auf. Der Rubinlaser sendet stimuliert Photonen der Energie $\hbar\omega = e_2 - e_1$ aus.

Im Beispiel des Rubin-Lasers ist das Teilsystem, das beim Betrieb des Lasers in Zuständen negativer Temperatur ist, das aus den Teilchensorten 1 und 2 bestehende Teilsystem. Insgesamt lassen sich aus den drei Teilchensorten 1, 2, 3 mit den Energien e_1, e_2, e_3 (Abb. 27.8) drei verschiedene Teilsysteme mit je zwei Teilchensorten bilden, nämlich die Teilsysteme (1, 2), (1, 3) und (2, 3) mit den Teilchenzahl-Variablen N_1, N_2 sowie N_1, N_3 und N_2, N_3. Jedes dieser Teilsysteme hat eine eigene Temperatur T_{12}, T_{13} und T_{23}. Die Werte dieser Temperaturen sind mit den Teilchenzahlen verknüpft durch (27.3), so daß

$$\frac{N_2}{N_1} = \mathrm{e}^{-\frac{e_2-e_1}{kT_{12}}}, \quad \frac{N_3}{N_1} = \mathrm{e}^{-\frac{e_3-e_1}{kT_{13}}}, \quad \frac{N_3}{N_2} = \mathrm{e}^{-\frac{e_3-e_2}{kT_{23}}}. \tag{27.13}$$

Löst man diese Gleichungen nach $1/T_{12}$ auf, erhält man

$$\frac{1}{T_{12}} = \frac{e_3-e_2}{e_2-e_1}\left[\frac{e_3-e_1}{e_3-e_2}\cdot\frac{1}{T_{13}} - \frac{1}{T_{23}}\right]. \tag{27.14}$$

Dieser Gleichung entnimmt man, daß

$$\frac{1}{T_{12}} \text{ negativ, wenn } T_{13} > \frac{e_3-e_1}{e_3-e_2}\, T_{23}. \tag{27.15}$$

Die Temperaturen T_{13} und T_{23} sind dabei durchaus positiv. Um (27.15) zu erfüllen, werden in einem Laser die Teilsysteme (1, 3) und (2, 3) in unterschiedlicher Weise an weitere Systeme gekoppelt, und zwar so, daß durch diese Kopplung das Teilsystem (1, 3) hinreichend viel Energie *erhält* und dem Teilsystem (2, 3) hinreichend viel Energie *entzogen* wird. Beim Rubin-Laser ist das an das Teilsystem (1, 3) angekoppelte, Energie liefernde System das System „Strahlung der Pumpfrequenz $\omega_{\text{Pump}} = (e_3 - e_1)/\hbar$", das in einem Zustand mit hoher Temperatur ist. Das an das Teilsystem (2, 3) angekoppelte, Energie entziehende System ist das Gitter-System des Kristalls, das in einem Zustand mit kleiner Temperatur, nämlich Zimmertemperatur ist. Beides, der Energieübertrag auf das Teilsystem (1, 3) und die Energieabgabe des Teilsystems (2, 3) ist ein Energieaustausch, der auf die Einstellung eines thermischen Gleichgewichts, also auf gleiche Temperaturen mit zwei bestimmten „Umgebungen" hinstrebt. Die an das Teilsystem (1, 3) angekoppelte „Umgebung", nämlich das Strahlungsfeld der Pumpfrequenz $\omega_{\text{Pump}} = \omega_{13}$, hat eine sehr hohe Temperatur (die Temperatur des Pumplichts) und spielt deswegen bei hinreichender Ankopplung die Rolle des Energielieferanten an das Teilsystem (1, 3). Die an das Teilsystem (2, 3) angekoppelte „Umgebung" ist das Gitter-System des Al_2O_3-Kristalls.

Das Strahlungsfeld einer festen Pumpfrequenz ist nur eine von vielen Möglichkeiten, einen Energielieferanten für einen Laserprozeß experimentell zu realisieren. Eine andere Möglichkeit wird im **Gaslaser** ausgenutzt. Im Helium-Neon-Gaslaser ist der Energielieferant das Helium, und zwar die durch Elektronenstoß angeregten He-Atome. Vereinfacht hat man es mit zwei Teilchensorten im He-Gas zu tun, den He-Atomen im Grundzustand (Teilchenzahl-Variable N_4) und den He-Atomen im angeregten Zustand (Teilchenzahl-Variable N_5). Daraus folgt wegen

$$\frac{N_5}{N_4} = e^{-\frac{e_5 - e_4}{k T_{He}}} = e^{-\frac{21\,\text{eV/Teilchen}}{k T_{He}}}$$

für die Temperatur

$$T_{He} = \frac{21\,\text{eV/Teilchen}}{k \ln(N_4/N_5)} = \left[\frac{2{,}5 \cdot 10^5}{\ln(N_4/N_5)}\right] \text{K}.$$

Die Temperatur T_{He} ist nicht die Temperatur, die ein in das He-Gas gehaltenes Thermometer anzeigen würde, dessen Wechselwirkung mit dem He-Gas über Impulsaustausch (Stöße) verläuft. Alle in den Abb. 15.1 bis 15.4 gezeigten Thermometer sind von dieser Art. Die Temperatur T_{He} ist die Temperatur des Teilsystems der He-Atome, das in §23 allein durch die innere Zustandssumme (23.48) beschrieben wird. In §23 läuft die Beschränkung auf dieses Teilsystem darauf hinaus, daß z.B. in den Gln. (23.33), (23.34), (23.38), (23.39) der erste Term auf den rechten Seiten weggelassen wird. Das ist gleichbedeutend mit dem Weglassen der translativen Freiheitsgrade der Atome.

Der Laser-Prozeß des Helium-Neon-Gaslasers spielt sich im Neon ab. Wieder läßt sich der Prozeß mit drei Zuständen des Ne-Atoms verstehen, wie in Abb. 27.9 dargestellt. Während der Energielieferant wie beim Rubin-Laser an das Teilsystem (1, 3)

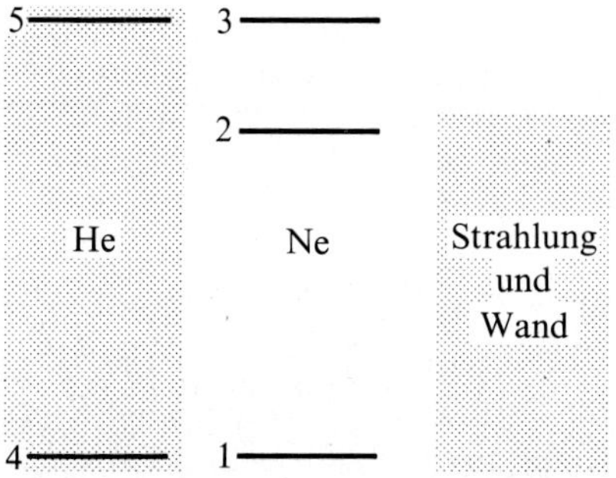

Abb. 27.9

Im He-Ne-Gaslaser findet der Laser-Übergang zwischen den Zuständen 3 und 2 des Ne-Atoms statt. Das Teilsystem (2, 3) des Ne-Atoms hat also beim Laserbetrieb eine negative Temperatur.

Das He-Atom ist der Energielieferant. Es wird durch Elektronenstoß von seinem Grundzustand 4 auf seinen ersten angeregten Zustand 5 gebracht, der 21 eV über dem Grundzustand liegt. Die angeregten He-Atome koppeln über Stoßprozesse an die Ne-Atome an. Dabei ist das Teilsystem (1, 3) des Ne-Atoms bevorzugt, da wegen $e_5 - e_4 \approx e_3 - e_1$ bei Anregung des Ne-Atoms von e_1 auf e_3 nur innere Energie zwischen den Stoßpartnern ausgetauscht wird.

Um das Teilsystem (1, 2) des Ne-Atoms auf möglichst tiefer positiver Temperatur zu halten, muß es an die Umgebung angekoppelt werden, in der Zeichnung als „Strahlung und Wand" bezeichnet. Beim He-Ne-Laser geschieht diese Ankopplung nämlich durch Abstrahlung und Stöße mit der Wand des Entladungsrohrs, das deswegen einen hinreichend kleinen Querschnitt haben muß.

Die Zahl der an der stimulierten Emission des He-Ne-Lasers beteiligten Energieniveaus ist in Wirklichkeit erheblich größer als hier gezeichnet. Es wird stimulierte Emission sowohl im sichtbaren als auch im ultraroten Spektralbereich beobachtet. Wegen der hier gezeichneten, zum Verständnis dieses Lasers notwendigen minimalen Anzahl der Energieniveaus, von denen die Grundniveaus als ein einziges gezählt werden, wird dieser Laser-Typ auch als 4-Niveau-Laser bezeichnet.

angekoppelt ist, ist die auf tiefer Temperatur liegende, Energie aufnehmende Umgebung, anders als beim Rubin-Laser, an das Teilsystem (1, 2) angekoppelt. Diese Umgebung ist das elektromagnetische Strahlungsfeld und außerdem die Wand des Entladungsrohres. Die Ne-Atome im angeregten Zustand 2 geben ihre Anregungsenergie $e_2 - e_1$ teilweise an das Strahlungsfeld und teilweise durch Stoß an die Wand ab.

§ 28 Der 3. Hauptsatz. Der Absolutwert der Entropie

Das Nernstsche Wärmetheorem

Der monotone Zusammenhang zwischen der Entropie S und der Temperatur T in den stabilen Zuständen eines Systems hat, wie wir nun zeigen wollen, eine Kopplung der kleinsten Werte zur Folge, die die Temperatur T und die Entropie S des Systems annehmen können. Zunächst muß danach mit abnehmender Temperatur T eines Systems auch seine Entropie S abnehmen und umgekehrt mit abnehmenden Werten von S auch T abnehmen. Wählen wir neben den Variablen $y_2, \ldots, y_n$ die Temperatur T als unabhängige Variable, so ist $S = S(T, y_2, \ldots, y_n)$. Strebt T bei festen Werten von $y_2, \ldots, y_n$ gegen den kleinsten Wert $T=0$, so geht die Entropie S abnehmend gegen einen Wert $S_0 = S(T=0, y_2, \ldots, y_n)$, der nur von den Werten abhängt, die die Variablen $y_2, \ldots, y_n$ haben. Da nach Aussage des 3. Hauptsatzes $S=0$ der kleinste Wert ist, den die Entropie eines Systems annehmen kann, ist $S_0 \geqq 0$. Kann nun wirklich $S_0 > 0$ sein, oder ist stets $S_0 = 0$, gleichgültig welche Werte $y_2, \ldots, y_n$ haben, wenn diese nur endlich sind? Wenn $S_0 > 0$ wäre, läge die in Abb. 28.1 dargestellte Situation vor: Wegen $S_0 > 0$ muß der zu S_0 gehörende Wert E_0 der Energie größer sein als der zu $S=0$ gehörende Wert $E_{\min}$. Da ferner $T=0$, also $1/T = \partial S/\partial E = \infty$ ist, muß die Tangentialrichtung im Punkt (E_0, S_0) parallel zur S-Achse sein. Das bedeutet aber, wie Abb. 28.1 klarmacht, daß jede Kurve, die $(E_{\min}, S=0)$ mit (E_0, S_0) verbindet, ein Stück mit gemessen an (26.3) „falscher" Krümmung enthalten muß. Der Punkt (E_0, S_0) ist ein instabiler Zustand des Systems. Wir haben damit das Resultat: *Ist $S_0 = S(T=0, y_2, \ldots, y_n) > 0$, so ist dieser Zustand des Systems instabil.* **In stabilen Zuständen mit $T=0$ hat die Entropie S den Wert $S=0$.** Allerdings sagt unsere Überlegung nichts darüber aus, ob der instabile Zustand bereitwillig in den stabilen übergeht, oder ob der Übergang vielleicht ein ernstes Problem darstellt. Tatsächlich ist das so, da mit $T \to 0$ die inneren Vorgänge eines Systems und damit auch die Einstellung von Gleichgewichten im allgemeinen langsamer und langsamer ablaufen. Wir kommen gleich darauf zurück.

Es bleibt noch der Fall zu diskutieren, in dem S als unabhängige Variable neben $y_2, \ldots, y_n$ gewählt wird. In ihm ist $T = T(S, y_2, \ldots, y_n)$. Geht S gegen Null, so strebt T abnehmend gegen einen Wert $T_0 = T(S=0, y_2, \ldots, y_n) \geqq 0$. Analog oben stellt sich die Frage, ob $T_0 > 0$ vorkommen kann. Die Frage läuft darauf hinaus, ob die Gibbs-Funktion $S = S(E)$ bzw. $E = E(S)$ eines Systems in einem Zustand, in dem S seinen kleinsten Wert $S=0$ hat, eine von ∞ bzw. 0 verschiedene Steigung haben kann (Abb. 28.2). Ein System, bei dem das zuträfe, hätte bei den betreffenden Werten von $y_2, \ldots, y_n$ überhaupt keine Zustände, in denen die Temperatur einen kleineren Wert hat als T_0. T_0 selbst ist eine Funktion von $y_2, \ldots, y_n$. Das System ließe sich nur bis zur Temperatur T_0 abkühlen; dann könnte es weder Entropie noch Energie, also auch keine Wärme mehr abgeben. Werte der Temperatur $T < T_0$ könnten an dem System überhaupt nicht vorgegeben werden. Obwohl die Existenz derartiger Systeme mit der Theorie nicht im Widerspruch steht, liegt nach aller Erfahrung kein Grund zu der Annahme vor, daß es Systeme gibt, bei denen sich die Werte der intensiven Variablen, also auch der Temperatur, nicht beliebig vorgeben ließen.

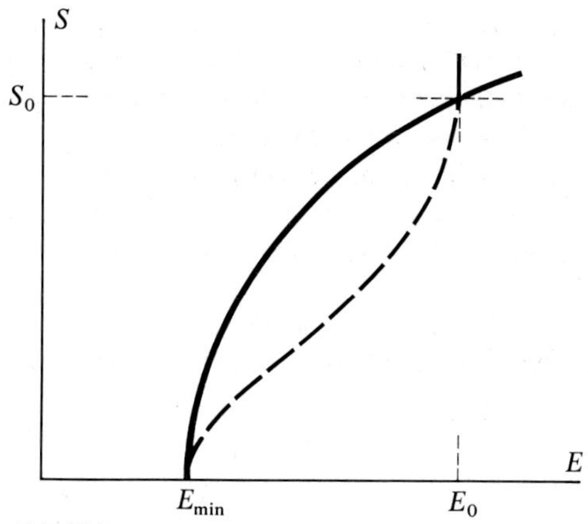

Abb. 28.1

Ein Zustand mit $S_0 > 0$ und $T=0$ verletzt die Stabilitätsbedingung (26.3). Jede Kurve, die einen Punkt ($E_0 > E_{min}$, $S_0 > 0$) mit (E_{min}, $S=0$) verbindet und deren Tangentenrichtung, wie bei der gestrichelten Kurve, wegen $T=0$ in beiden Punkten parallel zur S-Achse ist, muß ein Stück negativer Krümmung haben. Ein Punkt (E_0, S_0) auf diesem Kurvenstück verletzt die Stabilitätsbedingung (26.3). Nur die ausgezogene Kurve erfüllt diese Bedingung.

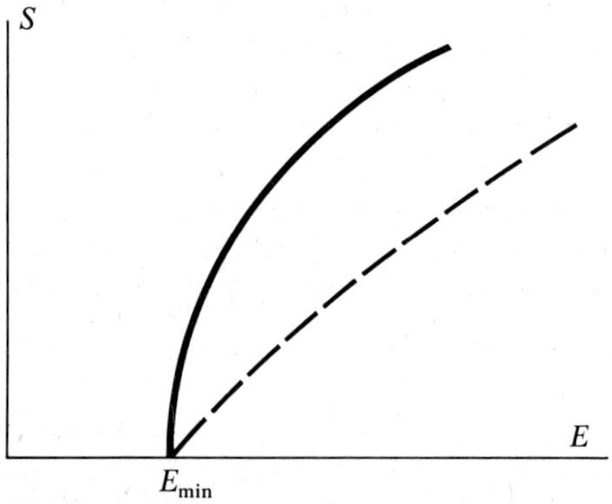

Abb. 28.2

Ein System, dessen $S(E)$-Kurve bei $E=E_{min}$ nicht mit senkrechter Steigung mündet (gestrichelte Kurve), hat die Eigenschaft, daß $S=0$ mit einer Temperatur $T_0>0$ verknüpft ist, die der Steigung der Kurve bei E_{min} entspricht. T_0 ist dann die kleinste Temperatur, die ein solches System annehmen kann, weil oberhalb E_{min} nach der Stabilitätsbedingung (26.3) die Steigung der Kurve abnimmt, die Temperatur also zunimmt. Da es keine Systeme gibt, bei denen die Werte der Temperatur nicht beliebig klein und damit auch kleiner als T_0 sein können, ist der durch die gestrichelte Kurve repräsentierte Fall ausgeschlossen. Nur die ausgezogene Kurve, die bei E_{min} senkrecht auf die E-Achse auftrifft, entspricht der Wirklichkeit. Für sie ist in stabilen Zuständen bei $S=0$ auch $T_0=0$.

Die Stabilitätsbedingung sowie die Erfahrung, daß die Werte der intensiven Variablen bei realen Systemen innerhalb der allgemeinen Wertebereiche der Variablen beliebig vorgeschrieben werden können, führen somit zu dem *Nernstschen Wärmetheorem:*

> Mit $T \to 0$ strebt auch die Entropie eines physikalischen Systems gegen den Wert Null, wenn das System in Zuständen vorliegt, die den Stabilitätsbedingungen genügen, und wenn alle extensiven und intensiven Variablen des Systems endliche Werte haben.

Nernst (Walter Nernst, 1864–1941) hat diesen Satz nicht wie wir hier aus theoretischen Überlegungen gewonnen, sondern aus einem großen experimentellen Datenmaterial. Zusammen mit den vielen weiteren Bestätigungen, die das Theorem inzwischen erfahren hat, bilden diese Erfahrungen seine wirkliche Stütze. Daß es umgekehrt aus dem Begriff der Gibbs-Funktion eines Systems und den Extremalprinzipien und den daraus gefolgerten Stabilitätsbedingungen hergeleitet werden kann, zeigt, wie gut das Begriffssystem der Dynamik der Beschreibung der Natur angepaßt ist und wie zuverlässig die aus ihm gezogenen Folgerungen sind.

Das Nernstsche Wärmetheorem zusammen mit der Eigenschaft der Variable S, keine negativen Werte anzunehmen, bezeichnet man als 3. Hauptsatz der Thermodynamik.

Instabilitäten bei $T \to 0$. Mischungsentropie

Kann mit $T \to 0$ die Entropie gegen einen Wert $S_0 > 0$ gehen, können Zustände eines Systems also bei Abkühlung instabil werden? Ja; ein typisches Beispiel hierfür bilden *Gemische* verschiedener Substanzen. Bleiben die Substanzen bei der Abkühlung homogen gemischt, so geht die Entropie des Systems bei $T \to 0$ nicht gegen Null, sondern gegen einen von Null verschiedenen Wert. Bei $T = 0$ bleibt ein Entropierest, eine „Mischungsentropie" übrig, die, wie sich aus (23.53) schließen läßt, den (positiven) Betrag hat

$$-N k \sum_i w_i \ln w_i = k [N \ln N - \sum_i N_i \ln N_i]. \tag{28.1}$$

Der Index i gibt die verschiedenen Teilchensorten an. Die rechte Seite von (28.1) ist eine Schreibweise, die wir nur deshalb angeführt haben, weil sie weit verbreitet ist. Man sollte sie vemeiden, da die Variablen N_i und $N = \sum_i N_i$ nicht dimensionslos sind, sondern die Dimension „Teilchenzahl" haben (§ 5).

Daß die Mischungsentropie (28.1) sich aus Gl. (23.53) entnehmen läßt, scheint auf den ersten Blick zweifelhaft, da (23.53) für ein ideales Gas und nicht für ein kondensiertes System abgeleitet wurde. In (23.53) ist das ideale Gas aber nur in dem Term $N s_1(T, p)$ enthalten. Der zweite Term, der identisch ist mit (28.1), rührt allein davon her, daß das Gas eine **Mischung unabhängiger Teilchen** i mit den relativen Häufigkeiten $w_i = N_i/N$ ist. Würde das Gas kondensiert unter Konstanthalten der Werte von w_i, und bleiben bei der Kondensation die Teilchenzahlen N_i weiterhin *unabhängige* Variablen des Systems, so würde in (23.53) sich zwar der Term $N s_1(T, p)$ ändern, nicht aber der die Mischung charakterisierende Term (28.1). Dieser stellt somit die Mischungsentropie einer Mischung unabhängiger Teilchen dar.

Hat die Mischung beim Abkühlungsprozeß $T \to 0$ die Möglichkeit, sich zu entmischen, so strebt die Entropie bei $T \to 0$ gegen einen kleineren Wert, eventuell sogar gegen ihren Gleichgewichtswert Null. Es kann auch sein, daß der Gleichgewichtszustand des Systems nicht der ist, in dem die Substanzen entmischt, also räumlich getrennt sind, sondern einer, in dem die Substanzen eine geordnete Kristallstruktur, eine „Überstruktur" bilden. Dann sind die Variablen N_i nicht mehr voneinander unabhängig, denn die Ordnung eines Kristalls impliziert, daß die Verhältnisse N_i/N_j zweier verschiedener Teilchensorten festgelegt sind. Dann gilt auch (28.1) nicht mehr, denn darin sind die N_i als unabhängig vorausgesetzt. Die Einstellung von Gleichgewichten bei $T \to 0$ ist im allgemeinen mit Prozessen verknüpft, bei denen die Atome der Substanzen diffundieren, also ihren Platz wechseln müssen. Mit abnehmender Temperatur wird die Diffusionsgeschwindigkeit aber immer kleiner, die Atome werden immer unbeweglicher. Es dauert immer länger, bis Gleichgewichte sich einstellen. Instabile Zustände werden „eingefroren".

Nicht nur Gemische verschiedener Substanzen werden bei Abkühlung in instabilen Zuständen eingefroren, sondern auch Systeme, denen auf den ersten Blick nicht anzusehen ist, daß sie Mischungen verschiedener Teilchensorten sind. So ist auch ein aus einer einzigen Substanz bestehender Kristall im Sinn der Thermodynamik eine Mischung verschiedener Teilchensorten, nämlich eine Mischung aus *Atomarrangements in regulärer kristalliner Anordnung* als der einen Teilchensorte und *Fehlstellen* dieser Anordnung als der anderen. Bleibt bei Abkühlung die Anzahl der Fehlstellen erhalten, so bildet der Kristall bis $T=0$ ein Gemisch, seine Entropie geht mit $T\to 0$ nicht gegen Null, sondern gegen einen endlichen positiven Wert, der sich aus (28.1) berechnen läßt. Nur wenn alle Fehlstellen verschwinden, wenn sie bei Abkühlung „aus dem Kristall herauswandern", Fehlstellen und Stellen regulären Kristallbaus sich also entmischen, geht die Entropie des Kristalls mit $T\to 0$ gegen den Wert Null.

Was wir Entmischung genannt haben, muß nicht unbedingt eine Entmischung im räumlichen Sinn sein. Worauf es ankommt, ist vielmehr, daß das System bei Prozessen $T\to 0$ zerlegt wird in unabhängige Teilsysteme, die miteinander im Gleichgewicht stehen. Wir haben damit die *Regel:*

> Systeme mit *unabhängigen* Teilchenzahlvariablen $N_1, N_2, \ldots$ zeigen bei Prozessen $T\to 0$ in ihren *stabilen* Zuständen eine Zerlegung in Teilsysteme, die jeweils nur eine einzige der Teilchenzahl-Variablen enthalten.

In dieser Regel ist die Bedingung der Unabhängigkeit der Teilchenzahl-Variablen bis $T=0$ wichtig. Eine Anwendung der Regel haben wir in der Zerlegung des Systems „Festkörper" in die Teilsysteme „Gitter-System", „Elektronen-System" und „Spin-System" kennengelernt.

Folgerungen aus dem 3. Hauptsatz

Die Entropie eines Systems ist in ihrem Wertevorrat nach unten durch den Wert Null begrenzt. Daraus folgt unmittelbar der *Satz:*

> Jede Wärmekapazität eines Systems geht mit $T\to 0$ gegen Null, wenn die extensiven und intensiven Variablen des Systems bis $T=0$ endlich bleiben.

Der Satz verlangt nicht, wie das Nernstsche Theorem, daß auch die Stabilitätsbedingung bis $T=0$ hinab eingehalten wird. Er trifft auch dann zu, wenn das System in einer eingefrorenen instabilen Zustandsfolge bis $T=0$ abgekühlt wird. Die Voraussetzung der Endlichkeit der Werte aller extensiven und intensiven Variablen ist dagegen notwendig. Das zeigt das Beispiel eines idealen Gases. Wird nämlich ein Stoff bei einem Abkühlungsprozeß $T\to 0$ im Gaszustand gehalten, so können die Wärmekapazitäten pro Teilchenzahl c_p und c_v schon wegen $c_p - c_v = k$ gar nicht beide gegen Null gehen. Tatsächlich strebt, wie wir aus §23 wissen, die Wärmekapazität c_v eines Gases bei $T\to 0$ gegen den Wert $3\,k/2$ und c_p entsprechend gegen $5\,k/2$.

Der Beweis des Satzes ergibt sich unmittelbar aus der allgemeinen mathematischen Gestalt der Wärmekapazitäten

$$C_{y_2,\ldots,y_n} = T\frac{\partial S(T, y_2, \ldots, y_n)}{\partial T} = \frac{\partial S(T, y_2, \ldots, y_n)}{\partial \ln T}. \tag{28.2}$$

Bleiben alle extensiven und intensiven Variablen des Systems endlich, so geht die Entropie S mit $T \to 0$ gegen einen endlichen Wert $S_0 \geqq 0$. Die Variable $\ln T$ strebt dagegen gegen den Wert $-\infty$. Dann strebt der Differentialquotient auf der rechten Seite von (28.2) gegen Null.

Das Schicksal der Wärmekapazitäten, am absoluten Nullpunkt der Temperatur zu verschwinden, teilen noch eine ganze Reihe weiterer Größen. Es gilt nämlich der weitere *Satz:*

> Für jede extensive Variable X eines Systems und die ihr zugeordnete intensive ξ gilt, wenn die Voraussetzungen des 3. Hauptsatzes zutreffen,

$$\frac{\partial X(T, \xi, y_3, \ldots, y_n)}{\partial T} = 0 \quad \text{bei } T = 0 \tag{28.3}$$

und

$$\frac{\partial \xi(T, X, y_3, \ldots, y_n)}{\partial T} = 0 \quad \text{bei } T = 0. \tag{28.4}$$

Ist $X = V$, so sagt Gl. (28.3), daß

$$\frac{\partial V(T, p, N)}{\partial T} = 0 \quad \text{bei } T = 0. \tag{28.5}$$

Bei $T = 0$ ist also der **thermische Ausdehnungskoeffizient** eines kondensierten Stoffs Null. Die bei Festkörpern und Flüssigkeiten ohnehin schwach ausgeprägte Kopplung zwischen den mechanischen und thermischen Eigenschaften, die sich in dem thermischen Ausdehnungskoeffizienten äußert, verschwindet bei $T = 0$ völlig. Da der Druck p die zu V gehörige intensive Variable ist, sagt (28.4), daß

$$\frac{\partial p(T, V, N)}{\partial T} = 0 \quad \text{bei } T = 0, \tag{28.6}$$

daß also der **thermische Spannungskoeffizient** eines Festkörpers bei $T = 0$ verschwindet.

Ist $X = \boldsymbol{m}$ das magnetische Moment eines magnetisierbaren Körpers, gleichgültig ob das magnetische Moment durch ein äußeres Feld $\boldsymbol{H} \neq 0$ zustande kommt oder ob $\boldsymbol{m}$ „spontan", also auch bei $\boldsymbol{H} = 0$ auftritt, sagt Gl. (28.3), daß

$$\frac{\partial \boldsymbol{m}(T, \boldsymbol{H}, y_3, \ldots, y_n)}{\partial T} = 0 \quad \text{bei } T = 0. \tag{28.7}$$

Als Funktion von T mündet jede Magnetisierungskurve, wie Abb. 28.3 zeigt, daher mit horizontaler Tangente in die Gerade $T = 0$ ein.

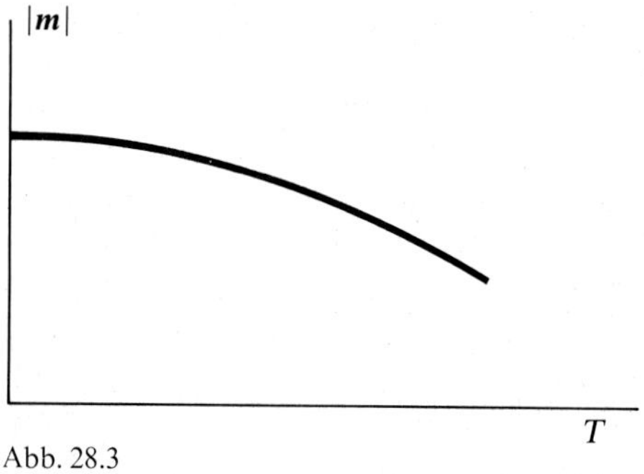

Abb. 28.3

Als Folge des 3. Hauptsatzes nimmt der Betrag des magnetischen Moments $|\boldsymbol{m}|$ eines Körpers als Funktion von T bei konstantem äußeren Magnetfeld $\boldsymbol{H}$ bei Abkühlung $T \to 0$ die Steigung Null an. Dabei ist es gleichgültig, ob das magnetische Moment $\boldsymbol{m}$ des Körpers die Folge des von außen angelegten Feldes $\boldsymbol{H} \neq 0$ ist, oder ob $\boldsymbol{m}$ die Folge von Spontanmagnetisierung ist wie bei einem Ferromagnet, bei dem $\boldsymbol{m} \neq 0$, auch wenn $\boldsymbol{H} = 0$.

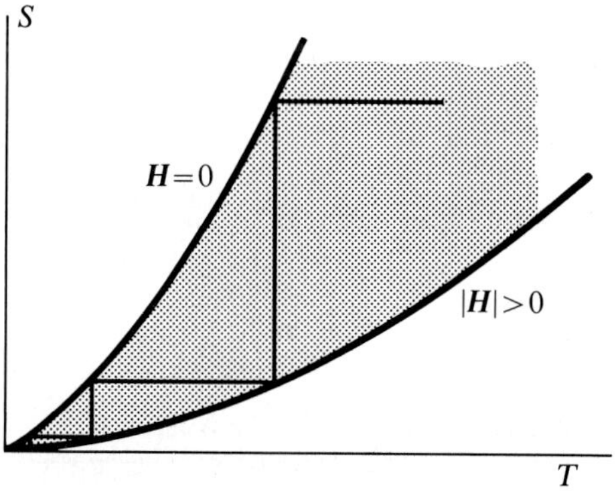

Abb. 28.4

Die gerasterte Punktmannigfaltigkeit in der $T-S$-Ebene stellt die *stabilen* Zustände eines Spin-Systems zwischen $\boldsymbol{H} = 0$ (obere Kurve) und einem festen Wert $|\boldsymbol{H}| > 0$ (untere Kurve) dar. Die Ränder des Gebiets sind *Stabilitätsgrenzen* des Systems. Punkte außerhalb dieser Grenzen verletzten die Stabilitätsbedingung, wie z.B. alle Punkte $T = 0$, $S > 0$.

Eine Treppenkurve aus endlich vielen isentropen ($S = \text{const}$) und isothermen ($T = \text{const}$) Stücken kann den Nullpunkt $T = 0$, $S = 0$ nicht erreichen. Dazu wären unendlich viele Stufen nötig, deren Höhen und Breiten allerdings gegen Null konvergieren.

Der Beweis von (28.3) und (28.4) beruht darauf, daß die Ableitungen (28.3) und (28.4) auch als Ableitungen der Entropie nach der jeweils konjugierten Variable geschrieben werden können. Es gelten nämlich entsprechend (24.1) die Beziehungen

(28.8)
$$\frac{\partial X(T, \xi, y_3, \ldots, y_n)}{\partial T} = \frac{\partial S(T, \xi, y_3, \ldots, y_n)}{\partial \xi}$$

und

(28.9)
$$\frac{\partial \xi(T, X, y_3, \ldots, y_n)}{\partial T} = -\frac{\partial S(T, X, y_3, \ldots, y_n)}{\partial X}.$$

Da unter den Voraussetzungen des Nernstschen Theorems bei $T = 0$ die Entropie S konstant, in stabilen Zuständen sogar $S = 0$ ist, verschwinden alle Ableitungen von S nach irgendwelchen anderen unabhängigen Variablen, die bei $T = 0$ verändert werden können. Somit sind bei $T = 0$ auch die linken Seiten von (28.8) und (28.9) Null.

Wir erwähnen schließlich als Folge des 3. Hauptsatzes die **Unerreichbarkeit des absoluten Nullpunkts.** Genauer geht es darum, daß der Nullpunkt $T=0$ nicht in *endlich vielen isothermen und isentropen Prozeßschritten* erreicht werden kann. Die Aussage des 3. Hauptsatzes, daß in stabilen Zuständen $T=0$ und $S=0$ zusammen eintreten, bedeutet ja, daß im T-S-Diagramm die Zustandsmannigfaltigkeit jedes stabilen Systems sich bei Annäherung an $T=0$ auf einen Punkt zusammenzieht. Betrachten wir z.B. das Spin-System im Magnetfeld, so gibt die obere Kurve in Abb. 28.4 dessen Zustände bei $\boldsymbol{H}=0$, die untere Kurve dagegen die bei einem festen Wert $\boldsymbol{H}>0$ wieder. Die gerasterte Fläche zwischen den beiden Kurven umfaßt alle Zustände, die bei Ein- und Ausschalten des Magnetfeldes durchlaufen werden können. In einer Sequenz von isothermen und isentropen Prozessen bei der Abkühlung durch adiabatische Entmagnetisierung (§ 18) wird die gezeichnete Treppe durchlaufen. Da nach dem 3. Hauptsatz die obere und untere Kurve in Abb. 28.4 bei $T=0$, $S=0$ zusammenfallen, hätte eine Treppenkurve die innerhalb des gerasterten Gebiets den Nullpunkt $T=0$, $S=0$ erreichen soll, unendlich viele Stufen.

Die Absolutbestimmung der Entropie

Das Nernstsche Wärmetheorem sagt, daß eine Messung von Entropiedifferenzen, die von einem Zustand mit $T=0$ ausgeht, gleichzeitig eine *Absolutmessung der Entropie* darstellt. Wendet man nämlich das Theorem auf (22.6) an, so erhält man mit $T_0=0$

$$S(T, V, N)=\int_0^T \frac{C_V(T', V, N)}{T'}\, dT'. \tag{28.10}$$

Dabei müssen allerdings, wie das Theorem verlangt, V und N endliche Werte haben, und außerdem muß das System in stabilen Zuständen vorliegen, also der Stabilitätsbedingung (26.1) genügen. Diese beiden Forderungen sind, so selbstverständlich oder nebensächlich sie klingen mögen, doch von großer praktischer Bedeutung. Zunächst scheidet die Bedingung der Endlichkeit der Werte aller extensiven und intensiven Variablen des Systems die Zustände aus, in denen das System als Gas vorliegt. Das Nernstsche Theorem trifft deshalb nur für *kondensierte Phasen*, also feste oder flüssige, nicht dagegen für gasförmige Phasen zu.

Wenn eine Substanz bei Abkühlung im Gaszustand gehalten und ihre Kondensation verhindert wird, muß ihr Druck p kleiner sein als der zu der jeweiligen Temperatur gehörige Dampfdruck. Nun sinkt der Dampfdruck angenähert exponentiell mit T, so daß auch die Teilchendichte eines idealen Gases $N/V=p/kT$ bei $T\to 0$ gegen Null strebt. Bei endlichem Wert von N wächst somit das Volumen $V\to\infty$. Das Sinken der Teilchendichte bedeutet, daß das Gas bei $T\to 0$ immer idealer wird. Die Entropie eines Gases strebt daher mit $T\to 0$ gegen die Entropie eines idealen Gases und diese geht, wie wir auseinandersetzen werden, gegen Unendlich. Gasphasen sind deshalb für die Absolutbestimmung der Entropie ein besonderes Problem. Das war ein großes Hindernis bei der Erkenntnis, daß der Entropie eines Systems *absolute* Werte zugeschrieben werden können, denn die klassische Thermodynamik hatte sich vollständig am idealen Gas orientiert.

Das Unendlichwerden der Entropie eines Gases läßt sich aus den Formeln (23.6) bis (23.12) nicht ablesen, da mit $T\to 0$ das Volumen pro Teilchenzahl v gerade so gegen unendlich gehen könnte, daß ein endlicher Wert von s resultiert. Wir folgen, um $s\to\infty$

zu zeigen, deshalb einer anderen Überlegung. Im Gleichgewicht zwischen Gasphase und kondensierter Phase eines Stoffs ist $\mu_{\text{Gas}} = \mu_{\text{Kond}}$. Mit (22.54) läßt sich diese Beziehung schreiben

$$e - Ts + pv = \mu_{\text{Kond}}. \tag{28.11}$$

Die nicht indizierten Größen der linken Seite beziehen sich dabei auf die Gasphase. Mit $T \to 0$ strebt die Gasphase gegen ein ideales Gas, also $pv = kT$. Gleichzeitig geht e gegen den Wert e_0, die Ruhenergie der Teilchen der Gasphase, während μ_{Kond} gegen die Energie $\mu_{\text{Kond}}(0)$ der Teilchen der kondensierten Phase, also der *gebundenen* Teilchen geht. $\mu_{\text{Kond}}(0)$ ist sicher kleiner als e_0, so daß $e_0 - \mu_{\text{Kond}}(0) > 0$. Aus (28.11) folgt somit, daß bei $T \to 0$

$$s \to \lim_{T \to 0} \left[k + \frac{e_0 - \mu_{\text{Kond}}(0)}{T} \right] = \infty. \tag{28.12}$$

Die Entropie s eines Gases verläuft bei $T \to 0$ wie $1/T$.

Wegen (28.12) läßt sich der Absolutwert der Entropie einer Gasphase mit Prozessen $T \to 0$ nicht bestimmen. Natürlich bleibt der Weg, zunächst die Entropie des kondensierten Stoffs von $T = 0$ bis zu einer Temperatur T' zu bestimmen, dann den Stoff bei T' zu verdampfen, die Entropiezunahme dabei zu messen und schließlich die Entropie bis zu einem gewünschten Zustand der Gasphase weiter zu verfolgen. Ist es aber nicht möglich, auf direktem Weg, also ohne Kondensation an den Absolutwert der Entropie eines Gases zu kommen?

Wir erinnern dazu an (23.53). Nach dieser Gleichung läuft die Absolutbestimmung der Entropie eines idealen Gases darauf hinaus, die Entropie s_1, und das ist die Entropie eines *elementaren* idealen Gases, zu bestimmen. Die Teilchen eines elementaren idealen Gases sind alle im selben inneren Zustand, so daß in (23.53) $w_1 = 1$, $w_2 = w_3 = \cdots = 0$. Für ein derartiges Gas ist $c_v = 3k/2$, so daß seine Entropie nach (23.10) die Gestalt hat

$$s(T, v) = k \ln \left(\frac{T^{\frac{3}{2}} v}{T_0^{\frac{3}{2}} v_0} \right) + s(T_0, v_0). \tag{28.13}$$

Den Ausdruck unter dem Logarithmus erweitern wir mit einer zunächst beliebigen Konstante b der Dimension (Temperatur)$^{3/2}$ · Volumen/Teilchenzahl; dann lautet (28.13)

$$\frac{s(T, v)}{k} = \ln \left(\frac{T^{\frac{3}{2}} v}{b} \frac{b}{T_0^{\frac{3}{2}} v_0} \right) + \frac{s(T_0, v_0)}{k} = \ln \left(\frac{T^{\frac{3}{2}} v}{b} \right) - \ln \left(\frac{T_0^{\frac{3}{2}} v_0}{b} \right) + \frac{s(T_0, v_0)}{k}.$$

Bringen wir in dieser Gleichung alle T und v enthaltenden Glieder auf die eine und alle T_0 und v_0 enthaltenden Glieder auf die andere Seite, so erhalten wir

$$\frac{s}{k} - \ln \left(\frac{T^{\frac{3}{2}} v}{b} \right) = \frac{s_0}{k} - \ln \left(\frac{T_0^{\frac{3}{2}} v_0}{b} \right). \tag{28.14}$$

Die rechte Seite ist, da sie nur von dem beliebig, aber fest gewählten Bezugszustand T_0, v_0 abhängt, eine dimensionslose Konstante, also eine Zahl. Wir haben somit

$$\frac{s}{k} - \ln \left(\frac{T^{\frac{3}{2}} v}{b} \right) = \text{const.} \tag{28.15}$$

Da b zwar der Dimension nach, nicht aber in seinem Zahlwert festgelegt ist, können wir an b die Bedingung stellen, daß die rechtsseitige Konstante in (28.15) den Wert Null hat. Somit ist

(28.16) $$s(T, v) = k \ln\left(\frac{T^{\frac{3}{2}} v}{b}\right).$$

Die Frage nach dem Absolutwert der Entropie s eines elementaren idealen Gases ist also gleichbedeutend mit der Frage nach dem Wert der Konstante b in (28.16).

Die chemische Konstante eines idealen Gases

Wovon hängt b ab? Da die Teilchen eines elementaren idealen Gases alle im selben inneren Zustand sind, können sich verschiedene elementare ideale Gase nur im Wert der Energie e_0 pro Teilchenzahl des Gases bei $T=0$ unterscheiden. b wird also von der Masse $m_0 = e_0/c^2$ der Teilchen des elementaren idealen Gases abhängen. Um b die richtige Dimension zu geben, stehen noch Naturkonstanten zur Verfügung, von denen insbesondere die Boltzmann-Konstante k und die Plancksche Konstante $\hbar$ in Betracht kommen. Von einem Zahlfaktor abgesehen muß b dann eine solche Kombination von m_0, k und $\hbar$ sein, daß es die Einheit ($\mathrm{K}^{\frac{3}{2}}\,\mathrm{m}^3$/Teilchen) hat, nämlich die Einheit von $T^{\frac{3}{2}} v$. Wir schreiben somit versuchsweise

(28.17) $$b = \text{Zahl} \cdot m_0^{\alpha} \cdot k^{\beta} \cdot \hbar^{\gamma}$$

mit unbekannten Exponenten α, β, γ. Setzt man in (28.17) die Einheiten von m_0, k und $\hbar$ ein und setzt man die Einheit von b gleich der Einheit ($\mathrm{K}^{\frac{3}{2}}\,\mathrm{m}^3$/Teilchen), so folgt

(28.18) $$\text{Einheit von } b = \left(\frac{\mathrm{kg}}{\text{Teilchen}}\right)^{\alpha} \left(\frac{\mathrm{kg\,m}^2}{\mathrm{s}^2\,\mathrm{K}\,\text{Teilchen}}\right)^{\beta} \left(\frac{\mathrm{kg\,m}^2}{\mathrm{s}\,\text{Teilchen}}\right)^{\gamma} = \frac{\mathrm{K}^{\frac{3}{2}}\,\mathrm{m}^3}{\text{Teilchen}}.$$

Der Vergleich der Exponenten auf der linken und rechten Seite liefert sofort einen Widerspruch, denn die Potenz von kg muß Null sein, die von „Teilchen" aber -1. Einerseits muß also $\alpha+\beta+\gamma=0$ sein, andererseits aber $\alpha+\beta+\gamma=1$.

Der Widerspruch tritt nicht auf, wenn man die Einheit „Teilchen", wie es üblich ist, ignoriert, der Teilchenzahl-Variable also keine Dimension zubilligt. Dann hat (28.18) die Lösung

(28.19) $$\alpha = \beta = -\tfrac{3}{2}, \qquad \gamma = 3.$$

Obwohl wir daran festhalten, daß Teilchenzahl-Variablen eine Dimension haben und daß somit das Wegstreichen von „Teilchen" in (28.18) nicht besser begründet ist als das Wegstreichen jeder anderen Einheit, wie kg, m, K oder s, hilft uns das Resultat (28.19) trotzdem weiter. Zunächst ist klar, daß der Ansatz (28.17) nicht vollständig sein kann. Er muß also erweitert werden. Allerdings hilft es nicht, dazu weitere Naturkonstanten in (28.17) einzuführen; denn auch mit ihnen läßt sich, wie man sich überzeugt, (28.18) nie erfüllen. Es bleibt somit nur der Schluß, daß in (28.17) noch eine weitere Größe fehlt, die für den Stoff charakteristisch ist. Es muß eine Größe sein mit der Einheit „1/Teilchen", die wir $1/\nu$ nennen. b muß somit die Gestalt haben

$$b = \text{Zahl} \cdot \nu^{-1}\, m_0^{-\frac{3}{2}}\, k^{-\frac{3}{2}}\, \hbar^3. \tag{28.20}$$

Um eine Vorstellung von der Größe ν, ja überhaupt von der in dem Logarithmus in (28.16) auftretenden Größe zu bekommen, setzen wir (28.20) in (28.16) ein. Das gibt

$$s(T, v) = k \ln \left[\frac{kT}{\dfrac{\hbar^2}{m_0 (\nu v)^{\frac{2}{3}}}} \right]^{\frac{3}{2}}. \tag{28.21}$$

Der Quotient in der Klammer ist das Verhältnis zweier Energien pro Teilchenzahl, nämlich von kT und $\hbar^2/m_0(\nu v)^{\frac{2}{3}}$. Die erste dieser Energien ist eine „thermische" Energie pro Teilchenzahl. Um welche Energie handelt es sich bei der zweiten? Das Auftreten der Planckschen Konstante $\hbar$ weist darauf hin, daß diese Energie quantenmechanischer Natur ist. Ihr formelmäßiger Aufbau ist der gleiche wie der einer Lokalisationsenergie, also der Energie, die man nach Aussage der Quantenmechanik aufbringen müßte, um ein Energie und Impuls transportierendes Gebilde von der Masse m_0 auf einen räumlichen Bereich der Lineardimension d zu begrenzen, zu lokalisieren. Ihr Betrag, von dem wir schon in (25.13) Gebrauch gemacht haben, ist von der Größenordnung $\hbar^2/m_0 d^2$. In (28.21) ist $d^3 = \nu v$. Die in (28.21) mit kT in Konkurrenz stehende Energie ist also die Energie, die ein Teilchen des Gases mindestens haben müßte, um lokalisiert zu werden, allerdings nicht auf das Volumen V des ganzen Gases, sondern nur auf ein Teilvolumen der Größe $\nu v = V/(N/\nu)$. Natürlich geht es in (28.21) nicht wirklich um die Lokalisierung der Teilchen des Gases, sondern lediglich darum, daß sich die Entropie eines elementaren idealen Gases ausdrücken läßt als Logarithmus eines Quotienten, dessen Zähler die thermische Energie pro Teilchenzahl mißt, wenn das Gas die Temperatur T hat, und der Nenner die Energie angibt, die man aufwenden müßte, um das im Volumen V eingeschlossene Gas aufzuteilen in lauter Teilvolumina vom Betrag $V/(N/\nu)$. Es muß immer kT groß sein gegen diese Energie, damit das Argument des Logarithmus groß und die Entropie wesentlich verschieden ist von Null, denn es handelt sich ja um ein Gas, dessen Entropie pro Teilchenzahl mit sinkender Temperatur über alle Grenzen steigt. Die Größe ν gibt mit νv also ein „effektives" Volumen an, auf das ein Teilchen des Gases lokalisiert werden müßte, um ein Energienormal zu liefern, das bei der absoluten Entropiebestimmung benutzt wird. Die Erfahrung, nämlich der Vergleich zwischen berechneten und gemessenen Werten der Entropie zeigt, daß $\nu \approx 1$ Teilchen, so daß insgesamt

$$b = \left(\frac{\hbar^2}{k\, m_0} \right)^{\frac{3}{2}} \frac{1}{\text{Teilchen}}. \tag{28.22}$$

Der fragliche Vergleich zwischen der mit diesem Wert von b berechneten Entropie und gemessenen Werten läßt sich im Prinzip so prüfen, daß man die kondensierte Phase eines Stoffs, etwa von flüssigem ^{4}He, von $T = 0$ aufheizt und dabei s mißt, dann die Flüssigkeit bei einer Temperatur T' verdampft, bei der die Gasphase hinreichend gut ideal ist, und die Zunahme der Entropie bei der Verdampfung über die Verdampfungswärme mißt. Der so erhaltene Wert der Entropie des Gases stimmt gut überein mit dem nach (28.20) und (28.22) berechneten, wenn das ideale Gas elementar ist. Für ^{4}He ist diese Voraussetzung sicher erfüllt, so daß für das gasförmige ^{4}He

(28.23) $$s_{^4\mathrm{He}}(T, v) = k \ln \left(2{,}2 \cdot 10^{28}\, T^{\frac{3}{2}}\, v \,\frac{\text{Teilchen}}{\mathrm{K}^{\frac{3}{2}}\,\mathrm{m}^3}\right);$$

denn es ist

(28.24) $$b_{^4\mathrm{He}} = \left(\frac{\hbar^2}{k\, m_{^4\mathrm{He}}}\right)^{\frac{3}{2}} \frac{1}{\text{Teilchen}} = 4{,}6 \cdot 10^{-29}\, \frac{\mathrm{K}^{\frac{3}{2}}\,\mathrm{m}^3}{\text{Teilchen}}.$$

Um ein Gefühl für die Größenordnung zu bekommen, um die es sich hier handelt, haben wir in Abb. 28.5 die Entropie pro Teilchenzahl für ^{4}He als Funktion von T angegeben für eine Teilchendichte $1/v = 2{,}3 \cdot 10^{25}$ Teilchen/m^3 $= 2{,}3 \cdot 10^{19}$ Teilchen/cm^3.

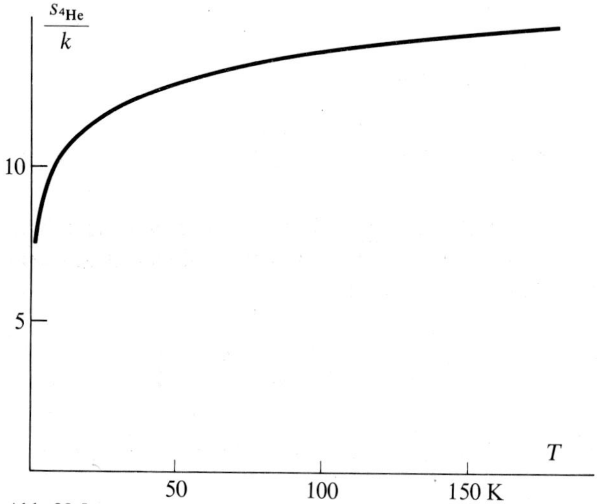

Abb. 28.5

Absolutwert der Entropie pro Teilchenzahl von ^{4}He in Abhängigkeit von T bei konstantem v. Als Wert von v wurde der des He-Dampfes über flüssigem He bei 1,5 K gewählt. Dieser Wert von v wird berechnet mittels (15.7) aus dem in Tab. 15.1 gegebenen Dampfdruck p. Wählt man einen um den Faktor α größeren Wert von v, wird die gezeigte Kurve um den Betrag $\ln \alpha$ nach oben verschoben.

Das ist die Dampfdichte von ^{4}He bei $T = 1{,}5$ K. Für Temperaturen $T < 1{,}5$ K würde ^{4}He-Gas dieser Dichte kondensieren. Bei $T = 1{,}5$ K, also im Gleichgewicht zwischen ^{4}He-Gas und ^{4}He-Flüssigkeit hat die Entropie des ^{4}He-Gases den Wert $s(\text{Gas}) = 7{,}4\,k$, während die Entropie des flüssigen ^{4}He den Wert $s(\text{Flüss.}) = 0{,}1\,k$ hat. Die Differenz $7{,}4\,k - 0{,}1\,k = 7{,}3\,k$ ist die Verdampfungsentropie von ^{4}He bei 1,5 K. Das ist die Zunahme der Entropie pro Teilchenzahl, wenn ^{4}He bei $T = 1{,}5$ K von der flüssigen in die gasförmige Phase übergeht. Bei Zimmertemperatur ($T = 300$ K) und gleicher Dampfdichte ist $s(\text{Gas}) = 15{,}4\,k$. Für ^{4}He-Gas hat bei einer Teilchendichte von $2{,}3 \cdot 10^{19}$ Teilchen/cm^3 die Vergleichs-Lokalisationsenergie $\hbar^2/m_{^4\mathrm{He}}(V \cdot \text{Teilchen})^{\frac{2}{3}}$ den Wert 0,09 Ws/Mol $= 9 \cdot 10^{-7}$ eV/Teilchen $= (0{,}01\text{ K})\,k$. Der Quotient aus thermischer Energie und Vergleichs-Lokalisationsenergie hat also Werte > 100.

^{3}He-Gas ist kein elementares ideales Gas, sondern stellt bis $T=0$ hinab eine Mischung aus zwei elementaren Komponenten dar. Nach (23.53) ist mit $w_1=\frac{1}{2}$ und $w_2=\frac{1}{2}$

$$s_{^3\mathrm{He}}(T,v)=k\left[\ln\left(\frac{T^{\frac{3}{2}}v}{b_{^3\mathrm{He}}}\right)+\ln 2\right] \tag{28.25}$$

$$=s_{^4\mathrm{He}}(T,v)+k\ln\left(2\frac{m^{\frac{3}{2}}_{^3\mathrm{He}}}{m^{\frac{3}{2}}_{^4\mathrm{He}}}\right)=s_{^4\mathrm{He}}(T,v)+0{,}265\,k.$$

Da ^{4}He- und ^{3}He-Gas beide die Wärmekapazität $c_v=3\,k/2$ haben, zeigt die Entropie bei beiden Gasen dieselbe T- und v-Abhängigkeit, lediglich der Absolutwert ist unterschiedlich.

Die Entropie eines idealen Gases, das aus frei austauschenden elementaren Komponenten i besteht, deren Teilchen alle dieselbe Masse m_0 haben, die also (23.44) genügen, ist nach (23.53) bzw. (23.65) gegeben durch

$$S(T,V,N)=Nk\left[\ln\left(\frac{T^{\frac{3}{2}}v}{b}\right)-\sum_i w_i\ln w_i\right] \tag{28.26}$$

$$=Nk\left[\ln\left(\frac{T^{\frac{3}{2}}v}{b}\right)+\ln Z+T\frac{d\ln Z}{dT}\right].$$

b hat dabei den Wert (28.22). Da der Zusatzterm $-\sum_i w_i \ln w_i$ allein davon herrührt, daß es Moleküle in verschiedenen inneren Zuständen bzw. mit verschiedenen inneren Anregungsenergien gibt, läßt sich (28.26) auch schreiben

$$S(T,V,N)=N\left[k\ln\left(\frac{T^{\frac{3}{2}}v}{b}\right)+\ln Z(T=0)+\int_0^T\frac{c_v(T')-\frac{3}{2}k}{T'}\,dT'\right]. \tag{28.27}$$

Hieraus läßt sich, wenn $c_v(T)$ gemessen wird, der Absolutwert der Entropie eines Gases berechnen.

Wir geben schließlich noch das chemische Potential μ eines idealen Gases an, dessen Teilchen alle dieselbe Masse m_0 haben. Nach (22.54) und (28.26) bzw. (28.27) ist

$$\mu(T,v)=e+pv-Ts=-kT\left[\ln\left(\frac{T^{\frac{3}{2}}v}{b_\mathrm{H}}\right)+j\right]-T\int_0^T\frac{c_v(T')-\frac{3}{2}k}{T'}\,dT'+e_0. \tag{28.28}$$

Dabei ist b_H die mit der Masse des H-Atoms als Bezugsmasse gebildete Konstante

$$b_\mathrm{H}=\left(\frac{\hbar^2}{k\,m_\mathrm{H}}\right)^{\frac{3}{2}}\frac{1}{\text{Teilchen}}=3{,}7\cdot10^{-28}\,\frac{\mathrm{K}^{\frac{3}{2}}\,\mathrm{m}^3}{\text{Teilchen}} \tag{28.29}$$

und

$$j=\ln\left[Z(T=0)\cdot\left(\frac{m_0}{m_\mathrm{H}}\right)^{\frac{3}{2}}\right]-\frac{5}{2}. \tag{28.30}$$

$Z(T=0)$ ist der Wert der Zustandssumme für $T=0$. Das ist die Anzahl der verschiedenen Teilchen mit der Anregungsenergie Null. Die dimensionslose Größe j heißt die *chemische Konstante* des Gases. Ihr Wert ist für das Gas charakteristisch. Die Berechnung und Messung der chemischen Konstante ist, wie überhaupt der Absolutwert der Entropie, von zentraler Bedeutung für die Berechnung chemischer Gleichgewichte.

Anhang

Die wichtigsten Regeln partiellen Differenzierens sind

(1) $$\frac{\partial f(x,y)}{\partial x}=\frac{\partial f(x,z)}{\partial x}+\frac{\partial f(x,z)}{\partial z}\frac{\partial z(x,y)}{\partial x},$$

(2) $$\frac{\partial f(x,y)}{\partial y}=\frac{\partial f(x,z)}{\partial z}\frac{\partial z(x,y)}{\partial y} \qquad \text{(Kettenregel)},$$

(3) $$\frac{\partial f(x,y)}{\partial x}=-\frac{\partial f(x,y)}{\partial y}\frac{\partial y(x,f)}{\partial x},$$

(4) $$\frac{\partial f(x,y)}{\partial y}=\frac{1}{\dfrac{\partial y(x,f)}{\partial f}}.$$

Die beiden ersten Regeln folgen aus der Identität

(5) $$\begin{aligned} df&=\frac{\partial f(x,y)}{\partial x}dx+\frac{\partial f(x,y)}{\partial y}dy\\ &=\frac{\partial f(x,z)}{\partial x}dx+\frac{\partial f(x,z)}{\partial z}dz, \end{aligned}$$

in der einmal die Variablen x, y, und zum zweiten die Variablen x, z als unabhängig betrachtet werden. Drückt man z als Funktion von x, y aus, also $z=z(x, y)$, oder in differentieller Form

(6) $$dz=\frac{\partial z(x,y)}{\partial x}dx+\frac{\partial z(x,y)}{\partial y}dy,$$

und setzt man (6) in die letzte Zeile von (5) ein, so geht (5) über in

(7) $$\begin{aligned} df&=\frac{\partial f(x,y)}{\partial x}dx+\frac{\partial f(x,y)}{\partial y}dy\\ &=\left[\frac{\partial f(x,z)}{\partial x}+\frac{\partial f(x,z)}{\partial z}\frac{\partial z(x,y)}{\partial x}\right]dx+\frac{\partial f(x,z)}{\partial z}\frac{\partial z(x,y)}{\partial y}dy. \end{aligned}$$

Da hierin x, y unabhängige Variablen sind, die Beziehung (7) also für beliebige Werte von dx und dy gilt, müssen die Koeffizienten von dx und dy auf beiden Seiten identisch sein. Das liefert die Regeln (1) und (2).

Die Regeln (3) und (4) erhält man aus der ersten Gleichungshälfte von (5), wenn man darin y als Funktion von x und f ausdrückt, also $y = y(x, f)$ oder

(8) $$dy = \frac{\partial y(x,f)}{\partial x} dx + \frac{\partial y(x,f)}{\partial f} df$$

einsetzt. Dann folgt aus (5)

(9) $$df = \left[\frac{\partial f(x,y)}{\partial x} + \frac{\partial f(x,y)}{\partial y} \frac{\partial y(x,f)}{\partial x}\right] dx + \frac{\partial f(x,y)}{\partial y} \frac{\partial y(x,f)}{\partial f} df.$$

Da auch das eine Identität ist, muß der Koeffizient von dx verschwinden und der Koeffizient von df gleich eins sein. Das liefert die Regeln (3) und (4).

Sachverzeichnis

Adiabatenexponent 310, 312
—, Messung 313ff.
adiabatische Entmagnetisierung 239, 241ff., 351
Aktivierungsenergie 374
Albedo 17
Anregungsenergie 320
—, Halbleiter 331
—, Helium 324, 325
—, Metall 332
—, Mittelwert 323
—, Molekül 322ff.
—, quadratische Streuung 324
—, Supraleiter 343
—, Wasserstoff 326, 327
Arbeit 222
Arbeitsfähigkeit 275, 276, 277
Atmosphäre
—, Absorption 18, 19
Atomgewicht 79, 80
Atommasse 80
Ausdehnungskoeffizient
—, thermischer 306, 392
Austrittsarbeit 178, 179
Avogadrosche Regel 205
Avogadro-Zahl 79

Bandabstand 331, 339, 343
Bandstruktur 330ff.
—, Halbleiter 331
—, Metall 332
Batterie 183ff.
—, entladene 190, 191
—, geladene 187ff.
Bewegungsenergie 63, 65
—, Gleichgewicht 161ff.
Boltzmann-Konstante 80, 206
Boyle-Mariottesches Gesetz 204
Brennstoffe 27
Brennstoffzelle 38
Brutreaktor 35

Carnot
—, Begriff der Wärme 291, 292
—, Formulierung der Energieerhaltung 356
Carnot-Faktor 224
Carnot-Prozeß 222ff., 233, 241, 276
Celsius 210, 211
chemische Energie 77ff., 82ff.
—, Gleichgewicht 185ff.
chemische Konstante 399
chemische Reaktion 185ff.
—, endotherme 260
—, exotherme 260
chemisches Potential 83ff., 399
Clausius
—, Begriff der Wärme 257, 258, 292
—, Definition der Entropie 291ff.
—, Formulierung des 2. Hauptsatzes 367
—, Messung der Entropie 293
Clément und Desormes, Messung des Adiabatenexponenten 314ff.
Curiesches Gesetz 234, 238
Curie-Temperatur 111
Curie-Weiss-Gesetz 236

Dampfblase 173
Debyesches Gesetz 335ff.
Debye-Temperatur 335ff.
Defektelektron 330
Deformation 68
Diamagnet 111, 303
Dielektrizitätskonstante 115
Differentiation, partielle 401, 402
Dipol 97, 98
—, Erzeugung 103, 110, 111
—, induzierter 104
—, Verschiebung 103ff.
Dipolmoment
—, elektrisches 96
—, magnetisches 106, 110, 111, 233ff., 241, 346, 349, 350
Dissipation 277, 278
Domäne 111
Drehimpuls 46ff.
—, Erhaltung 46, 284, 285
—, -Quantenzahl 62
—, -Strom 47
Drehmoment 47ff.
Druck 66ff.
—, Einheiten 66, 67
—, negativer 70, 71, 166, 167
—, osmotischer 214, 215, 216
Dulong-Petitsches Gesetz 336ff.

Elektrochemische Energie 85ff.
—, Gleichgewicht 176ff.
elektrochemisches Potential 86ff., 177ff.
elektromagnetisches Feld 74, 75, 95

elektromotorische Kraft 182ff.
Elektronen-System
—, Festkörper 330
—, Halbleiter 331ff., 340
—, Metall 332ff.
—, Supraleiter 343
Elektron-Zustand 330ff.
Elementarladung 80
Emission, stimulierte 381
Energie
—, absolute Variable 363ff.
—, Aktivierungs- 374
—, Anregungs- 320ff.
—, chemische 77ff., 82ff.
—, -dissipation 277, 278
—, Einheiten 10, 11
—, elektrische 74ff., 98ff.
—, elektrochemische 85ff.
—, Entartung 147, 325ff.
—, innere 3, 56, 143ff.
—, kinetische 56, 64, 65, 137
—, Lokalisations- 101, 366, 397, 398
—, magnetische 105, 106
—, Minimumprinzip 159ff., 193ff.
—, potentielle 56, 137
—, quadratische Streuung 324
—, Wert der 281, 282
Energieanteil 56, 63, 137ff., 143, 144
Energieerhaltung 354ff.
Energieform 5, 10, 45ff., 91, 95ff.
— Bewegungsenergie 63
— chemische Energie 77ff., 82ff.
— elektrische Energie 74ff., 98ff.
— elektrochemische Energie 85ff.
— Kompressionsenergie 66ff.
— magnetische Energie 105, 106
— Magnetisierungsenergie 108
—, mathematische Gestalt 76, 77, 88
— Oberflächenenergie 72ff.
— Polarisationsenergie 101, 102
— Rotationsenergie 45ff.
—, Standard- 89, 90
— Verschiebungsenergie 58, 59
— Wärme 91, 92
Energiefunktion 132
Energieinhalt 3
Energiespeicher 20, 38
—, atmosphärischer Sauerstoff 40
—, fossiler 19
Energiestrom 10, 14, 15, 45, 118ff.
— an der Erdoberfläche 17
— bei Kohlevergasung 28
— in Pflanzen und Tieren 41, 120
— der Sonne 20
— der Zivilisation 21ff.
Energiestromdichte 13ff.
— der Sonnenstrahlung 17, 18
—, spektrale 18, 19
Energieverbrauch 22
— der Bundesrepublik 33, 34
— der Menschheit 28ff.
Energieversorgung 32ff.
Energiewandler 6, 122
Entartung 147, 325ff.
Enthalpie 140, 141, 296
—, magnetische 301
Entropie 92, 247ff.
—, Abhängigkeit von N 306ff.
—, Abhängigkeit von T 287, 289, 338, 370ff., 388ff.
—, Abhängigkeit von V und p 304ff., 329, 330
—, absolute Variable 369, 370
—, Absolutwert 394ff.
—, Austausch 247ff.
—, Bilanz 255, 256
—, Einheit 92
—, Elektronen-System 338ff.
—, elementares ideales Gas 321, 323, 395
—, Erhaltung 280
—, Erzeugung 94, 247ff., 254ff., 289ff., 353
—, Festkörper 329ff.
—, Gitter-System 334ff.
—, Halbleiter 341
—, idealer Paramagnet 238ff., 345ff.
—, ideales Gas 309ff.
—, Maximumprinzip 193ff.
—, Messung 282ff., 289ff.
—, Metall 343ff.
—, Mischungs- 271, 390
—, Spin-System 347ff.
—, Supraleiter 345
—, Verminderung 248, 278ff., 368
—, Vernichtung 248, 353
Entropiestrom 93, 94, 265
Ericsson-Prozeß 232
Expansion
—, freie 216ff.
—, irreversible 266ff.
—, isentrope 310
—, isoenergetische 216ff., 266ff.
—, isotherme 212, 213
—, reversible 266ff.

Faraday-Konstante 80
Feldenergie
—, elektrische 100
—, magnetische 107
Feldstärke
—, elektrische 95ff.
—, magnetische 95
Fermi-Energie 177
Ferroelektrikum 97
Ferromagnet 109ff.
Festkörper
—, Elektronen-System 330ff.
—, Entropie 329ff., 334ff.
—, Gestaltsänderungen 67, 68
—, Gitter-System 330ff.
—, paramagnetischer 345ff.
—, Wärmekapazität 335ff.

—, Zerlegung 139ff., 334
Flußdiagramm 6ff., 119ff.
Fluß eines Vektorfelds 16
Flüssigkeit 167
—, benetzende 175
—, Lamelle 170
—, nicht-benetzende 174
—, Tropfen 168, 173ff.
Freiheitsgrad 90, 328

Gas
—, chemische Konstante 399
—, elementares ideales 316ff.
—, Entropie 309ff., 394ff.
—, Expansionsprozesse 212ff., 310
—, ideales 206, 207, 266ff., 309ff., 394ff.
—, Mischung 270ff.
—, reales 213
—, -thermometer 201, 204, 208, 209
—, Wärmekapazität 311ff.
Gasgesetz, universelles 205
Gaskonstante 80, 206
Gasturbine 232
Gegenströmer 265
Geschwindigkeit
—, dynamische 151, 152
—, kinematische 151, 152
Getriebe 51, 52
Gibbs-Funktion 132ff.
—, relativistische 145
Gibbssche Fundamentalform 117, 125ff.
Gibbssche Fundamentalgleichung 376
Gibbssches Ensemble 333
Gitter-System
—, Anregungszustände 330ff.
—, Entropie 334ff., 348
—, Wärmekapazität 335ff., 352
Gleichgewicht 153ff.
—, Brems- 161, 162, 163
—, chemisches 185ff.
—, Druck- 164ff.
—, Elektronen- 176ff.
—, indifferentes 156
—, inneres 197
—, Kräfte- 153ff.
—, labiles 156
—, Rotations- 163
—, stabiles 156
—, thermisches 192ff., 255
Gleichgewichtszustand 155ff., 194ff., 374
Gleichverteilungssatz 328
Gramm-Atom 79
Grenzfläche 171ff.
Grenzflächenenergie 74
Grenzflächenspannung 74, 172
Größe, physikalische, s. Variable

Halbleiter 331
—, Eigen- 331, 339
—, Elektronen-System 340ff.
—, Entropie 341
—, Randschicht 179ff.
—, Störstellen- 339
Halbwertszeit 31
Hamilton-Funktion 132
Hauptsatz, nullter 202
Hauptsatz, erster 353
—, Problem der Formulierung 359
Hauptsatz, zweiter 280, 353, 366ff.
—, Formulierung von Caratheodory 369
—, Formulierung von Clausius 367
—, Formulierung von Thomson 367, 368
Hauptsatz, dritter 353, 388ff.
—, Folgerungen 391ff.
Helium
—, Absolutwert der Entropie 398, 399
—, Dampfdruck 209
—, Isotope 324
hydraulische Bremse 67
Hysterese 113

Instabilität 372, 373, 388ff.

Joule
—, freie Expansion 216ff.
—, Messung des Wärmeäquivalents 358, 359

Kalorimetrie 298
Kapillarität 175
Kavitation 71
Kelvin-Skala 210, 211, 212
—, Fixpunkte 212
Kernenergie 35ff.
Kernfusion 35, 36
Kernspaltung 35
Knudsen-Strömung 209
Kohlevergasung 27
Kompressibilität, isotherme 303
Kompressionsenergie 66ff., 142, 228
—, Gleichgewicht 164ff.
Kontakt
—, elektrischer 176
—, Metall-Halbleiter 179ff.
—, Metall-Metall 178, 179
—, -spannung 177ff., 188
—, thermischer 199
Konzentrationskette 184ff.
Kraft-Wärme-Kopplung 35
Kraftwerk 8, 9, 121
—, geothermales 17
—, Gezeiten- 18
—, Kern- 122
Kreisprozeß 221ff., 274, 275
—, Carnot- 222ff., 233, 241
—, Entropiebilanz 221
—, Ericsson- 232
—, irreversibler 221
—, reversibler 221ff.
—, Stirling- 230, 231

Ladung 97
—, Dichte 99
Laser 384ff.
—, 3-Niveau- 385, 386
—, Helium-Neon- 386, 387
—, Rubin- 385, 386
—, 4-Niveau- 387
Leistung 10, 47, 48
Lokalisationsenergie 101, 366, 397, 398
Loschmidt-Zahl 79

Magnetisierbarkeit 112, 114, 234
Magnetisierung 106
—, spontane 111, 112, 113
Magnetisierungsenergie 108
Magnetisierungsgleichgewicht 108, 109
Manometer 165
Maser 384ff.
—, Elektronenspin- 385
Maximumprinzip der Entropie 193ff.
Mayer
—, Entdeckung der Energieerhaltung 356
—, Wärmeäquivalent 357, 358
Mechanik, statistische 134, 135
Membran 183, 184, 214, 215, 216, 271, 272
Mengenartigkeit der Energie 3
Metall 331, 332
—, Elektronen-System 342ff.
—, supraleitendes 343ff.
Metastabilität 373, 374
Minimalflächen 167ff.
Minimumprinzip der Energie 159ff., 193ff.
Mischung idealer Gase 270ff.
—, irreversible 270ff.
—, reversible 270ff.
Mischungsentropie 271, 390
Modell 130
Mol 79
Molekül 78
—, Anregungsenergie 322ff.
—, Rotation 60ff.
—, Wasser- 97
Molekulargewicht 79
Motor
—, Elektro- 50, 119
—, Verbrennungs- 6, 48

Néel-Temperatur 235
Nernstsches Wärmetheorem 388ff.

Oberflächenenergie 72ff.
—, Gleichgewicht 167ff.
Oberflächenspannung 73, 74, 168
Osmose 214, 215, 216

Paramagnet 109, 111, 233ff., 303
—, Entropie 238ff., 345ff.
—, negative Temperatur 377, 378
Permeabilität 115
Pfeffersche Zelle 214
Phonon 330
Photosynthese 39
Polarisation 99
Polarisationsenergie 101, 102
Polarisationsgleichgewicht 102
Polarisierbarkeit 104, 114
Potential
—, chemisches 83ff., 399
—, elektrisches 74
—, elektrochemisches 86ff., 177ff.
—, thermodynamisches 132
—, Vektor- 95, 105ff.
Primärenergie-Strom 33, 34
Prozeß 57, 148ff., 273
—, adiabatischer 249ff.
—, irreversibler 256ff., 274ff.
—, isentroper 250, 310
—, Kreis-, s. Kreisprozeß
—, nicht-umkehrbarer 221, 274
—, quasistatischer 269
—, Realisierung 248ff., 257, 273, 289ff.
—, reversibler 256ff., 274ff.
—, selbstablaufender 196
—, umkehrbarer 221, 274
Pyroelektrikum 97

Quasi-Teilchen 330

Regenerator 230, 231
Relaxationszeit 31
—, Spin-Gitter- 351, 352, 383
—, Spin-Spin- 383
Rotationsanregung 62
Rotationsenergie 45ff.
—, Geichgewicht 162, 163
—, -Strom 47
Rüchardt, Messung des Adiabatenexponenten 316
Ruhenergie 3

Schmelzpunktserniedrigung 215
Schottky-Anomalie 327
Seifenblase 171, 173
Siedepunktserhöhung 215
Solarkonstante 17, 19
Solarzelle 38
Sonnenenergie 37
Spannungskoeffizient, thermischer 305, 392
Spannungstensor 69
Spin-Gitter-Relaxationszeit 351, 352, 383
Spin-Spin-Relaxationszeit 383
Spin-System 234, 347ff., 351, 382
—, Entropie 347ff.
—, negative Temperatur 383
—, Wärmekapazität 352
Stabilität 303, 370ff., 388ff.
Stirling-Motor 231
Stoffmenge 77, 78, 205
Strombilanz
—, Elektromotor 119
—, Heizkörper 120

—, Kraftwerk 121, 122
—, Tier 120
Stromdichte 15, 16
—, elektrische 105, 106
Stromstärke 16
— mengenartiger Variablen 117ff.
Supraleiter 343, 344, 345
—, Entropie 345
—, Wärmekapazität 345
Suszeptibilität
—, allgemeine 303, 304
—, elektrische 115
—, isentrope 304
—, isotherme 303
—, magnetische 115
System 82, 123ff., 147
—, Arbeits- 222, 241
—, Beispiele 123ff., 134
—, 3-Zustands- 385ff.
—, einheitliches 127
—, Elektronen- 330ff., 338ff.
—, Erweiterung 364, 365
—, geschlossenes 130
—, Gitter- 330ff., 348
—, homogenes 307, 308
—, isoliertes 130, 193
—, Kennzeichnung 131ff.
—, negative Temperatur 376
—, offenes 130
—, Spin- 347ff., 351
—, Stabilität 303, 370ff., 388ff.
—, Teil- 137ff., 332, 334
—, unzerlegbares 143ff.
—, Zerlegung 137ff., 332, 334, 372ff., 391
—, 2-Körper- 53ff.
—, 2-Zustands- 379ff.

Teilchenzahl 78, 81, 82
—, Einheiten 78, 79
—, -Variablen im Festkörper 332
Temperatur 92, 199ff.
—, Abhängigkeit vom Bewegungszustand 145, 146
—, adiabatischer Ausgleich 251ff.
—, Boyle- 205
—, Curie- 111
—, Debye- 335ff.
—, empirische 203ff., 243
—, Gas- 204, 207
— magnetischer Systeme 233ff., 243ff.
—, Messung 199ff., 243, 244
—, Néel- 235
—, negative 375ff.
— und Kreisprozesse 221ff.
—, Skala 199, 210
—, Sprung- 343
—, Wertebereich 378, 379
Tensor 69, 70
thermodynamisches Potential 132
Thermoelement 202, 212
Thermometer 199ff.
—, Bimetall- 200
—, Fieber- 200
—, Flüssigkeits- 200
—, Gas- 201, 204, 208, 209
—, Maximum- 200
—, Widerstands- 201, 212
Thermostatik 149
Trägheitsmoment 55, 61
Transformator
— für Rotationsenergie 51, 52
— für Wärmeenergie 21
Tripelpunkt des Wassers 210

Übergang 148ff., 273
Umweltschädigung 36

Variable 43
—, Arbeits- 225, 226
—, dynamische 148ff.
—, Eigenschaften 353, 354, 362
—, extensive 44, 88, 131
—, Hemmung 196
—, intensive 88, 135, 136
—, kinematische 151, 152
—, konjugierte 88
—, Kopplung 160
—, mengenartige 43, 44, 88, 117
—, molare 306
— pro Teilchenzahl 306ff.
—, Reduktion der Anzahl 197
—, Standard- 89, 90, 128, 133
Vektorpotential 95, 105ff.
Verbrennung 23
Verschiebungsenergie 58, 59
—, elektrisches Feld 76
—, Gleichgewicht 156ff.
Volta-Spannung 177ff., 188

Waage 157
Wachstum, exponentielles 30ff.
Wärme
—, -äquivalent 79, 355ff.
—, Austausch im Gegenstrom 265
— bei Clausius 257, 258, 292, 293
—, -energie 91ff., 355
—, Gleichgewicht 192ff.
—, herkömmliche Bedeutung 258ff.
—, irreversibler Austausch 261
—, Joulesche 259
—, -kraftmaschine 224
—, Lösungs- 259, 260
—, -menge 92, 292, 293, 297ff.
—, Reaktions- 260
—, Reibungs- 58, 259
—, -reservoir 212, 223
—, reversibler Austausch 262ff.
—, spezifische 297
—, -strahlung 18ff.
—, -Strom 93, 94
—, Verbrennungs- 259

Wärmekapazität 294ff.
– bei konstantem Druck 296
– bei konstantem Volumen 295
– bei konstanten extensiven Variablen 300
– bei konstanten intensiven Variablen 301
– bei $T \to 0$ 378, 379, 381, 394
–, Differenz 301, 302
–, Elektronen-System 341ff.
–, elementares ideales Gas 318ff.
–, Festkörper 336ff.
–, Gase 311ff.
–, Gitter-System 335ff., 352
–, Spin-System 352
–, Supraleiter 345
Wärmetheorem, Nernstsches 388ff.
Wasserstoff
–, Ortho- 326, 327
–, Para- 326, 327
Wasserströme an der Erdoberfläche 21
Weissscher Bezirk 111
Winkelgeschwindigkeit 45, 46, 152
Wirkungsgrad 7ff., 25, 26, 41, 224
–, Carnotscher 224
Zeit 148, 149
Zugspannung 71
Zustand 146ff., 270, 273
–, Bindungs- 364ff.
–, Elektron- 330ff.
–, Entartung 147, 325ff.
–, Gleichgewichts- 155ff., 194ff., 374
–, instabiler 372, 373, 388ff.
–, Loch- 330ff.
–, metastabiler 373, 374
–, Phonon- 330ff.
–, relativistischer 144ff.
–, stabiler 374
–, stationärer 148, 149
–, Streu- 365
Zustandsdichte 327, 331, 332
Zustandsgleichung
–, idealer Paramagnet 236
–, ideales Gas 207, 220
Zustandssumme 321ff., 328
2-Körper-System 53ff.
2-Zustands-System 379ff.

Naturkonstanten

Grenzgeschwindigkeit für Energie-Impuls-Transporte (Lichtgeschwindigkeit im Vakuum)	$c = 2{,}9979245 \cdot 10^{8} \dfrac{\text{m}}{\text{sec}}$
Plancksche Konstante	$\hbar = \dfrac{h}{2\pi} = 1{,}054589 \cdot 10^{-34} \dfrac{\text{Watt sec}^2}{\text{Teilchen}}$
Boltzmann-Konstante k $\equiv$ Gaskonstante R	$k = 1{,}38066 \cdot 10^{-23} \dfrac{\text{Watt sec}}{\text{K Teilchen}} = 8{,}3144 \dfrac{\text{Watt sec}}{\text{K Mol}}$
Loschmidt-Zahl $\equiv$ Avogadro-Zahl	$= 6{,}0221 \cdot 10^{23}$
Elektrische Feldkonstante	$\varepsilon_0 = 8{,}85419 \cdot 10^{-12} \dfrac{\text{Amp sec}}{\text{Volt m}}$
Magnetische Feldkonstante	$\mu_0 = 4\pi \cdot 10^{-7} \dfrac{\text{Volt sec}}{\text{Amp m}}$
	$= 1{,}2566 \cdot 10^{-6} \dfrac{\text{Volt sec}}{\text{Amp m}}$
Elementarladung e $\equiv$ Faraday-Konstante F	$e = 1{,}60210 \cdot 10^{-19} \dfrac{\text{Amp sec}}{\text{Teilchen}} = 9{,}6485 \cdot 10^{4} \dfrac{\text{Amp sec}}{\text{Mol}}$
$\dfrac{\text{Elementarladung } e}{\text{Masse pro Elektron } m_{el}}$	$\dfrac{e}{m_{el}} = 1{,}758796 \cdot 10^{11} \dfrac{\text{Amp sec}}{\text{kg}}$
Masse pro Elektron m_{el}	$m_{el} = 9{,}10908 \cdot 10^{-31}$ kg/Teilchen
	$= 5{,}48597 \cdot 10^{-4}$ ME/Teilchen
Innere Energie pro Elektron	$e_{0,el} = m_{el} c^2 = 0{,}511006$ MeV/Teilchen
Masse pro Proton	$m_p = 1836{,}10\, m_{el}$
	$= 1{,}67252 \cdot 10^{-27}$ kg/Teilchen
	$= 1{,}0072766$ ME/Teilchen
Innere Energie pro Proton	$e_{0,p} = m_p c^2 = 938{,}256$ MeV/Teilchen
Masse pro Neutron	$m_n = 1838{,}63\, m_{el}$
	$= 1{,}67482 \cdot 10^{-27}$ kg/Teilchen
	$= 1{,}0086654$ ME/Teilchen
Innere Energie pro Neutron	$e_{0,n} = m_n c^2 = 939{,}550$ MeV/Teilchen
Masse pro H-Atom	$m_{\text{H-Atom}} = 1{,}67343 \cdot 10^{-27}$ kg/Teilchen
	$= 1{,}007825$ ME/Teilchen

Die Einheit „Teilchen“ wird in §5 erklärt.

Wichtige Einheiten

Energie

1 Wattsec $= 1$ Joule $= 1$ Nm (Newton · Meter) $= 1 \frac{\text{kg m}^2}{\text{sec}^2}$

$= 10^7$ erg $= 10^7 \frac{\text{g cm}^2}{\text{sec}^2}$

1 eV $= 1{,}60210 \cdot 10^{-19}$ Watt sec

1 MeV $= 10^6$ eV

1 GeV (engl. BeV) $= 10^9$ eV

1 ME (atomare Masseneinheit) · c^2

$= \frac{1}{12}$ (Masse des ^{12}C-Kerns) · c^2

$= 1{,}492 \cdot 10^{-10}$ Watt sec

$= 931{,}478$ MeV

1 kK (Boltzmann-Konstante · 1 Kelvin)

$= 1{,}3806 \cdot 10^{-23}$ Watt sec/Teilchen

$= 0{,}863 \cdot 10^{-4}$ eV/Teilchen

Umrechnungstabelle auch außerhalb der Physik gebräuchlicher Energieeinheiten

	Watt sec	eV	kp m	cal	kWh
1 Watt sec =	1	$6{,}25 \cdot 10^{18}$	0,102	0,239	$2{,}78 \cdot 10^{-7}$
1 eV =	$1{,}60 \cdot 10^{-19}$	1	$1{,}63 \cdot 10^{-20}$	$3{,}81 \cdot 10^{-20}$	$4{,}43 \cdot 10^{-26}$
1 kp m =	9,81	$6{,}13 \cdot 10^{19}$	1	2,34	$2{,}72 \cdot 10^{-6}$
1 cal =	4,18	$2{,}61 \cdot 10^{19}$	0,427	1	$1{,}16 \cdot 10^{-6}$
1 kWh =	$3{,}60 \cdot 10^{6}$	$2{,}25 \cdot 10^{25}$	$3{,}67 \cdot 10^{5}$	$8{,}60 \cdot 10^{5}$	1

Länge

1 Meter (m) $= 10^2$ Zentimeter (cm) $= 10^3$ Millimeter (mm)
$= 10^6$ Mikrometer (µm) $= 10^9$ Nanometer (nm)

In der Atom- und Kernphysik

1 Ångström (Å) $= 10^{-10}$ m
1 Fermi (f) $= 10^{-15}$ m

In der Astrophysik

1 Lichtjahr $= 9{,}46 \cdot 10^{15}$ m
1 Parsec $= 3{,}26$ Lichtjahre $= 3{,}08 \cdot 10^{16}$ m

Kraft

$$1 \text{ Newton (N)} = 1 \frac{\text{kg m}}{\text{sec}^2} = 10^5 \frac{\text{g cm}}{\text{sec}^2} = 10^5 \text{ dyn} = 0{,}102 \text{ kp}$$

$$1 \text{ Kilopond (kp)} = 9{,}81 \frac{\text{kg m}}{\text{sec}^2} = 9{,}81 \text{ N}$$

Druck

$$1 \text{ Pascal (Pa)} = 1 \frac{\text{N}}{\text{m}^2} = 10^{-5} \text{ bar}$$

$$1 \text{ bar} = 1{,}019716 \text{ at} = 0{,}986923 \text{ atm}$$

$$1 \text{ at} = 1 \frac{\text{kp}}{\text{cm}^2}$$

1 Pa $= 0{,}0075006$ mm Hg-Säule

G. Falk W. Ruppel

Die Physik des Naturwissenschaftlers

Mechanik Relativität Gravitation

Ein Lehrbuch

2. verbesserte Auflage
184 Abbildungen. XVI, 448 Seiten. 1975
DM 48,– ; US $19.70
ISBN 3-540-07253-5

Inhaltsübersicht:

Einleitende Orientierung. — Impuls und Energie. — Stoßprozesse. — Felder. — Drehimpuls. — Relativitätstheorie. — Gravitation. — Astrophysikalische Daten. — Sachverzeichnis. — Naturkonstanten. — Wichtige Einheiten.

Dieses Lehrbuch faßt Experimentalphysik und theoretische Physik als Einheit auf. Begriffe, die für die gesamte Physik wesentlich sind, wie Energie, Impuls, Drehimpuls, werden in den Vordergrund gestellt. Mit ihnen wird ein Konzept entwickelt, das für alle Teile der Physik tragfähig ist. Ohne auf Strenge zu verzichten, werden nur elementare mathematische Kenntnisse der Analysis und Vektorrechnung benötigt. Dennoch werden ausführlich Probleme und Resultate auch der aktuellen Forschung dargestellt. Das Buch soll den Studenten während seines ganzen Studiums begleiten. Darüber hinaus bietet es auch dem erfahrenen Lehrer und forschenden Naturwissenschaftler neue Einsichten in den begrifflichen Aufbau der Physik.

Preisänderung vorbehalten

Springer-Verlag Berlin Heidelberg New York